中 外 物 理 学 精 品 书 系

本书出版得到"国家自然科学基金理论物理专款"资助

国家自然科学基金
理论物理专款资助

中 外 物 理 学 精 品 书 系

前 沿 系 列 · 6 2

量子场论导论

（第二版）

黄 涛 王 伟 编著

图书在版编目 (CIP) 数据

量子场论导论 / 黄涛，王伟编著 . —2 版 . —北京 : 北京大学出版社，2021. 9
（中外物理学精品书系）
ISBN 978-7-301-32370-0

Ⅰ. ①量…　Ⅱ. ①黄…　②王…　Ⅲ. ①量子场论　Ⅳ. ① O413.3

中国版本图书馆 CIP 数据核字 (2021) 第 154671 号

书　　名	量子场论导论（第二版） LIANGZI CHANGLUN DAOLUN (DI-ER BAN)
著作责任者	黄　涛　王　伟　编著
责 任 编 辑	刘啸
标 准 书 号	ISBN 978-7-301-32370-0
出 版 发 行	北京大学出版社
地　　址	北京市海淀区成府路 205 号　100871
网　　址	http://www.pup.cn
电 子 信 箱	zpup@pup.cn
新 浪 微 博	@北京大学出版社
电　　话	邮购部 010-62752015　发行部 010-62750672　编辑部 010-62754271
印 刷 者	天津中印联印务有限公司
经 销 者	新华书店
	730 毫米 × 980 毫米　16 开本　34.25 印张　653 千字
	2015 年 11 月第 1 版
	2021 年 9 月第 2 版　2024 年 9 月第 3 次印刷
定　　价	129.00 元

序　言

物理学是研究物质、能量以及它们之间相互作用的科学。她不仅是化学、生命、材料、信息、能源和环境等相关学科的基础,同时还与许多新兴学科和交叉学科的前沿紧密相关。在科技发展日新月异和国际竞争日趋激烈的今天,物理学不再囿于基础科学和技术应用研究的范畴,而是在国家发展与人类进步的历史进程中发挥着越来越关键的作用。

我们欣喜地看到,改革开放四十年来,随着中国政治、经济、科技、教育等各项事业的蓬勃发展,我国物理学取得了跨越式的进步,成长出一批具有国际影响力的学者,做出了很多为世界所瞩目的研究成果。今日的中国物理,正在经历一个历史上少有的黄金时代。

在我国物理学科快速发展的背景下,近年来物理学相关书籍也呈现百花齐放的良好态势,在知识传承、学术交流、人才培养等方面发挥着无可替代的作用。然而从另一方面看,尽管国内各出版社相继推出了一些质量很高的物理教材和图书,但系统总结物理学各门类知识和发展,深入浅出地介绍其与现代科学技术之间的渊源,并针对不同层次的读者提供有价值的学习和研究参考,仍是我国科学传播与出版领域面临的一个富有挑战性的课题。

为积极推动我国物理学研究、加快相关学科的建设与发展,特别是集中展现近年来中国物理学者的研究水平和成果,北京大学出版社在国家出版基金的支持下于2009年推出了“中外物理学精品书系”,并于2018年启动了书系的二期项目,试图对以上难题进行大胆的探索。书系编委会集结了数十位来自内地和香港顶尖高校及科研院所的知名学者。他们都是目前各领域十分活跃的知名专家,从而确保了整套丛书的权威性和前瞻性。

这套书系内容丰富、涵盖面广、可读性强,其中既有对我国物理学发展的梳理和总结,也有对国际物理学前沿的全面展示。可以说,“中外物理学精品书系”力图完整呈现近现代世界和中国物理科学发展的全貌,是一套目前国内为数不多的兼具学术价值和阅读乐趣的经典物理丛书。

“中外物理学精品书系”的另一个突出特点是，在把西方物理的精华要义“请进来”的同时，也将我国近现代物理的优秀成果“送出去”。物理学在世界范围内的重要性不言而喻。引进和翻译世界物理的经典著作和前沿动态，可以满足当前国内物理教学和科研工作的迫切需求。与此同时，我国的物理学研究数十年来取得了长足发展，一大批具有较高学术价值的著作相继问世。这套丛书首次成规模地将中国物理学者的优秀论著以英文版的形式直接推向国际相关研究的主流领域，使世界对中国物理学的过去和现状有更多、更深入的了解，不仅充分展示出中国物理学研究和积累的“硬实力”，也向世界主动传播我国科技文化领域不断创新发展的“软实力”，对全面提升中国科学教育领域的国际形象起到一定的促进作用。

习近平总书记在 2018 年两院院士大会开幕会上的讲话强调，“中国要强盛、要复兴，就一定要大力发展科学技术，努力成为世界主要科学中心和创新高地”。中国未来的发展在于创新，而基础研究正是一切创新的根本和源泉。我相信，在第一期的基础上，第二期“中外物理学精品书系”会努力做得更好，不仅可以使所有热爱和研究物理学的人们从中获取思想的启迪、智力的挑战和阅读的乐趣，也将进一步推动其他相关基础科学更好更快地发展，为我国的科技创新和社会进步做出应有的贡献。

“中外物理学精品书系”编委会主任

中国科学院院士，北京大学教授

王恩哥

2018 年 7 月于燕园

内 容 提 要

本书内容涵盖量子场论基础及后续发展,是考虑国内研究生的学习情况而撰写的量子场论入门书籍.

本书第 1 章简要地叙述了量子场论的建立渊源和发展历程,有助于初学者掌握量子场论的发展线索.之后的前半部分,第二版保持了第一版的系统和风格,首先引导读者掌握量子场论的基础和基本技巧,如对称性与守恒量,自由标量场、旋量场和电磁场的量子化,相互作用量子场论和 S 矩阵理论,解析性质和色散关系,微扰论,重整化理论等. 接下来,第二版将第一版中的第 16 章拆分和扩充,以较完整的篇幅讲授非 Abel 规范场论,包括非 Abel 规范场、量子色动力学、电弱统一理论、重整化群方程的应用、红外发散与因子化等.本书内容着重叙述物理图像,同时也给出了必要的数学推导. 第二版每章后面增加了少量习题,特别注意增加一些紧扣科学研究前沿的习题.

本书适合作为理论物理及相关领域研究生的教材或参考书,也可供刚进入此领域的青年教师和青年科研人员参考.

第二版前言

本书第一版在 2015 年出版后, 受到老师和同学们的欢迎. 几年来, 国内师生对本书提供了很多反馈, 特别是第二作者在上海交通大学用本书作为主要参考书进行了四年教学, 通过实践对本书提出了许多意见和改进建议. 经反复讨论研究, 我们决定合作对本书进行修订再版.

本书第二版做了两方面的重要修改: (1) 每一章的后面附上习题, 以帮助读者巩固和深入理解该章内容, 部分习题来自近些年的科学研究进展. (2) 将原书中篇幅较长的第 16 章拆分并扩充为现在的第 16 ~ 20 章, 以较完整的篇幅讲授非 Abel 规范场论. 此外, 第二版还对第 1 ~ 15 章做了一些补充和订正. 第二版的内容, 较之第一版大为增加, 读者可根据需要进行取舍, 例如首次阅读可以略过第 11, 12, 19, 20 章. 我们希望本书第二版可以更好地满足研究生学习的需求.

修订过程中, 作者得到了许多老师和同学的热心帮助, 尤其感谢王振洋博士和胡晓会、邢晔、楚旻寰、邓志福、徐吉等.

量子场论所包括的内容很多, 而且发展很快, 本书选择了量子场论基本知识和技巧以作为研究生的入门教材. 第二版虽做了很多修改和扩充, 但限于作者的水平, 一定还有许多不足之处, 部分内容也还不完善或者欠妥当, 恳请老师和同学们在教学和学习过程中将意见和建议反馈给我们, 以便今后进一步修订和完善.

作者谨识

2021 年 4 月

第一版前言

1981 年 10 月我从美国回国后, 应中国科学院研究生院邀请, 与汤拒非教授一起于 1982 年 9 月为中国科学院研究生开设了量子场论课程, 大约讲授了三年. 从那时起, 我就有意写一本量子场论书, 但始终未能如愿. 近三年来, 我得空将原来的讲稿整理, 并于 2013 年在华中科技大学讲授量子场论课程. 恰逢北京大学出版社邀请, 促使我决心完成书稿. 量子场论从建立至今已有 60 多年历史, 本书不可能包括全部内容, 只能根据国内研究生教学科研情况以及研究工作的需要选择内容. 因此本书安排第 1 章概述量子场论的建立和发展, 以便读者对量子场论的历史和现状有所了解. 除第 1 章外, 本书主要有五部分. 第 2 章和第 3 章介绍了经典场系统的对称性和定域场的 Lorentz 变换性质以及 Noether 定理, 并且分别讨论了相对论性标量场、Dirac 场和电磁场的性质. 第 4 章到第 6 章以正则量子化方案叙述自由的标量场、Dirac 场和电磁场的量子化, 还对路径积分量子化方法做了简明讨论. 第 7 章到第 9 章介绍了分立对称性、自然界相互作用类型和唯象形式以及 CPT 定理. 第 10 章到第 12 章介绍了 S 矩阵理论和量子场论的几条基本公理, 讨论了 S 矩阵元约化公式和它的解析性质, 以及由此导出的色散关系理论. 第 13 章到第 15 章介绍了 S 矩阵元和微扰论、在量子电动力学中的 Feynman 图和 Feynman 规则、应用微扰论到几个典型过程的最低阶计算, 并在此基础上介绍了重整化理论, 包括利用维数正规化处理发散积分和重整化的基本思想以及重整化群. 第 16 章简要讨论了粒子物理标准模型中的相互作用形式: 电磁相互作用和弱相互作用统一理论, 以及强相互作用基本理论 —— 量子色动力学. 初学者可以先略去第 10,11,12,16 章的内容. 本书作为量子场论入门, 主要介绍量子场论的基本原理和基础, 没有包括的内容还很多, 例如完整的 BPHZ 重整化理论, 量子场论的非微扰理论 (格点规范理论、孤子理论、相变等), 量子引力, 相互作用大统一理论, 超对称场论和超弦理论等.

本书的内容主要根据作者在 20 世纪 80 年代初的讲稿和 2013 年的讲稿以及多年来研究工作的积累整理完成. 在撰写本书过程中, 作者参阅了国内外的几本量子场论书 (已列在书后的参考文献中). 同时, 作者还得到了很多老师和同学的帮助. 郭新恒教授、王志刚教授、冯太傅教授、吴兴刚教授、吴慧芳研究员、左芬副教授、王伟副教授、周明震副教授、邹芝田博士、钟涛博士、孙艳军博士等仔细阅读了书稿, 提出了十分宝贵的意见和建议, 刘大庆副教授、杨峤立副教授、王根和阎玉丽同学提供了帮助并提出了很好的意见. 作者一并表示感谢.

作者感谢“中外物理学精品书系”的编委们对我的鼓励和促进. 希望本书的出版对粒子物理和相关领域的研究生、青年教师和青年科研人员有所帮助.

作者一直从事粒子物理理论研究, 教学经验不足, 本书肯定有不妥和错误之处, 恳请老师和同学们提出宝贵意见.

中国科学院高能物理研究所

黄涛

2015 年 1 月

目　　录

第 1 章　量子场论的创立和发展

人类对微观领域的认识是从分子到原子、原子核，再到粒子物理逐步深入的，揭示的物理现象也从低速现象走向了高速微观粒子的运动和相互作用. 20 世纪 20 年代末到 30 年代初, Dirac, Jordan, Wigner, Heisenberg 和 Pauli 等人在相对论和量子力学的基础上, 引入了微观粒子量子场的概念, 量子场的激发代表粒子的产生, 量子场激发的消失代表粒子的湮灭. 这样建立的相互作用量子场论可以描述原子中光的自发发射和吸收, 以及电子和光子的各种电磁相互作用现象. 1946—1949 年, Tomonaga, Schwinger 和 Feynman 等人发展了一套可重整的微扰论计算方法, 奠定了量子电动力学 (简称 QED) 的理论基础. 这一方法不但解决了量子电动力学计算中出现的发散困难, 还提出了一整套按电子电荷实验观测值的幂次展开的逐阶近似计算方法. 量子电动力学已经受了几十年实验上的检验, 成为电磁相互作用的基本理论.

量子电动力学的成功和发展促使人们将量子场的概念推广应用到自然界所有粒子场以及它们所参与的四种相互作用中, 用以描述粒子物理学中各种粒子的产生和湮灭过程. 1935 年, Yukawa 提出了质子和中子通过交换 π 介子来形成原子核内核力的理论. 然而当人们将 Yukawa 理论与核力实验相比较时, 发现有效相互作用强度远远大于 1, 因此整个微扰论计算变得没有意义. 20 世纪 50 年代, 放弃微扰论, 发展不依赖于微扰展开的 S 矩阵理论和公理化场论的研究也有了相当大的进展, 但对迅速发展的强相互作用物理现象成效还不显著. 另一方面, 1958 年, Feynman, Gell-Mann, Marshak 和 Sundarshan 确立了描述弱相互作用的流在 Lorentz 变换下应当具有 $V-A$ 的形式, 称为普适费米型弱相互作用理论. 尽管在最低阶的微扰论计算中, 普适费米型弱相互作用理论可以给出与实验相符合的结果, 然而它是不可重整的, 具有无法计算微扰论的高阶效应和其他原则性的困难, 因此只能看作低能有效理论.

1967 年, Weinberg 和 Salam 在 Glashow 的 $\mathrm{SU}(2)\times\mathrm{U}(1)$ 规范对称群模型中引入 Higgs 机制, 提出了电磁相互作用和弱相互作用统一理论, 并预言了弱中性流的存在以及传递弱相互作用的中间玻色子的质量. 该理论经历了一系列实验的精确检验, 从而成为电磁相互作用和弱相互作用的基本理论. 1973 年, Gross, Wilczek 和 Politzer 提议 SU(3) 色规范群下的非 Abel 规范场论可以作为强相互作用的量子场论, 从而建立了量子色动力学 (简称 QCD) 理论. 它已发展为强相互作用的基本理论. 量子色动力学理论的渐近自由性质在高动量迁移下的物理过程中得到了实验检验. 对于低动量迁移的物理现象和强子结构, 该理论则要面对夸克禁闭困难. 电磁相互作用和弱相互作用统一理论与描述夸克之间强相互作用的量子色动力学理论合在一起, 称为粒子物理学中的标准模型理论. 这是 20 世纪物理学最重要的成果之一. 在标准模型中, 夸克、轻子以及传递相互作用的媒介子就是物质世界的基本单元, 它们之间的相互作用规律遵从量子色动力学和电弱统一理论. 实验表明, 标准模型已取得了极大的成功, 但同时也揭示它不是自然界的基本理论, 而是更深层次 (新能标) 动力学规律在低能下的有效理论. 人们仍在深入探讨和发展更高能标下量子场论的新形式.

§1.1 量子场论的创立

20 世纪 20—30 年代, 人们建立了微观物理的基本理论 —— 量子力学, 微观自由粒子的运动由 Schrödinger 方程

$$\mathrm{i}\frac{\partial\psi(\boldsymbol{x},t)}{\partial t}=-\frac{1}{2m}\nabla^2\psi(\boldsymbol{x},t) \tag{1.1.1}$$

来描述, 其中 m 是粒子的质量, $\psi(\boldsymbol{x},t)$ 为波函数, 它的模方 $|\psi|^2\geqslant 0$ 可以解释为概率密度. 如无特别说明, 在本书中都采用自然单位制, 取 $\hbar=c=1$, 其中 $\hbar=\dfrac{h}{2\pi}$, 而 h 是 Planck 常数. 非相对论量子力学能很好地解释原子结构、原子光谱的规律性、化学元素的性质等, 成为在原子、分子层次上描述微观世界的基本理论. 尽管量子力学可以很好地描述原子和分子的结构, 但不能从本质上直接处理原子中光的自发发射和吸收这类十分重要的微观物理现象. 当应用到高速微观粒子, 做相对论推广时, 量子力学还存在负概率、负能量、因果性等局限性, 这使得人们试图去寻找超越量子力学的更深层次理论.

量子力学是描述低速微观粒子运动规律的基本理论, 我们首先讨论因果性问题. 考虑一个自由粒子从 $\boldsymbol{x}_0$ 到 $\boldsymbol{x}$ 的传播, 传播概率幅为

$$U(t)=\langle\boldsymbol{x}|\mathrm{e}^{-\mathrm{i}Ht}|\boldsymbol{x}_0\rangle. \tag{1.1.2}$$

利用自由粒子的非相对论哈密顿量表达式 $H=\boldsymbol{p}^2/(2m)$, 可以得到

$$\begin{aligned}U(t)=\langle\boldsymbol{x}|\mathrm{e}^{-\mathrm{i}Ht}|\boldsymbol{x}_0\rangle&=\int\frac{\mathrm{d}^3\boldsymbol{p}}{(2\pi)^3}\langle\boldsymbol{x}|\mathrm{e}^{-\mathrm{i}\frac{\boldsymbol{p}^2}{2m}t}|\boldsymbol{p}\rangle\langle\boldsymbol{p}|\boldsymbol{x}_0\rangle\\&=\frac{1}{(2\pi)^3}\int\mathrm{d}^3\boldsymbol{p}\,\mathrm{e}^{-\mathrm{i}\frac{\boldsymbol{p}^2}{2m}t}\mathrm{e}^{\mathrm{i}\boldsymbol{p}\cdot(\boldsymbol{x}-\boldsymbol{x}_0)}\\&=\left(\frac{m}{2\pi\mathrm{i}t}\right)^{3/2}\mathrm{e}^{\mathrm{i}m\frac{(\boldsymbol{x}-\boldsymbol{x}_0)^2}{2}t},\end{aligned} \tag{1.1.3}$$

计算中插入了动量空间的完备集. 显然 (1.1.3) 式中的概率幅在所有时空类型中都非零. 当 $t^2-(\boldsymbol{x}-\boldsymbol{x}_0)^2<0$ 时, 量子力学违背了因果性.

尽管上面的推导是基于非相对论哈密顿量的, 但即使考虑相对论情况也不会改善. 利用相对论情况下的哈密顿量, 概率幅结果为

$$\begin{aligned}U(t)&=\langle\boldsymbol{x}|\mathrm{e}^{-\mathrm{i}t\sqrt{\boldsymbol{p}^2+m^2}}|\boldsymbol{x}_0\rangle\\&=\frac{1}{(2\pi)^3}\int\mathrm{d}^3\boldsymbol{p}\mathrm{e}^{-\mathrm{i}t\sqrt{\boldsymbol{p}^2+m^2}}\mathrm{e}^{\mathrm{i}\boldsymbol{p}\cdot(\boldsymbol{x}-\boldsymbol{x}_0)}\\&=\frac{1}{2\pi^2|\boldsymbol{x}-\boldsymbol{x}_0|}\int_0^\infty\mathrm{d}pp\sin(p|\boldsymbol{x}-\boldsymbol{x}_0|)\mathrm{e}^{-\mathrm{i}t\sqrt{\boldsymbol{p}^2+m^2}}.\end{aligned}\tag{1.1.4}$$

在 $\boldsymbol{x}^2\gg t^2$ 极限下, 概率幅有渐近行为

$$U(t)\sim\mathrm{e}^{-m\sqrt{\boldsymbol{x}^2-t^2}}.\tag{1.1.5}$$

显然这个概率幅不是零, 因果性的局限性问题也没有得到解决.

将 Schrödinger 方程直接推广到相对论性的量子力学, 即得到 Klein-Gordon 方程

$$-\frac{\partial^2}{\partial t^2}\psi=(-\nabla^2+m^2)\psi.\tag{1.1.6}$$

它存在平面波解

$$\psi(\boldsymbol{x},t)\sim\mathrm{e}^{-\mathrm{i}Et+\mathrm{i}\boldsymbol{p}\cdot\boldsymbol{x}},\tag{1.1.7}$$

其中能量本征值为

$$E=\pm\sqrt{\boldsymbol{p}^2+m^2}.\tag{1.1.8}$$

当 E 取负值时, 意味着相对论系统中存在负能解, 并且随着动量增大, 能量本征值不断下降. 负能解的存在导致系统不稳定, 粒子会不断向 $E=-\infty$ 的能级跃迁. 此时系统基态对应于粒子动量为无穷但能量为负无穷的状态, 这与实验观测是明显不符的, 也违背了常识.

除了负能解问题, 相对论量子力学还存在负概率问题. 非相对论量子力学中 Schrödinger 方程满足概率守恒条件

$$\frac{\partial\rho}{\partial t}+\nabla\cdot\boldsymbol{j}=0,\tag{1.1.9}$$

其中 $\rho=|\psi|^2$, 概率流表达式为

$$\boldsymbol{j}=\frac{\mathrm{i}}{2m}(\psi\nabla\psi^*-\psi^*\nabla\psi).\tag{1.1.10}$$

但如果将概率守恒条件和概率流的表示形式推广到相对论量子力学, 会发现所对应的概率密度算符变成

$$\rho = \frac{\mathrm{i}}{2m}\left(\psi^* \frac{\partial \psi}{\partial t} - \psi \frac{\partial \psi^*}{\partial t}\right). \tag{1.1.11}$$

此时概率密度正比于 $\psi^* \partial\psi/\partial t$ 的虚部, 注意这个结果不是恒正的. 当结果小于零时, 对应于负概率状态, 这在物理上无法进行理解和解释.

量子力学还存在由不确定性原理带来的多粒子问题. 随着尺度逐渐减小, 系统能量不确定度逐渐增大. 当能量不确定度大于基态粒子对阈值时, 就会产生新的粒子对, 此时量子力学系统自动转换成多粒子系统. 而量子力学中的波函数与动力学方程均不能描述多粒子体系, 尤其是粒子数变化 (即粒子产生与湮灭) 的过程. 这也促使人们寻求替代量子力学的理论.

正是由于这些局限性, 人们才需要在量子力学和相对论的基础上建立量子场论, 用于描述高速微观粒子现象和规律. 在涉及高速现象的粒子物理学中, 满足 Lorentz 不变性是对理论的一个基本要求. 为了描述速度较高的电子运动, 1928 年, Dirac 建立了相对论性量子力学 (Dirac 方程):

$$\mathrm{i}\frac{\partial}{\partial t}\psi = (-\mathrm{i}\boldsymbol{\alpha}\cdot\nabla + \beta m)\psi. \tag{1.1.12}$$

但 Dirac 方程有负能解, 面临物理概念上的困难. 另一方面, 经典的电磁场 Maxwell 方程为 (Lorenz 规范)

$$\Box A^\mu = 0, \tag{1.1.13}$$

其中矢势 A^μ 与场强 $F^{\mu\nu}$ 的关系是

$$F^{\mu\nu} = \partial^\mu A^\nu - \partial^\nu A^\mu = \begin{pmatrix} 0 & -E^1 & -E^2 & -E^3 \\ E^1 & 0 & -B^3 & B^2 \\ E^2 & B^3 & 0 & -B^1 \\ E^3 & -B^2 & B^1 & 0 \end{pmatrix}. \tag{1.1.14}$$

方程 (1.1.13) 很好地描述了电磁波的传播规律, 且是相对论性的, 可是它没有反映电磁场的粒子性, 不能描述光子, 更不能描述光子的产生和湮灭. 这意味着相对论量子力学方程很好地描述了电子的粒子性质, 而经典电磁场理论很好地描述了波动性, 但两者都不能同时描述高速微观客体的波和粒子二象性质. 实验进入高速微观现象领域, 首先要求电磁场理论发展为能描述以光速运动的光子产生和湮灭的物理现象的理论.

1927 年, Dirac 提出将电磁场作为一个具有无穷维自由度的系统进行量子化的方案. 该方案将电磁场 Fourier 分解为一系列基本的振动模式 (本征振动模式), 每

种振动模式具有一定的波矢 $\boldsymbol{k}$, 频率 ω 和偏振方式 $s=1,2$, 其中 $\omega=|\boldsymbol{k}|$. 因此自由电磁场可看作由无穷多个没有相互作用的谐振子构成的系统, 每个谐振子对应于一个本征振动模式. 根据量子力学, 这个系统具有离散的能级

$$E=\sum_{\boldsymbol{k},s} n_{\boldsymbol{k},s}\hbar\omega, \quad n_{\boldsymbol{k},s}=0,1,2,\cdots. \tag{1.1.15}$$

(1.1.15) 式中暂时保留了 $\hbar$, 基态是所有 $n_{\boldsymbol{k},s}=0$ 的态, 激发态表现为光子, $n_{\boldsymbol{k},s}$ 是具有波矢 $\boldsymbol{k}$、极化 s 的光子数, $\hbar\omega$ 是每个光子的能量, $\hbar\boldsymbol{k}$ 是光子的动量, 极化 s 对应于光子自旋的取向, 振动激发的消失就相应于光子的湮灭. 此方案实际上引入了量子场的概念, 将经典电磁场量子化, 从而统一描述了它的波动性和粒子性. 这样将经典电磁场量子化的方案就成功地描述了光子产生和湮灭的高速微观物理现象.

在完成了电磁场量子化以后, 一个自然的问题是如何处理高速电子现象, 包括电子的产生和湮灭过程. 1928 年, Jordan 和 Wigner 按照粒子和波的二象性观点提出了电子场的量子化方案, 将原先用来描述单个电子的运动的波函数 ψ 看作电子场并将它量子化. 与光子不同的是, 电子服从 Pauli 不相容原理. 对于非相对论性多电子系统, 他们的方案完全等价于通常的量子力学, 被称为二次量子化或粒子数表象中表述的多电子系统. 实际上称它为粒子数表象比二次量子化更为确切. 这个方案可直接推广到描述相对论性电子的 Dirac 场 ψ_α $(\alpha=1,2,3,4)$, 量子化后原来 Dirac 方程中的负能解正好描述了物理上电子的反粒子 —— 正电子. 自由电子场的激发态相应于一些具有不同动量和自旋的电子和正电子, 而由于 Pauli 不相容原理, 每个状态最多只能有一个电子或一个正电子. 这样 Dirac 电子场量子化以后就可以描述电子、正电子的产生和湮灭的物理过程.

1929 年, Heisenberg 和 Pauli 建立了量子场论的普遍形式, 每种微观粒子对应一种经典场, 例如光子对应电磁场 $A^\mu(x)$、电子对应电子场 $\psi(x)$ 等. 经典场是以连续性为特征的, 场的物理性质可用一些定义在全空间的量描述, 这些场量是空间坐标 $\boldsymbol{x}$ 和时间 t 的函数, 它们随时间的变化描述场的运动. 设场的系统可以用 N 个互相独立的场量 $\phi_i(\boldsymbol{x},t)(i=1,2,\cdots,N)$ 描述, 这里 $\boldsymbol{x}$ 是空间坐标, t 是时间. 空间不同点的场量可看作互相独立的动力学变量. 这种形式的主要特征在于场弥散于全空间, 因此经典场是具有连续无穷维自由度的系统. 各点的场量可看作力学系统的无穷多个广义坐标, 类似于力学系统, 可定义与这些广义坐标对应的正则动量, 记作 $\pi_i(\boldsymbol{x},t)$. 根据量子力学原理可以对这些场进行量子化, 引入与这些场对应的算符 $\phi_i(\boldsymbol{x},t)$ 和正则动量 $\pi_i(\boldsymbol{x},t)$, 它们之间遵从对易关系 (玻色子场)

$$\begin{aligned}
&[\phi_i(\boldsymbol{x},t),\pi_j(\boldsymbol{x}',t)]=\mathrm{i}\delta_{ij}\delta^3(\boldsymbol{x}-\boldsymbol{x}'),\\
&[\phi_i(\boldsymbol{x},t),\phi_j(\boldsymbol{x}',t)]=[\pi_i(\boldsymbol{x},t),\pi_j(\boldsymbol{x}',t)]=0.
\end{aligned} \tag{1.1.16}$$

在给定由 $\phi_i(\boldsymbol{x},t)$ 和 $\pi_i(\boldsymbol{x},t)$ 组成的哈密顿算符 H 后, 可写出场满足的 Heisenberg 运动方程:

$$\begin{aligned}\dot{\phi}_i(\boldsymbol{x},t)&=\mathrm{i}[H,\phi_i(\boldsymbol{x},t)],\\ \dot{\pi}_i(\boldsymbol{x},t)&=\mathrm{i}[H,\pi_i(\boldsymbol{x},t)].\end{aligned} \tag{1.1.17}$$

它们是经典场方程的量子对应. 量子场论的这种表述形式称为正则量子化形式. 量子场论还有一些基本上与正则量子化形式等价的表述形式, 其中最常用的是 Feynman 于 1948 年建立并在后来得到很大发展的路径积分形式.

在进行场的量子化时, 必须使理论保持实验所要求的对称性, 表现为当时空坐标和 (或) 场做某种变换 (数学上构成一个变换群) 时系统的哈密顿量保持不变. 根据 Noether 定理, 对应于连续对称群的每个生成元, 场论中都有一个守恒量, 如能量、动量、角动量、电荷和同位旋等. 对称性还给出粒子质量及物理过程振幅的一些关系式, 它们是量子场论给出的重要性质. 此外, 还必须保证所得的结果符合正确的自旋-统计关系, 即对于整数自旋的粒子, 可按照量子力学写出这些算符的正则对易关系 (1.1.16), 对半整数自旋的粒子, 则按照 Jordan 和 Wigner 的量子化方案, 场算符和正则动量按反对易关系量子化.

每种微观粒子对应的经典场按正确的自旋-统计关系量子化后, 充满在全空间的量子场互相渗透并且以一定方式发生相互作用. 所有的场都处于基态时表现为真空, 量子场的激发代表粒子的产生, 量子场激发的消失代表粒子的湮灭. 不同激发态表现为粒子的数目和状态不同, 场的相互作用可引起场激发态的改变, 表现为粒子的各种反应过程. 从上述量子场论的物理含义可知, 真空并非没有物质, 而处于基态的场具有量子力学所特有的零点振动和量子涨落. 由于量子场间有相互作用, 各种粒子的数目一般不守恒. 因此, 量子场论可描述原子中光的自发发射和吸收, 以及粒子物理学中各种粒子的产生和湮灭过程. 这样, 利用 Dirac, Jordan, Wigner, Heisenberg 和 Pauli 等人在相对论和量子力学的基础上, 通过场的量子化途径引入的微观粒子量子场的概念, 人们建立了相互作用量子场论. 它有效地描述了高速微观粒子物理现象和规律.

量子电动力学是最早发展和最成功的量子场论, 它将电磁场 (光子场) $A^\mu(x)$ 和电子场 $\psi(x)$ (x 为四维时空坐标) 同时量子化, 描述电子和光子的各种电磁相互作用现象. 电磁相互作用的拉氏密度

$$\mathcal{L}=\overline{\psi}[\mathrm{i}\gamma^\mu(\partial_\mu-\mathrm{i}eA_\mu)-m]\psi-\frac{1}{4}F^{\mu\nu}F_{\mu\nu}, \tag{1.1.18}$$

其中耦合常数 e 就是电子电荷. 由于相互作用使电磁场和电子场耦合在一起, 很难求得量子电动力学方程的精确解, 人们通常采用近似计算方法. 考虑到电子场和电

磁场相互作用的耦合常数 e 是一个小量, $\alpha = \frac{e^2}{4\pi} \approx \frac{1}{137}$, 量子电动力学首先采用微扰论方法, 把哈密顿量中相互作用项作为对自由场哈密顿量的微扰来处理. 这样各种反应过程的振幅可表达成耦合常数 e 的幂级数, 可以应用微扰论方法逐阶计算幂级数的系数. 考虑到耦合常数很小, 只要计算幂级数的前面几个低阶项就可以得到足够精确的近似结果. 1946—1949 年, Tomonaga, Schwinger 和 Feynman 等人发展了一套微扰论计算方法, 这种微扰论方法具有形式简单、便于计算且明显保持相对论协变性的优点. 特别是, Feynman 引入了直观图形表示法 (称为 Feynman 图、Feynman 规则) 和相应的描述物理过程的物理图像, 提供了写出微扰论任意阶项的系统方法.

人们发现, 在应用量子电动力学计算任意物理过程时, 尽管微扰论最低阶的计算结果与实验近似符合,但进一步计算单圈和高阶修正时却都会得到无穷大的结果. 同样的问题也存在于其他的相对论性量子场论中, 这就是著名的紫外发散困难. 20 世纪 40 年代, 人们对该理论中的紫外发散困难做了深入的分析, 并通过 Schwinger, Tomonaga, Feynman 和 Dyson 等人的努力, 在解决这个问题上有了突破性的进展. 他们发现, 量子场论中的发散积分是由于动量积分的上、下限积到无穷大而产生的, 或者说量子场论不能应用到距离很小的情形, 因此必须使发散积分在动量趋于无穷大时仍有定义, 而且有正确的方法分离出无穷大部分. 这就是发散积分的正规化. 如果重新定义理论中的质量和电荷, 将分离出的无穷大吸收进去定义物理质量和电荷, 使之同实验的观测值相对应, 则量子电动力学中的无穷大结果不再出现. 这种消除无穷大的方法, 叫作重整化理论. 它不但解决了量子电动力学中出现的发散困难, 还提出了一整套按电子电荷实验观测值的幂次展开的逐阶近似计算方法, 使量子电动力学的计算有了简单可靠的、具有相对论协变性的基础. 1947 年, Kusch 和 Foley 发现了电子反常磁矩, Lamb 等发现了氢原子的 $2S_{1/2}$ 和 $2P_{1/2}$ 能级的分裂, 只有通过量子电动力学的重整化理论计算, 才能在很高的精度上与电子和 μ 子的反常磁矩及原子能级的 Lamb 移位的实验符合, 使之得到正确的解释. 电子反常磁矩的理论值与实验符合的精度现已达到 10^{-9}. 实验表明, 量子电动力学在大于 10^{-16} cm 的尺度下是正确的. 量子电动力学作为重整化量子场论已经受了许多实验上的检验, 成为电磁相互作用的基本理论.

上述通过重新定义理论中的质量和电荷消去无穷大的方法能否在微扰论的任意阶成立并不是自明的, 重整化的普遍理论及其严格证明经过 Bogoliubov, Parasiuk, Hepp 和 Zimmerman 等人的研究在 20 世纪 60 年代才完成. 出现发散的根源在于: 在相对论性定域量子场论中, 微观粒子实际上被看作一个点. 即使在经典场论中, 如果把电子看作一个点, 那么由电子产生的电磁场对本身的作用而引起的电磁质量也是无穷大的. 在量子场论中发散有更多的形式, 它们起源于粒子产生的场对本身的自作用. 一个可重整理论必须能将所有的发散因子都归结为少数几个物理参量的重新定义, 使它们取实验要求的数值, 按重整化的耦合常数做微扰展开就可以得到有限的足够精确的结果. 重整化计算的结果与正规化的具体方式无关. 在量子电动力学中, 物理参量只有电子的质量和电荷需要重整化. 而有一类理论中有无穷多个物理参量发散, 此时一般不能由有限个实验结果精确预言其他的实验结果, 这类理论称为不可重整的. 但是, 在一定的条件下不可重整理论可作为更高能标下可重整理论的低能有效理论.

1935 年, Yukawa 提出了质子和中子通过交换一种未知的介子 (其质量介于质子和电子之间) 形成原子核内很强的束缚力的理论. 这种介子称为 π 介子, 其质量大约为 $100 \sim 200$ MeV, 这种力与交换无质量光子的电磁力不同, 是短程力. 这就开创了研究强相互作用的历史. 一年后, Anderson 在宇宙线中发现了一种粒子, 其质量为 105 MeV, 但后来知道这是只参与电弱相互作用的 μ 子. 直到 1947 年, Powell 才发现了参与强相互作用的 π 介子. 该相互作用拉氏密度

$$\mathcal{L}_{\mathrm{i}} = \mathrm{i} g \overline{n} \gamma_5 p \phi_{\pi} + \mathrm{h.c.}. \tag{1.1.19}$$

Yukawa 的强相互作用理论可以与电磁相互作用类比, 所不同的是交换的 π 介子是有质量的. 在电磁相互作用中, 相互作用强度以电荷 e 标记, 而在 Yukawa 介子交换强相互作用中, 相互作用强度以 g 标记. 1932 年, Heisenberg 首先对质子和中子引入了同位旋概念, 认为如果仅考虑强相互作用, 那么质子和中子可以视为一种粒子的二重态, 称为核子 N (质子和中子的总称). 1936 年, Cassen 和 Condon 引入了总同位旋概念, 在 SU(2) 同位旋空间, 核子 N 表示为 $\psi = \begin{pmatrix} \psi_{\mathrm{p}} \\ \psi_{\mathrm{n}} \end{pmatrix}$, 是同位旋 $T = \dfrac{1}{2}$ 的二重态, 对应于质子态和中子态. 如果略去电磁相互作用, π^+, π^-, π^0 也可以视为一种粒子, 可以认为它们是 SU(2) 同位旋 $T = 1$ 的三重态, 并可引入同位旋空间矢量

$$\boldsymbol{\pi} = \begin{pmatrix} \phi_1 \\ \phi_2 \\ \phi_3 \end{pmatrix},$$

其中 $\phi_i (i = 1, 2, 3)$ 都是实标量场. π-N 相互作用拉氏密度

$$\mathcal{L}_{\mathrm{i}} = \mathrm{i} g_{\pi\mathrm{NN}} \overline{\psi} \gamma_5 \boldsymbol{\tau} \cdot \boldsymbol{\pi} \psi, \tag{1.1.20}$$

其中 τ_i 是 Pauli 矩阵,

$$\tau_1 = \begin{pmatrix} 0 & 1 \\ 1 & 0 \end{pmatrix}, \quad \tau_2 = \begin{pmatrix} 0 & -\mathrm{i} \\ \mathrm{i} & 0 \end{pmatrix}, \quad \tau_3 = \begin{pmatrix} 1 & 0 \\ 0 & -1 \end{pmatrix}. \tag{1.1.21}$$

(1.1.20) 式的拉氏密度在同位旋空间 (SU(2) 对称性) 转动下是不变的. 然而当人们将 Yukawa 理论与核力实验相比较时, 发现有效相互作用强度 $\frac{g^2}{4\pi} \approx 14(\gg 1)$, 这要比电磁相互作用强度 $\frac{e^2}{4\pi} \approx \frac{1}{137}$ 大很多, 因此微扰论不再适用, 高阶项的贡献不仅不能忽略, 而且使得整个微扰论计算变得毫无意义. 放弃微扰论, 发展不依赖于微扰展开的 S 矩阵理论和公理化场论的研究在 20 世纪 50 年代有了相当大的进展, 由此而出现的色散关系和 Regge 极点理论也取得了一定成功. 20 世纪 50 年代末, 随着高能加速器的发展, 在加速器实验中发现了一大批直接参与强相互作用的粒子, 它们的寿命极短. 60 年代初, 自然界中已发现的基本粒子多达一百多种. 这些粒子按照相互作用可以分为两类: 一类是直接参与强相互作用的粒子, 如质子、中子、π 介子、奇异粒子和一系列的共振态粒子等, 统称为强子; 另一类粒子不直接参与强相互作用, 只直接参与电磁、弱相互作用, 如电子、μ 子和中微子等, 统称为轻子. 显然, 仅由描述质子、中子、π 介子的强相互作用理论推广描述已发现的一百多种强子是不完备的. 60 年代初, SU(3) 对称性在强子分类上取得了成功, 进一步的高能物理实验揭示上百种强子并不 “基本”, 是有内部结构的. 1964 年, Gell-Mann 和 Zweig 提出了夸克模型理论. 该理论中, 夸克被看成物质结构的新层次, 质子、中子、π 介子等强子由更小的夸克组成. 当时已发现的强子都是由三种更基本的夸克 (上夸克 u、下夸克 d 和奇异夸克 s) 组成的. 60 年代, 大量的高能物理实验证实了夸克的存在和夸克模型的成功. 在此基础上产生了强相互作用的流代数理论, 这个理论把强相互作用的对称性和色散关系理论所沿用的解析性讨论结合起来, 给出了量子场论中出现的强子流算符所满足的代数关系, 并由此得到了一些耦合常数之间、各种过程之间的关系及反常磁矩等物理量. 虽然这些结果与实验符合, 但流代数并没有给强相互作用的研究带来突破性的进展.

1934 年, 费米为了解释中子 β 衰变, 即

$$\mathrm{n} \to \mathrm{p} + \mathrm{e}^- + \bar{\nu}_\mathrm{e}$$

现象, 提出了四费米子弱相互作用理论. 后来实验又观察到了介子、重子和轻子通过弱相互作用衰变和中微子散射等弱相互作用过程. 1956 年, 李政道和杨振宁指出弱相互作用中可能打破左、右分立对称性, 宇称 (P) 可能不守恒. 这就突破了 “分立对称性” 不能被破坏对人们思想的禁锢. 1957 年, 吴健雄教授领导的小组率先用实验证实了弱相互作用的宇称不守恒. 弱相互作用宇称不守恒的发现引导人们对弱相互作用的认识走上正确的道路. 1958 年, Feynman, Gell-Mann, Marshak 和 Sundarshan 确立了描述弱相互作用的流在 Lorentz 变换下应当具有 $V-A$ 的形式 (V 是矢量流, A 是轴 (赝) 矢量流), 而且适用于所有的弱相互作用过程, 被称为普

适费米型弱相互作用 $V-A$ 理论. 例如纯轻子弱衰变过程

$$\mu^- \to e^- + \nu_\mu + \bar{\nu}_e,$$

其 $V-A$ 形式的拉氏密度

$$\mathcal{L} = \frac{G}{\sqrt{2}}[\overline{\nu}_\mu \gamma_\rho (1-\gamma_5)\mu][\overline{e}\gamma^\rho (1-\gamma_5)\nu_e] + \text{h.c.}, \tag{1.1.22}$$

其中耦合常数 G 可以由实验确定, 它与质子质量二次方的乘积是无量纲的量: $Gm_p^2 \approx 10^{-5}$. 此值仅为电磁相互作用精细结构常数的千分之一. 尽管在最低阶的微扰论计算中, 普适费米型弱相互作用理论可以给出同实验相符合的结果, 然而该理论是不可重整的, 具有无法计算微扰论的高阶效应以及其他原则性困难, 因此四费米子弱相互作用拉氏密度不能作为弱相互作用的基本理论, 而只是 1967 年建立的电磁相互作用和弱相互作用统一理论的低能有效理论.

§1.2　量子场论的发展

量子场论建立后成为描述高速微观物理现象的有力工具, 促使人们将量子场的概念推广应用到自然界所有粒子场以及它们所参与的四种相互作用中. 粒子物理实验的飞速发展和理论的深入研究进一步推动了量子场论的发展, 其中非 Abel 规范场论、对称性自发破缺、标准模型 (电弱统一模型和量子色动力学)、非微扰理论 (如格点规范理论) 和相互作用统一理论 (超对称、超弦) 等是 20 世纪 60 年代以后几个重要的发展方向. 下面对量子场论的发展做简单介绍.

(1) 非 Abel 规范场论. 杨振宁和 Mills 在 1954 年提出的非 Abel 规范场论是量子场论发展的一个重要里程碑. 定域规范对称性是指当场的规范变换群的参数依赖于时空坐标 $\boldsymbol{x}, t$ (规范变换随各时空点的不同而改变) 时, 场方程和所有物理量在规范变换下保持协变或不变的性质. 物理规律在定域规范变换下的不变性, 必然导致规范场的存在. 它对应于对称群的生成元, 且为自旋为 1 的零质量矢量场. 规范场起传递相互作用的媒介作用. 例如量子电动力学拉氏密度 (1.1.18) 具有定域规范变换下的不变性, 场的变换群是可交换的 U(1) 群, 其规范场为 $A_\mu(x)$. 量子电动力学是 Abel 规范场论. 电磁相互作用的规范不变性导致光子质量为零. 非 Abel 规范场论中场的变换群是不可交换的非 Abel 群, 如 SU(3) 群、SU(2) × U(1) 群等, 即两次规范变换是不可对易的. 此时定域规范变换不变性所导致的规范场称为非 Abel 规范场.

1967 年, Weinberg 和 Salam 提出了电磁相互作用和弱相互作用的统一理论, 将电磁相互作用和弱相互作用统一在 Glashow 早年提出的具有 SU(2) × U(1) 群规范对称性的理论中. 他们应用定域规范变换不变原理并引入对称性自发破缺机制将两种相互作用统一起来, 同时预言了弱中性流的存在以及传递弱相互作用的中间玻色子的质量. 20 世纪 70 年代发展起来的量子色动力学理论也是非 Abel (SU(3) 规范群) 规范场论. 正是由于电磁相互作用和弱相互作用统一理论与量子色动力学理论的建立, 非 Abel 规范场论得以全面发展.

(2) 非 Abel 规范场量子化. 由于存在非物理的规范变换自由度, 非 Abel 规范场论在量子化和重整化上都有特殊问题. 在研究这些问题时, 人们广泛利用了量子场论的路径积分和泛函的表述形式. 对于自旋为 1 的电磁场, 由于 Lorenz 条件的存在, 正则量子化遇到了困难. 困难产生的原因在于物理场量是 $F_{\mu\nu}$, 而规范场 A_μ 的引入是为了描述理论的规范不变性, 即困难来源于规范场 A_μ 含有非物理自由度, Lorenz 条件使得电磁场量子化成为有约束条件的量子化, 而此约束条件不是规范不变的. 人们处理这种有约束条件的场量子化通常选取拉格朗日乘子法, 附加规范固定项, 采取对物理态的限制, 即采用不定度规方法绕过困难, 这样做后仍可应用正则量子化方法. 对于非 Abel 规范场, 若采用正则量子化方法同样会遇到上述困难, 而且由于非 Abel 理论的高度非线性 (存在三规范场、四规范场自相互作用) 使得问题复杂化而不易实现正则量子化, 仅在一些非协变的规范下, 如 Coulomb 规范 $(\partial_i A_i^a = 0)$、时性规范 $(A^0 = 0)$、光锥规范 $(A^+ = A^0 + A^3 = 0)$ 时可以实现正则量子化. 但这些规范是非协变的, 不能明显保持理论的 Lorentz 协变性. 对于非 Abel 规范理论, 既能保持理论的规范不变性又能明显保持协变性的量子化方法是 1967 年 Faddeev 和 Popov 提出的, 而且是在路径积分量子化方法中得以实现的. 泛函积分 (路径积分) 量子化方法首先由 Feynman 在量子力学体系中奠定了基础, 将概率幅表达为路径积分的形式, 从量子作用原理可以推出正则量子化规则. 路径积分把量子力学用经典量来表述, 经典轨迹对应于经典作用量的极值, 而量子力学可以解释为围绕着这一经典轨迹的涨落. 20 世纪 70 年代初, 人们将路径积分量子化方法应用到非 Abel 规范场量子化, 对标准模型的建立起了很重要的作用, 因为此方法可以方便地明显保持理论的 Lorentz 协变性、规范不变性和其他对称性质.

(3) 对称性自发破缺. 电弱统一模型理论成功的一个关键点是通过引入真空对称性自发破缺机制使得中间玻色子获得质量, 同时还保持了理论的规范不变性和可重整性. 对称性自发破缺是指: 虽然场方程具有某种对称性, 但是场方程的真空态的解不具有这种对称性, 因而生成对称性破缺. 量子场论是描述微观粒子系统的基本理论体系, 量子场系统的能量最低状态就是真空态, 真空态的能量、动量为零. 粒子是真空激发的量子, 真空的性质和各种粒子的运动规律由量子场论体系中的相互作用形式确定. 因此, 自然界的真空不是一无所有的虚无, 而是充满物质场相互作用的最低能量态, 它可以有真空零点振荡、真空涨落 (各种虚粒子的产生、湮灭和转化) 和真空凝聚 (如集体激发态的相干凝聚) 等. 粒子的性质必然与真空的本质密切相关. 真空性质的复杂性及其物理后果都充分表明了真空不空, 它对物理学发展产生了深刻的影响. Nambu 的对称性自发破缺理论就是基于对真空物质性的认识提出的. 1960 年, Nambu 将铁磁系统和超导体中的对称性破缺概念引入微观粒子系统中. 他首先认识到在某种相互作用形式下真空态可能不是唯一的, 存在多个最低能量态, 物理上称为简并真空态, 此时可能发生真空对称性自发破缺, 即物理真空只选取了多个简并真空态中的一个. 物理上铁磁体和超导体系统就是这种情况, 例如铁磁体在 Curie 点以下显示出铁磁性, 它的磁矩指向特定方向. 铁磁系统可以用自旋点阵模型来描述, 其相互作用形式是各向同性的, 即具有转动对称性, 但最低能态 (真空) 不止一个, 可以指向不同方向. 在 Curie 点以下, 由于某种原因所有自旋都排列在同一方向, 就不是各向同性, 破坏了转动对称性, 这时系统发生了对称性自发破缺. 按照 Nambu-Goldstone 定理, 当连续对称性产生自发破缺时, 系统中一定会出现零质量的 Goldstone 粒子. Goldstone 粒子的数目取决于相互作用对称性大小 (G) 和物理真空保留对称性大小 (H) 之差 (确切地说, Goldstone 粒子的数目为 $N_G - N_H$, 其中 N_G 和 N_H 分别是群 G 和群 H 的生成元数目).

(4) 电磁相互作用和弱相互作用统一理论. 基于非 Abel 规范场论, 1961 年, Glashow 提出了电磁相互作用和弱相互作用的统一理论模型. 模型表明电磁相互作用和弱相互作用具有一种特殊的对称性—— $\mathrm{SU}(2)\times\mathrm{U}(1)$ 对称性, 其中 $\mathrm{U}(1)$ 对称性是电磁相互作用所具有的, 而 $\mathrm{SU}(2)$ 对称性则是弱相互作用应具有的. 在这个理论中, 两种相互作用是统一的, 两种耦合常数有着确定的关系. 它的非 Abel 规范场粒子有三种: $\mathrm{W}^+, \mathrm{W}^-$ 和 Z^0, 是传递弱相互作用的粒子. 但是, 该理论没有解决 $\mathrm{W}^\pm$ 和 Z^0 粒子如何获得大的静止质量以及理论上如何重整化等问题. 1967—1968 年, Weinberg 和 Salam 提出了统一描述电磁相互作用和弱相互作用的自发破缺规范场论模型, 选用了 $\mathrm{SU}(2)\times\mathrm{U}(1)$ 定域规范群且引入了 Higgs 机制. 他们的具体做法是在拉氏密度中引入一个二分量的 Higgs 场 (标量场), 并设它的自作用形式可导致电弱对称性的自发破缺, 统一的电弱相互作用分解为性质截然不同的电磁相互作用和弱相互作用两部分. Goldstone 定理表明, 当对称性自发破缺时必定存在零质量玻色子, 这些 Goldstone 玻色子场会与相应的规范场结合生成规范场的纵向分量, 使原来质量为零的规范场得到质量. 这一过程称为 Higgs 机制. Higgs 场激发出的中性标量粒子称为 Higgs 粒子. 这个理论中很重要的预言是弱中性流的存在以及中间玻色子 $\mathrm{W}^\pm$ 和 Z^0 粒子的质量. 1973 年, 美国费米实验室和欧洲核子研究中心 (CERN) 在实验上相继发现了弱中性流. 1983 年, Rubia 实验组等在 540 GeV 的高能质子-反质子对撞的实验中发现的 $\mathrm{W}^\pm$ 和 Z^0 规范粒子, 质量及特性同理论预言的完全相符, 这给予电弱统一理论以极大的支持. 此后理论经历了一系列实验的精密检验, 从而成为电磁、弱相互作用统一的基本理论.

在电弱统一模型成功的同时, 该模型还预言了一种中性标量粒子 (称为 Higgs

粒子) 的存在, 但理论并不能预言 Higgs 粒子的质量. 在很长一段时期内, 大量实验支持电弱统一理论中的 $SU(2) \times U(1)$ 规范作用部分, 但一直未能找到 Higgs 粒子. 2011 年以前, 实验确定 Higgs 粒子的质量下限是 115 GeV. 这就成为很多年内粒子物理中的一个不解之谜 —— Higgs 粒子在哪里? 欧洲核子研究中心运行的大型强子对撞机 (LHC) 的物理目标之一就是要寻找 Higgs 粒子以回答对称性破缺的本质这一疑难. LHC 上的两个实验组 (CMS 和 ATLAS) 在 2012 年以及 2013 年确认发现了神秘的 Higgs 粒子, 其质量为 125 GeV. 不言而喻, Higgs 粒子的发现回答了标准模型中对称性破缺的本质难题.

电弱统一理论的成功, 其意义可以与 Maxwell 电学和磁学统一理论的成功相比拟. 19 世纪末, Maxwell 提出了他的电磁学理论, 将原来分开的电学和磁学统一起来, 并预言了电磁波的存在. 该理论很快获得了实验证实. 20 世纪, 电磁学规律已经对工业、农业、科学技术和军事产生了巨大的影响.

(5) 正规化和重整化. 量子场论做微扰展开时, 计算高阶修正会出现圈图发散积分. 此类发散积分是由在动量空间中积分积到无穷大引起的, 通常称为紫外发散. 为了在微扰展开中有效地计算高阶圈图修正, 必须将理论中出现的无穷大分离出来, 使得微扰计算合理化并仅依赖于有限物理量, 这种理论方法就是重整化. 实现重整化要对圈图发散积分进行正规化, 即对于一给定的 Feynman 图计算, 引入可调节参量正确定义发散积分并分离出无穷大. 正规化方法大致可以分为三类: (i) 截断法. 在动量空间中积分限不积到无穷大而代之以一个大的截断参量 Λ, 使得积分有正确的定义. (ii) 增大被积函数分母的幂次使积分收敛, 例如 Pauli-Villars 正规化. (iii) 降低时空维数的维数正规化方法. 人们可以采用不同的正规化方法, 重整化计算的结果与正规化的具体方式无关. 由于非 Abel 规范场论的复杂性, 1972 年, 't Hooft 和 Veltman 提出了维数正规化方法, 这一方法的要点是降低时空的维数, 将四维发散积分定义在 $D(=4-2\epsilon)$ 维空间计算, 当 $\epsilon \neq 0$ 时积分是收敛的, 无穷大项作为 $\frac{1}{\epsilon}, \frac{1}{\epsilon^2}, \cdots$ 极点项出现. 他们证明了非 Abel 规范场论采用维数正规化方法可以保持理论的规范不变性和 Lorentz 不变性, 使得理论可重整化. 这样在非 Abel 规范理论中才能有效地计算微扰论的高阶修正结果.

(6) 量子色动力学理论. 1967 年, 美国斯坦福直线加速器中心 (SLAC) 在电子打质子的深度非弹性散射实验中发现了标度无关律 (scaling law). 标度无关律意味着大动量迁移下电子是与质子内许多无相互作用的自由点粒子相互作用的. Feynman 称质子内的这些点粒子为部分子 (parton). 高能散射实验显示出在动量迁移足够大时强子的两个最显著的特征: (i) 强子内部存在点状结构; (ii) 强子内的部分子在很小的尺度中相互作用很微弱, 有如自由粒子 (渐近自由现象). 另一方面, 在夸克模型成功的同时, 为了解释统计性质问题, Gell-Mann 在 1972 年引入了新的内部

“色” 空间自由度, 即假定每种夸克除了内部自由度 “味” (u, d, s, c, b, t) 不同外还具有三种不同的 “颜色”, 由此就可以使夸克模型里的强子遵从相应的费米和玻色统计. 每一种夸克有三种不同的色, 不同色夸克之间的强相互作用是通过传递带色的胶子而发生的. 轻子不直接参与强相互作用, 没有内部色空间. 这种色自由度的引入立即获得了实验上的证实, 例如 $\pi^0 \to \gamma\gamma$ 衰变概率以及 e^+e^- 对撞中 R 值的测量 ($R = \dfrac{\sigma(e^+e^- \to \text{强子})}{\sigma(e^+e^- \to \mu^+\mu^-)}$, 其中 σ 是相应过程的碰撞截面) 等, 详见 §17.2.

电磁相互作用的基本理论是量子电动力学 (QED), 人们测量到的电荷是屏蔽以后的有效相互作用, 即在小动量迁移 (Thomson 极限) 下确定的. 在 QED 理论中, 随着动量迁移 Q 的增加, 有效耦合常数 (电荷 e) 随之增大. 这样一个行为由重整化理论中的 β 函数完全确定. 在 QED 中 β 函数是正的, 有效耦合常数随能量增加而增大, 正反电子对屏蔽电荷, 当 Q 很大时, 探测电荷的波长很短, 可直接探测到未被屏蔽的电荷, 其探测到的电荷自然增大. 因此, QED 理论不具有上述渐近自由的特点. 1973 年, Gross, Wilczek 和 Politzer 提议 SU(3) 色规范群下的非 Abel 规范场论可以作为强相互作用的量子场论, 其 β 函数是负的, 具有反屏蔽性质, 使得有效耦合常数 $\alpha_s(Q)$ 随着 Q 增大而减小, 即具有渐近自由性质, 从而用 SU(3) 色规范群建立了量子色动力学 (QCD) 理论. 该理论的拉氏密度

$$\mathcal{L} = \overline{\psi}(x)(i\gamma^\mu D_\mu - m)\psi(x) - \frac{1}{4}F^{a,\mu\nu}F^a_{\mu\nu}, \tag{1.2.1}$$

其中

$$\begin{aligned} F^a_{\mu\nu} &= \partial_\mu A^a_\nu - \partial_\nu A^a_\mu + g f^{abc} A^b_\mu A^c_\nu, \\ D_\mu &= \partial_\mu - igT^a A^a_\mu. \end{aligned} \tag{1.2.2}$$

SU(3) 群有八个生成元 $T^a(a = 1, 2, \cdots, 8)$, 满足对易关系

$$[T^a, T^b] = if^{abc}T^c, \tag{1.2.3}$$

其中 f^{abc} 是 SU(3) 群的结构常数. 在这一非 Abel 规范场论中, 规范场 A^a_μ $(a = 1, 2, \cdots, 8)$ 起了强相互作用的媒介子作用, 称为胶子, 没有质量. 注意胶子不是色中性的. 正是由于胶子带色荷, 因此胶子之间有相互作用, 从而产生了反屏蔽效应, 决定了强相互作用的渐近自由性质. 这一性质对认识自然界中强相互作用的本质极为重要. 1973 年, 三喷注的实验结果证实了强子内部存在胶子. 量子色动力学理论中除了夸克和胶子之间有与量子电动力学中电子和光子之间类似的相互作用以外, 胶子之间还存在三胶子和四胶子相互作用顶点. 正是这些顶点决定相互作用耦合强度 g_s 随着能量的增加而减小, 与 g_s 紧密相关的 β 函数为负值, 最终导致强相

互作用的有效耦合常数 g_s 满足

$$\alpha_s(Q) = \frac{g_s^2}{4\pi} = \frac{4\pi}{\beta_0 \ln \frac{Q^2}{\Lambda^2}}, \tag{1.2.4}$$

其中 $\beta_0 = -\left(\frac{2}{3}N_f - 11\right)$ 是单圈近似下的 β 函数值, N_f 是夸克的味数, Λ 是 QCD 的标度参量. 从 (1.2.4) 式可见, 当 Q 趋于无穷大时, 强相互作用耦合常数 $\alpha_s(Q)$ 趋于零 (见图 1.2.1), 定量地表达了强相互作用渐近自由的性质. 人们形象地将耦合常数随 Q 增大而对数减小这一规律称为跑动耦合常数. 量子色动力学的这一规律已得到了一系列物理过程的实验证实. 量子色动力学在强相互作用过程中取得了很多成就, 被人们接受为强相互作用的基本理论, 已走向精密验证和发展的阶段.

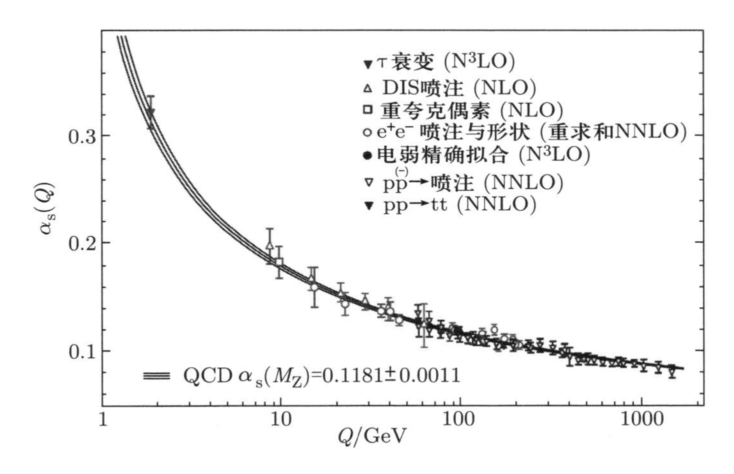

图 1.2.1 QCD 跑动耦合常数. 实验表明, QCD 跑动耦合常数从几 GeV 到 1000 GeV 都与量子色动力学渐近自由理论一致 (引自《2020 年粒子物理数据表》)

量子色动力学理论的基本成分是夸克和胶子, 它们被紧紧束缚在强子内部, 不能被击出为自由的状态, 只能间接地由强子实验来观测. 人们形象地称此物理现象为 "夸克禁闭". 量子色动力学理论仅在高动量迁移下的物理过程中可以得到应用和实验检验, 对于低动量迁移的物理现象和强子结构, 则面临夸克禁闭困难, 很难精确计算物理过程的强子矩阵元. 跑动耦合常数 g_s 在 Q 变小时逐渐增大, 以至趋于无穷大, 由此可以定性地理解为什么夸克被禁闭在强子内部而不能以自由状态分离出来: 当两个夸克之间的距离增大时, 夸克之间交换胶子的 Q 变小, 跑动耦合常数变大, 这意味着夸克之间的相互作用随着分开的距离增加而增加, 使得夸克和胶子永远束缚在强子内部. 这正像橡皮筋一样, 拉的愈长弹回的强度愈大.

渐近自由和夸克禁闭是量子色动力学理论的两个重要特点. 由渐近自由性质决定的微扰量子色动力学理论建立在微扰真空的基础上, 而量子色动力学物理真空完全不同于微扰真空. 物质与真空中的夸克、反夸克对和胶子不断发生相互作用构造出新的强子结构图像. 因此, 揭示真空的本质必将导致夸克禁闭疑难的解决. 只有完全掌握了渐近自由和夸克禁闭这两个特点的机理, 人们才能精确计算涉及强相互作用的物理过程和强子谱, 而仅当这些计算得到从高能到低能所有能区的实验检验, 才能说对强相互作用有了深刻的理解.

(7) 标准模型理论. 电弱统一理论与描述夸克之间强相互作用的量子色动力学 (QCD) 理论合在一起, 构成了粒子物理学中的标准模型理论, 这是 20 世纪物理学最重要的成果之一. 在标准模型中, 传递电磁相互作用的媒介子是光子 (γ), 传递弱相互作用的是荷电中间玻色子 (W^+, W^-) 和中性中间玻色子 (Z), 传递强相互作用的是八种胶子 (g). 夸克、轻子以及传递相互作用的媒介子就是物质世界的基本单元. 粒子物理学标准模型自提出以来经受了大量实验的检验. 特别是 20 世纪 90 年代以后, 在大型正负电子对撞机 (LEP) 等加速器上在 $100 \sim 200$ GeV 质心能量区做的实验对一系列电弱物理量的测量精确到了千分之一的量级, 理论与实验的符合性总体上是令人满意的. QCD 在纯强相互作用过程中也取得了很多成就, 被人们接受为强相互作用的基本理论. 电弱统一理论告诉我们, 电磁相互作用和弱相互作用在能量远高于中间玻色子质量时是统一的, 而在低能时电弱对称性自发破缺, 表现出两种不同的相互作用. 人们很自然地要问, 当能量更高时, 电弱统一相互作用与强相互作用是否会形成更大的统一理论? 超对称大统一理论就是一种尝试.

物质结构在新层次下的物理图像与先前原子、原子核的层次完全不一样, 这表明支配下一层次的新的物理规律决定了新的物理图像和观念. 美国在布鲁克海文进行的相对论重离子对撞实验的目的是揭示物理真空的性质. 该实验力图在极端条件下将夸克和胶子从质子和中子中解放出来形成夸克-胶子等离子体, 也就是实现从夸克的禁闭相到退禁闭相的跃迁. 从粒子物理的发展过程可以看出, 对称性破缺的本质可能来自真空的不对称性产生的真空对称性自发破缺机制, 夸克禁闭可能是量子色动力学物理真空造成的. 两者都很可能从真空中得到破解, 因此关键在于揭示真空的物理本质. 为了揭示真空对称性自发破缺机制和夸克禁闭的本质, 科学家们正在建造一系列高能加速器. 然而由于能量提高极限和经费投资的限制, 利用目前的加速器原理已很难达到更高能量, 科学家们正在计划通过直线对撞机、超高能强子对撞机和 $\mu^+\mu^-$ 对撞机来实现超高能量的物理实验.

目前, 粒子物理学家们普遍认为, 标准模型并不是基本理论, 而是更深层次 (新能标) 动力学规律在低能下的有效理论. 在标准模型中, 不仅中间玻色子的质量是通过对称性破缺获得的, 而且夸克和轻子的质量也是通过引入 Higgs 场 Yukawa 型耦合给出的. 然而轻子和夸克的质量谱从 eV 一直到 180 GeV ($1\ \text{GeV} = 10^9\ \text{eV}$),

可以相差 11 个数量级, 即使同一层次的夸克的质量也从几 MeV 到 180 GeV, 相差数万倍, 其质量等级的起源困扰着高能物理学家们. 这样宽广的质量谱很可能反映了有更深层次的物质结构.

规范场论是构筑自然界四种基本相互作用理论的基础. 量子场论未能解决的最大问题是引力场的量子化. Einstein 引力场也是一种规范场, 但有其特殊的性质. 这不但因为量子化的 Einstein 引力场论是不可重整的, 只能作为低能有效理论, 还因为引力黑洞的性质与定域量子场论有一些难以协调之处. 引力在微观现象中通常可忽略, 但是按照量子化的 Einstein 理论, 在极小的距离, 即约 10^{-33} cm(相应于 10^{19} GeV 的能量) 处引力会变得很强而不可忽略. 因此, 人们把引力量子化困难与发散困难联系起来, 期待有一个超出量子场论框架的更为基本的理论来解决这些困难.

人们也一直在量子场论的框架内探讨各种超出标准模型的理论, 如超对称大统一理论. 出于不同的物理考虑, 人们已经研究了各种不同的量子场论, 其中有超对称场论 (包括超对称规范场论) 和共形场论等. 前者具有玻色子与费米子之间的对称性, 使其发散性减弱; 后者是在二维共形变换下不变的场论, 可用于二维物理系统的临界现象, 也是弦理论的组成部分. 利用其高度对称性, 人们对这两种理论证明了许多不依赖于微扰论的严格结果. 中微子质量不为零且很小, 它们的质量起源以及可能存在的 CP 破坏已成为粒子物理学家和天体物理学家们关注的热点问题. 同时, 科学家们也在发展非加速器物理实验并与天文观测相结合以探讨自然界的奥秘. 最新的研究使得粒子物理学、天文学和宇宙学交叉发展, 联手解决面临的难题, 以期最终揭示超出标准模型的新的微观物理规律.

(8) 非微扰理论和方法. 处理量子场论的微扰论方法有它的局限性, 它要求耦合常数很小, 即属于弱耦合的情况, 耦合强到一定程度后微扰论展开式的头几项就不再是好的近似了. 因此, 在量子场论的发展过程中已针对不同问题的需要发展了许多非微扰方法, 如色散关系、半经典近似、重整化群方法、算符乘积展开、量子色动力学求和规则、各种低能有效理论、格点规范理论等. 这些方法的出发点各不相同, 在应用范围和近似程度上都有一定的局限性. 低能有效理论的出发点是: 在能量足够低时重粒子不能产生, 它们只通过出现在量子效应中间过程中来影响轻粒子之间的相互作用, 因此可引进只包含轻粒子的有效场论, 以物理过程的能量和某一能标的比作为小参数写出哈密顿量的展开式. 这种理论通常是不可重整的, 但如果对高阶项的系数的重整化值做一些合理的假设, 低阶的几项就是好的近似.

(9) 格点规范理论. 目前在量子色动力学框架里, 虽然以两个夸克之间的距离增大时耦合强度变为无穷大定性地解释了夸克禁闭在强子内部的结构图像, 但是定量地解释夸克禁闭和强子结构图像仍是高能物理中的重大难题. 格点规范理论正试图在量子色动力学理论中最终解决夸克禁闭这一难题. 格点规范理论的出发点是:

用定义于有限点阵上的有定域对称性的系统逼近连续时空中的规范场, 利用电子计算机做蒙特卡罗模拟计算. 格点提供了量子场论在小距离处的一种正规化. 虽然这不再是一个无穷维自由度的系统, 但只要格点的数目足够多, 仍是一种合理的近似. 随着逼近方法的改进和电子计算机计算速度的提高, 格点规范理论的精确度可以不断提高, 将发展为很有力的非微扰方法. 由于格点规范理论本质上是非微扰理论, 其理论方法不依赖于相互作用的强弱, 因此科学家们正努力获得强相互作用的全部解, 而不仅是渐近自由解.

将格点规范理论应用于量子色动力学, 在强耦合近似下可以证明两个色荷之间的力线聚集成弦, 因而有色禁闭. 在具体计算时, 可将量子色动力学放在计算机上做模拟, 利用蒙特卡罗方法, 计算低能强子谱和强子的静态性质. 格点规范理论是迄今为止处理量子色动力学强耦合极限的最好和最有效的方法之一.

(10) 量子场论的其他应用. 量子场论是粒子物理学的基础理论, 本质上是无穷维自由度系统的量子力学. 因此, 量子场论也被广泛应用于统计物理、核理论、宇宙学和凝聚态理论等近代物理学的许多分支中, 是重要的理论工具. 量子场论适用于讨论凝聚态和作为多粒子系统的原子核中的许多现象. 在 QCD 成为核力的理论基础后, 核物理已更多地应用量子场论. 在统计物理和凝聚态物理中, 人们感兴趣的自由度往往不是对应于粒子的运动, 而是系统中的集体运动, 如晶体或量子液体中的波动. 这种波动可以看作波场, 而且它们也服从量子力学的规律, 因此量子场论同样可应用于这些问题. 量子场论的 Green 函数方法、Feynman 微扰论和路径积分方法被广泛地应用. 这些方法大大提高了人们解决问题的能力. 由于统计物理中的相变问题是无穷维自由度问题, 且热涨落与量子涨落在数学形式上具有相似性, 量子场论方法对相变问题也有着十分重要的应用, 如重整化群方法对处理长期不能解决的一些临界现象问题起了关键性的作用. 量子场论方法对超导和量子液体等现象的理论发展起了重要的推动作用. Goldstone 模、规范场、Higgs 机制、重整化群和共形场论等概念在凝聚态理论中有许多重要应用.

习 题

1. 一维谐振子系统的哈密顿量为

$$H = \frac{1}{2}m\dot{x}^2 + \frac{1}{2}m\omega^2 x^2.$$

请根据上述哈密顿量和相应的本征波函数计算演化振幅

$$\langle \boldsymbol{x}_{\mathrm{f}}, t_{\mathrm{f}} | \boldsymbol{x}_{\mathrm{i}}, t_{\mathrm{i}} \rangle = \left[\frac{m\omega}{2\pi \mathrm{i} \sin \omega (t_{\mathrm{f}} - t_{\mathrm{i}})} \right]^{1/2}$$

$$\times\exp\left\{\frac{\mathrm{i}m\omega}{2\sin\omega(t_\mathrm{f}-t_\mathrm{i})}[(\boldsymbol{x}_\mathrm{f}{}^2+\boldsymbol{x}_\mathrm{i}{}^2)\cos\omega(t_\mathrm{f}-t_\mathrm{i})-2\boldsymbol{x}_\mathrm{f}\cdot\boldsymbol{x}_\mathrm{i}]\right\}.$$

2. 在类氢离子中, 离子周围的电子满足相对论性 Klein-Gordon 方程. 求解该运动方程并证明系统能量本征值为

$$E=mc^2\left(1+\frac{\gamma^2}{\lambda^2}\right)^{-1/2},\quad \gamma=\frac{(Ze)^2}{\hbar c},\quad \lambda=n-l-\frac{1}{2}+\left[\left(l+\frac{1}{2}\right)^2-\gamma^2\right]^{1/2},$$

其中 Ze 是类氢离子所带电荷, n 与 l 为主量子数和轨道量子数. 将能量本征值展开至次领头阶得到

$$E=mc^2\left[1-\frac{\gamma^2}{2n^2}-\frac{\gamma^4}{2n^4}\left(\frac{n}{l+1/2}-\frac{3}{4}\right)\right].$$

这与光谱学实验观测到的能级分裂结果有差异.

3. 如果考虑电子自旋, 电子在类氢离子中的运动满足 Dirac 方程. 请求解 Coulomb 势中 Dirac 方程的本征问题, 并证明能量本征值为

$$E=mc^2\left(1+\frac{\gamma^2}{\lambda^2}\right)^{-1/2},\quad \gamma=\frac{Ze^2}{\hbar c},\quad \lambda=n-j-\frac{1}{2}+\left[\left(j+\frac{1}{2}\right)^2-\gamma^2\right]^{1/2},$$

其中 j 是总角动量. 将能量本征值展开至次领头阶得到

$$E=mc^2\left[1-\frac{\gamma^2}{2n^2}-\frac{\gamma^4}{2n^4}\left(\frac{n}{j+1/2}-\frac{3}{4}\right)\right].$$

这与光谱学实验观测是一致的. 在量子力学中, 人们也可以唯象地引入相对论修正、自旋轨道耦合与 Darwin 项进行讨论.

第 2 章　经典场、对称性和 Noether 定理

本章将首先回顾经典力学系统的拉格朗日形式和哈密顿形式. 物理系统的拉格朗日形式或哈密顿形式有利于讨论对称性, 这种对称性表现为物理系统的拉氏函数在某种变换下的不变性和相应的守恒律. 力学系统的拉格朗日形式和哈密顿形式便于推广到描述无穷多自由度的经典场. 类似于经典力学系统, 由最小作用量原理同样可以得到经典场系统的运动方程, 即欧拉-拉格朗日方程或哈密顿方程. 本章主要讨论经典场系统的最小作用量原理、运动方程、对称性和守恒量. Noether 定理证明了物理系统的连续对称性必然导致相应的守恒流和守恒荷, 如电荷、能量、动量、角动量等守恒量存在. 对称性还可应用到构建物理系统的拉氏函数及对其运动方程求解, 使计算大为简化.

§2.1　力学系统的最小作用量原理和运动方程

在经典力学中, 力学系统的运动变化可用拉格朗日量 (简称拉氏量) 来描述. 拉格朗日量是广义坐标和广义速度的函数. 例如, 对于三维空间中 n 个粒子的系统, 可引入相互独立的广义坐标 $q_i(i=1,2,\cdots,N,N=3n)$, 以及与之相对应的广义速度 $\dot{q}_i$,

$$\dot{q}_i=\frac{\mathrm{d}q_i}{\mathrm{d}t}. \tag{2.1.1}$$

对于这样一个具有 N 个自由度的力学系统, 定义系统的作用量

$$S=\int_{t_1}^{t_2}\mathrm{d}tL(q_i(t),\dot{q}_i(t)), \tag{2.1.2}$$

其中拉氏量 $L(q_i,\dot{q}_i)$ 是 $q_i(t),\dot{q}_i(t)$ 的函数. 为符号简单, 也常不明显写出下标 i, 而将拉氏量记作 $L(q,\dot{q})$. 作用量 S 在物理学中起着重要的作用, 人们可以根据最小作用量原理得到物理系统的拉格朗日运动方程, 或称欧拉-拉格朗日方程. 最小作用量原理是指在联结 t_1 时刻的 $q_{i1}=q_i(t_1)$ 和 t_2 时刻的 $q_{i2}=q_i(t_2)$ 的所有路径 $q_i(t)$ 中, 物理路径是使作用量稳定, 即取极小值的路径. 假设路径 $q_i(t)$ 有一小改变

$$q_i(t)\to q_i(t)+\delta q_i(t), \tag{2.1.3}$$

其时间导数 $\dot{q}_i(t)$ 相应地变化为

$$\dot{q}_i(t) \to \dot{q}_i(t) + \frac{\mathrm{d}}{\mathrm{d}t}\delta q_i(t) = \dot{q}_i(t) + \delta\dot{q}_i(t). \tag{2.1.4}$$

根据变分原理对作用量 (2.1.2) 进行变分:

$$\begin{aligned}\delta S &= \int_{t_1}^{t_2} \mathrm{d}t \left(\frac{\partial L}{\partial q_i}\delta q_i + \frac{\partial L}{\partial \dot{q}_i}\delta\dot{q}_i\right) \\ &= \int_{t_1}^{t_2} \mathrm{d}t \left(\frac{\partial L}{\partial q_i}\delta q_i - \frac{\mathrm{d}}{\mathrm{d}t}\frac{\partial L}{\partial \dot{q}_i}\delta q_i\right) + \int_{t_1}^{t_2} \mathrm{d}t \frac{\mathrm{d}}{\mathrm{d}t}\left(\frac{\partial L}{\partial \dot{q}_i}\delta q_i\right),\end{aligned} \tag{2.1.5}$$

其中重复指标意味着求和. 注意到第二项的被积函数是全微商形式, 其数值由积分的上下限决定, 而通常变分时固定路径的两端点, 即外加边界条件

$$\delta q_i(t_1) = \delta q_i(t_2) = 0, \tag{2.1.6}$$

则 (2.1.5) 式第二项为零. 最小作用量原理要求

$$\delta S = 0, \tag{2.1.7}$$

因此, 由 (2.1.5) 式得到欧拉-拉格朗日方程

$$\frac{\partial L}{\partial q_i} - \frac{\mathrm{d}}{\mathrm{d}t}\frac{\partial L}{\partial \dot{q}_i} = 0. \tag{2.1.8}$$

例如一维谐振子的拉氏量

$$L = \frac{1}{2}m\dot{q}^2 - \frac{1}{2}Kq^2, \tag{2.1.9}$$

其中第一项是动能部分, 第二项相应于势能部分, 但相差一负号. 将拉氏量 (2.1.9) 代入方程 (2.1.8), 可以得到熟知的一维谐振子运动方程

$$m\ddot{q} = -Kq. \tag{2.1.10}$$

人们还可以将方程 (2.1.8) 变换到哈密顿形式. 首先定义相应于坐标 q_i 的共轭动量

$$p_i = \frac{\partial L(q, \dot{q})}{\partial \dot{q}_i} \tag{2.1.11}$$

和哈密顿量

$$H(p, q) = p_i\dot{q}_i(p, q) - L(q, \dot{q}(p, q)). \tag{2.1.12}$$

对 (2.1.12) 式两边微分, 有

$$\begin{aligned}\mathrm{d}H(p,q)=&\left[\dot{q}_i(p,q)+\frac{\partial\dot{q}_j}{\partial p_i}\left(p_j-\frac{\partial}{\partial\dot{q}_j}L(p,\dot{q}(p,q))\right)\right]\mathrm{d}p_i\\&+\left[-\frac{\partial}{\partial q_i}L(p,\dot{q}(p,q))-\frac{\partial\dot{q}_j}{\partial q_i}\left(\frac{\partial}{\partial\dot{q}_j}L(p,\dot{q}(p,q))-p_j\right)\right]\mathrm{d}q_i.\end{aligned}$$

利用共轭动量表达式 (2.1.11) 和欧拉-拉格朗日方程 (2.1.8) 就得到

$$\dot{q}_i=\frac{\partial H}{\partial p_i},\quad \dot{p}_i=-\frac{\partial H}{\partial q_i}.\tag{2.1.13}$$

方程 (2.1.13) 就是欧拉-拉格朗日方程的哈密顿形式. 例如对于一维谐振子, 其共轭动量和哈密顿量可由 (2.1.11) 式得到:

$$\begin{aligned}&p=m\dot{q},\\&H=\frac{1}{2m}(p^2+m^2\omega^2q^2)=\frac{p^2}{2m}+\frac{1}{2}Kq^2,\\&\omega=\sqrt{\frac{K}{m}}.\end{aligned}\tag{2.1.14}$$

上式中哈密顿量正好是一维谐振子的动能和势能之和. 将哈密顿量 (2.1.14) 代入哈密顿方程 (2.1.13), 同样可得到熟知的运动方程 (2.1.10).

一般地讲, 从定义 (2.1.2) 和 (2.1.11) 出发给出作用量

$$\begin{aligned}S&=\int_{t_1}^{t_2}\mathrm{d}tL(q,\dot{q})=\int_{t_1}^{t_2}\mathrm{d}t[p_i\dot{q}_i-H(p,q)]=\int_{t_1}^{t_2}[p_i\mathrm{d}q_i-H(p,q)\mathrm{d}t],\\ \delta S&=\int_{t_1}^{t_2}\left[\delta p_i\left(\dot{q}_i-\frac{\partial}{\partial p_i}H(p,q)\right)+\left(p_i\frac{\mathrm{d}}{\mathrm{d}t}\delta q_i-\frac{\partial}{\partial q_i}H(p,q)\delta q_i\right)\right]\mathrm{d}t,\end{aligned}$$

注意到分部积分

$$\int_{t_1}^{t_2}p_i\frac{\mathrm{d}}{\mathrm{d}t}\delta q_i\mathrm{d}t=-\int_{t_1}^{t_2}\delta q_i\frac{\mathrm{d}p_i}{\mathrm{d}t}\mathrm{d}t,$$

就得到

$$\frac{\delta S}{\delta p_i}=\int_{t_1}^{t_2}\left(\dot{q}_i-\frac{\partial H}{\partial p_i}\right)\mathrm{d}t,\quad \frac{\delta S}{\delta q_i}=\int_{t_1}^{t_2}\left(-\dot{p}_i-\frac{\partial H}{\partial q_i}\right)\mathrm{d}t.$$

由最小作用量原理 $\delta S=0(\delta S/\delta p_i=0,\delta S/\delta q_i=0)$ 同样可给出运动方程的哈密顿形式 (2.1.13). 从上面的推导可见, 无论以拉格朗日形式还是哈密顿形式都可由最小作用量原理得到运动方程, 即欧拉-拉格朗日方程或哈密顿方程, 其中边界条件 (2.1.6) 是必需的.

考虑在广义坐标和广义速度 (q,p) 空间中的任一物理量 $f(t,q,p)$, 对 f 微分并利用运动方程 (2.1.13), 有

$$\begin{aligned}\frac{\mathrm{d}f}{\mathrm{d}t}&=\frac{\partial f}{\partial t}+\frac{\partial f}{\partial q}\frac{\partial q}{\partial t}+\frac{\partial f}{\partial p}\frac{\partial p}{\partial t}=\frac{\partial f}{\partial t}+\frac{\partial f}{\partial q}\frac{\partial H}{\partial p}-\frac{\partial f}{\partial p}\frac{\partial H}{\partial q}\\&=\frac{\partial f}{\partial t}+\{f,H\},\end{aligned}\tag{2.1.15}$$

其中 $\{f,H\}$ 称为 Poisson 括号, 定义为

$$\{f,H\}=\frac{\partial f}{\partial q}\frac{\partial H}{\partial p}-\frac{\partial f}{\partial p}\frac{\partial H}{\partial q}.\tag{2.1.16}$$

如果函数 $f(t,q,p)$ 不明显依赖于时间且与 H 的 Poisson 括号为零, 则它的全微商为零, 即 $\frac{\mathrm{d}f}{\mathrm{d}t}=0$, 表明它为系统的运动常数, 即守恒量. 正则量子化可以通过对经典力学 Poisson 括号做下述替换得到量子力学所有公式:

$$\{A,B\}\to-\frac{\mathrm{i}}{\hbar}[A,B],\tag{2.1.17}$$

其中 $[A,B]\equiv AB-BA$. 例如由 $\{q_i,p_j\}\to-\frac{\mathrm{i}}{\hbar}[q_i,p_j]$ 得到 $[q_i,p_j]=\mathrm{i}\hbar\delta_{ij}$, 意味着 q_i,p_i 不可对易, 不能同时准确测量, 给出了量子力学基本的不确定性原理.

§2.2 经典场系统的最小作用量原理和运动方程

现在将上述对力学系统的描述推广到经典场系统. 在场论中, 与质点力学中的广义坐标 q_i 相类似的广义坐标是定域场 (local field) $\phi(\boldsymbol{x},t)$. 前者标记维数的分立指标 i, 现在变成了位置矢量 $\boldsymbol{x}$. 由于场指标 $\boldsymbol{x}$ 的连续性, 每个场 $\phi(\boldsymbol{x},t)$ 都是无穷维度. 需要注意, 场论中的广义坐标是场, 位置矢量只是参数. 对定域场论来讲, 拉氏密度 $\mathcal{L}(\phi(x),\partial_\mu\phi(x))$ 是 $\phi(x)$ 和 $\partial_\mu\phi(x)$ 的函数, 而系统的拉氏量 L 是拉氏密度 $\mathcal{L}$ 的三维体积积分:

$$L=\int\mathrm{d}^3x\mathcal{L}(\phi(x),\partial_\mu\phi(x)).\tag{2.2.1}$$

这里假定了拉氏密度 $\mathcal{L}$ 中不含高于一阶的微商, 因为目前所知道的运动方程都是不含高于二阶微商的形式. 因此经典场系统的作用量

$$S=\int\mathrm{d}x^0L=\int\mathrm{d}^4x\mathcal{L}(\phi(x),\partial_\mu\phi(x)),\tag{2.2.2}$$

其中 $\mathrm{d}^4x=\mathrm{d}x^0\mathrm{d}x^1\mathrm{d}x^2\mathrm{d}x^3$ 是四维 Minkowski 时空的积分测度. 在写下 (2.2.1) 式中的拉氏密度时已假定了它是 Lorentz 变换和时空平移变换下的不变量, 且是实函数 (实函数是概率守恒的要求).

下面叙述经典场论中的最小作用量原理: 真实的场 ϕ 使作用量 S 取极值, 即场 ϕ 做任意改变 $\delta\phi$ 时, 不改变作用量的数值, $\delta S=0$. 由 (2.2.2) 式知作用量 S 产生的改变为

$$\begin{aligned}\delta S &= \int \mathrm{d}^4x\delta\mathcal{L} \\ &= \int \mathrm{d}^4x\left[\frac{\partial\mathcal{L}}{\partial\phi}\delta\phi+\frac{\partial\mathcal{L}}{\partial(\partial_\mu\phi)}\delta(\partial_\mu\phi)\right] \\ &= \int \mathrm{d}^4x\left[\frac{\partial\mathcal{L}}{\partial\phi}-\partial_\mu\frac{\partial\mathcal{L}}{\partial(\partial_\mu\phi)}\right]\delta\phi+\int \mathrm{d}^4x\partial_\mu\left[\frac{\partial\mathcal{L}}{\partial(\partial_\mu\phi)}\delta\phi\right].\end{aligned} \tag{2.2.3}$$

上式最后一项被积函数是全微分, 它可以被重写为表面积分

$$\oint_\sigma \mathrm{d}\sigma_\mu\frac{\partial\mathcal{L}}{\partial(\partial_\mu\phi)}\delta\phi, \tag{2.2.4}$$

其中 σ 是边界的表面, $\mathrm{d}\sigma_\mu$ 是面元. 此表面项为 0, 因为变分时要求 $\delta\phi|_\sigma=0$. 而对于在边界上为 0 的任意 $\delta\phi$, 最小作用量原理要求 $\delta S=0$. 由此得到由作用量 S 所描述的经典场系统的欧拉-拉格朗日方程为

$$\partial_\mu\frac{\partial\mathcal{L}}{\partial(\partial_\mu\phi)}-\frac{\partial\mathcal{L}}{\partial\phi}=0. \tag{2.2.5}$$

由上面的推导过程可见, 如果拉氏密度 $\mathcal{L}$ 附加一任意函数的全散度, 即若将 $\mathcal{L}$ 替换成

$$\mathcal{L}'=\mathcal{L}+\partial_\mu\Lambda^\mu, \tag{2.2.6}$$

其中 Λ^μ 是 $(\phi,\partial_\mu\phi)$ 的任意函数, 则 $\mathcal{L}$ 与 $\mathcal{L}'$ 导致相同的经典运动方程, 因为 $\mathcal{L}'$ 中的四散度项的积分在变分时的改变

$$\begin{aligned}\delta\int \mathrm{d}^4x\partial_\mu\Lambda^\mu &= \delta\oint_\sigma \mathrm{d}\sigma_\mu\Lambda^\mu \\ &= \oint_\sigma \mathrm{d}\sigma_\mu\left[\frac{\partial\Lambda^\mu}{\partial\phi}\delta\phi+\frac{\partial\Lambda^\mu}{\partial(\partial_\rho\phi)}\delta\partial_\rho\phi\right]\end{aligned} \tag{2.2.7}$$

由于 $\delta\phi|_\sigma=0$ 和 $\delta\partial_\rho\phi|_\sigma=\partial_\rho\delta\phi=0$ 而总是 0. 这时作用量 S' 与 S 的差 $S'-S$ 取决于 Λ^μ 的边界条件, 即两者可以相差 Λ^μ 的一个全散度. 此外, 若 $\mathcal{L}$ 加上一个常数, 也不会改变经典场系统的性质.

以上讨论是在假定 $\phi(x)$ 只有一个分量下得到的, 容易将 $\phi(x)$ 推广到有 n 个分量 $\phi_i(x)$ $(i=1,2,\cdots,n)$ 的情况. 此时变分须对每个分量独立地进行:

$$
\begin{aligned}
\delta S &= \int \mathrm{d}^4x \delta\mathcal{L} \\
&= \int \mathrm{d}^4x \left[\frac{\partial\mathcal{L}}{\partial\phi_i}\delta\phi_i + \frac{\partial\mathcal{L}}{\partial(\partial_\mu\phi_i)}\delta(\partial_\mu\phi_i)\right] \\
&= \int \mathrm{d}^4x \left[\frac{\partial\mathcal{L}}{\partial\phi_i} - \partial_\mu\frac{\partial\mathcal{L}}{\partial(\partial_\mu\phi_i)}\right]\delta\phi_i + \int \mathrm{d}^4x\partial_\mu\left[\frac{\partial\mathcal{L}}{\partial(\partial_\mu\phi_i)}\delta\phi_i\right], \qquad (2.2.8)
\end{aligned}
$$

其中指标 i 重复意味着求和. 同样由于表面项的约定, (2.2.8) 式的最后一项为零, 从而获得运动方程

$$
\partial_\mu\frac{\partial\mathcal{L}}{\partial(\partial_\mu\phi_i)} - \frac{\partial\mathcal{L}}{\partial\phi_i} = 0. \qquad (2.2.9)
$$

运动方程的成立并不依赖于 $\phi(x)$ 是哪一种类型的场, 它是最小作用量原理的必然结果. 在第 3 章中将看到, 把不同类型场的拉氏密度代入上面的运动方程, 可以得到标量场、矢量场和旋量场的运动方程.

同样可以将经典场论的欧拉-拉格朗日方程 (2.2.5) 或 (2.2.9) 变换到哈密顿形式, 我们留在第 4 章中讨论正则量子化时给出.

§2.3 对称性和 Noether 定理

物理系统的对称性在研究物理学基本规律中起了很重要的作用, 这是由于物理系统的对称性与系统物理量守恒律相联系. 上一节的讨论已表明, 物理系统由拉氏密度完全描述, 因此物理系统的对称性将限制拉氏密度的形式, 同时拉氏密度的对称性与物理量守恒律紧密相关. 例如拉氏密度具有时间-空间平移不变性将导致系统有能量-动量守恒定律, 拉氏密度具有空间转动不变性将导致系统有角动量守恒定律. 因此时间-空间的变换性质与物理系统运动规律密切相关. 还有空间反射和时间反演的分立对称性、规范变换不变性、手征变换不变性等, 以后将逐一介绍.

一般地讲, 考虑物理系统的某一对称变换, 在此变换下坐标 x 和场 $\phi(x)$ (作为例子仅考虑实标量场) 都做改变. 例如上面提到的时间-空间平移变换和空间转动变换就属于坐标和场都改变的变换. 设在对称变换下坐标 x 和场 $\phi(x)$ 做变换

$$
\begin{aligned}
x^\mu &\to x'^\mu = x^\mu + \delta x^\mu, \\
\phi(x) &\to \phi'(x') = \phi(x) + \delta\phi(x),
\end{aligned} \qquad (2.3.1)
$$

那么系统的作用量 S 的相应改变为

$$\delta S = \int \mathrm{d}^4 x' \mathcal{L}'(x') - \int \mathrm{d}^4 x \mathcal{L}(x), \tag{2.3.2}$$

其中既有积分测度的改变又有拉氏密度的改变,

$$\delta S = \int \mathrm{d}^4 x \left\{ \left| \frac{\partial x'^\mu}{\partial x^\nu} \right| [\mathcal{L}(x) + \delta\mathcal{L}] - \mathcal{L}(x) \right\}. \tag{2.3.3}$$

上式中积分测度的改变为仅由坐标变化 δx^μ 引起的 Jacobi 行列式. 不难证明, 至 $O(\delta x)$ 阶, 有

$$J = \left| \frac{\partial x'^\mu}{\partial x^\nu} \right| = \det\left(\frac{\partial x'^\mu}{\partial x^\nu} \right) = |\delta^\mu_\nu + \partial_\nu \delta x^\mu| \approx 1 + \partial_\mu \delta x^\mu. \tag{2.3.4}$$

而拉氏密度 $\mathcal{L}$ 的改变为

$$\begin{aligned} \delta\mathcal{L} &= \mathcal{L}'(x') - \mathcal{L}(x) = \mathcal{L}'(x') - \mathcal{L}'(x) + \mathcal{L}'(x) - \mathcal{L}(x) \\ &= \mathcal{L}'(x') - \mathcal{L}'(x) + \overline{\delta}\mathcal{L}, \end{aligned} \tag{2.3.5}$$

其中 $\overline{\delta}\mathcal{L}$ 表示仅是函数形式的改变, 即在坐标不变时函数的改变,

$$\overline{\delta}\mathcal{L} \equiv \mathcal{L}'(x) - \mathcal{L}(x). \tag{2.3.6}$$

函数 $\mathcal{L}$ 形式的改变是通过 $\phi(x)$ 形式的改变而变化:

$$\delta\mathcal{L} = \mathcal{L}'(x') - \mathcal{L}'(x) + \frac{\partial \mathcal{L}}{\partial \phi}\overline{\delta}\phi + \frac{\partial \mathcal{L}}{\partial(\partial_\mu \phi)}\overline{\delta}(\partial_\mu \phi), \tag{2.3.7}$$

其中 $\overline{\delta}\phi \equiv \phi'(x) - \phi(x)$. 由于 $\overline{\delta}$ 并不改变 x^μ 而 ∂_μ 对应于 x 的改变, 故 $\overline{\delta}$ 同 ∂_μ 是对易的, $\overline{\delta}\partial_\mu = \partial_\mu \overline{\delta}$, 有 $\overline{\delta}(\partial_\mu \phi) = \partial_\mu \overline{\delta}\phi$. 考虑两个惯性系之间只差一无穷小的变换 $x^\mu \to x'^\mu = x^\mu + \delta x^\mu$. 对 (2.3.5) 式中 $\mathcal{L}'(x') = \mathcal{L}'(x^\mu + \delta x^\mu)$ 做 Taylor 展开且只保留至一阶无穷小的项, 则 (2.3.5) 式变为

$$\begin{aligned} \delta\mathcal{L} &= \overline{\delta}\mathcal{L}(x) + \delta x^\mu \partial_\mu \mathcal{L}'(x) + O((\delta x)^2) \\ &= \overline{\delta}\mathcal{L}(x) + \delta x^\mu \partial_\mu \mathcal{L}(x) + O((\delta x)^2). \end{aligned} \tag{2.3.8}$$

上式中的 $\delta x^\mu \partial_\mu \mathcal{L}(x)$ 是由坐标变化引起的 $\mathcal{L}$ 变化. (2.3.8) 式中用 $\mathcal{L}(x)$ 代替了 $\mathcal{L}'(x)$, 因为 $\mathcal{L}'(x) - \mathcal{L}(x)$ 引起的差别可以归到 $O((\delta x)^2)$ 中. 这样 (2.3.7) 式变为

$$\delta\mathcal{L} = \delta x^\mu \partial_\mu \mathcal{L} + \left[\frac{\partial \mathcal{L}}{\partial \phi}\overline{\delta}\phi + \frac{\partial \mathcal{L}}{\partial(\partial_\mu \phi)}\overline{\delta}(\partial_\mu \phi) \right]. \tag{2.3.9}$$

由 (2.3.8) 式可知, $\bar{\delta}$ 作用在拉氏密度上为

$$\bar{\delta}\mathcal{L} = \mathcal{L}'(x) - \mathcal{L}(x) = \delta\mathcal{L} - \delta x^\mu \partial_\mu \mathcal{L}, \tag{2.3.10}$$

或记为 $\bar{\delta}$ 作用在任何函数或泛函 f 上的改变为

$$\bar{\delta} f = \delta f - \delta x^\mu \partial_\mu f. \tag{2.3.11}$$

显然这样定义的 $\bar{\delta}$ 与 ∂_μ 是可以对易的. 将 (2.3.4) 和 (2.3.9) 式代入 (2.3.3) 式, 得到

$$\begin{aligned}
\delta S &= \int \left\{ \left[\mathrm{d}^4 x + \delta(\mathrm{d}^4 x)\right]\left[\mathcal{L}(x) + \delta\mathcal{L}\right] - \mathrm{d}^4 x \mathcal{L}(x) \right\} \\
&= \int \left[\delta(\mathrm{d}^4 x)\mathcal{L} + \mathrm{d}^4 x \delta\mathcal{L}\right] \\
&= \int \mathrm{d}^4 x \left\{ \delta x^\mu \partial_\mu \mathcal{L} + \mathcal{L}\partial_\mu \delta x^\mu + \left[\frac{\partial\mathcal{L}}{\partial\phi}\bar{\delta}\phi + \frac{\partial\mathcal{L}}{\partial(\partial_\mu\phi)}\bar{\delta}(\partial_\mu\phi)\right] \right\} \\
&= \int \mathrm{d}^4 x \left\{ \partial_\mu(\delta x^\mu \mathcal{L}) + \left[\frac{\partial\mathcal{L}}{\partial\phi} - \partial_\mu \frac{\partial\mathcal{L}}{\partial(\partial_\mu\phi)}\right]\bar{\delta}\phi + \partial_\mu\left[\frac{\partial\mathcal{L}}{\partial(\partial_\mu\phi)}\bar{\delta}\phi\right] \right\}.
\end{aligned} \tag{2.3.12}$$

应用经典运动方程 (2.2.5), 可得 (2.3.12) 式的第二项为 0, 这样作用量的改变为

$$\begin{aligned}
\delta S &= \int \mathrm{d}^4 x \left\{ \partial_\mu(\delta x^\mu \mathcal{L}) + \partial_\mu\left[\frac{\partial\mathcal{L}}{\partial(\partial_\mu\phi)}\bar{\delta}\phi\right] \right\} \\
&= \int \mathrm{d}^4 x \partial_\mu \left\{ \delta x^\mu \mathcal{L} + \frac{\partial\mathcal{L}}{\partial(\partial_\mu\phi)}\bar{\delta}\phi \right\} \\
&= \int \mathrm{d}^4 x \partial_\mu \left[\left(\mathcal{L} g^\mu_\rho - \frac{\partial\mathcal{L}}{\partial(\partial_\mu\phi)}\partial_\rho\phi \right)\delta x^\rho + \frac{\partial\mathcal{L}}{\partial(\partial_\mu\phi)}\delta\phi \right].
\end{aligned} \tag{2.3.13}$$

(2.3.13) 式表达了物理系统在坐标 x 和场 $\phi(x)$ 都改变的变换下作用量 S 的改变量.

对于连续变换对称性来讲, (2.3.1) 式的对称变换下的改变量 δx^μ 和 $\delta\phi$ 可以通过一整体变换参数 $\delta\omega^a$ 来表达:

$$\begin{aligned}
\delta x^\rho &= \frac{\delta x^\rho}{\delta\omega^a}\delta\omega^a, \\
\delta\phi &= \frac{\delta\phi}{\delta\omega^a}\delta\omega^a.
\end{aligned} \tag{2.3.14}$$

将 (2.3.14) 式代入 (2.3.13) 式, 得到

$$\delta S = \int \mathrm{d}^4 x \partial_\mu \left[\left(\mathcal{L} g^\mu_\rho - \frac{\partial\mathcal{L}}{\partial(\partial_\mu\phi)}\partial_\rho\phi \right)\frac{\delta x^\rho}{\delta\omega^a} + \frac{\partial\mathcal{L}}{\partial(\partial_\mu\phi)}\frac{\delta\phi}{\delta\omega^a} \right]\delta\omega^a. \tag{2.3.15}$$

注意到 (2.3.15) 式被积函数是方括号内的量的全微分与 $\delta\omega^a$ 相乘, 如果作用量 S 对于变换 (2.3.14) 是不变的, 即对于所有 $\delta\omega^a$ 都有 $\delta S=0$, 则可以得出

$$\partial_\mu j_a^\mu=0, \tag{2.3.16}$$

其中流密度 j_a^μ 定义为

$$j_a^\mu=-\left(\mathcal{L}g_\rho^\mu-\frac{\partial\mathcal{L}}{\partial(\partial_\mu\phi)}\partial_\rho\phi\right)\frac{\delta x^\rho}{\delta\omega^a}-\frac{\partial\mathcal{L}}{\partial(\partial_\mu\phi)}\frac{\delta\phi}{\delta\omega^a}, \tag{2.3.17}$$

即流密度 j_a^μ 是守恒的. 流密度 j_a^μ 定义式前的负号是为了保证所得出的能量-动量密度非负.

方程 (2.3.15) 引进了守恒流, 也一定存在守恒量. 为找到相应的守恒量, 在方程 (2.3.16) 两边对无穷大空间范围及有限的时间间隔进行积分, 得

$$\int_{T_1}^{T_2}\mathrm{d}x^0\int_{-\infty}^{\infty}\mathrm{d}^3x\partial_\mu j_a^\mu=\int_{T_1}^{T_2}\mathrm{d}x^0\frac{\partial}{\partial x^0}\int_{-\infty}^{\infty}\mathrm{d}^3xj_a^0+\int_{T_1}^{T_2}\mathrm{d}x^0\int\mathrm{d}^3x\partial_ij_a^i=0. \tag{2.3.18}$$

上式中第一个等号右边第二项是 $\partial_ij_a^i$ 在无穷大空间范围的积分, 假定场量 $\phi(x)$ 在 ∞ 处足够快地趋于 0, 空间积分使第二项为 0. 于是, 略去第二项之后, (2.3.18) 式成为

$$\int_{T_1}^{T_2}\mathrm{d}x^0\frac{\partial}{\partial x^0}\int_{-\infty}^{\infty}\mathrm{d}^3xj_a^0=0.$$

若定义荷 Q_a 为

$$Q_a(x^0)=\int_{-\infty}^{\infty}\mathrm{d}^3xj_a^0(x^0,\boldsymbol{x}), \tag{2.3.19}$$

则 (2.3.18) 式成为

$$Q_a(T_2)-Q_a(T_1)=0. \tag{2.3.20}$$

由于 T_1,T_2 是任意选取的, 故

$$\frac{\mathrm{d}Q_a}{\mathrm{d}t}=0, \tag{2.3.21}$$

即 Q_a 是与时间无关的守恒荷. 因此, 若在某种整体对称变换下 $\delta S=0$, 必然导致守恒流 j_a^μ 和相应守恒荷 Q_a 的存在.

上述推导过程可以总结为经典场论中的 Noether 定理: 若物理系统作用量 S 在某种连续变换下具有不变性, 则一定存在一个与此变换相应的守恒流 j_a^μ, 它满足流守恒方程 $\partial_\mu j_a^\mu=0$.

实际上存在一类变换, 如整体 (global) 规范变换, 坐标 x 不变, 仅改变复标量场 $\phi(x)$. 在整体规范变换下, 场 $\phi(x)$ 做一个相位变换 $\phi(x) \to \mathrm{e}^{\mathrm{i}\theta}\phi(x)$ (θ 是常数). 这是 1940 年 Pauli 首先引入的第一类规范变换. 在此变换下 (坐标 x 不变) 复标量场 $\phi(x)$ 的改变为

$$\delta\phi(x) \to \mathrm{i}\delta\theta\phi(x). \tag{2.3.22}$$

那么 (2.3.15) 和 (2.3.17) 式的第一项为零, 仅有最后一项不为零. 由于是复标量场 (见第 3 章中的讨论), 上式流密度应修改为

$$j_a^\mu = -\mathrm{i}\left[\frac{\partial\mathcal{L}}{\partial(\partial_\mu\phi)}\phi(x) - \frac{\partial\mathcal{L}}{\partial(\partial_\mu\phi^*)}\phi^*(x)\right]. \tag{2.3.23}$$

如果将上式乘以单位电荷 e, 守恒流 ej_a^μ 就是电荷-电流密度, 与零分量 ej_a^0 相应的守恒荷是电荷 eQ. 在未乘以单位电荷 e 时, (2.3.23) 式则与粒子数守恒定律相关.

对上述关于守恒流与对称变换关系的讨论, 有几点说明. 首先对于内部对称性, $\delta x = 0$, 此时守恒流仅与动能项有关. 此外, 应该指出上面定义的流密度 j_a^μ 并不能唯一确定, 它的不确定性来自两方面: (1) 注意 (2.2.6) 式表明, 拉氏密度 $\mathcal{L}$ 可以相差一个任意函数 Λ^μ 的全微分, 即做替换 $\mathcal{L}' = \mathcal{L} + \partial_\mu\Lambda^\mu$, 由 $\mathcal{L}$ 与 $\mathcal{L}'$ 变分会得到相同的运动方程. 从 $\mathcal{L}'$ 出发计算作用量 S 的改变, 有

$$\delta S = \delta\int \mathrm{d}^4x\mathcal{L} + \delta\int \mathrm{d}^4x\partial_\mu\Lambda^\mu. \tag{2.3.24}$$

重复上述推导, 其结果相当于把流密度 j_a^μ 替换为新的守恒流 $j_a^\mu + \delta\Lambda^\mu/\delta\omega^a$. (2) 由 (2.3.17) 和 (2.3.23) 式所定义的守恒流 j_a^μ 并不唯一. 事实上, 若做代换

$$j_a^\mu \to j_a^\mu + \partial_\nu t_a^{\nu\mu}, \tag{2.3.25}$$

其中 $t_a^{\nu\mu}$ 为一反对称张量, 则所得到的新流也满足 (2.3.16) 式, 因而仍然是守恒流. 但 $\partial_\nu t_a^{\nu\mu}$ 项对荷 Q_a 的贡献为 0, 所以守恒荷 Q_a 并不因流定义的上述差别而改变. 除了上述的 j_a^μ 不唯一以外, 由于流的守恒是在使用了运动方程之后得出的, 因此 j_a^μ 也可以加上任意一个四矢量, 只要该矢量的四散度在用了运动方程之后为 0.

前面已经提到一个物理系统的场 $\phi(x)$ 的整体规范变换是与时间-空间变换无关的对称性, 以后还会讨论到, 一些内部对称性也是与时间-空间变换无关的对称性, 例如同位旋空间对称性、正粒子和反粒子交换对称性、手征对称性等. 这些对称性同样与相应的守恒律相关, 以后各章会陆续讨论. 顺便指出, 这些内部对称性大部分是在一定条件下的近似对称性, 会在某种破缺机制下被破坏. 尽管如此, 人们仍可以先按严格对称性讨论, 然后引入破缺机制讨论对称性如何被破坏. 研究物理系统的对称性和对称性破缺是物理学的重要内容.

习 题

1. 包含 N 个实标量粒子的系统的拉氏密度为

$$\mathcal{L} = \frac{1}{2} g_{ab} (\partial_\mu \phi^a)(\partial^\mu \phi^b) \equiv \frac{1}{2} \partial_\mu \Phi^{\mathrm{T}} \partial^\mu \Phi,$$

其中 $a = 1, 2, \cdots, N$, $\Phi = (\phi^1, \phi^2, \cdots, \phi^N)^{\mathrm{T}}$. 该系统存在 $\mathrm{SO}(N)$ 旋转对称性, 即在

$$\phi^a \to \phi^a + \mathrm{i}\epsilon [T^A]^a_b \phi^b$$

变换下不变, 请给出相应的守恒流.

2. 无质量实标量粒子系统的拉氏密度为

$$\mathcal{L} = \frac{1}{2} \partial_\mu \phi \partial^\mu \phi.$$

该系统在变换 $\phi \to \phi + \epsilon$ 下不变, 请给出相应的守恒流.

3. 非相对论情况下存在下述拉氏密度:

$$\mathcal{L} = \psi^\dagger \left(\mathrm{i}\mathrm{D}_t + \frac{\mathbf{D}^2}{2m} \right) \psi + \chi^\dagger \left(\mathrm{i}\mathrm{D}_t - \frac{\mathbf{D}^2}{2m} \right) \chi,$$

其中 ψ 和 χ 分别是描述粒子和反粒子的场, D_t和 $\mathbf{D}$ 是 $\mathrm{D}^\mu = \partial^\mu - \mathrm{i}eA^\mu$ 的时间和空间分量. 请给出相应粒子的运动方程.

第 3 章 定域场的 Lorentz 变换性质: 标量场、旋量场、电磁场

本章将一般地讨论物理系统的对称性与物理量守恒律, 具体讨论物理系统在时间和空间变换下的对称性质. 本章将首先引入时间-空间的 Lorentz 变换和 Lorentz 群, 按照定域场在 Lorentz 变换下的不同变换性质分类定义标量场、矢量场、旋量场和张量场等. 进一步, 本章将分别讨论自由标量场、自由旋量场和自由电磁场遵从的运动方程及其平面波本征解的性质. 由于这些本征解的正交完备性, 不同变换性质的定域场可以分别对相应的本征解展开. 本章还将分别讨论标量场、旋量场和矢量场物理系统的对称性与相应的守恒量, 如能量、动量和角动量等. 特别地, 本章将叙述零质量旋量场的特点, 这对于研究中微子和高能量下电子、夸克等自旋 1/2 粒子参与的过程是有帮助的.

§3.1 Lorentz 变换和 Lorentz 群

时间和空间变换包括转动和 boost. 转动是三个空间坐标之间的线性变换, boost 是空间与时间坐标之间的线性变换. 按照狭义相对论光速不变性原理, 真空中的光速在不同惯性系中应相同. 真空光速不变性对时间和空间变换性质起决定性作用. 设两个惯性系的原点在某一瞬时重合, 一个惯性系相对于另一个惯性系沿 x 方向以 v 做匀速运动, 那么同一物理事件在两个惯性系中的坐标 (t, x, y, z) 和 (t', x', y', z') 将由 Lorentz 变换相联系 (已取真空光速 $c = 1$):

$$x' = \frac{x - vt}{\sqrt{1 - v^2}}, \quad y' = y, \quad z' = z, \quad t' = \frac{t - xv}{\sqrt{1 - v^2}}. \tag{3.1.1}$$

显然它们满足在两个惯性系中间隔是不变量的性质, 即

$$t^2 - x^2 - y^2 - z^2 = t'^2 - x'^2 - y'^2 - z'^2.$$

这是光速不变性原理的必然结果.

一般地讲, 对于任何两个惯性系, 不限于沿 x 方向以速度 v 做匀速运动, 可以是任意时间和空间变换, 由原点出发的光信号在某一惯性系中传播至时空点 $(t, \boldsymbol{x}) = (t, x_1, x_2, x_3)$, 而在另一惯性系中传播至时空点 $(t', \boldsymbol{x}')$, 光速不变性要求在不同惯性

系中时空点与原点的间隔 s^2 相同,

$$s^2 = t^2 - x_i x_i = t'^2 - x'_i x'_i, \tag{3.1.2}$$

即间隔 s^2 是不变量. Lorentz 变换即为在均匀时空中联系两惯性系事件点 $(t', \boldsymbol{x}')$ 与 $(t, \boldsymbol{x})$ 并保持关系式 (3.1.1) 的线性变换. 引入时空坐标四矢量标记 $(x^0 = t)$

$$x^\mu = (x^0, x^1, x^2, x^3) = (t, \boldsymbol{x}) \quad \mu = 0, 1, 2, 3, \tag{3.1.3}$$

则两惯性系中事件间隔 s^2 表达为

$$s^2 = g_{\mu\nu} x^\mu x^\nu = t^2 - |\boldsymbol{x}|^2 = g_{\mu\nu} x'^\mu x'^\nu, \tag{3.1.4}$$

这里上、下指标重复约定为求和 (从 0 到 3), 如无特别说明, 本书中都沿用这一约定. $g_{\mu\nu}$ 为度规张量, 在这种情况下若以矩阵表示仅有对角元素,

$$(g_{\mu\nu}) = (g^{\mu\nu}) = \begin{pmatrix} 1 & 0 & 0 & 0 \\ 0 & -1 & 0 & 0 \\ 0 & 0 & -1 & 0 \\ 0 & 0 & 0 & -1 \end{pmatrix}, \tag{3.1.5}$$

并满足关系式

$$g^{\mu\nu} g_{\mu\rho} = g^\nu_\rho = \delta^\nu_\rho, \tag{3.1.6}$$

其中 δ^ν_ρ 是 Kronecker 符号, 当 $\nu = \rho$ 时为 1, 其他情况为 0, 即

$$\delta^\nu_\rho = \begin{cases} 1 & (\nu = \rho), \\ 0 & (\nu \neq \rho). \end{cases} \tag{3.1.7}$$

(3.1.4) 式表明, 可以通过度规张量定义指标在下的矢量

$$x_\mu = g_{\mu\nu} x^\nu = (x^0, -\boldsymbol{x}), \tag{3.1.8}$$

并可将 (3.1.4) 式直接表达为

$$s^2 = g_{\mu\nu} x^\mu x^\nu = x^\mu x_\mu. \tag{3.1.9}$$

这样度规张量起到了升降四矢量指标的作用, 如 $x^\mu = g^{\mu\nu} x_\nu = (x^0, \boldsymbol{x})$. 为区别起见, 称 x_μ 为协变矢量, x^μ 为逆变矢量.

一般地讲, 联系 x'^μ 和 x^μ 的 Lorentz 变换为线性变换 a^μ_ν , 即

$$x'^\mu = a^\mu_\nu x^\nu = a^\mu_0 x^0 + a^\mu_1 x^1 + a^\mu_2 x^2 + a^\mu_3 x^3. \tag{3.1.10}$$

保持 s^2 不变的要求导致

$$g_{\rho\sigma} = g_{\mu\nu} a^{\mu}_{\rho} a^{\nu}_{\sigma}. \tag{3.1.11}$$

在 Lorentz 变换下按 (3.1.10) 式变化的量称为四矢量, 或简单地称为矢量. (3.1.11) 式是 Lorentz 变换必须遵从的条件, 它对矩阵 a 有很强的限制. 首先对 (3.1.11) 式两边取行列式, 得

$$\det g = \det a^{\mathrm{T}} \det g \det a,$$

其中 a^{T} 代表矩阵 a 的转置. 由此推出变换矩阵 a 的行列式仅有两种可能性:

$$\det(a) = \pm 1. \tag{3.1.12}$$

满足 $\det a = 1$ 和 $\det a = -1$ 的 Lorentz 变换分别称为固有 (proper) 和非固有 (improper) Lorentz 变换. 例如由 $a = g$ 给出的 Lorentz 变换就是一个非固有 Lorentz 变换, 物理上它对应 $x^0 \to x^0$, $x^i \to -x^i$, 即空间反射. 然后在方程 (3.1.11) 中取 00 分量, 得

$$1 = g_{\mu\nu} a^{\mu}_{0} a^{\nu}_{0} = (a^0_0)^2 - \sum_i (a^i_0)^2.$$

这意味着

$$|a^0_0| \geqslant 1. \tag{3.1.13}$$

人们称 $a^0_0 \geqslant 1$ 的 Lorentz 变换为顺时 (orthochronous) Lorentz 变换, $a^0_0 \leqslant -1$ 的 Lorentz 变换为非顺时 (non-orthochronous) Lorentz 变换. 可以证明, $\det a$ 和 a^0_0 的符号在 Lorentz 变换下是不变的. 这样, 根据 (3.1.12) 和 (3.1.13) 式中 $\det a$ 和 a^0_0 的符号, Lorentz 变换可以分为四个区域:

区域 Ⅰ: 固有顺时 ($L^{\uparrow}_{+}$), 对应 $\det a = 1$, $a^0_0 \geqslant 1$;

区域 Ⅱ: 非固有顺时 ($L^{\uparrow}_{-}$), 对应 $\det a = -1$, $a^0_0 \geqslant 1$;

区域 Ⅲ: 固有非顺时 ($L^{\downarrow}_{+}$), 对应 $\det a = 1$, $a^0_0 \leqslant -1$;

区域 Ⅳ: 非固有非顺时 ($L^{\downarrow}_{-}$), 对应 $\det a = -1$, $a^0_0 \leqslant -1$.

这里箭号代表时间轴的取向, 即 a^0_0 的符号 (顺时或非顺时), 下标代表行列式的正负号 (固有或非固有). 以上四个区域的元素不能连续地从一个区域变换到另一个区域, 也就是说它们是不连通的. 这四个区域的典型元素分别是

$$I = \begin{bmatrix} 1 & 0 & 0 & 0 \\ 0 & 1 & 0 & 0 \\ 0 & 0 & 1 & 0 \\ 0 & 0 & 0 & 1 \end{bmatrix}, \quad \sigma = \begin{bmatrix} 1 & 0 & 0 & 0 \\ 0 & -1 & 0 & 0 \\ 0 & 0 & -1 & 0 \\ 0 & 0 & 0 & -1 \end{bmatrix},$$

$$\tau = \begin{bmatrix} -1 & 0 & 0 & 0 \\ 0 & 1 & 0 & 0 \\ 0 & 0 & 1 & 0 \\ 0 & 0 & 0 & 1 \end{bmatrix}, \quad \rho = \sigma\tau = \begin{bmatrix} -1 & 0 & 0 & 0 \\ 0 & -1 & 0 & 0 \\ 0 & 0 & -1 & 0 \\ 0 & 0 & 0 & -1 \end{bmatrix}, \tag{3.1.14}$$

其中 I 是单位矩阵, σ 是空间反射, τ 是时间反演, ρ 是时空联合反演, 可以看成空间反射和时间反演的乘积, $\rho = \sigma\tau$. 这四个典型元素满足群的性质, 其乘法表如表 3.1.1 所示, 它们构成元素相互可对易的 Abel 群 —— 四阶反演群 V_4. 显然只有区域 Ⅰ 包含单位元素. 数学上区域 Ⅰ 所有元素的集合形成一个群, 就是通常说的固有顺时 Lorentz 群, 或称正 Lorentz 群, 记为 SO(3,1) 群. 其他三个区域没有单位元素, 单独不构成群, 是 SO(3,1) 群的三个陪集. 四个区域的总和构成全 Lorentz 群或称推广的 Lorentz 群.

表 3.1.1 典型 Lorentz 变换的乘法表

	I	σ	τ	ρ
I	I	σ	τ	ρ
σ	σ	I	ρ	τ
τ	τ	ρ	I	σ
ρ	ρ	τ	σ	I

四阶反演群 V_4 和 SO(3,1) 群是全 Lorentz 群的两个子群, 四阶反演群 V_4 中的典型元素与 SO(3,1) 群中所有元素相乘就分别构成四个区域的所有元素, 所以只要 $L_+^\uparrow$ 区域的 SO(3,1) 群研究清楚了, 与四阶反演群 V_4 相乘就可给出全 Lorentz 群所有的知识. SO(3,1) 群是李群, 人们可按李群理论研究它的表示. 例如熟知的三维空间转动和如 (3.1.1) 式中沿某一方向的 boost 就属于 SO(3,1) 群.

(1) 三维空间转动: $x'^0 = x^0$, $x'^i = a^i_j x^j$, $(i, j = 1, 2, 3)$, 其中 (a^i_j) 是 3×3 正交矩阵. 这时 a 可写成分块矩阵的形式:

$$\begin{bmatrix} 1 & 0 \\ 0 & (a^i_j) \end{bmatrix}, \tag{3.1.15}$$

并有 $\det a = \det(a^i_j)$. 如果不考虑空间反射, 有 $\det a = 1$, 对应固有 Lorentz 变换, 属于 $L_+^\uparrow$.

(2) 沿某一方向的 boost: 例如沿轴 x^1 方向上的 boost 为

$$\begin{aligned}
x'^0 &= x^0 \cosh\eta - x^1 \sinh\eta, \\
x'^1 &= -x^0 \sinh\eta + x^1 \cosh\eta, \\
x'^2 &= x^2,\ \ x'^3 = x^3,
\end{aligned} \tag{3.1.16}$$

其中

$$\cosh\eta = (1-v^2)^{-1/2}, \quad \sinh\eta = v(1-v^2)^{-1/2}, \tag{3.1.17}$$

v 为 boost 坐标系的速度. 此时 a 将化为我们更熟悉的 Lorentz 变换的形式, 相应的矩阵

$$a = \begin{bmatrix} \cosh\eta & -\sinh\eta & 0 & 0 \\ -\sinh\eta & \cosh\eta & 0 & 0 \\ 0 & 0 & 1 & 0 \\ 0 & 0 & 0 & 1 \end{bmatrix}, \tag{3.1.18}$$

并有

$$\begin{aligned}
\det a &= \cosh^2\eta - \sinh^2\eta = 1, \\
a^0_0 &= \cosh\eta \geqslant 1.
\end{aligned} \tag{3.1.19}$$

因此此类 Lorentz 变换属于 $L^{\uparrow}_{+}$.

连续的 Lorentz 变换归结为全部的转动和 boost. 转动是三个空间坐标之间的线性变换, boost 是空间与时间坐标之间的线性变换, 它们一起构成了所有可能的 $L^{\uparrow}_{+}$ 类变换. 固有 Lorentz 变换 ($L^{\uparrow}_{+}$) 由六个参数描写: 空间有三个方向, 每个方向上可以联系一个转动和一个 boost, 共有三个转动和三个 boost. 具体来讲, 考虑无穷小 Lorentz 变换

$$a^\mu_\nu = \delta^\mu_\nu + \delta\omega^\mu_\nu, \tag{3.1.20}$$

其中 δ^ν_ρ 是前面 (3.1.7) 式提到的 Kronecker 符号, $\delta\omega^\mu_\nu$ 为无穷小变换参数. 将 (3.1.20) 式代入 Lorentz 变换必须满足的条件 (3.1.11) 式, 只保留 $\delta\omega^\mu_\nu$ 的一次项, 则得

$$g_{\nu\rho}\delta\omega^\rho_\mu + g_{\mu\rho}\delta\omega^\rho_\nu = 0. \tag{3.1.21}$$

由此得到 (上式中 Lorentz 指标表示张量排序理解为上指标在前, 下指标在后, 后面皆按此理解):

$$\delta\omega_{\nu\mu} + \delta\omega_{\mu\nu} = 0, \tag{3.1.22}$$

即 $\delta\omega_{\mu\nu}$ 是反对称张量, 有 $C_4^2=6$ 个独立分量. 实际上 $\delta\omega_{ij}=-\epsilon_{ijk}\theta_k, \delta\omega_{0i}=v_i, \theta_k$ 是绕空间三个轴转动的角度, v_i 是沿三个空间方向运动的速度.

在无穷小 Lorentz 变换下, 坐标变换是

$$\begin{aligned}\delta x^\mu &= x'^\mu - x^\mu = a^\mu_\nu x^\nu - x^\mu = (\delta^\mu_\nu + \delta\omega^\mu_\nu)x^\nu - x^\mu \\ &= \delta\omega^\mu_\nu x^\nu = \delta\omega^{\mu\rho}x_\rho.\end{aligned} \tag{3.1.23}$$

这一变换可以通过 SO(3,1) 群六个独立的生成元来表示:

$$\delta x^\mu = \frac{\mathrm{i}}{2}\delta\omega^{\rho\sigma}L_{\rho\sigma}x^\mu, \tag{3.1.24}$$

其中生成元 $L_{\rho\sigma}$ 是厄米算符, 定义为

$$L_{\mu\nu} = \mathrm{i}(x_\mu\partial_\nu - x_\nu\partial_\mu), \tag{3.1.25}$$

$$\partial_\mu \equiv \frac{\partial}{\partial x^\mu} = \left(\frac{\partial}{\partial t}, \nabla\right). \tag{3.1.26}$$

生成元 $L_{\mu\nu}$ 与六个独立参数 $\delta\omega^{\mu\nu}$ 相应, 且满足如下的对易关系:

$$[L_{\mu\nu}, L_{\rho\sigma}] = \mathrm{i}g_{\mu\sigma}L_{\nu\rho} + \mathrm{i}g_{\nu\rho}L_{\mu\sigma} - \mathrm{i}g_{\mu\rho}L_{\nu\sigma} - \mathrm{i}g_{\nu\sigma}L_{\mu\rho}. \tag{3.1.27}$$

(3.1.27) 式表达了 SO(3,1) 群的生成元满足的代数关系, 称为 so(3,1) 代数. 实际上 SO(3,1) 群生成元的最一般表示还允许包括与时空坐标无关的自旋张量 $S_{\mu\nu}$,

$$J_{\mu\nu} = \mathrm{i}(x_\mu\partial_\nu - x_\nu\partial_\mu) + S_{\mu\nu}, \tag{3.1.28}$$

其中自旋张量 $S_{\mu\nu}$ 是厄米的反对称张量, 即对指标 $\mu\nu$ 反对称, 满足和 $L_{\mu\nu}$ 同样的李代数并与 $L_{\mu\nu}$ 对易, 因此也满足 so(3,1) 代数, 有

$$[J_{\mu\nu}, J_{\rho\sigma}] = \mathrm{i}g_{\mu\sigma}J_{\nu\rho} + \mathrm{i}g_{\nu\rho}J_{\mu\sigma} - \mathrm{i}g_{\mu\rho}J_{\nu\sigma} - \mathrm{i}g_{\nu\sigma}J_{\mu\rho}. \tag{3.1.29}$$

独立的生成元 $J_{\mu\nu}$ 也只有六个, 其中 J_{ij} $(i,j=1,2,3)$ 共有三个, 它们之间的对易关系形成 $J_{\mu\nu}$ 的一个子代数. 实际上 J_{ij} 与通常的三个角动量算符密切相关. 引入

$$J_i \equiv \frac{1}{2}\epsilon_{ijk}J_{jk}, \tag{3.1.30}$$

其中反对称张量 ϵ_{ijk} 定义为

$$\epsilon_{ijk} = \begin{cases} 1, & \text{若 } ijk \text{ 是 123 的偶排列}, \\ -1, & \text{若 } ijk \text{ 是 123 的奇排列}, \\ 0, & \text{其他}. \end{cases} \tag{3.1.31}$$

利用 J_{ij} 满足的 so(3,1) 代数 (3.1.29) 以及等式

$$\epsilon_{ilk}\epsilon_{jmk} = \delta_{ij}\delta_{lm} - \delta_{im}\delta_{lj}, \tag{3.1.32}$$

$$\epsilon_{ilk}\epsilon_{jlk} = 2\delta_{ij}, \tag{3.1.33}$$

$$\epsilon_{ijk}J_k = J_{ij}, \tag{3.1.34}$$

可以证明

$$[J_i, J_j] = \mathrm{i}\epsilon_{ijk}J_k. \tag{3.1.35}$$

这正是熟悉的角动量算符对易关系, J_i 是 SU(2) 群的三个生成元, 也是 Lorentz 变换中三个描述空间转动的生成元. Lorentz 变换的另外三个生成元是 boost 生成元, 定义为

$$K_i \equiv J_{0i}. \tag{3.1.36}$$

利用 $J_{\mu\nu}$ 满足的 so(3,1) 代数, 可以得出如下对易关系:

$$[K_i, K_j] = -\mathrm{i}\epsilon_{ijk}J_k, \tag{3.1.37}$$

$$[J_i, K_j] = \mathrm{i}\epsilon_{ijk}K_k. \tag{3.1.38}$$

对易关系 (3.1.35)、(3.1.37) 和 (3.1.38) 等同于 $J_{\mu\nu}$ 满足的 so(3,1) 代数.

除了系统在 Lorentz 变换下的不变性以外, 一个孤立的物理系统的物理性质和物理规律不因时空点不同而改变, 这就是时空的均匀性. 物理上很容易理解, 在世界上任何时刻和任何地点做的物理实验得到的正确物理结果都不会因时空点改变而不同, 这就是时空平移变换下的物理规律不变性.

考虑坐标 x^μ 的无穷小时空平移变换

$$\delta x^\mu = \epsilon^\mu, \tag{3.1.39}$$

ϵ^μ 是描述时空平移变换的四个参数, (3.1.39) 式可以用相应的四个时空平移变换群生成元表达:

$$\delta x^\mu = -\mathrm{i}\epsilon^\rho P_\rho x^\mu, \tag{3.1.40}$$

其中生成元

$$P_\rho = \mathrm{i}\partial_\rho = \mathrm{i}\frac{\partial}{\partial x^\rho}. \tag{3.1.41}$$

它们正是四动量算符.

Lorentz 变换加上时空平移变换就构成了非齐次 Lorentz 变换, 或称为 Poincaré 变换. 在 Poincaré 变换下, 有

$$x^\mu \to x'^\mu = a^\mu_\nu x^\nu + b^\mu. \tag{3.1.42}$$

注意时空平移和 Lorentz 变换并不对易, 因为平移参数是四矢量, 它在 Lorentz 变换下也要变化. 数学上所有 Poincaré 变换的集合形成 Poincaré 群. 由于 Lorentz 变换有 6 个参数, 时空平移有 4 个参数, 所以 Poincaré 变换共有 10 个独立参数. 相应的生成元即是 6 个 Lorentz 变换生成元 $J_{\mu\nu}$ 和 4 个时空平移生成元 P_μ , 它们满足 Poincaré 代数:

$$[P_\mu, P_\nu] = 0, \tag{3.1.43}$$

$$[J_{\mu\nu}, J_{\rho\sigma}] = \mathrm{i}g_{\mu\sigma}J_{\nu\rho} + \mathrm{i}g_{\nu\rho}J_{\mu\sigma} - \mathrm{i}g_{\mu\rho}J_{\nu\sigma} - \mathrm{i}g_{\nu\sigma}J_{\mu\rho}, \tag{3.1.44}$$

$$[J_{\mu\nu}, P_\rho] = -\mathrm{i}g_{\mu\rho}P_\nu + \mathrm{i}g_{\nu\rho}P_\mu. \tag{3.1.45}$$

(3.1.45) 式表明四矢量 P_ρ 与 Lorentz 变换群生成元不对易.

§3.2 定域场的变换性质

各种定域场在 Lorentz 变换下的性质对于构造量子场论的相互作用拉氏密度非常重要. 按照 Lorentz 变换下的性质, 可将场分为标量场、旋量场、矢量场和张量场. 数学上讲, 应按照 Lorentz 群的不同表示对经典场进行分类. 这里不打算讨论 Lorentz 群表示理论, 而是根据 Lorentz 变换下定域场不同的变换行为定义相应的场. 以下分别叙述标量场、矢量场、张量场和旋量场.

(1) 标量场 $\phi(x)$.

标量场最简单. 设在 Lorentz 变换相联系的两个惯性系中, 坐标分别为 x^μ 和 x'^μ, 相应的场是 $\phi(x)$ 和 $\phi'(x')$, 若 $\phi(x)$ 满足条件

$$\phi'(x') = \phi(x), \tag{3.2.1}$$

则称 $\phi(x)$ 为 Lorentz 变换下的标量场. $\phi(x)$ 既有坐标 x^μ 的改变, 又有表示物理量的函数形式的改变. 按照 §2.3 的讨论, 可将这两种改变分解为等式

$$\delta\phi = \phi'(x') - \phi(x) = [\phi'(x') - \phi'(x)] + \bar{\delta}\phi(x), \tag{3.2.2}$$

其中第二个等号右边第一项方括号内表示单纯由于坐标变化引起的改变, 而第二项 $\bar{\delta}\phi$ 表示在坐标不变时函数 ϕ 的改变,

$$\bar{\delta}\phi \equiv \phi'(x) - \phi(x). \tag{3.2.3}$$

考虑两个惯性系之间只差一无穷小变换 $x^\mu \to x'^\mu = x^\mu + \delta x^\mu$, 只保留至一阶无穷小的项, 利用 (2.3.11) 式得到

$$\delta\phi = \overline{\delta}\phi + \delta x^\mu \partial_\mu \phi. \tag{3.2.4}$$

由 (3.2.1) 式, $\delta\phi = 0$, 因此 $\overline{\delta}\phi = -\delta x^\mu \partial_\mu \phi$.

由 Lorentz 群表示理论知 $\overline{\delta}\phi$ 定义了 Lorentz 群生成元 $L_{\mu\nu}$ 的标量场表示, 表示空间与 Lorentz 群 $\{a^\mu_\nu\}$ 是同构的, 与表示坐标的 (3.1.24) 式相差一负号, 得到

$$\overline{\delta}\phi = -\frac{\mathrm{i}}{2}\delta\omega^{\mu\nu} L_{\mu\nu}\phi. \tag{3.2.5}$$

将 (3.2.5) 式同 (3.1.24) 式比较并利用 (3.1.23) 式, 很容易证明在标量场情况下

$$L_{\mu\nu} = \mathrm{i}(x_\mu \partial_\nu - x_\nu \partial_\mu). \tag{3.2.6}$$

这意味着标量场自旋为 0, 仅有轨道角动量 $J_i = \dfrac{1}{2}\epsilon_{ijk} L_{jk}$. 至于有限的 Lorentz 变换, 可以将其看成无限多个无穷小变换的乘积. 设 $\omega^{\rho\sigma}$ 为有限变换参数, 将其 n 等分并令 $n \to \infty$, 则 $\omega^{\rho\sigma}/n$ 将为无穷小, 于是有限的 Lorentz 变换可以写成下面的形式:

$$\phi'(x) = \mathrm{e}^{-\frac{\mathrm{i}}{2}\omega^{\mu\nu}L_{\mu\nu}}\phi(x). \tag{3.2.7}$$

(2) 矢量场、张量场.

设在 Lorentz 变换相联系的两个惯性系中, 坐标分别为 x_μ 和 x'_μ, 相应的场量是 $A_\mu(x)$ 和 $A'_\mu(x')$, 若 $A_\mu(x)$ 如同四矢量一样变换, 即满足条件

$$A'_\mu(x') = a^\nu_\mu A_\nu(x), \tag{3.2.8}$$

则称 $A_\mu(x)$ 为 Lorentz 变换下的矢量场. (3.2.8) 与 (3.2.1) 式不同, 其表示也不同. 考虑两个惯性系之间只差一无穷小的变换 (只保留至一阶无穷小的项),

$$\begin{aligned} x'_\mu &= x_\mu + \delta x_\mu, \\ \delta x_\mu &= \delta\omega^\nu_\mu x_\nu, \end{aligned}$$

其中 $\delta\omega^\nu_\mu = g_{\mu\rho}\delta\omega^{\rho\nu}$, $\delta\omega^{\rho\nu}$ 是 Lorentz 群的 6 个独立参量构成的反对称张量. 矢量场 $A_\mu(x)$ 的改变为

$$\begin{aligned} A'_\mu(x') &= A_\mu(x) + \delta A_\mu(x), \\ \delta A_\mu &= A'_\mu(x') - A_\mu(x) = \overline{\delta}A_\mu(x) + \delta x^\nu \partial_\nu A_\mu(x). \end{aligned} \tag{3.2.9}$$

注意到矢量场的定义 (3.2.8) 式, 类比于 (3.1.24) 式可以将这一变换通过 Lorentz 群 6 个独立的生成元 $L_{\mu\nu}$ 来表示:

$$\delta x^\nu \partial_\nu A_\mu = -\frac{\mathrm{i}}{2}\delta\omega^{\rho\sigma} L_{\rho\sigma} A_\mu. \tag{3.2.10}$$

将 (3.2.10) 式代入 (3.2.9) 式并忽略一全微分项, 得到

$$\begin{aligned}\bar{\delta} A_\mu(x) &= \delta A_\mu(x) - \delta x^\nu \partial_\nu A_\mu(x) \\ &= \delta\omega_\mu^\nu A_\nu - \frac{\mathrm{i}}{2}\delta\omega^{\rho\sigma} L_{\rho\sigma} A_\mu \\ &= -\frac{\mathrm{i}}{2}\delta\omega^{\rho\sigma}(S_{\rho\sigma})_\mu^\nu A_\nu - \frac{\mathrm{i}}{2}\delta\omega^{\rho\sigma} L_{\rho\sigma} A_\mu,\end{aligned} \tag{3.2.11}$$

其中

$$(S_{\rho\sigma})_\mu^\nu = \mathrm{i}(g_{\rho\mu} g_\sigma^\nu - g_{\sigma\mu} g_\rho^\nu). \tag{3.2.12}$$

同样, $\bar{\delta} A$ 定义了矢量场 $A_\mu(x)$ 的 Lorentz 群表示:

$$\bar{\delta} A_\mu = -\frac{\mathrm{i}}{2}\delta\omega^{\rho\sigma} J_{\rho\sigma} A_\mu, \tag{3.2.13}$$

$$J_{\rho\sigma} = \mathrm{i}(x_\rho \partial_\sigma - x_\sigma \partial_\rho) + S_{\rho\sigma}. \tag{3.2.14}$$

类似地, 矢量场在有限 Lorentz 变换下的变化可以写成

$$A'_\mu(x) = \mathrm{e}^{-\frac{\mathrm{i}}{2}\omega^{\rho\sigma} J_{\rho\sigma}} A_\mu(x). \tag{3.2.15}$$

从 (3.2.11) 式可见, 对于 $A_\mu(x)$ 来讲, Lorentz 变换生成元 $J_{\rho\sigma}$ 中出现了算符 $S_{\rho\sigma}$. 在 Lorentz 变换下, (3.2.11) 式第一项中 $A_\mu(x)$ 的 μ 指标有混合, 相应于 “自旋” 部分. $S_{\rho\sigma}$ 由 (3.2.12) 式定义, 是 4×4 矩阵. 不难证明, $S_{\rho\sigma}$ 和 $L_{\rho\sigma}$ 满足同样的对易关系, 即 so(3,1) 代数. 由 (3.2.6) 和 (3.2.12) 式可知 Lorentz 变换生成元对于 $\phi(x)$ 和 $A_\mu(x)$ 为

$$\begin{aligned}\bar{\delta}\phi(x) &= -\frac{\mathrm{i}}{2}\delta\omega^{\rho\sigma} J_{\rho\sigma}\phi, \\ \bar{\delta}(A_\mu(x)) &= -\frac{\mathrm{i}}{2}\delta\omega^{\rho\sigma} J_{\rho\sigma} A_\mu(x),\end{aligned} \tag{3.2.16}$$

只是 $J_{\rho\sigma}$ 对不同场的表示式不一样, 在标量场情况下自旋为零, $J_{\rho\sigma} = L_{\rho\sigma}$, 而 (3.2.14) 式给出了 Lorentz 变换生成元 $J_{\rho\sigma}$ 在 $A_\mu(x)$ 上的表达形式, 自旋为 1. 可以证明, 矢量场的标量积, 即 $A^\mu A_\mu$ 是 Lorentz 不变量. 事实上, 在无穷小 Lorentz 变换下, $A^\mu A_\mu$ 的改变为

$$\delta(A^\mu A_\mu) = \delta\omega_\rho^\mu A^\rho A_\mu + A^\mu \delta\omega_\mu^\rho A_\rho = (\delta\omega_\rho^\mu + \delta\omega_\rho^\mu) A^\rho A_\mu = 0.$$

而在有限的 Lorentz 变换下, 利用 $a^{\mu}_{\rho}a_{\mu\sigma}=g_{\rho\sigma}$, 有

$$A^{\mu}A_{\mu}\rightarrow a^{\mu}_{\rho}a_{\mu\sigma}A^{\rho}A^{\sigma}=g_{\rho\sigma}A^{\rho}A^{\sigma}=A^{\rho}A_{\rho}.$$

实际上若由前面讨论的标量场 $\phi(x)$ 定义 $\phi_{\mu}(x)=\partial_{\mu}\phi$, 则由 (3.2.1) ~ (3.2.7) 式可以证明 $\partial_{\mu}\phi$ 的变换性质与矢量场一样. 类推可以定义二阶张量 $\partial_{\mu}\partial_{\nu}\phi$ 和它在 Lorentz 变换下的变化

$$\overline{\delta}(\partial_{\mu}\partial_{\nu}\phi)=-\frac{\mathrm{i}}{2}\delta\omega^{\rho\sigma}J_{\rho\sigma}\partial_{\mu}\partial_{\nu}\phi. \tag{3.2.17}$$

也可类推到更高阶张量场等.

在 Lorentz 变换下, 矢量场是带有一个 Lorentz 指标的场, 按照 (3.2.8) 那样变换, 如电磁场 A_{μ} 和以后将讨论到的各种规范场等. 前面讨论的 $\phi_{\mu\nu}(x)=\partial_{\mu}\partial_{\nu}\phi$ 带有两个 Lorentz 指标, 也可以有带多个 Lorentz 指标, 每个指标都如矢量那样变换的场, 如 $C_{\mu\nu\rho}$ 等三阶张量场和高阶张量场. 而 Lorentz 指标的收缩将降低张量指标的阶数, 如矢量场 A_{μ} 可以看作 Lorentz 变换下的一阶张量, $A_{\mu}A^{\mu}$ 则是 Lorentz 变换下的标量.

此外, 对于正 Lorentz 变换下的标量场, 按其空间反射性质还有标量与赝标量之分, 分别对应空间反射下不变号与变号:

$$\text{标量}: \ \phi\rightarrow\phi,$$
$$\text{赝标量}: \ \phi\rightarrow-\phi.$$

它们在物理上对应于具有不同内禀宇称的自旋为零的场. 对于正 Lorentz 变换下的矢量场, 按其空间反射的性质, 将有矢量与轴 (赝) 矢量之分. 在空间反射下,

$$\text{矢量场}: \ A^{\mu}=(A^{0},\boldsymbol{A})\rightarrow(A^{0},-\boldsymbol{A}),$$
$$\text{轴 (赝) 矢量场}: \ A^{\mu}=(A^{0},\boldsymbol{A})\rightarrow(-A^{0},\boldsymbol{A}).$$

同样物理上对应于具有不同内禀宇称的自旋为 1 的场.

(3) 旋量场.

矢量场在 Lorentz 变换下如同坐标矢量 $x'^{\mu}=a^{\mu}_{\nu}x^{\nu}$ 一样变换, 较为直接, 而张量场是带有两个及以上 Lorentz 指标的场, 也可直接推广. 然而旋量场的变换方式不能简单地由 Lorentz 指标来确定, 需要从 Lorentz 群的旋量表示给出. 它在 Lorentz 变换下的变换形式比较复杂. 引入

$$\psi'(x')=S\psi(x)$$

定义旋量场, 其中变换矩阵 S 的形式和性质将在 §3.4 讨论. 这里仅从物理上简单地给出定义: 满足 Dirac 方程 (1.1.12) 的定域场 ψ 称为旋量场. §3.4 将通过 Dirac 方程的相对论协变性确定变换矩阵 S 的形式和性质.

最后讨论时空平移变换. 非齐次 Lorentz 变换 (Poincaré 变换) 除了 Lorentz 变换外还有时空平移变换. 物理规律不因时空点不同而改变, 或者说时空平移变换下物理规律不变. 考虑一无穷小的时空平移变换 $\delta x^\mu = \epsilon^\mu$,

$$x'^\mu = x^\mu + \epsilon^\mu.$$

所有定域场 $f(x)$ 在此变换下是不变的, 应有

$$f'(x') = f(x), \tag{3.2.18}$$

即平移前标记 f 在原坐标 x 点的值等于平移后标记 f' 在新坐标 x' 点的值, 因为尽管坐标系进行了平移, x 与 x' 实际为同一点, f 与 f' 为同一函数. (3.2.18) 式意味着

$$\delta f = 0 = \overline{\delta} f + \epsilon^\mu \partial_\mu f \tag{3.2.19}$$

或

$$\overline{\delta} f = -\epsilon^\mu \partial_\mu f = +\mathrm{i}\epsilon^\mu P_\mu f, \tag{3.2.20}$$

其中动量算符 P_μ 由 (3.1.42) 式定义. 注意 (3.2.20) 式中函数 f 的无穷小平移算符 $\overline{\delta}$ 与 (3.1.41) 式中坐标 x 的无穷小平移算符 $-\mathrm{i}\epsilon^\mu P_\mu$ 差一负号. 顺便指出, 时空平移变换下的 (3.2.1) 式与 (3.2.18) 式完全类似, 因此也可以说, 任何定域场都是时空平移变换下的标量.

根据上面的讨论, 我们很容易写出由标量场、矢量场或张量场构造的 Lorentz 不变量. 例如, 由标量场 $\phi(x)$ 构造的 Lorentz 不变量可以是 $\phi(x)$ 的任意标量函数, 如 $\phi^n(x), \cos\phi(x), \cdots$, 和 $\partial_\mu\partial^\mu\phi(x), \partial_\mu\phi(x)\partial^\mu\phi(x), \cdots$. 但须注意, $x^\mu\partial_\mu\phi$ 不是非齐次 Lorentz 变换下的不变量, 因为尽管它是 Lorentz 不变的, 但不是时空平移不变的. 由矢量场 $A^\mu(x)$ 构造的 Lorentz 不变量可以有

$$A^\mu(x)A_\mu(x), \partial_\mu A_\nu(x)\partial^\nu A^\mu(x), \partial_\mu A_\nu(x)\partial^\mu A^\mu(x), \partial^\mu(x)A_\mu(x), \cdots.$$

而从二阶张量场 $B_{\mu\nu}$ 构造的 Lorentz 不变量可以有

$$B_{\mu\nu}(x)B^{\mu\nu}(x), \partial_\rho B_{\mu\nu}(x)\partial^\rho B^{\mu\nu}(x), \partial_\rho B_{\mu\nu}(x)\partial^\mu B^{\rho\nu}(x), \cdots.$$

由这些 Lorentz 不变量容易构造 Lorentz 不变的拉氏密度 $\mathcal{L}(x)$.

§3.3 自由标量场

这一节讨论在 Lorentz 变换下满足 (3.2.1) 式, 即不变的标量场 $\phi(x)$. 由前述讨论, 可以写出由标量场构造的 Lorentz 不变量. 我们假定拉氏密度 $\mathcal{L}(\phi(x),\partial_\mu\phi(x))$ 是不含带有高于一阶微商的非齐次 Lorentz 变换下的不变量. 例如, 由标量场 $\phi(x)$ 构造的 Lorentz 不变量可以是任意标量函数, 如 $\phi^2(x),\phi^4(x),\cdots,\partial_\mu(x)\partial^\mu\phi(x)$. 考虑到 $\phi(x)$ 空间反射性质, 此处只列出 $\phi(x)$ 的偶幂次项. 按上一章中作用量的变分原理, 可由拉氏密度 $\mathcal{L}(\phi(x),\partial_\mu\phi(x))$ 得到运动方程 (2.2.5). 再注意到 (2.2.2) 式, 由于作用量是无量纲的, 因此拉氏密度 $\mathcal{L}(\phi(x),\partial_\mu\phi(x))$ 的量纲为 4, 由此构造质量为 m 的实标量场的满足非齐次 Lorentz 变换下不变性条件的自由拉氏密度

$$\mathcal{L}_0=\frac{1}{2}\partial_\mu\phi(x)\partial^\mu\phi(x)-\frac{1}{2}m^2\phi^2(x), \tag{3.3.1}$$

其中第二项为量纲为 2 的常数与 $\phi^2(x)$ 相乘, 关联到粒子的质量 m. 当然还可以有高幂次项 $\phi^n(x)$ $(n\geqslant 3)$, 它们可以归入相互作用项. 将 (3.3.1) 式代入欧拉-拉格朗日方程 (2.2.5), 就得到标量场的运动方程 (即 Klein-Gordon 方程)

$$(\Box+m^2)\phi(x)=0, \tag{3.3.2}$$

其中 $\Box=\partial_t^2-\nabla^2=\partial_\mu\partial^\mu$ 是 d'Alembert 算子.

历史上, 方程 (3.3.2) 曾从 Schrödinger 方程经相对论推广得到. 一个速度 $v\ll 1$ 的微观自由粒子的运动满足 Schrödinger 方程

$$\mathrm{i}\frac{\partial\psi}{\partial t}=-\frac{1}{2m}\nabla^2\psi, \tag{3.3.3}$$

其中 m 是粒子的质量, $\psi=\psi(\boldsymbol{x},t)$ 为波函数, 它的模方 $|\psi|^2\geqslant 0$ 解释为概率密度. 方程 (3.3.3) 可以从非相对论经典质点的能量-动量关系

$$E=\frac{\boldsymbol{p}^2}{2m} \tag{3.3.4}$$

做代换

$$E\to\mathrm{i}\frac{\partial}{\partial t},\quad \boldsymbol{p}\to-\mathrm{i}\nabla \tag{3.3.5}$$

并作用于波函数 ψ 而得出. 然而, 当粒子的速度 $v\to 1$ 时, 方程 (3.3.4) 不再适用, 要做相对论推广. 从相对论经典质点的能量-动量关系

$$E^2=\boldsymbol{p}^2+m^2 \tag{3.3.6}$$

出发, 按 (3.3.5) 算符化, 可得到自由场方程

$$-\frac{\partial^2}{\partial t^2}\phi=(-\nabla^2+m^2)\phi,$$

这就是由拉氏密度得到的自由场方程 (3.3.2) 式. 自由场方程 (3.3.2) 的平面波解为

$$N\mathrm{e}^{-\mathrm{i}k\cdot x},\tag{3.3.7}$$

其中 N 是平面波解的归一化常数, $k\cdot x=\omega x^0-\boldsymbol{k}\cdot\boldsymbol{x}$, 能量 ω 满足质能关系

$$\omega=\pm\sqrt{|\boldsymbol{k}|^2+m^2}.\tag{3.3.8}$$

然而将此方程解释为 Schrödinger 方程的相对论推广, 会遇到负能解和负概率困难, 负能解使系统不存在稳定态, 负概率使系统概率密度不为恒正. 后来人们认识到, 只要将方程 (3.3.2) 视作经典场的运动方程, 再按下一章的正则量子化方式就能完美地解释场的波动性和粒子性. Klein-Gordon 方程是系统物理状态所遵从的态矢方程. 物理上将满足 (3.3.8) 式的具有正能量的粒子称为处在质壳上的粒子. 关于平面波解 (3.3.7) 的性质留在第 4 章中讨论.

当考虑相互作用时, 拉氏密度应加上相互作用势能项:

$$\mathcal{L}=\mathcal{L}_0-V(\phi(x)),\tag{3.3.9}$$

其中 $V(\phi(x))$ 是标量场 $\phi(x)$ 的函数, 例如自作用

$$V(\phi(x))=\frac{\lambda}{4!}\phi^4(x).\tag{3.3.10}$$

将 (3.3.9) 式代入欧拉-拉格朗日方程 (2.2.5), 给出有相互作用情况下的运动方程

$$(\Box+m^2)\phi(x)=-V'(\phi).\tag{3.3.11}$$

具有 $\phi^4(x)$ 型相互作用的物理系统在后面还会详细讨论.

拉氏密度 (3.3.1) 是 Lorentz 不变的, 依照上章讲述的论证 Noether 定理的步骤可以构造标量场时空坐标变换下相应的守恒流和守恒量.

首先考虑无穷小的时空平移 $\delta x^\mu=\epsilon^\mu$ 和 $\delta\phi=0$. 利用 (2.3.17) 和 (2.3.16) 式可分别得到相应的标量场守恒流密度

$$T_{\mu\nu}=-g_{\mu\nu}\mathcal{L}+\partial_\mu\phi\partial_\nu\phi,\tag{3.3.12}$$

以及它满足的守恒方程

$$\partial^\mu T_{\mu\nu}=0.\tag{3.3.13}$$

(3.3.12) 式表明, 守恒流 $T_{\mu\nu}$ 是一个对称张量, 相应于时空平移变换, 称为标量场的能量-动量张量流密度. 相应的守恒荷为 $T_{0\nu}$ 的空间积分,

$$P_\nu = \int \mathrm{d}^3 x T_{0\nu} = \int \mathrm{d}^3 x(-g_{0\nu}\mathcal{L} + \partial_0\phi\partial_\nu\phi). \tag{3.3.14}$$

P_ν 就是标量场的四动量. 由于 P_0 是场的能量, 故能量密度为 (取质量 $m=0$)

$$T_{00} = -\mathcal{L} + \partial_0\phi\partial_0\phi = \frac{1}{2}\partial_0\phi\partial_0\phi + \frac{1}{2}\nabla\phi\cdot\nabla\phi + V(\phi). \tag{3.3.15}$$

当 $V>0$ 时它是正定的. 现在以守恒流密度 (3.3.12) 具体说明第 2 章中所指出的一种守恒流定义的不唯一性. 如果做代换

$$T_{\mu\nu} \to T'_{\mu\nu} = T_{\mu\nu} + C[\partial_\mu\partial_\nu\phi + g_{\mu\nu}V'(\phi)], \tag{3.3.16}$$

其中 C 为任意常数, 则仍然有 $\partial^\mu T'_{\mu\nu}=0$, 因为 $T'_{\mu\nu}$ 中所增加部分的四散度在利用了运动方程 (3.3.9) 之后为 0. 考虑到场 $\phi(x)$ 在空间无穷远处的边界条件, 与 $T'_{\mu\nu}$ 相应的守恒荷 (四动量 P_ν) 仍由 (3.3.14) 式给出.

进一步考虑无穷小的 Lorentz 变换 $\delta x^\mu = \delta\omega^{\mu\nu}x_\nu$, $\delta\phi=0$ (因为 ϕ 是 Lorentz 标量). 同样利用方程 (2.3.17) 得到三阶张量流

$$J_{\mu\nu\rho} = -(\mathcal{L}g_{\mu\lambda} + \partial_\mu\phi\partial_\lambda\phi)(g^\lambda_\nu x_\rho - g^\lambda_\rho x_\nu) = x_\nu T_{\mu\rho} - x_\rho T_{\mu\nu}, \tag{3.3.17}$$

其中略去了常数因子 $-1/2$. (3.3.17) 式中 $T_{\mu\nu}$ 是 (3.3.12) 式定义的标量场能量-动量张量流密度. 由 (3.3.13) 式可以直接得到 $J_{\mu\nu\rho}$ 满足守恒方程

$$\partial^\mu J_{\mu\nu\rho} = 0. \tag{3.3.18}$$

相应的守恒荷是 $J_{0\nu\rho}$ 的空间积分,

$$J_{\nu\rho} = \int \mathrm{d}^3 x J_{0\nu\rho} = \int \mathrm{d}^3 x(x_\nu T_{0\rho} - x_\rho T_{0\nu}), \tag{3.3.19}$$

其中 T_{0i} 是标量场动量流密度, 它的空间积分是三动量 P_i. (3.3.19) 式表明, J_{ij} 是场的角动量, 因此 (3.3.19) 式是通常角动量的四维推广, 可以称 $J_{\mu\nu\rho}$ 为广义角动量密度, 称 $J_{\nu\rho}$ 为广义角动量.

至此, 应用 Noether 定理, 我们通过讨论标量场物理系统拉氏密度对于时空平移变换和 Lorentz 变换的不变性得到了相应的守恒流和守恒量. 时空平移变换下相应的守恒流是能量-动量张量流密度 $T_{\mu\nu}$, 守恒荷是标量场的四动量 P_ν. Lorentz 变换下相应的守恒流是广义的角动量张量密度 $J_{\mu\nu\rho}$, 守恒荷是广义的角动量 $J_{\nu\rho}$. 物理系统拉氏密度在其他对称变换下的不变性同样会有相应的守恒流和守恒量, 我们会另行讨论.

以上是在实标量场情况下讨论的. 实标量场对应于中性粒子场, 荷电粒子场对应于复标量场. 如果 $\phi(x)$ 是复的, 实际上可以分解为两个实标量场 $\phi_1(x)$ 和 $\phi_2(x)$ 的线性组合:

$$\begin{aligned}\phi(x) &= \frac{1}{\sqrt{2}}(\phi_1(x) - \mathrm{i}\phi_2(x)),\\ \phi^*(x) &= \frac{1}{\sqrt{2}}(\phi_1(x) + \mathrm{i}\phi_2(x)).\end{aligned} \tag{3.3.20}$$

因此复标量场可以还原为两个实标量场来讨论. 两个实标量场的拉氏密度为 (3.3.1) 式, 相应的复标量场拉氏密度为

$$\mathcal{L}_0^{\mathrm{C}} = \partial_\mu\phi^*(x)\partial^\mu\phi(x) - m^2\phi^*(x)\phi(x). \tag{3.3.21}$$

由此拉氏密度自然得到复标量场运动方程

$$(\Box + m^2)\phi(x) = 0, \quad (\Box + m^2)\phi^*(x) = 0. \tag{3.3.22}$$

它们与 (3.3.2) 式完全相同. 重复上面对实标量场的讨论, 由复标量场物理系统拉氏密度对时空平移变换和 Lorentz 变换的不变性可得到相应的守恒流和守恒量, 只须将 (3.3.12) 式定义的能量-动量张量流密度 $T_{\mu\nu}$ 修改为

$$T_{\mu\nu} = -g_{\mu\nu}\mathcal{L} + \partial_\mu\phi^*\partial_\nu\phi + \partial_\nu\phi^*\partial_\mu\phi, \tag{3.3.23}$$

相应复标量场的守恒荷四动量为

$$P_\nu = \int \mathrm{d}^3x T_{0\nu} = \int \mathrm{d}^3x(-g_{0\nu}\mathcal{L} + \partial_0\phi^*\partial_\nu\phi + \partial_\nu\phi^*\partial_0\phi), \tag{3.3.24}$$

其他结果相同.

§3.4 自由旋量场

§3.2 中定义满足 Dirac 方程 (1.1.12) 的定域场称为 Dirac 旋量场. Dirac 方程也可从另一个角度得到. 对上一节的 Klein-Gordon 方程

$$-\frac{\partial^2}{\partial t^2}\phi = (-\nabla^2 + m^2)\phi$$

两边做形式上的开方并保持算符线性化, 可得到方程

$$\mathrm{i}\frac{\partial}{\partial t}\psi = (-\mathrm{i}\boldsymbol{\alpha}\cdot\nabla + \beta m)\psi, \tag{3.4.1}$$

其中 $\boldsymbol{\alpha}\cdot\nabla=\sum\limits_{i=1}^{3}\alpha_i\nabla_i\ (i=1,2,3)$, α_i 与 β 矩阵满足下列关系:

$$
\begin{aligned}
&\alpha_i^\dagger=\alpha_i,\quad \beta^\dagger=\beta,\\
&\alpha_i^2=\beta^2=1,\\
&\{\alpha_i,\alpha_j\}=\alpha_i\alpha_j+\alpha_j\alpha_i=0\quad(i\neq j),\\
&\{\alpha_i,\beta\}=0.
\end{aligned}
\tag{3.4.2}
$$

可以证明 ψ 也满足 Klein-Gordon 方程. 从 (3.4.2) 式可见, 矩阵 α^i,β 厄米且平方为 1, 故其本征值为 ±1. 设 α^i,β 的维数为 d, 由于 α^i,β 彼此反对易, 从 $\alpha^i\beta+\beta\alpha^i=0$ 可得 $\det\alpha^i\det\beta=(-1)^d\det\beta\det\alpha^i$, 又由于 $\det\beta$ 和 $\det\alpha^i$ 不为零, 因而维数 d 为偶数. 显然最小值 $d=2$ 被排除, 因为 2×2 相互对易的厄米矩阵只有 3 个, 即 Pauli 矩阵, 而现在相互反对易的厄米矩阵 α^i 和 β 共有 4 个. 因此矩阵 (α^i,β) 的最小维数是 4.

为了便于讨论, 引入 γ 矩阵:

$$
\begin{aligned}
&\gamma^\mu=(\gamma^0,\gamma^1,\gamma^2,\gamma^3),\\
&\gamma^0=\beta,\\
&\gamma^i=\beta\alpha^i\quad(i=1,2,3).
\end{aligned}
\tag{3.4.3}
$$

从 (3.4.3) 式易证明 γ^μ 满足反对易关系

$$
\{\gamma^\mu,\gamma^\nu\}=2g^{\mu\nu},
\tag{3.4.4}
$$

于是 Dirac 方程 (3.4.1) 可以重写为

$$
\left(\mathrm{i}\gamma^\mu\frac{\partial}{\partial x^\mu}-m\right)\psi(x)=0.
\tag{3.4.5}
$$

以上所引入的 γ 矩阵反对易关系 (3.4.4) 亦称为 Clifford 代数.

由矩阵 α^i,β 厄米可知 γ_0 厄米, γ_i 反厄米, γ^μ 也为 4×4 矩阵. 本书采用常用的 Dirac 表象, γ,α^i 与 β 矩阵表示为

$$
\begin{aligned}
&\gamma^0=\begin{bmatrix}I&0\\0&-I\end{bmatrix},\quad \gamma^i=\begin{bmatrix}0&\sigma^i\\-\sigma^i&0\end{bmatrix},\\
&\beta=\begin{bmatrix}I&0\\0&-I\end{bmatrix},\quad \alpha^i=\begin{bmatrix}0&\sigma^i\\\sigma^i&0\end{bmatrix},
\end{aligned}
\tag{3.4.6}
$$

其中 I 和 σ^i 分别是 2×2 单位矩阵及 Pauli 矩阵:

$$\sigma^1=\begin{bmatrix}0&1\\1&0\end{bmatrix},\ \sigma^2=\begin{bmatrix}0&-\mathrm{i}\\\mathrm{i}&0\end{bmatrix},\ \sigma^3=\begin{bmatrix}1&0\\0&-1\end{bmatrix}.$$

还有其他表象的矩阵形式, 它们之间仅差一幺正变换, 不在这里详述了.

Dirac 方程应该是相对论协变的, 那么在不同惯性系中描述同一物理规律的旋量场如何相互变换? 现在考虑两个以 Lorentz 变换相联系的惯性系, $x'^\mu=a^\mu_\nu x^\nu$, 在两个惯性系中旋量场分别由 $\psi(x)$ 和 $\psi'(x')$ 描写. 按照 Lorentz 协变性要求, 如果 $\psi(x)$ 满足 Dirac 方程 (3.4.5), 则变换后的 $\psi'(x')$ 在新的惯性系中也必须遵从 Dirac 方程

$$\left(\mathrm{i}\gamma^\mu\frac{\partial}{\partial x'^\mu}-m\right)\psi'(x')=0. \tag{3.4.7}$$

假定 ψ 与 ψ' 的关系是线性的, 且通过关系式

$$\psi'(x')=S\psi(x),\quad x'^\mu=a^\mu_\nu x^\nu \tag{3.4.8}$$

变换, 其中 S 是一个非奇异的 4×4 矩阵. 从 Dirac 方程相对论协变性要求可以得到变换矩阵 S 的具体形式. 将 (3.4.8) 式代入 (3.4.7) 式, 有

$$\mathrm{i}\gamma^\mu\frac{\partial x^\nu}{\partial x'^\mu}\frac{\partial}{\partial x^\nu}S\psi(x)-mS\psi(x)=0.$$

对该方程左乘 S^{-1} 并将求和指标做代换 $\mu\leftrightarrow\nu$, 得

$$\mathrm{i}S^{-1}\gamma^\nu S\frac{\partial x^\mu}{\partial x'^\nu}\frac{\partial}{\partial x^\mu}\psi(x)-m\psi(x)=0. \tag{3.4.9}$$

为使 (3.4.9) 式保持 Dirac 方程形式不变, 必须有

$$S^{-1}\gamma^\nu S\frac{\partial x^\mu}{\partial x'^\nu}=\gamma^\mu.$$

利用 $\partial x^\mu/\partial x'^\nu=(a^{-1})^\mu_\nu$, 上式成为

$$S\gamma^\mu S^{-1}=(a^{-1})^\mu_\nu\gamma^\nu. \tag{3.4.10}$$

这就是 Dirac 方程的 Lorentz 变换不变性对变换矩阵 S 所加的条件.

类似地, 可利用无穷小的连续 Lorentz 变换来决定 S 的形式. 由 (3.1.20) 式中无穷小的 Lorentz 变换 $a^\mu_\nu=\delta^\mu_\nu+\delta\omega^\mu_\nu$, 有

$$(a^{-1})^\mu_\nu=\delta^\mu_\nu-\delta\omega^\mu_\nu. \tag{3.4.11}$$

无穷小变换参数满足 $\delta\omega^{\mu\nu}=-\delta\omega^{\nu\mu}$. 此无穷小变换下旋量场的 Lorentz 变换矩阵可假设为

$$\begin{aligned} S &= I-\frac{\mathrm{i}}{4}\delta\omega^{\rho\sigma}\sigma_{\rho\sigma}+\cdots, \\ S^{-1} &= I+\frac{\mathrm{i}}{4}\delta\omega^{\rho\sigma}\sigma_{\rho\sigma}+\cdots, \end{aligned} \tag{3.4.12}$$

其中 $\sigma_{\rho\sigma}$ 是 4×4 矩阵且对 $\rho\sigma$ 反对称. 将 (3.4.11) 和 (3.4.12) 式代入条件 (3.4.10), 得到

$$\delta\omega^{\rho\sigma}[\gamma^{\mu},\sigma_{\rho\sigma}]=4\mathrm{i}\delta\omega^{\mu\rho}\gamma_{\rho}=2\mathrm{i}\delta\omega^{\rho\sigma}(g^{\mu}_{\rho}\gamma_{\sigma}-g^{\mu}_{\sigma}\gamma_{\rho}),$$

在推导中只保留 $O(\delta\omega)$ 的项. 因此 $\sigma_{\rho\sigma}$ 必须满足

$$[\gamma^{\mu},\sigma_{\rho\sigma}]=2\mathrm{i}(g^{\mu}_{\rho}\gamma_{\sigma}-g^{\mu}_{\sigma}\gamma_{\rho}). \tag{3.4.13}$$

利用 γ 矩阵的代数关系容易证实, 满足 (3.4.13) 式的 $\sigma_{\rho\sigma}$ 应为

$$\sigma_{\rho\sigma}=\frac{\mathrm{i}}{2}[\gamma_{\rho},\gamma_{\sigma}]. \tag{3.4.14}$$

这就确定了在无穷小 Lorentz 变换下 S 的形式. 类似地, 有限的 Lorentz 变换可以写成下面的形式:

$$\psi'(x')=S\psi(x),\quad S=\mathrm{e}^{-\frac{\mathrm{i}}{4}\omega^{\rho\sigma}\sigma_{\rho\sigma}}, \tag{3.4.15}$$

其中 $\omega^{\rho\sigma}$ 是有限变换参数.

至此, 利用 Dirac 方程在 Lorentz 变换下的不变性得到了旋量场 $\psi(x)$ 在 Lorentz 变换下的变换矩阵 S. 等价地可以按 Lorentz 变换性质对 Dirac 旋量场给出一个严格的定义: 在 Lorentz 变换下按照方程 (3.4.8) 变换的场 $\psi(x)$ 称为 Dirac 旋量场, 其中变换矩阵 S 由 (3.4.14) 和 (3.4.15) 式完全确定.

考虑无穷小 Lorentz 变换, 注意到 $x=a^{-1}x'$, (3.4.8) 式记为

$$\psi'(x')=S\psi(x)=S\psi(a^{-1}x').$$

将左右两边宗量 x' 换为 x, 利用 (3.4.11) 和 (3.4.12) 式, 得到

$$\psi'(x)=S\psi(a^{-1}x)=\left(I-\frac{\mathrm{i}}{4}\delta\omega^{\rho\sigma}\sigma_{\rho\sigma}\right)\psi(x^{\mu}-\delta\omega^{\mu\nu}x_{\nu}).$$

对上式右边 ψ 的宗量做无穷小展开, 有

$$\begin{aligned} \psi'(x) &= \left(I-\frac{\mathrm{i}}{4}\delta\omega^{\rho\sigma}\sigma_{\rho\sigma}-\delta\omega^{\rho\sigma}x_{\sigma}\partial_{\rho}\right)\psi(x) \\ &= \left[I-\frac{\mathrm{i}}{2}\delta\omega^{\rho\sigma}\left(\frac{1}{2}\sigma_{\rho\sigma}+\mathrm{i}(x_{\rho}\partial_{\sigma}-x_{\sigma}\partial_{\rho})\right)\right]\psi(x). \end{aligned}$$

由此式可得 $\bar{\delta}\psi = \psi'(x) - \psi(x)$, 这就给出了 Lorentz 变换生成元对旋量场作用的一般形式:

$$\bar{\delta}\psi = -\frac{\mathrm{i}}{2}\delta\omega^{\rho\sigma}J_{\rho\sigma}\psi(x),$$

其中

$$J_{\rho\sigma} = \frac{1}{2}\sigma_{\rho\sigma} + \mathrm{i}(x_\rho\partial_\sigma - x_\sigma\partial_\rho) \tag{3.4.16}$$

是 Lorentz 群生成元. 类似于前面对标量场的讨论, 旋量场除了有轨道角动量外还有自旋部分, $S_{\rho\sigma} = \sigma_{\rho\sigma}/2$, 表明旋量场描述了自旋 $\frac{1}{2}$ 的粒子.

现在讨论自由 Dirac 方程的平面波解. 首先将自由 Dirac 方程 (3.4.5) 改写成

$$(\mathrm{i}\partial\!\!\!/ - m)\psi = 0, \tag{3.4.17}$$

其中 $\partial\!\!\!/ = \gamma^\mu\partial_\mu$ 按下述定义理解:

$$a\!\!\!/ \equiv \gamma^\mu a_\mu. \tag{3.4.18}$$

利用 (3.4.4) 式容易证明

$$a\!\!\!/ a\!\!\!/ = a^\mu a^\nu\gamma_\mu\gamma_\nu = a^\mu a^\nu\frac{1}{2}\{\gamma_\mu, \gamma_\nu\} = a^\mu a^\nu g_{\mu\nu} = a^\mu a_\mu = a^2. \tag{3.4.19}$$

在 (3.4.17) 式两边用 $(\mathrm{i}\partial\!\!\!/ + m)$ 左乘, 并利用 $\mathrm{i}\partial\!\!\!/\mathrm{i}\partial\!\!\!/ = -\partial^\mu\partial_\mu = -\Box$, 得到 $\psi(x)$ 也满足 Klein-Gordon 方程,

$$(\Box + m^2)\psi(x) = 0.$$

再由 $\Box\mathrm{e}^{\mp\mathrm{i}p\cdot x} = -p^2\mathrm{e}^{\mp\mathrm{i}p\cdot x}$ 得 $p^2 = m^2$ $(p^0 = E = \sqrt{|\boldsymbol{p}|^2 + m^2} > 0)$. 因此自由场 Dirac 方程的平面波解的时空部分仍为 $\mathrm{e}^{\mp\mathrm{i}p\cdot x}$, 但旋量部分分别为

$$\begin{aligned}\psi^{(+)}(x) &= \mathrm{e}^{-\mathrm{i}p\cdot x}u(p),\\ \psi^{(-)}(x) &= \mathrm{e}^{\mathrm{i}p\cdot x}v(p).\end{aligned} \tag{3.4.20}$$

$\psi^{(\pm)}(x)$ 分别相应于正能解和负能解. 将上式代入 Dirac 方程 (3.4.17), 利用 $\mathrm{i}\partial\!\!\!/\mathrm{e}^{\mp\mathrm{i}p\cdot x} = \pm p\!\!\!/\mathrm{e}^{\mp\mathrm{i}p\cdot x}$, 就得到了 $u(p)$ 和 $v(p)$ 所满足的方程

$$\begin{aligned}(p\!\!\!/ - m)u(p) &= 0,\\ (p\!\!\!/ + m)v(p) &= 0.\end{aligned} \tag{3.4.21}$$

在粒子静止系 $\boldsymbol{p}=\boldsymbol{0}, p^\mu=(m,\boldsymbol{0})$, 方程 (3.4.21) 变为

$$(\gamma^0-1)u(m,\boldsymbol{0})=0,$$
$$(\gamma^0+1)v(m,\boldsymbol{0})=0.$$

在 Dirac 表象中, $\gamma^0=\begin{bmatrix} I & 0 \\ 0 & -I \end{bmatrix}$, 显然上述方程各有两个独立解

$$\begin{aligned} u_\lambda(m,\boldsymbol{0}) &= \sqrt{2m}\begin{bmatrix} \chi_\lambda \\ 0 \end{bmatrix}, \\ v_\lambda(m,\boldsymbol{0}) &= \sqrt{2m}\begin{bmatrix} 0 \\ \xi_\lambda \end{bmatrix}. \end{aligned} \tag{3.4.22}$$

其中 χ_λ $(\lambda=1,2)$ 都是二分量旋量 (有时也用 $\chi_\uparrow$ 表示 $\chi_1, \chi_\downarrow$ 表示 χ_2):

$$\chi_1=\begin{bmatrix} 1 \\ 0 \end{bmatrix},\ \ \chi_2=\begin{bmatrix} 0 \\ 1 \end{bmatrix}. \tag{3.4.23}$$

它们是静止系中 Pauli 矩阵 σ^3 的本征态, 满足

$$\sigma^3\chi_\lambda=\epsilon_\lambda\chi_\lambda \quad (\epsilon_1=-\epsilon_2=1).$$

这正是非相对论下 Schrödinger 方程的自旋沿第 3 方向为 $\sigma^3/2$ 的两个本征解, 其本征值分别为 1/2 和 $-1/2$. ξ_λ 与 χ_λ 的关系见接下来的讨论.

将 (3.4.23) 式代入 (3.4.22) 式, 得到四个本征解:

$$\begin{bmatrix} 1 \\ 0 \\ 0 \\ 0 \end{bmatrix},\quad \begin{bmatrix} 0 \\ 1 \\ 0 \\ 0 \end{bmatrix},\quad \begin{bmatrix} 0 \\ 0 \\ 1 \\ 0 \end{bmatrix},\quad \begin{bmatrix} 0 \\ 0 \\ 0 \\ 1 \end{bmatrix}. \tag{3.4.24}$$

利用 Lorentz 变换从静止系到运动系, 可得方程 (3.4.21) 的解为

$$\begin{aligned} u_\lambda(p) &= \frac{\not p+m}{\sqrt{p^0+m}}\begin{bmatrix} \chi_\lambda \\ 0 \end{bmatrix}, \\ v_\lambda(p) &= \frac{-\not p+m}{\sqrt{p^0+m}}\begin{bmatrix} 0 \\ \xi_\lambda \end{bmatrix}, \end{aligned} \tag{3.4.25}$$

其中 χ_λ 和 ξ_λ 是二分量旋量, 由电荷共轭变换可以确定二者之间的关系为 $\xi_\lambda=-\mathrm{i}\sigma_2\chi_\lambda^*$. 将 (3.4.25) 式代入 (3.4.21) 式并注意到 $(\not p-m)(\not p+m)=p^2-m^2=0$, 就

证明了它们是自由旋量场方程的解. 由于运动方程 (3.4.21), 自由旋量场的解 u 和 v 的四动量都在质壳上, 实际上只依赖于三动量 $\boldsymbol{p}$. 二分量旋量 χ_λ $(\lambda = 1, 2)$ 也可取为 $\boldsymbol{\sigma} \cdot \hat{\boldsymbol{p}}$ $(\hat{\boldsymbol{p}} = \boldsymbol{p}/|\boldsymbol{p}|)$ 的本征态

$$\chi_1(\hat{\boldsymbol{p}}) = \begin{bmatrix} \cos\dfrac{\theta}{2}\mathrm{e}^{-\mathrm{i}\varphi} \\ \sin\dfrac{\theta}{2}\mathrm{e}^{\mathrm{i}\varphi} \end{bmatrix}, \quad \chi_2(\hat{\boldsymbol{p}}) = \begin{bmatrix} -\sin\dfrac{\theta}{2}\mathrm{e}^{-\mathrm{i}\varphi} \\ \cos\dfrac{\theta}{2}\mathrm{e}^{\mathrm{i}\varphi} \end{bmatrix}, \tag{3.4.26}$$

其中 (θ, φ) 表示 $\hat{\boldsymbol{p}}$ 的方向, 它们满足

$$\boldsymbol{\sigma} \cdot \hat{\boldsymbol{p}}\chi_\lambda(\hat{\boldsymbol{p}}) = \epsilon_\lambda \chi_\lambda(\hat{\boldsymbol{p}}) \quad (\epsilon_1 = 1, \epsilon_2 = -1). \tag{3.4.27}$$

当 $\hat{\boldsymbol{p}}$ 沿第 3 方向时就是 (3.4.23) 式. (3.4.25) 式意味着本征解对指标 λ 是简并的, 极化算符 $\boldsymbol{\sigma} \cdot \hat{\boldsymbol{p}}$ 将区分二分量 χ_λ $(\lambda = 1, 2)$ 不同的极化态. 对于四分量的本征解, 引入自旋极化算符

$$\frac{1}{2}\boldsymbol{\Sigma} = \frac{1}{2}\gamma_5\gamma^0\boldsymbol{\gamma} = \frac{1}{2}\begin{bmatrix} \boldsymbol{\sigma} & 0 \\ 0 & \boldsymbol{\sigma} \end{bmatrix}, \tag{3.4.28}$$

其中 γ_5 定义为 $\gamma_5 = \gamma^5 = \mathrm{i}\gamma^0\gamma^1\gamma^2\gamma^3$. 进而定义螺旋度 (helicity) 算符

$$h = \boldsymbol{\Sigma} \cdot \hat{\boldsymbol{p}}. \tag{3.4.29}$$

物理上螺旋度算符是自旋极化算符在 $\boldsymbol{p}$ 方向的投影. 利用 γ 矩阵性质可以证明 $\boldsymbol{\Sigma} \cdot \hat{\boldsymbol{p}}$ 与 $\not{p}$ 是相互对易的, 即

$$[\boldsymbol{\Sigma} \cdot \hat{\boldsymbol{p}}, \not{p}] = 0.$$

再注意到 (3.4.27) 式, 就得到

$$\begin{aligned} \boldsymbol{\Sigma} \cdot \hat{\boldsymbol{p}} u_\lambda(p) &= \frac{\not{p} + m}{\sqrt{p^0 + m}}\boldsymbol{\Sigma} \cdot \hat{\boldsymbol{p}} \begin{bmatrix} \chi_\lambda \\ 0 \end{bmatrix} = \frac{\not{p} + m}{\sqrt{p^0 + m}} \begin{bmatrix} \boldsymbol{\sigma} \cdot \hat{\boldsymbol{p}} & 0 \\ 0 & \boldsymbol{\sigma} \cdot \hat{\boldsymbol{p}} \end{bmatrix} \begin{pmatrix} \chi_\lambda \\ 0 \end{pmatrix} \\ &= \epsilon_\lambda \frac{\not{p} + m}{\sqrt{p^0 + m}} \begin{bmatrix} \chi_\lambda \\ 0 \end{bmatrix} = \epsilon_\lambda u_\lambda(p), \end{aligned} \tag{3.4.30}$$

$$\begin{aligned} \boldsymbol{\Sigma} \cdot \hat{\boldsymbol{p}} v_\lambda(p) &= \frac{-\not{p} + m}{\sqrt{p^0 + m}}\boldsymbol{\Sigma} \cdot \hat{\boldsymbol{p}} \begin{bmatrix} 0 \\ \xi_\lambda \end{bmatrix} = \frac{-\not{p} + m}{\sqrt{p^0 + m}} \begin{bmatrix} \boldsymbol{\sigma} \cdot \hat{\boldsymbol{p}} & 0 \\ 0 & \boldsymbol{\sigma} \cdot \hat{\boldsymbol{p}} \end{bmatrix} \begin{bmatrix} 0 \\ \xi_\lambda \end{bmatrix} \\ &= \epsilon_\lambda \frac{-\not{p} + m}{\sqrt{p^0 + m}} \begin{bmatrix} 0 \\ \xi_\lambda \end{bmatrix} = \epsilon_\lambda v_\lambda(p), \end{aligned} \tag{3.4.31}$$

即 $u_\lambda(p)$ 和 $v_\lambda(p)$ 是自旋极化算符在 $\boldsymbol{p}(\hat{\boldsymbol{p}} = \boldsymbol{p}/|\boldsymbol{p}|)$ 方向投影 $\dfrac{1}{2}\boldsymbol{\Sigma} \cdot \hat{\boldsymbol{p}}$ 的本征函数, 其

本征值为 $\pm\dfrac{1}{2}$. 当沿第 3 方向时, 自旋极化算符投影为 $\dfrac{1}{2}\begin{bmatrix}\sigma^3 & 0\\ 0 & \sigma^3\end{bmatrix}$, 其本征值 $\pm\dfrac{1}{2}$ 就是通常所说的自旋向上和向下. 实际上可以证明 $\boldsymbol{\Sigma}\cdot\hat{\boldsymbol{p}}$ 是正 Lorentz 变换下协变的. 通常将螺旋度算符的本征值 ϵ_λ 称为螺旋度, 螺旋度为 +1 说明粒子自旋与动量方向相同, 称为右旋态, 螺旋度为 −1 说明粒子自旋与动量方向相反, 称为左旋态 (见图 3.4.1).

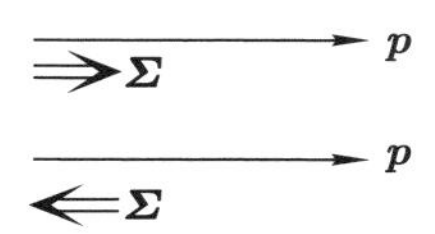

图 3.4.1 螺旋度 $h=\boldsymbol{\Sigma}\cdot\widehat{\boldsymbol{p}}$ 按自旋在 $\boldsymbol{p}$ 方向投影分别为 ±1

定义旋量场 $\psi(x)$ 的共轭 $\overline{\psi}(x)$ 为

$$\overline{\psi}(x)=\psi^\dagger(x)\gamma^0. \tag{3.4.32}$$

注意到 $\gamma^0\not{p}^\dagger\gamma^0=\not{p}$, 那么 (3.4.25) 式的共轭旋量为

$$\begin{aligned}\overline{u}_\lambda(p)&\equiv u_\lambda^\dagger(p)\gamma^0=\overline{u}_\lambda^{(0)}\frac{\not{p}+m}{\sqrt{p^0+m}},\\ \overline{v}_\lambda(p)&\equiv v_\lambda^\dagger(p)\gamma^0=\overline{v}_\lambda^{(0)}\frac{-\not{p}+m}{\sqrt{p^0+m}}.\end{aligned} \tag{3.4.33}$$

写下 (3.4.25) 和 (3.4.33) 式时已取了归一化

$$\begin{aligned}&\overline{u}_\lambda(p)u_{\lambda'}(p)=2m\delta_{\lambda\lambda'},\quad \overline{u}_\lambda(p)v_{\lambda'}(p)=0,\\ &\overline{v}_\lambda(p)v_{\lambda'}(p)=-2m\delta_{\lambda\lambda'},\quad \overline{v}_\lambda(p)u_{\lambda'}(p)=0.\end{aligned} \tag{3.4.34}$$

顺便指出, 归一化 (3.4.34) 式是 Lorentz 不变的, 当 $u_\lambda(p), v_\lambda(p)$ 中的 χ_λ 与 ξ_λ 换为静止系 σ^3 的本征态时, u, v 正交归一关系保持不变. Dirac 旋量空间本征函数 $u_\lambda(p)$, $v_\lambda(p)$ 之间通过电荷共轭算符 C 相联系,

$$v_\lambda(p)=C\overline{u}_\lambda^{\mathrm{T}}(p),\quad C=\mathrm{i}\gamma^2\gamma^0. \tag{3.4.35}$$

关于电荷共轭算符 C 将在后面第 7 章中详细讨论.

引入投影矩阵

$$
\begin{aligned}
\Lambda_+(p) &\equiv \frac{1}{2m}\sum_{\lambda=1,2} u_\lambda(p)\overline{u}_\lambda(p) \\
&= \frac{1}{2m}\frac{1}{p^0+m}(\not{p}+m)\sum_{\lambda=1,2}\begin{pmatrix}\chi_\lambda(\hat{\boldsymbol{p}})\chi_\lambda^\dagger(\hat{\boldsymbol{p}}) & 0 \\ 0 & 0\end{pmatrix}(\not{p}+m) \\
&= \frac{1}{2m}\frac{1}{p^0+m}[\not{p}+m]\begin{pmatrix}I & 0 \\ 0 & 0\end{pmatrix}(\not{p}+m) \\
&= \frac{1}{2m}\frac{1}{p^0+m}[\not{p}+m]\frac{I+\gamma^0}{2}(\not{p}+m) = \frac{1}{2m}(\not{p}+m),
\end{aligned}
\tag{3.4.36}
$$

在获得最后结果时利用了等式

$$
(\not{p}+m)\gamma^0(\not{p}+m) = 2p^0(\not{p}+m) \quad (p^2=m^2).
$$

类似地, 定义另一个投影矩阵

$$
\begin{aligned}
\Lambda_-(p) &\equiv -\frac{1}{2m}\sum_{\lambda=1,2} v_\lambda(p)\overline{v}_\lambda(p) \\
&= -\frac{1}{2m}\frac{1}{p^0+m}(-\not{p}+m)\sum_{\lambda=1,2}\begin{bmatrix}0 & 0 \\ 0 & -\chi_\lambda(\hat{\boldsymbol{p}})\chi_\lambda^\dagger(\hat{\boldsymbol{p}})\end{bmatrix}(-\not{p}+m) \\
&= -\frac{1}{2m}\frac{1}{p^0+m}(\not{p}-m)\begin{bmatrix}0 & 0 \\ 0 & -I\end{bmatrix}(\not{p}-m) \\
&= \frac{1}{2m}\frac{1}{p^0+m}(\not{p}-m)\frac{I-\gamma^0}{2}(\not{p}-m) = \frac{1}{2m}(-\not{p}+m).
\end{aligned}
\tag{3.4.37}
$$

由 (3.4.36) 和 (3.4.37) 式定义的 $\Lambda_+(p)$ 和 $\Lambda_-(p)$ 是两个投影算符, 它们作用于 Dirac 旋量上将分别投影出正能解和负能解:

$$
\begin{aligned}
&\Lambda_+(p)u_\lambda(p) = u_\lambda(p), \quad \Lambda_+(p)v_\lambda(p) = 0, \\
&\Lambda_-(p)v_\lambda(p) = v_\lambda(p), \quad \Lambda_-(p)u_\lambda(p) = 0.
\end{aligned}
\tag{3.4.38}
$$

容易证明, 投影算符 $\Lambda_\pm(p)$ 满足

$$
\begin{aligned}
&\Lambda_\pm^2(p) = \Lambda_+(p), \\
&\Lambda_+(p) + \Lambda_-(p) = I, \\
&\Lambda_+(p)u_\lambda(p) = u_\lambda(p), \quad \Lambda_+(p)v_\lambda(p) = 0, \\
&\Lambda_-(p)v_\lambda(p) = v_\lambda(p), \quad \Lambda_-(p)u_\lambda(p) = 0.
\end{aligned}
\tag{3.4.39}
$$

同样由 (3.4.36) 和 (3.4.37) 式定义的投影算符 $\Lambda_\pm(p)$ 是 Lorentz 不变的. 由 (3.4.39) 式可以看出, 正、负能解是彼此正交的.

前面已指出, 负能解意味着没有稳定的最低能态. 为了克服 Dirac 方程的负能解困难, 历史上 Dirac 曾提出了空穴理论. 这一理论假定, 物理的真空态中, 所有的负能级都被电子占满. 由于 Pauli 不相容原理, 它们不能再容纳新的电子, 从而保证了正能物理态的稳定性. 当负能海中的一个电子被激发到正能级时, 在海中就留下了一个空穴. 这个空穴, 对于观测者来说, 与电子有相同的质量, 但却有正能量、正电荷, 因而代表了电子的反粒子 —— 正电子. 这样, 空穴理论不仅预言了正电子的存在, 还能自然地解释正负电子对的产生和湮灭. 在第 6 章将讲到, 对旋量场量子化以后, 所谓负能解就是反粒子波函数, 因而量子场论中不存在负能解困难.

§3.5 旋量场双线性旋量与旋量场拉氏密度

§3.4 讨论了旋量场在 Lorentz 变换下按 (3.4.8) 式 $\psi'(x') = S\psi(x)$ 变换, 显然不能简单地用 Lorentz 指标收缩构成不变量, 那么该如何构成不变量? 由 ψ 和 $\overline{\psi}$ 组成的旋量双线性协变量在涉及旋量场的理论中起着重要作用. 这一节首先讨论由 ψ 和 $\overline{\psi}$ 组成的旋量场双线性协变量的变换性质, 以及如何由这样的双线性协变量构成 Lorentz 变换下的不变量和物理上相应的守恒量.

注意到由 (3.4.32) 式定义的 $\psi(x)$ 的共轭 $\overline{\psi} = \psi^\dagger\gamma^0$ 以及 (3.4.8) 式, 在 Lorentz 变换下 $\overline{\psi}(x)$ 的变换应为

$$\overline{\psi}'(x') = \overline{\psi}(x)S^{-1}, \tag{3.5.1}$$

证明中利用了关系 $\gamma^0\sigma^\dagger_{\rho\sigma}\gamma^0 = \sigma_{\rho\sigma}$. 这样从 (3.4.8) 和 (3.5.1) 式直接得到双线性协变量 $\overline{\psi}(x)\psi(x)$ 的变换为

$$\overline{\psi}'(x')\psi'(x') = \overline{\psi}(x)\psi(x), \tag{3.5.2}$$

即在 Lorentz 变换下是标量. 再利用 (3.4.10) 式可以证明, 双线性协变量 $\overline{\psi}(x)\gamma^\mu\psi(x)$ 在 Lorentz 变换下变换为

$$\overline{\psi}'(x')\gamma^\mu\psi'(x') = a^\mu_\nu\overline{\psi}(x)\gamma^\nu\psi(x). \tag{3.5.3}$$

这意味着 $\overline{\psi}(x)\gamma^\mu\psi(x)$ 在 Lorentz 变换下按 a^μ_ν 变换, 如通常的四矢量.

前面提到, Lorentz 变换下的标量、矢量还由于空间反射下变换性质不同而分为标量和赝标量、矢量和轴 (赝) 矢量 (“赝” 指宇称差一负号). 为此考察 ψ 在空间

反射下的变换性质. 与空间反射相联系的 Lorentz 变换矩阵 (见 (3.1.14) 式) 是

$$\sigma = \begin{bmatrix} 1 & 0 & 0 & 0 \\ 0 & -1 & 0 & 0 \\ 0 & 0 & -1 & 0 \\ 0 & 0 & 0 & -1 \end{bmatrix}.$$

将空间反射矩阵 σ 代入条件 (3.4.10) 求解以得出相应的矩阵 S. 很容易看出, 对于由 (3.5.3) 式表达的 a^{μ}_{ν}, 矩阵 S 的解是

$$S = \eta_P \gamma^0, \tag{3.5.4}$$

因而 $\psi(x)$ 在空间反射下变换为

$$\psi'(x') = \eta_P \gamma^0 \psi(x), \tag{3.5.5}$$

其中 η_P 是一个任意的不可观测的相因子. 而在空间反射下 $\overline{\psi}(x)$ 变换为

$$\overline{\psi}'(x') = \eta_P^* \overline{\psi}(x) \gamma^0. \tag{3.5.6}$$

若将 (3.5.5) 和 (3.5.6) 式代入双线性协变量 $\overline{\psi}(x)\gamma^\mu\psi(x)$ 的变换式中, 可得到

$$\overline{\psi}'(x')\gamma^\mu\psi'(x') = \begin{cases} \overline{\psi}(x)\gamma^\mu\psi(x) & (\mu = 0), \\ -\overline{\psi}(x)\gamma^\mu\psi(x) & (\mu = 1, 2, 3), \end{cases} \tag{3.5.7}$$

可见 $\overline{\psi}(x)\gamma^\mu\psi(x)$ 在 Lorentz 变换和空间反射下如通常的四矢量变换. 进而定义 γ^5 矩阵:

$$\gamma^5 \equiv \gamma_5 = \mathrm{i}\gamma^0\gamma^1\gamma^2\gamma^3 = -\frac{\mathrm{i}}{4}\epsilon_{\mu\nu\rho\sigma}\gamma^\mu\gamma^\nu\gamma^\rho\gamma^\sigma, \tag{3.5.8}$$

其中 $\epsilon_{\mu\nu\rho\sigma}$ 是 Levi-Civita 符号. 在 Dirac 表象 (3.4.6) 中,

$$\gamma^5 = \begin{bmatrix} 0 & I \\ I & 0 \end{bmatrix}, \quad (\gamma^5)^2 = I. \tag{3.5.9}$$

它与 $\gamma^\mu(\mu = 0, 1, 2, 3)$ 反对易, 即满足

$$\{\gamma^5, \gamma^\mu\} = 0. \tag{3.5.10}$$

由 (3.5.10) 式可知, 在空间反射下有

$$\overline{\psi}'(x')\gamma^5\psi'(x') = -\overline{\psi}(x)\gamma^5\psi(x), \tag{3.5.11}$$

$$\overline{\psi}'(x')\gamma^\mu\gamma^5\psi'(x') = \begin{cases} -\overline{\psi}(x)\gamma^\mu\gamma^5\psi(x) & (\mu = 0), \\ \overline{\psi}(x)\gamma^\mu\gamma^5\psi(x) & (\mu = 1, 2, 3), \end{cases} \tag{3.5.12}$$

因此 $\overline{\psi}(x)\gamma^5\psi(x)$ 和 $\overline{\psi}(x)\gamma^\mu\gamma^5\psi(x)$ 分别是赝标量和轴矢量.

一般地讲, 在 $\overline{\psi}$ 与 ψ 之间插入任意的 γ 矩阵可以得到相应的双线性协变量, 问题是有多少个双线性协变量是独立的. 由于旋量空间中 4×4 矩阵总是可以按照 16 个基矩阵展开, 可以证明这 16 个基矩阵可由 γ 矩阵生成, 所以相应的独立双线性协变量有 16 个. 下面给出旋量空间中 16 个独立的矩阵:

$$\begin{aligned}
\Gamma^S &\equiv I,\\
\Gamma^V_\mu &\equiv \gamma_\mu,\\
\Gamma^T_{\mu\nu} &\equiv \sigma_{\mu\nu} = \frac{\mathrm{i}}{2}[\gamma_\mu,\gamma_\nu],\\
\Gamma^A_\mu &\equiv \gamma_5\gamma_\mu,\\
\Gamma^P &\equiv \gamma_5.
\end{aligned} \tag{3.5.13}$$

旋量空间中任何一个 4×4 矩阵总可以表达为它们的展开式. 不难证明, Γ^a $(a = S,V,T,A,P)$ 有如下性质:

(1) $(\Gamma^a)^2 = \pm I$.

(2) 对任意 Γ^a $(\Gamma^a \neq \Gamma^S = I)$, 存在一个 Γ^b, 使得 $\Gamma^a\Gamma^b = -\Gamma^b\Gamma^a$.

(3) 由此, 除 Γ^S 以外, 所有 Γ^a 的迹为 0. 因为对任意 Γ^a, 总可找到 Γ^b 使 $\Gamma^a\Gamma^b = -\Gamma^b\Gamma^a$, 于是必有

$$\mathrm{Tr}[\Gamma^a(\Gamma^b)^2] = \mathrm{Tr}\,[\Gamma^b\Gamma^a\Gamma^b] = -\mathrm{Tr}[(\Gamma^b)^2\Gamma^a].$$

又 $(\Gamma^b)^2 = \pm I$, 但无论 $(\Gamma^b)^2 = I$ 或 $(\Gamma^b)^2 = -I$, 皆有

$$\mathrm{Tr}\Gamma^a = 0.$$

(4) 对任意一对 $(\Gamma^a,\Gamma^b)(a\neq b)$, 存在 $\Gamma^c \neq \Gamma^S = I$, 使得 $\Gamma^a\Gamma^b = \Gamma^c$ (右边可差一相因子 ± 1 或 $\pm\mathrm{i}$).

从以上性质可以推论: 集合 $\{\Gamma^a\}$ 是线性无关的. 因此, Γ^a $(a = S,V,T,A,P)$ 正是 16 个 4×4 基矩阵, 利用它们可构造出 16 个独立的双线性型 $\overline{\psi}\Gamma^a\psi$. 利用上述性质很容易得到 $\overline{\psi}\Gamma^a\psi$ 在 Lorentz 变换和空间反射变换下的性质:

$$\begin{aligned}
S:&\quad \overline{\psi}'(x')\psi'(x') = \overline{\psi}(x)\psi(x),\\
V:&\quad \overline{\psi}'(x')\gamma^\mu\psi'(x') = a^\mu_\nu\overline{\psi}(x)\gamma^\nu\psi(x),\\
T:&\quad \overline{\psi}'(x')\sigma^{\mu\nu}\psi'(x') = a^\mu_\rho a^\nu_\sigma\overline{\psi}(x)\sigma^{\rho\sigma}\psi(x),\\
A:&\quad \overline{\psi}'(x')\gamma_5\gamma^\mu\psi'(x') = \det(a)a^\mu_\nu\overline{\psi}(x)\gamma_5\gamma^\nu\psi(x),\\
P:&\quad \overline{\psi}'(x')\gamma_5\psi'(x') = \det(a)\overline{\psi}(x)\gamma_5\psi(x).
\end{aligned} \tag{3.5.14}$$

注意到空间反射下 $\det(a)=-1$, 上式后两个双线性协变量正是 (3.5.12) 和 (3.5.11) 式. 这里 a^{μ}_{ν} 既包括正 Lorentz 变换, 也包括空间反射变换.

基于双线性型的 Lorentz 变换性质 (3.5.14), 容易写出由 Dirac 旋量场构造的 Lorentz 协变量, 例如 $\overline{\psi}\psi$, $\overline{\psi}\gamma^{\mu}\partial_{\mu}\psi$, $\partial_{\mu}\overline{\psi}\gamma^{\mu}\psi,\cdots$. 在自由场的情况下, 按照 Lorentz 变换性质要求, Dirac 场的拉氏密度可以写成

$$\mathcal{L}=\mathrm{i}\overline{\psi}\gamma^{\mu}\partial_{\mu}\psi-m\overline{\psi}\psi. \tag{3.5.15}$$

由于拉氏密度的量纲为 $(M)^4$ (或称量纲为 4), 因此 ψ 的量纲为 3/2. 从 (3.5.15) 式拉氏密度出发, 对 $\overline{\psi}$ 和 ψ 独立进行变分可得 ψ 和 $\overline{\psi}$ 场所满足的欧拉-拉格朗日方程, 即自由 Dirac 方程及其共轭方程:

$$\begin{aligned}&(\mathrm{i}\not{\partial}-m)\psi=0,\\&\overline{\psi}(\mathrm{i}\overleftarrow{\not{\partial}}+m)=0,\end{aligned} \tag{3.5.16}$$

其中向左微分定义为 $a\overleftarrow{\partial}_{\mu}\equiv\partial_{\mu}a$.

下面考察 Noether 定理应用到旋量场的结果. 首先讨论物理系统在时空平移变换下导致的守恒流. 由拉氏密度 (3.5.15), 利用方程 (2.3.17) 和 (2.3.16) 给出旋量场的能量-动量张量流密度

$$T_{\mu\nu}=\mathrm{i}\overline{\psi}\gamma_{\mu}\partial_{\nu}\psi, \tag{3.5.17}$$

$$\partial^{\mu}T_{\mu\nu}=0. \tag{3.5.18}$$

这里已使用 Dirac 方程 (3.5.16), 因而有 $\partial^{\mu}(\overline{\psi}\gamma_{\mu}\partial_{\nu}\psi)=\overline{\psi}(\overleftarrow{\not{\partial}}_{\mu}+\not{\partial}_{\mu})\partial_{\nu}\psi=0$. 守恒荷即场的四动量

$$P_{\nu}=\int\mathrm{d}^3xT_{0\nu}=\mathrm{i}\int\mathrm{d}^3x\psi^{\dagger}\partial_{\nu}\psi. \tag{3.5.19}$$

其次, 在无穷小的 Lorentz 变换下应导致相应的角动量张量密度和守恒量, 注意到 $\delta\psi=\psi'(x')-\psi(x)=-\dfrac{\mathrm{i}}{4}\delta\omega^{\rho\sigma}\sigma_{\rho\sigma}\psi$, 因而由 Lorentz 不变性导致的守恒流为广义的角动量张量密度

$$J_{\mu\nu\rho}=x_{\nu}T_{\mu\rho}-x_{\rho}T_{\mu\nu}+\int\mathrm{d}^3x\overline{\psi}\gamma_{\mu}\frac{\sigma_{\nu\rho}}{2}\psi, \tag{3.5.20}$$

$$\partial^{\mu}J_{\mu\nu\rho}=0. \tag{3.5.21}$$

显然, (3.5.20) 式中最后一项是由 $\delta\psi\neq0$ 引起的角动量张量密度, 它表征了旋量场的特性. 由 (3.5.21) 式给出守恒荷是广义的角动量

$$J_{\nu\rho}=\int\mathrm{d}^3xJ_{0\nu\rho}=\int\mathrm{d}^3x\left[x_{\nu}T_{0\rho}-x_{\rho}T_{0\nu}+\overline{\psi}\gamma_0\frac{\sigma_{\nu\rho}}{2}\psi\right]. \tag{3.5.22}$$

注意在导出 (3.5.17) 和 (3.5.21) 式时已用到了旋量场运动方程. 具体到空间各向同性情况, J^{ij} $(i,j=1,2,3)$ 与三维空间转动不变性相关联, 并注意到 (3.1.30) 式, 守恒的角动量 $J_i=\dfrac{1}{2}\epsilon_{ijk}J^{jk}$. (3.5.22) 式是通常四动量的推广, (3.5.22) 式中前两项是由 δx_λ 改变引起的轨道角动量, 而最后一项是由 $\delta\psi$ 改变引起的自旋角动量.

除了 Lorentz 不变性以外, §2.3 曾指出存在一种内部对称性, 即整体规范变换, 坐标 x 不变, 复数场 ψ 和 $\overline{\psi}$ 做整体的相位变换

$$\psi\to \mathrm{e}^{\mathrm{i}\alpha}\psi,\quad \overline{\psi}\to\overline{\psi}\mathrm{e}^{-\mathrm{i}\alpha},\tag{3.5.23}$$

由 (3.5.15) 式定义的拉氏密度 $\mathcal{L}$ 是不变的. (3.5.23) 式中相位 α 为任意的实常数. 这种不变性所导致的 Noether 流为

$$J^\mu=\overline{\psi}\gamma^\mu\psi,\quad \partial_\mu J^\mu=0,\tag{3.5.24}$$

即由 $\psi,\overline{\psi}$ 组成的矢量流 $\overline{\psi}\gamma^\mu\psi$ 守恒. 由 (3.5.24) 式零分量 J^0 得到守恒荷

$$Q=\int \mathrm{d}^3x\overline{\psi}\gamma^0\psi.\tag{3.5.25}$$

正如 §2.3 指出的, 将上式乘以单位电荷 e, 守恒流就是电荷-电流密度 eJ^μ_a, 相应的守恒荷是电荷 eQ. 在未乘以单位电荷 e 时, (3.5.25) 式则与 ψ 场的费米子数守恒定律相关.

这一节最后给出一个有用的等式. 注意到 (3.5.14) 式给出了旋量空间中 16 个独立的双线性协变量 $\overline{\psi}\Gamma^a\psi=\overline{\psi}_\alpha(\Gamma^a)_{\alpha\beta}\psi_\beta$ $(a=S,V,T,A,P)$, 将两个双线性协变量相乘矩阵指标明显标记,

$$(\overline{\psi}\Gamma^a\psi)(\overline{\psi}\Gamma^a\psi)=(\overline{\psi}_\alpha(\Gamma^a)_{\alpha\beta}\psi_\beta)(\overline{\psi}_\rho(\Gamma^a)_{\rho\sigma}\psi_\sigma),\tag{3.5.26}$$

那么有

$$\sum_{(a=S,V,T,A,P)}c_a(\Gamma^a)_{\alpha\beta}(\Gamma^a)_{\rho\sigma}=\sum_{(b=S,V,T,A,P)}c'_b(\Gamma^b)_{\alpha\sigma}(\Gamma^b)_{\rho\beta}.\tag{3.5.27}$$

由于 16 个矩阵 $\Gamma^a(a=S,V,T,A,P)$ 是旋量空间的完备集, 因而系数 c_a 和 c'_b 必然相关, 即存在一 5×5 矩阵 F 将两组系数联系起来,

$$\begin{bmatrix}c'_S\\c'_V\\c'_T\\c'_A\\c'_P\end{bmatrix}=F\begin{bmatrix}c_S\\c_V\\c_T\\c_A\\c_P\end{bmatrix}.\tag{3.5.28}$$

利用完备集给出的恒等式

$$\begin{aligned}I_{\alpha\beta}I_{\rho\sigma} = &F_{SS}I_{\alpha\sigma}I_{\rho\beta} + F_{VS}(\gamma_\mu)_{\alpha\sigma}(\gamma^\mu)_{\rho\beta} + F_{TS}(\sigma^{\mu\nu})_{\alpha\sigma}(\sigma^{\mu\nu})_{\rho\beta}\\&+F_{AS}(\gamma_\mu\gamma_5)_{\alpha\sigma}(\gamma^\mu\gamma_5)_{\rho\beta} + F_{PS}(\mathrm{i}\gamma_5)_{\alpha\sigma}(\mathrm{i}\gamma_5)_{\rho\beta},\end{aligned}$$

可以证明矩阵 F 的明显形式为

$$F = \frac{1}{4}\begin{bmatrix} 1 & 4 & 12 & -4 & 1 \\ 1 & -2 & 0 & -2 & -1 \\ \frac{1}{2} & 0 & -2 & 0 & \frac{1}{2} \\ -1 & -2 & 0 & -2 & 1 \\ 1 & -4 & 12 & 4 & 1 \end{bmatrix},$$

满足 $F^2 = 1$, 即它的逆矩阵就是它自身. (3.5.27) 和 (3.5.28) 式称为 Fierz 变换等式, 或者更一般地有

$$(\Gamma^a)_{\alpha\beta}(\Gamma^b)_{\rho\sigma} = \sum_{c,d} F_{ab;cd}(\Gamma^c)_{\alpha\sigma}(\Gamma^d)_{\rho\beta}, \tag{3.5.29}$$

其中系数为

$$F_{ab;cd} = \frac{1}{16}\mathrm{Tr}[\Gamma^a\Gamma^d\Gamma^b\Gamma^c]. \tag{3.5.30}$$

在讨论相互作用形式中将费米子场交换时经常会用到 (3.5.29) 式.

§3.6 零质量旋量场

中微子是质量微小的自旋为 1/2 的粒子, 近似可以当作零质量粒子处理. 而在极高能量下, Dirac 粒子, 如电子、夸克等的质量可以忽略, 其行为也类似零质量粒子. 因此, 研究零质量旋量场具有实际意义.

当质量 $m = 0$ 时, 自由 Dirac 旋量场的拉氏密度 (3.5.15) 成为

$$\mathcal{L} = \mathrm{i}\overline{\psi}\gamma^\mu\partial_\mu\psi. \tag{3.6.1}$$

拉氏密度 (3.6.1) 除了整体相位变换 $\psi \to \mathrm{e}^{\mathrm{i}\alpha}\psi$ (见 (3.5.23) 式) 不变性之外, 还有整体手征不变性, 即它对于变换

$$\psi \to \mathrm{e}^{\mathrm{i}\theta\gamma_5}\psi, \quad \overline{\psi} \to \overline{\psi}\mathrm{e}^{\mathrm{i}\theta\gamma_5} \tag{3.6.2}$$

是不变的, 其中 θ 是任意实常数. 这种不变性所导致的 Noether 流为轴矢流

$$J_5^\mu = \overline{\psi}\gamma^\mu\gamma_5\psi, \tag{3.6.3}$$

满足轴矢流守恒

$$\partial_\mu J_5^\mu = 0. \tag{3.6.4}$$

注意, 当 $m \neq 0$ 时, 在 $\mathcal{L}$ 中质量项 $-m\overline{\psi}\psi$ 将破坏手征不变性, 因为在手征变换

$$-m\overline{\psi}\psi \to -m\overline{\psi}\mathrm{e}^{2\mathrm{i}\theta\gamma_5}\psi$$

下不再是不变的. 所以当说轴矢流守恒时一定是在忽略质量条件下的近似守恒.

利用矩阵 γ_5, 可以定义左手和右手手征旋量场:

$$\psi_\mathrm{L} = \frac{1}{2}(1-\gamma_5)\psi, \quad \psi_\mathrm{R} = \frac{1}{2}(1+\gamma_5)\psi, \quad \psi = \psi_\mathrm{L} + \psi_\mathrm{R}. \tag{3.6.5}$$

ψ_L, ψ_R 分别称为左手和右手旋量场, 它们是 γ_5 的本征态, 满足本征方程

$$\gamma_5\psi_\mathrm{L} = -\psi_\mathrm{L}, \quad \gamma_5\psi_\mathrm{R} = \psi_\mathrm{R}, \tag{3.6.6}$$

其本征值分别为 +1 和 –1. 由 (3.6.6) 式可知, 手征算符

$$P_\mathrm{L} = \frac{1}{2}(1-\gamma_5), \quad P_\mathrm{R} = \frac{1}{2}(1+\gamma_5) \tag{3.6.7}$$

具有性质

$$\begin{aligned} &P_\mathrm{R}\psi_\mathrm{L} = 0, \quad P_\mathrm{L}\psi_\mathrm{L} = \psi_\mathrm{L}, \\ &P_\mathrm{L}\psi_\mathrm{R} = 0, \quad P_\mathrm{R}\psi_\mathrm{R} = \psi_\mathrm{R}. \end{aligned} \tag{3.6.8}$$

这意味着 $\dfrac{1}{2}(1\mp\gamma_5)$ 满足投影算符的性质. 在 $m=0$ 的情况下, 由 (3.6.3) 式给出守恒荷

$$Q_5 = \int \mathrm{d}^3x\overline{\psi}\gamma^0\gamma_5\psi = \int \mathrm{d}^3x\psi^\dagger\gamma_5\psi = \int \mathrm{d}^3x(\psi_\mathrm{R}^\dagger\psi_\mathrm{R} - \psi_\mathrm{L}^\dagger\psi_\mathrm{L}). \tag{3.6.9}$$

在写出最后一个等式时已利用了定义 (3.6.5). (3.6.9) 式表明, ψ_L 与 ψ_R 有相反的守恒荷 Q_5. 这意味着在 $m=0$ 情况下, 左手与右手旋量不可能互相转化, 例如对于无质量的中微子只有左手中微子和右手反中微子.

人们可以组合两个变换 (3.5.23) 和 (3.6.2) 为手征变换:

$$\begin{aligned} &\psi_\mathrm{L} \to \exp\left(\mathrm{i}\frac{\theta_\mathrm{L}}{2}(1-\gamma_5)\right)\psi_\mathrm{L}, \\ &\psi_\mathrm{R} \to \exp\left(\mathrm{i}\frac{\theta_\mathrm{R}}{2}(1+\gamma_5)\right)\psi_\mathrm{R}, \end{aligned} \tag{3.6.10}$$

其中 $\theta_{\rm L},\theta_{\rm R}$ 是两个任意实参数.

由拉氏密度 (3.6.1) 所得的运动方程是

$$\not{p}\psi=0, \tag{3.6.11}$$

其中 $\not{p}={\rm i}\not{\partial}$. 将 (3.6.11) 式左乘 $\gamma_5\gamma^0$ 并注意 $\boldsymbol{\Sigma}=\gamma_5\gamma^0\boldsymbol{\gamma}$, 可得

$$\gamma_5p^0\psi-\boldsymbol{\Sigma}\cdot\boldsymbol{p}\psi=0,$$

或记为

$$\boldsymbol{\Sigma}\cdot\boldsymbol{p}\psi=\gamma_5p^0\psi. \tag{3.6.12}$$

方程 (3.6.12) 可写为

$$\frac{\boldsymbol{\Sigma}\cdot\boldsymbol{p}}{|\boldsymbol{p}|}=\gamma_5\epsilon(p^0). \tag{3.6.13}$$

它表明手征算符 γ_5 与 $\boldsymbol{\Sigma}\cdot\boldsymbol{p}$ 可具有相同的本征态, 其本征值相差一符号函数 $\epsilon(p^0)$, 对于正能解相同, 对于负能解则相反.

对于平面波解, $\boldsymbol{p}$ 和 p^0 可以分别代换为动量和能量本征值. 方程 (3.6.11) 要求 p 在质壳上, 即 $p^2=0$, 且 $p^0=|\boldsymbol{p}|>0$. 由 (3.4.20) 式知

$$\psi(x)=\begin{cases}{\rm e}^{-{\rm i}p\cdot x}u_\lambda(p),\\ {\rm e}^{{\rm i}p\cdot x}v_\lambda(p)\end{cases}\quad(p^2=0,p^0=|\boldsymbol{p}|>0), \tag{3.6.14}$$

其中 $u_\lambda(p)$ 和 $v_\lambda(p)$ 是能量算符的本征态. (3.4.30) 和 (3.4.31) 式已表明它们也是算符 $\boldsymbol{\Sigma}\cdot\boldsymbol{p}$ 的本征态, 满足

$$\begin{aligned}\frac{\boldsymbol{\Sigma}\cdot\boldsymbol{p}}{|\boldsymbol{p}|}u_\lambda(p)&=\epsilon_\lambda u_\lambda(p),\\ \frac{\boldsymbol{\Sigma}\cdot\boldsymbol{p}}{|\boldsymbol{p}|}v_\lambda(p)&=\epsilon_\lambda v_\lambda(p),\end{aligned} \tag{3.6.15}$$

其中 ϵ_λ 取值为 $\epsilon_1=-\epsilon_2=1$. 将 $\psi(x)$ 代入方程 (3.6.12) 并利用上式, 可得

$$\begin{aligned}\gamma_5u_\lambda(p)&=\epsilon_\alpha u_\lambda(p),\\ \gamma_5v_\lambda(p)&=\epsilon_\alpha v_\lambda(p).\end{aligned} \tag{3.6.16}$$

注意与 $v(p)$ 相联系的动量为 $-\boldsymbol{p}$, 对它而言, $v_1(p)$ 和 $v_2(p)$ 分别有螺旋度 ∓1, 符合上述手征性与螺旋度的关系, 即对于正能解, 手征性与螺旋度相同, 对于负能解, 手征性与螺旋度相反. 这种关系是正 Lorentz 变换不变的. 所以在零质量情况下螺旋

度是守恒的, 不可能通过正 Lorentz 变换将一个参考系中的右旋态变换为另一个参考系中的左旋态, 反之亦然.

由 (3.6.15) 和 (3.6.16) 式可见, $u_\lambda(p)$ 和 $v_\lambda(p)$ 满足同样的方程, 所以不是独立的解. 在 $u_\lambda(p), v_\lambda(p)$ $(\lambda=1,2)$ 四个解中只有两个是独立的, 这从 γ 矩阵的 Weyl 表象容易看出. 在 Weyl 表象中,

$$\gamma^0=\beta=\begin{bmatrix}0 & I\\ I & 0\end{bmatrix},\quad \gamma^i=\begin{bmatrix}0 & \sigma^i\\ -\sigma^i & 0\end{bmatrix},\quad \gamma^5=\begin{bmatrix}-I & 0\\ 0 & I\end{bmatrix}, \tag{3.6.17}$$

可见此表象中 γ_5 是对角的. Weyl 表象与 Dirac 表象之间相差一个幺正变换, 存在下述关系:

$$\gamma^\mu_{\text{Weyl}}=U\gamma^\mu_{\text{Dirac}}U^\dagger,\quad U=\frac{1}{\sqrt{2}}\begin{bmatrix}I & -I\\ I & I\end{bmatrix}, \tag{3.6.18}$$

其中 I 是 2×2 单位矩阵. 注意到 γ_5 是对角矩阵, 投影算符为

$$P_{\text{L}}=\frac{1}{2}(1-\gamma_5)=\begin{bmatrix}I & 0\\ 0 & 0\end{bmatrix},\quad P_{\text{R}}=\frac{1}{2}(1+\gamma_5)=\begin{bmatrix}0 & 0\\ 0 & I\end{bmatrix}.$$

将上式作用在旋量场 ψ 上得到 $\psi_{\text{L,R}}=\dfrac{1}{2}(1\mp\gamma_5)\psi$, 可见 ψ_{L} 只对应 ψ 的前两个分量, 而 ψ_{R} 只对应 ψ 的后两个分量. 称 ψ_{L} 和 ψ_{R} 为 Weyl 旋量. 它们与 Dirac 旋量 ψ 不同, 实际上不是四分量复旋量而是两分量复旋量, ψ_{L} 和 ψ_{R} 彼此分开, 使得 Dirac 旋量 ψ 可以记为

$$\psi=\begin{bmatrix}\psi_{\text{L}}\\ \psi_{\text{R}}\end{bmatrix}, \tag{3.6.19}$$

其中 ψ_{L} 和 ψ_{R} 各为两分量旋量. 因此 Weyl 旋量的自由度数只有 Dirac 旋量自由度数的一半. 这样在 Weyl 表象中它们将有各自的拉氏密度和运动方程. 由于 ψ_{L} 和 ψ_{R} 彼此分开, 拉氏密度 (3.6.1) 可以分解为

$$\mathcal{L}=\mathcal{L}_{\text{L}}+\mathcal{L}_{\text{R}}, \tag{3.6.20}$$

其中

$$\begin{aligned}\mathcal{L}_{\text{L}}&=\mathrm{i}\psi_{\text{L}}^\dagger\overline{\sigma}^\mu\partial_\mu\psi_{\text{L}}\quad(\overline{\sigma}^\mu=(I,-\boldsymbol{\sigma})),\\ \mathcal{L}_{\text{R}}&=\mathrm{i}\psi_{\text{R}}^\dagger\sigma^\mu\partial_\mu\psi_{\text{R}}\quad(\sigma^\mu=(I,\boldsymbol{\sigma})).\end{aligned}$$

注意 $\mathcal{L}_{\text{L}}$ 和 $\mathcal{L}_{\text{R}}$ 各自有整体相位不变性.

现在对零质量场的描述有两种选择, 或用 $\psi_{\rm L}$ 或用 $\psi_{\rm R}$. 若只用 $\psi_{\rm L}$ 描述, 则有运动方程

$$\mathrm{i}\bar{\sigma}^{\mu}\partial_{\mu}\psi_{\rm L}=0$$

或

$$(p^0+\boldsymbol{\sigma}\cdot\boldsymbol{p})\psi_{\rm L}=0. \tag{3.6.21}$$

显然这是一个二分量的方程, 通常称为 Weyl 方程. 从物理上讲, Weyl 方程描述的粒子是无质量的, 具有确定的螺旋度. 例如方程 (3.6.21) 的平面波解中, p^0 和 $\boldsymbol{p}$ 为能量和动量本征值, 因此, 若 $p^0>0$, 则螺旋度为 -1, 而若 $p^0<0$, 则螺旋度为 $+1$. 物理上这表示粒子左旋 (自旋-动量反平行) 而反粒子右旋 (自旋-动量平行), 因为负能解与反粒子相联系.

另一方面, 若只用 $\psi_{\rm R}$ 描述, 则有运动方程

$$\mathrm{i}\sigma^{\mu}\partial_{\mu}\psi_{\rm R}=0$$

或

$$(p^0-\boldsymbol{\sigma}\cdot\boldsymbol{p})\psi_{\rm R}=0. \tag{3.6.22}$$

因此, $p^0>0$ 对应螺旋度为 $+1$, 而 $p^0<0$ 对应螺旋度为 -1. 物理上这表示粒子右旋而反粒子左旋. 实验上发现, 中微子是左旋的, 反中微子是右旋的, 因此若 m_ν 为 0, 则正反中微子应用左手场 $\psi_{\rm L}$ 描写. 这时对中微子 $\gamma_5=\boldsymbol{\sigma}\cdot\boldsymbol{p}/|\boldsymbol{p}|=-1$, 对反中微子 $\gamma_5=-\boldsymbol{\sigma}\cdot\boldsymbol{p}/|\boldsymbol{p}|=1$, 符合前述手征性与螺旋度的关系.

从上面的讨论可见, Dirac 方程对于零质量粒子在 Weyl 表象中分解为一对 Weyl 方程, 或者说零质量粒子可以用 Weyl 二分量理论来描述, 左旋和右旋粒子分别遵从 Weyl 方程 (3.6.21) 和 (3.6.22). 零质量粒子具有确定的螺旋度, 左旋或右旋. 左旋态和右旋态互为空间反射态, 因此具有确定的螺旋度的态就没有空间反射不变性, 不是宇称 P 本征态. 可以证明, 在空间反射 P 运算下这对方程互相转变, 这意味着每个 Weyl 方程都不是 P 不变的.

利用 (3.4.35) 式的电荷共轭算符 $C=\gamma^2\gamma^0$ 可以定义电荷共轭旋量

$$\psi^C=C\overline{\psi}^{\rm T}, \tag{3.6.23}$$

其中 “T” 代表旋量的转置. 假设一个四分量旋量 $\psi_{\rm M}$ 满足自由电荷共轭条件

$$(\psi_{\rm M})^C=\psi_{\rm M}, \tag{3.6.24}$$

则 ψ_{M} 称为 Majorana 旋量. Majorana 旋量形式上是四分量旋量, 然而它的自由度只是 Dirac 旋量的一半, 即相当于两个复分量或四个实分量. 由于 Majorana 旋量场 ψ_{M} 的自由度只有 Dirac 复旋量场自由度的一半, 它等价于一个两分量 Weyl 复旋量场或一个四分量 Dirac 实旋量场, 所以 0 质量自旋 $\frac{1}{2}$ 场也可用 ψ_{M} 描写, 相应的动能项为

$$\mathcal{L}_{\mathrm{M}}=\frac{\mathrm{i}}{2}\overline{\psi}_{\mathrm{M}}\gamma^{\mu}\partial_{\mu}\psi_{\mathrm{M}}. \tag{3.6.25}$$

此外还可以有质量项

$$\mathcal{L}_{\mathrm{M}}^{m}=-\frac{1}{2}m\overline{\psi}_{\mathrm{M}}\psi_{\mathrm{M}}. \tag{3.6.26}$$

取 Weyl 表象, 电荷共轭矩阵的明显形式为

$$C=\begin{bmatrix}\mathrm{i}\sigma^2 & 0\\ 0 & -\mathrm{i}\sigma^2\end{bmatrix}. \tag{3.6.27}$$

由此, 一个 Majorana 旋量可以写成

$$\psi_{\mathrm{M}}=\begin{bmatrix}\psi_{\mathrm{L}}\\ -\mathrm{i}\sigma^2\psi_{\mathrm{L}}^{*}\end{bmatrix}=(\psi_{\mathrm{M}})^{C}. \tag{3.6.28}$$

它能够由单一的手征场如 ψ_{L} 构成. 将 (3.6.28) 式代入 (3.6.26) 式, 得到

$$\mathcal{L}_{\mathrm{M}}^{m}=\frac{\mathrm{i}}{2}m(\psi_{\mathrm{L}}^{\dagger}\sigma^2\psi_{\mathrm{L}}^{*}-\psi_{\mathrm{L}}^{\mathrm{T}}\sigma^2\psi_{\mathrm{L}}). \tag{3.6.29}$$

此式表明 $\mathcal{L}_{\mathrm{M}}^{m}$ 仅含 ψ_{L} 而不含 ψ_{R}, 因此仅有手征场将禁戒 Dirac 质量项, 但并不能排除 Majorana 质量项的存在. 然而, $\mathcal{L}_{\mathrm{M}}^{m}$ 的存在却破坏了拉氏密度在整体相位变换 $\psi_{\mathrm{L}}\to\mathrm{e}^{\mathrm{i}\alpha}\psi_{\mathrm{L}}$ 下的不变性, 仅留下一个分立对称性 $\psi_{\mathrm{L}}\to-\psi_{\mathrm{L}}$ (相当于 $\alpha=\pi$). 这表明, Majorana 质量项的存在以手征费米子数 (此处是左手费米子数) 不守恒为代价.

§3.7 自由电磁场

正如经典电动力学中熟知的, 可引入矢量场 A^{μ} 描述电磁场, 它与场强 $F^{\mu\nu}$ 的关系是

$$F^{\mu\nu}=\partial^{\mu}A^{\nu}-\partial^{\nu}A^{\mu}, \tag{3.7.1}$$

其中电磁场强张量

$$F^{\mu\nu}=\begin{bmatrix}0 & -E^1 & -E^2 & -E^3\\ E^1 & 0 & -B^3 & B^2\\ E^2 & B^3 & 0 & -B^1\\ E^3 & -B^2 & B^1 & 0\end{bmatrix}.$$

场强 $F^{\mu\nu}$ 直接与观测量相联系, 完全由实验确定. 它们的分量是电场 $\boldsymbol{E}$ 和磁场 $\boldsymbol{B}$,

$$F^{0i}=-E^i,\quad F^{ij}=-\epsilon^{ijk}B^k. \tag{3.7.2}$$

由矢量场 A^μ 构造的电磁场的自由拉氏密度为

$$\mathcal{L}(x)=-\frac{1}{2}(\partial_\mu A^\nu\partial^\mu A_\nu-\partial_\mu A^\nu\partial_\nu A^\mu)=-\frac{1}{4}F_{\mu\nu}F^{\mu\nu}. \tag{3.7.3}$$

事实上由矢量场 A^μ 生成的 Lorentz 不变量还有 $A^\mu A_\mu$ 项, 对应于电磁场的质量项, 但由于光子质量为零, 因此在 (3.7.3) 式中缺少此项. 由自由电磁场的拉氏密度 (3.7.3) 很容易得到 Maxwell 方程

$$\partial_\mu F^{\mu\nu}=0. \tag{3.7.4}$$

将 (3.7.2) 式代入 (3.7.4) 式就得到通常用电场和磁场表达的真空中的 Maxwell 方程

$$\nabla\cdot\boldsymbol{E}=0,\ \ \nabla\times\boldsymbol{B}=\frac{\partial}{\partial t}\boldsymbol{E}.$$

由 (3.7.1) 式可以定义 $F^{\mu\nu}$ 的对偶张量 $\widetilde{F}^{\mu\nu}$:

$$\widetilde{F}^{\mu\nu}=\frac{\mathrm{i}}{2}\epsilon^{\mu\nu\rho\sigma}F_{\rho\sigma}=\mathrm{i}\begin{bmatrix}0 & -B^1 & -B^2 & -B^3\\ B^1 & 0 & E^3 & -E^2\\ B^2 & -E^3 & 0 & E^1\\ B^3 & E^2 & -E^1 & 0\end{bmatrix}, \tag{3.7.5}$$

易见相应于 $E^i\to B^i, B^i\to -E^i$,

$$\widetilde{F}^{0i}=-\mathrm{i}B^1,\ \ \widetilde{F}^{ij}=\mathrm{i}\epsilon^{ijk}E^k.$$

这里对偶的含义是电场与磁场间的互换.

Maxwell 方程组的另一对方程也可以用对偶张量 $\widetilde{F}^{\mu\nu}$ 来表达:

$$\partial_\mu\widetilde{F}^{\mu\nu}=0, \tag{3.7.6}$$

实际上就是

$$\nabla \cdot \boldsymbol{B} = 0, \quad \nabla \times \boldsymbol{E} = -\frac{\partial}{\partial t}\boldsymbol{B}. \tag{3.7.7}$$

前面已提到, $F^{\mu\nu}$ 是有直接物理意义的可观测量, 当用 A^μ 代替 $F^{\mu\nu}$ 来描述电磁场时, A^μ 具有很大的任意性. 实际上, 对 A^μ 做变换

$$A^\mu(x) \to A^\mu(x) + \partial^\mu \alpha(x) \tag{3.7.8}$$

($\alpha(x)$ 是时空点的任意标量函数), 再代入 (3.7.1) 式, $F^{\mu\nu}$ 保持不变, 因而拉氏密度 (3.7.3) 在变换 (3.7.8) 下也保持不变. 这也表明非直接观测的 A^μ 具有不唯一确定的特点, 意味着它具有非物理的内容. 变换 (3.7.8) 称为规范变换. 注意到质量项 $m^2 A^\mu A_\mu/2$ 显然不是规范不变的, 因此只有零质量矢量场才有规范变换下的不变性. 反过来说, 拉氏密度在规范变换下的不变性保证了矢量场无质量. 由于规范变换带来的任意性, 对 A^μ 可做不同的选择, 对应于采取不同的规范, 分别由某种规范条件来表达. 例如, 一种常用的规范是辐射规范或 Coulomb 规范, 其规范条件是

$$\begin{aligned} \nabla \cdot \boldsymbol{A} &= 0, \\ A^0 &= 0. \end{aligned} \tag{3.7.9}$$

这两个条件使得 A^μ 的四个分量中只留下两个独立分量. (3.7.9) 式的第一个条件相应于光子垂直于运动方向的两个横向分量 (左旋和右旋). 限制条件 (3.7.9) 使得 A^μ 没有了非物理的自由度, 但这种规范的缺点是失去了明显的 Lorentz 协变性. 另一种常用的协变规范是 Lorenz 规范, 称为 Lorenz 条件:

$$\partial_\mu A^\mu(x) = 0. \tag{3.7.10}$$

在 Lorenz 规范下, Maxwell 方程 (3.7.4) 成为

$$\Box A^\mu(x) = 0. \tag{3.7.11}$$

A^μ 有四个分量, 附加条件 (3.7.10) 只有一个, 并不足以消除所有非物理的自由度, 即 Lorenz 条件对 A^μ 虽有限制但仍有任意性. 这可从下面的变换看出. 对 A^μ 仍可做规范变换 $A'^\mu = A^\mu + \partial^\mu \alpha$, 其中 α 是满足方程

$$\Box \alpha = 0 \tag{3.7.12}$$

的任意标量函数. 只要 α 满足方程 (3.7.12), 则 A'^μ 仍然满足方程 (3.7.11). 所以 Lorenz 规范具有协变的优点, 但不能去除所有非物理自由度.

类似于标量场和旋量场情况, 可以写出与作用量的不变性相应的 Noether 流. 作用量对于一般变换 $\delta x_\lambda, \delta A_\lambda$ (见 (2.3.14) 式) 的不变性所导致的守恒流为

$$j^{\mu,\alpha} = -\left[\mathcal{L}g^{\mu\lambda} - \frac{\partial\mathcal{L}}{\partial(\partial_\mu A_\rho)}\partial^\lambda A_\rho\right]\frac{\delta x_\lambda}{\delta\omega_\alpha} - \frac{\partial\mathcal{L}}{\partial(\partial_\mu A_\lambda)}\frac{\delta A_\lambda}{\delta\omega_\alpha}. \tag{3.7.13}$$

此式表明流由两部分组成: 方括号内是由 δx_λ 改变引起的, 最后一项是由 δA_λ 改变引起的.

首先考虑平移不变性导致的能量-动量张量流密度为

$$T^{\mu\nu} = -\mathcal{L}g^{\mu\nu} + \frac{\partial\mathcal{L}}{\partial(\partial_\mu A_\rho)}\partial^\nu A_\rho, \tag{3.7.14}$$

相应的守恒四动量为

$$P^\nu = \int \mathrm{d}^3x T^{0\nu}. \tag{3.7.15}$$

(3.7.14) 式中的 $T^{\mu\nu}$ 既不是对称的也不是规范不变的. 注意到加上一个全散度, 即

$$T^{\mu\nu} \to T^{\mu\nu} + \partial_\rho(F^{\mu\rho}A^\nu) = \frac{1}{4}g^{\mu\nu}F_{\rho\sigma}F^{\rho\sigma} + F^{\mu\rho}F^{\nu}_{\rho},$$

则新的守恒流既是对称的, 也是规范不变的. 这一重新定义不改变 P^ν.

再考虑 Lorentz 变换, $\delta A_\lambda = \delta\omega_{\lambda\nu}A^\nu$, 从而 Lorentz 不变性导致的广义的角动量张量密度为

$$J^{\mu\nu\rho} = x^\nu T^{\mu\rho} - x^\rho T^{\mu\nu} - A^\nu\frac{\partial\mathcal{L}}{\partial(\partial_\mu A_\rho)} + A^\rho\frac{\partial\mathcal{L}}{\partial(\partial_\mu A_\nu)}. \tag{3.7.16}$$

相应守恒的广义角动量为

$$J^{\nu\rho} = \int \mathrm{d}^3x J^{0\nu\rho}. \tag{3.7.17}$$

具体到空间各向同性情况,

$$\begin{aligned} J^{jk} &= \int \mathrm{d}^3x J^{0jk} \\ &= \int \mathrm{d}^3x\left\{x^jT^{0k} - x^kT^{0j} - A^j\frac{\partial\mathcal{L}}{\partial(\partial_0A_k)} + A^k\frac{\partial\mathcal{L}}{\partial(\partial_0A_j)}\right\}, \end{aligned} \tag{3.7.18}$$

其中 $i,j = 1,2,3$. 注意到 (3.1.30) 式, 守恒的角动量

$$\begin{aligned} J_i &= \frac{1}{2}\epsilon_{ijk}J^{jk} = \int \mathrm{d}^3x\frac{1}{2}\epsilon_{ijk}J^{0jk} \\ &= \frac{1}{2}\epsilon_{ijk}\int \mathrm{d}^3x\left\{x^jT^{0k} - x^kT^{0j} - A^j\frac{\partial\mathcal{L}}{\partial(\partial_0A_k)} + A^k\frac{\partial\mathcal{L}}{\partial(\partial_0A_j)}\right\}. \end{aligned} \tag{3.7.19}$$

注意 (3.7.19) 式括号内前两项正是轨道角动量. 定义

$$J_i = L_i + S_i, \tag{3.7.20}$$

其中 L_i 是由 δx_λ 改变引起的轨道角动量,

$$L_i = \frac{1}{2}\epsilon_{ijk}\int \mathrm{d}^3x(x^jT^{0k} - x^kT^{0j}), \tag{3.7.21}$$

S_i 是由 δA_λ 改变引起的角动量,

$$\begin{aligned} S_i &= \frac{1}{2}\epsilon_{ijk}\int \mathrm{d}^3x\left\{-A^j\frac{\partial\mathcal{L}}{\partial(\partial_0A_k)} + A^k\frac{\partial\mathcal{L}}{\partial(\partial_0A_j)}\right\} \\ &= \epsilon_{ijk}\int \mathrm{d}^3x\left[-A^j\frac{\partial\mathcal{L}}{\partial(\partial_0A_k)}\right]. \end{aligned} \tag{3.7.22}$$

在第 6 章量子化以后, 由 S_i 的本征值可见它为电磁场的自旋.

由于 Lorenz 条件存在, 拉氏密度 (3.7.3) 成为具有附加条件的物理系统, 人们可以利用拉格朗日乘子法将 Lorenz 条件纳入拉氏密度和运动方程. 引入拉格朗日乘子 λ ($\lambda \neq 0$), 将拉氏密度重写为

$$\mathcal{L}(x) = -\frac{1}{4}F_{\mu\nu}F^{\mu\nu} - \frac{\lambda}{2}(\partial\cdot A)^2. \tag{3.7.23}$$

显然, 拉格朗日乘子项 $-\lambda(\partial\cdot A)^2/2$ 在规范变换 (3.7.8) 下仍然是不变的. 从 (3.7.23) 式导出的运动方程为

$$\Box A^\mu + (\lambda - 1)\partial^\mu(\partial\cdot A) = 0. \tag{3.7.24}$$

两边取四散度, 得

$$\Box\partial_\mu A^\mu + (\lambda - 1)\Box(\partial\cdot A) = \lambda\Box(\partial\cdot A) = 0.$$

所以 $\partial_\mu A^\mu$ 满足 d'Alembert 方程

$$\Box\partial_\mu A^\mu = 0. \tag{3.7.25}$$

这意味着如果在 $t=0$ 时, $\chi \equiv \partial_\mu A^\mu = 0$, $\partial\chi/\partial t = 0$, 则在任意时刻都有 $\chi \equiv \partial_\mu A^\mu = 0$, Lorenz 条件得到满足. 所以方程 (3.7.24) 等价于 Lorenz 规范下的 Maxwell 方程.

习　题

1. (3.1.29) 式给出了 Lorentz 群生成元的对易关系

$$[J^{\mu\nu}, J^{\rho\sigma}] = \mathrm{i}(g^{\nu\rho}J^{\mu\sigma} - g^{\mu\rho}J^{\nu\sigma} - g^{\nu\sigma}J^{\mu\rho} + g^{\mu\sigma}J^{\nu\rho}).$$

(1) 定义转动和 boost 的生成元为

$$L^i = \frac{1}{2}\epsilon^{ijk}J^{jk}, \quad K^i = J^{0i},$$

其中 $i, j, k = 1, 2, 3$. 无限小 Lorentz 变换可以写为

$$\Phi \to (1 - \mathrm{i}\boldsymbol{\theta}\cdot L - \mathrm{i}\boldsymbol{\beta}\cdot K)\Phi.$$

请根据矢量算符之间的对易关系, 证明组合

$$\boldsymbol{J}_+ = \frac{1}{2}(\boldsymbol{L} + \mathrm{i}\boldsymbol{K}), \quad \boldsymbol{J}_- = \frac{1}{2}(\boldsymbol{L} - \mathrm{i}\boldsymbol{K})$$

相互对易, 并且满足角动量的对易关系. 这相当于 Lorentz 群可以拆分成两个 SU(2) 群.

(2) 旋转群的有限维表示精确地对应于角动量的允许值: 整数或半整数. (1) 中的结果显示: Lorentz 群的所有有限维表示对应于整数对或半整数对 (j_+, j_-), 对应于旋转群的表示对. 利用条件 $\boldsymbol{J} = \boldsymbol{\sigma}/2$, 在角动量的自旋 $\frac{1}{2}$ 表示中, 根据 $\left(\frac{1}{2}, 0\right)$ 和 $\left(0, \frac{1}{2}\right)$ 明确地写下两分量角动量的 Lorentz 群表示的变化规律.

(3) 由 $\boldsymbol{\sigma}^{\mathrm{T}} = -\sigma^2\boldsymbol{\sigma}\sigma^2$ 的性质可以重新写出 ψ_{L} 的变换表示等价于幺正形式:

$$\psi' \to \psi'(1 + \mathrm{i}\boldsymbol{\theta}\cdot\frac{\boldsymbol{\sigma}}{2} + \boldsymbol{\beta}\cdot\frac{\boldsymbol{\sigma}}{2}),$$

其中 $\psi' = \psi_{\mathrm{L}}^{\mathrm{T}}\sigma^2$. 利用这个定理, 我们可以将 $\left(\frac{1}{2}, \frac{1}{2}\right)$ 的变换转换为 2×2 的矩阵, 它在左旋空间满足 ψ_{R} 的变换规律, 在右旋空间满足 ψ_{L} 的变换规律. 这个矩阵一般可参数化为

$$\begin{bmatrix} V^0 + V^3 & V^1 - \mathrm{i}V^2 \\ V^1 + \mathrm{i}V^2 & V^0 - V^3 \end{bmatrix},$$

证明 V^μ 满足矢量变换.

2. 根据第 1 题, Lorentz 群可以约化成 $\mathrm{SU}(2)\otimes\mathrm{SU}(2)$, 证明 $F^{\mu\nu}$ 构成 Lorentz 群的 $(1/2, 1/2)$ 表示, 而平移不变性的守恒流 $T^{\mu\nu}$ 构成 $(1, 1)$ 表示, 并将 $F^{\mu\nu}F^{\rho\sigma}$ 按照该方式进行约化.

3. 推导标量场、旋量场与矢量场在平移和 Lorentz 变换下的守恒流与守恒荷.

4. 强相互作用中存在手征对称性自发破缺. 基于此, 可构造有效拉氏密度

$$\mathcal{L} = \frac{f^2}{8}\mathrm{Tr}[\partial_\mu\Sigma\partial^\mu\Sigma^\dagger] + v\mathrm{Tr}[m_q^\dagger\Sigma + m_q\Sigma^\dagger],$$

其中

$$m_q=\begin{bmatrix} m_{\mathrm{u}} & 0 & 0 \\ 0 & m_{\mathrm{d}} & 0 \\ 0 & 0 & m_{\mathrm{s}} \end{bmatrix},\quad \varSigma=\exp\left(\frac{2\mathrm{i}M}{f}\right),$$

$$M=\begin{bmatrix} \pi^0/\sqrt{2}+\eta/\sqrt{6} & \pi^+ & K^+ \\ \pi^- & -\pi^0/\sqrt{2}+\eta/\sqrt{6} & K^0 \\ K^- & \overline{K}^0 & -2\eta/\sqrt{6} \end{bmatrix},$$

$f, v, m_{\mathrm{u}}, m_{\mathrm{d}}, m_{\mathrm{s}}$ 均为常数. 将上述拉氏密度进行展开, 保留至包含两个场的领头阶, 推导出复标量场 π^+, K^+, K^0 和实标量场 π^0, η 的运动方程, 并给出它们的质量项. 注意, π^+ 与 π^- 互为共轭场, $(\pi^+)^\dagger=\pi^-$.

5. 对于正粒子和反粒子旋量, 证明 Gordon 恒等式

$$\overline{u}(p_1)\gamma^\mu u(p_2)=\overline{u}(p_1)\left[\frac{p_1^\mu+p_2^\mu}{2m}+\frac{\mathrm{i}\sigma^{\mu\nu}q_\nu}{2m}\right]u(p_2),$$

$$\overline{v}(p_1)\gamma^\mu v(p_2)=-\overline{v}(p_1)\left[\frac{p_1^\mu+p_2^\mu}{2m}+\frac{\mathrm{i}\sigma^{\mu\nu}q_\nu}{2m}\right]v(p_2),$$

其中 $q=p_1-p_2$.

6. 非相对论重夸克的领头阶拉氏密度为

$$\mathcal{L}=\overline{h_v}(\mathrm{i}v\cdot\mathrm{D})h_v,$$

其中 h_v 为重夸克旋量场, v 是一个常速度矢量, $\mathrm{D}^\mu=\partial^\mu-\mathrm{i}eA^\mu$ 是协变微商, 请推导出 h_v 的运动方程. 由于上述拉氏密度不依赖于质量，存在味道对称性，请推导相应的守恒流.

第 4 章 自由标量场量子化

上一章已建立了标量场、旋量场和电磁场 (自旋依次为 0, 1/2, 1) 的相对论经典场方程, 分别是 Klein-Gordon 方程、Dirac 方程和 Maxwell 方程. 本章主要讨论 Klein-Gordon 方程所描述的标量场量子化. 为直观和简单起见, 本章将首先把经典力学系统正则量子化方法应用到经典场系统. 两者的主要区别是前者是有限自由度的物理系统, 而后者是无穷多自由度的物理系统. 为此将经典场论纳入 Heisenberg 正则形式, 引入正则坐标并定义正则动量, 再通过假定正则坐标和正则动量满足正则对易关系而获得量子场和所有物理量算符所遵从的基本方程. 这里首先介绍正则量子化方法并推广到实标量场量子化以及复标量场量子化, 再进一步讨论量子化的 Hilbert 空间中粒子和反粒子态的物理内容, 以及几种传播函数. 最后两节将介绍量子力学中的路径积分量子化, 并推广到场论中实现标量场量子化.

§4.1 正则量子化

我们首先回顾经典力学系统过渡到量子力学系统的正则量子化方法, 并推广到经典场的量子化. 第 2 章已介绍了经典力学哈密顿正则方程

$$\dot{q}_i = \frac{\partial H}{\partial p_i}, \quad \dot{p}_i = -\frac{\partial H}{\partial q_i},$$

其中 q_i 和 p_i $(i = 1, 2, \cdots, N)$ 是经典力学系统的正则坐标和正则 (或共轭) 动量. 由拉氏量 $L(q, \dot{q})$ 定义经典力学系统的正则动量

$$p_i = \frac{\partial L(q, \dot{q})}{\partial \dot{q}_i}$$

以及哈密顿量

$$H(p, q) = p_i \dot{q}_i(p, q) - L(q, \dot{q}(p, q)).$$

哈密顿量是正则坐标及其共轭动量的函数. Heisenberg 正则量子化假定系统的坐标 q 及其共轭动量 p 是 Hilbert 空间算符, 满足正则对易关系

$$\begin{aligned} &[q_i, p_j] = \mathrm{i}\delta_{ij}, \\ &[q_i, q_j] = [p_i, p_j] = 0. \end{aligned} \tag{4.1.1}$$

此式表明坐标 q_i 和动量 p_i 不再是经典量. 注意等时对易关系是指坐标 q_i 和动量 p_i 都是时间 t 的函数, 对易关系在任一 t 时刻成立. 由坐标 q_i 和动量 p_i 遵从正则对易关系可以证明, 经典力学哈密顿正则方程 (2.1.13) 可以改写为量子力学正则运动方程

$$\begin{aligned} \dot{q}_i &= \mathrm{i}[H, q_i], \\ \dot{p}_i &= \mathrm{i}[H, p_i] \end{aligned} \quad (i = 1, 2, \cdots, N), \tag{4.1.2}$$

两者是自洽的. 此方程可以视作将经典力学 Poisson 括号 (2.1.16) 转换为对易关系得到. 任一物理量 $F(p,q)$ 是坐标 q_i 和动量 p_i 的函数, 满足方程

$$\dot{F}(p,q) = \mathrm{i}[H, F]. \tag{4.1.3}$$

如果物理量 $F(p,q)$ 和哈密顿量 H 对易, 则物理量 $F(p,q)$ 是守恒量. 对易关系 (4.1.1) 和运动方程 (4.1.2) 是量子力学的基础, 它们给出微观物理系统的重要特性.

例如一维谐振子系统的拉氏量为 (见 (2.1.9) 式)

$$L = \frac{1}{2}m\dot{q}^2 - \frac{m\omega^2}{2}q^2,$$

其中 $\omega = \sqrt{\dfrac{K}{m}}$. 定义正则动量

$$p \equiv \frac{\partial L}{\partial \dot{q}} = m\dot{q},$$

从而得到哈密顿量

$$H = p\dot{q} - L = \frac{1}{2m}(p^2 + m^2\omega^2 q^2)$$

和哈密顿正则方程

$$\begin{aligned} \dot{p} &= -\frac{\partial H}{\partial q} = -m\omega^2 q = -Kq, \\ \dot{q} &= \frac{\partial H}{\partial p} = \frac{p}{m}. \end{aligned} \tag{4.1.4}$$

引入正则对易关系量子化一维谐振子系统, 坐标 q 和动量 p 不再是可交换的经典量, 而是 Hilbert 空间算符, 满足下列等时对易关系:

$$\begin{aligned} [q, p] &= \mathrm{i}, \\ [q, q] &= [p, p] = 0. \end{aligned} \tag{4.1.5}$$

量子力学中相应的物理量算符满足 Heisenberg 正则运动方程:

$$\begin{aligned}\dot{p} &= \mathrm{i}[H, p],\\ \dot{q} &= \mathrm{i}[H, q].\end{aligned} \tag{4.1.6}$$

将哈密顿量 (2.1.14) 代入 (4.1.6) 式并利用对易关系 (4.1.5), 就得到

$$\begin{aligned}\dot{p} &= \mathrm{i}[H, p] = -Kq,\\ \dot{q} &= \mathrm{i}[H, q] = p/m.\end{aligned} \tag{4.1.7}$$

它们与哈密顿正则方程 (4.1.4) 形式上完全相同.

上述一维谐振子系统也可变换到粒子数表象来描述, 引入线性组合

$$a = \sqrt{\frac{1}{2m\omega}}(p - \mathrm{i}m\omega q), \quad a^\dagger = \sqrt{\frac{1}{2m\omega}}(p + \mathrm{i}m\omega q). \tag{4.1.8}$$

利用 (4.1.5) 式可以证明, $a, a^\dagger$ 满足对易关系

$$\begin{aligned}[a, a^\dagger] &= 1,\\ [a, a] &= [a^\dagger, a^\dagger] = 0.\end{aligned} \tag{4.1.9}$$

再利用 (4.1.8) 式, 哈密顿量 H 在粒子数表象中为

$$H = \frac{\omega}{2}(a^\dagger a + a a^\dagger) = \omega\left(a^\dagger a + \frac{1}{2}\right). \tag{4.1.10}$$

定义粒子数算符

$$N = a^\dagger a, \tag{4.1.11}$$

则哈密顿量为

$$H = \omega(N + 1/2). \tag{4.1.12}$$

显然, 粒子数算符 N 在哈密顿量的本征态下是可对角化的, 即它们具有共同本征态. 令 $|n\rangle$ 是粒子数算符 N 的任一本征态, 满足

$$N|n\rangle = n|n\rangle, \tag{4.1.13}$$

其中 n 是一个常数. 由 (4.1.13) 式容易得到 H 的本征态 $|n\rangle$ 和本征值满足本征方程

$$H|n\rangle = \omega\left(n + \frac{1}{2}\right)|n\rangle, \tag{4.1.14}$$

其能级

$$E_n = \omega\left(n + \frac{1}{2}\right).$$

由于

$$\begin{aligned}
Na^\dagger &= a^\dagger(N+1), \quad Na = a(N-1),\\
Na^{\dagger 2} &= a^{\dagger 2}(N+2), \quad Na^2 = a^2(N-2),\\
&\cdots\cdots\\
Na^{\dagger n} &= a^{\dagger n}(N+n), \quad Na^n = a^n(N-n),
\end{aligned}$$

故有

$$\begin{aligned}
Na^\dagger|n\rangle &= (n+1)a^\dagger|n\rangle,\\
Na^{\dagger 2}|n\rangle &= (n+2)a^{\dagger 2}|n\rangle,\\
&\cdots\cdots\\
Na^{\dagger m}|n\rangle &= (n+m)a^{\dagger m}|n\rangle,
\end{aligned} \tag{4.1.15}$$

和

$$\begin{aligned}
Na|n\rangle &= (n-1)a|n\rangle,\\
Na^2|n\rangle &= (n-2)a^2|n\rangle,\\
&\cdots\cdots\\
Na^m|n\rangle &= (n-m)a^m|n\rangle,
\end{aligned} \tag{4.1.16}$$

即 $a^\dagger$ 使 N 的本征值加 1, a 使 N 的本征值减 1. 通常称 $a^\dagger$ 为产生算符, a 为湮灭算符. 另一方面, 注意到粒子数算符 N 的本征值不可能为负值, 因为对任一态 $|\psi\rangle$, N 的平均值

$$\langle\psi|a^\dagger a|\psi\rangle = |a|\psi\rangle|^2 \geqslant 0, \tag{4.1.17}$$

因而粒子数算符 N 的所有本征值 $\geqslant 0$. 若 $n \neq$ 整数, 则可从 (4.1.16) 式的最后一式中取 $m > n$, 结果得 N 的本征值 < 0, 但这与 N 非负相矛盾. 所以, 利用 a 来使 N 本征值递减的过程必须到某一 m 时中断, 这意味着 n 为非负整数. 而对于 $n = m$, 有

$$|0\rangle \equiv a^n|n\rangle$$

满足

$$N|0\rangle = 0, \tag{4.1.18}$$

即 N 的最小本征值必须为 0, 也即 $n = 0, 1, 2, \cdots$. 将 (4.1.15) 式中的 $|n\rangle$ 用 $|0\rangle$ 代替并利用 (4.1.15) 的最后一式, 可得

$$Na^{\dagger n}|0\rangle = na^{\dagger n}|0\rangle.$$

根据本征态定义

$$N|n\rangle = n|n\rangle \quad (n = 0, 1, 2, \cdots) \tag{4.1.19}$$

并将本征态 $|n\rangle$ 归一化, 即令 $\langle n|n\rangle = 1$, 有

$$|n\rangle = \frac{1}{\sqrt{n!}} a^{\dagger n}|0\rangle. \tag{4.1.20}$$

这里 $|0\rangle$ 是本征值最小的本征态, 满足

$$H|0\rangle = \frac{\omega}{2}|0\rangle, \tag{4.1.21}$$

其中 $\frac{\omega}{2}$ 是基态能量. 在粒子数表象中有时会称 $|0\rangle$ 为真空态. 从 (4.1.16) 式的第一式知 $Na|0\rangle = -a|0\rangle$, 即粒子数算符的本征值为 -1, 这与 N 非负相矛盾. 考虑到 (4.1.17) 和 (4.1.21) 式, 又由 $N|0\rangle = 0$ 知, 必须有

$$a|0\rangle = 0. \tag{4.1.22}$$

这意味着湮灭算符 a 作用在真空态 $|0\rangle$ 上为零. 对于由 (4.1.20) 给出的 $|n\rangle$, 不难证明

$$\begin{aligned} a^\dagger|n\rangle &= \sqrt{n+1}|n+1\rangle, \\ a|n\rangle &= \sqrt{n}|n-1\rangle. \end{aligned} \tag{4.1.23}$$

(4.1.8) 式将坐标表象 p, q 变换为粒子数表象 $a, a^\dagger$, 这是两种等价的描述方式. 在坐标表象中, $p = -\mathrm{i}\frac{\partial}{\partial q}$. 令 $\psi(q) = \langle q|0\rangle$, 则从 (4.1.22) 式和 (4.1.8) 式可得

$$\left(m\omega q + \frac{\partial}{\partial q}\right)\psi(q) = 0, \tag{4.1.24}$$

其解

$$\psi(q) \propto \mathrm{e}^{-\frac{m\omega}{2}q^2} \tag{4.1.25}$$

正是坐标表象中谐振子的基态波函数. 因此 $|0\rangle$ 不仅存在而且是非简并的, 可以进一步写出本征态 $|n\rangle$ 在坐标表象中的表达式:

$$\langle q|n\rangle = \frac{1}{\sqrt{n!}}\left(\frac{1}{\sqrt{2m\omega}}\right)^n \left(m\omega q - \frac{\partial}{\partial q}\right)^n \psi(q). \tag{4.1.26}$$

它正是通常由 Schrödinger 方程解出的用厄米多项式表达的一维谐振子激发态的归一化波函数. 以上讨论表明, 对于由一维谐振子哈密顿量 H 的本征态所张成的 Hilbert 空间, 其基矢既可以用坐标表象中的波函数来表示, 也可以用粒子数表象中的符号 $|n\rangle$ 来表示, 两种表达方式是等价的.

现在将质点力学系统的正则量子化方法推广到场论. 以简单定域标量场 $\phi(x)$ 为例. 定域场 $\phi(x)$ 描述的是具有无穷多自由度的物理系统. 首先将场量 $\phi(\boldsymbol{x},t)$ 中空间每一点 $\boldsymbol{x}$ 的场值看成一个独立的广义坐标, 相当于质点力学中的广义坐标 $q_i(t)$ $(i=1,\cdots,N)$, 只不过那里是分立取值, 而场论 $\phi(\boldsymbol{x},t)$ 中 $\boldsymbol{x}$ 是连续变化标记. 这意味着力学系统和场的差别只在于自由度数 N 从有限变成无穷且连续变化. 第 2 章已介绍了系统的拉氏量和作用量, 以及如何由变分原理获得运动方程. 类似地可以变换到哈密顿正则形式, 定义标量场 $\phi(x)$ 的正则动量

$$\pi(\boldsymbol{x},t) \equiv \frac{\mathcal{L}(\phi(x),\partial_\mu\phi(x))}{\partial\dot{\phi}(\boldsymbol{x},t)}, \tag{4.1.27}$$

以及相应的哈密顿量

$$H = \int \mathrm{d}^3x\mathcal{H}(\phi(x),\partial_\mu\phi(x)), \tag{4.1.28}$$

其中

$$\mathcal{H} = \pi\dot{\phi} - \mathcal{L}$$

称为哈密顿量密度. 同样假定场坐标 $\phi(\boldsymbol{x},t)$ 和它的正则动量 $\pi(\boldsymbol{x},t)$ 满足等时对易关系

$$\begin{aligned}
&[\phi(\boldsymbol{x}',t),\pi(\boldsymbol{x},t)] = \mathrm{i}\delta^3(\boldsymbol{x}-\boldsymbol{x}'),\\
&[\phi(\boldsymbol{x},t),\phi(\boldsymbol{x}',t)] = [\pi(\boldsymbol{x},t),\pi(\boldsymbol{x}',t)] = 0.
\end{aligned} \tag{4.1.29}$$

这里对于连续场情况将 δ_{ij} 改换成了 $\delta^3(\boldsymbol{x}-\boldsymbol{x}')$, 满足

$$\int \mathrm{d}^3x\delta^3(\boldsymbol{x}-\boldsymbol{x}') = 1. \tag{4.1.30}$$

相应的 Heisenberg 方程为

$$\begin{aligned}\dot{\phi}(\boldsymbol{x},t)&=\mathrm{i}[H,\phi(\boldsymbol{x},t)],\\ \dot{\pi}(\boldsymbol{x},t)&=\mathrm{i}[H,\pi(\boldsymbol{x},t)].\end{aligned}\tag{4.1.31}$$

物理系统中任一物理量 F 是坐标 $\phi(\boldsymbol{x},t)$ 和动量 $\pi(\boldsymbol{x},t)$ 的函数, 量子化后满足方程

$$\dot{F}=\mathrm{i}[H,F].\tag{4.1.32}$$

如果物理量 F 和哈密顿量 H 对易, 则该物理量是守恒量. 哈密顿量 (4.1.28)、等时对易关系 (4.1.29) 和 Heisenberg 方程 (4.1.31) 构成了正则量子场论的基础.

附加一点说明, 比较 (4.1.1) 和 (4.1.29) 式可见, 对于连续场情况要将 δ_{ij} 改换成 $\delta^3(\boldsymbol{x}-\boldsymbol{x}')$, 这可以从下面的讨论中更好地理解. 将场量 $\phi(\boldsymbol{x},t)$ 所在的三维空间分立化, 即将空间分成无穷多个小体积元 ΔV_i, 在 ΔV_i 上定义第 i 个坐标

$$\phi_i(t)=\frac{1}{\Delta V_i}\int_{\Delta V_i}\mathrm{d}^3x\phi(\boldsymbol{x},t),\tag{4.1.33}$$

即 $\phi(\boldsymbol{x},t)$ 在第 i 个体积元 ΔV_i 中的平均值, 不同的 $\phi_i(t)$ 是独立自由度, 于是场 ϕ 系统就类似于可数自由度的系统, 则拉氏量 L 可以重写成

$$L=\int\mathrm{d}^3x\mathcal{L}(\phi(x),\partial_\mu\phi(x))\to\sum_i\Delta V_i\overline{\mathcal{L}}_i(\phi_i(t),\dot{\phi}_i(t),\phi_{i\pm s}(t),\cdots),\tag{4.1.34}$$

其中 $\dot{\phi}_i(t)$ 为 $\phi_i(t)$ 的时间微商,

$$\dot{\phi}_i(t)\equiv\frac{1}{\Delta V_i}\int_{\Delta V_i}\mathrm{d}^3x\frac{\partial}{\partial t}\phi(\boldsymbol{x},t),\tag{4.1.35}$$

而 $\phi_{i\pm s}(t)$ 是与 ϕ_i 相邻的体积元坐标. 利用正则动量定义, 在小体积元 ΔV_i 上, 有

$$p_i(t)=\frac{\partial L}{\partial\dot{\phi}_i(t)}=\Delta V_i\frac{\partial\overline{\mathcal{L}}_i}{\partial\dot{\phi}_i(t)}\equiv\Delta V_i\pi_i(t)\tag{4.1.36}$$

(对 i 不求和), 相应的哈密顿量

$$H=\sum_i p_i\dot{\phi}_i-L=\sum_i\Delta V_i(\pi_i\dot{\phi}_i-\overline{\mathcal{L}}_i).\tag{4.1.37}$$

类似于 (4.1.1) 式, 将坐标 $\phi_i(t)$ 和正则动量 $p_i(t)$ 进行量子化, 即令其满足正则对易关系

$$\begin{aligned}&[\phi_j(t),p_i(t)]=\mathrm{i}\delta_{ij},\\ &[\phi_j(t),\phi_i(t)]=[p_j(t),p_i(t)]=0,\end{aligned}\tag{4.1.38}$$

且 ϕ_i, p_i 满足 Heisenberg 运动方程

$$\begin{aligned}\dot{\phi}_i(t) &= \mathrm{i}[H, \phi_i(t)],\\ \dot{p}_i(t) &= \mathrm{i}[H, p_i(t)].\end{aligned} \tag{4.1.39}$$

最后令 $\Delta V_i \to 0$, 则有 $\dfrac{\delta_{ij}}{\Delta V_i} \to \delta^3(\boldsymbol{x}-\boldsymbol{x}')$, 即获得了连续极限下正则量子化结果.

§4.2 实标量场量子化

为了实现标量场量子化, 首先写出实标量场的自由场拉氏密度 (见 (3.3.1) 式)

$$\mathcal{L} = \frac{1}{2}\partial^\mu\phi\partial_\mu\phi - \frac{1}{2}m^2\phi^2.$$

对其变分可得到欧拉-拉格朗日方程, 即 Klein-Gordon 方程

$$(\Box + m^2)\phi(x) = 0.$$

由自由场拉氏密度定义实标量场 $\phi(x)$ 相应的共轭动量

$$\pi(x) = \frac{\partial\mathcal{L}}{\partial\dot{\phi}(x)} = \dot{\phi}(x), \tag{4.2.1}$$

以及哈密顿量

$$H = \int \mathrm{d}^3x\mathcal{H}(\pi, \phi), \tag{4.2.2}$$

其中哈密顿量密度为

$$\mathcal{H}(\pi, \phi) = \pi\dot{\phi} - \mathcal{L} = \frac{1}{2}[\pi(\boldsymbol{x}, t)^2 + |\nabla\phi(\boldsymbol{x}, t)|^2 + m^2\phi(\boldsymbol{x}, t)^2]. \tag{4.2.3}$$

利用 §4.1 给出的正则量子化方法, 令 ϕ, π 为满足等时对易关系

$$\begin{aligned}&[\phi(\boldsymbol{x}', t), \pi(\boldsymbol{x}, t)] = \mathrm{i}\delta^3(\boldsymbol{x}-\boldsymbol{x}'),\\ &[\phi(\boldsymbol{x}, t), \phi(\boldsymbol{x}', t)] = [\pi(\boldsymbol{x}, t), \pi(\boldsymbol{x}', t)] = 0\end{aligned} \tag{4.2.4}$$

的 Hilbert 空间中厄米算符, 则有 Heisenberg 方程

$$\dot{\phi}(\boldsymbol{x}, t) = \mathrm{i}[H, \phi(\boldsymbol{x}, t)], \tag{4.2.5}$$

$$\dot{\pi}(\boldsymbol{x}, t) = \mathrm{i}[H, \pi(\boldsymbol{x}, t)]. \tag{4.2.6}$$

由 (4.2.4),(4.2.5) 和 (4.2.6) 式可给出 Klein-Gordon 方程. 如果包括动量 P_i, 有

$$\begin{aligned}\nabla\phi(\boldsymbol{x},t)&=\mathrm{i}[\boldsymbol{P},\phi(\boldsymbol{x},t)],\\ \nabla\pi(\boldsymbol{x},t)&=\mathrm{i}[\boldsymbol{P},\pi(\boldsymbol{x},t)].\end{aligned}\tag{4.2.7}$$

注意到四动量 $P^\mu=(H,P^1,P^2,P^3)$, 则有

$$\frac{\partial}{\partial x^\mu}\phi(x)=\mathrm{i}[P_\mu,\phi(x)].\tag{4.2.8}$$

方程 (4.2.8) 的形式解为

$$\phi(x)=\mathrm{e}^{\mathrm{i}P\cdot x}\phi(0)\mathrm{e}^{-\mathrm{i}P\cdot x}\tag{4.2.9}$$

或者

$$\phi(x+b)=\mathrm{e}^{\mathrm{i}P\cdot b}\phi(x)\mathrm{e}^{-\mathrm{i}P\cdot b}.$$

这样方程 (4.2.9) 给出了时空坐标平移变换下场 $\phi(x)$ 的变化.

由物理系统在时空坐标平移变换和正 Lorentz 变换下的不变性, 按照 Noether 定理可求出相应的四动量算符

$$P^\mu=\int\mathrm{d}^3xT^{0\mu}=\int\mathrm{d}^3x(-g^{0\mu}\mathcal{L}+\partial^0\phi\partial^\mu\phi)\tag{4.2.10}$$

和广义角动量算符

$$J^{\nu\rho}=\int\mathrm{d}^3x(x^\nu T^{0\rho}-x^\rho T^{0\nu}).\tag{4.2.11}$$

将自由场拉氏密度 (3.3.1) 式代入 (4.2.10) 式, 不难看出 $P^0=H$. 而 P^0 正是 (4.2.2) 式给出的哈密顿量. 利用正则对易关系 (4.2.4), 可以证明 P^μ, $J^{\nu\rho}$ 与标量场 $\phi(x)$ 满足算符方程 (4.2.8) 和

$$\mathrm{i}[J^{\nu\rho},\phi(x)]=(x^\nu\partial^\rho-x^\rho\partial^\nu)\phi(x),\tag{4.2.12}$$

而 $P^\mu,J^{\nu\rho}$ 本身满足 Poincaré 代数 (3.1.43) ∼ (3.1.45) 式. 量子化以后, 10 个守恒量 P^μ, $J^{\mu\nu}$ 也成为 Hilbert 空间中的厄米算符, 作为场的四动量 P^μ 和广义角动量算符 $J^{\mu\nu}$, 它们就应当是时空坐标平移和 Lorentz 变换的生成元, 即 Poincaré 变换的生成元, 这表明 $P^\mu,J^{\nu\rho}$ 作为 Poincaré 变换生成元与 ϕ,π 的正则对易关系是自洽的, 因而由 ϕ,π 的正则对易关系所构成的量子场论是 Poincaré 不变的.

现在讨论 Klein-Gordon 场量子化后如何描述粒子性. 为此将场算符 $\phi(x)$ 按照 Klein-Gordon 方程的平面波展开, 并利用展开系数来表达场的能量、动量等物理量. $\phi(\boldsymbol{x},t)$ 的平面波解展开为

$$\phi(\boldsymbol{x},t)=\int\widetilde{\mathrm{d}}k[a(\boldsymbol{k})\mathrm{e}^{-\mathrm{i}k\cdot x}+a^{\dagger}(\boldsymbol{k})\mathrm{e}^{\mathrm{i}k\cdot x}], \tag{4.2.13}$$

其中积分测度

$$\widetilde{\mathrm{d}}k=\frac{\mathrm{d}^3k}{(2\pi)^3 2\omega_{\boldsymbol{k}}}=\frac{\mathrm{d}^4k}{(2\pi)^4}2\pi\delta(k^2-m^2)\theta(k^0), \tag{4.2.14}$$

$$\delta(k^2-m^2)=\frac{1}{2\omega_{\boldsymbol{k}}}[\delta(k^0-\omega_{\boldsymbol{k}})+\delta(k^0+\omega_{\boldsymbol{k}})], \tag{4.2.15}$$

$$\omega_{\boldsymbol{k}}=\sqrt{\boldsymbol{k}^2+m^2},$$

而

$$\theta(k^0)=\frac{1}{2}[1+\epsilon(k^0)], \tag{4.2.16}$$

$$\epsilon(k^0)=\frac{k^0}{|\boldsymbol{k}^0|}\begin{cases}1, & k^0>0,\\ -1, & k^0<0.\end{cases} \tag{4.2.17}$$

注意 $\delta(k^2-m^2)$ 显然是 Lorentz 不变的. d^4k 也是 Lorentz 不变量, 因为类似于坐标空间中的四维积分测度 d^4x 的变换 (2.3.4) 式, 在 Lorentz 变换下,

$$\delta(\mathrm{d}^4k)=\mathrm{d}^4k\frac{\partial}{\partial k^{\mu}}\delta k^{\mu}=\mathrm{d}^4k\frac{\partial}{\partial k^{\mu}}\delta\omega^{\mu}_{\nu}\delta k^{\nu}=\mathrm{d}^4k\delta\omega^{\mu}_{\nu}=\mathrm{d}^4k\delta\omega^{\mu\rho}g_{\rho\mu}=0.$$

此外容易证明, $\theta(k^0)$ 中的 $\epsilon(k^0)$ 对于类时四矢量 $k^2=m^2>0$ 是 Lorentz 不变的. 事实上, 由于 $k^2=(k^0)^2-\boldsymbol{k}^2=m^2>0$, 所以总可以找到一个惯性系, 使得在其中有 $(k^0)^2=m^2$. 于是, 在此惯性系中有

$$\epsilon(k^0)=\frac{k^0}{|k^0|}=\pm\frac{(k^0)^2}{(k^0)^2}=\pm\frac{m^2}{m^2}=\pm\frac{k^2}{k^2}.$$

以上最后一步等式利用了 $k^2=m^2$ 是 Lorentz 不变量. 上式进而表明, $\epsilon(k^0)=+1$ 或 -1 在任何惯性系中都是分别不变的. 因此测度 $\widetilde{\mathrm{d}}k$ 是 Lorentz 不变的. 顺便指出, 可以将上面关于 $\epsilon(k^0)$ Lorentz 不变性的证明推广至类光, 即 $k^2=0$ 的情况, 从而测度 $\widetilde{\mathrm{d}}k$ 在 $k^2=0$ 时也是 Lorentz 不变的.

由于 $\phi(\boldsymbol{x},t)$ 是 Hilbert 空间中的算符, 所以展开系数 $a(\boldsymbol{k}),a^{\dagger}(\boldsymbol{k})$ 也是 Hilbert 空间中的算符. 由 (4.2.13) 式可以写出共轭动量的平面波展开式

$$\pi(\boldsymbol{x})=\dot{\phi}(\boldsymbol{x})=\int\widetilde{\mathrm{d}}k(-\mathrm{i}\omega_{\boldsymbol{k}})[a(\boldsymbol{k})\mathrm{e}^{-\mathrm{i}k\cdot x}-a^{\dagger}(\boldsymbol{k})\mathrm{e}^{\mathrm{i}k\cdot x}]. \tag{4.2.18}$$

注意平面波展开对 d^3k 积分中 k^0 是在壳的, 即 $k^0=\omega_{\boldsymbol{k}}$. 利用平面波 $\mathrm{e}^{-\mathrm{i}k\cdot x}$ 满足的正交归一条件

$$\mathrm{i}\int \mathrm{d}^3x\mathrm{e}^{\mathrm{i}k\cdot x}\overleftrightarrow{\partial}^0\mathrm{e}^{-\mathrm{i}k'\cdot x}=(2\pi)^3 2\omega_{\boldsymbol{k}}\delta^3(\boldsymbol{k}-\boldsymbol{k}'), \tag{4.2.19}$$

其中 $\overleftrightarrow{\partial}^0=\dfrac{\overleftrightarrow{\partial}}{\partial x_0}$ 定义为

$$\begin{aligned}
&f^\dagger_{\boldsymbol{k}'}(x)\frac{\overleftrightarrow{\partial}}{\partial x_0}f_{\boldsymbol{k}}(x)=f^\dagger_{\boldsymbol{k}'}(x)\frac{\overrightarrow{\partial}}{\partial x_0}f_{\boldsymbol{k}}(x)-\left(\frac{\overrightarrow{\partial}}{\partial x_0}f^\dagger_{\boldsymbol{k}'}(x)\right)f_{\boldsymbol{k}}(x),\\
&f_{\boldsymbol{k}}(x)=\mathrm{e}^{-\mathrm{i}k\cdot x}=\mathrm{e}^{-\mathrm{i}\omega_{\boldsymbol{k}}t_0+\mathrm{i}\boldsymbol{k}\cdot\boldsymbol{x}},
\end{aligned} \tag{4.2.20}$$

可以反过来将 $a(\boldsymbol{k}),a^\dagger(\boldsymbol{k})$ 通过 $\phi(\boldsymbol{x},t)$ 来表达:

$$\begin{aligned}
a(\boldsymbol{k})&=\mathrm{i}\int \mathrm{d}^3x\mathrm{e}^{\mathrm{i}k\cdot x}\overleftrightarrow{\partial}^0\phi(\boldsymbol{x},t),\\
a^\dagger(\boldsymbol{k})&=-\mathrm{i}\int \mathrm{d}^3x\mathrm{e}^{-\mathrm{i}k\cdot x}\overleftrightarrow{\partial}^0\phi(\boldsymbol{x},t).
\end{aligned} \tag{4.2.21}$$

注意由于 ϕ 满足 Klein-Gordon 方程, 可以得到

$$\begin{aligned}
\dot{a}(\boldsymbol{k})&=\mathrm{i}\int \mathrm{d}^3x\left[\mathrm{e}^{\mathrm{i}k\cdot x}\frac{\partial^2\phi}{\partial t^2}-\left(\frac{\partial^2}{\partial t^2}\mathrm{e}^{\mathrm{i}k\cdot x}\right)\phi(x)\right]\\
&=\mathrm{i}\int \mathrm{d}^3x\left[\mathrm{e}^{\mathrm{i}k\cdot x}(\nabla^2-m^2)\phi-\left(\frac{\partial^2}{\partial t^2}\mathrm{e}^{\mathrm{i}k\cdot x}\right)\phi(x)\right]\\
&=\mathrm{i}\int \mathrm{d}^3x\phi\left[(\nabla^2-m^2)-\frac{\partial^2}{\partial t^2}\right]\mathrm{e}^{\mathrm{i}k\cdot x}=0.
\end{aligned} \tag{4.2.22}$$

此式表明 $a(\boldsymbol{k})$ 与 t 无关. 类似可以证明 $a^\dagger(\boldsymbol{k})$ 与 t 无关. 从 ϕ,π 的对易关系 (4.2.4) 以及平面波的正交条件 (4.2.19) 可以得出 $a(\boldsymbol{k}),a^\dagger(\boldsymbol{k})$ 满足的对易关系如下:

$$\begin{aligned}
[a(\boldsymbol{k}),a^\dagger(\boldsymbol{k}')]&=(2\pi)^3 2\omega_{\boldsymbol{k}}\delta^3(\boldsymbol{k}-\boldsymbol{k}'),\\
[a(\boldsymbol{k}),a(\boldsymbol{k}')]&=[a^\dagger(\boldsymbol{k}),a^\dagger(\boldsymbol{k}')]=0.
\end{aligned} \tag{4.2.23}$$

利用 (4.2.2), (4.2.3), (4.2.10) 式和平面波展开 (4.2.13), (4.2.18) 式可以求得哈密顿量

$$\begin{aligned}
H&=\frac{1}{2}\int \mathrm{d}^3x[\pi(\boldsymbol{x},t)^2+|\nabla\phi(\boldsymbol{x},t)|^2+m^2\phi(\boldsymbol{x},t)^2]\\
&=\frac{1}{2}\int \widetilde{\mathrm{d}}k\omega_{\boldsymbol{k}}[a(\boldsymbol{k})a^\dagger(\boldsymbol{k})+a^\dagger(\boldsymbol{k})a(\boldsymbol{k})]
\end{aligned} \tag{4.2.24}$$

和总动量

$$\begin{aligned}\boldsymbol{P}&=-\int \mathrm{d}^3x\pi(\boldsymbol{x},t)\nabla\phi(\boldsymbol{x},t)\\&=\frac{1}{2}\int \widetilde{\mathrm{d}}k\boldsymbol{k}[a(\boldsymbol{k})a^\dagger(\boldsymbol{k})+a^\dagger(\boldsymbol{k})a(\boldsymbol{k})],\end{aligned}\tag{4.2.25}$$

其中 $\widetilde{\mathrm{d}}k=\dfrac{\mathrm{d}^3k}{(2\pi)^3 2\omega_{\boldsymbol{k}}}$. H 和 $\boldsymbol{P}$ 是各本征振动的能量与动量之和, 每一本征振动是能量为 $\omega_{\boldsymbol{k}}$、动量为 $\boldsymbol{k}$ 的简谐振子. $a(\boldsymbol{k}),a^\dagger(\boldsymbol{k})$ 的对易关系与一维谐振子对易关系 (4.1.9) 式类似, 但由于 $\boldsymbol{k}$ 是连续变化的, 对易关系 (4.2.23) 式与之有所不同. 利用对易关系 (4.2.23) 并将常数项的 $\widetilde{\mathrm{d}}k$ 积分丢去, 就得到

$$\begin{aligned}H&=\int \widetilde{\mathrm{d}}k\omega_{\boldsymbol{k}}a^\dagger(\boldsymbol{k})a(\boldsymbol{k}),\\\boldsymbol{P}&=\int \widetilde{\mathrm{d}}k\boldsymbol{k}a^\dagger(\boldsymbol{k})a(\boldsymbol{k}).\end{aligned}\tag{4.2.26}$$

(4.2.26) 二式可以合写为四动量算符

$$P^\mu=\int \widetilde{\mathrm{d}}kk^\mu a^\dagger(\boldsymbol{k})a(\boldsymbol{k}).\tag{4.2.27}$$

相应地定义总粒子数算符

$$N=\int \widetilde{\mathrm{d}}ka^\dagger(\boldsymbol{k})a(\boldsymbol{k}).\tag{4.2.28}$$

在自由场情况下, 总粒子数算符 N 与总四动量算符 P^μ 对易, 即

$$[N,P^\mu]=0.\tag{4.2.29}$$

这表明粒子数是守恒量. 然而, 若 H 中有相互作用, 则可能出现粒子数不守恒的情况. 算符 N 的本征态的总体形成一完备集, 张成这一系统的整个 Hilbert 空间, 称为 Fock 空间. 其中真空态 $|0\rangle$ 满足

$$\begin{aligned}&a(\boldsymbol{k})|0\rangle=0\ \ (\text{对于所有 }\boldsymbol{k}),\\&\langle 0|0\rangle=1.\end{aligned}\tag{4.2.30}$$

利用 (4.2.23) 和 (4.2.26) 式, 可以证明

$$\begin{aligned}|\boldsymbol{k}\rangle&=a^\dagger(\boldsymbol{k})|0\rangle,\\|\boldsymbol{k}_1,\boldsymbol{k}_2\rangle&=a^\dagger(\boldsymbol{k}_1)a^\dagger(\boldsymbol{k}_2)|0\rangle,\\&\cdots\cdots\\|\boldsymbol{k}_1,\cdots,\boldsymbol{k}_n\rangle&=a^\dagger(\boldsymbol{k}_1)\cdots a^\dagger(\boldsymbol{k}_n)|0\rangle\end{aligned}\tag{4.2.31}$$

构成整个 Hilbert 空间的基矢. 利用 (4.2.23) 和 (4.2.27) 式还可以证明对易关系

$$\begin{aligned}[P_\mu, a(\boldsymbol{k})] &= -k_\mu a(\boldsymbol{k}),\\ [P_\mu, a^\dagger(\boldsymbol{k})] &= k_\mu a^\dagger(\boldsymbol{k}),\end{aligned}\tag{4.2.32}$$

以及

$$P_\mu|\boldsymbol{k}\rangle = P_\mu a^\dagger(\boldsymbol{k})|0\rangle = k_\mu|\boldsymbol{k}\rangle,\tag{4.2.33}$$

即 $|\boldsymbol{k}\rangle = a^\dagger(\boldsymbol{k})|0\rangle$ 是单粒子态, (4.2.31) 式中其他态对应于双粒子态和多粒子态. 由 (4.2.23) 式中的对易关系可以证明, 单粒子态 $|\boldsymbol{k}\rangle = a^\dagger(\boldsymbol{k})|0\rangle$ 的归一化为

$$\langle\boldsymbol{k}'|\boldsymbol{k}\rangle = (2\pi)^3 2\omega_{\boldsymbol{k}}\delta^3(\boldsymbol{k}-\boldsymbol{k}').\tag{4.2.34}$$

这意味着 $a^\dagger(\boldsymbol{k})$ 作用于真空态 $|0\rangle$ 生成动量为 $\boldsymbol{k}$ 的单粒子态, 而 $a(\boldsymbol{k})$ 的作用则是消灭动量为 $\boldsymbol{k}$ 的粒子. 这样, 由正则量子化条件 (4.2.4) 实现了将 $\phi(\boldsymbol{x},t)$ 场的平面波分解为一系列的本征振动之和, $a(\boldsymbol{k})$, $a^\dagger(\boldsymbol{k})$ 是相应粒子的湮灭和产生算符, 描述了静止质量为 m, 满足 Bose-Einstein 统计的标量粒子 (自旋为零) 系统.

(4.2.4) 式表明, 在固定时刻 t 有 $[\phi(\boldsymbol{x},t),\phi(\boldsymbol{y},t)]=0$, 但在不同的时刻 $\phi(x),\phi(y)$ 并不对易. 在不同的时刻,

$$\begin{aligned}[\phi(x),\phi(y)] &= \int \widetilde{\mathrm{d}}k\widetilde{\mathrm{d}}k'\{[a(\boldsymbol{k}),a^\dagger(\boldsymbol{k}')]\mathrm{e}^{-\mathrm{i}k\cdot x+\mathrm{i}k'\cdot y} + [a^\dagger(\boldsymbol{k}),a(\boldsymbol{k}')]\mathrm{e}^{\mathrm{i}k\cdot x-\mathrm{i}k'\cdot y}\}\\ &= \int \widetilde{\mathrm{d}}k\frac{\mathrm{d}^3k'}{(2\pi)^3 2\omega_{\boldsymbol{k}}}(2\pi)^3 2\omega_{\boldsymbol{k}}\delta^3(\boldsymbol{k}-\boldsymbol{k}')[\mathrm{e}^{-\mathrm{i}k\cdot(x-y)}-\mathrm{e}^{\mathrm{i}k\cdot(x-y)}]\\ &= \int \widetilde{\mathrm{d}}k[\mathrm{e}^{-\mathrm{i}k\cdot(x-y)}-\mathrm{e}^{\mathrm{i}k\cdot(x-y)}] = \mathrm{i}\Delta(x-y),\end{aligned}\tag{4.2.35}$$

一般来说右边并不为 0. 对 (4.2.35) 式两边取 x^0 的微商并取 $x^0=y^0=t$, 就得到

$$[\phi(\boldsymbol{x},t),\pi(\boldsymbol{y},t)] = \mathrm{i}\delta^3(\boldsymbol{x}-\boldsymbol{y}).$$

这正是 (4.2.4) 式的正则对易关系.

以上讨论只包含单个定域场, 可以直接推广到多个定域场情况. 设有 n 个独立的场 $\phi_r(\boldsymbol{x},t), r=1,\cdots,n$, 利用拉氏密度 $\mathcal{L}$ 对每个场 $\phi_r(\boldsymbol{x},t)$ 引入共轭动量

$$\pi_r(\boldsymbol{x},t) = \frac{\partial\mathcal{L}}{\partial\dot{\phi}_r(\boldsymbol{x},t)}.\tag{4.2.36}$$

进一步定义哈密顿量密度和哈密顿量:

$$\begin{aligned}\mathcal{H}(\pi_r,\cdots,\phi_r,\cdots) &= \sum_{r=1}^{n}\pi_r\dot{\phi}_r - \mathcal{L},\\ H &= \int \mathrm{d}^3x\mathcal{H},\end{aligned}\tag{4.2.37}$$

然后将 ϕ_r, π_r 看作 Hilbert 空间中的算符, 满足等时对易关系

$$\begin{aligned}
&[\phi_r(\boldsymbol{x}',t),\pi_s(\boldsymbol{x},t)]=\mathrm{i}\delta_{rs}\delta^3(\boldsymbol{x}-\boldsymbol{x}'),\\
&[\phi_r(\boldsymbol{x},t),\phi_s(\boldsymbol{x}',t)]=[\pi_r(\boldsymbol{x},t),\pi_s(\boldsymbol{x}',t)]=0.
\end{aligned}\tag{4.2.38}$$

相应的 Heisenberg 方程为

$$\begin{aligned}
&\dot{\phi}_r(\boldsymbol{x},t)=\mathrm{i}[H,\phi_r(\boldsymbol{x},t)],\\
&\dot{\pi}_r(\boldsymbol{x},t)=\mathrm{i}[H,\pi_r(\boldsymbol{x},t)],
\end{aligned}\tag{4.2.39}$$

或者由四动量写出运动方程

$$\frac{\partial}{\partial x^\mu}\phi_r(x)=\mathrm{i}[P_\mu,\phi_r(x)],\tag{4.2.40}$$

它的算符解

$$\phi_r(x+b)=\mathrm{e}^{\mathrm{i}P\cdot b}\phi_r(x)\mathrm{e}^{-\mathrm{i}P\cdot b}.\tag{4.2.41}$$

这里四动量 P^μ 是 Hilbert 空间中的算符.

至此, 正则量子化已被成功地应用到实标量场, (4.2.38) 和 (4.2.39) 式 (或 (4.2.4) ~ (4.2.6) 式) 是实标量场的基本方程. 由粒子的湮灭和产生算符 $a(\boldsymbol{k})$ 和 $a^\dagger(\boldsymbol{k})$ 可以构造 Hilbert 空间的基矢, 它们是四动量 P^μ 的本征态, $a(\boldsymbol{k})$ 表征了标量场的粒子特性.

§4.3 复标量场量子化

前面讨论了实标量场的量子理论, 其湮灭算符 $a(\boldsymbol{k})$ 和产生算符 $a^\dagger(\boldsymbol{k})$ 互为共轭, 无法区分粒子与反粒子, 例如自旋为零的中性 π^0 介子. 然而自然界还存在自旋为零的粒子与反粒子不是同一粒子的情况, 例如自旋为零的带电 $\pi^\pm$ 介子和 $\mathrm{K}^\pm$ 介子, $\pi^\pm$ 互为正、反粒子, $\mathrm{K}^\pm$ 互为正、反粒子. 这就需要引入量子化的复标量场 $\phi(x)$ 来描述, 显然 $\phi(x)$ 不是厄米场. 复标量场 $\phi(x)$ 系统的拉氏密度为

$$\mathcal{L}=(\partial_\mu\phi^\dagger)(\partial^\mu\phi)-m^2\phi^\dagger\phi.$$

对于复标量场 ϕ, 总可以将它分解为两个实标量场 ϕ_1,ϕ_2 的组合:

$$\phi=\frac{\phi_1+\mathrm{i}\phi_2}{\sqrt{2}},\quad \phi^\dagger=\frac{\phi_1-\mathrm{i}\phi_2}{\sqrt{2}}.\tag{4.3.1}$$

将 (4.3.1) 式代入拉氏密度中, 得到

$$\begin{aligned}\mathcal{L}&=(\partial_\mu\phi^\dagger)\partial^\mu\phi-m^2\phi^\dagger\phi=\mathcal{L}(\phi_1)+\mathcal{L}(\phi_2)\\&=\frac{1}{2}(\partial_\mu\phi_1\partial^\mu\phi_1+\partial_\mu\phi_2\partial^\mu\phi_2)-\frac{1}{2}m^2(\phi_1^2+\phi_2^2).\end{aligned}\tag{4.3.2}$$

由拉氏密度 (4.3.2) 变分得到的欧拉-拉格朗日方程为

$$\begin{aligned}(\Box+m^2)\phi(x)&=0,\\(\Box+m^2)\phi^\dagger(x)&=0,\end{aligned}\tag{4.3.3}$$

即复标量场的 Klein-Gordon 方程.

类似于实标量场正则量子化, 分别定义与 $\phi,\phi^\dagger$ 共轭的动量

$$\begin{aligned}\pi&=\frac{\partial\mathcal{L}}{\partial\dot\phi}=\dot\phi^\dagger,\\\pi^\dagger&=\frac{\partial\mathcal{L}}{\partial\dot\phi^\dagger}=\dot\phi,\end{aligned}\tag{4.3.4}$$

以及哈密顿量

$$H=\int\mathrm{d}^3x(\pi\dot\phi+\pi^\dagger\dot\phi^\dagger-\mathcal{L})=\int\mathrm{d}^3x(\pi^\dagger\pi+\nabla\phi^\dagger\nabla\phi+m^2\phi^\dagger\phi).\tag{4.3.5}$$

按照 (4.3.1) 式将复标量场 ϕ 分解为两个实标量场 ϕ_1,ϕ_2 的组合, 由上一节对实标量场的正则量子化假定得到, 复标量场 ϕ, $\phi^\dagger$ 与 π, $\pi^\dagger$ 满足正则对易关系

$$\begin{gathered}[\phi(\boldsymbol{x},t),\pi(\boldsymbol{y},t)]=[\phi^\dagger(\boldsymbol{x},t),\pi^\dagger(\boldsymbol{y},t)]=\mathrm{i}\delta^3(\boldsymbol{x}-\boldsymbol{y}),\\\text{其余对易子为 }0.\end{gathered}\tag{4.3.6}$$

实际上也可以直接假定 Hilbert 空间算符 $\phi,\phi^\dagger$ 与 $\pi,\pi^\dagger$ 遵从上述等式. 进一步将场做平面波展开:

$$\begin{aligned}\phi(x)&=\int\widetilde{\mathrm{d}}k[a(\boldsymbol{k})\mathrm{e}^{-\mathrm{i}k\cdot x}+b^\dagger(\boldsymbol{k})\mathrm{e}^{\mathrm{i}k\cdot x}],\\\phi^\dagger(x)&=\int\widetilde{\mathrm{d}}k[a^\dagger(\boldsymbol{k})\mathrm{e}^{\mathrm{i}k\cdot x}+b(\boldsymbol{k})\mathrm{e}^{-\mathrm{i}k\cdot x}].\end{aligned}\tag{4.3.7}$$

由于 $\phi(x)$ 不是厄米场, 所以其正、负能平面波的展开系数并不互为厄米共轭. 同样对两个实标量场 $\phi_i(x)$ $(i=1,2)$ 做平面波展开:

$$\phi_i(x)=\int\widetilde{\mathrm{d}}k[a_i(\boldsymbol{k})\mathrm{e}^{-\mathrm{i}k\cdot x}+a_i^\dagger(\boldsymbol{k})\mathrm{e}^{\mathrm{i}k\cdot x}],\tag{4.3.8}$$

由 (4.3.1) 式可得

$$\begin{aligned} a(\boldsymbol{k}) &= \frac{1}{\sqrt{2}}[a_1(\boldsymbol{k}) + \mathrm{i}a_2(\boldsymbol{k})], \quad a^\dagger(\boldsymbol{k}) = \frac{1}{\sqrt{2}}[a_1^\dagger(\boldsymbol{k}) - \mathrm{i}a_2^\dagger(\boldsymbol{k})], \\ b(\boldsymbol{k}) &= \frac{1}{\sqrt{2}}[a_1(\boldsymbol{k}) - \mathrm{i}a_2(\boldsymbol{k})], \quad b^\dagger(\boldsymbol{k}) = \frac{1}{\sqrt{2}}[a_1^\dagger(\boldsymbol{k}) + \mathrm{i}a_2^\dagger(\boldsymbol{k})]. \end{aligned} \tag{4.3.9}$$

从两个实场 $a_i(\boldsymbol{k})$, $a_i^\dagger(\boldsymbol{k})$ $(i=1,2)$ 的对易关系, 可以证明

$$\begin{gathered} [a(\boldsymbol{k}), a^\dagger(\boldsymbol{k}')] = [b(\boldsymbol{k}), b^\dagger(\boldsymbol{k}')] = (2\pi)^3 2\omega_{\boldsymbol{k}} \delta^3(\boldsymbol{k}-\boldsymbol{k}'), \\ \text{其余对易子为 } 0. \end{gathered} \tag{4.3.10}$$

由此对易关系还可得到 $\phi(x)$ 的对易关系

$$[\phi(x), \phi^\dagger(y)] = \mathrm{i}\Delta(x-y), \tag{4.3.11}$$

$$[\phi_i(x), \phi_j(y)] = \mathrm{i}\delta_{ij}\Delta(x-y). \tag{4.3.12}$$

注意将 (4.3.11) 式两边依次对 x^0, y^0 微商, 然后取 $x^0 = y^0 = t$, 则得到等时对易子 (4.3.6) 式. 从 $\phi, \phi^\dagger$ 的展开式 (4.3.7) 可以看出, 复标量场 $\phi, \phi^\dagger$ 所描述的理论中, 存在 a, b 两种类型的粒子 (正粒子和反粒子), ϕ 对应湮灭 a 型粒子, 产生 b 型粒子 (a 型反粒子), 而 $\phi^\dagger$ 对应产生 a 型粒子, 湮灭 b 型粒子 (a 型反粒子). a, b 型粒子数算符分别是

$$N_a = \int \widetilde{\mathrm{d}}k a^\dagger(\boldsymbol{k}) a(\boldsymbol{k}), \quad N_b = \int \widetilde{\mathrm{d}}k b^\dagger(\boldsymbol{k}) b(\boldsymbol{k}). \tag{4.3.13}$$

与 Noether 守恒量对应的四动量算符为

$$P^\mu = \int \widetilde{\mathrm{d}}k k^\mu [a^\dagger(\boldsymbol{k}) a(\boldsymbol{k}) + b^\dagger(\boldsymbol{k}) b(\boldsymbol{k})]. \tag{4.3.14}$$

为了构造 Fock 空间的基矢, 定义真空态 $|0\rangle$ 满足

$$a(\boldsymbol{k})|0\rangle = b(\boldsymbol{k})|0\rangle = 0. \tag{4.3.15}$$

这意味着所有湮灭算符作用在真空态 $|0\rangle$ 上为零. 类似于实标量场 (4.2.31) 式情况, 利用算符 $a^\dagger(\boldsymbol{k}), b^\dagger(\boldsymbol{k})$ 作用在真空态 $|0\rangle$ 上, 可以构造此系统的 Fock 空间的全部基矢. 例如

$$|\boldsymbol{k}\rangle = a^\dagger(\boldsymbol{k})|0\rangle, \quad |\boldsymbol{k}\rangle = b^\dagger(\boldsymbol{k})|0\rangle, \tag{4.3.16}$$

分别对应于单个正粒子和反粒子态矢, 其归一化同于 (4.2.34) 式. 可以类推到双粒子和多粒子情况.

复标量场拉氏密度 $\mathcal{L}$ 除了 Lorentz 不变性以外, 还有 U(1) 内部对称性, 即在整体相位变换

$$\phi \to \mathrm{e}^{\mathrm{i}\alpha}\phi, \quad \phi^\dagger \to \mathrm{e}^{-\mathrm{i}\alpha}\phi^\dagger \tag{4.3.17}$$

或其无穷小形式

$$\delta\phi = \mathrm{i}\delta\alpha\phi, \quad \delta\phi^\dagger = -\mathrm{i}\delta\alpha\phi^\dagger$$

下保持不变. 由变换 (4.3.17) 不变性, 得到相应的 Noether 流密度

$$j^\mu = \mathrm{i}\phi^\dagger \overleftrightarrow{\partial}^\mu \phi, \tag{4.3.18}$$

守恒荷

$$Q = \int \mathrm{d}^3x j^0(x) = \mathrm{i}\int \mathrm{d}^3x \phi^\dagger \overleftrightarrow{\partial}^0 \phi. \tag{4.3.19}$$

利用平面波展开式 (4.3.7) 可得守恒荷

$$Q = \mathrm{i}\int \mathrm{d}^3x \phi^\dagger \overleftrightarrow{\partial}^0 \phi = \int \widetilde{\mathrm{d}}k[a^\dagger(\boldsymbol{k})a(\boldsymbol{k}) - b^\dagger(\boldsymbol{k})b(\boldsymbol{k})] = N_a - N_b. \tag{4.3.20}$$

这里略去了真空中可能出现的无穷大的 Q 荷, 与消除真空中无穷大零点能的做法相同. 可以证实守恒荷 Q 与时间无关,

$$\dot{Q} = \mathrm{i}[H, Q] = \mathrm{i}[H, N_a - N_b] = 0,$$

且流算符守恒,

$$\begin{aligned}\partial_\mu j^\mu &= \mathrm{i}\partial_\mu(\phi^\dagger\partial^\mu\phi - (\partial^\mu\phi^\dagger)\phi) = \mathrm{i}\phi^\dagger\partial_\mu\partial^\mu\phi - \mathrm{i}(\partial_\mu\partial^\mu\phi^\dagger)\phi \\ &= -m^2\phi^\dagger\phi + m^2\phi^\dagger\phi = 0.\end{aligned} \tag{4.3.21}$$

(4.3.20) 式表明, a 型粒子与 b 型粒子带有相反的 Q 荷. 例如自旋为零的 π^+ 介子和 π^- 介子就是具有相反 Q 荷的正、反粒子. 历史上曾将 ϕ 解释为波函数, 而将 (4.3.18) 式中的 j^0 解释为波函数的概率密度, 它可能为负值, 带来了负概率困难. 量子场论中 j^0 相应于复标量电荷密度, 正反粒子电荷相反, 自然不存在负概率困难.

§4.4　Klein-Gordon 场的传播子

上一节的 (4.3.11) 和 (4.3.12) 式已定义了标量场的传播函数 $\Delta(x-y)$. 这一节给出它的显式表达式并讨论传播函数的性质. 由于复标量场可以分解为两个实

标量场, 为简单起见, 以实标量场为例. 利用平面波展开式 (4.2.13) 以及对易关系 (4.2.23) 得到的 (4.2.35) 式定义了实标量场的传播函数

$$\mathrm{i}\Delta(x-y)=\int \widetilde{\mathrm{d}}k(\mathrm{e}^{-\mathrm{i}k\cdot(x-y)}-\mathrm{e}^{\mathrm{i}k\cdot(x-y)}),$$

其中 $\widetilde{\mathrm{d}}k=\dfrac{\mathrm{d}^3k}{(2\pi)^3 2\omega_{\boldsymbol{k}}}$. 将积分变量三维动量 $k^i\to -k^i$ $(i=1,2,3)$, 有

$$\int_{-\infty}^{\infty}\widetilde{\mathrm{d}}k\mathrm{e}^{\mathrm{i}k\cdot x}=\int_{-\infty}^{\infty}\widetilde{\mathrm{d}}k\mathrm{e}^{\mathrm{i}\omega_{\boldsymbol{k}}t-\mathrm{i}\boldsymbol{k}\cdot\boldsymbol{x}}=\int_{-\infty}^{\infty}\widetilde{\mathrm{d}}k\mathrm{e}^{\mathrm{i}\omega_{\boldsymbol{k}}t+\mathrm{i}\boldsymbol{k}\cdot\boldsymbol{x}}.$$

函数 $\Delta(x)$ 可以写成

$$\Delta(x)=\frac{1}{\mathrm{i}}\int \widetilde{\mathrm{d}}k(\mathrm{e}^{-\mathrm{i}k\cdot x}-\mathrm{e}^{\mathrm{i}k\cdot x})=\frac{1}{\mathrm{i}}\int\frac{\mathrm{d}^3k}{(2\pi)^3 2\omega_{\boldsymbol{k}}}\mathrm{e}^{\mathrm{i}\boldsymbol{k}\cdot\boldsymbol{x}}(\mathrm{e}^{-\mathrm{i}\omega_{\boldsymbol{k}}t}-\mathrm{e}^{\mathrm{i}\omega_{\boldsymbol{k}}t}),$$

其中 $\omega_{\boldsymbol{k}}=\sqrt{|\boldsymbol{k}|^2+m^2}$. 引入 $\delta(k^2-m^2)$ 表达质壳条件 $k^2=m^2$, 且有 (见 (4.2.15) 式)

$$\delta(k^2-m^2)=\frac{1}{2\omega_{\boldsymbol{k}}}[\delta(k^0-\omega_{\boldsymbol{k}})+\delta(k^0+\omega_{\boldsymbol{k}})].$$

令 k^0 为积分变量, 将三维积分写成四维积分, 得到

$$\Delta(x)=\frac{1}{\mathrm{i}}\int\frac{\mathrm{d}^4k}{(2\pi)^3}\delta(k^2-m^2)\epsilon(k^0)\mathrm{e}^{-\mathrm{i}k\cdot x},\tag{4.4.1}$$

其中 $\epsilon(k^0)$ 是 §4.2 中引入的符号函数

$$\epsilon(k^0)=\frac{k^0}{|k^0|}=\begin{cases}1, & k^0>0,\\ -1, & k^0<0.\end{cases}\tag{4.4.2}$$

另一方面, 标量场平面波解为

$$\phi(x)=\int\frac{\mathrm{d}^3k}{(2\pi)^3 2\omega_{\boldsymbol{k}}}[a(\boldsymbol{k})f_{\boldsymbol{k}}(x)+a^{\dagger}(\boldsymbol{k})f_{\boldsymbol{k}}^{\dagger}(x)],\tag{4.4.3}$$

其中

$$f_{\boldsymbol{k}}(x)=\mathrm{e}^{-\mathrm{i}k\cdot x}=\mathrm{e}^{-\mathrm{i}\omega_{\boldsymbol{k}}t_0+\mathrm{i}\boldsymbol{k}\cdot x}.$$

$f_{\boldsymbol{k}}(x)$ 是 Klein-Godon 方程的正交完备波函数 (满足质壳条件 $k^2=m^2$), 且满足正交归一关系 (4.2.19), 即

$$\mathrm{i}\int \mathrm{d}^3x f_{\boldsymbol{k}'}^{\dagger}(x)\frac{\overleftrightarrow{\partial}}{\partial x_0}f_{\boldsymbol{k}}(x)=2\omega_{\boldsymbol{k}}(2\pi)^3\delta^3(\boldsymbol{k}-\boldsymbol{k}').\tag{4.4.4}$$

对于平面波解 $f_{\boldsymbol{k}}(x)=\mathrm{e}^{-\mathrm{i}k\cdot x}$, 如果取有限体积内归一化, $\boldsymbol{k}$ 是分立的, 以求和代替积分, 以分立的 $\delta_{\boldsymbol{k}\boldsymbol{k}'}$ 函数代替连续的 $\delta(\boldsymbol{k}-\boldsymbol{k}')$ 函数, 在替换时存在如下对应:

$$\begin{aligned}\sum_{\boldsymbol{k}} &\leftrightarrow \int \frac{\mathrm{d}^3 k}{(2\pi)^3 2\omega_{\boldsymbol{k}}},\\ \delta_{\boldsymbol{k}\boldsymbol{k}'} &\leftrightarrow (2\pi)^3 2\omega_{\boldsymbol{k}}\delta(\boldsymbol{k}-\boldsymbol{k}').\end{aligned}\tag{4.4.5}$$

由正交归一关系 (4.4.4) 可得到

$$a(\boldsymbol{k})=\mathrm{i}\int \mathrm{d}^3 x f_{\boldsymbol{k}}^{\dagger}(x)\overleftrightarrow{\partial}^0\phi(x),\tag{4.4.6}$$

$$a^{\dagger}(\boldsymbol{k})=\mathrm{i}\int \mathrm{d}^3 x \phi(x)\overleftrightarrow{\partial}^0 f_{\boldsymbol{k}}(x).\tag{4.4.7}$$

从 (4.4.3) 式知 $\phi(x)$ 可分为正频率部分 $\phi^{(+)}(x)$ 和负频率部分 $\phi^{(-)}(x)$ 之和:

$$\phi^{(+)}(x)=\frac{1}{(2\pi)^3}\int \frac{\mathrm{d}^3 k}{2\omega_{\boldsymbol{k}}}a(\boldsymbol{k})f_{\boldsymbol{k}}(x),\tag{4.4.8}$$

$$\phi^{(-)}(x)=\frac{1}{(2\pi)^3}\int \frac{\mathrm{d}^3 k}{2\omega_{\boldsymbol{k}}}a^{\dagger}(\boldsymbol{k})f_{\boldsymbol{k}}^{\dagger}(x).\tag{4.4.9}$$

由 $f_{\boldsymbol{k}}(x)$ 可以定义标量场的 Green 函数:

$$\begin{aligned}\Delta^{(+)}(x-x') &= \frac{1}{(2\pi)^3}\int \frac{\mathrm{d}^3 k}{2\omega_{\boldsymbol{k}}} f_{\boldsymbol{k}}^{\dagger}(x')f_{\boldsymbol{k}}(x)\\ &= \frac{1}{(2\pi)^3}\int \frac{\mathrm{d}^3 k}{2\omega_{\boldsymbol{k}}}\mathrm{e}^{-\mathrm{i}\boldsymbol{k}\cdot(\boldsymbol{x}-\boldsymbol{x}')}\\ &= \frac{1}{(2\pi)^3}\int \mathrm{d}^4 k\theta(k^0)\delta(k^2-m^2)\mathrm{e}^{-\mathrm{i}k\cdot(x-x')},\end{aligned}\tag{4.4.10}$$

$$\begin{aligned}\Delta^{(-)}(x-x') &= \frac{1}{(2\pi)^3}\int \frac{\mathrm{d}^3 k}{2\omega_{\boldsymbol{k}}} f_{\boldsymbol{k}}(x')f_{\boldsymbol{k}}^{\dagger}(x)\\ &= \frac{1}{(2\pi)^3}\int \frac{\mathrm{d}^3 k}{2\omega_{\boldsymbol{k}}}\mathrm{e}^{\mathrm{i}\boldsymbol{k}\cdot(\boldsymbol{x}-\boldsymbol{x}')}\\ &= \frac{1}{(2\pi)^3}\int \mathrm{d}^4 k\theta(-k^0)\delta(k^2-m^2)\mathrm{e}^{\mathrm{i}k\cdot(x-x')},\end{aligned}\tag{4.4.11}$$

$$\begin{aligned}\Delta(x-x') &= -\mathrm{i}(\Delta^{(+)}(x-x')-\Delta^{(-)}(x-x'))\\ &= \frac{-\mathrm{i}}{(2\pi)^3}\int \frac{\mathrm{d}^3 k}{2\omega_{\boldsymbol{k}}}(\mathrm{e}^{-\mathrm{i}\omega_{\boldsymbol{k}}(t-t')}-\mathrm{e}^{\mathrm{i}\omega_{\boldsymbol{k}}(t-t')})\mathrm{e}^{\mathrm{i}\boldsymbol{k}\cdot(\boldsymbol{x}-\boldsymbol{x}')}\\ &= \frac{1}{(2\pi)^3}\int \mathrm{d}^3 k\frac{\sin(\omega_{\boldsymbol{k}}(t-t'))}{2\omega_{\boldsymbol{k}}}\mathrm{e}^{\mathrm{i}\boldsymbol{k}\cdot(\boldsymbol{x}-\boldsymbol{x}')}.\end{aligned}\tag{4.4.12}$$

定义 (4.4.12) 正是 (4.2.35) 式中由对易关系 $[\phi(x),\phi(y)]$ 得到的传播函数, 容易证明有下述性质:

(1)

$$\Delta^{(+)}(x) = \Delta^{(-)}(-x); \tag{4.4.13}$$

(2)

$$(m^2 + \Box)\Delta(x) = 0, \quad (m^2 + \Box)\Delta^{(\pm)}(x) = 0; \tag{4.4.14}$$

(3)

$$\Delta(x)|_{x^0=0} = 0, \tag{4.4.15}$$

$$\Delta(x) = 0, x^2 < 0, \text{即类空间隔}; \tag{4.4.16}$$

(4)

$$\left[\frac{\partial}{\partial x_0}\Delta(x)\right]_{x^0=0} = -\delta^3(\boldsymbol{x}); \tag{4.4.17}$$

(5)

$$\left[\frac{\partial}{\partial x_i}\Delta(x)\right]_{x^0=0} = 0 \ (i = 1, 2, 3); \tag{4.4.18}$$

(6)

$$\left[\frac{\partial}{\partial x_i}\Delta(x)\right]_{\boldsymbol{x}=\boldsymbol{0}} = 0 \ (i = 1, 2, 3); \tag{4.4.19}$$

(7)

$$\Delta(\boldsymbol{x}, x^0) = \Delta(-\boldsymbol{x}, x^0); \tag{4.4.20}$$

(8)

$$\Delta(\boldsymbol{x}, x^0) = -\Delta(\boldsymbol{x}, -x^0); \tag{4.4.21}$$

(9)

$$\Delta(\boldsymbol{x}, x^0) = -\Delta(-\boldsymbol{x}, -x^0). \tag{4.4.22}$$

由 $\Delta(x)$ 可以定义标量场的推迟和超前 Green 函数 $\Delta_{\mathrm{R}}(x), \Delta_{\mathrm{A}}(x)$:

$$\Delta_{\mathrm{R}}(x) = -\frac{1}{2}(1 + \epsilon(x^0))\Delta(x) = -\theta(x^0)\Delta(x), \tag{4.4.23}$$

$$\Delta_{\mathrm{A}}(x) = -\frac{1}{2}(1 - \epsilon(x^0))\Delta(x) = \theta(-x^0)\Delta(x). \tag{4.4.24}$$

注意到 $\dfrac{\mathrm{d}\theta(\pm x^0)}{\mathrm{d}x^0} = \pm\delta(x^0)$, 可以证明推迟与超前 Green 函数满足

$$
\begin{aligned}
(m^2 + \Box)\Delta_{\mathrm{R}}(x) &= \delta^4(x), \\
(m^2 + \Box)\Delta_{\mathrm{A}}(x) &= \delta^4(x).
\end{aligned}
\tag{4.4.25}
$$

这两个 Green 函数相减给出 $\Delta(x)$:

$$\Delta_{\mathrm{R}}(x) - \Delta_{\mathrm{A}}(x) = \Delta(x). \tag{4.4.26}$$

由 $\Delta(x)$ 定义 (4.4.12) 可以将 $\Delta(x)$ 表达式写为回路积分:

$$\Delta(x) = \frac{1}{(2\pi)^4}\int_C \mathrm{d}^4k \frac{\mathrm{e}^{-\mathrm{i}k\cdot x}}{m^2 - k^2}, \tag{4.4.27}$$

其中积分回路 C 如图 4.4.1 所示, 回路在复 k^0 平面实轴上有两个极点 $\pm\omega_{\boldsymbol{k}}$. 做回路积分并应用留数定理可以从 (4.4.27) 式得到 (4.4.12) 式右边的第二式. 类似地由定义 (4.4.23) 和 (4.4.24) 式可以将 $\Delta_{\mathrm{R}}(x), \Delta_{\mathrm{A}}(x)$ 改写为回路积分表达式:

$$\Delta_{\mathrm{R}}(x) = \frac{1}{(2\pi)^4}\int_{C_{\mathrm{R}}} \mathrm{d}^4k \frac{\mathrm{e}^{-\mathrm{i}k\cdot x}}{m^2 - k^2}, \tag{4.4.28}$$

$$\Delta_{\mathrm{A}}(x) = \frac{1}{(2\pi)^4}\int_{C_{\mathrm{A}}} \mathrm{d}^4k \frac{\mathrm{e}^{-\mathrm{i}k\cdot x}}{m^2 - k^2}, \tag{4.4.29}$$

其中积分回路 C_{R} 和 C_{A} 分别标示在图 4.4.2 中, 在复 k^0 平面实轴上有两个极点 $\pm\omega_{\boldsymbol{k}}$. 当 $t > 0$ 时, 回路 C_{R} 从 $-\infty$ 到 ∞ 绕下半平面一圈, 当 $t < 0$ 时, 回路 C_{A} 从 $-\infty$ 到 $+\infty$ 绕上半平面一圈. 应用留数定理就可以从 (4.4.28) 和 (4.4.29) 式分别得到 (4.4.23) 和 (4.4.24) 式.

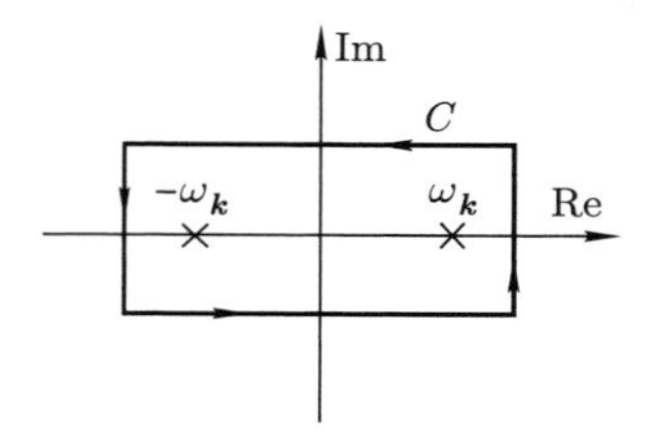

图 4.4.1　复 k^0 平面积分回路 C (按箭头指示方向)

最后, 定义两个复标量场算符的 Dyson 编时乘积 (或称 T 乘积):

$$T[\phi(x')\phi^\dagger(x)] = \theta(t' - t)\phi(x')\phi^\dagger(x) + \theta(t - t')\phi^\dagger(x)\phi(x'). \tag{4.4.30}$$

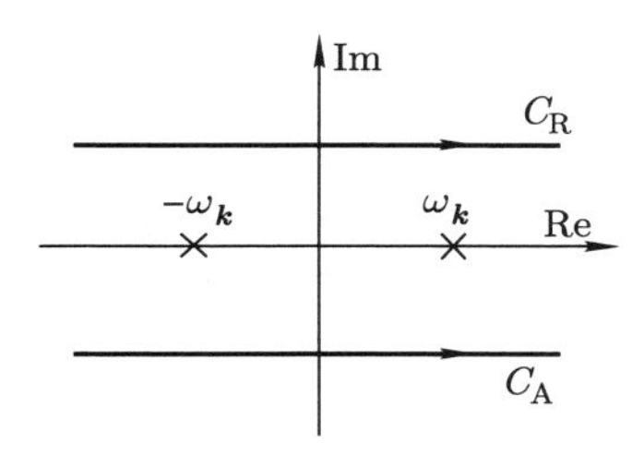

图 4.4.2 复 k^0 平面积分回路 C_{R} 和 C_{A}

在 T 乘积下, 时间早的算符处在时间晚的算符的右边. 注意对于 $t=t'$, $\phi(x')$ 和 $\phi^\dagger(x)$ 的次序不会出现问题, 因为由 (4.3.10), 有

$$[\phi(x'),\phi^\dagger(x)]|_{t'=t}=\mathrm{i}\Delta(\boldsymbol{x}'-\boldsymbol{x},0)=0,$$

二者是对易的. 从定义 (4.4.30) 可见, 玻色算符在 T 运算下是可对易的, 即

$$T[\phi(x')\phi^\dagger(x)]=T[\phi^\dagger(x)\phi(x')]. \tag{4.4.31}$$

现在将算符 $(\Box_{x'}+m^2=\dfrac{\partial^2}{\partial t'^2}-\nabla^2_{x'}+m^2)$ 作用于 (4.4.30) 式的两边. 注意到

$$\frac{\partial}{\partial t'}\theta(t'-t)=\delta(t'-t),$$

$$\frac{\partial}{\partial t'}T[\phi(x')\phi^\dagger(x)]=\delta(t'-t)[\phi(x'),\phi^\dagger(x)]+T[\frac{\partial}{\partial t'}\phi(x')\phi^\dagger(x)],$$

由 (4.4.15) 式, 上式第一项等于

$$\delta(t'-t)\mathrm{i}\Delta(\boldsymbol{x}'-\boldsymbol{x},0)=0,$$

于是

$$\begin{aligned}\frac{\partial^2}{\partial t'^2}T[\phi(x')\phi^\dagger(x)]&=\frac{\partial}{\partial t'}T[\frac{\partial}{\partial t'}\phi(x')\phi^\dagger(x)]\\&=\delta(t'-t)\left[\frac{\partial\phi(x')}{\partial t'},\phi^\dagger(x)\right]+T[\frac{\partial^2}{\partial t'^2}\phi(x')\phi^\dagger(x)].\end{aligned}$$

由 (4.4.17) 式, 上式第一项等于

$$\delta(t'-t)\frac{\partial}{\partial t'}\mathrm{i}\Delta(x'-x)=\delta(t'-t)(-\mathrm{i})\delta^3(\boldsymbol{x}'-\boldsymbol{x})=-\mathrm{i}\delta^4(x'-x),$$

从而

$$\frac{\partial^2}{\partial t'^2}T[\phi(x')\phi^\dagger(x)]=-\mathrm{i}\delta^4(x'-x)+T[\frac{\partial^2}{\partial t'^2}\phi(x')\phi^\dagger(x)].$$

因此

$$
\begin{aligned}
(\square_{x'}+m^2)T[\phi(x')\phi^\dagger(x)] &= \left(\frac{\partial^2}{\partial t'^2}-\nabla_{x'}^2+m^2\right)T[\phi(x')\phi^\dagger(x)] \\
&= -\mathrm{i}\delta^4(x'-x)+T[\left(\frac{\partial^2}{\partial t'^2}-\nabla_{x'}^2+m^2\right)]\phi(x')\phi^\dagger(x) \\
&= -\mathrm{i}\delta^4(x'-x)+T[(\square_{x'}+m^2)\phi(x')\phi^\dagger(x)].
\end{aligned}
$$

上式第二项由于 $\phi(x')$ 满足 Klein-Gordon 方程而为 0, 因此我们得到

$$
(\square_{x'}+m^2)\mathrm{i}T[\phi(x')\phi^\dagger(x)] = \delta^4(x'-x). \tag{4.4.32}
$$

将 (4.4.32) 式两边对真空态求平均值, 则有

$$
(\square_{x'}+m^2)\mathrm{i}\langle 0|T[\phi(x')\phi^\dagger(x)]|0\rangle = \delta^4(x'-x).
$$

定义 Feynman 传播函数

$$
\Delta_{\mathrm{F}}(x'-x) = -\mathrm{i}\langle 0|T[\phi(x')\phi^\dagger(x)]|0\rangle. \tag{4.4.33}
$$

它是 Klein-Gordon 算子 $(\square_{x'}+m^2)$ 的 Green 函数, 满足

$$
(\square_{x'}+m^2)\Delta_{\mathrm{F}}(x'-x) = -\delta^4(x'-x). \tag{4.4.34}
$$

事实上, 可以显式地求出(4.4.33) 式的表达式:

$$
\Delta_{\mathrm{F}}(x'-x) = -\mathrm{i}\theta(t'-t)\langle 0|\phi(x')\phi^\dagger(x)|0\rangle - \mathrm{i}\theta(t-t')\langle 0|\phi^\dagger(x)\phi(x')|0\rangle. \tag{4.4.35}
$$

利用 $\phi, \phi^\dagger$ 的平面波展开式可得

$$
\begin{aligned}
\langle 0|\phi(x')\phi^\dagger(x)|0\rangle &= \int \widetilde{\mathrm{d}}k\mathrm{e}^{-\mathrm{i}k\cdot(x'-x)}, \\
\langle 0|\phi^\dagger(x)\phi(x')|0\rangle &= \int \widetilde{\mathrm{d}}k\mathrm{e}^{\mathrm{i}k\cdot(x'-x)}.
\end{aligned}
$$

于是

$$
\begin{aligned}
\Delta_{\mathrm{F}}(x'-x) &= -\mathrm{i}\int \widetilde{\mathrm{d}}k[\theta(t'-t)\mathrm{e}^{-\mathrm{i}k\cdot(x'-x)}+\theta(t-t')\mathrm{e}^{\mathrm{i}k\cdot(x'-x)}] && (4.4.36) \\
&= \int_{C_{\mathrm{F}}} \frac{\mathrm{d}^4k}{(2\pi)^4}\frac{\mathrm{e}^{-\mathrm{i}k\cdot(x'-x)}}{k^2-m^2} && (4.4.37) \\
&= \int \frac{\mathrm{d}^4k}{(2\pi)^4}\frac{\mathrm{e}^{-\mathrm{i}k\cdot(x'-x)}}{k^2-m^2+\mathrm{i}\epsilon}, && (4.4.38)
\end{aligned}
$$

其中回路 C_{F} 见图 4.4.3. 在复 k^0 平面实轴上有两个极点 $\pm\omega_{\boldsymbol{k}}$, 回路 C_{F} 沿实轴从 $-\infty$ 下半平面绕过实轴 $-\omega_{\boldsymbol{k}}$ 这一点, 再由上半平面绕过 $+\omega_{\boldsymbol{k}}$ 这一点, 再沿实轴到 $+\infty$. 显然当 $t>0$ 时, 回路从 $+\infty$ 绕下半平面一圈只有极点 $k^0=+\omega_{\boldsymbol{k}}$ 有贡献, 当 $t<0$ 时, 回路从 $+\infty$ 绕上半平面一圈只有极点 $k^0=-\omega_{\boldsymbol{k}}$ 有贡献. 应用留数定理就可以从 (4.4.37) 式得到 (4.4.36) 式. 我们也可以引入 ϵ 小量, 写成 (4.4.38) 式形式 (分母中的 ϵ 是一无穷小的正实数), 这时回路 C_{F} 就改变为从 $-\infty$ 沿实轴到 $+\infty$ 的一条直线, 两个极点分别为 $k^0=-\omega_{\boldsymbol{k}}+\mathrm{i}\epsilon$ 和 $k^0=+\omega_{\boldsymbol{k}}-\mathrm{i}\epsilon$, 当 $t>0$ 时, 回路从 $+\infty$ 绕下半平面一圈只有极点 $k^0=+\omega_{\boldsymbol{k}}-\mathrm{i}\epsilon$ 有贡献, 当 $t<0$ 时, 回路从 $+\infty$ 绕上半平面一圈只有极点 $k^0=-\omega_{\boldsymbol{k}}+\mathrm{i}\epsilon$ 有贡献. $\Delta_{\mathrm{F}}(x'-x)$ 称为 Feynman 传播子, 它在以后讨论 S 矩阵元 Feynman 规则时描写了玻色子的传播. 由 (4.4.37) 式可得

$$\Delta_{\mathrm{F}}(x'-x)=\Delta_{\mathrm{F}}(x-x'), \tag{4.4.39}$$

即它是宗量的偶函数. 从 (4.4.37) 式可见, $\Delta_{\mathrm{F}}(x'-x)$ 是平移不变和 Lorentz 不变的, 在空间反射和时间反演下也是不变的, 因此 $\Delta_{\mathrm{F}}(x'-x)$ 是 Poincaré 不变的.

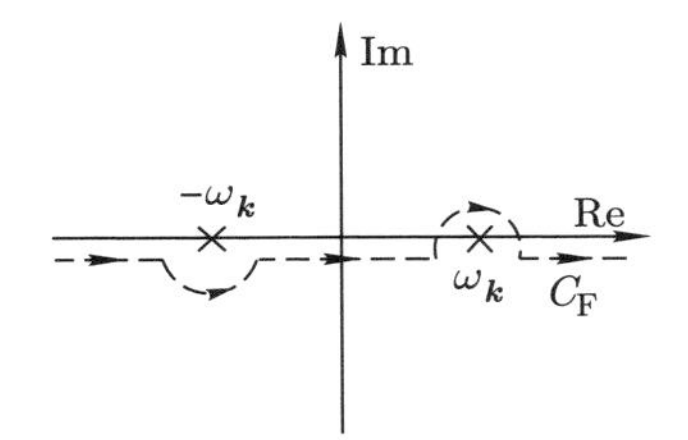

图 4.4.3 复 k^0 平面积分回路 C_{F}

§4.5 量子力学中的路径积分量子化

路径积分量子化方法首先是由 Feynman 在量子力学体系中建立的, 这一方法将概率幅表达为路径积分的形式. 本节将简单回顾路径积分的量子力学表示形式. 以坐标空间中的含时演化为例:

$$G(q',t',q,t)=\langle q'|\mathrm{e}^{-\mathrm{i}H(t'-t)}|q\rangle, \tag{4.5.1}$$

其中 H 是系统的哈密顿量, 假定 $t'>t$.

为了计算含时演化振幅, 可将时间离散化, 即将整个时间积分拆分成 n 小段, 令 $\epsilon=(t'-t)/n$. 在每个分隔之间插入坐标空间完备基, 有

$$\begin{aligned}G(q',t',q,t)=&\int \mathrm{d}q_1\cdots\mathrm{d}q_{n-1}\langle q'|\mathrm{e}^{-\mathrm{i}H\epsilon}|q_{n-1}\rangle\langle q_{n-1}|\mathrm{e}^{-\mathrm{i}H\epsilon}|q_{n-2}\rangle\\&\times\cdots\times\langle q_1|\mathrm{e}^{-\mathrm{i}H\epsilon}|q\rangle.\end{aligned} \tag{4.5.2}$$

约定 $q_0 = q$, $q_n = q'$. 对于每一个无穷小段, 我们可以将指数算符进行展开, 得到

$$\langle q_{j+1}|\mathrm{e}^{-\mathrm{i}H\epsilon}|q_j\rangle = \langle q_{j+1}|1 - \mathrm{i}H\epsilon|q_j\rangle + O(\epsilon^2). \tag{4.5.3}$$

一般来讲, 哈密顿量都是坐标和动量的函数, 即 $H = H(p,q) = p^2/(2m) + V(p,q)$, 此时, 我们可以引入动量空间的完备基, 得到

$$\begin{aligned}\langle q_{j+1}|H(p,q)|q_j\rangle &= \langle q_{j+1}|\frac{p^2}{2m} + V(p,q)|q_j\rangle \\ &= \int \frac{\mathrm{d}p}{2\pi}\langle q_{j+1}|p\rangle\langle p|\frac{p^2}{2m}|q_j\rangle + \int \frac{\mathrm{d}p}{2\pi}\mathrm{e}^{\mathrm{i}p(q_{j+1}-q_j)}V\left(p, \frac{q_j+q_{j+1}}{2}\right) \\ &= \int \frac{\mathrm{d}p}{2\pi}\mathrm{e}^{\mathrm{i}p(q_{j+1}-q_j)}\left[\frac{p^2}{2m} + V\left(p, \frac{q_j+q_{j+1}}{2}\right)\right],\end{aligned} \tag{4.5.4}$$

其中使用了 $\langle q_{j+1}|p\rangle = \mathrm{e}^{\mathrm{i}pq_{j+1}}$. 因此可以得到

$$\begin{aligned}\langle q_{j+1}|H(p,q)|q_j\rangle &\approx \int \frac{\mathrm{d}p}{2\pi}\mathrm{e}^{\mathrm{i}p(q_{j+1}-q_j)}\left\{1 - \mathrm{i}\epsilon\left[\frac{p^2}{2m} + V\left(p, \frac{q_j+q_{j+1}}{2}\right)\right]\right\} \\ &\approx \int \frac{\mathrm{d}p}{2\pi}\mathrm{e}^{\mathrm{i}p(q_{j+1}-q_j)}\mathrm{e}^{-\mathrm{i}\epsilon H(p,(q_{j+1}+q_j)/2)}.\end{aligned} \tag{4.5.5}$$

将其代入演化振幅中, 可以得到

$$\begin{aligned}G(q',t',q,t) &= \int \frac{\mathrm{d}p_1}{2\pi}\cdots\frac{\mathrm{d}p_n}{2\pi}\int \mathrm{d}q_1\cdots\mathrm{d}q_{n-1} \\ &\quad \times\exp\left\{\mathrm{i}\sum_{i=1}^{n}\left[p_i(q_i - q_{i-1}) - \epsilon H\left(p_i, \frac{q_i+q_{i+1}}{2}\right)\right]\right\} \\ &\equiv \int\left[\frac{\mathrm{d}p\mathrm{d}q}{2\pi}\right]\exp\left\{\mathrm{i}\int_t^{t'}\mathrm{d}t[p\dot{q} - H(p,q)]\right\}.\end{aligned} \tag{4.5.6}$$

另外, 注意到 Gauss 积分

$$\int \frac{\mathrm{d}p_i}{2\pi}\exp\left[\frac{-\mathrm{i}\epsilon}{2m}p_i^2 + \mathrm{i}p_i(q_i - q_{i-1})\right] = \left(\frac{m}{2\pi\mathrm{i}\epsilon}\right)^{1/2}\exp\left[\frac{\mathrm{i}m(q_i - q_{i-1})^2}{2\epsilon}\right], \tag{4.5.7}$$

我们可以得到传播函数的表示形式:

$$G(q',t',q,t) = N\int[\mathrm{d}q]\exp\left\{\mathrm{i}\int_t^{t'}\mathrm{d}tL(q,\dot{q})\right\}, \tag{4.5.8}$$

其中 N 是归一化常数, 拉氏量的定义为

$$L = \frac{m}{2}\dot{q}^2 - V(q). \tag{4.5.9}$$

除了跃迁演化振幅, 我们很多时候更关注算符矩阵元, 如两点关联函数

$$\langle q't'|T[\hat{q}(t_1)\hat{q}(t_2)]|qt\rangle, \tag{4.5.10}$$

其中 $\hat{q}(t)$ 是 Heisenberg 空间的坐标算符, T 表示编时乘积. 假定 $t' > t_1 > t_2 > t$ 并利用含时演化, 两点关联函数可以表示为

$$\begin{aligned}\langle q't'|T[\hat{q}(t_1)\hat{q}(t_2)]|qt\rangle &= \langle q'|\mathrm{e}^{-\mathrm{i}H(t'-t_1)}\hat{q}\mathrm{e}^{-\mathrm{i}H(t_1-t_2)}\hat{q}\mathrm{e}^{-\mathrm{i}H(t_2-t)}|q\rangle \\ &= \int \mathrm{d}q_1\mathrm{d}q_2 q(t_1)q(t_2)\langle q'|\mathrm{e}^{-\mathrm{i}H(t'-t_1)}|q_1\rangle \\ &\quad \times\langle q_1|\mathrm{e}^{-\mathrm{i}H(t_1-t_2)}|q_2\rangle\langle q_2|\mathrm{e}^{-\mathrm{i}H(t_2-t)}|q\rangle.\end{aligned} \tag{4.5.11}$$

代入传播函数的结果可以给出关联函数在路径积分下的表示:

$$\begin{aligned}\langle q't'|T[\hat{q}(t_1)\hat{q}(t_2)]|qt\rangle &= \int \left[\frac{\mathrm{d}p\mathrm{d}q}{2\pi}\right] q(t_1)q(t_2)\exp\left\{\mathrm{i}\int_t^{t'} \mathrm{d}t[p\cdot\dot{q} - H(p,q)]\right\} \\ &= N\int [\mathrm{d}q]\, q(t_1)q(t_2)\exp\left\{\mathrm{i}\int_t^{t'} \mathrm{d}tL(q,\dot{q})\right\}.\end{aligned} \tag{4.5.12}$$

如果引入生成泛函

$$Z[J] = N\int [\mathrm{d}q]\exp\left\{\mathrm{i}\int_t^{t'} \mathrm{d}t[L(q,\dot{q}) + J(t)q]\right\}, \tag{4.5.13}$$

其中 J 是外源项, 可以证明上述两点关联函数可表示为

$$\langle q't'|T[\hat{q}(t_1)\hat{q}(t_2)]|qt\rangle = \left\{\frac{\delta}{\mathrm{i}\delta J(t_1)}\right\}\left\{\frac{\delta}{\mathrm{i}\delta J(t_2)}\right\} Z[J]|_{J=0}. \tag{4.5.14}$$

§4.6　标量场路径积分量子化

这一节将量子力学中的路径积分量子化直接推广到量子场论中. 为了简便起见, 先以一个分量的实标量场体系为例. 考虑中性标量粒子, 即质量为 m 的场量 $\phi(x)$, 其自由场拉氏密度

$$\mathcal{L} = \frac{1}{2}\partial^\mu\phi\partial_\mu\phi - \frac{1}{2}m^2\phi^2,$$

系统的作用量

$$S = \int \mathrm{d}^4x\mathcal{L}\left(\phi(x), \partial_\mu\phi(x)\right).$$

Schwinger 最早引入了外源方法和对外源 J 进行泛函微商的概念:

$$\begin{aligned}&\frac{\delta J(x)}{\delta J(y)}=\lim_{\epsilon\to0}\frac{(J(x)+\epsilon\delta^4(x-y))-J(x)}{\epsilon}=\delta^4(x-y),\\&\frac{\delta}{\delta J(y)}\int \mathrm{d}^4xJ(x)\phi(x)=\phi(y).\end{aligned}\tag{4.6.1}$$

这是普通变量向连续函数的直接推广. 应用到中性标量场系统中, 可引入外源 J, 定义自由场拉氏密度生成泛函

$$Z(J)=\int[\mathrm{d}\phi]\exp\left\{\mathrm{i}\int \mathrm{d}^4x(\mathcal{L}+\phi J)\right\}.\tag{4.6.2}$$

当 $J=0$ 时 $Z(0)$ 是作用量 S 的泛函积分,

$$Z(0)=\int[\mathrm{d}\phi]\exp\left\{\mathrm{i}\int \mathrm{d}^4x\mathcal{L}\right\}=\int[\mathrm{d}\phi]\exp\{\mathrm{i}S\}.\tag{4.6.3}$$

一般生成泛函 $Z(J)$ 是外源 $J(x)$ 的函数. 按照泛函微商定义 (4.6.1) 式, 则有

$$\frac{\delta Z(J(x))}{\delta J(y)}=\lim_{\epsilon\to0}\frac{Z(J(x)+\epsilon\delta^4(x-y))-Z(J(x))}{\epsilon}.\tag{4.6.4}$$

将 (4.6.2) 式代入 (4.6.4) 式, 对于实标量场系统有

$$\frac{\delta Z(J(x))}{\delta J(y)}=\mathrm{i}\int[\mathrm{d}\phi]\phi(y)\exp\left\{\mathrm{i}\int \mathrm{d}^4x(\mathcal{L}+\phi J)\right\},\tag{4.6.5}$$

由此容易得到

$$\frac{\delta^n Z(J(x))}{\delta J(x_1)\cdots\delta J(x_n)}=\mathrm{i}^n\int[\mathrm{d}\phi]\phi(x_1)\cdots\phi(x_n)\exp\left\{\mathrm{i}\int \mathrm{d}^4x(\mathcal{L}+\phi J)\right\}.\tag{4.6.6}$$

由 (4.6.6) 式定义的生成泛函的泛函微商对应的物理量是什么? 下面将证明, 路径积分量子化后, (4.6.6) 式右边正是相应场算符 $\phi(x_1),\cdots,\phi(x_n)$ 的编时乘积的真空平均值, 即相应的 n 点 Green 函数.

类似于§4.2 的方法, 首先将连续变量时间和空间分立化, 在有限体积 V 中将空间分割成 N 个小正方格, 体积为 ϵ, $V=N\epsilon$, 然后固定 V, 取 $\epsilon\to0$ 和 $N\to\infty$ 极限, 再取 $V\to\infty$ 就回到连续空间极限. 场 $\phi(x)$ 定义在这些分立的小格子 ϵ 上, 在初始时刻 t_{i}. 进一步再使时间 t 分成 M 个时间间隔, 每一间隔为 δ, 形成分立时间系列 $\{t_m\}$, $m=0,1,2,\cdots,M, t_{\mathrm{i}}=t_0, t_1=t_0+\delta, t_2=t_1+\delta,\cdots,t_{\mathrm{f}}=t_M=t_0+M\delta$. 当 $\delta\to0$ 时, 时间趋于连续极限.

设物理系统 t_{i} 时刻的初态为 $|\phi_{\mathrm{i}},t_{\mathrm{i}}\rangle, t_{\mathrm{f}}$ 时刻的末态为 $|\phi_{\mathrm{f}},t_{\mathrm{f}}\rangle$, 由量子力学知跃迁概率

$$P\propto|\langle\phi_{\mathrm{f}},t_{\mathrm{f}}|\phi_{\mathrm{i}},t_{\mathrm{i}}\rangle|^2.$$

现在计算从初态 $t_{\mathrm{i}},\phi_{\mathrm{i}}$ 到末态 $t_{\mathrm{f}},\phi_{\mathrm{f}}$ 的跃迁矩阵元

$$\langle\phi_{\mathrm{f}},t_{\mathrm{f}}|\phi_{\mathrm{i}},t_{\mathrm{i}}\rangle=\langle\phi_{\mathrm{f}}\left|U\left(t_{\mathrm{f}},t_{\mathrm{i}}\right)\right|\phi_{\mathrm{i}}\rangle, \tag{4.6.7}$$

其中 $U(t_{\mathrm{f}},t_{\mathrm{i}})=\exp(-\mathrm{i}H(t_{\mathrm{f}}-t_{\mathrm{i}}))$. 当时间分成小间隔时, U 矩阵就是一系列小间隔 U 矩阵 $\exp(-\mathrm{i}H\delta)$ 的乘积. 在固定的某一时间间隔 t_m 内, 空间 j 个小方格上状态为 ϕ_j^m, $\phi_j^m=\phi(t_m,x_j)$, 存在完备性条件

$$\int\mathrm{d}\phi_j^m\left|\phi_j^m,t_m\right\rangle\left\langle\phi_j^m,t_m\right|=1. \tag{4.6.8}$$

这样, 上述从初态到末态的跃迁矩阵元可以表达为

$$\begin{aligned}\langle\phi_{\mathrm{f}},t_{\mathrm{f}}|\phi_{\mathrm{i}},t_{\mathrm{i}}\rangle&=\lim_{N\to\infty}\langle\phi_{\mathrm{f}1},\phi_{\mathrm{f}2},\cdots,\phi_{\mathrm{f}N},t_{\mathrm{f}}|\phi_{\mathrm{i}1},\phi_{\mathrm{i}2},\cdots,\phi_{\mathrm{i}N},t_{\mathrm{i}}\rangle\\&=\lim_{N,M\to\infty}\int\prod_{j=1}^{N}\mathrm{d}\phi_j^{M-1}\cdots\mathrm{d}\phi_j^1\left\langle\phi_{\mathrm{f}j},t_{\mathrm{f}}|\phi_j^{M-1},t_{M-1}\right\rangle\\&\quad\times\left\langle\phi_j^{M-1},t_{M-1}|\phi_j^{M-2},t_{M-2}\right\rangle\cdots\left\langle\phi_j^1,t_1|\phi_{\mathrm{i}j},t_{\mathrm{i}}\right\rangle,\end{aligned} \tag{4.6.9}$$

其中极限的意义是取空间和时间的连续极限. 在获得 (4.6.9) 式时已对每个时刻用了 (4.6.8) 式. 现在的问题是计算 (4.6.9) 式中每一个小时间间隔 δ 内的

$$\left\langle\phi_j^{m+1},t_{m+1}|\phi_j^m,t_m\right\rangle=\left\langle\phi_j^{m+1}|\exp(-\mathrm{i}H\delta)|\phi_j^m\right\rangle. \tag{4.6.10}$$

注意到连续场论中哈密顿量

$$H=\int\mathrm{d}^3x\mathcal{H}, \tag{4.6.11}$$

有

$$L=\int\mathrm{d}^3x\mathcal{L}(x)=\sum_j\epsilon\mathcal{L}_j, \tag{4.6.12}$$

$$H=\int\mathrm{d}^3x\mathcal{H}(x)=\sum_j\epsilon\mathcal{H}_j, \tag{4.6.13}$$

对于每一个小方格 ϵ, 相应于 ϕ_j 的正则动量为

$$p_j=\frac{\partial L}{\partial\dot{\phi}_j}=\epsilon\dot{\phi}_j=\epsilon\pi_j. \tag{4.6.14}$$

(4.6.12) 式中的 $\mathcal{L}_j$ 是 ϕ_j, $\dot{\phi}_j$ 和 ϕ_{j+1} 的函数, 相应地 (4.6.13) 式中的 $\mathcal{H}_j$ 是 ϕ_j, π_j 和 ϕ_{j+1} 的函数. $\mathcal{H}_j$ 之所以依赖于最邻近方格点, 是由于分立化以后微分变差分的

缘故. 这样在一个小时间间隔 δ 内, 跃迁矩阵元 (4.6.10) 可以表达为

$$\begin{aligned}\langle\phi_j^{m+1},t_{m+1}|\phi_j^m,t_m\rangle&=\langle\phi_j^{m+1},t_m|\exp(-\mathrm{i}H\delta)|\phi_j^m,t_m\rangle\\&=\int\frac{\epsilon\mathrm{d}\pi_j^m}{2\pi}\exp\left[\mathrm{i}\epsilon\pi_j^m\left(\phi_j^{m+1}-\phi_j^m\right)-\mathrm{i}\epsilon\delta\mathcal{H}_j^m\right]\\&=\int\frac{\epsilon\mathrm{d}\pi_j^m}{2\pi}\exp\left[\mathrm{i}\epsilon\delta\left(\pi_j^m\frac{\left(\phi_j^{m+1}-\phi_j^m\right)}{\delta}-\mathcal{H}_j^m\right)\right],\end{aligned}\tag{4.6.15}$$

其中插入了完备集 $\int\mathrm{d}p_j^m|p_j^m\rangle\langle p_j^m|$, $|p_j^m\rangle$ 是动量算符本征态, 而 $\mathcal{H}_j^m=\langle p_j^m|\mathcal{H}_j|p_j^m\rangle$ 是动量表象中的哈密顿量密度. 将 (4.6.9) 式中每一个时间间隔的跃迁矩阵元都按 (4.6.15) 式表示插入, 就可将它写成

$$\begin{aligned}\langle\phi_\mathrm{f},t_\mathrm{f}|\phi_\mathrm{i},t_\mathrm{i}\rangle=&\lim_{N,M\to\infty}\int\prod_{j=1}^{N}\left(\prod_{m=1}^{M}\mathrm{d}\phi_j^m\prod_{m=0}^{M}\frac{\epsilon\mathrm{d}\pi_j^m}{2\pi}\right)\\&\times\exp\left[\mathrm{i}\sum_{m=0}^{M}\delta\sum_{j=1}^{N}\epsilon\left(\pi_j^m\frac{\phi_j^{m+1}-\phi_j^m}{\delta}-\mathcal{H}_j^m\right)\right],\end{aligned}\tag{4.6.16}$$

同样这里是对时间和空间都取极限. (4.6.16) 式可以写成泛函积分形式:

$$\langle\phi_\mathrm{f},t_\mathrm{f}|\phi_\mathrm{i},t_\mathrm{i}\rangle=\int[\mathrm{d}\phi]\left[\frac{\epsilon\mathrm{d}\pi}{2\pi}\right]\exp\left\{\mathrm{i}\int_{t_\mathrm{i}}^{t_\mathrm{f}}\mathrm{d}t\int\mathrm{d}^3x[\pi(x)\dot\phi(x)-\mathcal{H}(x)]\right\},\tag{4.6.17}$$

其中 $\int[\mathrm{d}\phi]\left[\frac{\epsilon\mathrm{d}\pi}{2\pi}\right]$ 写成了紧致的形式,

$$\int[\mathrm{d}\phi]\left[\frac{\epsilon\mathrm{d}\pi}{2\pi}\right]=\lim_{N,M\to\infty}\prod_{m=1}^{M}\mathrm{d}\phi_j^m\prod_{m=0}^{M}\frac{\epsilon\mathrm{d}\pi_j^m}{2\pi}.\tag{4.6.18}$$

注意到

$$\mathcal{H}(x)=\pi(x)\dot\phi(x)-\mathcal{L}(x)=\frac{1}{2}\pi^2+\frac{1}{2}(\nabla\phi)^2+\frac{1}{2}m^2\phi^2+V(\phi),\tag{4.6.19}$$

将 (4.6.19) 式代入 (4.6.17) 式并对 $\pi(x)$ 做 Gauss 积分, 就得到

$$\begin{aligned}\langle\phi_\mathrm{f},t_\mathrm{f}|\phi_\mathrm{i},t_\mathrm{i}\rangle&=C\int[\mathrm{d}\phi]\exp\left(\mathrm{i}\int_{t_\mathrm{i}}^{t_\mathrm{f}}\mathrm{d}t\int\mathrm{d}^3x\mathcal{L}(x)\right)\\&=C\int[\mathrm{d}\phi]\exp\left(\mathrm{i}\int_{t_\mathrm{i}}^{t_\mathrm{f}}\mathrm{d}tL(t)\right),\end{aligned}\tag{4.6.20}$$

上式中常数 C 可以由 Gauss 积分

$$\int_{-\infty}^{\infty}\mathrm{d}p\mathrm{e}^{\pm\mathrm{i}p^2}=\sqrt{\pm\mathrm{i}\pi}\tag{4.6.21}$$

完全确定, 但由于它在理论计算中不重要, 这里只用 C 替代. 当 $t_{\mathrm{i}} \to -\infty, t_{\mathrm{f}} \to \infty$ 时, 有

$$\langle \phi_{\mathrm{f}}, \infty | \phi_{\mathrm{i}}, -\infty \rangle = C \int [\mathrm{d}\phi] \exp(\mathrm{i}S). \tag{4.6.22}$$

(4.6.20) 或 (4.6.22) 式对于计算量子场论中任意 n 点 Green 函数是很重要的. 下面可以证明, 量子场论中任意 n 点 Green 函数 $G_n(x_1, x_2, \cdots, x_n)$ 可以借助 Gauss 积分表达为

$$\begin{aligned} G_n(x_1, x_2, \cdots, x_n) &= \langle 0 | T[\phi(x_1) \cdots \phi(x_n)] | 0 \rangle \\ &= \frac{\displaystyle\int [\mathrm{d}\phi] \phi(x_1) \cdots \phi(x_n) \exp(\mathrm{i}S)}{\displaystyle\int [\mathrm{d}\phi] \exp(\mathrm{i}S)}. \end{aligned} \tag{4.6.23}$$

为此首先计算跃迁矩阵元 $\langle \phi_{\mathrm{f}}, t_{\mathrm{f}} | \phi(x) | \phi_{\mathrm{i}}, t_{\mathrm{i}} \rangle$, 其中 $\phi(x)$ 中的 t 介于 t_{i} 和 t_{f} 之间. 当 $t = t_m$ 时利用 (4.6.9) 式的分解可以将它记为

$$\begin{aligned} &\langle \phi_{\mathrm{f}}, t_{\mathrm{f}} | \phi(x) | \phi_{\mathrm{i}}, t_{\mathrm{i}} \rangle \\ &= \lim \int \left(\prod_{j,m} \mathrm{d}\phi_j^m \right) \left\langle \phi_j, t_{\mathrm{f}} | \phi_j^M, t_M \right\rangle \cdots \left\langle \phi_j^{m+1}, t_{m+1} | \phi(x) | \phi_j^m, t_m \right\rangle \cdots \left\langle \phi_j^1, t_1 | \phi_{\mathrm{i}j}, t_{\mathrm{i}} \right\rangle. \end{aligned} \tag{4.6.24}$$

注意到 $\phi(x) | \phi_j^m, t_m \rangle = \phi_j^m | \phi_j^m, t_m \rangle$, 代入上式并重复推导 (4.6.20) 的步骤就可以得到

$$\langle \phi_{\mathrm{f}}, t_{\mathrm{f}} | \phi(x) | \phi_{\mathrm{i}}, t_{\mathrm{i}} \rangle = C \int [\mathrm{d}\phi] \phi(x) \exp\left(\mathrm{i} \int_{t_{\mathrm{i}}}^{t_{\mathrm{f}}} \mathrm{d}t L(t) \right). \tag{4.6.25}$$

类似的推导可以证明

$$\langle \phi_{\mathrm{f}}, t_{\mathrm{f}} | T[\phi(x_1) \phi(x_2)] | \phi_{\mathrm{i}}, t_{\mathrm{i}} \rangle = C \int [\mathrm{d}\phi] \phi(x_1) \phi(x_2) \exp\left(\mathrm{i} \int_{t_{\mathrm{i}}}^{t_{\mathrm{f}}} \mathrm{d}t L(t) \right), \tag{4.6.26}$$

其中编时乘积定义为

$$T[\phi(x_1) \phi(x_2)] = \theta(t_1 - t_2) \phi(x_1) \phi(x_2) + \theta(t_2 - t_1) \phi(x_2) \phi(x_1), \tag{4.6.27}$$

式中的 $\theta(t)$ 是阶梯函数. 进一步做类似的推导可以证明

$$\begin{aligned} &\langle \phi_{\mathrm{f}}, t_{\mathrm{f}} | T[\phi(x_1) \cdots \phi(x_n)] | \phi_{\mathrm{i}}, t_{\mathrm{i}} \rangle \\ &= C \int [\mathrm{d}\phi] \phi(x_1) \cdots \phi(x_n) \exp\left(\mathrm{i} \int_{t_{\mathrm{i}}}^{t_{\mathrm{f}}} \mathrm{d}t L(t) \right). \end{aligned} \tag{4.6.28}$$

以上的讨论是对于任意的初态 $|\phi_\mathrm{i}, t_\mathrm{i}\rangle$ 和末态 $|\phi_\mathrm{f}, t_\mathrm{f}\rangle$ 都成立的. 下面将讨论初态和末态都是基态, 即真空态 $|0\rangle$ 时, 如何从 (4.6.28) 式抽出真空平均值的表达式, 亦即证明 Green 函数满足 (4.6.23) 式. 在 (4.6.28) 式左边插入哈密顿量 H 的本征态 $|E_n\rangle$, $H|E_n\rangle = E_n|E_n\rangle$,

$$\begin{aligned}&\langle\phi_\mathrm{f}, t_\mathrm{f}\left|T\left[\phi\left(x_1\right)\cdots\phi\left(x_n\right)\right]\right|\phi_\mathrm{i}, t_\mathrm{i}\rangle\\&\quad=\sum_{m,n}\langle\phi_\mathrm{f}, t_\mathrm{f}|E_m\rangle\left\langle E_m\left|T\left[\phi\left(x_j\right)\cdots\phi\left(x_n\right)\right]\right|E_n\right\rangle\langle E_n|\phi_\mathrm{i}, t_\mathrm{i}\rangle\\&\quad=\sum_{m,n}\mathrm{e}^{\mathrm{i}E_n t_\mathrm{i}-\mathrm{i}E_m t_\mathrm{f}}\langle\phi_\mathrm{f}|E_m\rangle\left\langle E_m\left|T\left[\phi\left(x_1\right)\cdots\phi\left(x_n\right)\right]\right|E_n\right\rangle\langle E_n|\phi_\mathrm{i}\rangle.\end{aligned}\tag{4.6.29}$$

为了抽出基态的贡献, 令 $t_\mathrm{i} = \mathrm{i}T, t_\mathrm{f} = -\mathrm{i}T$ 且 $T \to \infty$, 这意味着在时间 t 复平面上顺时针转动 $90°$. (4.6.29) 式的右边只有基态 $|E_0\rangle = |0\rangle$ 的贡献, 即

$$\begin{aligned}&\langle\phi_\mathrm{f}, t_\mathrm{f}\left|T\left[\phi\left(x_1\right)\cdots\phi\left(x_n\right)\right]\right|\phi_\mathrm{i}, t_\mathrm{i}\rangle\\&\quad\xrightarrow{T\to\infty}\langle\phi_\mathrm{f}|0\rangle\left\langle 0\left|T\left[\phi\left(x_1\right)\cdots\phi\left(x_n\right)\right]\right|0\right\rangle\langle 0|\phi_\mathrm{i}\rangle.\end{aligned}\tag{4.6.30}$$

同样的方法应用到 (4.6.20) 式的左边, 有

$$\langle\phi_\mathrm{f}, t_\mathrm{f}|\phi_\mathrm{i}, t_\mathrm{i}\rangle\xrightarrow{T\to\infty}\langle\phi_\mathrm{f}|0\rangle\langle 0|\phi_\mathrm{i}\rangle.\tag{4.6.31}$$

这样, 在 $T \to \infty$ 的情况下, 有

$$\left\langle 0\left|T\left[\phi\left(x_1\right)\cdots\phi\left(x_n\right)\right]\right|0\right\rangle=\lim_{T\to\infty}\frac{\displaystyle\int[\mathrm{d}\phi]\phi\left(x_1\right)\cdots\phi\left(x_n\right)\exp\left(\mathrm{i}\int_{\mathrm{i}T}^{-\mathrm{i}T}\mathrm{d}tL(t)\right)}{\displaystyle\int[\mathrm{d}\phi]\exp\left(\mathrm{i}\int_{\mathrm{i}T}^{-\mathrm{i}T}\mathrm{d}tL(t)\right)}.\tag{4.6.32}$$

只要在时间复平面上没有奇异性, 就可以将 (4.6.32) 式解析延拓回去, 即反转 $90°$, 这时 (4.6.32) 式就是 (4.6.23) 式, 就完成了对 (4.6.23) 式的证明. 注意到在推导过程中并没有要求 ϕ_j, π_j 之间满足正则对易关系就获得了计算任意 Green 函数的表达式, 这意味着量子场论中任一编时乘积算符的真空平均值都可以通过泛函积分 (4.6.23) 来表示. 上述讨论是在中性标量场情况下得到的, 也可以推广到复标量场或者有 n 个分量的标量场的情况. 在 (4.6.2) 和 (4.6.6) 式中取 $J = 0$ 并对比 (4.6.23) 式, 就可以得到用生成泛函的泛函微商表达的编时乘积的真空平均值:

$$\left\langle 0\left|T\left[\phi\left(x_1\right)\cdots\phi\left(x_n\right)\right]\right|0\right\rangle=\frac{(-\mathrm{i})^n}{Z(0)}\left.\frac{\delta^n Z(J)}{\delta J\left(x_1\right)\cdots\delta J\left(x_n\right)}\right|_{J=0}.\tag{4.6.33}$$

从 (4.6.6) 式可见, 生成泛函的确生成了所有连接的 Green 函数

$$G_n(x_1, x_2, \cdots, x_n) = \langle 0|T[\phi(x_1)\cdots\phi(x_n)]|0\rangle. \tag{4.6.34}$$

从 (4.6.2) 式对 $J(x)$ 做幂级数展开也可以将生成泛函写成 Green 函数 $G_n(x_1, x_2, \cdots, x_n)$ 的展开式:

$$\frac{Z(J)}{Z(0)} = \sum_n \frac{\mathrm{i}^n}{n!}\int \mathrm{d}x_1\cdots\mathrm{d}x_n \langle 0\left|T\left[\phi\left(x_1\right)\cdots\phi\left(x_n\right)\right]\right|0\rangle J\left(x_1\right)\cdots J\left(x_n\right) . \tag{4.6.35}$$

以上的讨论对含有或不含有相互作用的拉氏密度都是正确的, 具体对于无相互作用的自由拉氏密度

$$\mathcal{L} = \frac{1}{2}\partial^\mu\phi\partial_\mu\phi - \frac{1}{2}m^2\phi^2$$

和生成泛函

$$Z_0(J) = \int[\mathrm{d}\phi]\exp\left[\mathrm{i}\int\mathrm{d}^4x\left(\frac{1}{2}\left(\partial^\mu\phi\partial_\mu\phi - m^2\phi^2\right) + \phi J\right)\right], \tag{4.6.36}$$

将 $Z_0(J)$ 的明显形式分部积分就可得到

$$Z_0(J) = \int[\mathrm{d}\phi]\exp\left\{-\frac{\mathrm{i}}{2}\int\mathrm{d}^4x\mathrm{d}^4y[\phi(x)K(x,y)\phi(y)] + \mathrm{i}\int\mathrm{d}^4x\phi(x)J(x)\right\}, \tag{4.6.37}$$

其中

$$K(x,y) = \delta^4(x-y)\left(\Box_y + m^2\right), \tag{4.6.38}$$

$$\Box = \partial^\mu\partial_\mu = g_{\mu\nu}\partial^\mu\partial^\nu = \frac{\partial^2}{\partial t^2} - \nabla^2. \tag{4.6.39}$$

进行形式的变量代换 $\phi(x) = \phi'(x) - (-\partial^2 - m^2 - \mathrm{i}\epsilon)^{-1}J$, 并代入 (4.6.37) 式中, 可以将生成泛函表示为

$$Z_0(J) = Z_0(J=0)\exp\left\{-\frac{\mathrm{i}}{2}\int\mathrm{d}^4x\mathrm{d}^4yJ(x)\Delta_{\mathrm{F}}(x,y)J(y)\right\}, \tag{4.6.40}$$

其中 $Z_0(J=0)$ 是没有外源时的生成泛函, $\Delta_{\mathrm{F}}(x,y)$ 是 $K(x,y)$ 的逆, 即满足

$$\int\mathrm{d}^4zK(x,z)\Delta_{\mathrm{F}}(z,y) = -\delta^4(x-y). \tag{4.6.41}$$

将 (4.6.38) 式代入 (4.6.41) 式并做 Fourier 变换, 可以得到

$$\Delta_{\mathrm{F}}(x,y) = \int\frac{\mathrm{d}^4k}{(2\pi)^4}\frac{\mathrm{e}^{-\mathrm{i}k\cdot(x-y)}}{k^2 - m^2 + \mathrm{i}\epsilon}, \tag{4.6.42}$$

分母中的 "$\mathrm{i}\epsilon$" 是为了保证 (4.6.37) 式 Gauss 积分的收敛性而引入的. 将 (4.6.40) 式代入 (4.6.33) 式, 就可以得到

$$\begin{aligned} G_2(x,y) &= \langle 0|T[\phi(x)\phi(y)]|0\rangle \\ &= \frac{(-\mathrm{i})^2}{Z_0(0)} \frac{\delta^2 Z_0(J)}{\delta J(x)\delta J(y)}\bigg|_{J=0} = \mathrm{i}\Delta_{\mathrm{F}}(x,y), \end{aligned} \tag{4.6.43}$$

这正是 §4.3 正则量子化写出的标量场的 Feynman 传播子. (4.6.40) 式是自由场生成泛函的明显表达式, 按 (4.6.33) 式可以通过它计算任意 Green 函数

$$G_n(x_1,x_2,\cdots,x_n) = \langle 0|T[\phi(x_1)\cdots\phi(x_n)]|0\rangle. \tag{4.6.44}$$

进一步简单叙述含有相互作用的拉氏密度

$$\mathcal{L}(x) = \mathcal{L}_0(x) + \mathcal{L}_{\mathrm{i}}(x), \tag{4.6.45}$$

其中

$$\mathcal{L}_0(x) = \frac{1}{2}\partial^\mu\phi\partial_\mu\phi - \frac{1}{2}m^2\phi^2, \tag{4.6.46}$$

$$\mathcal{L}_{\mathrm{i}}(x) = -V(\phi) = -\frac{1}{4!}\lambda\phi^4. \tag{4.6.47}$$

(4.6.47) 式已取了 ϕ^4 理论作为例子. 定义含有相互作用的生成泛函

$$Z(J) = \int[\mathrm{d}\phi]\exp\left[\mathrm{i}\int \mathrm{d}^4x\left(\frac{1}{2}\left(\partial^\mu\phi\partial_\mu\phi - m^2\phi^2\right) - \frac{1}{4!}\lambda\phi^4 + \phi J\right)\right]. \tag{4.6.48}$$

注意到 (4.6.36) 式定义的 $Z_0(J)$, 可以证明两个生成泛函满足关系式

$$Z(J) = \exp\left[-\mathrm{i}\int \mathrm{d}^4x V\left(\frac{\delta}{\mathrm{i}\delta J(x)}\right)\right] Z_0(J). \tag{4.6.49}$$

此式的证明是直接的, 只须将 (4.6.49) 式右边的指数展开即可. (4.6.49) 式对于任何形式的 $V(\phi)$ 皆成立. 由 (4.6.49) 式也可得到一个微扰展开式

$$Z(J) = \left[1 - \frac{\lambda}{4!}\int \mathrm{d}^4x\left(\frac{\delta}{\delta J(x)}\right)^4 + \frac{1}{2}\left(\frac{\lambda}{4!}\right)^2\left(\int \mathrm{d}^4x\left(\frac{\delta}{\delta J(x)}\right)^4\right)^2 + \cdots\right] Z_0(J), \tag{4.6.50}$$

据此式可以讨论有相互作用时的微扰论和 Feynman 规则.

习　题

1. 在类空间隔中, 请直接计算两点关联函数

$$\langle 0|\phi(x)\phi(y)|0\rangle = \Delta(x-y) = \int \frac{\mathrm{d}^3 k}{(2\pi)^3}\frac{1}{2E_{\boldsymbol{k}}}\mathrm{e}^{-\mathrm{i}k\cdot(x-y)}.$$

可以将 $(x-y)^2$ 记为 $-r^2$, 并证明它是 Bessel 函数的展开.

2. 利用产生湮灭算符的对易关系证明

$$|\boldsymbol{k}_1,\cdots,\boldsymbol{k}_n\rangle = a^\dagger(\boldsymbol{k}_1)\cdots a^\dagger(\boldsymbol{k}_n)|0\rangle$$

是实标量场系统哈密顿量的本征态, 并求出其本征值.

3. 证明 (4.4.13) ~ (4.4.22) 式.
4. 证明 (4.4.32) 式.

第 5 章　自由 Dirac 场量子化

电子、质子、夸克和中微子等都是自旋为 1/2 的旋量场. 1928 年 Dirac 提出了电子场满足的相对论方程. 类比于电磁场量子化, 可以对电子场进行量子化以描述电子的产生和湮灭现象. 由于自旋为 1/2 的费米子场遵从 Fermi-Dirac 统计, 利用 1928 年 Jordan 和 Wigner 提出的费米子反对易关系量子化成功地将自旋为 1/2 的旋量场量子化. 本章主要讨论自旋为 1/2 的旋量场 $\psi(x)$ 的 Jordan-Wigner 量子化, 并进一步讨论粒子和反粒子态的物理内容和旋量场的传播函数. 最后一节将给出 Grassmann 代数和费米子场的路径积分量子化.

§5.1　自由 Dirac 场量子化

自旋 1/2 粒子旋量场遵从相对论 Dirac 方程, 由自由旋量场 $\psi(x)$ 的拉氏密度

$$\mathcal{L} = \mathrm{i}\overline{\psi}\gamma^\mu\partial_\mu\psi - m\overline{\psi}\psi$$

描述. 按照第 4 章中的量子化步骤, 首先从 $\mathcal{L}$ 求出 ψ 的共轭动量

$$\pi = \frac{\partial\mathcal{L}}{\partial\dot{\psi}} = \mathrm{i}\psi^\dagger, \tag{5.1.1}$$

由此给出哈密顿量密度 $\mathcal{H}$ 和哈密顿量 H:

$$\mathcal{H}(x) = \pi\dot{\psi} - \mathcal{L} = \mathrm{i}\overline{\psi}\gamma^0\partial_0\psi, \tag{5.1.2}$$

$$H = \int \mathrm{d}^3x\mathcal{H}(x). \tag{5.1.3}$$

前面已指出, 场量子化后应满足运动方程

$$\partial_0\psi(x) = \mathrm{i}[H, \psi(x)]. \tag{5.1.4}$$

对于四动量则有

$$\partial_\mu\psi(x) = \mathrm{i}[P_\mu, \psi(x)],\ \ \partial_\mu\overline{\psi}(x) = \mathrm{i}[P_\mu, \overline{\psi}(x)]. \tag{5.1.5}$$

此方程反映了时空平移不变性, 即

$$\psi(x+a) = \mathrm{e}^{\mathrm{i}P\cdot a}\psi(x)\mathrm{e}^{-\mathrm{i}P\cdot a}, \tag{5.1.6}$$

方程 (5.1.5) 是它的微分形式. P_μ 是四动量算符 (见 (3.5.19) 式), 在 Hilbert 空间它是时空平移变换的生成元,

$$P_\mu = \mathrm{i}\int \mathrm{d}^3x\overline{\psi}\gamma^0\partial_\mu\psi. \tag{5.1.7}$$

问题是对于自旋 1/2 的费米子如何写出正则量子化的对易关系? 上一章讨论实标量场时采用了等时对易关系 (4.2.4). 实标量场是自旋为 0 的玻色子场, 满足 Bose-Einstein 统计, 但费米子满足 Pauli 不相容原理, 遵从 Fermi-Dirac 统计, 如何写出等时对易关系? 1928 年, Jordan 和 Wigner 首先注意到按玻色子场正则量子化遇到的困难, 同时提出了修改等时对易关系的假定, 实现了费米子场的正确量子化方案.

为了理解问题所在, 首先将场算符 $\psi(x)$, $\overline{\psi}(x)$ 按自由 Dirac 方程的平面波解 $u_\lambda(p)\mathrm{e}^{-\mathrm{i}p\cdot x}$, $v_\lambda(p)\mathrm{e}^{\mathrm{i}p\cdot x}$ 展开:

$$\begin{aligned}\psi(x) &= \int \frac{\mathrm{d}^3p}{(2\pi)^3}\frac{1}{2p^0}\sum_{\lambda=1,2}[b_\lambda(\boldsymbol{p})u_\lambda(p)\mathrm{e}^{-\mathrm{i}p\cdot x} + d_\lambda^\dagger(\boldsymbol{p})v_\lambda(p)\mathrm{e}^{\mathrm{i}p\cdot x}],\\ \overline{\psi}(x) &= \int \frac{\mathrm{d}^3p}{(2\pi)^3}\frac{1}{2p^0}\sum_{\lambda=1,2}[b_\lambda^\dagger(\boldsymbol{p})\overline{u}_\lambda(p)\mathrm{e}^{\mathrm{i}p\cdot x} + d_\lambda(\boldsymbol{p})\overline{v}_\lambda(p)\mathrm{e}^{-\mathrm{i}p\cdot x}],\end{aligned} \tag{5.1.8}$$

其中 $b, d, b^\dagger, d^\dagger$ 都是 Hilbert 空间算符, u, v 是 Dirac 旋量 (见 (3.4.25) 式),

$$u_\lambda(p) = \frac{\not{p}+m}{\sqrt{p^0+m}}\begin{bmatrix}\chi_\lambda\\0\end{bmatrix},$$

$$v_\lambda(p) = \frac{-\not{p}+m}{\sqrt{p^0+m}}\begin{bmatrix}0\\\xi_\lambda\end{bmatrix},$$

而 $\chi_\lambda(\lambda=1,2)$ 是 $\boldsymbol{\sigma}\cdot\hat{\boldsymbol{p}}$ $(\hat{\boldsymbol{p}}=\boldsymbol{p}/|\boldsymbol{p}|)$ 的本征态, $\xi_\lambda = -\mathrm{i}\sigma^2\chi_\lambda^*$, 它们满足

$$\boldsymbol{\sigma}\cdot\hat{\boldsymbol{p}}\chi^{(\lambda)}(\hat{\boldsymbol{p}}) = \epsilon_\lambda\chi^{(\lambda)}(\hat{\boldsymbol{p}}),\ \ \epsilon_1 = 1,\ \ \epsilon_2 = -1.$$

例如在静止系中, 它们是 Pauli 矩阵 $\sigma^3 = \begin{bmatrix}1 & 0\\0 & -1\end{bmatrix}$ 的本征态:

$$\chi_\lambda(\mathbf{0}) = \begin{bmatrix}1\\0\end{bmatrix}\quad(\lambda=1),\quad \chi_\lambda(\mathbf{0}) = \begin{bmatrix}0\\1\end{bmatrix}\quad(\lambda=2).$$

将 (5.1.8) 式代入 P_μ 的表达式 (5.1.7), 并利用 u, v 的正交归一关系

$$\begin{aligned}\overline{u}_\lambda(p)\gamma^0u_{\lambda'}(p) &= \overline{v}_\lambda(p)\gamma^0v_{\lambda'}(p) = 2p^0\delta_{\lambda\lambda'},\\ \overline{u}_\lambda(p)\gamma^0v_{\lambda'}(-p) &= \overline{v}_\lambda(-p)\gamma^0u_{\lambda'}(p) = 0,\end{aligned} \tag{5.1.9}$$

可以得到

$$P_\mu=\int \mathrm{d}^3x\mathrm{i}\overline{\psi}\gamma^0\partial_\mu\psi=\int\frac{\mathrm{d}^3p}{(2\pi)^3}\frac{1}{2p^0}\sum_{\lambda=1,2}p_\mu[b_\lambda^\dagger(\boldsymbol{p})b_\lambda(\boldsymbol{p})-d_\lambda(\boldsymbol{p})d_\lambda^\dagger(\boldsymbol{p})].\quad(5.1.10)$$

注意到 (4.2.24) 和 (4.2.25) 式, 标量场四动量算符

$$P_\mu=\int\widetilde{\mathrm{d}}pp_\mu\frac{1}{2}[a_\lambda^\dagger(\boldsymbol{p})a_\lambda(\boldsymbol{p})+a_\lambda(\boldsymbol{p})a_\lambda^\dagger(\boldsymbol{p})].$$

二者的 P_μ 表达式有一明显区别, (5.1.10) 式中两项之间为负号. 类比于实标量场量子化 (4.2.32) 式, 平移不变性要求算符满足对易关系

$$\begin{aligned}
&[P_\mu,b_\lambda(\boldsymbol{p})]=-p_\mu b_\lambda(\boldsymbol{p}),\\
&[P_\mu,d_\lambda(\boldsymbol{p})]=-p_\mu d_\lambda(\boldsymbol{p}),\\
&[P_\mu,b_\lambda^\dagger(\boldsymbol{p})]=p_\mu b_\lambda^\dagger(\boldsymbol{p}),\\
&[P_\mu,d_\lambda^\dagger(\boldsymbol{p})]=p_\mu d_\lambda^\dagger(\boldsymbol{p}).
\end{aligned}\quad(5.1.11)$$

将 P_μ 的表达式 (5.1.10) 代入 (5.1.11) 式, 由 (5.1.11) 式的第一式得到

$$\int\frac{\mathrm{d}^3q}{(2\pi)^3}\frac{1}{2q^0}\sum_{\lambda=1,2}q_\mu[b_\lambda^\dagger(\boldsymbol{q})b_\lambda(\boldsymbol{q})-d_\lambda(\boldsymbol{q})d_\lambda^\dagger(\boldsymbol{q}),b_{\lambda'}(\boldsymbol{p})]=-p_\mu b_{\lambda'}(\boldsymbol{p}).$$

此式等价于

$$\sum_{\lambda=1,2}[b_\lambda^\dagger(\boldsymbol{q})b_\lambda(\boldsymbol{q})-d_\lambda(\boldsymbol{q})d_\lambda^\dagger(\boldsymbol{q}),b_{\lambda'}(\boldsymbol{p})]=-(2\pi)^3 2p^0\delta^3(\boldsymbol{p}-\boldsymbol{q})b_{\lambda'}(\boldsymbol{p}).$$

假定

$$[d_\lambda(\boldsymbol{q})d^\dagger(\boldsymbol{q}),b_{\lambda'}(\boldsymbol{p})]=0,$$

可导致

$$\sum_{\lambda=1,2}[b_\lambda^\dagger(\boldsymbol{q})\{b_\lambda(\boldsymbol{q}),b_{\lambda'}(\boldsymbol{p})\}-\{b_\lambda^\dagger(\boldsymbol{q}),b_{\lambda'}(\boldsymbol{p})\}b_\lambda(\boldsymbol{q})]=-(2\pi)^3 2p^0\delta^3(\boldsymbol{p}-\boldsymbol{q})b_{\lambda'}(\boldsymbol{p}).$$

于是不难看出, 如果假定基本的湮灭算符 b,d 和产生算符 $b^\dagger,d^\dagger$ 满足反对易关系 ($\{X,Y\}\equiv XY+YX$)

$$\begin{gathered}
\{b_\lambda(\boldsymbol{q}),b_{\lambda'}^\dagger(\boldsymbol{p})\}=\{d_\lambda(\boldsymbol{q}),d_{\lambda'}^\dagger(\boldsymbol{p})\}=(2\pi)^3 2p^0\delta^3(\boldsymbol{p}-\boldsymbol{q})\delta_{\lambda\lambda'},\\
\text{其他反对易子为 }0,
\end{gathered}\quad(5.1.12)$$

则 (5.1.11) 式以及类似的三个关系都可以满足. 这表明, 对于费米子场, 反对易关系 (5.1.12) 和平移不变性 (5.1.11) 是自洽的. 从 (5.1.11) 式可以看出, $b^\dagger(\boldsymbol{p}),d^\dagger(\boldsymbol{p})$

的作用是产生四动量 p_μ, 而 $b(\boldsymbol{p}), d(\boldsymbol{p})$ 的作用是消灭四动量 p_μ. 利用 $b, d, b^\dagger, d^\dagger$ 的反对易关系 (5.1.12), 可以证明场算符 $\psi, \psi^\dagger$ 满足等时反对易关系:

$$\begin{aligned}&\{\psi_\rho(\boldsymbol{x},t), \psi_\sigma^\dagger(\boldsymbol{y},t)\} = \delta^3(\boldsymbol{x}-\boldsymbol{y})\delta_{\rho\sigma},\\&\{\psi_\rho(\boldsymbol{x},t), \psi_\sigma(\boldsymbol{y},t)\} = \{\psi_\rho^\dagger(\boldsymbol{x},t), \psi_\sigma^\dagger(\boldsymbol{y},t)\} = 0,\end{aligned} \tag{5.1.13}$$

其中 ρ, σ 是场的旋量指标. 在证明 (5.1.13) 式时要用到 u, v 的自旋求和公式 (见 (3.4.36) 和 (3.4.37) 式). 注意到 (5.1.1) 式 ψ 的共轭动量 $\pi = \mathrm{i}\psi^\dagger$, (5.1.13) 式正是费米子场的 Jordan-Wigner 量子化假定, ψ 和 π 应遵从等时反对易关系.

从数学推导看, (5.1.10) 式与标量场的 P_μ 的表达式的第二项差一负号的原因在于 $\mathcal{L}$ 中的动能项. 对玻色子场, 动能项一般正比于 $\partial_\mu\phi\partial^\mu\phi$, 含两个 ∂_μ, 这使得 P_μ 空间密度的每一项都含两个或不含时空坐标微商. 而对费米子场, 动能项正比于 $\mathrm{i}\overline{\psi}\gamma^\mu\partial_\mu\psi$, 只含一个 ∂_μ, 因而 P_μ 密度的每一项都只含一个时空坐标微商. 从物理上讲, 按反对易子来量子化, 将 (5.1.12) 式代入 (5.1.10) 式, 得到

$$P_\mu = \int \frac{\mathrm{d}^3p}{(2\pi)^3}\frac{1}{2p^0}\sum_{\lambda=1,2} p_\mu[b_\lambda^\dagger(\boldsymbol{p})b_\lambda(\boldsymbol{p}) + d_\lambda^\dagger(\boldsymbol{p})d_\lambda(\boldsymbol{p})] + \infty.$$

将无穷大常数归入真空后将有稳定的基态, 即在减除掉真空的无穷大贡献后, 总四动量算符的正确定义是

$$P_\mu = \int \frac{\mathrm{d}^3p}{(2\pi)^3}\frac{1}{2p^0}\sum_{\lambda=1,2} p_\mu[b_\lambda^\dagger(\boldsymbol{p})b_\lambda(\boldsymbol{p}) + d_\lambda^\dagger(\boldsymbol{p})d_\lambda(\boldsymbol{p})]. \tag{5.1.14}$$

现在 (5.1.14) 式中 b 粒子和 d 粒子对能量都有正的贡献. 由 (5.1.11) 和 (5.1.12) 式可以构造 Hilbert 空间的基矢. 定义真空态 $|0\rangle$ 满足

$$b_\lambda(\boldsymbol{p})|0\rangle = d_\lambda(\boldsymbol{p})|0\rangle = 0, \tag{5.1.15}$$

再由粒子和反粒子产生算符 $b_\lambda^\dagger(\boldsymbol{p}), d_\lambda^\dagger(\boldsymbol{p})$ 生成的所有可能态构成完备基矢. 这意味着按反对易关系量子化后, 所有态矢具有确定的粒子状态. §5.2 将详细讨论粒子和反粒子的物理内容. 哈密顿量密度 (5.1.2)、运动方程 (5.1.5) 和反对易关系 (5.1.13) 是描述自旋 1/2 粒子的基本表达式.

最后讨论费米子场情况下能量-动量张量流密度 (3.5.17)、四动量 (3.5.19)、广义的角动量张量密度 (3.5.20) 和广义角动量算符 (3.5.22). 在量子化以后它们都是

Hilbert 空间的算符:

$$
\begin{aligned}
T^{\mu\nu} &= \mathrm{i}\overline{\psi}\gamma^\mu\partial^\nu\psi, \\
P^\mu &= \int \mathrm{d}^3x T^{0\mu} = \mathrm{i}\int \mathrm{d}^3x\overline{\psi}\gamma^0\partial^\mu\psi = \mathrm{i}\int \mathrm{d}^3x\psi^\dagger\partial^\mu\psi, \\
J^{\mu\nu\rho} &= x^\nu T^{\mu\rho} - x^\rho T^{\mu\nu} + \overline{\psi}\gamma^\mu\frac{\sigma^{\nu\rho}}{2}\psi, \\
J^{\mu\nu} &= \int \mathrm{d}^3x J^{0\mu\nu} = \int \mathrm{d}^3x\psi^\dagger\left[\mathrm{i}(x^\mu\partial^\nu - x^\nu\partial^\mu) + \frac{1}{2}\sigma^{\mu\nu}\right]\psi,
\end{aligned}
$$

其中 $J^{\mu\nu}$ 右边最后一项是旋量场的自旋算符

$$
S^{\mu\nu} = \int \mathrm{d}^3x\psi^\dagger\left[\frac{1}{2}\sigma^{\mu\nu}\right]\psi. \tag{5.1.16}
$$

$J^{\mu\nu}$ 是厄米算符, $J^{\mu\nu} = (J^{\mu\nu})^\dagger$. 利用场算符的反对易关系 (5.1.13) 和恒等式

$$
[AB, C] \equiv A\{B, C\} - \{A, C\}B, \tag{5.1.17}
$$

可以计算对易关系 $[P^\mu, \psi(x)]$ 和 $[J^{\mu\nu}, \psi(x)]$:

$$
\begin{aligned}
[P^\mu, \psi(x)] &= \mathrm{i}\int \mathrm{d}^3y[\psi^\dagger(y)\partial^\mu\psi(y), \psi(x)] \\
&= \mathrm{i}\int \mathrm{d}^3y[\psi^\dagger(y)\{\partial^\mu\psi(y)\psi(x)\} - \{\psi^\dagger(y), \psi(x)\}\partial^\mu\psi(y)] \\
&= -\mathrm{i}\int \mathrm{d}^3y\delta^3(y-x)\partial^\mu\psi = -\mathrm{i}\partial^\mu\psi(x), \\
[J^{\mu\nu}, \psi(x)] &= \int \mathrm{d}^3y\left[\psi^\dagger(y)\left(\mathrm{i}(y^\mu\partial^\nu - y^\nu\partial^\mu) + \frac{1}{2}\sigma^{\mu\nu}\right)\psi(y), \psi(x)\right] \\
&= \mathrm{i}\int \mathrm{d}^3y\psi^\dagger(y)(y^\mu\partial^\nu - y^\nu\partial^\mu)\{\psi(y), \psi(x)\} \\
&\quad -\mathrm{i}\int \mathrm{d}^3y\{\psi^\dagger(y), \psi(x)\}(y^\mu\partial^\nu - y^\nu\partial^\mu)\psi(y) \\
&\quad +\frac{1}{2}\int \mathrm{d}^3y\psi^\dagger(y)\sigma^{\mu\nu}\{\psi(y), \psi(x)\} - \frac{1}{2}\int \mathrm{d}^3y\{\psi^\dagger(y), \psi(x)\}\sigma^{\mu\nu}\psi(y) \\
&= -\left[\mathrm{i}(x^\mu\partial^\nu - x^\nu\partial^\mu) + \frac{1}{2}\sigma^{\mu\nu}\right]\psi(x),
\end{aligned} \tag{5.1.18}
$$

即 P^μ 和 $J^{\mu\nu}$ 表现为时空平移变换和 Lorentz 变换的生成元, 保持 Poincaré 变换不变性. 这正是 §3.4 讨论旋量场在 Lorentz 变换下的 (3.4.16) 式所描述的情况.

§5.2 Dirac 场的正、反粒子态

上一节讨论了 Dirac 场量子化, 这一节讨论算符 $b_\lambda(\boldsymbol{p})$ 和 $d_\lambda(\boldsymbol{p})$ 以及相关的物理意义. 注意到 (5.1.15) 式已定义了真空态 $|0\rangle$, 即其满足

$$b_\lambda(\boldsymbol{p})|0\rangle = d_\lambda(\boldsymbol{p})|0\rangle = 0,$$

其中 λ 是自旋的极化指标 $(\lambda = 1, 2)$, 由此可以建立 Hilbert 空间的基矢, 如单粒子态、双粒子态等:

$$\begin{aligned}
&b_\lambda^\dagger(\boldsymbol{p})|0\rangle, \\
&d_\lambda^\dagger(\boldsymbol{p})|0\rangle, \\
&b_\lambda^\dagger(\boldsymbol{p})b_{\lambda'}^\dagger(\boldsymbol{p}')|0\rangle, \\
&d_\lambda^\dagger(\boldsymbol{p})d_{\lambda'}^\dagger(\boldsymbol{p}')|0\rangle, \\
&d_\lambda^\dagger(\boldsymbol{p})b_{\lambda'}^\dagger(\boldsymbol{p}')|0\rangle, \\
&\qquad\cdots\cdots
\end{aligned} \tag{5.2.1}$$

利用对易关系 (5.1.11) 可以证明前两个态都是动量为 p_μ 的单粒子本征态. 为了区别这两个单粒子态, 必须寻找与 P_μ 对易的力学量集合, 其中之一是守恒荷 Q. 通过算符 $b, d, b^\dagger, d^\dagger$, 它可以表示为

$$\begin{aligned}
Q &= \int \mathrm{d}^3x J^0(x) = \int \mathrm{d}^3x \psi^\dagger(x)\psi(x) \\
&= \int \widetilde{\mathrm{d}}p \sum_\lambda [b_\lambda^\dagger(\boldsymbol{p})b_\lambda(\boldsymbol{p}) - d_\lambda^\dagger(\boldsymbol{p})d_\lambda(\boldsymbol{p})],
\end{aligned} \tag{5.2.2}$$

其中 $\widetilde{\mathrm{d}}p = \dfrac{\mathrm{d}^3p}{(2\pi)^3}\dfrac{1}{2p^0}, \lambda = 1, 2$. 不难证明 Q 与四动量算符 P_μ 是相互对易的,

$$[Q, P_\mu] = 0, \tag{5.2.3}$$

即 Q 是守恒荷. 利用对易关系 (5.2.2), 可以证明

$$[Q, b_\lambda^\dagger(\boldsymbol{p})] = b_\lambda^\dagger(\boldsymbol{p}), \quad [Q, d_\lambda^\dagger(\boldsymbol{p})] = -d_\lambda^\dagger(\boldsymbol{p}). \tag{5.2.4}$$

注意到真空态定义 (5.1.15), 则有 $Q|0\rangle = 0$, 这样由 (5.2.4) 式得到

$$\begin{aligned}
Qb_\lambda^\dagger(\boldsymbol{p})|0\rangle &= [Q, b_\lambda^\dagger(\boldsymbol{p})]|0\rangle = b_\lambda^\dagger(\boldsymbol{p})|0\rangle, \\
Qd_\lambda^\dagger(\boldsymbol{p})|0\rangle &= [Q, d_\lambda^\dagger(\boldsymbol{p})]|0\rangle = -d_\lambda^\dagger(\boldsymbol{p})|0\rangle,
\end{aligned} \tag{5.2.5}$$

即单粒子态 $b_\lambda^\dagger(\boldsymbol{p})|0\rangle, d_\lambda^\dagger(\boldsymbol{p})|0\rangle$ 是守恒荷 Q 的本征态, 其本征值分别为 $+1$ 和 -1. Qe 就是粒子电荷, 相应于 Dirac 场两种类型的粒子: 正粒子和反粒子 (如电子和正电子). 从 (5.2.2) 式还可以定义粒子数密度算符和反粒子数密度算符:

$$\begin{aligned} N &= b_\lambda^\dagger(\boldsymbol{p})b_\lambda(\boldsymbol{p}), \\ \overline{N} &= d_\lambda^\dagger(\boldsymbol{p})d_\lambda(\boldsymbol{p}). \end{aligned} \tag{5.2.6}$$

(5.2.2) 式中的荷 Q 表示的是正粒子与反粒子数目之差. 此外还可以证明

$$\begin{aligned} [Q, \psi(x)] &= -\psi(x), \\ [Q, \overline{\psi}(x)] &= \overline{\psi}(x). \end{aligned} \tag{5.2.7}$$

因此, Q 为守恒量. 而 ψ 的作用是使 Q 荷减少 1, 对应湮灭电子或产生正电子, $\overline{\psi}$ 的作用是使 Q 荷加 1, 对应产生电子或湮灭正电子. (5.2.2) 式还表明, 算符 Q 是费米子数 U(1) 量子变换的生成元, 因为它生成场算符的 U(1) 变换:

$$\begin{aligned} \mathrm{e}^{-\mathrm{i}\alpha Q}\psi(x)\mathrm{e}^{\mathrm{i}\alpha Q} &= \mathrm{e}^{\mathrm{i}\alpha}\psi(x), \\ \mathrm{e}^{-\mathrm{i}\alpha Q}\overline{\psi}(x)\mathrm{e}^{\mathrm{i}\alpha Q} &= \mathrm{e}^{-\mathrm{i}\alpha}\overline{\psi}(x). \end{aligned} \tag{5.2.8}$$

物理系统在此 U(1) 变换下的不变性正相应于粒子数守恒.

为了完全标记单粒子态, 力学量集合除了 P_μ 和 Q 外还须引入自旋投影算符, 消除有 $\lambda = 1, 2$ 标记的简并. 第 3 章曾引入自旋极化算符 (见 (3.4.28) 式)

$$\frac{1}{2}\boldsymbol{\Sigma} = \frac{1}{2}\gamma_5\gamma^0\boldsymbol{\gamma} = \frac{1}{2}\begin{bmatrix} \boldsymbol{\sigma} & 0 \\ 0 & \boldsymbol{\sigma} \end{bmatrix},$$

或者记为

$$\sigma^{ij} = \frac{1}{2}\epsilon_{ijk}\Sigma^k, \tag{5.2.9}$$

其中 $\sigma^{\mu\nu} = \dfrac{\mathrm{i}}{2}[\gamma^\mu, \gamma^\nu]$, 自旋张量 $S^{\mu\nu} = \dfrac{1}{2}\sigma^{\mu\nu}$. 自旋极化算符 $\boldsymbol{\Sigma}$ 在 $\boldsymbol{p}$ 方向投影是螺旋度算符 $h = \boldsymbol{\Sigma}\cdot\boldsymbol{p}$. 当 $\boldsymbol{p}$ 沿第三方向时,

$$S^{12} = \frac{1}{2}\sigma^{12} = \frac{1}{2}\epsilon_{123}\Sigma^3 = \frac{1}{2}\Sigma^3\frac{1}{2}\begin{bmatrix} \sigma_3 & 0 \\ 0 & \sigma_3 \end{bmatrix}, \tag{5.2.10}$$

其中 S^{12} 是 $\dfrac{1}{2}\boldsymbol{\Sigma}$ 在第三方向的投影. 利用展开式 (5.1.8) 和 u, v 的正交关系 (5.1.9),

可将算符 $b^\dagger_\lambda(\boldsymbol{p}), d^\dagger_\lambda(\boldsymbol{k})$ 表示为

$$
\begin{aligned}
b^\dagger_\lambda(\boldsymbol{p}) &= \int \mathrm{d}^3x \mathrm{e}^{-\mathrm{i}p\cdot x}\psi^\dagger(x)u_\lambda(p), \\
d^\dagger_\lambda(\boldsymbol{p}) &= \int \mathrm{d}^3x \mathrm{e}^{\mathrm{i}p\cdot x}v^\dagger_\lambda(p)\psi(x).
\end{aligned}
\tag{5.2.11}
$$

然后, 利用 (3.5.22) 式给出的 Lorentz 变换生成元 $J^{\mu\nu}$ 与场算符 $\psi(x)$ 满足的对易关系 (5.1.18) 及其厄米共轭式, 可以得出

$$
\begin{aligned}
[J^{\mu\nu}, b^\dagger_\lambda(\boldsymbol{p})] &= \int \mathrm{d}^3x \mathrm{e}^{-\mathrm{i}k\cdot x}\psi^\dagger(x)\left[\mathrm{i}(x^\mu\overleftarrow{\partial}^\nu - x^\nu\overleftarrow{\partial}^\mu) + \frac{1}{2}\sigma^{\mu\nu}\right]u_\lambda(p), \\
[J^{\mu\nu}, d^\dagger_\lambda(\boldsymbol{p})] &= -\int \mathrm{d}^3x \mathrm{e}^{-\mathrm{i}k\cdot x}v^\dagger_\lambda(p)\left[\mathrm{i}(x^\mu\partial^\nu - x^\nu\partial^\mu) + \frac{1}{2}\sigma^{\mu\nu}\right]\psi(x).
\end{aligned}
\tag{5.2.12}
$$

利用 (5.2.11) 和 (5.2.12) 式可以得到

$$
\begin{aligned}
S^{12}b^\dagger_\lambda(\boldsymbol{p})|0\rangle &= [S^{12}, b^\dagger_\lambda(\boldsymbol{p})]|0\rangle \\
&= \int \mathrm{d}^3x \mathrm{e}^{-\mathrm{i}p\cdot x}\psi^\dagger(x)\frac{(\sigma^{12})^\dagger}{2}u_\lambda(p)|0\rangle \\
&= \frac{1}{2p^0}\sum_{\lambda'} u^\dagger_{\lambda'}(p)\frac{\sigma^{12}}{2}u_\lambda(p)b^\dagger_{\lambda'}(\boldsymbol{p})|0\rangle,
\end{aligned}
$$

其中使用了 $(\sigma^{12})^\dagger = \sigma^{12}$, $S^{12}|0\rangle = 0$. (3.4.30) 式表明, $u_\lambda(p)$ 是 $\dfrac{1}{2}\boldsymbol{\Sigma}\cdot\hat{\boldsymbol{p}}$ 的本征态, 当 $\boldsymbol{p}$ 沿第三方向时有

$$
\frac{\sigma^{12}}{2}u_\lambda(p) = \frac{1}{2}\boldsymbol{\Sigma}\cdot\hat{\boldsymbol{p}}u_\lambda(p) = \frac{\epsilon_\lambda}{2}u_\lambda(p) \ \ (\epsilon_1 = -\epsilon_2 = 1).
$$

再考虑到正交性 (3.5.12), 即

$$
u^\dagger_\lambda(p)u_{\lambda'}(p) = 2p^0\delta_{\lambda\lambda'},
$$

就得到

$$
S^{12}b^\dagger_\lambda(\boldsymbol{p})|0\rangle = \frac{\epsilon_\lambda}{2}b^\dagger_\lambda(\boldsymbol{p})|0\rangle \ \ (\epsilon_1 = -\epsilon_2 = 1),
$$

即它是自旋投影算符,

$$
\begin{aligned}
S^{12}|b_1\rangle &= +\frac{1}{2}|b_1\rangle, \\
S^{12}|b_2\rangle &= -\frac{1}{2}|b_2\rangle.
\end{aligned}
\tag{5.2.13}
$$

类似地对于 $d_\lambda^\dagger(\boldsymbol{p})|0\rangle$, 有

$$\begin{aligned}S^{12}d_\lambda^\dagger(\boldsymbol{p})|0\rangle &= [S^{12}, d_\lambda^\dagger(\boldsymbol{p})]|0\rangle = -\int \mathrm{d}^3x\mathrm{e}^{-\mathrm{i}p\cdot x}v_\lambda^\dagger(p)\frac{\sigma^{12}}{2}\psi(x)|0\rangle \\ &= -\frac{1}{2p^0}\sum_{\lambda'} v_\lambda^\dagger(p)\frac{\sigma^{12}}{2}v_{\lambda'}(p)d_{\lambda'}^\dagger(\boldsymbol{p})|0\rangle.\end{aligned}$$

由 (3.4.31) 式知 $v_\lambda(p)$ 也是 $\frac{1}{2}\boldsymbol{\Sigma}\cdot\hat{\boldsymbol{p}}$ 的本征态, 当 $\boldsymbol{p}$ 沿第三方向时有

$$\frac{\sigma^{12}}{2}v_\lambda(p) = \frac{1}{2}\boldsymbol{\Sigma}\cdot\hat{\boldsymbol{p}}v_\lambda(p) = \frac{\epsilon_\lambda}{2}u_\lambda(p)\ \ (\epsilon_1 = -\epsilon_2 = 1).$$

再考虑到

$$v_\lambda^\dagger(p)v_{\lambda'}(p) = 2p^0\delta_{\lambda\lambda'},$$

我们得到

$$S^{12}d_\lambda^\dagger(\boldsymbol{p})|0\rangle = -\frac{\epsilon_\lambda}{2}d_\lambda^\dagger(\boldsymbol{p})|0\rangle\ \ (\epsilon_1 = -\epsilon_2 = 1),$$

即

$$\begin{aligned}S^{12}|d_1\rangle &= -\frac{1}{2}|d_1\rangle, \\ S^{12}|d_2\rangle &= +\frac{1}{2}|d_2\rangle.\end{aligned} \tag{5.2.14}$$

从 (5.2.13) 和 (5.2.14) 式可见, 对于 $\boldsymbol{p}$ 方向而言, 态 $|b_1(\boldsymbol{p})\rangle, |d_2(\boldsymbol{p})\rangle$ 有极化 $+1/2$, $|b_2(\boldsymbol{p})\rangle, |d_1(\boldsymbol{p})\rangle$ 有极化 $-1/2$. 至此已选定了力学量完备集 (动量 $\boldsymbol{p}$、粒子数 Q 和极化 λ) 标记单粒子态. 量子场 $\psi(x)$ 的展开式 (5.1.8) 中, $b_\lambda(\boldsymbol{p})$ 为动量 $\boldsymbol{p}$、极化 $\epsilon_\lambda/2$ 的粒子的湮灭算符 (这里极化是以 $\boldsymbol{p}$ 方向为准的), $d_\lambda^\dagger(\boldsymbol{p})$ 为动量 $\boldsymbol{p}$、极化 $\epsilon_\lambda/2$ 的反粒子的产生算符.

前面已使用了 S^{12} 标记粒子状态, 它是 $\boldsymbol{\Sigma}/2$ 在第三方向的投影. 更一般地, 引入与 $S^{\mu\nu}$ 相关的 Pauli-Lubanski 四矢量

$$W^\mu = -\frac{1}{2}\epsilon^{\mu\nu\rho\sigma}P_\nu J_{\rho\sigma}, \tag{5.2.15}$$

其中 P_ν 和 $J_{\rho\sigma}$ 分别为由 (3.5.19) 和 (3.5.22) 式确定的四动量和角动量张量, $\epsilon^{\mu\nu\rho\sigma}$ 是四维 Levi-Civita 符号, 是全反对称张量, 有 $\epsilon^{0123} = 1$. 量子化后 W^μ, P_ν 和 $J_{\rho\sigma}$ 是 Hilbert 空间算符, 利用 (5.1.18) 式, 可以证明

$$[W^\mu, P^\rho] = 0, \tag{5.2.16}$$

$$[J_{\mu\nu}, W_\rho] = -\mathrm{i}g_{\mu\rho}W_\nu + \mathrm{i}g_{\nu\rho}W_\mu. \tag{5.2.17}$$

(5.2.16) 和 (5.2.17) 式表明, W^μ 是在 Lorentz 变换下的四矢量, 且与 P^ρ 对易.

利用 $J_{\rho\sigma}$ 和 P_ν 的最一般表示 (3.5.22) 和 (3.5.19) 式, 可以发现

$$W^\mu = -\frac{\mathrm{i}}{2}\epsilon^{\mu\nu\rho\sigma}S_{\rho\sigma}\partial_\nu, \tag{5.2.18}$$

即对 W^μ 有贡献的实际上只是 Lorentz 群生成元中的 “自旋” 部分 $S_{\rho\sigma}$. 由 W^μ 构成的不变量 $W^2 = W^\mu W_\mu$ 是 Poincaré 群的 Casimir 算符, 并具有本征值

$$W^2 = -m^2 s(s+1), \tag{5.2.19}$$

其中 $m^2 = P^2$, s 是自旋值. 由于 Hilbert 空间中的算符 W^μ 作用于具有一定动量 $\boldsymbol{p}$ 的态, 所以 (5.2.18) 式中 P^ρ 对态的作用可以代换为 p^ρ, 重写 Pauli-Lubanski 四矢量为

$$W_\sigma = -\frac{1}{2}\epsilon_{\sigma\mu\nu\rho}S^{\mu\nu}p^\rho. \tag{5.2.20}$$

为了简单, 选择 $\boldsymbol{p}$ 平行于第三轴, 即

$$p^\mu = (p^0, 0, 0, p^3 = |\boldsymbol{p}|),$$

再令 $t = (1,0,0,0)$ 是时间轴, 定义类空单位矢量

$$n = \left(p\frac{p\cdot t}{m^2} - t\right)\frac{m}{|\boldsymbol{p}|},$$

可以得到

$$\begin{gathered}
W_0 = S^{12}p^3, \quad W_3 = -S^{12}p^0, \\
W\cdot p = W_0 p^0 + W_3 p^3 = 0, \\
-\frac{W\cdot n}{m} = \frac{W\cdot t}{|\boldsymbol{p}|} = \frac{W_0}{|\boldsymbol{p}|} = S^{12}.
\end{gathered}$$

这意味着当取 $\boldsymbol{p}$ 沿第三方向时, 有

$$-\frac{W\cdot n}{m}|a\rangle = S^{12}|a\rangle, \tag{5.2.21}$$

其中 $|a\rangle$ 是 (5.2.1) 式定义的单粒子态. 这时由于 $S^{12} = \boldsymbol{S}\cdot\hat{\boldsymbol{p}}$ ($\boldsymbol{S}$ 为自旋算符矢量), 所以 $-\dfrac{W\cdot n}{m}$ 恰为自旋算符 $\boldsymbol{S}$ 在 $\boldsymbol{p}$ 方向上的投影.

以上对单粒子的讨论容易推广到多粒子态情况. 例如 Fock 态空间的基矢

$$b^\dagger_{\lambda_1}(\boldsymbol{p}_1)\cdots b^\dagger_{\lambda_n}(\boldsymbol{p}_n)|0\rangle$$

由 n 个产生算符生成, 由于 $b^\dagger$ 彼此反对易, 相应的波函数 $f(1,2,\cdots,n)$ 对宗量全反对称. 若有两粒子处于同一量子数的态, 则 $f=0$, 这正是 Pauli 不相容原理. 因此, 反对易算符量子化自然导致了 Fermi-Dirac 统计.

通过对标量场和旋量场的量子化可见, 自然界微观领域存在两种类型的物理系统: 一种是整数自旋粒子场, 它由对易关系实现量子化, 称为玻色子, 遵从 Bose-Einstein 统计; 另一种是半整数自旋粒子场, 它由反对易关系实现量子化, 称为费米子, 遵从 Fermi-Dirac 统计. 这就是自旋-统计定理. 标量场 (自旋为 0) 和旋量场 (自旋为 1/2) 是两个典型例子.

§5.3 Dirac 场传播子

类似于对标量场的讨论, 也可从 Dirac 方程

$$\left(\mathrm{i}\gamma^\mu\frac{\partial}{\partial x^\mu}-m\right)\psi(x)=0$$

的本征解展开导出传播子. 首先对上式两边取复共轭, 则有共轭场量 $\overline{\psi}(x)=\psi^\dagger(x)\gamma^0$ 满足的 Dirac 方程

$$\overline{\psi}(x)\left(\mathrm{i}\gamma^\mu\frac{\overleftarrow{\partial}}{\partial x^\mu}+m\right)=0. \tag{5.3.1}$$

对于旋量场来讲, 容易证明其时空部分同样遵从 Klein-Gordon 方程, 只须在 Dirac 方程两边作用算子 $\left(\mathrm{i}\gamma^\mu\dfrac{\partial}{\partial x^\mu}+m\right)$ 就得到

$$(m^2+\Box)\psi(x)=0.$$

类似于方程 (4.4.8) 和 (4.4.9), 可以将 $\psi(x)$ 分解为 Lorentz 协变的正频和负频两部分:

$$\psi=\psi^{(+)}(x)+\psi^{(-)}(x), \tag{5.3.2}$$

$$\begin{aligned}\psi^{(+)}(x)&=\frac{1}{(2\pi)^4}\int\mathrm{d}^4p\psi(p)\theta(p_0)\delta(p^2-m^2)\mathrm{e}^{-\mathrm{i}p\cdot x}\\&=\frac{1}{(2\pi)^4}\int\mathrm{d}^3p\psi(\boldsymbol{p},E)\mathrm{e}^{-\mathrm{i}p\cdot x}\\&=\frac{1}{(2\pi)^4}\int\mathrm{d}^3p\psi^{(+)}(\boldsymbol{p})\mathrm{e}^{-\mathrm{i}p\cdot x},\end{aligned} \tag{5.3.3}$$

$$\psi^{(-)}(x)=\frac{1}{(2\pi)^4}\int\mathrm{d}^4p\psi(p)\theta(-p_0)\delta(p^2-m^2)\mathrm{e}^{\mathrm{i}p\cdot x}$$

$$= \frac{1}{(2\pi)^4} \int \mathrm{d}^3 p \psi(-\boldsymbol{p}, -E) \mathrm{e}^{\mathrm{i}p\cdot x}$$
$$= \frac{1}{(2\pi)^4} \int \mathrm{d}^3 p \psi^{(-)}(\boldsymbol{p}) \mathrm{e}^{\mathrm{i}p\cdot x}, \tag{5.3.4}$$

其中能量 $p^0 = E = \sqrt{(\boldsymbol{p}^2 + m^2)}$, $p = (\boldsymbol{p}, E)$, $\psi(\boldsymbol{p}, E)$ 和 $\psi(-\boldsymbol{p}, -E)$ 分别是旋量场的正能和负能分量, 记为 $\psi^{(\pm)}(\boldsymbol{p})$. 由 (3.4.21) 式知 $\psi^{(\pm)}(x)$ 也满足 Dirac 方程,

$$\left(\mathrm{i}\gamma^\mu \frac{\partial}{\partial x^\mu} - m\right) \psi^{(\pm)}(x) = 0. \tag{5.3.5}$$

因此由 (5.3.3) 和 (5.3.4) 式, 可知

$$\begin{aligned} (\not{p} - m)\psi^{(+)}(\boldsymbol{p}) &= 0, \\ (\not{p} + m)\psi^{(-)}(\boldsymbol{p}) &= 0, \end{aligned} \tag{5.3.6}$$

即 $\psi^{(\pm)}(\boldsymbol{p})$ 是四分量的旋量. 实际上 $\psi^{(\pm)}(\boldsymbol{p})$ 相关于 Dirac 旋量空间本征函数 $u_\lambda(p)$, $v_\lambda(p)$, 其中 λ 是自旋的极化指标, 那么 $\psi^{(\pm)}(\boldsymbol{p})$ 中除去本征函数 $u_\lambda(p)$, $v_\lambda(p)$ 外就是展开系数. 由于四维空间部分仍是平面波解, 并考虑到旋量结构, 定义 Dirac 场的本征函数的正频解和负频解如下:

$$u_\lambda(p, x) = u_\lambda(p) \mathrm{e}^{-\mathrm{i}p\cdot x}, \tag{5.3.7}$$

$$v_\lambda(p, x) = v_\lambda(p) \mathrm{e}^{\mathrm{i}p\cdot x}, \tag{5.3.8}$$

其中 $u_\lambda(p)$, $v_\lambda(p)$ 满足方程 (3.4.21). 本征函数 $u_\lambda(p)$ 是正粒子波函数, $v_\lambda(p)$ 是反粒子波函数, 它们之间通过电荷共轭算符相联系, $v_\lambda(p) = C\overline{u}_\lambda^{\mathrm{T}}(p)$ (见 (3.4.35) 式). 特别地, 在静止系 ($\boldsymbol{p} = \boldsymbol{0}$) 中, 有

$$(\gamma^0 - 1) u_\lambda(\boldsymbol{p} = \boldsymbol{0}) = 0,$$
$$(\gamma^0 + 1) v_\lambda(\boldsymbol{p} = \boldsymbol{0}) = 0.$$

若取 Dirac 表象 $\gamma^0 = \begin{bmatrix} 1 & 0 \\ 0 & -1 \end{bmatrix}$, 上述本征方程则有本征矢量

$$u_\lambda(\boldsymbol{p} = \boldsymbol{0}) = \sqrt{2m} \begin{bmatrix} \chi_\lambda \\ 0 \end{bmatrix}, v_\lambda(\boldsymbol{p} = \boldsymbol{0}) = \sqrt{2m} \begin{bmatrix} 0 \\ \chi_\lambda \end{bmatrix},$$

其中 $\sqrt{2m}$ 为归一化常数, χ_λ 是 Pauli 矩阵 $\sigma_3(\sigma_i, i = 1, 2, 3)$ 的本征矢量 (二分量),

$$\chi_1 = \begin{bmatrix} 1 \\ 0 \end{bmatrix}, \chi_2 = \begin{bmatrix} 0 \\ 1 \end{bmatrix}.$$

对 $u_\lambda(\boldsymbol{p}=\boldsymbol{0})$, $v_\lambda(\boldsymbol{p}=\boldsymbol{0})$, 做 Lorentz 变换就得到任意动量 $\boldsymbol{p}$ 下的旋量本征函数:

$$u_\lambda(p)=\frac{m+\not{p}}{\sqrt{2m(m+E)}}u_\lambda(\boldsymbol{p}=\boldsymbol{0})=\sqrt{m+E}\begin{bmatrix}\chi_\lambda\\ \dfrac{\boldsymbol{\sigma}\cdot\boldsymbol{p}}{E+m}\chi_\lambda\end{bmatrix}, \tag{5.3.9}$$

$$v_\lambda(p)=\frac{m-\not{p}}{\sqrt{2m(m+E)}}v_\lambda(\boldsymbol{p}=\boldsymbol{0})=\sqrt{m+E}\begin{bmatrix}\dfrac{\boldsymbol{\sigma}\cdot\boldsymbol{p}}{E+m}\chi_\lambda\\ \chi_\lambda\end{bmatrix}. \tag{5.3.10}$$

这里已利用了波函数 $u_\lambda(p), v_\lambda(p)$ 的归一化条件 (3.4.34), 或者记为

$$\begin{aligned}\overline{u}_\lambda(p)\gamma^0u_{\lambda'}(p)&=2E\delta_{\lambda\lambda'},\\ \overline{v}_\lambda(p)\gamma^0v_{\lambda'}(p)&=2E\delta_{\lambda\lambda'}.\end{aligned} \tag{5.3.11}$$

这样可以得到 (5.3.7) 和 (5.3.8) 式定义的本征函数满足的正交归一条件:

$$\begin{aligned}\int \mathrm{d}^3x\overline{u}_\lambda(p,x)\gamma^0u_{\lambda'}(p',x)&=2E(2\pi)^3\delta^3(\boldsymbol{p}-\boldsymbol{p}')\delta_{\lambda\lambda'},\\ \int \mathrm{d}^3x\overline{v}_\lambda(p,x)\gamma^0v_{\lambda'}(p',x)&=2E(2\pi)^3\delta^3(\boldsymbol{p}-\boldsymbol{p}')\delta_{\lambda\lambda'}.\end{aligned} \tag{5.3.12}$$

重写 $\psi(x)$ 对旋量场本征函数的展开式为

$$\psi(x)=\int\frac{\mathrm{d}^3p}{(2\pi)^32E}\sum_\lambda[b_\lambda(\boldsymbol{p})u_\lambda(p,x)+d_\lambda^\dagger(\boldsymbol{p})v_\lambda(p,x)]. \tag{5.3.13}$$

由正交归一条件 (5.3.15) 式可得展开系数

$$b_\lambda(\boldsymbol{p})=\int \mathrm{d}^3x\overline{u}_\lambda(p,x)\gamma^0\psi(x), \tag{5.3.14}$$

$$d_\lambda^\dagger(\boldsymbol{p})=\int \mathrm{d}^3x\overline{\psi}(x)\gamma^0v_\lambda(p,x). \tag{5.3.15}$$

类似于 (4.4.10)~(4.4.12) 式, 可以定义 Dirac 场的传播函数

$$S^{(+)}(x-x')=\left(\mathrm{i}\gamma^\mu\frac{\partial}{\partial x^\mu}+m\right)\Delta^{(+)}(x-x'), \tag{5.3.16}$$

$$S^{(-)}(x-x')=\left(\mathrm{i}\gamma^\mu\frac{\partial}{\partial x^\mu}+m\right)\Delta^{(-)}(x-x'), \tag{5.3.17}$$

$$S(x-x')=\left(\mathrm{i}\gamma^\mu\frac{\partial}{\partial x^\mu}+m\right)\Delta(x-x'), \tag{5.3.18}$$

$$S(x-x')=-\mathrm{i}[S^{(+)}(x-x')-S^{(-)}(x-x')]. \tag{5.3.19}$$

这些传播函数都遵从自由 Dirac 方程:

$$\begin{aligned}\left(\mathrm{i}\gamma^\mu\frac{\partial}{\partial x^\mu}-m\right)S^{(\pm)}(x-x')&=0,\\ \left(\mathrm{i}\gamma^\mu\frac{\partial}{\partial x^\mu}-m\right)S(x-x')&=0.\end{aligned} \tag{5.3.20}$$

由 (4.4.13) ~ (4.4.22) 式可以推出 $S(x-x')$, $S^{(\pm)}(x-x')$ 的性质. 特别地注意到 (4.4.17) 式, 有

$$S(x-x')|_{t=t'} = -\mathrm{i}\gamma^0\delta^3(\boldsymbol{x}-\boldsymbol{x}'). \tag{5.3.21}$$

由此可以定义旋量场的推迟和超前 Green 函数:

$$S^{(\mathrm{R})}(x-x') = \left(\mathrm{i}\gamma^\mu \frac{\partial}{\partial x^\mu} + m\right)\Delta^{(\mathrm{R})}(x-x'), \tag{5.3.22}$$

$$S^{(\mathrm{A})}(x-x') = \left(\mathrm{i}\gamma^\mu \frac{\partial}{\partial x^\mu} + m\right)\Delta^{(\mathrm{A})}(x-x'). \tag{5.3.23}$$

这两个 Green 函数相减就给出 $S(x)$,

$$S^{(\mathrm{A})}(x) - S^{(\mathrm{R})}(x) = S(x). \tag{5.3.24}$$

它们在 $\left(\mathrm{i}\gamma^\mu \frac{\partial}{\partial x^\mu} - m\right)$ 算符作用下为 $\delta^4(x)$:

$$(\mathrm{i}\gamma^\mu \frac{\partial}{\partial x^\mu} - m)S^{(\mathrm{R})}(x) = \delta^4(x), \tag{5.3.25}$$

$$(\mathrm{i}\gamma^\mu \frac{\partial}{\partial x^\mu} - m)S^{(\mathrm{A})}(x) = \delta^4(x), \tag{5.3.26}$$

由此可得

$$S(x) = \int_C \frac{\mathrm{d}^4p}{(2\pi)^4}\frac{\mathrm{e}^{-\mathrm{i}p\cdot x}}{\not{p}-m} = \frac{1}{(2\pi)^4}\int_C \mathrm{d}^4p \frac{\not{p}+m}{p^2-m^2}\mathrm{e}^{-\mathrm{i}p\cdot x}, \tag{5.3.27}$$

$$S^{(\mathrm{R})}(x) = \int_{C_\mathrm{R}} \frac{\mathrm{d}^4p}{(2\pi)^4}\frac{\not{p}+m}{p^2-m^2}\mathrm{e}^{-\mathrm{i}p\cdot x}, \tag{5.3.28}$$

$$S^{(\mathrm{A})}(x) = \int_{C_\mathrm{A}} \frac{\mathrm{d}^4p}{(2\pi)^4}\frac{\not{p}+m}{p^2-m^2}\mathrm{e}^{-\mathrm{i}p\cdot x}, \tag{5.3.29}$$

其中积分回路同于上一章中的图 4.4.1、图 4.4.2、图 4.4.3.

同样可以定义两个旋量场算符的 Dyson 编时乘积或称 T 乘积:

$$\begin{aligned} T[\psi(x)\overline{\psi}(x')] &= \theta(t-t')\psi(x)\overline{\psi}(x') - \theta(t'-t)\overline{\psi}(x')\psi(x) \\ &= -T[\overline{\psi}(x')\psi(x)], \end{aligned} \tag{5.3.30}$$

在 T 乘积中, 两个场算符交换反对易但不改变旋量结构. 由此可以定义费米子的传播子

$$\mathrm{i}S_\mathrm{F}(x-x') = \langle 0|T[\psi(x)\overline{\psi}(x')]|0\rangle. \tag{5.3.31}$$

将 (5.3.31) 式中旋量场 $\psi(x),\overline{\psi}(x)$ 按 (5.3.2) ~ (5.3.4) 分解代入运算, 可以证明

$$
\begin{aligned}
\mathrm{i}S_{\mathrm{F}}(x-x') &= \mathrm{i}(\mathrm{i}\partial\!\!\!/_x + m)\Delta_{\mathrm{F}}(x-x') \\
&= \int_{C_{\mathrm{F}}} \frac{\mathrm{d}^4 p}{(2\pi)^4} \frac{\mathrm{i}(p\!\!\!/ + m)}{p^2 - m^2} \mathrm{e}^{-\mathrm{i}p\cdot(x-x')} \\
&= \int \frac{\mathrm{d}^4 p}{(2\pi)^4} \frac{\mathrm{i}(p\!\!\!/ + m)}{p^2 - m^2 + \mathrm{i}\epsilon} \mathrm{e}^{-\mathrm{i}p\cdot(x-x')},
\end{aligned}
\tag{5.3.32}
$$

其积分回路 C_{F} 同于 §4.4 的讨论. 定义费米子传播子的 Fourier 变换

$$
S_{\mathrm{F}}(x-x') = \int \frac{\mathrm{d}^4 p}{(2\pi)^4} \mathrm{e}^{-\mathrm{i}p\cdot(x-x')} S_{\mathrm{F}}(p), \tag{5.3.33}
$$

其中

$$
S_{\mathrm{F}}(p) = \frac{1}{p\!\!\!/ - m + \mathrm{i}\epsilon}. \tag{5.3.34}
$$

§5.4 旋量场路径积分量子化方法

§4.6 讨论了标量场的路径积分量子化, 在此方法中并不要求直观的正则对易关系成立, 可以得到标量场传播子并计算任意 Green 函数. 类似地可以对旋量场定义生成泛函, 但是要注意时间和空间分立化后, 两个实标量场 ϕ_i 和 ϕ_j 的乘积是可交换, 或者说相互对易的, 即 $\phi_i\phi_j = \phi_j\phi_i$, 它们是普通数, 满足一般代数性质, 然而对于费米子场 ψ 就不一样了. §5.2 已指出它们具有反对易的性质, 不能按照对标量场的路径积分量子化方法运算. 为了反映反对易的性质, 人们引入一种数, 遵从下面的性质:

(1) 交换相邻两数出一负号,

$$
\psi_i\psi_j = -\psi_j\psi_i. \tag{5.4.1}
$$

(2) 相同两数乘积为零,

$$
\psi_i\psi_i = 0. \tag{5.4.2}
$$

(3) 它与普通数可对易.

N 个这样的反对易数的集合称为 Grassmann 代数, 其中每个 ψ_i 为 Grassmann 数. 人们可以选择一系列单项式

$$
1, \psi_i, \psi_i\psi_j, \cdots, \psi_1\psi_2\cdots\psi_N \tag{5.4.3}
$$

作为基来张开 Grassmann 代数的线性空间. 由于 (5.4.2) 式, 这一组单项式的数目是有限的, 总的单项式的数目就是这一线性空间的维数:

$$1+\mathrm{C}_N^1+\mathrm{C}_N^2+\cdots+\mathrm{C}_N^N=2^N, \tag{5.4.4}$$

即这是一个 2^N 维的线性空间. 人们可以在这样的线性空间中定义各种代数运算. 当 $N\to\infty$ 时, $\psi_i\to\psi(x)$ 描述费米子场, 从而定义了费米子场的泛函积分.

以下定义 Grassmann 代数运算. 首先定义二维 ($N=1$) 线性空间的微商. 当 $N=1$ 时, $\psi\psi=0$, 因而在此空间中 ψ 的任意函数 $f(\psi)$ 为

$$f(\psi)=c_1+c_2\psi. \tag{5.4.5}$$

那么 $f(\psi)$ 的微商

$$\frac{\partial}{\partial\psi}f(\psi)=c_2. \tag{5.4.6}$$

也可以定义右微商

$$f(\psi)\frac{\overleftarrow{\partial}}{\partial\psi}=c_2. \tag{5.4.7}$$

现在将微商定义推广到 N 为一般有限整数情况下的 2^N 维线性空间. 考虑到 Grassmann 数的性质 (5.4.1), 乘积 $\psi_{i_1}\psi_{i_2}\cdots\psi_{i_k}$ 的左微商

$$\frac{\overrightarrow{\partial}}{\partial\psi_j}(\psi_{i_1}\psi_{i_2}\cdots\psi_{i_k})=\begin{cases}(-1)^{l-1}\psi_{i_1}\psi_{i_2}\cdots(\psi_{i_l})\cdots\psi_{i_k}, & \text{如果 } i_l=j\,,\\ 0, & \text{如果乘积中不含 } \psi_j,\end{cases} \tag{5.4.8}$$

其中 (ψ_{i_l}) 的意义是当乘积中 ψ_{i_l} 就是 ψ_j 时, 将它移到最左边时去掉, 并贡献一个由于反对易性质产生的因子 $(-1)^{l-1}$. 类似地可以定义右微商

$$(\psi_{i_1}\psi_{i_2}\cdots\psi_{i_k})\frac{\overleftarrow{\partial}}{\partial\psi_j}=\begin{cases}(-1)^{k-l}\psi_{i_1}\psi_{i_2}\cdots(\psi_{i_l})\cdots\psi_{i_k}, & \text{如果 } i_l=j,\\ 0, & \text{如果乘积中不含 } \psi_j.\end{cases} \tag{5.4.9}$$

按照定义 (5.4.8) 很容易得到下面两个二阶微商的等式:

$$\frac{\partial^2F}{\partial\psi_i\partial\psi_j}=-\frac{\partial^2F}{\partial\psi_j\partial\psi_i}, \tag{5.4.10}$$

$$\frac{\partial^2F}{\partial\psi_j^2}=0, \tag{5.4.11}$$

其中 F 是 Grassmann 数的任意函数. 下面定义积分运算规则:

$$\int \mathrm{d}\psi_i = 0, \tag{5.4.12}$$

$$\int \mathrm{d}\psi_i \psi_j = \delta_{ij}, \tag{5.4.13}$$

其中 $\mathrm{d}\psi$ 和 ψ 满足反对易关系

$$\{\mathrm{d}\psi_i, \psi_i\} = 0, \quad \{\mathrm{d}\psi_i, \mathrm{d}\psi_j\} = 0. \tag{5.4.14}$$

有了上述定义和代数运算规则, 人们就可以做复杂的代数运算. 首先定义 Grassmann 数集 $\{\overline{\psi}_i\}(i = 1, 2, \cdots, N)$, 它可以是 $\{\psi_i\}$ 的复共轭, 或者是另一组数集. 考虑积分

$$\begin{aligned} I &= \int \mathrm{d}\psi_1 \mathrm{d}\psi_2 \cdots \mathrm{d}\psi_N \mathrm{d}\overline{\psi}_1 \mathrm{d}\overline{\psi}_2 \cdots \mathrm{d}\overline{\psi}_N \exp(\overline{\psi}_i A_{ij} \psi_j) \\ &= \int \prod \mathrm{d}\psi \prod \mathrm{d}\overline{\psi} \exp(\overline{\psi}_i A_{ij} \psi_j), \end{aligned} \tag{5.4.15}$$

其中

$$\prod \mathrm{d}\psi = \prod_{i=1}^{N} \mathrm{d}\psi_i, \quad \prod \mathrm{d}\overline{\psi} = \prod_{i=1}^{N} \mathrm{d}\overline{\psi}_j, \tag{5.4.16}$$

被积函数 $\exp(\overline{\psi}_i A_{ij} \psi_j)$ 理解为指数展开. 注意到 $\psi^2 = 0$, $\overline{\psi}^2 = 0$, 指数展开式最高幂次为 N, 即

$$\exp(\overline{\psi}_i A_{ij} \psi_j) = 1 + \overline{\psi}_i A_{ij} \psi_j + \cdots + \frac{1}{N!} (\overline{\psi}_i A_{ij} \psi_j)^N. \tag{5.4.17}$$

将 (5.4.17) 式代入 (5.4.15) 式并注意到积分规则 (5.4.12) 和 (5.4.13) 就可知, 只有 (5.4.17) 式中最后一项有贡献, 从而得到积分

$$I = \int \prod \mathrm{d}\psi \prod \mathrm{d}\overline{\psi} \frac{1}{N!} (\overline{\psi}_i A_{ij} \psi_j)^N. \tag{5.4.18}$$

利用普通数 A 与 Grassmann 数对易以及 Grassmann 数之间反对易, 将 (5.4.18) 式中的 ψ_i 和 $\overline{\psi}_i$ 按 $i, j = 1, 2, \cdots, N$ 排列, 就可以得到

$$\begin{aligned} (\overline{\psi}_i A_{ij} \psi_j)^N &= (-1)^{N(N-1)/2} \sum_{i_1, \cdots, i_N, j_1, \cdots, j_N} A_{i_1 j_1} \cdots A_{i_N j_N} \overline{\psi}_{i_1} \cdots \overline{\psi}_{i_N} \psi_{j_1} \cdots \psi_{j_N} \\ &= (-1)^{N(N-1)/2} \sum_{i_1, \cdots, i_N, j_1, \cdots, j_N} \epsilon_{i_1 \ldots i_N} \epsilon_{j_1 \ldots j_N} A_{i_1 j_1} \cdots A_{i_N j_N} \overline{\psi}_1 \cdots \overline{\psi}_N \psi_1 \cdots \psi_N, \end{aligned}$$

其中 $\epsilon_{i_1\cdots i_N}$ 是 N 阶全反对称张量. 由全反对称张量的性质可以将上式化简为

$$(\overline{\psi}_i A_{ij}\psi_j)^N = (-1)^{N(N-1)/2}N!\sum_{j_1,\cdots,j_N}\epsilon_{j_1\dots j_N}A_{1j_1}\cdots A_{Nj_N}\overline{\psi}_1\cdots\overline{\psi}_N\psi_1\cdots\psi_N. \tag{5.4.19}$$

将 (5.4.19) 式代入 (5.4.18) 式, 按规则 (5.4.12) 和 (5.4.13) 积分, 就得到

$$I = \int\prod \mathrm{d}\psi\prod \mathrm{d}\overline{\psi}\exp(\overline{\psi}_i A_{ij}\psi_j) = (-1)^{N(N-1)/2}\det A, \tag{5.4.20}$$

其中矩阵 A 的行列式

$$\det A = \sum_{j_1,\cdots,j_N}\epsilon_{j_1\dots j_N}A_{1j_1}\cdots A_{Nj_N}. \tag{5.4.21}$$

当 $N\to\infty$ 时过渡到连续极限, 上述积分则表达为

$$I = \int[\mathrm{d}\psi][\mathrm{d}\overline{\psi}]\exp\left[\int \mathrm{d}^4x\mathrm{d}^4y\overline{\psi}(x)A(x,y)\psi(y)\right] = \det A. \tag{5.4.22}$$

上式与 (5.4.20) 式只有正负号的差别. 从 (5.4.22) 式可见, 一个矩阵的行列式可以改写为一个指数函数的泛函积分. 在第 16 章中将看到 (5.4.22) 式的重要性.

现在可以利用 Grassmann 代数将上一章中的 (4.6.2) 式定义的生成泛函扩充至包含费米子场. 首先写下自由场拉氏密度

$$\mathcal{L}_0(x) = \overline{\psi}(\mathrm{i}\gamma^\mu\partial_\mu - m)\psi. \tag{5.4.23}$$

引入费米子场 $\overline{\psi}$ 和 $\psi(\overline{\psi}=\psi^\dagger\gamma^0)$ 的外源 $\eta(x)$ 和 $\overline{\eta}(x)$, 其生成泛函为

$$Z_0^{\mathrm{F}}(\eta,\overline{\eta}) = \int[\mathrm{d}\psi][\mathrm{d}\overline{\psi}]\exp\{\mathrm{i}\int \mathrm{d}^4x(\mathcal{L}_0+\overline{\psi}\eta+\overline{\eta}\psi)\}. \tag{5.4.24}$$

以上的讨论对含有相互作用的拉氏密度都是正确的. 首先讨论无相互作用的自由拉氏密度定义的生成泛函 (5.4.24) 式. 类似于 (4.6.33) 式, 可以定义费米子的两点 Green 函数

$$\langle 0|T[\psi_\alpha(x)\overline{\psi}_\beta(y)]|0\rangle = \frac{(-\mathrm{i})^2}{Z_0^{\mathrm{F}}(0,0)}\frac{\delta^2 Z_0^{\mathrm{F}}[\eta,\overline{\eta}]}{\delta\overline{\eta}_\alpha(x)\delta(-\eta_\beta(y))}\bigg|_{\overline{\eta}=\eta=0}. \tag{5.4.25}$$

将自由拉氏密度 $\mathcal{L}=\overline{\psi}(\mathrm{i}\gamma^\mu\partial_\mu-m)\psi$ 代入 (5.4.24) 式, 得

$$Z_0^{\mathrm{F}}(\eta,\overline{\eta}) = \int[\mathrm{d}\psi][\mathrm{d}\overline{\psi}]\exp\{\mathrm{i}\int \mathrm{d}^4x(\overline{\psi}(\mathrm{i}\gamma^\mu\partial_\mu-m)\psi+\overline{\psi}\eta+\overline{\eta}\psi)\}. \tag{5.4.26}$$

对上式做坐标对称化, 可得

$$Z_0^{\mathrm{F}}(\eta,\overline{\eta})=\int[\mathrm{d}\psi][\mathrm{d}\overline{\psi}]\exp\left\{\mathrm{i}\int\mathrm{d}^4x\mathrm{d}^4y\overline{\psi}(x)R(x,y)\psi(y)+\mathrm{i}\int\mathrm{d}^4x(\overline{\psi}(x)\eta(x)+\overline{\eta}(x)\psi(x))\right\},\tag{5.4.27}$$

其中

$$R(x,y)=(\mathrm{i}\gamma^\mu\partial_\mu-m)\delta^4(x-y).\tag{5.4.28}$$

对 ψ 和 $\overline{\psi}$ 做平移变换, 可以得到

$$Z_0^{\mathrm{F}}(\eta,\overline{\eta})=Z_0^{\mathrm{F}}(\eta=0,\overline{\eta}=0)\exp\left\{-\mathrm{i}\int\mathrm{d}^4x\mathrm{d}^4y\overline{\eta}(x)S_{\mathrm{F}}(x-y)\eta(y)\right\},\tag{5.4.29}$$

其中 $Z_0^{\mathrm{F}}(\eta=0,\overline{\eta}=0)$ 是无外源时的生成泛函, $S_{\mathrm{F}}(x,y)$ 是 $R(x,y)$ 的逆, 即满足

$$\int\mathrm{d}^4zR(x-z)S_{\mathrm{F}}(z-y)=\delta^4(x-y).\tag{5.4.30}$$

将 (5.4.28) 式代入 (5.4.30) 式并做 Fourier 变换, 就得到

$$S_{\mathrm{F}}(x-y)=\int\frac{\mathrm{d}^4p}{(2\pi)^4}\frac{1}{\not p-m+\mathrm{i}\epsilon}\mathrm{e}^{-\mathrm{i}p\cdot(x-y)}.\tag{5.4.31}$$

这正是 §5.3 中正则量子化后给出的旋量场的 Feynman 传播子. (5.4.26) 式是自由场生成泛函的明显表达式, 以此方法可以计算任意 Green 函数.

类似地, 含有相互作用的拉氏密度为

$$\mathcal{L}(x)=\mathcal{L}_0(x)+\mathcal{L}_{\mathrm{i}}(x).\tag{5.4.32}$$

定义含有相互作用的生成泛函

$$Z^{\mathrm{F}}(\eta,\overline{\eta})=\int[\mathrm{d}\psi][\mathrm{d}\overline{\psi}]\exp\left\{-\mathrm{i}\int\mathrm{d}^4x(\mathcal{L}_0(x)+\mathcal{L}_{\mathrm{i}}(x)+\overline{\psi}\eta+\overline{\eta}\psi)\right\},\tag{5.4.33}$$

就可以计算有相互作用时的任意 Green 函数.

习　　题

1. 参考 (5.3.27) 式中列出的 Dirac 场动量空间的传播子表达式

$$S(x)=\frac{1}{(2\pi)^4}\int_C\mathrm{d}^4p\frac{\not p+m}{p^2-m^2}\mathrm{e}^{-\mathrm{i}p\cdot x},$$

计算出其坐标空间传播子的表达式.

2. 验证下列公式:

$$
\begin{aligned}
[P_\mu, \psi(x)] &= -\mathrm{i}\partial_\mu \psi(x), \\
[J^{\mu\nu}, \psi(x)] &= -\left[\mathrm{i}(x^\mu \partial^\nu - x^\nu \partial^\mu) + \frac{1}{2}\sigma^{\mu\nu}\right]\psi(x), \\
[Q, \psi(x)] &= -\psi(x).
\end{aligned}
$$

鉴于 Q 是守恒荷, 由矢量流的零分量构成, 且又满足上述对易关系, 上式表明, 矢量流在重整化下是不变的.

3. 根据 Dirac 场的平面波展开式及相应性质, 证明 $v(p,s) = -\mathrm{i}\gamma^2 u^*(p,s)$.
4. 对于非零质量费米子, 证明 Pauli-Lubanski 矢量 W_0 可以约化成沿 z 轴运动的螺旋度算符.

第 6 章　自由 Maxwell 场量子化

本章主要讨论自旋为 1 的电磁场 $A^\mu(x)$ 的量子化. 1927 年, Dirac 首先提出了电磁场量子化方法, 将电磁场分解为一系列基本的简单振动, 通过将电场和磁场的基本振动量子化实现电磁场的量子化, 光子是电磁场的量子, 从而解释了光子的产生和湮灭现象. 当人们将 Maxwell 场方程写成 Lorentz 协变形式时引入了矢势 $A^\mu(x)$, 将原来电场与磁场所具有的两个横向分量自由度扩充为矢势的四个自由度, 因而为了去掉非物理自由度, 选择规范条件是必要的. 这就使得电磁场量子化成为有约束条件的场的量子化问题. 保持 Lorentz 协变性的 Lorenz 规范条件是自然的选择. 表面上看人们可以将 $A^\mu(x)$ 的每个分量视为实标量场, 按第 4 章给出的正则量子化方法实现量子化, 然而由于规范场的约束条件的算符形式与正则对易关系相矛盾, 使得电磁场正则量子化遇到困难. 1950 年, Gupta 和 Bleuler 用不定度规方法实现了具有 Lorenz 规范条件的电磁场量子化. 本章将首先分析对 $A^\mu(x)$ 进行正则量子化遇到的困难, 然后介绍 Gupta-Bleuler 量子化方法以及电磁场的传播函数. 最后一节讨论电磁场的路径积分量子化, 得到同样的传播函数. 电磁场是 U(1) 群 Abel 规范场. 对于非 Abel 规范场, 为了保持相对论协变性的规范不变性, 只能通过路径积分方法实现量子化.

§6.1　电磁场正则量子化困难

自由电磁场若采取正则量子化会遇到困难, 原因在于物理场量是

$$F^{\mu\nu} = \begin{bmatrix} 0 & -E^1 & -E^2 & -E^3 \\ E^1 & 0 & -B^3 & B^2 \\ E^2 & B^3 & 0 & -B^1 \\ E^3 & -B^2 & B^1 & 0 \end{bmatrix}, \quad F^{0i} = -E^i, \ \ F^{ij} = -\epsilon^{ijk} B^k,$$

而为了描述理论的规范不变性引入了规范场 A^μ, $F^{\mu\nu} = \partial^\mu A^\nu - \partial^\nu A^\mu$, 但规范场 A^μ 含有非物理自由度. 对于规范变换

$$A^\mu(x) \to A^\mu(x) + \partial^\mu \alpha(x),$$

其中 $\alpha(x)$ 是时空点的任意标量函数, $F^{\mu\nu}$ 不变, 因而自由电磁场拉氏密度

$$\mathcal{L}(x) = -\frac{1}{4} F^{\mu\nu} F_{\mu\nu}$$

也在规范变换下保持不变. 正则量子化首先要定义 A^μ 的正则动量

$$\pi_\mu = \frac{\partial L}{\partial \dot{A}^\mu} = -F_{0\mu},$$

其中 $\dot{A}^\mu = \partial_0 A^\mu$. 但因为 A^μ 作为动力学场量, 拉氏密度中不含 A^μ 的时间微商, 因此与 A^0 相应的正则动量为零, 无法定义正则对易关系以实现正则量子化. 为此, 人们选取规范固定条件消去非物理自由度, 使物理动力学场变量满足正则对易关系以实现量子化. 一种规范固定条件是 Coulomb 规范, 即对 A^μ 加上条件

$$A^0 = 0, \ \ \nabla \cdot \boldsymbol{A} = 0.$$

由于 $A^0 = 0$ 与 $\pi^0 = 0$ 没有矛盾, 量子化将只对 $\boldsymbol{A}$ 的横向分量进行, 不会再有非物理自由度. 然而由于 Coulomb 规范条件不是协变的, 因而该量子化方案也不具有协变性, 得出的理论不是明显协变的, 在计算物理过程时不方便.

人们常取协变的 Lorenz 规范, 即对运动方程 $\Box A^\mu(x) = 0$ 附加 Lorenz 条件 $\partial^\mu A_\mu(x) = 0$. 这使得电磁场量子化成为有约束条件的量子化, 而此约束条件并不是规范不变的. 人们处理这种有约束条件的量子化通常使用拉格朗日乘子法, 将 (3.7.23) 式的拉氏密度改写为

$$\mathcal{L} = -\frac{1}{4}F^{\mu\nu}F_{\mu\nu} - \frac{1}{2\alpha}(\partial^\mu A_\mu)^2, \tag{6.1.1}$$

附加项是规范固定项, 不是规范不变的, 其中 $\alpha \neq 0$ 为任意实参数. 由于这一项的存在, 对于 (6.1.1) 式的拉氏密度, 可以得到

$$\frac{\partial \mathcal{L}}{\partial(\partial_\mu A_\rho)} = -F^{\mu\rho} - \frac{1}{\alpha}g^{\mu\rho}(\partial \cdot A),$$

因而正则动量 π_μ 为

$$\pi_\mu = -F_{0\mu} - \frac{1}{\alpha}g_{0\mu}(\partial^\nu A_\nu). \tag{6.1.2}$$

这时 π_0 不再为零, 表面上绕过了量子化困难. 由 (6.1.1) 式导出运动方程为

$$\Box A_\mu - \left(1 - \frac{1}{\alpha}\right)\partial_\mu(\partial^\mu A_\mu) = 0.$$

为了简单起见, 取规范参数 $\alpha = 1$, 称为 Feynman 规范. 这里虽称为规范, 但与规范变换不是一回事, 只意味着选取规范参量 α 的值. 在 Feynman 规范下, 电磁场的拉氏密度为

$$\mathcal{L} = -\frac{1}{4}F^{\mu\nu}F_{\mu\nu} - \frac{1}{2}(\partial^\mu A_\mu)^2. \tag{6.1.3}$$

由此拉氏密度可导出 Maxwell 方程

$$\Box A_{\mu}=0, \tag{6.1.4}$$

以及相应于 A^{μ} 的共轭动量

$$\pi_{\mu}=-F_{0\mu}-g_{0\mu}(\partial^{\nu}A_{\nu}), \tag{6.1.5}$$

特别是

$$\pi_{0}=-(\partial^{\nu}A_{\nu}),$$

不再有前述 π_0 不存在的困难, 因为尚未附加 Lorenz 条件, 即此时 $\partial^{\nu}A_{\nu}\neq 0$. 对 (6.1.4) 式从左作用 ∂^{μ}, 得

$$\Box(\partial^{\mu}A_{\mu})=0. \tag{6.1.6}$$

注意此方程在 (6.1.4) 右边存在守恒流 j_{μ} 的情况下也成立. 由此可见, $\partial^{\mu}A_{\mu}$ 具有自由标量场的性质. 在 § 3.7 中曾指出, 在经典一级, 由于满足方程 (6.1.6), 若 $t=0$ 时, $\partial^{\mu}A_{\mu}=0$, $\dfrac{\partial}{\partial t}(\partial^{\mu}A_{\mu})=0$, 则在任意时刻 t, 皆有 $\partial^{\mu}A_{\mu}=0$, 因而此条件下的 (6.1.4) 式等价于 Maxwell 方程. 由拉氏密度 (6.1.3) 出发, 可以假定正则量子化关系

$$[A^{\mu}(\boldsymbol{x},t),\pi^{\nu}(\boldsymbol{y},t)]=\mathrm{i}g^{\mu\nu}\delta^{3}(\boldsymbol{x}-\boldsymbol{y}). \tag{6.1.7}$$

然而这时 π_0 虽不为零, 但它正比于 $\partial_{\nu}A^{\nu}(x)$, 显然正则量子化关系与算符方程 $\partial_{\nu}A^{\nu}(x)=0$ 不自洽. 这意味着 Lorenz 条件 $\partial_{\nu}A^{\nu}(x)$ 算符化对 Hilbert 空间限制太强了. 如果不要求算符方程 $\partial_{\nu}A^{\nu}(x)=0$ 成立, 正则量子化仍然可以进行, 但附加项的存在使得拉氏密度不再是规范不变的. 物理结果应该是规范无关的, 所以如何处理 Lorenz 条件就成为电磁场正则量子化的一个关键问题.

Gupta-Bleuler 的不定度规量子化方法成功地既保持了理论的协变性和规范不变性, 又解决了 Lorenz 规范条件引起的困难. 注意到对场量 A_{μ} 量子化的好处是明显协变并可保持理论的规范不变性, 而代价是由于包含了非物理的自由度, 使得量子化后的 Hilbert 空间过大, 特别是其中还会出现负模方态. 而直接将 Lorenz 条件 $\partial_{\mu}A^{\mu}=0$ 量子化对 Hilbert 空间限制又太强, 只有设法使过大的 Hilbert 空间减小成物理上合理的 Hilbert 空间才可克服这一缺点, 以使物理观测不受非物理自由度的影响. 在量子电动力学中把算符方程 $\partial_{\mu}A^{\mu}(x)=0$ 减弱为对物理态 $|\psi\rangle$ 的平均值的要求, 即

$$\langle\psi|\partial_{\mu}A^{\mu}(x)|\psi\rangle=0, \tag{6.1.8}$$

从而选出物理上合理的 Hilbert 空间, 去掉非物理自由度.

总之, 无论哪一种规范条件都在于去掉 A_μ 的非物理自由度. 这从电磁场是横波很容易理解, 它的极化矢量只有两个独立分量, 因此不能将 A_μ 的四个分量皆当成独立变量. 或者说, 光子的自旋为 1, 但质量为 0, 它只有两个自旋自由度, 对应于螺旋度 ± 1, 电场和磁场是横场, Coulomb 规范下仅对电场和磁场实施量子化就不存在非物理自由度.

§6.2 电磁场不定度规量子化

为了保持 Lorentz 协变性, 我们采用协变的 Lorenz 规范条件量子化. §6.1 指出, 若在描述电磁场时引入拉格朗日乘子将协变规范条件并入拉氏密度, 有

$$\mathcal{L} = -\frac{1}{4}F^{\mu\nu}F_{\mu\nu} - \frac{1}{2\alpha}(\partial^\mu A_\mu)^2,$$

下面采用 Feynman 规范, 即取 $\alpha = 1$. 先不考虑规范条件 $\partial^\mu A_\mu = 0$, 由此拉氏密度仅将 A^μ 场量子化, 类似于实标量场, 假定等时正则对易关系

$$\begin{aligned} &[A^\mu(\boldsymbol{x},t), \pi^\nu(\boldsymbol{y},t)] = \mathrm{i}g^{\mu\nu}\delta^3(\boldsymbol{x}-\boldsymbol{y}), \\ &[A^\mu(\boldsymbol{x},t), A^\nu(\boldsymbol{y},t)] = [\pi^\mu(\boldsymbol{x},t), \pi^\nu(\boldsymbol{y},t)] = 0. \end{aligned} \tag{6.2.1}$$

这里的经典场 A_μ 为实场, 量子化后为厄米算符. 因而有

$$\begin{aligned} &[A^0(\boldsymbol{x},t), \pi^0(\boldsymbol{y},t)] = \mathrm{i}\delta^3(\boldsymbol{x}-\boldsymbol{y}), \\ &[A^i(\boldsymbol{x},t), \pi^j(\boldsymbol{y},t)] = -\mathrm{i}\delta_{ij}\delta^3(\boldsymbol{x}-\boldsymbol{y}). \end{aligned} \tag{6.2.2}$$

由于 $\pi^0 = -\partial^\mu A_\mu$, 所以 $\partial^\mu A_\mu = 0$ 作为算符方程与正则对易关系 (6.1.7) 是不自洽的. 为此令 $\partial^\mu A_\mu \neq 0$, 将 (6.1.5) 式 $\pi_\mu = -F_{0\mu} - g_{0\mu}(\partial^\nu A_\nu)$ 代入 (6.2.1) 式, 可得对易关系

$$\begin{aligned} &[A^\mu(\boldsymbol{x},t), \dot{A}^\nu(\boldsymbol{y},t)] = -\mathrm{i}g^{\mu\nu}\delta^3(\boldsymbol{x}-\boldsymbol{y}), \\ &[A^\mu(\boldsymbol{x},t), A^\nu(\boldsymbol{y},t)] = [\dot{A}^\mu(\boldsymbol{x},t), \dot{A}^\nu(\boldsymbol{y},t)] = 0. \end{aligned} \tag{6.2.3}$$

运动方程 (6.1.4) 和对易关系 (6.2.3) 就是矢量场 A_μ 的基本方程. 将 (6.2.3) 式的第二式与实标量场情况下的 (4.2.4) 式相比较, 就可以看出 A_μ 三个空间分量间的对易关系与实标量场的对易关系相同, 但时间分量 A_0 与 $\dot{A}_0$ 的对易关系与实标量场的对易关系右边差一负号. 这一差别将使得对易关系 (6.2.3) 产生一个完全不同的 Hilbert 空间.

为了构造 Hilbert 空间的基矢, 类似于实标量场, 对 A_μ 做平面波展开,

$$A_\mu(x) = \int \widetilde{\mathrm{d}}k \sum_{\lambda=0}^{3} [a_\lambda(\boldsymbol{k})\epsilon_\mu^{(\lambda)}(k)\mathrm{e}^{-\mathrm{i}k\cdot x} + a_\lambda^\dagger(\boldsymbol{k})\epsilon_\mu^{(\lambda)*}(k)\mathrm{e}^{\mathrm{i}k\cdot x}], \tag{6.2.4}$$

其中 $\widetilde{\mathrm{d}}k = \dfrac{\mathrm{d}^3 k}{(2\pi)^3 2k^0}$, $a_\lambda(\boldsymbol{k})$ 和 $a_\lambda^\dagger(\boldsymbol{k})$ 为矢量场 A_μ 的湮灭和产生算符, $\mathrm{e}^{\mp\mathrm{i}k\cdot x}$ 是算子 $\square$ 的本征解. 由于矢量场是无质量的, 因而 k 满足

$$k^2 = (k^0)^2 - \boldsymbol{k}^2 = 0, \quad k^0 = |\boldsymbol{k}|. \tag{6.2.5}$$

这里 $k^2 = 0$ 表明 k 在光锥上, $k^0 > 0$ 意味着 k 在向前光锥上. $\widetilde{\mathrm{d}}k$ 在 $k^2 = 0$ 时也是 Lorentz 不变的. 由展开式 (6.2.4) 可见, A_μ 自动满足场方程 $\square A_\mu = 0$. 对于矢量场 A_μ 的 Fourier 分量 $A_\mu(\boldsymbol{k})$, 引入线性无关的四矢量空间中的四个基矢 $\epsilon_\mu^{(\lambda)}(k)$, 称为极化矢量. 例如, 当 $\boldsymbol{k}$ 平行于第三轴时, $k^\mu = (k^0, 0, 0, |\boldsymbol{k}|)$, 四个极化矢量有极简单的形式:

$$\epsilon^{(0)} = \begin{bmatrix} 1 \\ 0 \\ 0 \\ 0 \end{bmatrix}, \quad \epsilon^{(1)} = \begin{bmatrix} 0 \\ 1 \\ 0 \\ 0 \end{bmatrix}, \quad \epsilon^{(2)} = \begin{bmatrix} 0 \\ 0 \\ 1 \\ 0 \end{bmatrix}, \quad \epsilon^{(3)} = \begin{bmatrix} 0 \\ 0 \\ 0 \\ 1 \end{bmatrix}. \tag{6.2.6}$$

(6.2.6) 式中 $\epsilon^{(1)}, \epsilon^{(2)}$ 是线极化, 显然有 $k \cdot \epsilon^{(1,2)} = 0$. 在圆偏振情况, 可取横向极化矢量

$$\epsilon^{(\pm)} = (\epsilon^{(1)} \pm \mathrm{i}\epsilon^{(2)})/\sqrt{2}, \tag{6.2.7}$$

分别对应横光子的螺旋度为 ± 1 的两个极化自由度. $\epsilon^{(0)}$, $\epsilon^{(3)}$ 分别是标量极化和纵向极化矢量, 是非物理的. 极化矢量 (6.2.6) 满足正交归一条件

$$\begin{aligned} \sum_{\lambda\lambda'} g_{\lambda\lambda'}\epsilon_\mu^{(\lambda)}(k)\epsilon_\nu^{(\lambda')}(k) &= g_{\mu\nu}, \\ \epsilon^{(\lambda)\mu}(k) \cdot \epsilon_\mu^{(\lambda')}(k) &= g^{\lambda\lambda'} = -\delta_{\lambda\lambda'}. \end{aligned} \tag{6.2.8}$$

一般地讲, 对一固定 $k^\mu = (k^0, k^1, k^2, k^3)$, 设 n 代表沿时间轴的四矢量, 满足 $n^2 = 1$, $n^0 > 0$, 取标量极化矢量

$$\epsilon^{(0)} = n, \tag{6.2.9}$$

横向极化矢量 $\epsilon^{(1)}$, $\epsilon^{(2)}$ 在与 k, n 正交的平面内, 使得

$$\epsilon^{(\lambda)}(k) \cdot \epsilon^{(\lambda')}(k) = -\delta_{\lambda\lambda'} \quad (\lambda, \lambda' = 1, 2), \tag{6.2.10}$$

再选择纵向极化矢量 $\epsilon^{(3)}$ 在 (k,n) 平面内, 与 n 正交并是归一化, 即满足

$$\epsilon^{(3)}(k)\cdot n=0,\quad [\epsilon^{(3)}(k)]^2=-1. \tag{6.2.11}$$

容易证明, 符合要求的 $\epsilon^{(3)}(k)=[k-n(k\cdot n)]/(k\cdot n)$. 考虑到 (6.2.7) 式的圆偏振情况, $\epsilon^{(\lambda)}(k)$ 可以是复的, 正交归一条件为

$$\begin{aligned}&\sum_{\lambda}\epsilon_{\mu}^{(\lambda)}(k)\epsilon_{\nu}^{(\lambda)*}(k)=g_{\mu\nu},\\&\epsilon^{(\lambda)\mu}(k)\cdot\epsilon_{\mu}^{(\lambda')*}(k)=g^{\lambda\lambda'},\end{aligned} \tag{6.2.12}$$

其中第一式表达了基矢的完备性并已取了归一化. 当 $n^0=1$ 且 $\boldsymbol{k}$ 平行于第三轴时, 就回到了 (6.2.6) 式. 将 (6.2.12) 式的第二式代入第一式, 有

$$\sum_{\lambda\lambda'}g^{\lambda\lambda'}\epsilon_{\mu}^{(\lambda)}(k)\epsilon_{\nu}^{(\lambda')*}(k)=g_{\mu\nu}. \tag{6.2.13}$$

由展开式 (6.2.4), 利用平面波解和极化矢量的正交归一关系, 可以证明

$$\begin{aligned}a_{\lambda}(\boldsymbol{k})&=\mathrm{i}\int\mathrm{d}^3x\mathrm{e}^{\mathrm{i}k\cdot x}\overleftrightarrow{\partial}_0\epsilon_{\mu}^{(\lambda)}A^{\mu}(\boldsymbol{x},t),\\a_{\lambda}^{\dagger}(\boldsymbol{k})&=-\mathrm{i}\int\mathrm{d}^3x\mathrm{e}^{-\mathrm{i}k\cdot x}\overleftrightarrow{\partial}_0\epsilon_{\mu}^{(\lambda)}A^{\mu}(\boldsymbol{x},t).\end{aligned}$$

正则对易关系 (6.2.3) 等价于假定对易关系

$$\begin{aligned}&[a_{\lambda}(\boldsymbol{k}),a_{\lambda'}^{\dagger}(\boldsymbol{k}')]=-g^{\lambda\lambda'}2k^0(2\pi)^3\delta^3(\boldsymbol{k}-\boldsymbol{k}'),\\&[a_{\lambda}(\boldsymbol{k}),a_{\lambda'}(\boldsymbol{k}')]=[a_{\lambda}^{\dagger}(\boldsymbol{k}),a_{\lambda'}^{\dagger}(\boldsymbol{k}')]=0.\end{aligned} \tag{6.2.14}$$

基于对易关系 (6.2.14) 可以构造 Fock 空间. 首先定义真空态 $|0\rangle$ 满足对所有的 $\lambda,\boldsymbol{k}$,

$$a_{\lambda}(\boldsymbol{k})|0\rangle=0, \tag{6.2.15}$$

其中四个极化矢量包括两个物理态和两个非物理态. 注意到 (6.2.14) 式的第一个对易关系中多了一个因子 $g^{\lambda\lambda'}$, 标量极化与其他三个极化分量相差一负号, $g^{00}=1$, 这就使得由 $a_{\lambda}^{\dagger}(\boldsymbol{k}')$ 构造出的 Fock 空间中出现了负模态. 例如单粒子标量极化态

$$|\boldsymbol{k}\rangle=a_0^{\dagger}(\boldsymbol{k})|0\rangle,$$

利用 (6.2.14) 式的对易关系, 会发现它的模方为负,

$$\langle\boldsymbol{k}|\boldsymbol{k}\rangle=\langle0|a_0(\boldsymbol{k})a_0^{\dagger}(\boldsymbol{k})|0\rangle=-2k^0(2\pi)^3\delta^3(\boldsymbol{0})<0.$$

这就表明由 $a_\lambda^\dagger(\boldsymbol{k})$ 构造出的 Fock 空间中, 标量极化单粒子态为负模方态. 另一方面, 横向与纵向极化单粒子态为正模方态. 这说明此 Hilbert 空间中的内积度规是不定的, 可正可负, 这种度规不确定性意味着 Hilbert 空间态概率可正可负, 直接违背了量子力学中概率恒正的基本原理. 由于 Hilbert 空间度规不定, 在相互作用影响下就可能造成非物理态激发, 从而导致严重困难. 例如守恒四动量中能量和动量分别为

$$
\begin{aligned}
H &= \int \widetilde{\mathrm{d}}k\omega_{\boldsymbol{k}} \left[\sum_{\lambda=1}^{3} a_\lambda^\dagger(\boldsymbol{k})a_\lambda(\boldsymbol{k}) - a_0^\dagger(\boldsymbol{k})a_0(\boldsymbol{k})\right], \\
\boldsymbol{P} &= \int \widetilde{\mathrm{d}}k\boldsymbol{k} \left[\sum_{\lambda=1}^{3} a_\lambda^\dagger(\boldsymbol{k})a_\lambda(\boldsymbol{k}) - a_0^\dagger(\boldsymbol{k})a_0(\boldsymbol{k})\right].
\end{aligned}
\tag{6.2.16}
$$

此表达式相当于 4 个质量为 0 的实标量场的能量和动量之和, 但是 0 分量前有负号, 这将可能造成能量和动量平均值为负的困难. 显然仅从场量子化生成的 Hilbert 空间已超出量子力学中正常的 Hilbert 空间. 虽然保持了 Lorentz 协变性, 但这样生成的 Hilbert 空间除了包含所有物理态外, 还包含了非物理态, 而且这些非物理的标量光子和纵向光子伴随着物理横向极化光子态无所不在. 要想去掉非物理态, 必须考虑规范条件 $\partial^\mu A_\mu = 0$. 如何在量子水平上实现 Lorenz 规范条件以保证在较小的子空间内仅含物理态? 上一节已表明, 它作为算符方程与对易关系不自洽, 但是由于物理上可观测量是力学量算符在物理态上的平均值, 人们可以弱化 Lorenz 规范条件算符方程, 使它只在平均值意义上成立, 即

$$
\langle\psi|\partial^\mu A_\mu|\psi\rangle = 0, \tag{6.2.17}
$$

这样弱化的 Lorenz 规范条件从大的 Hilbert 空间中挑选出物理态子空间 $\mathcal{H}_1$. 这意味着虽然由 $a_\lambda(\boldsymbol{k})$ 和 $a_\lambda^\dagger(\boldsymbol{k})$ 生成的 Hilbert 空间不是正定的, 但人们可以通过挑出物理态的子空间保持正定性质. 类似于标量场情况, 将 (6.2.4) 式中的 $A_\mu(\boldsymbol{k})$ 分成正频和负频两部分:

$$
\begin{aligned}
A_\mu(x) &= A_\mu^{(+)}(x) + A_\mu^{(-)}(x), \\
A_\mu^{(+)}(x) &= \int \widetilde{\mathrm{d}}k \sum_{\lambda=0}^{3} [a_\lambda(\boldsymbol{k})\epsilon_\mu^{(\lambda)}(k)\mathrm{e}^{-\mathrm{i}k\cdot x}], \\
A_\mu^{(-)}(x) &= \int \widetilde{\mathrm{d}}k \sum_{\lambda=0}^{3} [a_\lambda^\dagger(\boldsymbol{k})\epsilon_\mu^{(\lambda)*}(k)\mathrm{e}^{\mathrm{i}k\cdot x}].
\end{aligned}
$$

(6.2.17) 式意味着 $|\psi_1\rangle$, $|\psi_2\rangle$ 态满足条件

$$
\langle\psi_i|\partial^\mu A_\mu^{(+)} + \partial^\mu A_\mu^{(-)}|\psi_j\rangle = 0 \ (i, j = 1, 2).
$$

像时空坐标下那样引入度规张量 $g^{\mu\nu}$, 内积 $x^2=g^{\mu\nu}x_\mu x_\nu$ 可正可负. 为了在生成的 Hilbert 空间不定度规下正确量子化, Gupta 和 Bleuler 引入了厄米度规算符 η, 满足 $\eta^2=1$, 则此 Hilbert 空间中态矢的内积和力学量在态上的平均值定义为

$$\begin{aligned}&\langle\psi|\eta|\psi\rangle,\\&\langle\psi|\eta F|\psi\rangle.\end{aligned}\tag{6.2.18}$$

例如对于不同极化的态矢内积, 有

$$\langle a|\eta|b\rangle=\begin{cases}-\delta_{ab}, & a\ \text{为标量极化单粒子态},\\+\delta_{ab}, & a\ \text{为横、纵极化单粒子态}.\end{cases}$$

Lorenz 规范条件 (6.2.17) 在不定度规下理解为 $\langle\psi|\eta\partial^\mu A_\mu|\psi\rangle=0$.

注意到 $(\partial^\mu A_\mu^{(+)})^\dagger=\partial^\mu A_\mu^{(-)}$, 为了使 (6.2.17) 式成立, 要求对 $\mathcal{H}_1$ 中的任意物理态 $|\psi\rangle$, 有

$$\partial^\mu A_\mu^{(+)}|\psi\rangle=0\ \text{或}\ \partial^\mu A_\mu^{(-)}|\psi\rangle=0.$$

但 $\partial^\mu A_\mu^{(-)}|\psi\rangle=0$ 不可能被满足, 因为 $\partial^\mu A_\mu^{(-)}$ 含产生算符, 至少作用于真空态 $|0\rangle$ 不等于零, 结果 Lorenz 规范条件简化为要求

$$\partial^\mu A_\mu^{(+)}|\psi\rangle=0,\tag{6.2.19}$$

即 $\partial^\mu A_\mu$ 的正频 (湮灭算符) 部分作用于 $\mathcal{H}_1$ 空间中物理态为零. 注意物理态子空间 $\mathcal{H}_1$ 应为线性空间, 由于条件 (6.2.19) 是线性的, 空间中物理态都是 Hilbert 空间基矢的线性叠加, 显然只考虑基矢就够了. 对于任一基矢 $|\psi\rangle$, 总可以由横向极化光子产生算符、纵向和标量极化光子产生算符作用于真空态得到, 这样 $|\psi\rangle$ 可以因子化为横向极化光子和纵标极化光子态的乘积

$$|\psi\rangle=|\psi_{\mathrm{T}}\rangle|\phi\rangle,\tag{6.2.20}$$

其中 $|\psi_{\mathrm{T}}\rangle$ 为横光子态, $|\phi\rangle$ 是仅含纵光子和标量光子的态. 注意到对于横向极化光子, $\epsilon^{(\lambda)}\cdot k=0\ (\lambda=1,2)$, 所以

$$\begin{aligned}\mathrm{i}\partial\cdot A_\mu^{(+)}(x)&=\int\widetilde{\mathrm{d}}k\mathrm{e}^{-\mathrm{i}k\cdot x}\sum_{\lambda=0,1,2,3}[a_\lambda(\boldsymbol{k})\epsilon_\mu^{(\lambda)}(k)k^\mu]\\&=\int\widetilde{\mathrm{d}}k\mathrm{e}^{-\mathrm{i}k\cdot x}\sum_{\lambda=0,3}a_\lambda(\boldsymbol{k})\epsilon^{(\lambda)}(k)\cdot k.\end{aligned}\tag{6.2.21}$$

上式表明 $\partial^\mu A_\mu^{(+)}(x)$ 只包括纵向和标量极化. 因此条件 (6.2.19) 归结为 $\partial \cdot A^{(+)}(x)$ 对 $|\phi\rangle$ 的作用:

$$\sum_{\lambda=0,3} \epsilon^{(\lambda)}(k) \cdot k a_\lambda(\boldsymbol{k})|\phi\rangle = 0. \tag{6.2.22}$$

条件 (6.2.22) 是对 $|\phi\rangle$ 的一种限制, 意味着 $\mathcal{H}_1$ 空间中的物理态中标量光子与纵向光子同时存在, 不存在只含标量光子或只含纵向光子的态.

事实上, 条件 (6.2.22) 并不能完全决定 $|\phi\rangle$, 它仍然可以是任意的, 即所包含的纵向光子和标量光子数目有任意性. 由 (6.2.16) 式可以定义横向光子粒子数算符

$$N = \int \widetilde{\mathrm{d}}k \sum_{\lambda=1}^{2} a_\lambda^\dagger(\boldsymbol{k}) a_\lambda(\boldsymbol{k}) \tag{6.2.23}$$

和纵向光子与标量光子的粒子数算符

$$N' = \int \widetilde{\mathrm{d}}k [a_3^\dagger(\boldsymbol{k}) a_3(\boldsymbol{k}) - a_0^\dagger(\boldsymbol{k}) a_0(\boldsymbol{k})]. \tag{6.2.24}$$

注意到标量光子的粒子数算符为 $-a_0^\dagger(\boldsymbol{k})a_0(\boldsymbol{k})$, 负号来自 $a_0(\boldsymbol{k})$, $a_0^\dagger(\boldsymbol{k})$ 的对易关系 (见 (6.2.14) 式). 若取 $\boldsymbol{k}$ 平行于第三轴, $\epsilon^{(\lambda)}$ 为 (6.2.6) 的形式, 则 (6.2.22) 式成为

$$[a_0(\boldsymbol{k}) - a_3(\boldsymbol{k})]|\phi\rangle = 0. \tag{6.2.25}$$

这里态 $|\phi\rangle$ 的一般形式是包含 n 个纵向光子或标量光子态 $|\phi_n\rangle(n = 1, 2, \cdots)$ 的线性组合, 即

$$|\phi\rangle = c_0|\phi_0\rangle + c_1|\phi_1\rangle + \cdots + c_n|\phi_n\rangle, \tag{6.2.26}$$

其中 $|\phi_0\rangle$ 是无粒子的态, 即真空态 $|0\rangle$, 而 $|\phi_n\rangle$ 是包含 n 个纵向光子或标量光子的态. 将 (6.2.26) 式代入 (6.2.25) 式, 得到 $|\phi_n\rangle$ 必须满足

$$[a_0(\boldsymbol{k}) - a_3(\boldsymbol{k})]|\phi_n\rangle = 0$$

及厄米共轭式

$$\langle\phi_n|[a_3^\dagger(\boldsymbol{k}) - a_0^\dagger(\boldsymbol{k})] = 0.$$

由此可得纵向光子与标量光子的粒子数算符的平均值

$$\begin{aligned}\langle\phi_n|N'|\phi_n\rangle &= n\langle\phi_n|\phi_n\rangle \\ &= \langle\phi_n| \int \widetilde{\mathrm{d}}k [a_3^\dagger(\boldsymbol{k}) a_3(\boldsymbol{k}) - a_0^\dagger(\boldsymbol{k}) a_0(\boldsymbol{k})]|\phi_n\rangle = 0.\end{aligned} \tag{6.2.27}$$

这导致仅当 $n=0$ 时态的模方不为零, 即

$$\langle \phi_n|\phi_n\rangle = \delta_{n0}. \tag{6.2.28}$$

它表明, 由于强加了 Lorenz 规范条件, 当 $n\neq 0$ 时态 $|\phi_n\rangle$ 中标量光子与纵向光子同时存在, 使得它的模方为 0. 于是, 对 $\mathcal{H}_1$ 中的任意态 $|\phi\rangle$ 将有模方

$$\langle \phi|\phi\rangle = |c_0|^2 \geqslant 0, \tag{6.2.29}$$

因而对 $\mathcal{H}_1$ 中的任意态矢 $|\psi\rangle = |\psi_{\mathrm{T}}\rangle|\phi\rangle$, 也有模方

$$\langle \psi|\psi\rangle \geqslant 0.$$

这里已考虑到物理横向光子态 $|\psi_{\mathrm{T}}\rangle$ 的模方为正. 因此限制条件 (6.2.22) 使得 $\mathcal{H}_1$ 子空间中的物理态矢保持模方为正.

注意以上只证明了 $|\phi\rangle$ 的模方仅有 $n=0$ 的态有贡献, 但展开系数 $c_n(n\neq 0)$ 并不为零且仍是任意的, 但由 (6.2.27) 式可以证明

$$\langle \phi|N'|\phi\rangle = 0, \tag{6.2.30}$$

这就保证了 $c_n(n\neq 0)$ 的任意性不影响物理观测量. 例如对于 $\mathcal{H}_1$ 中的态 $|\psi\rangle = |\psi_{\mathrm{T}}\rangle|\phi\rangle$, 计算 (6.2.16) 式定义的 H 平均值, 有

$$\begin{aligned}
\frac{\langle\psi|H|\psi\rangle}{\langle\psi|\psi\rangle} &= \frac{\displaystyle\int \widetilde{\mathrm{d}}k\omega_{\boldsymbol{k}}\langle\phi|\langle\psi_{\mathrm{T}}|\Big[\sum_{\lambda=1}^{3} a_\lambda^\dagger(\boldsymbol{k})a_\lambda(\boldsymbol{k}) - a_0^\dagger(\boldsymbol{k})a_0(\boldsymbol{k})\Big]|\psi_{\mathrm{T}}\rangle|\phi\rangle}{\langle\psi_{\mathrm{T}}|\psi_{\mathrm{T}}\rangle\langle\phi|\phi\rangle} \\
&= \frac{\displaystyle\int \widetilde{\mathrm{d}}k\omega_{\boldsymbol{k}}\langle\phi|\langle\psi_{\mathrm{T}}|\Big[\sum_{\lambda=1,2} a_\lambda^\dagger(\boldsymbol{k})a_\lambda(\boldsymbol{k}) + a_3^\dagger(\boldsymbol{k})a_3(\boldsymbol{k}) - a_0^\dagger(\boldsymbol{k})a_0(\boldsymbol{k})\Big]|\psi_{\mathrm{T}}\rangle|\phi\rangle}{\langle\psi_T|\psi_T\rangle\langle\phi|\phi\rangle} \\
&= \frac{\displaystyle\int \widetilde{\mathrm{d}}k\omega_{\boldsymbol{k}}\langle\psi_{\mathrm{T}}|\sum_{\lambda=1,2} a_\lambda^\dagger(\boldsymbol{k})a_\lambda(\boldsymbol{k})|\psi_{\mathrm{T}}\rangle}{\langle\psi_{\mathrm{T}}|\psi_{\mathrm{T}}\rangle}.
\end{aligned} \tag{6.2.31}$$

可见, 只有态 $|\psi\rangle$ 中的横向光子对能量平均值有贡献. 同样, 若计算动量在态 $|\psi\rangle$ 上的平均值, 也只有横向光子的贡献. 因此, 由 Lorenz 规范条件挑出的物理 Hilbert 空间, 其物理态虽然伴随有非物理分量, 但物理上只有横向光子有贡献. 这意味着满足 Lorenz 规范条件的非物理的纵向光子和标量光子相互抵消, 对物理可观测量没有影响, 也不会造成负概率困难.

最后说明两点: (1) 注意由 (6.2.20) 式定义的物理态 $|\psi\rangle = |\psi_{\mathrm{T}}\rangle|\phi\rangle$ 中的 $|\phi\rangle$ 部分仍然是任意的, 实际上满足条件 (6.2.25) 的 $|\phi\rangle$ 有无穷多种, 都可以对物理可观

测量没有贡献. 这样对于一个给定的物理态 $|\psi\rangle$, 可以由 $\mathcal{H}_1$ 中一类等价的矢量来表达. 这种态矢 $|\phi\rangle$ 的任意性反映了 $A_\mu(x)$ 的规范任意性, 即经典场 $A_\mu(x)$ 在规范变换 $A_\mu \to A_\mu + \partial_\mu\alpha$ 下, 物理结果是不变的, 其中 $\alpha(x)$ 是满足 $\Box\alpha(x)=0$ 的标量函数. 量子化后物理态 $|\psi\rangle$ 中 $|\phi\rangle$ 的任意性正是 $A_\mu(x)$ 的不同规范选择, 即 $\alpha(x)$ 的任意性的表现. $|\phi\rangle$ 中含有纵向与标量光子的数目对态的归一化和物理量的平均值皆无影响, 所以 $|\phi\rangle$ 和真空态 $|0\rangle$ 在物理上是等价的. 既然物理子空间 $\mathcal{H}_1$ 中的态矢 $|\psi\rangle = |\psi_\mathrm{T}\rangle|\phi\rangle$ 只能确定到一个等价类, 那么人们可以挑选出一个最简单的真空态 $|0\rangle$ 作为代表, 即令 $|\phi\rangle \equiv |0\rangle$. (2) 尽管对于物理观测量来说, 只有 $\mathcal{H}_1$ 中的态矢有意义, 但是整个不定度规 (包括负模方) 的 Fock 空间才是完备的, 例如在对中间态求和时, 必须取整个不定度规 Fock 空间基矢的完备集.

§6.3 电磁场传播子

在 §6.2 中, 我们对电磁场量子化采用 Feynman 规范 $\alpha=1$, 导出了对易关系 (6.2.14), 此外利用展开式 (6.2.4) 和对易关系 (6.2.14) 可以求出任意时刻场 $A_\mu(x)$ 间对易关系的协变表达式

$$\begin{aligned}[A_\mu(x), A_\nu(y)] &= -g_{\mu\nu}\int \widetilde{\mathrm{d}}k[\mathrm{e}^{-\mathrm{i}k\cdot(x-y)} - \mathrm{e}^{\mathrm{i}k\cdot(x-y)}] \\ &= -\mathrm{i}g_{\mu\nu}\Delta(x-y)|_{m=0},\end{aligned} \tag{6.3.1}$$

其中函数 $\Delta(x-y)$ 由 (4.4.1) 确定. 此式表明传播函数可以简单地由令标量场传播函数中 $m=0$ 得到. 记

$$D(x) = \Delta(x)|_{m=0} = \frac{-1}{(2\pi)^4}\int_C \mathrm{d}^4k\frac{\mathrm{e}^{-\mathrm{i}k\cdot x}}{k^2},$$

其中 $k=(\omega,\boldsymbol{k})$, $\omega=|\boldsymbol{k}|$. 对易关系 (6.3.1) 明显地表明了它的 Lorentz 协变性.

此外还可以定义电磁场的 Feynman 传播子, 它是电磁场算符编时乘积的真空平均值. 类似于 (4.4.30) 式定义电磁场编时乘积

$$T[A_\mu(x)A_\nu(y)] = \theta(x^0-y^0)A_\mu(x)A_\nu(y) + \theta(y^0-x^0)A_\nu(y)A_\mu(x). \tag{6.3.2}$$

仍然用 Feynman 规范 ($\alpha=1$), 利用 $A_\mu(x)$ 的展开式 (6.2.4) 及对易关系 (6.2.14), 可以得出光子传播子的表达式

$$\begin{aligned}\langle 0|T[A_\mu(x)A_\nu(y)]|0\rangle &= \mathrm{i}D_{\mathrm{F}\mu\nu}(x-y) \\ &= -g_{\mu\nu}\int \widetilde{\mathrm{d}}k[\theta(x^0-y^0)\mathrm{e}^{-\mathrm{i}k\cdot(x-y)} + \theta(y^0-x^0)\mathrm{e}^{\mathrm{i}k\cdot(x-y)}] \\ &= -\mathrm{i}g_{\mu\nu}\Delta_\mathrm{F}(x-y)|_{m=0} \\ &= -\mathrm{i}g_{\mu\nu}\int_{C_\mathrm{F}}\frac{\mathrm{d}^4k}{(2\pi)^4}\frac{\mathrm{e}^{-\mathrm{i}k\cdot(x-y)}}{k^2+\mathrm{i}\epsilon},\end{aligned} \tag{6.3.3}$$

其中 $\Delta_{\mathrm{F}}(x-y)$ 由 (4.4.37) 式确定. 在质量 $m=0$ 的情况下, $k^2=0, k^0=|\boldsymbol{k}|$, 不难证明, 传播子有很简单的形式,

$$D_{\mathrm{F}}(x)=\frac{1}{4\mathrm{i}\pi^2}\frac{1}{x^2-\mathrm{i}\epsilon}, \tag{6.3.4}$$

推导中使用了技巧

$$\int_0^{\infty}\mathrm{d}q\mathrm{e}^{\mathrm{i}q\alpha}=\lim_{|\eta|\to 0}\int_0^{\infty}\mathrm{d}q\mathrm{e}^{-(|\eta|-\mathrm{i}\alpha)q}$$

来处理振荡的径向积分. 由结果 (6.3.4) 也能够看出, $\Delta_{\mathrm{F}}(x-y)|_{m=0}$, 进而可知 $\langle 0|T[A_\mu(x)A_\nu(y)]|0\rangle$ 在 $x^0=y^0$ 时确实仍有定义,

$$D_{\mu\nu}(x)=-\frac{1}{4\pi\mathrm{i}}g_{\mu\nu}\epsilon(x^0)\delta(x^2), \tag{6.3.5}$$

$$D_{\mu\nu}^{(\mathrm{R})}(x)=\frac{1}{8\pi\mathrm{i}}g_{\mu\nu}\frac{1}{r}\delta(x-r), \tag{6.3.6}$$

$$D_{\mu\nu}^{(\mathrm{A})}(x)=-\frac{1}{8\pi\mathrm{i}}g_{\mu\nu}\frac{1}{r}\delta(x+r), \tag{6.3.7}$$

其中 $r=|\boldsymbol{x}|$. 以上全部讨论都是在 Feynman 规范 $(\alpha=1)$ 下进行的. 若从开始就保持 α 为任意, 则类似进行前面整个讨论, 其正则对易关系 (6.2.3) 应修改为

$$\begin{aligned}
&[A^\mu(\boldsymbol{x},t),A^\nu(\boldsymbol{y},t)]=0,\\
&[A^\mu(\boldsymbol{x},t),\dot{A}^\nu(\boldsymbol{y},t)]=-\mathrm{i}g^{\mu\nu}(1-(1-\alpha)g_{\mu 0})\delta^3(\boldsymbol{x}-\boldsymbol{y}),\\
&[\dot{A}_i(\boldsymbol{x},t),\dot{A}_j(\boldsymbol{y},t)]=[\dot{A}_0(\boldsymbol{x},t),\dot{A}_0(\boldsymbol{y},t)]=0,\\
&[\dot{A}_0(\boldsymbol{x},t),\dot{A}_i(\boldsymbol{y},t)]=\mathrm{i}(1-\alpha)\frac{\partial}{\partial x^i}\delta^3(\boldsymbol{x}-\boldsymbol{y}).
\end{aligned} \tag{6.3.8}$$

经过计算可得任意规范下的 Feynman 传播子

$$\langle 0|T[A_\mu(x)A_\nu(y)]|0\rangle=-\mathrm{i}\int\frac{\mathrm{d}^4k}{(2\pi)^4}\mathrm{e}^{-\mathrm{i}k\cdot(x-y)}\left[\frac{g_{\mu\nu}}{k^2+\mathrm{i}\epsilon}-(1-\alpha)\frac{k_\mu k_\nu}{(k^2+\mathrm{i}\epsilon)^2}\right]. \tag{6.3.9}$$

可见, 当 $\alpha=1$ 时我们回到了 Feynman 规范.

(6.3.9) 式表明, 传播函数依赖于规范参数 α, 然而由于规范不变性, 物理结果并不依赖于 α 的选择. 这可从下面简单的说明理解. 一般地讲电磁场 $A_\mu(x)$ 总是与外源 $j^\mu(x)$ 相联系, 例如表达光子与外源相互作用振幅的积分

$$\int\mathrm{d}^4x\mathrm{d}^4y\langle 0|T[A_\mu(x)A_\nu(y)]|0\rangle j^\mu(x)j^\nu(y),$$

只要其中 j^ν 为守恒流, 满足 $\partial_\nu j^\nu(y)=0$, 或在动量空间 $k_\nu j^\nu(y)=0$, 则 (6.3.9) 方括号中的 $k_\mu k_\nu$ 项就不会有贡献, 积分结果将与 α 无关. 常用的规范还有取 $\alpha=0$,

称为 Landau 规范, 在此规范下的 Feynman 传播子为

$$\langle 0|T[A_\mu(x)A_\nu(y)]|0\rangle = -\mathrm{i}\int \frac{\mathrm{d}^4k}{(2\pi)^4}\mathrm{e}^{-\mathrm{i}k\cdot(x-y)}\frac{d_{\mu\nu}}{k^2+\mathrm{i}\varepsilon}, \\ d_{\mu\nu}(k) = g_{\mu\nu} - \frac{k_\mu k_\nu}{k^2+\mathrm{i}\epsilon}. \tag{6.3.10}$$

§6.4 电磁场路径积分量子化方法

在 §6.1 中已讨论了规范场正则量子化遇到的困难, 在 §6.2 中采用 Gupta 和 Bleuler 提出的不定度规方法实现了量子化. 这一节应用路径积分量子化到电磁场. 类似于标量场, 首先写下拉氏密度和系统的作用量 $S=\int \mathrm{d}^4x\mathcal{L}(x)$, 引入外源 $J(x)$, 定义自由场拉氏密度生成泛函

$$Z(J) = \int [\mathrm{d}A]\exp\left\{\mathrm{i}\int \mathrm{d}^4x(\mathcal{L}+AJ)\right\}, \tag{6.4.1}$$

其中泛函积分测度 $[\mathrm{d}A] = \prod_{\mu=0,1,2,3}[\mathrm{d}A^\mu]$. 当 $J=0$ 时 $Z(0)$ 是作用量 S 的泛函积分,

$$Z(0) = \int [\mathrm{d}A]\exp(\mathrm{i}S). \tag{6.4.2}$$

显然作用量 S 在规范变换

$$A^\mu(x) \to A^\mu(x) + \partial^\mu\alpha(x) \tag{6.4.3}$$

下是不变的. 这里参量 $\alpha(x)$ 描写了属于规范群 U(1) 的所有变换. 从一个固定的 $A_\mu(x)$ 由变换获得的所有 $A_\mu^\alpha(x)$ 构成一个子集. 泛函积分测度 $[\mathrm{d}A]$ 在规范变换 (6.4.3) 下也是不变的, 因为

$$[\mathrm{d}A'] = [\mathrm{d}A]\det\left(\frac{\partial A'}{\partial A}\right) = [\mathrm{d}A]. \tag{6.4.4}$$

因此生成泛函 $Z(0)$ 也是规范不变的. 然而 $Z(J)=\int[\mathrm{d}A]\exp\left\{\mathrm{i}\int \mathrm{d}^4x(\mathcal{L}+AJ)\right\}$ 不是规范不变的, 因为外源项 AJ 是规范相关的.

现在讨论规范固定条件, 如本章提到的 Lorenz 规范条件 $\partial\cdot A(x)=0$ 如何引入泛函积分. 更一般地设规范固定条件为

$$G_\mu A^\mu(x) = B(x). \tag{6.4.5}$$

当 $G_\mu = \partial_\mu$, $B = 0$ 时, (6.4.5) 式就是 Lorenz 规范条件. 一般 $B(x)$ 是标量函数. 由于 $A_\mu(x)$ 按 (6.4.3) 式做变换获得的上述子集中任一 $A_\mu^\alpha(x)$ 也满足条件 (6.4.5), 即

$$G^\mu A_\mu^\alpha(x) = B(x), \tag{6.4.6}$$

这样一个规范固定条件使得 $\alpha(x)$ 受到一定限制, 即 Lorenz 规范条件要求 $\alpha(x)$ 是方程 $\Box\alpha(x) = 0$ 的解. 引入泛函 $\Delta[A]$ 满足

$$\Delta[A] \int [\mathrm{d}\alpha] \delta(G^\mu A_\mu^\alpha - B) = 1, \tag{6.4.7}$$

其中 $\alpha(x)$ 相应于规范群 U(1) 的元素, 泛函积分是在群 U(1) 的群元素 $\alpha(x)$ 上进行的, $[\mathrm{d}\alpha]$ 是在群 U(1) 空间上泛函积分的不变测度. 由 (6.4.7) 式可以将 $\Delta[A]$ 的逆表示为

$$\frac{1}{\Delta[A]} = \int [\mathrm{d}\alpha] \delta(G^\mu A_\mu^\alpha - B). \tag{6.4.8}$$

由此定义的 $\Delta[A]$ 是规范不变的. 如果定义

$$M_G(A, Y) = \frac{\delta(G^\mu A_\mu^\alpha(x))}{\delta\alpha(y)} = -G^\mu \partial_\mu \delta^4(x - y), \tag{6.4.9}$$

可以解出 $\Delta[A]$ 的明显形式

$$\Delta[A] = \det M_G = \det\left(\frac{\delta(G^\mu A_\mu^\alpha(x))}{\delta\alpha(y)}\right). \tag{6.4.10}$$

因此 $\det M_G$ 为一个与 $A_\mu(x)$ 无关的常数. 由于 (6.4.7) 式右边为 1, 可以将此式插入 (6.4.2) 式, 得到

$$Z(0) = \Delta[A] \int [\mathrm{d}A][\mathrm{d}\alpha] \delta(G^\mu A_\mu^\alpha - B) \exp(\mathrm{i}S). \tag{6.4.11}$$

在 (6.4.11) 式中除了 δ 函数以外都是规范不变的, 因此不需要特别标记 $A_\mu^\alpha(x)$, (6.4.11) 式变为

$$Z(0) = \Delta[A] \int [\mathrm{d}A][\mathrm{d}\alpha] \delta(G^\mu A_\mu - B) \exp(\mathrm{i}S). \tag{6.4.12}$$

由于被积函数与群空间不变测度 $[\mathrm{d}\alpha]$ 无关, 可以交换积分次序, 在 (6.4.12) 式中分出泛函积分 $\int [\mathrm{d}\alpha]$, 这是一个无穷大常数. 其实这一点在写下 (6.4.2) 式时就已暗含了, 当 $A_\mu(x)$ 做规范变换 $A_\mu(x) \to A_\mu^\alpha(x)$ 时, 作用量 S 在所有 $A_\mu^\alpha(x)$ 的子集中

是一个常数, 因此当积分区域为无穷大时其泛函积分是发散的. 现在找到了一个办法分出了无穷大常数, 从而可以定义规范场的泛函积分:

$$Z(0)=\Delta[A]\int[\mathrm{d}A]\delta(G^{\mu}A_{\mu}-B)\exp(\mathrm{i}S). \tag{6.4.13}$$

这相当于约定规范场的泛函积分的不变测度为 1. 这样引入外源后的生成泛函为

$$Z(J)=\Delta[A]\int[\mathrm{d}A]\delta(G^{\mu}A_{\mu}-B)\exp\left\{\mathrm{i}\int\mathrm{d}^4x\left(\mathcal{L}(x)+A_{\mu}J^{\mu}\right)\right\}. \tag{6.4.14}$$

将 (6.4.10) 式代入 (6.4.14) 式, 给出

$$Z(J)=\det M_G\int[\mathrm{d}A]\delta(G^{\mu}A_{\mu}-B)\exp\left\{\mathrm{i}\int\mathrm{d}^4x\left(\mathcal{L}(x)+A_{\mu}J^{\mu}\right)\right\}. \tag{6.4.15}$$

注意到 (6.4.15) 式中 B 是任意的, 我们可以在泛函积分意义下对 $Z(J)$ 在 $B(x)$ 上选择合适的权重函数求平均. 在 (6.4.15) 式两边乘以 Gauss 权重函数

$$\exp\left\{-\frac{\mathrm{i}}{2\alpha}\int\mathrm{d}^4x(B(x))^2\right\}, \tag{6.4.16}$$

意味着以 $B(x)=0$ 为中心值求平均, 其中 α 是规范固定常数. 利用

$$\begin{aligned}&\int[\mathrm{d}B]\exp\left\{\frac{-\mathrm{i}}{2\alpha}\int\mathrm{d}^4x(B(x))^2\right\}\delta(G^{\mu}A_{\mu}-B)\\&=\exp\left\{\frac{-\mathrm{i}}{2\alpha}\int\mathrm{d}^4x(G^{\mu}A_{\mu})^2\right\},\end{aligned} \tag{6.4.17}$$

就可以将 (6.4.15) 式改写为

$$Z(J)=N\det M_G\int[\mathrm{d}A]\exp\left\{\mathrm{i}\int\mathrm{d}^4x\left(\mathcal{L}(x)-\frac{1}{2\alpha}(G^{\mu}A_{\mu})^2+A_{\mu}J^{\mu}\right)\right\}. \tag{6.4.18}$$

这样 (6.4.18) 式将 δ 函数引入的规范固定条件 (6.4.5) 变为指数形式与拉氏密度在一起, 就与前面利用拉格朗日乘子法处理规范条件相类似 (见 (6.1.1) 式). 对于 Lorenz 规范条件, 将 $G^{\mu}=\partial^{\mu}$ 代入, 就得到

$$M_G(x,y)=-\Box\delta^4(x-y). \tag{6.4.19}$$

在自由电磁场情况下 $\mathcal{L}_0(x)=-\frac{1}{4}F^{\mu\nu}F_{\mu\nu}$. 类似于 (4.6.37) 式对 (6.4.18) 式中的无外源项进行分部积分, 有

$$Z_0(J)=N\int[\mathrm{d}A]\exp\left\{\mathrm{i}\int\mathrm{d}^4x\left(\frac{1}{2}A_{\mu}K^{\mu\nu}A_{\nu}+AJ\right)\right\}, \tag{6.4.20}$$

其中 N 是归一化常数, $K_{\mu\nu}$ 定义为

$$K_{\mu\nu}=\left(g_{\mu\nu}\Box-\left(1-\frac{1}{\alpha}\right)\partial_\mu\partial_\nu\right). \tag{6.4.21}$$

现在利用生成泛函 (6.4.20) 式计算两点 Green 函数

$$\langle 0|\,T[A_\mu(x)A_\nu(y)]\,|0\rangle=\frac{(-\mathrm{i})^2}{Z_0(0)}\frac{\delta^2 Z_0(J)}{\delta J^\mu(x)\delta J^\nu(y)}\Big|_{J=0}=\mathrm{i}D_{\mathrm{F}\mu\nu}(x,y)\ , \tag{6.4.22}$$

其中 $D_{\mathrm{F}\mu\nu}$ 是 $K_{\mu\nu}$ 的逆, 满足

$$\int \mathrm{d}^4 z K_{\mu\rho}(x-z)g^{\rho\sigma}D_{\mathrm{F}\sigma\nu}(z-y)=g_{\mu\nu}\delta^4(x-y). \tag{6.4.23}$$

求解方程可得

$$D_{\mathrm{F}\mu\nu}(x)=\int\frac{\mathrm{d}^4k}{(2\pi)^4}\frac{\mathrm{e}^{-\mathrm{i}k\cdot x}}{k^2+\mathrm{i}\epsilon}\left[-g_{\mu\nu}+(1-\alpha)\frac{k_\mu k_\nu}{k^2+\mathrm{i}\epsilon}\right]. \tag{6.4.24}$$

这正是自由电磁场的传播子 (6.3.10) 式. 它们在动量空间的表达式分别为

$$D_{\mathrm{F}\mu\nu}(k)=-\frac{d_{\mu\nu}(k)}{k^2},\quad d_{\mu\nu}(k)=g_{\mu\nu}-(1-\alpha)\frac{k_\mu k_\nu}{k^2+\mathrm{i}\epsilon}. \tag{6.4.25}$$

(6.4.18) 式定义的生成泛函将成为我们计算任意 Green 函数的出发点. 类似地对于含有相互作用的情况, 拉氏密度为

$$\mathcal{L}(x)=-\frac{1}{4}F^{\mu\nu}F_{\mu\nu}+\mathcal{L}_{\mathrm{i}}(x).$$

定义含有相互作用的生成泛函 $Z(J)$, 就可以计算有相互作用时的任意 Green 函数.

前面 (6.4.19) 式给出了 Lorenz 规范下的 $M_G(x,y)$, 其他常用的几种规范条件下 $M_G(x,y)$ 的明显表达式如下:

(1) 对于 Coulomb 规范 $G^\mu=(0,\nabla)$,

$$M_G(x,y)=(\nabla^2)\delta^4(x-y). \tag{6.4.26}$$

(2) 对于时性规范 $G^\mu=(1,0,0,0)$,

$$M_G(x,y)=-\partial_0\delta^4(x-y). \tag{6.4.27}$$

(3) 对于轴规范 (包括光锥规范) $G^\mu=n^\mu$,

$$M_G(x,y)=-(n\cdot\partial)\delta^4(x-y). \tag{6.4.28}$$

电磁场是 Abel 规范场, (6.4.9) 式表明 $M_G(x,y)$ 与 $A_\mu(x)$ 无关, 可以应用不定度规方法实现正则量子化. 然而在非 Abel 规范场情况下 $M_G(x,y)$ 不再是与 $A_\mu(x)$ 无关的常数, 问题变得比较复杂, Faddeev 和 Popov 在路径积分量子化框架内引入虚拟的鬼场, 使得 $\det M_G$ 指数化包含在 $\mathcal{L}_{\mathrm{eff}}(x)$ 中, 既保持了 Lorentz 协变性又保持了规范不变性. 详细情况将在第 16 章中讨论.

习 题

1. 电磁场系统具有规范不变性. 取守恒流 $j^\mu = e\overline{\psi}\gamma^\mu\psi$, 证明 Ward 恒等式

$$\partial_\mu\langle T[j^\mu\psi(x_1)\overline{\psi}(x_2)]\rangle = (e\delta^4(x-x_2) - e\delta^4(x-x_1))\langle T[\psi(x_1)\overline{\psi}(x_2)]\rangle,$$

其中 T 表示编时乘积.

2. 参考 §6.3 中 Feynman 规范下电磁场在动量空间的传播子表达式

$$D_{\mathrm{F}}(x) = -\mathrm{i}\int \frac{\mathrm{d}^4k}{(2\pi)^4}\mathrm{e}^{-\mathrm{i}k\cdot x}\frac{g_{\mu\nu}}{k^2+\mathrm{i}\epsilon},$$

推导其坐标空间传播子的表达式.

3. 对于静止粒子 $p^\mu = (E,0,0,0)$, 相应的旋量与极化矢量为

$$u(0,1/2) = (1,0,0,0)^{\mathrm{T}}, u(0,-1/2) = (0,1,0,0)^{\mathrm{T}},$$
$$\epsilon_\mu^{(+1)} = \frac{1}{\sqrt{2}}(0,1,\mathrm{i},0),\ \ \epsilon_\mu^{(0)} = (0,0,0,-1), \epsilon_\mu^{(-1)} = \frac{1}{\sqrt{2}}(0,-1,\mathrm{i},0).$$

由 Lorentz 变换, 可以得到沿 (θ,ϕ) 方向的动量

$$p^\mu = (E, |\boldsymbol{p}|\sin\theta\cos\phi, |\boldsymbol{p}|\sin\theta\sin\phi, |\boldsymbol{p}|\cos\theta).$$

运动系统的旋量与极化矢量为

$$u(p,\lambda) = S(p)D^{1/2}_{s\lambda}(\phi,\theta,0)u(0,s),$$
$$\epsilon_\mu^{(\lambda)} = \Lambda_\mu{}^\nu D^1_{s\lambda}(\phi,\theta,0)\epsilon_\nu^{(s)},$$

其中 Wigner 函数 D 将螺旋度方向转动到 (θ,ϕ) 方向, 然后再进行沿着 (θ,ϕ) 方向的 boost 操作, 此时 boost 不改变螺旋度. 请计算相应的旋量与极化矢量, 并对比本章和第 5 章正文中给出的旋量与极化矢量.

4. 请从拉氏密度出发证明经典电磁场哈密顿量密度可以写成

$$\mathcal{H} = \frac{1}{2}(\boldsymbol{E}^2 + \boldsymbol{B}^2).$$

第 7 章　分立对称性 (P, C, T) 和守恒量

第 2 章讨论了物理系统的对称性与物理量守恒律. Noether 定理证明了物理系统的对称性必然导致相应的守恒流和守恒荷存在. 第 3 章具体讨论了物理系统在时间和空间变换下的对称性. 这种对称性表现为物理系统的拉氏密度及其运动方程在时间和空间平移变换和 Lorentz 变换下的不变性和相应的守恒律, 这些变换都是连续变换. 本章讨论拉氏密度及其运动方程在分立变换下的不变性和相应的守恒律. 分立变换包括空间反射 (P), 时间反演 (T) 和电荷共轭变换 (正、反粒子互换) (C) 等, 将在以下各节分别叙述.

§7.1　空间反射对称性和宇称 P

空间反射变换指下列变换:

$$\boldsymbol{x} \to -\boldsymbol{x}, t \to t,$$
$$x^\mu = (t, x^1, x^2, x^3) \to (t, -x^1, -x^2, -x^3).$$

以列矢量来表示, 空间反射变换为

$$\begin{bmatrix} t \\ x^1 \\ x^2 \\ x^3 \end{bmatrix} \to \begin{bmatrix} t \\ -x^1 \\ -x^2 \\ -x^3 \end{bmatrix} = \begin{bmatrix} 1 & 0 & 0 & 0 \\ 0 & -1 & 0 & 0 \\ 0 & 0 & -1 & 0 \\ 0 & 0 & 0 & -1 \end{bmatrix} \begin{bmatrix} t \\ x^1 \\ x^2 \\ x^3 \end{bmatrix},$$

或记作

$$x^\mu \to \widetilde{x}^\mu = (x^0, -x^1, -x^2, -x^3) = x_\mu, \tag{7.1.1}$$

其中 $\widetilde{x}^\mu$ 代表 x^μ 在空间反射后的时空矢量. 空间反射变换 (7.1.1) 实际上是 Lorentz 子群区域 Ⅱ 中的典型元素

$$\sigma = \begin{bmatrix} 1 & 0 & 0 & 0 \\ 0 & -1 & 0 & 0 \\ 0 & 0 & -1 & 0 \\ 0 & 0 & 0 & -1 \end{bmatrix}.$$

在经典物理中, 如果一个系统的哈密顿量在变换 (7.1.1) 下不变, 则称这个系统在空间反射下不变. 设 A' 态为 A 态在空间反射下的态, 则 A 态和 A' 态空间坐标 $\boldsymbol{x}$ 和动量 $\boldsymbol{p}$ 反号, 它们互为镜向对称态, 或者是左右手对称, 即右手坐标系和左手坐标系之间的对称性, 如图 7.1.1 所示. 在右手坐标系中看是 A 态, 在左手坐标系中看是 A' 态. 物理系统能量和动量在反射变换下有如 $x^\mu \to \widetilde{x}^\mu = x_\mu$ 的性质:

$$\begin{aligned}\boldsymbol{p} \to -\boldsymbol{p},\ \boldsymbol{E} \to \boldsymbol{E},\\ p^\mu \to \widetilde{p}^\mu = p_\mu.\end{aligned} \tag{7.1.2}$$

在经典力学中, 系统的状态用 x 可以完全描述, 因此, 空间反射也很明确. 如果系统的哈密顿量是对空间反射不变的, 那么用右手坐标系和左手坐标系来描述都是等价的. 在量子场论中所有力学量算符都是通过拉氏密度得到的, 而拉氏密度是一系列场算符及其微商的函数, 因此必须分别研究各种场在空间反射变换下的性质.

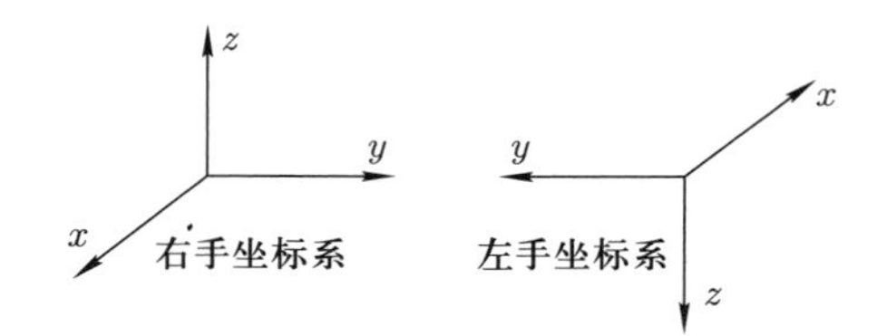

图 7.1.1 空间反射下右手坐标系变为左手坐标系

首先讨论 Klein-Gordon 场在空间反射变换下的变换性质:

$$\phi(x) \to \phi'(x) = \pm\phi(\widetilde{x}), \tag{7.1.3}$$

其中 “±” 为 ϕ 的内禀宇称. 在空间反射变换下可有标量与赝标量之分, “+” 对应标量, “−” 对应赝标量. 实验表明, 描述 π, K 介子的场都是赝标量场, σ 粒子和 Higgs 粒子场是标量场.

在坐标反射变换下, 自由 Klein-Gordon 场按 (7.1.3) 式变换, 相应的拉氏密度的变换为

$$\begin{aligned}\mathcal{L}(x) &= \partial_\mu\phi^\dagger(x)\partial^\mu\phi(x) - m^2\phi^\dagger(x)\phi(x)\\ &\to \partial_\mu[\pm\phi^\dagger(\widetilde{x})]\partial^\mu[\pm\phi(\widetilde{x})] - m^2[\pm\phi^\dagger(\widetilde{x})][\pm\phi(\widetilde{x})]\\ &= \widetilde{\partial}_\mu\phi^\dagger(\widetilde{x})\widetilde{\partial}^\mu\phi(\widetilde{x}) - m^2\phi^\dagger(\widetilde{x})\phi(\widetilde{x}) = \mathcal{L}(\widetilde{x}),\end{aligned}$$

其中 $\widetilde{\partial}_\mu \equiv (\partial_0, -\partial_i)$, 在写下最后一个等式时做了 $\partial \to \widetilde{\partial}_\mu$ 的改写, 是由 $\phi^\dagger(x)$ 的宗量从 x 变为 $\widetilde{x}$ 诱导产生的. 显然作用量在坐标反射变换下有

$$S = \int \mathrm{d}^4x\mathcal{L}(x) \to \int \mathrm{d}^4x\mathcal{L}(\widetilde{x}) = \int \mathrm{d}^4x\mathcal{L}(x),$$

保持不变, 最后一个等式中使用了积分变量三维坐标变换 $x^i \to -x^i (i=1,2,3)$ 并取积分限从 $-\infty$ 到 ∞.

第 4 章已给出正则量子化 Klein-Gordon 场是 Hilbert 空间的算符, 满足等时对易关系

$$[\phi(x), \pi(x')]_{t=t'} = \mathrm{i}\delta^3(\boldsymbol{x}-\boldsymbol{x}').$$

在空间反射变换下, 上述对易关系变换为

$$[\phi(\widetilde{x}), \pi(\widetilde{x}')]_{t=t'} = \mathrm{i}\delta^3(\widetilde{\boldsymbol{x}}-\widetilde{\boldsymbol{x}}')$$

或

$$[\phi(-\boldsymbol{x},t), \pi(-\boldsymbol{x}',t)]_{t=t'} = \mathrm{i}\delta^3(\boldsymbol{x}'-\boldsymbol{x}),$$

显然也是不变的. 因此, 对于标量场系统, 在空间反射变换下作用量和对易关系不变, 理论具有空间反射变换不变性. 定义空间反射变换下相应的 Hilbert 空间的幺正算符 $\mathcal{P}$,

$$\phi(x) \to \phi'(x) = \mathcal{P}\phi(x)\mathcal{P}^{-1} = \eta_P\phi(\widetilde{x}), \qquad \widetilde{x}^\mu = x_\mu, \tag{7.1.4}$$

其中 η_P 是待定相因子. 显然两次空间反射应回到原来的场算符, 即有

$$\eta_P^2 = 1.$$

此式意味着

$$\eta_P = \pm 1. \tag{7.1.5}$$

所以 (7.1.3) 式是要求理论在空间反射变换下不变的必然结果. 将 (7.1.4) 式两边复标量场 $\phi(x)$ 做平面波展开, 有

$$\begin{aligned}
\mathcal{P}\phi(x)\mathcal{P}^{-1} &= \int \widetilde{\mathrm{d}}k[\mathcal{P}a(\boldsymbol{k})\mathcal{P}^{-1}\mathrm{e}^{-\mathrm{i}k\cdot x} + \mathcal{P}b^\dagger(\boldsymbol{k})\mathcal{P}^{-1}\mathrm{e}^{-\mathrm{i}k\cdot x}], \\
\phi(\widetilde{x}) &= \int \widetilde{\mathrm{d}}k[a(\boldsymbol{k})\mathrm{e}^{-\mathrm{i}k\cdot\widetilde{x}} + b^\dagger(\boldsymbol{k})\mathrm{e}^{-\mathrm{i}k\cdot\widetilde{x}}] \\
&= \int \widetilde{\mathrm{d}}k[a(\boldsymbol{k})\mathrm{e}^{-\mathrm{i}\widetilde{k}\cdot x} + b^\dagger(\boldsymbol{k})\mathrm{e}^{-\mathrm{i}\widetilde{k}\cdot x}] \\
&= \int \widetilde{\mathrm{d}}k[a(\widetilde{\boldsymbol{k}})\mathrm{e}^{-\mathrm{i}k\cdot x} + b^\dagger(\widetilde{\boldsymbol{k}})\mathrm{e}^{-\mathrm{i}k\cdot x}],
\end{aligned}$$

在写出第二个等式时做了积分变量的代换, 即三维坐标 $x^i \to -x^i (i=1,2,3)$, 而最后一步中也做了积分变量的代换 $\boldsymbol{k} \to -\boldsymbol{k}$. 由 $k\cdot\widetilde{x} = \widetilde{k}\cdot x (\widetilde{k}^\mu = k_\mu)$ 和 (7.1.4) 式, 得到标量场粒子的湮灭算符和产生算符在空间反射变换下的变换形式为

$$\begin{aligned} \mathcal{P}a(\boldsymbol{k})\mathcal{P}^{-1} &= \eta_P a(\widetilde{\boldsymbol{k}}), \\ \mathcal{P}b^\dagger(\boldsymbol{k})\mathcal{P}^{-1} &= \eta_P b^\dagger(\widetilde{\boldsymbol{k}}), \end{aligned} \tag{7.1.6}$$

或

$$\begin{aligned} \mathcal{P}a^\dagger(\boldsymbol{k})\mathcal{P}^{-1} &= \eta_P^* a^\dagger(\widetilde{\boldsymbol{k}}), \\ \mathcal{P}b(\boldsymbol{k})\mathcal{P}^{-1} &= \eta_P^* b(\widetilde{\boldsymbol{k}}), \end{aligned} \tag{7.1.7}$$

且满足真空态在空间反射变换下不变的性质,

$$\mathcal{P}|0\rangle = |0\rangle. \tag{7.1.8}$$

利用 (7.1.6) 和 (7.1.7) 式可以证明, 由 (4.3.14) 式表示的四动量算符 P^μ 在 $\mathcal{P}$ 变换下有

$$\mathcal{P}P^\mu\mathcal{P}^{-1} = \int \widetilde{\mathrm{d}}k k^\mu \mathcal{P}[a^\dagger(\boldsymbol{k})a(\boldsymbol{k}) + b^\dagger(\boldsymbol{k})b(\boldsymbol{k})]\mathcal{P}^{-1}.$$

由此得

$$\mathcal{P}P^\mu\mathcal{P}^{-1} = P_\mu, \tag{7.1.9}$$

即空间分量 $P^i(i=1,2,3)$ 变号, 这与空间反射变换下的 (7.1.2) 式一致, 与四维时空矢量的变换性质相同. 四矢量 P^μ 的时间分量 $P^0 = H$ 在空间反射变换下不变, 这意味着物理系统存在一守恒量, 称为宇称.

其次, 考虑 Dirac 场的宇称变换 P. 空间反射变换 σ 是 Lorentz 子群区域 Ⅱ 中的典型元素. 第 3 章曾给出 Dirac 方程在 Lorentz 变换下不变对变换矩阵 S 所加的一般条件

$$S\gamma^\mu S^{-1} = (a^{-1})^\mu_\nu \gamma^\nu.$$

在空间反射变换 (7.1.1) 下, 该方程化为

$$S\gamma^0 S^{-1} = \gamma^0,\ S\gamma^i S^{-1} = -\gamma^i.$$

其解是 $S = \eta_P\gamma^0$, 这意味着 Dirac 场在空间反射变换下做以下变换:

$$\begin{aligned} \psi(x) &\to \gamma^0\psi(\widetilde{x}),\ \widetilde{x}^\mu = x_\mu, \\ \overline{\psi}(x) &\to \overline{\psi}(\widetilde{x})\gamma^0, \end{aligned} \tag{7.1.10}$$

其中任意相因子 η_P 已取为 1. 在此变换下, 自由 Dirac 场的拉氏密度的变换是

$$\mathcal{L}(x) = [\mathrm{i}\overline{\psi}(x)\partial_\mu\gamma^\mu\psi(x) - m\overline{\psi}(x)\psi(x)] \to \mathcal{L}(\widetilde{x}).$$

因此作用量 $S = \int \mathrm{d}^4x\mathcal{L}(x)$ 将保持不变. 利用 (7.1.10) 式可以证明旋量场的等时反对易子 (5.1.13) 在空间反射变换 (7.1.10) 下也是不变的, 所以坐标空间反射变换是 Dirac 场理论的对称运算.

类似地在 Hilbert 空间中存在一个幺正算符 $\mathcal{P}$, 使得

$$\mathcal{P}\psi(x)\mathcal{P}^{-1} = \gamma^0\psi(\widetilde{x}). \tag{7.1.11}$$

又从

$$\mathcal{P}^2\psi(x)\mathcal{P}^{-2} = \mathcal{P}\psi(x)\mathcal{P}^{-1} = \gamma^0\gamma^0\psi(x) = \psi(x),$$

可见

$$\mathcal{P}^2 = 1. \tag{7.1.12}$$

$\mathcal{P}$ 的确为反射算符. 此处恰有 $\mathcal{P}^2 = 1$ 是因为在 $\mathcal{P}$ 变换的定义式 (7.1.11) 中, 右边可能的任意相因子已取成了 1 . 现在利用 $\psi(x)$ 和 $\overline{\psi}(x)$ 的旋量本征函数展开式

$$\psi(x) = \int \frac{\mathrm{d}^3p}{(2\pi)^3}\frac{1}{2p^0}\sum_{\lambda=1,2}[b_\lambda(\boldsymbol{p})u_\lambda(p)\mathrm{e}^{-\mathrm{i}p\cdot x} + d_\lambda^\dagger(\boldsymbol{p})v_\lambda(p)\mathrm{e}^{\mathrm{i}p\cdot x}],$$

$$\overline{\psi}(x) = \int \frac{\mathrm{d}^3p}{(2\pi)^3}\frac{1}{2p^0}\sum_{\lambda=1,2}[b_\lambda^\dagger(\boldsymbol{p})\overline{u}_\lambda(p)\mathrm{e}^{\mathrm{i}p\cdot x} + d_\lambda(\boldsymbol{p})\overline{v}_\lambda(p)\mathrm{e}^{-\mathrm{i}p\cdot x}],$$

(7.1.11) 式左边可写为

$$\int \widetilde{\mathrm{d}}p\sum_{\lambda=1,2}[\mathcal{P}b_\lambda(\boldsymbol{p})\mathcal{P}^{-1}u_\lambda(p)\mathrm{e}^{-\mathrm{i}p\cdot x} + \mathcal{P}d_\lambda^\dagger(\boldsymbol{p})\mathcal{P}^{-1}v_\lambda(p)\mathrm{e}^{\mathrm{i}p\cdot x}],$$

其中 $\widetilde{\mathrm{d}}p = \dfrac{\mathrm{d}^3p}{(2\pi)^3}\dfrac{1}{2p^0}$. 而 (7.1.11) 式右边为 $\gamma^0\psi(\widetilde{x})$. 由于 $p\cdot\widetilde{x} = \widetilde{p}\cdot x(\widetilde{p}^\mu = p_\mu)$, 有

$$\gamma^0\psi(\widetilde{x}) = \int \widetilde{\mathrm{d}}p\sum_{\lambda=1,2}[b_\lambda(\boldsymbol{p})\gamma^0u_\lambda(p)\mathrm{e}^{-\mathrm{i}p\cdot\widetilde{x}} + d_\lambda^\dagger(\boldsymbol{p})\gamma^0v_\lambda(p)\mathrm{e}^{\mathrm{i}p\cdot\widetilde{x}}].$$

为了讨论方便, 取旋量明显表达式 $u_\lambda(p)$, $v_\lambda(p)$ 为

$$u_\lambda(p) = \frac{\not{p} + m}{\sqrt{p^0 + m}}\begin{bmatrix}\chi_\lambda \\ 0\end{bmatrix}, \quad v_\lambda(p) = \frac{-\not{p} + m}{\sqrt{p^0 + m}}\begin{bmatrix}0 \\ \xi_\lambda\end{bmatrix},$$

将 χ_λ 取为静止系中 σ^3 的本征态

$$\chi_1=\begin{bmatrix}1\\0\end{bmatrix},\quad \chi_2=\begin{bmatrix}0\\1\end{bmatrix},$$

则有

$$\begin{aligned}\gamma^0 u_\lambda(\widetilde{p})&=\gamma^0\frac{\widetilde{\not p}+m}{\sqrt{p^0+m}}\begin{bmatrix}\chi_\lambda\\0\end{bmatrix}=\frac{\not p+m}{\sqrt{p^0+m}}\gamma^0\begin{bmatrix}\chi_\lambda\\0\end{bmatrix}\\&=\frac{\not p+m}{\sqrt{p^0+m}}\begin{bmatrix}\chi_\lambda\\0\end{bmatrix}=u_\lambda(p),\end{aligned}\tag{7.1.13}$$

$$\begin{aligned}\gamma^0 v_\lambda(\widetilde{p})&=\gamma^0\frac{-\widetilde{\not p}+m}{\sqrt{p^0+m}}\begin{bmatrix}0\\\xi_\lambda\end{bmatrix}=\frac{-\not p+m}{\sqrt{p^0+m}}\gamma^0\begin{bmatrix}0\\\xi_\lambda\end{bmatrix}\\&=-\frac{-\not p+m}{\sqrt{p^0+m}}\begin{bmatrix}0\\\xi_\lambda\end{bmatrix}=-v_\lambda(p).\end{aligned}\tag{7.1.14}$$

此时 (7.1.11) 式右边

$$\gamma^0\psi(\widetilde{x})=\int\widetilde{\mathrm{d}}p\sum_{\lambda=1,2}[b_\lambda(\widetilde{\boldsymbol{p}})\gamma^0u_\lambda(p)\mathrm{e}^{-\mathrm{i}p\cdot\widetilde{x}}-d^\dagger_\lambda(\widetilde{\boldsymbol{p}})\gamma^0v_\lambda(p)\mathrm{e}^{\mathrm{i}p\cdot\widetilde{x}}].$$

因此 (7.1.11) 式意味着

$$\begin{aligned}&\int\widetilde{\mathrm{d}}p\sum_{\lambda=1,2}[\mathcal{P}b_\lambda(\boldsymbol{p})\mathcal{P}^{-1}u_\lambda(p)\mathrm{e}^{-\mathrm{i}p\cdot x}+\mathcal{P}d^\dagger_\lambda(\boldsymbol{p})\mathcal{P}^{-1}v_\lambda(p)\mathrm{e}^{\mathrm{i}p\cdot x}]\\&\quad=\int\widetilde{\mathrm{d}}p\sum_{\lambda=1,2}[b_\lambda(\widetilde{\boldsymbol{p}})\gamma^0u_\lambda(p)\mathrm{e}^{-\mathrm{i}p\cdot\widetilde{x}}-d^\dagger_\lambda(\widetilde{\boldsymbol{p}})\gamma^0v_\lambda(p)\mathrm{e}^{\mathrm{i}p\cdot\widetilde{x}}].\end{aligned}\tag{7.1.15}$$

比较 (7.1.15) 式的两边, 可得到下列变换关系:

$$\begin{aligned}\mathcal{P}b_\lambda(\boldsymbol{p})\mathcal{P}^{-1}&=b_\lambda(\widetilde{\boldsymbol{p}}),\\\mathcal{P}d^\dagger_\lambda(\boldsymbol{p})\mathcal{P}^{-1}&=-d^\dagger_\lambda(\widetilde{\boldsymbol{p}}),\end{aligned}\tag{7.1.16}$$

其中 $\widetilde{\boldsymbol{p}}=-\boldsymbol{p}$, 或

$$\begin{aligned}\mathcal{P}b^\dagger_\lambda(\boldsymbol{p})\mathcal{P}^{-1}&=b^\dagger_\lambda(\widetilde{\boldsymbol{p}}),\\\mathcal{P}d_\lambda(\boldsymbol{p})\mathcal{P}^{-1}&=-d_\lambda(\widetilde{\boldsymbol{p}}).\end{aligned}\tag{7.1.17}$$

从 (7.1.16) 和 (7.1.17) 式可以看出, f-$\overline{f}$ (费米子-反费米子, 英文为 fermion-antifermion) 系统的相对内禀宇称为 -1. 事实上, 如设 f-$\overline{f}$ 系统在质心系处于 $\mathrm{S}(l=0)$

态, 则 $\mathcal{P}$ 算符对该态的作用为

$$\begin{aligned}
&\mathcal{P}\int \widetilde{\mathrm{d}}pf(|\boldsymbol{p}|)b_\lambda^\dagger(\boldsymbol{p})d_{\lambda'}^\dagger(\widetilde{\boldsymbol{p}})|0\rangle \\
&\quad=\int \widetilde{\mathrm{d}}pf(|\boldsymbol{p}|)\mathcal{P}b_\lambda^\dagger(\boldsymbol{p})\mathcal{P}^{-1}\mathcal{P}d_{\lambda'}^\dagger(\widetilde{\boldsymbol{p}})\mathcal{P}^{-1}\mathcal{P}|0\rangle \\
&\quad=-\int \widetilde{\mathrm{d}}pf(|\boldsymbol{p}|)b_\lambda^\dagger(\widetilde{\boldsymbol{p}})d_{\lambda'}^\dagger(\boldsymbol{p})|0\rangle \\
&\quad=-\int \widetilde{\mathrm{d}}pf(|\boldsymbol{p}|)b_\lambda^\dagger(\boldsymbol{p})d_{\lambda'}^\dagger(\widetilde{\boldsymbol{p}})|0\rangle,
\end{aligned} \tag{7.1.18}$$

使该态改变一个负号. 例如在夸克模型中介子是正、反夸克的束缚态, 对于赝标介子 (π 介子等) 和矢量介子 (ρ 介子等), 它们的相对轨道角动量都处于 S 态, 因此内禀宇称为 -1. 一般地讲, 设 f-$\overline{f}$ 复合系统在质心系处于任一轨道角动量 l 态, 可以证明 f-$\overline{f}$ 系统的内禀宇称为 $(-1)^{l+1}$. 这可以在夸克模型中介子的内禀宇称量子数上获得验证.

Dirac 场的四动量算符 P^μ 由 (5.1.14) 式给出,

$$P^\mu=\int\frac{\mathrm{d}^3p}{(2\pi)^3}\frac{1}{2p^0}p^\mu\sum_{\lambda=1,2}[b_\lambda^\dagger(\boldsymbol{p})b_\lambda(\boldsymbol{p})+d_\lambda^\dagger(\boldsymbol{p})d_\lambda(\boldsymbol{p})].$$

利用 (7.1.16) 和 (7.1.17) 式容易证明, P^μ 的宇称变换为

$$\mathcal{P}P^\mu\mathcal{P}^{-1}=\widetilde{P}_\mu=P^\mu, \tag{7.1.19}$$

正是一个矢量在空间反射变换下应有的性质.

最后我们给出 $A^\mu(x)$ 的宇称变换. A^μ 在 Lorentz 变换下是一个四矢量, 而在宇称变换下可有矢量与轴矢量之分. 对于 $A^\mu(x)$ 场, 我们规定其宇称变换为矢量,

$$\mathcal{P}A^\mu(x)\mathcal{P}^{-1}=A_\mu(\widetilde{x}), \tag{7.1.20}$$

即 A^0 不变号, $A^i(i=1,2,3)$ 变号. 这将保证电磁耦合项 $j_\mu A^\mu$ 的 $\mathcal{P}$ 不变性, 因为电流在宇称变换下是一个矢量.

§7.2 正、反粒子对称性和电荷共轭宇称 C

电荷共轭变换是 1937 年 Kramer 首先引入的. 它的物理意义在于将正粒子变换为反粒子, 将反粒子变换为正粒子. 如果粒子是带电荷的, 那么这个变换就将带正电荷 (或负电荷) 的正粒子变为带负电荷 (或正电荷) 的反粒子, 称为电荷共轭变换. 前面所讨论的 Klein-Gordon 方程和 Dirac 方程都具有在这种变换下不变的性

质. 然而, 对于中性粒子, 正、反粒子的电荷不可区分, K^0, n 的反粒子 $\overline{\mathrm{K}}^0$, $\overline{\mathrm{n}}$ 也是中性的. 有的中性粒子没有反粒子, 或者说反粒子就是粒子本身, 例如 π^0, ρ^0, γ 就没有反粒子. 所以正、反粒子变换叫作电荷共轭变换不太确切, 但长期以来, 人们习惯仍称其为电荷共轭变换. 值得注意的是, π^0, ρ^0, γ 这些中性粒子, 正、反粒子都是自身, 因此它们是电荷共轭变换下的本征态, 具有确定的本征值, 称为电荷共轭宇称 C.

为了介绍电荷共轭变换这一概念, 我们首先从 Dirac 方程讲起, 然后分别讨论电荷共轭变换下场算符的性质. Dirac 场 $\psi(x)$, $\overline{\psi}(x)$ 是复场, 描述自旋为 1/2 的正、反粒子. 相应于电荷共轭旋量的定义式

$$v_\lambda(p) = C\overline{u}_\lambda^{\mathrm{T}}(p), \quad C = \mathrm{i}\gamma^2\gamma^0,$$

Dirac 场旋量空间的电荷共轭变换应为

$$\begin{aligned} \psi(x) \to \psi^C(x) = C\overline{\psi}^{\mathrm{T}}(x), \\ \overline{\psi}(x) \to \overline{\psi}^C(x) = \psi^{\mathrm{T}}(x)C, \end{aligned} \tag{7.2.1}$$

其中

$$\begin{aligned} C = \mathrm{i}\gamma^2\gamma^0 = \begin{bmatrix} 0 & -\mathrm{i}\sigma^2 \\ -\mathrm{i}\sigma^2 & 0 \end{bmatrix}, \\ C = -C^\dagger = -C^{\mathrm{T}} = -C^{-1}, \\ C^2 = -I, \quad C\gamma^\mu C^{-1} = -(\gamma^\mu)^{\mathrm{T}}. \end{aligned} \tag{7.2.2}$$

(7.2.1) 式右边本可相差一个任意的相因子 η_C, 它已被取为 1. “T” 是旋量空间矩阵转置算符. 在电荷共轭变换下, 自由 Dirac 场的拉氏密度

$$\mathcal{L} = \mathrm{i}\overline{\psi}(x)\gamma^\mu\partial_\mu\psi(x) - m\overline{\psi}(x)\psi(x)$$

变换为

$$\begin{aligned} \mathcal{L}^C &= \mathrm{i}\overline{\psi}(x)^C\gamma^\mu\partial_\mu\psi^C(x) - m\overline{\psi}^C\psi^C = \mathrm{i}\psi^{\mathrm{T}}C\gamma^\mu\partial_\mu C\overline{\psi}^{\mathrm{T}} - m\psi^{\mathrm{T}}CC\overline{\psi}^{\mathrm{T}} \\ &= \mathrm{i}\psi^{\mathrm{T}}\gamma^{\mu\mathrm{T}}\partial_\mu\overline{\psi}^{\mathrm{T}} + m\psi^{\mathrm{T}}\overline{\psi}^{\mathrm{T}}, \end{aligned}$$

可见如果拉氏密度中流算符 $\overline{\psi}(x)\gamma^\mu\psi(x)$ 以正规乘积 $N\left[\overline{\psi}(x)\gamma^\mu\psi(x)\right]$ (关于正规乘积将在 §13.2 中讨论) 表达,

$$N[\overline{\psi}\gamma^\mu\psi] = \frac{1}{2}(\overline{\psi}\gamma^\mu\psi - \psi^{\mathrm{T}}\gamma_\mu^{\mathrm{T}}\overline{\psi}^{\mathrm{T}}), \tag{7.2.3}$$

那么 $\mathcal{L}^C = -\mathrm{i}\partial_\mu\overline{\psi}\gamma^\mu\psi - m\overline{\psi}\psi$, 这里利用了正规乘积内部两个费米子算符的交换将导致一个负号. 再注意到

$$\mathcal{L}^C = -\mathrm{i}\partial_\mu(\overline{\psi}\gamma^\mu\psi) + \mathrm{i}\overline{\psi}\gamma^\mu\partial_\mu\psi - m\overline{\psi}\psi = \mathcal{L} + \text{四散度项}, \tag{7.2.4}$$

而四散度项由于矢量流守恒 $\partial_\mu(\overline{\psi}\gamma^\mu\psi) = 0$ 而实际为零, 因此拉氏密度在电荷共轭变换下是不变的.

进一步讨论等时对易关系在电荷共轭变换下的不变性. 首先将 (5.1.13) 式改写为

$$\{\psi_\rho(x), \overline{\psi}_\sigma(x')\}|_{t=t'} = (\gamma^0)_{\rho\sigma}\delta^3(\boldsymbol{x}-\boldsymbol{x}').$$

在上式两边乘以 $C_{\beta\sigma}$ 与 $C_{\rho\alpha}$, 可得

$$\{(\psi^{\mathrm{T}}(x)C)_\alpha, (C\overline{\psi}^{\,\mathrm{T}}(x'))_\beta\}_{t=t'} = (C\gamma^0 C)_{\beta\alpha}\delta^3(\boldsymbol{x}-\boldsymbol{x}'),$$

即

$$\{\psi^C_\beta(x'), \overline{\psi}^{\,C}_\alpha(x)\}_{t=t'} = (\gamma^0)_{\beta\alpha}\delta^3(\boldsymbol{x}-\boldsymbol{x}'). \tag{7.2.5}$$

(7.2.5) 式表明, $\psi^C, \overline{\psi}^C(x)$ 满足与 $\psi(x), \overline{\psi}(x)$ 同样的等时反对易关系, 或者说, 在两边做 C 变换之后, 等时反对易关系仍保持正确的形式. 因此, 电荷共轭变换 (7.2.1) 是 Dirac 场理论的对称运算. 对场 $\psi(x)$ 做平面波展开

$$\psi(x) = \int \widetilde{\mathrm{d}}p \sum_\lambda [b_\lambda(\boldsymbol{p})u_\lambda(p)\mathrm{e}^{-\mathrm{i}p\cdot x} + d^\dagger_\lambda(\boldsymbol{p})v_\lambda(p)\mathrm{e}^{\mathrm{i}p\cdot x}],$$

其中 $u_\lambda(p), v_\lambda(p)$, 分别为正、反粒子波函数. 注意 $v_\lambda(p) = C\overline{u}^{\mathrm{T}}_\lambda(p)$ 反过来有

$$u_\lambda(p) = C\overline{v}^{\mathrm{T}}_\lambda(p). \tag{7.2.6}$$

以上电荷共轭变换 C 是旋量空间的 4×4 矩阵. 现在我们讨论 Hilbert 空间的状态和算符在电荷共轭变换下如何变化, 引入 Hilbert 空间的电荷共轭算符 $\mathcal{C}$. 真空态在电荷共轭变换下是不变的, 即

$$\mathcal{C}\,|0\rangle = |0\rangle\,. \tag{7.2.7}$$

由 (7.2.1) 式, Dirac 场算符 $\psi(x), \overline{\psi}(x)$ 应该有

$$\begin{aligned}\psi^C(x) &= \mathcal{C}\psi(x)\mathcal{C}^{-1} = \eta_C C\overline{\psi}^{\,\mathrm{T}}(x),\\ \overline{\psi}^C(x) &= \mathcal{C}\overline{\psi}(x)\mathcal{C}^{-1} = \eta_C^*\psi^{\mathrm{T}}(x)C.\end{aligned}$$

将 (3.4.35)、(7.2.6) 和 (7.2.7) 式代入展开式, 就可以得到

$$\begin{aligned}\mathcal{C}b_\lambda(\boldsymbol{p})\mathcal{C}^{-1}=\eta_C d_\lambda(\boldsymbol{p}), \quad \mathcal{C}d_\lambda(\boldsymbol{p})\mathcal{C}^{-1}=\eta_C^* b_\lambda(\boldsymbol{p}),\\ \mathcal{C}d_\lambda^\dagger(\boldsymbol{p})\mathcal{C}^{-1}=\eta_C b_\lambda^\dagger(\boldsymbol{p}), \quad \mathcal{C}b_\lambda^\dagger(\boldsymbol{p})\mathcal{C}^{-1}=\eta_C^* d_\lambda^\dagger(\boldsymbol{p}).\end{aligned} \tag{7.2.8}$$

现在来考察等式的物理意义. 如考虑

单个动量为 $\boldsymbol{p}$ 的正粒子态 $b_\lambda^\dagger(\boldsymbol{p})\left|0\right\rangle$,
单个动量为 $\boldsymbol{p}$ 的反粒子态 $d_\lambda^\dagger(\boldsymbol{p})\left|0\right\rangle$.

从 (7.2.8) 式可见,

$$\mathcal{C}b_\lambda^\dagger(\boldsymbol{p})\left|0\right\rangle=\mathcal{C}b_\lambda^\dagger(\boldsymbol{p})\mathcal{C}^{-1}\mathcal{C}\left|0\right\rangle=\eta_C^* d_\lambda^\dagger(\boldsymbol{p})\left|0\right\rangle, \tag{7.2.9}$$

$$\mathcal{C}d_\lambda^\dagger(\boldsymbol{p})\left|0\right\rangle=\eta_C b_\lambda^\dagger(\boldsymbol{p})\left|0\right\rangle. \tag{7.2.10}$$

(7.2.9) 和 (7.2.10) 式表明, 电荷共轭变换将正粒子态变为反粒子态, 将反粒子态变为正粒子态, 自旋和动量方向保持不变. 应用 (7.2.9) 和 (7.2.10) 式可以得到正粒子-反粒子 f-$\overline{f}$ 系统的 C 宇称. 设 f-$\overline{f}$ 复合系统在质心系处于 $\mathrm{S}(l=0)$ 态,

$$\int \widetilde{\mathrm{d}}p f(|\boldsymbol{p}|)b_\lambda^\dagger(\boldsymbol{p})d_{\lambda'}^\dagger(-\boldsymbol{p})|0\rangle,$$

则电荷共轭 $\mathcal{C}$ 算符对该态的作用为

$$\begin{aligned}&\mathcal{C}\int \widetilde{\mathrm{d}}p f(|\boldsymbol{p}|)b_\lambda^\dagger(\boldsymbol{p})d_{\lambda'}^\dagger(-\boldsymbol{p})|0\rangle\\ &\quad=\int \widetilde{\mathrm{d}}p f(|\boldsymbol{p}|)\mathcal{P}b_\lambda^\dagger(\boldsymbol{p})\mathcal{C}^{-1}\mathcal{C}d_{\lambda'}^\dagger(-\boldsymbol{p})\mathcal{C}^{-1}\mathcal{C}|0\rangle\\ &\quad=\int \widetilde{\mathrm{d}}p f(|\boldsymbol{p}|)d_\lambda^\dagger(\boldsymbol{p})b_{\lambda'}^\dagger(-\boldsymbol{p})|0\rangle\\ &\quad=-\int \widetilde{\mathrm{d}}p f(|\boldsymbol{p}|)b_{\lambda'}^\dagger(\boldsymbol{p})d_\lambda^\dagger(-\boldsymbol{p})|0\rangle,\end{aligned}$$

依赖于自旋的取向. 如果 f-$\overline{f}$ 系统的总自旋为 1, 即为

$$\begin{aligned}&b_\uparrow^\dagger d_\uparrow^\dagger\left|0\right\rangle,\\ &b_\downarrow^\dagger d_\downarrow^\dagger\left|0\right\rangle,\\ &\left[b_\uparrow^\dagger d_\downarrow^\dagger+b_\downarrow^\dagger d_\uparrow^\dagger\right]\left|0\right\rangle,\end{aligned} \tag{7.2.11}$$

则电荷共轭宇称 $C=-1$; 如果 f-$\overline{f}$ 系统的总自旋为 0, 即为

$$\left[b_\uparrow^\dagger d_\downarrow^\dagger-b_\downarrow^\dagger d_\uparrow^\dagger\right]\left|0\right\rangle, \tag{7.2.12}$$

则电荷共轭宇称 $C=1$. 例如在夸克模型中介子是正、反夸克的束缚态, 对于 π^0 介子自旋为 0, 处于 S 态, 它的电荷共轭宇称 $C=1$; 对于 ρ^0 介子自旋为 1, 处于 S 态, 它的电荷共轭宇称 $C=-1$. 一般地讲, 设 f-$\overline{f}$ 复合系统在质心系处于任一轨道角动量 l 态, 可以证明 f-$\overline{f}$ 系统的电荷共轭宇称为 $C=(-1)^{l+s}$. 这可以在夸克模型中介子的电荷共轭宇称量子数上获得验证.

对于复标量场 $\phi(x)$, Hilbert 空间中的电荷共轭算符 $\mathcal{C}$ 的作用是交换粒子和反粒子, 即

$$\begin{aligned}
\mathcal{C}a(\boldsymbol{k})\mathcal{C}^{-1}&=b(\boldsymbol{k}),\\
\mathcal{C}b(\boldsymbol{k})\mathcal{C}^{-1}&=a(\boldsymbol{k}),\\
\mathcal{C}a^\dagger(\boldsymbol{k})\mathcal{C}^{-1}&=b^\dagger(\boldsymbol{k}),\\
\mathcal{C}b^\dagger(\boldsymbol{k})\mathcal{C}^{-1}&=a^\dagger(\boldsymbol{k}),
\end{aligned}$$

或用场算符形式来表达,

$$\mathcal{C}\phi(x)\mathcal{C}^{-1}=\phi^\dagger(x). \tag{7.2.13}$$

显然, 电荷共轭算符 $\mathcal{C}$ 保持拉氏密度 (3.4.1) 和对易关系 (4.3.6) 不变, 因而是复标量场理论的对称运算. 在电荷共轭算符 $\mathcal{C}$ 作用下, 应用 (7.2.13) 式到单粒子态, 有

$$\begin{aligned}
\mathcal{C}a^\dagger(\boldsymbol{k})\left|0\right\rangle=&\mathcal{C}a^\dagger(\boldsymbol{k})\mathcal{C}^{-1}\mathcal{C}\left|0\right\rangle=\mathcal{C}a^\dagger(\boldsymbol{k})\mathcal{C}^{-1}\left|0\right\rangle=b^\dagger(\boldsymbol{k})\left|0\right\rangle,\\
\mathcal{C}b^\dagger(\boldsymbol{k})\left|0\right\rangle=&\mathcal{C}b^\dagger(\boldsymbol{k})\mathcal{C}^{-1}\mathcal{C}\left|0\right\rangle=\mathcal{C}b^\dagger(\boldsymbol{k})\mathcal{C}^{-1}\left|0\right\rangle=a^\dagger(\boldsymbol{k})\left|0\right\rangle,
\end{aligned}$$

表明电荷共轭算符 $\mathcal{C}$ 使反粒子变为粒子, 粒子变为反粒子. 对于实标量场 $\phi(x)$, 由于它所描述的粒子与反粒子等同, 应有

$$\mathcal{C}\phi(x)\mathcal{C}^{-1}=\phi(x), \tag{7.2.14}$$

即 $\phi(x)$ 在电荷共轭算符 $\mathcal{C}$ 运算下保持不变.

电磁场 $A^\mu(x)$ 描述光子. 由于 A^μ 每个分量都是实场, 光子的反粒子是其自身, $\mathcal{C}A_\mu(x)\mathcal{C}^{-1}=\eta_c A_\mu(x)$. 由于电流算符在电荷共轭变换下改变符号, 电荷共轭 $\mathcal{C}$ 算符对 A^μ 的作用被规定为

$$\mathcal{C}A_\mu(x)\mathcal{C}^{-1}=-A_\mu(x). \tag{7.2.15}$$

下一章将见到, 右边的负号 (相因子) 是为了保持电磁相互作用项 $j_\mu A^\mu$ 在电荷共轭变换 $\mathcal{C}$ 下不变. 将 $A_\mu(x)$ 的展开式

$$A_\mu(x)=\int\widetilde{\mathrm{d}k}\sum_{\lambda=0}^{3}[a_\lambda(\boldsymbol{k})\epsilon_\mu^{(\lambda)}(k)\mathrm{e}^{-\mathrm{i}k\cdot x}+a_\lambda^\dagger(\boldsymbol{k})\epsilon_\mu^{(\lambda)*}(k)\mathrm{e}^{\mathrm{i}k\cdot x}]$$

代入 (7.2.15) 式, 得到

$$
\begin{aligned}
\mathcal{C}a_\lambda(\boldsymbol{k})\mathcal{C}^{-1} &= -a_\lambda(\boldsymbol{k}),\\
\mathcal{C}a_\lambda^\dagger(\boldsymbol{k})\mathcal{C}^{-1} &= -a_\lambda^\dagger(\boldsymbol{k}).
\end{aligned}
\tag{7.2.16}
$$

由 (7.2.16) 式作用于光子态可知其电荷共轭宇称 $C=-1$.

§7.3 时间反演对称性 T

时间反演是指 $t\to -t$, 即改变物理过程时间进行的方向. 形象地说, 时间反演物理过程是将同一影片原先正放改变为倒放的物理过程, 包括初、终位置互换及过程中各点的速度方向反向. 在经典力学中, 牛顿方程是时间的二次微商, 在时间反演变换下是不变的. 这意味着, 若广义坐标集合 $q(t)$ 是运动方程的一个解, 则 $q(-t)$ 也是运动方程的一个解. 然而在量子力学中情况就很复杂, Schrödinger 方程是时间的一次微商, 运动方程和对易关系在时间反演变换下都不是明显不变的. 问题归结为如何正确定义时间反演态和时间反演算符以使得量子系统的运动方程和对易关系具有时间反演不变性.

在量子力学中, 态矢的运动规律遵从 Schrödinger 方程

$$
\mathrm{i}\frac{\partial}{\partial t}\psi(t) = H\psi(t).
$$

如果系统的哈密顿量在时间反演变换下不变, 那么将

$$
t\to t' = -t
$$

代入 Schrödinger 方程, 会得到

$$
-\mathrm{i}\frac{\partial}{\partial t}\psi(-t) = H\psi(-t). \tag{7.3.1}
$$

可见 $\psi(-t)$ 并不是 Schrödinger 方程的解, 或者说不是物理上可能的状态. 再考虑力学量算符, 如 q_i, p_j, 它们遵从正则对易关系

$$
[q_i, p_j] = \mathrm{i}\delta_{ij}.
$$

在时间反演变换下,

$$
\begin{aligned}
q_i &\to q_i^{\mathcal{T}} = q_i,\\
p_i &\to p_i^{\mathcal{T}} = -p_i.
\end{aligned}
$$

显然有

$$[q_i^\tau, p_j^\tau] = -[q_i, p_j] = -\mathrm{i}\delta_{ij}, \tag{7.3.2}$$

表明对易关系不保持不变. 这就是说简单地令 $t \to -t$ 去定义时间反演变换不能保证运动方程和对易关系在时间反演变换下不变.

1932 年, Wigner 引入反幺正算符, 给量子理论中时间反演以确切的定义. 在 Hilbert 空间中一个反幺正变换 A 使得状态 $|\psi\rangle \to |\psi^\tau\rangle = \mathcal{A}|\psi\rangle$, 力学量 $F \to F^\tau = \mathcal{A}F\mathcal{A}^{-1}$. Hilbert 空间中反幺正变换就是反线性幺正变换, 它满足

(1) 幺正性,

$$\left.\begin{array}{l}\mathcal{A}^\dagger\mathcal{A} = 1\\ \mathcal{A}\mathcal{A}^\dagger = 1\end{array}\right\} \Rightarrow \mathcal{A}^\dagger = \mathcal{A}^{-1}, \tag{7.3.3}$$

(2) 反线性,

$$\mathcal{A}\lambda = \lambda^\dagger\mathcal{A}, \tag{7.3.4}$$

其中 λ 是一个复数. 这就意味着对于任意两个态 $|\psi\rangle$ 和 $|\phi\rangle$ 的叠加态, 有

$$\mathcal{A}(\lambda_1|\psi\rangle + \lambda_2|\phi\rangle) = \lambda_1^*\mathcal{A}|\psi\rangle + \lambda_2^*\mathcal{A}|\phi\rangle. \tag{7.3.5}$$

反幺正算符对态 $|\phi\rangle$ 的作用定义为

$$\begin{aligned}\mathcal{A}|\phi\rangle &= \mathcal{A}\sum_i |\psi_i\rangle\langle\psi_i|\phi\rangle = \sum_i \langle\psi_i|\phi\rangle^*\mathcal{A}|\psi_i\rangle\\ &= \sum_i \langle\psi_i|\phi\rangle^*|\psi_i^\tau\rangle.\end{aligned} \tag{7.3.6}$$

这里已插入了 Hilbert 空间完备集 $\sum\limits_i |\psi_i\rangle\langle\psi_i| = 1$. 从这两点性质可见, 一个反幺正变换 $\mathcal{A}$ 相当于

$$\mathcal{A} = UK, \tag{7.3.7}$$

其中 U 是幺正变换, K 意味着复共轭运算.

由 (7.3.3) ~ (7.3.7) 式可以证明, Hilbert 空间中一个反幺正变换 $\mathcal{A}$ 具有下列性质:

(1)

$$\langle\mathcal{A}\psi|\mathcal{A}\phi\rangle = \langle\phi|\psi\rangle. \tag{7.3.8}$$

在反幺正算符作用下,

$$\begin{aligned}\langle\psi|\phi\rangle \rightarrow \langle\mathcal{A}\psi|\mathcal{A}\phi\rangle &= \langle UK\psi|UK\phi\rangle = \langle U\psi^*|U\phi^*\rangle \\ &= \langle\psi|\phi\rangle^* = \langle\phi|\psi\rangle\,.\end{aligned}$$

可见反幺正算符作用使得态矢 $|\phi\rangle\,, |\psi\rangle$ 次序颠倒, 即初态与末态位置互换. 因此必须注意算符 $\mathcal{A}$ 向右作用还是向左作用.

(2)

$$\langle\mathcal{A}\psi|\, F^\tau\, |\mathcal{A}\phi\rangle = \langle\phi|\, F^\dagger\, |\psi\rangle\,. \tag{7.3.9}$$

在反幺正算符作用下,

$$\begin{aligned}\langle\psi|\, F\, |\phi\rangle \rightarrow \langle\mathcal{A}\psi|\, \mathcal{A}F\mathcal{A}^{-1}\, |\mathcal{A}\phi\rangle &= \langle\mathcal{A}\psi|\, \mathcal{A}F\, |\phi\rangle \\ &= \langle U\psi^*|\, U(F)\, |\phi\rangle^* = \langle\psi|\, F|\phi\rangle^* \\ &= \langle\phi|\, F^\dagger\, |\psi\rangle\,.\end{aligned}$$

如果力学量 F 是厄米算符 $F^\dagger = F$, 那么有

$$\langle\psi^\tau|\, F^\tau\, |\phi^\tau\rangle = \langle\phi|\, F\, |\psi\rangle\,. \tag{7.3.10}$$

由 (7.3.9) 和 (7.3.10) 式可见, 反幺正变换仍然可像幺正变换那样满足物理上的要求: 概率不变 $\langle\psi|\psi\rangle = \langle\mathcal{A}\psi|\mathcal{A}\psi\rangle$, 力学量平均值不变 $\langle\psi|\, F\, |\psi\rangle = \langle\mathcal{A}\psi|\, \mathcal{A}F\mathcal{A}^{-1}\, |\mathcal{A}\psi\rangle$.

(3)

$$\langle\psi^\tau|\, (F_1F_2)^\tau\, |\phi^\tau\rangle = \langle\phi|\, F_2^\dagger F_1^\dagger\, |\psi\rangle\,. \tag{7.3.11}$$

证明如下:

$$\begin{aligned}\langle\psi|\, F_1F_2\, |\phi\rangle \rightarrow \langle\mathcal{A}\psi|\, \mathcal{A}F_1F_2\mathcal{A}^{-1}\, |\mathcal{A}\phi\rangle &= \langle\mathcal{A}\psi|\, \mathcal{A}F_1F_2\, |\phi\rangle \\ &= \langle U\psi^*|\, U(F_1F_2)\, |\phi\rangle^* \\ &= \langle\psi|\, F_1F_2|\phi\rangle^* \\ &= \langle\phi|\, {F_2}^\dagger {F_1}^\dagger\, |\psi\rangle\,.\end{aligned}$$

可见两个力学量算符的平均值在反幺正算符作用下, 力学量算符的次序改变.

(4)

$$\mathcal{A}^2 = \pm 1. \tag{7.3.12}$$

证明如下: 令 $\mathcal{A}^2=W$ 即 $UKUK=W$, 那么

$$
\begin{aligned}
U &= WKU^\dagger K = W(U^\dagger)^* = W\widetilde{U} \\
&= W(WKU^\dagger K)^{\mathrm{T}} = W^2\Big((U^\dagger)^*\Big)^{\mathrm{T}} = W^2 U.
\end{aligned}
$$

这就导致 $W^2=1$, 即 $W=\pm 1$. 这里上标 "T" 是对括号中的算符做转置运算.

从 (7.3.3) ~ (7.3.12) 式的反幺正算符定义和性质可见, 当时间反演算符是反幺正算符时, 由于反幺正算符中的取复数共轭可以解决 (7.3.1) 式的矛盾, 又由于 (7.3.11) 式算符次序相反可以解决 (7.3.2) 式的矛盾, 那么 Wigner 引入反幺正算符定义时间反演变换既能保持 Schrödinger 方程在时间反演变换下不变, 也能保持对易关系在时间反演变换下不变. 加上 (7.3.8) 和 (7.3.10) 式已给出的概率不变和力学量平均值不变, 所有物理要求都可以得到满足, 量子系统在时间反演变换下具有不变性.

1951 年, Schwinger 引入另一种定义, 得到了相同的结果. Schwinger 定义时间反演算符 T 满足

(1) 在时间反演变换下, 初态 (右矢) $\leftrightarrow$ 末态 (左矢),

(2) 在时间反演变换下, 算符的次序完全相反.

反映这两个特点的时间反演算符 T 定义为

$$
\begin{cases}
|\psi\rangle \to T|\psi\rangle = \langle\psi^\tau|, \\
\langle\psi| \to \langle\psi|T^\dagger = \langle\psi|T^{-1} = |\psi^\tau\rangle,
\end{cases} \tag{7.3.13}
$$

$$
\begin{cases}
q(t) \to Tq(t)T^{-1} = q^\tau(t) = q(-t), \\
p(t) \to Tp(t)T^{-1} = p^\tau(t) = -p(-t), \\
F(t) \to TF(t)T^{-1} = F^\tau(t) = sF(-t),
\end{cases} \tag{7.3.14}
$$

其中 $F(t)$ 是任何一个力学量算符, 它是 $q(t),p(t)$ 的函数, s 依赖于力学量 $F(t)$ 展成 q,p 的幂级数时相对于 p 的结构. 对于两个不同的力学量算符, 在时间反演算符 T 的作用下改变次序:

$$
F_1(t)F_2(t) \to TF_1(t)F_2(t)T^{-1} = F_2^\tau(t)F_1^\tau(t). \tag{7.3.15}
$$

正是 (7.3.13) 和 (7.3.15) 式这两个特点代替了 Wigner 定义中取复共轭的操作. 在 Schwinger 定义下, 时间反演变换有以下几个性质:

(1) 正则对易关系不变,

$$
\begin{aligned}
[q(t),p(t)] &= \mathrm{i}, \\
T[q(t),p(t)]T^{-1} &= \mathrm{i}.
\end{aligned}
$$

这是因为

$$\begin{aligned} T[q(t), p(t)]T^{-1} &= [p^\tau(t), q^\tau(t)] = [-p(-t), q(-t)] \\ &= [q(-t), p(-t)]. \end{aligned}$$

(2)

$$\langle \psi^\tau | \, \alpha^\tau \, |\phi^\tau\rangle = \langle \phi | \, \alpha \, |\psi\rangle \, . \tag{7.3.16}$$

这是因为

$$\langle \psi^\tau | \, \alpha^\tau \, |\phi^\tau\rangle = \langle \phi | \, T^\dagger T\alpha T^{-1} T \, |\psi\rangle = \langle \phi | \, \alpha \, |\psi\rangle \, .$$

将此式与 (7.3.9) 式相比, 可见对于厄米算符, 两种定义得到一致的结果. 如果 $\alpha = 1$, 则有

$$\langle \psi^\tau | \phi^\tau\rangle = \langle \phi | \psi\rangle \, . \tag{7.3.17}$$

此式与 Wigner 定义下的 (7.3.8) 式完全一致.

(3)

$$T^2 = \pm 1. \tag{7.3.18}$$

从上面的讨论可见, 时间反演算符 T 相当于

$$T = UR \text{ (或 } RU), \tag{7.3.19}$$

其中 U 是一个幺正算符, R 是转置算符. T 算符是两种运算的合成, 然而 T 算符的转置只对 Hilbert 空间中的态矢和算符进行. (7.3.18) 式证明如下: 注意到 $R^2 = 1$, $R^\dagger = R$, 记 $T^2 = W$, 有

$$\begin{aligned} U &= URR = UR(UU^\dagger)R = URURRU^\dagger R \\ &= WRU^\dagger R = W\widetilde{U}^\dagger = WU^* = W(WU^*)^* = W^2 U, \end{aligned}$$

因此

$$W^2 = 1 \Rightarrow W = \pm 1.$$

从以上所述时间反演算符的两种定义的性质可见, 两者之间的关系差一个厄米共轭, 因此时间反演算符的两种定义对于许多物理问题是等价的. 例如对于力学量算符 α,

$$\begin{aligned} &\text{Wigner 定义} \qquad \alpha^\tau_{\mathrm{W}} = \mathcal{A}\alpha\mathcal{A}^{-1} = U\alpha^* U^{-1}, \\ &\text{Schwinger 定义} \qquad \alpha^\tau_{\mathrm{S}} = T\alpha T^{-1} = U\widetilde{\alpha} U^{-1}. \end{aligned}$$

可以说对于厄米算符, 两种定义得到的结果完全相同, 然而对于非厄米的力学量算符, 两种定义相差一个厄米共轭.

量子场论中拉氏密度是由场算符构成的, 态矢也是由场算符作用于真空态构成的, 因此研究拉氏密度在时间反演变换下的性质归结为研究时间反演变换下场算符的变换性质. 这一节按 Wigner 定义的时间反演算符, 即 $T=UK$ (满足 (7.3.3) ~ (7.3.6) 式的反幺正算符性质) 分别讨论它们的变换性质. 首先讨论 Klein-Gordon 场 $\phi(x)$. 在时间反演下

$$\phi(\boldsymbol{x},t)\to\eta_T\phi(\boldsymbol{x},-t),$$

其中 η_T 是相因子. 两次时间反演应回到原场量, 因此 $\eta_T^2=1$, 即 $\eta_T=\pm1$. 在此变换下, 拉氏密度

$$\mathcal{L}(x)=\partial_\mu\phi^*(x)\partial^\mu\phi(x)-m^2\phi^*(x)\phi(x)$$

改变为

$$\mathcal{L}(x)\to\mathcal{L}(\boldsymbol{x},-t),$$

因而作用量

$$S=\int\mathrm{d}^4x\mathcal{L}(x)\to\int\mathrm{d}^4x\mathcal{L}(\boldsymbol{x},-t)=\int\mathrm{d}^4x\mathcal{L}(x),$$

保持不变. 现在考虑 Hilbert 空间中时间反演算符 $\mathcal{T}=UK$, 它作用于场算符 $\phi(x)$ 有

$$\mathcal{T}\phi(\boldsymbol{x},t)\mathcal{T}^{-1}=\pm\phi(\boldsymbol{x},-t),\tag{7.3.20}$$

其中 $\mathcal{T}=UK$ 包含复共轭运算 K 和幺正算符 U. 把 $\phi(x)$ 的展开式 (4.3.7) 代入 (7.3.20) 式, 左边为

$$\begin{aligned}&UK\int\widetilde{\mathrm{d}}k[a(\boldsymbol{k})\mathrm{e}^{-\mathrm{i}k\cdot x}+b^\dagger(\boldsymbol{k})\mathrm{e}^{\mathrm{i}k\cdot x}]K^{-1}U^{-1}\\&=\int\widetilde{\mathrm{d}}k[Ua(\boldsymbol{k})U^{-1}\mathrm{e}^{\mathrm{i}k\cdot x}+Ub^\dagger(\boldsymbol{k})U^{-1}\mathrm{e}^{-\mathrm{i}k\cdot x}],\end{aligned}$$

而右边为

$$\pm\int\widetilde{\mathrm{d}}k[a(\boldsymbol{k})\mathrm{e}^{\mathrm{i}k\cdot\widetilde{x}}+b^\dagger(\boldsymbol{k})\mathrm{e}^{-\mathrm{i}k\cdot\widetilde{x}}]=\pm\int\widetilde{\mathrm{d}}k[a(\widetilde{\boldsymbol{k}})\mathrm{e}^{\mathrm{i}k\cdot x}+b^\dagger(\widetilde{\boldsymbol{k}})\mathrm{e}^{-\mathrm{i}k\cdot x}],$$

其中利用了 $k\cdot\widetilde{x}=\widetilde{k}\cdot x$ 并做了积分变量代换 $\boldsymbol{k}\to-\boldsymbol{k}$. 左右两边相等得到

$$\begin{aligned}Ua(\boldsymbol{k})U^{-1}&=\pm a(\widetilde{\boldsymbol{k}}),\\Ub^*(\boldsymbol{k})U^{-1}&=\pm b^*(\widetilde{\boldsymbol{k}}).\end{aligned}\tag{7.3.21}$$

从 (7.3.21) 式可以推知, 四动量算符

$$P^{\mu}=\int \widetilde{\mathrm{d}} k\, k^{\mu}[a^{\dagger}(\boldsymbol{k}) a(\boldsymbol{k})+b^{\dagger}(\boldsymbol{k}) b(\boldsymbol{k})]$$

的空间分量 $\boldsymbol{P}$ 在时间反演算符 $\mathcal{T}$ 作用下有

$$\mathcal{T} \boldsymbol{P} \mathcal{T}^{-1}=U \boldsymbol{P} U^{-1}=-\boldsymbol{P}, \tag{7.3.22}$$

即动量方向改变, 这正是时间反演导致速度方向改变的结果.

如同 Klein-Gordon 场一样, 设 Dirac 场在时间反演算符 $\mathcal{T}$ 作用下使得场 $\psi(x)$ 的变换为

$$\mathcal{T} \psi(x) \mathcal{T}^{-1}=T \psi(-\widetilde{x}), \tag{7.3.23}$$

其中 $\mathcal{T}$ 是 Hilbert 空间时间反演算符, T 是旋量空间非奇异的 4×4 矩阵, 这里略去了一个相因子 η_{T}. 若考虑两次时间反演变换 $\mathcal{T}^{2}$ 的作用, 则有

$$\mathcal{T}^{2} \psi(x) \mathcal{T}^{-2}=\mathcal{T} T \psi(-\widetilde{x}) \mathcal{T}^{-1}=T^{*} T \psi(x)=-T^{\dagger} T \psi(x)=-\psi(x). \tag{7.3.24}$$

这表明两次时间反演变换 $\mathcal{T}$ 作用下旋量场 $\psi(x)$ 回到原场量, 但差一负号. 为了决定矩阵 T 的形式, 可以利用作用量 $S=\int \mathrm{d}^{4} x \mathcal{L}(x)$ 在 $\mathcal{T}$ 运算下不变的要求, 即要求拉氏密度的 $\mathcal{T}$ 变换为

$$\mathcal{T} \mathcal{L}(x) \mathcal{T}^{-1}=\mathcal{L}(-\widetilde{x}). \tag{7.3.25}$$

利用 (7.3.23) 式, 并考虑到 $\mathcal{T}$ 的反幺正性, (7.3.25) 式左边为

$$\mathcal{T} \mathcal{L}(x) \mathcal{T}^{-1}=-\mathrm{i} \psi^{\dagger}(-\widetilde{x}) T^{\dagger} \gamma^{0 *} \gamma^{\mu *} \partial_{\mu} T \psi(-\widetilde{x})-m \psi^{\dagger}(-\widetilde{x}) T^{\dagger}(\gamma^{0})^{*} T \psi(-\widetilde{x}),$$

右边为

$$\mathcal{L}(-\widetilde{x})=\mathrm{i} \psi^{\dagger}(-\widetilde{x}) \gamma^{0} \gamma^{\mu}(-\widetilde{\partial}_{\mu})(-\widetilde{x})-m \psi^{\dagger}(-\widetilde{x}) \gamma^{0} \psi(-\widetilde{x}),$$

其中 $\widetilde{\partial}_{\mu}=(\partial_{0},-\partial_{i})$. (7.3.25) 式成立要求矩阵 T 满足

$$T^{\dagger} \gamma^{0 *} T=\gamma^{0}, \tag{7.3.26}$$

$$T^{\dagger} \gamma^{0 *} \gamma^{\mu *} T \partial_{\mu}=\gamma^{0} \gamma^{\mu} \widetilde{\partial}_{\mu}. \tag{7.3.27}$$

这两个等式可以简化为要求

$$T^{-1} \gamma^{\mu^{*}} T=\gamma^{\mu}, \tag{7.3.28}$$

$$T^{-1}=T^{\dagger}. \tag{7.3.29}$$

换句话说，只要旋量空间 T 矩阵满足条件 (7.3.28) 和 (7.3.29) 式，则 (7.3.25) 式成立. 因此作用量以及由变分原理获得的运动方程 (Dirac 方程) 也是时间反演变换下不变的. 再考虑场 ψ 和 $\psi^\dagger$ 的等时反对易关系

$$\{\psi_\alpha(x), \psi^\dagger_\beta(y)\}|_{x^0=y^0} = \delta_{\alpha\beta}\delta^3(\boldsymbol{x}-\boldsymbol{y})$$

在时间反演 $\mathcal{T}$ 变换下为

$$\mathcal{T}\{\psi_\alpha(x), \psi^\dagger_\beta(y)\}|_{x^0=y^0}\mathcal{T}^{-1} = \delta_{\alpha\beta}\delta^3(\boldsymbol{x}-\boldsymbol{y}),$$

利用 (7.3.23) 式将上式转变为旋量空间 T 矩阵并注意到 (7.3.29) 式，就得到

$$\begin{aligned}T_{\alpha'\alpha}\{\psi_\alpha(-\widetilde{x}), \psi^\dagger_\beta(-\widetilde{y})\}|_{-x^0=-y^0}T^\dagger_{\beta\beta'} &= (TT^\dagger)_{\alpha'\beta'}\delta^3(\boldsymbol{x}-\boldsymbol{y})\\ &= T_{\alpha'\alpha}\delta_{\alpha\beta}T^\dagger_{\beta\beta'}\delta^3(\boldsymbol{x}-\boldsymbol{y}).\end{aligned}$$

由此导致的等式正是时间反演后的等时反对易关系

$$\{\psi_\alpha(-\widetilde{x}), \psi^\dagger_\beta(-\widetilde{y})\}|_{-x^0=-y^0} = \delta_{\alpha\beta}\delta^3(\boldsymbol{x}-\boldsymbol{y}).$$

因此等时反对易子在时间反演 $\mathcal{T}$ 变换下也是不变的. 从上述推导可见，时间反演算符 $\mathcal{T}$ 中含复共轭运算 K 是必须的，否则 Dirac 场的等时反对易子将不可能是 $\mathcal{T}$ 不变的.

容易证明满足条件 (7.3.28) 和 (7.3.29) 式的旋量空间 T 矩阵的明显解为

$$T = -\mathrm{i}\gamma_5 C = \mathrm{i}\gamma^1\gamma^3, \tag{7.3.30}$$

且 T 满足

$$T = T^\dagger = T^{-1} = -T^* = -T^{\mathrm{T}}. \tag{7.3.31}$$

最后给出电磁场 $A_\mu(x)$ 的 $\mathcal{T}$ 变换形式:

$$\mathcal{T}A_\mu(x)\mathcal{T}^{-1} = A^\mu(-\widetilde{x}). \tag{7.3.32}$$

这是因为场是电磁流产生的，电磁流 $j^\mu(x)$ 中空间分量在时间反演下改变流动方向应反号，而时间分量相应于电荷密度，在时间反演下不变. (7.3.32) 式保证了电磁相互作用项 $j^\mu(x)A_\mu(x)$ 的时间反演变换不变性.

习 题

1. 对于正反费米子 (自旋为 1/2) 复合系统, 推导宇称变换和电荷共轭变换的本征值

$$P=(-1)^{l+1},\ \ C=(-1)^{l+s},$$

其中 l 与 s 分别是正反费米子系统的相对轨道角动量与总自旋.

2. 对于拉氏密度

$$\mathcal{L}=cO+\text{h.c.},\ \ O=\overline{q}_1\gamma^{\mu}(1-\gamma_5)q_2\overline{q}_3\gamma_{\mu}(1-\gamma_5)q_4,$$

讨论它在 P, C 和 CP 变换下的变换性质, 其中 c 可以为复数.

3. π 介子是赝标量介子. π 介子衰变常数 f_{π} 定义为

$$\langle 0|\overline{u}\gamma_{\mu}\gamma_5 u|\pi^0\rangle=\mathrm{i}f_{\pi}p_{\pi\mu},$$

其中 $p_{\pi\mu}$ 为 π 介子四动量. 请利用时间反演变换证明 f_{π} 是实数.

第 8 章　自然界中相互作用的类型和形式

自然界中有四种相互作用: 引力、弱相互作用、电磁相互作用、强相互作用. 引力和电磁相互作用是日常生活中最常见、经典物理中研究最多的相互作用, 如电磁相互作用使得电子束缚在原子核周围形成原子. 而强相互作用和弱相互作用仅在微观范围内起作用, 是量子物理中的研究对象. 引力和电磁相互作用在微观物理中也起作用, 但在目前实验能量范围内, 引力影响很小从而可以忽略, 因此在量子物理中较普遍研究的是电磁相互作用、强相互作用和弱相互作用. 本章将分别讨论这三种相互作用的类型和形式.

§8.1　电磁相互作用

电磁相互作用在微观物理理论中研究得最早, 发展得最成熟, 成功地经受了实验的长期检验. 特别是描述电子与电磁场的相互作用的量子场论, 通常称为量子电动力学 (QED), 可以说是粒子物理理论中最成功和最精确的部分. 电子与电磁场的相互作用可以推广到所有带电轻子与电磁场的相互作用. 轻子包括电子 e, μ 子, τ 子以及相应的中微子 ν_e, ν_μ, ν_τ, 即所谓三代轻子

$$\begin{bmatrix}\nu_e\\ e\end{bmatrix},\begin{bmatrix}\nu_\mu\\ \mu\end{bmatrix},\begin{bmatrix}\nu_\tau\\ \tau\end{bmatrix}.$$

它们的自旋为 1/2, 遵从 Dirac 场描述的运动方程, 但质量不同. 中微子 ν_e, ν_μ, ν_τ 不带电, 具有很小的质量. 以下以电子为例讨论它与电磁场的相互作用, 其相互作用形式也适用于 μ 子和 τ 子.

由于宏观电磁相互作用理论发展比较成熟, 电子与电磁场的相互作用可以利用对应关系从经典电磁理论过渡到量子理论. 在经典物理中, 自由电子场的拉氏密度

$$\mathcal{L}_\psi = \mathrm{i}\overline{\psi}\gamma^\mu\partial_\mu\psi - m\overline{\psi}\psi. \tag{8.1.1}$$

当电子场 ψ 进行一整体相位变换

$$\psi \to \mathrm{e}^{\mathrm{i}\theta}\psi \tag{8.1.2}$$

时, 拉氏密度 (8.1.1) 保持不变. (8.1.2) 式中的 θ 是一个与时空无关的任意常数, 两次相位变换是可交换的, 满足 Abel 群 (可交换群), 称拉氏密度有整体的 U(1) 规范

变换不变性. 总的拉氏密度还包括电磁场 $A_\mu(x)$ 的动能项, 即自由电磁场拉氏密度

$$\mathcal{L}_{\text{em}} = -\frac{1}{4}F_{\mu\nu}F^{\mu\nu},$$

其中电磁场张量 $F_{\mu\nu} = \partial_\mu A_\nu - \partial_\nu A_\mu$, 因而总的自由拉氏密度

$$\mathcal{L}_0 = \mathrm{i}\overline{\psi}\gamma^\mu\partial_\mu\psi - m\overline{\psi}\psi - \frac{1}{4}F_{\mu\nu}F^{\mu\nu}. \tag{8.1.3}$$

现在将 (8.1.2) 式的 U(1) 对称性 "定域化", 即令变换参数 θ 为依赖于时空点的任意函数 $\theta(x)$, 那么拉氏密度 (8.1.1) 在定域相变换

$$\psi \to \mathrm{e}^{\mathrm{i}\theta(x)}\psi \tag{8.1.4}$$

下不能保持不变, 因为 $\mathcal{L}_\psi$ 中的 ∂_μ 在变换 (8.1.4) 下有

$$\partial_\mu\psi(x) \to \partial_\mu[\mathrm{e}^{\mathrm{i}\theta(x)}\psi(x)] = \mathrm{e}^{\mathrm{i}\theta(x)}[\partial_\mu + \mathrm{i}\partial_\mu\theta]\psi(x),$$

因而

$$\mathcal{L}_\psi \to \mathrm{i}\overline{\psi}(x)\mathrm{e}^{-\mathrm{i}\theta(x)}\gamma^\mu\mathrm{e}^{\mathrm{i}\theta(x)}[\partial_\mu + \mathrm{i}\partial_\mu\theta]\psi(x) = \mathcal{L}_\psi - \overline{\psi}\gamma^\mu\psi\partial_\mu\theta(x)$$

不是不变的. 为了保持拉氏密度在定域相变换 (8.1.4) 下不变, 可引入协变微分算子 D_μ 以代替普通微分算子 ∂_μ:

$$\partial_\mu \to \mathrm{D}_\mu = \partial_\mu + \mathrm{i}eA_\mu(x), \tag{8.1.5}$$

其中 e 是电子的电荷, A_μ 为电磁场矢势. 矢量场 $A_\mu(x)$ 与 ∂_μ 的量纲相同, 因而有量纲 L^{-1}, 是具有质量量纲的场. 此外, 由 (8.1.5) 式还可以看出, $A_\mu(x)$ 是实场, 因为 $\mathrm{i}\partial_\mu$ 是厄米算符. 自由电子场拉氏密度做替换

$$\mathrm{i}\overline{\psi}\gamma^\mu\partial_\mu\psi \to \mathrm{i}\overline{\psi}\gamma^\mu\mathrm{D}_\mu\psi. \tag{8.1.6}$$

为了保持它在 (8.1.4) 变换下是不变的, 协变微分 D_μ 的变换应满足

$$\begin{aligned}\partial_\mu + \mathrm{i}eA'_\mu(x) &= \mathrm{e}^{\mathrm{i}\theta(x)}[\partial_\mu + \mathrm{i}eA_\mu(x)]\mathrm{e}^{-\mathrm{i}\theta(x)} \\ &= \partial_\mu - \mathrm{i}\partial_\mu\theta(x) + \mathrm{i}eA_\mu(x) \\ &= \partial_\mu + \mathrm{i}e\left[A_\mu(x) - \frac{1}{e}\partial_\mu\theta(x)\right],\end{aligned} \tag{8.1.7}$$

这意味着相应的 A_μ 在变换 (8.1.4) 的同时应做替换

$$A_\mu(x) \to A'_\mu(x) = A_\mu(x) - \frac{1}{e}\partial_\mu\theta(x). \tag{8.1.8}$$

在引入 D_μ 后, 拉氏密度 (8.1.3) 成为有相互作用的拉氏密度

$$\mathcal{L} = \mathrm{i}\overline{\psi}\gamma^\mu(\partial_\mu + \mathrm{i}eA_\mu(x))\psi - m\overline{\psi}\psi - \frac{1}{4}F_{\mu\nu}F^{\mu\nu} = \mathcal{L}_0 - e\overline{\psi}\gamma^\mu\psi A_\mu. \tag{8.1.9}$$

(3.7.8) 式说明在规范变换下 $F_{\mu\nu}$ 不变, 这样在联合定域规范变换

$$\begin{aligned}
&\psi(x) \to \mathrm{e}^{\mathrm{i}\theta(x)}\psi(x), \\
&A_\mu(x) \to A_\mu(x) - \frac{1}{e}\partial_\mu\theta(x)
\end{aligned} \tag{8.1.10}$$

下 $\mathcal{L}$ 是不变的. 这里讨论的是自旋 1/2 带电轻子场的最小电磁耦合, 耦合的形式由 U(1) 规范不变性来决定, 即电磁相互作用可以通过在自由场的拉氏密度中将偏微分 ∂_μ 替换为协变微分 D_μ((8.1.5) 式) 而引入, 其结果生成了矢量场 $A_\mu(x)$ 与守恒流 $\overline{\psi}\gamma^\mu\psi$ 相耦合的相互作用项. 定域 U(1) 规范变换需要引入 $A_\mu(x)$, 因此 $A_\mu(x)$ 也称为规范场. (8.1.10) 式的第二式正是电磁场的规范变换, 显然动能项 $-\frac{1}{4}F_{\mu\nu}F^{\mu\nu}$ 在规范变换 (8.1.10) 下不变. 因此, 原来只具有整体 U(1) 对称性的 $\mathcal{L}_0$ 被推广到具有定域 U(1) 对称性的 $\mathcal{L}$, 电磁相互作用总的拉氏密度

$$\begin{aligned}
\mathcal{L} &= -\frac{1}{4}F_{\mu\nu}F^{\mu\nu} + \overline{\psi}(x)(\mathrm{i}\not{D} - m)\psi(x) \\
&= -\frac{1}{4}F_{\mu\nu}F^{\mu\nu} + \overline{\psi}(\mathrm{i}\gamma^\mu\partial_\mu - m)\psi - e\overline{\psi}\gamma^\mu\psi A_\mu
\end{aligned} \tag{8.1.11}$$

在规范变换 (8.1.10) 下是不变的. 反过来说, 由规范不变性要求完全确定了 (8.1.11) 式中电磁相互作用形式, 表达为 ψ 场与 A_μ 场的耦合项, 通常称为最小电磁耦合原理. 在经典物理与量子物理之间存在着对应原理, 这种做法既适用于经典场论也适用于量子场论. 同时也可看出, 在规范变换 (8.1.10) 下的不变性禁戒了 A_μ 的质量项 $\frac{1}{2}m^2A_\mu A^\mu$ 的出现, 因为此项不是规范不变的. 所以规范不变性原理必然导致光子的质量为零, 有质量的矢量场的质量项不满足规范不变性.

完整的 Dirac 场与电磁场相互作用系统的拉氏密度 (8.1.11) 可以分为三部分:

$$\mathcal{L} = \mathcal{L}_\psi + \mathcal{L}_{\mathrm{em}} + \mathcal{L}_{\mathrm{i}}, \tag{8.1.12}$$

其中相互作用拉氏密度

$$\mathcal{L}_{\mathrm{i}} = -e\overline{\psi}(x)\gamma^\mu\psi(x)A_\mu(x) \tag{8.1.13}$$

描写电子场在时空点 x 的定域相互作用. 拉氏密度 (8.1.12) 的变分导致有相互作

用的运动方程

$$(\mathrm{i}\gamma^\mu\partial_\mu - m)\psi = e\gamma^\mu A_\mu\psi, \tag{8.1.14}$$

$$\overline{\psi}(\mathrm{i}\gamma^\mu\overleftarrow{\partial}_\mu - m) = e\overline{\psi}\gamma^\mu A_\mu, \tag{8.1.15}$$

$$\Box A^\mu = e\overline{\psi}\gamma^\mu\psi. \tag{8.1.16}$$

(8.1.16) 式右边就是电磁流 $j^\mu = \overline{\psi}\gamma^\mu\psi$. 顺便指出, 若电子是在一个外电磁场 $A_\mu^{\mathrm{ext}}(x)$ 中运动, 则相互作用也有 (8.1.13) 的形式, 即

$$\mathcal{L}_\mathrm{i} = -e\overline{\psi}\gamma^\mu\psi A_\mu^{\mathrm{ext}}. \tag{8.1.17}$$

注意到荷电粒子与电磁场相互作用系统的拉氏密度 (8.1.13) 中相互作用 $\mathcal{L}_\mathrm{i}$ 不含场 ψ, A_μ 的时间微商, (8.1.11) 式中还应该包含规范固定项, 由场共轭动量定义, ψ, A_μ 场及其共轭动量应与自由场时相同, 即

$$\pi_\psi = \frac{\partial\mathcal{L}}{\partial\dot{\psi}} = \mathrm{i}\psi^\dagger, \tag{8.1.18}$$

$$\pi^\mu = \frac{\partial\mathcal{L}}{\partial\dot{A}_\mu} = F^{\mu 0} - g^{\mu 0}(\partial\cdot A). \tag{8.1.19}$$

由此得出, $\psi, \psi^\dagger$ 间的等时反对易关系以及 $\dot{A}_\mu, A_\mu$ 间的等时对易关系应与自由场形式相同, 即

$$\begin{aligned} \{\psi_\alpha(x), \psi_\beta^\dagger(x')\}|_{t=t'} &= \delta_{\alpha\beta}\delta^3(\boldsymbol{x}-\boldsymbol{x}'), \\ \{\psi_\alpha(x), \psi_\beta(x')\}|_{t=t'} &= \{\psi_\alpha^\dagger(x), \psi_\beta^\dagger(x')\}_{t=t'} = 0, \end{aligned} \tag{8.1.20}$$

$$\begin{aligned} [A_\mu(x), \dot{A}_\nu(x')]|_{t=t'} &= -\mathrm{i}g_{\mu\nu}\delta^3(\boldsymbol{x}-\boldsymbol{x}'), \\ [A_\mu(x), A_\nu(x')]|_{t=t'} &= [\dot{A}_\mu(x), \dot{A}_\nu(x')]_{t=t'} = 0, \end{aligned} \tag{8.1.21}$$

且 ψ 与 A 之间全部相互对易,

$$[\psi_\beta(x), A_\mu(x')]|_{t=t'} = [\psi_\beta(x), \dot{A}_\mu(x')]|_{t=t'} = 0. \tag{8.1.22}$$

哈密顿量密度定义为

$$\begin{aligned} \mathcal{H} &= \mathrm{i}\psi^\dagger\partial^0\psi + \pi^\mu\partial^0 A_\mu - \mathcal{L} \\ &= \mathrm{i}\psi^\dagger\partial^0\psi - F^{0\mu}\partial^0 A_\mu - (\partial\cdot A)\partial^0 A^0 - \mathcal{L} \\ &= \mathcal{H}_\psi + \mathcal{H}_{\mathrm{em}} + \mathcal{H}_\mathrm{i}, \end{aligned} \tag{8.1.23}$$

其中

$$\mathcal{H}_{\psi} = \mathrm{i}\psi^{\dagger}\partial^0\psi - \mathcal{L}_{\psi} = \overline{\psi}(-\mathrm{i}\boldsymbol{\gamma}\cdot\nabla + m)\psi, \tag{8.1.24}$$

$$\begin{aligned}\mathcal{H}_{\mathrm{em}} &= \pi^{\mu}\partial^0 A_{\mu} - \mathcal{L}_{\mathrm{em}} \\ &= -\frac{1}{2}\left(\partial^0 A^{\mu}\partial^0 A_{\mu} - \nabla A^{\mu}\cdot\nabla A_{\mu}\right) = \frac{1}{2}\left(\boldsymbol{E}^2 + \boldsymbol{B}^2\right),\end{aligned} \tag{8.1.25}$$

$$\mathcal{H}_{\mathrm{i}} = -\mathcal{L}_{\mathrm{i}} = e\overline{\psi}\gamma^{\mu}\psi A_{\mu}. \tag{8.1.26}$$

注意到 $\mathcal{H}$ 是能量-动量张量流密度分量 T^{00}, 从定义知

$$T^{0\mu} = -\mathcal{L}g^{0\mu} - F^{0\rho}\partial^{\mu}A_{\rho} - (\partial\cdot A)\partial^{\mu}A^0 + \mathrm{i}\psi^{\dagger}\partial^{\mu}\psi, \tag{8.1.27}$$

相应的四动量算符

$$P^{\mu} = \int \mathrm{d}^4 x T^{0\mu}. \tag{8.1.28}$$

由 (8.1.23) 式中哈密顿量密度 $\mathcal{H}$ 得到总能量

$$H \equiv P^0 = \int \mathrm{d}^3 x\mathcal{H} \tag{8.1.29}$$

和三维动量

$$\boldsymbol{P} = -\int \mathrm{d}^3 x(\pi^{\mu}\nabla A_{\mu} + \pi_{\psi}\nabla\psi). \tag{8.1.30}$$

由于 $\mathcal{L}_{\mathrm{i}}$ 中不含场的微商, 所以 $\boldsymbol{P}$ 只是自由 Dirac 场和自由 Maxwell 场的三动量之和. 由正则对易关系 (8.1.20)~(8.1.22) 不难证明:

$$\partial^{\mu}\psi = \mathrm{i}[P^{\mu}, \psi], \tag{8.1.31}$$

$$\partial^{\mu}A^{\nu} = \mathrm{i}[P^{\mu}, A^{\nu}], \tag{8.1.32}$$

$$\partial^{\mu}\pi^{\nu} = \mathrm{i}[P^{\mu}, \pi^{\nu}], \tag{8.1.33}$$

即 P^{μ} 为时空平移生成元, 因而在量子化后平移不变性成立. (8.1.31) 和 (8.1.32) 式中的时间分量即 Heisenberg 方程

$$\partial^0\psi = \mathrm{i}[H, \psi], \tag{8.1.34}$$

$$\partial^0 A^{\mu} = \mathrm{i}[H, A^{\mu}]. \tag{8.1.35}$$

可以看出, 这些方程形式上与自由场相同, 只是 P^{μ} 包含了相互作用的能量和动量. 实际上运动方程 (8.1.14)~(8.1.16) 表明, ψ 与 A_{μ} 是有源场, 它们之间相互耦合成

为非线性方程. ψ 与 A_μ 的本征解不再是自由场的本征函数, 如果按自由场的本征函数展开, 其展开系数也不再与时间无关, 量子化后也不是简单的湮灭算符和产生算符. 对于有源场的展开将在第 10 章中讨论.

最后考察对电磁流 $j^\mu = \overline{\psi}\gamma^\mu\psi$ 的微分:

$$\begin{aligned}\partial_\mu j^\mu &= \partial_\mu(\overline{\psi}\gamma^\mu\psi)=(\partial_\mu\overline{\psi})\gamma^\mu\psi + \overline{\psi}\gamma^\mu\partial_\mu\psi \\ &= \mathrm{i}(m\overline{\psi} + e\overline{\psi}\gamma^\mu A_\mu)\psi - \mathrm{i}\overline{\psi}(m\psi + e\gamma^\mu A_\mu\psi).\end{aligned}$$

利用运动方程 (8.1.14) 和 (8.1.15), 可得

$$\partial_\mu j^\mu = 0, \tag{8.1.36}$$

即电磁流是守恒的. 如果对 (8.1.16) 式两边微分, 可得

$$\Box\partial_\mu A^\mu = e\partial_\mu j^\mu = 0. \tag{8.1.37}$$

此式意味着 $\partial_\mu A^\mu$ 如自由 Maxwell 场时一样, 满足零质量的 Klein-Gordon 方程. 因此, 它可以分成正频和负频两部分:

$$\partial_\mu A^\mu = \partial_\mu A^{\mu(+)} + \partial_\mu A^{\mu(-)}. \tag{8.1.38}$$

仍可按照 (6.2.19) 式要求物理的 Hilbert 空间 $\mathcal{H}_1$ 中的态 $|\psi\rangle$ 遵从 Lorenz 条件

$$\partial_\mu A^{\mu(+)}\,|\psi\rangle = 0 \tag{8.1.39}$$

以消除负模方态并使得非物理的纵光子和标量光子相互抵消, 对物理可观测量没有影响.

以上是以电子场与电磁场为例按最小电磁耦合原理构造的相互作用理论, 即量子电动力学 (QED). 类似地利用最小电磁耦合原理, 可以获得带电粒子 (介子和重子) 场与电磁场相互作用的拉氏密度, 即电磁相互作用可以通过带电粒子 (介子和重子) 在自由场的拉氏密度中做代换, 将偏微分 ∂_μ 替换为协变微分 D_μ 而导出相应的带电粒子场与电磁场的相互作用拉氏密度.

§8.2 强相互作用 —— π-N 有效耦合拉氏密度

强相互作用与电磁相互作用完全不同, 它仅存在于微观物理现象之中. 将质子、中子结合在一起形成极小的 ($\sim 10^{-13}$ cm) 原子核的核力就属于强相互作用, 显然它要比形成原子 ($\sim 10^{-8}$ cm) 的电磁相互作用强很多. 此外, 相互作用的强弱也表现在由强相互作用所引起的反应和转化过程要比电磁相互作用过程快得多, 电磁相

互作用过程所需的时间约在 $10^{-19} \sim 10^{-12}$ s 之间, 而强相互作用反应过程的时间约 10^{-23} s, 异常迅速.

20 世纪的研究进展表明, 强相互作用基本理论是量子色动力学理论, 其基本内容将在第 17 章中讨论. 本节讨论强相互作用唯象理论. 1935 年, Yukawa 提出核力是交换 π 介子形成的, π 介子-核子 N 相互作用是强相互作用中研究得最早的一部分, 至今仍是有效的唯象理论. 质子和中子间的相互作用是通过 π 介子作为媒介子传递的, 即

$$\mathcal{L}_{\rm i} = {\rm i}g\overline{n}\gamma_5 p \cdot \phi_\pi + {\rm h.c.},$$

其中 h.c. 代表前项的厄米共轭, g 是强相互作用耦合常数. 原子核能谱以及核子间散射的大量实验数据拟合给出 $\dfrac{g^2}{4\pi} \approx 14 \sim 15$, 要比电磁相互作用的 $\dfrac{e^2}{4\pi} \approx \dfrac{1}{137}$ 强很多. 核力的一个重要特点是电荷无关性. 所谓电荷无关性是指在核力中如果略去质子间的 Coulomb 力, 那么, 质子间的作用力、中子间的作用力、中子与质子间的作用力都是相同的. 这是人们在分析了原子核能谱以及大量核子间散射实验数据的基础上得到的. 这就是说如果仅考虑强相互作用, 那么质子和中子可以视为一种粒子的两重态, 称为核子 N. 引入 SU(2) 同位旋空间, 核子 N 表示为同位旋 $T = \dfrac{1}{2}$ 的两重态, 其本征态为 $\begin{bmatrix}1\\0\end{bmatrix}$, $\begin{bmatrix}0\\1\end{bmatrix}$, 分别对应于质子态和中子态, 那么核子可表示为同位旋空间旋量,

$$N = \begin{bmatrix}\psi_{\rm p}\\ \psi_{\rm n}\end{bmatrix}, \quad \begin{aligned} &{\rm p}: T_3 = \frac{1}{2}, \\ &{\rm n}: T_3 = -\frac{1}{2}. \end{aligned} \tag{8.2.1}$$

在 SU(2) 同位旋空间中可做一无穷小变换, 它的变换性质按照基础表示变换, 即

$$N \to \left(1 + \frac{\rm i}{2}\boldsymbol{\alpha} \cdot \boldsymbol{\tau}\right) N, \tag{8.2.2}$$

其中 $\alpha_i (i = 1, 2, 3)$ 是三个无穷小变换参量, $\dfrac{1}{2}\tau_i (i = 1, 2, 3)$ 是相应的生成元, 满足 SU(2) 代数关系

$$[\tau_i, \tau_j] = 2{\rm i}\epsilon_{ijk}\tau_k, \tag{8.2.3}$$

ϵ_{ijk} 是三维 Levi-Civita 符号. τ_i 的一个明显表示就是 Pauli 矩阵

$$\tau_1 = \begin{bmatrix}0 & 1\\ 1 & 0\end{bmatrix}, \ \tau_2 = \begin{bmatrix}0 & -{\rm i}\\ {\rm i} & 0\end{bmatrix}, \ \tau_3 = \begin{bmatrix}1 & 0\\ 0 & -1\end{bmatrix}. \tag{8.2.4}$$

1938 年, Kemmer 将同位旋概念扩充至介子场理论中. 如果略去电磁相互作用, π^+, π^-, π^0 也可以视为同一种粒子, 把它们看作 SU(2) 同位旋 $T=1$ 的三重态. 引入同位旋空间矢量

$$\phi_\pi = \begin{bmatrix} \phi_1 \\ \phi_2 \\ \phi_3 \end{bmatrix}, \tag{8.2.5}$$

其中 $\phi_i(i=1,2,3)$ 都是实标量场, π^+, π^- 对应场是两实标量场 ϕ_1, ϕ_2 的组合:

$$\begin{aligned} \phi_{\pi^+} &= \frac{1}{\sqrt{2}}(\phi_1 - \mathrm{i}\phi_2), \\ \phi_{\pi^-} &= \frac{1}{\sqrt{2}}(\phi_1 + \mathrm{i}\phi_2), \\ \phi_{\pi^0} &= \phi_3, \end{aligned} \tag{8.2.6}$$

其相应的同位旋有三个分量 $T_3 = 1, -1, 0$. 在 SU(2) 空间中其变换性质为

$$\phi_i \to \phi_i + \epsilon_{ijk}\alpha_k\phi_j. \tag{8.2.7}$$

从核子与 π 介子的电荷和同位旋第三分量值可知, 它们满足一个简单的关系式

$$Q = \frac{1}{2}(B + 2T_3) = T_3 + \frac{B}{2}, \tag{8.2.8}$$

其中 Q 是电荷, B 是重子数. 可见 Q 量子数除了相差半个重子数以外就是同位旋第三分量. 那么所谓第一类电荷规范变换就相应于在同位旋空间绕第三个轴的旋转. Kemmer 在引入同位旋概念到介子场理论后, 建立了核力的电荷无关性相互作用场论. Kemmer 建议描述核子与 π 介子相互作用的拉氏密度必须是同位旋 SU(2) 空间转动不变的, 即 π-N 强相互作用保持同位旋守恒, 最简单的形式为

$$\mathcal{L}_i = \mathrm{i}g\overline{N}\gamma_5\boldsymbol{\tau}N\cdot\boldsymbol{\phi}, \tag{8.2.9}$$

自由核子场和 π 介子场的拉氏密度

$$\mathcal{L}_\mathrm{N} = \overline{N}(\mathrm{i}\partial\!\!\!/ - m)N, \tag{8.2.10}$$

$$\mathcal{L}_\pi = \frac{1}{2}(\partial_\mu\boldsymbol{\phi}\cdot\partial^\mu\boldsymbol{\phi} - \mu^2\boldsymbol{\phi}\cdot\boldsymbol{\phi}). \tag{8.2.11}$$

总的拉氏密度成为

$$\mathcal{L} = \mathcal{L}_\mathrm{N} + \mathcal{L}_\pi + \mathcal{L}_\mathrm{i}, \tag{8.2.12}$$

它在同位旋转动 (8.2.2) 和 (8.2.7) 下显然是不变的. 由 Noether 定理, 可得到同位旋守恒流密度

$$\boldsymbol{j}^{\mu}=\frac{1}{2}\overline{N}\gamma^{\mu}\boldsymbol{\tau}N-\partial^{\mu}\boldsymbol{\phi}\times\boldsymbol{\phi}, \tag{8.2.13}$$

相应的守恒荷, 即同位旋矢量算符

$$\boldsymbol{T}=\int \mathrm{d}^3x\boldsymbol{j}^0=\int \mathrm{d}^3x(N^{\dagger}\frac{1}{2}\boldsymbol{\tau}N-\boldsymbol{\pi}\times\boldsymbol{\phi}),\quad \boldsymbol{\pi}=\partial^0\boldsymbol{\phi}. \tag{8.2.14}$$

量子化等时对易关系和第 4, 第 5 章中假定的一样, 对费米子按反对易关系, 对玻色子按对易关系, 即

$$\begin{aligned}&\{p(x),p^{\dagger}(x)\}|_{t=t'}=\{n(x),n^{\dagger}(x')\}|_{t=t'}=\delta^3(\boldsymbol{x}-\boldsymbol{x}'),\\&[\phi_i(x),\pi_j(x')]|_{t=t'}=\mathrm{i}\delta_{ij}\delta^3(\boldsymbol{x}-\boldsymbol{x}')\quad(i,j=1,2,3)\end{aligned} \tag{8.2.15}$$

等, 此外还要求

$$\begin{gathered}\{p(x),n(x)\}|_{t=t'}=\{p(x),n^{\dagger}(x)\}|_{t=t'}=0,\\p,p^{\dagger},n,n^{\dagger}\text{ 与 }\phi,\pi\text{ 等时对易.}\end{gathered} \tag{8.2.16}$$

利用上述对易关系, 容易证明由 (8.2.14) 式定义的同位旋算符 T_i 满足 SU(2) 代数

$$[T_i,T_j]=\mathrm{i}\epsilon_{ijk}T_k, \tag{8.2.17}$$

表明 T_i 是 SU(2) 群的三个生成元.

强相互作用保持电荷与重子数严格守恒. 仍以 π-N 同位旋不变耦合为例来加以说明. 先看电荷守恒, 考虑整体相位变换

$$\begin{aligned}\delta p&=\mathrm{i}\alpha p,\\\delta\phi_{\pi^+}&=\mathrm{i}\alpha\phi_{\pi^+},\\\delta\phi_{\pi^-}&=-\mathrm{i}\alpha\phi_{\pi^-},\end{aligned} \tag{8.2.18}$$

其中相位正比于该场的电荷, 因而此变换称为电荷 U(1) 变换. 拉氏密度 (8.2.10) 和 (8.2.11) 可展开为

$$\begin{aligned}&\mathcal{L}_{\mathrm{N}}=\overline{p}(\mathrm{i}\partial\!\!\!/-m)p+\overline{n}(\mathrm{i}\partial\!\!\!/-m)n,\\&\mathcal{L}_{\pi}=\partial_{\mu}\phi_{\pi^-}\partial^{\mu}\phi_{\pi^+}-\mu^2\phi_{\pi^-}\phi_{\pi^+}+\frac{1}{2}\partial_{\mu}\phi_{\pi^0}\partial^{\mu}\phi_{\pi^0}-\frac{1}{2}\mu^2\phi_{\pi^0}\phi_{\pi^0},\end{aligned}$$

它们显然是电荷 U(1) 不变的. 上式中 μ 是 π 介子的质量, m 是核子的质量. 利用

$$\boldsymbol{\tau}\cdot\boldsymbol{\phi}=\begin{bmatrix}\phi_3&\phi_1-\mathrm{i}\phi_2\\\phi_1+\mathrm{i}\phi_2&-\phi_3\end{bmatrix}=\begin{bmatrix}\phi_{\pi^0}&\sqrt{2}\phi_{\pi^+}\\\sqrt{2}\phi_{\pi^-}&-\phi_{\pi^0}\end{bmatrix},$$

相互作用拉氏密度 (8.2.9) 也可以重写为

$$\begin{aligned}\mathcal{L}_{\rm i} &= {\rm i}g\overline{N}\gamma_5\boldsymbol{\tau}N\cdot\boldsymbol{\phi}\\ &= {\rm i}g(\overline{p},\overline{n})\gamma_5\begin{bmatrix}\phi_{\pi^0} & \sqrt{2}\phi_{\pi^+}\\ \sqrt{2}\phi_{\pi^-} & -\phi_{\pi^0}\end{bmatrix}\begin{bmatrix}p\\ n\end{bmatrix}\\ &= {\rm i}g(\overline{p}\gamma_5p\phi_{\pi^0}+\sqrt{2}\overline{p}\gamma_5n\phi_{\pi^+}+\sqrt{2}\overline{n}\gamma_5p\phi_{\pi^-}-\overline{n}\gamma_5n\phi_{\pi^0}),\end{aligned} \tag{8.2.19}$$

显然也是电荷 U(1) 不变的, 相应的 Noether 守恒流密度为

$$\begin{aligned}j^\mu &= \overline{p}\gamma^\mu p-{\rm i}[(\partial^\mu\phi_{\pi^-})\phi_{\pi^+}-(\partial^\mu\phi_{\pi^+})\phi_{\pi^-}]\\ &= \frac{1}{2}\overline{N}\gamma^\mu(1+\tau_3)N+(\partial^\mu\phi_2)\phi_1-(\partial^\mu\phi_1)\phi_2,\end{aligned} \tag{8.2.20}$$

守恒荷即电荷

$$\begin{aligned}Q &= \int{\rm d}^3xj^0=\int{\rm d}^3x\left[N^\dagger\frac{1}{2}(1+\tau_3)N-(\partial^0\phi_1)\phi_2+(\partial^0\phi_2)\phi_1\right]\\ &= \int{\rm d}^3x\left[p^\dagger p-\pi_1\phi_2+\pi_2\phi_1\right].\end{aligned} \tag{8.2.21}$$

再看重子数守恒. 在重子数 U(1) 变换 (相位正比于重子数) 下,

$$\begin{aligned}\delta p &= {\rm i}\beta p,\\ \delta n &= {\rm i}\beta n,\end{aligned} \tag{8.2.22}$$

$\mathcal{L}=\mathcal{L}_{\rm N}+\mathcal{L}_\pi+\mathcal{L}_{\rm i}$ 显然是不变的, 相应的 Noether 守恒流密度为

$$j^\mu=\overline{N}\gamma^\mu N, \tag{8.2.23}$$

守恒荷即重子数

$$B=\int{\rm d}^3xN^\dagger N=\int{\rm d}^3x\left(p^\dagger p+n^\dagger n\right). \tag{8.2.24}$$

从 (8.2.14) 式得

$$T_3=\int{\rm d}^3x\left(\frac{1}{2}p^\dagger p-\frac{1}{2}n^\dagger n-\pi_1\phi_2+\pi_2\phi_1\right),$$

与 $\frac{B}{2}$ 相加可以得出熟知的关系 $T_3+\frac{B}{2}=Q$, 其中 Q 由 (8.2.21) 式给出. 利用 p, $p^\dagger$, n, $n^\dagger$, ϕ_i, π_j 的等时对易关系 (8.2.15) 和 (8.2.16), 可以证明

$$[Q,p(x)]=-p(x),\quad [Q,p^\dagger(x)]=p^\dagger(x), \tag{8.2.25}$$

$$[B,p(x)]=-p(x),\quad [B,p^\dagger(x)]=p^\dagger(x). \tag{8.2.26}$$

它们表明: Q 是电荷 U(1) 变换的生成元, B 是重子数 U(1) 变换的生成元; p 的作用是消灭一个单位的 Q 荷与 B 荷, $p^\dagger$ 的作用是产生一个单位的 Q 荷与 B 荷. 类似的结果在自由 Dirac 场情况下也得到过, 那里可以直接利用场算符按湮灭和产生算符的展开而得出. 而现在是相互作用场, 场按湮灭与产生算符的展开不再成立, 这些结果只能从等时对易关系得到.

除了 (8.2.9) 式给出的 π-N 拉氏密度形式以外, 还存在另一种形式

$$\mathcal{L}_{\mathrm{i}} = f\overline{\psi}_N\gamma_\mu\gamma_5\boldsymbol{\tau}\psi_N\partial^\mu\boldsymbol{\phi} \tag{8.2.27}$$

也满足上述各项要求. 由于 $\overline{\psi}\gamma_\mu\gamma_5\psi$ 是一个轴矢量, 通常称这种相互作用形式为轴矢量耦合. 类似地可以重复上述所有步骤, 所不同之处在于 $\boldsymbol{j}_\mu, \boldsymbol{\pi}, \boldsymbol{T}$ 应改为

$$\boldsymbol{j}_\mu = \frac{1}{2}\overline{\psi}_N\gamma_\mu\boldsymbol{\tau}\psi_N + (\partial_\mu\boldsymbol{\phi})\times\boldsymbol{\phi} + \mathrm{i}f\overline{\psi}_N\gamma_\mu\gamma_5\boldsymbol{\tau}\psi_N\times\boldsymbol{\phi}, \tag{8.2.28}$$

$$\boldsymbol{\pi} = \frac{\partial\dot{\boldsymbol{\phi}}}{\partial t} + \mathrm{i}f\overline{\psi}_N\gamma_0\gamma_5\boldsymbol{\tau}\psi_N, \tag{8.2.29}$$

$$\begin{aligned}\boldsymbol{T} &= \int \boldsymbol{j}_0(x)\mathrm{d}^3x \\ &= \int\left(\frac{1}{2}\psi_N{}^\dagger\boldsymbol{\tau}\psi_N - \boldsymbol{\pi}\times\boldsymbol{\phi} - \mathrm{i}f\psi_N{}^\dagger\gamma_5\boldsymbol{\tau}\psi_N\times\boldsymbol{\phi}\right)\mathrm{d}^3x.\end{aligned} \tag{8.2.30}$$

以后将看到这种相互作用是不可重整的. 此外也还可以构成满足上述要求的其他相互作用形式, 然而从形式简单和可重整的角度, 人们常采用赝标耦合形式 (8.2.9). 对于赝标耦合 (8.2.9) 和轴矢耦合 (8.2.27), 还可以证明在核子的非相对论极限下它们是等价的, 且有

$$f = \frac{1}{2M}g, \tag{8.2.31}$$

其中 M 是核子的质量. 这就是强相互作用等价定理.

§8.3 强相互作用与 SU(3) 对称性

实验事实告诉人们, 参与强相互作用的粒子除了 π, N 以外, 还有奇异粒子, 如 K 介子, Λ, Σ 超子等. 关于奇异粒子现象的一个重要特点是, 在碰撞过程中不可能产生单个奇异粒子, 奇异粒子总是成对产生, 称为联合产生. 这样一个实验现象反映了强相互作用过程中存在某一守恒定律, 即在强相互作用过程中奇异粒子单个产生会破坏这一守恒律. 1955—1956 年, Gell-Mann 和 Nishijima 提出了奇异粒子联合产生理论, 并称这一守恒律对应的守恒量为奇异量子数 S(strange), 将原先的

(8.2.8) 式 $Q = T_3 + \dfrac{B}{2}$ 推广为

$$Q = T_3 + \frac{B}{2} + \frac{S}{2} = T_3 + \frac{Y}{2}, \tag{8.3.1}$$

其中 Y 是超荷, 定义为

$$Y = B + S. \tag{8.3.2}$$

(8.3.1) 式中电荷 Q, 重子数 B 都是守恒量, 而 T_3 和 S 都是强相互作用过程中的守恒量. 对于上述所有相互作用决定的过程, T_3 和 Y 都是守恒量, 因此人们尝试寻找它们的对称性. 显然这一对称性应包含这两个守恒量, 即是秩为 2 的代数. 最直接的做法是将前面同位旋 SU(2) 对称性推广为 SU(3) 对称性, 它是一个幺正、幺模的秩为 2 的李群, 其基础表示的基为三重态, 例如 $(\mathrm{p}, \mathrm{n}, \Lambda)$.

20 世纪 60 年代初, 人们惊奇地发现实验上测量到的大量强子态可以按 SU(3) 群表示分类, 介子可以填充在 SU(3) 群的单态和八重态里, 而重子则填充在八重态和十重态里. 例如, 自旋为 0 的八个赝标介子和自旋为 1 的八个矢量介子分别填充在 8 维表示中, 自旋为 1/2 的八个重子和自旋为 3/2 的十个重子分别填充在 8 维表示和 10 维表示中. 1964 年 Gell-Mann 发现, 介子、重子按 SU(3) 群表示分类可以理解为由三种不同夸克构成, 它们对应于 SU(3) 群的基础表示三重态,

$$q = \begin{bmatrix} q_1 \\ q_2 \\ q_3 \end{bmatrix} = \begin{bmatrix} u \\ d \\ s \end{bmatrix}. \tag{8.3.3}$$

在无穷小变换下

$$q \to \left(1 + \mathrm{i}\sum_{i=1}^{8} \alpha_i \frac{\lambda_i}{2}\right) q, \tag{8.3.4}$$

其中 α_i 是群参量, $\dfrac{\lambda_i}{2}$ 是生成元算符, 可以选用 Gell-Mann 矩阵

$$\lambda_1 = \begin{bmatrix} 0 & 1 & 0 \\ 1 & 0 & 0 \\ 0 & 0 & 0 \end{bmatrix}, \ \lambda_2 = \begin{bmatrix} 0 & -\mathrm{i} & 0 \\ \mathrm{i} & 0 & 0 \\ 0 & 0 & 0 \end{bmatrix}, \ \lambda_3 = \begin{bmatrix} 1 & 0 & 0 \\ 0 & -1 & 0 \\ 0 & 0 & 0 \end{bmatrix},$$

$$\lambda_4 = \begin{bmatrix} 0 & 0 & 1 \\ 0 & 0 & 0 \\ 1 & 0 & 0 \end{bmatrix}, \ \lambda_5 = \begin{bmatrix} 0 & 0 & -\mathrm{i} \\ 0 & 0 & 0 \\ \mathrm{i} & 0 & 0 \end{bmatrix}, \ \lambda_6 = \begin{bmatrix} 0 & 0 & 0 \\ 0 & 0 & 1 \\ 0 & 1 & 0 \end{bmatrix}, \tag{8.3.5}$$

$$\lambda_7=\begin{bmatrix}0&0&0\\0&0&-\mathrm{i}\\0&\mathrm{i}&0\end{bmatrix},\ \lambda_8=\frac{1}{\sqrt{3}}\begin{bmatrix}1&0&0\\0&1&0\\0&0&-2\end{bmatrix}.$$

Gell-Mann 矩阵有性质:

$$[\lambda_i,\lambda_j]=2\mathrm{i}f_{ijk}\lambda_k, \tag{8.3.6}$$

$$\{\lambda_i,\lambda_j\}=2d_{ijk}\lambda_k+\frac{4}{3}\delta_{ij}, \tag{8.3.7}$$

$$\begin{aligned}&\mathrm{Tr}(\lambda_i)=0,\\&\mathrm{Tr}(\lambda_i\lambda_j)=2\delta_{ij},\end{aligned} \tag{8.3.8}$$

$$\mathrm{Tr}\left(\lambda_k[\lambda_i,\lambda_j]\right)=4\mathrm{i}f_{ijk}, \tag{8.3.9}$$

$$\mathrm{Tr}\left(\lambda_k\{\lambda_i,\lambda_j\}\right)=4d_{ijk}, \tag{8.3.10}$$

其中 f_{ijk} 是实的反对称系数, d_{ijk} 是全对称系数.

在此方案里, 介子和重子等强子可以很好地按照 SU(3) 群的表示分类. 这里已经忽略了各种强子之间的质量差, 它们构成一个多重态, 例如

$$(M_{ij})=\begin{bmatrix}\pi^0+\frac{1}{\sqrt{3}}\eta & \sqrt{2}\pi^+ & \sqrt{2}K^+\\ \sqrt{2}\pi^- & -\pi^0+\frac{1}{\sqrt{3}}\eta & \sqrt{2}K^0\\ \sqrt{2}K^- & \sqrt{2}\overline{K}^0 & -\frac{2}{\sqrt{3}}\eta\end{bmatrix}=\sum_{r=1}^{8}(\lambda_r)_{ij}M_r, \tag{8.3.11}$$

其中

$$\begin{aligned}&M_1=\frac{1}{\sqrt{2}}(\pi^++\pi^-),\ M_2=\frac{\mathrm{i}}{\sqrt{2}}(\pi^+-\pi^-),\\&M_3=\pi^0,\ M_4=\frac{1}{\sqrt{2}}(K^++K^-),\\&M_5=\frac{\mathrm{i}}{\sqrt{2}}(K^+-K^-),\ M_6=\frac{1}{\sqrt{2}}(K^0+\overline{K}^0),\\&M_7=\frac{\mathrm{i}}{\sqrt{2}}(K^0-\overline{K}^0),\ M_8=\eta\end{aligned} \tag{8.3.12}$$

是八个厄米场. 在 SU(3) 变换下,

$$M_r\to M_r+f_{rst}\alpha_tM_s. \tag{8.3.13}$$

当时人们接受了对应于 SU(3) 群的基础表示三个基的三种夸克, 并构造了夸克模型、层子模型描述强子的结构. 夸克模型认为所有的介子和重子都是由这三种夸克

和它们的反夸克组成的，这样可以得到强子正确的量子数. 实验观察到的强子谱很好地与夸克模型一致. 介子是由正、反夸克组成的，可以填充在 8 维表示和 1 维表示里 ($(q\overline{q})\sim 3\times 3^*=1\oplus 8$). 例如介子 8 维表示和 1 维表示中填充的介子为

$$\pi^+=(u\overline{d}),\ \pi^-=(\overline{u}d),\ \pi^0=\frac{1}{\sqrt{2}}(u\overline{u}-d\overline{d}),\ \eta,\ \eta',$$
$$K^+=(u\overline{s}),\ K^-=(\overline{u}s),\ K^0=(d\overline{s}),\ \overline{K}^0=(\overline{d}s).$$

这三种夸克与相应反粒子的性质如表 8.3.1 所示.

表 8.3.1　三种夸克与相应反粒子的量子数

夸克	自旋	同位旋	重子数	S	T_3	Y	Q
u	1/2	1/2	1/3	0	1/2	1/3	2/3
d	1/2	1/2	1/3	0	−1/2	1/3	−1/3
s	1/2	0	1/3	−1	0	−2/3	−1/3
$\overline{\mathrm{u}}$	1/2	1/2	−1/3	0	−1/2	−1/3	−2/3
$\overline{\mathrm{d}}$	1/2	1/2	−1/3	0	1/2	−1/3	1/3
$\overline{\mathrm{s}}$	1/2	0	−1/3	1	0	2/3	1/3

类似地重子是由三个夸克组成的，例如质子和中子 $\mathrm{p}=(\mathrm{uud}),\mathrm{n}=(\mathrm{udd})$, $\Lambda=(\mathrm{uds})$ 等，可以填充在 8 维和 10 维表示中,

$$(qqq)\sim 1\oplus 8\oplus 8\oplus 10. \tag{8.3.14}$$

重子 8 维表示和反 8 维表示可以用 3×3 矩阵表示,

$$\begin{aligned}B_{ij}&=\begin{bmatrix}\varSigma^0+\dfrac{1}{\sqrt{3}}\varLambda & \sqrt{2}\varSigma^+ & \sqrt{2}p\\ \sqrt{2}\varSigma^- & -\varSigma^0+\dfrac{1}{\sqrt{3}}\varLambda & \sqrt{2}n\\ \sqrt{2}\varXi^- & \sqrt{2}\varXi^0 & -\dfrac{2}{\sqrt{3}}\varLambda\end{bmatrix}\\&=\sum_{r=1}^{8}(\lambda_r)_{ij}B_r,\end{aligned} \tag{8.3.15}$$

$$
\begin{aligned}
\overline{B}_{ij} &= \begin{bmatrix} \overline{\Sigma^0}+\dfrac{1}{\sqrt{3}}\overline{\Lambda} & \sqrt{2}\,\overline{\Sigma^-} & \sqrt{2}\,\overline{\Xi^-} \\ \sqrt{2}\,\overline{\Sigma^+} & -\overline{\Sigma^0}+\dfrac{1}{\sqrt{3}}\overline{\Lambda} & \sqrt{2}\,\overline{\Xi^0} \\ \sqrt{2}\overline{p} & \sqrt{2}\overline{n} & -\dfrac{2}{\sqrt{3}}\overline{\Lambda} \end{bmatrix} \\
&= \sum_{r=1}^{8} (\lambda_r)_{ij} \overline{B}_r. \qquad (8.3.16)
\end{aligned}
$$

唯象上利用上述对称性可以推广讨论 π-N 以外所有介子和重子相互作用, 由 (8.3.11) (8.3.15) 和 (8.3.16) 式构成的 SU(3) 变换下不变的拉氏密度将具有两种可能的形式:

$$\mathcal{L}_{\rm i} = {\rm i}g\overline{B}_{ij}\gamma_5 B_{ki} M_{jk}, \qquad (8.3.17)$$

$$\mathcal{L}_{\rm i}' = {\rm i}g\overline{B}_{ij}\gamma_5 B_{jk} M_{ki}. \qquad (8.3.18)$$

它们的组合就是 Gell-Mann 所引入的 D 型和 F 型耦合:

$$\text{D型} \ \ \mathcal{L}_{\rm i} + \mathcal{L}_{\rm i}', \qquad (8.3.19)$$

$$\text{F型} \ \ \mathcal{L}_{\rm i} - \mathcal{L}_{\rm i}'. \qquad (8.3.20)$$

这样使得耦合常数大为减少, 不同物理过程相互联系起来, 并得到了实验上的支持.

值得指出的一点是, SU(3) 对称性并不是精确的对称性, 而是近似的对称性. 在精确对称性下, 所有多重态的质量应相等, 但实验表明在同一多重态中强子的质量并不相等. 对称性破缺项的研究不仅得到了多重态中不同强子的质量, 而且对基于 SU(3) 对称性建立的夸克模型的成功是重要的. 如果假定哈密顿量中所含 SU(3) 对称性破缺项像超荷 λ_8 一样, 那么可得到在同一个多重态中粒子间的质量具有 Gell-Mann-Okubo 质量关系, 例如重子八重态和十重态表示中粒子间的质量有

$$m_N + m_\Xi = \frac{1}{2}(m_\Sigma + 3m_\Lambda),$$

$$m_\Omega - m_{\Xi^*} = m_{\Xi^*} - m_{\Sigma^*} = m_{\Sigma^*} - m_{N^*}.$$

这些关系式不仅为当时实验验证, 而且预言了 Ω^- 粒子的质量. 不久之后, 1964 年实验上发现的 Ω^- 粒子的质量与理论预言相当好地符合.

1974 年 11 月, 丁肇中和 Richter 在 3.1 GeV 附近发现了窄宽度 J/ψ 粒子, 这一粒子不能按 SU(3) 群表示分类, 填充不进由 u, d, s 三种夸克构成的夸克模型之中. 实际上它是由四年前预言的粲夸克 (charm quark)c 和反粲夸克 $\bar{\rm c}$ 组成的, c 夸克的质量要比 u, d, s 夸克重得多. 实验上还发现了 J/ψ 家族, 都是 $({\rm c}\bar{\rm c})$ 态的激发态. 此后, 1976 年发现了 Υ 粒子及其家族, 它们是底夸克 (bottom quark) b 的束缚

态 ($\mathrm{b\bar{b}}$). 1995 年发现了最重的顶夸克 t, 由于它的寿命极短, 会很快衰变为底夸克 b, 实验上观测不到 ($\mathrm{t\bar{t}}$) 强子. 迄今为止, 实验上发现了六种夸克, 它们的流夸克质量分别为

$$\begin{aligned} m_{\mathrm{u}} &= 1.5 \sim 4.5 \text{ MeV}, \\ m_{\mathrm{d}} &= 5 \sim 8.5 \text{ MeV}, \\ m_{\mathrm{s}} &= 80 \sim 155 \text{ MeV}, \\ m_{\mathrm{c}} &= 1.0 \sim 1.4 \text{ GeV}, \\ m_{\mathrm{b}} &= 4.0 \sim 4.5 \text{ GeV}, \\ m_{\mathrm{t}} &\approx 173 \text{ GeV}, \end{aligned} \tag{8.3.21}$$

其中 u, d, s 为轻夸克, c, b, t 为重夸克. 强子态可以按 SU(3) 群表示分类是对轻夸克而言. 轻夸克和重夸克的电荷如表 8.3.2 所示.

表 8.3.2　夸克的电荷

夸克	u	d	c	s	t	b
电荷	2/3	−1/3	2/3	−1/3	2/3	−1/3

1995 年发现了顶夸克以后, 三种轻夸克和三种重夸克就成为自然界中组成物质成分的六种最小单元, 它们都是自旋 1/2 的费米子. 所有自然界中的强子都是由这六种夸克和它们的反夸克组成的. 按夸克的性质可以将其分为三组:

$$\begin{bmatrix} \mathrm{u} \\ \mathrm{d} \end{bmatrix}, \quad \begin{bmatrix} \mathrm{c} \\ \mathrm{s} \end{bmatrix}, \quad \begin{bmatrix} \mathrm{t} \\ \mathrm{b} \end{bmatrix},$$

其中 u, c, t 的电荷为 2/3, 而 d, s, b 的电荷为 −1/3. 这三组夸克通常称为标准模型中的三代夸克, 与之相应的有三代轻子

$$\begin{bmatrix} \nu_{\mathrm{e}} \\ \mathrm{e} \end{bmatrix}, \quad \begin{bmatrix} \nu_{\mu} \\ \mu \end{bmatrix}, \quad \begin{bmatrix} \nu_{\tau} \\ \tau \end{bmatrix}.$$

夸克、轻子以及它们的反粒子构成了物质深层次结构的最小组成成分.

在夸克模型成功的同时, 为了解释统计性质问题, 1972 年, 人们假定每种夸克除了自由度 “味” (u, d, s, c, t, b) 不同外还具有内部 “色” 空间自由度, 即有三种不同的色, 通常称为红 (R)、绿 (G)、蓝 (B), 由此就可以做到在夸克模型里使强子遵从相应的费米和玻色统计. 不同色夸克之间的强相互作用是通过传递带色的胶子而发生的. 轻子不直接参与强相互作用, 没有内部色空间. 这种色自由度的引入立即获得了如对 $\pi^0 \to \gamma\gamma$ 衰变概率以及 $\mathrm{e^+e^-}$ 对撞中 R 值的测量等实验上的证实.

1973 年, Gross, Wilczek 和 Politzer 提议 SU(3) 色规范群下的非 Abel 规范场论可以作为描述强相互作用的量子场论, 其 β 函数是负的, 具有反屏蔽性质, 使得有效耦合常数 $\alpha_s(Q^2)$ 随着 Q^2 增大而减小, 即具有渐近自由性质, 从而建立了量子色动力学理论. 量子色动力学理论中除了夸克和胶子之间的相互作用以外, 还存在三胶子和四胶子相互作用顶点. 正是这些顶点决定相互作用耦合强度 g_s 随着能量的增加而减小, 与 g_s 紧密相关的 β 函数为负值, 最终导致强相互作用的有效耦合常数 g_s 满足 (1.2.4) 式, 当 Q^2 趋于无穷大时, 强相互作用耦合常数 $\alpha_s(Q^2)$ 趋于零, 定量地表达了强相互作用渐近自由的性质. 人们形象地将反映这一特点的耦合常数称为跑动耦合常数. 跑动耦合常数随 Q^2 增大而对数减小这一规律已得到一系列物理过程的实验结果证实, 量子色动力学理论已成为强相互作用的基本理论. 它的基本成分是紧紧束缚在强子内部, 不能被击出呈自由状态的夸克和胶子, 只可能间接地由强子实验观测到它们的存在. 量子色动力学理论仅在高动量迁移下的物理过程中可以应用微扰论并得到实验检验, 对于低动量迁移的物理现象和强子结构, 它面临夸克禁闭困难, 因而很难精确计算此时的物理过程的强子矩阵元. 因此, 对于低能强子物理和强相互作用过程 π-N 等, 有效耦合拉氏密度和 SU(3) 对称性仍是一种有效唯象理论.

§8.4　弱相互作用低能唯象理论

弱相互作用也是短力程的相互作用, 只有在微观物理中才明显地表现出来. 首先被研究的弱相互作用过程是原子核物理中的 β 衰变. 弱相互作用对原子核的结合能的贡献是微不足道的, 它比强相互作用弱得多, 而且反应过程很慢, 所需要的时间在 10^{-10} s 以上. 弱相互作用过程最早是在原子核中发现的, 主要表现在衰变和俘获现象中, 例如原子核的 β 衰变是由基本过程

$$\mathrm{n} \to \mathrm{p} + \mathrm{e}^- + \bar{\nu}_\mathrm{e}$$

决定的, 而原子核的 μ 俘获现象主要是由过程

$$\mu^- + \mathrm{p} \to \mathrm{n} + \nu_\mu$$

决定的. 强子和轻子之间也存在着类似的弱相互作用过程, 几乎所有的粒子都与弱相互作用相关. 人们将弱相互作用衰变过程按末态所含粒子类型分为三类:

(1) 纯轻子 (pure leptonic) 衰变过程, 例如

$$\pi^+ \to \mu^+ + \nu_\mu,$$

$$\mu^+ \to \mathrm{e}^+ + \nu_\mu + \bar{\nu}_\mu.$$

(2) 半轻子 (semi-leptonic) 衰变过程 (末态既有轻子又有强子), 例如

$$\mathrm{K}^- \to \pi^0 + \mathrm{e}^- + \overline{\nu}_\mathrm{e},$$

$$\Lambda \to \mathrm{p} + \mathrm{e}^- + \overline{\nu}_\mathrm{e}.$$

(3) 非轻子 (non-leptonic) 衰变过程 (末态仅有强子), 例如

$$\Lambda \to \mathrm{p} + \pi^-,$$
$$\mathrm{K}^\pm \to \pi^\pm + \pi^0.$$

1934 年, 费米提出了四费米子相互作用, 从理论上描述了 β 衰变弱相互作用过程. 1956 年, 李政道、杨振宁提出在弱相互作用过程中宇称不守恒的理论. 1957 年, 吴健雄的实验证实了这一理论, 对弱相互作用理论的发展有很大的影响. 以描述 β 衰变的四费米子弱相互作用理论为例, 比较普遍的四费米子拉氏密度应包括所有可能的双线性协变量 $\overline{\psi}\Gamma^a\psi$ 构成的 Lorentz 不变量,

$$\begin{aligned}&C_S(\overline{p}n)(\overline{e}\nu) + C_S{}'(\overline{p}n)(\overline{e}\gamma_5\nu) + C_V(\overline{p}\gamma_\mu n)(\overline{e}\gamma^\mu\nu) + C'_V(\overline{p}\gamma_\mu n)(\overline{e}\gamma_5\gamma^\mu\nu)\\&\quad + C_T(\overline{p}\sigma_{\mu\nu}n)(\overline{e}\sigma^{\mu\nu}\nu) + C_T{}'(\overline{p}\sigma_{\mu\nu}n)(\overline{e}\gamma_5\sigma^{\mu\nu}\nu)\\&\quad + C_A(\overline{p}\gamma_5\gamma_\mu n)(\overline{e}\gamma_5\gamma^\mu\nu) + C'_A(\overline{p}\gamma_5\gamma_\mu n)(\overline{e}\gamma^\mu\nu)\\&\quad + C_P(\overline{p}\gamma_5 n)(\overline{e}\gamma_5\nu) + C'_P(\overline{p}\gamma_5 n)(\overline{e}\nu) + \text{h.c.},\end{aligned} \tag{8.4.1}$$

其中 $\sigma_{\mu\nu} = \dfrac{\mathrm{i}}{2}(\gamma_\mu\gamma_\nu - \gamma_\nu\gamma_\mu)$. 这里包括了通过旋量空间中 16 个独立基矩阵 (见 (3.5.13) 式) 构造的双线性协变量 $\overline{\psi}\Gamma^a\psi$, 通常称它们为 S, V, T, A, P 五种相互作用形式. 如果要求弱相互作用拉氏密度 (8.4.1) 在空间反射下不变, 那么 (8.4.1) 式中 $C_a{}'(a = S, V, T, A, P) = 0$, 亦即宇称守恒将要求在 (8.4.1) 式中所有带 “撇” 的项为零. 李政道、杨振宁和吴健雄关于弱相互作用中宇称不守恒的理论和实验使得形式 (8.4.1) 成为研究四费米子弱相互作用的出发点, 故而人们尝试以 (8.4.1) 式的普遍表述由实验分析所有的 β 衰变现象以确定这 10 个参量. 1958 年, Feynman, Gell-Mann, Marshak 和 Sundarshan 的分析表明: S 和 V 相互作用的贡献相当于原子核发生 β 衰变时满足费米选择定则的情况, 其核子自旋在衰变过程中不改变; T, A 相互作用的贡献相当于原子核发生 β 衰变时满足 Gamow-Teller 选择定则的情况, 其核子自旋在衰变过程中改变. P 型相互作用的贡献可忽略. 对于大多数进行 β 衰变的原子核, 或者遵从费米选择定则, 或者遵从 Gamow-Teller 选择定则. 这就是说 S 型和 V 型不可能同时不等于零, T 型和 A 型也不可能同时不等于零, 将由实验来确定. 实验表明:

(1) 电子衰变能谱要求 S 型和 V 型中必须有一个为零, T 型和 A 型中也必须有一个为零.

(2) 角关联实验要求 S 型和 T 型为零.

(3) 电子的上、下不对称分布要求 $C'_A = -C_A = C'_V = -C_V$.

这样, 为了很好地解释原子核 β 衰变现象, 上述拉氏密度 (8.4.1) 变为

$$\begin{aligned}\mathcal{L}_{\mathrm{W}} = \frac{G}{\sqrt{2}}\{&[\overline{p}(1-\gamma_5)\gamma_\mu n][\overline{e}(1-\gamma_5)\gamma^\mu \nu]\\&+[\overline{n}(1-\gamma_5)\gamma_\mu p][\overline{\nu}(1-\gamma_5)\gamma^\mu e]\},\end{aligned} \tag{8.4.2}$$

这就是通常所说的 $V-A$ 型弱相互作用理论. 进一步他们还发现 $\mu \to e + \nu_\mu + \overline{\nu}_e$ 弱衰变过程也可以通过类似的拉氏密度来描述:

$$\begin{aligned}\mathcal{L}_{\mathrm{W}} = \frac{G}{\sqrt{2}}\{&[\overline{\mu}(1-\gamma_5)\gamma^\mu \nu_\mu][\overline{\nu}_{\mathrm{e}}(1-\gamma_5)\gamma_\mu e]\\&+[\overline{e}(1-\gamma_5)\gamma^\mu \nu_{\mathrm{e}}][\overline{\nu}_\mu(1-\gamma_5)\gamma_\mu \mu]\}.\end{aligned} \tag{8.4.3}$$

(8.4.2) 和 (8.4.3) 式不仅在形式上一样, 而且实验结果表明耦合常数相等,

$$GM_{\mathrm{N}}^2 \approx 1.0246 \times 10^{-5}. \tag{8.4.4}$$

进一步的实验结果表明, 对于强子的弱衰变过程, 由于强相互作用对拉氏密度带来的影响致使 $V-A$ 型拉氏密度 (8.4.3) 应做适当的修改, 例如对中子 β 衰变,

$$\begin{aligned}\mathcal{L}_{\mathrm{W}} = \frac{G}{\sqrt{2}}\{&[\overline{p}(1-g_A\gamma_5)\gamma^\mu n][\overline{e}(1-\gamma_5)\gamma^\mu \nu_{\mathrm{e}}]\\&+[\overline{n}(1-g_A\gamma_5)\gamma_\mu p][\overline{\nu}_{\mathrm{e}}(1-\gamma_5)\gamma^\mu e]\},\end{aligned} \tag{8.4.5}$$

其中

$$g_A = 1.254 \pm 0.007. \tag{8.4.6}$$

在一系列的实验事实与理论计算的基础上, 1958 年, Feynman 和 Gell-Mann 提出了一个普适的弱相互作用理论: 任何四个费米子 (轻子或强子) 的弱相互作用的拉氏密度都可以写成 (8.4.2) 式的 $V-A$ 型, 只要满足轻子数守恒、重子数守恒、电荷守恒, 以及 $\Delta Q = \Delta S$ 等规则. 通常也称这种类型的相互作用为 $V-A$ 型流-流耦合理论.

对纯轻子弱相互作用来讲, 参与弱相互作用的全部是轻子, 这类过程的拉氏密度可记为 $V-A$ 型流-流耦合形式,

$$\mathcal{L} = \frac{G}{\sqrt{2}}(j_\mu^+ j^{\mu-} + \frac{1}{2}j_\mu^0 j^{\mu 0}), \tag{8.4.7}$$

其中带电流 $\Delta Q=\pm 1$,

$$j_{\mu}^{+}=\sum_{l}\overline{\nu}_{l}\gamma_{\mu}(1-\gamma_{5})l,\ \Delta Q=1, \tag{8.4.8}$$

$$j^{\mu-}=\sum_{l}\bar{l}\gamma^{\mu}(1-\gamma_{5})\nu_{l},\ \Delta Q=-1, \tag{8.4.9}$$

中性流 $\Delta Q=0$,

$$j_{\mu}^{0}=\sum_{l}[\overline{\nu}_{l}\gamma_{\mu}(1-\gamma_{5})\nu_{l}+\bar{l}\gamma_{\mu}(1-\gamma_{5})l]. \tag{8.4.10}$$

这里求和是对所有轻子 $l=e,\ \mu,\ \tau$ 和 $\nu_{l}=\nu_{\mathrm{e}},\ \nu_{\mu},\ \nu_{\tau}$ 进行, 例如在 (8.4.7) 式中第一项带电流部分仅考虑前两代轻子求和展开, 有

$$\begin{aligned}\mathcal{L}_{\mathrm{W}}=\frac{G}{\sqrt{2}}\{&[\overline{\mu}\gamma_{\mu}(1-\gamma_{5})\nu_{\mu}][\overline{\nu}_{\mathrm{e}}\gamma^{\mu}(1-\gamma_{5})e]+[\overline{e}\gamma_{\mu}(1-\gamma_{5})\nu_{\mathrm{e}}][\overline{\nu}_{\mu}\gamma^{\mu}(1-\gamma_{5})\mu]\\&+[\overline{\mu}\gamma_{\mu}(1-\gamma_{5})\nu_{\mu}][\overline{\nu}_{\mu}\gamma^{\mu}(1-\gamma_{5})\mu]+[\overline{e}\gamma_{\mu}(1-\gamma_{5})\nu_{\mathrm{e}}][\overline{\nu}_{\mathrm{e}}\gamma^{\mu}(1-\gamma_{5})e]\},\end{aligned} \tag{8.4.11}$$

其中第四项为 $\nu_{\mathrm{e}}\mathrm{e}$ 散射过程. 微扰论计算结果给出实验室系 (电子静止系) $\nu_{\mathrm{e}}\mathrm{e}$ 散射总截面为

$$\sigma_{\nu_{\mathrm{e}}\mathrm{e}}^{\mathrm{tot}}=\frac{16}{\pi}\left(\frac{G}{\sqrt{2}}\right)^{2}\frac{m_{\mathrm{e}}^{3}E_{\mathrm{e}}^{3}\left(E_{\mathrm{e}}+\dfrac{1}{2}m_{\mathrm{e}}\right)}{E^{4}E_{\mathrm{e}}}, \tag{8.4.12}$$

这里 E_{e} 是实验室系初态总能量,

$$E_{\mathrm{e}}=E_{\nu}+m_{\mathrm{e}},E=\sqrt{s}=\sqrt{2m_{\mathrm{e}}E_{\mathrm{e}}-m_{\mathrm{e}}^{2}}. \tag{8.4.13}$$

当 E_{e} 和 E 相对于 m_{e} 足够大时, m_{e} 可略去, 近似地有

$$\sigma_{\nu_{\mathrm{e}}\mathrm{e}}^{\mathrm{tot}}\approx\frac{4}{\pi}\left(\frac{G}{\sqrt{2}}\right)^{2}m_{\mathrm{e}}E_{\mathrm{e}}\approx\frac{2}{\pi}\left(\frac{G}{\sqrt{2}}\right)^{2}E^{2}. \tag{8.4.14}$$

这个理论结果与低能反应堆实验一致. 然而这一结果对能量强依赖, 散射总截面随着能量平方增长而增长, 将与概率守恒相冲突, 破坏幺正性. 这是必然的, 因为从简单量纲分析知 $\sigma\sim$ 常数 $\times\,G^{2}s$, 随能量的平方上升. 此外流-流耦合四费米子弱相互作用理论还有不可重整性困难. 所以四费米子弱相互作用理论仅是低能下的有效理论.

对于既有轻子又有强子的半轻子过程, 注意到轻子、核子与 π 介子的奇异数 S 皆为 0, 而 K^{-} 和 Λ 的奇异数皆为 -1, 按照奇异数是否守恒, 它们可以分成两类, 一

类是奇异数守恒过程, 如

$$\beta \text{ 衰变}, \ \mathrm{n} \to \mathrm{p} + \mathrm{e}^- + \bar{\nu}_{\mathrm{e}},$$
$$\pi \text{ 衰变}, \ \pi^- \to \mu^- + \bar{\nu}_{\mu},$$
$$\mu \text{ 衰变}, \ \mu^- + \mathrm{p} \to \mathrm{n} + \nu_{\mu},$$

另一类是奇异数改变的过程, 如

$$\mathrm{K}^- \to \mu^- + \bar{\nu}_{\mu},$$
$$\Lambda \to \mathrm{p} + \mathrm{e}^- + \bar{\nu}_{\mathrm{e}}.$$

因而描述这类过程的唯象拉氏密度可写成

$$\mathcal{L}_{\text{semi}} = \frac{G}{\sqrt{2}}(J_\mu^+ j^{\mu-} + J_\mu^- j^{\mu+} + J_\mu^0 j^{\mu 0}), \tag{8.4.15}$$

其中 G 仍为 (8.4.4) 式给出的费米常数, $j^{\mu\pm,0}$ 是轻子弱流, 而 ${J_\mu}^\pm$ 是 $\Delta Q = \pm 1$ 的带电强子弱流, ${J_\mu}^0$ 是 $\Delta Q = 0$ 的中性强子弱流. 对强子弱流 ${J_\mu}^{\pm,0}$, 并不一定要给出以粒子场表达的显式形式, 有时只要知道其一般性质, 也可以得出有用的定量结果, 因为强子流在强子态间的矩阵元或在强子-真空态间的矩阵元可以参数化, 而这些参数由一系列物理过程的实验结果来确定, 从而可以唯象地讨论不同物理过程中强子流矩阵元的关联和理论分析.

在夸克模型建立之前, 所有强子对应于点粒子场, 强子流可以由 (n, p) 和 (Λ, p) 组成. 在夸克模型建立之后, 强子的组成粒子是 u, d, s 夸克, 强子是夸克通过交换胶子组成的束缚态, 因此强子的弱相互作用可以归结为夸克的弱相互作用. 为了压低奇异数改变的中性流, 1970 年 Glashow, Illiopoulos 和 Maiani 引入一个新夸克 c (称为 GIM 机制). 1974 年, 丁肇中和 Richter 发现的 J/ψ 粒子其实就是 $(\mathrm{c}\bar{\mathrm{c}})$ 的束缚态, 从而证明了粲夸克 c (电荷为 $Q = 2/3$, 奇异数 $S = 0$, 粲数 $C = 1$) 的存在. 如果不包括后来发现的更重的 b, t 夸克, 则强子带电流可以写成

$$\begin{aligned} J_\mu^+ &= (\bar{u}, \bar{c})\gamma_\mu(1-\gamma_5)\begin{bmatrix} \cos\theta_{\mathrm{C}} & \sin\theta_{\mathrm{C}} \\ -\sin\theta_{\mathrm{C}} & \cos\theta_{\mathrm{C}} \end{bmatrix}\begin{bmatrix} d \\ s \end{bmatrix} \\ &= \bar{u}\gamma_\mu(1-\gamma_5)(\cos\theta_{\mathrm{C}} d + \sin\theta_{\mathrm{C}} s) \\ &\quad + \bar{c}\gamma_\mu(1-\gamma_5)(-\sin\theta_{\mathrm{C}} d + \cos\theta_{\mathrm{C}} s), \end{aligned} \tag{8.4.16}$$

其中 u, d, s, c 代表夸克场, θ_{C} 是引入的 Cabibbo 角. 定义

$$V_{\mathrm{C}} = \begin{bmatrix} \cos\theta_{\mathrm{C}} & \sin\theta_{\mathrm{C}} \\ -\sin\theta_{\mathrm{C}} & \cos\theta_{\mathrm{C}} \end{bmatrix}, \tag{8.4.17}$$

这就是 Cabibbo 混合矩阵. 由于 u, d 夸克的奇异数 $S=0$, s 夸克的奇异数 $S=-1$, 所以上式两项中的第一项对应 $\Delta S=0$ 的弱相互作用, 而第二项对应 $\Delta S=\Delta Q$ 的弱相互作用. 此外, 每一项又分为 γ_μ 和 $\gamma_\mu\gamma_5$ 两种耦合形式, 称为 $V-A$ 型弱流耦合, 分别对应矢量和轴矢量. 将 (8.4.16) 式中的 J_λ^+ 取厄米共轭, 得到

$$J_\lambda^- = (\bar{d},\bar{s})\gamma_\lambda(1-\gamma_5)\begin{bmatrix}\cos\theta_{\mathrm{C}} & -\sin\theta_{\mathrm{C}}\\ \sin\theta_{\mathrm{C}} & \cos\theta_{\mathrm{C}}\end{bmatrix}\begin{bmatrix}u\\ c\end{bmatrix},$$

它给出了 (8.4.15) 式中的第二项相应的带电流.

考虑到 p, n 的夸克组成, p 对应于 (uud), n 对应于 (udd), 以 β 衰变为例, $\mathrm{n}\to\mathrm{p}+\mathrm{e}^-+\bar{\nu}_\mathrm{e}$ 归结为

$$\mathrm{d}\to\mathrm{u}+\mathrm{e}^-+\bar{\nu}_\mathrm{e},$$

相应的等效拉氏密度

$$\begin{aligned}\mathcal{L}_\mathrm{i} &= \frac{G}{\sqrt{2}}(J_\mu^+)_{\mathrm{d}\to\mathrm{u}}(j^{\mu-})_{\nu_\mathrm{e}\to\mathrm{e}}\\ &= \frac{G}{\sqrt{2}}\cos\theta_\mathrm{C}[\overline{u}\gamma_\mu(1-\gamma_5)d][\overline{e}\gamma^\mu(1-\gamma_5)\nu_\mathrm{e}].\end{aligned}$$

类似地, $\mathrm{K}\to\mu^-+\bar{\nu}_\mu$ 衰变可归结为

$$(\bar{\mathrm{u}}\mathrm{s})\to\mu^-+\bar{\nu}_\mu \text{ 或 } \mathrm{s}\to\mathrm{u}+\mu^-+\bar{\nu}_\mu,$$

相应的等效拉氏密度

$$\begin{aligned}\mathcal{L}_\mathrm{i} &= \frac{G}{\sqrt{2}}(J_\mu^+)_{\mathrm{s}\to\mathrm{u}}(j^{\mu-})_{\nu_\mu\to\mu}\\ &= \frac{G}{\sqrt{2}}\sin\theta_\mathrm{C}[\overline{u}\gamma_\mu(1-\gamma_5)s][\overline{\mu}\gamma^\mu(1-\gamma_5)\nu_\mu].\end{aligned}$$

至于拉氏密度的中性流部分 $\frac{G}{\sqrt{2}}J_\mu^0 j^{\mu 0}$, 实验上表明不存在奇异数改变的中性流, 即对强子弱流 J_μ^0, 应满足 $\Delta S=0$.

1973 年, Kobayashi 和 Maskawa 将二代夸克的 Cabibbo 混合矩阵 (8.4.17) 推广到三代夸克, $V_\mathrm{C}\to V_\mathrm{CKM}$,

$$\begin{bmatrix}d'\\ s'\\ b'\end{bmatrix} = V_\mathrm{CKM}\begin{bmatrix}d\\ s\\ b\end{bmatrix}, \tag{8.4.18}$$

其中 CKM 混合矩阵

$$V_{\mathrm{CKM}} = \begin{bmatrix} V_{\mathrm{ud}} & V_{\mathrm{us}} & V_{\mathrm{ub}} \\ V_{\mathrm{cd}} & V_{\mathrm{cs}} & V_{\mathrm{cb}} \\ V_{\mathrm{td}} & V_{\mathrm{ts}} & V_{\mathrm{tb}} \end{bmatrix}. \tag{8.4.19}$$

V_{CKM} 是 3×3 的复幺正矩阵. Cabibbo 混合矩阵 V_{C} 是 2×2 的实矩阵, 因为在二代夸克的情况下复的相因子可以吸收到弱本征态中去. 而在三代夸克情况下, 可以证明有四个独立的实参数, 其中三个可选为三维空间的转动角 $(\theta_{12},\theta_{13},\theta_{23})$, 还有一个相位因子 δ_{13}. 这样 CKM 混合矩阵 V_{CKM} 可以表达为

$$V_{\mathrm{CKM}} = \begin{bmatrix} c_{12}c_{13} & s_{12}c_{13} & s_{13}\mathrm{e}^{-\mathrm{i}\delta_{13}} \\ -s_{12}c_{23} - c_{12}s_{23}\mathrm{e}^{\mathrm{i}\delta_{13}} & c_{12}c_{23} - s_{12}s_{23}s_{13}\mathrm{e}^{\mathrm{i}\delta_{13}} & s_{23}c_{13} \\ s_{12}s_{23} - c_{12}c_{23}s_{13}\mathrm{e}^{\mathrm{i}\delta_{13}} & -c_{12}s_{23} - s_{12}c_{23}s_{13}\mathrm{e}^{\mathrm{i}\delta_{13}} & c_{23}c_{13} \end{bmatrix}, \tag{8.4.20}$$

其中 $c_{ij}=\cos\theta_{ij}, s_{ij}=\sin\theta_{ij}, \theta_{12}=\theta_{\mathrm{C}}$ 是 Cabibbo 混合角.

1967 年, Weinberg 和 Salam 提出了电磁相互作用和弱相互作用统一理论, 将电磁相互作用和弱相互作用统一在 1961 年 Glashow 提出的弱相互作用与电磁相互作用的具有 $\mathrm{SU}(2)\times\mathrm{U}(1)$ 群规范对称性的模型中, 应用定域规范变换不变原理将两种相互作用统一, 并预言了弱中性流的存在以及传递弱相互作用的中间玻色子的质量. 电弱统一模型理论成功的一个关键点是通过引入真空对称性自发破缺的 Higgs 机制, 使得中间玻色子获得质量, 并精确预言了质量值, 还保持了理论的规范不变性和可重整性. Higgs 场激发出的中性标量粒子称为 Higgs 粒子. 1973 年, 美国费米实验室和欧洲核子研究中心在实验上相继发现了弱中性流, 证实了这个理论中预言的弱中性流的存在. 1983 年 1 月和 6 月, Rubia 实验组等在欧洲核子研究中心的超级质子同步加速器 (SPS) 上分别发现了带电的和中性的中间玻色子 $\mathrm{W}^{\pm}$ 和 Z^0. 实验上测到的中间玻色子的质量与理论预言惊人地一致, 这给予电弱统一理论以极大的支持. 此后理论经历了一系列实验的精密检验. 欧洲核子研究中心正在运行的大型强子对撞机 (LHC) 设计时的物理目标之一就是要寻找 Higgs 粒子以回答对称性破缺的本质这一疑难. LHC 上两个实验组 (CMS 和 ATLAS) 在 2012 年和 2013 年确认发现了神秘的 Higgs 粒子, 其质量为 125 GeV. 关于电磁相互作用和弱相互作用统一理论的基本内容将在第 18 章中讨论.

习　题

1. 试应用不确定关系估算 Yukawa 提出的核力的 π 介子交换理论中 π 介子质量的大小 (提示: 核力将质子和中子束缚在 10^{-13} cm, 即原子核大小的范围内).

2. 考虑由 u, d, s 三种夸克构成的重子 8 重态, 利用 SU(3) 群的表示理论, 分别求解 8 种重子 $\Sigma^+, \Sigma^-, \Sigma^0, \Xi^-, \Xi^0, \Lambda, \mathrm{p}, \mathrm{n}$ 的反对称波函数.
3. 两个轻夸克三重态 u, d, s 可以按照 $3 \otimes 3 = \overline{3} \oplus 6$ 分解, 请给出相应波函数. 如果是三个轻夸克, 可以分解为 $3 \otimes 3 \otimes 3 = 1 \oplus 8 \oplus 8 \oplus 10$. 类似地, $3 \otimes 3 \otimes \overline{3} = 3 \oplus 3 \oplus \overline{6} \oplus 15$. 请给出相应的分解情况.
4. 试证明 CKM 矩阵中只有一个独立的复相位参数, 而 2×2 混合矩阵无复相位参数.

第 9 章　相互作用场 CPT 变换和 CPT 定理

第 7 章中讨论了自由场量子化 Hilbert 空间中, P,C,T 分别变换下的规律, 自由场运动方程和正则量子化关系在上述变换下是不变的. 第 8 章讨论了相互作用拉氏密度 $\mathcal{L}_\mathrm{i}$ 的各种类型和形式, 人们自然要问, 具有相互作用的量子场论是否还具有 P,C,T 变换下的不变性? 1957 年, 吴健雄等从实验上证实了李政道和杨振宁提出的弱相互作用中宇称不守恒, 1964 年, Cronin 和 Fitch 在 $\mathrm{K}\to\pi\pi$ 实验中发现了弱相互作用中 CP (电荷共轭和宇称联合变换) 不守恒, 2000 年, 在 B 介子弱衰变实验中发现了 CP 不守恒现象. 迄今为止实验上并没有发现 CPT (电荷共轭、宇称和时间反演联合变换) 被破坏的现象. 理论上讲有 CPT 定理, 又称 Pauli-Lüders 定理, 表明在一般的条件下, 相互作用场论在 CPT 变换下是不变的.

§9.1　相互作用场 CPT 变换

注意到相互作用拉氏密度 $\mathcal{L}_\mathrm{i}$ 一般不含场量的时间微商, 则相互作用场的共轭动量以及正则对易关系形式上皆与自由场的相同. 人们可以假定相互作用场与自由场具有相同的 P,C,T 变换性质. 以 Dirac 场的最小电磁耦合为例, 其电磁相互作用拉氏密度

$$\mathcal{L}_\mathrm{i}(x)=-ej^\mu(x)A_\mu(x),$$

其中双线性旋量场流算符

$$j^\mu(x)=N[\overline{\psi}(x)\gamma^\mu\psi(x)] \tag{9.1.1}$$

不含时间微商. 这里将流算符表示为正规乘积 N, 关于正规乘积 N 将在第 13 章中解释. 首先考虑空间反射变换 $x^\mu\to\widetilde{x}^\mu=(x^0,-\boldsymbol{x})$. 在第 7 章中定义了 Hilbert 空间宇称算符 $\mathcal{P}$, 对 ψ 和 A_μ 的作用分别为

$$\mathcal{P}\psi(x)\mathcal{P}^{-1}=\gamma^0\psi(\widetilde{x}), \tag{9.1.2}$$

$$\mathcal{P}A_\mu(x)\mathcal{P}^{-1}=A^\mu(\widetilde{x}), \tag{9.1.3}$$

于是流算符 j^μ 的变换为

$$\begin{aligned}\mathcal{P}j^\mu(x)\mathcal{P}^{-1}&=\mathcal{P}N[\overline{\psi}(x)\gamma^\mu\psi(x)]\mathcal{P}^{-1}=N[\overline{\psi}(\widetilde{x})\gamma^0\gamma^\mu\gamma^0\psi(\widetilde{x})]\\&=N[\overline{\psi}(\widetilde{x})\gamma_\mu\psi(\widetilde{x})]=j_\mu(\widetilde{x}),\end{aligned} \tag{9.1.4}$$

相互作用拉氏密度 $\mathcal{L}_{\rm i}$ 的变换为

$$\mathcal{P}\mathcal{L}_{\rm i}(x)\mathcal{P}^{-1} = -e\mathcal{P}j^{\mu}(x)\mathcal{P}^{-1}\mathcal{P}\mathcal{A}_{\mu}(x)\mathcal{P}^{-1} = -ej_{\mu}(\widetilde{x})A^{\mu}(\widetilde{x}) = \mathcal{L}_{\rm i}(\widetilde{x}). \tag{9.1.5}$$

因为 $\int {\rm d}^4\widetilde{x}\mathcal{L}_{\rm i}(\widetilde{x}) = \int {\rm d}^4x\mathcal{L}_{\rm i}(x)$, 所以作用量 $S = \int {\rm d}^4x\mathcal{L}_{\rm i}(x)$ 在 P 变换下保持不变.

其次考虑 C 变换. 在第 7 章中定义了 Hilbert 空间电荷共轭算符 $\mathcal{C}$, 对 ψ 和 A_μ 的作用分别为

$$\mathcal{C}\psi(x)\mathcal{C}^{-1} = C\overline{\psi}^{\rm T}(x),\ C = {\rm i}\gamma^2\gamma^0, \tag{9.1.6}$$

$$\mathcal{C}A_{\mu}(x)\mathcal{C}^{-1} = -A_{\mu}(x), \tag{9.1.7}$$

于是流算符 j^μ 的变换为

$$\begin{aligned}\mathcal{C}j^{\mu}(x)\mathcal{C}^{-1} &= \mathcal{C}N[\overline{\psi}(x)\gamma^{\mu}\psi(x)]\mathcal{C}^{-1} = N[\psi(x)C\gamma^{\mu}C\overline{\psi}(x)]\\ &= N[\widetilde{\psi}^{\rm T}(x)\gamma^{{\rm T}\mu}\overline{\psi}^{\rm T}(x)] = -N[\overline{\psi}(x)\gamma^{\mu}\psi(x)] = -j^{\mu},\end{aligned} \tag{9.1.8}$$

这正反映了电流在正、反粒子变换下应该改变符号. 利用 (9.1.6) 和 (9.1.7) 式就得到相互作用拉氏密度 $\mathcal{L}_{\rm i}$ 的变换为

$$\mathcal{C}\mathcal{L}_{\rm i}(x)\mathcal{C}^{-1} = -e\mathcal{C}j^{\mu}(x)\mathcal{C}^{-1}\mathcal{C}A_{\mu}(x)\mathcal{C}^{-1} = -ej^{\mu}(x)A_{\mu}(x) = \mathcal{L}_{\rm i}(x), \tag{9.1.9}$$

即相互作用拉氏密度 $\mathcal{L}_{\rm i}$ 是 C 不变的. 实际上, $\mathcal{C}$ 算符在 (7.2.15) 式的定义就利用了 $\mathcal{L}_{\rm i}(x)$ 的不变性和流算符反号的性质.

再考虑 T 变换. 在第 7 章中定义了 Hilbert 时间反演算符 $\mathcal{T}$, 对 ψ 和 A_μ 的变换分别为

$$\mathcal{T}\psi(x)\mathcal{T}^{-1} = T\psi(-\widetilde{x}),\quad T = -{\rm i}\gamma_5 C = {\rm i}\gamma^1\gamma^3, \tag{9.1.10}$$

$$\mathcal{T}A_{\mu}(x)\mathcal{T}^{-1} = A^{\mu}(-\widetilde{x}). \tag{9.1.11}$$

于是流算符 j^μ 的变换为

$$\begin{aligned}\mathcal{T}j^{\mu}(x)\mathcal{T}^{-1} &= N[\psi^{\dagger}(-\widetilde{x})T^{\dagger}\gamma^{0*}TT^{+}\gamma^{\mu*}T\psi(-\widetilde{x})]\\ &= N[\psi^{\dagger}(-\widetilde{x})\gamma_0\gamma_{\mu}\psi(-\widetilde{x})] = j_{\mu}(-\widetilde{x}).\end{aligned} \tag{9.1.12}$$

(9.1.12) 式反映了电磁流 $j^\mu(x)$ 中空间分量 $j^i(i=1,2,3)$ 在时间反演下改变流动方向应反号, 而时间分量 j^0 相应于电荷密度, 在时间反演下不改变. 利用 (9.1.11) 和

(9.1.12) 式就得到相互作用拉氏密度 $\mathcal{L}_\mathrm{i}$ 的变换为

$$\begin{aligned}\mathcal{T}\mathcal{L}_\mathrm{i}(x)\mathcal{T}^{-1} &= -e\mathcal{T}j^\mu(x)\mathcal{T}^{-1}\mathcal{T}A_\mu(x)\mathcal{T}^{-1}\\ &= -ej_\mu(-\widetilde{x})A^\mu(-\widetilde{x}) = \mathcal{L}_\mathrm{i}(-\widetilde{x}).\end{aligned} \tag{9.1.13}$$

因此, 作用量 $S = \int \mathrm{d}^4x\mathcal{L}_\mathrm{i}(x)$ 是 $\mathcal{T}$ 不变的.

综上所述, 对于电磁相互作用来讲, 相互作用拉氏密度 (8.1.13) 具有 P, C, T 分别变换下的不变性.

现在讨论其他相互作用形式情况. 设自然界中仅包含 Klein-Gordon 场、矢量场和 Dirac 场三种类型的场, 物理系统的哈密顿量 H 由这些场构成. 定义 CPT 联合变换 (或称强反演) 算符 $\mathfrak{T}$, $\mathfrak{T} = \mathcal{CPT}$. 首先给出 $\mathfrak{T}$ 对各种场的作用. 先看 Klein-Gordon 场, 实标量场的 $\mathfrak{T}$ 变换为

$$\mathfrak{T}\phi(x)\mathfrak{T}^{-1} = \mathcal{PCT}\phi(\boldsymbol{x},t)\mathcal{T}^{-1}\mathcal{C}^{-1}\mathcal{P}^{-1} = \phi(-\boldsymbol{x},-t), \tag{9.1.14}$$

复标量场的 $\mathfrak{T}$ 变换为

$$\mathfrak{T}\phi(x)\mathfrak{T}^{-1} = \phi^\dagger(-x). \tag{9.1.15}$$

以上两式右边的相因子已取成了 1. 再考虑矢量场的 $\mathfrak{T}$ 变换, 该变换为

$$\begin{aligned}\mathfrak{T}A_\mu(x)\mathfrak{T}^{-1} &= \mathcal{PCT}A_\mu(\boldsymbol{x},t)\mathcal{T}^{-1}\mathcal{C}^{-1}\mathcal{P}^{-1} = \mathcal{PC}A^\mu(\boldsymbol{x},-t)\mathcal{C}^{-1}\mathcal{P}^{-1}\\ &= \mathcal{P}(-)A^\mu(\boldsymbol{x},-t)\mathcal{P}^{-1} = -A_\mu(-\boldsymbol{x},-t) = -A_\mu(-x).\end{aligned} \tag{9.1.16}$$

再有, Dirac 场的 $\mathfrak{T}$ 变换为 (γ 矩阵取 Dirac 表象)

$$\begin{aligned}\mathfrak{T}\psi_\alpha(x)\mathfrak{T} &= \mathcal{PCT}\psi_\alpha(\boldsymbol{x},t)\mathcal{T}^{-1}\mathcal{C}^{-1}\mathcal{P}^{-1} = \mathcal{PC}T_{\alpha\beta}\psi_\beta(\boldsymbol{x},-t)\mathcal{C}^{-1}\mathcal{P}^{-1}\\ &= \mathcal{P}T_{\alpha\beta}(C\gamma^{0\mathrm{T}})_{\beta\delta}[\psi^\dagger(\boldsymbol{x},-t)]^\mathrm{T}_\delta\mathcal{P}^{-1} = T_{\alpha\beta}(C\gamma^{0\mathrm{T}})_{\beta\delta}[\psi^\dagger(-\boldsymbol{x},-t)\gamma^{0\dagger}]^\mathrm{T}_\delta\\ &= (TC\gamma^0)_{\alpha\beta}\overline{\psi}^{\,\mathrm{T}}_\beta(-x) = (-\mathrm{i}\gamma_5CC\gamma^0)_{\alpha\beta}\overline{\psi}^{\,\mathrm{T}}_\beta(-x)\\ &= -\mathrm{i}(\gamma^0\gamma_5)_{\alpha\beta}\overline{\psi}^{\,\mathrm{T}}_\beta(-x).\end{aligned}$$

写成矩阵形式, 则有

$$\mathfrak{T}\psi(x)\mathfrak{T}^{-1} = -\mathrm{i}\gamma^0\gamma_5\overline{\psi}^{\,\mathrm{T}}(-x), \tag{9.1.17}$$

$$\mathfrak{T}\overline{\psi}(x)\mathfrak{T}^{-1} = -\mathrm{i}\psi^\mathrm{T}(-x)\gamma_5\gamma^0. \tag{9.1.18}$$

现在考虑 Dirac 旋量场的双线性协变量

$$O(x) = N[\overline{\psi}^A(x)\Gamma\psi^B(x)] \tag{9.1.19}$$

的 $\mathfrak{T}$ 变换,

$$\begin{aligned}\mathfrak{T}O(x)\mathfrak{T}^{-1} &= \mathfrak{T}N[\overline{\psi}^{A}(x)\Gamma\psi^{B}(x)]\mathfrak{T}^{-1} = (-\mathrm{i})^2\psi^{A\mathrm{T}}(-x)\gamma_5\gamma^0\Gamma^*\gamma^0\gamma_5\overline{\psi}^{B\mathrm{T}}(-x)\\ &= \overline{\psi}^{B}(-x)(\gamma_5\gamma^0\Gamma^*\gamma^0\gamma_5)^{\mathrm{T}}\psi^A(-x) = \overline{\psi}^{B}(-x)(\gamma_5\gamma^0\Gamma^\dagger\gamma^0\gamma_5)\psi^A(-x).\end{aligned} \tag{9.1.20}$$

注意在正规乘积符号内, 费米子算符反对易. 利用

$$\gamma^0\Gamma^\dagger\gamma^0=\Gamma(\Gamma = 1, \mathrm{i}\gamma_5, \sigma_{\mu\nu}, \gamma_\mu, \gamma_5\gamma_\beta) \tag{9.1.21}$$

以及

$$\{\gamma_5, \gamma_\mu\} =0,$$

可得

$$\gamma_5\gamma^0\Gamma^\dagger\gamma^0\gamma_5 = \gamma_5\Gamma\gamma_5 = \begin{cases}+\Gamma & (\Gamma = 1, \mathrm{i}\gamma_5, \sigma_{\mu\nu}),\\ -\Gamma & (\Gamma = \gamma_\mu, \gamma_5\gamma_\mu).\end{cases} \tag{9.1.22}$$

将 (9.1.22) 式代入 (9.1.20) 式, 给出

$$\mathfrak{T}O(x)\mathfrak{T}^{-1} = \pm N[\overline{\psi}^{B}(-x)\Gamma\psi^A(-x)], \tag{9.1.23}$$

当 $\Gamma = 1, \mathrm{i}\gamma_5, \sigma_{\mu\nu}$ 时取 “+”, 当 $\Gamma = \gamma_\mu, \gamma_5\gamma_\mu$ 时取 “−”. 这表明双线性协变量 $O(x)$ 的 Lorentz 指标为偶数时取正号, Lorentz 指标为奇数时取负号. 另一方面, 注意到双线性协变量 $O(x)$ 的厄米共轭有

$$\begin{aligned}O^\dagger(-x) &= N[\overline{\psi}^{A}(-x)\Gamma\psi^B(-x)]^\dagger = N[\psi^{B\dagger}(-x)\Gamma^\dagger\gamma^0\psi^A(-x)]\\ &= N[\overline{\psi}^{B}(-x)\gamma^0\Gamma^\dagger\gamma^0\psi^A(-x)] = N[\overline{\psi}^{B}(-x)\Gamma\psi^A(-x)],\end{aligned} \tag{9.1.24}$$

比较 (9.1.23) 和 (9.1.24) 式, 得到

$$\mathfrak{T}O(x)\mathfrak{T}^{-1} = \begin{cases}+O^\dagger(-x) & (\Gamma = 1, \mathrm{i}\gamma_5, \sigma_{\mu\nu}),\\ -O^\dagger(-x) & (\Gamma = \gamma_\mu, \gamma_5\gamma_\mu),\end{cases} \tag{9.1.25}$$

仍然是 “+” 对应偶数个 Lorentz 指标, “−” 对应奇数个 Lorentz 指标.

§9.2　CPT 定理

基于上一节讨论, 可以对 $\mathfrak{T} = \mathcal{CPT}$ 变换做个总结:

(1) 场算符的时空坐标 $x^\mu \to x'^\mu = -x^\mu$, 微商算符 ∂_μ 改变符号, $\partial_\mu \to -\partial_\mu$.

(2) 标量场 $\phi_r(x) \to \phi_r(-x)$, 矢量场 $A_\mu(x) \to -A_\mu(-x)$, 其变换行为像标量场的一阶微商, 由于是一个 Lorentz 指标, 使 A_μ 的变换前面出现附加的负号.

(3) 对所有双线性协变量 $O(x)$, 改变为它们的厄米共轭乘一个 $(-1)^p$ 因子, 其中幂次 p 是 Lorentz 指标张量的阶数, 或者说是矩阵或场量微商所带的 Lorentz 指标数目. 偶阶张量 (如标量、赝标量、张量等) 取正号, 奇阶张量 (如矢量、轴矢量等) 取负号.

(4) 常数 c 被复共轭 c^* 取代.

由于拉氏密度 $\mathcal{L}(x)$ 总是假定为 Lorentz 标量且是厄米的, 由场量构成 $\mathcal{L}(x)$ 时 Lorentz 指标都已经成对地收缩掉, 所有可能的拉氏密度必然是偶阶张量, 在 $\mathfrak{T} = \mathcal{CPT}$ 变换下 $\mathcal{L} \to \mathcal{L}^\dagger$. $\mathcal{L}(x)$ 中各算符的次序由于已采用正规乘积定义, 因而可以正确运算. 于是 $\mathfrak{T}$ 变换对 $\mathcal{L}(x)$ 的总效果是

$$\mathfrak{T}\mathcal{L}(x)\mathfrak{T}^{-1} = \mathcal{L}^\dagger(-x) = \mathcal{L}(-x), \tag{9.2.1}$$

因此作用量

$$\int \mathrm{d}^4x\mathcal{L}(x)$$

是 $\mathfrak{T}$ 不变的. 在推导中还利用了正规乘积的运算, 这在第 13 章中定义了正规乘积后就清楚了. 由此证明了拉氏密度形式下作用量在 $\mathfrak{T}$ 变换下是不变的, 即对于相互作用的 Klein-Gordon 场、矢量场和 Dirac 场情况 CPT 定理成立.

进一步还须考虑等时对易关系的 $\mathfrak{T}$ 变换. 由于任何复场都可以分解为两个实场 (厄米场), 所以只须讨论以场的厄米分量为基础的等时对易或反对易关系即可. 令 $\varphi_r(x)$ 表示任何玻色子场或费米子场的厄米分量, 与之相应的共轭动量定义为

$$\pi_r(x) = \frac{\partial\mathcal{L}(x)}{\partial\dot{\varphi}_r(x)}. \tag{9.2.2}$$

假定 $\varphi_r(x)$ 的 $\mathfrak{T}$ 变换为

$$\mathfrak{T}\varphi_r(x)\mathfrak{T}^{-1} = \eta_r\varphi_r(-x), \tag{9.2.3}$$

其中 η_r 是一个任意的相因子, 则 $\pi_r(x)$ 的变换为

$$\mathfrak{T}\pi_r(x)\mathfrak{T}^{-1} = \frac{\partial\mathcal{L}(-x)}{-\eta_r\partial\dfrac{\partial}{\partial(-t)}\varphi_r(-x)} = -\eta_r{}^*\frac{\partial\mathcal{L}(-x)}{\partial\dot{\varphi}_r(-x)} = -\eta_r{}^*\pi_r(-x). \tag{9.2.4}$$

$\varphi_r(x)$ 表示任意玻色子场或费米子场, 正则对易子和反对易子可以统一写为

$$[\varphi_r(x), \pi_s(x')]^{\mp}_{t=t'} = \mathrm{i}\delta^3(\boldsymbol{x}-\boldsymbol{x}')\delta_{rs}, \tag{9.2.5}$$

其中方括号外的 “−” 表示它为对易子, 而 “+” 表示它为反对易子. 在 $\mathfrak{T}$ 变换下上式变换为

$$[\eta_r\varphi_r(-x), -\eta_s{}^*\pi_s(-x')]^{\mp}_{-t=-t'} = -\mathrm{i}\delta^3(\boldsymbol{x}-\boldsymbol{x}')\delta_{rs}$$

或者

$$[\varphi_r(-x), \pi_s(-x')]^{\mp}_{-t=-t'} = \mathrm{i}\delta^3(\boldsymbol{x}'-\boldsymbol{x})\delta_{rs}, \tag{9.2.6}$$

表明等时对易子和反对易子也是 $\mathfrak{T}$ 不变的. 这样本节证明了作用量和等时对易关系在 $\mathfrak{T}$ 变换下都是不变的, 因而 $\mathfrak{T} = \mathcal{CPT}$ 为理论的对称运算. 总结上述性质有 CPT 定理, 又称 Pauli-Lüders 定理: 一个物理理论相对于 CPT 变换是不变的, 只要:

(1) 定域场论存在一个拉氏密度, 它是厄米的且可以表示为正规乘积形式, 在固有 Lorentz 变换下是不变的.

(2) 自旋与统计性之间存在通常的联系, 即自旋为整数的场按照 Bose-Einstein 统计性的对易关系量子化, 自旋为半整数的场按照 Fermi-Dirac 统计性的反对易关系量子化.

可见此定理成立的条件是普遍的, 前面几节列举的电磁相互作用、弱相互作用和强相互作用都满足上述两个条件. 这一问题首先是由 Pauli, Zumino 和 Schwinger 开始讨论的. 此定理表明, 即使 C, P, T 可能分别被破坏, 但它们联合在一起总是不变的. 这个定理的一般性证明比较复杂, 这里仅以定域拉氏密度场论对定理做了一个简单证明.

习　　题

1. 已知轻子之间的低能唯象弱相互作用拉氏密度为

$$\mathcal{L}_{\mathrm{W}} = \frac{G}{\sqrt{2}}(j^+_\mu j^{\mu-} + \frac{1}{2}j^0_\mu j^{\mu 0}),$$

其中带电流 $j^+_\mu, j^{\mu-}$ 与中性流 $j_\mu{}^0$ 的表达式分别为

$$j^+_\mu = \sum_l \overline{\nu}_l\gamma_\mu(1-\gamma_5)l,$$
$$j^{\mu-} = \sum_l \bar{l}\gamma^\mu(1-\gamma_5)\nu_l,$$
$$j^0_\mu = \sum_l [\overline{\nu}_l\gamma_\mu(1-\gamma_5)\nu_l + \bar{l}\gamma_\mu(1-\gamma_5)l],$$

求和遍及所有轻子 $l=e, \mu, \tau$ 和 $\nu_l=\nu_{\rm e}, \nu_{\mu}, \nu_{\tau}$. 证明上述弱相互作用破坏宇称对称性.

2. 已知带电轻子与夸克之间的低能唯象弱相互作用拉氏密度为

$$\mathcal{L}_{\rm semi}=\frac{G}{\sqrt{2}}(J_\mu^+ j^{\mu-}+J_\mu^- j^{\mu+}),$$

其中强子带电流可写为

$$J_\mu^+=(\overline{u},\overline{c})\gamma_\mu(1-\gamma_5)V_{\rm C}\begin{pmatrix} d \\ s \end{pmatrix},$$

$$J_\lambda^-=(\overline{d},\overline{s})\gamma_\lambda(1-\gamma_5)V_{\rm C}\begin{pmatrix} u \\ c \end{pmatrix},$$

其中 $V_{\rm C}$ 为夸克混合矩阵. 请证明如果夸克混合矩阵是复数, 弱相互作用也破坏 CP 对称性.

第 10 章　S 矩阵理论和表象

量子理论的基本假定表明, 对于微观规律的描述存在不同的表象, 在这些不同表象中所描述的物理系统的规律是等价的, 它们之间可以用一个幺正变换相联系. 通常的表象有三种: Schrödinger 表象、Heisenberg 表象和相互作用表象. 任何一个物理过程的跃迁概率或反应截面都可以通过计算 S 矩阵元得到. 量子场论, 特别是量子电动力学中, 由于相互作用耦合常数小时, S 矩阵元的计算可以应用微扰论, 采用相互作用表象比较方便, 可以按相互作用耦合常数做展开, 以微扰论逐阶计算 S 矩阵元的展开系数获得理论结果. 在相互作用表象中, 力学量和态矢都显含时间, 态矢随时间的变化由相互作用哈密顿量决定, 因而对于耦合常数小的相互作用过程做微扰展开很有效, 但不能应用到耦合常数强的相互作用过程. 在 Heisenberg 表象中, 力学量是时间 t 的函数, 由总哈密顿量 H 决定, 态矢则与时间无关, 包含了真实物理状态的信息, 但不易求解. 本章将介绍三种表象及它们的特点和相互联系.

§10.1　三种表象和变换矩阵 $U(t,t_0)$

通常量子力学公式是在 Schrödinger 表象中写出的, 特别对于有限自由度的非相对论物理系统较为方便. Schrödinger 表象中力学量 F^{S} 与时间无关, 态矢 $|\psi(t)\rangle_{\mathrm{S}}$ 显含时间, 遵从 Schrödinger 方程

$$\frac{\partial}{\partial t}F^{\mathrm{S}}=0, \tag{10.1.1}$$

$$\mathrm{i}\frac{\partial}{\partial t}|\psi\rangle_{\mathrm{S}}=H|\psi\rangle_{\mathrm{S}}, \tag{10.1.2}$$

其中 H 是 Schrödinger 表象中系统的总哈密顿量. 力学量的平均值遵从方程

$$-\mathrm{i}\frac{\partial}{\partial t}{}_{\mathrm{S}}\langle\psi(t)|\,F|\psi(t)\rangle_{\mathrm{S}}={}_{\mathrm{S}}\langle\psi(t)|\,[H,F]|\psi(t)\rangle_{\mathrm{S}}. \tag{10.1.3}$$

一般地讲, 系统的总哈密顿量可分解为两部分, $H=H_0+H_{\mathrm{i}}$, 其中 H_0,H_{i} 分别是 Schrödinger 表象中的自由哈密顿量和相互作用哈密顿量.

相互作用表象中力学量 $F^{\mathrm{I}}(t)$ 和态矢 $|\psi\rangle_{\mathrm{I}}$ 都显含时间, 它们分别遵从方程

$$-\mathrm{i}\frac{\partial}{\partial t}F^{\mathrm{I}}(t)=[H_0,F^{\mathrm{I}}(t)], \tag{10.1.4}$$

$$\mathrm{i}\frac{\partial}{\partial t}|\psi\rangle_{\mathrm{I}}=H_{\mathrm{i}}^{\mathrm{I}}(t)|\psi\rangle_{\mathrm{I}}. \tag{10.1.5}$$

方程 (10.1.4) 和 (10.1.5) 表明, $F^{\mathrm{I}}(t)$ 随时间的变化由自由哈密顿量决定, 而态矢随时间的变化由相互作用哈密顿量决定, 即 $H^{\mathrm{I}}=H_0^{\mathrm{I}}+H_{\mathrm{i}}^{\mathrm{I}}, H_0^{\mathrm{I}}(=H_0), H_{\mathrm{i}}^{\mathrm{I}}$ 分别是相互作用表象中的自由哈密顿量和相互作用哈密顿量,

$$\begin{aligned} H(t) &= \mathrm{e}^{\mathrm{i}H_0t}H\mathrm{e}^{-\mathrm{i}H_0t}, \\ H_{\mathrm{i}}^{\mathrm{I}}(t) &= \mathrm{e}^{\mathrm{i}H_0t}H_{\mathrm{i}}\mathrm{e}^{-\mathrm{i}H_0t}. \end{aligned} \tag{10.1.6}$$

对于相互作用弱的物理过程, 采用相互作用表象便于应用微扰论计算系统的可观测量.

Heisenberg 表象中力学量 $F^{\mathrm{H}}(t)$ 是时间 t 的函数, 由总哈密顿量 H 决定, 态矢 $|\psi\rangle_{\mathrm{H}}$ 则与时间无关, 即 Heisenberg 表象里的力学量、态矢所遵从的方程正好与 Schrödinger 表象里相反,

$$-\mathrm{i}\frac{\partial}{\partial t}F^{\mathrm{H}}(t)=[H,F^{\mathrm{H}}(t)], \tag{10.1.7}$$

$$\frac{\partial}{\partial t}|\psi\rangle_{\mathrm{H}}=0. \tag{10.1.8}$$

如果选取 t_0 时刻三个表象重合, 那么就可以找出三个表象中的力学量、态矢的相互关系. 引入不同表象之间的变换矩阵 $u(t_0,t), R(t_0,t), U(t_0,t)$, 其定义为

$$|\psi\rangle_{\mathrm{H}}=u(t_0,t)|\psi\rangle_{\mathrm{S}}, \tag{10.1.9}$$

$$|\psi\rangle_{\mathrm{I}}=R(t_0,t)|\psi\rangle_{\mathrm{S}}, \tag{10.1.10}$$

$$|\psi\rangle_{\mathrm{H}}=U(t_0,t)|\psi\rangle_{\mathrm{I}}, \tag{10.1.11}$$

因而相应的力学量存在关系

$$F^{\mathrm{H}}(t)=u(t_0,t)F^{\mathrm{S}}u^{-1}(t_0,t), \tag{10.1.12}$$

$$F^{\mathrm{I}}(t)=R(t_0,t)F^{\mathrm{S}}R^{-1}(t_0,t), \tag{10.1.13}$$

$$F^{\mathrm{H}}(t)=U(t_0,t)F^{\mathrm{I}}(t)U^{-1}(t_0,t), \tag{10.1.14}$$

其中 u, R, U 都是幺正变换,

$$\begin{aligned} u^\dagger(t_0,t) &= u^{-1}(t_0,t), \\ R^\dagger(t_0,t) &= R^{-1}(t_0,t), \\ U^\dagger(t_0,t) &= U^{-1}(t_0,t), \end{aligned} \tag{10.1.15}$$

保证了概率守恒. 它们存在关系

$$u(t_0,t)=U(t_0,t)R(t_0,t). \tag{10.1.16}$$

由运动方程 (10.1.2)、(10.1.5) 和 (10.1.8), 可知它们满足微分方程

$$\mathrm{i}\frac{\partial}{\partial t}u(t_0,t)=-u(t_0,t)H, \tag{10.1.17}$$

$$\mathrm{i}\frac{\partial}{\partial t}R(t_0,t)=-R(t_0,t)H_0, \tag{10.1.18}$$

$$\mathrm{i}\frac{\partial}{\partial t}U(t_0,t)=-U(t_0,t)H_{\mathrm{i}}^{\mathrm{I}}(t), \tag{10.1.19}$$

以及相应的初始条件

$$u(t_0,t_0)=1,\ R(t_0,t_0)=1,\ U(t_0,t_0)=1. \tag{10.1.20}$$

由方程 (10.1.17)~(10.1.19) 知, 它们的算符形式解分别是

$$u(t_0,t)=\mathrm{e}^{\mathrm{i}H(t-t_0)}, \tag{10.1.21}$$

$$R(t_0,t)=\mathrm{e}^{\mathrm{i}H_0(t-t_0)}, \tag{10.1.22}$$

$$U(t_0,t)=\mathrm{e}^{\mathrm{i}H(t-t_0)}\mathrm{e}^{-\mathrm{i}H_0(t-t_0)}. \tag{10.1.23}$$

注意如果 A, B 是两个不可对易的算符, 则它们的指数形式存在关系

$$\mathrm{e}^{\mathrm{i}At}B\mathrm{e}^{-\mathrm{i}At}=B+\mathrm{i}t[A,B]+\frac{(\mathrm{i}t)^2}{2!}[A,[A,B]]+\cdots, \tag{10.1.24}$$

$$\mathrm{e}^{A+B}=\mathrm{e}^{A}\cdot\exp\{B+\frac{1}{2!}[B,A]+\frac{1}{3!}\{[[A,B],B]+[[B,A],A]\}+\cdots\}. \tag{10.1.25}$$

实际上可以取三个表象初始条件在 $t_0=0$ 时重合, 这时

$$u(0,t)=\mathrm{e}^{\mathrm{i}Ht}, \tag{10.1.26}$$

$$R(0,t)=\mathrm{e}^{\mathrm{i}H_0t}, \tag{10.1.27}$$

$$U(0,t)=\mathrm{e}^{\mathrm{i}Ht}\mathrm{e}^{-\mathrm{i}H_0t}. \tag{10.1.28}$$

前面指出 t_0 时刻三个表象一致, 由 (10.1.11) 式知, 如果给定 t_0 时刻的态矢 $|t_0\rangle_{\mathrm{I}}$, 那么变换矩阵将唯一确定 t 时刻的态矢 $|t\rangle_{\mathrm{I}}$, 即

$$|t\rangle_{\mathrm{I}}=U(t,t_0)|t_0\rangle_{\mathrm{I}}, \tag{10.1.29}$$

显然其初始条件变为

$$U(t_0,t_0)=1. \tag{10.1.30}$$

将 (10.1.29) 式代入 (10.1.5) 式, 可得变换矩阵所满足的方程

$$\mathrm{i}\frac{\partial}{\partial t}U(t,t_0)=H_{\mathrm{i}}^{\mathrm{I}}(t)U(t,t_0). \tag{10.1.31}$$

(10.1.30) 式即是方程 (10.1.31) 的初始条件. (10.1.31) 式取共轭, 就可以得到 $U^\dagger(t,t_0)$ 所满足的方程

$$-\mathrm{i}\frac{\partial}{\partial t}U^\dagger(t,t_0)=U^\dagger(t,t_0)H_{\mathrm{i}}^{\mathrm{I}}(t). \tag{10.1.32}$$

由 (10.1.31) 和 (10.1.32) 式, 可得

$$\frac{\partial}{\partial t}\{U^\dagger(t,t_0)U(t,t_0)\}=0, \tag{10.1.33}$$

因而

$$U^\dagger(t,t_0)U(t,t_0)=\text{常数},$$

再由初始条件导出

$$U^\dagger(t,t_0)U(t,t_0)=1. \tag{10.1.34}$$

另一方面, 变换算符 U 还应满足群性质. 考虑态矢

$$|t_0\rangle_{\mathrm{I}}\to|t\rangle_{\mathrm{I}}\to|t_1\rangle_{\mathrm{I}},$$

因此

$$U(t_1,t)U(t,t_0)=U(t_1,t_0), \tag{10.1.35}$$

并可导出

$$\begin{aligned}U(t_0,t)U(t,t_0)&=1,\\U(t,t_0)U(t_0,t)&=1.\end{aligned} \tag{10.1.36}$$

此式意味着 $U(t,t_0)$ 的逆相当于将 t, t_0 次序改变为 t_0, t, 即有

$$U^{-1}(t,t_0)=U(t_0,t). \tag{10.1.37}$$

从 (10.1.36) 式的第二式和 (10.1.34) 式, 知

$$U^\dagger(t,t_0)U(t,t_0)U(t_0,t)=U(t_0,t),$$

即

$$U^\dagger(t,t_0)=U(t_0,t), \tag{10.1.38}$$

因此得

$$U(t,t_0)U^\dagger(t,t_0)=1. \tag{10.1.39}$$

组合 (10.1.34) 和 (10.1.39) 式可知, $U(t,t_0)$ 是幺正矩阵, 即

$$U^\dagger(t,t_0)=U^{-1}(t,t_0), \tag{10.1.40}$$

因而也保证了物理过程概率守恒.

§10.2 相互作用表象和 Heisenberg 表象

上一节中 (10.1.21) ~ (10.1.23) 式是在 Schrödinger 表象中写出的, 如果在相互作用表象中, 由 Schrödinger 方程 (10.1.31) 式迭代可得 (加上初始条件 $U(t_0,t_0)=1$)

$$\begin{aligned}U(t,t_0)&=1-\mathrm{i}\int_{t_0}^{t}\mathrm{d}t_1\ H_\mathrm{i}(t_1)U(t_1,t_0),\\ H_\mathrm{i}(t_1)&=\int\mathrm{d}^3x_1H_\mathrm{i}^\mathrm{I}(x_1),\end{aligned} \tag{10.2.1}$$

其中 $H_\mathrm{i}^\mathrm{I}(x)$ 是相互作用表象算符. (10.2.1) 式还可以继续迭代下去, 留待第 13 章中讨论. 为了保证 $t\to\pm\infty$ 时级数的收敛性, 一种方案是在相互作用中引入绝热因子 $\mathrm{e}^{-\epsilon|t|}$,

$$H_\mathrm{i}^\mathrm{I}(x)\to H_\mathrm{i}^\mathrm{I}(x)\mathrm{e}^{-\epsilon|t|}, \tag{10.2.2}$$

其中 ϵ 是一个很小的正数, 这就是 "绝热近似". 这一近似在物理上相当于在 $t\to-\infty$ 时, 系统处于 H_0 的本征态, 这时相互作用没有发生, 然后绝热地 (保持能量不变) 引入相互作用, 而当 $t\to+\infty$ 时, 相互作用又绝热地去掉. 在 $t\to\pm\infty$ 时, 系统处于 H_0 的本征态, 以 $|\mathrm{i}\rangle$ 或 $|\mathrm{f}\rangle$ 标记, 即 $H_0|\mathrm{i}\rangle=E_\mathrm{i}|\mathrm{i}\rangle$ 和 $H_0|\mathrm{f}\rangle=E_\mathrm{f}|\mathrm{f}\rangle$. $|\mathrm{i}\rangle$ 和 $|\mathrm{f}\rangle$ 是相互作用表象中由 H_0 定义的 Hilbert 空间的一组正交完备本征态矢.

描写一个物理过程的 S 矩阵元定义为

$$S_\mathrm{fi}=\langle\mathrm{f}|\,U(\infty,-\infty)\,|\mathrm{i}\rangle\,, \tag{10.2.3}$$

即在相互作用以前, 系统处于 H_0 的本征态 (通常称为裸粒子态)$|\mathrm{i}\rangle$, 然后绝热地引入相互作用, 当 $t\to\infty$ 时, 相互作用发生完毕, 系统的状态是 $U(\infty,-\infty)\,|\mathrm{i}\rangle$, 这时系统处于态 $|\mathrm{f}\rangle$ 的概率就是 $|\langle\mathrm{f}|\,U(\infty,-\infty)\,|\mathrm{i}\rangle|^2$, 其中 $S=U(\infty,-\infty)$ 由 (10.2.1) 式令 $t_0\to-\infty,t\to\infty$ 确定,

$$U(\infty,-\infty)=1-\mathrm{i}\int_{-\infty}^{\infty}\mathrm{d}t_1\ H_\mathrm{i}(t_1)U(t_1,-\infty). \tag{10.2.4}$$

重复迭代下去是一个无穷级数. 实际计算中, 试图将展开的无穷级数计算加起来获得 S 阵元是很困难的, 必须采用近似方法. 常用的近似方法是微扰论方法, 就是将 (10.2.1) 式展开, 假定仅前几项贡献是主要的. 这个近似的可靠性依赖于相互作用的强弱. 例如在量子电动力学范围内, 由于 $\alpha = \frac{e^2}{4\pi} \approx \frac{1}{137}$, 它可以作为一个很好的展开参量, 使得逐阶计算达到很高的精度, 与实验结果符合得很好. 因此对于量子电动力学来讲, 相互作用表象中微扰论是相当成功的量子场论. 然而对于强相互作用的 Yukawa 介子交换理论来讲, 其耦合常数 $\frac{g^2}{4\pi} \approx 14$, 远大于 1, 微扰论仅取低阶贡献为主的近似是不合理的, 会遇到很大的困难, 必须寻求不依赖于微扰展开的途径. 20 世纪 50 年代, 人们注意到在 Heisenberg 表象中讨论 S 矩阵有可能回避上述困难, 因为在 Heisenberg 表象中, 态矢与时间无关, 代表系统包含有相互作用的状态, 而算符的运动方程由总哈密顿量 H 决定, 不必将 H 分解为 H_0 部分和相互作用 H_{i} 部分. 于是人们在 Heisenberg 表象中讨论 S 矩阵性质和公理化, 形成了不依赖于相互作用表象的 S 矩阵理论体系.

从方程 (10.1.11) 可知, 如果以相互作用表象中 H_0 的本征态 (裸粒子态) 为出发点, 可以定义两组 Heisenberg 表象下独立的渐近态矢 $|\mathrm{in}\rangle$ 和 $|\mathrm{out}\rangle$ (称为 "入态" 和 "出态"),

$$\begin{aligned} |\mathrm{i},\mathrm{in}\rangle &= U(0,-\infty)\,|\mathrm{i}\rangle = \Omega^{(+)}\,|\mathrm{i}\rangle\,, \\ |\mathrm{f},\mathrm{out}\rangle &= U(0,\infty)\,|\mathrm{f}\rangle = \Omega^{(-)}\,|\mathrm{f}\rangle\,, \end{aligned} \tag{10.2.5}$$

其中 $\Omega^{(\pm)} = U(0,\mp\infty)$ 作用在 H_0 的本征态 $|\mathrm{i}\rangle$ 和 $|\mathrm{f}\rangle$ 上,

$$\Omega^{(\pm)} = U(0,\mp\infty) = \lim_{t\to\mp\infty} U(0,t). \tag{10.2.6}$$

对于有限时间 t, 利用 (10.1.28) 和 (10.2.6) 式, 得到

$$\mathrm{e}^{\mathrm{i}Ht}\Omega^{(\pm)}\mathrm{e}^{\mathrm{i}H_0 t} = \Omega^{(\pm)}, \tag{10.2.7}$$

因此有

$$H\Omega^{(\pm)} = \Omega^{(\pm)}H_0. \tag{10.2.8}$$

这意味着在相互作用表象中由正则量子化定义的 Hilbert 空间正交完备态矢可以通过变换 (10.2.5) 分别定义 Hilbert 空间正交完备态矢 $|\mathrm{in}\rangle$ 和 $|\mathrm{out}\rangle$. 由变换 $U(0,\mp\infty)$ 引入的 $|\mathrm{in}\rangle$ 和 $|\mathrm{out}\rangle$ 则是总哈密顿量 H 的本征态, 通常称为物理态. 由 S 矩阵元定义知, 当 $|\mathrm{i}\rangle$ 和 $|\mathrm{f}\rangle$ 是 H_0 的本征态时, S 矩阵元定义可以变换为 Heisenberg 表象

中总哈密顿中 H 的本征态 $|\text{in}\rangle$ 和 $|\text{out}\rangle$ 的内积,

$$S_{\text{fi}} = \langle \text{f}| U(\infty, -\infty) |\text{i}\rangle = \langle \text{f}, \text{out} |\text{i}, \text{in}\rangle , \tag{10.2.9}$$

其中

$$U(\infty, -\infty) = \Omega^{(-)^\dagger} \Omega^{(+)}.$$

特别地, 如果 $|\text{i}\rangle$ 和 $|\text{f}\rangle$ 都是真空态 $|0\rangle$, 即真空到真空的跃迁矩阵元, 则有

$$|0, \text{in}\rangle = U(0, -\infty) |0\rangle , \tag{10.2.10}$$

$$|0, \text{out}\rangle = U(0, \infty) |0\rangle , \tag{10.2.11}$$

$$\langle 0| U(\infty, -\infty) |0\rangle = \langle 0, \text{out} |0, \text{in}\rangle . \tag{10.2.12}$$

由微扰展开可以证明 $\langle 0| U(\infty, -\infty) |0\rangle = \mathrm{e}^{-L}$, 其中 L 是纯虚数, 表明真空到真空的跃迁矩阵元贡献一个无穷大的相位. 由于相因子是不可观察的, 因此, 在忽略相因子的条件下可以得到

$$|0, \text{in}\rangle = |0, \text{out}\rangle , \tag{10.2.13}$$

即两个真空态 $|0, \text{in}\rangle$ 和 $|0, \text{out}\rangle$ 没有本质的区别. 这里 $|0\rangle$ 是 H_0 的本征态, 而 $|0, \text{in}\rangle$ 和 $|0, \text{out}\rangle$ 是总哈密顿量 H 的本征态. 顺便指出, 这两节为了便于理解利用了表象变换, 由熟悉的相互作用表象的态矢和场量引入了 Heisenberg 表象的态矢和场量, 在 Heisenberg 表象中描述物理系统状态的态矢 $\{|\text{in}\rangle\}$ 或 $\{|\text{out}\rangle\}$ 与时间无关, 且是总哈密顿量的本征态.

由定义 (10.2.5) 和 (10.1.38) 式, 可以证明算符 $\Omega^{(\pm)}$ 的厄米共轭等于其宗量互换, 满足

$$\Omega^{(\pm)^\dagger} = U(\mp\infty, 0). \tag{10.2.14}$$

顺便指出, $\Omega^{(\pm)}$ 不一定是幺正算符, 即不一定有 $\Omega^{(\pm)^\dagger} = \Omega^{(\pm)^{-1}}$. 例如由总哈密顿量描述的物理系统的 Hilbert 空间中存在束缚态时, 变换 (10.2.5) 不可能将相互作用表象中的态变换为束缚态. 这一点本质上是由于引入相互作用表象取绝热近似造成的. 如果不存在束缚态, 那么由总哈密顿量描述的物理系统的 Hilbert 空间与相互作用表象中的态所张的 Hilbert 空间具有同样大小, 此时 $\Omega^{(\pm)}$ 是幺正算符, 即有 $\Omega^{(\pm)^\dagger} = \Omega^{(\pm)^{-1}}$. 以下若不特别声明, 先不考虑有束缚态存在的情况, 即假定由总哈密顿量描述的物理系统的 Hilbert 空间与相互作用表象中的态所张的 Hilbert 空间同样大, $\Omega^{(\pm)}$ 是幺正算符, $\Omega^{(\pm)^\dagger} = \Omega^{(\pm)^{-1}}$.

按照 (10.1.14) 式, 相应地在 Heisenberg 表象中还存在两种渐近场量: "入场" 和 "出场", 它们的定义相对于标量场和旋量场分别为

$$\phi_{\rm in}(x) = U(0,-\infty)\phi(x)U^{-1}(0,-\infty), \tag{10.2.15}$$

$$\phi_{\rm out}(x) = U(0,\infty)\phi(x)U^{-1}(0,\infty) \tag{10.2.16}$$

和

$$\psi_{\rm in}(x) = U(0,-\infty)\psi(x)U^{-1}(0,-\infty), \tag{10.2.17}$$

$$\psi_{\rm out}(x) = U(0,\infty)\psi(x)U^{-1}(0,\infty). \tag{10.2.18}$$

由于在相互作用表象中 $\phi(x)$, $\psi(x)$ 遵从自由场方程, 即

$$(\mu^2+\Box)\phi(x) = 0$$

和

$$\left(\mathrm{i}\gamma_\mu \frac{\partial}{\partial x_\mu} - m\right)\psi(x) = 0,$$

容易证明 $\phi_{\substack{\rm in\\ \rm out}}(x)$ 和 $\psi_{\substack{\rm in\\ \rm out}}(x)$ 也满足自由场方程,

$$(\mu^2+\Box)\phi_{\substack{\rm in\\ \rm out}}(x) = 0, \tag{10.2.19}$$

$$\left(\mathrm{i}\gamma_\mu \frac{\partial}{\partial x_\mu} - m\right)\psi_{\substack{\rm in\\ \rm out}}(x) = 0. \tag{10.2.20}$$

这是无源的场方程, 但它们又与相互作用表象场量 $\phi(x)$ 和 $\psi(x)$ 不同, 是 Heisenberg 表象中的两种渐近场量, 这将在下一节讨论.

利用 (10.1.14) 式从任意时刻相互作用表象中的算符 $\phi(x)$ 和 $\psi(x)$ 引入 Heisenberg 表象中的算符:

$$\varPhi(x) = U(0,t)\phi(x)U^{-1}(0,t), \tag{10.2.21}$$

$$\varPsi(x) = U(0,t)\psi(x)U^{-1}(0,t). \tag{10.2.22}$$

利用相互作用表象中 $\phi(x)$ 和 $\psi(x)$ 满足的场方程, 则可以由 (10.1.28), (10.2.21) 和 (10.2.22) 式导出 $\varPhi(x)$ 和 $\varPsi(x)$ 所满足的方程. 以旋量场为例,

$$\left(\mathrm{i}\gamma_\mu \frac{\partial}{\partial x_\mu} - m\right)\varPsi(x) = U(0,t)\gamma_0\left[H_{\rm i}^{\rm I}(t),\psi(x)\right]U^{-1}(t,0). \tag{10.2.23}$$

若定义相互作用表象流算符

$$j(x) = \gamma_0\left[H_{\rm i}^{\rm I}(t),\psi(x)\right], \tag{10.2.24}$$

那么从 (10.2.23) 式就可得到 $\Psi(x)$ 的运动方程

$$\left(\mathrm{i}\gamma_\mu \frac{\partial}{\partial x_\mu} - m\right)\Psi(x) = J(x), \tag{10.2.25}$$

其中 Heisenberg 表象中的流算符

$$J(x) = U(0,t)j(x)U^{-1}(0,t). \tag{10.2.26}$$

注意到自由场算符的正则反对易关系 (见 (5.1.13) 式)

$$\left\{\psi_\rho(\boldsymbol{x},t), \mathrm{i}\psi_\sigma{}^\dagger(\boldsymbol{y},t)\right\} = \mathrm{i}\delta^3(\boldsymbol{x}-\boldsymbol{y})\delta_{\rho\sigma},$$

流算符 $J(x)$ 也可以记作

$$J(x) = -\frac{\delta H_\mathrm{i}(t)}{\delta \overline{\Psi}(x)}, \tag{10.2.27}$$

其中 $H_\mathrm{i}(t) = U(0,t)\mathcal{H}_\mathrm{i}^\mathrm{I}(t)U^{-1}(0,t)$. 例如电磁相互作用下 $J(x) = e\gamma_\mu\Psi(x)A^\mu(x)$. 类似地标量场满足方程

$$(\mu^2 + \Box)\Phi(x) = J(x), \tag{10.2.28}$$

其中流算符定义为

$$J(x) = -\frac{\delta H_\mathrm{i}(t)}{\delta \Phi(x)}. \tag{10.2.29}$$

这里标量场的流算符 J 与旋量场定义的流算符 (10.2.27) 是不一样的, 例如赝标相互作用下 $J(x) = -\mathrm{i}g\overline{\Psi}(x)\gamma_5\Psi(x)$. (10.2.25) 和 (10.2.28) 式都是有源的场方程, 然而利用 (10.2.15) 式和 (10.2.21), (10.2.22) 式还可以得到 Heisenberg 表象中场量 $\Phi(x)$, $\Psi(x)$ 和 $\phi_{\substack{\mathrm{in}\\ \mathrm{out}}}(x)$, $\psi_{\substack{\mathrm{in}\\ \mathrm{out}}}(x)$ 之间的关系. 以标量场为例,

$$\begin{aligned}\phi_{\substack{\mathrm{in}\\ \mathrm{out}}}(x) &= U(0,\mp\infty)\phi(x)U^{-1}(0,\mp\infty) \\ &\equiv U(0,\mp\infty)U^{-1}(0,t)\Phi(x)U(0,t)U^{-1}(0,\mp\infty).\end{aligned} \tag{10.2.30}$$

如果定义变换算符

$$V^\mp(t) = U(0,\mp\infty)U^{-1}(0,t), \tag{10.2.31}$$

那么 (10.2.30) 式表明算符 $V^\mp(t)$ 联系了 Heisenberg 表象中的场量 $\Phi(x)$ 和 $\phi_{\substack{\mathrm{in}\\ \mathrm{out}}}(x)$,

$$\phi_{\substack{\mathrm{in}\\ \mathrm{out}}}(x) = V^\mp(t)\Phi(x)\left[V^\mp(t)\right]^{-1}. \tag{10.2.32}$$

再利用流算符的定义就可以得到 Yang-Feldman 方程

$$\phi_{\substack{\text{in}\\\text{out}}}(x)=\Phi(x)-\int_{-\infty}^{\infty}\Delta_{\text{R,A}}(x-y)J(y)\text{d}^4y, \tag{10.2.33}$$

其中 $\Delta_{\text{R}}(x)$, $\Delta_{\text{A}}(x)$ 分别是标量场的推迟和超前 Green 函数 (见 (4.4.23) 和 (4.4.24) 式),

$$(\mu^2+\Box)\Delta_{\text{R,A}}(x-y)=\delta^4(x-y). \tag{10.2.34}$$

由 (10.2.33) 式, 可得

$$\begin{aligned}\phi_{\text{out}}(x)&=\phi_{\text{in}}(x)-\int_{-\infty}^{\infty}[\Delta_{\text{A}}(x-y)-\Delta_{\text{R}}(x-y)]J(y)\text{d}^4y\\&=\phi_{\text{in}}(x)-\int_{-\infty}^{\infty}\Delta(x-y)J(y)\text{d}^4y.\end{aligned} \tag{10.2.35}$$

用同样的方法可以得到旋量场的 Yang-Feldman 方程:

$$\psi_{\substack{\text{in}\\\text{out}}}(x)=\Psi(x)-\int_{-\infty}^{\infty}S_{\text{R,A}}(x-y)J(y)\text{d}^4y, \tag{10.2.36}$$

$$\left(\text{i}\gamma_\mu\frac{\partial}{\partial x_\mu}-m\right)S_{\text{R,A}}(x-y)=\delta^4(x-y), \tag{10.2.37}$$

$$\begin{aligned}\psi_{\text{out}}(x)&=\psi_{\text{in}}(x)-\int_{-\infty}^{\infty}[S_{\text{A}}(x-y)-S_{\text{R}}(x-y)]J(y)\text{d}^4y\\&=\psi_{\text{in}}(x)-\int_{-\infty}^{\infty}S(x-y)J(y)\text{d}^4y,\end{aligned} \tag{10.2.38}$$

其中 $S_{\text{R}}(x)$, $S_{\text{A}}(x)$ 分别是旋量场的推迟和超前 Green 函数 (见 (5.3.22) 和 (5.3.23) 式).

§10.3 Heisenberg 表象态矢和单粒子波函数

§10.1 介绍了三种表象的力学量和态矢之间的联系. 由相互作用表象中的正交完备态矢 (H_0 的本征态), (10.2.5) 式引入了两套 Heisenberg 表象的渐近态矢 $|\text{in}\rangle$ 和 $|\text{out}\rangle$. (10.2.8) 式又告诉我们, $|\text{in}\rangle$ 和 $|\text{out}\rangle$ 是总哈密顿量的本征态. 这一节直接在 Heisenberg 表象里定义 Hilbert 空间的态矢, 即由自由场 $\phi_{\substack{\text{in}\\\text{out}}}(x)$ 和 $\psi_{\substack{\text{in}\\\text{out}}}(x)$ 的展开系数来定义, 分别对标量场和旋量场的自由场对各自本征函数做展开, 这一展

并对 $\phi_{\substack{\text{in}\\\text{out}}}(x)$ 和 $\psi_{\substack{\text{in}\\\text{out}}}(x)$ 也成立:

$$\phi_{\text{in}}(x)=\int\frac{\mathrm{d}^3k}{(2\pi)^32\omega}\left[a_{\text{in}}(\boldsymbol{k})f_{\boldsymbol{k}}(x)+b^{\dagger}_{\text{in}}(\boldsymbol{k})f^*_{\boldsymbol{k}}(x)\right], \tag{10.3.1}$$

$$\phi_{\text{out}}(x)=\int\frac{\mathrm{d}^3k}{(2\pi)^32\omega}\left[a_{\text{out}}(\boldsymbol{k})f_{\boldsymbol{k}}(x)+b^{\dagger}_{\text{out}}(\boldsymbol{k})f^*_{\boldsymbol{k}}(x)\right], \tag{10.3.2}$$

$$\psi_{\text{in}}(x)=\int\frac{\mathrm{d}^3p}{(2\pi)^32E}\sum_{\lambda}\left[b_{\text{in}}(\boldsymbol{p},\lambda)u_{\lambda}(p,x)+d^{\dagger}_{\text{in}}(\boldsymbol{p},\lambda)v_{\lambda}(p,x)\right], \tag{10.3.3}$$

$$\psi_{\text{out}}(x)=\int\frac{\mathrm{d}^3p}{(2\pi)^32E}\sum_{\lambda}\left[b_{\text{out}}(\boldsymbol{p},\lambda)u_{\lambda}(p,x)+d^{\dagger}_{\text{out}}(\boldsymbol{p},\lambda)v_{\lambda}(p,x)\right]. \tag{10.3.4}$$

这里 $\phi_{\substack{\text{in}\\\text{out}}}(x)$ 已取了复标量场 (对于实标量场 $b_{\substack{\text{in}\\\text{out}}}(\boldsymbol{k})=a_{\substack{\text{in}\\\text{out}}}(\boldsymbol{k})$). $\phi_{\substack{\text{in}\\\text{out}}}(x)$ 和 $\psi_{\substack{\text{in}\\\text{out}}}(x)$ 的展开系数分别为

$$a_{\substack{\text{in}\\\text{out}}}(\boldsymbol{k})=\mathrm{i}\int\mathrm{d}^3x\ f^*_{\boldsymbol{k}}(x)\frac{\overleftrightarrow{\partial}}{\partial x_0}\phi_{\substack{\text{in}\\\text{out}}}(x), \tag{10.3.5}$$

$$b^{\dagger}_{\substack{\text{in}\\\text{out}}}(\boldsymbol{k})=\mathrm{i}\int\mathrm{d}^3x\ \phi_{\substack{\text{in}\\\text{out}}}(x)\frac{\overleftrightarrow{\partial}}{\partial x_0}f_{\boldsymbol{k}}(x), \tag{10.3.6}$$

$$b_{\substack{\text{in}\\\text{out}}}(\boldsymbol{p},\lambda)=\int\mathrm{d}^3x\ \overline{u}_{\lambda}(\boldsymbol{p},x)\gamma^0\psi_{\substack{\text{in}\\\text{out}}}(x), \tag{10.3.7}$$

$$d^{\dagger}_{\substack{\text{in}\\\text{out}}}(\boldsymbol{p},\lambda)=\int\mathrm{d}^3x\ \overline{\psi}_{\substack{\text{in}\\\text{out}}}(x)\gamma^0v_{\lambda}(\boldsymbol{p},x). \tag{10.3.8}$$

对 $\phi_{\substack{\text{in}\\\text{out}}}(x)$ 和 $\psi_{\substack{\text{in}\\\text{out}}}(x)$ 采取正则量子化, 即令其满足对易和反对易关系

$$\left[\phi_{\substack{\text{in}\\\text{out}}}(x),\pi_{\substack{\text{in}\\\text{out}}}(x')\right]\Big|_{t=t'}=\mathrm{i}\delta^3(\boldsymbol{x}-\boldsymbol{x}'), \tag{10.3.9}$$

$$\left\{\psi^{\alpha}_{\substack{\text{in}\\\text{out}}}(x),\psi^{\beta\dagger}_{\substack{\text{in}\\\text{out}}}(x')\right\}\Big|_{t=t'}=\delta^{\alpha\beta}\delta^3(\boldsymbol{x}-\boldsymbol{x}'), \tag{10.3.10}$$

就可以得到

$$\begin{aligned}\left[a_{\substack{\text{in}\\\text{out}}}(\boldsymbol{k}),a^{\dagger}_{\substack{\text{in}\\\text{out}}}(\boldsymbol{k}')\right]&=\left[b_{\substack{\text{in}\\\text{out}}}(\boldsymbol{k}),b^{\dagger}_{\substack{\text{in}\\\text{out}}}(\boldsymbol{k}')\right]=2\omega(2\pi)^3\delta^3(\boldsymbol{k}-\boldsymbol{k}'),\\\left[a_{\substack{\text{in}\\\text{out}}}(\boldsymbol{k}),a_{\substack{\text{in}\\\text{out}}}(\boldsymbol{k}')\right]&=\left[a^{\dagger}_{\substack{\text{in}\\\text{out}}}(\boldsymbol{k}),a^{\dagger}_{\substack{\text{in}\\\text{out}}}(\boldsymbol{k}')\right]=\left[b_{\substack{\text{in}\\\text{out}}}(\boldsymbol{k}),b_{\substack{\text{in}\\\text{out}}}(\boldsymbol{k}')\right]\\&=\left[b^{\dagger}_{\substack{\text{in}\\\text{out}}}(\boldsymbol{k}),b^{\dagger}_{\substack{\text{in}\\\text{out}}}(\boldsymbol{k}')\right]=0,\end{aligned} \tag{10.3.11}$$

$$\left\{b_{\substack{\text{in}\\\text{out}}}(\boldsymbol{p},\lambda),b^{\dagger}_{\substack{\text{in}\\\text{out}}}(\boldsymbol{p}',\lambda')\right\}=\left\{d_{\substack{\text{in}\\\text{out}}}(\boldsymbol{p},\lambda),d^{\dagger}_{\substack{\text{in}\\\text{out}}}(\boldsymbol{p}',\lambda')\right\}=2E(2\pi)^3\delta^3(\boldsymbol{p}-\boldsymbol{p}'),\tag{10.3.12}$$

$$\begin{aligned}\left\{b_{\substack{\text{in}\\\text{out}}}(\boldsymbol{p},\lambda),b_{\substack{\text{in}\\\text{out}}}(\boldsymbol{p}',\lambda')\right\}&=\left\{b^{\dagger}_{\substack{\text{in}\\\text{out}}}(\boldsymbol{p},\lambda),b^{\dagger}_{\substack{\text{in}\\\text{out}}}(\boldsymbol{p}',\lambda')\right\}\\&=\left\{d_{\substack{\text{in}\\\text{out}}}(\boldsymbol{p},\lambda),d_{\substack{\text{in}\\\text{out}}}(\boldsymbol{p}',\lambda')\right\}\\&=\left\{d^{\dagger}_{\substack{\text{in}\\\text{out}}}(\boldsymbol{p},\lambda),d^{\dagger}_{\substack{\text{in}\\\text{out}}}(\boldsymbol{p}',\lambda')\right\}=0.\end{aligned}$$

为了构造 Hilbert 空间的态矢, 首先定义 Heisenberg 表象中的真空态 $|0\rangle$, 它是总哈密顿量的本征态, 且满足

$$a_{\substack{\text{in}\\\text{out}}}(\boldsymbol{k})\,|0\rangle=b_{\substack{\text{in}\\\text{out}}}(\boldsymbol{k})\,|0\rangle=b_{\substack{\text{in}\\\text{out}}}(\boldsymbol{p},\lambda)\,|0\rangle=d_{\substack{\text{in}\\\text{out}}}(\boldsymbol{p},\lambda)\,|0\rangle=0.\tag{10.3.13}$$

这里唯一的真空态 $|0\rangle$(不是 §10.2 中相互作用表象中的真空态) 显然就是 (10.2.13) 式的 $|0,\text{in}\rangle$ 和 $|0,\text{out}\rangle$ (即 $|0\rangle=|0,\text{in}\rangle=|0,\text{out}\rangle$). 那么由标量场运动方程和 H 算符就可以证明

$$\begin{gathered}a^{\dagger}_{\text{in}}(\boldsymbol{k})\,|0\rangle\,,b^{\dagger}_{\text{in}}(\boldsymbol{k})\,|0\rangle\,,a^{\dagger}_{\text{in}}(\boldsymbol{k}_1)a^{\dagger}_{\text{in}}(\boldsymbol{k}_2)\,|0\rangle\,,\\a^{\dagger}_{\text{in}}(\boldsymbol{k}_1)b^{\dagger}_{\text{in}}(\boldsymbol{k}_2)\,|0\rangle\,,b^{\dagger}_{\text{in}}(\boldsymbol{k}_1)b^{\dagger}_{\text{in}}(\boldsymbol{k}_2)\,|0\rangle\,,\cdots,\\a^{\dagger}_{\text{out}}(\boldsymbol{k})\,|0\rangle\,,b^{\dagger}_{\text{out}}(\boldsymbol{k})\,|0\rangle\,,a^{\dagger}_{\text{out}}(\boldsymbol{k}_1)a^{\dagger}_{\text{out}}(\boldsymbol{k}_2)\,|0\rangle\,,\\a^{\dagger}_{\text{out}}(\boldsymbol{k}_1)b^{\dagger}_{\text{out}}(\boldsymbol{k}_2)\,|0\rangle\,,b^{\dagger}_{\text{out}}(\boldsymbol{k}_1)b^{\dagger}_{\text{out}}(\boldsymbol{k}_2)\,|0\rangle\,,\cdots\end{gathered}$$

是 H 的一系列本征态, 类似地由旋量场运动方程和 H 算符就可以证明

$$\begin{gathered}b^{\dagger}_{\text{in}}(\boldsymbol{p},\lambda)\,|0\rangle\,,d^{\dagger}_{\text{in}}(\boldsymbol{p},\lambda)\,|0\rangle\,,b^{\dagger}_{\text{in}}(\boldsymbol{p}_1,\lambda_1)b^{\dagger}_{\text{in}}(\boldsymbol{p}_2,\lambda_2)\,|0\rangle\,,\\b^{\dagger}_{\text{in}}(\boldsymbol{p}_1,\lambda_1)d^{\dagger}_{\text{in}}(\boldsymbol{p}_2,\lambda_2)\,|0\rangle\,,d^{\dagger}_{\text{in}}(\boldsymbol{p}_1,\lambda_1)d^{\dagger}_{\text{in}}(\boldsymbol{p}_2,\lambda_2)\,|0\rangle\,,\cdots,\\b^{\dagger}_{\text{out}}(\boldsymbol{p},\lambda)\,|0\rangle\,,d^{\dagger}_{\text{out}}(\boldsymbol{p},\lambda)\,|0\rangle\,,b^{\dagger}_{\text{out}}(\boldsymbol{p}_1,\lambda_1)b^{\dagger}_{\text{out}}(\boldsymbol{p}_2,\lambda_2)\,|0\rangle\,,\\b^{\dagger}_{\text{out}}(\boldsymbol{p}_1,\lambda_1)d^{\dagger}_{\text{out}}(\boldsymbol{p}_2,\lambda_2)\,|0\rangle\,,d^{\dagger}_{\text{out}}(\boldsymbol{p}_1,\lambda_1)d^{\dagger}_{\text{out}}(\boldsymbol{p}_2,\lambda_2)\,|0\rangle\,,\cdots\end{gathered}$$

构成 Hilbert 空间的两套 (入和出) 正交完备态矢集合, 那么这一空间的任一态都可以由这些态来展开.

下面将讨论 Heisenberg 表象态矢的性质、单粒子波函数和传播函数. 从 (10.2.35) 式可知,

$$\phi_{\text{out}}(x)=\phi_{\text{in}}(x)-\int_{-\infty}^{\infty}\Delta(x-y)J(y)\mathrm{d}^4y.\tag{10.3.14}$$

在 (10.3.14) 式两边乘以算子 $\mathrm{i}\int \mathrm{d}^3x f_k^*(x)\dfrac{\overleftrightarrow{\partial}}{\partial x_0}$, 并注意到 (4.4.5), (4.4.10) 和 (4.4.11) 式, 可得

$$a_{\text{out}}(\boldsymbol{k}) = a_{\text{in}}(\boldsymbol{k}) + \mathrm{i}\int_{-\infty}^{\infty} f_{\boldsymbol{k}}^*(y)J(y)\mathrm{d}^4y. \tag{10.3.15}$$

对于单粒子 S 矩阵元, 利用 (10.3.15) 和 (10.2.28) 式, 可得

$$\begin{aligned}\langle \boldsymbol{k}', \text{out}|\, \boldsymbol{k}, \text{in}\rangle &= \langle 0|\, a_{\text{out}}(\boldsymbol{k}')\, |\boldsymbol{k}, \text{in}\rangle \\ &= \langle 0|\, a_{\text{in}}(\boldsymbol{k}')\, |\boldsymbol{k}, \text{in}\rangle + \mathrm{i}\int_{-\infty}^{\infty} f_{\boldsymbol{k}'}^*(y)\, \langle 0|\, J(y)\, |\boldsymbol{k}, \text{in}\rangle\, \mathrm{d}^4y \\ &= \delta_{\boldsymbol{k}\boldsymbol{k}'} + \mathrm{i}\int_{-\infty}^{\infty} f_{\boldsymbol{k}'}^*(y)(\mu^2 + \Box)\, \langle 0|\, \Phi(y)\, |\boldsymbol{k}, \text{in}\rangle\, \mathrm{d}^4y.\end{aligned} \tag{10.3.16}$$

按照平移不变性和 Lorentz 协变性, 应有 (4.2.9) 式成立, 即

$$\begin{aligned}\Phi(x) &= \mathrm{e}^{\mathrm{i}P\cdot x}\Phi(0)\mathrm{e}^{-\mathrm{i}P\cdot x}\ , \\ \mathrm{e}^{-\mathrm{i}P\cdot x}\, |\boldsymbol{k}, \text{in}\rangle &= \mathrm{e}^{-\mathrm{i}k\cdot x}\, |\boldsymbol{k}, \text{in}\rangle\,,\end{aligned} \tag{10.3.17}$$

其中 P 是四动量算符, k 是在质壳上的单粒子四动量本征值, Heisenberg 表象中的单粒子波函数

$$\langle 0|\, \Phi(y)\, |\boldsymbol{k}, \text{in}\rangle = \langle 0|\, \Phi(0)\, |\boldsymbol{k}, \text{in}\rangle\, \mathrm{e}^{-\mathrm{i}k\cdot y} = Cf_{\boldsymbol{k}}(y), \tag{10.3.18}$$

其中 C 是常数. 显然 $C \neq 1$, 因为如果在 (10.3.18) 式中将 $\Phi(x)$ 代换为 $\phi_{\text{in}}(x)$, 由态矢归一不会出现常数 C, 因此 C 标记了有源场 $\Phi(x)$ 和自由场 $\phi_{\substack{\text{in}\\ \text{out}}}(x)$ 的差别. 实际上 $\phi_{\text{in}}(x)\,|0\rangle$ (或 $\phi_{\text{out}}(x)\,|0\rangle$) 是单粒子态, 而有源场 $\Phi(x)\,|0\rangle$ 就不只是简单的单粒子态, 自然其归一化常数不一样. 通常称 (10.3.18) 式为单粒子波函数.

将 (10.3.18) 式代入 (10.3.16) 式并注意到 $f_{\boldsymbol{k}}(y) \sim \mathrm{e}^{-\mathrm{i}k\cdot y}$ 是 Klein-Gordon 方程的平面波解, 就得到

$$\langle \boldsymbol{k}', \text{out}|\, \boldsymbol{k}, \text{in}\rangle = \delta_{\boldsymbol{k}\boldsymbol{k}'}. \tag{10.3.19}$$

由 (10.3.19) 式可知, 在忽略相因子差的情况下, 有

$$|\boldsymbol{k}, \text{out}\rangle = |\boldsymbol{k}, \text{in}\rangle = |\boldsymbol{k}\rangle\,, \tag{10.3.20}$$

即对于单粒子来讲不分入态和出态, 直接以 $|\boldsymbol{k}\rangle$ 标记. 应该注意到此结论只对单粒子态成立, 而对双粒子态和多粒子态来讲，入态和出态不一样, 包含了双粒子和多粒子之间的相互作用. 类似的推导表明, 对于旋量场也有 (10.3.20) 式成立.

现在讨论 (10.3.18) 式中的常数 C. 考虑 Heisenberg 表象中的两点传播函数

$$\begin{aligned}\Delta'_{\mathrm{F}}(x-y) &= \langle 0|\, T[\varPhi(x)\varPhi(y)]\,|0\rangle \\ &= \theta(x_0-y_0)\,\langle 0|\,\varPhi(x)\varPhi(y)\,|0\rangle + \theta(y_0-x_0)\,\langle 0|\,\varPhi(y)\varPhi(x)\,|0\rangle\,,\end{aligned} \tag{10.3.21}$$

这里 T 是编时乘积. 在上式两算符乘积之间插入入态正交完备态矢集合. 第一个贡献是单粒子态 $|\boldsymbol{k}\rangle\langle\boldsymbol{k}|$. 将此贡献与其他态的贡献分离, 利用公式 (10.3.18), 就得到

$$\Delta'_{\mathrm{F}}(x-y) = \frac{1}{(2\pi)^4}\int \mathrm{d}^4k\ \left[\frac{C^2}{\mu^2-k^2}+\cdots\right]\mathrm{e}^{-\mathrm{i}k\cdot(x-y)}+\cdots, \tag{10.3.22}$$

其中 "…" 是除单粒子以外对传播函数的贡献, 它们对单粒子极点是正则的. 所以 C^2 是传播函数 $\Delta'_{\mathrm{F}}(x-y)$ 在单粒子极点处的留数. 另一方面, 从微扰论可知, 在单粒子极点附近 $\Delta'_{\mathrm{F}}(k)$ 的留数是 Z, 有

$$C = Z^{1/2},\quad \langle 0|\,\varPhi(x)\,|\boldsymbol{k}\rangle = \langle 0|\,\varPhi(0)\,|\boldsymbol{k}\rangle\,\mathrm{e}^{-\mathrm{i}k\cdot x} = Z^{1/2}f_{\boldsymbol{k}}(x). \tag{10.3.23}$$

由类似的讨论可知, 对旋量场有

$$\langle 0|\,\varPsi(x)\,|\boldsymbol{p},\lambda\rangle = \langle 0|\,\varPsi(0)\,|\boldsymbol{p},\lambda\rangle\,\mathrm{e}^{-\mathrm{i}p\cdot x} = Z_2^{1/2}u_\lambda(\boldsymbol{p},x). \tag{10.3.24}$$

关于常数 Z 和 Z_2 的一般讨论留到下一章叙述.

§10.4 Heisenberg 表象有源场和渐近条件

上一节讨论了由入场和出场展开定义的 Hilbert 空间的基矢和单粒子波函数. 由 (10.2.28) 式知 $\varPhi(x)$ 是有源场, 即

$$(\mu^2+\Box)\varPhi(x) = J(x),$$

这是非齐次 Klein-Gordon 方程. 注意到 $f_{\boldsymbol{k}}(x)$ (满足质壳条件 $k^2=\mu^2$) 是齐次 Klein-Gordon 方程的正交完备波函数 ($f_{\boldsymbol{k}}(x)$ 是三维 $\boldsymbol{k}$ 空间的本征函数), 且满足正交归一关系 (4.4.5). 对于有源的满足非齐次 Klein-Gordon 方程的场 $\varPhi(x)$ 可以用 $f_{\boldsymbol{k}}(x)$ 来做类似于 (10.3.1) 式的形式展开, 但由于在四维空间中 $f_{\boldsymbol{k}}(x)$ 不是完备的, 因此展开系数不是常数而是时间相关的函数,

$$\varPhi(x) = \frac{1}{(2\pi)^3}\int\frac{\mathrm{d}^3k}{2\omega}\ \left[a_{\boldsymbol{k}}(t)f_{\boldsymbol{k}}(x)+b^\dagger_{\boldsymbol{k}}(t)f^*_{\boldsymbol{k}}(x)\right]. \tag{10.4.1}$$

利用 $f_{\boldsymbol{k}}(x)$ 正交归一关系 (4.4.5), 可以得到

$$a_{\boldsymbol{k}}(t) = \mathrm{i}\int \mathrm{d}^3x\ f^*_{\boldsymbol{k}}(x)\frac{\overleftrightarrow{\partial}}{\partial t}\varPhi(x), \tag{10.4.2}$$

$$b^\dagger_{\boldsymbol{k}}(t) = \mathrm{i}\int \mathrm{d}^3x\ \varPhi(x)\frac{\overleftrightarrow{\partial}}{\partial t}f_{\boldsymbol{k}}(x). \tag{10.4.3}$$

直接对 $a_{\boldsymbol{k}}(t)$ 和 $b_{\boldsymbol{k}}(t)$ 做 t 的微商并利用非齐次 Klein-Gordon 方程, 给出

$$\frac{\partial}{\partial t}a_{\boldsymbol{k}}(t) = \mathrm{i}\int \mathrm{d}^3x\ f_{\boldsymbol{k}}^*(x)(\mu^2+\Box)\Phi(x) = \mathrm{i}\int \mathrm{d}^3x\ f_{\boldsymbol{k}}^*(x)J(x), \tag{10.4.4}$$

$$\frac{\partial}{\partial t}b_{\boldsymbol{k}}^\dagger(t) = -\mathrm{i}\int \mathrm{d}^3x\ f_{\boldsymbol{k}}(x)(\mu^2+\Box)\Phi(x) = -\mathrm{i}\int \mathrm{d}^3x\ f_{\boldsymbol{k}}(x)J(x), \tag{10.4.5}$$

其中 $J(x)=(\mu^2+\Box)\Phi(x)$. 仅当源 $J(x)=0$ 时展开系数 $a_{\boldsymbol{k}}(t)$ 和 $b_{\boldsymbol{k}}(t)$ 才与时间 t 无关, 即回到齐次方程的展开式. 由 (10.3.23) 和 (10.2.33) 式, Yang-Feldman 方程应修改为

$$Z^{1/2}\phi_{\substack{\mathrm{in}\\ \mathrm{out}}}(x) = \Phi(x) - \int_{-\infty}^{\infty}\Delta_{\mathrm{R,A}}(x-y)J(y)\mathrm{d}^4y. \tag{10.4.6}$$

考虑到 $J(x)=(\mu^2+\Box)\Phi(x)$, 如果定义重整化场 $\Phi^{(\mathrm{r})}(x)=Z^{-1/2}\Phi(x)$ 和 $J^{(\mathrm{r})}(x)=Z^{-1/2}J(x)$, 那么有

$$\Phi^{(\mathrm{r})}(x) = \phi_{\substack{\mathrm{in}\\ \mathrm{out}}}(x) + \int_{-\infty}^{\infty}\Delta_{\mathrm{R,A}}(x-y)J^{(\mathrm{r})}(y)\mathrm{d}^4y. \tag{10.4.7}$$

为了简便起见, 下面的讨论略去重整化场上标 “(r)”, 仍然写成原来的 Yang-Feldman 方程

$$\Phi(x) = \phi_{\substack{\mathrm{in}\\ \mathrm{out}}}(x) + \int_{-\infty}^{\infty}\Delta_{\mathrm{R,A}}(x-y)J(y)\mathrm{d}^4y. \tag{10.4.8}$$

(10.4.8) 式在 $\Phi(x)\to Z^{-1/2}\Phi(x)$ 意义下理解. 在上式两边乘以算子 $\mathrm{i}\int \mathrm{d}^3x f_k^*(x)\frac{\overleftrightarrow{\partial}}{\partial t}$, 并注意到 (10.3.5), (10.3.6), (4.4.23), (4.4.24) 和 (10.4.2), (10.4.3) 式, 就得到

$$a_{\boldsymbol{k}}(t) = a_{\mathrm{in}}(\boldsymbol{k}) + \mathrm{i}\int_{-\infty}^{t}\mathrm{d}^4x f_{\boldsymbol{k}}^*(x)J(x), \tag{10.4.9}$$

$$a_{\boldsymbol{k}}(t) = a_{\mathrm{out}}(\boldsymbol{k}) - \mathrm{i}\int_{t}^{\infty}\mathrm{d}^4x f_{\boldsymbol{k}}^*(x)J(x), \tag{10.4.10}$$

$$b_{\boldsymbol{k}}(t) = b_{\mathrm{in}}(\boldsymbol{k}) + \mathrm{i}\int_{-\infty}^{t}\mathrm{d}^4x f_{\boldsymbol{k}}^*(x)J(x), \tag{10.4.11}$$

$$b_{\boldsymbol{k}}(t) = b_{\mathrm{out}}(\boldsymbol{k}) - \mathrm{i}\int_{t}^{\infty}\mathrm{d}^4x f_{\boldsymbol{k}}^*(x)J(x), \tag{10.4.12}$$

其中积分限意味着取为 $\int_{-\infty}^{t}\mathrm{d}^4x = \int_{-\infty}^{t}\mathrm{d}t\int_{-\infty}^{\infty}\mathrm{d}^3x$. 对 (10.4.9)~ (10.4.12) 式取复共轭就得到相应的复共轭算子的表达式. 如果假定下面三维空间积分是有限的, 即

$$\int_{-\infty}^{\infty}\mathrm{d}^3x f_{\boldsymbol{k}}^*(x)J(x) < \infty, \tag{10.4.13}$$

那么有

$$\lim_{t\to-\infty} a_{\boldsymbol{k}}(t) = a_{\text{in}}(\boldsymbol{k}), \tag{10.4.14}$$

$$\lim_{t\to\infty} a_{\boldsymbol{k}}(t) = a_{\text{out}}(\boldsymbol{k}), \tag{10.4.15}$$

$$\lim_{t\to-\infty} b_{\boldsymbol{k}}(t) = b_{\text{in}}(\boldsymbol{k}), \tag{10.4.16}$$

$$\lim_{t\to\infty} b_{\boldsymbol{k}}(t) = b_{\text{out}}(\boldsymbol{k}), \tag{10.4.17}$$

以及 (10.4.14)~(10.4.17) 式复共轭的渐近极限存在, 因而也有

$$\lim_{t\to-\infty} \varPhi(x) = \phi_{\text{in}}(x), \tag{10.4.18}$$

$$\lim_{t\to\infty} \varPhi(x) = \phi_{\text{out}}(x). \tag{10.4.19}$$

(10.4.18) 和 (10.4.19) 式表明, $\phi_{\substack{\text{in}\\ \text{out}}}(x)$ 是有源场 $\varPhi(x)$ 的渐近场. 通常假定 (10.4.14) ~ (10.4.19) 式渐近极限存在是在弱收敛意义下成立, 即对于任意两个态 $|\alpha\rangle$ 和 $|\beta\rangle$, 有

$$\lim_{t\to-\infty} \langle\beta|\,\varPhi(x)\,|\alpha\rangle = \langle\beta|\,\phi_{\text{in}}(x)\,|\alpha\rangle\,, \tag{10.4.20}$$

$$\lim_{t\to\infty} \langle\beta|\,\varPhi(x)\,|\alpha\rangle = \langle\beta|\,\phi_{\text{out}}(x)\,|\alpha\rangle\,. \tag{10.4.21}$$

(10.4.20) 和 (10.4.21) 式称为弱收敛渐近条件. 物理上可以理解为当 $t\to\mp\infty$ 时相互作用绝热地去掉, $\varPhi(x)$ 分别趋于 $\phi_{\substack{\text{in}\\ \text{out}}}(x)$.

由 (10.4.14) ~ (10.4.17) 式知,

$$\int_{-\infty}^{\infty}\frac{\partial}{\partial t}a_{\boldsymbol{k}}(t)\mathrm{d}t = \left[a_{\text{out}}(\boldsymbol{k}) - a_{\text{in}}(\boldsymbol{k})\right],$$

$$\int_{-\infty}^{\infty}\frac{\partial}{\partial t}b_{\boldsymbol{k}}(t)\mathrm{d}t = \left[b_{\text{out}}(\boldsymbol{k}) - b_{\text{in}}(\boldsymbol{k})\right].$$

将 (10.4.4) 和 (10.4.5) 式代入上式, 就得到有用的公式

$$\begin{aligned} a_{\text{out}}(\boldsymbol{k}) - a_{\text{in}}(\boldsymbol{k}) &= \mathrm{i}\int \mathrm{d}^4x\ f_{\boldsymbol{k}}^*(x)J(x) \\ &= \mathrm{i}\int \mathrm{d}^4x\ f_{\boldsymbol{k}}^*(x)(\mu^2+\Box)\varPhi(x), \end{aligned} \tag{10.4.22}$$

$$\begin{aligned} b_{\text{out}}(\boldsymbol{k}) - b_{\text{in}}(\boldsymbol{k}) &= \mathrm{i}\int \mathrm{d}^4x\ f_{\boldsymbol{k}}^*(x)J^*(x) \\ &= \mathrm{i}\int \mathrm{d}^4x\ f_{\boldsymbol{k}}^*(x)(\mu^2+\Box)\varPhi^*(x). \end{aligned} \tag{10.4.23}$$

类似地, 可以将上述推导用到旋量场 $\Psi(x)$. 由 (10.2.25) 式知 $\Psi(x)$ 是有源场, 即

$$(\mathrm{i}\gamma^\mu\partial_\mu - m)\,\Psi(x) = J(x),$$

这是非齐次 Dirac 方程. 注意到 $u(p,x)$ (满足质壳条件 $p^2=m^2$) 是齐次 Dirac 方程的正交完备波函数 ($u_\lambda(p,x)$ 和 $v_\lambda(p,x)$ 是三维 $\boldsymbol{p}$ 空间的本征函数) 且满足正交归一关系 (5.3.15). 对于有源的满足非齐次 Dirac 方程的场 $\Psi(x)$, 可以用 $u_\lambda(p,x)$ 和 $v_\lambda(p,x)$ 来做类似于 (5.3.13) 式的形式展开. 由于在四维空间中 $u_\lambda(p,x)$ 和 $v_\lambda(p,x)$ 不是完备的, 因此展开系数不是常数, 而是时间相关的函数,

$$\Psi(x) = \frac{1}{(2\pi)^3}\int\frac{\mathrm{d}^3p}{2E}\sum_\lambda\Big[b_\lambda(\boldsymbol{p},t)u_\lambda(p,x) + d_\lambda^\dagger(\boldsymbol{p},t)v_\lambda(p,x)\Big]. \tag{10.4.24}$$

利用 $u_\lambda(p,x)$ 和 $v_\lambda(p,x)$ 的正交归一关系 (5.3.15), 可以得到

$$b_\lambda(\boldsymbol{p},t) = \int\mathrm{d}^3x\,\overline{u}_\lambda(p,x)\gamma^0\psi(x), \tag{10.4.25}$$

$$d_\lambda(\boldsymbol{p},t) = \int\mathrm{d}^3x\,\overline{\psi}(x)\gamma^0 v_\lambda(p,x). \tag{10.4.26}$$

直接对 $b_\lambda(\boldsymbol{p},t)$ 和 $d_\lambda(\boldsymbol{p},t)$ 做 t 的微商并利用有源 Dirac 方程, 给出

$$\begin{aligned}\frac{\partial}{\partial t}b_\lambda(\boldsymbol{p},t) &= \mathrm{i}\int\mathrm{d}^3x\,\overline{u}_\lambda(p,x)\gamma^0\left(\mathrm{i}\gamma_\mu\frac{\partial}{\partial x_\mu} - m\right)\Psi(x)\\ &= \mathrm{i}\int\mathrm{d}^3x\,\overline{u}_\lambda(p,x)\gamma^0 J(x),\end{aligned} \tag{10.4.27}$$

$$\begin{aligned}\frac{\partial}{\partial t}d_\lambda(\boldsymbol{p},t) &= \mathrm{i}\int\mathrm{d}^3x\,\overline{\Psi}(x)\left(\mathrm{i}\gamma_\mu\frac{\overleftarrow{\partial}}{\partial x_\mu} - m\right)\gamma^0 v_\lambda(p,x)\\ &= \mathrm{i}\int\mathrm{d}^3x\,\overline{J}(x)\gamma^0 v_\lambda(p,x).\end{aligned} \tag{10.4.28}$$

仅当源 $J(x)=0$ 时展开系数 $b_{\boldsymbol{k}}(t)$ 和 $d_{\boldsymbol{k}}(t)$ 才与时间 t 无关, 即回到齐次方程的展开式. 由 (10.2.36) 和 (10.3.24) 式, 将 Yang-Feldman 方程修改为

$$\Psi(x) = Z_2^{1/2}\psi_{\substack{\mathrm{in}\\ \mathrm{out}}}(x) + \int_{-\infty}^{\infty}S_{\mathrm{R,A}}(x-y)J(y)\mathrm{d}^4y. \tag{10.4.29}$$

定义重整化场 $\Psi^{(\mathrm{r})}(x) = Z_2^{-1/2}\Psi(x)$. 同样为了简化起见, 下面的讨论略去重整化场上标 “(r)”, 仍然写成原来的 Yang-Feldman 方程

$$\Psi(x) = \psi_{\substack{\mathrm{in}\\ \mathrm{out}}}(x) + \int_{-\infty}^{\infty}S_{\mathrm{R,A}}(x-y)J(y)\mathrm{d}^4y. \tag{10.4.30}$$

(10.4.30) 式在 $\Psi(x) \to Z_2^{-1/2}\Psi(x)$ 意义下理解. 在上式两边乘以算子 $\int \mathrm{d}^3x\overline{u}_\lambda(p,x)\gamma^0$ 和 $\int \mathrm{d}^3x\gamma^0 v_\lambda(p,x)$, 并注意到 (5.3.15), (10.3.7), (10.3.8), (10.4.27) 和 (10.4.28) 式, 就得到

$$b_\lambda(\boldsymbol{p},t) = b_{\text{in}}(\boldsymbol{p},\lambda) + \mathrm{i}\int_{-\infty}^{t} \mathrm{d}^4x\ \overline{u}_\lambda(p,x)\gamma^0 J(x), \tag{10.4.31}$$

$$b_\lambda(\boldsymbol{p},t) = b_{\text{out}}(\boldsymbol{p},\lambda) - \mathrm{i}\int_{t}^{\infty} \mathrm{d}^4x\ \overline{u}_\lambda(p,x)\gamma^0 J(x), \tag{10.4.32}$$

$$d_\lambda(\boldsymbol{p},t) = d_{\text{in}}(\boldsymbol{p},\lambda) + \mathrm{i}\int_{-\infty}^{t} \mathrm{d}^4x\ \overline{u}_\lambda(p,x)\gamma^0 J(x), \tag{10.4.33}$$

$$d_\lambda(\boldsymbol{p},t) = d_{\text{out}}(\boldsymbol{p},\lambda) - \mathrm{i}\int_{t}^{\infty} \mathrm{d}^4x\ \overline{u}_\lambda(p,x)\gamma^0 J(x). \tag{10.4.34}$$

对 (10.4.31) ~ (10.4.34) 式取复共轭就得到相应的复共轭算子的表达式.

如果假定下面的三维空间积分是有限的, 即

$$\begin{aligned} &\int_{-\infty}^{\infty} \mathrm{d}^3x\overline{u}_\lambda(p,x)\gamma^0 J(x) < \infty, \\ &\int_{-\infty}^{\infty} \mathrm{d}^3x\overline{J}(x)\gamma^0 v_\lambda(p,x) < \infty, \end{aligned} \tag{10.4.35}$$

那么有

$$\lim_{t\to-\infty} b_\lambda(\boldsymbol{p},t) = b_{\text{in}}(\boldsymbol{p},\lambda), \tag{10.4.36}$$

$$\lim_{t\to\infty} b_\lambda(\boldsymbol{p},t) = b_{\text{out}}(\boldsymbol{p},\lambda), \tag{10.4.37}$$

$$\lim_{t\to-\infty} d_\lambda(\boldsymbol{p},t) = d_{\text{in}}(\boldsymbol{p},\lambda), \tag{10.4.38}$$

$$\lim_{t\to\infty} d_\lambda(\boldsymbol{p},t) = d_{\text{out}}(\boldsymbol{p},\lambda), \tag{10.4.39}$$

以及对 (10.4.36)~(10.4.39) 式取复共轭的渐近极限存在, 因而也有

$$\lim_{t\to-\infty} \Psi(x) = \psi_{\text{in}}(x), \tag{10.4.40}$$

$$\lim_{t\to\infty} \Psi(x) = \psi_{\text{out}}(x). \tag{10.4.41}$$

同样渐近极限存在是在弱收敛意义下成立, 即对于任意两个态 $|\alpha\rangle$ 和 $|\beta\rangle$, 有

$$\lim_{t\to-\infty} \langle\beta|\,\Psi(x)\,|\alpha\rangle = \langle\beta|\,\psi_{\text{in}}(x)\,|\alpha\rangle\,, \tag{10.4.42}$$

$$\lim_{t\to\infty} \langle\beta|\,\Psi(x)\,|\alpha\rangle = \langle\beta|\,\psi_{\text{out}}(x)\,|\alpha\rangle\,. \tag{10.4.43}$$

(10.4.42) 和 (10.4.43) 式称为旋量场的弱收敛渐近条件. $\psi_{\substack{\text{in}\\\text{out}}}(x)$ 是有源场 $\Psi(x)$ 的渐近场.

由 (10.4.36)~(10.4.39) 式知,

$$\int_{-\infty}^{\infty} \frac{\partial}{\partial t} b_\lambda(\boldsymbol{p},t)\mathrm{d}t = [b_{\mathrm{out}}(\boldsymbol{p},\lambda) - b_{\mathrm{in}}(\boldsymbol{p},\lambda)],$$

$$\int_{-\infty}^{\infty} \frac{\partial}{\partial t} d_\lambda(\boldsymbol{p},t)\mathrm{d}t = [d_{\mathrm{out}}(\boldsymbol{p},\lambda) - d_{\mathrm{in}}(\boldsymbol{p},\lambda)].$$

将 (10.4.27) 和 (10.4.28) 式代入上式, 就得到

$$\begin{aligned} b_{\mathrm{out}}(\boldsymbol{p},\lambda) - b_{\mathrm{in}}(\boldsymbol{p},\lambda) &= \mathrm{i}\int \mathrm{d}^4x\ \overline{u}_\lambda(p,x)\gamma^0 J(x) \\ &= \mathrm{i}\int \mathrm{d}^4x\ \overline{u}_\lambda(p,x)\gamma^0\left(\mathrm{i}\gamma_\mu\frac{\partial}{\partial x_\mu} - m\right)\varPsi(x), \end{aligned} \tag{10.4.44}$$

$$\begin{aligned} d_{\mathrm{out}}(\boldsymbol{p},\lambda) - d_{\mathrm{in}}(\boldsymbol{p},\lambda) &= \mathrm{i}\int \mathrm{d}^4x\ \overline{J}(x)\gamma^0 v_\lambda(p,x) \\ &= \mathrm{i}\int \mathrm{d}^4x\ \overline{\varPsi}(x)\left(\mathrm{i}\gamma_\mu\frac{\overleftarrow{\partial}}{\partial x_\mu} - m\right)\gamma^0 v_\lambda(p,x). \end{aligned} \tag{10.4.45}$$

第 11 章讨论 S 矩阵元约化公式时将用到它们.

§10.5 Heisenberg 表象中的 S 矩阵元

在 (10.2.9) 式中曾用了 Heisenberg 表象中的态矢 $|\mathrm{in}\rangle$ 和 $|\mathrm{out}\rangle$ 来表达 S 矩阵元,

$$S_{\mathrm{fi}} = \langle \mathrm{f},\mathrm{out}\,|\mathrm{i},\mathrm{in}\rangle\,,$$

由此式可以定义 Heisenberg 表象的 S 算符,

$$S_{\mathrm{fi}} = \langle \mathrm{f},\mathrm{out}\,|\mathrm{i},\mathrm{in}\rangle = \langle \mathrm{f},\mathrm{in}|\,S\,|\mathrm{i},\mathrm{in}\rangle\,, \tag{10.5.1}$$

即 S 算符将任一入态 $\langle\alpha,\mathrm{in}|$ 变换为出态 $\langle\alpha,\mathrm{out}|$,

$$\langle\alpha,\mathrm{out}| = \langle\alpha,\mathrm{in}|\,S \tag{10.5.2}$$

或者

$$|\alpha,\mathrm{out}\rangle = S^\dagger\,|\alpha,\mathrm{in}\rangle\,. \tag{10.5.3}$$

显然这样定义的 S 算符是幺正的, 因为 $SS^\dagger$ 对于任意态 $|\alpha,\mathrm{in}\rangle$, $|\beta,\mathrm{in}\rangle$ 都有

$$\delta_{\beta\alpha} = \langle\beta,\mathrm{out}\,|\alpha,\mathrm{out}\rangle = \langle\beta,\mathrm{in}|\,SS^\dagger\,|\alpha,\mathrm{in}\rangle\,,$$

因此

$$SS^\dagger = S^\dagger S = 1$$

或

$$S^\dagger = S^{-1}. \tag{10.5.4}$$

这是合理的推论, 因为入态和出态各自构成 Hilbert 空间完备集, 两个完备集之间的变换一定是幺正的, 这是保证概率守恒所必需的. 由 (10.5.1) 式定义的 S 算符也可以表达为类似于 (10.2.1) 式的迭代形式解, 只须将相互作用表象中的场量替换为入场或出场即可.

考虑

$$\langle \beta, \text{out}| \phi_{\text{out}}(x), \tag{10.5.5}$$

这是另一个出态, 再利用出态与入态之间的关系式 (10.5.2) , 就得到

$$\langle \beta, \text{out}| \phi_{\text{out}}(x) = \langle \beta, \text{in}| \phi_{\text{in}}(x) S,$$

这样导致

$$\langle \beta, \text{in}| \phi_{\text{in}}(x) S |\alpha, \text{in}\rangle = \langle \beta, \text{in}| S\phi_{\text{out}}(x) |\alpha, \text{in}\rangle .$$

由于 $|\alpha, \text{in}\rangle$, $|\beta, \text{in}\rangle$ 是任意态, 因此

$$\phi_{\text{in}}(x) = S\phi_{\text{out}}(x) S^{-1}. \tag{10.5.6}$$

此式对任何出场和入场都成立, 即 S 算符将入场与出场互相转换. 这是 (10.5.2) 和 (10.5.3) 式态矢变换的必然结果.

由 (10.5.6) 式可以证明, S 算符是平移不变和 Lorentz 不变的, 即在非齐次 Lorentz 变换下, 有

$$U(a,b) S U^{-1}(a,b) = S, \tag{10.5.7}$$

其中 $U(a,b)$ 是 Hilbert 空间中平移和 Lorentz 变换相应的幺正算符, 这一点将在 §11.1 中证明.

依照前面讨论的真空态和单粒子态的稳定性, 有

$$S_{00} = 1, \tag{10.5.8}$$

即

$$\begin{aligned} |0\rangle &= |0, \text{in}\rangle = |0, \text{out}\rangle , \\ |\boldsymbol{k}\rangle &= |\boldsymbol{k}, \text{in}\rangle = |\boldsymbol{k}, \text{out}\rangle . \end{aligned} \tag{10.5.9}$$

对于真空态和单粒子态不分入态和出态, 下面讨论时先略去入态标记. 由 (10.5.1) 式给出的 S 算符是定义在入态 (或出态) 完备集上的.

习 题

1. 利用方程 (10.1.28) 和 (10.2.6), 证明 (10.2.27) 和 (10.2.28) 式.
2. 证明旋量场 Yang-Feldman 方程 (10.2.36) $\sim$ (10.2.38).
3. 推导 (10.4.31) 和 (10.4.34) 式.

第 11 章　量子场论基本公理与 S 矩阵元约化公式

上一章中利用表象变换由相互作用表象态矢和场引入了 Heisenberg 表象的态矢和场. 在 Heisenberg 表象里, 描述物理系统状态的态矢 $\{|\mathrm{in}\rangle\}$ 或 $\{|\mathrm{out}\rangle\}$ 与时间无关且是总哈密顿量的本征态. 本章从几个基本公理出发建立量子场论中 S 矩阵理论体系, 将直接从 Heisenberg 表象出发定义 Hilbert 空间的态矢和场, 不再提及相互作用表象. 20 世纪 50 年代发展的公理化场论体系, 目的在于寻找不依赖于相互作用表象中微扰展开的较普遍的 S 矩阵理论. 1954 年, Lehman 最早提出, 此后 1955—1957 年, Lehman, Symanzik 和 Zimmermann 共同完成了 LSZ(Lehman-Symanzik-Zimmermann) 场论体系. 该体系的几个基本公理实际上就是量子场论中的几条基本假定, 它们是相对论不变性、微观因果性、质量谱条件、Hilbert 空间完备性和场的渐近条件. 这五条公理不涉及任何具体相互作用形式, 至今仍是量子场论普遍遵从的假定并应用在一系列的物理过程中. 本章将分别讨论这几条基本假定, 并基于这些基本假定推导 S 矩阵元约化公式和传播函数的谱表示.

§11.1　相对论不变性和微观因果性

首先讨论 S 矩阵理论应相对于非齐次 Lorentz 群不变的假定. 第 3 章中介绍了非齐次 Lorentz 变换 (3.1.42), 它是指时空点 x_μ 做变换

$$x_\mu \to x'_\mu = a_\mu^\nu x_\nu + b_\mu,$$

其中 b_μ 是平移参量, a_μ^ν 满足 Lorentz 群关系

$$a_\mu^\nu a_\lambda^\mu = g_\lambda^\nu, \tag{11.1.1}$$

$$a_\nu^\mu a_\mu^\lambda = g_\nu^\lambda. \tag{11.1.2}$$

所有这类变换的集合构成非齐次 Lorentz 群. 微观系统状态的完全描述是用 Hilbert 空间中态矢 $|\psi\rangle$ 来表示, 那么微观系统理论的相对论不变性的意义是:

(1) 如果一个物理系统的状态在两个不同参考系中分别用态矢 $|\psi\rangle$ 和 $|\psi'\rangle$ 来描述, 那么在 Hilbert 空间中一定存在一矩阵 $U(a,b)$ 联系两个参考系的物理状态和力学量,

$$|\psi'\rangle = U(a,b)\,|\psi\rangle\,, \tag{11.1.3}$$

$$F(ax+b) = U(a,b)F(x)U^{-1}(a,b), \tag{11.1.4}$$

其中 F 是 Hilbert 空间中任一力学量算符, 包括场量算符 $\Phi(x)$ 和 $\Psi(x)$. 变换矩阵 $U(a,b)$ 只与非齐次 Lorentz 群参量 a,b 有关, 不依赖于参考系.

(2) 同一物理状态的概率和力学量的平均值在两不同参考系中应当相等, 即

$$|\langle x|\ \psi\rangle|^2 = |\langle x|\ \psi'\rangle|^2, \tag{11.1.5}$$

$$\langle\phi|\ F\ |\psi\rangle = \langle\phi'|\ F'\ |\psi'\rangle\,, \tag{11.1.6}$$

其中 $F' = F(ax+b)$. 这就导致 $U(a,b)$ 是幺正的 (这里还包括反幺正算符),

$$U^\dagger(a,b) = U^{-1}(a,b). \tag{11.1.7}$$

特别地, 如果理论是平移不变的, 那么在 Hilbert 空间中存在守恒量四动量算符 P_μ, 满足

$$[P_\mu, P_\nu] = 0, \tag{11.1.8}$$

而且平移变换矩阵是

$$U(0,b) = \mathrm{e}^{\mathrm{i}P\cdot b}. \tag{11.1.9}$$

如果理论相对于正 Lorentz 群不变, 那么在 Hilbert 空间中一定存在守恒量 —— 广义角动量算符 $J_{\mu\nu}$, 满足正 Lorentz 群生成元对易关系

$$[J_{\mu\nu}, J_{\rho\sigma}] = \mathrm{i}g_{\mu\sigma}J_{\nu\rho} + \mathrm{i}g_{\nu\rho}J_{\mu\sigma} - \mathrm{i}g_{\mu\rho}J_{\nu\sigma} - \mathrm{i}g_{\nu\sigma}J_{\mu\rho}, \tag{11.1.10}$$

Hilbert 空间变换矩阵为

$$U(a,0) = \mathrm{e}^{\frac{\mathrm{i}}{2}\omega^{\mu\nu}J_{\mu\nu}}, \tag{11.1.11}$$

其中 $\omega^{\mu\nu}$ 是正 Lorentz 群的有限群参数. 而对于无穷小变换, 有

$$a_{\mu\nu} = g_{\mu\nu} + \delta\omega_{\mu\nu}(\delta\omega_{\mu\nu} = -\delta\omega_{\nu\mu}), \tag{11.1.12}$$

$\delta\omega_{\mu\nu}$ 是六个参量的反对称矩阵. 平移变换 $U(0,b)$ 和正 Lorentz 群变换 $U(a,0)$ 是非齐次 Lorentz 群在 Hilbert 空间相应的幺正表示, 其生成元是 P_μ 和 $M_{\mu\nu}$. Hilbert 空间中任一力学量算符 F (包括 P_μ 和 $M_{\mu\nu}$) 都可用场 $\Phi(x)$, $\Psi(x)$ 等构成它们的表达式, 因此相应于 (11.1.4) 式的 Lorentz 群变换应用于场算符 $\Phi(x)$, $\Psi(x)$ 等, 有

$$\Phi(ax+b) = U(a,b)\Phi(x)U^{-1}(a,b), \tag{11.1.13}$$

$$\Psi(ax+b) = U(a,b)\Psi(x)U^{-1}(a,b). \tag{11.1.14}$$

特别地, 对于平移变换有

$$\begin{aligned}\Phi(x+b)&=\mathrm{e}^{\mathrm{i}P\cdot b}\Phi(x)\mathrm{e}^{-\mathrm{i}P\cdot b},\\ \Psi(x+b)&=\mathrm{e}^{\mathrm{i}P\cdot b}\Psi(x)\mathrm{e}^{-\mathrm{i}P\cdot b}.\end{aligned} \tag{11.1.15}$$

考虑一无穷小变换, 立刻可得

$$\begin{aligned}\frac{\partial}{\partial x_\mu}\Phi(x)&=\mathrm{i}[P^\mu,\Phi(x)],\\ \frac{\partial}{\partial x_\mu}\Psi(x)&=\mathrm{i}[P^\mu,\Psi(x)].\end{aligned} \tag{11.1.16}$$

这就是 Heisenberg 表象中场的运动方程. 这里 $\Phi(x)$ 和 $\Psi(x)$ 可以包含有相互作用的场.

其次讨论微观因果性. 在同一时刻 t 不同地点 $\boldsymbol{x}$ 和 $\boldsymbol{x}'$ 发生的两个不同事件毫无因果联系, 因为任何信号的传播速度都是小于或等于光速 c 的, 不存在一种信号将这两个事件联系起来. 而在同一地点 $\boldsymbol{x}$ 处不同时刻 t 发生的两个事件就有可能存在因果联系. 在相对论领域任一事件由时空点 $x_\mu=(t,\boldsymbol{x})$ 描述, 令某一事件为坐标原点 $(t,\boldsymbol{x})=(0,\boldsymbol{0})$, 两事件间隔相应的 Lorentz 不变量时空间隔

$$x^2=x^\mu x_\mu=(t^2-|\boldsymbol{x}|^2).$$

将时空分为两个区域 —— 类时区域和类空区域;

$$\text{类时区域}\quad x^2>0, \tag{11.1.17}$$

$$\text{类空区域}\quad x^2<0. \tag{11.1.18}$$

这两个区域的界限是 $t^2-|\boldsymbol{x}|^2=0$, 即

$$x^2=0, \tag{11.1.19}$$

它是四维时空的一个曲面, 称为光锥面. 如果以时间 t 为纵坐标轴, 横坐标轴标记三维空间 $\boldsymbol{x}$, 那么图 11.1.1 上通过坐标原点 $(t,\boldsymbol{x})=(0,\boldsymbol{0})$ 的两条与坐标轴成 45° 的直线就是方程 (11.1.19) 所描述的光锥面. 类时区域 $x^2>0$ 在光锥内, 不可能有 $t=0$, 即两事件不可能同时. 它由两部分组成: 光锥的上半平面为向前光锥, 光锥的下半平面为向后光锥. 在向前光锥区域内相对于坐标原点是绝对未来, 在向后光锥区域内相对于坐标原点是绝对过去. 类空区域 $x^2<0$ 在光锥外, 可能有 $t=0$, 即在类空区域内相对于坐标原点不存在绝对未来和绝对过去. 任何两点如果是类空间隔就不可能存在因果关系, 只有类时间隔的两个事件才可能有因果关系存在.

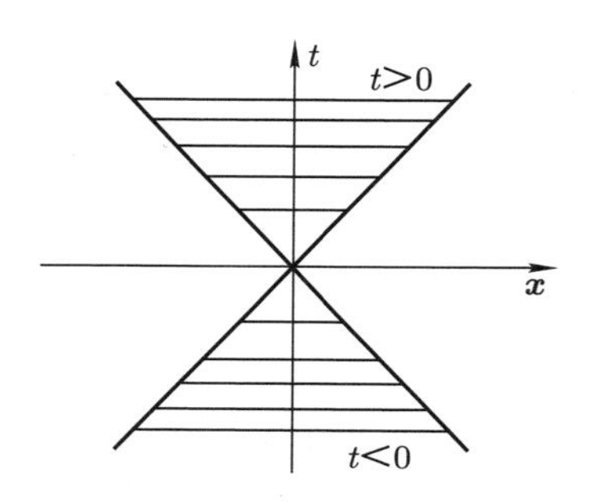

图 11.1.1　Lorentz 不变量时空间隔 x^2 图示. 横轴标记三维空间 $\boldsymbol{x}$, 两条与坐标轴成 45° 的直线代表一个光锥面

对于一个微观系统, 它可以用一组力学量的完备集来完全描述, 在物理上是可以同时 (不同地点) 测量的一组力学量集合, 数学上讲就是一组可对易的力学量. 所谓同时且不同地点正是类空间隔, 意味着无因果关系, 所以类空间隔下可对易意味着无因果联系. 量子场论中任何力学量算符 F(包括 P_μ 和 $J_{\mu\nu}$) 都可用场 $\Phi(x)$, $\Psi(x)$ 等构成它们的表达式. 1954 年, Gell-Mann, Goldberger 和 Thinning 提出的微观因果性就是假定对任何两个类空间隔的玻色子场对易关系等于零, 对任何两类空间隔的费米子场反对易关系等于零, 即

$$[\Phi(x), \Phi(x')] = 0, \quad (x - x')^2 < 0, \tag{11.1.20}$$

$$\{\Psi(x), \Psi(x')\} = 0, \quad (x - x')^2 < 0. \tag{11.1.21}$$

通常也称关系式 (11.1.20) 和 (11.1.21) 为定域对易关系. 这些对易关系与正则量子化的等时对易关系假定并不矛盾, 因为

$$[\Phi(x), \pi(x')]\,|_{t=t'} = \mathrm{i}\delta(\boldsymbol{x} - \boldsymbol{x}')$$

只是假定场在光锥上具有一种奇异性, 仍然有类空间隔对易关系为零. 实际上关系式 (11.1.20) 和 (11.1.21) 对自由场是不证自明的, 曾在第4, 第 5 章中讨论过.

§11.2　质量谱条件和完备性

前一节已经从平移不变性引入了 Hilbert 空间中的四动量算符 P_μ, 质量谱条件就是讨论四动量算符的本征值满足什么条件. 这些条件是:

(1) 存在一个非齐次 Lorentz 群相对论不变的真空态 $|0\rangle$,

$$U(a, b)\,|0\rangle = 0, \tag{11.2.1}$$

即真空态的四动量和角动量的本征值为零,

$$P_\mu |0\rangle = 0, M_{\mu\nu} |0\rangle = 0. \tag{11.2.2}$$

(2) 能量算符 P_0 的本征值恒正 (真空态的能量为零), 即

$$p_0 \geqslant 0. \tag{11.2.3}$$

(3) 四动量算符的平方 P^2 的本征值大于或等于零,

$$p^2 = p_0^2 - |\boldsymbol{p}|^2 \geqslant 0, \tag{11.2.4}$$

包含分立谱和连续谱, 单粒子态是分立谱, 双粒子或多粒子散射态是连续谱. 如果以纵坐标标记能量 p_0, 横坐标标记三维动量 $\boldsymbol{p}$, 那么图 11.2.1 上通过坐标原点 $(p_0, \boldsymbol{p}) = (0, \boldsymbol{0})$ 的两条与坐标轴成 45° 的直线就是方程 $p^2 = 0$ 所描述的光锥面.

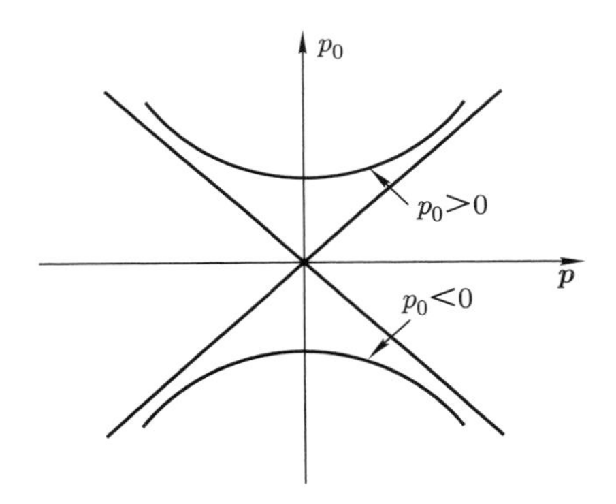

图 11.2.1 四动量算符的本征值 p^2 图示. 横轴标记三维空间 $\boldsymbol{p}$, $p^2 = 0$ 相应于两条与坐标轴成 45° 的直线, 代表一个光锥面. $p^2 = m^2$ 为质壳条件, 相应于双曲面. 物理上能量 $p_0 > 0$ 相应于未来光锥中的双曲面, 其最小值为 m

由上述条件可知 P_μ 的本征值所允许的区域在 $(p_0, \boldsymbol{p})$ 空间里是在未来光锥内, 即

$$p_0 \geqslant 0, \quad p^2 \geqslant 0. \tag{11.2.5}$$

通常称 (11.2.5) 为质量谱条件. 例如, 对于给定的单个稳定粒子的质量 m, 显然有 $p^2 - m^2 = 0$, 在 p 空间里就对应于向前光锥内的一个双曲面, 其最小值为 m. 通常称 $p^2 = m^2$ 为质壳条件. 对于不同的粒子, m 不同, 相应于不同的双曲面, 构成分立谱. 每一个这样的双曲面都以 $p^2 = 0$ 的锥面作为渐近面. 对于双粒子态 $|p_1, p_2, \alpha\rangle$,

质量分别为 m_1, m_2, 相应的四动量本征值为 $p_{1\mu}, p_{2\mu}$, 其中 α 是标记状态的其他力学量, 则有

$$P_\mu |p_1, p_2, \alpha\rangle = (p_1 + p_2)_\mu |p_1, p_2, \alpha\rangle, \tag{11.2.6}$$

其质量谱

$$\begin{aligned}(p_1+p_2)^2 &= p_1^2 + p_2^2 + 2p_1 \cdot p_2 \\ &= m_1^2 + m_2^2 + 2\left(p_{10}p_{20} - \boldsymbol{p}_1 \cdot \boldsymbol{p}_2\right) \\ &= m_1^2 + m_2^2 + 2\sqrt{m_1^2 + |\boldsymbol{p}_1|^2}\sqrt{m_2^2 + |\boldsymbol{p}_2|^2} - 2|\boldsymbol{p}_1||\boldsymbol{p}_2|\cos\theta \\ &\geqslant (m_1+m_2)^2,\end{aligned} \tag{11.2.7}$$

其中 θ 是两粒子三动量的夹角. 此式表明双粒子质量谱是连续谱, 不仅依赖于两粒子三动量的大小, 而且依赖于两粒子三动量的夹角. 它的最小值是向前光锥内的一个双曲面 $(p_1+p_2)^2 = (m_1+m_2)^2$, 允许的质量谱在此双曲面以上的光锥内连续取值. 对于多粒子态可以做类似的讨论,

$$(p_1 + p_2 + \cdots)^2 \geqslant (m_1 + m_2 + \cdots)^2. \tag{11.2.8}$$

它的最小值是向前光锥内的一个双曲面

$$(p_1 + p_2 + \cdots)^2 = (m_1 + m_2 + \cdots)^2, \tag{11.2.9}$$

允许的质量谱在此双曲面以上的光锥内连续取值.

完备性实际上是讨论 Hilbert 空间的线性无关的态矢集大小问题. 这里假定所有 Heisenberg 场算符集 $\{\varPhi(x)\}, \{\varPsi(x)\}, \cdots$ 是完备的, 即它们形成不可约的算子. 这就是说, 对于任一给定的态矢 $|\psi\rangle$, 都能够用这些算符或场算符的泛函作用在这个态上变换为任意给定的状态 $|\psi'\rangle$. 这个假定意味着 Hilbert 空间中的任何算符都可以由场算符集 $\{\varPhi(x)\}, \{\varPsi(x)\}, \cdots$ 构成, 也意味着在 Hilbert 空间中如果存在一个算符与此完备集算符 $\{\varPhi(x)\}, \{\varPsi(x)\}, \cdots$ 相对易, 那么这个算符只可能是 c 数. 假定由场算符集 $\{\varPhi(x)\}, \{\varPsi(x)\}, \cdots$ 构成的完备集包括了由它们构成的所有可能态, 是大的完备集. 有时物理问题中忽略束缚态, 其完备集可以取较小的集合. 关于完备集的大小将在下一节详细讨论.

§11.3　渐 近 条 件

渐近条件讨论 Heisenberg 场量与渐近场量之间的关系. 首先讨论标量场情况. 第 10 章曾从相互作用表象变换到 Heisenberg 表象引入了有源场 $\varPhi(x)$ 和 $\phi_{\substack{\text{in}\\\text{out}}}(x)$

联系的 Yang-Feldman 方程 (10.2.33), 并由此方程在 §10.4 中讨论了弱收敛意义下的渐近条件 (10.4.20), (10.4.21). 这里直接在 Heisenberg 表象里将弱收敛意义下的渐近条件作为基本假定讨论它所导致的物理结果.

为简化起见, 设想 Hilbert 空间中仅有实标量的有源场 $\Phi(x)$, 那么 $\{\Phi(x)\}$ 是 Hilbert 空间完备集. $\Phi(x)$ 满足有源方程

$$(\mu^2+\Box)\Phi(x)=J(x).$$

可以用单粒子波函数 $f_{\boldsymbol{k}}(x)$(满足质壳条件 $k^2=\mu^2$, μ 是实标量场质量) 来做形式展开 (见 (10.4.1) 式). 由于 $f_{\boldsymbol{k}}(x)$ 是三维 $\boldsymbol{k}$ 空间的本征函数, 在四维时空中 $f_{\boldsymbol{k}}(x)$ 不是完备的, 因此展开系数不是常数, 而是时间相关的函数,

$$\Phi(x)=\int\frac{\mathrm{d}^3k}{(2\pi)^3 2\omega}\left[a_{\boldsymbol{k}}(t)f_{\boldsymbol{k}}(x)+a_{\boldsymbol{k}}^{\dagger}(t)f_{\boldsymbol{k}}^{*}(x)\right], \tag{11.3.1}$$

其中 Hilbert 空间算符 $a_{\boldsymbol{k}}(t)$ 定义为

$$a_{\boldsymbol{k}}(t)=\mathrm{i}\int\mathrm{d}^3x f_{\boldsymbol{k}}^{*}(x)\frac{\overleftrightarrow{\partial}}{\partial t}\Phi(x). \tag{11.3.2}$$

注意到 §10.4 中由相互作用表象变换到 Heisenberg 表象对渐近条件的讨论, 可以合理地假定对于任意态 $|\alpha\rangle$ 和 $|\beta\rangle$, 在弱收敛意义下有

$$\lim_{t\to-\infty}\langle\beta|\,a_{\boldsymbol{k}}(t)\,|\alpha\rangle=\sqrt{Z}\,\langle\beta|\,a_{\mathrm{in}}(\boldsymbol{k})\,|\alpha\rangle\,, \tag{11.3.3}$$

$$\lim_{t\to\infty}\langle\beta|\,a_{\boldsymbol{k}}(t)\,|\alpha\rangle=\sqrt{Z}\,\langle\beta|\,a_{\mathrm{out}}(\boldsymbol{k})\,|\alpha\rangle\,, \tag{11.3.4}$$

其中因子 $\sqrt{Z}$ 在微扰论中是可计算的重整化常数. 本章直接从 Heisenberg 表象出发且不做微扰计算, 如何理解和确定因子 $\sqrt{Z}$? 从 (11.3.3) 和 (11.3.4) 式可见, 它可以理解为渐近极限下为了满足

$$\langle 0|\,a_{\mathrm{in}}(\boldsymbol{k}')|\boldsymbol{k}\rangle_{\mathrm{in}}=\langle 0|\,a_{\mathrm{out}}(\boldsymbol{k}')|\boldsymbol{k}\rangle_{\mathrm{out}}=\delta_{\boldsymbol{k}\boldsymbol{k}'}$$

归一化而引入的常数, 至于如何确定留待后面讨论. 对 (11.3.3) 和 (11.3.4) 式取共轭就可得到两个关系式. 一般地讲, 为了积分的收敛性, 在 (11.3.1) 和 (11.3.2) 式中 $f_{\boldsymbol{k}}(x)$ 应代之以波包

$$f_{\alpha}(x)=\int\frac{\mathrm{d}^3k}{2\omega}f_{\alpha}(\boldsymbol{k})\mathrm{e}^{-\mathrm{i}k\cdot x}$$

展开. 波包相当于具有不同动量 $\boldsymbol{k}$ 的平面波叠加, 保证了渐近行为, 即当 $\boldsymbol{x}\to\mp\infty$ 时 $f_{\alpha}(x)\to 0$. 实际上, 波包等价于 §4.4 中的有限体积归一化: k 取分立值, 以求和

代替积分, 最终按 (4.4.5) 式对应得到连续极限下的平面波结果. 下面的讨论中, 为了简便, 会直接以连续极限平面波给出.

由定义 (11.3.2) 和渐近条件 (11.3.3), (11.3.4) 式立刻可见, 如果定义渐近场

$$\phi_{\substack{\text{in}\\\text{out}}}(x)=\int\frac{\mathrm{d}^3k}{(2\pi)^3 2\omega}\left[a_{\substack{\text{in}\\\text{out}}}(\boldsymbol{k})f_{\boldsymbol{k}}(x)+a^{\dagger}_{\substack{\text{in}\\\text{out}}}(\boldsymbol{k})f^*_{\boldsymbol{k}}(x)\right], \tag{11.3.5}$$

则可知渐近场满足自由场方程

$$(\mu^2+\Box)\phi_{\substack{\text{in}\\\text{out}}}(x)=0. \tag{11.3.6}$$

由 (11.3.3) 和 (11.3.4) 式, 对于任意两个态 $|\alpha\rangle$ 和 $|\beta\rangle$, 有 (10.4.20) 和 (10.4.21) 式成立, 即

$$\lim_{x\to-\infty}\langle\beta|\,\varPhi(x)\,|\alpha\rangle=\sqrt{Z}\,\langle\beta|\,\phi_{\text{in}}(x)\,|\alpha\rangle\,, \tag{11.3.7}$$

$$\lim_{x\to\infty}\langle\beta|\,\varPhi(x)\,|\alpha\rangle=\sqrt{Z}\,\langle\beta|\,\phi_{\text{out}}(x)\,|\alpha\rangle\,. \tag{11.3.8}$$

这里因子 Z 不能取 $Z=1$, 因为如果 $Z=1$ 将导致 $\varPhi(x)=\phi_{\text{in}}(x),\varPhi(x)=\phi_{\text{out}}(x)$. 类似于 §10.4 的讨论, 将因子 Z 吸收到场量 $\varPhi(x)$ 中定义 $\varPhi^{(\mathrm{r})}(x)=Z^{-1/2}\varPhi(x)$. 为了简化起见, 下面的讨论又略去场量 $\varPhi^{(\mathrm{r})}(x)$ 的上标 “(r)”. 利用波函数 $f_{\boldsymbol{k}}(x)$ 的完备关系就可以得到 (10.4.6) 式的 Yang-Feldman 方程. 对 (11.3.2) 两边做时间 t 微商可得 (10.4.4) 式, 即

$$\frac{\partial}{\partial t}a_{\boldsymbol{k}}(t)=\mathrm{i}\int\mathrm{d}^3x f^*_{\boldsymbol{k}}(x)J(x)=\mathrm{i}\int\mathrm{d}^3x f^*_{\boldsymbol{k}}(x)(\mu^2+\Box)\varPhi(x), \tag{11.3.9}$$

然后在此式两边对时间 t 积分, 取积分限从 $-\infty$ 至 t 并利用弱收敛意义下的渐近条件 (11.3.3) 就重新获得 (10.4.9) 式, 即

$$a_{\boldsymbol{k}}(t)=a_{\text{in}}(\boldsymbol{k})+\mathrm{i}\int_{-\infty}^{t}\mathrm{d}^4x f^*_{\boldsymbol{k}}(x)J(x)=a_{\text{in}}(\boldsymbol{k})+\mathrm{i}\int_{-\infty}^{t}\mathrm{d}^4x f^*_{\boldsymbol{k}}(x)(\mu^2+\Box)\varPhi(x), \tag{11.3.10}$$

以及 (10.4.10) 和 (10.4.22) 式, 即

$$\begin{aligned}a_{\boldsymbol{k}}(t)&=a_{\text{out}}(\boldsymbol{k})-\mathrm{i}\int_{t}^{\infty}\mathrm{d}^4x f^*_{\boldsymbol{k}}(x)J(x)\\&=a_{\text{out}}(\boldsymbol{k})-\mathrm{i}\int_{t}^{\infty}\mathrm{d}^4x f^*_{\boldsymbol{k}}(x)(\mu^2+\Box)\varPhi(x),\end{aligned} \tag{11.3.11}$$

$$\begin{aligned}a_{\text{out}}(\boldsymbol{k})-a_{\text{in}}(\boldsymbol{k})&=\mathrm{i}\int\mathrm{d}^4x f^*_{\boldsymbol{k}}(x)J(x)\\&=\mathrm{i}\int\mathrm{d}^4x f^*_{\boldsymbol{k}}(x)(\mu^2+\Box)\varPhi(x).\end{aligned} \tag{11.3.12}$$

在 (11.3.10) 式两边乘以 $f_{\boldsymbol{k}}(x')$ 再加上复共轭项并对 $\boldsymbol{k}$ 求积分, 且注意到完备关系

$$\Delta^{(+)}(x-x') = \int \frac{\mathrm{d}^3k}{(2\pi)^3 2\omega} f^*_{\boldsymbol{k}}(x') f_{\boldsymbol{k}}(x),$$

$$\Delta^{(-)}(x-x') = \int \frac{\mathrm{d}^3k}{(2\pi)^3 2\omega} f_{\boldsymbol{k}}(x') f^*_{\boldsymbol{k}}(x),$$

$$\Delta(x-x') = -\mathrm{i}\int \frac{\mathrm{d}^3k}{(2\pi)^3 2\omega} \left[f^*_{\boldsymbol{k}}(x') f_{\boldsymbol{k}}(x) - f_{\boldsymbol{k}}(x') f^*_{\boldsymbol{k}}(x)\right],$$

就可得到 (10.4.6) 式的 Yang-Feldman 方程

$$\varPhi(x) = \phi_{\mathrm{in}}(x) + \int_{-\infty}^{\infty} \Delta_{\mathrm{R}}(x-y) J(y) \mathrm{d}^4 y.$$

重复上述步骤, 但取积分限为 $t \to \infty$, 得到

$$\varPhi(x) = \phi_{\mathrm{out}}(x) + \int_{-\infty}^{\infty} \Delta_{\mathrm{A}}(x-y) J(y) \mathrm{d}^4 y.$$

这样就能通过渐近条件这一假定而引入渐近场, 并获得 Yang-Feldman 方程. 利用弱收敛意义下渐近条件 (11.3.3) 和 (11.3.4) 做类似的推导可以获得 §10.4 中 (10.4.9) ∼ (10.4.12) 式与 (10.4.22) ∼ (10.4.23) 式所有的结果.

为了构成 Hilbert 空间的态矢, 还必须知道入场 (或出场) 之间的对易关系. Zimmermann 利用因果性、谱条件、完备性证明了恒等式

$$\begin{aligned}&\iint \mathrm{d}^4x\mathrm{d}^4y f^*_\alpha(x) f_\beta(y)(\mu^2+\Box_x)(\mu^2+\Box_y) T\left[\varPhi(x)\varPhi(y)\right] \\ &\quad = \iint \mathrm{d}^4y\mathrm{d}^4x f^*_\alpha(x) f_\beta(y)(\mu^2+\Box_x)(\mu^2+\Box_y) T\left[\varPhi(x)\varPhi(y)\right],\end{aligned} \tag{11.3.13}$$

即上述积分的积分次序可交换. 上式两边已用波包定义了积分. 从恒等式 (11.3.13) 出发可以推出重要的结论. 首先考虑上述等式的右边, 先对 x 积分, 将 x_0 的积分改写:

$$\begin{aligned}\text{右边} &= \iint \mathrm{d}^4x\mathrm{d}^4y f^*_\alpha(x) f_\beta(y)(\mu^2+\Box_x)(\mu^2+\Box_y) T\left[\varPhi(x)\varPhi(y)\right] \\ &= \iint \mathrm{d}^4y\mathrm{d}^4x f_\beta(y)(\mu^2+\Box_y)\frac{\partial}{\partial x_0}\left\{f^*_\alpha(x)\frac{\overleftrightarrow{\partial}}{\partial x_0} T\left[\varPhi(x)\varPhi(y)\right]\right\} \\ &= \iint \mathrm{d}^4y\mathrm{d}^3x f_\beta(y)(\mu^2+\Box_y)\left\{f^*_\alpha(x)\frac{\overleftrightarrow{\partial}}{\partial x_0}\theta(x_0-y_0)\left(\varPhi(x)\varPhi(y)\right)\right. \\ &\qquad \left.\left. + f^*_\alpha(x)\frac{\overleftrightarrow{\partial}}{\partial x_0}\theta(y_0-x_0)\left(\varPhi(y)\varPhi(x)\right)\right\}\right|_{-\infty}^{\infty}\end{aligned}$$

$$
\begin{aligned}
&= \iint \mathrm{d}^4y\mathrm{d}^3x f_\beta(y)(\mu^2+\Box_y)\left\{f_\alpha^*(x)\delta(x_0-y_0)\ [\Phi(x),\Phi(y)]\right\}|_{-\infty}^{\infty} \\
&\quad -\mathrm{i}\int \mathrm{d}^4y f_\beta(y)(\mu^2+\Box_y)\left[a_{\text{out}}^\alpha\Phi(y)-\Phi(y)a_{\text{in}}^\alpha\right].
\end{aligned}
\tag{11.3.14}
$$

对于 (11.3.14) 式第一项, 对易关系 $[\Phi(x),\Phi(y)]$ 由于因果性仅当 $(x-y)^2\geqslant 0$ 时不等于零. $\delta(x_0-y_0)$ 保证了 $x_0=y_0$, 因此, 仅当 $x=y$ 时,

$$
\delta(x_0-y_0)\left[\Phi(x),\Phi(y)\right]\neq 0,
$$

而当 $x=y$ 时对于实标量场有 $[\Phi(x),\Phi(y)]=0$, 所以第一项为零 (在复标量场的情况下, 第一项一般不能略去, 但如果考虑到 $f_\alpha(x)$ 的渐近行为就仍可以略去). 因此, 该式

$$
\text{右边}=-\mathrm{i}\int \mathrm{d}^4y f_\beta(y)(\mu^2+\Box_y)\left[a_{\text{out}}^\alpha\Phi(y)-\Phi(y)a_{\text{in}}^\alpha\right].
$$

对 (11.3.14) 式 y 变量积分, 重复上述步骤得到

$$
\text{右边}=a_{\text{out}}^\alpha a_{\text{out}}^{\beta\dagger}-a_{\text{out}}^\alpha a_{\text{in}}^{\beta\dagger}-a_{\text{out}}^{\beta\dagger}a_{\text{in}}^\alpha+a_{\text{in}}^{\beta\dagger}a_{\text{in}}^\alpha.
$$

将类似的方法应用到 (11.3.13) 式的左边, 得到

$$
\text{左边}=a_{\text{out}}^{\beta\dagger}a_{\text{out}}^\alpha-a_{\text{out}}^{\beta\dagger}a_{\text{in}}^\alpha-a_{\text{out}}^\alpha a_{\text{in}}^{\beta\dagger}+a_{\text{in}}^\alpha a_{\text{in}}^{\beta\dagger},
$$

因此 (11.3.13) 式的左边和右边相等, 给出

$$
\left[a_{\text{out}}^\alpha,a_{\text{out}}^{\beta\dagger}\right]=\left[a_{\text{in}}^\alpha,a_{\text{in}}^{\beta\dagger}\right].
\tag{11.3.15}
$$

再利用另一个恒等式

$$
\begin{aligned}
&\iint \mathrm{d}^4x\mathrm{d}^4y f_\alpha^*(x)f_\beta(y)(\mu^2+\Box_x)(\mu^2+\Box_y)T\left[\Phi(x)\Phi(y)\Phi(z)\right] \\
&\quad=\iint \mathrm{d}^4y\mathrm{d}^4x f_\alpha^*(x)f_\beta(y)(\mu^2+\Box_x)(\mu^2+\Box_y)T\left[\Phi(x)\Phi(y)\Phi(z)\right],
\end{aligned}
\tag{11.3.16}
$$

重复上述步骤就得到

$$
\left[a_{\text{out}}^\alpha,a_{\text{out}}^{\beta\dagger}\right]\Phi(z)=\Phi(z)\left[a_{\text{in}}^\alpha,a_{\text{in}}^{\beta\dagger}\right].
\tag{11.3.17}
$$

将 (11.3.15) 式代入 (11.3.17) 式, 给出

$$
\left[\left[a_{\text{out}}^\alpha,a_{\text{out}}^{\beta\dagger}\right],\Phi(z)\right]=\left[\left[a_{\text{in}}^\alpha,a_{\text{in}}^{\beta\dagger}\right],\Phi(z)\right]=0.
\tag{11.3.18}
$$

由于只有标量场, 算符集合 $\{\Phi(x)\}$ 是完备的, 因此

$$\left[a_{\text{out}}^{\alpha}, a_{\text{out}}^{\beta\dagger}\right] = \left[a_{\text{in}}^{\alpha}, a_{\text{in}}^{\beta\dagger}\right] = \text{c 数}. \tag{11.3.19}$$

为了确定 (11.3.19) 式中的 c 数值, 可以选择计算真空平均值 $\langle 0|\left[a_{\text{in}}^{\alpha}, a_{\text{in}}^{\beta *}\right]|0\rangle$, 插入中间态仅有单粒子态有贡献, 利用单粒子波函数就可计算出 c 数值而得到

$$\left[a_{\text{out}}^{\alpha}, a_{\text{out}}^{\beta\dagger}\right] = \left[a_{\text{in}}^{\alpha}, a_{\text{in}}^{\beta\dagger}\right] = \delta_{\beta\alpha}. \tag{11.3.20}$$

如果将 (11.3.13) 式中的 $f_{\beta}(y)$ 替换为 $f_{\beta}^{*}(y)$, 或将 $f_{\alpha}^{*}(y)$ 替换为 $f_{\alpha}(y)$, 重复上述步骤可以得到

$$\left[a_{\text{out}}^{\alpha}, a_{\text{out}}^{\beta}\right] = \left[a_{\text{in}}^{\alpha}, a_{\text{in}}^{\beta}\right] = \left[a_{\text{out}}^{\alpha\dagger}, a_{\text{out}}^{\beta\dagger}\right] = \left[a_{\text{in}}^{\alpha\dagger}, a_{\text{in}}^{\beta\dagger}\right] = 0. \tag{11.3.21}$$

这个方法可以推广到复标量场情况, 得到

$$\begin{aligned}
&\Phi(x) = \int \frac{\mathrm{d}^3 k}{(2\pi)^3 2\omega}\left[a_{\boldsymbol{k}}(t) f_{\boldsymbol{k}}(x) + b_{\boldsymbol{k}}^{\dagger}(t) f_{\boldsymbol{k}}^{*}(x)\right], \\
&b_{\boldsymbol{k}}^{\dagger}(t) = \mathrm{i}\int \mathrm{d}^3 x\, \Phi(x) \frac{\overleftrightarrow{\partial}}{\partial t} f_{\boldsymbol{k}}(x), \\
&\lim_{t\to\mp\infty} \langle\beta|\, b_{\boldsymbol{k}}(t)\, |\alpha\rangle = \langle\beta|\, b_{\substack{\text{in}\\ \text{out}}}(\boldsymbol{k})\, |\alpha\rangle\,,
\end{aligned}$$

$$b_{\boldsymbol{k}}(t) = b_{\text{in}}(\boldsymbol{k}) + \mathrm{i}\int_{-\infty}^{t} \mathrm{d}^4 x f_{\boldsymbol{k}}^{*}(x) j(x) = b_{\text{in}}(\boldsymbol{k}) + \int_{-\infty}^{t} \mathrm{d}^4 x f_{\boldsymbol{k}}^{*}(x)(\mu^2 + \Box)\Phi(x), \tag{11.3.22}$$

$$b_{\boldsymbol{k}}(t) = b_{\text{out}}(\boldsymbol{k}) - \mathrm{i}\int_{t}^{\infty} \mathrm{d}^4 x f_{\boldsymbol{k}}^{*}(x) j^{*}(x) = b_{\text{out}}(\boldsymbol{k}) - \int_{t}^{\infty} \mathrm{d}^4 x f_{\boldsymbol{k}}^{*}(x)(\mu^2 + \Box)\Phi^{*}(x), \tag{11.3.23}$$

$$b_{\text{out}}(\boldsymbol{k}) - b_{\text{in}}(\boldsymbol{k}) = \mathrm{i}\int \mathrm{d}^4 x f_{\boldsymbol{k}}^{*}(x) j^{*}(x) = \mathrm{i}\int \mathrm{d}^4 x f_{\boldsymbol{k}}^{*}(x)(\mu^2 + \Box)\Phi^{*}(x). \tag{11.3.24}$$

类似的计算给出 $b_{\text{in}}^{\alpha}, b_{\text{in}}^{\alpha\dagger}, b_{\text{out}}^{\alpha}, b_{\text{out}}^{\alpha\dagger}$ 之间的对易关系

$$\left[b_{\text{out}}^{\alpha}, b_{\text{out}}^{\beta\dagger}\right] = \left[b_{\text{in}}^{\alpha}, b_{\text{in}}^{\beta\dagger}\right] = \delta_{\beta\alpha}, \tag{11.3.25}$$

$$\left[b_{\text{out}}^{\alpha}, b_{\text{out}}^{\beta}\right] = \left[b_{\text{in}}^{\alpha}, b_{\text{in}}^{\beta}\right] = \left[b_{\text{out}}^{\alpha\dagger}, b_{\text{out}}^{\beta\dagger}\right] = \left[b_{\text{in}}^{\alpha\dagger}, b_{\text{in}}^{\beta\dagger}\right] = 0. \tag{11.3.26}$$

注意到 (4.4.5) 式, 将上述对易关系过渡到连续极限以后, 就可以构造 Hilbert 空间的态矢. 定义真空态 $|0\rangle$ 满足

$$\begin{aligned}
&U(a,b)\,|0\rangle = 0, \\
&a_{\text{in}}(\boldsymbol{k})\,|0\rangle = b_{\text{in}}(\boldsymbol{k})\,|0\rangle = 0, \\
&a_{\text{out}}(\boldsymbol{k})\,|0\rangle = b_{\text{out}}(\boldsymbol{k})\,|0\rangle = 0,
\end{aligned} \tag{11.3.27}$$

再考虑到 Heisenberg 表象中场量的运动方程 (11.1.16), 可以得到四动量算符 P_μ 与产生和湮灭算符存在对易关系

$$\begin{aligned}\left[P_\mu, a_{\substack{\text{in}\\\text{out}}}(\boldsymbol{k})\right] &= -k_\mu a_{\substack{\text{in}\\\text{out}}}(\boldsymbol{k}),\\ \left[P_\mu, a^\dagger_{\substack{\text{in}\\\text{out}}}(\boldsymbol{k})\right] &= k_\mu a^\dagger_{\substack{\text{in}\\\text{out}}}(\boldsymbol{k}),\\ \left[P_\mu, b_{\substack{\text{in}\\\text{out}}}(\boldsymbol{k})\right] &= -k_\mu b_{\substack{\text{in}\\\text{out}}}(\boldsymbol{k}),\\ \left[P_\mu, b^\dagger_{\substack{\text{in}\\\text{out}}}(\boldsymbol{k})\right] &= k_\mu b^\dagger_{\substack{\text{in}\\\text{out}}}(\boldsymbol{k}).\end{aligned} \tag{11.3.28}$$

由湮灭算符和产生算符对易关系和 (11.3.28) 式, 就得到一组 Hilbert 空间四动量本征矢:

$$\begin{aligned}&|0\rangle,\ a^\dagger_{\text{in}}(\boldsymbol{k})|0\rangle,\ \ a^\dagger_{\text{in}}(\boldsymbol{k}_1)a^\dagger_{\text{in}}(\boldsymbol{k}_2)|0\rangle,\cdots\\ &b^\dagger_{\text{in}}(\boldsymbol{k})|0\rangle,\ \ b^\dagger_{\text{in}}(\boldsymbol{k}_1)b^\dagger_{\text{in}}(\boldsymbol{k}_2)|0\rangle,\ \cdots,\\ &a^\dagger_{\text{in}}(\boldsymbol{k}_1)b^\dagger_{\text{in}}(\boldsymbol{k}_2)|0\rangle,\ \ \cdots.\end{aligned} \tag{11.3.29}$$

对于出场具有同样的结果. 这一组态矢是 Heisenberg 表象的态矢, 所描述的系统的状态与时间无关, 构成 Hilbert 空间的完备集.

现在讨论旋量场情况的渐近条件. 如果 Hilbert 空间中还有旋量场的有源场 $\varPsi(x)$,

$$(\mathrm{i}\gamma^\mu\partial_\mu - m)\,\varPsi(x) = I(x),$$

其中为了区别起见, 将旋量场的流算符标记为 $I(x)$, 将 $\varPsi(x)$ 对波函数 $u_\lambda(p,x)$, $v_\lambda(p,x)$ 展开,

$$\varPsi(x) = \frac{1}{(2\pi)^3}\int\frac{\mathrm{d}^3p}{2E}\sum_\lambda\left[b_\lambda(\boldsymbol{p},t)u_\lambda(p,x) + d^\dagger_\lambda(\boldsymbol{p},t)v_\lambda(p,x)\right],$$

其中展开系数的定义为

$$\begin{aligned}b_\lambda(\boldsymbol{p},t) &= \int\mathrm{d}^3x\overline{u}_\lambda(p,x)\gamma^0\psi(x),\\ d_\lambda(\boldsymbol{p},t) &= \int\mathrm{d}^3x\overline{\psi}(x)\gamma^0 v_\lambda(p,x).\end{aligned}$$

对时间微商后, 有

$$\begin{aligned}\frac{\partial}{\partial t}b_\lambda(\boldsymbol{p},t) &= \mathrm{i}\int\mathrm{d}^3x\overline{u}_\lambda(p)\gamma^0(\mathrm{i}\gamma_\mu\frac{\partial}{\partial x_\mu} - m)\,\varPsi(x),\\ \frac{\partial}{\partial t}d^\dagger_\lambda(\boldsymbol{p},t) &= \mathrm{i}\int\mathrm{d}^3x\,\overline{\varPsi}(x)(\mathrm{i}\gamma_\mu\frac{\overleftarrow{\partial}}{\partial x_\mu} - m)\gamma^0 v_\lambda(p).\end{aligned}$$

类似于标量场情况, 可以合理地引入弱收敛渐近条件

$$\lim_{t\to\mp\infty}\langle\beta|\,b_\lambda(\boldsymbol{p},t)\,|\alpha\rangle=\sqrt{Z_2}\,\langle\beta|\,b_{\substack{\text{in}\\ \text{out}}}(\boldsymbol{p},\lambda)\,|\alpha\rangle\,,\tag{11.3.30}$$

$$\lim_{t\to\mp\infty}\langle\beta|\,d_\lambda(\boldsymbol{p},t)\,|\alpha\rangle=\sqrt{Z_2}\,\langle\beta|\,d_{\substack{\text{in}\\ \text{out}}}(\boldsymbol{p},\lambda)\,|\alpha\rangle\,,\tag{11.3.31}$$

其中因子 $\sqrt{Z_2}$ 是旋量场场量重整化常数, 在微扰论中是可计算的. 如果直接从 Heisenberg 表象出发且不做微扰计算, 如何理解和确定因子 $\sqrt{Z_2}$? 从 (11.3.30) 和 (11.3.31) 式可见, 它可以理解为渐近极限下为了满足

$$\langle 0|\,b_{\substack{\text{in}\\ \text{out}}}(\boldsymbol{p}',\lambda')\,|\boldsymbol{p},\lambda\rangle_{\substack{\text{in}\\ \text{out}}}=\langle 0|\,d_{\substack{\text{in}\\ \text{out}}}(\boldsymbol{p}',\lambda')\,|\boldsymbol{p},\lambda\rangle_{\substack{\text{in}\\ \text{out}}}=\delta_{\boldsymbol{p}\boldsymbol{p}'}\delta_{\lambda\lambda'}$$

归一化而引入的常数, 至于如何确定留待后面讨论. 由 (11.3.30) 和 (11.3.31) 式的渐近极限定义渐近场

$$\psi_{\substack{\text{in}\\ \text{out}}}(x)=\int\frac{\mathrm{d}^3p}{(2\pi)^3 2E}\sum_\lambda\left[b_{\substack{\text{in}\\ \text{out}}}(\boldsymbol{p},\lambda)u_\lambda(\boldsymbol{p})+d^\dagger_{\substack{\text{in}\\ \text{out}}}(\boldsymbol{p},\lambda)v_\lambda(\boldsymbol{p})\right],\tag{11.3.32}$$

相应的场渐近条件为

$$\lim_{x\to-\infty}\langle\beta|\,\Psi(x)\,|\alpha\rangle=\sqrt{Z_2}\,\langle\beta|\,\psi_{\text{in}}(x)\,|\alpha\rangle\,,\tag{11.3.33}$$

$$\lim_{x\to\infty}\langle\beta|\,\Psi(x)\,|\alpha\rangle=\sqrt{Z_2}\,\langle\beta|\,\psi_{\text{out}}(x)\,|\alpha\rangle\,.\tag{11.3.34}$$

同样因子 Z_2 不能取 $Z_2=1$, 因为那将导致 $\Psi(x)=\psi_{\text{in}}(x)$, $\Psi(x)=\psi_{\text{out}}(x)$. 类似于标量场情况的讨论, 可将因子 Z_2 吸收到场 $\Psi(x)$ 中去定义 $\Psi^{(\text{r})}(x)=Z_2^{-1/2}\Psi(x)$. 为了简便起见, 下面的讨论依然略去场 $\Psi^{(\text{r})}(x)$ 的上标 "(r)", 但要记住有个因子 $\sqrt{Z_2}$. 在弱收敛意义下存在等式

$$b_{\text{out}}(\boldsymbol{p},\lambda)-b_{\text{in}}(\boldsymbol{p},\lambda)=\mathrm{i}\int\mathrm{d}^4x\,\overline{u}_\lambda(\boldsymbol{p})\gamma^0(\mathrm{i}\gamma_\mu\frac{\partial}{\partial x_\mu}-m)\,\Psi(x),\tag{11.3.35}$$

$$d_{\text{out}}(\boldsymbol{p},\lambda)-d_{\text{in}}(\boldsymbol{p},\lambda)=\mathrm{i}\int\mathrm{d}^4x\,\overline{\Psi}(x)(\mathrm{i}\gamma_\mu\frac{\overleftarrow{\partial}}{\partial x_\mu}-m)\gamma^0 v_\lambda(\boldsymbol{p}).\tag{11.3.36}$$

由渐近条件 (11.3.30) 和 (11.3.31) 立刻可以推导出 (10.4.31)~(10.4.34) 式和 (10.4.44) ~ (10.4.45) 式所有的结果. 同样可通过渐近条件这一假定获得 Yang-Feldman 方程 (10.4.30), 即

$$\Psi(x)=\psi_{\text{in}}(x)+\int_{-\infty}^{\infty}S_{\text{R}}(x-y)I(y)\mathrm{d}^4y.\tag{11.3.37}$$

重复上述步骤, 但取积分限为 $t\to\infty$, 可得到

$$\Psi(x)=\psi_{\text{out}}(x)+\int_{-\infty}^{\infty}S_{\text{A}}(x-y)I(y)\mathrm{d}^4y,$$

其中旋量场的推迟和超前 Green 函数 $S_{\mathrm{R,A}}(x)$ 与标量场推迟和超前 Green 函数 $\Delta_{\mathrm{R,A}}(x)$ 由 (5.3.22) 和 (5.3.23) 式给出.

对于旋量场情况, 为了构成 Hilbert 空间的态矢可以从恒等式

$$\begin{aligned}&\iint \mathrm{d}^4y\mathrm{d}^4x\overline{u}_\alpha(x)(\mathrm{i}\gamma^\mu\partial_\mu - m)T\left[\varPsi(x)\overline{\varPsi}(y)\right](\mathrm{i}\gamma^\nu\overleftarrow{\partial}_\nu - m)u_\beta(y)\\ &\quad=\iint \mathrm{d}^4x\mathrm{d}^4y\overline{u}_\alpha(x)(\mathrm{i}\gamma^\mu\partial_\mu - m)T\left[\varPsi(x)\overline{\varPsi}(y)\right](\mathrm{i}\gamma^\nu\overleftarrow{\partial}_\nu - m)u_\beta(y)\end{aligned}\tag{11.3.38}$$

出发, 这里为了简单起见, 令 $u_\alpha(x)=u_\lambda(p,x)$,$v_\alpha(x)=v_\lambda(p,x)$. 分别计算等式的两边, 例如

$$\begin{aligned}左边 &= \iint \mathrm{d}^4y\mathrm{d}^4x\overline{u}_\alpha(x)(\mathrm{i}\gamma^\mu\partial_\mu - m)T\left[\varPsi(x)\overline{\varPsi}(y)\right](\mathrm{i}\gamma^\nu\overleftarrow{\partial}_\nu - m)u_\beta(y)\\ &=\mathrm{i}\iint \mathrm{d}^4y\mathrm{d}^4x\frac{\partial}{\partial x_0}\left[\overline{u}_\alpha(x)\gamma_0T\left[\varPsi(x)\overline{\varPsi}(y)\right]\right](\mathrm{i}\gamma^\nu\overleftarrow{\partial}_\nu - m)u_\beta(y)\\ &=\mathrm{i}\iint \mathrm{d}^4y\mathrm{d}^3x\left[\overline{u}_\alpha(x)\gamma_0T\left[\varPsi(x)\overline{\varPsi}(y)\right]\right]|_{-\infty}^{\infty}(\mathrm{i}\gamma^\nu\overleftarrow{\partial}_\nu - m)u_\beta(y)\\ &=\mathrm{i}\int \mathrm{d}^4y\left[\mathrm{b}_{\mathrm{out}}^\alpha\overline{\varPsi}(y)+\overline{\varPsi}(y)b_{\mathrm{in}}^\alpha\right](\mathrm{i}\gamma^\nu\overleftarrow{\partial}_\nu - m)u_\beta(y),\end{aligned}$$

可见这时不再出现标量场情况下的 δ 函数项. 这是因为 Klein-Gordon 方程是二阶微分方程, 而 Dirac 方程是一阶偏微分方程, 自然不出现等时对易关系项.

类似的运算以及适当改变恒等式中的场 $\varPsi(x)$ 和波函数 $u_\alpha(x),v_\alpha(x)$ 可以得到连续极限下的反对易关系式

$$\begin{gathered}\left\{b_{\mathrm{in}}(\boldsymbol{p},\lambda),b_{\mathrm{in}}^\dagger(\boldsymbol{p}',\lambda')\right\}=\left\{d_{\mathrm{in}}(\boldsymbol{p},\lambda),d_{\mathrm{in}}^\dagger(\boldsymbol{p}',\lambda')\right\}=(2\pi)^3 2p^0\delta^3(\boldsymbol{p}-\boldsymbol{p}')\delta_{\lambda\lambda'},\\ \text{其他皆反对易.}\end{gathered}\tag{11.3.39}$$

再考虑到 Heisenberg 表象中场的运动方程 (11.1.16), 可得四动量算符 P_μ 与产生和湮灭算符存在对易关系

$$\begin{aligned}\left[P_\mu,b_{\substack{\mathrm{in}\\ \mathrm{out}}}(\boldsymbol{p},\lambda)\right]&=-p_\mu b_{\substack{\mathrm{in}\\ \mathrm{out}}}(\boldsymbol{p},\lambda),\\ \left[P_\mu,b_{\substack{\mathrm{in}\\ \mathrm{out}}}^\dagger(\boldsymbol{p},\lambda)\right]&=p_\mu b_{\substack{\mathrm{in}\\ \mathrm{out}}}^\dagger(\boldsymbol{p},\lambda),\\ \left[P_\mu,d_{\substack{\mathrm{in}\\ \mathrm{out}}}(\boldsymbol{p},\lambda)\right]&=-p_\mu d_{\substack{\mathrm{in}\\ \mathrm{out}}}(\boldsymbol{p},\lambda),\\ \left[P_\mu,d_{\substack{\mathrm{in}\\ \mathrm{out}}}^\dagger(\boldsymbol{p},\lambda)\right]&=p_\mu d_{\substack{\mathrm{in}\\ \mathrm{out}}}^\dagger(\boldsymbol{p},\lambda),\end{aligned}\tag{11.3.40}$$

那么由对易关系 (11.3.39) ~ (11.3.40) 就得到一组 Hilbert 空间四动量本征矢:

$$
\begin{aligned}
&|0\rangle\,, b_{\text{in}}^{\dagger}(\boldsymbol{p},\lambda)\,|0\rangle\,, b_{\text{in}}^{\dagger}(\boldsymbol{p}_1,\lambda_1)b_{\text{in}}^{\dagger}(\boldsymbol{p}_2,\lambda_2)\,|0\rangle\,,\cdots,\\
&d_{\text{in}}^{\dagger}(\boldsymbol{p},\lambda)\,|0\rangle\,, d_{\text{in}}^{\dagger}(\boldsymbol{p}_1,\lambda_1)d_{\text{in}}^{\dagger}(\boldsymbol{p}_2,\lambda_2)\,|0\rangle\,,\cdots,\\
&b_{\text{in}}^{\dagger}(\boldsymbol{p}_1,\lambda_1)d_{\text{in}}^{\dagger}(\boldsymbol{p}_2,\lambda_2)\,|0\rangle\,,\cdots.
\end{aligned}
\tag{11.3.41}
$$

对于出场算符, 有与 (11.3.39) 式相同的反对易关系. 这一组态矢是 Heisenberg 表象的态矢, 所描述的系统的状态与时间无关, 构成 Hilbert 空间的完备集.

如果物理系统的 Hilbert 空间中还有其他基本场, 如规范场 (光子、胶子、中间玻色子等), 类似的讨论应包括所有基本场. Hilbert 空间中完备集的大小依赖于所讨论的物理系统, 例如强相互作用的 Yukawa 唯象理论的基本场是 π 介子场 (赝标量场) 和核子场 (旋量场), 强相互作用的量子色动力学的基本场是夸克场 (旋量场) 和胶子场 (规范场). 这里不一一讨论, 仅一般地取标量场 $\varPhi(x)$ 和旋量场 $\varPsi(x)$ 为例说明量子场论的基本假定.

这样由相对论不变性、微观因果性、粒子谱条件、Hilbert 空间完备性和场的渐近条件这五条基本假定出发就构成了 LSZ 场论体系, 它们是任何相互作用类型和形式都应遵从的几条基本假定. 从渐近条件引入了入场和出场. 在不考虑束缚态的情况下, $\{\phi_{\text{in}}(x)\},\{\psi_{\text{in}}(x)\},\cdots$ 算符集合是完备的. 显然这个集合要比上一节中假定的集合小, 但是, 如果只讨论单粒子态和散射态而不考虑束缚态, 这个小的集合也足够了. 其实, 这时可以从入场集合完备推出 $\{\varPhi(x)\},\{\varPsi(x)\},\cdots$ 集合完备, 但是反过来不行. 这个证明是 Borchers 完成的. 简单地说, 假定一个算符 A, 它满足

$$[\varPhi(x),A]=[\varPsi(x),A]=0,$$

利用场量方程和 Yang-Feldman 方程容易得到

$$
\begin{aligned}
&[J(x),A]=[I(x),A]=0,\\
&[\phi_{\text{in}}(x),A]=[\psi_{\text{in}}(x),A]=0.
\end{aligned}
$$

由于假定 $\{\phi_{\text{in}}(x)\},\{\psi_{\text{in}}(x)\},\cdots$ 完备, 那么与所有入场算符对易的算符 A 只可能是 c 数, 因此算符集合 $\{\varPhi(x)\}$, $\{\varPsi(x)\},\cdots$ 完备. 这个证明的实质在于既然已假定了 Hilbert 空间一个较小的集合完备, 那更大的集合当然也完备. 可是反过来却不行, 因为假定大的集合完备, 较小的集合则不一定完备. 如果要讨论束缚态, 必须假定较大的集合完备, 究竟如何取完备集合的大小完全根据所讨论的物理问题来选定. 例如, 20 世纪 70 年代初, 考虑到强子是夸克和反夸克组成的束缚态粒子, 基于夸克模型和层子模型提出的复合粒子场论体系就是在包括束缚态的大完备集合内构造的 S 矩阵理论及其约化公式.

§11.4　S 矩阵元约化公式

前一节从几个基本公理出发已构成了 Heisenberg 表象中两套 (入态、出态) 完备的基矢. 如果系统的状态处于 $|\alpha,\text{in}\rangle$, 那么它处于状态 $\langle\beta,\text{out}|$ 的概率为

$$|_{\text{out}}\langle\beta|\,\alpha\rangle_{\text{in}}|^2.$$

因为 Heisenberg 表象的 S 矩阵元定义 (10.5.1) 为

$$S_{\beta\alpha}={}_{\text{out}}\langle\beta|\,\alpha\rangle_{\text{in}}={}_{\text{in}}\langle\beta|\,S|\alpha\rangle_{\text{in}},$$

利用 (11.3.12), (11.3.24) , (11.3.36) 和 (11.3.37) 式就可以将 S 矩阵元化简为用 Heisenberg 表象中场量的平均值来表示.

下面仍以标量场 $\varPhi(x)$ 和旋量场 $\varPsi(x)$ 为例介绍这一约化技术. 例如, 设想 π 介子和质子 p 是点粒子, 即不考虑它们的内部结构, 两体散射矩阵元 $\pi+\text{p}\to\pi+\text{p}$ 就是这样的物理过程. 令 k, k' 是 π 介子 (赝标量粒子) 的四动量, p, p' 是质子 p (旋量粒子) 的四动量, 利用 (11.3.12) 式可知其散射矩阵元为

$$\begin{aligned}&{}_{\text{out}}\langle\boldsymbol{p}',\boldsymbol{k}'|\,\boldsymbol{p},\boldsymbol{k}\rangle_{\text{in}}=\langle\boldsymbol{p}'|\,a_{\text{out}}(\boldsymbol{k}')|\boldsymbol{p},\boldsymbol{k}\rangle_{\text{in}}\\&=\langle\boldsymbol{p}'|\,a_{\text{in}}(\boldsymbol{k}')|\boldsymbol{p},\boldsymbol{k}\rangle_{\text{in}}+\text{i}\int\text{d}^4x'f^*_{\boldsymbol{k}'}(x')(\mu^2+\Box_{x'})\,\langle\boldsymbol{p}'|\,\Phi(x')|\boldsymbol{p},\boldsymbol{k}\rangle_{\text{in}}.\end{aligned}$$

由 (10.3.20) 式, 单粒子态不标记下标, 这样就得到

$$\begin{aligned}{}_{\text{in}}\langle\boldsymbol{p}',\boldsymbol{k}'|\,S-1|\boldsymbol{p},\boldsymbol{k}\rangle_{\text{in}}&=\text{i}\int\text{d}^4x'f^*_{\boldsymbol{k}'}(x')(\mu^2+\Box_{x'})\,\langle\boldsymbol{p}'|\,\varPhi(x')|\boldsymbol{p},\boldsymbol{k}\rangle_{\text{in}}\\&=\text{i}\int\text{d}^4x'f^*_{\boldsymbol{k}'}(x')(\mu^2+\Box_{x'})\,\langle\boldsymbol{p}'|\,\varPhi(x')a^\dagger_{\text{in}}(k)\,|\boldsymbol{p}\rangle\\&=\text{i}\int\text{d}^4x'f^*_{\boldsymbol{k}'}(x')(\mu^2+\Box_{x'})\lim_{t\to-\infty}\langle\boldsymbol{p}'|\,\varPhi(x')a^\dagger_{\boldsymbol{k}}(t)\,|\boldsymbol{p}\rangle\\&=-\int\text{d}^4x'f^*_{\boldsymbol{k}'}(x')(\mu^2+\Box_{x'})\lim_{t\to-\infty}\int_t\text{d}^3x\,\langle\boldsymbol{p}'|\,T[\varPhi(x')\varPhi(x)]\,|\boldsymbol{p}\rangle\,\frac{\overleftrightarrow{\partial}}{\partial t}f_{\boldsymbol{k}}(x)\\&=-\int\text{d}^4x'f^*_{\boldsymbol{k}'}(x')(\mu^2+\Box_{x'})\left\{\lim_{t\to\infty}\int_t\text{d}^3x\,\langle\boldsymbol{p}'|\,T[\varPhi(x)\varPhi(x')]\,|\boldsymbol{p}\rangle\,\frac{\overleftrightarrow{\partial}}{\partial t}f_{\boldsymbol{k}}(x)\right.\\&\quad\left.-\int_{-\infty}^{\infty}\text{d}^4x\frac{\partial}{\partial t}\left[\langle\boldsymbol{p}'|\,T[\varPhi(x)\varPhi(x')]\,|\boldsymbol{p}\rangle\,\frac{\overleftrightarrow{\partial}}{\partial t}f_{\boldsymbol{k}}(x)\right]\right\}.\end{aligned}\tag{11.4.1}$$

(11.4.1) 式最后一个等式的积分中由于 $\langle\boldsymbol{p}'|\,a^*_{\text{out}}(\boldsymbol{k})=0$, 第一项为零. 第二项注意到

$$\int_{-\infty}^{\infty}\text{d}^4x\frac{\partial}{\partial t}\left[g(x)\frac{\overleftrightarrow{\partial}}{\partial t}f_{\boldsymbol{k}}(x)\right]=\int_{-\infty}^{\infty}\text{d}^4x\left[g(x)\frac{\partial^2}{\partial t^2}f_{\boldsymbol{k}}(x)-\frac{\partial^2g(x)}{\partial t^2}f_{\boldsymbol{k}}(x)\right]$$

以及 $f_{\boldsymbol{k}}(x)$ 满足 Klein-Gordon 方程,

$$\frac{\partial^2}{\partial t'^2}f_k(x')=(\nabla^2-\mu^2)f_k(x') \quad 或 \quad (\mu^2+\Box)f_{\boldsymbol{k}}(x)=0,$$

可得

$$\int_{-\infty}^{\infty}\mathrm{d}^4x\frac{\partial}{\partial t}\left[g(x)\frac{\overleftrightarrow{\partial}}{\partial t}f_{\boldsymbol{k}}(x)\right]=\int_{-\infty}^{\infty}\mathrm{d}^4x\left[g(x)(\nabla^2-\mu^2)f_{\boldsymbol{k}}(x)-\frac{\partial^2 g(x)}{\partial t^2}f_{\boldsymbol{k}}(x)\right].$$

对右边第一项中空间算符 ∇^2 分部积分并假定这里平面波 $f_{\boldsymbol{k}}(x)$ 为波包 $f_\alpha(x)$ 代替, 且在无穷远边界值为零, 就得到

$$\int_{-\infty}^{\infty}\mathrm{d}^4x\frac{\partial}{\partial t}\left[g(x)\frac{\overleftrightarrow{\partial}}{\partial t}f_{\boldsymbol{k}}(x)\right]=-\int_{-\infty}^{\infty}\mathrm{d}^4x f_{\boldsymbol{k}}(x)\left[(\mu^2+\Box)g(x)\right]. \tag{11.4.2}$$

应用 (11.4.2) 式到 (11.4.1) 式, 得到

$$\begin{aligned}&{}_{\mathrm{in}}\langle\boldsymbol{p}',\boldsymbol{k}'|\,S-1|\boldsymbol{p},\boldsymbol{k}\rangle_{\mathrm{in}}\\&=-\int\mathrm{d}^4x\mathrm{d}^4x' f^*_{\boldsymbol{k}'}(x')f_{\boldsymbol{k}}(x)(\mu^2+\Box_x)(\mu^2+\Box_{x'})\langle\boldsymbol{p}'|\,T[\varPhi(x)\varPhi(x')]\,|\boldsymbol{p}\rangle.\end{aligned} \tag{11.4.3}$$

由此, 可将两个赝标量粒子从态矢中抽出来约化为相应场的编时乘积 $T[\Phi(x)\Phi(x')]$ 的平均值. 类似地可以将 S 矩阵元 ${}_{\mathrm{out}}\langle\boldsymbol{p}',\boldsymbol{k}'|\,\boldsymbol{p},\boldsymbol{k}\rangle_{\mathrm{in}}$ 中旋量粒子抽出来, 有

$$\begin{aligned}&{}_{\mathrm{in}}\langle\boldsymbol{p}',\boldsymbol{k}'|\,S-1|\boldsymbol{p},\boldsymbol{k}\rangle_{\mathrm{in}}\\&=-\int\mathrm{d}^4x\mathrm{d}^4x'\mathrm{d}^4y\mathrm{d}^4y' f^*_{\boldsymbol{k}'}(x')f_{\boldsymbol{k}}(x)\\&\quad\times(\mu^2+\Box_x)(\mu^2+\Box_{x'})\overline{u}_{\lambda'}(p',y')\left(\mathrm{i}\gamma_\mu\frac{\partial}{\partial {y'}_\mu}-m\right)\\&\quad\times\langle 0|\,T[\varPhi(x)\varPhi(x')\varPsi(y')\overline{\varPsi}(y)]\,|0\rangle\left(\mathrm{i}\gamma_\mu\frac{\overleftarrow{\partial}}{\partial y_\mu}-m\right)u_\lambda(p,y).\end{aligned} \tag{11.4.4}$$

这样 S 矩阵元从初、末态矢中抽出来就完全约化为相应 Heisenberg 场量编时乘积 $T\left[\varPhi(x)\varPhi(x')\varPsi(y')\overline{\varPsi}(y)\right]$ 的真空平均值, 即 Green 函数

$$G(x,x';y',y)=\langle 0|\,T\left[\varPhi(x)\varPhi(x')\varPsi(y')\overline{\varPsi}(y)\right]|0\rangle, \tag{11.4.5}$$

其中 k,k',p,p' 分别在质壳上.

类似地可以在初、末态为任意 n 个粒子时给出 S 矩阵元表达式, 这些表达式用相应的 n 点 Green 函数, 即 Heisenberg 场量的真空平均值 $G(x_1,x_2,\cdots,x_n)$ 来

表示. 如果将 (11.4.4) 式中 k, k', p, p' 延拓到质壳外, 这样给出的 S 矩阵元虽然也定义了一种质壳外的表达式, 但并不唯一. 因为 S 矩阵元只在各个粒子的质壳上定义, 初、末态粒子分别在壳, 且初、末态能量-动量守恒. S 矩阵元在质壳外的表达式, 必须通过 (11.4.4) 式给出相同的 S 矩阵元, 在质壳上具有相同值. 一般地讲, 这种外延的方法可以有无穷多种, 当然可以对应于不同的 Heisenberg 场 $\{\varPhi(x)\}\{\varPsi(x)\}$. 实际上从 (11.4.1) 式推导过程可知, 编时乘积只是一种形式, 还可以写成推迟对易关系形式:

$$\begin{aligned}
{}_{\text{in}}\langle \boldsymbol{p}', \boldsymbol{k}'|\, S-1|\boldsymbol{p}, \boldsymbol{k}\rangle_{\text{in}} &= \mathrm{i}\int \mathrm{d}^4x' f^*_{\boldsymbol{k}'}(x')(\mu^2+\Box)\,\langle \boldsymbol{p}'|\,\varPhi(x')|\boldsymbol{p}, \boldsymbol{k}\rangle_{\text{in}} \\
&= \mathrm{i}\int \mathrm{d}^4x' f^*_{\boldsymbol{k}'}(x')(\mu^2+\Box_{x'})\,\langle \boldsymbol{p}'|\,\varPhi(x')a^\dagger_{\text{in}}(k)\,|\boldsymbol{p}\rangle \\
&= \mathrm{i}\int \mathrm{d}^4x' f^*_{\boldsymbol{k}'}(x')(\mu^2+\Box_{x'})\lim_{t\to-\infty}\langle \boldsymbol{p}'|\,\varPhi(x')a^\dagger_{\boldsymbol{k}}(t)\,|\boldsymbol{p}\rangle \\
&= \mathrm{i}\int \mathrm{d}^4x' f^*_{\boldsymbol{k}'}(x')(\mu^2+\Box_{x'})\lim_{t\to-\infty}\langle \boldsymbol{p}'|\left[\varPhi(x'), a^\dagger_{\boldsymbol{k}}(t)\right]|\boldsymbol{p}\rangle \\
&\quad +\mathrm{i}\int \mathrm{d}^4x' f^*_{\boldsymbol{k}'}(x')(\mu^2+\Box_{x'})\lim_{t\to-\infty}\langle \boldsymbol{p}'|\,a^\dagger_{\boldsymbol{k}}(t)\varPhi(x')\,|\boldsymbol{p}\rangle\,.
\end{aligned}$$

上式中由于 $\langle \boldsymbol{p}'|\,a^\dagger_{\text{in}}(\boldsymbol{k})=0$ 第二项为零, 因此 S 矩阵元可以表达为对易关系的平均值,

$$\begin{aligned}
&{}_{\text{in}}\langle \boldsymbol{p}', \boldsymbol{k}'|\, S-1|\boldsymbol{p}, \boldsymbol{k}\rangle_{\text{in}} \\
&\quad = \mathrm{i}\int \mathrm{d}^4x' f^*_{\boldsymbol{k}'}(x')(\mu^2+\Box_{x'})\lim_{t\to-\infty}\int_{t'} \mathrm{d}^3x\,\langle \boldsymbol{p}'|\left[\varPhi(x'), a^\dagger_{\boldsymbol{k}}(t)\right]|\boldsymbol{p}\rangle \\
&\quad = -\int \mathrm{d}^4x' f^*_{\boldsymbol{k}'}(x')(\mu^2+\Box_{x'})\lim_{t\to-\infty}\int_{t} \mathrm{d}^3x\,\langle \boldsymbol{p}'|\,[\varPhi(x'), \varPhi(x)]\,|\boldsymbol{p}\rangle\,\frac{\overleftrightarrow{\partial}}{\partial t}f_{\boldsymbol{k}}(x) \\
&\quad = -\int \mathrm{d}^4x' f^*_{\boldsymbol{k}'}(x')(\mu^2+\Box_{x'})\lim_{t\to-\infty}\int_{t} \mathrm{d}^3x\,\langle \boldsymbol{p}'|\,\theta(t'-t)\,[\varPhi(x'), \varPhi(x)]\,|\boldsymbol{p}\rangle\,\frac{\overleftrightarrow{\partial}}{\partial t}f_{\boldsymbol{k}}(x),
\end{aligned}$$

这是因为 $\lim\limits_{t\to-\infty}\theta(t'-t)=1$. 定义推迟对易关系

$$R\,(A(x)B(y))=\theta(x_0-y_0)\,[A(x), B(y)]\,, \tag{11.4.6}$$

代入上式, 给出

$$\begin{aligned}
&{}_{\text{in}}\langle \boldsymbol{p}', \boldsymbol{k}'|\, S-1|\boldsymbol{p}, \boldsymbol{k}\rangle_{\text{in}} \\
&\quad = -\int \mathrm{d}^4x' f^*_{\boldsymbol{k}'}(x)(\mu^2+\Box_{x'})\lim_{t\to-\infty}\int_{t'} \mathrm{d}^3x\,\langle \boldsymbol{p}'|\,R\,(\varPhi(x'), \varPhi(x))\,|\boldsymbol{p}\rangle\,\frac{\overleftrightarrow{\partial}}{\partial t}f_{\boldsymbol{k}}(x)
\end{aligned}$$

$$= -\int \mathrm{d}^4 x' f^*_{\boldsymbol{k}'}(x')(\mu^2 + \Box_{x'}) \lim_{t\to\infty} \int_{t'} \mathrm{d}^3 x \, \langle \boldsymbol{p}'| \, R\,(\varPhi(x'), \varPhi(x))\,|\boldsymbol{p}\rangle \, \frac{\overleftrightarrow{\partial}}{\partial t} f_{\boldsymbol{k}}(x)$$

$$+ \int \mathrm{d}^4 x' f^*_{\boldsymbol{k}'}(x')(\mu^2 + \Box_{x'}) \int \mathrm{d}^3 x \int_{-\infty}^{\infty} \mathrm{d}t \frac{\partial}{\partial t} \left\{ \langle \boldsymbol{p}'| \, R\,(\varPhi(x'), \varPhi(x))\,|\boldsymbol{p}\rangle \, \frac{\overleftrightarrow{\partial}}{\partial t} f_{\boldsymbol{k}}(x) \right\}.$$

上式最后一个等式的第一项由于 $\lim_{t\to\infty} \theta(t'-t) = 0$, 因此只有第二项不为零,

$$\begin{aligned} &{}_{\text{in}}\langle \boldsymbol{p}', \boldsymbol{k}'|\, S - 1|\boldsymbol{p}, \boldsymbol{k}\rangle_{\text{in}} \\ &= \int \mathrm{d}^4 x' f^*_{\boldsymbol{k}'}(x')(\mu^2 + \Box_{x'}) \int \mathrm{d}^3 x \int_{-\infty}^{\infty} \mathrm{d}t \frac{\partial}{\partial t} \left\{ \langle \boldsymbol{p}'| \, R\,(\varPhi(x'), \varPhi(x))\,|\boldsymbol{p}\rangle \, \frac{\overleftrightarrow{\partial}}{\partial t} f_{\boldsymbol{k}}(x) \right\}. \end{aligned}$$

再利用 (11.4.2) 式将上式重写为

$$\begin{aligned} &{}_{\text{in}}\langle \boldsymbol{p}', \boldsymbol{k}'|\, S - 1|\boldsymbol{p}, \boldsymbol{k}\rangle_{\text{in}} \\ &= -\int \mathrm{d}^4 x' \mathrm{d}^4 x f^*_{\boldsymbol{k}'}(x') f_{\boldsymbol{k}}(x)(\mu^2 + \Box_x)(\mu^2 + \Box_{x'}) \, \langle \boldsymbol{p}'| \, R\,(\varPhi(x'), \varPhi(x))\,|\boldsymbol{p}\rangle \,. \end{aligned} \tag{11.4.7}$$

(11.4.7) 式和 (11.4.3) 式的不同仅是将场算符的编时乘积替换为推迟对易关系, 它们在物理区域是等价的. 注意到因果条件 (11.1.20) 式, (11.4.7) 式仅在类时区域 $(x-x')^2 \geqslant 0$ 不为零. 再考虑到定义 (11.4.6) 中有 $\theta(t'-t)$ 函数, 如果取 x 作为原点画出光锥区域, 那么 (11.4.7) 式仅在未来光锥区域不为零, 因此 (11.4.7) 式又称为推迟散射振幅.

§11.5 传播函数的谱表示

上一节中的 S 矩阵元约化公式表明了初、末态为任意 n 个粒子时 S 矩阵元可以用相应的 n 点 Green 函数, 即 Heisenberg 场的真空平均值 $G(x_1, x_2, \cdots, x_n)$ 来表示. 如何计算 n 点 Green 函数 $G(x_1, x_2, \cdots, x_n)$ 依赖于具体的相互作用类型和形式, 但人们可以在不知道具体相互作用的情况下研究它的普遍性质. 作为例子, 这一节特别讨论标量场的两点 Green 函数, 就是 (10.3.21) 式中定义的 $\Delta'_{\mathrm{F}}(x-x')$,

$$G(x, x') = \langle 0|\, T[\varPhi(x)\varPhi(x')]\,|0\rangle = \Delta'_{\mathrm{F}}(x-x'),$$

它相应于单粒子传播函数. 将编时乘积展开,

$$\begin{aligned} G(x, x') &= \langle 0|\, T[\varPhi(x)\varPhi(x')]\,|0\rangle \\ &= \theta(t-t')\,\langle 0|\, \varPhi(x)\varPhi(x')\,|0\rangle + \theta(t'-t)\,\langle 0|\, \varPhi(x')\varPhi(x)\,|0\rangle \\ &= \theta(t-t') W(x, x') + \theta(t'-t) W(x', x), \end{aligned} \tag{11.5.1}$$

其中 $W(x,x')$ 是两场算符乘积的真空平均值,

$$W(x,x') = \langle 0|\,\Phi(x)\Phi(x')\,|0\rangle\,. \tag{11.5.2}$$

应用平移变换算符, 有

$$\Phi(x) = \mathrm{e}^{\mathrm{i}P\cdot x}\Phi(0)\mathrm{e}^{-\mathrm{i}P\cdot x},$$

$$\begin{aligned} W(x,x') &= \langle 0|\,\Phi(x)\Phi(x')\,|0\rangle = \langle 0|\,\Phi(x-x')\Phi(0)\,|0\rangle = W(x-x',0) \\ &= W(x-x'), \end{aligned} \tag{11.5.3}$$

可知 $W(x,x')$ 仅是 $(x-x')$ 的函数. 在 (11.5.2) 式插入一组物理态的完备集

$$\sum_n |n\rangle\langle n| = 1,$$

其中对中间态求和包括所有可能的态 (单粒子态、双粒子态、多粒子态等) 以及态的四动量和其他量子数, 其四动量 p_n 满足谱条件, 即 $(p_n)^2 = m_n^2, p_{n0} > 0$. 中间态质量 m_n^2 可以是零 (真空态)、分立值 (单粒子态), 也可以是连续谱值 (双粒子和多粒子态). 插入中间态后得到

$$\begin{aligned} W(x,x') &= \langle 0|\,\Phi(x)\Phi(x')\,|0\rangle = \sum_n \langle 0|\,\Phi(x)\,|n\rangle\langle n|\,\Phi(x')\,|0\rangle \\ &= \sum_n \langle 0|\,\mathrm{e}^{\mathrm{i}P\cdot x}\Phi(0)\mathrm{e}^{-\mathrm{i}P\cdot x}\,|n\rangle\langle n|\,\mathrm{e}^{\mathrm{i}P\cdot x'}\Phi(0)\mathrm{e}^{-\mathrm{i}P\cdot x'}\,|0\rangle \\ &= \sum_n \langle 0|\,\Phi(0)\,|n\rangle\langle n|\,\Phi(0)\,|0\rangle\mathrm{e}^{-\mathrm{i}p_n\cdot(x-x')} \\ &= \sum_n |\langle 0|\,\Phi(0)\,|n\rangle|^2\mathrm{e}^{-\mathrm{i}p_n\cdot(x-x')}. \end{aligned}$$

在上式中插入积分等式

$$1 = \int \mathrm{d}^4q\delta^4(q-p_n),$$

得到

$$\begin{aligned} W(x,x') &= \int \mathrm{d}^4q\sum_n \delta^4(q-p_n)|\langle 0|\,\Phi(0)\,|n\rangle|^2\mathrm{e}^{-\mathrm{i}p_n\cdot(x-x')} \\ &= \int \frac{\mathrm{d}^4q}{(2\pi)^3}\rho(q)\mathrm{e}^{-\mathrm{i}p_n\cdot(x-x')}, \end{aligned} \tag{11.5.4}$$

其中谱密度 $\rho(q)$ 定义为

$$\rho(q)=(2\pi)^3\sum_n \delta^4(q-p_n)|\langle 0|\,\Phi(0)\,|n\rangle|^2. \tag{11.5.5}$$

由于等式右边是绝对值平方, 所以谱密度 $\rho(q)$ 是正的实函数.

将中间态中单粒子态 $|\boldsymbol{k}\rangle$ 分离出来考虑. 注意到 (10.3.23) 式, 单粒子态的贡献为

$$\begin{aligned}W^{(\mathrm{s})}(x,x') &= \sum_{\boldsymbol{k}} |\langle 0|\,\Phi(0)\,|\boldsymbol{k}\rangle|^2 \mathrm{e}^{-\mathrm{i}k\cdot(x-x')} \\ &= Z\int \frac{\mathrm{d}^3k}{(2\pi)^3 2\omega}\mathrm{e}^{-\mathrm{i}k\cdot(x-x')} \\ &= Z\Delta^{(+)}(x-x'),\end{aligned} \tag{11.5.6}$$

这里 Z 是重整化常数. 类似地有

$$W^{(\mathrm{s})}(x',x)=Z\int\frac{\mathrm{d}^3k}{(2\pi)^3 2\omega}\mathrm{e}^{\mathrm{i}k\cdot(x-x')}=Z\Delta^{(-)}(x-x').$$

这样单粒子态对 Green 函数 (11.5.1) 的贡献为

$$\begin{aligned}G^{(\mathrm{s})}(x,x') &= Z\left[\theta(t-t')\Delta^{(+)}(x-x')+\theta(t'-t)\Delta^{(-)}(x-x')\right] \\ &= \mathrm{i}Z\Delta_F(x-x'),\end{aligned} \tag{11.5.7}$$

$$\Delta_{\mathrm{F}}(x-x')=-\mathrm{i}\left[\theta(t-t')\Delta^{(+)}(x-x')+\theta(t'-t)\Delta^{(-)}(x-x')\right]. \tag{11.5.8}$$

这里 $\Delta_{\mathrm{F}}(x-x')$ 正是第 4 章定义的传播函数, 其回路积分形式为

$$\Delta_{\mathrm{F}}(x-x')=\int_{C_{\mathrm{F}}}\frac{\mathrm{d}^4k}{(2\pi)^4}\frac{1}{k^2-\mu^2}\mathrm{e}^{-\mathrm{i}k\cdot(x-x')}, \tag{11.5.9}$$

其中回路 C_{F} 在 k_0 复平面上如图 4.3 所示.

如果考虑对易关系的 Green 函数 $\langle 0|\,[\Phi(x),\Phi(x')]\,|0\rangle$, 仅取单粒子态的贡献, 则有

$$\langle 0|\,[\Phi(x),\Phi(x')]\,|0\rangle^{(\mathrm{s})}=Z\left[\Delta^{(+)}(x-x')-\Delta^{(-)}(x-x')\right]=\mathrm{i}Z\Delta(x-x'), \tag{11.5.10}$$

其中 $\Delta(x-x')$ 是 (4.2.35) 式定义的自由场单粒子 (质量为 μ) 传播函数.

进一步考虑中间态除了单粒子以外的其他态 (质量大于 μ) 对 Green 函数的贡献, 这将取决于谱密度 $\rho(q)$ 的性质. 由定义 (11.5.5) 知 $\rho(q)$ 是 Lorentz 不变的函数, 即它是 q^2 的实函数, 并具有性质

$$\begin{aligned}&\rho(q)=\theta(q_0)\sigma(q^2),\\&\sigma(q^2)=0,\ 如果\ q^2<0,\end{aligned}\tag{11.5.11}$$

其中 $q^2=\mu_n^2>\mu^2$, 因此

$$\begin{aligned}\langle 0|\left[\varPhi(x),\varPhi(x')\right]|0\rangle&=\mathrm{i}\Delta'(x-x')\\&=\mathrm{i}Z\Delta(x-x')+\mathrm{i}\int_{\mu_{\mathrm{th}}^2}^{\infty}\mathrm{d}\mu_n^2\sigma(\mu_n^2)\Delta(x-x';\mu_n^2).\end{aligned}\tag{11.5.12}$$

上式中第一项是质量为 μ 的单粒子态贡献, 第二项积分是多粒子态的贡献, 其积分下限 μ_{th} 是产生多粒子的阈值 ($\mu_{\mathrm{th}}>\mu$). (11.5.12) 式表明对易关系的 Green 函数 $\langle 0|\left[\varPhi(x),\varPhi(x')\right]|0\rangle$ 可以表达为带有正权重的自由对易子贡献的叠加, 称为 Kallen-Lehmann 谱表示.

类似地, 由 (11.5.1) 式定义的编时乘积两点 Green 函数

$$\begin{aligned}\langle 0|T\left[\varPhi(x),\varPhi(x')\right]|0\rangle&=\mathrm{i}\Delta'_{\mathrm{F}}(x-x')\\&=\mathrm{i}Z\Delta_{\mathrm{F}}(x-x';\mu)+\mathrm{i}\int_{\mu_{\mathrm{th}}^2}^{\infty}\mathrm{d}\mu_n^2\sigma(\mu_n^2)\Delta_{\mathrm{F}}(x-x';\mu_n^2).\end{aligned}\tag{11.5.13}$$

将 (11.5.9) 式代入上式, 就得到

$$\begin{aligned}\Delta'_{\mathrm{F}}(x-x')&=Z\Delta_{\mathrm{F}}(x-x';\mu)+\int_{\mu_{\mathrm{th}}^2}^{\infty}\mathrm{d}\mu_n^2\sigma(\mu_n^2)\Delta_{\mathrm{F}}(x-x';\mu_n^2)\\&=-Z\int\frac{\mathrm{d}^4k}{(2\pi)^4}\frac{\mathrm{e}^{-\mathrm{i}k\cdot(x-x')}}{\mu^2-k^2}-\int\frac{\mathrm{d}^4k}{(2\pi)^4}\int_{\mu_{\mathrm{th}}^2}^{\infty}\mathrm{d}\mu_n^2\frac{\sigma(\mu_n^2)\mathrm{e}^{-\mathrm{i}k\cdot(x-x')}}{\mu_n^2-k^2}.\end{aligned}\tag{11.5.14}$$

由此获得它的 Fourier 变换分量 $\Delta'_{\mathrm{F}}(k)$ 的 Kallen-Lehmann 谱表示为

$$\Delta'_{\mathrm{F}}(k)=-\frac{Z}{\mu^2-k^2}-\int_{\mu_{\mathrm{th}}^2}^{\infty}\mathrm{d}\mu_n^2\frac{\sigma(\mu_n^2)}{\mu_n^2-k^2}.\tag{11.5.15}$$

$\Delta'_{\mathrm{F}}(k)$ 的第二项积分是多粒子态的贡献, 其积分下限 μ_{th} 是产生多粒子的阈值, 而谱条件要求 $k^2\geqslant 0$, 即在 k^2 的正实轴上. 这样从量子场论的相对论不变性、谱条件和完备性获得了两点 Green 函数的 Kallen-Lehmann 谱表示 (11.5.15) 式. 再令

$k^2 \to k^2 \pm \mathrm{i}\epsilon(\epsilon \to 0)$, 有

$$\Delta_{\mathrm{F}}'(k^2+\mathrm{i}\epsilon) = \frac{-Z}{\mu^2 - k^2 - \mathrm{i}\epsilon} - Z\int_{\mu_{\mathrm{th}}^2}^{\infty} \mathrm{d}\mu_n^2 \frac{\sigma(\mu_n^2)}{\mu_n^2 - k^2 - \mathrm{i}\epsilon},$$

$$\Delta_{\mathrm{F}}'(k^2-\mathrm{i}\epsilon) = \frac{-Z}{\mu^2 - k^2 + \mathrm{i}\epsilon} - Z\int_{\mu_{\mathrm{th}}^2}^{\infty} \mathrm{d}\mu_n^2 \frac{\sigma(\mu_n^2)}{\mu_n^2 - k^2 + \mathrm{i}\epsilon}.$$

离开正实轴向复平面延拓, $k^2 \to s$,

$$\Delta_{\mathrm{F}}'(k^2+\mathrm{i}\epsilon) = \lim_{s\to k^2+\mathrm{i}\epsilon} \Delta_{\mathrm{F}}'(s).$$

由于 Z 和 $\sigma(s)$ 是实的, 因此有

$$(\Delta_{\mathrm{F}}'(s))^* = -\Delta_{\mathrm{F}}'(s^*), \tag{11.5.16}$$

则有

$$\begin{aligned}\Delta_{\mathrm{F}}'(k^2+\mathrm{i}\epsilon) - \Delta_{\mathrm{F}}'(k^2-\mathrm{i}\epsilon) &= 2\mathrm{i}\mathrm{Im}\Delta_{\mathrm{F}}'(k^2+\mathrm{i}\epsilon)\\ &= 2\pi\mathrm{i}Z\delta(\mu^2-k^2) + 2\pi\mathrm{i}Z\theta(k^2-\mu_{\mathrm{th}}^2)\sigma(k^2),\end{aligned} \tag{11.5.17}$$

并可将上述 Green 函数积分改写成利用其虚部表达的积分形式:

$$\Delta_{\mathrm{F}}'(s) = \frac{1}{\pi}\int_0^{\infty} \mathrm{d}s' \frac{\mathrm{Im}\Delta_{\mathrm{F}}'(s')}{s-s'}. \tag{11.5.18}$$

这就是两点 Green 函数的色散关系. 关于色散关系理论下一章将详细讨论. 事实上可以从另一条思路获得 (11.5.18) 式. 如果假定 $\Delta_{\mathrm{F}}'(s)$ 在 s 复平面是解析的, 上述积分 (11.5.18) 在整个复平面上仅在正实轴上有极点和割线 (从阈值 $\mu_{\mathrm{th}}^2(\mu_{\mathrm{th}} > \mu)$ 一直到无穷远的割线), 可以取积分回路沿正实轴的上岸到无穷绕一个大圆圈回到下岸, 从无穷远回到零点 (见图 11.5.1), 并假定 $\Delta_{\mathrm{F}}'(s)$ 在无穷远处趋于零, 应用 Cauchy 定理就可得到 (11.5.18) 式. (11.5.17) 式表明 $\Delta_{\mathrm{F}}'(s)$ 在割线的上岸和下岸是不连续的, 有个跳跃量, 此跳跃量大小正比于它的虚部 $\mathrm{Im}\,\Delta_{\mathrm{F}}'(s)$.

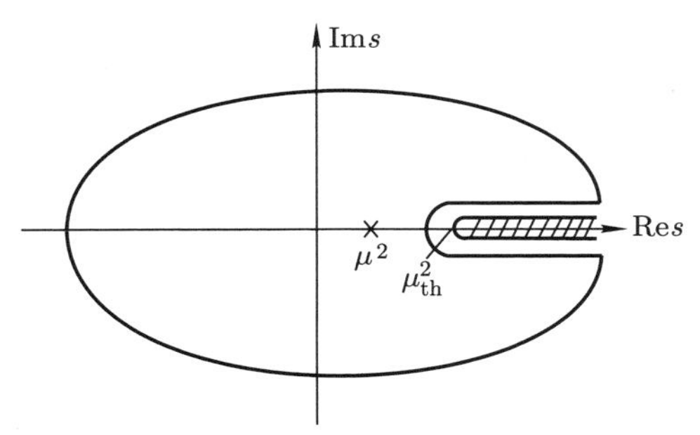

图 11.5.1 复平面 $s=k^2$ 上的积分回路. 正实轴上割线从阈值 μ_{th}^2 一直到无穷远

§11.6 散射振幅的 Chew-Low 方程

由 §11.4 的 S 矩阵元约化公式知 Yukawa 型相互作用下 π-N 散射振幅在抽出末态 π 介子后, 有

$$
\begin{aligned}
{}_{\text{out}}\langle \boldsymbol{p}', \boldsymbol{k}' | \boldsymbol{p}, \boldsymbol{k}\rangle_{\text{in}} &= \langle \boldsymbol{p}' | a_{\text{out}}(k') | \boldsymbol{p}, \boldsymbol{k}\rangle_{\text{in}} \\
&= \langle \boldsymbol{p}' | a_{\text{in}}(k') | \boldsymbol{p}, \boldsymbol{k}\rangle_{\text{in}} + \mathrm{i}\int \mathrm{d}^4 x' f^*_{\boldsymbol{k}'}(x')(\mu^2 + \Box_{x'}) \langle \boldsymbol{p}' | \Phi(x') | \boldsymbol{p}, \boldsymbol{k}\rangle_{\text{in}}.
\end{aligned}
$$

将微分算符作用在场量上, 并利用公式 $(\mu^2 + \Box)\Phi(x) = J(x)$, 可获得流算符的矩阵元

$$
\begin{aligned}
{}_{\text{out}}\langle \boldsymbol{p}', \boldsymbol{k}' | \boldsymbol{p}, \boldsymbol{k}\rangle_{\text{in}} &= \langle \boldsymbol{p}' | a_{\text{out}}(k') | \boldsymbol{p}, \boldsymbol{k}\rangle_{\text{in}} \\
&= \langle \boldsymbol{p}' | a_{\text{in}}(k') | \boldsymbol{p}, \boldsymbol{k}\rangle_{\text{in}} + \mathrm{i}\int \mathrm{d}^4 x' f^*_{\boldsymbol{k}'}(x') \langle \boldsymbol{p}' | J(x') | \boldsymbol{p}, \boldsymbol{k}\rangle_{\text{in}}. \quad (11.6.1)
\end{aligned}
$$

再将初态 π 介子抽出来继续利用 S 矩阵元约化公式, 有

$$
\begin{aligned}
{}_{\text{in}}\langle \boldsymbol{p}', \boldsymbol{k}' | S - 1 | \boldsymbol{p}, \boldsymbol{k}\rangle_{\text{in}} &= \mathrm{i}\int \mathrm{d}^4 x' f^*_{\boldsymbol{k}'}(x') \langle \boldsymbol{p}' | J(x') | \boldsymbol{p}, \boldsymbol{k}\rangle_{\text{in}} \\
&= \mathrm{i}\int \mathrm{d}^4 x' f^*_{\boldsymbol{k}'}(x') \langle \boldsymbol{p}' | J(x') a^\dagger_{\text{in}}(k) | \boldsymbol{p}\rangle \\
&= \mathrm{i}\int \mathrm{d}^4 x' f^*_{\boldsymbol{k}'}(x') \lim_{t\to-\infty} \langle \boldsymbol{p}' | J(x') a^\dagger_{\boldsymbol{k}}(t) | \boldsymbol{p}\rangle \\
&= -\int \mathrm{d}^4 x' f^*_{\boldsymbol{k}'}(x') \lim_{t\to-\infty} \int_t \mathrm{d}^3 x \langle \boldsymbol{p}' | T[J(x')\varPhi(x)] | \boldsymbol{p}\rangle \overleftrightarrow{\frac{\partial}{\partial t}} f_{\boldsymbol{k}}(x) \\
&= -\int \mathrm{d}^4 x' f^*_{\boldsymbol{k}'}(x') \left\{ \lim_{t\to\infty} \int_t \mathrm{d}^3 x \langle \boldsymbol{p}' | T[\varPhi(x) J(x')] | \boldsymbol{p}\rangle \overleftrightarrow{\frac{\partial}{\partial t}} f_{\boldsymbol{k}}(x) \right. \\
&\quad \left. - \int_{-\infty}^{\infty} \mathrm{d}^4 x \frac{\partial}{\partial t} \left[\langle \boldsymbol{p}' | T[\varPhi(x) J(x')] | \boldsymbol{p}\rangle \overleftrightarrow{\frac{\partial}{\partial t}} f_{\boldsymbol{k}}(x) \right] \right\}.
\end{aligned}
$$

重复 (11.4.1) ~ (11.4.3) 式的推导, 就得到

$$
{}_{\text{in}}\langle \boldsymbol{p}', \boldsymbol{k}' | S - 1 | \boldsymbol{p}, \boldsymbol{k}\rangle_{\text{in}} = -\int \mathrm{d}^4 x \mathrm{d}^4 x' f^*_{\boldsymbol{k}'}(x') f_{\boldsymbol{k}}(x)(\mu^2 + \Box_x) \langle \boldsymbol{p}' | T[\Phi(x) J(x')] | \boldsymbol{p}\rangle. \tag{11.6.2}
$$

同样将微分算符作用在场量上, 可获得流算符的矩阵元

$$
\begin{aligned}
{}_{\text{in}}\langle \boldsymbol{p}', \boldsymbol{k}'|\, S-1 |\boldsymbol{p}, \boldsymbol{k}\rangle_{\text{in}} = &-\int \mathrm{d}^4x \mathrm{d}^4x' f^*_{\boldsymbol{k}'}(x') f_{\boldsymbol{k}}(x) \langle \boldsymbol{p}'|\, T[J(x)J(x')]\, |\boldsymbol{p}\rangle \\
&-\int \mathrm{d}^4x \mathrm{d}^4x' f^*_{\boldsymbol{k}'}(x') f_{\boldsymbol{k}}(x) \frac{\partial}{\partial t} \{\delta(t-t') \langle \boldsymbol{p}'|\, [\Phi(x), J(x')]\, |\boldsymbol{p}\rangle\} \\
&-\int \mathrm{d}^4x \mathrm{d}^4x' f^*_{\boldsymbol{k}'}(x') f_{\boldsymbol{k}}(x) \delta(t-t') \langle \boldsymbol{p}'| \left[\dot{\Phi}(x), J(x')\right] |\boldsymbol{p}\rangle .
\end{aligned}
$$

上式表明除了有流算符编时乘积矩阵元 $\langle \boldsymbol{p}'|\, T[J(x)J(x')]\, |\boldsymbol{p}\rangle$ 外还有两项是等时对易关系项, 令两项之和为 K, 则有

$$
{}_{\text{in}}\langle \boldsymbol{p}', \boldsymbol{k}'|\, S-1 |\boldsymbol{p}, \boldsymbol{k}\rangle_{\text{in}} = K - \int \mathrm{d}^4x \mathrm{d}^4x' f^*_{\boldsymbol{k}'}(x') f_{\boldsymbol{k}}(x) \langle \boldsymbol{p}'|\, T[j(x)j(x')]\, |\boldsymbol{p}\rangle , \quad (11.6.3)
$$

其中 K 定义为

$$
\begin{aligned}
K = &-\int \mathrm{d}^4x \mathrm{d}^4x' f^*_{\boldsymbol{k}'}(x') f_{\boldsymbol{k}}(x) \frac{\partial}{\partial t} \{\delta(t-t') \langle \boldsymbol{p}'|\, [\Phi(x), J(x')]\, |\boldsymbol{p}\rangle\} \\
&-\int \mathrm{d}^4x \mathrm{d}^4x' f^*_{\boldsymbol{k}'}(x') f_{\boldsymbol{k}}(x) \delta(t-t') \langle \boldsymbol{p}'|\, [\dot{\Phi}(x), J(x')]\, |\boldsymbol{p}\rangle . \qquad (11.6.4)
\end{aligned}
$$

K 中两项都包含等时对易关系, 其结果依赖于介子流 $J(x)$ 的性质. 如果 $J(x)$ 不含 $\dot{\Phi}(x)$, 则 K 中第一项为零, 如果 $J(x)$ 不含 $\Phi(x)$, 则 K 中第二项为零. 如果 $J(x)$ 既不含 $\dot{\Phi}(x)$ 也不含 $\Phi(x)$, 则 K 项为零. 一般地讲 $J(x)$ 可能不含 $\dot{\Phi}(x)$, 因而仅有第二项不为零. 假定正则对易关系成立, 即

$$
\begin{gathered}
[\Phi(x), \Phi(x')]\,|_{t=t'} = [\Phi(x), \pi(x')]\,|_{t=t'} = 0, \\
[\Phi(x), \pi(x')] = \mathrm{i}\delta^3(\boldsymbol{x}-\boldsymbol{x}'),
\end{gathered}
$$

那么有

$$
\left[\dot{\Phi}(x), J(x')\right] = -\mathrm{i}\frac{\partial J(x)}{\partial \Phi(x)} \delta^3(\boldsymbol{x}-\boldsymbol{x}').
$$

定义

$$
K(x) = -\frac{\partial J(x)}{\partial \Phi(x)},
$$

代入 (11.6.4) 式并略去第一项, 得

$$
K = -\mathrm{i}\int \mathrm{d}^4x \mathrm{d}^4x' f^*_{\boldsymbol{k}'}(x') f_{\boldsymbol{k}}(x) \delta^4(x-x') \langle \boldsymbol{p}'|\, K(x)\, |\boldsymbol{p}\rangle .
$$

将平移变换

$$
K(x) = \mathrm{e}^{\mathrm{i}p\cdot x} K(0) \mathrm{e}^{-\mathrm{i}p\cdot x}
$$

代入上式并完成积分, 得

$$\begin{aligned}K &= -\mathrm{i}\int \mathrm{d}^4x\mathrm{d}^4x' f^*_{\boldsymbol{k}'}(x')f_{\boldsymbol{k}}(x)\delta^4(x-x')\langle \boldsymbol{p}'|K(x)|\boldsymbol{p}\rangle \\ &= -\mathrm{i}(2\pi)^4\delta^4(p'+k'-p-k)\langle p'|K(0)|p\rangle .\end{aligned}$$

显然矩阵元 $\langle p'|K(0)|p\rangle$ 是动量转移 $t=-(p-p')^2$ 的函数. 定义

$$F(t) = \langle p'|K(0)|p\rangle , \tag{11.6.5}$$

$$K = -\mathrm{i}(2\pi)^4\delta^4(p'+k'-p-k)F(t). \tag{11.6.6}$$

这一项与 $s=-(p+k)^2$ 无关, 对于讨论的解析性质无影响, 为简便起见可暂时略去.

注意到 (11.6.3) 式中两流算符编时乘积矩阵元 $\langle \boldsymbol{p}'|T[J(x)J(x')]|\boldsymbol{p}\rangle$ 的定义为

$$\langle \boldsymbol{p}'|T[J(x)J(x')]|\boldsymbol{p}\rangle = \theta(t-t')\langle \boldsymbol{p}'|J(x)J(x')|\boldsymbol{p}\rangle + \theta(t'-t)\langle \boldsymbol{p}'|J(x')J(x)|\boldsymbol{p}\rangle ,$$

在上式中做平移变换并引入变量 $z=x-x'$, 就得到

$$\begin{aligned}&\langle \boldsymbol{p}'|T[J(x)J(x')]|\boldsymbol{p}\rangle \\ &= \theta(z_0)\mathrm{e}^{-\mathrm{i}(p-p')\cdot x'}\langle \boldsymbol{p}'|J(z)J(0)|\boldsymbol{p}\rangle + \theta(-z_0)\mathrm{e}^{-\mathrm{i}(p-p')\cdot x'}\langle \boldsymbol{p}'|J(0)J(z)|\boldsymbol{p}\rangle \\ &= \mathrm{e}^{-\mathrm{i}(p-p')\cdot(x'+\frac{z}{2})}\langle \boldsymbol{p}'|T[J\left(\frac{z}{2}\right)J\left(-\frac{z}{2}\right)]|\boldsymbol{p}\rangle .\end{aligned}$$

将上式代入 (11.6.3) 式 (略去 K 项), 有

$$\begin{aligned}{}_{\mathrm{in}}\langle \boldsymbol{p}',\boldsymbol{k}'|S-1|\boldsymbol{p},\boldsymbol{k}\rangle_{\mathrm{in}} &= -\int \mathrm{d}^4x\mathrm{d}^4x' f^*_{\boldsymbol{k}'}(x')f_{\boldsymbol{k}}(x)\langle \boldsymbol{p}'|T[J(x)J(x')]|\boldsymbol{p}\rangle \\ &= -(2\pi)^4\delta^4(p'+k'-p-k)\int \mathrm{d}^4z\mathrm{e}^{-\frac{\mathrm{i}}{2}(k+k')\cdot z}\cdot\langle \boldsymbol{p}'|T[J\left(\frac{z}{2}\right)J\left(-\frac{z}{2}\right)]|\boldsymbol{p}\rangle .\end{aligned} \tag{11.6.7}$$

按照散射振幅定义,

$${}_{\mathrm{in}}\langle \boldsymbol{p}',\boldsymbol{k}'|S-1|\boldsymbol{p},\boldsymbol{k}\rangle_{\mathrm{in}} = \mathrm{i}(2\pi)^4\delta^4(p'+k'-p-k)T(p',k';p,k),$$

则有

$$\begin{aligned}T(p',k';p,k) &= \mathrm{i}\int \mathrm{d}^4z\mathrm{e}^{\frac{\mathrm{i}}{2}(k+k')\cdot z}\langle \boldsymbol{p}'|T[J\left(\frac{z}{2}\right)J\left(-\frac{z}{2}\right)]|\boldsymbol{p}\rangle \\ &= G_1+G_2,\end{aligned} \tag{11.6.8}$$

其中

$$\begin{aligned}G_1 &= \mathrm{i}\int \mathrm{d}^4z\mathrm{e}^{\frac{\mathrm{i}}{2}(k+k')\cdot z}\langle \boldsymbol{p}'|\theta(z_0)J\left(\frac{z}{2}\right)J\left(-\frac{z}{2}\right)|\boldsymbol{p}\rangle , \\ G_2 &= \mathrm{i}\int \mathrm{d}^4z\mathrm{e}^{\frac{\mathrm{i}}{2}(k+k')\cdot z}\langle \boldsymbol{p}'|\theta(-z_0)J\left(-\frac{z}{2}\right)J\left(\frac{z}{2}\right)|\boldsymbol{p}\rangle .\end{aligned} \tag{11.6.9}$$

上式中

$$
\begin{aligned}
G_1 &= \mathrm{i}\int_0^{\infty}\mathrm{d}z_0\int\mathrm{d}^3z\mathrm{e}^{\frac{\mathrm{i}}{2}(k+k')\cdot z}\langle\boldsymbol{p}'|\,J\left(\frac{z}{2}\right)J\left(-\frac{z}{2}\right)|\boldsymbol{p}\rangle\\
&= \mathrm{i}\int_0^{\infty}\mathrm{d}z_0\int\mathrm{d}^3z\mathrm{e}^{\frac{\mathrm{i}}{2}(k+k')\cdot z}\sum_n\langle\boldsymbol{p}'|\,J\left(\frac{z}{2}\right)|n\rangle\,\langle n|\,J\left(-\frac{z}{2}\right)|\boldsymbol{p}\rangle\\
&= \mathrm{i}\int_0^{\infty}\mathrm{d}z_0\int\mathrm{d}^3z\sum_n\mathrm{e}^{\frac{\mathrm{i}}{2}(k+k'+p+p')\cdot z-\mathrm{i}p_n\cdot z}\langle\boldsymbol{p}'|\,J(0)\,|n\rangle\,\langle n|\,J(0)\,|\boldsymbol{p}\rangle,
\end{aligned}
$$

这里插入的 $|n\rangle$ 是一组完备集. 再对三维空间积分给出所有中间态三动量守恒条件 $\boldsymbol{p}_n=\boldsymbol{p}+\boldsymbol{k}$, 仍留下第四维积分, 有

$$
\begin{aligned}
G_1 &= \mathrm{i}\int_0^{\infty}\mathrm{d}z_0\int\mathrm{d}^3z\sum_n\mathrm{e}^{\frac{\mathrm{i}}{2}(k+k'+p+p')\cdot z-\mathrm{i}p_n\cdot z}\langle\boldsymbol{p}'|\,J(0)\,|n\rangle\,\langle n|\,J(0)\,|\boldsymbol{p}\rangle\\
&= \mathrm{i}\sum_n\langle\boldsymbol{p}'|\,J(0)\,|\boldsymbol{p}+\boldsymbol{k},n\rangle\,\langle\boldsymbol{p}+\boldsymbol{k},n|\,J(0)\,|\boldsymbol{p}\rangle\int_0^{\infty}\mathrm{d}z_0\mathrm{e}^{-\mathrm{i}(E_n-E-\omega)z_0}.
\end{aligned}
$$

利用积分公式

$$
\int_0^{\infty}\mathrm{d}z_0\mathrm{e}^{-\mathrm{i}(E_n-E-\omega)z_0}=\frac{-\mathrm{i}}{E_n-E-\omega-\mathrm{i}\epsilon},\tag{11.6.10}
$$

可将 G_1 改写为

$$
G_1=\sum_n\frac{\langle\boldsymbol{p}'|\,J(0)\,|\boldsymbol{p}+\boldsymbol{k},n\rangle\,\langle\boldsymbol{p}+\boldsymbol{k},n|\,J(0)\,|\boldsymbol{p}\rangle}{E_n-E-\omega-\mathrm{i}\epsilon}.\tag{11.6.11}
$$

重复类似的步骤可以得到

$$
\begin{aligned}
G_2 &= \mathrm{i}\int_{-\infty}^{0}\mathrm{d}z_0\int\mathrm{d}^3z\mathrm{e}^{\frac{\mathrm{i}}{2}(k+k')\cdot z}\langle\boldsymbol{p}'|\,J\left(-\frac{z}{2}\right)J\left(\frac{z}{2}\right)|\boldsymbol{p}\rangle\\
&= \mathrm{i}\int_{-\infty}^{0}\mathrm{d}z_0\int\mathrm{d}^3z\mathrm{e}^{\frac{\mathrm{i}}{2}(k+k')\cdot z}\sum_n\langle\boldsymbol{p}'|\,J\left(-\frac{z}{2}\right)|n\rangle\,\langle n|\,J\left(\frac{z}{2}\right)|\boldsymbol{p}\rangle\\
&= \mathrm{i}\int_{-\infty}^{0}\mathrm{d}z_0\int\mathrm{d}^3z\sum_n\mathrm{e}^{\frac{\mathrm{i}}{2}(k+k'-p-p')\cdot z+\mathrm{i}p_n\cdot z}\langle\boldsymbol{p}'|\,J(0)\,|n\rangle\,\langle n|\,J(0)\,|\boldsymbol{p}\rangle\\
&= \mathrm{i}\sum_n\langle\boldsymbol{p}'|\,J(0)\,|\boldsymbol{p}-\boldsymbol{k}',n\rangle\,\langle\boldsymbol{p}-\boldsymbol{k}',n|\,J(0)\,|\boldsymbol{p}\rangle\int_{-\infty}^{0}\mathrm{d}z_0\mathrm{e}^{\mathrm{i}(E_n-E+\omega')z_0}.
\end{aligned}
$$

应用 (11.6.10) 式积分, 可将上式化简为

$$
G_2=\sum_n\frac{\langle\boldsymbol{p}'|\,J(0)\,|\boldsymbol{p}-\boldsymbol{k},n\rangle\,\langle\boldsymbol{p}-\boldsymbol{k},n|\,J(0)\,|\boldsymbol{p}\rangle}{E_n-E+\omega'-\mathrm{i}\epsilon}.\tag{11.6.12}
$$

将 (11.6.11) 和 (11.6.12) 式代入 (11.6.8) 式, 可得到散射振幅的一个新表达式

$$\begin{aligned} T(p',k';p,k) &= G_1 + G_2 \\ &= \sum_n \frac{\langle \boldsymbol{p}'|\, J(0)\,|\boldsymbol{p}+\boldsymbol{k},n\rangle \langle \boldsymbol{p}+\boldsymbol{k},n|\, J(0)\,|\boldsymbol{p}\rangle}{E_n - E - \omega - \mathrm{i}\epsilon} \\ &\quad + \sum_n \frac{\langle \boldsymbol{p}'|\, J(0)\,|\boldsymbol{p}-\boldsymbol{k}',n\rangle \langle \boldsymbol{p}-\boldsymbol{k}',n|\, J(0)\,|\boldsymbol{p}\rangle}{E_n - E + \omega' - \mathrm{i}\epsilon}. \end{aligned} \tag{11.6.13}$$

(11.6.13) 式称为 π-N 散射振幅的 Chew-Low 方程, 是 1956 年由 Chew 和 Low 首先获得的. 此表达式的特点是它不依赖于微扰论计算, 即是非微扰精确表达式, 对耦合常数大小没有任何要求. 这里求和是对所有可能的中间态 $|n\rangle$ 求和, 这些中间态的四动量具有三动量守恒但能量不守恒. 在 (11.6.13) 式中最低中间态是单核子态, 下一个中间态是单核子加一个 π 介子态, 以此类推存在无穷多的中间态. 事实上每个中间态的矩阵元又可按上述步骤推导出相应散射振幅的 Chew-Low 方程, 这样联立在一起就构成含有无穷多个方程的非线性方程组. 数学上精确求解这样的方程组很困难, 几乎不可能做到. 但由方程可见一组完备的中间态能量由低到高, 如果取低能近似, 可以只取有限几个中间态而略去所有高能量的中间态.

类似于 §11.4 中的讨论, 还可将 (11.6.7) 式写成推迟对易关系 (见 (11.4.6) 式) 形式,

$$\begin{aligned} {}_{\mathrm{in}}\langle \boldsymbol{p}',\boldsymbol{k}'|\, S-1 |\boldsymbol{p},\boldsymbol{k}\rangle_{\mathrm{in}} &= -\int \mathrm{d}^4x\mathrm{d}^4x' f^*_{\boldsymbol{k}'}(x') f_{\boldsymbol{k}}(x) \langle \boldsymbol{p}'|\, R(J(x)J(x'))\,|\boldsymbol{p}\rangle \\ &= -(2\pi)^4\delta^4(p'+k'-p-k)\int \mathrm{d}^4z \mathrm{e}^{\frac{\mathrm{i}}{2}(k+k')\cdot z}\langle \boldsymbol{p}'|\, R\left(J\left(\frac{z}{2}\right)J\left(-\frac{z}{2}\right)\right)|\boldsymbol{p}\rangle, \end{aligned} \tag{11.6.14}$$

其中

$$R\left(A(x)B(y)\right) = \theta(x_0 - y_0)\left[A(x), B(y)\right].$$

定义推迟散射振幅

$$T_{\mathrm{r}}(p',k';p,k) = \mathrm{i}\int \mathrm{d}^4z \mathrm{e}^{\frac{\mathrm{i}}{2}(k+k')\cdot z}\langle \boldsymbol{p}'|\, R\left(J\left(\frac{z}{2}\right)J\left(-\frac{z}{2}\right)\right)|\boldsymbol{p}\rangle. \tag{11.6.15}$$

将式中推迟对易关系展开, 插入中间态完备集, 做类似于 (11.6.9)~(11.6.12) 式的推导并完成积分, 可得相应的散射振幅的 Chew-Low 方程

$$\begin{aligned} T_{\mathrm{r}}(p',k';p,k) &= \sum_n \frac{\langle \boldsymbol{p}'|\, J(0)\,|\boldsymbol{p}+\boldsymbol{k},n\rangle \langle \boldsymbol{p}+\boldsymbol{k},n|\, J(0)\,|\boldsymbol{p}\rangle}{E_n - E - \omega - \mathrm{i}\epsilon} \\ &\quad + \sum_n \frac{\langle \boldsymbol{p}'|\, J(0)\,|\boldsymbol{p}-\boldsymbol{k}',n\rangle \langle \boldsymbol{p}-\boldsymbol{k}',n|\, J(0)\,|\boldsymbol{p}\rangle}{E_n - E + \omega' + \mathrm{i}\epsilon}, \end{aligned} \tag{11.6.16}$$

它与 (11.6.13) 式不同之在于第二项中 iϵ 的符号.

为了讨论这两者间的关系, 引入一种非物理振幅

$$ {}_{\text{in}}\langle \boldsymbol{p}', \boldsymbol{k}' | S^{\dagger} - 1 | \boldsymbol{p}, \boldsymbol{k} \rangle_{\text{in}} = {}_{\text{in}}\langle \boldsymbol{p}, \boldsymbol{k} | S - 1 | \boldsymbol{p}', \boldsymbol{k}' \rangle_{\text{in}}^{*} . \tag{11.6.17} $$

对 (11.6.14) 式取交换再取复共轭, 得到

$$ \begin{aligned} {}_{\text{in}}\langle \boldsymbol{p}', \boldsymbol{k}' | S^{\dagger} - 1 | \boldsymbol{p}, \boldsymbol{k} \rangle_{\text{in}} &= -\int \mathrm{d}^4x \mathrm{d}^4x' f_{\boldsymbol{k}'}^{*}(x') f_{\boldsymbol{k}}(x) \theta(-z_0) \langle \boldsymbol{p}' | [J(x), J(x')] | \boldsymbol{p} \rangle \\ &= -(2\pi)^4 \delta^4(p' + k' - p - k) \int \mathrm{d}^4 z \mathrm{e}^{\frac{\mathrm{i}}{2}(k+k')\cdot z} \theta(-z_0) \langle \boldsymbol{p}' | \left[J\left(\frac{z}{2}\right), J\left(-\frac{z}{2}\right) \right] | \boldsymbol{p} \rangle \\ &= -(2\pi)^4 \mathrm{i} \delta^4(p' + k' - p - k) T_{\text{a}}(p', k'; p, k), \end{aligned} $$

其中超前散射振幅定义为

$$ T_{\text{a}}(p', k'; p, k) = -\mathrm{i} \int \mathrm{d}^4 z \mathrm{e}^{\frac{\mathrm{i}}{2}(k+k')\cdot z} \theta(-z_0) \langle \boldsymbol{p}' | \left[J\left(\frac{z}{2}\right), J\left(-\frac{z}{2}\right) \right] | \boldsymbol{p} \rangle . \tag{11.6.18} $$

将式中对易关系展开插入中间态完备集, 做类似于 (11.6.9)~(11.6.12) 式的推导并完成积分, 可得相应的散射振幅的 Chew-Low 方程

$$ \begin{aligned} T_{\text{a}}(p', k'; p, k) = &\sum_n \frac{\langle \boldsymbol{p}' | J(0) | \boldsymbol{p} + \boldsymbol{k}, n \rangle \langle \boldsymbol{p} + \boldsymbol{k}, n | J(0) | \boldsymbol{p} \rangle}{E_n - E - \omega + \mathrm{i}\epsilon} \\ &+ \sum_n \frac{\langle \boldsymbol{p}' | J(0) | \boldsymbol{p} - \boldsymbol{k}', n \rangle \langle \boldsymbol{p} - \boldsymbol{k}', n | J(0) | \boldsymbol{p} \rangle}{E_n - E + \omega' - \mathrm{i}\epsilon}, \end{aligned} \tag{11.6.19} $$

它与 (11.6.16) 式不同之处在于两项中 iϵ 的符号. 直接计算表明, 还存在下面两个等式:

$$ T_{\text{a}}(p', k'; p, k) = T_{\text{r}}^{*}(p, k; p', k'), \tag{11.6.20} $$

$$ T_{\text{r}}(p, k; p', k') - T_{\text{a}}(p', k'; p, k) = \mathrm{i} \int \mathrm{d}^4 z \mathrm{e}^{\frac{\mathrm{i}}{2}(k+k')\cdot z} \langle \boldsymbol{p}' | \left[J\left(\frac{z}{2}\right), J\left(-\frac{z}{2}\right) \right] | \boldsymbol{p} \rangle . \tag{11.6.21} $$

这些散射振幅的物理意义和相互关联留待下一章讨论.

习　　题

1. 利用方程 (11.3.28) 计算 (11.3.29) 式给出的态矢的本征值.
2. 推导 (11.4.3), (11.4.4) 和 (11.4.7) 式.
3. 应用 Cauchy 定理推导 (11.5.18) 式.

第 12 章　解析性质和色散关系

前一章研究了两点 Green 函数的性质以及它的色散关系 (11.5.18). 从推导中可见, 两点 Green 函数的色散关系是 Green 函数解析性质的推论. 本章将表明, 因果性是证明 Green 函数解析性质的关键. 这是在经典理论中早已证明了的. 1926—1927 年, Kronig 和 Kramers 在光学里建立了色散关系公式, 即利用解析性质证明了光学折射率的实部可以用其虚部的积分来表达. 由于色散关系在经典物理中的应用和发展, 在数学上总结为 Titchmarsh 定理, 又称为 Hilbert 关系 (Hilbert 变换). 1954 年, Gell-Mann, Goldberg 和 Thirring 在量子场论中基于因果性条件证明了向前散射色散关系. 1956—1958 年, Bogoliubov 等, Lehmannn 和 Bremermann 等分别给出了非向前散射振幅色散关系的证明. 1958 年, Mandelstam 提出了双重色散关系的假定. 由于因果性条件是定域量子场论中的普遍性质, 由 Green 函数解析性质导致的色散关系在量子色动力学中也成立, 它常被应用到以非微扰方法求解强子跃迁矩阵元的计算中.

§12.1　经典理论中的色散关系和 Titchmarsh 定理

为了从物理上理解因果性和色散关系的关联, 我们首先讨论经典理论. 以一维情况为例, 入射束在 $t=0$ 时刻打到靶子上, 因果性条件要求只有在 $t>0$ 时才有出射束, 即仅当 $t>0$ 时测到的出射束概率不为零, 若用散射振幅 $f_{\rm r}(t)$ 来描述, 应有

$$f_{\rm r}(t)=\begin{cases}0, & t<0,\\ \neq 0, & t>0.\end{cases} \tag{12.1.1}$$

引入 $\overline{f}(t)$ 并令

$$f_{\rm r}(t)=\theta(t)\overline{f}(t), \tag{12.1.2}$$

其中 $\overline{f}(t)$ 在 $t>0$ 时就是散射振幅 $f_{\rm r}(t)$, 在 $t<0$ 时为任意函数 (有时为了方便起见令 $\overline{f}(-t)=\pm\overline{f}(t)$). (12.1.1) 式是因果性条件在非相对论情况下的一种表述. $f_{\rm r}(t)$ 称为推迟散射振幅. 考察 $f_{\rm r}(t)$ 的 Fourier 变换

$$f_{\rm r}(\omega_1)=\int_{-\infty}^{\infty}{\rm d}t{\rm e}^{{\rm i}\omega_1 t}f_{\rm r}(t)=\int_{-\infty}^{\infty}{\rm d}t{\rm e}^{{\rm i}\omega_1 t}\theta(t)\overline{f}(t), \tag{12.1.3}$$

其中 ω_1 是在实轴上, 因果性条件意味着 Fourier 积分只对 $t>0$ 区域进行. 由此将 $f_{\mathrm{r}}(\omega_1)$ 延拓到 $\omega=\omega_1+\mathrm{i}\omega_2(\omega_2>0)$ 复平面的上半平面, 定义

$$f_{\mathrm{r}}(\omega)=\int_0^{\infty}\mathrm{d}t\mathrm{e}^{\mathrm{i}\omega_1 t-\omega_2 t}\overline{f}(t)=\int_0^{\infty}\mathrm{d}t\mathrm{e}^{\mathrm{i}\omega t}\overline{f}(t), \tag{12.1.4}$$

其中 $t>0, \omega_2>0$. 因为 (12.1.3) 式在正实轴上有很好的定义, 指数衰减因子又保证了积分在上半平面有定义, 因此 $f_{\mathrm{r}}(\omega)$ 可以延拓到上半平面. 如果假定

$$f_{\mathrm{r}}(\omega)\to 0, \quad 当\,|\omega|\to\infty, \tag{12.1.5}$$

那么沿实轴从 $-\infty$ 到 ∞ 在上半平面画一个半圆构成回路 C_{R}, 对于在回路内任一点 ω 的函数 $f_{\mathrm{r}}(\omega)$ (见图 12.1.1), 由 Cauchy 定理给出积分表达式

$$f_{\mathrm{r}}(\omega)=\frac{1}{2\pi\mathrm{i}}\int_{C_{\mathrm{R}}}\frac{f_{\mathrm{r}}(\omega')}{\omega'-\omega}\mathrm{d}\omega'. \tag{12.1.6}$$

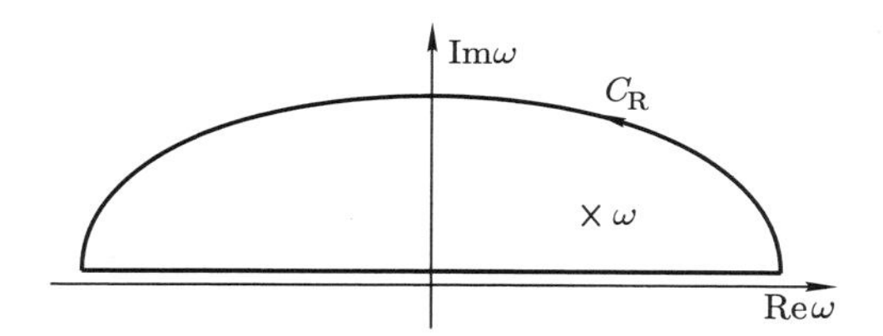

图 12.1.1 ω 复平面上的积分回路 C_{R}

由于 (12.1.5) 式的条件, 在回路半圆上的积分为零, 因此在上半平面任一点 ω 的函数 $f_{\mathrm{r}}(\omega)$ 表达为实轴上的积分,

$$f_{\mathrm{r}}(\omega)=\frac{1}{2\pi\mathrm{i}}\int_{-\infty}^{\infty}\frac{f_{\mathrm{r}}(\omega')}{\omega'-\omega}\mathrm{d}\omega'. \tag{12.1.7}$$

令 ω 趋于实轴, 即

$$\begin{aligned}&\omega\to\omega_1+\mathrm{i}\epsilon(\epsilon\to 0,\epsilon>0),\\ f_{\mathrm{r}}(\omega_1+\mathrm{i}\epsilon)&=\frac{1}{2\pi\mathrm{i}}\int_{-\infty}^{\infty}\frac{f_{\mathrm{r}}(\omega')}{\omega'-\omega_1-\mathrm{i}\epsilon}\mathrm{d}\omega'.\end{aligned} \tag{12.1.8}$$

利用公式 $(\epsilon\to 0)$

$$\frac{1}{\tau\pm\mathrm{i}\epsilon}=\frac{P}{\tau}\mp\mathrm{i}\pi\delta(\tau),$$

其中第一项是指主值积分, 可以将 (12.1.8) 式化简为

$$\lim_{\epsilon\to 0}f_{\mathrm{r}}(\omega_1+\mathrm{i}\epsilon)=\frac{P}{2\pi\mathrm{i}}\int_{-\infty}^{\infty}\frac{f_{\mathrm{r}}(\omega')}{\omega'-\omega_1}\mathrm{d}\omega'+\frac{1}{2}f_{\mathrm{r}}(\omega_1).$$

这样当 ω 从上半平面趋于实轴时,

$$f_{\rm r}(\omega_1)=\frac{P}{\pi{\rm i}}\int_{-\infty}^{\infty}\frac{f_{\rm r}(\omega')}{\omega'-\omega_1}{\rm d}\omega'. \tag{12.1.9}$$

进一步当 ω_1 为实数时, 将 $f_{\rm r}(\omega_1)$ 分为实部和虚部,

$$f_{\rm r}(\omega_1)={\rm Re}f_{\rm r}(\omega_1)+{\rm iIm}f_{\rm r}(\omega_1),$$

并代入 (12.1.9) 式使等式两边实部和虚部分别相等, 就得到

$${\rm Re}f_{\rm r}(\omega_1)=\frac{P}{\pi}\int_{-\infty}^{\infty}\frac{{\rm Im}f_{\rm r}(\omega')}{\omega'-\omega_1}{\rm d}\omega', \tag{12.1.10}$$

$${\rm Im}f_{\rm r}(\omega_1)=-\frac{P}{\pi}\int_{-\infty}^{\infty}\frac{{\rm Re}f_{\rm r}(\omega')}{\omega'-\omega_1}{\rm d}\omega', \tag{12.1.11}$$

或者

$$f_{\rm r}(\omega_1)=\frac{1}{\pi}\int_{-\infty}^{\infty}\frac{{\rm Im}f_{\rm r}(\omega')}{\omega'-\omega_1-{\rm i}\epsilon}{\rm d}\omega', \tag{12.1.12}$$

$$f_{\rm r}(\omega_1)=\frac{1}{\pi{\rm i}}\int_{-\infty}^{\infty}\frac{{\rm Re}f_{\rm r}(\omega')}{\omega'-\omega_1-{\rm i}\epsilon}{\rm d}\omega'. \tag{12.1.13}$$

通常称 (12.1.10) $\sim$ (12.1.13) 式为色散关系或 Hilbert 变换. 从以上的推导可见, $f_{\rm r}(t)$ 的因果性 (12.1.1) 决定了它的 Fourier 变换 $f_{\rm r}(\omega_1)$ 延拓到 $\omega=\omega_1+{\rm i}\omega_2$ 上半平面的解析性质, 由此应用 Cauchy 定理可获得色散关系. 因此可以说是散射振幅的因果性导致了色散关系.

顺便指出, 如果对 (12.1.3) 式两边取复共轭并令积分变量 $t\to -t$, 有

$$\begin{aligned}f_{\rm r}^*(\omega_1)&=\left(\int_{-\infty}^{\infty}{\rm d}t{\rm e}^{{\rm i}\omega_1 t}f_{\rm r}(t)\right)^*\\&=\int_{-\infty}^{\infty}{\rm d}t{\rm e}^{{\rm i}\omega_1 t}\theta(-t)\overline{f}^*(-t).\end{aligned}$$

进一步假设 $\overline{f}(t)$ 是实的奇函数, 有

$$\overline{f}^*(t)=\overline{f}(t),\overline{f}(-t)=-\overline{f}(t), \tag{12.1.14}$$

代入上式可得

$$f_{\rm r}^*(\omega_1)=-\int_{-\infty}^{\infty}{\rm d}t{\rm e}^{{\rm i}\omega_1 t}\theta(-t)\overline{f}(t). \tag{12.1.15}$$

此式中由于 $\theta(-t)$ 的存在, $f_{\rm r}^*(\omega_1)$ 可以延拓到实轴 ω_1 的下半平面, 定义

$$\begin{aligned}f_{\rm a}(\omega_1)&=f_{\rm r}^*(\omega_1),\\f_{\rm a}(t)&=\theta(-t)\overline{f}(t).\end{aligned} \tag{12.1.16}$$

$f_{\rm a}(t)$ 仅在 $t<0$ 时不为零, 称为超前散射振幅, 是非物理的. (12.1.15) 式可以改写为

$$f_{\rm a}(\omega_1)=-\int_{-\infty}^{\infty}{\rm d}t{\rm e}^{{\rm i}\omega_1 t}f_{\rm a}(t)=-\int_{-\infty}^{\infty}{\rm d}t{\rm e}^{{\rm i}\omega_1 t}\theta(-t)\overline{f}(t). \tag{12.1.17}$$

Fourier 变换 $f_{\rm a}(\omega_1)$ 可以延拓到下半平面, 即

$$\omega=\omega_1+{\rm i}\omega_2\ (\omega_2<0),$$

$$f_{\rm a}(\omega)=-\int_{-\infty}^{0}{\rm d}t{\rm e}^{{\rm i}\omega_1 t}{\rm e}^{-\omega_2 t}\overline{f}(t).$$

被积函数中指数衰减因子保证了 $f_{\rm a}(\omega)$ 对下半平面的解析延拓. 如果进一步假定 $f_{\rm a}(\omega)$ 具有性质

$$f_{\rm a}(\omega)\to 0,\quad 当\,|\omega|\to\infty, \tag{12.1.18}$$

就可以在 ω 下半平面选择回路 $C_{\rm A}$ (见图 12.1.2) 并应用 Cauchy 积分公式获得

$$f_{\rm a}(\omega)=\frac{1}{2\pi{\rm i}}\int_{C_{\rm A}}\frac{f_{\rm a}(\omega')}{\omega'-\omega}{\rm d}\omega'. \tag{12.1.19}$$

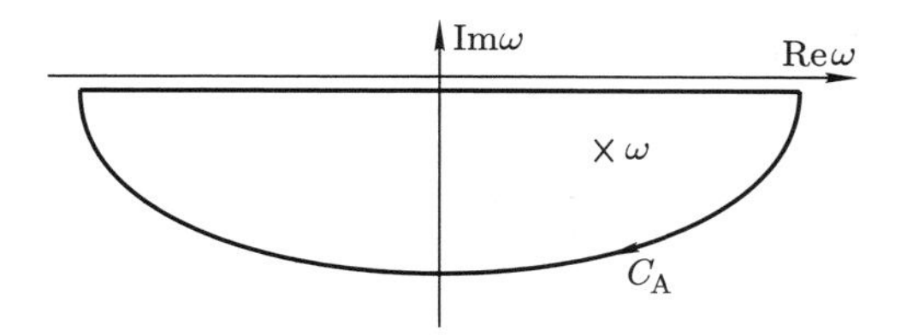

图 12.1.2 ω 复平面上的积分回路 $C_{\rm A}$

由于 (12.1.18) 式成立, 在回路半圆上的积分为零, 因此在下半平面任一点 ω 的函数 $f_{\rm a}(\omega)$ 表达为实轴上的积分,

$$f_{\rm a}(\omega)=-\frac{1}{2\pi{\rm i}}\int_{-\infty}^{\infty}\frac{f_{\rm a}(\omega')}{\omega'-\omega}{\rm d}\omega'. \tag{12.1.20}$$

(12.1.20) 式中的负号来自积分回路 $C_{\rm A}$ 方向是顺时针的, 与 $C_{\rm R}$ 的方向相反. 令 ω 趋于实轴, 即

$$\omega\to\omega_1-{\rm i}\epsilon(\epsilon\to 0,\epsilon>0),$$

$$f_{\rm a}(\omega_1-{\rm i}\epsilon)=-\frac{1}{2\pi{\rm i}}\int_{-\infty}^{\infty}\frac{f_{\rm a}(\omega')}{\omega'-\omega_1+{\rm i}\epsilon}{\rm d}\omega', \tag{12.1.21}$$

$$f_{\rm a}(\omega_1)=-\frac{P}{\pi{\rm i}}\int_{-\infty}^{\infty}\frac{f_{\rm a}(\omega')}{\omega'-\omega_1}{\rm d}\omega'.$$

进一步当 ω_1 为实数时将 $f_{\rm a}(\omega_1)$ 分为实部和虚部,

$$f_{\rm a}(\omega_1)={\rm Re}f_{\rm a}(\omega_1)+{\rm iIm}f_{\rm a}(\omega_1),$$

并代入 (12.1.22) 式使等式两边实部和虚部分别相等, 就得到

$${\rm Re}f_{\rm a}(\omega_1)=-\frac{P}{\pi}\int_{-\infty}^{\infty}\frac{{\rm Im}f_{\rm a}(\omega')}{\omega'-\omega_1}{\rm d}\omega', \tag{12.1.22}$$

$${\rm Im}f_{\rm a}(\omega_1)=\frac{P}{\pi}\int_{-\infty}^{\infty}\frac{{\rm Re}f_{\rm a}(\omega')}{\omega'-\omega_1}{\rm d}\omega', \tag{12.1.23}$$

或者

$$f_{\rm a}(\omega_1)=-\frac{1}{\pi}\int_{-\infty}^{\infty}\frac{{\rm Im}f_{\rm a}(\omega')}{\omega'-\omega_1-{\rm i}\epsilon}{\rm d}\omega', \tag{12.1.24}$$

$$f_{\rm a}(\omega_1)=-\frac{1}{\pi {\rm i}}\int_{-\infty}^{\infty}\frac{{\rm Re}f_{\rm a}(\omega')}{\omega'-\omega_1-{\rm i}\epsilon}{\rm d}\omega'. \tag{12.1.25}$$

这样引入了非物理的 $f_{\rm a}(\omega_1)$. 若定义

$$\begin{aligned}&f_{\rm r}(\omega_1)={\rm Re}f_{\rm r}(\omega_1)+{\rm iIm}f_{\rm r}(\omega_1)=d(\omega_1)+{\rm i}a(\omega_1),\\&f_{\rm a}(\omega_1)=f_{\rm r}^*(\omega_1)=d(\omega_1)-{\rm i}a(\omega_1),\end{aligned} \tag{12.1.26}$$

那么由 (12.1.3) 和 (12.1.17) 式, 知

$$\begin{aligned}d(\omega_1)&=\frac{1}{2}\int_{-\infty}^{\infty}{\rm d}t{\rm e}^{{\rm i}\omega_1 t}\epsilon(t)\overline{f}(t),\\a(\omega_1)&=\frac{1}{2{\rm i}}\int_{-\infty}^{\infty}{\rm d}t{\rm e}^{{\rm i}\omega_1 t}\overline{f}(t),\end{aligned} \tag{12.1.27}$$

其中 $\epsilon(t)$ 是符号函数, 定义为

$$\epsilon(t)=\begin{cases}1, & t>0,\\-1, & t<0,\end{cases}$$

或者记为

$$\epsilon(t)=\theta(t)-\theta(-t), \tag{12.1.28}$$

$$\theta(t)=\frac{1}{2}\left[1+\epsilon(t)\right], \tag{12.1.29}$$

$$\theta(-t)=\frac{1}{2}\left[1-\epsilon(t)\right]. \tag{12.1.30}$$

将 (12.1.30) 式代入 (12.1.3) 和 (12.1.17) 式自然地给出 (12.1.27) 式. 人们称 $d(\omega_1)$ 为散射振幅的色散部分, $a(\omega_1)$ 为散射振幅的吸收部分, 两者存在 Hilbert 关系

$$d(\omega_1)=\frac{P}{\pi}\int_{-\infty}^{\infty}\frac{a(\omega_1)}{\omega'-\omega_1}{\rm d}\omega', \tag{12.1.31}$$

$$a(\omega_1) = -\frac{P}{\pi}\int_{-\infty}^{\infty}\frac{d(\omega_1)}{\omega' - \omega_1}\mathrm{d}\omega'. \tag{12.1.32}$$

以上从因果性到解析性再导致色散关系的推导过程可以归纳为三点:

(1) $f(\omega_1)$ 是 $f(t)$ 的 Fourier 变换,

$$f(\omega_1) = \int_{-\infty}^{\infty}\mathrm{d}t\mathrm{e}^{\mathrm{i}\omega_1 t}f(t),$$

其中当 $t<0$ 时 $f(t)=0$.

(2) $f(\omega_1)$ 可以看作一个解析函数 $f(\omega)$ 从上半平面趋于实轴时的边界值,

$$\begin{aligned} f(\omega) &= \int_{-\infty}^{\infty}\mathrm{d}t\mathrm{e}^{\mathrm{i}\omega t}f(t), \\ f(\omega_1) &= \lim_{\omega_2\to 0^+} f(\omega), \\ \omega &= \omega_1 + \mathrm{i}\omega_2 \quad (\omega_2 > 0), \end{aligned}$$

$f(\omega_1)$ 由解析函数 $f(\omega)$ 唯一确定, 反过来 $f(\omega)$ 也由 $f(\omega_1)$ 唯一确定.

(3) 如果假定 $f(\omega_1)$ 和 $f(\omega)$ 在无穷远处趋于零且 $f(\omega_1)$ 是一个实变量的复函数,

$$f(\omega_1) = \mathrm{Re}f(\omega_1) + \mathrm{i}\mathrm{Im}f(\omega_1), \tag{12.1.33}$$

那么它的实部和虚部互为 Hilbert 变换, 即

$$\begin{aligned} \mathrm{Re}f(\omega_1) &= \frac{P}{\pi}\int_{-\infty}^{\infty}\frac{\mathrm{Im}f(\omega')}{\omega' - \omega_1}\mathrm{d}\omega', \\ \mathrm{Im}f(\omega_1) &= -\frac{P}{\pi}\int_{-\infty}^{\infty}\frac{\mathrm{Re}f(\omega')}{\omega' - \omega_1}\mathrm{d}\omega'. \end{aligned}$$

可以证明这三点相互为充要条件. 数学上将上述三点总结为 Titchmarsh 定理: 如果函数 $f(\omega_1)$ 满足

(1) $f(\omega_1) = \mathrm{Re}f(\omega_1) + \mathrm{i}\mathrm{Im}f(\omega_1)$ 是 $f(t)$ 的 Fourier 变换

$$f(\omega_1) = \int_{-\infty}^{\infty}\mathrm{d}t\mathrm{e}^{\mathrm{i}\omega_1 t}f(t), \tag{12.1.34}$$

其中当 $t<0$ 时 $f(t)=0$,

(2) $\mathrm{Re}f(\omega_1)$ 和 $\mathrm{Im}f(\omega_1)$ 在 $-\infty<\omega_1<\infty$ 范围内平方可积,

(3) $\mathrm{Re}f(\omega_1)$ 和 $\mathrm{Im}f(\omega_1)$ 满足 Hilbert 关系, 即

$$\begin{aligned} \mathrm{Re}f(\omega_1) &= \frac{P}{\pi}\int_{-\infty}^{\infty}\frac{\mathrm{Im}f(\omega')}{\omega' - \omega_1}\mathrm{d}\omega', \\ \mathrm{Im}f(\omega_1) &= -\frac{P}{\pi}\int_{-\infty}^{\infty}\frac{\mathrm{Re}f(\omega')}{\omega' - \omega_1}\mathrm{d}\omega', \end{aligned} \tag{12.1.35}$$

则存在一解析函数 $f(\omega)$, 使得

$$\int_{-\infty}^{\infty} \mathrm{d}\omega |f(\omega)|^2 < K, \quad \omega = \omega_1 + \mathrm{i}\omega_2,$$

其中 K 为足够大的有限数, 并且 $f(\omega_1)$ 是解析函数 $f(\omega)$ 在实轴上的边界值,

$$f(\omega_1) = \lim_{\omega \to \omega_1 + \mathrm{i}\epsilon} f(\omega),$$

反之亦然, 即它们是充要条件. 关于此定理的严格证明参见有关文献.

§12.2 散射振幅的色散部分和吸收部分

在第 11 章中, 我们以一个赝标量场和一个旋量场体系为例分析了两体散射矩阵元, 物理上两体散射可以 $\pi + \mathrm{p} \to \pi + \mathrm{p}$ 过程为例. 对于这样一个两体散射矩阵元, Feynman 推迟和超前散射振幅已由 (11.6.8), (11.6.15) 和 (11.6.18) 式给出, 结果如下:

$$T(p', k'; p, k) = \mathrm{i} \int \mathrm{d}^4 z \mathrm{e}^{\frac{\mathrm{i}}{2}(k+k')\cdot z} \langle \boldsymbol{p}' | T[J\left(\frac{z}{2}\right) J\left(-\frac{z}{2}\right)] | \boldsymbol{p} \rangle + F\left((p-p')^2\right),$$

$$T_{\mathrm{r}}(p', k'; p, k) = \mathrm{i} \int \mathrm{d}^4 z \mathrm{e}^{\frac{\mathrm{i}}{2}(k+k')\cdot z} \theta(z_0) \langle \boldsymbol{p}' | \left[J\left(\frac{z}{2}\right), J\left(-\frac{z}{2}\right)\right] | \boldsymbol{p} \rangle + F\left((p-p')^2\right),$$

$$T_{\mathrm{a}}(p', k'; p, k) = \mathrm{i} \int \mathrm{d}^4 z \mathrm{e}^{\frac{\mathrm{i}}{2}(k+k')\cdot z} \theta(-z_0) \langle \boldsymbol{p}' | \left[J\left(\frac{z}{2}\right), J\left(-\frac{z}{2}\right)\right] | \boldsymbol{p} \rangle + F\left((p-p')^2\right),$$

其中 $F\left((p-p')^2\right)$ 是由 (11.6.6) 式定义的包含两等时对易关系的项, 对讨论解析性质无影响, 暂将它们略去. 这三种振幅都可以写成 Chew-Low 方程 (11.6.13), (11.6.16) 和 (11.6.19) 形式, 不同之处在于相应两项中的 $\mathrm{i}\epsilon$ 符号不同. 仔细分析就发现它们反映出不同的物理意义. 注意到积分意义下有 $(\epsilon \to 0)$,

$$\lim_{\epsilon \to 0} \frac{1}{\tau \pm \mathrm{i}\epsilon} = \frac{P}{\tau} \mp \mathrm{i}\pi\delta(\tau), \tag{12.2.1}$$

可以将 (11.6.13), (11.6.16), (11.6.19) 式定义为

$$T(p', k'; p, k) = D(p', k'; p, k) + \mathrm{i}\left[A_1(p', k'; p, k) + A_2(p', k'; p, k)\right], \tag{12.2.2}$$

$$T_{\mathrm{r}}(p', k'; p, k) = D(p', k'; p, k) + \mathrm{i}\left[A_1(p', k'; p, k) - A_2(p', k'; p, k)\right], \tag{12.2.3}$$

$$T_{\mathrm{a}}(p', k'; p, k) = D(p', k'; p, k) - \mathrm{i}\left[A_1(p', k'; p, k) - A_2(p', k'; p, k)\right], \tag{12.2.4}$$

其中 (略去了 $F\left((p-p')^2\right)$ 项)

$$D(p',k';p,k)=\sum_n\frac{\langle\boldsymbol{p}'|\,J(0)\,|\boldsymbol{p}+\boldsymbol{k},n\rangle\,\langle\boldsymbol{p}+\boldsymbol{k},n|\,J(0)\,|\boldsymbol{p}\rangle}{E_n-E-\omega}+\sum_n\frac{\langle\boldsymbol{p}'|\,J(0)\,|\boldsymbol{p}-\boldsymbol{k}',n\rangle\,\langle\boldsymbol{p}-\boldsymbol{k}',n|\,J(0)\,|\boldsymbol{p}\rangle}{E_n-E+\omega'},\tag{12.2.5}$$

$$\begin{aligned}A_1(p',k';p,k)&=-\pi\sum_n\langle\boldsymbol{p}'|\,J(0)\,|\boldsymbol{p}+\boldsymbol{k},n\rangle\,\langle\boldsymbol{p}+\boldsymbol{k},n|\,J(0)\,|\boldsymbol{p}\rangle\,\delta(E_n-E-\omega)\\&=-\pi(2\pi)^3\sum_{\boldsymbol{p}_n,n}\langle\boldsymbol{p}'|\,J(0)\,|\boldsymbol{p}_n,n\rangle\,\langle\boldsymbol{p}_n,n|\,J(0)\,|\boldsymbol{p}\rangle\,\delta^4(p_n-p-k),\end{aligned}\tag{12.2.6}$$

$$\begin{aligned}A_2(p',k';p,k)&=\pi\sum_n\langle\boldsymbol{p}'|\,J(0)\,|\boldsymbol{p}-\boldsymbol{k}',n\rangle\,\langle\boldsymbol{p}-\boldsymbol{k}',n|\,J(0)\,|\boldsymbol{p}\rangle\,\delta(E_n-E+\omega')\\&=\pi(2\pi)^3\sum_{\boldsymbol{p}_n,n}\langle\boldsymbol{p}'|\,J(0)\,|\boldsymbol{p}_n,n\rangle\,\langle\boldsymbol{p}_n,n|\,J(0)\,|\boldsymbol{p}\rangle\,\delta^4(p_n-p+k'),\end{aligned}\tag{12.2.7}$$

$$\begin{aligned}D(p',k';p,k)&=\frac{1}{2}\left[T_{\mathrm{r}}(p,k;p',k')+T_{\mathrm{a}}(p',k';p,k)\right]\\&=\frac{1}{2}\left[T_{\mathrm{r}}(p,k;p',k')-T_{\mathrm{r}}^*(p,k;p',k')\right]\end{aligned}\tag{12.2.8}$$

分别称为散射振幅的色散部分 $D(p',k';p,k)$ 和吸收部分 $A_i(p',k';p,k)(i=1,2)$. 注意到色散部分的中间态粒子只有三动量守恒而能量不守恒, 而吸收部分的中间态粒子既有三动量守恒又有能量守恒, 即对于 $A_1(p',k';p,k)$ 来讲, $\boldsymbol{p}_n=\boldsymbol{p}+\boldsymbol{k},E_n=E+\omega$, 对于 $A_2(p',k';p,k)$ 来讲, $\boldsymbol{p}_n=\boldsymbol{p}-\boldsymbol{k}',E_n=E-\omega'$.

对于散射过程 $\pi+\mathrm{p}\to\pi+\mathrm{p}$, 物理粒子核子质量为 m, π 介子质量为 μ, 另一方面由于重子数守恒, 物理上允许的中间态最低为单核子态, $E_n\geqslant m,p_n^2\geqslant m^2$. 仔细分析吸收部分 $A_i(p',k';p,k)(i=1,2)$ 中中间态情况, 可将能量-动量区域分为三个区域:

$$(1)\ \text{物理区域}\quad E,E'\geqslant m>0,\quad \omega,\omega'\geqslant\mu>0,\tag{12.2.9}$$

$$(2)\ \text{非物理区域}\quad E,E'\geqslant m>0,\quad \omega,\omega'<-\mu,\tag{12.2.10}$$

$$(3)\ \text{非物理区域}\quad E,E'\geqslant m>0,\quad \mu>\omega,\omega'>-\mu.\tag{12.2.11}$$

下面分别予以讨论.

(1) 物理区域, $E,E'\geqslant m>0,\quad \omega,\omega'\geqslant\mu>0$, 选择核子静止参考系, $\boldsymbol{p}=\boldsymbol{0}$.

(i) 对于 $A_1(p',k';p,k)$, 四动量守恒 (能量-动量守恒) 要求 $p_n=p+k$, 这意味着中间态四动量

$$p_n^2=E_n^2-\boldsymbol{p}_n^2=(m+\omega)^2-|\boldsymbol{k}|^2=m^2+\mu^2+2m\omega\geqslant(m+\mu)^2,$$

即要求中间态至少是一个核子和一个介子.

(ii) 对于 $A_2(p',k';p,k)$, 四动量守恒要求 $p_n=p-k'$, 这意味着中间态四动量

$$p_n^2=E_n^2-\boldsymbol{p}_n^2=(m-\omega')^2-|\boldsymbol{k}'|^2=m^2+\mu^2-2m\omega'\leqslant(m-\mu)^2,$$

没有一个物理中间态可以满足此条件.

显然条件 (12.2.9) 可以使得 $p_n^2\geqslant(m+\mu)^2$ 成立, 但 $p_n^2\leqslant(m-\mu)^2$ 不能成立, 即四动量守恒要求 $p_n=p+k$ 在 $A_1(p',k';p,k)$ 中能得到满足, 但四动量守恒要求 $p_n=p-k'$ 在 $A_2(p',k';p,k)$ 中不能得到满足. 因此在物理区域内 (满足条件 (12.2.9)),

$$A_1(p',k';p,k)\neq 0,$$
$$A_2(p',k';p,k)=0.$$

再由 (12.2.2) 和 (12.2.3) 式知, 在物理区域内有 Feynman 振幅和推迟振幅相等的结论,

$$T(p',k';p,k)=T_{\mathrm{r}}(p',k';p,k).\tag{12.2.12}$$

这是可理解的, 因为物理区域内 Feynman 振幅和推迟振幅是同一过程的两种不同表达式. 在物理区域内 $p_n=p+k$ 是可以允许的, 但 $p_n=p-k'$ 是不允许的, 因为单核子不能自发衰变.

(2) 非物理区域, $E,E'\geqslant m>0,\quad \omega,\omega'<-\mu$.

(i) 对于 $A_1(p',k';p,k)$, 四动量守恒要求 $p_n=p+k$, 这意味着中间态四动量

$$p_n^2=E_n^2-\boldsymbol{p}_n^2=(m+\omega)^2-|\boldsymbol{k}|^2=m^2+\mu^2+2m\omega\leqslant(m-\mu)^2,\tag{12.2.13}$$

没有一个物理中间态可以满足此条件.

(ii) 对于 $A_2(p',k';p,k)$, 四动量守恒要求 $p_n=p-k'$, 这意味着中间态四动量

$$p_n^2=E_n^2-\boldsymbol{p}_n^2=(m-\omega')^2-|\boldsymbol{k}'|^2=m^2+\mu^2-2m\omega'\geqslant(m+\mu)^2,\tag{12.2.14}$$

即要求中间态至少是一个核子和一个介子.

因此在此非物理区域内,

$$A_1(p',k';p,k)=0,$$
$$A_2(p',k';p,k)\neq 0,$$

再由 (12.2.2) 和 (12.2.3) 式知在非物理区域内有 Feynman 振幅和超前振幅相等的结论,

$$T(p',k';p,k)=T_{\mathrm{a}}(p',k';p,k). \tag{12.2.15}$$

可见虽然引入超前振幅是非物理的, 但在非物理区域内超前振幅与 Feynman 振幅相同.

(3) 非物理区域, $E,E'\geqslant m>0,\quad \mu>\omega,\omega'>-\mu$.

(i) 对于 $A_1(p',k';p,k)$, 四动量守恒要求 $p_n=p+k$, 这意味着中间态四动量

$$(m+\mu)^2>p_n^2>(m-\mu)^2, \tag{12.2.16}$$

单核子中间态可以满足此条件.

(ii) 对于 $A_2(p',k';p,k)$, 四动量守恒要求 $p_n=p-k'$, 这意味着中间态四动量

$$(m+\mu)^2>p_n^2>(m-\mu)^2, \tag{12.2.17}$$

单核子中间态可满足此条件.

因此在满足条件 (12.2.11) 的非物理区域内,

$$A_1(p',k';p,k)\neq 0,$$
$$A_2(p',k';p,k)\neq 0,$$

中间态为单核子态, 对 $A_1(p',k';p,k)$ 和 $A_2(p',k';p,k)$ 都有贡献.

定义吸收部分

$$A(p',k';p,k)=A_1(p',k';p,k)-A_2(p',k';p,k), \tag{12.2.18}$$

那么有

$$T_{\mathrm{r}}(p',k';p,k)=D(p',k';p,k)+\mathrm{i}A(p',k';p,k), \tag{12.2.19}$$

$$T_{\mathrm{a}}(p',k';p,k)=D(p',k';p,k)-\mathrm{i}A(p',k';p,k), \tag{12.2.20}$$

或者由散射振幅表达吸收部分,

$$\begin{aligned}A(p',k';p,k)&=\frac{1}{2\mathrm{i}}\left[T_{\mathrm{r}}(p,k;p',k')-T_{\mathrm{a}}(p',k';p,k)\right]\\&=\frac{1}{2\mathrm{i}}\left[T_{\mathrm{r}}(p,k;p',k')-T_{\mathrm{r}}^*(p,k;p',k')\right].\end{aligned} \tag{12.2.21}$$

把散射振幅的表达式代入 (12.2.8) 和 (12.2.21) 式, 得到色散部分和吸收部分的积分表达式

$$D(p',k';p,k)=\frac{\mathrm{i}}{2}\int \mathrm{d}^4z\mathrm{e}^{\frac{\mathrm{i}}{2}(k+k')\cdot z}\epsilon(z_0)\left\langle \boldsymbol{p}'\right|\left[J\left(\frac{z}{2}\right),J\left(-\frac{z}{2}\right)\right]\left|\boldsymbol{p}\right\rangle, \quad (12.2.22)$$

$$A(p',k';p,k)=\frac{1}{2}\int \mathrm{d}^4z\mathrm{e}^{\frac{\mathrm{i}}{2}(k+k')\cdot z}\left\langle \boldsymbol{p}'\right|\left[J\left(\frac{z}{2}\right),J\left(-\frac{z}{2}\right)\right]\left|\boldsymbol{p}\right\rangle, \quad (12.2.23)$$

其中符号 $\epsilon(z_o)$ 和 $\theta(z_0)$ 由

$$\begin{aligned}\theta(z_0)&=\frac{1}{2}\left[\epsilon(z_0)+1\right],\\ \theta(-z_0)&=-\frac{1}{2}\left[\epsilon(z_0)-1\right]\end{aligned} \quad (12.2.24)$$

确定, 由此关系很容易证实上述等式成立. 相应地有

$$A_1(p',k';p,k)=\frac{1}{2}\int \mathrm{d}^4z\mathrm{e}^{\frac{\mathrm{i}}{2}(k+k')\cdot z}\left\langle \boldsymbol{p}'\right|J\left(\frac{z}{2}\right)J\left(-\frac{z}{2}\right)\left|\boldsymbol{p}\right\rangle, \quad (12.2.25)$$

$$A_2(p',k';p,k)=\frac{1}{2}\int \mathrm{d}^4z\mathrm{e}^{\frac{\mathrm{i}}{2}(k+k')\cdot z}\left\langle \boldsymbol{p}'\right|J\left(-\frac{z}{2}\right)J\left(\frac{z}{2}\right)\left|\boldsymbol{p}\right\rangle. \quad (12.2.26)$$

在 (12.2.22), (12.2.25) 和 (12.2.26) 式中插入完备的物理中间态积分就得到 (12.2.5) ~ (12.2.7) 式. 由 (12.2.25) 和 (12.2.26) 式也可证明

$$A_1(p',-k';p,-k)=A_2(p',k';p,k). \quad (12.2.27)$$

只须注意 $A_1(p',k';p,k)\to A_1(p',-k';p,-k)$ 时令 $z\to -z$ 就可得到上式.

§12.3 向前散射振幅的解析性质

§12.1 讨论了经典理论中的色散关系和 Titchmarsh 定理, 这一节分析相对论量子场论中散射振幅的性质. 初看起来推迟散射振幅 $T_{\mathrm{r}}(p',k';p,k)$ 含有因果性函数

$$\theta(z_0)\left[J\left(\frac{z}{2}\right),J\left(-\frac{z}{2}\right)\right]=0,\quad 当 z_0<0, z^2<0,$$

可以应用 Titchmarsh 定理导出解析性和色散关系. 仔细分析则没有这么简单, 因为这里不是一个自变量而是四维 Fourier 变换, 当选择变量 z_0 后, 相应的 (k_0+k_0') 并不是独立变量, 因为 $k^2=\mu^2, k'^2=\mu^2$, 且被积函数也不仅是 z_0 的函数, 还是 k 和 k' 的函数 $(p'=p+k-k')$, 所以不能直接应用 Titchmarsh 定理.

考虑一特殊情况 —— 向前散射, 出射束动量 $\boldsymbol{k}'$ 和入射束动量 $\boldsymbol{k}$ 在一个方向且大小相等 (小角度散射, $\theta\approx 0$), $\boldsymbol{k}=\boldsymbol{k}'$, 由动量守恒知 $\boldsymbol{p}=\boldsymbol{p}'$, 因此

$$T_{\mathrm{r}}(p,k;p,k)=\mathrm{i}\int \mathrm{d}^4z\mathrm{e}^{\mathrm{i}k\cdot z}\theta(z_0)\left\langle \boldsymbol{p}\right|\left[J\left(\frac{z}{2}\right),J\left(-\frac{z}{2}\right)\right]\left|\boldsymbol{p}\right\rangle+F(0). \quad (12.3.1)$$

此时被积函数 $\langle\boldsymbol{p}|\left[J\left(\frac{z}{2}\right),J\left(-\frac{z}{2}\right)\right]|\boldsymbol{p}\rangle$ 与 k 无关, 使问题大为简化. 取靶核静止系(即核子静止的实验室系), $\boldsymbol{p}=\mathbf{0}$, 定义散射角 θ (见图 12.3.1), 向前散射情况就是 $\theta\approx 0$(小角度散射), $|\boldsymbol{k}|=|\boldsymbol{k}'|$,

$$
\begin{aligned}
k&=(\omega,\boldsymbol{k}),\quad \omega=\sqrt{|\boldsymbol{k}|^2+\mu^2},\\
p&=(E,\boldsymbol{p}),\quad E=\sqrt{|\boldsymbol{p}|^2+m^2}.
\end{aligned}
$$

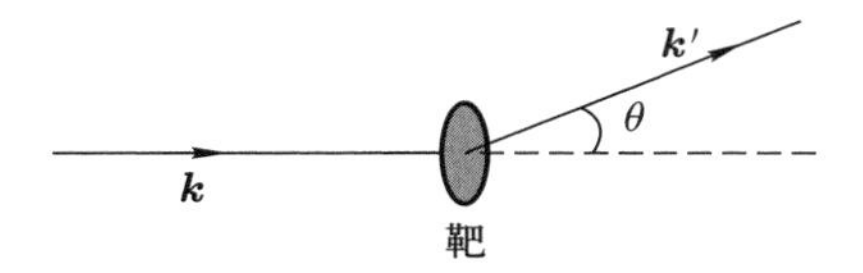

图 12.3.1 实验室系出射束动量 $\boldsymbol{k}'$、入射束动量 $\boldsymbol{k}$ 和散射角 θ

进一步简化, 设想核子为中性标量粒子, 省去自旋和同位旋的复杂性, 矩阵元

$$
\langle\boldsymbol{p}|\left[J\left(\frac{z}{2}\right),J\left(-\frac{z}{2}\right)\right]|\boldsymbol{p}\rangle
$$

简单地是 Lorentz 不变振幅, 仅为由变量 p,z 构成的不变量的函数. 由变量 p,z 构成的不变量有 $p^2,z^2,p\cdot z$, 定义不变函数

$$
F\left(p^2,z^2,p\cdot z\right)=\mathrm{i}\langle\boldsymbol{p}|\left[J\left(\frac{z}{2}\right),J\left(-\frac{z}{2}\right)\right]|\boldsymbol{p}\rangle, \tag{12.3.2}
$$

代入 (12.3.1) 式并略去 $F(0)$(因为 $F(0)$ 对讨论解析性是无关的常数), 有

$$
T_{\mathrm{r}}(p,k;p,k)=\int \mathrm{d}^4z\mathrm{e}^{\mathrm{i}k\cdot z}\theta(z_0)F\left(p^2,z^2,p\cdot z\right). \tag{12.3.3}
$$

由质壳条件 $p^2=m^2$ 以及取了参考系 $\boldsymbol{p}=\mathbf{0}$, 得

$$
F\left(p^2,z^2,p\cdot z\right)=F\left(z^2,p\cdot z\right)=F\left(|\boldsymbol{z}|^2,z_0\right)=F\left(r^2,z_0\right), \tag{12.3.4}
$$

仅是 $|\boldsymbol{z}|^2=r^2$ 和 z_0 的函数. 这表明在向前散射情况下 $F\left(r^2,z_0\right)$ 是空间球对称的, 与 $\boldsymbol{z}$ 的取向无关, 而且 $F\left(r^2,z_0\right)$ 与 $|\boldsymbol{k}|$(或 ω) 无关. 这样可以取球坐标将角度部分积分分离出来. 注意到

$$
\begin{aligned}
&\mathrm{d}^4z=\mathrm{d}^3z\mathrm{d}z_0=r^2\mathrm{d}r\sin\theta\mathrm{d}\theta\mathrm{d}\varphi\mathrm{d}z_0,\\
&\boldsymbol{k}\cdot\boldsymbol{z}=\omega z_0-|\boldsymbol{k}|\,|\boldsymbol{z}|\cos\theta=\omega z_0-\sqrt{\omega^2-\mu^2}r\cos\theta,
\end{aligned}
\tag{12.3.5}
$$

有

$$
\begin{aligned}
T_{\mathrm{r}}(p,k;p,k) &= \int \mathrm{d}^4 z \mathrm{e}^{\mathrm{i}k\cdot z}\theta(z_0)F\left(p^2,z^2,p\cdot z\right) \\
&= \int \mathrm{d}^4 z \mathrm{e}^{\mathrm{i}k\cdot z}\theta(z_0)F\left(r^2,z_0\right) \\
&= \int r^2\mathrm{d}r\sin\theta\mathrm{d}\theta\mathrm{d}\varphi\mathrm{d}z_0\mathrm{e}^{\mathrm{i}\omega z_0-\mathrm{i}\sqrt{\omega^2-\mu^2}r\cos\theta}\theta(z_0)F\left(r^2,z_0\right),
\end{aligned}
\tag{12.3.6}
$$

这样向前散射振幅仅是 ω, r 的函数 $T_{\mathrm{r}}(\omega,r)$. 定义

$$
T_{\mathrm{r}}(\omega)\equiv T_{\mathrm{r}}(p,k;p,k)=\int_0^\infty T_{\mathrm{r}}(\omega,r)\mathrm{d}r,
\tag{12.3.7}
$$

其中

$$
\begin{aligned}
T_{\mathrm{r}}(\omega,r) &= \int r^2\sin\theta\mathrm{d}\theta\mathrm{d}\varphi\mathrm{d}z_0\mathrm{e}^{\mathrm{i}\omega z_0-\mathrm{i}\sqrt{\omega^2-\mu^2}r\cos\theta}\theta(z_0)F\left(r^2,z_0\right) \\
&= -2\pi\int r^2\mathrm{d}\cos\theta\mathrm{d}z_0\mathrm{e}^{\mathrm{i}\omega z_0-\mathrm{i}\sqrt{\omega^2-\mu^2}r\cos\theta}\theta(z_0)F\left(r^2,z_0\right) \\
&= 4\pi\int r\mathrm{d}z_0\mathrm{e}^{\mathrm{i}\omega z_0}\theta(z_0)F\left(r^2,z_0\right)\frac{\sin\sqrt{\omega^2-\mu^2}r}{\sqrt{\omega^2-\mu^2}} \\
&= 4\pi r\frac{\sin\sqrt{\omega^2-\mu^2}r}{\sqrt{\omega^2-\mu^2}}\int\mathrm{d}z_0\mathrm{e}^{\mathrm{i}\omega z_0}\theta(z_0)F\left(r^2,z_0\right).
\end{aligned}
\tag{12.3.8}
$$

利用 (12.2.20) 式可以将 $T_{\mathrm{r}}(\omega,r)$ 分解为色散部分 $D(\omega,r)$ 和吸收部分 $A(\omega,r)$,

$$
T_{\mathrm{r}}(\omega,r)=D(\omega,r)+\mathrm{i}A(\omega,r),
\tag{12.3.9}
$$

其中

$$
D(\omega,r)=2\pi r\frac{\sin\sqrt{\omega^2-\mu^2}r}{\sqrt{\omega^2-\mu^2}}\int\mathrm{d}z_0\mathrm{e}^{\mathrm{i}\omega z_0}\epsilon(z_0)F\left(r^2,z_0\right),
\tag{12.3.10}
$$

$$
A(\omega,r)=-2\pi\mathrm{i}r\frac{\sin\sqrt{\omega^2-\mu^2}r}{\sqrt{\omega^2-\mu^2}}\int\mathrm{d}z_0\mathrm{e}^{\mathrm{i}\omega z_0}F\left(r^2,z_0\right),
\tag{12.3.11}
$$

这样

$$
T_{\mathrm{r}}(\omega)=D(\omega)+\mathrm{i}A(\omega),
\tag{12.3.12}
$$

而

$$
D(\omega)=\int\mathrm{d}rD(\omega,r),
\tag{12.3.13}
$$

$$
A(\omega)=\int\mathrm{d}rA(\omega,r).
\tag{12.3.14}
$$

由 (12.3.2) 式知 $F\left(r^2, z_0\right)$ 是实函数, 即有 $F^*\left(r^2, z_0\right) = F\left(r^2, z_0\right)$. 当 ω 是实数时, $F\left(r^2, z_0\right)$ 是实函数就导致 $D(\omega, r)$ 和 $A(\omega, r)$ 是实函数, 因而 $D(\omega)$, $A(\omega)$ 也是实函数. 进一步可以证明,

$$T_{\mathrm{r}}^*(\omega, r) = T_{\mathrm{r}}(-\omega, r), \tag{12.3.15}$$

$$T_{\mathrm{r}}^*(\omega) = T_{\mathrm{r}}(-\omega), \tag{12.3.16}$$

这正是散射振幅交叉对称性所满足的关系式.

由 (12.3.8) 式可以将 $T_{\mathrm{r}}(\omega, r)$ 看作两部分的乘积,

$$T_{\mathrm{r}}(\omega, r) = 4\pi r \frac{\sin\sqrt{\omega^2 - \mu^2} r}{\sqrt{\omega^2 - \mu^2}} G(\omega, r), \tag{12.3.17}$$

其中 $G(\omega, r)$ 是积分形式,

$$\begin{aligned} G(\omega, r) &= \int \mathrm{d}z_0 \mathrm{e}^{\mathrm{i}\omega z_0} \theta(z_0) F\left(r^2, z_0\right) \\ &= \int_r^\infty \mathrm{d}z_0 \mathrm{e}^{\mathrm{i}\omega z_0} F\left(r^2, z_0\right). \end{aligned} \tag{12.3.18}$$

这里对 z_0 的积分实际是从 r 开始的, 因为 (12.3.2) 式表明 $F\left(r^2, z_0\right)$ 仅在类时间隔下不为零,

$$F\left(r^2, z_0\right) \begin{cases} = 0, & z^2 < 0, \\ \neq 0, & z^2 \geqslant 0, \end{cases} \tag{12.3.19}$$

又由于 $\theta(z_0)$ 函数, 因此 $F\left(r^2, z_0\right)$ 不为零的区域是 $z_0 \geqslant r$.

这样, $T_{\mathrm{r}}(\omega, r)$ 对 ω 的解析性质可以分为两部分 $\dfrac{\sin\sqrt{\omega^2 - \mu^2} r}{\sqrt{\omega^2 - \mu^2}}$ 和 $G(\omega, r)$ 的乘积来讨论. 首先考察函数 $\dfrac{\sin\sqrt{\omega^2 - \mu^2} r}{\sqrt{\omega^2 - \mu^2}}$ 的解析性质. 初看起来, 分子和分母都在 $\omega = \pm\mu$ 处为一级代数分支点, 但两者相除正好消去, 使得函数 $\dfrac{\sin\sqrt{\omega^2 - \mu^2} r}{\sqrt{\omega^2 - \mu^2}}$ 为整函数, 可以延拓到 ω 的整个复平面上成为一个单值解析函数.

其次考察由 (12.3.18) 式定义的 $G(\omega, r)$. 当 ω 是实数时, 可以将它分为实部和虚部,

$$G(\omega, r) = \mathrm{Re}G(\omega, r) + \mathrm{i}\mathrm{Im}G(\omega, r), \tag{12.3.20}$$

其中

$$\mathrm{Re}G(\omega, r) = \int_r^\infty \mathrm{d}z_0 \cos\omega z_0 F\left(r^2, z_0\right), \tag{12.3.21}$$

$$\mathrm{Im}G(\omega, r) = \int_r^\infty \mathrm{d}z_0 \sin\omega z_0 F\left(r^2, z_0\right). \tag{12.3.22}$$

如果 $\mathrm{Re}G(\omega,r)$ 和 $\mathrm{Im}G(\omega,r)$ 在 $-\infty<\omega<\infty$ 范围内平方可积, 那么就可以应用上一节所述的 Titchmarsh 定理将 $G(\omega,r)$ 解析延拓到上半平面, 且当 ω 逼近实轴时就是函数 $G(\omega,r)$ 本身,

$$\lim_{\epsilon\to 0}G(\omega+\mathrm{i}\epsilon,r)=G(\omega,r). \tag{12.3.23}$$

注意到由 (12.3.18) 式要求 $G(\omega,r)$ 平方可积给出

$$\begin{aligned}\int\mathrm{d}\omega\,|G(\omega,r)|^2&=\int\mathrm{d}\omega\int_r^{\infty}\mathrm{d}z_0\mathrm{e}^{\mathrm{i}\omega z_0}F\left(r^2,z_0\right)\int_r^{\infty}\mathrm{d}z_0'\mathrm{e}^{-\mathrm{i}\omega z_0'}F^*\left(r^2,z_0'\right)\\&=\int_r^{\infty}\mathrm{d}z_0\mathrm{d}z_0'\delta(z_0-z_0')F\left(r^2,z_0\right)F^*\left(r^2,z_0'\right)\\&=\int_r^{\infty}\mathrm{d}z_0\left|F\left(r^2,z_0\right)\right|^2,\end{aligned} \tag{12.3.24}$$

转换为要求 $F\left(r^2,z_0\right)$ 平方可积. 按照 (12.3.2) 式, 它取决于对易子的奇异性质. 而由 (12.3.19) 式知此积分仅在 $\infty>z_0\geqslant r$ 区域, 它的奇异性最可能发生在光锥上 $z^2=0(z_0=r)$ 和 $z_0\to\infty$ 处. 当 $z_0\to\infty$ 时, 由于

$$\lim_{z_0\to\infty}J\left(\frac{z}{2}\right)=\lim_{z_0\to\infty}\left[(\mu^2+\Box)\Phi\left(\frac{z}{2}\right)\right]\to(\mu^2+\Box)\phi_{\mathrm{out}}\left(\frac{z}{2}\right)=0,$$

因而对易关系在 $z_0\to\infty$ 时不会具有发散行为, 那么可以假设奇异性仅发生在光锥上, 即 $z_0=r$. 将光锥区域分离出来 (取 δ 是一小正数), 有

$$\begin{aligned}G(\omega,r)&=\int_r^{\infty}\mathrm{d}z_0\mathrm{e}^{\mathrm{i}\omega z_0}F\left(r^2,z_0\right)\\&=\int_{r+\delta}^{\infty}\mathrm{d}z_0\mathrm{e}^{\mathrm{i}\omega z_0}F\left(r^2,z_0\right)+\int_r^{r+\delta}\mathrm{d}z_0\mathrm{e}^{\mathrm{i}\omega z_0}F\left(r^2,z_0\right).\end{aligned} \tag{12.3.25}$$

上式中第一项就是平方可积函数. 对它做积分变换, 令 $z_0=x+r+\delta$, 有

$$\begin{aligned}\int_{r+\delta}^{\infty}\mathrm{d}z_0\mathrm{e}^{\mathrm{i}\omega z_0}F\left(r^2,z_0\right)&=\int_0^{\infty}\mathrm{d}x\mathrm{e}^{\mathrm{i}\omega(x+r+\delta)}F\left(r^2,x+r+\delta\right)\\&=\mathrm{e}^{\mathrm{i}\omega r}\int_0^{\infty}\mathrm{d}x\mathrm{e}^{\mathrm{i}\omega(x+\delta)}F\left(r^2,x+r+\delta\right)\\&=\mathrm{e}^{\mathrm{i}\omega r}G(\omega,r,\delta).\end{aligned} \tag{12.3.26}$$

这意味着 $G(\omega,r,\delta)$ 也是平方可积的, 即当 $\omega\to\infty$ 时有 $G(\omega,r,\delta)\to 0$. 至于

(12.3.25) 式中第二项, 主要贡献来自光锥上 $z_0 = r$ 的奇异性,

$$\delta(z^2), \delta'(z^2), \delta''(z^2), \cdots,$$

$$\int_r^{r+\delta} \mathrm{d}z_0 \mathrm{e}^{\mathrm{i}\omega z_0} \delta(z^2) = \int_r^{r+\delta} \mathrm{d}z_0 \mathrm{e}^{\mathrm{i}\omega z_0} \frac{1}{2r} \left[\delta(z_0 - r) - \delta(z_0 + r)\right] = \frac{1}{2r} \mathrm{e}^{\mathrm{i}\omega r},$$

$$\int_r^{r+\delta} \mathrm{d}z_0 \mathrm{e}^{\mathrm{i}\omega z_0} \delta'(z^2) = \int_r^{r+\delta} \mathrm{d}z_0 \mathrm{e}^{\mathrm{i}\omega z_0} \frac{1}{2r} \left[\delta'(z_0 - r) - \delta'(z_0 + r)\right] = \frac{\omega}{2\mathrm{i}r} \mathrm{e}^{\mathrm{i}\omega r},$$

$$\int_r^{r+\delta} \mathrm{d}z_0 \mathrm{e}^{\mathrm{i}\omega z_0} \delta''(z^2) = -\frac{\omega^2}{2r} \mathrm{e}^{\mathrm{i}\omega r},$$

可见在光锥上对 $G(\omega, r)$ 的贡献是 $\mathrm{e}^{\mathrm{i}\omega r} P(\omega, r)$, 其中 $P(\omega, r)$ 是 ω 的多项式, 因此

$$G(\omega, r) = \mathrm{e}^{\mathrm{i}\omega r} \left[G(\omega, r, \delta) + P(\omega, r)\right]. \tag{12.3.27}$$

将 (12.3.27) 式代入 (12.3.17) 式, 得到

$$\begin{aligned} T_{\mathrm{r}}(\omega, r) &= 4\pi r \frac{\sin \sqrt{\omega^2 - \mu^2} r}{\sqrt{\omega^2 - \mu^2}} G(\omega, r) \\ &= 4\pi r \frac{\sin \sqrt{\omega^2 - \mu^2} r}{\sqrt{\omega^2 - \mu^2}} \mathrm{e}^{\mathrm{i}\omega r} \left[G(\omega, r, \delta) + P(\omega, r)\right]. \end{aligned} \tag{12.3.28}$$

现在考察当 $\omega \to \infty$ 时 $T_{\mathrm{r}}(\omega, r)$ 的行为. 由于当 $\omega \to \infty$ 时, $G(\omega, r, \delta) \to 0$, $P(\omega, r)$ 以 ω 的多项式趋于无穷, 以及

$$\frac{\sin \sqrt{\omega^2 - \mu^2} r}{\sqrt{\omega^2 - \mu^2}} \mathrm{e}^{\mathrm{i}\omega r} = \frac{\mathrm{e}^{\mathrm{i}(\omega + \sqrt{\omega^2 - \mu^2}) r} - \mathrm{e}^{\mathrm{i}(\omega - \sqrt{\omega^2 - \mu^2}) r}}{2\mathrm{i}\sqrt{\omega^2 - \mu^2}} \to \frac{\mathrm{e}^{2\mathrm{i}\omega r} - 1}{2\mathrm{i}\omega},$$

这就保证了这一因子在 ω 的上半平面有定义且趋于零. 这样当 $\omega \to \infty$ 时,

$$T_{\mathrm{r}}(\omega, r) \to \frac{1}{\omega} P(\omega, r) \quad 或 \quad \frac{T_{\mathrm{r}}(\omega, r)}{P(\omega, r)} \to \frac{1}{\omega} \to 0.$$

如果定义

$$T'_{\mathrm{r}}(\omega, r) = \frac{T_{\mathrm{r}}(\omega, r)}{P(\omega, r)}, \tag{12.3.29}$$

那么 $T'_{\mathrm{r}}(\omega, r)$ 平方可积且当 $\omega \to \infty$ 时有 $T'_{\mathrm{r}}(\omega, r) \to 0$. 对 $T'_{\mathrm{r}}(\omega, r)$ 直接应用 Titchmarsh 定理可得色散关系

$$T'_{\mathrm{r}}(\omega, r) = \frac{1}{\pi} \int_{-\infty}^{\infty} \mathrm{d}\omega' \frac{\mathrm{Im} T'_{\mathrm{r}}(\omega, r)}{\omega' - \omega - \mathrm{i}\epsilon}, \tag{12.3.30}$$

$$\mathrm{Re} T'_{\mathrm{r}}(\omega, r) = \frac{P}{\pi} \int_{-\infty}^{\infty} \mathrm{d}\omega' \frac{\mathrm{Im} T'_{\mathrm{r}}(\omega, r)}{\omega' - \omega}, \tag{12.3.31}$$

$$\mathrm{Im} T'_{\mathrm{r}}(\omega, r) = -\frac{P}{\pi} \int_{-\infty}^{\infty} \mathrm{d}\omega' \frac{\mathrm{Re} T'_{\mathrm{r}}(\omega, r)}{\omega' - \omega}. \tag{12.3.32}$$

注意到 (12.3.29) 式, 向前散射振幅 $T_{\mathrm{r}}(\omega, r)$ 与 $T'_{\mathrm{r}}(\omega, r)$ 之间相差一个多项式 $P(\omega, r)$.

§12.4 向前散射振幅的色散关系

在 §12.3 中讨论了向前散射振幅的解析性质和无穷远行为, 需要以 $T'_{\rm r}(\omega,r)$ 按 (12.3.29) 式代替 $T_{\rm r}(\omega,r)$, 它们之间相差一个多项式 $P(\omega,r)$, 本质上没有区别, 只是增加了讨论的复杂性. 为了简化, 此处先略去多项式, 即相当于去掉 (12.3.30) ~ (12.3.32) 式中的一撇, 简单地记为

$$T_{\rm r}(\omega,r)=\frac{1}{\pi}\int_{-\infty}^{\infty}{\rm d}\omega'\frac{{\rm Im}T_{\rm r}(\omega,r)}{\omega'-\omega-{\rm i}\epsilon},\tag{12.4.1}$$

并代入 (12.3.7) 式, 得到

$$T_{\rm r}(\omega)=\int_0^{\infty}T_{\rm r}(\omega,r){\rm d}r=\int_0^{\infty}\frac{1}{\pi}\int_{-\infty}^{\infty}{\rm d}\omega'\frac{{\rm Im}T_{\rm r}(\omega',r)}{\omega'-\omega-{\rm i}\epsilon}{\rm d}r.$$

将积分次序交换就可给出向前散射振幅的色散关系. 问题就在于能否简单地交换积分次序? 注意到 (12.3.9) 和 (12.3.11) 式, 有

$$\begin{aligned}{\rm Im}T_{\rm r}(\omega,r)=A(\omega,r)&=-2\pi{\rm i}r\frac{\sin\sqrt{\omega^2-\mu^2}r}{\sqrt{\omega^2-\mu^2}}\int{\rm d}z_0{\rm e}^{{\rm i}\omega z_0}F\left(r^2,z_0\right)\\&=2\pi r\frac{\sin\sqrt{\omega^2-\mu^2}r}{\sqrt{\omega^2-\mu^2}}\int{\rm d}z_0{\rm e}^{{\rm i}\omega z_0}\langle\boldsymbol{p}|\left[J\left(\frac{z}{2}\right),J\left(-\frac{z}{2}\right)\right]|\boldsymbol{p}\rangle.\end{aligned}$$

这里物理上要求 $\omega\geqslant\mu$, 意味着在非物理区域 $-\mu<\omega<\mu$ 中 $A(\omega,r)$ 无定义. 因子 $\sin\sqrt{\omega^2-\mu^2}r$ 在非物理区是发散的, 即

$$\sin\sqrt{\omega^2-\mu^2}r\to\infty,\quad 当\ r\to\infty.$$

§12.2 中讨论过, 在非物理区域 (12.2.11) 有单核子态的贡献. 为此将 (12.3.30) 式分为三个区域:

$$\begin{aligned}T_{\rm r}(\omega)&=\int_0^{\infty}\frac{1}{\pi}\int_{-\infty}^{\infty}{\rm d}\omega'\frac{{\rm Im}T_{\rm r}(\omega',r)}{\omega'-\omega-{\rm i}\epsilon}{\rm d}r\\&=\int_0^{\infty}\frac{1}{\pi}\int_{-\infty}^{\infty}{\rm d}\omega'\frac{A(\omega',r)}{\omega'-\omega-{\rm i}\epsilon}{\rm d}r\\&=\int_0^{\infty}\frac{1}{\pi}\left\{\int_{-\infty}^{-\mu}{\rm d}\omega'\frac{A(\omega',r)}{\omega'-\omega-{\rm i}\epsilon}+\int_{\mu}^{\infty}{\rm d}\omega'\frac{A(\omega',r)}{\omega'-\omega-{\rm i}\epsilon}\right.\\&\qquad\left.+\int_{-\mu}^{\mu}{\rm d}\omega'\frac{A(\omega',r)}{\omega'-\omega-{\rm i}\epsilon}\right\}{\rm d}r.\end{aligned}$$

前两项有定义可以交换积分次序, 对于第三项单独处理,

$$T_{\rm r}(\omega)=\int_{-\infty}^{-\mu}{\rm d}\omega'\frac{A(\omega')}{\omega'-\omega-{\rm i}\epsilon}+\int_{\mu}^{\infty}{\rm d}\omega'\frac{A(\omega')}{\omega'-\omega-{\rm i}\epsilon}+U(\omega),\tag{12.4.2}$$

其中

$$U(\omega)=\int_0^{\infty}\left\{\int_{-\mu}^{\mu}\mathrm{d}\omega'\frac{A(\omega',r)}{\omega'-\omega-\mathrm{i}\epsilon}\right\}\mathrm{d}r. \tag{12.4.3}$$

这一项的问题就出在物理上要求 $\omega\geqslant\mu$, 而当 $-\mu<\omega<\mu$ 时,

$$\sin\sqrt{\omega^2-\mu^2}r=\frac{1}{2\mathrm{i}}\left(\mathrm{e}^{\mathrm{i}\sqrt{\omega^2-\mu^2}r}-\mathrm{e}^{-\mathrm{i}\sqrt{\omega^2-\mu^2}r}\right),$$

指数会出现发散项. 由于在非物理区域有单核子态贡献, 在 (12.4.3) 式被积函数中令 μ^2 离开质壳,

$$\mu^2\to\zeta<0, \tag{12.4.4}$$

那么 $\sqrt{\omega^2-\zeta}$ 在 $-\mu<\omega<\mu$ 区域内不再是虚数积分, 不发散, 这样在条件 (12.4.4) $(\zeta<0)$ 下,

$$A(\omega,r)\to A(\omega,\zeta,r),\quad U(\omega)\to U(\omega,\zeta), \tag{12.4.5}$$

积分次序可以交换,

$$\begin{aligned}U(\omega,\zeta)&=\int_0^{\infty}\left\{\int_{-\mu}^{\mu}\mathrm{d}\omega'\frac{A(\omega',\zeta,r)}{\omega'-\omega-\mathrm{i}\epsilon}\right\}\mathrm{d}r\\&=\int_{-\mu}^{\mu}\mathrm{d}\omega'\frac{A(\omega',\zeta)}{\omega'-\omega-\mathrm{i}\epsilon},\end{aligned} \tag{12.4.6}$$

其中

$$A(\omega,\zeta)=\frac{1}{2}\int\mathrm{d}^4z\mathrm{e}^{\mathrm{i}k\cdot z}\langle\boldsymbol{p}'|\left[J\left(\frac{z}{2}\right),J\left(-\frac{z}{2}\right)\right]|\boldsymbol{p}\rangle,$$
$$k=(\omega,\boldsymbol{k}),\quad\omega^2=|\boldsymbol{k}|^2+\zeta,\quad\zeta<0.$$

现在考察单核子中间态在非物理区域 $-\mu<\omega<\mu$ 的贡献:

$$\begin{aligned}A(\omega,\zeta)&=\frac{1}{2}\int\mathrm{d}^4z\mathrm{e}^{\mathrm{i}k\cdot z}\langle\boldsymbol{p}'=\boldsymbol{0}|\left[J\left(\frac{z}{2}\right),J\left(-\frac{z}{2}\right)\right]|\boldsymbol{p}=\boldsymbol{0}\rangle\\&=\frac{1}{2}\int\mathrm{d}^4z\mathrm{e}^{\mathrm{i}k\cdot z}\sum_{\boldsymbol{p}_n,n}\langle\boldsymbol{p}'=\boldsymbol{0}|J\left(\frac{z}{2}\right)|n\rangle\langle n|J\left(-\frac{z}{2}\right)|\boldsymbol{p}=\boldsymbol{0}\rangle\\&\quad-\frac{1}{2}\int\mathrm{d}^4z\mathrm{e}^{\mathrm{i}k\cdot z}\sum_{\boldsymbol{p}_n,n}\langle\boldsymbol{p}'=\boldsymbol{0}|J\left(-\frac{z}{2}\right)|n\rangle\langle n|J\left(\frac{z}{2}\right)|\boldsymbol{p}=\boldsymbol{0}\rangle\\&=\pi\sum_{\boldsymbol{p}_n,n}\langle\boldsymbol{p}'=\boldsymbol{0}|J(0)|\boldsymbol{p}_n\rangle\langle\boldsymbol{p}_n|J(0)|\boldsymbol{p}=\boldsymbol{0}\rangle\delta(E_n-m-\omega)\\&\quad-\pi\sum_{\boldsymbol{p}_n,n}\langle\boldsymbol{p}'=\boldsymbol{0}|J(0)|\boldsymbol{p}_n\rangle\langle\boldsymbol{p}_n|J(0)|\boldsymbol{p}=\boldsymbol{0}\rangle\delta(E_n-m+\omega),\end{aligned} \tag{12.4.7}$$

这里单核子态四动量为

$$p_n = (E_n, \boldsymbol{p} \pm \boldsymbol{k}) = (E_n, \pm\boldsymbol{k}), \tag{12.4.8}$$

$$E_n = \sqrt{|\boldsymbol{k}|^2 + m^2} = \sqrt{\omega^2 - \zeta + m^2} > 0. \tag{12.4.9}$$

由于 $E_n > 0$, 可以证明

$$\begin{aligned}\delta(E_n - m - \omega) &= \delta(m + \omega - E_n) = 2E_n\delta\left((m+\omega)^2 - E_n^2\right) \\ &= 2E_n\delta(2m\omega + \zeta) = \frac{E_n}{m}\delta\left(\omega + \frac{\zeta}{2m}\right),\end{aligned} \tag{12.4.10}$$

$$\delta(E_n - m + \omega) = \frac{E_n}{m}\delta\left(\omega - \frac{\zeta}{2m}\right). \tag{12.4.11}$$

将 (12.4.10) 和 (12.4.11) 式代入 (12.4.7) 式, 得到

$$\begin{aligned}A(\omega,\zeta) =& \pi\langle\boldsymbol{p}'=\boldsymbol{0}|\,J(0)\,|\boldsymbol{p}_n=\boldsymbol{k}\rangle\langle\boldsymbol{p}_n=\boldsymbol{k}|\,J(0)\,|\boldsymbol{p}=\boldsymbol{0}\rangle\frac{E_n}{m}\delta(\omega+\frac{\zeta}{2m}) \\ &-\pi\langle\boldsymbol{p}'=\boldsymbol{0}|\,J(0)\,|\boldsymbol{p}_n=-\boldsymbol{k}\rangle\langle\boldsymbol{p}_n=-\boldsymbol{k}|\,J(0)\,|\boldsymbol{p}=\boldsymbol{0}\rangle\frac{E_n}{m}\delta(\omega-\frac{\zeta}{2m}) \\ =& \pi\frac{E_n}{m}|\langle\boldsymbol{p}'=\boldsymbol{0}|\,J(0)\,|\boldsymbol{p}_n=\boldsymbol{k}\rangle|^2\delta(\omega+\frac{\zeta}{2m}) \\ &-\pi\frac{E_n}{m}|\langle\boldsymbol{p}'=\boldsymbol{0}|\,J(0)\,|\boldsymbol{p}_n=-\boldsymbol{k}\rangle|^2\delta(\omega-\frac{\zeta}{2m}).\end{aligned} \tag{12.4.12}$$

注意到 $|\langle\boldsymbol{p}'=\boldsymbol{0}|\,J(0)\,|\boldsymbol{p}_n=\boldsymbol{k}\rangle|^2$ 和 $|\langle\boldsymbol{p}'=\boldsymbol{0}|\,J(0)\,|\boldsymbol{p}_n=-\boldsymbol{k}\rangle|^2$ 应是四动量 p, p_n 的 Lorentz 不变函数, 由于 $p^2 = m^2$, $p_n^2 = m^2$, 那么它们仅是 $q^2 = (p - p_n)^2$ 的函数, 而

$$q^2 = (p - p_n)^2 = (m - E_n)^2 - (\boldsymbol{p} - \boldsymbol{p}_n)^2 = (m - E_n)^2 - |\boldsymbol{k}|^2,$$

再由 (12.4.9)~(12.4.11) 式, 可得

$$q^2 = (m - E_n)^2 - \omega^2 + \zeta = \zeta.$$

因此, (12.4.12) 式中两项的 $q^2 = (p - p_n)^2$ 是一样的, 两项矩阵元也相等, (12.4.12) 式变为

$$\begin{aligned}A(\omega,\zeta) &= \pi|F(q^2)|^2\left[\delta\left(\omega+\frac{\zeta}{2m}\right) - \delta\left(\omega-\frac{\zeta}{2m}\right)\right] \\ &= \pi|F(\zeta)|^2\left[\delta\left(\omega+\frac{\zeta}{2m}\right) - \delta\left(\omega-\frac{\zeta}{2m}\right)\right],\end{aligned} \tag{12.4.13}$$

其中顶角函数

$$|F(\zeta)|^2 = \frac{E_n}{m}|\langle\boldsymbol{p}'=\boldsymbol{0}|\,J(0)\,|\boldsymbol{p}_n=\boldsymbol{k}\rangle|^2. \tag{12.4.14}$$

将 (12.4.14) 式代入 (12.4.6) 式, 得到

$$
\begin{aligned}
U(\omega,\zeta) &= \frac{1}{\pi}\int_{-\infty}^{\infty}\mathrm{d}\omega'\frac{\pi|F(\zeta)|^2\left[\delta\left(\omega+\dfrac{\zeta}{2m}\right)-\delta\left(\omega-\dfrac{\zeta}{2m}\right)\right]}{\omega'-\omega} \\
&= -|F(\zeta)|^2\left[\frac{1}{\omega+\dfrac{\zeta}{2m}}-\frac{1}{\omega-\dfrac{\zeta}{2m}}\right].
\end{aligned}
\tag{12.4.15}
$$

注意此式中只要顶角函数 $F(\zeta)$ 对 ζ 是解析的, 那么就可以将 ζ 解析延拓回质壳 μ^2, 并定义

$$
g^2 = F(\mu^2), \tag{12.4.16}
$$

因此 $U(\omega)$ 就变成

$$
U(\omega) = -g^2\left[\frac{1}{\omega+\dfrac{\mu^2}{2m}}-\frac{1}{\omega-\dfrac{\mu^2}{2m}}\right], \tag{12.4.17}
$$

代入 (12.4.2) 式可得到完整的色散关系

$$
T_{\mathrm{r}}(\omega) = -g^2\left[\frac{1}{\omega+\dfrac{\mu^2}{2m}}-\frac{1}{\omega-\dfrac{\mu^2}{2m}}\right]+\int_{-\infty}^{-\mu}\mathrm{d}\omega'\frac{A(\omega')}{\omega'-\omega-\mathrm{i}\epsilon}+\int_{\mu}^{\infty}\mathrm{d}\omega'\frac{A(\omega')}{\omega'-\omega-\mathrm{i}\epsilon}. \tag{12.4.18}
$$

这里前两项即 $U(\omega)$ 是两极点 (相应于中间态为单核子) 的贡献, 后两项是谱积分 (相应于中间态为高于单核子以上的连续态) 的贡献. (12.4.17) 式中的 $U(\omega)$ 是在 $\boldsymbol{p}=\mathbf{0}$ 参考系中得到的, 它也可以写成协变形式

$$
U(p,k) = -2mg^2\left[\frac{1}{(p+k)^2-m^2}+\frac{1}{(p-k)^2-m^2}\right], \tag{12.4.19}
$$

由此式可以明显地看出它是单核子态的贡献.

§12.5 非向前散射振幅的色散关系

在 §12.3 和 §12.4 中证明了在向前散射情况下散射振幅的色散关系. 对于向前散射, 出射束动量 $\boldsymbol{k}'$ 和入射束动量 $\boldsymbol{k}$ 在一个方向且大小相等 (小角度散射), $\boldsymbol{k}=\boldsymbol{k}'$,

$\boldsymbol{p}=\boldsymbol{p}'$, 当取了核子静止的实验室系 $\boldsymbol{p}=\boldsymbol{0}$ 时, 散射振幅积分从四维变成一维, 而且被积函数对 k 和 k' 的依赖因子分离到指数上, 使得散射振幅表达式可以应用 Titchmarsh 定理, 由此证明了解析性和色散关系. 如果没有向前散射这一条件, 推迟散射振幅 $T_{\rm r}(p',k';p,k)$ 不仅是四维 Fourier 变换, 而且被积函数还是 k 和 k' 的函数. 此时, 首先要设法选择合适的参考系, 将被积函数中对 k 和 k' 的依赖分离出来, 以便讨论散射振幅的解析性质.

考虑非向前散射振幅情况. 为了将被积函数中对 k 和 k' 的依赖分离, 选取 Breit 参考系 (又称砖墙系), 在此参考系中核子的初态和末态动量大小相等、方向相反, 即有

$$\boldsymbol{p}+\boldsymbol{p}'=\boldsymbol{0}, \tag{12.5.1}$$

出射核子以原动量大小反弹回来 (见图 12.5.1). 在向前散射情况下, Breit 参考系与核子静止的实验室系是一致的. 注意到散射过程中有下述约束条件:

$$\text{四动量守恒}\quad p+k=p'+k', \tag{12.5.2}$$

$$\text{核子质壳条件}\quad p^2=p'^2=m^2, \tag{12.5.3}$$

$$\text{介子质壳条件}\quad k^2=k'^2=\mu^2. \tag{12.5.4}$$

(12.5.1) ~ (12.5.4) 式共给出 11 个约束条件, 其中 (12.5.1) 式给出 3 个约束条件, (12.5.2) 式给出 4 个约束条件, (12.5.3) 和 (12.5.4) 式各给出 2 个约束条件, 因此在 Breit 参考系中仍有 5 个独立变量, 选取为

介子能量	ω,
核子动量的绝对值	$\varDelta=\lvert\boldsymbol{p}\rvert=\lvert\boldsymbol{p}'\rvert$,
核子的动量方向	$\boldsymbol{e}_1$,
与 $\boldsymbol{e}_1$ 垂直的方向	$\boldsymbol{e}_2$.

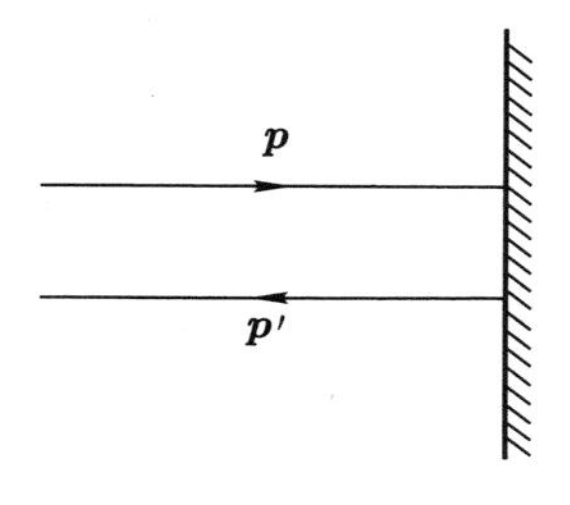

图 12.5.1 Breit 参考系, 又称砖墙系

显然当 $\boldsymbol{e}_1$ 选定以后, 与 $\boldsymbol{e}_1$ 相垂直的 $\boldsymbol{e}_2$ 并不固定, 仍可以绕 $\boldsymbol{e}_1$ 轴旋转, 因此 $\boldsymbol{e}_2$ 本身是两个独立变量 (包含一个旋转参量). 依赖于这 5 个独立变量就可以将 p, k, p' 和 k' 这 16 个变量表示出来. 直观地可以用图 12.5.2 来表示, $\boldsymbol{p} = -\boldsymbol{p}'$ 是 $\boldsymbol{e}_1$ 的方向, $\boldsymbol{k} + \boldsymbol{k}'$ 是 $\boldsymbol{e}_2$ 的方向, 上述图形以 $\boldsymbol{e}_1$ 方向为轴旋转不变. 这样就得到

$$\begin{aligned}
p &= \left(\sqrt{\Delta^2 + m^2}, \Delta \boldsymbol{e}_1\right), \\
p' &= \left(\sqrt{\Delta^2 + m^2}, -\Delta \boldsymbol{e}_1\right), \\
k &= \left(\omega, -\Delta \boldsymbol{e}_1 + \sqrt{\omega^2 - \Delta^2} - \mu^2 \boldsymbol{e}_2\right), \\
k' &= \left(\omega, \Delta \boldsymbol{e}_1 + \sqrt{\omega^2 - \Delta^2} - \mu^2 \boldsymbol{e}_2\right).
\end{aligned} \tag{12.5.5}$$

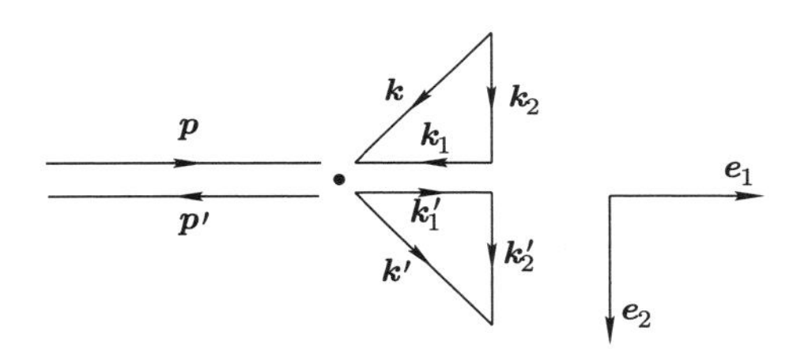

图 12.5.2　Breit 参考系中独立变量选择图示

进一步可以将 ω 和 Δ 写成 Lorentz 不变量形式:

$$\Delta^2 = -\frac{1}{4}(p - p')^2 = -\frac{1}{4}(k' - k)^2, \tag{12.5.6}$$

$$\omega = \frac{(p + p')(k + k')}{2\sqrt{(p + p')^2}}. \tag{12.5.7}$$

Lorentz 不变量 ω 和 Δ 仅在 Breit 参考系中代表介子能量和核子动量的绝对值.

将 (12.5.5) 式代入推迟散射振幅 (11.6.15) 式, 有

$$T_{\mathrm{r}}(p', k'; p, k) = \mathrm{i} \int \mathrm{d}^4 z \mathrm{e}^{\frac{\mathrm{i}}{2}(k+k')\cdot z} \theta(z_0) \langle \boldsymbol{p}' | \left[J\left(\frac{z}{2}\right), J\left(-\frac{z}{2}\right) \right] | \boldsymbol{p} \rangle, \tag{12.5.8}$$

给出依赖于 ω 和 Δ 的表达式

$$T_{\mathrm{r}}(\omega, \Delta^2) = \mathrm{i} \int \mathrm{d}^4 z \mathrm{e}^{-\mathrm{i}\left[\sqrt{\omega^2 - \Delta^2 - \mu^2} \boldsymbol{e}_2 \cdot \boldsymbol{z} - \omega z_0\right]} \theta(z_0) \langle -\boldsymbol{\Delta} | \left[J\left(\frac{z}{2}\right), J\left(-\frac{z}{2}\right) \right] | \boldsymbol{\Delta} \rangle. \tag{12.5.9}$$

此表达式表明对 ω 的依赖全部吸收到指数因子中, 而被积函数的另一个因子

$$\theta(z_0) \langle -\boldsymbol{\Delta} | \left[J\left(\frac{z}{2}\right), J\left(-\frac{z}{2}\right) \right] | \boldsymbol{\Delta} \rangle$$

与 ω 无关, 仅是 $\boldsymbol{\Delta}, \boldsymbol{z}, z_0$ 的函数 ($\boldsymbol{\Delta} = \Delta \boldsymbol{e}$). 这样 (12.5.9) 式提供了研究散射振幅 T_{r} 对 ω 解析性的一个好表达式, 但不是 T_{r} 对 Δ 解析性的一个好表达式.

首先利用 (12.5.9) 式讨论散射振幅 T_{r} 对 ω 的解析性质. 注意推迟对易子

$$\theta(z_0) \langle -\boldsymbol{\Delta}| \left[J\left(\frac{z}{2}\right), J\left(-\frac{z}{2}\right)\right] |\boldsymbol{\Delta}\rangle$$

仅在未来光锥内 ($z^2 \geqslant 0, z_0 \geqslant 0$) 不为零, 这样

$$|\boldsymbol{e}_2 \cdot \boldsymbol{z}| < z_0. \tag{12.5.10}$$

不管 $\boldsymbol{e}_2 \cdot \boldsymbol{z}$ 是正还是负, 只要满足不等式

$$\mathrm{Im}\omega > \left|\mathrm{Im}\sqrt{\omega^2 - \Delta^2 - \mu^2}\right|, \tag{12.5.11}$$

(12.5.9) 式右边被积函数内的指数就会出现一个衰减因子, 保证将 ω 延拓到上半平面时积分收敛, 有定义. 问题是不等式 (12.5.11) 在什么条件下能得到满足. 令

$$\omega = \mathrm{Re}\omega + \mathrm{i}\mathrm{Im}\omega = \omega_1 + \mathrm{i}\omega_2 \quad (\omega_2 > 0) \tag{12.5.12}$$

且设

$$\sqrt{\omega^2 - \Delta^2 - \mu^2} = \alpha + \mathrm{i}\beta \quad (\alpha = \mathrm{Re}\sqrt{\omega^2 - \Delta^2} - \mu^2, \beta = \mathrm{Im}\sqrt{\omega^2 - \Delta^2} - \mu^2), \tag{12.5.13}$$

那么不等式 (12.5.11) 要求

$$\omega_2 > |\beta| \quad 或 \quad \omega_2^2 > \beta^2. \tag{12.5.14}$$

将 (12.5.13) 式两边平方并令两边实部和虚部相等, 得到

$$\begin{aligned} \omega_1^2 - \omega_2^2 - \Delta^2 - \mu^2 &= \alpha^2 - \beta^2, \\ \omega_1 \omega_2 &= \alpha\beta. \end{aligned} \tag{12.5.15}$$

将条件 (12.5.14) 代入 (12.5.15) 式的第二式, 给出

$$\omega_1^2 < \alpha^2. \tag{12.5.16}$$

条件 (12.5.14) 和 (12.5.16) 将保证有不等式 (12.5.11) 成立. 可是另一方面, 物理过程要求 $\mu^2 > 0, \Delta^2 > 0$, 从 (12.5.15) 式的第一式和 (12.5.14) 式得到

$$\omega_1^2 = \alpha^2 - \beta^2 + \omega_2^2 + \Delta^2 + \mu^2 \geqslant \alpha^2 - \beta^2 + \omega_2^2 \geqslant \alpha^2, \tag{12.5.17}$$

因此对于真实的物理过程, 条件 (12.5.14) 和 (12.5.16) 不能同时满足, 也就不可能将 ω 延拓到上半平面. 为了克服这一困难, Bogoliubov 提议令 μ^2 离开质壳, 即令

$$\mu^2 \to \zeta, \quad \zeta < -\Delta^2. \tag{12.5.18}$$

显然这是非物理情况, 其散射振幅重写为

$$\begin{aligned} &T_{\rm r}(\omega, \Delta^2, \mu^2) \to T_{\rm r}(\omega, \Delta^2, \zeta) \\ &\quad = {\rm i}\int {\rm d}^4 z {\rm e}^{{\rm i}\left(\omega z_0 - \sqrt{\omega^2-\Delta^2-\zeta}\boldsymbol{e}_2\cdot\boldsymbol{z}\right)}\theta(z_0)\left\langle -\boldsymbol{\Delta}\right|\left[J\left(\frac{z}{2}\right), J\left(-\frac{z}{2}\right)\right]\left|\boldsymbol{\Delta}\right\rangle. \end{aligned} \tag{12.5.19}$$

将 ω 延拓到上半平面, 条件 (12.5.11) 就转变为

$$\begin{aligned} {\rm Im}\omega &> \left|{\rm Im}\sqrt{\omega^2-\Delta^2}-\zeta\right|, \\ \sqrt{\omega^2-\Delta^2-\zeta} &= \alpha + {\rm i}\beta. \end{aligned}$$

再将 ζ 分为实部和虚部, $\zeta = \zeta_1 + {\rm i}\zeta_2$, 重复上述步骤, (12.5.15) 式就变成

$$\begin{aligned} &\omega_1^2 - \omega_2^2 - \Delta^2 - \zeta_1 = \alpha^2 - \beta^2, \\ &2\omega_1\omega_2 - \zeta_2 = 2\alpha\beta. \end{aligned} \tag{12.5.20}$$

将条件 (12.5.14) 代入 (12.5.20) 式的第一式, 得到

$$\omega_1^2 - \Delta^2 - \zeta_1 = \alpha^2 + \omega_2^2 - \beta^2 \geqslant \alpha^2 > 0. \tag{12.5.21}$$

将条件 (12.5.14) 代入 (12.5.20) 式的第二式, 得到

$$\omega_1 = \frac{\beta}{\omega_2}\alpha + \frac{\zeta_2}{2\omega_2}. \tag{12.5.22}$$

这就导致对 ω_1 的限制

$$\begin{cases} \omega_1 < \alpha + \dfrac{\zeta_2}{2\omega_2}, & \beta > 0, \\ \omega_1 > -\alpha + \dfrac{\zeta_2}{2\omega_2}, & \beta < 0. \end{cases} \tag{12.5.23}$$

综合考虑给出 (12.5.11) 条件下将 ω 延拓到上半平面时积分收敛的区域 R_1 为

$$\begin{cases} 2\omega_2(\omega_1-\alpha) < \zeta_2 < 2\omega_2(\omega_1+\alpha), \\ \omega_1^2 - \Delta^2 - \zeta_1 \geqslant \alpha^2, \\ \omega_2 > 0, \end{cases} \tag{12.5.24}$$

或者将区域 R_1 记为

$$\begin{cases}\omega_2>0,\omega_1^2>\varDelta^2+\zeta_1,\\ 2\omega_2(\omega_1-\sqrt{\omega_1^2-\varDelta^2-\zeta_1})<\zeta_2<2\omega_2(\omega_1+\sqrt{\omega_1^2-\varDelta^2-\zeta_1}).\end{cases}\tag{12.5.25}$$

振幅 $T_{\rm r}(\omega,\varDelta^2,\zeta)$ 在区域 R_1 内是解析的. 仔细分析区域 R_1 可发现, 如果 $\zeta_1=\mu^2$ 处于真实物理情况, 则 R_1 处于 ω 上半平面的一个带状区域

$$\left(-\sqrt{\varDelta^2+\mu^2}<\omega_1<\sqrt{\varDelta^2+\mu^2},\omega_2>0\right)$$

的两边互不连接, 仅当 $\zeta_1<-\varDelta^2$ 时分开的两部分才可能合在一起, 使得 $T_{\rm r}(\omega,\varDelta^2,\zeta)$ 在整个 ω 上半平面内解析. 这意味着 $T_{\rm r}(\omega,\varDelta^2,\zeta)$ 的解析区域 R 为

$$\begin{cases}\omega_2>0,\omega_1^2>\varDelta^2+\zeta_1,\\ \zeta_1<-\varDelta^2,\\ 2\omega_2(\omega_1-\sqrt{\omega_1^2-\varDelta^2-\zeta_1})<\zeta_2<2\omega_2(\omega_1+\sqrt{\omega_1^2-\varDelta^2-\zeta_1}).\end{cases}\tag{12.5.26}$$

在区域 R 内应用 Cauchy 定理就可以写下色散关系

$$\begin{aligned}T_{\rm r}(\omega,\varDelta^2,\zeta)=\frac{1}{\pi}\int_{-\infty}^{\infty}{\rm d}\omega'\frac{{\rm Im}T_{\rm r}(\omega',\varDelta^2,\zeta)}{\omega'-\omega-{\rm i}\epsilon},\\ \zeta_1<-\varDelta^2.\end{aligned}\tag{12.5.27}$$

在写下 (12.5.27) 式时已假定了当 $|\omega|\to\infty$ 时, $T_{\rm r}(\omega,\varDelta^2,\zeta)\to0$. 如果这个假定得不到满足, 只须除以适当的多项式后使得它满足无穷远边界条件, 就得到了有减除的色散关系.

同样可以讨论超前散射振幅的解析性质和色散关系. 在第 11 章中曾介绍超前散射振幅 (11.6.18) 式:

$$T_{\rm a}(p',k';p,k)={\rm i}\int{\rm d}^4z{\rm e}^{\frac{\rm i}{2}(k+k')\cdot z}\theta(-z_0)\left\langle\boldsymbol{p}'\right|\left[J\left(\frac{z}{2}\right),J\left(-\frac{z}{2}\right)\right]\left|\boldsymbol{p}\right\rangle.$$

它在 Breit 系中的表达式为

$$T_{\rm a}(\omega,\varDelta^2,\mu^2)={\rm i}\int{\rm d}^4z{\rm e}^{{\rm i}\left(\omega z_0-\sqrt{\omega^2-\varDelta^2-\mu^2}\boldsymbol{e}_2\cdot\boldsymbol{z}\right)}\theta(-z_0)\left\langle-\boldsymbol{\varDelta}\right|\left[J\left(\frac{z}{2}\right),J\left(-\frac{z}{2}\right)\right]\left|\boldsymbol{\varDelta}\right\rangle.\tag{12.5.28}$$

注意超前对易子

$$\theta(-z_0)\left\langle-\boldsymbol{\varDelta}\right|\left[J\left(\frac{z}{2}\right),J\left(-\frac{z}{2}\right)\right]\left|\boldsymbol{\varDelta}\right\rangle\tag{12.5.29}$$

仅在过去光锥内 ($z^2 \geqslant 0, z_0 \leqslant 0$) 不为零, 这样

$$|\boldsymbol{e}_2 \cdot \boldsymbol{z}| < |z_0|, \quad z_0 < 0.$$

不管 $\boldsymbol{e}_2 \cdot \boldsymbol{z}$ 是正还是负, 只要满足不等式

$$\mathrm{Im}\omega < -\left|\mathrm{Im}\sqrt{\omega^2 - \varDelta^2 - \mu^2}\right|, \tag{12.5.30}$$

(12.5.28) 式右边被积函数内的指数就会出现一个衰减因子, 保证将 ω 延拓到下半平面时积分收敛. 令 $\mu^2 \to \zeta, \zeta < -\varDelta^2$,

$$\begin{aligned} &T_{\mathrm{a}}(\omega, \varDelta^2, \mu^2) \to T_{\mathrm{a}}(\omega, \varDelta^2, \zeta) \\ &\quad = \mathrm{i}\int \mathrm{d}^4 z \mathrm{e}^{\mathrm{i}\left(\omega z_0 - \sqrt{\omega^2 - \varDelta^2 - \zeta}\boldsymbol{e}_2 \cdot \boldsymbol{z}\right)} \theta(-z_0) \langle -\boldsymbol{\varDelta}| \left[J\left(\frac{z}{2}\right), J\left(-\frac{z}{2}\right)\right] |\boldsymbol{\varDelta}\rangle, \end{aligned} \tag{12.5.31}$$

做类似于 (12.5.18)~(12.5.23) 式的讨论就给出, (12.5.30) 条件下将 ω 延拓到下半平面积分收敛的区域 S_1 为

$$\begin{cases} 2\omega_2(\omega_1 - \alpha) < \zeta_2 < 2\omega_2(\omega_1 + \alpha), \\ \omega_1^2 - \varDelta^2 - \zeta_1 \geqslant \alpha^2, \\ \omega_2 < 0, \end{cases} \tag{12.5.32}$$

或者将区域 S_1 记为

$$\begin{cases} \omega_2 < 0, \omega_1^2 > \varDelta^2 + \zeta_1, \\ 2\omega_2(\omega_1 - \sqrt{\omega_1^2 - \varDelta^2 - \zeta_1}) < \zeta_2 < 2\omega_2(\omega_1 + \sqrt{\omega_1^2 - \varDelta^2 - \zeta_1}). \end{cases} \tag{12.5.33}$$

振幅 $T_{\mathrm{a}}(\omega, \varDelta^2, \zeta)$ 在区域 S_1 内是解析的. 仔细分析区域 S_1 可发现, 如果 $\zeta_1 = \mu^2$ 处于真实物理情况, 则 S_1 处于 ω 下半平面的一个带状区域

$$\left(-\sqrt{\varDelta^2 + \mu^2} < \omega_1 < \sqrt{\varDelta^2 + \mu^2}, \omega_2 < 0\right) \tag{12.5.34}$$

的两边互不连接, 仅当 $\zeta_1 < -\varDelta^2$ 时分开的两部分才可能合在一起使得 $T_{\mathrm{a}}(\omega, \varDelta^2, \zeta)$ 在 ω 整个下半平面内解析. 这意味着 $T_{\mathrm{a}}(\omega, \varDelta^2, \zeta)$ 的解析区域 S 为

$$\begin{cases} \omega_2 < 0, \omega_1^2 > \varDelta^2 + \zeta_1, \\ \zeta_1 < -\varDelta^2, \\ 2\omega_2(\omega_1 - \sqrt{\omega_1^2 - \varDelta^2 - \zeta_1}) < \zeta_2 < 2\omega_2(\omega_1 + \sqrt{\omega_1^2 + \varDelta^2 - \zeta_1}). \end{cases} \tag{12.5.35}$$

这样只要假定了当 $|\omega| \to \infty$ 时, $T_{\mathrm{a}}(\omega, \varDelta^2, \zeta) \to 0$, 在区域 S 内应用 Cauchy 定理就可以写下色散关系

$$\begin{gathered} T_{\mathrm{a}}(\omega, \varDelta^2, \zeta) = \frac{1}{\pi}\int_{-\infty}^{\infty} \mathrm{d}\omega' \frac{\mathrm{Im}T_{\mathrm{a}}(\omega', \varDelta^2, \zeta)}{\omega' - \omega - \mathrm{i}\epsilon}, \\ \zeta_1 < -\varDelta^2. \end{gathered} \tag{12.5.36}$$

色散关系 (12.5.27) 和 (12.5.36) 用了非物理条件 $\zeta_1 < -\Delta^2$ (物理区域 $\zeta_1 = \mu^2$).

§12.6 散射振幅的 Dyson 表示

§12.5 中在得到非向前散射振幅的色散关系 (12.5.27) 和 (12.5.36) 时用了非物理条件 $\zeta_1 < -\Delta^2$ (物理区域 $\zeta_1 = \mu^2$), 问题就归结为如何将 $T_{\rm r}(\omega, \Delta^2, \zeta)$ 和 $T_{\rm a}(\omega, \Delta^2, \zeta)$ 从非物理区域延拓回物理区域, 或者说转化为研究 $T_{\rm r}(\omega, \Delta^2, \zeta)$ (或 $T_{\rm a}(\omega, \Delta^2, \zeta)$) 对 ζ 和 Δ^2 的解析性质. ω 和 Δ 是由 (12.5.6), (12.5.7) 式定义的 Lorentz 不变量, 仅在 Breit 系中它们才分别对应于介子的能量和过程的三动量转移的平方. §12.5 的分析表明, (12.5.9) 式的 $T_{\rm r}(\omega, \Delta^2, \zeta)$ 虽然是在 Breit 系中导出的, 然而由于 ω 和 Δ 是 Lorentz 不变量, 它在任何参考系中都成立, 而且将 ω 吸收到指数中对讨论 ω 的解析性较方便, 但解析区域 R 并不在 ζ 或 Δ^2 的物理区域. 关键问题是如何找到散射振幅

$$T_{\rm r}(p', k'; p, k) = {\rm i} \int {\rm d}^4 z {\rm e}^{\frac{\rm i}{2}(k+k')\cdot z} \theta(z_0) \langle \boldsymbol{p}'| \left[J\left(\frac{z}{2}\right), J\left(-\frac{z}{2}\right) \right] |\boldsymbol{p}\rangle$$

的另一个积分表达式对 ζ 或 Δ^2 解析且可延拓回物理区域, 其解析区域与区域 R 在某一共同区域表达式相等, 意味着这两个表达式是同一个解析函数, 这就完成了将 $T_{\rm r}(\omega, \Delta^2, \zeta)$ 从非物理区域延拓回物理区域的任务. 前面 (12.5.6) 和 (12.5.7) 式定义了不变量 ω 和 Δ^2, 然而由于 $k^2 = k'^2 = \zeta_1$, $\zeta_1 < -\Delta^2$ 已不是物理过程, 色散关系 (12.5.27) 两边 Δ^2 相同, 因此可以固定 Δ^2. 人们也可以选择定义另外一个不变量 s 代替 ω,

$$s = (p + k)^2. \tag{12.6.1}$$

由 (12.5.6) 式给出 $\Delta^2 = -\dfrac{1}{4}(p - p')^2$, 取质心系 $\boldsymbol{p} + \boldsymbol{k} = \boldsymbol{0}$, 再由动量守恒 $\boldsymbol{p} + \boldsymbol{k} = \boldsymbol{p}' + \boldsymbol{k}'$, 知

$$|\boldsymbol{p}| = |\boldsymbol{k}| = |\boldsymbol{p}'| = |\boldsymbol{k}'| = K, \tag{12.6.2}$$

$$\Delta^2 = \frac{1}{2} K^2 (1 - \cos\theta), \tag{12.6.3}$$

这里 θ 是质心系中的散射角 (见图 12.6.1). 可见对于物理过程有不等式

$$K^2 \geqslant \Delta^2 \geqslant 0. \tag{12.6.4}$$

因此人们也可利用上述关系式将 $T_{\rm r}(\omega, \Delta^2, \zeta)$ 写成 (12.6.1) 和 (12.6.2) 式定义的 s 和 K^2 以及 $\zeta(\mu^2 \to \zeta, \zeta < -\Delta^2)$ 的表达式:

$$K^2 = \frac{(s + m^2 - \zeta)^2 - 4m^2 s}{4s}, \tag{12.6.5}$$

$$s = (p + k)^2 = 2\omega\sqrt{\Delta^2 + m^2} + m^2 + \zeta + 2\Delta^2. \tag{12.6.6}$$

此时就不再有 (12.6.4) 式成立, 且可有 $K^2 \leqslant \varDelta^2$ 甚至为负值. 所以色散积分区域从 $-\infty$ 到 ∞, 就包含了非物理区域. 当然还有一个问题, 通常色散关系中被积函数 $\mathrm{Im}T_{\mathrm{r}}(\omega,\varDelta^2,\zeta)$ 是在物理区域定义的, 它可以通过光学定理由物理过程的总截面输入:

$$\mathrm{Im}T_{\mathrm{r}} \propto \sigma_{\mathrm{tot}}(s). \tag{12.6.7}$$

如何定义非物理区域的被积函数 $\mathrm{Im}T_{\mathrm{r}}(\omega,\varDelta^2,\zeta)$, 或者说如何将被积函数延拓到非物理区域? 这两个问题都需要寻找散射振幅 $T_{\mathrm{r}}(p',k';p,k)$ 的另一个积分表达式来研究对 ζ 或 $\varDelta^2$ 的解析性质, 且此积分表达式解析区域与区域 R 存在一共同区域, 那么不同的积分表达式就属于同一个解析函数.

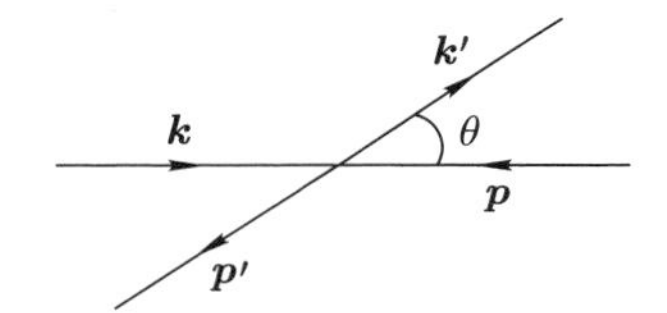

图 12.6.1　质心系中的散射角 θ

Jost 和 Lehmann 首先在两等质量粒子散射的情况下得到了这一积分表达式, 后来 Dyson 将其推广到不等质量的一般情况, 通常称为 Jost-Lehmann-Dyson 表示或 Dyson 表示. Dyson 表示是指推迟对易关系函数

$$F_{\mathrm{r}}(z) = \theta(z_0)F(z), \tag{12.6.8}$$

以及 $F_{\mathrm{r}}(z)$ 的四维 Fourier 变换

$$F_{\mathrm{r}}(q) = \int \mathrm{d}^4 z \mathrm{e}^{\mathrm{i}q\cdot z} F_{\mathrm{r}}(z), \tag{12.6.9}$$

其中

$$F(z) = \langle \boldsymbol{p}' | \left[J\left(\frac{z}{2}\right), J\left(-\frac{z}{2}\right) \right] | \boldsymbol{p} \rangle . \tag{12.6.10}$$

$F_{\mathrm{r}}(q)$ 可以写成积分表达式

$$F_{\mathrm{r}}(q) = \lim_{\epsilon\to 0} \int \mathrm{d}^4 u \int \mathrm{d}s \frac{\psi(u,s)}{(q-u+\mathrm{i}\epsilon)^2 - s}, \tag{12.6.11}$$

其中 $\psi(u,s)$ 是权函数, 当 $(u,K^2)\notin S$ 时权函数为零. 区域 S 定义如下:

$$S=\begin{cases}\left(\dfrac{p+p'}{2}+u\right)\in L^+,\\ \left(\dfrac{p+p'}{2}-u\right)\in L^+,\\ k\geqslant K=\max\left\{b-\sqrt{\left(\dfrac{p+p'}{2}+u\right)^2},c-\sqrt{\left(\dfrac{p+p'}{2}+u\right)^2},0\right\},\end{cases}\tag{12.6.12}$$

其中 L^+ 表示向前光锥内部, b,c 分别对应于 $F(z)=\langle\boldsymbol{p}'|\left[J\left(\frac{z}{2}\right),J\left(-\frac{z}{2}\right)\right]|\boldsymbol{p}\rangle$ 中对易子展开为两项, 再插入中间态后, 两矩阵元不为零的最低质量. 注意到 $(p+k)^2=s$, 因此对 s 积分区域应 $\geqslant 0$,

$$\psi(u,q)=\int_0^\infty \mathrm{d}s\frac{\psi(u,s)}{(q-u+\mathrm{i}\epsilon)^2-s}.\tag{12.6.13}$$

此式表明 $\psi(u,q)$ 在复 q^2 平面上是解析的, 只带有正实轴上从 0 到 ∞ 的割缝. 人们可以利用 Dyson 表示分别讨论散射振幅对 ζ 的解析性质而延拓回物理区域, 以及散射振幅虚部的解析性质, 从而完成色散关系的证明. 由于这部分讨论比较复杂, 且牵涉到许多数学工具, 本书从略, 有兴趣的读者可以参阅相关文献.

前面在讨论散射振幅表达式和得到其色散关系时选取了 ω 和 $\varDelta$ 作为变量, ω 和 $\varDelta$ 是由 (12.5.6) 和 (12.5.7) 式定义的两个 Lorentz 不变量, 其表达式 $T_{\mathrm{r}}(\omega,\varDelta^2,\zeta)$ 虽然是在 Breit 系中得到的, 但结果不依赖于参考系. 实际上这两个 Lorentz 不变量也可以不选择 ω 和 $\varDelta$. 例如, 本章讨论的两体散射过程 $\pi+\mathrm{p}\to\pi+\mathrm{p}$, 对应的动量分别为 p, k, p', k', 称为

$$s\text{ 道过程}\quad p+k\to p'+k',$$

相应的散射振幅表达式为 $T_{\mathrm{r}}(p',k';p,k)$. 为了显示物理过程的交叉对称性, Mandelstam 引入三个对称 Lorentz 不变量 s,u,t, 定义为

$$\begin{aligned}s&=(p+k)^2=(p'+k')^2,\\ u&=(p-k')^2=(p'-k)^2,\\ t&=(p-p')^2=(k'-k)^2.\end{aligned}\tag{12.6.14}$$

注意到物理过程有质壳条件

$$\begin{aligned}p^2&={p'}^2=m^2,\\ k^2&={k'}^2=\mu^2,\end{aligned}\tag{12.6.15}$$

可以证明这三个变量满足

$$s+u+t=2m^2+2\mu^2, \tag{12.6.16}$$

这意味着其中只有两个变量是独立的. 为了看清这三个变量的物理意义, 选取质心系 $\boldsymbol{p}+\boldsymbol{k}=\boldsymbol{0}$, 其 s,u,t 变量为

$$\begin{aligned}s&=(E+\omega)^2=W^2,\\ t&=-2K^2(1-\cos\theta)=-4\varDelta^2,\\ u&=(E-\omega)^2-2K^2(1+\cos\theta),\end{aligned} \tag{12.6.17}$$

可见对于 s 道过程, s 是质心系中总能量的平方, t 是三动量转移的平方, θ 是质心系中的散射角, $K=|\boldsymbol{p}|\,(=|\boldsymbol{k}|=|\boldsymbol{p}'|=|\boldsymbol{k}'|)$. 如果将初态和末态介子交换, 其过程为

$$u\ \text{道过程}\quad p+(-k')\to p'+(-k),$$

其中 u 是质心系 $(\boldsymbol{p}-\boldsymbol{k}'=\boldsymbol{0})$ 中总能量的平方, t 是三动量转移的平方, s 相当于 s 道的 u. 还可以证明散射振幅存在关系

$$T_{\rm r}(p',k';p,k)=T^*_{\rm r}(p,-k';p',-k),$$

通常称为交叉对称性. 除了 s 道和 u 道外, 还有

$$t\ \text{道过程}\quad p+(-p')\to(-k)+k',$$

t 是质心系 $(\boldsymbol{p}-\boldsymbol{p}'=\boldsymbol{0})$ 中总能量的平方, s, u 相当于 s 道的 u, t. 对于 s 道过程, 通常选择 s 和 t 两个独立变量. 总之, 对于本章讨论的物理过程, 散射振幅的表达式可以选择任意两个 Lorentz 不变量作为变量. 实际上也可将 K^2 写成 Lorentz 不变量形式:

$$K^2=\frac{1}{4}(k+k')^2=\frac{(s-m^2-\mu^2)^2-4m^2\mu^2}{4s}, \tag{12.6.18}$$

$$s=(p+k)^2=2\omega\sqrt{\varDelta^2+m^2}+m^2+\mu^2+2\varDelta^2. \tag{12.6.19}$$

由于 Mandelstam 变量 s,u,t 的对称性质, 这三个变量很适合用来讨论物理过程的交叉对称性, 它们在两体散射过程中是有用的.

最后说明一点, 本章讨论的两体散射过程略去了同位旋和自旋指标, 相当于假定了简单的标量场与旋量场, (12.3.1) 式被积函数简单地是 Lorentz 不变振幅. 当应用到具体物理过程时, Green 函数中流算符应保留相应的指标并做同位旋和自旋分析, 分离出数个独立的 Lorentz 不变振幅, 对每个独立的 Lorentz 不变振幅做相应的推导以获得色散关系. 虽然这里以 $\pi+\mathrm{p}\to\pi+\mathrm{p}$ 为例证明了单重色散关系, 但是其结论对任意两体散射过程都成立, 散射振幅的解析性质和色散关系是量子场论的一般特性.

习　题

1. 试证明获得 Hilbert 变换的三个条件互为充要条件.
2. 证明 Mandelstam 变量满足关系式 (12.6.16).
3. 在推导色散关系时, 从 (12.2.26) 式出发, 其中 $F(p^2, z^2, p \cdot z)$ 由 (12.2.26) 定义, 在推导中假定核子是中性标量粒子, 忽略了它的自旋指标, $F(p^2, z^2, p \cdot z)$ 是 Lorentz 不变函数. 可实际上核子是自旋为 1/2 的粒子, $F(p^2, z^2, p \cdot z)$ 应包含旋量指标. 请利用 Lorentz 协变性、质壳条件、初末态四动量守恒和强相互作用中宇称守恒条件证明: $F(p^2, z^2, p \cdot z)$ 的旋量结构可以一般地表达为

$$F(p^2, z^2, p \cdot z) = \overline{u}_\lambda(p)[F_1(p^2, z^2, p \cdot z) + (\not{k} + \not{k}')F_1(p^2, z^2, p \cdot z)]u_\lambda(p),$$

其中 $F_1(p^2, z^2, p \cdot z)$ 和 $F_2(p^2, z^2, p \cdot z)$ 是 Lorentz 不变函数 (有兴趣的读者可以考虑 π 介子的同位旋为 1, 核子的同位旋为 1/2, 尝试进一步用同位旋结构来分析).

第 13 章　S 矩阵元和微扰论

微扰论是量子场论应用到具体物理过程的一个行之有效的方法. 第 8 章介绍了自然界中已存在的几种相互作用类型和唯象形式: 电磁相互作用、强相互作用、弱相互作用. 当相互作用耦合常数较小时, 人们可以将物理过程的 S 矩阵元按耦合常数做级数展开, 逐阶计算级数的展开系数就可以得到较好的近似结果. 例如电磁相互作用耦合常数 $\alpha=\dfrac{e^2}{4\pi}\approx\dfrac{1}{137}$, 涉及电磁相互作用的物理过程可以按微扰论处理. 本章以电磁相互作用为例介绍量子场论中的微扰论, 在相互作用表象中将 S 矩阵元做级数展开, 利用 Wick 定理将其分解为一系列与物理过程相关的项, 从而获得逐阶计算级数. 特别地, 我们将介绍物理图像直观的 Feynman 规则和 Feynman 图, 以及由这些规则如何计算物理过程的 S 矩阵元.

§13.1　相互作用表象和 S 矩阵元级数展开

第 10 章介绍了相互作用表象中变换矩阵 $U(t,t_0)$ 满足的 Schrödinger 方程 (因为此后都在相互作用表象中讨论, 略去 $H_{\rm i}^{\rm I}(t)$ 中的上标 “I”, 这里并不限制相互作用类型和形式)

$$\mathrm{i}\frac{\partial}{\partial t}U(t,t_0)=H_{\rm i}(t)U(t,t_0).$$

将此微分方程变为积分方程 (加上初始条件 $U(t_0,t_0)=1$) 可得 (10.2.1) 式, 重写为

$$\begin{aligned}&U(t,t_0)=1-\mathrm{i}\int_{t_0}^{t}\mathrm{d}t_1H_{\rm i}(t_1)U(t_1,t_0),\\&U(t_0,t_0)=1,\end{aligned}\tag{13.1.1}$$

重复迭代就可以得到形式解

$$\begin{aligned}U(t,t_0)=&1-\mathrm{i}\int_{t_0}^{t}\mathrm{d}t_1H_{\rm i}(t_1)+(-\mathrm{i})^2\int_{t_0}^{t}\mathrm{d}t_1\int_{t_0}^{t_1}\mathrm{d}t_2H_{\rm i}(t_1)H_{\rm i}(t_2)\\&+\cdots+(-\mathrm{i})^n\int_{t_0}^{t}\mathrm{d}t_1\int_{t_0}^{t_1}\mathrm{d}t_2\cdots\int_{t_0}^{t_{n-1}}\mathrm{d}t_nH_{\rm i}(t_1)\cdots H_{\rm i}(t_n)+\cdots\\=&\sum_{n=0}^{\infty}U^{(n)}(t,t_0),\end{aligned}\tag{13.1.2}$$

其中

$$U^{(n)}(t,t_0)=(-\mathrm{i})^n\int_{t_0}^{t}\mathrm{d}t_n\int_{t_0}^{t_n}\mathrm{d}t_{n-1}\cdots\int_{t_0}^{t_1}\mathrm{d}t_1 H_\mathrm{i}(t_1)\cdots H_\mathrm{i}(t_n),$$
$$U^{(0)}(t,t_0)=1. \tag{13.1.3}$$

这里存在一个时间次序

$$t>t_1>t_2>\cdots>t_n>t_0.$$

现在考察求和中的每一项. 以 $n=2$ 为例,

$$U^{(2)}(t,t_0)=(-\mathrm{i})^2\int_{t_0}^{t}\mathrm{d}t_1\int_{t_0}^{t_1}\mathrm{d}t_2 H_\mathrm{i}(t_1)H_\mathrm{i}(t_2),$$
$$t>t_1>t_2>t_0. \tag{13.1.4}$$

变换积分变量 $t_1\leftrightarrow t_2$, 可得

$$U^{(2)}(t,t_0)=(-\mathrm{i})^2\int_{t_0}^{t}\mathrm{d}t_2\int_{t_0}^{t_2}\mathrm{d}t_1 H_\mathrm{i}(t_2)H_\mathrm{i}(t_1),$$
$$t>t_2>t_1>t_0. \tag{13.1.5}$$

对两者求平均, 得到

$$\begin{aligned}U^{(2)}(t,t_0)&=\frac{1}{2}(-\mathrm{i})^2\left\{\int_{t_0}^{t}\mathrm{d}t_1\int_{t_0}^{t_1}\mathrm{d}t_2 H_\mathrm{i}(t_1)H_\mathrm{i}(t_2)+\right.\\&\quad\left.+\int_{t_0}^{t}\mathrm{d}t_2\int_{t_0}^{t_2}\mathrm{d}t_1 H_\mathrm{i}(t_2)H_\mathrm{i}(t_1)\right\}\\&=\frac{1}{2}(-\mathrm{i})^2\left\{\int_{t_0}^{t}\mathrm{d}t_1\int_{t_0}^{t}\mathrm{d}t_2\theta(t_1-t_2)H_\mathrm{i}(t_1)H_\mathrm{i}(t_2)\right.\\&\quad\left.+\int_{t_0}^{t}\mathrm{d}t_2\int_{t_0}^{t}\mathrm{d}t_1\theta(t_2-t_1)H_\mathrm{i}(t_2)H_\mathrm{i}(t_1)\right\}.\end{aligned}$$

如果积分收敛, 可以变换积分次序, 那么

$$U^{(2)}(t,t_0)=\frac{1}{2}(-\mathrm{i})^2\int_{t_0}^{t}\mathrm{d}t_1\int_{t_0}^{t}\mathrm{d}t_2 T[H_\mathrm{i}(t_1)H_\mathrm{i}(t_2)], \tag{13.1.6}$$

其中 $T[H_\mathrm{i}(t_1)H_\mathrm{i}(t_2)]$ 是 (4.4.30) 式引入的编时乘积, 定义为

$$T[H_\mathrm{i}(t_1)H_\mathrm{i}(t_2)]=\theta(t_1-t_2)H_\mathrm{i}(t_1)H_\mathrm{i}(t_2)+\theta(t_2-t_1)H_\mathrm{i}(t_2)H_\mathrm{i}(t_1). \tag{13.1.7}$$

在量子力学中, 只要 $H_{\mathrm{i}}(t)$ 是有界算符, 这些积分就是收敛的. 同样在量子场论中, 积分是否收敛依赖 $H_{\mathrm{i}}(t)$ 的具体性质. 实际上可以从图 13.1.1 来理解. 将 $U^{(2)}(t,t_0)$ 写成编时乘积等式 (13.1.6), 积分 (13.1.4) 代表在区域 I 上的积分, 积分 (13.1.5) 是区域 II 上的积分, 而积分

$$\int_{t_0}^{t}\mathrm{d}t_1\int_{t_0}^{t}\mathrm{d}t_2 T[H_{\mathrm{i}}(t_1)H_{\mathrm{i}}(t_2)]$$

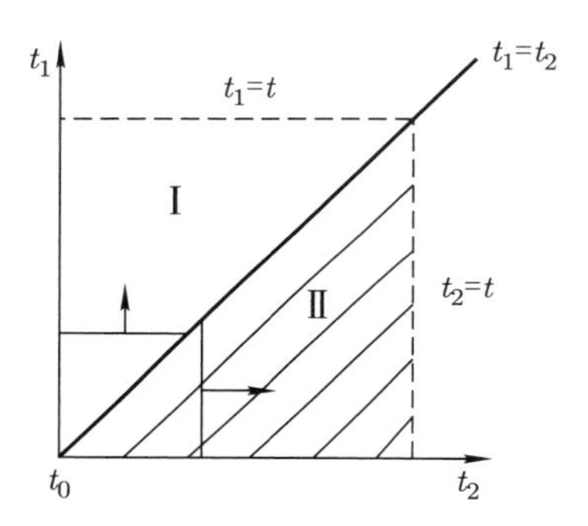

图 13.1.1 积分区域图示

是区域 I + II, 即整个区域上的积分. 同样可将上述对 $U^{(2)}(t,t_0)$ 的讨论推广到 $U^{(n)}(t,t_0)$ 情况, 记为

$$\begin{aligned}U^{(n)}(t,t_0)=(-\mathrm{i})^n\int_{t_0}^{t}\mathrm{d}t_1\int_{t_0}^{t}\mathrm{d}t_2\cdots\int_{t_0}^{t}\mathrm{d}t_n\theta(t_1-t_2)\theta(t_2-t_3)\cdots\theta(t_{n-1}-t_n)\\ \times H_{\mathrm{i}}(t_1)H_{\mathrm{i}}(t_2)\cdots H_{\mathrm{i}}(t_n).\end{aligned}\qquad(13.1.8)$$

变换积分次序可以有 $n!$ 种可能性, 因此

$$U^{(n)}(t,t_0)=\frac{(-\mathrm{i})^n}{n!}\int_{t_0}^{t}\mathrm{d}t_1\cdots\int_{t_0}^{t}\mathrm{d}t_n T[H_{\mathrm{i}}(t_1)\cdots H_{\mathrm{i}}(t_n)],\qquad(13.1.9)$$

从而可得变换矩阵

$$\begin{aligned}U(t,t_0)&=\sum_{n=0}^{\infty}U^{(n)}(t,t_0)\\&=\sum_{n=0}^{\infty}\frac{(-\mathrm{i})^n}{n!}\int_{t_0}^{t}\mathrm{d}t_1\cdots\int_{t_0}^{t}\mathrm{d}t_n T[H_{\mathrm{i}}(t_1)\cdots H_{\mathrm{i}}(t_n)],\end{aligned}\qquad(13.1.10)$$

或者形式上记为

$$U(t,t_0)=T[\exp(-\mathrm{i}\int_{t_0}^{t}H_{\mathrm{i}}(t')\mathrm{d}t')].\qquad(13.1.11)$$

可以证明, 展开解 (13.1.10) 是满足方程 (10.1.31) 的. 这样一个展开式, 在 $H_{\mathrm{i}}(t)$ 是弱耦合的情况下, 积分收敛性质比较好. 注意到

$$H_{\mathrm{i}}(t)=\int \mathrm{d}^3x\mathcal{H}_{\mathrm{i}}(x),$$

则有

$$\begin{aligned}U(t,t_0)&=T[\exp[-\mathrm{i}\int_{t_0}^{t}\mathrm{d}^4x\mathcal{H}_{\mathrm{i}}(x)]]\\&=\sum_{n=0}^{\infty}\frac{(-\mathrm{i})^n}{n!}\int_{t_0}^{t}\mathrm{d}^4x_1\cdots\int_{t_0}^{t}\mathrm{d}^4x_nT[\mathcal{H}_{\mathrm{i}}(x_1)\mathcal{H}_{\mathrm{i}}(x_2)\cdots\mathcal{H}_{\mathrm{i}}(x_n)],\end{aligned}\tag{13.1.12}$$

其中 $\mathcal{H}_{\mathrm{i}}(x)$ 是哈密顿量密度.

在相互作用表象中, 态矢 $|\mathrm{i}\rangle$ 和 $|\mathrm{f}\rangle$ 是 Hilbert 空间一组正交完备本征态矢, 是 H_0 的本征态, 即 $H_0|\mathrm{i}\rangle=E_{\mathrm{i}}|\mathrm{i}\rangle$, $H_0|\mathrm{f}\rangle=E_{\mathrm{f}}|f\rangle$. 定义态矢变换矩阵 $U(t,t_0)$ 使得状态

$$|t_0\rangle\to|t\rangle\,,$$

描写一个物理过程的 S 矩阵元定义为

$$S_{\mathrm{fi}}=\langle\mathrm{f}|\,U(\infty,-\infty)\,|\mathrm{i}\rangle=\langle\mathrm{f}|\,S\,|\mathrm{i}\rangle\,,\tag{13.1.13}$$

其中 S 算符定义为

$$S=U(\infty,-\infty).\tag{13.1.14}$$

将展开式 (13.1.12) 代入 (13.1.14) 式, 给出 S 矩阵展开式

$$\begin{aligned}S&=\sum_{n=0}^{\infty}S^{(n)},\\S^{(n)}&=\frac{(-\mathrm{i})^n}{n!}\int_{-\infty}^{\infty}\mathrm{d}^4x_n\cdots\int_{-\infty}^{\infty}\mathrm{d}^4x_1T[\mathcal{H}_{\mathrm{i}}(x_n)\cdots\mathcal{H}_{\mathrm{i}}(x_1)],\\S^{(0)}&=1,\end{aligned}\tag{13.1.15}$$

即在相互作用以前, 系统处于 H_0 的本征态 (通常称为裸粒子态) $|\mathrm{i}\rangle$, 然后绝热地引入相互作用, 当 $t\to+\infty$ 时, 相互作用发生完毕, 系统的状态是 $U(\infty,-\infty)\,|\mathrm{i}\rangle$, 这时系统处于态 $|\mathrm{f}\rangle$ 的概率就是 $|\langle\mathrm{f}|\,U(\infty,-\infty)\,|\mathrm{i}\rangle|^2$. 对于这一无穷级数, 实际计算中采用微扰论近似方法, 就是将 (13.1.15) 式展开, 假定仅前几项是主要的. 这个近似的可靠性依赖于相互作用的强弱. 例如在量子电动力学范围内, 由于 $\alpha=\dfrac{e^2}{4\pi}\approx\dfrac{1}{137}$,

它可以作为一个很好的展开参量, 但超出树图近似的高阶图的系数会出现发散困难. 这个困难可以很好地在重整化理论框架内解决, 使得逐阶计算达到很高的精度, 与实验结果很符合. 例如对电子反常磁矩的理论计算直到四圈图其结果都与实验在误差范围内符合. 因此对量子电动力学来讲, 相互作用表象中的微扰论是成功地得到实验检验的量子场论.

§13.2 编时乘积和正规乘积

前面 (4.4.30) 和 (5.3.30) 式已经引入了编时乘积的定义. 一般地说对于任意两个场量的编时乘积, 按时间次序排列定义为

$$T[A(x)B(y)] = \theta(x_0 - y_0)A(x)B(y) \pm \theta(y_0 - x_0)B(y)A(x), \tag{13.2.1}$$

其中 "±" 根据场量 $A(x), B(y)$ 的统计性质确定, 两玻色子场取 "+", 两费米子场取 "−". 在 (13.2.1) 式中 $\theta(x_0 - y_0)$ 和 $\theta(y_0 - x_0)$ 仅在光锥内有确定意义, 即在类时区域 (图 13.2.1 中阴影区域)

$$(x-y)^2 > 0$$

内时, 才有绝对过去和绝对未来. 当 x, y 处于类空间隔

$$(x-y)^2 < 0$$

时, 在一个参考系中 $x_0 > y_0$, 在另一个参考系中可以有 $y_0 > x_0$. 由于因果性条件, 有

$$[A(x), B(y)] = 0, \quad \text{当}(x-y)^2 < 0, \tag{13.2.2}$$

因此在类空间隔时有

$$\begin{aligned} T[A(x)B(y)] &= \theta(x_0 - y_0)A(x)B(y) \pm \theta(y_0 - x_0)A(x)B(y) \\ &= A(x)B(y). \end{aligned}$$

这样就保证了编时乘积定义 (13.2.1) 的协变性.

除了编时乘积以外还有正规乘积. 设 $U, V, W, \cdots, Z$ 是一系列产生算符和湮灭算符, 它们的正规乘积定义为

$$N[UVW\cdots Z] = \delta_{\rm p} U'V'W'\cdots Z', \tag{13.2.3}$$

其中 $U'V'W'\cdots Z'$ 是等式左边中的算符 $UVW\cdots Z$ 按一定次序的重新排列, 使得所有湮灭算符排列在所有产生算符的右边, $\delta_{\rm p} = \pm 1$, 如果须将费米子算符交换的

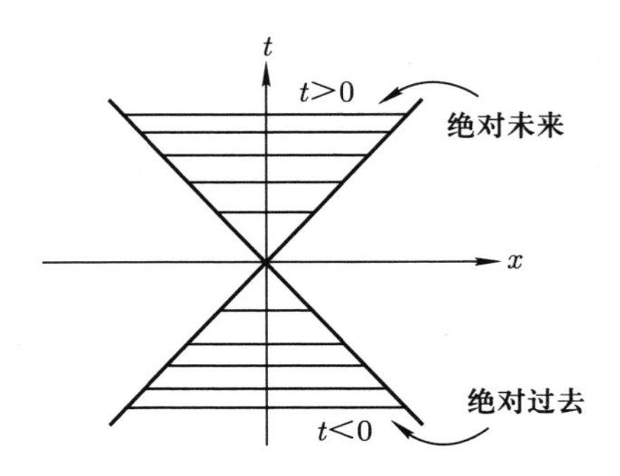

图 13.2.1 光锥内绝对过去和绝对未来区域

次数是偶数时 $\delta_{\mathrm{p}}=+1$, 是奇数时 $\delta_{\mathrm{p}}=-1$. 如果 $U,V,W,\cdots,Z$ 中, 每一个因子都是一系列的产生算符和湮灭算符之和, 那么这些算符的正规乘积 $N[UVW\cdots Z]$ 就等于 $UVW\cdots Z$ 分解为一系列的简单项之后所有各项的正规乘积之和. 例如

$$\phi(x)=\phi^{(+)}(x)+\phi^{(-)}(x), \tag{13.2.4}$$

$$\psi(x)=\psi^{(+)}(x)+\psi^{(-)}(x), \tag{13.2.5}$$

其中

$$\begin{aligned}\phi^{(+)}(x)&=\int\frac{\mathrm{d}^3k}{(2\pi)^32E}a(\boldsymbol{k})\mathrm{e}^{-\mathrm{i}k\cdot x},\\ \phi^{(-)}(x)&=\int\frac{\mathrm{d}^3k}{(2\pi)^32E}b^\dagger(\boldsymbol{k})\mathrm{e}^{\mathrm{i}k\cdot x},\end{aligned} \tag{13.2.6}$$

$$\begin{aligned}\psi^{(+)}(x)&=\int\frac{\mathrm{d}^3p}{(2\pi)^32E}\sum_{\lambda=1,2}b_\lambda(\boldsymbol{p})u_\lambda(p)\mathrm{e}^{-\mathrm{i}p\cdot x},\\ \psi^{(-)}(x)&=\int\frac{\mathrm{d}^3p}{(2\pi)^32E}\sum_{\lambda=1,2}d_\lambda^\dagger(\boldsymbol{p})v_\lambda(p)\mathrm{e}^{\mathrm{i}p\cdot x},\\ \overline{\psi}^{(-)}(x)&=\int\frac{\mathrm{d}^3p}{(2\pi)^32E}\sum_{\lambda=1,2}b_\lambda^\dagger(\boldsymbol{p})\overline{u}_\lambda(p)\mathrm{e}^{\mathrm{i}p\cdot x},\\ \overline{\psi}^{(+)}(x)&=\int\frac{\mathrm{d}^3p}{(2\pi)^32E}\sum_{\lambda=1,2}d_\lambda(\boldsymbol{p})\overline{v}_\lambda(p)\mathrm{e}^{-\mathrm{i}p\cdot x},\end{aligned} \tag{13.2.7}$$

按正规乘积的定义应有

$$\begin{aligned}N[\psi_\beta(x)\overline{\psi}_\alpha(y)]&=N[(\psi_\beta^{(+)}(x)+\psi_\beta^{(-)}(x))(\overline{\psi}_\alpha^{(-)}(y)+\overline{\psi}_\alpha^{(+)}(y))]\\ &=N[\psi_\beta^{(+)}(x)\overline{\psi}_\alpha^{(-)}(y))+N[\psi_\beta^{(+)}(x)\overline{\psi}_\alpha^{(+)}(y)]\\ &\quad+N[\psi_\beta^{(-)}(x)\overline{\psi}_\alpha^{(-)}(y))+N[\psi_\beta^{(-)}(x)\overline{\psi}_\alpha^{(+)}(y)]\end{aligned}$$

$$
\begin{aligned}
&= -\overline{\psi}_\alpha^{(-)}(y)\psi_\beta^{(+)}(x) + \psi_\beta^{(-)}(x)\overline{\psi}_\alpha^{(+)}(y) \\
&\quad +\psi_\beta^{(-)}(x)\overline{\psi}_\alpha^{(-)}(y) + \psi_\beta^{(+)}(x)\overline{\psi}_\alpha^{(+)}(y), \qquad (13.2.8)\\
N[\overline{\psi}_\alpha(y)\psi_\beta(x)] &= N[(\overline{\psi}_\alpha^{(-)}(y) + \overline{\psi}_\alpha^{(+)}(y))(\psi_\beta^{(+)}(x) + \psi_\beta^{(-)}(x))] \\
&= N[\overline{\psi}_\alpha^{(-)}(y)\psi_\beta^{(+)}(x)] + N[\overline{\psi}_\alpha^{(-)}(y)\psi_\beta^{(-)}(x)] \\
&\quad +N[\overline{\psi}_\alpha^{(+)}(y)\psi_\beta^{(+)}(x)] + N[\overline{\psi}_\alpha^{(+)}(y)\psi_\beta^{(-)}(x)] \\
&= \overline{\psi}_\alpha^{(-)}(y)\psi_\beta^{(-)}(x) + \overline{\psi}_\alpha^{(-)}(y)\psi_\beta^{(+)}(x) \\
&\quad +\overline{\psi}_\alpha^{(+)}(y)\psi_\beta^{(+)}(x) - \psi_\beta^{(-)}(x)\overline{\psi}_\alpha^{(+)}(y), \qquad (13.2.9)\\
N[\psi_\beta(x)\psi_\alpha(y)] &= \psi_\beta(x)\psi_\alpha(y), \qquad (13.2.10)\\
N[\overline{\psi}_\beta(x)\overline{\psi}_\alpha(y)] &= \overline{\psi}_\beta(x)\overline{\psi}_\alpha(y). \qquad (13.2.11)
\end{aligned}
$$

由 (13.2.8) 和 (13.2.9) 式, 可知

$$
N[\psi_\beta(x)\overline{\psi}_\alpha(y)] + N[\overline{\psi}_\alpha(y)\psi_\beta(x)] = 0, \qquad (13.2.12)
$$

因为

$$
N[\psi_\beta(x)\overline{\psi}_\alpha(y)] + N[\overline{\psi}_\alpha(y)\psi_\beta(x)] = \{\psi_\beta^{(+)}(x), \overline{\psi}_\alpha^{(+)}(y)\} + \{\psi_\beta^{(-)}(x), \overline{\psi}_\alpha^{(-)}(y)\} = 0.
$$

上式中每一个反对易关系都为零.

很自然的一个问题是编时乘积与正规乘积之间的关系. 引入算符之间收缩的定义: 设 U 和 V 是两个算符, 算符之间的收缩定义为编时乘积和正规乘积之差:

$$
\overbrace{UV} = T[UV] - N[UV]. \qquad (13.2.13)
$$

由编时乘积定义 (13.2.1), 知

$$
\begin{aligned}
T[\psi_\beta(x)\overline{\psi}_\alpha(y)] &= \theta(x_0 - y_0)\psi_\beta(x)\overline{\psi}_\alpha(y) - \theta(y_0 - x_0)\overline{\psi}_\alpha(y)\psi_\beta(x), \\
T[\psi_\beta(x)\psi_\alpha(y)] &= \psi_\beta(x)\psi_\alpha(y), \\
T[\overline{\psi}_\beta(x)\overline{\psi}_\alpha(y)] &= \overline{\psi}_\beta(x)\overline{\psi}_\alpha(y),
\end{aligned}
$$

因此按定义 (13.2.13), 算符 $\psi(x)$ 之间和算符 $\overline{\psi}(x)$ 之间的收缩为零:

$$
\overbrace{\psi(y)\psi}(x) = \overbrace{\overline{\psi}(y)\overline{\psi}}(x) = 0. \qquad (13.2.14)
$$

对于 $\psi_\beta(x)\overline{\psi}_\alpha(y)$, 可以分别按 $x_0>y_0$ 和 $y_0>x_0$ 的情况来讨论. 当 $x_0>y_0$ 时,

$$\begin{aligned}T[\psi_\beta(x)\overline{\psi}_\alpha(y)]&=\psi_\beta(x)\overline{\psi}_\alpha(y)\\&=\psi_\beta^{(+)}(x)\overline{\psi}_\alpha^{(+)}(y)+\psi_\beta^{(+)}(x)\overline{\psi}_\alpha^{(-)}(y)+\psi_\beta^{(-)}(x)\overline{\psi}_\alpha^{(+)}(y)\\&\quad+\psi_\beta^{(-)}(x)\overline{\psi}_\alpha^{(-)}(y),\end{aligned}$$

有

$$T[\psi_\beta(x)\overline{\psi}_\alpha(y)]-N[\psi_\beta(x)\overline{\psi}_\alpha(y)]=\{\psi_\beta^{(+)}(x),\overline{\psi}_\alpha^{(-)}(y)\}. \tag{13.2.15}$$

类似地, 当 $y_0>x_0$ 时,

$$\begin{aligned}T[\psi_\beta(x)\overline{\psi}_\alpha(y)]&=-\overline{\psi}_\alpha(y)\psi_\beta(x)\\&=-\overline{\psi}_\alpha^{(+)}(y)\psi_\beta^{(+)}(x)-\overline{\psi}_\alpha^{(+)}(y)\psi_\beta^{(-)}(x)-\overline{\psi}_\alpha^{(-)}(y)\psi_\beta^{(+)}(x)\\&\quad-\overline{\psi}_\alpha^{(-)}(y)\psi_\beta^{(-)}(x),\end{aligned}$$

有

$$T[\psi_\beta(x)\overline{\psi}_\alpha(y)]-N[\psi_\beta(x)\overline{\psi}_\alpha(y)]=-\{\psi_\beta^{(-)}(x),\overline{\psi}_\alpha^{(+)}(y)\}. \tag{13.2.16}$$

因此

$$\begin{aligned}&T[\psi_\beta(x)\overline{\psi}_\alpha(y)]-N[\psi_\beta(x)\overline{\psi}_\alpha(y)]\\&\quad=\theta(x_0-y_0)\{\psi_\beta^{(+)}(x),\overline{\psi}_\alpha^{(-)}(y)\}-\theta(y_0-x_0)\{\psi_\beta^{(-)}(x),\overline{\psi}_\alpha^{(+)}(y)\}.\end{aligned} \tag{13.2.17}$$

由定义 (13.2.13) 知算符 $\psi(x)$ 和算符 $\overline{\psi}(y)$ 之间的收缩

$$\overbracket{\psi_\beta(y)\overline{\psi}}_\alpha(x)=\mathrm{i}S_{\mathrm{F}\beta\alpha}(x-y), \tag{13.2.18}$$

其中费米子传播函数 (见 (5.3.31) 式)

$$\begin{aligned}S_{\mathrm{F}\beta\alpha}(x-y)=&-\mathrm{i}\theta(x_0-y_0)\{\psi_\beta^{(+)}(x),\overline{\psi}_\alpha^{(-)}(y)\}\\&+\mathrm{i}\theta(y_0-x_0)\{\psi_\beta^{(-)}(x)\overline{\psi}_\alpha^{(+)}(y)\}.\end{aligned} \tag{13.2.19}$$

用类似的方法可以得到电磁场算符收缩为

$$\overbracket{A_\mu(x)A}_\nu(y)=\mathrm{i}g_{\mu\nu}D_{\mathrm{F}}(x-y), \tag{13.2.20}$$

其中电磁场传播函数为 (见 (6.3.3) 式)

$$
\begin{aligned}
g_{\mu\nu}D_{\mathrm{F}}(x-y)=&-\mathrm{i}\theta(x_0-y_0)\{A_\mu^{(+)}(x),A_\nu^{(-)}(y)\}\\
&-\mathrm{i}\theta(y_0-x_0)\{A_\nu^{(+)}(y),A_\mu^{(-)}(x)\}.
\end{aligned}\tag{13.2.21}
$$

标量场算符收缩

$$
\overbrace{\phi_j(x)\phi_k}(y)=\mathrm{i}\delta_{jk}\Delta_{\mathrm{F}}(x-y),\tag{13.2.22}
$$

其中标量场传播函数为 (见 (4.4.33) 式)

$$
\begin{aligned}
\delta_{jk}\Delta_{\mathrm{F}}(x-y)=&-\mathrm{i}\theta(x_0-y_0)[\phi_j^{(+)}(x),\phi_k^{(-)}(y)]\\
&-\mathrm{i}\theta(y_0-x_0)[\phi_k^{(+)}(y),\phi_j^{(-)}(x)].
\end{aligned}\tag{13.2.23}
$$

还可以证明, 不同类型场的收缩等于零,

$$
\begin{aligned}
&\overbrace{A_\mu(x)\psi_\alpha}(y)=0,\quad \overbrace{A_\mu(x)\overline{\psi}_\beta}(y)=0,\\
&\overbrace{\phi_j(x)\psi_\alpha}(y)=0,\quad \overbrace{\phi_j(x)\overline{\psi}_\beta}(y)=0.
\end{aligned}\tag{13.2.24}
$$

最后给出 §7.2 中提到的电荷-电流密度等写成正规乘积的表达式. 首先有

$$
N[\overline{\psi}\gamma^\mu\psi]=\frac{1}{2}(\overline{\psi}\gamma^\mu\psi-\psi^{\mathrm{T}}\gamma_\mu^{\mathrm{T}}\overline{\psi}^{\mathrm{T}}).
$$

(3.5.15) 式曾给出拉氏密度

$$
\mathcal{L}=\mathrm{i}\overline{\psi}(x)\gamma^\mu\partial_\mu\psi(x)-m\overline{\psi}(x)\psi(x).\tag{13.2.25}
$$

以前曾提到, 拉氏密度以正规乘积表达时, 有

$$
\mathcal{L}=\mathrm{i}N\left[\overline{\psi}(x)\gamma^\mu\partial_\mu\psi(x)\right]-mN\left[\overline{\psi}(x)\psi(x)\right].\tag{13.2.26}
$$

这就更容易看出拉氏密度在电荷共轭变换下的不变性, 自由 Dirac 场的作用量在该变换下是不变的. 现在证明正规乘积对称形式

$$
N[\overline{\psi}\gamma_\mu\psi]=\frac{1}{2}(\overline{\psi}\gamma_\mu\psi-\psi^{\mathrm{T}}\gamma_\mu^{\mathrm{T}}\overline{\psi}^{\,\mathrm{T}}).\tag{13.2.27}
$$

先看等式右边,

$$
\begin{aligned}
\frac{1}{2}(\overline{\psi}\gamma_\mu\psi-\psi^{\mathrm{T}}\gamma_\mu^{\mathrm{T}}\overline{\psi}^{\,\mathrm{T}})=&\frac{1}{2}\left\{(\overline{\psi}_\alpha^{(-)}+\overline{\psi}_\alpha^{(+)})(\gamma_\mu)_{\alpha\beta}(\psi_\beta^{(-)}+\psi_\beta^{(+)})\right\}\\
&-\frac{1}{2}\left\{(\psi_\alpha^{(-)}+\psi_\alpha^{(+)})(\gamma_\mu)_{\beta\alpha}(\overline{\psi}_\beta^{(-)}+\overline{\psi}_\beta^{(+)})\right\}
\end{aligned}
$$

$$
\begin{aligned}
&= \frac{1}{2}(\gamma_\mu)_{\alpha\beta}\Big\{\overline{\psi}_\alpha^{(-)}\psi_\beta^{(-)}+\overline{\psi}_\alpha^{(-)}\psi_\beta^{(+)}+\overline{\psi}_\alpha^{(+)}\psi_\beta^{(-)}+\overline{\psi}_\alpha^{(+)}\psi_\beta^{(+)} \\
&\quad -\psi_\beta^{(-)}\overline{\psi}_\alpha^{(-)}-\psi_\beta^{(-)}\overline{\psi}_\alpha^{(+)}-\psi_\beta^{(+)}\overline{\psi}_\alpha^{(-)}-\psi_\beta^{(+)}\overline{\psi}_\alpha^{(+)}\Big\} \\
&= \frac{1}{2}(\gamma_\mu)_{\alpha\beta}\Big\{2N[\overline{\psi}_\alpha\psi_\beta]+\{\psi_\beta^{(-)},\overline{\psi}_\alpha^{(+)}\}-\{\psi_\beta^{(+)},\overline{\psi}_\alpha^{(-)}\}\Big\}, \quad (13.2.28)
\end{aligned}
$$

其中

$$
\begin{aligned}
\psi^{(+)}(x) &= \int \frac{\mathrm{d}^3p}{(2\pi)^3(2E)}\sum_\lambda b_\lambda(\boldsymbol{p})u_{\lambda,p}(x), \\
\psi^{(-)}(x) &= \int \frac{\mathrm{d}^3p}{(2\pi)^3(2E)}\sum_\lambda d_\lambda^\dagger(\boldsymbol{p})v_{\lambda,p}(x),
\end{aligned}
\tag{13.2.29}
$$

$$
\begin{aligned}
u_{\lambda,p}(x) &= u_\lambda(p)\mathrm{e}^{-\mathrm{i}p\cdot x}, \\
v_{\lambda,p}(x) &= v_\lambda(p)\mathrm{e}^{\mathrm{i}p\cdot x}, \\
v_{\lambda,p}(x) &= C\overline{u}_{\lambda,p}^{\mathrm{T}}(x).
\end{aligned}
\tag{13.2.30}
$$

利用对易关系

$$
\Big\{b_\lambda(\boldsymbol{p}),b_{\lambda'}^\dagger(\boldsymbol{p}')\Big\}=\Big\{d_\lambda(\boldsymbol{p}),d_{\lambda'}^\dagger(\boldsymbol{p}')\Big\}=(2\pi)^3 2p^0\delta^3(\boldsymbol{p}-\boldsymbol{p}')\delta_{\lambda\lambda'}, \tag{13.2.31}
$$

可以得到

$$
(\gamma_\mu)_{\alpha\beta}\{\psi_\beta^{(-)}(x),\overline{\psi}_\alpha^{(+)}(x)\}=(\gamma_\mu)_{\alpha\beta}\{\psi_\beta^{(+)}(x),\overline{\psi}_\alpha^{(-)}(x)\}. \tag{13.2.32}
$$

此式的证明只须两边用 (13.2.29) 代入并利用 (13.2.31) 式直接运算即可. 将 (13.2.32) 式代入 (13.2.28) 式, 刚好后两项相消, 因此电磁流写为正规乘积形式, 有

$$
J_\mu = eN[\overline{\psi}\gamma_\mu\psi]. \tag{13.2.33}
$$

轻子与电磁场间的相互作用哈密顿量密度记为

$$
\mathcal{H}_{\mathrm{i}} = -eN[\overline{\psi}\not{A}\psi]. \tag{13.2.34}
$$

这解释了在第 7 章中讨论电荷共轭变换时用正规乘积写出相互作用项的原因.

类似地, 可以证明

$$
\overline{\psi}(x)\gamma_5\psi(x)=N\left[\overline{\psi}(x)\gamma_5\psi(x)\right]. \tag{13.2.35}
$$

因为

$$
\overline{\psi}(x)\gamma_5\psi(x)=N[\overline{\psi}(x)\gamma_5\psi(x)]+(\gamma_5)_{\alpha\beta}\{\psi_\beta^{(-)}(x),\overline{\psi}_\alpha^{(+)}(x)\},
$$

将 (13.2.29) 式代入计算得到

$$(\gamma_5)_{\alpha\beta}\{\psi_\beta^{(-)}(x),\overline{\psi}_\alpha^{(+)}(x)\}=\int\widetilde{\mathrm{d}p}\overline{v}(p,x)\gamma_5^{\mathrm{T}}v(p,x)=0. \tag{13.2.36}$$

因此 π-N 相互作用哈密顿量密度记为

$$\mathcal{H}_{\mathrm{i}}=gN[\overline{\psi}\boldsymbol{\tau}\gamma_5\psi\boldsymbol{\phi}]. \tag{13.2.37}$$

类似地, 对于 Feynman 和 Gell-Mann 提出的弱相互作用也可以写成正规乘积的形式:

$$\begin{aligned}\mathcal{H}_{\mathrm{i}}(x)=&\frac{G}{\sqrt{2}}N[\overline{\psi}_{\mathrm{p}}\gamma_\mu(1-\gamma_5)\psi_{\mathrm{n}}\overline{\psi}_{\mathrm{e}}\gamma^\mu(1-\gamma_5)\psi_{\mathrm{v}}]\\&+\frac{G}{\sqrt{2}}N[\overline{\psi}_{\mathrm{v}}\gamma_\mu(1-\gamma_5)\psi_{\mathrm{e}}\overline{\psi}_{\mathrm{n}}\gamma^\mu(1-\gamma_5)\psi_{\mathrm{p}}].\end{aligned} \tag{13.2.38}$$

(13.2.34), (13.2.37) 和 (13.2.38) 式表明, 电磁、强、弱相互作用哈密顿量密度都可以写成正规乘积的形式. 而在 S 矩阵元的展开形式中, 同一时空点的场量都出现在正规乘积内部, 而不同的时空点 (所有正规乘积) 又出现在编时乘积内部, 因此 S 矩阵是以混合乘积的形式出现. 在混合乘积形式的运算中, 将在下一节给出的 Wick 定理是很有用的.

§13.3 Wick 定理

为了讲述 Wick 的两条定理, 我们首先给出正规乘积的一些有用的性质:

(1) 正规乘积内部, 所有费米子算符都可以相互反对易, 所有玻色子算符都可以相互对易, 即

$$N[A'B'C'\cdots D']=\delta_{\mathrm{p}}N[ABC\cdots D], \tag{13.3.1}$$

其中如果将 $ABC\cdots D$ 中的因子调动排成 $A'B'C'\cdots D'$ 时所需要交换费米子算符的次数是偶数时 $\delta_{\mathrm{p}}=1$, 是奇数时 $\delta_{\mathrm{p}}=-1$.

这一条性质对于编时乘积 T 也是适用的.

(2) 正规乘积内部算符的收缩, 其定义为

$$N[U\overbracket{VW}X\cdots Z]=(\overbracket{VW})N[UX\cdots Z]. \tag{13.3.2}$$

由此定义加上第一条性质就可以得到

$$\begin{aligned}N[U\overbracket{VWX\cdots Z}]&=\delta_{\mathrm{p}}N[U\overbracket{VZ}WXX\cdots Y]\\&=\delta_{\mathrm{p}}(\overbracket{VZ})N[UWX\cdots Y],\end{aligned} \tag{13.3.3}$$

其中如果将 Z 调动到使它与 V 排在邻近时所需要交换费米子算符的次数是偶数时 $\delta_{\rm p}=1$, 是奇数时 $\delta_{\rm p}=-1$.

(3) 若在正规乘积内部有一对以上的算符收缩, 则有

$$
\begin{aligned}
N[\underline{U\overline{VRS}\,\overline{W\cdots X}}\,\overline{Y\cdots K}N] &= \delta_{\rm p}N[\overline{UX}\,\overline{VS}R\overline{WK}Y\cdots Z] \\
&= (\overline{UX})(\overline{VS})(\overline{WK})N[R\cdots Y\cdots Z]\delta_{\rm p},
\end{aligned}
\tag{13.3.4}
$$

同样 $\delta_{\rm p}=\pm 1$ 由调动费米子的奇、偶次数确定.

(4) 如果 $N[UV\cdots XY]$ 是一个正规乘积, Z 是一个算符, Z 的时间比 N 乘积中任何一个算符因子的时间都早, 那么就有

$$
\begin{aligned}
N[UV\cdots XY]Z = {} & N[UV\cdots X\overline{YZ}] \\
& +N[UV\cdots \overline{XYZ}]+\cdots+N[U\overline{V\cdots XYZ}] \\
& +N[\overline{UV\cdots XYZ}]+N[UV\cdots XYZ].
\end{aligned}
\tag{13.3.5}
$$

一般地讲 Z 既包含产生算符又包含湮灭算符, $N[\cdots]$ 中也既包含产生算符又包含湮灭算符. 另一方面我们所需要证明的 (13.3.5) 式两边同时将 $UV\cdots XY$ 重新排列都是不变的, 因为重新排列两边所有各项都产生同样的因子 $\delta_{\rm p}$, 会相互消去. 因此我们可以假定 $UV\cdots XY$ 已经按正规乘积的次序排列, 而且我们只要证明 $UV\cdots XY$ 中都是湮灭算符的情况就足够了, 因为假使其中有产生算符的话, 只要将所有产生算符乘在 (13.3.5) 式的左端即可. 对于 Z 来讲也只要证明 Z 是一个产生算符时是正确的即可, 因为若 Z 是一个湮灭算符, 那么所有的收缩 $\overline{YZ}$, $\overline{XZ}$, $\cdots$, $\overline{UZ}$ 都将等于零, 湮灭算符与湮灭算符之间的收缩为零, 自然 (13.3.5) 式成立. 现在用数学归纳法证明 (13.3.5) 式. 此公式显然在 $N[\cdots]$ 中只含一个因子 Y 时是正确的, 因为从定义 (13.2.13) 知

$$
N[Y]Z=YZ=T[YZ]=N[YZ]+\overline{YZ}. \tag{13.3.6}
$$

假定 (13.3.5) 式在 $N[UV\cdots XY]$ 中有 n 个因子时成立, 设该式中的各项的两端都乘上一个湮灭算符 R, 并设标记 R 的时间比标记 Z 的时间迟, 那么就有

$$
\begin{aligned}
RN[UV\cdots XY]Z = {} & RN[UV\cdots X\overline{YZ}]+\cdots+RN[\overline{UV\cdots XYZ}] \\
& +RN[UV\cdots XYZ].
\end{aligned}
\tag{13.3.7}
$$

由于 $UV\cdots XY$ 都是湮灭算符, 因此除最后一项外, 所有各项的 R 都可以移入, 即

$$
\begin{aligned}
N[RUV\cdots XY]Z = {} & N[RUV\cdots X\overbrace{YZ}] + \cdots \\
& + N[\overbrace{RUV\cdots XYZ}] + RN[UV\cdots XYZ]. \qquad (13.3.8)
\end{aligned}
$$

与 (13.3.5) 式相比可见, 要想证明 $n+1$ 项时结论成立, 必须仔细考虑 (13.3.8) 式中最后一项

$$
RN[UV\cdots XYZ].
$$

注意到 Z 是产生算符, 可以将 Z 调换到最前面, 有

$$
N[UV\cdots XYZ] = \delta_{\mathrm{p}} ZUV\cdots XY.
$$

考虑

$$
RZ = T[RZ] = \overbrace{RZ} + N[RZ] = \overbrace{RZ} + \delta_{\mathrm{q}} ZR, \qquad (13.3.9)
$$

其中 δ_{q} 是由于交换 RZ 所产生的因子, 有

$$
\begin{aligned}
& RN[UV\cdots XYZ] \\
& \quad = \delta_{\mathrm{p}} \overbrace{RZ} UV\cdots XY + \delta_{\mathrm{p}}\delta_{\mathrm{q}} ZRUV\cdots XY \\
& \quad = N[\overbrace{RUV\cdots XYZ}] + N[RUV\cdots XYZ]. \qquad (13.3.10)
\end{aligned}
$$

将 (13.3.10) 式代入 (13.3.8) 式, 可以得到

$$
\begin{aligned}
N[RUV\cdots XY]Z = {} & N[RUV\cdots X\overbrace{YZ}] + \cdots \\
& + N[\overbrace{RUV\cdots XYZ}] + N[RUV\cdots XYZ].
\end{aligned}
$$

这就用数学归纳法证明了 (13.3.5) 式.

(5) 如果在 $N[UV\cdots XY]$ 中包含有若干对算符的收缩, 则有推广的 (13.3.5) 式

成立, 即

$$
\begin{aligned}
&N[UV\overline{R\cdots Q}XY]Z\\
&\quad= N[UV\overline{R\cdots Q}X\overline{YZ}] + N[UV\overline{R\cdots Q}\overline{XYZ}] + \cdots\\
&\quad\quad + N[U\underline{V\overline{R\cdots Q}XYZ}] + N[\overline{UV\underline{R\cdots Q}XYZ}] + \cdots\\
&\quad\quad + N[UV\overline{R\cdots Q}XYZ]. \qquad (13.3.11)
\end{aligned}
$$

基于上述正规乘积的性质, 现在可以证明 Wick 的两条定理.

Wick 第一定理 编时乘积可以按照下述方式展开为一系列正规乘积之和:

$$
\begin{aligned}
T[UVW\cdots XYZ] &= N[UVW\cdots XYZ]\\
&\quad + N[\overline{UV}W\cdots XYZ] + N[\overline{UVW}\cdots XYZ] + \cdots\\
&\quad + N[UVW\cdots X\overline{YZ}] + \cdots + N[\underline{U\overline{V\overline{W\cdots X}Y}Z}]. \qquad (13.3.12)
\end{aligned}
$$

在 (13.3.12) 式中的第一项是无收缩的正规乘积, 其余各项包含了一切有着不同收缩算符对的项.

下面用数学归纳法证明 (13.3.12) 式.

当 $n=2$ 时就是定义式 (13.2.13),

$$
T[UV] = N[UV] + \overline{UV}.
$$

设 T 乘积中有 n 个因子时 (13.3.12) 式是正确的, 在 (13.3.12) 式右端乘以一个算符 R, 并设 R 的时间比标记 $UVW\cdots XYZ$ 的时间都早, 则有

$$
\begin{aligned}
T[UVW\cdots XYZR] &= N[UVW\cdots XYZ]R\\
&\quad + [\overline{UV}W\cdots XYZ]R + \cdots + N[\underline{U\overline{V\overline{W\cdots X}Y}Z}]R.
\end{aligned}
$$

对于第一项应用 (13.3.5) 式, 对于其余各项应用 (13.3.11) 式, 就证明了 (13.3.12) 式在 $n+1$ 个因子时也成立. 因而 (13.3.12) 式在 R 的时间有限制下得证. 其实这个限制并不影响公式的普遍性, 因为当 R 时间无限制时, 仅须将该式中各项的因子按同一个 $\mathcal{H}$ 的次序重新排列, 每项都添了一个因子 δ_{p}, 可以相互消去, (13.3.12) 式仍然成立. 这样就证明了不论乘积中有多少因子, (13.3.12) 式总是正确的.

§13.2 已经指出, 在 S 矩阵展开式里并不单纯出现编时乘积, 相互作用哈密顿量往往是正规乘积, 所以在 T 乘积内部是一系列的正规乘积. 对于这样一种混合的编时乘积, 正规乘积的展开由 Wick 第二定理给出.

Wick 第二定理 对于混合乘积仍可以应用 (13.3.12) 式, 只是略去 T 乘积中每一个正规乘积内部各因子收缩而产生的各项.

例如有一个混合乘积

$$T[UV\mathrm{N}[WXY]\cdots Z], \tag{13.3.13}$$

其中所有的因子都是单纯的产生算符或湮灭算符, 而在正规乘积 $N[WXY]$ 内标志 WXY 的时间相同. 注意到正规乘积的定义是将其中产生算符排在左边, 湮灭算符排在右边, 如果令其中产生算符的时间略大于湮灭算符的时间, 那么此混合乘积就等于编时乘积

$$T[UVWXY\cdots Z] \tag{13.3.14}$$

的极限, 此极限是指 WXY 中的时间无限地趋于一致. 对 (13.3.14) 式可按 Wick 第一定理的 (13.3.12) 式展开. 由于 W, X, Y 中标志湮灭算符的时间略早于标志产生算符的时间, 因而它可既等于编时乘积的定义又等于正规乘积的定义, 它们之间任何一对算符的收缩都等于零, 这样 Wick 第二定理得证.

在 $U, V, \cdots$ 中并不是单纯的产生算符或单纯的湮灭算符, 混合乘积中有许多正规乘积的情况下, 可以先做展开, 分解为一系列单纯产生算符和单纯湮灭算符的项的和, 每一项都可以应用 Wick 第一定理展开为一系列的正规乘积, 最后再将各项合并起来, 即证得了 Wick 第二定理.

§13.4 正规乘积所表示的物理过程

为了计算初态 $|\mathrm{i}\rangle$ 经相互作用后系统处于态 $|\mathrm{f}\rangle$ 的概率 $|\langle\mathrm{f}|\,U(\infty,-\infty)\,|\mathrm{i}\rangle|^2$, 需要计算矩阵元 $\langle\mathrm{f}|\,S\,|\mathrm{i}\rangle = \langle\mathrm{f}|\,U(\infty,-\infty)\,|\mathrm{i}\rangle$. 在 S 矩阵的展开式 (10.2.1) 中, 级数的每一项都是以编时乘积的积分表示:

$$S = \sum_{n=0}^{\infty} S^{(n)}.$$

以电磁相互作用为例,

$$\mathcal{H}_{\mathrm{i}}(x) = eN[\overline{\psi}(x)\gamma_\mu\psi(x)A^\mu(x)], \tag{13.4.1}$$

$$
\begin{aligned}
S^{(n)} = \frac{(-\mathrm{i}e)^n}{n!}\int_{-\infty}^{\infty}\mathrm{d}^4x_n\cdots\int_{-\infty}^{\infty}\mathrm{d}^4x_1 T[N[\overline{\psi}(x_n)\not{A}(x_n)\psi(x_n)]\\
\cdots N[\overline{\psi}(x_1)\not{A}(x_1)\psi(x_1)]].
\end{aligned}
\tag{13.4.2}
$$

现在将编时乘积 $T[\mathcal{H}_{\mathrm{i}}(x_n)\cdots\mathcal{H}_{\mathrm{i}}(x_1)]$ 按正规乘积展开. 按照 Wick 第二定理有

$$
T[N[\overline{\psi}(x_1)\not{A}(x_1)\psi(x_1)]] = N[\overline{\psi}(x_1)\not{A}(x_1)\psi(x_1)]. \tag{13.4.3}
$$

而

$$
\begin{aligned}
&T[N[\overline{\psi}(x_1)\not{A}(x_1)\psi(x_1)]N[\overline{\psi}(x_2)\not{A}(x_2)\psi(x_2)]]\\
&= N[\overline{\psi}(x_1)\not{A}(x_1)\psi(x_1)\overline{\psi}(x_2)\not{A}(x_2)\psi(x_2)]\\
&\quad +N[\overline{\psi}(x_1)\underline{\not{A}(x_1)\psi(x_1)\overline{\psi}(x_2)\not{A}}(x_2)\psi(x_2)]\\
&\quad +N[\overline{\psi}(x_1)\not{A}(x_1)\underline{\psi(x_1)\overline{\psi}}(x_2)\not{A}(x_2)\psi(x_2)]\\
&\quad +N[\underline{\overline{\psi}(x_1)\not{A}(x_1)\psi(x_1)\overline{\psi}(x_2)\not{A}(x_2)\psi}(x_2)]\\
&\quad +N[\overline{\psi}(x_1)\underline{\not{A}(x_1)\underline{\psi(x_1)\overline{\psi}}(x_2)\not{A}}(x_2)\psi(x_2)]\\
&\quad +N[\underline{\overline{\psi}(x_1)\underline{\not{A}(x_1)\psi(x_1)\overline{\psi}(x_2)\not{A}}(x_2)\psi}(x_2)]\\
&\quad +N[\underline{\overline{\psi}(x_1)\not{A}(x_1)\underline{\psi(x_1)\overline{\psi}}(x_2)\not{A}(x_2)\psi}(x_2)]\\
&\quad +N[\underline{\overline{\psi}(x_1)\underline{\not{A}(x_1)\overline{\psi(x_1)\overline{\psi}}(x_2)\not{A}}(x_2)\psi}(x_2)],
\end{aligned}
\tag{13.4.4}
$$

一共有八个 N 乘积项. (13.4.4) 式中的第三项、第四项如果代入 $S^{(2)}$ 中, 并交换 N 乘积次序 (由于两个费米子算符不变号), 再改变积分变量, 所得贡献完全一样, 两项贡献合并为一项, 消去了分母中的 $\frac{1}{2!}$ 因子. 同样, 第五、六两项贡献相同也将消去 $\frac{1}{2!}$ 因子, 只有第一、二、七、八各项贡献完全不同.

同样, 也可以对 $S^{(3)}$ 中的 T 乘积

$$
T[N[\overline{\psi}(x_1)\not{A}(x_1)\psi(x_1)]N[\overline{\psi}(x_2)\not{A}(x_2)\psi(x_2)]N[\overline{\psi}(x_3)\not{A}(x_3)\psi(x_3)]]
$$

做分解, 其中也有很多项贡献相同. 由于三个 N 乘积交换次序共有 3! 项相同, 刚好消去 $\frac{1}{3!}$ 因子.

注意到

$$
\begin{aligned}
\psi(x) &= \int \frac{\mathrm{d}^3 p}{(2\pi)^3} \frac{1}{2p^0} \sum_{\lambda=1,2} [b_\lambda(\boldsymbol{p}) u_\lambda(p) \mathrm{e}^{-\mathrm{i}p\cdot x} + d_\lambda^\dagger(\boldsymbol{p}) v_\lambda(p) \mathrm{e}^{\mathrm{i}p\cdot x}] \\
&= \psi^{(+)} + \psi^{(-)}, \\
\overline{\psi}(x) &= \int \frac{\mathrm{d}^3 p}{(2\pi)^3} \frac{1}{2p^0} \sum_{\lambda=1,2} [b_\lambda^\dagger(\boldsymbol{p}) \overline{u}_\lambda(p) \mathrm{e}^{\mathrm{i}p\cdot x} + d_\lambda(\boldsymbol{p}) \overline{v}_\lambda(p) \mathrm{e}^{-\mathrm{i}p\cdot x}] \\
&= \overline{\psi}^{(-)} + \overline{\psi}^{(+)}, \\
A_\mu(x) &= \int \frac{\mathrm{d}^3 k}{(2\pi)^3} \frac{1}{2k^0} \sum_{\lambda=0}^{3} [a_\lambda(\boldsymbol{k}) \epsilon_\mu^{(\lambda)}(k) \mathrm{e}^{-\mathrm{i}k\cdot x} + a_\lambda^\dagger(\boldsymbol{k}) \epsilon_\mu^{(\lambda)*}(k) \mathrm{e}^{\mathrm{i}k\cdot x}] \\
&= A_\mu^{(+)} + A_\mu^{(-)}.
\end{aligned}
$$

现在来考察正规乘积展开后各项所相应的物理过程.

$$
\begin{aligned}
&N[\overline{\psi}(x_1) \not{A}(x_1) \psi(x_1)] \\
&\quad = N\left[(\overline{\psi}^{(-)}(x_1) + \overline{\psi}^{(+)}(x_1))(\not{A}^{(+)}(x_1) + \not{A}^{(-)}(x_1))(\psi^{(+)}(x_1) + \psi^{(-)}(x_1))\right] \\
&\quad = N\left[\overline{\psi}^{(-)}(x_1) \not{A}^{(+)}(x_1) \psi^{(+)}(x_1)\right] (\text{一个电子吸收一个光子变为一个电子}) \\
&\qquad + N\left[\overline{\psi}^{(+)}(x_1) \not{A}^{(-)}(x_1) \psi^{(-)}(x_1)\right] (\text{一个正电子放出一个光子加正电子}) \\
&\qquad + N\left[\overline{\psi}^{(-)}(x_1) \not{A}^{(-)}(x_1) \psi^{(+)}(x_1)\right] (\text{一个电子放出一个光子加电子}) \\
&\qquad + N\left[\overline{\psi}^{(+)}(x_1) \not{A}^{(+)}(x_1) \psi^{(+)}(x_1)\right] (\text{一对正负电子吸收光子湮灭为真空}) \\
&\qquad + N\left[\overline{\psi}^{(-)}(x_1) \not{A}^{(-)}(x_1) \psi^{(-)}(x_1)\right] (\text{真空产生一对正负电子加光子}) \\
&\qquad + N\left[\overline{\psi}^{(-)}(x_1) \not{A}^{(+)}(x_1) \psi^{(-)}(x_1)\right] (\text{一个光子湮灭为一对正负电子}) \\
&\qquad + N\left[\overline{\psi}^{(+)}(x_1) \not{A}^{(-)}(x_1) \psi^{(+)}(x_1)\right] (\text{一对正负电子湮灭为光子}) \\
&\qquad + N\left[\overline{\psi}^{(+)}(x_1) \not{A}^{(+)}(x_1) \psi^{(-)}(x_1)\right] (\text{一个正电子吸收一个光子变为正电子}).
\end{aligned} \tag{13.4.5}
$$

可以看到这一正规乘积代表八种可能的过程, 因此当讨论某一物理过程时, 应挑选出正规乘积中有贡献的那一项. 这八项都可以统一用图 13.4.1 表示. 对于实际计算来说, 将 S 矩阵元及其图形在动量表象中表示出来要方便得多. 注意到 $\langle \mathrm{f}| S |\mathrm{i}\rangle = \langle \mathrm{f}| U(\infty, -\infty) |\mathrm{i}\rangle$ 中初、末态矢是由自由哈密顿量决定的, 因此可直接利用第 $4 \sim 6$

章自由场所定义的态矢, 例如

$$
\begin{aligned}
&|0\rangle\,,\ \langle 0|\,, \quad \text{真空态},\\
&|\boldsymbol{k},\lambda\rangle = a_\lambda^\dagger(\boldsymbol{k})\,|0\rangle\,, \quad \text{单光子初态}\\
&\langle \boldsymbol{k},\lambda| = \langle 0|\,a_\lambda(\boldsymbol{k}), \quad \text{单光子末态},\\
&|\boldsymbol{p},r\rangle = b_r^\dagger(\boldsymbol{p})\,|0\rangle\,, \quad \text{单电子初态},\\
&|\boldsymbol{p},r\rangle = d_r^\dagger(\boldsymbol{p})\,|0\rangle\,, \quad \text{单正电子初态},\\
&\langle \boldsymbol{p}',r'| = \langle 0|\,b_{r'}(\boldsymbol{p}'), \quad \text{单电子末态},\\
&\langle \boldsymbol{p}',r'| = \langle 0|\,d_{r'}(\boldsymbol{p}'), \quad \text{单正电子末态}.
\end{aligned}
$$

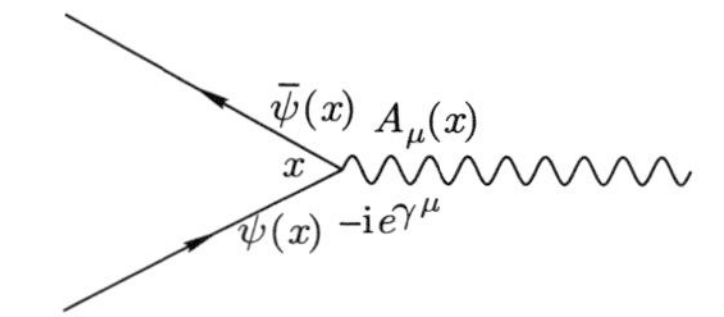

图 13.4.1 最低阶相互作用顶角

由这些单粒子态以及 (5.1.12) 和 (6.2.14) 式的对易关系可以得到单粒子态归一化 (这里为了与光子极化 λ 区分起见, 将电子和正电子的自旋态记为 r,s), 以下分别是单光子态、单电子态和单正电子态的归一化表述:

$$
\begin{aligned}
\langle \boldsymbol{k}',\lambda'\,|\boldsymbol{k},\lambda\rangle &= \langle 0|\,a_{\lambda'}(\boldsymbol{k}')a_\lambda^\dagger(\boldsymbol{k})\,|0\rangle = \langle 0|\left[a_{\lambda'}(\boldsymbol{k}'),a_\lambda^\dagger(\boldsymbol{k})\right]|0\rangle\\
&= -g_{\lambda\lambda'}(2\pi)^3 2\omega\delta^3(\boldsymbol{k}-\boldsymbol{k}'),\\
\langle \boldsymbol{p}',r'\,|\boldsymbol{p},r\rangle &= \langle 0|\,b_{r'}(\boldsymbol{p}')b_r^\dagger(\boldsymbol{p})\,|0\rangle = (2\pi)^3 2E\delta^3(\boldsymbol{p}-\boldsymbol{p}')\delta_{rr'},\\
\langle \boldsymbol{p}',s'\,|\boldsymbol{p},s\rangle &= \langle 0|\,d_{s'}(\boldsymbol{p}')d_s^\dagger(\boldsymbol{p})\,|0\rangle = (2\pi)^3 2E\delta^3(\boldsymbol{p}-\boldsymbol{p}')\delta_{ss'}.
\end{aligned}
\tag{13.4.6}
$$

还可以得出几个关于单光子态、单电子态和单正电子态的有用结果 (注意对于 λ=1, 2, $-g^{\lambda'\lambda}=\delta^{\lambda'\lambda}$):

$$
\begin{aligned}
A_\mu^{(+)}(x)a_\lambda^\dagger(\boldsymbol{k})\,|0\rangle &= \int \widetilde{\mathrm{d}}k' \sum_{\lambda'} \epsilon_\mu^{(\lambda')}(k')a_\lambda(\boldsymbol{k}')\mathrm{e}^{-\mathrm{i}k'\cdot x}a_\lambda^\dagger(\boldsymbol{k})\,|0\rangle\\
&= \int \widetilde{\mathrm{d}}k' \sum_{\lambda'} \epsilon_\mu^{(\lambda')}(k')\mathrm{e}^{-\mathrm{i}k'\cdot x}(-g_{\lambda'\lambda})(2\pi)^3 2k^{0'}\delta^3(\boldsymbol{k}'-\boldsymbol{k})\,|0\rangle\\
&= \epsilon_\mu^{(\lambda)}(k)\mathrm{e}^{-\mathrm{i}k\cdot x}\,|0\rangle\,.
\end{aligned}
\tag{13.4.7}
$$

类似推导可以得出

$$\langle 0|\, a_{\lambda'}(\boldsymbol{k}')A_\mu^{(-)}(x) = \langle 0|\, \epsilon_\mu^{(\lambda')*}(k')\mathrm{e}^{\mathrm{i}k'\cdot x}, \tag{13.4.8}$$

$$\begin{aligned}\psi^{(+)}(x)b_r^\dagger(\boldsymbol{p})\,|0\rangle &= \int \widetilde{\mathrm{d}}q \sum_s b_s(\boldsymbol{q})u_s(q)\mathrm{e}^{-\mathrm{i}q\cdot x}{b_r}^\dagger(\boldsymbol{p})\,|0\rangle \\ &= \int \widetilde{\mathrm{d}}q \sum_s u_s(q)\mathrm{e}^{-\mathrm{i}q\cdot x}(2\pi)^3 2q^0\delta^3(\boldsymbol{q}-\boldsymbol{p})\delta_{rs}\,|0\rangle \\ &= u_r(p)\mathrm{e}^{-\mathrm{i}p\cdot x}\,|0\rangle\,, \end{aligned} \tag{13.4.9}$$

$$\begin{aligned}\overline{\psi}^{(+)}(x)d_r^\dagger(\boldsymbol{p})\,|0\rangle &= \overline{v}_r(p)\mathrm{e}^{-\mathrm{i}p\cdot x}\,|0\rangle\,, \\ \langle 0|\, b_{r'}(\boldsymbol{p}')\overline{\psi}^{(-)}(x) &= \langle 0|\, \overline{u}_{r'}(p')\mathrm{e}^{\mathrm{i}p'\cdot x}, \\ \langle 0|\, d_{r'}(\boldsymbol{p}')\psi^{(-)}(x) &= \langle 0|\, v_{r'}(p')\mathrm{e}^{\mathrm{i}p'\cdot x}. \end{aligned} \tag{13.4.10}$$

利用以上公式可以证明, 当初、末态粒子为满足质壳条件的自由粒子时, 含有三个粒子场线性耦合纯正规乘积 (无收缩) 因子的项对 S 矩阵元的贡献总是 0,

$$\langle \mathrm{f}|\, S_{\mathrm{em}}^{(1)}\,|\mathrm{i}\rangle = 0. \tag{13.4.11}$$

例如, 考虑 (13.4.5) 式中第一行相应的矩阵元

$$\begin{aligned}\langle \mathrm{f}|\, S_{\mathrm{em}}^{(1)}\,|\mathrm{i}\rangle &= -\mathrm{i}e\int \mathrm{d}^4x\,\langle 0|\, b_{r'}(\boldsymbol{p}')\overline{\psi}^{(-)}(x)\gamma^\mu\psi^{(+)}(x)A_\mu^{(+)}(x)a_\lambda^\dagger(\boldsymbol{k})b_r^\dagger(\boldsymbol{p})\,|0\rangle \\ &= -\mathrm{i}e\int \mathrm{d}^4x\overline{u}_{r'}(p')\mathrm{e}^{\mathrm{i}p'\cdot x}\gamma^\mu u_r(p)\mathrm{e}^{-\mathrm{i}p\cdot x}\mathrm{e}^{-\mathrm{i}k\cdot x}\epsilon_\mu^{(\lambda)}(k)\,\langle 0 \mid 0\rangle \\ &= -\mathrm{i}e(2\pi)^4\delta^4(p'-p-k)\overline{u}_{r'}(p')\gamma^\mu u_r(p)\epsilon_\mu^{(\lambda)}(k), \end{aligned} \tag{13.4.12}$$

其中 p 和 p' 分别是初态和末态电子的动量, k 是初态光子的动量. 由于 δ 函数的存在, 必须有初、末态的四动量守恒条件

$$p'-p-k=0. \tag{13.4.13}$$

另一方面, 初、末态粒子为自由粒子, 须满足质壳条件, 即

$$p^2 = p'^2 = m^2, \qquad k^2 = 0. \tag{13.4.14}$$

但是 (13.4.13) 和 (13.4.14) 式不可能同时成立, 因为从 (13.4.13) 式, 可得

$$p'^2 = p^2 + k^2 + 2p\cdot k,$$

考虑 (13.4.14) 式之后, 它成为

$$p\cdot k = 0 \quad 或 \quad k^0(p^0 - |\boldsymbol{p}|\cos\theta) = 0, \tag{13.4.15}$$

其中 θ 为三维动量 $\boldsymbol{p}$ 与 $\boldsymbol{k}$ 之间的夹角. (13.4.15) 式不可能满足, 除非 $k^0=0$. 因此, 对有限 k, 等式 $p'-p-k=0$ 与初、末态粒子满足质壳条件相矛盾. 对于 $S_{\mathrm{em}}^{(1)}$ 中其余的三线性耦合纯正规乘积项有同样的结论. 于是可以得出

$$\langle \mathrm{f}|\, S_{\mathrm{em}}^{(1)}\, |\mathrm{i}\rangle = -\mathrm{i}e\, \langle \mathrm{f}| \int \mathrm{d}^4x N[\overline{\psi}(x)(x)\psi(x)]\, |\mathrm{i}\rangle = 0. \tag{13.4.16}$$

同理, 在微扰论的任意阶, 对于任何含有三个粒子场线性耦合纯正规乘积因子的项, 其 S 矩阵元

$$\langle f|\, N[\cdots \int \mathrm{d}^4x \overline{\psi}(x)(x)\psi(x)\cdots]\, |\mathrm{i}\rangle = 0. \tag{13.4.17}$$

物理上这意味着一个粒子不能衰变为它自身再加上一个光子, 或者反过来吸收一个光子变为它自身.

现在考察二阶正规乘积 $S^{(2)}$. 它的展开式如下:

$$S_{\mathrm{em}}^{(2)} = \frac{(-\mathrm{i}e)^2}{2!}\int_{-\infty}^{\infty} \mathrm{d}^4x_1 \mathrm{d}^4x_2 \{N[\overbrace{\overline{\psi}A\!\!\!/\psi}^{x_1}\overbrace{\overline{\psi}A\!\!\!/\psi}^{x_2}] \tag{13.4.18}$$

$$+N[\overbrace{\overline{\psi}A\!\!\!/\psi}^{x_1}\overbrace{\overline{\psi}A\!\!\!/\psi}^{x_2}] \tag{13.4.19}$$

$$+2N[\overbrace{\overline{\psi}A\!\!\!/\psi}^{x_1}\overbrace{\overline{\psi}A\!\!\!/\psi}^{x_2}] \tag{13.4.20}$$

$$+2N[\overbrace{\overline{\psi}A\!\!\!/\psi}^{x_1}\overbrace{\overline{\psi}A\!\!\!/\psi}^{x_2}] \tag{13.4.21}$$

$$+N[\overbrace{\overline{\psi}A\!\!\!/\psi}^{x_1}\overbrace{\overline{\psi}A\!\!\!/\psi}^{x_2}] \tag{13.4.22}$$

$$+N[\overbrace{\overline{\psi}A\!\!\!/\psi}^{x_1}\overbrace{\overline{\psi}A\!\!\!/\psi}^{x_2}]\}, \tag{13.4.23}$$

其中展开式各项被积函数的积分变量已在最上方统一标出. $S^{(2)}$ 中的每一项都含有一组正规乘积, 与各自可能的物理过程相对应. (13.4.20) 中的因子 2 是由于

$$2N[\overline{\psi}A\!\!\!/\psi\overline{\psi}A\!\!\!/\psi] = N[\overline{\psi}A\!\!\!/\psi\overline{\psi}A\!\!\!/\psi] + N[\overline{\psi}A\!\!\!/\psi\overline{\psi}A\!\!\!/\psi], \tag{13.4.24}$$

因为在正规乘积符号 $N[\cdots]$ 内部, 上式第二项中 $\overline{\psi}A\!\!\!/\psi|_{x_1}$ 与 $\overline{\psi}A\!\!\!/\psi|_{x_2}$ 可交换, 再令积分变量 $x_1 \leftrightarrow x_2$, 则第二项与第一项全同. 同理, (13.4.21) 项代表电子自能, 其中的因子 2 是由于

$$2N[\overline{\psi}A\!\!\!/\psi\overline{\psi}A\!\!\!/\psi] = N[\overline{\psi}A\!\!\!/\psi\overline{\psi}A\!\!\!/\psi] + N[\overline{\psi}A\!\!\!/\psi\overline{\psi}A\!\!\!/\psi].$$

出现在 (13.4.19)~(13.4.23) 式中的非 0 收缩是光子传播子和电子传播子. 其中光子传播子 (见 (6.3.3) 式)

$$\begin{aligned}\underbrace{A_\mu(x_1)A_\nu(x_2)} &= \langle 0|\,T[A_\mu(x_1)A_\nu(x_2)]\,|0\rangle \\ &= \mathrm{i}g_{\mu\nu}D_F(x_1-x_2),\\ \langle 0|\,T[A_\mu(x_1)A_\nu(x_2)]\,|0\rangle &= -\int\frac{\mathrm{d}^4k}{(2\pi)^4}\mathrm{e}^{-\mathrm{i}k\cdot(x_1-x_2)}\frac{\mathrm{i}g_{\mu\nu}}{k^2+\mathrm{i}\epsilon},\end{aligned}\tag{13.4.25}$$

电子传播子 (见 (5.3.32) 式)

$$\begin{aligned}\underbrace{\psi(x_1)\overline{\psi}(x_2)} = \langle 0|\,T[\psi(x_1)\overline{\psi}(x_2)]\,|0\rangle &= \mathrm{i}S_{\mathrm{F}}(x_1-x_2),\\ \langle 0|\,T[\psi(x_1)\overline{\psi}(x_2)]\,|0\rangle &= \int\frac{\mathrm{d}^4p}{(2\pi)^4}\mathrm{e}^{-\mathrm{i}p\cdot(x_1-x_2)}\frac{\mathrm{i}(\not p+m)}{p^2-m^2+\mathrm{i}\epsilon}.\end{aligned}\tag{13.4.26}$$

注意收缩的定义是算符编时乘积的真空平均值, 它是表象无关的. 上述收缩即坐标表象中的传播子, 显然, 纯正规乘积 (13.4.18) 的贡献为零. 其他各项都与一定的物理过程相联系. 表 13.4.1 列出了一些重要的非零贡献的二阶正规乘积及相应的 S 矩阵元, 其中 Møller 散射和 Bhabba 散射相互关联, Compton 散射和正负电子对湮灭相互关联, 可以从一个过程做替换

$$a+b\to c+d\Rightarrow a+\overline{c}\to\overline{b}+d$$

得到另一个过程, 这里 $\overline{b}$ 和 $\overline{c}$ 是 b 和 c 的反粒子. 两个物理过程通过上述替换相互关联的对称性质称为交叉对称性.

表 13.4.1　二阶正规乘积

正规乘积	初态 $\vert\mathrm{i}\rangle$	末态 $\langle\mathrm{f}\vert$	过程 $\mathrm{i}\to\mathrm{f}$
$N[\overline{\psi}^{(-)}\gamma^\mu\psi^{(+)}\overline{\psi}^{(-)}\gamma^\nu\psi^{(+)}\underbrace{A_\mu A_\nu}]$	$b_r^\dagger(\boldsymbol{p})b_s^\dagger(\boldsymbol{q})\vert 0\rangle$	$\langle 0\vert b_{s'}^\dagger(\boldsymbol{q}')b_{r'}^\dagger(\boldsymbol{p}')$	$\mathrm{e^-e^-\to e^-e^-}$ Møller 散射
$N[\overline{\psi}^{(-)}\gamma^\mu\psi^{(+)}\overline{\psi}^{(+)}\gamma^\nu\psi^{(-)}\underbrace{A_\mu A_\nu}]$	$b_r^\dagger(\boldsymbol{p})d_s^\dagger(\boldsymbol{q})\vert 0\rangle$	$\langle 0\vert\, d_{s'}(\boldsymbol{q}')b_{r'}(\boldsymbol{p}')$	$\mathrm{e^-e^+\to e^-e^+}$ Bhabba 散射
$N[\overline{\psi}^{(-)}\gamma^\mu\underbrace{\psi\overline{\psi}}\gamma^\nu\psi^{(+)}A_\mu^{(-)}A_\nu^{(+)}]$	$b_r^\dagger(\boldsymbol{p})a_\lambda^\dagger(\boldsymbol{k})\vert 0\rangle$	$\langle 0\vert\, a_{\lambda'}(\boldsymbol{k}')b_{r'}(\boldsymbol{p}')$	$\gamma\mathrm{e^-\to\gamma e^-}$ Compton 散射
$N[\overline{\psi}^{(+)}\gamma^\mu\underbrace{\psi\overline{\psi}}\gamma^\nu\psi^{(+)}A_\mu^{(-)}A_\nu^{(-)}]$	$b_r^\dagger(\boldsymbol{p})d_s^\dagger(\boldsymbol{q})\vert 0\rangle$	$\langle 0\vert\, a_{\lambda'}(\boldsymbol{k}')a_\lambda(\boldsymbol{k})$	$\mathrm{e^-+e^+\to 2\gamma}$ 正负电子对湮灭
$N[\overline{\psi}^{(-)}\gamma^\mu\underbrace{\psi\overline{\psi}}\gamma^\nu\psi^{(+)}\underbrace{A_\mu A_\nu}]$	$b_r^\dagger(\boldsymbol{p})\vert 0\rangle$	$\langle 0\vert\, b_{r'}(\boldsymbol{p}')$	电子自能
$N[\underbrace{\overline{\psi}\gamma^\mu\underbrace{\psi\overline{\psi}}\gamma^\nu\psi}A_\mu^{(-)}A_\nu^{(+)}]$	$a_\lambda^\dagger(\boldsymbol{k})\vert 0\rangle$	$\langle 0\vert\, a_{\lambda'}(\boldsymbol{k}')$	光子自能
$N[\underbrace{\overline{\psi}\gamma^\mu\underbrace{\psi\overline{\psi}}\gamma^\nu\psi}\underbrace{A_\mu A_\nu}]$	$\vert 0\rangle$	$\langle 0\vert$	真空-真空跃迁

现在具体以 Bhabba 散射、电子和光子自能三个过程为例, 说明如何从正规乘积项得出二阶 S 矩阵元的解析表达式. 对于 $\mathrm{e^-e^+ \to e^-e^+}$ (Bhabba) 散射过程, 有贡献的正规乘积

$$N[\overbrace{\overline{\psi}\underline{A\!\!\!/\psi}}^{x_1}\overbrace{\overline{\psi}\underline{A\!\!\!/}\psi}^{x_2}]$$

有四项. 它们代表的物理过程是初态正、负电子对通过交换一虚光子转变为末态正、负电子对, 相应的 $S^{(2)}$ 矩阵元为

$$\begin{aligned}
&\langle \mathrm{f}|\, S^{(2)}\, |\mathrm{i}\rangle\, |_{\mathrm{e^-e^+\to e^-e^+}} \\
&= \frac{(-\mathrm{i}e)^2}{2}\int \mathrm{d}^4x_1\mathrm{d}^4x_2\, \langle 0|\, d_{s'}(\boldsymbol{q}')b_{r'}(\boldsymbol{p}')N[\overline{\psi}^{(-)}(x_1)\gamma^\mu\psi^{(+)}(x_1)\overline{\psi}^{(+)}(x_2)\gamma^\nu\psi^{(-)}(x_2) \\
&\quad +(x_1\leftrightarrow x_2)+\overline{\psi}^{(+)}(x_1)\gamma^\mu\psi^{(+)}(x_1)\overline{\psi}^{(-)}(x_2)\gamma^\nu\psi^{(-)}(x_2)+(x_1\leftrightarrow x_2)] \\
&\quad \times \underline{A_\mu(x_1)A}_\nu(x_2)b_r^\dagger(\boldsymbol{p})d_s^\dagger(\boldsymbol{q})\,|0\rangle\,.
\end{aligned} \tag{13.4.27}$$

对 d^4x_1, d^4x_2 积分后, 第一项与第二项结果相同, 第三项与第四项结果相同, 只是将 x_1 和 x_2 对换一下, 再注意到

$$D_{\mathrm{F}\mu\nu}(x_1-x_2)=D_{\mathrm{F}\mu\nu}(x_2-x_1),$$

因此贡献相同, 两项合并消去 $\dfrac{1}{2!}$. 最终可以得到

$$\begin{aligned}
&\langle \mathrm{f}|\, S^{(2)}\, |\mathrm{i}\rangle\, |_{\mathrm{e^-e^+\to e^-e^+}} \\
&\quad =(-\mathrm{i}e)^2\int \mathrm{d}^4x_1\mathrm{d}^4x_2\int\frac{\mathrm{d}^4k}{(2\pi)^4}\frac{-\mathrm{i}g_{\mu\nu}}{k^2+\mathrm{i}\epsilon}\mathrm{e}^{-\mathrm{i}k\cdot(x_1-x_2)} \\
&\qquad \times\{-\mathrm{e}^{\mathrm{i}p'\cdot x_2}\overline{u}_{r'}(p')\gamma^\mu u_r(p)\mathrm{e}^{-\mathrm{i}p\cdot x_1}\mathrm{e}^{-\mathrm{i}q\cdot x_1}\overline{v}_s(q)\gamma^\nu v_{s'}(q')\mathrm{e}^{\mathrm{i}q'\cdot x_2} \\
&\qquad +\mathrm{e}^{-\mathrm{i}q\cdot x_1}\overline{v}_s(q)\gamma^\mu u_r(p)\mathrm{e}^{-\mathrm{i}p\cdot x_1}\mathrm{e}^{\mathrm{i}p'\cdot x_2}\overline{u}_{r'}(p')\gamma^\nu v_{s'}(q')\mathrm{e}^{\mathrm{i}q'\cdot x_2}\} \\
&\quad =(-\mathrm{i}e)^2\int\frac{\mathrm{d}^4k}{(2\pi)^4}\Big\{-(2\pi)^4\delta^4(-k+p'-p) \\
&\qquad \times(2\pi)^4\delta^4(k-q+q')\overline{u}_{r'}(p')\gamma^\mu u_r(p)\frac{-\mathrm{i}g_{\mu\nu}}{k^2+\mathrm{i}\epsilon}\overline{v}_s(q)\gamma^\nu v_{s'}(q') \\
&\qquad +(2\pi)^4\delta^4(k+q+p)(2\pi)^4\delta^4(k+p'+q')\overline{v}_s(q)\gamma^\mu u_r(p)\frac{-\mathrm{i}g_{\mu\nu}}{k^2+\mathrm{i}\epsilon}\overline{u}_{r'}(p')\gamma^\nu v_{s'}(q')\Big\} \\
&\quad =(-\mathrm{i}e)^2(2\pi)^4\delta^4(p'+q'-p-q) \\
&\qquad \times\Big\{-\overline{u}_{r'}(p')\gamma^\mu u_r(p)\frac{-\mathrm{i}g_{\mu\nu}}{(p'-p)^2+\mathrm{i}\epsilon}\overline{v}_s(q)\gamma^\nu v_{s'}(q') \\
&\qquad +\overline{v}_s(q)\gamma^\mu u_r(p)\frac{-\mathrm{i}g_{\mu\nu}}{(p+q)^2+\mathrm{i}\epsilon}\overline{u}_{r'}(p')\gamma^\nu v_{s'}(q')\Big\} \\
&\quad =T_A^{(2)}+T_B^{(2)}.
\end{aligned} \tag{13.4.28}$$

不难看出,

$$T_B^{(2)} = -T_B^{(2)}|_{\overline{u}_{r'}(p')\leftrightarrow\overline{v}_s(q),p'\leftrightarrow -q}, \tag{13.4.29}$$

即第二项 $T_B^{(2)}$ 可由第一项 $T_A^{(2)}$ 中的末态电子与初态正电子进行交换并乘一负号得出. 现在再回到 (13.4.4) 式. 前面已指出在正规乘积展开中第三、四项, 第五、六项, 由于 N 乘积内次序可交换, 使得它们分别合并, 而消去 $\dfrac{1}{2!}$ 因子, 这是由在 T 乘积内 $\mathcal{H}_{\mathrm{i}}(x)$ 的对称性引起的. 但是还存在另一些项, 如 (13.4.4) 式中的第二项在 N 乘积展开时并未消去 $\dfrac{1}{2!}$ 因子, 正规乘积只有一项. (13.4.27) 式表明对于这种只有一项正规乘积的情况, 积分中交换 x_1 和 x_2 仍得到原来的贡献, 这种对称性使得在讨论具体物理过程时, 可以得到贡献精确相同的项, 从而使得 $S^{(2)}$ 中 $\dfrac{1}{2!}$ 因子消去. 因此在混合乘积展开为正规乘积展开时有两种不同的方法消去 $\dfrac{1}{2!}$ 因子.

下面按照收缩的表达式计算电子自能 (13.4.21) 项

$$N[\overline{\psi}^{(-)}\gamma^\mu\underbrace{\psi\overline{\psi}}\gamma^\nu\psi^{(+)}\underbrace{A_\mu A_\nu}].$$

这一项代表的物理过程是初态电子发射一个虚光子后被吸收, 转变为末态电子. 考虑到初态和末态都是单个电子, 把由 (13.4.25) 和 (13.4.26) 式给出的收缩表达式代入, 将坐标空间完全积出, 得到

$$\begin{aligned}\langle p'|\,S^{(2)}\,|p\rangle &= (-\mathrm{i}e)^2(2\pi)^4\delta^4(p'-p)\overline{u}_{r'}(p')\\ &\quad\times\left(\int\frac{\mathrm{d}^4k}{(2\pi)^4}\gamma_\mu\frac{-\mathrm{i}g^{\mu\nu}}{k^2+\mathrm{i}\epsilon}\frac{\mathrm{i}}{(\not p-\not k-m+\mathrm{i}\epsilon)}\gamma_\nu\right)u_r(p),\end{aligned} \tag{13.4.30}$$

其中大圆括号内因子是电子和光子收缩单圈对电子自能的贡献.

再考察光子自能项

$$N[\underbrace{\overline{\psi}\gamma^\mu\underbrace{\psi\overline{\psi}}\gamma^\nu\psi}A_\mu^{(-)}A_\nu^{(+)}].$$

这一项代表的物理过程是初态光子产生一对正、负电子对后再湮灭, 转变为末态光子. 考虑到初态和末态都是单个光子, 把由 (13.4.26) 式给出的收缩表达式代入, 将坐标空间完全积出, 得到

$$\begin{aligned}\langle k'|\,S^{(2)}\,|k\rangle &= -(-\mathrm{i}e)^2(2\pi)^4\delta^4(k'-k)\epsilon_\mu^{(\lambda')*}(k')\\ &\quad\times\int\frac{\mathrm{d}^4p}{(2\pi)^4}\mathrm{Tr}\left[\gamma^\mu\frac{\mathrm{i}}{\not p-\not k-m+\mathrm{i}\epsilon}\gamma^\nu\frac{\mathrm{i}}{\not p-m+\mathrm{i}\epsilon}\right]\epsilon_\nu^{(\lambda)}(k),\end{aligned} \tag{13.4.31}$$

其中方括号内是正、负电子对两传播子对光子自能的贡献. 上式中出现了旋量空间 γ 矩阵求迹 Tr, 即矩阵对角元素求和, 只须在运算过程中将旋量空间中矩阵指标明确标明整理就可得到 (13.4.31) 式中的求迹形式. 附录 B 中介绍了一些关于 γ 矩阵的求迹运算的公式, 它们能使复杂的计算大大简化.

一般地, 对于 S 矩阵的任一阶展开 $S^{(n)}$, 在计算某一具体物理过程时, 总可以找到有 $n!$ 项的贡献相同, 使得在 $S^{(n)}$ 中的 $\dfrac{1}{n!}$ 因子消去. 但有一项例外, 这就是真空涨落过程, 例如在 (13.4.4) 式中的最后一项

$$N[\overline{\psi}\not{A}\psi\overline{\psi}\not{A}\psi],$$

由于场量全部收缩, 因此有贡献的具体物理过程只有从真空到真空, 其贡献为

$$\begin{aligned}\langle 0|\,S^{(2)}\,|0\rangle &= \frac{(-\mathrm{i}e)^2}{2!}\int \mathrm{d}x_2\mathrm{d}x_1\,\langle 0|\,N[\overline{\psi}\not{A}\psi\overline{\psi}\not{A}\psi]\,|0\rangle\\ &= -\frac{(-\mathrm{i}e)^2}{2!}\int \mathrm{d}x_2\mathrm{d}x_1\,\mathrm{Tr}\left\{\gamma_\mu\frac{1}{2}D_{\mathrm{F}}(x_2-x_1)\frac{1}{2}S_{\mathrm{F}}(x_2-x_1)\gamma^\mu\left(-\frac{1}{2}\right)S_{\mathrm{F}}(x_1-x_2)\right\},\end{aligned}$$

其中 Tr 是对旋量空间中 γ 矩阵求迹. 上述结果可用图 13.4.2 来表示. 仅此一项贡献, 无法消去 $\dfrac{1}{2!}$ 因子. 真空涨落图在高阶项中也存在, 相应的贡献可以用一系列的图 (见图 13.4.3) 来表示. Feynman 证明了把一切真空涨落过程的各阶 S 矩阵元都计算出来并求和, 其总贡献为

$$\langle 0|\,S\,|0\rangle = \mathrm{e}^{-L} = \sum_{n=0}^{\infty}\frac{(-L)^n}{n!}, \tag{13.4.32}$$

其中 L 是所有连接图的贡献, 即

$$\langle 0|\,S_{\mathrm{C}}\,|0\rangle = -L.$$

上式中的 S_{C} 是指所有连接图的 S 矩阵元, 即相应的图如图 13.4.4 所示.

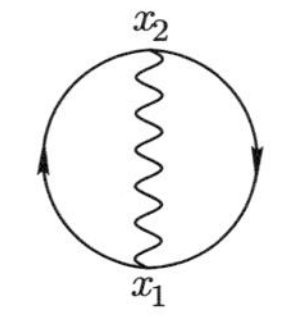

图 13.4.2　最低阶真空涨落过程图示

(13.4.32) 式中的负号是由于封闭图的贡献, 从 (13.4.30) 式就可以得到, 由于全收缩必然是一个封闭图, 将最后一个 ψ 移动至最前面出现一个负号. 可以证明, L

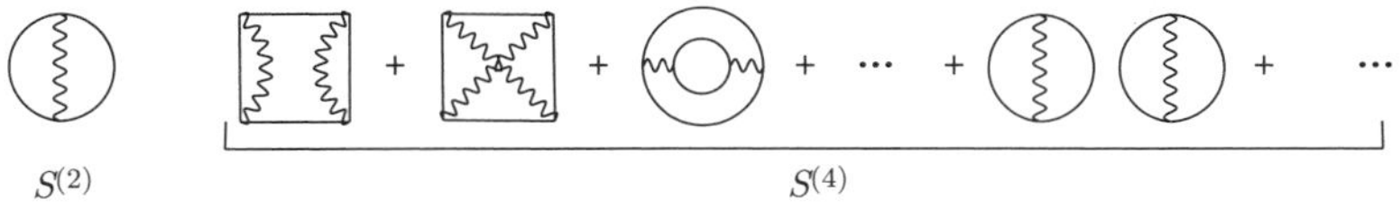

$S^{(2)}$ $S^{(4)}$

图 13.4.3 高阶真空涨落过程图示

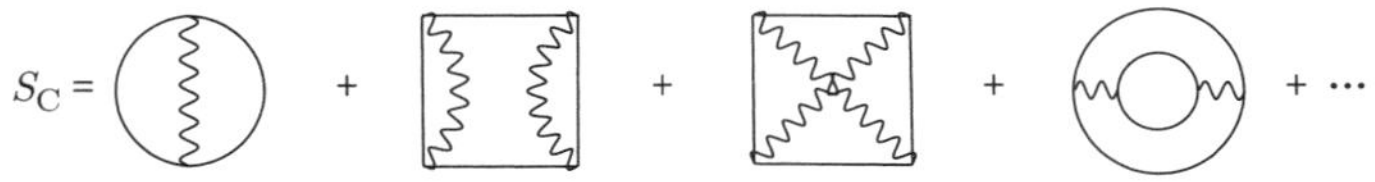

$S_C =$ + + + + ⋯

图 13.4.4 所有连接真空涨落图

是一个无限大的虚数. (13.4.32) 式中 $\dfrac{1}{n!}$ 因子正是取为指数时所需要的, 也不可能找到相应的贡献消去它. (13.4.32) 式也表明真空涨落过程对 S 矩阵元的总贡献是一个相位, 即对状态波函数不产生任何物理上可观察的效应. 因此在以后的讨论中将不再考虑这一类真空涨落过程, 略去这一类全收缩的图.

§13.5 Feynman 图和 Feynman 规则

由 S 矩阵展开式 (13.1.15) 以及 §13.4 的讨论不难发现, 对于任何一个物理过程, 其 S 矩阵元都可以逐阶计算从而得到微扰展开级数表达式. 为了简化推导, 这一节介绍一组 Feynman 规则, 以 Feynman 图写出任一阶的 S 矩阵微扰展开式. §13.4 曾举例说明, 可以从展开式中的正规乘积项挑选出与物理过程相应的项得到最低阶的 S 矩阵元表达式, 表达式中每一部分都可以用相应的图表示, 反过来也可以利用已建立的图与表达式的关系写出任何一个图的 S 矩阵元.

下面仍以 §13.4 中的 $\mathrm{e^-e^+}$ (Bhabha) 散射物理过程为例, 该过程为

$$\mathrm{e}^-(p) + \mathrm{e}^+(q) \to \mathrm{e}^-(p') + \mathrm{e}^+(q').$$

从正规乘积展开得到相应的 S 矩阵元 (见 (13.4.27) 和 (13.4.28) 式),

$$\begin{aligned}
&\langle \mathrm{f}|\, S^{(2)}\, |\mathrm{i}\rangle\, |_{\mathrm{e^-e^+\to e^-e^+}} \\
&\quad = \frac{(-\mathrm{i}e)^2}{2}\int \mathrm{d}^4x_1\mathrm{d}^4x_2\,\langle 0|\, d_{s'}(\boldsymbol{q}')b_{r'}(\boldsymbol{p}') \\
&\qquad \times\{N[\overline{\psi}^{(-)}(x_1)\gamma^\mu\psi^{(+)}(x_1)\overline{\psi}^{(+)}(x_2)\gamma^\nu\psi^{(-)}(x_2) + (x_1\leftrightarrow x_2)] \\
&\qquad +N[\overline{\psi}^{(+)}(x_1)\gamma^\mu\psi^{(+)}(x_1)\overline{\psi}^{(-)}(x_2)\gamma^\nu\psi^{(-)}(x_2) + (x_1\leftrightarrow x_2)]\} \\
&\qquad \times A_\mu(x_1)A_\nu(x_2)b_r^\dagger(\boldsymbol{p})d_s^\dagger(\boldsymbol{q})\,|0\rangle
\end{aligned}$$

$$
\begin{aligned}
&= (-\mathrm{i}e)^2(2\pi)^4\delta^4(p'+q'-p-q) \\
&\quad\times\left\{-\overline{u}_{r'}(p')\gamma^\mu u_r(p)\frac{-\mathrm{i}g_{\mu\nu}}{(p'-p)^2+\mathrm{i}\epsilon}\overline{v}_s(q)\gamma^\nu v_{s'}(q')\right. \\
&\quad\left.+\overline{v}_s(q)\gamma^\mu u_r(p)\frac{-\mathrm{i}g_{\mu\nu}}{(p+q)^2+\mathrm{i}\epsilon}\overline{u}_{r'}(p')\gamma^\nu v_{s'}(q')\right\}.
\end{aligned}
\tag{13.5.1}
$$

e^-e^+ 散射这一过程, 可以用一个图来表示 (图 13.5.1 的左边). 图中有外线、内线和顶角之分, 每一个顶角都有两条费米子线和一条光子线. 外线代表物理过程的初态具有一定动量的入射粒子和末态具有一定动量的出射粒子, 外线的一端与顶角相连, 内线的两端由顶角限制住, 上述过程的二阶图内线是虚光子线. 图 13.5.1 的左边图可以看作由右边的 2 个顶角和 4 条费米子外线相连接而成. 注意到由两个顶角连成光子内线只有一种可能, 而四个动量确定的费米子外线连到两个顶角上, 共有四种不同的方式, 分别相应于 (13.4.27) 式中的四项, 其中 (13.4.27) 式的前两项中的第二项是第一项中 x_1 与 x_2 互换, 积分后两者相等消去 e^2 阶展开中的 $\frac{1}{2!}$ 因子, 在动量空间中这两项对应于两个拓扑等价、贡献相等的图, 由图 13.5.2 中的左图 A 表示. 类似地, (13.4.27) 式的后两项积分相等, 消去了 $\frac{1}{2!}$ 因子, 也对应于两个拓扑等价、贡献相同的图, 由图 13.5.2 中右图 B 表示. 这意味着, 对于此过程拓扑上不等价的图只有 A 与 B 两个. 由于 B 是由 A 的末态电子与初态电子交换所得, 故二者的 S 矩阵元要差一负号. 这一特例告诉人们, (13.4.28) 式的计算结果的每一项可以与图一一对应, 为了写出一个确定物理过程至某一微扰论阶的 S 矩阵元, 首先必须对于给定的外动量, 画出所有拓扑上不等价的图, 但略去包含真空-真空跃迁的非连接图. 类似地考察更多过程的各阶计算可总结出一套看图写下相应计算结果的规则. 这就是 Feynman 和 Dyson 最先提出的一套图形规则, 称为 Feynman 规则.

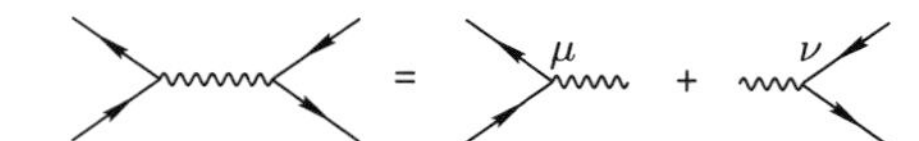

图 13.5.1 左边的二阶图可以看作由右边 2 个顶角中的光子线连接而成

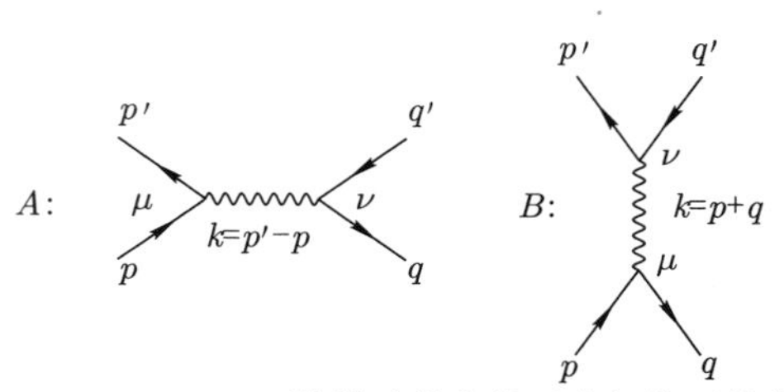

图 13.5.2 Bhabha 散射过程中的两个拓扑不等价图

下面列出量子电动力学的 Feynman 规则.

(1) 外线因子.

首先看费米子的外线:

每一条代表费米子入射的外线 贡献因子 $u_r(p)$;

每一条代表费米子出射的外线 贡献因子 $\overline{u}_r(p)$;

每一条代表反费米子出射的外线 贡献因子 $v_r(p)$;

每一条代表反费米子入射的外线 贡献因子 $\overline{v}_r(p)$.

注意对于 $u_r(p)$ 和 $\overline{u}_r(p)$ (正粒子), 动量 p 顺着费米子线上箭头的方向, 而对于 $v_r(p)$ 和 $\overline{v}_r(p)$ (反粒子), 动量 p 逆着费米子线上箭头的方向.

再看光子外线:

每一条代表入射光子的外线 贡献因子 $\epsilon^{(\lambda)}(k)$;

每一条代表出射光子的外线 贡献因子 $\epsilon^{(\lambda)*}(k)$.

(2) 内线因子 (即动量表象中的传播子).

每一条费米子内线 贡献一因子 $\mathrm{i}S(p)=\dfrac{\mathrm{i}}{\not{p}-m+\mathrm{i}\epsilon}$;

每一条光子内线 贡献一因子 $\mathrm{i}D_{\mathrm{F}\mu\nu}(k)=-\dfrac{\mathrm{i}d_{\mu\nu}(k^2)}{k^2+\mathrm{i}\epsilon}$.

对于守恒流过程的计算中 $k_\mu k_\nu$ 项没有贡献, 可简单地取 Feynman 规范 $d_{\mu\nu}(k^2) = g_{\mu\nu}$.

(3) 顶角因子 (这里将级数 (13.1.15) 中的每一项系数 (–i) 包括进来).

电磁作用顶角 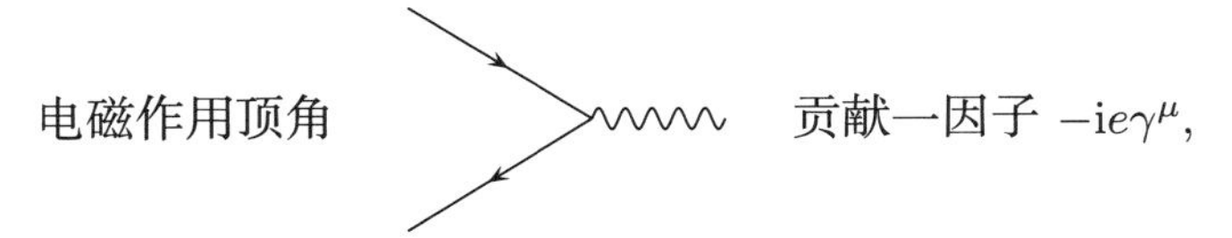 贡献一因子 $-\mathrm{i}e\gamma^\mu$,

以及顶点处相遇的费米子线和光子线四动量守恒条件 $\delta^4(\sum\limits_i p_i)$.

(4) 每一个由内线围成的圈中含有不在壳的动量 p, 相应有一个积分 $\int \mathrm{d}^4p/(2\pi)^4$. 内线动量 p 不受四动量守恒条件限制. 特别地对每一个由费米子内线围成的圈, 有一个因子 (-1) 和求迹运算, 即 $-\mathrm{Tr}$.

(5) 两个全同费米子的外线交换导致一个负号. 这不仅包括末态全同粒子的交换, 也包括末态粒子和初态反粒子间的交换.

(6) 每个图都包括一个总的外线四动量守恒因子 $(2\pi)^4\delta^4(\sum\limits_i p_i)$, 如果规定入射动量为负, 出射动量为正, 则所有出入射动量之和为 0. 这里 $\sum_i p_i$ 表示对全部外线出入射动量求和.

根据上述 Feynman 规则, 可以立即写出图 13.5.2 中图 $A+B$, 即 $\mathrm{e}^-\mathrm{e}^+$ 散射的二阶 Feynman 图的贡献, 从而给出二阶 S 矩阵元 (13.4.28) 式. 这也检验了上述 Feynman 规则的正确性. 图 A 与 B 中的光子内线即动量表象中的光子传播子, 其中若 $k^2=0$(质壳条件), 则代表真实光子的传播, 而目前的内线光子, 如图 A 中, $k^2=(p'-p)^2<0$ (类空), 图 B 中, $k^2=(p+q)^2>0$ (类时), 都不是零, 所以它们不是真实光子, 称为虚光子 (即不在质壳上的光子). 这表明, $\mathrm{e}^-\mathrm{e}^+$ 散射是通过交换类空虚光子 (A) 和湮灭成类时虚光子 (B) 进行的. 交换和湮灭的虚光子包括所有四种类型: 横光子、纵光子和标量光子, 相应于 (6.2.6) 式中四种光子极化矢量 $\epsilon_\mu^{(\lambda)}(k)(\lambda=0,1,2,3)$.

利用 Feynman 规则, 我们也可以写出表 13.4.1 中所示的其他二阶过程的 S 矩阵元. 前面已指出, 就 QED 而言, 除真空-真空图外, 将相同贡献图计算以后总是可以消掉 n 阶展开中的 $1/n!$. 这里画出拓扑不等价图的确可以消去二阶微扰展开中的 $1/2!$ 因子. 这一结论与直接从二阶正规乘积求 S 矩阵元所得相同. 从正规乘积计算观点看, 这是因为, 对于除真空-真空跃迁之外的物理过程, 对应每一个拓扑不等价图, $S^{(2)}$ 中总有两项相同的贡献, 它们或者来自场算符的两种不同方式的收缩 (如 $\gamma\mathrm{e}^-$ 散射、电子自能), 或者来自算符对初、末态的两种不同方式的作用 (如 $\mathrm{e}^-\mathrm{e}^-$ 散射、$\mathrm{e}^-\mathrm{e}^+$ 散射、光子自能), 从而将 $1/2!$ 因子消去.

利用 Feynman 规则可以直接写下自能图 (见图 13.5.3) 的贡献:

$$
\begin{aligned}
&\langle p'|\, S^{(2)}\, |p\rangle \\
&\quad=(-\mathrm{i}e)^2(2\pi)^4\delta^4(p'-p)\overline{u}_{r'}(p')\left[\int\frac{\mathrm{d}^4k}{(2\pi)^4}\gamma_\mu\frac{-\mathrm{i}g^{\mu\nu}}{k^2+\mathrm{i}\epsilon}\frac{\mathrm{i}}{\not p-\not k-m+\mathrm{i}\epsilon}\gamma_\nu\right]u_r(p).
\end{aligned}
\tag{13.5.2}
$$

此式与由正规乘积计算得到的结果 (13.4.30) 式一致.

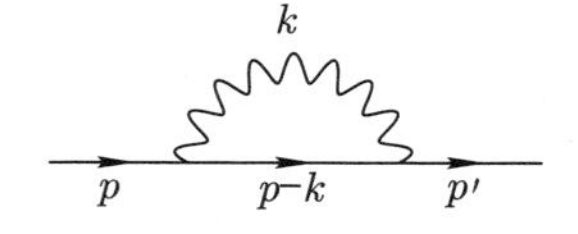

图 13.5.3　单圈图对电子传播子的贡献

类似地, 对于光子自能有图 13.5.4, 相应的 S 矩阵元按照 Feynman 规则直接

写出:

$$\langle k'|\, S^{(2)}\, |k\rangle = -(-\mathrm{i}e)^2(2\pi)^4\delta^4(k'-k)\epsilon_\mu^{(\lambda')*}(k')$$
$$\int \frac{\mathrm{d}^4 p}{(2\pi)^4}\cdot \mathrm{Tr}\left[\gamma^\mu \frac{\mathrm{i}}{\not{p}-\not{k}-m+\mathrm{i}\epsilon}\gamma^\nu \frac{\mathrm{i}}{\not{p}-m+\mathrm{i}\epsilon}\right]\epsilon_\nu^{(\lambda)}(k). \quad (13.5.3)$$

此式化简后与由正规乘积计算得到的结果 (13.4.31) 式一致.

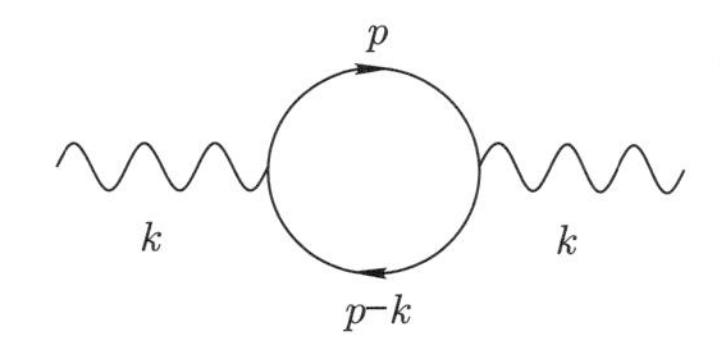

图 13.5.4 单圈图对光子传播子的贡献

下面考虑四阶微扰图的例子, 其中图 13.5.5(a), (b) 和 (c) 分别表示有光子自能修正、电子自能修正和顶角修正的 $\mathrm{e}^-\mathrm{e}^-$ 散射, 图 13.5.5(d) 表示有光子自能修正的 Compton 散射, 图 13.5.5(e), (f) 表示四阶电子自能跃迁, 而图 13.5.5(g) 表示四阶光子自能跃迁. 图 13.5.5(a), (b) 和 (c) 是四阶 $\mathrm{e}^-\mathrm{e}^-$ 散射图, 它们可以由四个顶角和四条费米子外线构成, 四个顶角中, 任意两个可围成一个费米子圈, 共有 $\mathrm{C}_4^2=6$ 种方式. 每个围成的费米子圈与其余两个顶角通过光子内线相接, 有两种方式. 而四条费米子外线连两个顶角有四种方式, 两两相同 (类似于 $\mathrm{e}^-\mathrm{e}^+$ 二阶散射图情况). 结果拓扑不等价的图只有两个, 见图 13.5.6. 这样所有图贡献因子 $\mathrm{C}_4^2\times 2\times 2=4!$, 它将消去 e^4 阶展开中的 $1/4!$. 这一结果也可以直接从四阶正规乘积项求 S 矩阵元

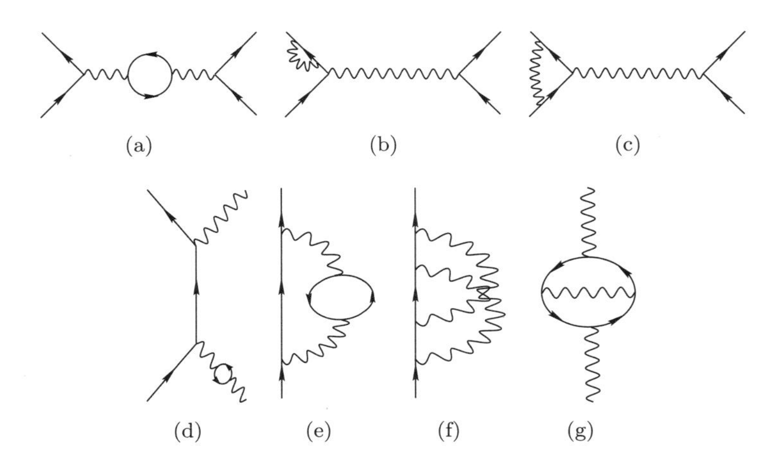

图 13.5.5 四阶微扰图举例

得到.

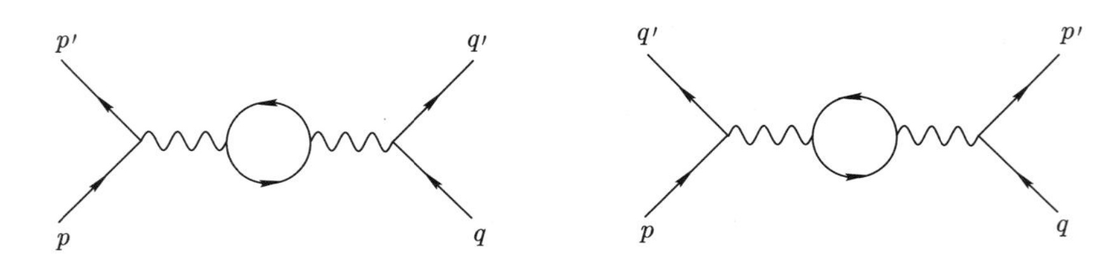

图 13.5.6 四阶 e^-e^- 散射的拓扑不等价图

实际上, 类似结果对微扰论的任何阶都成立. 如果计算具体物理过程至微扰论的 n 阶时, 对于外动量安排确定的每一个拓扑不等价图, 它可以消去级数展开式中的 $\frac{1}{n!}$ 因子. 唯一例外的是真空-真空跃迁图, 相应 S 矩阵元中的 $\frac{1}{n!}$ 不能被消去. 而从 (13.4.32) 式可见, $\frac{1}{n!}$ 因子正是求和为指数时所需要的.

这一节讲述了量子电动力学里的 Feynman 规则和相应的 Feynman 图, 这种方法可以应用到第 8 章中阐述的各种相互作用形式.

§13.6 路径积分下的微扰论

之前第 4 ~ 6 章用路径积分方法分别介绍了对标量场、旋量场与矢量场的量子化, 本节将采用路径积分方法给出相应相互作用项的 Feynman 规则.

以标量场为例, 定义它的生成泛函

$$Z_0[J] \equiv \int \mathcal{D}\phi \exp\left[\mathrm{i}\int \mathrm{d}^4x[\mathcal{L}_0 + J(x)\phi(x)]\right]. \tag{13.6.1}$$

两点关联函数可以写成

$$\langle 0|T[\phi(x_1)\phi(x_2)]|0\rangle = \frac{1}{Z_0}\left(-\mathrm{i}\frac{\delta}{\delta J(x_1)}\right)\left(-\mathrm{i}\frac{\delta}{\delta J(x_2)}\right)Z_0[J]|_{J=0}, \tag{13.6.2}$$

其中 $Z_0 \equiv Z_0[J=0]$. 我们可将带源 J 的拉氏量重新表述:

$$\int \mathrm{d}^4x[\mathcal{L}_0(\phi) + J\phi] = \int \mathrm{d}^4x\left[\frac{1}{2}\phi(-\partial^2 - m^2 + \mathrm{i}\epsilon)\phi + J\phi\right]. \tag{13.6.3}$$

将场进行重新定义,

$$\phi' \equiv \phi - \mathrm{i}\int \mathrm{d}^4y D_{\mathrm{F}}(x-y)J(y), \tag{13.6.4}$$

可以得到

$$\int \mathrm{d}^4x[\mathcal{L}_0(\phi)+J\phi]=\int \mathrm{d}^4x\left[\frac{1}{2}\phi'(-\partial^2-m^2+\mathrm{i}\epsilon)\phi'\right]$$
$$-\int \mathrm{d}^4x\mathrm{d}^4y\frac{1}{2}J(x)\left[-\mathrm{i}D_{\mathrm{F}}(x-y)\right]J(y). \tag{13.6.5}$$

实际上, 上式第一部分即构成 Z_0, 并且可以验证

$$D_{\mathrm{F}}(x-y)=\langle 0|T[\phi(x)\phi(y)]|0\rangle. \tag{13.6.6}$$

生成泛函可以重新表述为

$$Z_0[J]=Z_0\exp\left[-\frac{1}{2}\int \mathrm{d}^4x\mathrm{d}^4y\frac{1}{2}J(x)D_{\mathrm{F}}(x-y)J(y)\right]. \tag{13.6.7}$$

以下将 $D_{\mathrm{F}}(x-y)$ 缩写成 $D_{\mathrm{F}xy}$.

相应的 Feynman 规则可以从 (13.6.7) 式推导出来, 例如四点关联函数的结果为

$$\begin{aligned}
&\langle 0|T[\phi(x_1)\phi(x_2)\phi(x_3)\phi(x_4)]|0\rangle\\
&=\frac{1}{Z_0}\left(-\mathrm{i}\frac{\delta}{\delta J(x_1)}\right)\left(-\mathrm{i}\frac{\delta}{\delta J(x_2)}\right)\left(-\mathrm{i}\frac{\delta}{\delta J(x_3)}\right)\left(-\mathrm{i}\frac{\delta}{\delta J(x_4)}\right)Z_0[J]|_{J=0}\\
&=\frac{\delta}{\delta J(x_1)}\frac{\delta}{\delta J(x_2)}\frac{\delta}{\delta J(x_3)}\left[-\int \mathrm{d}^4xJ(x)D_{\mathrm{F}xx_4}\right]\\
&\quad\times\exp\left[-\frac{1}{2}\int \mathrm{d}^4x\mathrm{d}^4y\frac{1}{2}J(x)D_{\mathrm{F}xy}J(y)\right]\Bigg|_{J=0}\\
&=\frac{\delta}{\delta J(x_1)}\frac{\delta}{\delta J(x_2)}\left[-D_{\mathrm{F}x_3x_4}+\int \mathrm{d}^4x'J(x')D_{\mathrm{F}x'x_3}\int \mathrm{d}^4xJ(x)D_{\mathrm{F}xx_4}\right]\\
&\quad\times\exp\left[-\frac{1}{2}\int \mathrm{d}^4x\mathrm{d}^4y\frac{1}{2}J(x)D_{\mathrm{F}xy}J(y)\right]\Bigg|_{J=0}\\
&=D_{\mathrm{F}x_3x_4}D_{\mathrm{F}x_1x_2}+D_{\mathrm{F}x_2x_4}D_{\mathrm{F}x_1x_3}+D_{\mathrm{F}x_1x_4}D_{\mathrm{F}x_2x_3}.
\end{aligned} \tag{13.6.8}$$

考虑到相互作用后, 生成泛函的完整形式为

$$Z[J]=\int \mathcal{D}\phi\exp\left[\mathrm{i}\int \mathrm{d}^4x[\mathcal{L}_0+\mathcal{L}_{\mathrm{I}}+J\phi]\right], \tag{13.6.9}$$

其中

$$\mathcal{L}_{\mathrm{I}}=\frac{\lambda}{4!}\phi^4. \tag{13.6.10}$$

利用微商算符, 我们可以将生成泛函表示为

$$Z[J]=\exp\left\{\mathrm{i}\frac{\lambda}{4!}\int \mathrm{d}^4x\left(\frac{\delta}{\mathrm{i}\delta J(x)}\right)^4\right\}Z_0[J]. \tag{13.6.11}$$

利用 $Z_0[J]$ 的展开形式, 我们可以得到

$$Z[J] = Z_0[J]\left\{1 + z_1[J] + z_2[J] + \cdots\right\}, \tag{13.6.12}$$

其中

$$\begin{aligned} z_1[J] = &\frac{\lambda}{24}(-1)^4 \int \mathrm{d}^4x\mathrm{d}^4y_4\mathrm{d}^4y_3\mathrm{d}^4y_2\mathrm{d}^4y_1 D_\mathrm{F}(x-y_4)D_\mathrm{F}(x-y_3) \\ &\times D_\mathrm{F}(x-y_2)D_\mathrm{F}(x-y_1)J(y_4)J(y_3)J(y_2)J(y_1) \\ &+ \frac{\lambda}{4}(-1)^3 \int \mathrm{d}^4x\mathrm{d}^4y_2\mathrm{d}^4y_1 D_\mathrm{F}(x-y_2)D_\mathrm{F}(x-y_1)D_\mathrm{F}(x-x)J(y_2)J(y_1) \\ &+ \frac{\lambda}{8}(-1)^2 \int \mathrm{d}^4x D_\mathrm{F}^2(x-x). \end{aligned}$$

这些结果可以用 Feynman 图与相应的 Feynman 规则进行表示, 其中 Feynman 规则见图 13.6.1, 包含外线部分、传播子部分与顶点部分. 每一项贡献还存在对称因子, 如上式中的 1/8, 这需要通过计算得到. $z_1[J]$ 表示幂次为 λ 的各种贡献, 相应的 Feynman 图如图 13.6.2 所示.

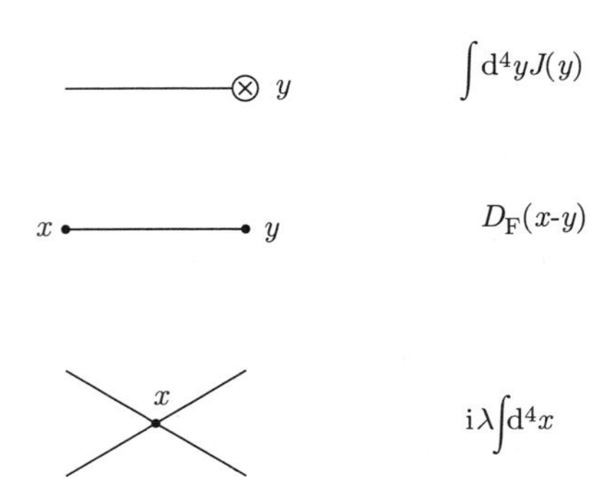

图 13.6.1 路径积分给出的 Feynman 规则

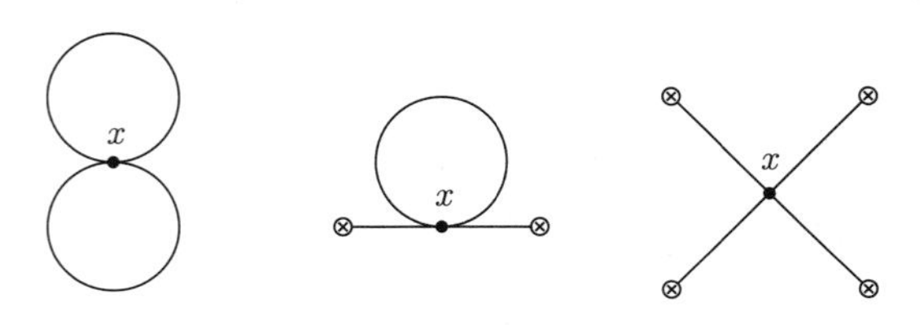

图 13.6.2 路径积分给出的一阶振幅

考虑到 $O(\lambda^2)$ 阶, 展开式为 (见图 13.6.3)

$$
\begin{aligned}
z_2[J] = & \frac{\lambda^2}{1152}(-1)^8 \int \mathrm{d}^4x_1\mathrm{d}^4x_2\mathrm{d}^4y_1\mathrm{d}^4y_2\mathrm{d}^4y_3\mathrm{d}^4y_4\mathrm{d}^4y_5\mathrm{d}^4y_6\mathrm{d}^4y_7\mathrm{d}^4y_8 \\
& \times D_\mathrm{F}(x_1-y_1)D_\mathrm{F}(x_1-y_2)D_\mathrm{F}(x_1-y_3)D_\mathrm{F}(x_1-y_4) \\
& \times D_\mathrm{F}(x_2-y_5)D_\mathrm{F}(x_2-y_6)D_\mathrm{F}(x_2-y_7)D_\mathrm{F}(x_2-y_8) \\
& \times J(y_1)J(y_2)J(y_3)J(y_4)J(y_5)J(y_6)J(y_7)J(y_8) \\
& + \frac{\lambda^2}{96}(-1)^7 \int \mathrm{d}^4x_1\mathrm{d}^4x_2\mathrm{d}^4y_1\mathrm{d}^4y_2\mathrm{d}^4y_3\mathrm{d}^4y_4\mathrm{d}^4y_5\mathrm{d}^4y_6 D_\mathrm{F}(x_1-y_1)D_\mathrm{F}(x_1-y_2) \\
& \times D_\mathrm{F}(x_1-y_3)D_\mathrm{F}(x_1-y_4)D_\mathrm{F}(x_2-y_5)D_\mathrm{F}(x_2-y_6)D_\mathrm{F}(x_2-x_2) \\
& \times J(y_1)J(y_2)J(y_3)J(y_4)J(y_5)J(y_6) \\
& + \frac{\lambda^2}{72}(-1)^7 \int \mathrm{d}^4x_1\mathrm{d}^4x_2\mathrm{d}^4y_1\mathrm{d}^4y_2\mathrm{d}^4y_3\mathrm{d}^4y_4\mathrm{d}^4y_5\mathrm{d}^4y_6 D_\mathrm{F}(x_1-y_1)D_\mathrm{F}(x_1-y_2) \\
& \times D_\mathrm{F}(x_1-y_3)D_\mathrm{F}(x_2-y_4)D_\mathrm{F}(x_2-y_5)D_\mathrm{F}(x_2-y_6)D_\mathrm{F}(x_1-x_2) \\
& \times J(y_1)J(y_2)J(y_3)J(y_4)J(y_5)J(y_6) \\
& + \frac{\lambda^2}{192}(-1)^6 \int \mathrm{d}^4x_1\mathrm{d}^4x_2\mathrm{d}^4y_1\mathrm{d}^4y_2\mathrm{d}^4y_3\mathrm{d}^4y_4 D_\mathrm{F}(x_1-y_1)D_\mathrm{F}(x_1-y_2)D_\mathrm{F}(x_1-y_3) \\
& \times D_\mathrm{F}(x_1-y_4)D_\mathrm{F}^2(x_2-x_2)J(y_1)J(y_2)J(y_3)J(y_4) \\
& + \frac{\lambda^2}{12}(-1)^6 \int \mathrm{d}^4x_1\mathrm{d}^4x_2\mathrm{d}^4y_1\mathrm{d}^4y_2\mathrm{d}^4y_3\mathrm{d}^4y_4 D_\mathrm{F}(x_1-y_1)D_\mathrm{F}(x_1-y_2)D_\mathrm{F}(x_1-y_3) \\
& \times D_\mathrm{F}(x_2-y_4)D_\mathrm{F}(x_1-x_2)D_\mathrm{F}(x_2-x_2)J(y_1)J(y_2)J(y_3)J(y_4) \\
& + \frac{\lambda^2}{32}(-1)^6 \int \mathrm{d}^4x_1\mathrm{d}^4x_2\mathrm{d}^4y_1\mathrm{d}^4y_2\mathrm{d}^4y_3\mathrm{d}^4y_4 D_\mathrm{F}(x_1-y_1)D_\mathrm{F}(x_1-y_2)D_\mathrm{F}(x_2-y_3) \\
& \times D_\mathrm{F}(x_2-y_4)D_\mathrm{F}(x_1-x_1)D_\mathrm{F}(x_2-x_2)J(y_1)J(y_2)J(y_3)J(y_4) \\
& + \frac{\lambda^2}{16}(-1)^6 \int \mathrm{d}^4x_1\mathrm{d}^4x_2\mathrm{d}^4y_1\mathrm{d}^4y_2\mathrm{d}^4y_3\mathrm{d}^4y_4 D_\mathrm{F}(x_1-y_1)D_\mathrm{F}(x_1-y_2)D_\mathrm{F}(x_2-y_3) \\
& \times D_\mathrm{F}(x_2-y_4)D_\mathrm{F}^2(x_1-x_2)J(y_1)J(y_2)J(y_3)J(y_4) \\
& + \frac{\lambda^2}{8}(-1)^5 \int \mathrm{d}^4x_1\mathrm{d}^4x_2\mathrm{d}^4y_1\mathrm{d}^4y_2 D_\mathrm{F}(x_1-y_1)D_\mathrm{F}(x_1-y_2)D_\mathrm{F}^2(x_1-x_2) \\
& \times D_\mathrm{F}(x_2-x_2)J(y_1)J(y_2) \\
& + \frac{\lambda^2}{32}(-1)^5 \int \mathrm{d}^4x_1\mathrm{d}^4x_2\mathrm{d}^4y_1\mathrm{d}^4y_2 D_\mathrm{F}(x_1-y_1)D_\mathrm{F}(x_1-y_2)D_\mathrm{F}(x_1-x_1) \\
& \times D_\mathrm{F}^2(x_2-x_2)J(y_1)J(y_2) \\
& + \frac{\lambda^2}{8}(-1)^5 \int \mathrm{d}^4x_1\mathrm{d}^4x_2\mathrm{d}^4y_1\mathrm{d}^4y_2 D_\mathrm{F}(x_1-y_1)D_\mathrm{F}(x_2-y_2)D_\mathrm{F}(x_1-x_1) \\
& \times D_\mathrm{F}(x_1-x_2)D_\mathrm{F}(x_2-x_2)J(y_1)J(y_2) \\
& + \frac{\lambda^2}{12}(-1)^5 \int \mathrm{d}^4x_1\mathrm{d}^4x_2\mathrm{d}^4y_1\mathrm{d}^4y_2 D_\mathrm{F}(x_1-y_1)D_\mathrm{F}(x_2-y_2)D_\mathrm{F}^3(x_1-x_2)J(y_1)J(y_2)
\end{aligned}
$$

$$+\frac{\lambda^2}{16}(-1)^4\int \mathrm{d}^4x_1\mathrm{d}^4x_2 D_{\mathrm{F}}(x_1-x_1)D_{\mathrm{F}}^2(x_1-x_2)D_{\mathrm{F}}(x_2-x_2)$$
$$+\frac{\lambda^2}{128}(-1)^4\int \mathrm{d}^4x_1\mathrm{d}^4x_2 D_{\mathrm{F}}^2(x_1-x_1)D_{\mathrm{F}}^2(x_2-x_2)$$
$$+\frac{\lambda^2}{48}(-1)^4\int \mathrm{d}^4x_1\mathrm{d}^4x_2 D_{\mathrm{F}}^4(x_1-x_2). \tag{13.6.13}$$

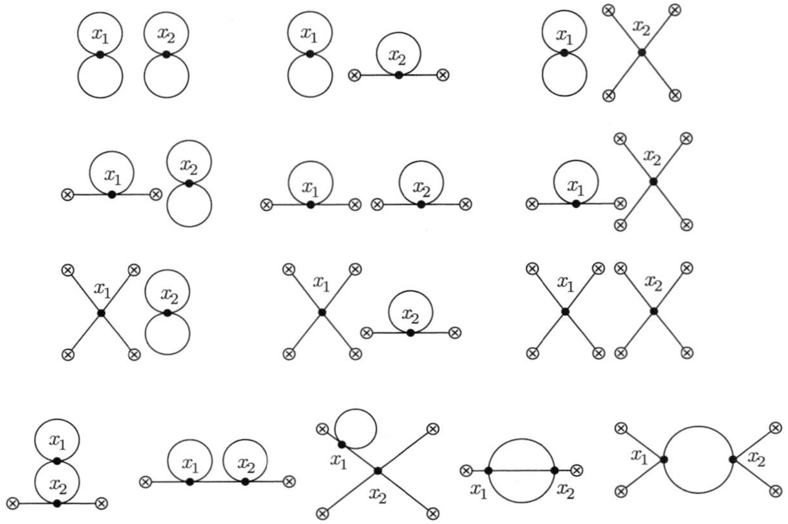

图 13.6.3 路径积分所给出的二阶振幅. 前三行由两个不相连的顶点构成, 第四行对应连通图

当我们将外源 J 取成零时, 可以得到

$$Z[J=0]=1+\lambda+\cdots. \tag{13.6.14}$$

实际上, 这对应着我们之前所讨论的真空涨落图. 虽然按照微扰展开的方式, 我们可以利用 $Z[J]$ 逐阶计算 n 点 Green 函数, 但是包含真空涨落等非连通图并不会给出物理贡献. 而连通图的 Green 函数可以通过下面的生成泛函给出:

$$W[J]=-\mathrm{i}\ln Z[J]. \tag{13.6.15}$$

n 点连通 Green 函数为

$$G_{\mathrm{c}}^{(n)}(x_1,\cdots,x_n)=\frac{\delta^n W[J]}{\mathrm{i}^{n-1}\delta J(x_1)\cdots\delta J(x_n)}. \tag{13.6.16}$$

在连通图的基础上, 我们还可以进一步定义正规顶角, 即单粒子不可约图. 这需要利用经典场 ϕ_{c}:

$$\phi_{\mathrm{c}}=\frac{\delta W[J]}{\delta J(x)}=\left[\frac{\langle 0|\phi(x)|0\rangle}{\langle 0|0\rangle}\right], \tag{13.6.17}$$

它对应着场算符在有外源 $J(x)$ 时的真空期望值. 利用经典场, 我们可以进行 Legendre 变换, 得到有效势

$$\Gamma(\phi_c) = W[J] - \int \mathrm{d}^4 x J(x)\phi_c(x). \tag{13.6.18}$$

对于 QED 理论, 我们可以采用类似的方法进行推导, 这里不再赘述.

习　题

1. 标量粒子的衰变. 考虑如下拉氏密度, 涉及两个实标量场 $\varPhi$ 和 ϕ:

$$\mathcal{L} = \frac{1}{2}(\partial_\mu \varPhi)^2 - \frac{1}{2}M^2\varPhi^2 + \frac{1}{2}(\partial_\mu\phi)^2 - \frac{1}{2}m^2\phi^2 - \mu\varPhi\phi\phi,$$

其中最后一项是相互作用项. 假设 $M > 2m$, 给出相互作用所对应的 Feynman 规则.

2. 利用标量场和 Dirac 场相互作用的拉氏密度

$$\mathcal{L} = \overline{\psi}(\mathrm{i}\gamma^\mu\partial_\mu - m)\psi + \frac{1}{2}\partial_\mu\varphi\partial^\mu\varphi - \frac{1}{2}\mu^2\varphi^2 - \lambda\varphi^4 + f\varphi\overline{\psi}\psi$$

导出 Feynman 规则, 并写出图 1 中的振幅.

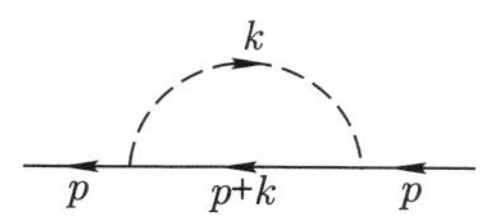

图 1　单圈图对费米子传播子的贡献

3. 利用矢量场和 Dirac 场相互作用的拉氏密度

$$\mathcal{L} = \overline{\psi}[\mathrm{i}\gamma^\mu(\partial_\mu - \mathrm{i}eA_\mu) - m]\psi - \frac{1}{4}F_{\mu\nu}F^{\mu\nu} + \frac{1}{2}\mu^2 A_\mu A^\mu,$$

给出与图 2 相应的 Feynman 振幅.

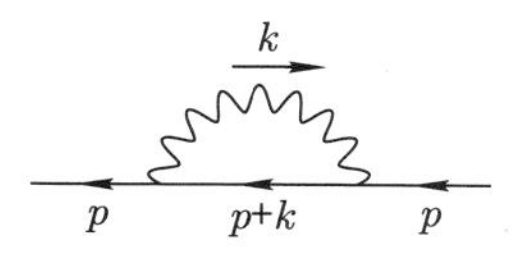

图 2　单圈图对费米子传播子的贡献

4. 证明 (13.6.15) 式是连通 Green 函数的生成泛函.
5. 证明 (13.6.18) 式中的有效势是正规顶角的生成泛函.

第 14 章　最低阶微扰论应用举例

上一章介绍了将物理过程的 S 矩阵元按耦合常数做级数展开, 并以电磁相互作用为例介绍了量子场论中的微扰论. 当微扰论应用到具体物理过程时, 人们需要逐阶计算级数的展开系数, 高阶展开结果给出对低阶结果的修正, 这样就可以按物理过程要求计算到一定阶数, 得到较好的近似结果. 本章以电磁相互作用几个物理过程为例介绍微扰论最低阶的计算. 为了将理论计算结果与实验测量相比较, 本章首先在 §14.1 介绍 S 矩阵元和实验上测到的截面和衰变寿命之间的关系, 然后分别计算电子和光子的 Compton 散射过程、电子-正电子 Bhabha 散射过程、电子-正电子湮灭为 μ 子对过程. 最后一节讨论弱相互作用中 μ 子弱衰变过程.

§14.1　S 矩阵元、散射截面和衰变寿命

由 S 矩阵元 $S_{\rm fi} = \langle {\rm f}| S |{\rm i}\rangle$ 可以定义初态 $|{\rm i}\rangle$ 到末态 $|{\rm f}\rangle$ 的跃迁矩阵元 (或称散射振幅) $T_{\rm fi} = \langle {\rm f}| T |{\rm i}\rangle$,

$$S_{\rm fi} = \delta_{\rm fi} + {\rm i}T_{\rm fi}, \tag{14.1.1}$$

其中 $S_{\rm fi} = \langle {\rm f}| S |{\rm i}\rangle$, 或者

$$\langle {\rm f}| S - 1 |{\rm i}\rangle = \langle {\rm f}| {\rm i}T |{\rm i}\rangle = {\rm i}T_{\rm fi}. \tag{14.1.2}$$

为了方便起见, 定义

$${\rm i}T_{\rm fi} = (2\pi)^4\delta^4(\sum_f k_f - \sum_i k_i){\rm i}\mathcal{M}_{\rm fi},$$

有

$$\langle {\rm f}| S - 1 |{\rm i}\rangle = (2\pi)^4{\rm i}\mathcal{M}_{\rm fi}\delta^4(\sum_f k_f - \sum_i k_i), \tag{14.1.3}$$

相应的跃迁概率为

$$W_{\rm f} = (2\pi)^8|\mathcal{M}_{\rm fi}|^2\delta^4(0)\delta^4(\sum_f k_f - \sum_i k_i), \tag{14.1.4}$$

其中

$$\delta^4(0)=\int\frac{\mathrm{d}^4x}{(2\pi)^4}=\frac{1}{(2\pi)^4}VT, \tag{14.1.5}$$

V 和 T 是散射过程的总体积和总时间. 因此, 单位时间和单位体积的跃迁概率为

$$(2\pi)^4|\mathcal{M}_{\mathrm{fi}}|^2\delta^4(\sum_f k_f-\sum_i k_i). \tag{14.1.6}$$

设想带有四动量 p_1 的 a 粒子与带有四动量 p_2 的 b 粒子对撞产生的末态可能是 2 个、3 个以至 n 个粒子的散射过程

$$a(p_1)+b(p_2)\to c(k_1)+d(k_2)+\cdots,$$

它的 S 矩阵元定义为

$$\langle c(k_1),d(k_2),\cdots|\,S\,|a(p_1),b(p_2)\rangle\,.$$

这里选择动量为 $\boldsymbol{p}$ 和自旋或极化为 λ 的态矢归一化,

$$\langle\boldsymbol{p},\lambda|\,\boldsymbol{p}',\lambda'\rangle=(2\pi)^3 2p^0\delta^3(\boldsymbol{p}-\boldsymbol{p}')\delta_{\lambda\lambda'}. \tag{14.1.7}$$

跃迁矩阵元 (或称散射振幅) 满足

$$\langle\boldsymbol{k}_1\lambda_1,\boldsymbol{k}_2\lambda_2,\cdots|\,S-1\,|\boldsymbol{p}_1\sigma_1,\boldsymbol{p}_2\sigma_2\rangle=\langle\boldsymbol{k}_1\lambda_1,\boldsymbol{k}_2\lambda_2,\cdots|\,\mathrm{i}T\,|\boldsymbol{p}_1\sigma_1,\boldsymbol{p}_2\sigma_2\rangle\,, \tag{14.1.8}$$

以及

$$\begin{aligned}(2\pi)^4\delta^4(\sum_i k_i-p_1-p_2)\mathrm{i}\mathcal{M}_{\mathrm{fi}}&=\langle\boldsymbol{k}_1\lambda_1,\boldsymbol{k}_2\lambda_2,\cdots|\,\mathrm{i}T\,|\boldsymbol{p}_1\sigma_1,\boldsymbol{p}_2\sigma_2\rangle\,,\\ \langle\boldsymbol{k}_1\lambda_1,\boldsymbol{k}_2\lambda_2,\cdots|\,S-1\,|\boldsymbol{p}_1\sigma_1,\boldsymbol{p}_2\sigma_2\rangle&=(2\pi)^4\delta^4(\sum_i k_i-p_1-p_2)\mathrm{i}\mathcal{M}_{\mathrm{fi}},\end{aligned} \tag{14.1.9}$$

相应的跃迁概率为

$$W_{\mathrm{f}}=(2\pi)^8|\mathcal{M}_{\mathrm{fi}}|^2\delta^4(0)\delta^4(\sum_i k_i-p_1-p_2). \tag{14.1.10}$$

注意到 (14.1.5) 式, 那么单位时间和单位空间的跃迁概率为

$$(2\pi)^4|\mathcal{M}_{\mathrm{fi}}|^2\delta^4(\sum_i k_i-p_1-p_2).$$

对于过程

$$a(p_1)+b(p_2)\to c(k_1)+d(k_2)+\cdots,$$

跃迁到末态粒子所有相空间的概率

$$W = \int \frac{\mathrm{d}^3 k_1}{(2\pi)^3 2k_{10}} \frac{\mathrm{d}^3 k_2}{(2\pi)^3 2k_{20}} \cdots \frac{\mathrm{d}^3 k_n}{(2\pi)^3 2k_{n0}} (2\pi)^4 |\mathrm{i}\mathcal{M}_{\mathrm{fi}}|^2 \delta^4(\sum_i k_i - p_1 - p_2). \tag{14.1.11}$$

如果散射过程是未极化的, 那么要对上式的初态极化指标求平均, 末态极化指标求和, 即在 (14.1.11) 式前面加上

$$\frac{1}{2J_a+1}\frac{1}{2J_b+1}\sum_{\lambda_1,\lambda_2,\cdots,\sigma_1,\sigma_2}.$$

实验上测量截面 σ 的定义为

$$\sigma = \frac{W}{I}, \tag{14.1.12}$$

其中 W 是单位时间内发生反应后的出射粒子数, 流通量因子 I 是单位时间单位面积的入射粒子数, 目前情况下 I 定义为

$$\begin{aligned} I &= 4\sqrt{(p_1\cdot p_2)^2 - m_a^2 m_b^2} \\ &= 2\sqrt{\left[s-(m_a+m_b)^2\right]\left[s-(m_a-m_b)^2\right]}, \end{aligned} \tag{14.1.13}$$

其中 $s=(p_1+p_2)^2$. 因此, 实验上测得截面

$$\sigma = \frac{1}{2J_a+1}\frac{1}{2J_b+1}\sum_{\lambda_1,\lambda_2,\sigma_1,\sigma_2}\frac{W}{I}. \tag{14.1.14}$$

截面的单位为面积单位, 通常在粒子物理中使用的单位为 b, $1\mathrm{b} = 10^{-24}\ \mathrm{cm}^2$, 而

$$\begin{aligned} &1\mathrm{pb} = 10^{-3}\ \mathrm{nb} = 10^{-9}\ \mathrm{mb} = 10^{-12}\ \mathrm{b} = 10^{-36}\ \mathrm{cm}^2, \\ &1\mathrm{fb} = 10^{-3}\ \mathrm{pb} = 10^{-39}\ \mathrm{cm}^2. \end{aligned}$$

为了说明流通量因子 I 的物理意义, 取此散射过程的实验室系, 即靶粒子 b 静止,

$$p_2 = (p_{20},0,0,0) = (m_b,0,0,0).$$

由 (14.1.13) 式可以推出

$$I_{\mathrm{Lab}} = 4m_b|\boldsymbol{p}_1|_{\mathrm{Lab}} = 4m_b p_{10}\,|\boldsymbol{v}_1|, \tag{14.1.15}$$

其中 $\boldsymbol{v}_1 = \boldsymbol{p}_1/p_{10}$ 是入射粒子的速度. (14.1.15) 式中在入射粒子的速度前的因子 $2m_b$ 来自靶粒子态矢归一化条件 (见 (14.1.7) 式), 因为 (14.1.7) 式意味着单粒子态密度 $\rho = 2p_0$, $\rho_a\rho_b = 4m_bp_{10}$. 因此, 流通量因子 I 是入射粒子流与靶粒子密度的乘积. 将 (14.1.11) 式代入 (14.1.14) 式, 就得到散射截面的公式

$$\sigma = \frac{1}{I}\frac{1}{2J_a+1}\frac{1}{2J_b+1}\sum_{\lambda_1,\lambda_2,\cdots,\lambda_n,\sigma_1,\sigma_2}\int\frac{\mathrm{d}^3k_1}{(2\pi)^3 2k_{10}}\frac{\mathrm{d}^3k_2}{(2\pi)^3 2k_{20}}\cdots\frac{\mathrm{d}^3k_n}{(2\pi)^3 2k_{n0}} \times(2\pi)^4\delta^4(\sum_i k_i - p_1 - p_2)|\mathrm{i}\mathcal{M}_{\mathrm{fi}}|^2. \tag{14.1.16}$$

如果在质心系中, $\boldsymbol{p}_1+\boldsymbol{p}_2=\boldsymbol{0}$, $|\boldsymbol{p}_1| = |\boldsymbol{p}_2| = (p)_{\mathrm{cm}}$, 其流通量因子为

$$I|_{\mathrm{cm}} = 4(p)_{\mathrm{cm}}\sqrt{s}. \tag{14.1.17}$$

从 (14.1.16) 式可见, 如果对末态相空间不做全部积分而保留某一粒子的角度部分 $\mathrm{d}\Omega$, 就可以得到微分截面.

为了简便起见, 设想末态只有两个粒子 c 和 d, 例如选择末态的 c 粒子为测量粒子,

$$\int \mathrm{d}^3k_1\cdots = \int k^2\mathrm{d}k\mathrm{d}\Omega\cdots \quad (k=|\boldsymbol{k}_1|).$$

在 (14.1.16) 式中将 $\mathrm{d}^3k_1, \mathrm{d}^3k_2$ 三维 δ 函数积掉 $(\boldsymbol{k}_1+\boldsymbol{k}_2=\boldsymbol{p}_1+\boldsymbol{p}_2)$, 并令 $E = k_{10}+k_{20}=p_{10}+p_{20}$, 再积第四维 δ 函数, 就得到微分截面

$$\frac{\mathrm{d}\sigma}{\mathrm{d}\Omega} = \frac{1}{I}\frac{1}{2J_a+1}\frac{1}{2J_b+1}\sum_{\lambda_1,\lambda_2,\sigma_1,\sigma_2}\frac{1}{(2\pi)^2}\frac{\rho_E}{(2k_{10})(2k_{20})\cdots}\left|\mathrm{i}\mathcal{M}_{\mathrm{fi}}\right|^2, \tag{14.1.18}$$

其中能量密度定义为

$$\rho_E = k^2\frac{\mathrm{d}k}{\mathrm{d}E} \quad (k=|\boldsymbol{k}_1|). \tag{14.1.19}$$

如果具有多于两个粒子的末态, 可重复上述推导, 对其他粒子所有相空间积分并对自旋极化求和.

不难将以上讨论应用到一个粒子衰变到两个粒子和多个粒子末态的情况. 同样以末态为两粒子为例, $a(p)\to b(k_1)+c(k_2)$, 其衰变宽度为

$$\Gamma = \frac{1}{2E_a}\int\frac{\mathrm{d}^3k_1}{(2\pi)^3 2k_{10}}\frac{\mathrm{d}^3k_2}{(2\pi)^3 2k_{20}}\times(2\pi)^4\delta^4(k_1+k_2-p)|\mathrm{i}\mathcal{M}|^2, \tag{14.1.20}$$

其中分母 $2E_a$ 是初态粒子的态密度, 如果在末态粒子静止参考系中, $2E_a = 2M_a$.

如果末态是三个粒子, 在 (14.1.20) 式中将多出一个积分 $\int \frac{\mathrm{d}^3 k_3}{(2\pi)^3 2k_{30}}$, 以此类推到末态为 n 个粒子的情况. 衰变寿命反比于衰变宽度:

$$\tau = (\Gamma)^{-1}. \tag{14.1.21}$$

注意 (14.1.20) 式并没有考虑到末态是全同粒子的情况, 如果它们是全同粒子, 衰变的相空间积分将重复, 应除以 2! 因子, 对于内部自由度 (如自旋和色空间) 还须对矩阵元中内部自由度指标求和. 如果末态多于两个粒子, 还应对所有末态粒子相空间积分并对内部自由度指标求和.

§14.2 电子和光子的 Compton 散射过程

这一节利用 Feynman 规则计算电子和光子的 Compton 散射过程截面. Compton 散射过程是量子场论中应用微扰计算的一个经典例子, 很多教科书都有推导和叙述. 历史上这一过程对于认识光子的粒子性起了重要作用. 在这一散射过程中, 初、末态都是一个电子和一个光子, 即电子-光子的弹性散射,

$$\gamma + \mathrm{e}^- \rightarrow \gamma + \mathrm{e}^-.$$

此散射最低阶图有四条外线和两个顶点, 即至 e^2 阶的 Feynman 图有两个 (见图 14.2.1). 其中第一个图是电子先吸收一个光子, 而第二个图相当于交换第一个图的初、末态光子, 即是初态电子先放出一个光子. 这两个图相加给出这一散射过程的结果. 按照 Feynman 规则直接写出 S 矩阵元:

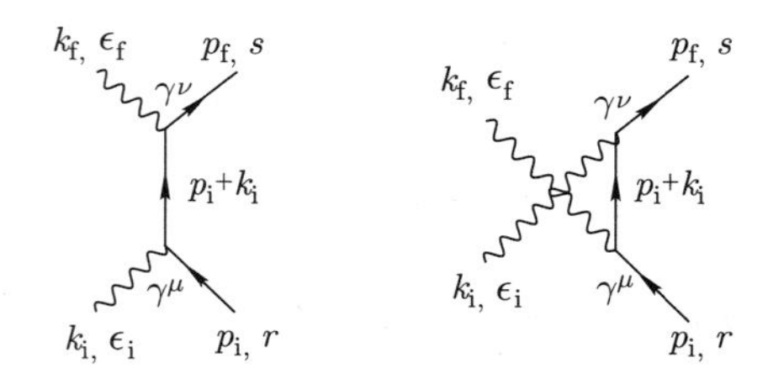

图 14.2.1 电子和光子的 Compton 散射二阶图

$$\langle \boldsymbol{p}_\mathrm{f}, s, \boldsymbol{k}_\mathrm{f}, \epsilon_\mathrm{f} | S^{(2)} | \boldsymbol{p}_\mathrm{i}, r, \boldsymbol{k}_\mathrm{i}, \epsilon_\mathrm{i} \rangle = (2\pi)^4 \delta^4 (k_\mathrm{f} + p_\mathrm{f} - k_\mathrm{i} - p_\mathrm{i}) \mathrm{i}\mathcal{M}_\mathrm{fi}, \tag{14.2.1}$$

$$\mathrm{i}\mathcal{M}_\mathrm{fi} = (-\mathrm{i}e)^2 \left\{ \overline{u}_s(p_\mathrm{f}) \not{\epsilon}_f \frac{\mathrm{i}}{\not{p}_\mathrm{i} + \not{k}_\mathrm{i} - m + \mathrm{i}\epsilon} \not{\epsilon}_\mathrm{i} u_r(p_\mathrm{i}) + (\epsilon_\mathrm{i} \leftrightarrow \epsilon_\mathrm{f}, k_\mathrm{i} \leftrightarrow -k_\mathrm{f}) \right\}, \tag{14.2.2}$$

其中

$$\begin{aligned}\not{\epsilon}_{\mathrm{i}} &= \gamma^{\nu}\epsilon_{\nu}^{(\lambda_{\mathrm{i}})}(k_{\mathrm{i}}),\\ \not{\epsilon}_{\mathrm{f}} &= \gamma^{\mu}\epsilon_{\mu}^{(\lambda_{\mathrm{f}})}(k_{\mathrm{f}}),\end{aligned} \tag{14.2.3}$$

$\lambda_{\mathrm{i}}, \lambda_{\mathrm{f}} = 1, 2$ (对应物理横光子), 电子内线分母中的 $\mathrm{i}\epsilon$ 可以略去, 因为目前 p_{i}, p_{f}, k_{i}, k_{f} 皆在质壳上, 所以 $p_{\mathrm{i}} + k_{\mathrm{i}}$, $p_{\mathrm{f}} - k_{\mathrm{f}}$ 皆不在电子质壳上. 若初态电子不极化, 则应对初态电子自旋求平均, 若末态电子不测量极化, 则应对末态电子自旋求和. 取初态电子静止系 (实验室系), $p_{\mathrm{i}} = (m, 0, 0, 0)$, 其中 m 是电子质量, 根据 (14.1.16) 式, 微分散射截面为

$$\mathrm{d}\sigma = \frac{1}{2}\sum_{r,s}\frac{1}{2(p_{\mathrm{i}}\cdot k_{\mathrm{i}})}|\mathcal{M}_{\mathrm{fi}}|^2\frac{\mathrm{d}^3k_{\mathrm{f}}}{(2\pi)^3 2k_{\mathrm{f}}^0}\frac{\mathrm{d}^3p_{\mathrm{f}}}{(2\pi)^3 2p_{\mathrm{f}}^0}(2\pi)^4\delta^4(k_{\mathrm{f}} + p_{\mathrm{f}} - k_{\mathrm{i}} - p_{\mathrm{i}}), \tag{14.2.4}$$

其中相空间积分

$$\begin{aligned}\int \mathrm{d}^3p_{\mathrm{f}}\mathrm{d}^3k_{\mathrm{f}}\delta^4(k_{\mathrm{f}} + p_{\mathrm{f}} - k_{\mathrm{i}} - p_{\mathrm{i}}) &= \int {k_{\mathrm{f}}^0}^2\mathrm{d}k_{\mathrm{f}}^0\delta(k_{\mathrm{f}}^0 + p_{\mathrm{f}}^0 - k_{\mathrm{i}}^0 - p_{\mathrm{i}}^0)\mathrm{d}\Omega\\ &= \frac{{k_{\mathrm{f}}^0}^2}{\left|\dfrac{\mathrm{d}(k_{\mathrm{f}}^0 + p_{\mathrm{f}}^0)}{\mathrm{d}k_{\mathrm{f}}^0}\right|}\mathrm{d}\Omega,\end{aligned} \tag{14.2.5}$$

而 $k_{\mathrm{f}}^0 = |\boldsymbol{k}_{\mathrm{f}}|$, $\mathrm{d}\Omega$ 是 $\boldsymbol{k}_{\mathrm{f}}$ 方向相对于 $\boldsymbol{k}_{\mathrm{i}}$ 轴的立体角,

$$\begin{aligned}\frac{\mathrm{d}(k_{\mathrm{f}}^0 + p_{\mathrm{f}}^0)}{\mathrm{d}k_{\mathrm{f}}^0} &= 1 + \frac{1}{2p_{\mathrm{f}}^0}\frac{\mathrm{d}{p_{\mathrm{f}}^0}^2}{\mathrm{d}k_{\mathrm{f}}^0} = 1 + \frac{1}{2p_{\mathrm{f}}^0}\frac{\mathrm{d}}{\mathrm{d}k_{\mathrm{f}}^0}[m^2 + (\boldsymbol{k}_{\mathrm{i}} + \boldsymbol{p}_{\mathrm{i}} - \boldsymbol{k}_{\mathrm{f}})^2]\\ &= 1 + \frac{1}{2p_{\mathrm{f}}^0}2(\boldsymbol{k}_{\mathrm{i}} + \boldsymbol{p}_{\mathrm{i}} - \boldsymbol{k}_{\mathrm{f}})\cdot\frac{-\boldsymbol{k}_{\mathrm{f}}}{|\boldsymbol{k}_{\mathrm{f}}|}\\ &= 1 - \frac{\boldsymbol{p}_{\mathrm{f}}\cdot\boldsymbol{k}_{\mathrm{f}}}{p_{\mathrm{f}}^0k_{\mathrm{f}}^0} = \frac{p_{\mathrm{f}}\cdot k_{\mathrm{f}}}{p_{\mathrm{f}}^0k_{\mathrm{f}}^0}.\end{aligned} \tag{14.2.6}$$

将 (14.2.2), (14.2.5) 和 (14.2.6) 式代入 (14.2.4) 式, 得微分散射截面

$$\mathrm{d}\sigma = \frac{\alpha^2}{8}\sum_{r,s}|R|^2\frac{(k_{\mathrm{f}}^0)^2}{(p_{\mathrm{i}}\cdot k_{\mathrm{i}})(p_{\mathrm{f}}\cdot k_{\mathrm{f}})}\mathrm{d}\Omega, \tag{14.2.7}$$

式中 $\alpha = \dfrac{e^2}{4\pi}$ 是精细结构常数,

$$\begin{aligned}R &= \overline{u}_s(p_{\mathrm{f}})\left(\not{\epsilon}_{\mathrm{f}}\frac{\not{p}_{\mathrm{i}} + \not{k}_{\mathrm{i}} + m}{(p_{\mathrm{i}} + k_{\mathrm{i}})^2 - m^2}\not{\epsilon}_i + \not{\epsilon}_{\mathrm{i}}\frac{\not{p}_{\mathrm{i}} - \not{k}_{\mathrm{f}} + m}{(p_{\mathrm{i}} - k_{\mathrm{f}})^2 - m^2}\not{\epsilon}_{\mathrm{f}}\right)u_r(p_{\mathrm{i}})\\ &= \overline{u}_s(p_{\mathrm{f}})\left(\not{\epsilon}_{\mathrm{f}}\frac{2(p_{\mathrm{i}} + k_{\mathrm{i}})\cdot\epsilon_{\mathrm{i}} + \not{\epsilon}_{\mathrm{i}}(-\not{p}_{\mathrm{i}} - \not{k}_{\mathrm{i}} + m)}{2(p_{\mathrm{i}}\cdot k_{\mathrm{i}})}\right.\end{aligned}$$

$$
\begin{aligned}
&+\not\epsilon_{\rm i}\frac{2(p_{\rm i}-k_{\rm f})\cdot\epsilon_{\rm f}+\not\epsilon_{\rm f}(-\not p_{\rm i}+\not k_{\rm f}+m)}{-2(p_{\rm i}\cdot k_{\rm f})}\Bigg)u_r(p_{\rm i})\\
&=\overline{u}_s(p_{\rm f})\left(\not\epsilon_{\rm f}\frac{2(p_{\rm i}+k_{\rm i})\cdot\epsilon_{\rm i}-\not\epsilon_{\rm i}\not k_{\rm i}}{2(p_{\rm i}\cdot k_{\rm i})}+\not\epsilon_{\rm i}\frac{2(p_{\rm i}-k_{\rm f})\cdot\epsilon_{\rm f}+\not\epsilon_{\rm f}\not k_{\rm f}}{-2(p_{\rm i}\cdot k_{\rm f})}\right)u_r(p_{\rm i}).
\end{aligned}
\tag{14.2.8}
$$

以上已利用了附录 B 中 γ 矩阵的性质 $\not a\not b=2a\cdot b-\not b\not a$ 以及运动方程

$$(\not p_{\rm i}-m)u_r(p_{\rm i})=0.$$

由于四动量守恒, $p_{\rm f}+k_{\rm f}=p_{\rm i}+k_{\rm i}$, 导致

$$p_{\rm f}\cdot k_{\rm f}=p_{\rm i}\cdot k_{\rm i}=mk_{\rm i}^0,\tag{14.2.9}$$

因而 (14.2.7) 式变为

$$\mathrm{d}\sigma=\frac{\alpha^2}{8m^2}\sum_{r,s}|R|^2\left(\frac{k_{\rm f}^0}{k_{\rm i}^0}\right)^2\mathrm{d}\Omega.\tag{14.2.10}$$

初、末态光子横光子极化矢量 $\epsilon_{\rm i},\epsilon_{\rm f}$ 满足

$$\epsilon_{\rm i}\cdot k_{\rm i}=\epsilon_{\rm f}\cdot k_{\rm f}=0.\tag{14.2.11}$$

再注意到 (6.2.6) 式选取使横光子极化矢量的时间分量为零, 即与只有时间分量的初态动量 $p_{\rm i}=(m,0,0,0)$ 正交,

$$\epsilon_{\rm i}\cdot p_{\rm i}=\epsilon_{\rm f}\cdot p_{\rm i}=0,\tag{14.2.12}$$

则 (14.2.8) 式变为

$$R=-\overline{u}_s(p_{\rm f})Ou_r(p_{\rm i}),\tag{14.2.13}$$

$$O=\frac{\not\epsilon_{\rm f}\not\epsilon_{\rm i}\not k_{\rm i}}{2(p_{\rm i}\cdot k_{\rm i})}+\frac{\not\epsilon_{\rm i}\not\epsilon_{\rm f}\not k_{\rm f}}{2(p_{\rm i}\cdot k_{\rm f})}.\tag{14.2.14}$$

将 (14.2.13) 式代入 (14.2.11) 式得到微分截面

$$\mathrm{d}\sigma=\frac{\alpha^2}{2}A\left(\frac{k_{\rm f}^0}{k_{\rm i}^0}\right)^2\mathrm{d}\Omega,\tag{14.2.15}$$

其中 A 是对电子极化求和,

$$
\begin{aligned}
A&=\sum_{r,s}|\overline{u}_s(p_{\rm f})Ou_r(p_{\rm i})|^2\\
&=\sum_{r,s}\overline{u}_s(p_{\rm f})Ou_r(p_{\rm i})(\overline{u}_s(p_{\rm f})Ou_r(p_{\rm i}))^*\\
&=\sum_{r,s}\overline{u}_s(p_{\rm f})Ou_r(p_{\rm i})\overline{u}_r(p_{\rm i})\gamma^0O^\dagger\gamma^0u_s(p_{\rm f})
\end{aligned}
$$

$$
\begin{aligned}
&= \sum_{r,s} (\overline{u}_s(p_\mathrm{f}))_\alpha O_{\alpha\beta}(u_r(p_\mathrm{i}))_\beta (\overline{u}_r(p_\mathrm{i}))_\rho (\gamma^0 O^\dagger \gamma^0)_{\rho\sigma} (u_s(p_\mathrm{f}))_\sigma \\
&= \sum_{r,s} O_{\alpha\beta}(u_r(p_\mathrm{i}))_\beta (\overline{u}_r(p_\mathrm{i}))_\rho (\gamma^0 O^\dagger \gamma^0)_{\rho\sigma} (u_s(p_\mathrm{f}))_\sigma (\overline{u}_s(p_\mathrm{f}))_\alpha \\
&= \mathrm{Tr} \sum_{r,s} O u_r(p_\mathrm{i}) \overline{u}_r(p_\mathrm{i}) \gamma^0 O^\dagger \gamma^0 u_s(p_\mathrm{f}) \overline{u}_s(p_\mathrm{f}) \\
&= \mathrm{Tr}(O(\not{p}_\mathrm{i} + m)\gamma^0 O^\dagger \gamma^0 (\not{p}_\mathrm{f} + m)).
\end{aligned} \tag{14.2.16}
$$

以上已将旋量的标量积 (利用了自旋求和) 改写为矩阵求迹. 再由 $\gamma^0\gamma^{\mu\dagger}\gamma^0 = \gamma^\mu$, 可以证明

$$
\gamma^0 O^\dagger \gamma^0 = \frac{\not{k}_\mathrm{i}\not{\epsilon}_\mathrm{i}\not{\epsilon}_\mathrm{f}}{2(p_\mathrm{i}\cdot k_\mathrm{i})} + \frac{\not{k}_\mathrm{f}\not{\epsilon}_\mathrm{f}\not{\epsilon}_\mathrm{i}}{2(p_\mathrm{i}\cdot k_\mathrm{f})}. \tag{14.2.17}
$$

将 (14.2.14) 和 (14.2.17) 式代入 (14.2.16) 式, 得到

$$
\begin{aligned}
A &= \mathrm{Tr}\left[\left(\frac{\not{\epsilon}_\mathrm{f}\not{\epsilon}_\mathrm{i}\not{k}_\mathrm{i}}{2(p_\mathrm{i}\cdot k_\mathrm{i})} + \frac{\not{\epsilon}_\mathrm{i}\not{\epsilon}_\mathrm{f}\not{k}_\mathrm{f}}{2(p_\mathrm{i}\cdot k_\mathrm{f})}\right)(\not{p}_\mathrm{i} + m)\left(\frac{\not{k}_\mathrm{i}\not{\epsilon}_\mathrm{i}\not{\epsilon}_\mathrm{f}}{2(p_\mathrm{i}\cdot k_\mathrm{i})} + \frac{\not{k}_\mathrm{f}\not{\epsilon}_\mathrm{f}\not{\epsilon}_\mathrm{i}}{2(p_\mathrm{i}\cdot k_\mathrm{f})}\right)(\not{p}_\mathrm{f} + m)\right] \\
&= \frac{1}{4(p_\mathrm{i}\cdot k_\mathrm{i})^2}\mathrm{Tr}[\not{\epsilon}_\mathrm{f}\not{\epsilon}_\mathrm{i}\not{k}_\mathrm{i}(\not{p}_\mathrm{i} + m)\not{k}_\mathrm{i}\not{\epsilon}_\mathrm{i}\not{\epsilon}_\mathrm{f}(\not{p}_\mathrm{f} + m)] + (\epsilon_\mathrm{i} \leftrightarrow \epsilon_\mathrm{f}, k_\mathrm{i} \leftrightarrow -k_\mathrm{f}) \\
&\quad + \frac{1}{4(p_\mathrm{i}\cdot k_\mathrm{i})(p_\mathrm{f}\cdot k_\mathrm{f})}\{\mathrm{Tr}[\not{\epsilon}_\mathrm{f}\not{\epsilon}_\mathrm{i}\not{k}_\mathrm{i}(\not{p}_\mathrm{i} + m)\not{k}_\mathrm{f}\not{\epsilon}_\mathrm{f}\not{\epsilon}_\mathrm{i}(\not{p}_\mathrm{f} + m)] \\
&\quad + \mathrm{Tr}[\not{\epsilon}_\mathrm{i}\not{\epsilon}_\mathrm{f}\not{k}_\mathrm{f}(\not{p}_\mathrm{i} + m)\not{k}_\mathrm{i}\not{\epsilon}_\mathrm{i}\not{\epsilon}_\mathrm{f}(\not{p}_\mathrm{f} + m)]\}.
\end{aligned} \tag{14.2.18}
$$

考虑到奇数个 γ 矩阵之积的迹为 0, 偶数个 γ 矩阵之积次序逆转后求迹相同, 以及

$$
\not{k}_\mathrm{i}\not{k}_\mathrm{i} = k_\mathrm{i}^2 = 0, \tag{14.2.19}
$$

可将 (14.2.18) 式中 A 的四项求迹写为两个求迹,

$$
A = \frac{A_1}{4(p_\mathrm{i}\cdot k_\mathrm{i})^2} + (\epsilon_\mathrm{i} \leftrightarrow \epsilon_\mathrm{f}, k_\mathrm{i} \leftrightarrow -k_\mathrm{f}) + \frac{2A_2}{4(p_\mathrm{i}\cdot k_\mathrm{i})(p_\mathrm{f}\cdot k_\mathrm{f})}, \tag{14.2.20}
$$

其中 A_1, A_2 的表达式为

$$
\begin{aligned}
A_1 &= \mathrm{Tr}[\not{\epsilon}_\mathrm{f}\not{\epsilon}_\mathrm{i}\not{k}_\mathrm{i}\not{p}_\mathrm{i}\not{k}_\mathrm{i}\not{\epsilon}_\mathrm{i}\not{\epsilon}_\mathrm{f}\not{p}_\mathrm{f}], \\
A_2 &= \mathrm{Tr}[\not{\epsilon}_\mathrm{f}\not{\epsilon}_\mathrm{i}\not{k}_\mathrm{i}(\not{p}_\mathrm{i} + m)\not{k}_\mathrm{f}\not{\epsilon}_\mathrm{f}\not{\epsilon}_\mathrm{i}(\not{p}_\mathrm{f} + m)].
\end{aligned} \tag{14.2.21}
$$

现在利用 γ 矩阵求迹性质运算分别计算 A_1 和 A_2.

$$
\begin{aligned}
A_1 &= \mathrm{Tr}[\not{\epsilon}_{\mathrm{f}}\not{\epsilon}_{\mathrm{i}}\not{k}_{\mathrm{i}}\not{p}_{\mathrm{i}}\not{k}_{\mathrm{i}}\not{\epsilon}_{\mathrm{i}}\not{\epsilon}_{\mathrm{f}}\not{p}_{\mathrm{f}}] \\
&= \mathrm{Tr}[\not{\epsilon}_{\mathrm{f}}\not{\epsilon}_{\mathrm{i}}\not{k}_{\mathrm{i}}(2p_{\mathrm{i}}\cdot k_{\mathrm{i}} - \not{k}_{\mathrm{i}}\not{p}_{\mathrm{i}})\not{\epsilon}_{\mathrm{i}}\not{\epsilon}_{\mathrm{f}}\not{p}_{\mathrm{f}}] \\
&= 2(p_{\mathrm{i}}\cdot k_{\mathrm{i}})\mathrm{Tr}[\not{\epsilon}_{\mathrm{f}}\not{\epsilon}_{\mathrm{i}}(2k_{\mathrm{i}}\cdot\epsilon_{\mathrm{i}} - \not{\epsilon}_{\mathrm{i}}\not{k}_{\mathrm{i}})\not{\epsilon}_{\mathrm{f}}\not{p}_{\mathrm{f}})] \\
&= 2(p_{\mathrm{i}}\cdot k_{\mathrm{i}})\mathrm{Tr}[\not{\epsilon}_{\mathrm{f}}\not{k}_{\mathrm{i}}\not{\epsilon}_{\mathrm{f}}\not{p}_{\mathrm{f}}] \\
&= 8(p_{\mathrm{i}}\cdot k_{\mathrm{i}})[(\epsilon_{\mathrm{f}}\cdot k_{\mathrm{i}})(\epsilon_{\mathrm{f}}\cdot p_{\mathrm{f}}) - \epsilon_{\mathrm{f}}^2(k_{\mathrm{i}}\cdot p_{\mathrm{f}}) + (\epsilon_{\mathrm{f}}\cdot p_{\mathrm{f}})(k_{\mathrm{i}}\cdot\epsilon_{\mathrm{f}})] \\
&= 8(p_{\mathrm{i}}\cdot k_{\mathrm{i}})[2(\epsilon_{\mathrm{f}}\cdot k_{\mathrm{i}})(\epsilon_{\mathrm{f}}\cdot p_{\mathrm{f}}) + (k_{\mathrm{i}}\cdot p_{\mathrm{f}})],
\end{aligned}
$$

其中利用了 (14.2.19)、(14.2.11) 和 (14.2.12) 式以及

$$
\not{\epsilon}_{\mathrm{i}}\not{\epsilon}_{\mathrm{i}} = \epsilon_{\mathrm{i}}^2 = -1, \qquad \epsilon_{\mathrm{f}}\epsilon_{\mathrm{f}} = \epsilon_{\mathrm{f}}^2 = -1. \tag{14.2.22}
$$

再利用

$$
\epsilon_{\mathrm{f}}\cdot p_{\mathrm{f}} = \epsilon_{\mathrm{f}}\cdot(k_{\mathrm{i}} + p_{\mathrm{i}} - k_{\mathrm{f}}) = \epsilon_{\mathrm{f}}\cdot k_{\mathrm{i}}
$$

和 $k_{\mathrm{f}} - p_{\mathrm{i}} = k_{\mathrm{i}} - p_{\mathrm{f}}$ 导致的

$$
k_{\mathrm{f}}\cdot p_{\mathrm{i}} = k_{\mathrm{i}}\cdot p_{\mathrm{f}},
$$

可以消去末态电子动量 p_{f}, 最后得

$$
A_1 = 8(p_{\mathrm{i}}\cdot k_{\mathrm{i}})[2(\epsilon_{\mathrm{f}}\cdot k_{\mathrm{i}})^2 + (k_{\mathrm{f}}\cdot p_{\mathrm{i}})]. \tag{14.2.23}
$$

对 A_2 可进行类似计算. 利用 $p_{\mathrm{f}} = p_{\mathrm{i}} + k_{\mathrm{i}} - k_{\mathrm{f}}$ 以及奇数个 γ 矩阵之积的求迹为 0, 有

$$
\begin{aligned}
A_2 &= \mathrm{Tr}[\not{\epsilon}_{\mathrm{f}}\not{\epsilon}_{\mathrm{i}}\not{k}_{\mathrm{i}}(\not{p}_{\mathrm{i}} + m)\not{k}_{\mathrm{f}}\not{\epsilon}_{\mathrm{f}}\not{\epsilon}_{\mathrm{i}}(\not{p}_{\mathrm{f}} + m)] \\
&= \mathrm{Tr}[\not{\epsilon}_{\mathrm{f}}\not{\epsilon}_{\mathrm{i}}\not{k}_{\mathrm{i}}(\not{p}_{\mathrm{i}} + m)\not{k}_{\mathrm{f}}\not{\epsilon}_{\mathrm{f}}\not{\epsilon}_{\mathrm{i}}(\not{p}_{\mathrm{i}} + m)] \\
&\quad + \mathrm{Tr}[\not{\epsilon}_{\mathrm{f}}\not{\epsilon}_{\mathrm{i}}\not{k}_{\mathrm{i}}(\not{p}_{\mathrm{i}} + m)\not{k}_{\mathrm{f}}\not{\epsilon}_{\mathrm{f}}\not{\epsilon}_{\mathrm{i}}(\not{k}_{\mathrm{i}} - \not{k}_{\mathrm{f}})] \\
&= \mathrm{Tr}[\not{k}_{\mathrm{i}}(\not{p}_{\mathrm{i}} + m)\not{k}_{\mathrm{f}}\not{\epsilon}_{\mathrm{f}}\not{\epsilon}_{\mathrm{i}}(\not{p}_{\mathrm{i}} + m)\not{\epsilon}_{\mathrm{f}}\not{\epsilon}_{\mathrm{i}}] \\
&\quad + \mathrm{Tr}[\not{\epsilon}_{\mathrm{f}}\not{\epsilon}_{\mathrm{i}}\not{k}_{\mathrm{i}}\not{p}_{\mathrm{i}}\not{k}_{\mathrm{f}}\not{\epsilon}_{f}\not{\epsilon}_{\mathrm{i}}\not{k}_{\mathrm{i}}] - \mathrm{Tr}[\not{\epsilon}_{\mathrm{f}}\not{\epsilon}_{\mathrm{i}}\not{k}_{\mathrm{i}}\not{p}_{\mathrm{i}}\not{k}_{\mathrm{f}}\not{\epsilon}_{\mathrm{f}}\not{\epsilon}_{\mathrm{i}}\not{k}_{\mathrm{f}}].
\end{aligned} \tag{14.2.24}
$$

利用附录 B 中求迹公式和 (14.2.12) 式, 上式第一项中 $\not{p}_{\mathrm{i}}$ 与 $\not{\epsilon}_{\mathrm{f}}\not{\epsilon}_{\mathrm{i}}$ 可以交换, 于是

$$
\begin{aligned}
A_2 &= \mathrm{Tr}[\not{k}_{\mathrm{i}}(\not{p}_{\mathrm{i}} + m)\not{k}_{\mathrm{f}}\not{\epsilon}_{\mathrm{f}}\not{\epsilon}_{\mathrm{i}}\not{\epsilon}_{\mathrm{f}}\not{\epsilon}_{\mathrm{i}}(\not{p}_{\mathrm{i}} + m)] \\
&\quad + \mathrm{Tr}[\not{k}_{\mathrm{i}}\not{\epsilon}_{\mathrm{f}}\not{\epsilon}_{\mathrm{i}}\not{k}_{\mathrm{i}}\not{p}_{\mathrm{i}}\not{k}_{\mathrm{f}}\not{\epsilon}_{\mathrm{f}}\not{\epsilon}_{\mathrm{i}}] - \mathrm{Tr}[\not{\epsilon}_{\mathrm{f}}\not{\epsilon}_{\mathrm{i}}\not{k}_{\mathrm{i}}\not{p}_{\mathrm{i}}\not{k}_{\mathrm{f}}\not{\epsilon}_{\mathrm{f}}\not{\epsilon}_{\mathrm{i}}\not{k}_{\mathrm{f}}] \\
&= \mathrm{Tr}[(2k_{\mathrm{i}}\cdot p_{\mathrm{i}} + (-\not{p}_{\mathrm{i}} + m)\not{k}_{\mathrm{i}})\not{k}_{\mathrm{f}}\not{\epsilon}_{\mathrm{f}}\not{\epsilon}_{\mathrm{i}}\not{\epsilon}_{\mathrm{f}}\not{\epsilon}_{\mathrm{i}}(\not{p}_{\mathrm{i}} + m)] \\
&\quad + \mathrm{Tr}[(2k_{\mathrm{i}}\cdot\epsilon_{\mathrm{f}} - \not{\epsilon}_{\mathrm{f}}\not{k}_{\mathrm{i}})\not{\epsilon}_{\mathrm{i}}\not{k}_{\mathrm{i}}\not{p}_{\mathrm{i}}\not{k}_{\mathrm{f}}\not{\epsilon}_{\mathrm{f}}\not{\epsilon}_{\mathrm{i}}] - \mathrm{Tr}[\not{\epsilon}_{\mathrm{f}}\not{\epsilon}_{\mathrm{i}}\not{k}_{\mathrm{i}}\not{p}_{\mathrm{i}}\not{k}_{\mathrm{f}}\not{\epsilon}_{\mathrm{f}}(2\epsilon_{\mathrm{i}}\cdot k_{\mathrm{f}} - \not{k}_{\mathrm{f}}\not{\epsilon}_{\mathrm{i}})].
\end{aligned}
$$

考虑到 (14.2.22) 式以及

$$-p_{\rm i}^2+m^2=0,\quad k_{\rm i}\cdot\epsilon_{\rm i}=0,\quad k_{\rm i}^2=0,\quad \epsilon_{\rm f}\cdot k_{\rm f}=0,\quad k_{\rm f}^2=0,$$

上式三个求迹的第二项都分别为 0, 因而有

$$\begin{aligned}A_2=&2(k_{\rm i}\cdot p_{\rm i}){\rm Tr}[\not k_{\rm f}\not\epsilon_{\rm f}\not\epsilon_{\rm i}\not\epsilon_{\rm f}\not\epsilon_{\rm i}\not p_{\rm i}]\\&-2(k_{\rm i}\cdot\epsilon_{\rm f}){\rm Tr}[\not k_{\rm i}\not p_{\rm i}\not k_{\rm f}\not\epsilon_{\rm f}]+2(\epsilon_{\rm i}\cdot k_{\rm f}){\rm Tr}[\not\epsilon_{\rm i}\not k_{\rm i}\not p_{\rm i}\not k_{\rm f}],\end{aligned}$$

其中第一项的求迹

$$\begin{aligned}{\rm Tr}[\not k_{\rm f}\not\epsilon_{\rm f}\not\epsilon_{\rm i}\not\epsilon_{\rm f}\not\epsilon_{\rm i}\not p_{\rm i}]&={\rm Tr}[\not k_{\rm f}\not\epsilon_{\rm f}(2\epsilon_{\rm i}\cdot\epsilon_{\rm f}-\not\epsilon_{\rm f}\not\epsilon_{\rm i})\not\epsilon_{\rm i}\not p_{\rm i}]\\&=2(\epsilon_{\rm i}\cdot\epsilon_{\rm f}){\rm Tr}[\not k_{\rm f}\not\epsilon_{\rm f}\not\epsilon_{\rm i}\not p_{\rm i}]-{\rm Tr}[\not k_{\rm f}\not p_{\rm i}]\\&=2(\epsilon_{\rm i}\cdot\epsilon_{\rm f})4[(k_{\rm f}\cdot\epsilon_{\rm f})(\epsilon_{\rm i}\cdot p_{\rm i})+(\epsilon_{\rm f}\cdot\epsilon_{\rm i})(k_{\rm f}\cdot p_{\rm i})\\&\quad-(k_{\rm f}\cdot\epsilon_{\rm i})(\epsilon_{\rm f}\cdot p_{\rm i})]-4(k_{\rm f}\cdot p_{\rm i})\\&=4(k_{\rm f}\cdot p_{\rm i})[2(\epsilon_{\rm i}\cdot\epsilon_{\rm f})^2-1],\end{aligned}$$

第二项的求迹

$$\begin{aligned}{\rm Tr}[\not k_{\rm i}\not p_{\rm i}\not k_{\rm f}\not\epsilon_{\rm f}]&=4[(k_{\rm i}\cdot p_{\rm i})(k_{\rm f}\cdot\epsilon_{\rm f})-(k_{\rm i}\cdot k_{\rm f})(p_{\rm i}\cdot\epsilon_{\rm f})+(k_{\rm i}\cdot\epsilon_{\rm f})(p_{\rm i}\cdot k_{\rm f})]\\&=4(k_{\rm i}\cdot\epsilon_{\rm f})(p_{\rm i}\cdot k_{\rm f}),\end{aligned}$$

第三项的求迹

$$\begin{aligned}{\rm Tr}[\not k_{\rm i}\not p_{\rm i}\not k_{\rm i}\not\epsilon_{\rm f}]&=4[(\epsilon_{\rm i}\cdot k_{\rm i})(p_{\rm i}\cdot k_{\rm f})-(\epsilon_{\rm i}\cdot p_{\rm i})(k_{\rm i}\cdot k_{\rm f})+(\epsilon_{\rm i}\cdot k_{\rm f})(k_{\rm i}\cdot p_{\rm i})]\\&=4(\epsilon_{\rm i}\cdot k_{\rm f})(k_{\rm i}\cdot p_{\rm i}).\end{aligned}$$

因此

$$\begin{aligned}A_2=&8(k_{\rm i}\cdot p_{\rm i})(k_{\rm f}\cdot p_{\rm i})[2(\epsilon_{\rm i}\cdot\epsilon_{\rm f})^2-1]\\&-8(k_{\rm i}\cdot\epsilon_{\rm f})^2(p_{\rm i}\cdot k_{\rm f})+8(\epsilon_{\rm i}\cdot k_{\rm f})^2(k_{\rm i}\cdot p_{\rm i}).\end{aligned}\tag{14.2.25}$$

将 A_1, A_2 代入 (14.2.20) 式, 注意到实验系 $\boldsymbol{p}_{\rm i}=\boldsymbol{0}$, 得到

$$A=\frac{1}{2m^2}\left[\frac{k_{\rm f}^0}{k_{\rm i}^0}+\frac{k_{\rm i}^0}{k_{\rm f}^0}+4(\epsilon_1\cdot\epsilon_{\rm f})^2-2\right].\tag{14.2.26}$$

将 (14.2.26) 式代入 (14.2.15) 式, 得极化光子对自由电子散射的微分截面

$$\frac{{\rm d}\sigma}{{\rm d}\Omega}=\frac{\alpha^2}{4m^2}\left[\frac{k_{\rm f}^0}{k_{\rm i}^0}+\frac{k_{\rm i}^0}{k_{\rm f}^0}+4(\epsilon_{\rm i}\cdot\epsilon_{\rm f})^2-2\right]\left(\frac{k_{\rm f}^0}{k_{\rm i}^0}\right)^2.\tag{14.2.27}$$

若初态光子不极化, 末态不测量光子的极化, 则须对初态光子自旋求平均, 末态光子自旋求和, 从而得出不极化散射的平均微分截面

$$\overline{\frac{\mathrm{d}\sigma}{\mathrm{d}\Omega}} = \frac{1}{2}\sum_{\epsilon_\mathrm{i},\epsilon_\mathrm{f}} \frac{\mathrm{d}\sigma}{\mathrm{d}\Omega}. \tag{14.2.28}$$

对光子极化求和主要是计算 (14.2.27) 式中的第三项, 对于其他与极化无关的项求和后贡献因子 4. 对于第三项, 不失一般性, 在初态电子静止系中,

$$p_{\mathrm{i},\mu} = (m, 0, 0, 0), \tag{14.2.29}$$

选取入射光子沿 z 方向,

$$k_{\mathrm{i},\mu} = |\boldsymbol{k}_\mathrm{i}|\,(1, 0, 0, 1), \tag{14.2.30}$$

再令出射光子处于 y-z 平面, 同时出射电子分别为

$$\begin{aligned} k_\mathrm{f} &= |\boldsymbol{k}_\mathrm{f}|\,(1, 0, \sin\theta, \cos\theta), \\ p_\mathrm{f} &= (E_\mathrm{f}, 0, |\boldsymbol{k}_\mathrm{f}|\sin\theta, |\boldsymbol{k}_\mathrm{i}| - |\boldsymbol{k}_\mathrm{f}|\cos\theta), \end{aligned} \tag{14.2.31}$$

其中 θ 为 $\boldsymbol{k}_\mathrm{f}$ 相对于 $\boldsymbol{k}_\mathrm{i}$ 的夹角,

$$\cos\theta = \frac{\boldsymbol{k}_\mathrm{f}\cdot\boldsymbol{k}_\mathrm{i}}{|\boldsymbol{k}_\mathrm{f}|\,|\boldsymbol{k}_\mathrm{i}|}. \tag{14.2.32}$$

进一步选择末态光子和初态光子极化矢量 $\epsilon_\mathrm{f}^{(\lambda_\mathrm{f})}$ 和 $\epsilon_\mathrm{i}^{(\lambda_\mathrm{i})}$, 它们是纯粹横向极化,

$$\begin{aligned} \epsilon_\mathrm{i}^{(1)} &= (0, 1, 0, 0), \\ \epsilon_\mathrm{i}^{(2)} &= (0, 0, 1, 0), \\ \epsilon_\mathrm{f}^{(1)} &= (0, 1, 0, 0), \\ \epsilon_\mathrm{f}^{(2)} &= (0, 0, \cos\theta, -\sin\theta), \end{aligned} \tag{14.2.33}$$

显然它们满足所有物理要求, 且有归一化条件

$$\epsilon_\mathrm{f}^{(\lambda_\mathrm{f})}\cdot\epsilon_\mathrm{f}^{(\lambda'_\mathrm{f})} = g^{\lambda_\mathrm{f}\lambda'_\mathrm{f}}, \quad \epsilon_\mathrm{i}^{(\lambda_\mathrm{i})}\cdot\epsilon_\mathrm{i}^{(\lambda'_\mathrm{i})} = g^{\lambda_\mathrm{i}\lambda'_\mathrm{i}}. \tag{14.2.34}$$

由明显形式 (14.2.33) 不难证明对光子自旋求和有下面的结果:

$$\sum_{\epsilon_\mathrm{i},\epsilon_\mathrm{f}} (\epsilon_\mathrm{i}\cdot\epsilon_\mathrm{f})^2 = \sum_{\lambda_\mathrm{i},\lambda_\mathrm{f}=1,2} \left(\epsilon_\mathrm{i}^{(\lambda_\mathrm{i})}(\boldsymbol{k}_\mathrm{i})\cdot\epsilon_\mathrm{i}^{(\lambda_\mathrm{f})}(\boldsymbol{k}_\mathrm{f})\right)^2 = 1 + \cos^2\theta. \tag{14.2.35}$$

此式结果并不依赖于 (14.2.33) 式对极化矢量的选取. 将 (14.2.35) 式代入 (14.2.27) 式就得到不极化散射的微分截面

$$\begin{aligned} \overline{\frac{\mathrm{d}\sigma}{\mathrm{d}\Omega}} &= \frac{1}{2}\sum_{\epsilon_\mathrm{i},\epsilon_\mathrm{f}} \frac{\alpha^2}{4m^2}\left[\frac{k_\mathrm{f}^0}{k_\mathrm{i}^0} + \frac{k_\mathrm{i}^0}{k_\mathrm{f}^0} + 4(\epsilon_\mathrm{i}\cdot\epsilon_\mathrm{f})^2 - 2\right]\left(\frac{k_\mathrm{f}^0}{k_\mathrm{i}^0}\right)^2 \\ &= \frac{\alpha^2}{2m^2}\left[\frac{k_\mathrm{f}^0}{k_\mathrm{i}^0} + \frac{k_\mathrm{i}^0}{k_\mathrm{f}^0} - \sin^2\theta\right]\left(\frac{k_\mathrm{f}^0}{k_\mathrm{i}^0}\right)^2, \end{aligned} \tag{14.2.36}$$

式中

$$\frac{\alpha}{m}=\frac{e^2}{4\pi m}=r_0=2.8\times10^{-13}\ \mathrm{cm} \tag{14.2.37}$$

是电子经典半径. (14.2.36) 式由 Klein 和 Nishina 在 1929 年以及 Tamm 在 1930 年给出. 由 (14.2.27) 和 (14.2.36) 式给出的理论预言与实验符合得很好. (14.2.36) 式中的 k_{f}^0 还可以利用四动量守恒消去. 由

$$k_{\mathrm{f}}-k_{\mathrm{i}}=p_{\mathrm{i}}-p_{\mathrm{f}} \quad 和 \quad k_{\mathrm{f}}^0-k_{\mathrm{i}}^0=m-p_{\mathrm{f}}^0,$$

可得

$$-k_{\mathrm{f}}\cdot k_{\mathrm{i}}=m^2-p_{\mathrm{i}}\cdot p_{\mathrm{f}},$$

即

$$-k_{\mathrm{f}}^0k_{\mathrm{i}}^0(1-\cos\theta)=m^2-mp_{\mathrm{f}}^0=m(m-p_{\mathrm{f}}^0)=m(k_{\mathrm{f}}^0-k_{\mathrm{i}}^0).$$

由此解出

$$k_{\mathrm{f}}^0=\frac{k_{\mathrm{i}}^0}{1+\dfrac{k_{\mathrm{i}}^0}{m}(1-\cos\theta)}. \tag{14.2.38}$$

在 Thomson 极限下, $k_{\mathrm{i}}^0/m\to0$, 因而 $k_{\mathrm{f}}^0\to k_{\mathrm{i}}^0$, 意味着辐射波长 $\dfrac{1}{|\boldsymbol{k}|}$ $(\boldsymbol{k}=\boldsymbol{k}_{\mathrm{f}}-\boldsymbol{k}_{\mathrm{i}})$ 比电子的 Compton 波长长很多, 总散射截面成为

$$\begin{aligned}\sigma_0&=\int\mathrm{d}\Omega\,\overline{\frac{\mathrm{d}\sigma}{\mathrm{d}\Omega}}\bigg|_{\frac{k_{\mathrm{i}}^0}{m}\to0}=\frac{\alpha^2}{2m^2}\int\mathrm{d}\Omega(2-\sin^2\theta)\\&=\frac{8\pi\alpha^2}{3m^2}=\frac{8}{3}\pi r_0^2=0.6652\times10^{-24}\ \mathrm{cm}^2.\end{aligned} \tag{14.2.39}$$

此即经典电磁辐射 Thomson 公式. 这里截面数值已用了 (14.2.37) 式. 事实上, 在 $k_{\mathrm{i}}^0/m\to0$ 极限下, 这一公式对微扰论的任何阶都成立. 当 $k_{\mathrm{i}}^0\sim m$ 时, (14.2.39) 式不再成立, 因为 $k_{\mathrm{i}}^0\sim m$ 意味着辐射波长 $\dfrac{1}{|\boldsymbol{k}|}$ 与电子的 Compton 波长是可比的, 量子辐射修正效应变得重要, 因而对 (14.2.39) 式修正较大. 当 $k_{\mathrm{i}}^0\gg m$ 时, 电子质量 m 可以忽略, 这是 Compton 散射截面的高能行为, 其总散射截面 $\sigma\propto\dfrac{2\pi\alpha^2}{s}$ 乘以一个随能量变化的对数增强因子, 其中 s 是质心系能量的平方. 它表明总散射截面的高能行为随着能量增加而减小, 完全不同于 (14.2.39) 式.

§14.3 Bhabha 散射和电子-正电子湮灭为 μ 子对过程

量子电动力学中电子-正电子散射是几个重要的基本过程之一. Bhabha 散射,即初态和末态皆为电子-正电子的过程 $e^+e^- \to e^+e^-$, 在任何正负电子对撞机中都会发生. 又如末态可能是其他轻子对的过程, $e^+e^- \to \mu^+\mu^-$, $e^+e^- \to \tau^+\tau^-$, 也可以推广到末态为任意一对自旋为 1/2 的粒子, 如正、反夸克 $e^+e^- \to q\overline{q}(q = \mathrm{u,d,s,c,b,t})$ 等的情形. 特别是能量很大时所有参与过程的粒子 (重夸克除外) 的质量都可以被忽略, 这些过程都具有相同的特点和结果.

例如, 对于 Bhabha 散射, $e^+(k_2)e^-(k_1) \to e^+(p_2)e^-(p_1)$, 由 (13.4.28) 式给出了散射振幅, 此式可以由 e^-e^+ 散射的二阶 Feynman 图 (见图 14.3.1) 按照 Feynman 规则写出相应的 S 矩阵元表达式:

$$\begin{aligned}&(-\mathrm{i}e)^2(2\pi)^4\delta^4(p_1+p_2-k_1-k_2)\\&\times\Big\{-\overline{u}_{r'}(p_1)\gamma^\mu u_r(k_1)\frac{-\mathrm{i}d_{\mu\nu}}{(p_1-k_1)^2+\mathrm{i}\epsilon}\overline{v}_s(k_2)\gamma^\nu v_{s'}(p_2)\\&+\overline{v}_s(k_2)\gamma^\mu u_r(k_1)\frac{-\mathrm{i}d_{\mu\nu}}{(p_1+p_2)^2+\mathrm{i}\epsilon}\overline{u}_{r'}(p_1)\gamma^\nu v_{s'}(p_2)\Big\}.\end{aligned}$$

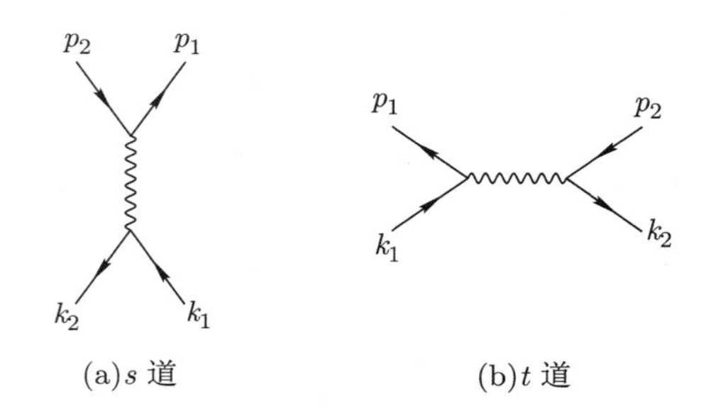

图 14.3.1 电子-正电子散射过程的二阶 Feynman 图

然而对于电子-正电子湮灭为 μ 子对的过程

$$e^+(k_2)e^-(k_1) \to \mu^+(p_2)\mu^-(p_1),$$

只有图 14.3.1(a) 有贡献. 对应于此图的贡献, 有

$$\mathrm{i}\mathcal{M} = e^2\overline{u}_{r'}(p_1)\gamma_\mu v_{s'}(p_2)\frac{d_{\mu\nu}(q)}{q^2}\overline{v}_s(k_2)\gamma^\nu u_r(k_1), \tag{14.3.1}$$

其中 $u_r(k_1)$ 是动量为 k_1、自旋为 r 的电子旋量波函数, $v_s(k_2)$ 是动量为 k_2、自旋为 s 的正电子旋量波函数, $u_{r'}(p_1)$ 是动量为 p_1、自旋为 r' 的 μ 子旋量波函数, $v_{s'}(p_2)$

是动量为 p_2、自旋为 s' 的反 μ 子旋量波函数, 这里

$$q = k_1 + k_2, \quad d_{\mu\nu}(q) = g_{\mu\nu} - (1-\alpha)\frac{q_\mu q_\nu}{q^2}.$$

$e^+e^- \to \mu^+\mu^-$ 的振幅相应交换的虚光子是类时光子, 因为

$$s = q^2 = (k_1 + k_2)^2 = (p_1 + p_2)^2 > 0,$$

这在质心系 ($\boldsymbol{k}_1 + \boldsymbol{k}_2 = \boldsymbol{0}$) 中容易看出, 有 $q^2 = 4E^2 > 0$. 由于正、负电子遵从 Dirac 方程, $d_{\mu\nu}$ 中 $q_\mu q_\nu$ 项的贡献正比于电子质量, 可以忽略 ($m_e \approx 0$), 因此 (14.3.1) 式可简化为

$$\mathrm{i}\mathcal{M} = e^2 \overline{u}_{r'}(p_1)\gamma_\mu v_{s'}(p_2)\frac{1}{q^2}\overline{v}_s(k_2)\gamma^\mu u_r(k_1). \tag{14.3.2}$$

首先讨论 Bhabha 散射过程, 即初态和末态皆为电子-正电子的过程 $e^+e^- \to e^+e^-$. 它要比过程 $e^+e^- \to \mu^+\mu^-$ 多一个直接散射的 Feynman 图 (见图 14.3.1(b)). 对于直接散射图交换的虚光子是类空光子. 散射振幅应是这两个图相加. 在极端相对论情况, $E \gg m_e$, 略去初态和末态电子的质量, Bhabha 散射振幅为

$$\begin{aligned}\mathrm{i}\mathcal{M} = e^2 \bigg\{&\overline{u}_{r'}(p_1)\gamma_\mu v_{s'}(p_2)\frac{1}{(p_1+p_2)^2}\overline{v}_s(k_2)\gamma^\mu u_r(k_1)\\ &-\overline{u}_{r'}(p_1)\gamma_\mu u_r(k_1)\frac{1}{(p_1-k_1)^2}\overline{v}_s(k_2)\gamma^\mu v_{s'}(p_2)\bigg\}.\end{aligned} \tag{14.3.3}$$

取散射振幅平方并对极化求和, 应用 γ 矩阵求迹技巧, 可得

$$\begin{aligned}&\frac{1}{4}\sum_{s,s',r,r'}|\mathcal{M}|^2\\ &= 8e^4\bigg[\frac{(p_1\cdot k_1)(p_2\cdot k_2)+(p_1\cdot k_2)(p_2\cdot k_1)}{q^4}\\ &\quad+\frac{(p_1\cdot k_2)(p_2\cdot k_1)+(p_2\cdot k_2)(p_1\cdot k_1)}{(p_1-k_1)^4}+2\frac{(p_1\cdot k_2)(p_2\cdot k_1)}{q^2(p_1-k_1)^2}\bigg].\end{aligned} \tag{14.3.4}$$

取质心系, 相应的不极化微分截面为

$$\frac{\mathrm{d}\sigma}{\mathrm{d}\Omega} = \frac{\alpha^2}{2s}\left[\frac{1+\cos^2\theta}{2} + \frac{1+\cos^4\dfrac{\theta}{2}}{\sin^4\dfrac{\theta}{2}} - \frac{2\cos^4\dfrac{\theta}{2}}{\sin^2\dfrac{\theta}{2}}\right], \tag{14.3.5}$$

其中 θ 是质心系中出射电子方向与入射电子方向之间的夹角, $s = (k_1 + k_2)^2 = (p_1 + p_2)^2$. (14.3.5) 式中第一项是纯湮灭图的贡献, 第二项是纯直接散射图的贡献,

第三项是两个图交叉干涉项的贡献. 在非相对论极限情况下, $E \ll m_{\rm e}$, 则有

$$\frac{\mathrm{d}\sigma}{\mathrm{d}\Omega}=\frac{\alpha^2}{m^2}\frac{1}{16v^4\sin^4\dfrac{\theta}{2}}.$$

对于 $\mathrm{e}^+\mathrm{e}^- \to \mu^+\mu^-$ 过程, 按照 (14.1.16) 式须计算对初态自旋求平均并对末态自旋求和的振幅绝对值的平方. 由 (14.3.1) 式, 得

$$\begin{aligned}&\frac{1}{4}\sum_{s,s',r,r'}|\mathcal{M}|^2\\&=\frac{e^4}{4q^4}\mathrm{Tr}\left[(\not k_2-m_{\rm e})\gamma^\mu(\not k_1+m_{\rm e})\gamma^\nu\right]\mathrm{Tr}\left[(\not p_2-m_\mu)\gamma_\mu(\not p_1+m_\mu)\gamma_\nu\right],\end{aligned} \quad (14.3.6)$$

其结果为 $(m_{\rm e}=0)$

$$\begin{aligned}&\frac{1}{4}\sum_{s,s',r,r'}|\mathcal{M}|^2\\&=\frac{8e^4}{q^4}\left[(p_1\cdot k_1)(p_2\cdot k_2)+(p_1\cdot k_2)(p_2\cdot k_1)+m_\mu^2(k_1\cdot k_2)\right].\end{aligned} \quad (14.3.7)$$

通常在正、负电子对撞机实验中, 比较方便的参考系是质心系, $\boldsymbol{k}_1+\boldsymbol{k}_2=\boldsymbol{p}_1+\boldsymbol{p}_2=\boldsymbol{0}$. 在质心系中计算流通量因子和能量密度就可得到质心系中的微分截面和总截面:

$$\frac{\mathrm{d}\sigma}{\mathrm{d}\Omega}=\frac{\alpha^2}{4s}\sqrt{\frac{s-4m_\mu^2}{s}}\left[1+\frac{4m_\mu^2}{s}+\left(1-\frac{4m_\mu^2}{s}\right)\cos^2\theta\right], \quad (14.3.8)$$

$$\sigma=\frac{4\pi\alpha^2}{3s}\sqrt{\frac{s-4m_\mu^2}{s}}\left(1+\frac{2m_\mu^2}{s}\right). \quad (14.3.9)$$

在质心系中 $s_{\rm cm}=4E^2$, E 是质心系中电子的能量. 在高能下忽略 μ 子的质量, 角度 θ 是质心系中出射的 μ 子与入射电子的夹角. 这样质心系中微分截面和总截面就变为

$$\frac{\mathrm{d}\sigma}{\mathrm{d}\Omega}=\frac{\alpha^2}{4s}\left(1+\cos^2\theta\right), \quad (14.3.10)$$

$$\sigma=\frac{4\pi\alpha^2}{3s}=\sigma_0. \quad (14.3.11)$$

由 (14.3.10) 式给出的微分截面的角分布的特点是 $\left(1+\cos^2\theta\right)$.

以上计算 $\mathrm{e}^+\mathrm{e}^- \to \mu^+\mu^-$ 过程的结果 (14.3.6) ~ (14.3.9) 式是在初态电子、正电子不极化的情况下得到的. 如果在初态电子极化或者初态电子、正电子都极化的情况下, 必须分别考虑具有极化时截面的计算. 由于 $m_{\rm e}=0$ 是很好的近似, 人们

可以选择螺旋度作为电子、正电子极化态的基, 左、右手螺旋度按照 Lorentz 群的不同表示变换. 为了简便起见, 考虑高能极限下不仅可认为 $m_{\mathrm{e}}=0$, 而且可忽略 μ 子的质量, 令 $m_{\mu}=0$, 末态 μ 子也可很好地以螺旋度标记极化态. 引入投影算符 $\left(\dfrac{1\pm\gamma_5}{2}\right)$,

$$u(k)=\left(\frac{1+\gamma_5}{2}+\frac{1-\gamma_5}{2}\right)u(k)=u_{\mathrm{R}}(k)+u_{\mathrm{L}}(k), \tag{14.3.12}$$

其中 $u_{\mathrm{R}}(k), u_{\mathrm{L}}(k)$ 分别是右手电子 (螺旋度为 $+1$) 和左手电子 (螺旋度为 -1) 旋量. 在下列矩阵元 $(\overline{v}(k_2)\gamma^{\mu}u(k_1))$ 中插入投影算符,

$$\overline{v}(k_2)\gamma^{\mu}u(k_1)\rightarrow\overline{v}(k_2)\gamma^{\mu}\left(\frac{1+\gamma_5}{2}\right)u(k_1).$$

由于 $(1+\gamma_5)(1-\gamma_5)=0$, 上式中电子的左手部分为零, 仅有右手电子振幅. 将 $(1+\gamma_5)$ 移到左边, 有

$$\overline{v}(k_2)\gamma^{\mu}\left(\frac{1+\gamma_5}{2}\right)u(k_1)=v^{\dagger}(k_2)\left(\frac{1+\gamma_5}{2}\right)\gamma^0\gamma^{\mu}u(k_1).$$

这表明 $v(k_2)$ 也是右手旋量, 而由于正电子是电子的反粒子, 这也相当于是左手正电子. 这意味着正、负电子湮灭振幅 $(\overline{v}(k_2)\gamma^{\mu}u(k_1))$ 仅在电子和正电子具有相反螺旋度时才不等于零. 因此不同螺旋度组合的 16 个振幅仅有 4 个不为零. 这四个振幅分别相应于下列四种过程:

$$\begin{aligned}
&\mathrm{e}_{\mathrm{R}}^{-}\mathrm{e}_{\mathrm{L}}^{+}\rightarrow\mu_{\mathrm{R}}^{-}\mu_{\mathrm{L}}^{+},\\
&\mathrm{e}_{\mathrm{R}}^{-}\mathrm{e}_{\mathrm{L}}^{+}\rightarrow\mu_{\mathrm{L}}^{-}\mu_{\mathrm{R}}^{+},\\
&\mathrm{e}_{\mathrm{L}}^{-}\mathrm{e}_{\mathrm{R}}^{+}\rightarrow\mu_{\mathrm{R}}^{-}\mu_{\mathrm{L}}^{+},\\
&\mathrm{e}_{\mathrm{L}}^{-}\mathrm{e}_{\mathrm{R}}^{+}\rightarrow\mu_{\mathrm{L}}^{-}\mu_{\mathrm{R}}^{+}.
\end{aligned}$$

以第一种过程为例,

$$\begin{aligned}
&\mathrm{i}\mathcal{M}(\mathrm{e}_{\mathrm{R}}^{-}\mathrm{e}_{\mathrm{L}}^{+}\rightarrow\mu_{\mathrm{R}}^{-}\mu_{\mathrm{L}}^{+})\\
&=e^2\overline{u}_{s_1}(p_1)\gamma_{\mu}\left(\frac{1+\gamma_5}{2}\right)v_{s_2}(p_2)\frac{1}{q^2}\overline{v}_{\lambda_2}(k_2)\gamma^{\mu}\left(\frac{1+\gamma_5}{2}\right)u_{\lambda_1}(k_1).
\end{aligned} \tag{14.3.13}$$

对自旋求和后, 有

$$\sum|\mathcal{M}|^2=e^4(1+\cos\theta)^2.$$

因此, 此过程的微分截面

$$\frac{\mathrm{d}\sigma}{\mathrm{d}\Omega}\left(\mathrm{e}_{\mathrm{R}}^{-}\mathrm{e}_{\mathrm{L}}^{+}\to\mu_{\mathrm{R}}^{-}\mu_{\mathrm{L}}^{+}\right)=\frac{\alpha^2}{4s}(1+\cos\theta)^2. \tag{14.3.14}$$

类似的计算可以得到

$$\frac{\mathrm{d}\sigma}{\mathrm{d}\Omega}\left(\mathrm{e}_{\mathrm{R}}^{-}\mathrm{e}_{\mathrm{L}}^{+}\to\mu_{\mathrm{L}}^{-}\mu_{\mathrm{R}}^{+}\right)=\frac{\alpha^2}{4s}(1-\cos\theta)^2, \tag{14.3.15}$$

$$\frac{\mathrm{d}\sigma}{\mathrm{d}\Omega}\left(\mathrm{e}_{\mathrm{L}}^{-}\mathrm{e}_{\mathrm{R}}^{+}\to\mu_{\mathrm{R}}^{-}\mu_{\mathrm{L}}^{+}\right)=\frac{\alpha^2}{4s}(1-\cos\theta)^2, \tag{14.3.16}$$

$$\frac{\mathrm{d}\sigma}{\mathrm{d}\Omega}\left(\mathrm{e}_{\mathrm{L}}^{-}\mathrm{e}_{\mathrm{R}}^{+}\to\mu_{\mathrm{L}}^{-}\mu_{R}^{+}\right)=\frac{\alpha^2}{4s}(1+\cos\theta)^2. \tag{14.3.17}$$

显然将 (14.3.14) $\sim$ (14.3.17) 式加起来除以 4 (平均) 就得到没有极化的微分截面 (14.3.10) 式. 从这四个微分截面可见, 它们在 $\theta=0^\circ,180^\circ$ 时有显著的特点: 对于第一类过程和第四类过程, 微分截面当 $\theta=0^\circ$ 时最大, 当 $\theta=180^\circ$ 时为零; 对于第二类过程和第三类过程, 微分截面当 $\theta=0^\circ$ 时为零, 当 $\theta=180^\circ$ 时最大. 这些特点是角动量守恒的必然结果, 在讨论正、负电子具有极化束流时是很有用的.

§14.4 μ 子 衰 变

μ 子衰变过程 $\mu^-\to\mathrm{e}^-+\nu_\mu+\bar{\nu}_\mathrm{e}$, 是典型的弱相互作用过程, 而不是量子电动力学所描述的过程. 实际上, μ 子衰变过程可以很好地应用四费米子唯象相互作用拉氏密度 (8.4.3) 来描述:

$$\mathcal{L}_\mathrm{W}=\frac{G}{\sqrt{2}}(\overline{\nu}_\mu\gamma_\lambda(1-\gamma_5)\mu\bar{e}\gamma^\lambda(1-\gamma_5)\nu_\mathrm{e})+\mathrm{h.c.},$$

其中 G 是弱相互作用耦合常数. 本节只计算最低阶结果, μ 子衰变过程可以简单地用图 14.4.1 表示. 由此唯象相互作用拉氏密度直接计算 μ 子衰变寿命, 最低阶微扰展开给出 S 矩阵元的四费米子顶角为

$$\mathrm{i}\frac{G}{\sqrt{2}}\gamma_\mu(1-\gamma_5)\gamma^\mu(1-\gamma_5),$$

因此 μ 子衰变过程相应的最低阶 S 矩阵元为

$$\langle\boldsymbol{q},\boldsymbol{k},\boldsymbol{k}'|\,S^{(1)}\,|\boldsymbol{p}\rangle=(2\pi)^4\delta^4(q+k+k'-p)\mathrm{i}\mathcal{M}, \tag{14.4.1}$$

$$\mathrm{i}\mathcal{M}=\mathrm{i}\frac{G}{\sqrt{2}}\overline{u}(k)\gamma_\mu(1-\gamma_5)u(p)\overline{u}(q)\gamma^\mu(1-\gamma_5)v(k'), \tag{14.4.2}$$

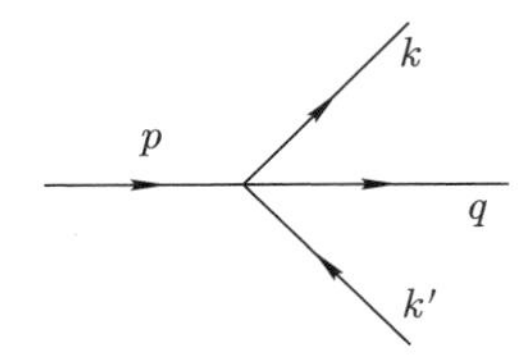

图 14.4.1 $\mu^-(p) \to e^-(q) + \nu_\mu(k) + \bar{\nu}_e(k')$ 衰变过程图示

其中省略了旋量的极化指标. 注意到初态为 $m_\mu \neq 0$ 的旋量粒子, 衰变概率应由 (14.1.20) 和 (14.1.21) 式给出, 其衰变寿命的倒数, 即衰变宽度

$$\begin{aligned}\Gamma &= \frac{1}{2p^0}\frac{1}{2}\sum\int |\mathrm{i}\mathcal{M}|^2 \frac{\mathrm{d}^3q}{(2\pi)^3 2q^0}\frac{\mathrm{d}^3k}{(2\pi)^3 2k^0}\\&\quad\times\frac{\mathrm{d}^3k'}{(2\pi)^3 2k^{0\prime}}(2\pi)^4\delta^4(q+k+k'-p)\\&= (2\pi)^4\frac{G^2}{2}\frac{1}{4p^0}\frac{1}{(2\pi)^9}\int\frac{\mathrm{d}^3q\mathrm{d}^3k\mathrm{d}^3k'}{q^0k^0k^{0\prime}}\delta^4(q+k+k'-p)F,\end{aligned}\tag{14.4.3}$$

其中

$$F = \frac{1}{2}\sum|\overline{u}(k)\gamma_\mu(1-\gamma_5)u(p)\overline{u}(q)\gamma^\mu(1-\gamma_5)v(k')|^2.\tag{14.4.4}$$

令

$$O_\mu = \gamma_\mu(1-\gamma_5),$$

代入 (14.4.4) 式将 F 展开, 有

$$\begin{aligned}F &= \frac{1}{2}\sum[\overline{u}(k)O_\mu u(p)\overline{u}(q)O^\mu v(k')][\overline{u}(k)O_\nu u(p)\overline{u}(q)O^\nu v(k')]^\dagger\\&= \frac{1}{2}\sum\overline{u}(k)O_\mu u(p)[\overline{u}(k)O_\nu u(p)]^\dagger\overline{u}(q)O^\mu v(k')[\overline{u}(q)O^\nu v(k')]^\dagger\\&= \frac{1}{2}\sum\mathrm{Tr}[O_\mu u(p)\overline{u}(p)\gamma^0O_\nu^\dagger\gamma^0u(k)\overline{u}(k)]\mathrm{Tr}[O^\mu v(k')\overline{v}(k')\gamma^0O^{\nu\dagger}\gamma^0u(q)\overline{u}(q)].\end{aligned}$$

利用旋量自旋求和公式并考虑到等式

$$\gamma^0O_\mu^\dagger\gamma^0 = O_\mu = \gamma_\mu(1-\gamma_5),$$

可以将 F 改写为两个求迹的乘积,

$$\begin{aligned}F &= \frac{1}{2}\mathrm{Tr}\left(\gamma_\nu(1-\gamma_5)(\not{p}+m_\mu)\gamma_\mu(1-\gamma_5)\not{k}\right)\mathrm{Tr}\left(\gamma^\nu(1-\gamma_5)\not{k}'\gamma^\mu(1-\gamma_5)(\not{q}+m_e)\right)\\&= \frac{1}{2}\mathrm{Tr}\left((1+\gamma_5)\gamma_\nu\not{p}\gamma_\mu\not{k}\right)\mathrm{Tr}\left((1+\gamma_5)\gamma^\mu\not{k}'\gamma^\nu\not{q}\right),\end{aligned}\tag{14.4.5}$$

其中最后等式的简化已利用了奇数个 γ 矩阵之积的求迹为 0 和等式

$$(1 \pm \gamma_5)^2 = 2(1 \pm \gamma_5).$$

将 F 代入 (14.4.3) 式, 得到衰变宽度

$$\begin{aligned}\Gamma = &\frac{G^2}{2^4(2\pi)^5}\frac{1}{p^0}\int \frac{\mathrm{d}^3q\mathrm{d}^3k\mathrm{d}^3k'}{q^0k^0k'^0}\delta^4(q+k+k'-p)\\&\times \mathrm{Tr}[(1+\gamma_5)\gamma_\mu \not{p}\gamma_\nu \not{k}]\mathrm{Tr}[(1+\gamma_5)\gamma^\mu \not{k}'\gamma^\nu \not{q}].\end{aligned} \tag{14.4.6}$$

上式中求迹计算结果为

$$\mathrm{Tr}[(1+\gamma_5)\gamma_\mu \not{p}\gamma_\nu \not{k}]\mathrm{Tr}[(1+\gamma_5)\gamma^\mu \not{k}'\gamma^\nu \not{q}] = 64(p\cdot k')(k\cdot q), \tag{14.4.7}$$

因此 (14.4.6) 式化简为

$$\Gamma = G^2\frac{4}{(2\pi)^5p^0}\int \frac{\mathrm{d}^3q\mathrm{d}^3k\mathrm{d}^3k'}{q^0k^0k'^0}\delta^4(q+k+k'-p)(p\cdot k')(k\cdot q). \tag{14.4.8}$$

注意到

$$(p\cdot k')(k\cdot q) = (p^\nu k'_\nu)(k_\mu q^\mu),$$

关键是计算对中微子动量 k, k' 的积分, 即二阶张量

$$I_{\mu\nu} = \int \frac{\mathrm{d}^3k\mathrm{d}^3k'}{k^0k'^0}\delta^4(q+k+k'-p)k_\mu k'_\nu. \tag{14.4.9}$$

$I_{\mu\nu}$ 是 Lorentz 协变的二阶张量, 其一般形式应由 $g_{\mu\nu}$ 和 $(p-q)_\mu(p-q)_\nu$ 的组合构成, 其系数仅依赖于 Lorentz 不变量 $(p-q)^2$. 完成积分 (14.4.9) 后将获得二阶张量 $I_{\mu\nu}$ 中 $g_{\mu\nu}$ 和 $(p-q)_\mu(p-q)_\nu$ 的系数. 取坐标系 $\boldsymbol{q}-\boldsymbol{p}=\boldsymbol{0}$, 上述积分变为

$$\begin{aligned}I_{\mu\nu} &= \int \frac{\mathrm{d}^3k\mathrm{d}^3k'}{k^0k^{0\prime}}\delta(q^0+k^0+k^{0\prime}-p^0)\delta^3(\boldsymbol{k}+\boldsymbol{k}')k_\mu {k_\nu}'\\&= \int \frac{\mathrm{d}^3k}{k^{0^2}}\delta(q^0-p^0+2k^0)k_\mu \widetilde{k}_\nu\\&= \int \mathrm{d}k^0\mathrm{d}\Omega\frac{1}{2}\delta\left(k^0-\frac{p^0-q^0}{2}\right)k_\mu \widetilde{k}_\nu\\&= \frac{\pi}{6}(p^0-q^0)^2\begin{cases}3 \quad (\mu=\nu=0),\\ -1 \quad (\mu=\nu=i=1,2,3),\\ 0 \quad (\mu\neq\nu),\end{cases}\end{aligned} \tag{14.4.10}$$

其中 $\widetilde{k}^{\mu} = (k^0, -\boldsymbol{k})$. 此结果可以写成矩阵形式:

$$(I_{\mu\nu}) = \frac{\pi}{6}(p^0 - q^0)^2 \begin{pmatrix} 3 & 0 & 0 & 0 \\ 0 & -1 & 0 & 0 \\ 0 & 0 & -1 & 0 \\ 0 & 0 & 0 & -1 \end{pmatrix}. \tag{14.4.11}$$

注意此结果是在坐标系 $\boldsymbol{q} - \boldsymbol{p} = \boldsymbol{0}$ 中得到的. 推广到任意坐标系, 有

$$I_{\mu\nu} = \frac{\pi}{6}(p - q)^2 \left[g_{\mu\nu} + 2\frac{(p - q)_\mu (p - q)_\nu}{(p - q)^2} \right]. \tag{14.4.12}$$

当 $\boldsymbol{p} - \boldsymbol{q} = \boldsymbol{0}$ 时, 它回到了 (14.4.11) 式. 将 $I_{\mu\nu}$ 的表达式 (14.4.12) 代入 (14.4.8) 式, 得到衰变宽度

$$\begin{aligned} \Gamma &= G^2 \frac{4}{(2\pi)^5 p^0} \int \frac{\mathrm{d}^3 q}{q^0} I_{\mu\nu} q^\mu p^\nu \\ &= G^2 \frac{4}{(2\pi)^5 p^0} \int \frac{\mathrm{d}^3 q}{q^0} \frac{\pi}{6} (p - q)^2 \left[q \cdot p + 2\frac{((p - q) \cdot q)((p - q) \cdot p)}{(p - q)^2} \right] \\ &= \frac{G^2}{48\pi^4 p^0} \int \frac{\mathrm{d}^3 q}{q^0} [3(m_\mu^2 + m_\mathrm{e}^2)(p \cdot q) - 4(p \cdot q)^2 - 2m_\mathrm{e}^2 m_\mu^2]. \end{aligned} \tag{14.4.13}$$

μ 子的寿命 $\tau = \Gamma^{-1}$. 在 μ 子静止系中,

$$p = (m_\mu, 0, 0, 0), \tag{14.4.14}$$

其寿命的倒数为

$$\tau^{-1} = \frac{G^2}{48\pi^4 m_\mu} \int \frac{\mathrm{d}^3 q}{q^0} \left[3(m_\mu^2 + m_\mathrm{e}^2) m_\mu q^0 - 4m_\mu^2 (q^0)^2 - 2m_\mathrm{e}^2 m_\mu^2 \right]. \tag{14.4.15}$$

由于 m_e 很小, 可以忽略上式中的 m_e/m_μ 和 m_e/q^0 并有近似 $q^0 \approx |\boldsymbol{q}|$, 这样上式成为

$$\tau^{-1} = \frac{G^2}{48\pi^4 m_\mu} \int_0^{m_\mu/2} |\boldsymbol{q}|^2 \mathrm{d}\,|\boldsymbol{q}|\, \mathrm{d}\Omega_{\boldsymbol{q}} [3m_\mu^3 - 4m_\mu^2 |\boldsymbol{q}|]. \tag{14.4.16}$$

上式中电子三维动量 $|\boldsymbol{q}|$ 的积分上限已取为 $m_\mu/2$, 这是因为由四动量守恒有

$$m_\mu = q^0 + k^0 + k'^0 \quad 和 \quad \boldsymbol{0} = \boldsymbol{q} + \boldsymbol{k} + \boldsymbol{k}',$$

因而 $|\boldsymbol{q}|_{\max} = |\boldsymbol{k}| + |\boldsymbol{k}'| = k^0 + k'^0$,

$$|\boldsymbol{q}|_{\max} = \frac{m_\mu}{2}. \tag{14.4.17}$$

将 (14.4.16) 式中的积分积出, 最后得 μ 子衰变宽度

$$\Gamma = \tau^{-1} = \frac{G^2 m_\mu^5}{192\pi^3}. \tag{14.4.18}$$

利用 μ 子寿命和 m_μ 的实验值, 由 (14.4.18) 式可以确定弱衰变耦合常数 G 的值, 有

$$G^2 m_p^4 = \frac{192\pi^3}{m_\mu \tau}\left(\frac{m_p}{m_\mu}\right)^4, \tag{14.4.19}$$

其中 m_p 为质子质量, 在运算中已取了自然单位制, 即 $\hbar = c = 1$. 为了求出弱相互作用耦合常数, 对 (14.4.19) 式首先要平衡量纲, 上式右边应加 $\hbar$. 若取实验值 $\tau_\mu = 2.19703 \times 10^{-6}$ s, $m_\mu = 105.658389$ MeV, $m_p = 938.27231$ MeV 和 $\hbar = 6.582122 \times 10^{-22}$ MeV · s, 则得数值

$$\begin{aligned} G m_p^2 &= 1.02454 \times 10^{-5}, \\ G &= 1.16637 \times 10^{-5}\ \mathrm{GeV}^{-2}. \end{aligned}$$

这就是 (8.4.4) 式所用的结果. 注意到在得到 (14.4.16) 式时忽略了电子的质量 m_e. 如果考虑电子质量 $m_e \neq 0$, 还应加上修正. (14.4.18) 式的修正结果为

$$\Gamma = \tau^{-1} = \frac{G^2 m_\mu^5}{192\pi^3} F\left(\frac{m_e^2}{m_\mu^2}\right), \tag{14.4.20}$$

其中函数 $F(x)$ 对 1 偏离很小, 其形式为

$$F(x) = 1 - 8x + 8x^3 - x^4 - 12x^2 \ln x, \tag{14.4.21}$$

$x = \left(\frac{m_e^2}{m_\mu^2}\right)$. 此外, 还应考虑辐射修正. 在计及低阶电弱辐射修正下, μ 子衰变宽度为

$$\Gamma = \frac{G^2 m_\mu^5}{192\pi^3}\left[1 - \frac{8m_e^2}{m_\mu^2}\right]\left[1 + \frac{\alpha}{2\pi}\left(\frac{25}{4} - \pi^2\right) + \frac{3}{5}\frac{m_\mu^2}{m_W^2}\right], \tag{14.4.22}$$

其中 m_W 是传递弱相互作用的中间玻色子的质量. 这些修正理论计算结果都得到了实验上很好的检验.

习 题

1. 证明 (14.2.24) 与 (14.2.25) 式.

2. 请根据第 3 章习题中给出的手征有效理论拉氏密度, 推导出 $\pi^+\pi^- \to K^+K^-$, $\pi^+\pi^- \to \pi^+\pi^-$ 和 $\pi^+\pi^- \to \pi^0\pi^0$ 的树图散射截面.
3. 矢量粒子衰变到两个自旋为零的赝标粒子. 相互作用的有效拉氏量为

$$\mathcal{L} = \mathrm{i}gV^\mu \phi_1 \overleftrightarrow{\partial}_\mu \phi_2,$$

其中 g 为相互作用耦合常数.

(1) 请给出 $V \to \phi_1 + \phi_2$ 过程的 Feynman 规则.

(2) 设 ϕ_1 动量方向为 (θ, ϕ), 计算此过程的螺旋度振幅并给出与 Wigner 函数的关系.

(3) 计算衰变的微分宽度.

4. $\pi^+ \to \mu^+\nu$ 过程类似于 μ 子衰变, 请计算其衰变振幅.
5. Rarita-Schwinger 场, $S = \dfrac{3}{2}$ 粒子的衰变. 自旋 $\dfrac{3}{2}$ 的粒子衰变到一个旋量粒子和一个矢量粒子的拉氏密度为

$$\mathcal{L} = g\overline{\psi}\gamma_5\psi^\mu\partial_\mu\phi,$$

其中 g 为相互作用耦合常数, ψ^μ 为矢量型旋量场. 动量空间中, 矢量旋量

$$u^\alpha(\lambda) = \sum_{\lambda_1,\lambda_2} \langle \frac{1}{2}\lambda_1 1\lambda_2 | \frac{3}{2}\lambda \rangle \times u(\lambda_1)\epsilon^\alpha(\lambda_2). \tag{1}$$

(1) 请给出 $\dfrac{3}{2} \to \dfrac{1}{2} + 0$ 过程的 Feynman 规则.

(2) 讨论 (1) 式中 u^α 是否与 (2) 式中的定义一致:

$$u^\alpha = \left(\epsilon^\alpha - \frac{1}{3}(\gamma^\alpha + v^\alpha)\not{\epsilon}\right)u, \quad v^\alpha = p^\alpha/m. \tag{2}$$

(3) 在初态静止系中, 设末态自旋 1/2 粒子的运动方向为 (θ, ϕ) 方向, 计算此过程的螺旋度振幅并给出与 Wigner 方程的关系, 再计算衰变宽度.

6. $W \to \ell\overline{\nu}$. 相关的拉氏密度为

$$\mathcal{L} = \frac{g}{2\sqrt{2}}W^\mu\overline{\psi}_\ell\gamma^\mu(1-\gamma_5)\psi_\nu + \text{h.c.},$$

其中 W 粒子的自旋为 1. 导出该过程的 Feynman 规则, 并计算此过程的螺旋度振幅和衰变宽度.

7. $Z \to \ell^+\ell^-$. 相关的拉氏密度为

$$\mathcal{L} = \frac{g}{2\sqrt{2}}Z^\mu\overline{\psi}_\ell\gamma^\mu(1-\gamma_5)\psi_\ell,$$

其中 Z 粒子的自旋为 1. 导出该过程的 Feynman 规则, 并计算此过程的螺旋度振幅和衰变宽度. 如果将 $1-\gamma_5$ 换成 $1+\gamma_5$, 又会怎样?

第 15 章　圈图修正与重整化理论

上一章中计算了微扰论最低阶贡献, 将其应用到某些物理过程获得的理论结果与实验值符合得很好. 进一步计算高阶修正就涉及计算圈图积分. 人们发现, 计算圈图时, 大部分情况下会出现发散积分. 此类发散积分是由于动量空间中积分积到无穷大引起的, 通常称为紫外发散. 本质上, 积分发散是由于量子场论是无穷自由度系统, 或者说圈图积分动量要积到无穷. 这种高阶修正无穷大使得微扰展开变得没有了意义, 如何从中抽出有限修正的物理结果使得微扰展开的每一阶计算是可操作的, 并具有精确的理论预言值, 就是重整化理论要解决的问题. 历史上重整化理论的发展有两个重要的里程碑: 1949 年, Schwinger, Tomonaga 和 Feynman 对量子电动力学提出的重整化方案使得电磁相互作用的量子场论有了坚实的基础. 1972 年, 't Hooft 和 Veltman 对非 Abel 规范理论的重整化方案使得量子场论成功地应用到电弱统一理论和强相互作用的量子色动力学理论中. 本章只介绍量子电动力学的重整化理论, 其内容包括微扰展开高阶图中发散积分必然存在、如何定义发散积分的正规化方法以及如何重新定义物理电荷和质量等物理量以得到有限的高阶修正.

§15.1　有限单圈图修正

本节将首先考虑一个标量粒子散射问题. 如果存在两个实标量粒子, 拉氏密度为

$$\mathcal{L}=\frac{1}{2}\partial_\mu\phi\partial^\mu\phi-\frac{1}{2}m^2\phi^2+\frac{1}{2}\partial_\mu\varPhi\partial^\mu\varPhi-\frac{1}{2}M^2\varPhi^2+\lambda\varPhi\phi^2, \tag{15.1.1}$$

其中 M,m 分别为两标量粒子质量, λ 为相互作用常数. 下一节将看到, 这是一个超可重整理论, 圈图积分不发散, 可逐阶计算所有修正.

考虑在 $M=0$ 极限下的散射过程 $\varPhi(p_1)\varPhi(p_2)\to\varPhi(p_3)\varPhi(p_4)$, Feynman 图如图 15.1.1 所示. 考虑到初末态粒子交换, 共存在 6 个 Feynman 图. 为了方便起见, 我们选择 $p_i=0$, 这样 6 个 Feynman 图给出相同的结果, 相应的振幅为

$$\begin{aligned}
\mathrm{i}\mathcal{M}&=(-\mathrm{i}\lambda)^4\int\frac{\mathrm{d}^4k}{(2\pi)^4}\frac{\mathrm{i}}{k^2-m_\phi^2+\mathrm{i}\epsilon}\frac{\mathrm{i}}{k^2-m_\phi^2+\mathrm{i}\epsilon}\frac{\mathrm{i}}{k^2-m_\phi^2+\mathrm{i}\epsilon}\frac{\mathrm{i}}{k^2-m_\phi^2+\mathrm{i}\epsilon}\\
&=\int\frac{\mathrm{d}^4k}{(2\pi)^4}(-\mathrm{i}\lambda)^4\left(\frac{\mathrm{i}}{k^2-m_\phi^2+\mathrm{i}\epsilon}\right)^4.
\end{aligned}$$

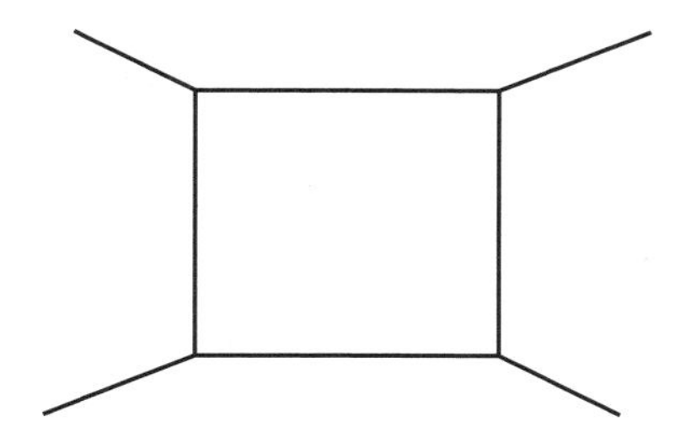

图 15.1.1 $\Phi(p_1)\Phi(p_2) \to \Phi(p_3)\Phi(p_4)$ 散射的 Feynman 图

为了计算这个积分, 我们需要做 Wick 转动. 如图 15.1.2 所示, 将被积函数中 k 的第 0 分量 k^0 延拓到复平面上做回路积分, 可将对 k^0 积分的范围变换到复平面上:

$$\left(\int_{-\infty}^{\infty}+\int_{C_1}+\int_{\mathrm{i}\infty}^{-\mathrm{i}\infty}+\int_{C_2}\right)\frac{\mathrm{d}k^0}{(k^2-m_\phi^2+\mathrm{i}\epsilon)^4}=0,$$

$$\int_{-\infty}^{\infty}\frac{\mathrm{d}k^0}{(k^2-m_\phi^2+\mathrm{i}\epsilon)^4}=\int_{-\mathrm{i}\infty}^{\mathrm{i}\infty}\frac{\mathrm{d}k^0}{(k^2-m_\phi^2+\mathrm{i}\epsilon)^4}.$$

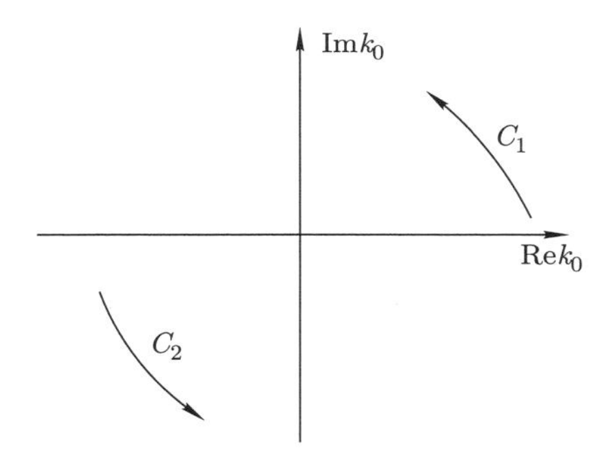

图 15.1.2 在 k_0 复平面的 Wick 转动, k_0 从实轴转到虚轴

由此可以定义一个四维 Euclid 空间中的矢量 K, 使其三维分量 K_i 与 k 的三维分量相等, 四维分量 $K_4=-\mathrm{i}k^0$, 被积函数中 $k^2-m_\phi^2+\mathrm{i}\epsilon=-(K^2+m_\phi^2)$, 由此将 Minkowski 空间中的积分变换到四维 Euclid 空间. 计算结果得到振幅

$$\begin{aligned}\mathrm{i}\mathcal{M}&=\frac{\lambda^4}{(2\pi)^4}\int\frac{\mathrm{d}^4k}{(k^2-m_\phi^2+\mathrm{i}\epsilon)^4}=\mathrm{i}\frac{\lambda^4}{(2\pi)^4}\int\frac{(-1)^4\mathrm{d}^4K}{(K^2+m_\phi^2)^4}\\&=\mathrm{i}\frac{(-\lambda)^4}{(2\pi)^4}\cdot 2\pi^2\int_0^{+\infty}\frac{K^3\mathrm{d}K}{(K^2+m_\phi^2)^4}=\frac{\mathrm{i}\lambda^4}{96\pi^2m_\phi^4}.\end{aligned}\tag{15.1.2}$$

由此可以看到, 这个圈图贡献可以利用微扰论直接计算, 结果是有限的. 下节将介绍量子电动力学中的单圈修正.

§15.2 发散积分和表面发散度

上一章通过几个具体例子计算了微扰论最低阶贡献, 上一节也用一个简单的例子做了圈图的计算. 下面我们会看到, 计算高阶修正时往往会出现发散积分. 例如 §13.4 讨论的电子自能单圈修正图的贡献 (见图 15.2.1), 相应的 S 矩阵元为按照 Feynman 规则写出的 (13.4.30) 式. 将它重写为

$$\langle \boldsymbol{p}'|\, S^{(2)}\, |\boldsymbol{p}\rangle = (2\pi)^4\delta^4(p'-p)\overline{u}_{r'}(p')(-\mathrm{i}\Sigma^{(2)}(p))u_r(p), \tag{15.2.1}$$

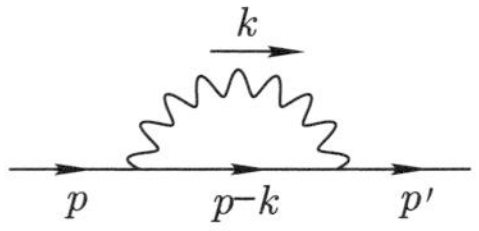

图 15.2.1 电子自能单圈修正图 $\Sigma^{(2)}(p)$

其中 r, r' 代表电子初、末态的自旋态, $\Sigma^{(2)}(p)$ 代表初、末态电子外线被截腿后电子和光子收缩单圈图的贡献, 其表达式为

$$\Sigma^{(2)}(p) = e^2\int\frac{\mathrm{d}^4k}{(2\pi)^4\mathrm{i}}\gamma_\mu\frac{-1}{k^2(\not{p}-\not{k}-m)}\gamma^\mu. \tag{15.2.2}$$

显然这是一个发散积分. 简单的数幂次可估出此积分的发散性质, 例如将 (15.2.2) 式中的积分动量放大 λ 倍并令 λ 趋于无穷, 其积分趋于无穷的幂次就是此积分的发散行为. 显然积分 $\Sigma_{ij}^{(2)}(p)$ 在 $k\to\lambda k$, λ 趋于无穷时的行为是

$$\Sigma^{(2)}(p) \propto \int\mathrm{d}^4k\frac{1}{k^2k} \propto \lambda, \tag{15.2.3}$$

直观数幂次表明, 它是线性发散积分. 电子传播子的单圈自能图修正为

$$S_{\mathrm{F}}^{(0)}(p)\Sigma^{(2)}(p)S_{\mathrm{F}}^{(0)}(p), \tag{15.2.4}$$

其中 $S_{\mathrm{F}}^{(0)}(p)$ 是最低阶电子传播子,

$$S_{\mathrm{F}}^{(0)}(p) = \frac{1}{\not{p}-m}. \tag{15.2.5}$$

高阶修正应包括一系列的修正图, 如果在链式近似下电子完全传播子 $S_{\mathrm{F}}(p)$ 可以用图 15.2.2 表示, 此链式近似图相应的表达式为

$$\begin{aligned}S_{\mathrm{F}}(p) = {} & S_{\mathrm{F}}^{(0)}(p) + S_{\mathrm{F}}^{(0)}(p)\Sigma^{(2)}(p)S_{\mathrm{F}}^{(0)}(p)\\ & + S_{\mathrm{F}}^{(0)}(p)\Sigma^{(2)}(p)S_{\mathrm{F}}^{(0)}(p)\Sigma^{(2)}(p)S_{\mathrm{F}}^{(0)}(p) + \cdots.\end{aligned} \tag{15.2.6}$$

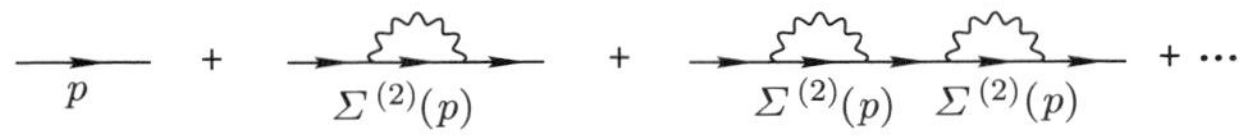

图 15.2.2 链式近似下的电子完全传播子 $S_{\mathrm{F}}(p)$

类似地, 对于光子自能有图 15.2.3, 相应的 S 矩阵元为 (13.4.31) 式, 将它重写为

$$\langle \boldsymbol{k}'|\, S^{(2)}\, |\boldsymbol{k}\rangle = (2\pi)^4\delta^4(k'-k)\epsilon_\mu^{(\lambda')*}(k')\mathrm{i}\Pi^{\mu\nu(2)}(k)\epsilon_\nu^{(\lambda)}(k), \tag{15.2.7}$$

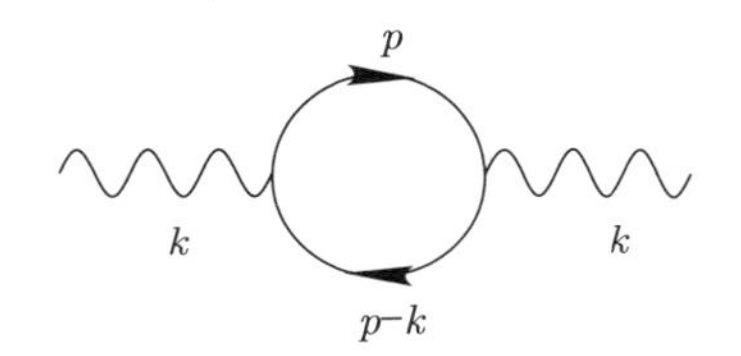

图 15.2.3 光子自能单圈修正图 $\Pi^{\mu\nu(2)}(k)$

其中 $\Pi^{\mu\nu(2)}(k)$ 是单圈极化图对光子自能的贡献,

$$\Pi^{\mu\nu(2)}(k) = -\int \frac{\mathrm{d}^4p}{(2\pi)^4}\mathrm{Tr}\left[e\gamma^\mu \frac{1}{\not p-\not k-m}e\gamma^\nu\frac{1}{\not p-m}\right]. \tag{15.2.8}$$

将积分变量扩大 λ 倍, 有

$$\Pi^{\mu\nu(2)}(k) \propto \int \mathrm{d}^4p\frac{1}{p^2} \propto \lambda^2. \tag{15.2.9}$$

直观数幂次表明, 它是平方发散积分. 光子传播子的单圈自能图修正为

$$D_0^{\mu\mu'}(k)\Pi^{(2)}_{\mu'\nu'}(k)D_0^{\nu'\nu}(k), \tag{15.2.10}$$

其中 $D_0^{\mu\nu}(k)$ 是最低阶光子传播子 (取 Feynman 规范, 即 $\alpha=1$),

$$D_0^{\mu\nu}(k) = \frac{-\mathrm{i}g^{\mu\nu}}{k^2+\mathrm{i}\epsilon}. \tag{15.2.11}$$

高阶修正应包括一系列的修正图, 如果在链式近似下光子完全传播子 $D^{\mu\nu}(k)$ 如图 15.2.4 所示, 此链式近似图的表达式为

$$D^{\mu\nu}(k) = D_0^{\mu\nu}(k) + D_0^{\mu\mu'}(k)\Pi^{(2)}_{\mu'\nu'}(k)D_0^{\nu'\nu}(k) + \cdots. \tag{15.2.12}$$

还有一种对顶角的单圈修正 (见图 15.2.5) 是

$$\Lambda_\mu^{(2)}(p',p) = -\mathrm{i}e^2\int\frac{\mathrm{d}^4k}{(2\pi)^4}\frac{1}{k^2}\gamma_\nu\frac{\not p'-\not k+m}{(p'-k)^2-m^2}\gamma_\mu\frac{\not p-\not k+m}{(p-k)^2-m^2}\gamma^\nu. \tag{15.2.13}$$

图 15.2.4　链式近似下的光子完全传播子 $D^{\mu\nu}(k)$

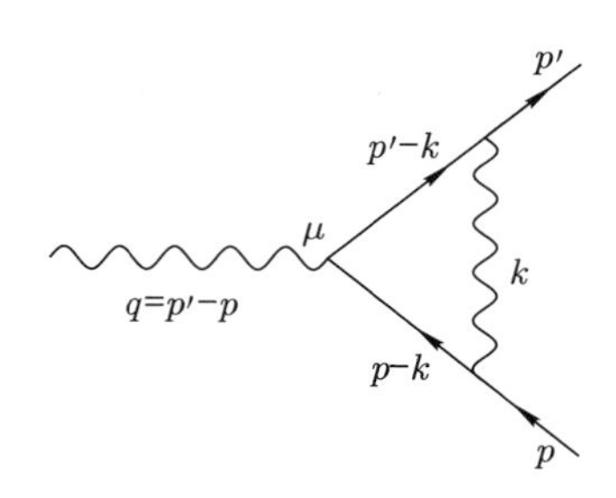

图 15.2.5　顶角单圈修正图

对积分变量扩大 λ 倍, 有

$$\Lambda_{\mu}^{(2)}(p,p') \propto \int \mathrm{d}^4k\frac{k^2}{k^6} \propto \ln\lambda. \tag{15.2.14}$$

这是一个对数发散积分. 顶角图在单圈图修正下有

$$-\mathrm{i}e\gamma_\mu \to -\mathrm{i}e\left(\gamma_\mu + \Lambda_{\mu}^{(2)}(p,p')\right). \tag{15.2.15}$$

从 (15.2.3),(15.2.9) 和 (15.2.14) 式可见, 这三种单圈修正贡献的积分都是发散的. 由于对称性的限制可以降低电子自能和光子自能的发散度, 后面将看到它们都是对数发散. 这显示虽然耦合常数 $\alpha \approx \dfrac{1}{137}$ 可以做微扰展开, 且展开系数的最低阶计算是确定的有限值, 但高阶修正是无穷大, 这使得微扰展开计算没有了意义.

从自能单圈修正发散积分可见, 由数幂次得到的发散积分的性质并不准确, 但它在判断积分的收敛和发散时还是有用的. 为此引入图的表面发散度概念. 所谓给定一个 Feynman 图 G (见图 15.2.6) 的表面发散度就是用一个共同因子 λ 同时放大所有内部动量, $k_i \to \lambda k_i$, 然后令 λ 趋于无穷大, 与图 G 相应的积分行为 $I_G \propto \lambda^{d(G)}$, 其 λ 的幂次 $d(G)$ 称为图 G 的表面发散度. 当表面发散度 $d(G) \geqslant 0$, 即非负时, 积分是发散的. 当表面发散度 $d(G) < 0$ 时, 积分是收敛的. 然而即使整个图的 $d(G) < 0$, 也可能包含发散的子图, 此时积分是表面收敛的. 显然, 表面发散度依赖于内线动量、顶角和圈图数.

以 Yukawa 型相互作用为例, 此相互作用拉氏密度由自旋为 $\dfrac{1}{2}$ 的费米子和自

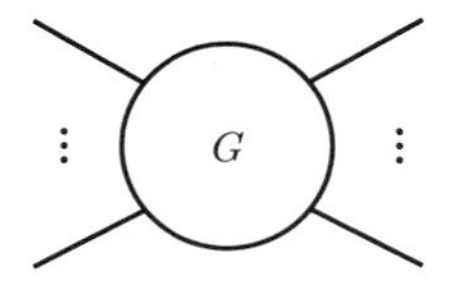

图 15.2.6 任一图 G 的表面发散度 $d(G)$

旋为 1 或 0 的媒介子构成. 设

n_{F} : 图 G 内部费米子线的数目,

n_{B} : 图 G 内部玻色子线的数目,

l : 图 G 包含独立圈的数目,

V : 图 G 包含顶角的数目,

它们贡献的幂次行为分别是: 每条内部费米子传播子在大动量时具有 λ^{-1} 的行为, 每条内部玻色子传播子在大动量时具有 λ^{-2} 的行为, 每个圈动量积分 d^4k 贡献幂次行为 λ^4, 而对于图 G 包含的每个顶角在相互作用拉氏密度相应项中含有场量微商时贡献幂次行为 λ^{δ_V}, δ_V 就是作用在那些收缩后给出内部传播子的顶角 V 上的微商数. 这样由前面的定义可知图 G 的表面发散度为

$$d(G) = 4l + \left(\sum \delta_V\right) - n_{\mathrm{F}} - 2n_{\mathrm{B}}. \tag{15.2.16}$$

当图 G 只是单圈图时, 若表面发散度 $d(G) < 0$, 其积分是有限的, 若 $d(G) = 0$, 其积分是对数发散的, 若 $d(G) > 0$, 其积分是幂次发散的. 然而对于高阶图, 单靠表面发散度判断是不够的, 因为有可能某一高阶图 G 的表面发散度 $d(G) < 0$, 但它的子图 g 是发散的, 因而图 G 仍然是发散的, 这在以后的讨论中会见到. 因此一个图 G 的表面发散度 $d(G) \geqslant 0$ 是此图发散的充分条件而不是必要条件. 这就需要找出那些基本发散图, 对基本发散图分析清楚了就有助于解决理论中出现的发散困难.

为此, 我们定义原始发散图和非原始发散图. 如果一个发散图在将它的任一条内线切断使之成为二条外线后便成为一个不再发散的图, 则称此图为原始发散图, 否则称为非原始发散图. 非原始发散图一定可以分解或约化为原始发散图. 原始发散图也可以从矩阵元来定义, 即在与这些图相应的矩阵元中, 如果令任何一个内部动量取一定数值而不对它进行积分时得到的是收敛积分, 那么与此积分相对应的图就为原始发散图.

注意到一个图中每个圈有一个独立四动量积分变量, 图中圈数就是独立四动量的数目, 每个顶角有四动量守恒且整个过程四动量守恒, 这样一个图的圈数应等于

图中内线的总数减去顶角数再加 1, 即有拓扑关系

$$l = n_{\mathrm{B}} + n_{\mathrm{F}} + 1 - V. \tag{15.2.17}$$

将上式代入, 可以将 (15.2.16) 式记为

$$d(G) - 4 = 3n_{\mathrm{F}} + 2n_{\mathrm{B}} + \sum_{\text{顶角}} (\delta_V - 4). \tag{15.2.18}$$

在 (15.2.18) 式中 n_{F} 和 n_{B} 都是内线数目, 不方便使用, 可以通过相互作用项性质和图的拓扑性质消去它们. 图 G 的任何一个顶角由相互作用拉氏密度 $\mathcal{L}(x)$ 确定, 注意到作用量 $S = \int \mathrm{d}^4 x \mathcal{L}(x)$ 是无量纲量, 因此 $\mathcal{L}(x)$ 的量纲应为 4, 即 $[\mathcal{L}(x)]$=4. 这样相互作用耦合常数的量纲

$$[g] = 4 - d_V, \tag{15.2.19}$$

其中 d_V 定义为相互作用项中除耦合常数以外的量纲, 完全由相互作用项中费米子数目 f 和玻色子数目 b 以及含时空微商的数目 δ_V 确定:

$$d_V = b + \frac{3}{2} f + \delta_V. \tag{15.2.20}$$

如果记图 G 的外部费米子线数为 N_{F}, 外部玻色子线数为 N_{B}, 图 G 的 V 个顶角总是与外线和内线相连, 可以证明当消去内线 n_{F} 和 n_{B} 后, (15.2.18) 式变为

$$d(G) - 4 = \sum_{\text{顶角}} (d_V - 4) - N_{\mathrm{B}} - \frac{3}{2} N_{\mathrm{F}}. \tag{15.2.21}$$

(15.2.21) 式用外线数表达表面发散度. 定义 $r = d_V - 4$, 它标志相互作用项的发散指数. 它小于零意味着相互作用耦合常数有一个正量纲. 随着相互作用顶角数增加, g 的幂次也加大, 为了保证总的量纲固定, 相应地 Feynman 积分被积式的分母的动量幂次增加, 其后果是被积式在大动量时愈来愈快地趋于零. 反之, 它若大于零意味着相互作用耦合常数 g 有一个负量纲, 随着微扰阶数愈来愈高, 其积分愈来愈发散. 当发散指数 $r = 0$, 即 $d_V = 4$ 时, 表面发散度

$$d(G) = 4 - N_{\mathrm{B}} - \frac{3}{2} N_{\mathrm{F}}. \tag{15.2.22}$$

这种情况下不管图 G 内部如何复杂, 表面发散度仅依赖于图的外线. 此时耦合常数 g 无量纲, 其发散图不会随微扰阶数升高而无限增加. 量子电动力学 (QED)、量子色动力学 (QCD) 和电弱统一理论都属于此种情况, 即 $d_V = 4$, 相互作用耦合常数无量纲.

由于上述性质, 人们可以将相互作用量子场论分为下述三类:

(1) 不可重整理论. 一般情况下相互作用拉氏密度中包含多个相互作用项, 如果至少有一项的 $d_V > 4$, 那么一个给定 Green 函数的表面发散度随着顶角数增加而增加, 即随微扰阶数增加而增加, 因此不能通过重新定义耦合常数和质量参量使得理论的高阶计算有物理意义. 这样的理论称为不可重整理论, 例如四维空间中的弱相互作用四费米子低能唯象理论.

(2) 可重整理论. 若相互作用拉氏密度中所有相互作用项都有 $d_V \leqslant 4$, 且至少有一项 $d_V = 4$, 那么理论中发散图类型是有限的, 人们可以通过重新定义耦合常数和质量参量使理论的高阶计算有物理意义. 这样的理论称为可重整理论, 也是人们最感兴趣的理论. 例如四维空间中的量子电动力学、电弱统一理论和量子色动力学都具有 $d_V = 4$.

(3) 超可重整理论. 相互作用拉氏密度中仅有 $d_V < 4$ 的相互作用项, 其表面发散度随着微扰阶数增加而减少, 因而理论仅有有限数目的发散图. 这样的理论称为超可重整理论, 例如四维空间中的 ϕ^3 理论.

§15.3 发散积分维数正规化

为了有效地计算高阶圈图修正, 必须对理论进行重整化以得到有限物理量. 要做重整化首先要做正规化. 所谓正规化就是从一给定的 Feynman 图计算中正确定义发散积分并抽出无穷大的方法. 考察 §15.2 中讨论的三个原始发散图, 即电子自能单圈修正图、光子传播子单圈自能图和顶角图单圈图修正:

$$\Sigma^{(2)}(p) \propto \int \mathrm{d}^4 k \frac{1}{k^2 k} \propto \lambda,$$

$$\Pi_{\mu\nu}^{(2)}(k) \propto \int \mathrm{d}^4 p \frac{1}{p^2} \propto \lambda^2,$$

$$\Lambda_\mu^{(2)}(p, p') \propto \int \mathrm{d}^4 k \frac{k^2}{k^6} \propto \ln \lambda.$$

正确定义发散积分有很多方法, 这些方法大致可以分为三类:

(1) 截断法. 在动量空间中积分限不取到无穷大, 而代之以一个大的截断参量 Λ, 或使空间、时间坐标分立化, 有一个最小的格距 a(例如格点理论).

(2) 增大被积函数分母的幂次使积分收敛, 例如 Pauli-Villars 正规化. 这种方法令传播子做代换

$$\frac{1}{p^2 - m^2} \to \left[\frac{1}{p^2 - m^2} - \frac{1}{p^2 - M^2}\right] = \frac{m^2 - M^2}{(p^2 - m^2)(p^2 - M^2)}, \tag{15.3.1}$$

其中 M 是引入的一个虚构粒子的质量, 其后果使得分母的幂次升高, 大动量下行为是 $1/p^4$, 发散积分变为有限. 最终运算后要取 $M \to \infty$, 即回到原来的传播子, 非物理虚构粒子从理论中消失.

(3) 降低时空的维数. 这是 't Hooft 和 Veltman 提出的维数正规化方法. 这一方法的要点是将四维发散积分定义在 $D = 4 - 2\epsilon(\epsilon > 0)$ 维空间计算, 当 $\epsilon \neq 0$ 时积分是收敛的, 无穷大项作为 $\dfrac{1}{\epsilon}, \dfrac{1}{\epsilon^2}, \cdots$ 极点出现.

这三种正规化方法, 或者增大分母幂次, 或者降低分子幂次, 不管哪一种方法都要引入一个参量使发散积分收敛, 然而只有维数正规化可以保持理论的规范不变性和 Lorentz 不变性.

这里仅以电子自能单圈图为例详细解释正规化. 在 §15.2 中已给出电子自由场传播子单圈修正图 15.2.3 的贡献 (15.2.2) 式, 即

$$\Sigma^{(2)}(p) = e^2 \int \frac{\mathrm{d}^4 k}{(2\pi)^4 \mathrm{i}} \gamma_\mu \frac{\not{k} - (\not{p} - m)}{k^2 \left[(p-k)^2 - m^2\right]} \gamma^\mu.$$

当积分限为无穷大时上式是发散的, 第一项是线性发散, 第二项是对数发散. 实际上因为被积函数的对称性, 由积分变量的平移变换可证明线性发散部分为零, 积分 (15.2.2) 是对数发散. 然而从数学上讲, 由于积分 (15.2.2) 无定义, 不能对发散积分做变量代换, 否则会改变积分的性质而得到无意义的结果. 为了使积分 (15.2.2) 有定义, 可将四维空间延拓到 $D = 4 - 2\epsilon(\epsilon > 0)$ 维, 降低分子的幂次. 在 D 维空间中积分, (15.2.2) 式变为

$$\Sigma^{(2)}(p) = e^2 \int \frac{\mathrm{d}^D k}{(2\pi)^D \mathrm{i}} \gamma_\mu \frac{\not{k} - \not{p} - m}{k^2 \left[(p-k)^2 - m^2\right]} \gamma^\mu. \tag{15.3.2}$$

在 D 维空间里作用量定义为

$$S = \int \mathrm{d}^D x \mathcal{L}(x).$$

作用量 S 保持无量纲, 这就规定了拉氏密度 $\mathcal{L}(x)$ 的量纲. 注意到在 D 维空间中 γ 矩阵代数性质仍保持不变, 有

$$\begin{aligned}
&(1)\ \ g^\mu_\mu = g_{\mu\nu} g^{\mu\nu} = D, \\
&(2)\ \ \{\gamma^\mu, \gamma^\nu\} = 2g^{\mu\nu}, \\
&(3)\ \ \gamma_\mu \gamma^\mu = D, \\
&(4)\ \ \gamma_\mu \gamma_\nu \gamma^\mu = (2 - D)\gamma_\nu, \\
&(5)\ \ \mathrm{Tr}(I) = 4, \\
&(6)\ \ \{\gamma_5, \gamma^\mu\} = 0.
\end{aligned} \tag{15.3.3}$$

(15.3.2) 式在应用 (15.3.3) 式 γ 矩阵收缩后变为

$$\Sigma^{(2)}(p)=-e^2\int\frac{\mathrm{d}^Dk}{(2\pi)^D\mathrm{i}}\frac{(2-D)(\not{k}-\not{p})-Dm}{k^2\left[(p-k)^2-m^2\right]}. \tag{15.3.4}$$

在 $D<4$ 情况下此积分是收敛的. 为了积出它的明显表达式, 应用 Feynman 参数公式

$$\frac{1}{A^\alpha B^\beta}=\frac{\Gamma(\alpha+\beta)}{\Gamma(\alpha)\Gamma(\beta)}\int_0^1\mathrm{d}x\mathrm{d}y\frac{x^{\alpha-1}y^{\beta-1}}{(xA+yB)^{\alpha+\beta}}\delta(1-x-y) \tag{15.3.5}$$

将积分 (15.3.4) 式变换为

$$\Sigma^{(2)}(p)=-e^2\int\frac{\mathrm{d}^Dk}{(2\pi)^D\mathrm{i}}\int_0^1\mathrm{d}x\frac{(2-D)(\not{k}-\not{p})-Dm}{\left[x\left((k-p)^2-m^2\right)+(1-x)k^2\right]^2}. \tag{15.3.6}$$

由于此积分是收敛的, 可以对它进行 x 和 k 积分次序交换和积分变量代换 $(k\rightarrow k+xp)$, 因此积分 (15.3.6) 变为

$$\begin{aligned}\Sigma^{(2)}(p)&=-e^2\int_0^1\mathrm{d}x\int\frac{\mathrm{d}^Dk}{(2\pi)^D\mathrm{i}}\frac{(2-D)(\not{k}-(1-x)\not{p})-Dm}{[k^2+x(1-x)p^2-m^2(1-x)]^2}\\&=-e^2\int_0^1\mathrm{d}x\int\frac{\mathrm{d}^Dk}{(2\pi)^D\mathrm{i}}\frac{(2-D)(\not{k}-(1-x)\not{p})-Dm}{[k^2-L^2]^2},\end{aligned} \tag{15.3.7}$$

其中

$$L^2=-x(1-x)p^2+m^2(1-x). \tag{15.3.8}$$

首先对 k 积分, 注意到 $\mathrm{d}^Dk=\mathrm{d}k_0\mathrm{d}k_1\cdots\mathrm{d}k_{D-1}$ 和 $k^2=k_0^2-k_1^2-\cdots-k_{D-1}^2$, 因而对 k 的积分是在 Minkowski 空间进行, 被积函数在 D 维空间不是解析的. 考虑到 $p^2<m^2$(p 是类空矢量) 时总有 $L^2>0$, 在此情况下对 k_0 积分, 被积函数是解析的, 类似于 §15.1 中, 可以在 k_0 平面做 Wick 转动 (见图 15.1.2), 从实轴逆时针方向转 $\pi/2$ 到虚轴, 那么对 k 的积分就转变为在 Euclid 空间进行. 令

$$k_0\rightarrow k^D=-\mathrm{i}k^0,\ k^D\ \text{是实数}, \tag{15.3.9}$$

那么有

$$\mathrm{d}^Dk=\mathrm{d}k^0\mathrm{d}k^1\cdots\mathrm{d}k^{D-1}\rightarrow\mathrm{i}\mathrm{d}^Dk_{\mathrm{E}}=\mathrm{i}\mathrm{d}k^1\cdots\mathrm{d}k^D, \tag{15.3.10}$$

$$\begin{aligned}k^2&=(k^0)^2-(k^1)^2-\cdots-(k^{D-1})^2\rightarrow-k_{\mathrm{E}}^2=-(k^1)^2-\cdots-(k^D)^2\\&=-K^2,K=|k_{\mathrm{E}}|.\end{aligned} \tag{15.3.11}$$

在 Wick 转动后, 积分 (15.3.7) 式就变为普通 Euclid 空间的 D 维积分

$$\Sigma^{(2)}(p)=e^2\int_0^1\mathrm{d}x\int\frac{\mathrm{d}^Dk_{\mathrm{E}}}{(2\pi)^D}\frac{(2-D)(1-x)\not{p}+Dm}{\left[K^2+L\right]^2}. \tag{15.3.12}$$

在 $p^2<m^2$(p 是类空矢量) 情况下, 积分 (15.3.12) 没有任何奇异性, 很容易在 Euclid 空间做 D 维积分. 引入 D 维空间多重积分极坐标

$$\begin{aligned}\mathrm{d}^Dk_{\mathrm{E}}&=K^{D-1}\mathrm{d}K\mathrm{d}\Omega_D,\\ \mathrm{d}\Omega_D&=\prod_{l=1}^{D-1}\sin^{D-1-l}\theta_l\mathrm{d}\theta_l,\\ \int\mathrm{d}\Omega_D&=\frac{2\pi^{D/2}}{\Gamma(D/2)},\end{aligned} \tag{15.3.13}$$

代入 (15.3.12) 式, 再注意到 B 函数的定义

$$\mathrm{B}(p,q)=\int_0^\infty\mathrm{d}t\frac{t^{p-1}}{(1+t)^{p+q}}, \tag{15.3.14}$$

以及 B 函数和 Γ 函数的关系

$$\mathrm{B}(p,q)=\frac{\Gamma(p)\Gamma(q)}{\Gamma(p+q)},$$

可得

$$\int\frac{\mathrm{d}^Dk_{\mathrm{E}}}{(2\pi)^D}\frac{1}{\left(K^2+L\right)^2}=\frac{B(D/2,2-D/2)}{(4\pi)^{D/2}\Gamma(D/2)}L^{D/2-2}=\frac{\Gamma(2-D/2)}{(4\pi)^{D/2}}L^{D/2-2}.$$

将此式和 (15.3.8) 式代入 (15.3.12) 式, 可得

$$\Sigma^{(2)}(p)=e^2\frac{\Gamma(2-D/2)}{(4\pi)^{D/2}}\int_0^1\mathrm{d}x\frac{Dm+(2-D)(1-x)\not{p}}{\left(xm^2-x(1-x)p^2\right)^{2-D/2}}. \tag{15.3.15}$$

此积分是在 $D<4$ 和 $p^2<m^2$ 的条件下获得的. 我们需要将此积分对 D 和 p 延拓至复平面. 积分在延拓以后在 p^2 的复平面正实轴上有割线, 从 m^2 直至 ∞. 这样就不可能将极点 m^2 分出来. 为此对光子引进小质量 $\eta^2(>0)$, 在积分做完以后再令 $\eta^2\to0$, 那么在 (15.3.2) 式中 k^2 替换为 $k^2-\eta^2$, 相应地

$$L^2=-x(1-x)p^2+m^2x+(1-x)\eta^2, \tag{15.3.16}$$

并对 p^2 在条件

$$p^2\leqslant\frac{m^2x+(1-x)\eta^2}{x(1-x)} \tag{15.3.17}$$

下重复做积分, (15.3.15) 式变为

$$\Sigma^{(2)}(p)=e^2\frac{\Gamma(2-D/2)}{(4\pi)^{D/2}}\int_0^1\mathrm{d}x\frac{Dm+(2-D)x\not{p}}{((1-x)m^2+x\eta^2-x(1-x)p^2)^{2-D/2}},\quad(15.3.18)$$

在获得上式时已做了积分变量代换 $x\to(1-x)$. 这样此积分的割线是从 $p^2=(m+\eta)^2$ 开始到 ∞, 就将极点 $p^2=m^2$ 分开并可围绕此点做展开. 最终在 D 维空间完成积分后再令 $\eta^2=0$.

此外, 在量子场论中通常约定质量量纲为 1, 即 $\dim[M]=1$, 在四维时空中费米子场的量纲为 3/2, 规范场量纲为 1, 相互作用拉氏密度 $\mathcal{L}(x)$ 的量纲为 4, 其耦合常数的量纲为 0, 是无量纲量. 现在考虑 D 维时空情况. 作用量 S 应是无量纲量, 由作用量定义

$$S=\int\mathrm{d}^Dx\mathcal{L}(x)$$

可知,

$$\dim[\mathcal{L}]=D,\quad\dim[\psi]=\frac{D-1}{2},\quad\dim[A_\mu^a]=\frac{D-2}{2},\qquad(15.3.19)$$

因此应有

$$\dim[e]+2\dim[\psi]+\dim[A_\mu^a]=D.\qquad(15.3.20)$$

这就导致 e 不再是无量纲量, 它的量纲为

$$\dim[e]=2-\frac{D}{2}=\epsilon.\qquad(15.3.21)$$

为了使它无量纲化, 引入一量纲为 1 的标度参量 μ, 对 e 做代换 $e\to e\mu^\epsilon$, 代换后的 e 是无量纲耦合常数, 当 $\epsilon\to0$ 时两者一致. 在 D 维空间保持 e 为无量纲耦合常数的电子自能积分应为

$$\Sigma^{(2)}(p)=e^2(\mu^2)^\epsilon\frac{\Gamma(2-D/2)}{(4\pi)^{D/2}}\int_0^1\mathrm{d}x\frac{Dm+(2-D)x\not{p}}{((1-x)m^2+x\eta^2-x(1-x)p^2)^{2-D/2}}.\qquad(15.3.22)$$

当 $D=4$ 时 $\Gamma\left(2-\dfrac{D}{2}\right)$ 是发散的. 表达式 (15.3.22) 中已将所有奇异部分分离出来包含在 $\Gamma\left(2-\dfrac{D}{2}\right)$ 中. 将 Γ 函数对 $\epsilon(=\dfrac{4-D}{2})$ 展开成极点形式, 有

$$\Gamma(\epsilon)=\frac{1}{\epsilon}-\gamma_{\mathrm{E}}+O(\epsilon),\qquad(15.3.23)$$

其中

$$\gamma_{\mathrm{E}} = 0.5772$$

为欧拉常数. 注意到 (15.3.23) 式并对 $\epsilon(= 2 - D/2)$ 展开 (忽略 ϵ 及高阶项), 就得到

$$\Sigma^{(2)}(p) = \frac{e^2}{8\pi^2}\left\{\frac{\not{p}}{2} - m + \left(2m - \frac{\not{p}}{2}\right)\left(\frac{1}{\epsilon} - \gamma_{\mathrm{E}} - \ln\frac{m^2}{4\pi\mu^2}\right)\right.$$
$$\left. + \int_0^1 \mathrm{d}x\ (2m - x\not{p})\ln\frac{m^2}{m^2(1-x) + \eta^2 x - x(1-x)p^2}\right\}. \quad (15.3.24)$$

此式表达了解析延拓后的性质, 大括号中 $\dfrac{1}{\epsilon}$ 项是发散项 $(\epsilon \to 0)$, 而且在 D 维空间有确切的定义. 这种发散来源于大能量的光子 (四动量趋于无穷), 即电磁场的无穷多自由度, 称为紫外发散. 最后一项在 p^2 复平面上沿正实轴有割线. 此积分已与 ϵ 无关, 是有限的. 当 $\eta^2 = 0$ 时, 在 $x \to 1$ 的积分上限处 $p^2 = m^2$ 是奇异点, 此类发散来自小能量的光子, 称为红外发散. 取光子质量不为零, $\eta^2 \neq 0$, 数学上使积分有定义就不会出现奇异点, 也就回避了红外发散. 在 $p^2 < m^2$ 情况下, 取 $\eta^2 = 0$, 做上述积分得到

$$\Sigma^{(2)}(p) = \frac{e^2}{8\pi^2}\left\{\left(2m - \frac{\not{p}}{2}\right)\left(\frac{1}{\epsilon} - \gamma_{\mathrm{E}} - \ln\frac{m^2}{4\pi\mu^2}\right)\right.$$
$$+2m\left[\frac{3}{2} + \frac{m^2 - p^2}{p^2}\ln\left(1 - \frac{p^2}{m^2}\right)\right]$$
$$\left. -\frac{\not{p}}{2}\left[1 + \frac{m^4 - (p^2)^2}{(p^2)^2}\ln\left(1 - \frac{p^2}{m^2}\right) + \frac{m^2}{p^2}\right]\right\}. \quad (15.3.25)$$

(15.3.25) 式在 $p^2 = m^2$ 情况下仍保持有限.

现在考察光子自能图的 D 维空间积分. 由 (15.2.8) 式推到 D 维并对 e 做代换 $e \to e\mu^{\epsilon}$ 使得 e 是无量纲耦合常数, 其积分形式为

$$\Pi^{(2)}_{\mu\nu}(k) = -\mathrm{i}e^2(\mu^2)^{\epsilon}\int\frac{\mathrm{d}^D p}{(2\pi)^D \mathrm{i}}\mathrm{Tr}\left[\gamma_\mu\frac{1}{\not{p} - m}\gamma_\nu\frac{1}{\not{p} - \not{k} - m}\right]. \quad (15.3.26)$$

利用 D 维空间积分技巧和 Feynman 参数化可以将此积分化简为

$$\Pi^{(2)}_{\mu\nu}(k) = \mathrm{i}\left(k_\mu k_\nu - g_{\mu\nu}k^2\right)\Pi^{(2)}(k^2, \epsilon), \quad (15.3.27)$$

其中 $\Pi^{(2)}(k^2, \epsilon)$ 是 Lorentz 标量, 表达式为

$$\Pi^{(2)}(k^2, \epsilon) = \frac{e^2}{12\pi^2}\left\{\frac{1}{\epsilon} - \gamma_{\mathrm{E}} - \ln\frac{m^2}{2\pi\mu^2}\right.$$
$$\left. -6\int_0^1 \mathrm{d}x x(1-x)\ln\left[1 - x(1-x)\frac{k^2}{m^2}\right] + O(\epsilon)\right\}. \quad (15.3.28)$$

注意到 (15.3.27) 式分出了 Lorentz 二阶张量部分 $(k_\mu k_\nu - g_{\mu\nu}k^2)$, 这是规范不变性的必然结果, 它使得 $\Pi_{\mu\nu}^{(2)}(k)$ 满足电磁流守恒条件

$$k^\mu \Pi_{\mu\nu}^{(2)}(k) = 0, \quad k^\nu \Pi_{\mu\nu}^{(2)}(k) = 0. \tag{15.3.29}$$

对 (15.3.28) 式中的积分变量做代换 $x = (1-u)/2$ 就可得到 (当 $k^2 < 4m^2$ 时)

$$\begin{aligned}\Pi^{(2)}(k^2,\epsilon) = \frac{e^2}{12\pi^2}\Bigg\{&\frac{1}{\epsilon} - \gamma_{\mathrm{E}} - \ln\frac{m^2}{2\pi\mu^2} - \frac{1}{3} \\ &-2\left(1+\frac{2m^2}{k^2}\right)\left[\left(\sqrt{\frac{4m^2}{k^2}-1}\right)\operatorname{arccot}\left(\sqrt{\frac{4m^2}{k^2}-1}\right)-1\right]\Bigg\}.\end{aligned} \tag{15.3.30}$$

(15.3.28) 或 (15.3.30) 式表明, 发散积分已很好地分离, 以 $\dfrac{1}{\epsilon}$ 形式出现在表达式中. 由上述推导可见, 规范不变性使得二次发散积分变为对数发散.

最后讨论顶角修正 (15.2.13). 将它推到 D 维并对 e 做代换 $e \to e\mu^\epsilon$, 则积分形式为

$$\Lambda_\mu^{(2)}(p',p) = -\mathrm{i}(\mu^2)^\epsilon e^2 \int \frac{\mathrm{d}^D k}{(2\pi)^D}\frac{1}{k^2}\gamma_\nu \frac{\not p' - \not k + m}{(p'-k)^2 - m^2}\gamma_\mu \frac{\not p - \not k + m}{(p-k)^2 - m^2}\gamma^\nu. \tag{15.3.31}$$

利用对分母上三个因子乘积的 Feynman 参数化公式

$$\frac{1}{A^\alpha B^\beta C^\gamma} = \frac{\Gamma(\alpha+\beta+\gamma)}{\Gamma(\alpha)\Gamma(\beta)\Gamma(\gamma)}\int_0^1 \mathrm{d}x\mathrm{d}y\mathrm{d}z \frac{x^{\alpha-1}y^{\beta-1}z^{\gamma-1}}{(xA+yB+zC)^{\alpha+\beta+\gamma}}\delta(1-x-y-z) \tag{15.3.32}$$

可以将此积分化简为

$$\Lambda_\mu^{(2)}(p',p) = -\mathrm{i}(\mu^2)^\epsilon e^2 \int \frac{\mathrm{d}^D k}{(2\pi)^D}\int_0^1 \mathrm{d}x \int_0^{1-x}\mathrm{d}y \frac{G_\mu}{(k^2 - M^2)^3}, \tag{15.3.33}$$

其中

$$M^2 = m^2(x+y) + 2pp'xy - p^2x(1-x) - p'^2y(1-y), \tag{15.3.34}$$

$$G_\mu = \gamma_\nu\left[-\not p x + \not p'(1-y) - \not k + m\right]\gamma_\mu\left[\not p(1-x) - \not p' y - \not k + m\right]\gamma^\nu. \tag{15.3.35}$$

注意到 (15.3.33) 式分母只以 k^2 形式出现, 那么 G_μ 中 k 的一次项积分为零, 可以丢去, 然后做 γ 矩阵运算, 将结果分为两部分, 一部分与 k 有关, 记为 K_μ, 另一部

分与 k 无关, 记为 P_μ,

$$G_\mu = K_\mu(k) + P_\mu(p,p',x,y), \tag{15.3.36}$$

$$K_\mu(k) = (D-2)\left(k^2\gamma_\mu - 2k_\mu \not{k}\right), \tag{15.3.37}$$

$$P_\mu(p,p',x,y) = \gamma_\nu\left[-\not{p}x + \not{p}'(1-y)+m\right]\gamma_\mu\left[\not{p}(1-x)-\not{p}'y+m\right]\gamma^\nu. \tag{15.3.38}$$

将 (15.3.37) 和 (15.3.38) 式代入 (15.3.33) 式, 得到

$$\Lambda_\mu^{(2)}(p',p) = \Lambda_{K_\mu}^{(2)}(p',p) + \Lambda_{P_\mu}^{(2)}(p',p), \tag{15.3.39}$$

$$\Lambda_{K_\mu}^{(2)}(p',p) = -\mathrm{i}(\mu^2)^\epsilon e^2\int\frac{\mathrm{d}^D k}{(2\pi)^D}\int_0^1\mathrm{d}x\int_0^{1-x}\mathrm{d}y\frac{K_\mu(k)}{(k^2-M^2)^3}, \tag{15.3.40}$$

$$\Lambda_{P_\mu}^{(2)}(p',p) = -\mathrm{i}(\mu^2)^\epsilon e^2\int\frac{\mathrm{d}^D k}{(2\pi)^D}\int_0^1\mathrm{d}x\int_0^{1-x}\mathrm{d}y\frac{P_\mu(p,p',x,y)}{(k^2-M^2)^3}. \tag{15.3.41}$$

显然发散积分仅出现在 $\Lambda_{K_\mu}^{(2)}(p',p)$ 中, 而积分 $\Lambda_{P_\mu}^{(2)}(p',p)$ 是收敛的. 利用 D 维空间积分技巧可以完成 (15.3.40) 式对 k 的积分, 有

$$\begin{aligned}\Lambda_{K_\mu}^{(2)}(p',p) &= \frac{e^2}{(4\pi)^2}\gamma_\mu\int_0^1\mathrm{d}x\int_0^{1-x}\mathrm{d}y\frac{(D-2)^2\Gamma(\epsilon)}{4(M^2/4\pi\mu^2)^\epsilon}\\ &= \frac{e^2}{(4\pi)^2}\gamma_\mu\left[\frac{1}{\epsilon}-\gamma_{\mathrm{E}}+\ln 4\pi\mu^2-2-\int_0^1\mathrm{d}x\int_0^{1-x}\mathrm{d}y\ln M^2\right].\end{aligned} \tag{15.3.42}$$

由于积分 (15.3.41) 是有限的, 我们可以简单地令 $D=4$ 完成积分, 有

$$\begin{aligned}\Lambda_{P_\mu}^{(2)}(p',p) &= -\mathrm{i}e^2\int\frac{\mathrm{d}^4 k}{(2\pi)^4}\int_0^1\mathrm{d}x\int_0^{1-x}\mathrm{d}y\frac{P_\mu(p,p',x,y)}{(k^2-M^2)^3}\\ &= -\frac{e^2}{(4\pi)^2}\int_0^1\mathrm{d}x\int_0^{1-x}\mathrm{d}y\frac{P_\mu(p,p',x,y)}{M^2},\end{aligned} \tag{15.3.43}$$

其中 $P_\mu(p,p',x,y)$ 在四维空间中完成 γ 矩阵运算,

$$\begin{aligned}P_\mu(p,p',x,y) &= \gamma_\nu\left[-\not{p}x+\not{p}'(1-y)+m\right]\gamma_\mu\left[\not{p}(1-x)-\not{p}'y+m\right]\gamma^\nu\\ &= 2\left[x(1-x)\not{p}\gamma_\mu\not{p}+y(1-y)\not{p}'\gamma_\mu\not{p}'\right.\\ &\quad\left.-(1-x)(1-y)\not{p}'\gamma_\mu\not{p}-xy\not{p}\gamma_\mu\not{p}'\right]\\ &\quad+4m\left[p_\mu(1-2x)+p'_\mu(1-2y)\right]-2m^2\gamma_\mu.\end{aligned} \tag{15.3.44}$$

此外, 前面在获得 (15.3.2) 式时取了 Feynman 规范, 即令 $\alpha=1$. 当 $\alpha\neq 1$ 时, 直接

计算可以证明, 在 $m=0$ 的情况下, (15.3.24) 式修改为

$$\begin{aligned}\Sigma^{(2)}(p) &= -\alpha\frac{2e^2}{(4\pi)^{D/2}}\not p\frac{\Gamma\left(2-\dfrac{D}{2}\right)}{(-p^2)^{2-D/2}}(D-1)\mathrm{B}\left(\frac{D}{2},\frac{D}{2}\right)\\ &= -\alpha\frac{e^2}{16\pi^2}\not p\left(\frac{1}{\epsilon}-\ln\frac{-p^2}{\mu_0^2}+1+\ln 4\pi-\gamma_{\mathrm{E}}\right)+O(\epsilon),\end{aligned}\tag{15.3.45}$$

其中 α 是规范参量, γ_{E} 是欧拉常数, 并且利用了 B 函数的另一表达式

$$\mathrm{B}(p,q)=\int \mathrm{d}x x^{p-1}(1-x)^{q-1},\tag{15.3.46}$$

它的展开式为

$$\mathrm{B}(N-\epsilon,1-\epsilon)=\frac{1}{N}(1+2\epsilon S_N-\epsilon S_{N-1})+O(\epsilon^2),\tag{15.3.47}$$

而

$$S_N=\sum_{j=1}^{N}\frac{1}{j}.$$

这样, 在维数正规化方法下正确定义了电子自能单圈修正图、光子传播子单圈自能图和顶角单圈图修正三个原始发散图这三个发散积分. 它们在 $\epsilon\to 0$ $(D=4)$ 时仍是发散的, 重要的是分出发散项, 即 $\dfrac{1}{\epsilon}$ 项.

§15.4　单圈图重整化

上一节讨论了电子自能、光子自能和顶角修正的单圈图贡献, 其积分都是发散的, 我们利用维数正规化定义发散积分并在积分有定义的情况下分离出了发散项, 其中发散项都以 $\dfrac{1}{\epsilon}$ 形式出现. 这一节要回答的问题是如何从物理上消除这些发散项. 重整化理论将系统地逐阶消除发散使得微扰论逐阶计算有意义, 且给出有限修正的结果. 本节仍以单圈图修正和链式近似为例解释重整化理论的基本思想.

首先考察电子自能单圈图在链式近似下的电子完全传播子 (15.2.6) 式, 即

$$\begin{aligned}S_{\mathrm{F}}(p)=&S_{\mathrm{F}}^{(0)}(p)+S_{\mathrm{F}}^{(0)}(p)\Sigma^{(2)}(p)S_{\mathrm{F}}^{(0)}(p)\\&+S_{\mathrm{F}}^{(0)}(p)\Sigma^{(2)}(p)S_{\mathrm{F}}^{(0)}(p)\Sigma^{(2)}(p)S_{\mathrm{F}}^{(0)}(p)+\cdots,\end{aligned}$$

其相应的图解见图 15.2.2, 其中 $S_{\mathrm{F}}^{(0)}(p)$ 是最低阶自由电子传播子,

$$S_{\mathrm{F}}^{(0)}(p)=1/(\not p-m_0),$$

这里以 m_0 代替了 (15.2.5) 式中的 m, 以表示没考虑电磁相互作用的电子裸质量. 因为将拉氏密度分为自由和相互作用拉氏密度两部分, 意味着自由拉氏密度不包含任何相互作用, 而实验上测量的物理质量包含电子自身的电磁相互作用, 所以自由拉氏密度中质量项为无相互作用的电子裸质量 m_0,

$$\mathcal{L}_0(x)=\overline{\psi}(x)\left(\mathrm{i}\partial\!\!\!/-m_0\right)\psi(x)-\frac{1}{4}F^{\mu\nu}(x)F_{\mu\nu}(x).$$

然而, 这种无相互作用的电子是不存在的, 电子总是与周围的电磁场不断相互作用, 实验上测量的电子质量应是包含相互作用的物理质量 m. 当考虑电磁相互作用后, 一系列的电子自能图将给出电子的附加电磁质量 δm, 应包含在 $\Sigma^{(2)}(p)$ 中.

在链式近似下, (15.2.6) 式的无穷级数展开可以有包含所有电磁相互作用高阶修正的完全电子传播子形式解

$$S_{\mathrm{F}}(p)=\frac{1}{p\!\!\!/-m_0-\Sigma^{(2)}(p)}. \tag{15.4.1}$$

显然电磁相互作用会影响极点的位置和留数. 最低阶自由电子传播子 $S_{\mathrm{F}}^{(0)}(p)$ 的极点位置 m_0 是无相互作用时的裸质量, 其留数为 1. 包含电磁相互作用高阶修正的完全电子传播子 $S_{\mathrm{F}}(p)$ 应给出真实的物理质量 m, 即实验上观察到的电子质量. 这意味着 (15.4.1) 式的分母应有

$$\left[p\!\!\!/-m_0-\Sigma^{(2)}(p)\right]\Big|_{p\!\!\!/=m}=0,$$

由此式可得到附加质量

$$\delta m=m-m_0=\Sigma^{(2)}(p\!\!\!/=m). \tag{15.4.2}$$

由 (15.3.25) 式可见, 紫外发散只发生在右边第一项, 有

$$\delta m=\Sigma^{(2)}(p\!\!\!/=m)=m\frac{3e^2}{(4\pi)^2}\left[\frac{1}{\epsilon}-\gamma_{\mathrm{E}}-\ln\frac{m^2}{4\pi\mu^2}+\frac{4}{3}\right]. \tag{15.4.3}$$

将 (15.4.2) 式代入 (15.4.1) 式可见, 极点位置从 m_0 移动到 $m=m_0+\delta m$, 重新定义了电子质量 m. $\delta m\propto O(\alpha)$, 是 $O(\alpha)$ 阶修正 ($\alpha=\dfrac{e^2}{4\pi}$), 然而它并不是小量而是无穷大. 由于 $\delta m\propto O(\alpha)$, 在一阶修正量级下有近似关系

$$\Sigma^{(2)}(p\!\!\!/=m)\approx\Sigma^{(2)}(p\!\!\!/=m_0),$$

因此在 (15.4.3) 式中简单地以 m 代替了 m_0.

上述推导可以换个角度去考虑, 既然 m_0 不是物理质量, 可以设想原始拉氏密度中出现的质量就是含电磁相互作用的物理质量 m, 同时加上一项附加项

$$\delta m\bar{\psi}\psi, \tag{15.4.4}$$

重复上述运算给出的最低阶自由电子传播子自然是

$$S_{\mathrm{F}}^{(0)}(p)=1/(\not{p}-m).$$

当计算到一阶修正时, 拉氏密度中附加项 (15.4.4) 也对传播子有贡献, 在链式近似下 (15.2.6) 式无穷级数展开可以有包含所有电磁相互作用高阶修正的完全电子传播子形式解

$$S_{\mathrm{F}}(p)=\frac{1}{\not{p}-m+\delta m-\Sigma^{(2)}(p)}. \tag{15.4.5}$$

上式分母中的 δm 可消去圈图修正 $\Sigma^{(2)}(p)$ 带来的发散项, 因此理论上从最初拉氏密度中就不出现裸质量 m_0, 故称此附加项 (15.4.4) 为质量抵消项. 这意味着在原始拉氏密度中若引入质量抵消项就可使一阶修正传播子中不出现相应的发散项. 这种方法称为重整化的微扰论.

进一步从 (15.3.24) 式可见, 其发散部分除了正比于 m 的项还有正比于 $\not{p}$ 的项. 为此对 $\Sigma^{(2)}(p)$ 在极点 $\not{p}=m$ 附近做展开,

$$\Sigma^{(2)}(p)=A-B(\not{p}-m)+O\left((\not{p}-m)^2\right), \tag{15.4.6}$$

$$A=\Sigma^{(2)}(\not{p}=m)=\delta m, \tag{15.4.7}$$

$$B=-\left.\frac{\partial\Sigma^{(2)}(p)}{\partial\not{p}}\right|_{\not{p}=m}, \tag{15.4.8}$$

可见 A 就是 δm. 而 $O((\not{p}-m)^2)$ 是 Taylor 展开的高幂次项, 所以发散项仅在 A 和 B 中, A 是具有质量量纲的发散量, B 是发散常量. B 改变极点留数, 从 1 变到 $(1+B)^{-1}$, 此时

$$\begin{aligned}B&=-\left.\frac{\partial\Sigma^{(2)}(p)}{\partial\not{p}}\right|_{\not{p}=m}\\&=\frac{e^2}{8\pi^2}\left\{\frac{1}{2}\left[\frac{1}{\epsilon}-\gamma_{\mathrm{E}}-\ln\frac{m^2}{4\pi\mu^2}-1\right]\right.\\&\quad\left.+\int_0^1\mathrm{d}x x\left[\ln\frac{1}{(1-x)^2+x\eta^2/m^2}-\frac{2(2-x)(1-x)}{(1-x)^2+x\eta^2/m^2}\right]\right\}.\end{aligned} \tag{15.4.9}$$

重新定义重整化场 ψ^{R},

$$\begin{aligned}\psi \to \psi^{\mathrm{R}} &= Z_2^{-1/2}\psi,\\ Z_2 &= \frac{1}{(1+B)} \approx 1 - B.\end{aligned} \tag{15.4.10}$$

在写 (15.4.10) 式的第二个等式时, 已考虑到级数展开收敛为因子 $(1+B)^{-1}$ 正好消去发散量, 使得留数仍保持为 1. 这意味着在原始拉氏密度中若引入另一个附加项

$$(Z_2 - 1)\left(\mathrm{i}\overline{\psi}\partial\!\!\!/\psi - m\overline{\psi}\psi\right), \tag{15.4.11}$$

正好能消去发散项, 即

$$\begin{aligned}S_{\mathrm{F}}^{\mathrm{R}}(p) &= \frac{1}{p\!\!\!/ - m},\\ S_{\mathrm{F}}^{\mathrm{R}}(p) &= Z_2^{-1}S(p).\end{aligned} \tag{15.4.12}$$

由 (15.4.9) 式可以求出 Z_2, 但要注意由于光子质量为零会引起红外发散, 为此须引入光子质量 η(η 是小量, 最终令它趋于零). 将 (15.3.25) 式代入 (15.4.8) 式, 就得到

$$\begin{aligned}1 - Z_2 \approx B &= -\left.\frac{\partial\Sigma^{(2)}(p)}{\partial p\!\!\!/}\right|_{p\!\!\!/=m}\\ &= \frac{e^2}{8\pi^2}\left[\frac{1}{\epsilon} - \gamma_{\mathrm{E}} - \ln\frac{m^2}{4\pi\mu^2} + 4 + 2\ln\frac{\eta^2}{m^2} + O\left(\frac{\eta}{m}\right)\right].\end{aligned} \tag{15.4.13}$$

因此在单圈图修正下, 有

$$\begin{aligned}\Sigma^{(2)}(p) &= \delta m + (Z_2 - 1)(p\!\!\!/ - m) + O((p\!\!\!/ - m)^2)\\ &= \delta m - (Z_2^{-1} - 1)(p\!\!\!/ - m) + O((p\!\!\!/ - m)^2),\end{aligned} \tag{15.4.14}$$

在写下最后一个等式时已用了 $B = -(Z_2 - 1) = (Z_2^{-1} - 1)$. 在拉氏密度中引入的附加项 (15.4.11) 称为场抵消项. 这样在原始拉氏密度中若引入质抵消项 (15.4.4) 和场抵消项 (15.4.11), 就使得计算电子自能一阶修正时不再出现发散量.

现在讨论光子自能单圈图正规化后的表达式 (15.3.30). 在链式近似下 (15.2.12) 式的无穷级数展开可以有包含所有高阶修正的完全光子传播子. 按照 Lorentz 张量分析, 其一般结构为

$$D_{\mathrm{F}\mu\nu}(k) = A(k^2)g_{\mu\nu} + B(k^2)k_\mu k_\nu. \tag{15.4.15}$$

§15.3 中的计算表明, 电流守恒导致 $\Pi_{\mu\nu}^{(2)}(k^2)$ 具有 (15.3.27) 式的张量结构,

$$\Pi_{\mu\nu}^{(2)}(k) = \left(k_\mu k_\nu - g_{\mu\nu}k^2\right)\Pi^{(2)}(k^2,\epsilon).$$

这样链式近似下完全光子传播子的形式解为

$$D_{\mathrm{F}\mu\nu}(k)=\frac{-\mathrm{i}}{k^2\left[1+\Pi^{(2)}(k^2,\epsilon)\right]}\left[g_{\mu\nu}+\frac{k_\mu k_\nu}{k^2}\Pi^{(2)}(k^2,\epsilon)\right]. \tag{15.4.16}$$

这一结果是计算单圈图修正时得到的. 实际上在物理过程中总有电流守恒的要求, (15.4.16) 式的第二项不做贡献, 等效地可以将上式记为

$$D_{\mathrm{F}\mu\nu}(k)=\frac{-\mathrm{i}g_{\mu\nu}}{k^2\left[1+\Pi^{(2)}(k^2,\epsilon)\right]}. \tag{15.4.17}$$

由 (15.3.28) 式知, $k^2=0$ 时,

$$\begin{aligned}\Pi^{(2)}(k^2=0,\epsilon)&=\frac{e^2}{12\pi^2}\left\{\left[\frac{1}{\epsilon}-\gamma_{\mathrm{E}}-\ln\frac{m^2}{2\pi\mu^2}\right]\right.\\&\qquad\left.-6\int_0^1\mathrm{d}x x(1-x)\ln\left[1-x(1-x)\frac{k^2}{m^2}\right]\right\}_{k^2=0}\\&=\frac{e^2}{12\pi^2}\left[\frac{1}{\epsilon}-\gamma_{\mathrm{E}}-\ln\frac{m^2}{2\pi\mu^2}\right].\end{aligned} \tag{15.4.18}$$

此式没有 $k^2=0$ 的极点存在, 所以单圈图修正不改变极点位置. 这意味着光子无质量不因单圈图修正而改变, 这与电磁场的规范不变性要求是一致的. 那么由 (15.4.17) 式知, 单圈图修正 $\Pi^{(2)}(0,\epsilon)$ 将只改变极点留数. 定义发散量

$$Z_3=\frac{1}{1+\Pi^{(2)}(0,\epsilon)}\approx 1-\Pi^{(2)}(0,\epsilon)=1-\frac{e^2}{12\pi^2}\left[\frac{1}{\epsilon}-\gamma_{\mathrm{E}}-\ln\frac{m^2}{2\pi\mu^2}\right], \tag{15.4.19}$$

有

$$\Pi^{(2)}(k^2,\epsilon)=\Pi^{(2)}(0,\epsilon)+\Pi^{\mathrm{R}}(k^2)=1-Z_3+\Pi^{\mathrm{R}}(k^2), \tag{15.4.20}$$

其中 $\Pi^{\mathrm{R}}(k^2)$ 可由 (15.3.28) 和 (15.4.18) 式相减得到,

$$\begin{aligned}\Pi^{\mathrm{R}}(k^2)&=\Pi^{(2)}(k^2,\epsilon)-\Pi^{(2)}(0,\epsilon)\\&=-\frac{e^2}{2\pi^2}\int_0^1\mathrm{d}x x(1-x)\ln\left[1-x(1-x)\frac{k^2}{m^2}\right]\\&=-\frac{e^2}{12\pi^2}\left\{\frac{1}{3}+2\left(1+\frac{2m^2}{k^2}\right)\left[\left(\sqrt{\frac{4m^2}{k^2}-1}\right)\operatorname{arccot}\left(\sqrt{\frac{4m^2}{k^2}-1}\right)-1\right]\right\}\end{aligned} \tag{15.4.21}$$

是有限的. 类似于电子自能情况, 为了消去高阶图修正带来的发散量使得留数仍保持为 1, 需要在原始拉氏密度中引入一个电磁场附加项

$$-(Z_3-1)\frac{1}{4}F_{\mu\nu}F^{\mu\nu}, \tag{15.4.22}$$

重整化的电磁场 A^{R} 定义为

$$A^{\mathrm{R}}(x) = Z_3^{-1/2} A(x), \tag{15.4.23}$$

$$D_{\mathrm{F}\mu\nu}(k^2) = Z_3 D^{\mathrm{R}}_{\mathrm{F},\mu\nu}(k^2), \tag{15.4.24}$$

最终使得光子传播子既不改变极点位置又不改变留数的结果为

$$D^{\mathrm{R}}_{\mathrm{F}\mu\nu}(k) = \frac{-\mathrm{i}g_{\mu\nu}}{k^2\left[1+\varPi^{\mathrm{R}}(k^2)\right]} + k_\mu k_\nu \text{ 项}. \tag{15.4.25}$$

注意到光子传播子 $D_{\mu\nu}(k^2)$ 的两端总是与电子电荷 e 联系在一起, 在树图情况下无电磁相互作用相应于裸电荷 e_0, 即原始总拉氏密度

$$\mathcal{L}(x) = \overline{\psi}(x)\left(\mathrm{i}\partial\!\!\!/ - m_0\right)\psi(x) - \frac{1}{4}F^{\mu\nu}(x)F_{\mu\nu}(x) - e_0\overline{\psi}(x)A\!\!\!/(x)\psi(x). \tag{15.4.26}$$

考虑电磁相互作用修正后传播子的两端应倍乘因子 $\sqrt{Z_3}$, 即 e_0 为 e 所代替, $e = \sqrt{Z_3}e_0$. 这个步骤非常类似于前面的质量重整化, 称为电荷重整化. 电荷 e 是实验上测量的电荷, 即物理电荷. 实验上测量到的质量和电荷都包含电磁相互作用, 那种硬性分出无电磁相互作用的裸质量 m_0 和裸电荷 e_0 的图像必然造成无穷大的困难. 同样令原始拉氏密度 $\mathcal{L}$ 中以物理电荷 e 出现, 再加上电荷抵消项 (15.4.22), 计算单圈图修正就不会出现发散问题.

再来考察顶角修正. 顶角图都含有电子电荷 e, 电荷重整化只计及光子传播子修正贡献是不完整的. 顶角图在单圈图修正下有 (15.2.15) 式, 即

$$-\mathrm{i}e\gamma_\mu \to -\mathrm{i}e\left(\gamma_\mu + \varLambda_\mu^{(2)}(p',p)\right) = -\mathrm{i}e\varGamma_\mu^{(2)}(p',p), \tag{15.4.27}$$

$\varLambda_\mu^{(2)}(p',p) - \varLambda_\mu^{(2)}(p,p)$ 是有限的. 顶角 $\varGamma_\mu^{(2)}(p',p)$ 总是与 e 相关联. 定义发散量 Z_1 满足

$$e\varGamma_\mu^{(2)}(p',p) = eZ_1^{-1}\left(\gamma_\mu + \varGamma_\mu^{\mathrm{R}}(p',p)\right), \tag{15.4.28}$$

因而有

$$\varLambda_\mu^{(2)}(p',p) = (Z_1^{-1}-1)\gamma_\mu + Z_1^{-1}\varGamma_\mu^{\mathrm{R}}(p',p). \tag{15.4.29}$$

(15.4.28) 式意味着顶角的单圈图修正使得电荷 e 为 eZ_1^{-1} 所代替, 即 $e = e_0Z_1^{-1}$. 再考虑到 (15.4.10) 和 (15.4.23) 式, 物理电荷 e 应定义为

$$e = e_0 Z_1^{-1} Z_2 Z_3^{1/2}, \tag{15.4.30}$$

其中 Z_1^{-1} 是顶角单圈图修正的贡献, Z_2 是两条费米子线的单圈图修正的贡献, $Z_3^{1/2}$ 是光子线的单圈图修正的贡献. 类似地, 可以从表达式 (15.3.39) ~ (15.3.43) 确定 Z_1, 有 $Z_1 = Z_2$.

以上单圈图重整化过程有四个要点: (1) 写下单圈图修正下的电子自能、光子自能和顶角发散积分, 并在链式近似下写出完全电子和光子传播子, 利用正规化计算发散积分; (2) 电子自能、光子自能和顶角发散积分都是对数发散, 选择减除点分离出无穷大部分, 构造抵消项; (3) 重新定义重整化的电子自能、光子自能和顶角; (4) 将所有相乘的重整化常数吸收到场量、物理质量和物理电荷 (耦合常数) 中. 下一步的问题是超出单圈图时能否按上述四点完成重整化, 这将在以后几节讨论.

§15.5 Ward-Takahashi 恒等式

在讨论超出单圈图时能否完成重整化以前, 这一节讨论电子传播子与顶角函数的关系. 注意到在动量空间, 电子传播子最低阶 (树图) 贡献为

$$S_{\mathrm{F}}^{(0)-1}(p) = (\not{p} - m),$$

它对动量的微商正好是顶角的最低阶贡献,

$$\frac{\partial}{\partial p^{\mu}} S_{\mathrm{F}}^{(0)-1}(p) = \gamma_{\mu}. \tag{15.5.1}$$

这是可理解的, 因为电磁相互作用耦合顶角就是通过替代 $\not{p} \to \not{p} - e\not{A}$ (坐标空间中 $\partial_\mu \to \mathrm{D}_\mu \equiv \partial_\mu + \mathrm{i}eA_\mu$) 引入的, 电子传播子与顶角函数就会存在确定的相互关系. (15.5.1) 式是树图下 Ward 恒等式的直接体现, 它可以形象地用图来表示, 如

$$\frac{\partial}{\partial p^{\mu}} \mathrm{i}\left(\longrightarrow \right)^{-1} = \;\text{(顶角图)}, \tag{15.5.2}$$

即在一个电子传播子线上插入一光子线. 如果重写 (15.5.1) 式为

$$\lim_{p' \to p} \left[\frac{S_{\mathrm{F}}^{(0)-1}(p') - S_{\mathrm{F}}^{(0)-1}(p)}{p' - p} \right] = \gamma_{\mu},$$

就意味着插入的光子线动量为零. 将单圈图对电子传播子逆的修正在动量空间记为

$$S_{\mathrm{F}}^{(2)-1}(p) = \not{p} - m - \Sigma^{(2)}(p). \tag{15.5.3}$$

对上式两边做动量的微商, 得

$$\frac{\partial}{\partial p_{\mu}} S_{\mathrm{F}}^{(2)-1}(p) = \gamma_{\mu} - \frac{\partial}{\partial p_{\mu}} \Sigma^{(2)}(p). \tag{15.5.4}$$

(15.5.4) 式两边的第一项就是树图下 (15.5.2) 式的图示, 而第二项可以形象地表示为图

$$\frac{\partial}{\partial p^{\mu}}\mathrm{i}\Big(- \qquad \Big) = \qquad , \tag{15.5.5}$$

可见它意味着在二阶圈图的电子内线上插入动量为零的光子线. 对 (15.2.2) 式直接微商, 得

$$\begin{aligned}\frac{\partial}{\partial p_{\mu}}\varSigma^{(2)}(p) &= e^{2}\int\frac{\mathrm{d}^{4}k}{(2\pi)^{4}\mathrm{i}}\gamma_{\nu}\frac{1}{k^{2}}\frac{\partial}{\partial p_{\mu}}\frac{-1}{(\not{p}-\not{k}-m)}\gamma^{\nu} \\ &= e^{2}\int\frac{\mathrm{d}^{4}k}{(2\pi)^{4}\mathrm{i}}\gamma_{\nu}\frac{1}{k^{2}}\frac{1}{(\not{p}-\not{k}-m)}\gamma_{\mu}\frac{1}{(\not{p}-\not{k}-m)}\gamma^{\nu},\end{aligned} \tag{15.5.6}$$

其中用到了

$$\frac{\partial}{\partial p_{\mu}}\frac{-1}{(\not{p}-m+\mathrm{i}\epsilon)} = \frac{1}{(\not{p}-m+\mathrm{i}\epsilon)}\gamma_{\mu}\frac{1}{(\not{p}-m+\mathrm{i}\epsilon)}. \tag{15.5.7}$$

(15.5.7) 式可以用一差分方程来证明, 即

$$\frac{1}{(\not{p}-m)} - \frac{1}{(\not{p}+\not{q}-m)} = \frac{1}{(\not{p}+\not{q}-m)}\not{q}\frac{1}{(\not{p}-m)}. \tag{15.5.8}$$

将等式 (15.5.6) 右边与顶角单圈图修正 (15.2.13) 相比较给出重要等式

$$\begin{aligned}&\frac{\partial}{\partial p^{\mu}}\varSigma^{(2)}(p) = -\varLambda_{\mu}^{(2)}(p,p), \\ &\frac{\partial}{\partial p^{\mu}}S_{\mathrm{F}}^{(2)-1}(p) = \gamma_{\mu} + \varLambda_{\mu}^{(2)}(p,p) = \varGamma_{\mu}^{(2)}(p,p).\end{aligned} \tag{15.5.9}$$

(15.5.1) 和 (15.5.9) 式分别是 Ward 恒等式在树图和单圈图下的表述. 图 15.5.1 表达了树图和单圈图下电子传播子与顶角函数的关系. Ward 恒等式将电子自能与顶角联系在一起, 电子自能修正可以依赖顶角来表示, 反之亦然.

进一步可以证明, Ward 恒等式对任意阶微扰计算结果都成立, 因而有

$$\begin{aligned}&\frac{\partial}{\partial p_{\mu}}\varSigma(p) = -\varLambda_{\mu}(p,p), \\ &\frac{\partial}{\partial p_{\mu}}S_{F}^{-1}(p) = \gamma_{\mu} + \varLambda_{\mu}(p,p) = \varGamma_{\mu}(p,p).\end{aligned} \tag{15.5.10}$$

为了证明 (15.5.10) 式, 人们可以对 $\varSigma(p)$ 中的任意图中的电子传播子应用 (15.5.7) 式, 那么 $\dfrac{\partial}{\partial p_{\mu}}\varSigma(p)$ 将会对 $\varSigma(p)$ 中所有与 p 有关的电子传播子进行微商, 有

$$\begin{aligned}\frac{\partial}{\partial p_{\mu}}\varSigma(p) &= \sum_{i}\cdots\frac{\partial}{\partial p_{\mu}}\frac{1}{\not{p}+\not{q}_{i}-m}\cdots \\ &= -\sum_{i}\cdots\frac{1}{\not{p}+\not{q}_{i}-m}\gamma_{\mu}\frac{1}{\not{p}+\not{q}_{i}-m}\cdots,\end{aligned} \tag{15.5.11}$$

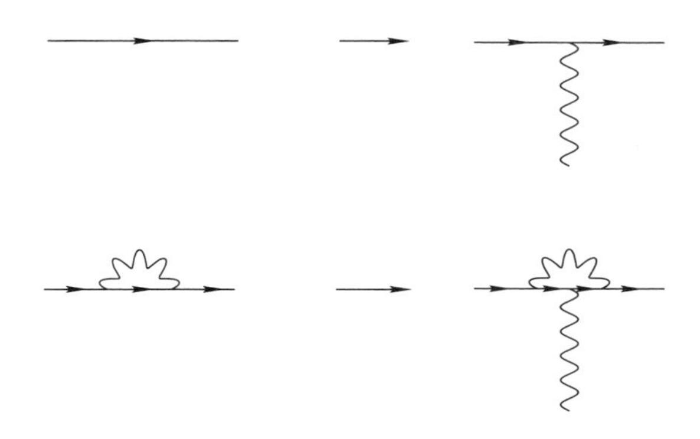

图 15.5.1 树图和单圈图下电子传播子与顶角函数的关系

这里求和 $\sum\limits_{i}$ 是对 $\varSigma(p)$ 中所有与 p 有关的电子传播子微商得到的各项进行. 正如 (15.5.5) 式表示的, (15.5.11) 式右边每一项就相应于连接一零动量外光子线的顶角修正. 强调指出, 应对 $\varSigma(p)$ 图中每一条电子传播子插入一零动量外光子线. 这样方程 (15.5.11) 的右边正是顶角 $\varGamma_\mu(p,p)$. 将上述运算应用到微扰论的所有阶就给出所有阶都成立的 Ward 恒等式 (15.5.10). 将 (15.4.12) 和 (15.4.29) 式代入 (15.5.10) 式, 得到一个对任一阶微扰计算都成立的等式

$$Z_1^{-1}\gamma_\mu + Z_1^{-1}\varGamma_\mu^{\mathrm{R}}(p',p) = Z_2^{-1}\gamma_\mu - Z_2^{-1}\frac{\partial}{\partial p^\mu}\varSigma^{\mathrm{R}}(p),$$

由此给出两个等式

$$Z_1 = Z_2, \tag{15.5.12}$$

$$\varGamma_\mu^{\mathrm{R}}(p',p) = -\frac{\partial}{\partial p^\mu}\varSigma^{\mathrm{R}}(p). \tag{15.5.13}$$

(15.5.12) 式意味着 Ward 恒等式导致两个重整化常数精确相等,

$$e = Z_1^{-1}Z_2Z_3^{1/2}e_0 = Z_3^{1/2}e_0.$$

(15.5.13) 式意味着 Ward 恒等式在重整化后仍然成立. (15.5.10) 式是在初、末态具有相同动量, 即动量交换为零的情况得到的, 可以推广到动量交换不为零的情况, 这就是 Takahashi 恒等式

$$\begin{aligned}(p'-p)^\mu \varLambda_\mu(p',p) &= -\left[\varSigma(p') - \varSigma(p)\right], \\ (p'-p)^\mu \varGamma_\mu(p',p) &= S_{\mathrm{F}}^{-1}(p') - S_{\mathrm{F}}^{-1}(p).\end{aligned} \tag{15.5.14}$$

第二式右边正是两电子完全传播子倒数相减. 显然 (15.5.14) 式在零阶近似下成立, 即

$$(\not{p}' - m) - (\not{p} - m) = (p' - p)^{\mu}\gamma_{\mu},$$

而且当 $p' \to p$ 时 (15.5.14) 式就回到了 (15.5.10) 式. 通常将两者合称为 Ward-Takahashi 恒等式.

(15.5.14) 式的证明可以分为两步: 第一步先证明 $\Sigma(p)$ 图中没有电子圈的情况, 利用 (15.5.8) 式重复上面插入光子线的步骤给出 (15.5.14) 式. 第二步讨论有正、负电子圈图情况. Furry 定理 (见 §15.6) 导致在正、负电子圈插入光子线的贡献为零. 因此 Ward-Takahashi 恒等式联系了完全电子自能与顶角, 它本质上是电流守恒或者说规范不变性的必然结果. 事实上, 前面已提到电磁相互作用耦合顶角就是通过替代 $\not{p} \to \not{p} - e\not{A}$ 引入的, 或者说当要求电磁相互作用理论具有定域规范不变性时就完全确定了电磁相互作用顶角的形式. 如果选用路径积分公式, 无论是 Abel 规范场还是非 Abel 规范场都可以方便地看出规范不变性保证了 Ward-Takahashi 恒等式成立.

至此, 我们讨论了电子传播子、光子传播子和顶角单圈图修正出现的发散困难, 利用维数正规化分析了发散积分, 进一步在链式近似下叙述了重整化的基本思想. 重整化后的拉氏密度应为

$$\mathcal{L}(x) = \mathcal{L}^{\mathrm{R}}(x) + \mathcal{L}_{\mathrm{C}}(x). \tag{15.5.15}$$

$\mathcal{L}^{\mathrm{R}}(x)$ 是重整化的拉氏密度, 这里电荷 e 和质量 m 都是物理的,

$$\mathcal{L}^{\mathrm{R}}(x) = \overline{\psi}^{\,\mathrm{R}}(x)\left(i\not{\partial} - m\right)\psi^{\mathrm{R}}(x) - \frac{1}{4}F^{\mathrm{R}\mu\nu}(x)F^{\mathrm{R}}_{\mu\nu}(x) - e\overline{\psi}^{\,\mathrm{R}}(x)\not{A}^{\mathrm{R}}(x)\psi^{\mathrm{R}}(x). \tag{15.5.16}$$

附加 $\mathcal{L}_{\mathrm{C}}(x)$ 项为抵消项,

$$\begin{aligned}\mathcal{L}_{\mathrm{C}}(x) = &(Z_2 - 1)\,\overline{\psi}^{\,\mathrm{R}}(x)\left(\mathrm{i}\not{\partial} - m\right)\psi^{\mathrm{R}}(x) + \delta m Z_2\overline{\psi}^{\,\mathrm{R}}(x)\psi^{\mathrm{R}}(x)\\ &- (Z_3 - 1)\,\frac{1}{4}F^{\mathrm{R}\mu\nu}(x)F^{\mathrm{R}}_{\mu\nu}(x)\\ &-e\,(Z_1 - 1)\,\overline{\psi}^{\,\mathrm{R}}(x)\not{A}^{R}(x)\psi^{\mathrm{R}}(x).\end{aligned} \tag{15.5.17}$$

由拉氏密度 (15.5.15) 式计算单圈图修正得到有限修正的结果. 抵消项 (15.5.17) 中各项可以看作新的相互作用项, 相应在动量空间中有 Feynman 规则:

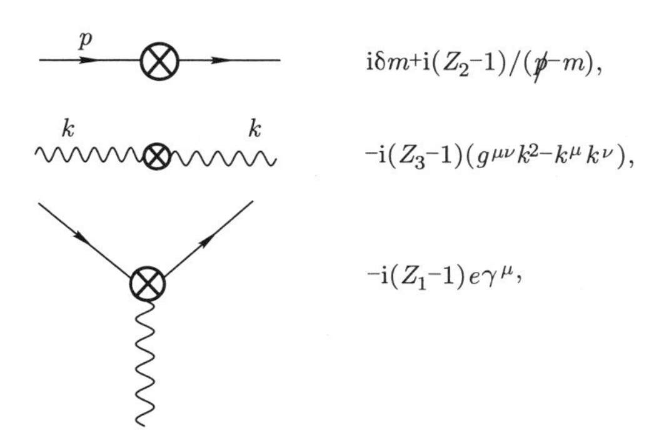

$i\delta m+i(Z_2-1)/(\not p-m)$,

$-i(Z_3-1)(g^{\mu\nu}k^2-k^\mu k^\nu)$,

$-i(Z_1-1)e\gamma^\mu$,

其中重整化场量 $\psi^{\rm R}$, $A^{\rm R}$ 由 (15.4.10) 和 (15.4.23) 式给出. 将 (15.5.16) 和 (15.5.17) 式相加就得到 (15.5.15) 式,

$$\begin{aligned}\mathcal{L}(x) = & Z_2\overline{\psi}^{\rm R}(x)\mathrm{i}\not\partial\psi^{\rm R}(x) - Z_2Z_m m\overline{\psi}^{\rm R}(x)\psi^{\rm R}(x) \\ & -\frac{1}{4}Z_3F^{{\rm R}\mu\nu}(x)F^{\rm R}_{\mu\nu}(x) - eZ_1\overline{\psi}^{\rm R}(x)\not A^{\rm R}(x)\psi^{\rm R}(x).\end{aligned} \tag{15.5.18}$$

注意到 (15.4.10) 和 (15.4.23) 式,

$$\psi^{\rm R} = Z_2^{-1/2}\psi, \qquad A^{\rm R}(x) = Z_3^{-1/2}A(x),$$

以及关系式

$$\begin{aligned}& Z_m = 1-\frac{\delta m}{m}, \qquad m = Z_m^{-1}m_0, \\ & Z_1 e = Z_2 Z_3^{1/2} e_0 \left(e = Z_3^{1/2}e_0\right),\end{aligned} \tag{15.5.19}$$

将它们代入 (15.5.18) 式, 就会发现拉氏密度回到了 (15.4.26) 式,

$$\mathcal{L}(x) = \overline{\psi}(x)\left(\mathrm{i}\not\partial - m_0\right)\psi(x) - \frac{1}{4}F^{\mu\nu}(x)F_{\mu\nu}(x) - e_0\overline{\psi}(x)\not A(x)\psi(x).$$

如果使用无电磁相互作用的裸质量 m_0 和裸电荷 e_0, 那么微扰论计算高阶修正就会出现发散困难. 如果以物理质量和物理电荷去分出自由拉氏密度和相互作用拉氏密度, 正像 (15.5.15) 式那样相互作用中包含了抵消项, 那么微扰论计算高阶修正就不出现发散困难. 这就是重整化理论的本质.

由于关系式 (15.4.10), (15.4.23) 和 (15.5.19), 这一方法有时也称为相乘重整化. 以后为了叙述简单起见, 将 (15.5.15) ~ (15.5.17) 式中场的上标 R 省去. 抵消项 (15.5.17) 式中发散常数 $Z_1, Z_2, Z_3, \delta m$ 分别由三个单圈图修正计算结果确定, 它们都是 $O(\alpha)$ 阶量. Ward 恒等式导致 $Z_1 = Z_2$, 只有三个独立的发散常数. 其中 Z_1, Z_2 还有红外发散, $Z_3, \delta m$ 是红外有限的发散量. 如果微扰论所有高阶图修正都可以在链式近似下由这三个单圈图组合得到, 那么由 (15.5.15) 式计算所有的高阶图修正都是有限的. 实际上微扰论在链式近似下由这三个单圈图组合并不能得到所有的高阶图修正, 因此完整理论可重整化的证明要复杂得多.

§15.6 原始发散图和 Furry 定理

在 §15.4 及 §15.5 中讨论了量子电动力学单圈图重整化, 指出三个单圈图发散积分都可以通过引进相应的抵消项消去发散量. 为了讨论超出单圈图的可重整化问题, 需要回答两个问题: 一是单圈图中原始发散图是否只有三个, 即单圈电子自能、单圈光子自能和顶角修正; 二是能否在微扰论的所有高阶修正计算中通过引进这些抵消项保持可重整性. 为此要对无穷多图进行分类研究, 以图形化方法证明量子电动力学是可重整的.

在 §15.2 中定义了任一图 G 的表面发散度

$$d(G)-4=\sum_{\text{顶角}}(d_V-4)-N_{\mathrm{B}}-\frac{3}{2}N_{\mathrm{F}}.$$

对于量子电动力学 $d_V=4$, 图 G 的表面发散度为

$$d(G)=4-N_{\mathrm{B}}-\frac{3}{2}N_{\mathrm{F}},$$

只要满足

$$d(G)=4-N_{\mathrm{B}}-\frac{3}{2}N_{\mathrm{F}}\geqslant 0,$$

其积分就是发散的. 当 $d(G)<0$ 时, 对于单圈图积分是收敛的, 然而对于高阶图, 单靠表面发散度判断是不够的, 因为可能存在子图发散而使图 G 发散. 注意 (15.2.22) 式与顶角数无关, 仅与外线数目有关, 这意味着发散图不会随着高阶修正阶数增加而增加.

例如图 15.6.1 的表面发散度为 $d(G)=4-3-2=-1$, 它是表观收敛的, 但其中插入的电子自能图却是紫外发散的. 一个 Feynman 图只有当它的表观发散度及其所有子图的表观发散度皆负的情况下才是真正收敛的. 这就是收敛性定理 (Weinberg 定理) 的内容.

图 15.6.1 表面发散度 $d(G)=-1$, 它的内线电子自能图却是发散的

收敛性定理 如果对于所有可能的子图 $g \in G$ 有 $d(g) < 0$, 那么相应图 G 的 Feynman 积分在 Euclid 空间中是绝对收敛的.

此定理不做证明, 读者可以在某些量子场论书中找到它的证明. 此定理的证明虽然是在 Euclid 空间做的, 注意到传播子包含一个虚部 $\mathrm{i}\epsilon$, 在 Minkowski 空间和 Euclid 空间的收敛性是等价的.

为了更好地对无穷多图进行分类研究, 首先需要找出有多少基本发散图. 在量子电动力学中满足发散条件 $d(G) \geqslant 0$ 的单圈图共有七个, 如图 15.6.2 所示. 图 15.6.2 的第一行中的三个图就是 §15.5 讨论的电子自能、光子自能和顶角的单圈图修正. 图 15.6.2(f) 没有外线, 是纯粹的真空涨落图, 对散射振幅的贡献是一个相位因子, 没有可观测效应, 可以不考虑. 第二行左边两个图是奇数个光子外线, 由于量子电动力学相互作用满足电荷共轭不变性, 而光子的电荷共轭宇称 $C = -1$, 因此奇数个光子外线的图的散射振幅贡献为零, 这由 Furry 定理保证.

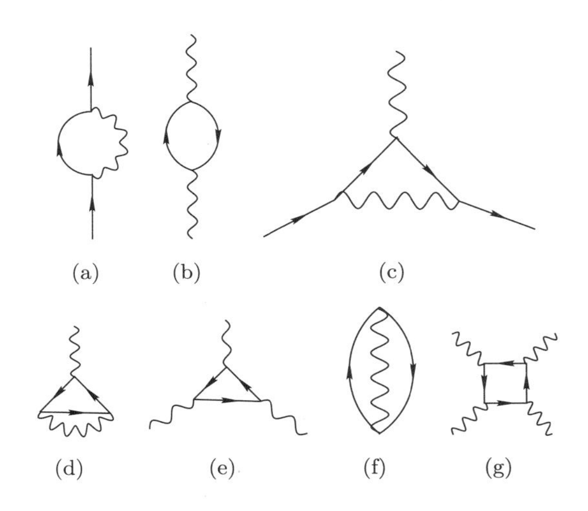

图 15.6.2 QED 中满足 $d(G) \geqslant 0$ 的单圈发散图

Furry 定理 假设一个图中有一条封闭的电子圈, 且这条封闭的电子圈上顶角数是单数 (或者说外 (或内) 光子线数是奇数), 那么这种图对 S 矩阵元的贡献为零.

这里先以图 15.6.2(e) 这个三角图为例说明 Furry 定理成立. 对 S 矩阵元的贡献除了此图以外还存在另一个图 (见图 15.6.3(b)), 两者的差别是电子线圈方向相反, 一个逆时针, 一个顺时针, 有

$$S = S_a + S_b. \tag{15.6.1}$$

S_a 与 S_b 的贡献具有完全相同的因子, 仅是圈图动量积分中的求迹因子不同, 分别

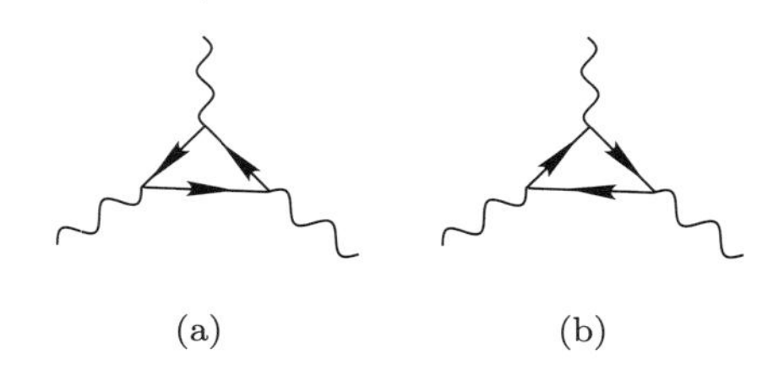
(a) (b)

图 15.6.3 三光子单圈发散图

是 T_a 与 T_b,

$$T_a = \mathrm{Tr}\left[\gamma^\rho S_\mathrm{F}(p_1)\gamma^\mu S_\mathrm{F}(p_2)\gamma^\nu S_\mathrm{F}(p_3)\right], \tag{15.6.2}$$

$$T_b = \mathrm{Tr}\left[\gamma^\rho S_\mathrm{F}(p'_3)\gamma^\nu S_\mathrm{F}(p'_2)\gamma^\mu S_\mathrm{F}(p'_1)\right]. \tag{15.6.3}$$

注意到电荷共轭算符 C 的定义 (3.4.35) 和性质 (7.2.2), 有

$$C^{-1}\gamma^\mu C = -\gamma^{\mu\mathrm{T}}, \quad C^{-1}S_\mathrm{F}(p)C = S_\mathrm{F}^\mathrm{T}(-p), \tag{15.6.4}$$

那么应用 (15.6.4) 式, 得到

$$\begin{aligned}
T_a &= \mathrm{Tr}\left[\gamma^\rho S_\mathrm{F}(p_1)\gamma^\mu S_\mathrm{F}(p_2)\gamma^\nu S_\mathrm{F}(p_3)\right] \\
&= \mathrm{Tr}\left[C^{-1}\gamma^\rho S_\mathrm{F}(p_1)\gamma^\mu S_\mathrm{F}(p_2)\gamma^\nu S_\mathrm{F}(p_3)C\right] \\
&= (-1)^3\mathrm{Tr}\left[\widetilde{\gamma}^\rho \widetilde{S}_\mathrm{F}(-p_1)\widetilde{\gamma}^\mu \widetilde{S}_\mathrm{F}(-p_2)\widetilde{\gamma}^\nu \widetilde{S}_\mathrm{F}(-p_3)\right] \\
&= (-1)^3\mathrm{Tr}\left[S_\mathrm{F}(-p_3)\gamma^\nu S_\mathrm{F}(-p_2)\gamma^\mu S_\mathrm{F}(-p_1)\gamma^\rho\right] \\
&= (-1)^3\mathrm{Tr}\left[\gamma^\rho S_\mathrm{F}(-p_3)\gamma^\nu S_\mathrm{F}(-p_2)\gamma^\mu S_\mathrm{F}(-p_1)\right] \\
&= (-1)^3 T_b,
\end{aligned} \tag{15.6.5}$$

即两个图对 S 矩阵元的贡献相反,

$$S_b = -S_a, \tag{15.6.6}$$

两者相消, 总贡献为零. 同理, 图 15.6.2(d) 中单个光子线的贡献也为零. 从上述分析可见, 由顶角和费米子圈的性质决定了 Furry 定理成立, 关键在于无电子外线, 电子线出现为封闭圈, 只有奇数个光子外线, 因而有奇数个顶点, 应用电荷共轭算符 C 运算即可给出总贡献为零的结果. 图 15.6.3 是对最简单的奇数个外光子线的分析, 还存在更复杂的奇数个外光子线的图, 依照同样道理利用电荷共轭变换可证明 Furry 定理成立.

图 15.6.2(g) 是光子-光子散射图, 而电磁相互作用的规范不变性导致光子-光子散射图不存在发散. 这样在量子电动力学中单圈图有三个原始发散图: 电子自能

图、光子自能图和顶角辐射修正图. §15.5 已表明这三个原始发散图满足: (1) 发散积分都可以协变地正规化分离为发散部分和有限修正; (2) 其发散部分在引入抵消项后取适当的归一化可以唯一确定, 使得拉氏密度中的参量就是物理上可观测的质量和电荷.

§15.7 超出单圈图的重整化理论

§15.6 表明量子电动力学中单圈图有三个原始发散图: 电子自能图、光子自能图和顶角辐射修正图, 这三个图的发散积分可利用维数正规化分离出发散部分并按照重整化方案将其成功地吸收进物理质量和电荷. 这一节讨论另一个问题, 能否在微扰论的所有高阶修正计算中通过三个原始发散图引进相应的抵消项保持可重整. 这个问题不是自明的, 显然超出单圈图的原始发散图直观上看就不止上述三个. 一般地讲, 一个发散图可以具有复杂的结构, 在电子自能图的内部可以包含真空极化部分和顶角部分, 在真空极化图的内部可以包含电子自能部分和顶角部分, 在顶角图内部也可以包含电子自能部分和真空极化部分 (见图 15.7.1). 为了分析方便, 引进 “骨架图” 的概念, 它的定义如下: 有一个图 A, 如果将 A 内部所包含的一切电子自能部分、真空极化部分和顶角部分略去, 分别代以简单的电子线、光子线和点顶角, 由此得到另外一个图 A', 则称图 A' 为图 A 的 “骨架图”. 例如图 15.7.1 中的 (a), (b), (c) 相应的骨架图就是图 15.7.2 中的 (a), (b), (c). 不难看出, 任何一个图只有一种骨架图, 不会有两种或两种以上不同的骨架图, 所以骨架图中所有电子和光子内线应理解为可能包括高阶修正的完全电子和光子传播子.

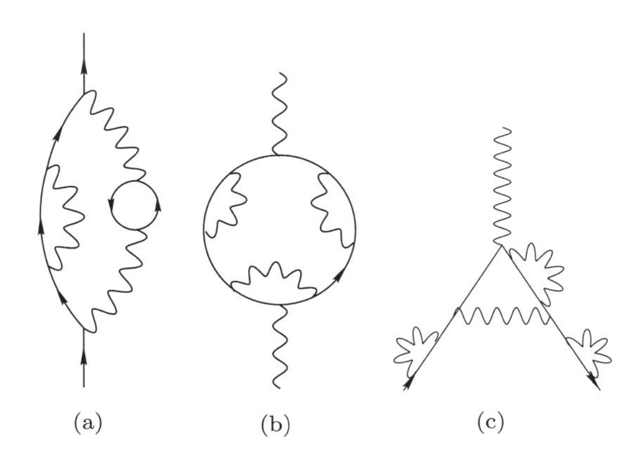

图 15.7.1 超出单圈图的原始发散图举例

如果图 A 的骨架图 A' 与 A 自己完全一样, 那么称 A 为 “不可约图”. 或者说一个不可约图的骨架图就是它本身. 显然, 不可约电子自能图与不可约真空极化图

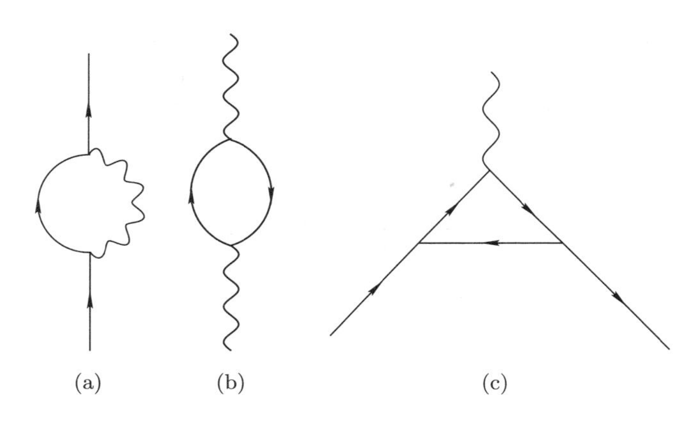

图 15.7.2　相应于图 15.7.1 的骨架图

只有一种, 而不可约顶角图则有很多种. 如上所述, 一切发散图可以分解或约化为原始发散图, 原始发散图又可以分解或约化为不可约的原始发散图. 因此, 对发散困难做分析的第一步应该是研究不可约的原始发散图, 而那些高阶修正可以归入完全电子传播子、完全光子传播子和完全顶角.

为了避免重复计算某些图的贡献, 我们引进 “正规图” 和 “非正规图” 的概念. 如果割断某一个图中的某一条内部电子线或内部光子线, 就可将图分解为不相连接的两部分, 那么这种图就叫作 “非正规图”. 假使将其中任何一条内部电子线或内部光子线割断, 都不能将图分解为不连接的两部分, 那么这个图就叫作 “正规图”, 例如图 15.7.3(a) 和图 15.7.3(b) 是正规图, 图 15.7.3(c) 就是非正规图.

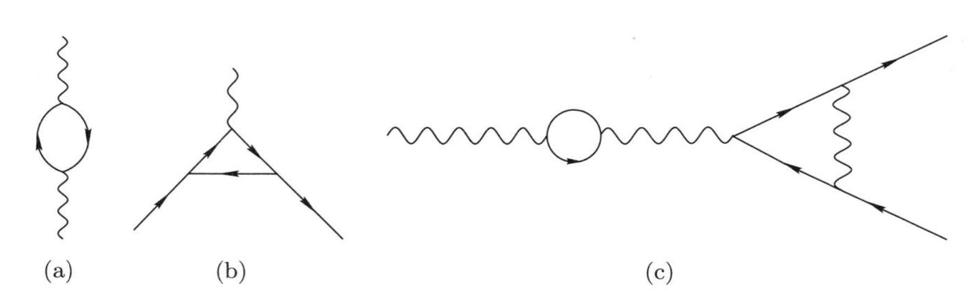

图 15.7.3　正规图和非正规图举例

任何一个过程所包含的各阶图都可以分为正规图和非正规图两大类, 而非正规图按定义可通过割断它的某一条内部电子线或内部光子线分为不连接的两个图, 如此分割下去直至不能通过割断它的内线分为不连接的两个图为止, 即分割成许多正规图. 割断一根内线即分为不连接的正规图的非正规图又称为单粒子可约图. 例如电子自能图, 在单圈近似下图 15.2.1 是正规图, 图 15.2.2 的第三项后面是一系列的

非正规图, 它们可看作由图 15.2.1 的正规图迭代生成. 定义所有各阶正规图之和

$$\Sigma(p)=\sum_{W}\Sigma(W,p)$$

(图 15.7.4 的阴影圈即代表 $\Sigma(p)$), 其中 $\Sigma(W,p)$ 代表某一个正规图 W 的贡献, 单圈图 15.2.1 是 $\Sigma^{(2)}(p)$, 那么将 (15.2.6) 式推广为一个电子自能的完全传播子

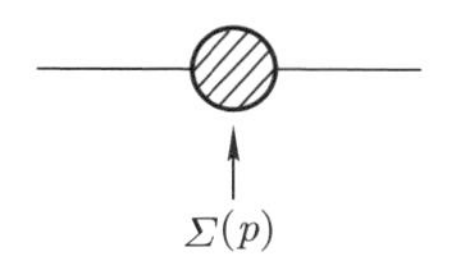

图 15.7.4 $\Sigma(p)$ 代表所有各阶正规图之和

$$S'_{\mathrm{F}}(p)=S_{\mathrm{F}}^{(0)}(p)+S_{\mathrm{F}}^{(0)}(p)\Sigma(p)S_{\mathrm{F}}^{(0)}(p)+S_{\mathrm{F}}^{(0)}(p)\Sigma(p)S_{\mathrm{F}}^{(0)}(p)\Sigma(p)S_{\mathrm{F}}^{(0)}(p)+\cdots. \tag{15.7.1}$$

此式如图 15.7.5 所示. 类似于形式解 (15.4.1), (15.7.1) 的形式解为

$$S'_{\mathrm{F}}(p)=\frac{1}{\not p-m_0-\Sigma(p)+\mathrm{i}\epsilon}. \tag{15.7.2}$$

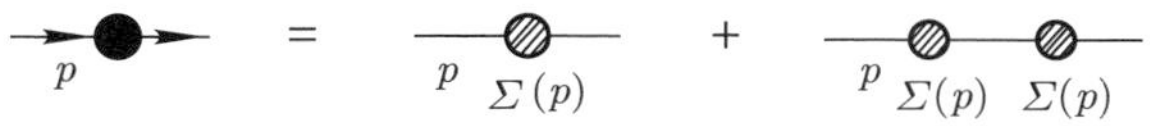

图 15.7.5 所有各阶正规图之和 $\Sigma(p)$ 的迭代给出电子自能的完全传播子的所有图

同样地, 对于光子传播子有

$$D'^{\mu\nu}(k)=D_0^{\mu\nu}(k)+D_0^{\mu\mu'}(k)\Pi_{\mu'\nu'}(k)D_0^{\nu'\nu}(k)+\cdots, \tag{15.7.3}$$

如图 15.7.6 所示, 其中由规范不变性确定

$$\Pi_{\mu\nu}(k)=\left(k_\mu k_\nu-g_{\mu\nu}k^2\right)\Pi(k^2).$$

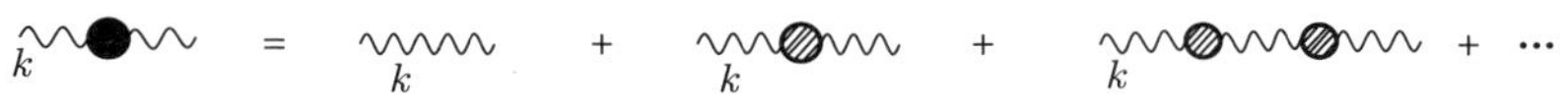

图 15.7.6 所有各阶正规图之和 $\Pi(k^2)$ 的迭代给出光子自能的完全传播子的所有图

$\Pi(k^2)$ 代表所有各阶真空极化正规图之和,

$$\Pi(k^2) = \sum_U \Pi(U, k^2). \tag{15.7.4}$$

图 15.7.7 的阴影圈即代表 $\Pi(k^2)$. 方程 (15.7.3) 的形式解为

$$D'_{\mathrm{F}\mu\nu}(k) = \frac{-\mathrm{i}g_{\mu\nu}}{k^2\left[1+\Pi(k^2)\right]} + k_\mu k_\nu \text{ 项}. \tag{15.7.5}$$

类似于前面对单圈重整化方案的做法可得到相应的结果.

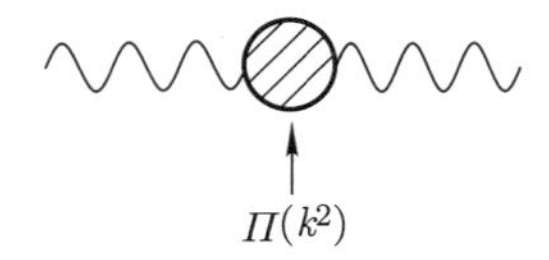

图 15.7.7 $\Pi(k^2)$ 代表所有各阶正规图之和

当推广到所有阶微扰论时需要证明导致发散积分的图只有有限个. 如果一个高阶图可以约化为很多子图, 这些子图都是原始发散图, 那么无须引入更多的抵消项就可以实现此发散图的重整化. 然而高阶图情形并非如此, 我们先考虑双圈图. 双圈图中除了可以约化为两个单圈图的一类图以外还存在一类图, 称为巢状图或交缠图, 它们不能约化为两个单圈图. 例如双圈图下电子自能和光子自能图中有一类交缠发散图 (见图 15.7.8), 它们不属于原始发散图, 又不能分解为两个原始发散图, 无法分离出它的发散部分. 首先讨论图 15.7.8(a) 的电子自能图, 此图相当于把单圈电子自能图的其中一个顶点以一个单圈修正顶点代替, 它的骨架图不是自身而是单圈电子自能图, 是一个可约双圈电子自能图. 图 15.7.8(a) 的电子自能图对 $\Sigma(p)$ 的贡献为

$$\Sigma(p) = -e^2 \int \frac{\mathrm{d}^4k\mathrm{d}^4k'}{k^2k'^2}\gamma^\mu \frac{1}{\not{p}-\not{k}'-m}\gamma^\nu \frac{1}{\not{p}-\not{k}-\not{k}'-m}\gamma_\mu \frac{1}{\not{p}-\not{k}-m}\gamma_\nu. \tag{15.7.6}$$

图 15.7.8 电子和光子自能双圈图贡献中的交缠图

此积分在固定 k 时对 k' 积分是发散的, 在固定 k' 时对 k 积分也是发散的, 所以对 k 和 k' 积分两种发散交缠在一起, 不能用以前的方法将发散部分分离出来. 对这种

图相应的发散称为交缠无穷大. 对交缠发散图的处理, Ward-Takahashi 恒等式起了很重要的作用. 交缠图主要发生在自能的高阶图中, 由 Ward 恒等式 (15.5.10) 式, 有

$$\frac{\partial}{\partial p_\mu}\Sigma(p) = -\Lambda_\mu(p,p),$$

将电子自能的交缠图与相应的顶角图联系起来, 顶角图不再有交缠发散问题. 例如对图 15.7.8(a) 的交缠图可以在电子内线传播子线上插入零动量光子线. 从 (15.7.6) 式可见, 与动量 p 有关的电子内线传播子有三条, 对 p 微商带来插入零动量光子线的有三个图 (见图 15.7.9). 这是三个典型的四阶顶角修正图, 可以很好地分出发散部分进行重整化. 总之 Ward 恒等式保证了理论的重整化步骤而获得了微扰论在所有阶下有限的结果. 对于图 15.7.8(b) 的光子交缠自能图, 不存在 Ward 恒等式, 但可以用上述想法去处理. 引入一新的函数 $W_\mu(k)$, 它是光子传播函数逆的微商, 将它与顶角联系起来,

$$\begin{aligned} W_\mu(k) &\equiv \frac{\partial}{\partial k^\mu}\left[D(k^2)\right]^{-1}, \\ W_\mu(k) &= 2\mathrm{i}k_\mu + \mathrm{i}k_\mu T(k^2), \\ T(k^2) &= \frac{1}{k^2}k_\mu\frac{\partial}{\partial k^\mu}\left(k^2\Pi(k^2)\right). \end{aligned} \tag{15.7.7}$$

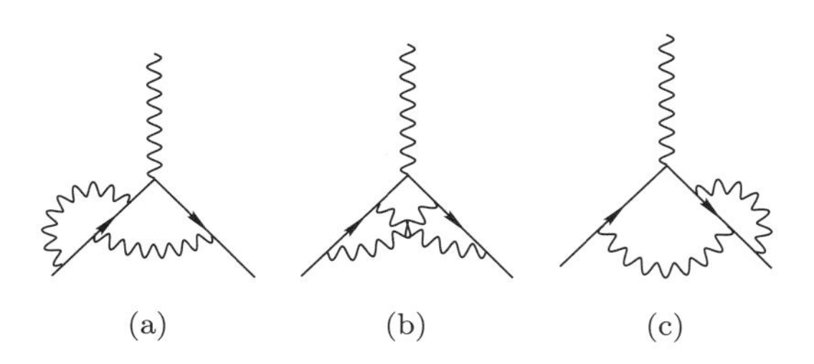

图 15.7.9 通过 Ward 恒等式, 电子自能的交缠图 (图 15.7.8(a)) 所关联的顶角图

新函数 $W_\mu(k)$ 对光子传播函数微商的作用就是生成顶角图 (见图 15.7.10). 由于 $W_\mu(k)$ 没有交缠发散, 可通过顶角分离无穷大解决光子交缠自能图带来的困难.

上述讨论已表明电子和光子交缠自能图可以通过 Ward 恒等式和由 (15.7.8) 式定义的 $W_\mu(k)$ 转变为顶角函数而分离出无穷大, 那么可以先搁置交缠发散图, 按 §15.4 对单圈图的办法完成重整化: (1) 依赖于骨架图写下电子自能、光子自能和顶角发散积分, 其中电子和光子内线分别是完全电子和光子传播子. (2) 选择减除点仅对顶角函数 Λ_μ 和 T 分离出发散积分无穷大部分, 然后依赖于这些减除后的顶角部分利用 Ward 恒等式和 (15.7.2), (15.7.5) 式定义新的重整化完全电子和光子传

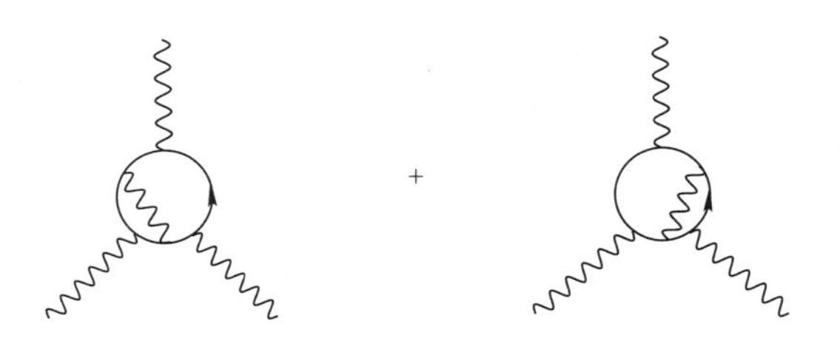

图 15.7.10 通过 Ward 恒等式, 光子自能的交缠图 (图 15.7.8(b)) 所关联的顶角图

播子. 因为顶角函数 Λ_μ 和 T 中无交缠发散图, 这样就避开了交缠发散图问题. (3) 重新定义重整化的电子自能、光子自能和顶角. (4) 将所有相乘的重整化常数吸收到场、物理质量和物理电荷 (耦合常数) 中.

以上在量子电动力学高阶图中分离无穷大并将发散部分吸收到物理可观测量 (质量和电荷) 中的重整化方案, 最早是 1946—1949 年由 Tomonaga, Schwinger 和 Feynman 提出的. 由此方案抽取出高阶修正下的 S 矩阵元, 对于电子反常磁矩和 Lamb 移位的计算得到了实验证实. 1965 年, Feynman, Schwinger 和 Tomonaga 获得了诺贝尔奖. 1949 年, Dyson 最早系统研究了量子电动力学中的重整化, 1950 年, Ward 证明了 Ward 恒等式, 逐渐地形成了一个较完整的重整化方案. 虽然如此, 但仍不能普遍证明这种重整化方案对任何阶的图都可分离出发散积分. 例如 1960 年, 杨振宁和 Mills 就发现第 14 阶的光子自能交缠图不能利用 (15.7.8) 式转变为顶角分离出发散积分. 进一步人们还可以问, 尽管可以对每个发散图做到可重整, 但对各阶图的微扰论无穷级数求和是否收敛? 对于一般量子场论重整化的证明比较复杂, 这是后来发展起来的 BPHZ(Bogoliubov-Parasiuk-Hepp-Zimmerman) 减除方案. 这一方案最早是 1957 年由 Bogoliubov 和 Parasiuk 给出的, 他们导出了发散 Feynman 积分减除的递推公式. 1966 年, Hepp 完成了重整化 Green 函数有限性证明. 稍后, 1970 年, Zimmerman 给出了一个明显解. 他们四人的贡献通常简称为 BPHZ 减除方案. 这一方案系统地给出了对任一 Feynman 图的积分减除总体发散和子图发散的方法, 而不依赖于图对应的是否为交缠发散积分. 由于它的复杂性, 本书不做介绍, 有兴趣的读者可阅读相关的参考书.

§15.8 带电轻子反常磁矩和 QED 高阶修正

带电轻子 (e,μ,τ) 自旋为 1/2, 具有磁矩, 它们与电磁场的相互作用对能量的贡献可以用实验来测量, 并可用来确定其磁矩大小. 1947 年, Kusch 和 Foley 发现电子磁矩偏离了 Dirac 磁矩, 其偏离部分称为反常磁矩.

如果一个电子在均匀磁场中运动, 其相互作用哈密顿量密度由 (8.1.26) 式给出,

为

$$\mathcal{H}_{\mathrm{i}}=-\mathcal{L}_{\mathrm{i}}=e\overline{\psi}\gamma^{\mu}\psi A_{\mu}=j^{\mu}A_{\mu}.$$

在第 8 章中也说明了 A_μ 可以是一个外电磁场 $A_\mu^{\mathrm{ext}}(x)$ (见 (8.1.17) 式). 在外电磁场 $A_\mu^{\mathrm{ext}}(x)$ 作用下其顶角在动量空间为

$$e\overline{u}_{r'}(p')\gamma_\mu u_r(p)A^\mu_{\mathrm{ext}}.$$

注意到初态电子和末态电子都在质壳上, 遵从自由场运动方程, 可以证明 Gordon 恒等式

$$e\overline{u}_{r'}(p')\gamma_\mu u_r(p)=\frac{e}{2m}\overline{u}_{r'}(p')[(p+p')_\mu+\mathrm{i}\sigma_{\mu\nu}q^\nu]u_r(p), \tag{15.8.1}$$

其中 $q=p'-p$. 在证明上述等式中用到了运动方程 $\not{p}u_r(p)=mu_r(p)$ 和 $\overline{u}_{r'}(p')\not{p}'=\overline{u}_{r'}(p')m$. 利用 (15.8.1) 式, 得到

$$e\overline{u}_{r'}(p')\gamma_\mu u_r(p)A^\mu_{\mathrm{ext}}=\frac{e}{2m}\overline{u}_{r'}(p')[(p+p')_\mu+\mathrm{i}\sigma_{\mu\nu}q^\nu]u_r(p)A^\mu_{\mathrm{ext}}. \tag{15.8.2}$$

由于 $F^{ij}=-\epsilon^{ijk}B^k$, 上式的第二项变为

$$\frac{e}{4m}\overline{u}_{r'}(p')\sigma_{\mu\nu}F^{\mu\nu}u_r(p)=\frac{e}{2m}\overline{u}_{r'}(p')\sigma_iB_iu_r(p). \tag{15.8.3}$$

由经典电动力学可知, 此式意味着电子在磁场中运动具有磁矩

$$\mu=\frac{e}{2m}. \tag{15.8.4}$$

由 (15.8.4) 式给出的磁矩称为 Dirac 磁矩, $\mu=\dfrac{e}{2m}$ 称为 Bohr 磁子. 实验上精确测量得到的电子磁矩明显地偏离 Bohr 磁子. 如下定义标志偏离 Dirac 磁矩的反常磁矩数值 a:

$$\mu=\frac{e}{2m}(1+a),\quad a=\frac{1}{2}(g-2), \tag{15.8.5}$$

其中 g 为 Landé 因子, 又称回转磁化率. 上式表明 Landé 因子 $g=2$ 时给出 Dirac 磁矩, 任何对 $g=2$ 的偏离, 即 $a\neq 0$ 给出反常磁矩.

根据 QED 理论, 反常磁矩可能来源于对电子-光子顶角修正的贡献, 如图 15.8.1 所示.

前面 (15.3.39) 式曾给出单圈图下对顶角的修正

$$\begin{aligned}\Lambda_\mu^{(2)}(p',p)&=-\mathrm{i}(\mu^2)^\epsilon e^2\int\frac{\mathrm{d}^Dk}{(2\pi)^D}\frac{1}{k^2}\gamma_\nu\frac{\not{p}'-k+m}{(p'-k)^2-m^2}\gamma_\mu\frac{\not{p}-\not{k}+m}{(p-k)^2-m^2}\gamma^\nu\\&=\Lambda^{(2)}_{K\mu}(p',p)+\Lambda^{(2)}_{P\mu}(p',p).\end{aligned}$$

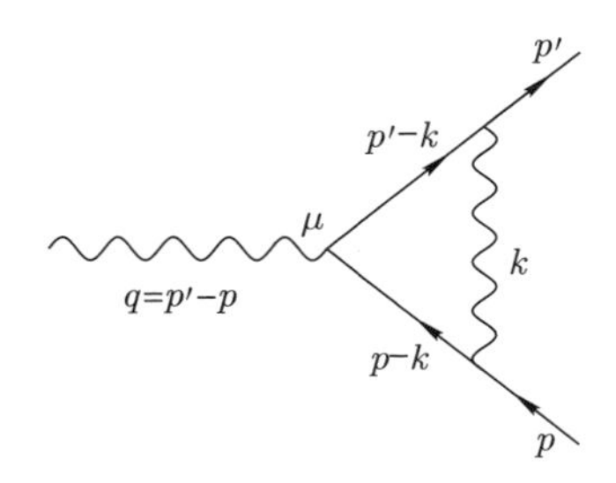

图 15.8.1 单圈图对电子顶角函数的修正

上式右边两项分别由 (15.3.42) 和 (15.3.43) 式确定,

$$
\begin{aligned}
\Lambda_{K\mu}^{(2)}(p',p) &= \frac{e^2}{(4\pi)^2}\gamma_\mu\left[\frac{1}{\epsilon}-\gamma_{\mathrm{E}}+\ln 4\pi\mu^2-1-2\int_0^1\mathrm{d}x\int_0^{1-x}\mathrm{d}y\ln M^2\right],\\
\Lambda_{P\mu}^{(2)}(p',p) &= -\frac{e^2}{(4\pi)^2}\int_0^1\mathrm{d}x\int_0^{1-x}\mathrm{d}y\frac{P_\mu(p,p',x,y)}{M^2}\\
&= -\frac{e^2}{(4\pi)^2}\int_0^1\mathrm{d}x\int_0^1\mathrm{d}y\theta(1-x-y)\frac{P_\mu(p,p',x,y)}{M^2},
\end{aligned}\tag{15.8.6}
$$

其中 $P_\mu(p,p',x,y)$ 和 M^2 由 (15.3.44) 和 (15.3.34) 式定义为

$$
\begin{aligned}
P_\mu(p,p',x,y) &= 2\left[x(1-x)\not{p}\gamma_\mu\not{p}+y(1-y)\not{p}'\gamma_\mu\not{p}'\right.\\
&\quad\left.-(1-x)(1-y)\not{p}\gamma_\mu\not{p}'-xy\not{p}'\gamma_\mu\not{p}\right]\\
&\quad+4m\left[p_\mu(1-2x)+p'_\mu(1-2y)\right]-2m^2\gamma_\mu,\\
M^2 &= m^2(x+y)+2p\cdot p'xy-p^2x(1-x)-p'^2y(1-y).
\end{aligned}
$$

注意到 $\Lambda_\mu^{(2)}(p',p)$ 夹在 $\overline{u}_{r'}(p')$ 和 $u_r(p)$ 之间, 因此利用自由运动方程可将 $P_\mu(p,p',x,y)$ 简化为

$$
\begin{aligned}
P_\mu(p,p',x,y) &= 2[x(1-x)(-m\gamma_\mu+2p_\mu)m+y(1-y)(-m\gamma_\mu+2p'_\mu)m\\
&\quad-(1-x)(1-y)(2m(p_\mu+p'_\mu)-3m^2\gamma_\mu)-xym^2\gamma_\mu]\\
&\quad+4m\left[p_\mu(1-2x)+p'_\mu(1-2y)\right]-2m^2\gamma_\mu\\
&= 2m^2\gamma_\mu[(x+y-2)^2-2]+4m[(y-xy-x^2)p_\mu+(x-xy-y^2)p'_\mu]\\
&= 2m^2\gamma_\mu[(x+y-2)^2-2]+4m[(yp_\mu+xp'_\mu)-(x+y)(xp_\mu+yp'_\mu).
\end{aligned}
$$

由于分母 M^2 中 x 和 y 处于对称位置, 即在交换 $x\leftrightarrow y$ 下不变, 因此可以将上式写为 $x\leftrightarrow y$ 不变的形式, 即令

$$
xp_\mu+yp'_\mu\to\frac{1}{2}(x+y)(p_\mu+p'_\mu),
$$

由此得

$$P_\mu(p,p',x,y) = 2m^2\gamma_\mu[(x+y-2)^2-2] + 2m(x+y)(1-x-y)(p_\mu+p'_\mu). \tag{15.8.7}$$

将 (15.8.7) 式代入 (15.8.6) 式就得到单圈图下对顶角的修正. 在 (15.8.7) 式中有两项, 第一项正比于 γ_μ, 第二项正比于 $(p+p')_\mu$, 由 Gordon 恒等式 (15.8.1) 知

$$\frac{e}{2m}\overline{u}_{r'}(p')(p+p')_\mu u_r(p) = e\overline{u}_{r'}(p')\left[\gamma_\mu - \mathrm{i}\frac{\sigma_{\mu\nu}}{2m}q^\nu\right]u_r(p), \tag{15.8.8}$$

这意味着 (15.8.7) 式中第二项对磁矩有贡献. 最低阶和单圈图修正下对顶角的贡献为

$$e\overline{u}_{r'}(p')\gamma_\mu u_r(p) \to e\overline{u}_{r'}(p')\left[\gamma_\mu + \Lambda_\mu^{(2)}(p',p)\right]u_r(p).$$

一般地讲, 从 Lorentz 结构应有

$$\begin{aligned}
&e\overline{u}_{r'}(p')\left[\gamma_\mu + \Lambda_\mu^{(2)}(p',p)\right]u_r(p)\\
&= e\overline{u}_{r'}(p')\left[F_1(q^2)\gamma_\mu + F_2(q^2)\frac{\mathrm{i}\sigma_{\mu\nu}}{2m}q^\nu\right]u_r(p),
\end{aligned} \tag{15.8.9}$$

其中

$$q^2 = (p'-p)^2 = -2p\cdot p' + 2m^2.$$

$F_1(q^2)$ 和 $F_2(q^2)$ 称为形状因子. (15.8.9) 式第一项是 Dirac 项, 前面已提到对 Landé 因子的贡献为 $2F_1(0)$, 重整化后要求 $F_1(0)=1$. 第二项是 Pauli 项, 对 Landé 因子的贡献为 $2F_2(0)$, 即 Landé 因子为

$$\begin{aligned}
g &= 2F_1(0) + 2F_2(0),\\
a &= F_2(0).
\end{aligned} \tag{15.8.10}$$

这里不去计算整个形状因子 $F_1(q^2)$ 和 $F_2(q^2)$, 只关心反常磁矩数值 $a=F_2(0)$. 当 $q^2=0$ 时, $M^2=m^2(x+y)^2$, (15.8.6) 式中分母与 q^2 无关. 将 (15.8.7) 式中第二项代入 (15.8.6) 式, 得到

$$\begin{aligned}
&-\frac{e^2}{(4\pi)^2}\int_0^1\mathrm{d}x\int_0^1\mathrm{d}y\theta(1-x-y)\left.\frac{2m(x+y)(1-x-y)(p_\mu+p'_\mu)}{M^2}\right|_{q^2=0}\\
&= -\frac{e^2}{(4\pi)^2}\int_0^1\mathrm{d}x\int_0^1\mathrm{d}y\theta(1-x-y)\frac{2m(x+y)(1-x-y)(p_\mu+p'_\mu)}{m^2(x+y)^2}\\
&= -\frac{e^2}{(4\pi)^2}\frac{(p_\mu+p'_\mu)}{m} = -\frac{\alpha}{2\pi}\frac{(p_\mu+p'_\mu)}{2m},
\end{aligned} \tag{15.8.11}$$

这意味着

$$a = F_2(0) = \frac{\alpha}{2\pi} \approx 0.0011614. \tag{15.8.12}$$

在 20 世纪 40 年代末, 实验上测得电子反常磁矩

$$a_{\mathrm{ex}} = 0.001167 \pm 0.000005, \tag{15.8.13}$$

两者高度符合. 理论上的单圈图修正结果首先是 Schwinger 在 1948 年计算得到的, 两者一致是对量子电动力学重整化理论极好的验证. 几十年来, 一方面实验技术不断提高, 精确测量不断对理论提出挑战, 另一方面理论计算从单圈修正到双圈修正、三圈修正等给出的不确定性越来越小. 可以将 a 展开为

$$a = \left[C_1 \frac{\alpha}{\pi} + C_2 \left(\frac{\alpha}{\pi}\right)^2 + C_3 \left(\frac{\alpha}{\pi}\right)^3 + C_4 \left(\frac{\alpha}{\pi}\right)^4 + \cdots\right]. \tag{15.8.14}$$

上式中第一项是 Schwinger 项, $C_1 = \frac{1}{2}$. 第二项是双圈图修正, 50 年代末由 Petermann 和 Sommerfeld 得到, $C_2 = 0.328479\cdots$. 第三项是三圈图修正, 有 72 个 Feynman 图, 手工解析计算工作量太大, 也不准确, 后来由电脑编程计算得到 $C_3 = 1.183 \pm 0.011$. 至于四圈修正有 891 个 Feynman 图, 五圈修正要计算 12672 个 Feynman 图. 总之, 几十年来实验测量技术和理论计算技巧不断提高, 对 a 来讲两者符合到 10^{-8} 量级, 可以说量子电动力学理论成功地得到了实验的验证.

上述所有结果可以推广到 μ 子和 τ 子情形, 其差别仅在于质量不同. μ 子的反常磁矩已计算到四圈图修正, 还应加上强子贡献和电弱圈图贡献, 理论计算结果为

$$a_{\mathrm{th}}^{\mu} = 1165919(10) \times 10^{-9},$$

而实验测量结果为

$$a_{\mathrm{exp}}^{\mu} = (11659202 \pm 14 \pm 6) \times 10^{-10}.$$

人们正试图进一步改进实验测量的精度和高圈图修正计算的技巧以检验标准模型和寻找超出标准模型的新物理. 标准模型理论框架内实验与理论预言大约存在 1.3 ~ 3.8 个标准差的不一致, 2021 年美国费米实验室的最新实验结果也与理论值相差 3.3 个标准差, 理论预言的不确定性主要来源于强子真空极化以及轻夸克对 μ 子反常磁矩的修正. 与标准模型的贡献相比, 超出标准模型的新物理对 μ 子反常磁矩的修正反比于新物理能标的平方. 当新物理能标为 TeV 时, 来自新物理的贡献被极大地压低.

习　题

1. 如果实标量场的相互作用项为 $\lambda\phi^4$, 请计算相互作用常数 λ、质量平方 m^2 和标量场的单圈重整化常数, 并证明

$$\beta(\lambda) = \mu\frac{\partial\lambda}{\partial\mu} = \frac{3\lambda^2}{16\pi^2}.$$

2. 粒子物理标准模型中, B^0-$\overline{B}^0$ 可以通过交换 $W^{\pm}$ 或者 $H^{\pm}$ (Feynman 规范中) 的箱图产生混合, 如图 1 所示. 在外线动量为零的情况下, 利用相应的 Feynman 规则, 计算该箱图贡献, 并证明该过程不存在紫外发散.

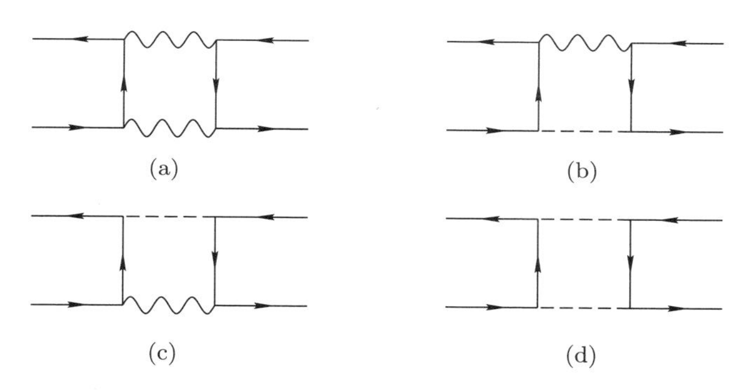

图 1　Feynman 规范下, B^0-$\overline{B}^0$ 混合 Feynman 图. 对于每个图, 均存在交换图

3. 在 QED 中, 完成矢量流顶点修正与旋量场自能修正的单圈完整计算, 并验证 Ward-Takahashi 恒等式.

第 16 章 非 Abel 规范对称性和量子化

粒子物理学中弱相互作用和电磁相互作用统一理论与描述夸克之间强相互作用的量子色动力学理论合在一起称为标准模型理论, 这是 20 世纪物理学最重要的成果之一. 在标准模型中传递电磁相互作用的媒介子是光子 (γ), 传递弱相互作用的是带电中间玻色子 $(\mathrm{W}^+, \mathrm{W}^-)$ 和中性中间玻色子 (Z), 传递强相互作用的是八种胶子 (g). 夸克、轻子以及传递相互作用的媒介子就是物质世界的基本单元, 它们遵从的规律是标准模型理论. 规范场论是构筑自然界基本相互作用理论的基础.

§16.1 非 Abel 规范场相互作用

§8.1 的讨论表明, Maxwell 场是 U(1) 规范场. 由于 U(1) 群是 Abel 群, 所以 U(1) 规范场又称为 Abel 规范场. 为了推广到非 Abel 规范相互作用, 我们首先回顾一下 §8.1 中的电磁相互作用. 对于电磁相互作用引入的整体规范变换群 U(1) 的参量 θ 不依赖于时空坐标. 如果将变换参量 θ 定域化, 即 θ 是 x 的函数 $\theta(x)$, 群空间的转动变换可以在任何时空点独立地进行, 即场量 ψ 做规范变换

$$\psi(x) \to \psi'(x) = \mathrm{e}^{\mathrm{i}\theta(x)}\psi(x), \tag{16.1.1}$$

相应的规范变换称为定域规范变换, 又称为第二类规范变换. 在电磁相互作用中规范群是 Abel 规范群 U(1), 即两次变换的次序是可交换的.

自由场的拉氏密度 $\mathcal{L}_0 = \mathrm{i}\overline{\psi}\gamma^\mu\partial_\mu\psi$ 在变换 (16.1.1) 下不是不变的. 事实上, 由于 $\partial_\mu\theta(x) \neq 0$, 自由场的拉氏密度由规范变换 (16.1.1) 引起的变化

$$\begin{aligned}\overline{\psi}(x)\gamma^\mu\partial_\mu\psi(x) \to \overline{\psi}'(x)\gamma^\mu\partial_\mu\psi'(x) &= \overline{\psi}(x)\mathrm{e}^{-\mathrm{i}\theta(x)}\gamma^\mu\partial_\mu(\mathrm{e}^{\mathrm{i}\theta(x)}\psi(x)) \\ &= \overline{\psi}(x)\gamma^\mu\partial_\mu\psi(x) + \mathrm{i}\overline{\psi}(x)\gamma^\mu\partial_\mu\theta(x)\psi(x),\end{aligned}$$

如果场 A_μ 也做变换

$$A_\mu(x) \to A_\mu(x) - \frac{1}{e}\partial_\mu\theta(x), \tag{16.1.2}$$

则自由拉氏密度的变化与变换 (16.1.2) 引起的 A_μ 场的变化相抵消, 因而有变换式

$$(\partial_\mu + \mathrm{i}eA_\mu)\psi \to \mathrm{e}^{\mathrm{i}\theta}(\partial_\mu + \mathrm{i}eA_\mu)\psi.$$

如果定义协变微商

$$\mathrm{D}_\mu \equiv \partial_\mu + \mathrm{i}eA_\mu,$$

那么就可以将上述变换 (16.1.1) 和 (16.1.2) 写成

$$\mathrm{D}_\mu\psi \to (\mathrm{D}_\mu\psi)' = \mathrm{e}^{\mathrm{i}\theta}\mathrm{D}_\mu\psi. \tag{16.1.3}$$

这就意味着如果将变换参量 θ 定域化, $\mathcal{L}_0 = \mathrm{i}\overline{\psi}\gamma^\mu\partial_\mu\psi$ 中场量 ψ 做 (16.1.1) 式的规范变换, 必须引入矢量规范场 A_μ, 令 $\partial_\mu \to \mathrm{D}_\mu \equiv \partial_\mu + \mathrm{i}eA_\mu$, 相应地 A_μ 按 (16.1.2) 变换, 才能保证理论的规范不变性. 显而易见, 反对称张量 $F_{\mu\nu} = \partial_\mu A_\nu - \partial_\nu A_\mu$ 在规范变换 (16.1.1) 和 (16.1.2) 下是不变的. 电磁相互作用拉氏密度

$$\mathcal{L} = \overline{\psi}(x)\left(\mathrm{i}\not{D} - m\right)\psi(x) - \frac{1}{4}F^{\mu\nu}F_{\mu\nu}$$

在 U(1) 规范群变换 (16.1.1) 和 (16.1.2) 下也是不变的. 协变微商 D_μ 满足

$$[\mathrm{D}_\mu, \mathrm{D}_\nu] = \mathrm{i}eF_{\mu\nu}. \tag{16.1.4}$$

反过来, 如果只要求拉氏密度满足 Lorentz 不变性, 在时间反演和空间反射变换下不变, 以及可重整要求, 那么 (16.1.3) 式还允许光子质量项 $-\dfrac{1}{2}m_\gamma^2 A^\mu A_\mu$ 存在. 显然此项在规范变换下不是不变的, 若要求规范不变性就不允许这一项存在. 因而电磁相互作用的规范不变性是与光子质量为零密切相关的, 或者说规范不变性要求导致光子质量为零. 可见规范不变性在构造电磁相互作用拉氏密度中起了重要作用: (1) 引入规范场 A_μ, 以协变微商 D_μ 代替偏微商 ∂_μ; (2) 光子的质量项不出现. 因此, Lorentz 不变性、时间反演和空间反射变换下的不变性、Abel 规范不变性以及可重整性这几条原理在一起就完全决定了电磁相互作用拉氏密度形式 (8.1.11). 由于光子不带电荷, 拉氏密度 (8.1.11) 中纯电磁场部分是自由场, 不存在电磁场本身的自相互作用.

规范变换不变性的思想可以推广到非 Abel 规范群. 1954 年, 杨振宁和 Mills 将 U(1) 群推广到 SU(2) 群, 发现了非 Abel 规范场的重要特点, 人们又称其为 Yang-Mills 规范场. 1967 年, Weinberg, Salam 和 Glashow 将其应用到 SU(2) × U(1) 群, 提出了电磁相互作用和弱相互作用统一理论. 1973 年 Gross, Politzer 和 Wilczek 引入 SU(3) 规范群建立了量子色动力学理论. 实际上规范变换不变性的思想可以推广到任一非 Abel 规范群, 例如 SU(2), SU(3), SU(N) 群等.

SU(N) 群是行列式为 1 的 $N \times N$ 幺模幺正矩阵的集合 $\{g\}$ 构成的幺正群, 是单纯和紧致的李群. 它有 $N^2 - 1$ 个生成元, $T^a (a = 1, 2, \cdots, N^2 - 1)$, 这些生成元满足对易关系

$$\left[T^a, T^b\right] = \mathrm{i}f^{abc}T^c, \tag{16.1.5}$$

其中重复指标为求和, f^{abc} 称为 SU(N) 群的结构常数. f^{abc} 具有全反对称性质, 即交换其中任意两个指标改变符号,

$$f^{abc} = -f^{bac}, \cdots .$$

N^2-1 个生成元不全部对易的性质决定了它是非 Abel 群. 由 T^a 张成的线性矢量空间在乘法和加法运算下封闭, 构成 SU(N) 群的李代数. 这些生成元满足 Jacobi 恒等式

$$\left[T^a, [T^b, T^c]\right] + \left[T^b, [T^c, T^a]\right] + \left[T^c, [T^a, T^b]\right] = 0. \tag{16.1.6}$$

将 (16.1.5) 式代入 (16.1.6) 式, 可以得到结构常数 f^{abc} 满足

$$f^{abd} f^{dce} + f^{bcd} f^{dae} + f^{cad} f^{dbe} = 0. \tag{16.1.7}$$

例如熟悉的 SU(3) 群的生成元就是 $T^a = \dfrac{1}{2}\lambda^a$, λ^a 是 (8.3.5) 式定义的八个 Gell-Mann 矩阵.

一般地讲, 李代数有任意维空间的表示, 在这些表示空间中的线性算符 (群元素 g 的矩阵实现) 满足 (16.1.5) 式的李代数对易关系. SU(N) 群的任何一个元素 g 都可以记成李代数中元素 T^a 的指数形式

$$\{g\} = \{\exp(-\mathrm{i}T^a\theta^a)\}. \tag{16.1.8}$$

下面介绍两种重要的表示: 伴随表示和基础表示. 由 Jacobi 恒等式 (16.1.5) 可知, 若生成元取作

$$(T^a)^{bc} = -\mathrm{i}f^{abc}, \tag{16.1.9}$$

显然满足李代数对易关系式 (16.1.5). 由 (16.1.9) 式得到的表示称为 SU(N) 群的伴随表示, 其生成元 T^a 是 $(N^2-1)\times(N^2-1)$ 的矩阵. 将 (16.1.9) 式代入 (16.1.6) 式就得到结构常数 f^{abc} 满足的 (16.1.7) 式. 这是自然的, 因为伴随表示的李代数就是由结构常数来表示的. 因此我们说一个场属于伴随表示就是指它在规范变换下的变换性质由结构常数确定.

单李代数的基础表示的严格定义是指最高权等于基本主权的表示, 直观地说, 对 SU(n) 群, N 个分量的费米子场 ψ_i $(i=1,2,\cdots,N)$ 就构成其基础表示的基, 例如量子色动力学中三种色夸克场就是 SU(3) 群基础表示的基.

利用自由场的拉氏密度 $\mathcal{L}_0 = \mathrm{i}\overline{\psi}\gamma^\mu\partial_\mu\psi$ 可写下 SU(N) 规范群变换下不变的拉氏密度. SU(N) 群变换下相应于 (16.1.1) 式的规范变换为

$$\psi_i(x) \to \psi_i'(x) = U_{ij}\psi_j(x), \quad U = \mathrm{e}^{-\mathrm{i}T^a\theta^a}, \tag{16.1.10}$$

其中 θ^a 是 $\mathrm{SU}(N)$ 群的参量. 对于整体规范变换它是常参量, 对于定域规范变换它是 x 的函数. 由于 θ^a 是 x 的函数, $\partial_\mu\theta^a \neq 0$, 拉氏密度由规范变换 (16.1.10) 引起的变化为

$$\begin{aligned}\overline{\psi}_i(x)\gamma^\mu\partial_\mu\psi_i(x) &\to \overline{\psi}'_i(x)\gamma^\mu\partial_\mu\psi'_i(x)\\ &= \overline{\psi}_i(x)U^\dagger_{ij}\gamma^\mu\partial_\mu(U\psi(x))_j\\ &= \overline{\psi}_i(x)\gamma^\mu\partial_\mu\psi_i(x) - \mathrm{i}\overline{\psi}_i(x)(T^a\gamma^\mu\partial_\mu\theta^a(x))_{ij}\psi_j(x).\end{aligned}$$

与电磁相互作用类似, 多出的一项需要引入矢量规范场 $A_\mu = T^a A^a_\mu$ 来抵消. 定义协变微商

$$\mathrm{D}_\mu \equiv \partial_\mu - \mathrm{i}gA_\mu, \tag{16.1.11}$$

其中

$$A_\mu = T^a A^a_\mu. \tag{16.1.12}$$

$A^a_\mu(a=1,2,\cdots,N^2-1)$ 是相应于规范群 $\mathrm{SU}(N)$ 引入的规范场, 其数目等于生成元的个数 N^2-1, g 是 $\mathrm{SU}(N)$ 的规范荷, 它标记着费米子场 ψ 和规范场 A^a_μ 之间的耦合强度. 对于非 Abel 规范场, 若要求写下 $\mathrm{SU}(N)$ 规范群不变的拉氏密度, 规范场 A^a_μ 的规范变换就不能像 Abel 规范场变换 (16.1.2) 那么简单. 费米子场在规范变换 (16.1.10) 下引起的变化如何为规范场在新的规范变换下引起的变化所抵消? 可以证明, 在非 Abel $\mathrm{SU}(N)$ 规范群下, 若定义规范场的规范变换

$$T^a A^a_\mu \to U\left(T^a A^a_\mu - \frac{\mathrm{i}}{g}U^{-1}\partial_\mu U\right)U^{-1}, \tag{16.1.13}$$

恰好保证了 $\mathrm{i}\overline{\psi}\gamma^\mu\mathrm{D}_\mu\psi$ 在规范变换 (16.1.10) 和 (16.1.13) 下是不变的. 至于拉氏密度中的动能项 $-\dfrac{1}{4}F^{\mu\nu}F_{\mu\nu}$, 其中 $F_{\mu\nu}$ 若按 $\partial_\mu A_\nu - \partial_\nu A_\mu$ 定义在 (16.1.13) 规范变换下显然不是不变的. 为此必须修改拉氏密度中的动能项使之满足在 (16.1.13) 规范变换下不变. 换句话说, 非 Abel 规范群下定义的

$$F_{\mu\nu} = T^a F^a_{\mu\nu} \tag{16.1.14}$$

应该是规范变换下协变的, 即

$$F_{\mu\nu} \to UF_{\mu\nu}U^{-1}. \tag{16.1.15}$$

注意到 $\mathrm{D}_\mu \to U\mathrm{D}_\mu U^{-1}$ 以及 $\mathrm{SU}(N)$ 群下 $\mathrm{D}_\mu\psi$ 的变换性质, 就可选择 (16.1.5) 式的对易关系 $[\mathrm{D}_\mu, \mathrm{D}_\nu]$ 来定义 $F_{\mu\nu}$, 以保证它在规范变换下的协变性, 即定义

$$[\mathrm{D}_\mu, \mathrm{D}_\nu] = -\mathrm{i}gF_{\mu\nu} = -\mathrm{i}gT^a F^a_{\mu\nu}. \tag{16.1.16}$$

利用 (16.1.10) 式计算对易关系 $[\mathrm{D}_\mu, \mathrm{D}_\nu]$ 得到规范场 A_μ^a 的场强

$$F_{\mu\nu}^a = \partial_\mu A_\nu^a - \partial_\nu A_\mu^a + g f^{abc} A_\mu^b A_\nu^c. \tag{16.1.17}$$

上式中第三项是非 Abel 规范场所特有的, 对于 Abel 规范场其结构常数为零, (16.1.17) 式就回到了电磁相互作用的场强表达式 $F_{\mu\nu} = \partial_\mu A_\nu - \partial_\nu A_\mu$. 利用 (16.1.12) 和 (16.1.14) 式可以将 (16.1.17) 式改写为

$$F_{\mu\nu} = \partial_\mu A_\nu - \partial_\nu A_\mu - \mathrm{i}g\left[A_\mu, A_\nu\right]. \tag{16.1.18}$$

可以证明由 (16.1.18) 式定义的 $F_{\mu\nu}$ 在非 Abel 规范变换下是协变的, 即满足 (16.1.15) 式. 这样按非 Abel 规范不变性原理建立的拉氏密度为

$$\begin{aligned}
\mathcal{L} &= \overline{\psi}(x)\left(\mathrm{i}\not{D} - m\right)\psi(x) - \frac{1}{2}\mathrm{Tr}\left(F^{\mu\nu}F_{\mu\nu}\right) \\
&= \overline{\psi}(x)\left(\mathrm{i}\not{D} - m\right)\psi(x) - \frac{1}{4}F^{a,\mu\nu}F_{\mu\nu}^a.
\end{aligned} \tag{16.1.19}$$

它从形式上完全类似于规范群为 U(1) 的 (16.1.3) 式. 为了验证这样定义的拉氏密度在规范变换 (16.1.10) 和 (16.1.13) 下是不变的, 可以考虑做一个无穷小变换, 即参量 θ^a 是无穷小量, 规范变换 $U = \mathrm{e}^{-\mathrm{i}T^a\theta^a}$ 中只取线性项,

$$U = I - \mathrm{i}T^a\theta^a, \tag{16.1.20}$$

其中 I 是单位矩阵. 将无穷小规范变换 (16.1.20) 代入 (16.1.10) 和 (16.1.13) 式, 就有

$$\delta\psi_i = -\mathrm{i}T_{ij}^a\theta^a\psi_j, \tag{16.1.21}$$

$$\delta A_\mu^a = f^{abc}\theta^b A_\mu^c - \frac{1}{g}\partial_\mu\theta^a, \tag{16.1.22}$$

在获得上式时已用到了生成元 T^a 的对易关系 (16.1.5). (16.1.22) 式表明规范场 A_μ^a 的变换性质与 T^a 的具体表示无关, 仅依赖于群的结构常数. 因此

$$\delta(\partial_\mu A_\nu^a - \partial_\nu A_\mu^a) = f^{abc}\theta^b(\partial_\mu A_\nu^c - \partial_\nu A_\nu^c) + f^{abc}[(\partial_\mu\theta^b)A_\nu^c - (\partial_\nu\theta^b)A_\mu^c]. \tag{16.1.23}$$

另一方面, (16.1.17) 式右边的第三项在无穷小变换下有

$$\begin{aligned}
\delta(gf^{abc}A_\mu^b A_\nu^c) &= gf^{abc}[(\delta A_\mu^b)A_\nu^c + A_\mu^b(\delta A_\nu^c)] \\
&= f^{abc}[g(f^{cde}A_\mu^b A_\nu^e + f^{bde}A_\nu^c A_\mu^e)(\theta^d - A_\mu^b\partial_\nu\theta^c - A_\nu^c\partial_\mu\theta^b)],
\end{aligned} \tag{16.1.24}$$

应用 Jacobi 恒等式 (16.1.7) 就可以得到

$$\delta(gf^{abc}A_\mu^bA_\nu^c) = f^{abc}(gf^{cde}A_\mu^dA_\nu^e\theta^b - A_\mu^b\partial_\nu\theta^c - A_\nu^c\partial_\mu\theta^b). \tag{16.1.25}$$

从 (16.1.24) 和 (16.1.25) 式可见, 两式相加的结果正好将 $\partial\theta$ 的项相消, 给出 $F_{\mu\nu}$ 在无穷小变换下的表达式

$$\delta F_{\mu\nu}^a = f^{abc}\theta^bF_{\mu\nu}^c. \tag{16.1.26}$$

考虑到 SU(N) 群结构常数的全反对称性将导致

$$\delta(F^{a\mu\nu}F_{\mu\nu}^a) = 2F^{a\mu\nu}\delta F_{\mu\nu}^a = 2f^{abc}\theta^bF_{\mu\nu}^aF^{c\mu\nu} = 0,$$

意味着规范场的动能项是规范变换下的不变量, 即拉氏密度在规范变换 (16.1.10) 和 (16.1.13) 下是不变的. 同样, 规范变换下的不变性使得规范场的质量项不能出现, 即规范场的质量为零. 值得强调指出, 拉氏密度 (16.1.19) 的一个重要特点是出现了规范场的自相互作用, 它们来自规范场动能项

$$-\frac{1}{4}\left(F^{a,\mu\nu}F_{\mu\nu}^a\right), \quad F_{\mu\nu}^a = \partial_\mu A_\nu^a - \partial_\nu A_\mu^a + gf^{abc}A_\mu^bA_\nu^c.$$

拉氏密度中具有三个规范场和四个规范场的自相互作用. 这一特点是非 Abel 规范场所特有的, 在电磁相互作用中不存在. 正是规范场自相互作用的存在使得非 Abel 规范场论出现新的特点.

总之, 由费米子场满足整体规范变换 SU(N) 群下不变的拉氏密度可以构造满足定域规范不变性的理论, 即规范变换 $U = \mathrm{e}^{-\mathrm{i}T^a\theta^a}$ 中 $\theta^a(x)$ 是时空点 x 的函数. 定域规范不变性理论中必须引入物理的矢量规范场 A_μ^a, 通过将 ∂_μ 变换为协变微商 $\mathrm{D}_\mu \equiv \partial_\mu - \mathrm{i}gA_\mu$ 引入拉氏密度. 其中矢量场的个数等于 SU(N) 群生成元的个数 $(a = 1, 2, \cdots, N^2-1)$, 矢量场 A_μ^a 的场强 $F_{\mu\nu}$ 由 (16.1.18) 式定义, 并由此产生了非 Abel 规范群下规范场自相互作用的基本特点.

类似于第 3 章中的讨论, 由非 Abel 规范场拉氏密度 (16.1.19) 可以导出规范场的经典运动方程, 能量-动量张量以及与对称群相应的 Noether 流等.

本节一开始就提到, 为了满足基础表示场 ψ 定域规范变换下不变, 引入了规范势, 真正有物理意义的是场强 $F_{\mu\nu}$. 特别地, 从 $F_{\mu\nu}$ 的定义可见, 存在一类规范势使得

$$F_{\mu\nu} = 0. \tag{16.1.27}$$

满足方程 (16.1.27) 的解为

$$A_\mu = \frac{\mathrm{i}}{g}U^\dagger\partial_\mu U. \tag{16.1.28}$$

可以证明 (16.1.28) 和 (16.1.27) 式互为充要条件. 我们称这一类解为纯规范势.

§16.2 非 Abel 规范场量子化

在第 6 章已讨论了自旋为 1 的电磁场的量子化, 由于规范场 A_μ 不直接是物理上可观察的电场和磁场, 它的非物理自由度需要引入 Lorenz 条件来限制. 而 Lorenz 条件存在使得直观的正则量子化方案遇到了困难, 人们采取将 Lorenz 条件转换为对物理态的限制来绕过困难, 这样仍可应用正则量子化方法. 对于 Yang-Mills 场 (非 Abel 规范场) 难以应用 Gupta 和 Bleuler 方案绕过正则量子化遇到的困难. 为此人们采用路径积分量子化方法. 路径积分量子化方法保持非 Abel 规范场的协变性和规范不变性. 类似于 §6.4 所做的, 首先写下非 Abel 规范场生成泛函 $Z(J)$:

$$Z(J) = \int [\mathrm{d}A] \exp\left\{\mathrm{i}\int \mathrm{d}^4 x\,(\mathcal{L}(x) + AJ)\right\}, \tag{16.2.1}$$

$$Z(0) = \int [\mathrm{d}A] \exp(\mathrm{i}S), \tag{16.2.2}$$

其中作用量 $S = \int \mathrm{d}^4 x \mathcal{L}(x)$, $\mathcal{L}(x) = -\frac{1}{4}F^{a,\mu\nu}F^a_{\mu\nu}$. 显然作用量 S 在规范变换 (16.1.22) 下是不变的. 以下以 SU(3) 为例, 非 Abel 规范群 SU(3) 有 8 个生成元 $T^a(a=1,2,\cdots,8)$. 由于下面要讨论到泛函积分测度的选择, 将 $A^a_\mu(x)$ 明显地用规范参量标记为 $A^{(\theta)a}_\mu(x)$, 即

$$A^a_\mu(x) \to A'^a_\mu(x) = A^{(\theta)a}_\mu(x) = A^a_\mu(x) + f^{abc}\theta^b A^c_\mu(x) - \frac{1}{g}\partial_\mu\theta^a, \tag{16.2.3}$$

这里参量 θ^a 描写了属于规范群 $G=\mathrm{SU(3)}$ 的所有 $U(\theta)$ 的变换. 从一个固定的 $A^a_\mu(x)$ 由变换 $U(\theta)$ 获得的所有 $A^{(\theta)a}_\mu(x)$ 构成一个子集. (16.2.1) 式中 $[\mathrm{d}A]$ 在规范变换 (16.2.3) 下也是不变的, 因为

$$[\mathrm{d}A] = \prod_{\mu,a}[\mathrm{d}A^a_\mu], \tag{16.2.4}$$

$$\begin{aligned}[\mathrm{d}A'] &= [\mathrm{d}A]\det\left(\frac{\partial A'}{\partial A}\right) = [\mathrm{d}A]\det(\delta^{ab} - f^{abc}\theta^c)\\ &= [\mathrm{d}A](1+O(\theta^2)),\end{aligned} \tag{16.2.5}$$

因此生成泛函 $Z(0)$ 也是规范不变的. 然而 $Z(J) = \int [\mathrm{d}A]\exp\left\{\mathrm{i}\int \mathrm{d}^4x\,(\mathcal{L}+AJ)\right\}$ 不是规范不变的.

现在考察规范固定条件, 一般将条件设为

$$G^\mu A^a_\mu(x) = B^a \qquad (a=1,2,\cdots,8). \tag{16.2.6}$$

当 $G^\mu=\partial^\mu, B^a=0$ 时, (16.2.6) 式就是 Lorenz 条件 $\partial\cdot A^a(x)=\partial^\mu A^a_\mu(x)=0$. $A^a_\mu(x)$ 按 (16.2.3) 式做变换获得的上述子集中任一 $A^{(\theta)a}_\mu(x)$ 也满足条件 (16.2.6), 即

$$G^\mu A^{(\theta)a}_\mu(x)=B^a. \tag{16.2.7}$$

这样一个规范固定条件使得 θ^a 受到一定限制, 例如 Lorenz 条件要求 θ^a 是方程 $\Box\theta^a=0$ 的解. 引入泛函 $\Delta_G[A]$ 使它满足

$$\Delta_G[A]\int[\mathrm{d}g]\delta^n(G^\mu A^{(\theta)a}_\mu-B^a)=1, \tag{16.2.8}$$

其中 g 是规范群 SU(3) 的元素. 上式定义的泛函积分是在群 $G=\mathrm{SU}(3)$ 的群元素 g 上进行的. $[\mathrm{d}g]$ 是群空间上泛函积分的不变测度. 由于群 G 是紧致群, 其不变测度具有左移和右移不变的性质, 即

$$[\mathrm{d}g]=[\mathrm{d}gg']=[\mathrm{d}g'g]. \tag{16.2.9}$$

若以群参量 θ^a 来表示, 不变测度

$$[\mathrm{d}g]=\prod_a[\mathrm{d}\theta^a]. \tag{16.2.10}$$

将 (16.2.10) 式代入 (16.2.8) 式, 可以将 $\Delta_G[A]$ 的逆表示为

$$\frac{1}{\Delta_G[A]}=\int\prod_a\{[\mathrm{d}\theta^a]\delta(G^\mu A^{(\theta)a}_\mu-B^a)\}. \tag{16.2.11}$$

进一步将证明由此定义的 $\Delta_G[A]$ 是规范不变的. 对 $A^a_\mu(x)$ 做规范变换 (16.2.3), $A^a_\mu(x)\to A^{(\theta)a}_\mu(x)$, 上式变为

$$\begin{aligned}\frac{1}{\Delta_G[A^{(\theta)}]}&=\int\prod_a\{[\mathrm{d}\theta'^a]\delta(G^\mu A^{(\theta\theta')a}_\mu-B^a)\}\\&=\int\prod_a\{[\mathrm{d}(\theta\theta')^a]\delta(G^\mu A^{(\theta\theta')a}_\mu-B^a)\}\\&=\frac{1}{\Delta_G[A]}.\end{aligned} \tag{16.2.12}$$

由于 (16.2.8) 式右边为 1, 可以将此式插入 (16.2.2) 式, 得到

$$Z(0)=\int[\mathrm{d}A]\prod_a[\mathrm{d}\theta^a]\Delta_G[A]\delta^n(G^\mu A^{(\theta)a}-B^a)\exp(\mathrm{i}S). \tag{16.2.13}$$

在 (16.2.13) 式中, 除了 δ 函数以外都是规范不变的, 因此可以不需要特别标记 $A^{(\theta)a}_\mu(x)$. (16.2.13) 式变为

$$Z(0)=\int[\mathrm{d}A][\mathrm{d}g]\Delta_G[A]\delta^n(G^\mu A^a-B^a)\exp(\mathrm{i}S). \tag{16.2.14}$$

由于被积函数与群空间不变测度 $[\mathrm{d}g]$ 无关, 可以交换积分次序在 (16.2.14) 式中分出泛函积分 $\int[\mathrm{d}g]$, 这是一个无穷大常数. 其实这一点已在 (16.2.1) 式中暗含了. 当 $A_\mu^a(x)$ 做规范变换 $A_\mu^a(x)\to A_\mu^{(\theta)a}(x)$ 时, 作用量 S 在所有 $A_\mu^{(\theta)a}(x)$ 的子集中是一个常数, 因此当积分区域无穷大时其泛函积分是发散的. 现在找到了一个办法分出了无穷大常数, 从而可以定义规范场的泛函积分,

$$Z(0)=\int[\mathrm{d}A]\varDelta_G[A]\delta^n(G^\mu A^a-B^a)\exp(\mathrm{i}S). \tag{16.2.15}$$

这相当于约定规范场的泛函积分的不变测度为 1. 这样引入外源后的生成泛函成为

$$Z(J)=\int[\mathrm{d}A]\varDelta_G[A]\prod_{a,x}\delta^n(G^\mu A^a-B^a)\exp\left\{\mathrm{i}\int\mathrm{d}^4x\left(\mathcal{L}(x)+A_\mu^aJ^{a\mu}\right)\right\}. \tag{16.2.16}$$

如果定义

$$(M_G(x,y))^{ab}=\frac{\delta(G^\mu A_\mu^{(\theta)a}(x))}{\delta\theta^b(y)}, \tag{16.2.17}$$

由 (16.2.11) 式可以解出 $\varDelta_G[A]$ 的明显形式

$$\varDelta_G[A]=\det M_G. \tag{16.2.18}$$

将 (16.2.18) 式代入 (16.2.15) 式, 给出

$$Z(J)=\int[\mathrm{d}A]\det M_G\prod_{a,x}\delta^n(G^\mu A^a-B^a)\exp\left\{\mathrm{i}\int\mathrm{d}^4x\left(\mathcal{L}(x)+A_\mu^aJ^{a\mu}\right)\right\}. \tag{16.2.19}$$

注意到 (16.2.19) 式中 B^a 是任意的, 我们可以在泛函积分意义下对 $Z(J)$ 在 $B^a(x)$ 上选择合适的权重函数求平均. 在 (16.2.19) 式两边乘以权重函数

$$\exp\left\{-\frac{\mathrm{i}}{2\alpha}\int\mathrm{d}^4x(B^a(x))^2\right\} \tag{16.2.20}$$

并利用

$$\begin{aligned}&\int[\mathrm{d}B]\exp\left\{\frac{-\mathrm{i}}{2\alpha}\int\mathrm{d}^4x(B^a(x))^2\right\}\prod_{a,y}\delta(G^\mu A_\mu^a(y)-B^a(y))\\&=\exp\left\{\frac{-\mathrm{i}}{2\alpha}\int\mathrm{d}^4x(G^\mu A_\mu^a)^2\right\},\end{aligned} \tag{16.2.21}$$

就可以将 (16.2.19) 式改写为

$$Z(J)=\int[\mathrm{d}A]\det M_G\exp\left\{\mathrm{i}\int\mathrm{d}^4x\left(\mathcal{L}(x)-\frac{1}{2\alpha}(G^\mu A_\mu^a)^2+A_\mu^aJ^{a\mu}\right)\right\}, \tag{16.2.22}$$

其中 α 是规范固定参量. 这样 (16.2.22) 式将 δ 函数引入的规范固定条件 (16.2.7) 变为指数形式, 就与前面利用拉格朗日乘子法处理规范条件相类似.

(16.2.22) 式与 (6.4.18) 式类似, 不同之处在于电磁场下 (6.4.18) 式中 $\det M_G$ 与 $A_\mu(x)$ 无关, 可以提到积分外, 而这里 $\det M_G$ 一般地讲与 $A_\mu^a(x)$ 有关, 必须留在积分号内, 正是此因子的存在使得非 Abel 规范场的正则量子化遇到困难. 将 (16.2.3) 式代入定义 (16.2.17) 式就可以得到 M_G 的明显表达式

$$\begin{aligned}(M_G(x,y))^{ab} &= \frac{\delta(G^\mu A_\mu^{(\theta)a}(x))}{\delta\theta^b(y)} \\ &= G^\mu(f^{abc}A_\mu^c - \frac{1}{g}\partial_\mu\delta^{ab})\delta^4(x-y) \\ &= -\frac{1}{g}G^\mu(\delta^{ab}\partial_\mu - gf^{abc}A_\mu^c)\delta^4(x-y).\end{aligned} \tag{16.2.23}$$

将 Lorenz 规范 $G^\mu = \partial^\mu$ 代入就得到

$$(M_G(x,y))^{ab} = -\frac{1}{g}(\delta^{ab}\Box - gf^{abc}\partial^\mu A_\mu^c)\delta^4(x-y). \tag{16.2.24}$$

类似地对于轴规范 (包括光锥规范) $G^\mu = n^\mu$, 有

$$(M_G(x,y))^{ab} = -\frac{1}{g}(\delta^{ab}n\cdot\partial - gf^{abc}n\cdot A^c)\delta^4(x-y). \tag{16.2.25}$$

对于时性规范 $G^\mu = (1,0,0,0)$, 有

$$(M_G(x,y))^{ab} = -\frac{1}{g}(\delta^{ab}\partial_0 - gf^{abc}A_0^c)\delta^4(x-y). \tag{16.2.26}$$

对于 Coulomb 规范 $G^\mu = (0,\nabla)$, 有

$$(M_G(x,y))^{ab} = \frac{1}{g}(\delta^{ab}\nabla^2 - gf^{abc}\nabla\cdot A^c)\delta^4(x-y). \tag{16.2.27}$$

(16.2.24)~(16.2.27) 式就是常用的几种规范条件下 $M_G(x,y)$ 的明显表达式.

注意到在轴规范 ($n\cdot A^c = 0$) 和时性规范 ($A_0^c = 0$) 下, 从 (16.2.25) 和 (16.2.26) 式可知 $M_G(x,y)$ 与非 Abel 群 G 的结构常数 f^{abc} 无关, 因此 $\det M_G$ 就简化为一个常数, 从而不存在正则量子化的困难, 但不能保持协变性. 同样当 G 是 Abel 群, 即第 6 章中讨论的量子电动力学情况时, f^{abc}=0, 也不存在正则量子化困难. 但当 G 是非 Abel 群且取协变规范 (Lorenz 规范) 时则不能绕开正则量子化的困难, 宜采取路径积分量子化途径, 既能保持 Lorentz 协变性又能保持规范不变性. 在协变规范下, 即规范固定条件 $G^\mu = \partial^\mu$ 时, M_G 由 (16.2.24) 式描述,

$$(M_G(x,y))^{ab} = -\frac{1}{g}(\delta^{ab}\Box - gf^{abc}\partial^\mu A_\mu^c)\delta^4(x-y).$$

显然在协变规范下 M_G 依赖于规范场 A_μ, 它的行列式 $\det M_G$ 不是常数. 注意到第 5 章中 (5.4.22) 式表明一个行列式可以表达为满足 Grassmann 代数的场构成的指数形式, 这意味着 (16.2.22) 式右边积分内的行列式可以指数化. 历史上, Faddeev 和 Popov 认真分析了这个重要因子 $\det M_G$, 引入了满足 Grassmann 代数的虚构的复场 $C(x)$, 使得 $\det M_G$ 表达为

$$\det M_G = \int [\mathrm{d}C][\mathrm{d}C^*] \exp\left\{-\mathrm{i}\int \mathrm{d}^4x\mathrm{d}^4y C^{a*}(x)(M_G(x,y))^{ab}C^b(y)\right\}, \quad (16.2.28)$$

即将 $\det M_G$ 指数化包含在拉氏密度中. 对于协变规范, $M_G(x-y)$ 由 (16.2.24) 式描述. 注意到

$$\partial^\mu D_\mu^{ab} = \delta^{ab}\Box - g f^{abc}\partial^\mu A_\mu^c$$

并将它代入 (16.2.28) 式进行分部积分, 就可得到

$$\int \mathrm{d}^4x\mathrm{d}^4y C^{a*}(x)(M_G(x,y))^{ab}C^b(y) = -\int \mathrm{d}^4x(\partial^\mu C^a(x))^* D_\mu^{ab}C(x). \quad (16.2.29)$$

虚构的复场 $C(x)$ 满足第 5 章中对旋量场引入的 Grassmann 代数, 但它不是旋量场而是复标量场, 被称为鬼场. 对鬼场引入外源 ξ, ξ^* 后, 将 (16.2.28) 式代入 (16.2.22) 式可得到非 Abel 规范场情况下的生成泛函,

$$Z(J,\xi,\xi^*) = \int [\mathrm{d}A]\,[\mathrm{d}C]\,[\mathrm{d}C^*] \exp\left\{\mathrm{i}\int \mathrm{d}^4x(\mathcal{L}_{\text{eff}} + AJ + C^*\xi + \xi^*C)\right\}. \quad (16.2.30)$$

在 (16.2.30) 式中 $AJ, C^*\xi, \xi^*C$ 分别是 $A_\mu^a J^{a\mu}, C^{a*}\xi^a, \xi^{a*}C^a$ $(a = 1,2,\cdots,8)$ 的缩写, 其中 J,ξ,ξ^* 分别是 A, C^*, C 的源函数. 上式中 $\mathcal{L}_{\text{eff}}$ 是相应的有效拉氏密度,

$$\mathcal{L}_{\text{eff}} = \mathcal{L}_{\text{G}} + \mathcal{L}_{\text{GF}} + \mathcal{L}_{\text{FP}}. \quad (16.2.31)$$

上式中等号右边的三项分别为规范场项、规范固定项以及 Faddeev-Popov 鬼场项, 其形式分别为

$$\mathcal{L}_{\text{G}} = -\frac{1}{4}F_{\mu\nu}^a F^{a\mu\nu}, \quad (16.2.32)$$

$$\mathcal{L}_{\text{GF}} = -\frac{1}{2\alpha}(\partial^\mu A_\mu^a)^2, \quad (16.2.33)$$

$$\mathcal{L}_{\text{FP}} = (\partial^\mu C^{a*})D_\mu^{ab}C^b. \quad (16.2.34)$$

将 (16.2.31) 式与 (6.4.18) 式相比较可知, 将 $\det M_G$ 指数化后不同点在于 $\mathcal{L}_{\text{eff}}$ 中多了一项 (16.2.34), 这意味着引入鬼场 $C(x)$ 后生成泛函具有类似的形式, 从而实现了非 Abel 规范场路径积分量子化. 注意到 (16.2.30) 式中的指数形式, 人们可以将

生成泛函分解为规范场项、规范固定项以及 Faddeev-Popov 鬼场项三项生成泛函乘积的形式. (16.2.30) 式定义的生成泛函将成为我们讨论微扰展开的出发点, 由此可计算任意 Green 函数.

对于 Faddeev-Popov 鬼场项, 对 (16.2.29) 式做分部积分可得

$$Z_0^{\mathrm{FP}}(\xi,\xi^*)=\int[\mathrm{d}C][\mathrm{d}C^*]\exp\left\{\mathrm{i}\int\mathrm{d}^4x(C^{a*}K^{ab}C^b+C^*\xi+\xi^*C)\right\},\quad(16.2.35)$$

其中

$$K^{ab}=-\delta^{ab}\Box.\qquad(16.2.36)$$

进一步利用下列等式定义 K^{ab} 的逆函数 D^{ab}:

$$\int\mathrm{d}^4zK^{ac}(x-z)D^{cb}(z-y)=\delta^{ab}\delta^4(x-y).\qquad(16.2.37)$$

求解方程可得相应的逆函数

$$D^{ab}(x)=-\delta^{ab}\int\frac{\mathrm{d}^4k}{(2\pi)^4}\frac{1}{k^2+\mathrm{i}\epsilon}\mathrm{e}^{-\mathrm{i}k\cdot x}.\qquad(16.2.38)$$

逆函数 (16.2.38) 是鬼场的传播子. 进一步在 (16.2.35) 式中对 C,C^* 做泛函积分, 与分立状况做类似的讨论并利用 Gauss 积分, 就得到

$$Z_0^{\mathrm{FP}}(\xi,\xi^*)=\exp\left\{-\mathrm{i}\int\mathrm{d}^4x\mathrm{d}^4y\xi^{a*}(x)D^{ab}(x-y)\xi^b(y)\right\}.\qquad(16.2.39)$$

在得到 (16.2.39) 式时已忽略了无关的常数. 类似地可以定义鬼场两点 Green 函数

$$\langle 0|T[C(x)C^*(y)]|0\rangle=\frac{(-\mathrm{i})^2}{Z_0^{\mathrm{FP}}(0,0)}\frac{\delta^2Z_0^{\mathrm{FP}}(\xi,\xi^*)}{\delta\xi^{a*}\delta(-\xi^b)}\bigg|_{\xi=\xi^*=0}=\mathrm{i}D^{ab}(x,y).\quad(16.2.40)$$

从自由场的生成泛函给出了两点 Green 函数, 相应于鬼场自由场的传播子. 它们在动量空间的表达式为

$$D^{ab}(k)=-\delta^{ab}\frac{1}{k^2}.\qquad(16.2.41)$$

这种虚构的鬼场是为了处理规范固定条件行列式 $\det M_G$ 而引入的, 从物理上讲规范固定条件本质上是消去非物理自由度的约束条件, 因此鬼场不会出现在物理过程的初态和末态, 仅出现在中间过程中, 不会影响真实的物理自由度.

对于复的鬼场, 人们也可以引入两个独立的实场 C_1^a 和 C_2^a 来描述, C_1^a和C_2^a 仍然满足 Grassmann 代数, 它们自身的平方为零, 即

$$(C_1^a)^2=(C_2^a)^2=0.\qquad(16.2.42)$$

令

$$C^a = (C_1^a + \mathrm{i}C_2^a)/\sqrt{2}, \tag{16.2.43}$$

那么 (16.2.34) 式就可用这两个实场来表示,

$$\mathcal{L}_{\mathrm{FP}} = (\partial^\mu C^{a*})D_\mu^{ab}C^b = \mathrm{i}(\partial^\mu C_1^a)D_\mu^{ab}C_2^b, \tag{16.2.44}$$

在写出最后一个等号时已忽略了全散度项.

§16.3 规范理论的 Feynman 规则

上一节从定义规范场的生成泛函 (16.2.30) 给出了规范玻色子场传播子 (16.2.38) 和鬼场传播子 (16.2.41), 同样对于相互作用顶点, 可以通过 (16.2.30) 式对具有相互作用的生成泛函

$$Z[J,\xi,\xi^*] = \left\{1 + \mathrm{i}\int \mathrm{d}^4x\mathcal{L}_{\mathrm{eff}}^{\mathrm{i}}\left(\frac{\delta}{\mathrm{i}\delta J^{a\mu}}, \frac{\delta}{\mathrm{i}\delta\xi^{a*}}, \frac{\delta}{\mathrm{i}\delta(-\xi^a)}\right)\right\} Z_0[J,\xi,\xi^*] \tag{16.3.1}$$

展开求泛函微商得到. 将 (16.2.30) 式中相应的相互作用项代入上式就得到相应的顶角, 例如可以获得三胶子、四胶子顶角的 Green 函数, 见图 16.3.1.

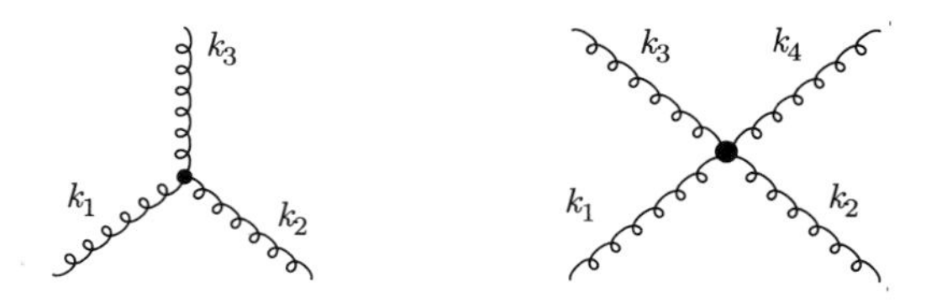

图 16.3.1 量子色动力学中的三胶子、四胶子顶角

对于三胶子顶点, 在对生成泛函中的外源做三次泛函微分并将 $D_{\mu\nu}(x_1-x_2)$ 的 Fourier 变换式代入, 即得

$$\begin{aligned}\langle 0|T[A_{\mu_1}^{a_1}(x_1)A_{\mu_2}^{a_2}(x_2)A_{\mu_3}^{a_3}(x_3)]|0\rangle = -\mathrm{i}g\int \frac{\mathrm{d}^4k_1}{(2\pi)^4}\frac{\mathrm{d}^4k_2}{(2\pi)^4}\mathrm{e}^{\mathrm{i}k_1\cdot x_1+\mathrm{i}k_2\cdot x_2+\mathrm{i}k_3\cdot x_3}\\ \times\frac{d_{\mu_1\nu_1}d_{\mu_2\nu_2}d_{\mu_3\nu_3}}{k_1^2k_2^2k_3^2}f^{a_1a_2a_3}V_{\nu_1\nu_2\nu_3}(k_1,k_2,k_3),\end{aligned} \tag{16.3.2}$$

其中 $k_3 = -(k_1+k_2)$,

$$V_{\nu_1\nu_2\nu_3}(k_1,k_2,k_3) = g_{\nu_1\nu_2}(k_1-k_2)_{\nu_3} + g_{\nu_2\nu_3}(k_2-k_3)_{\nu_1} + g_{\nu_3\nu_1}(k_3-k_1)_{\nu_2}. \tag{16.3.3}$$

同样对于四胶子顶角, 其结果为

$$\langle 0|T[A_{\mu_1}^{a_1}(x_1)A_{\mu_2}^{a_2}(x_2)A_{\mu_3}^{a_3}(x_3)A_{\mu_4}^{a_4}(x_4)]|0\rangle = -\mathrm{i}g^2\int\frac{\mathrm{d}^4k_1\mathrm{d}^4k_2\mathrm{d}^4k_3}{(2\pi)^4(2\pi)^4(2\pi)^4}\mathrm{e}^{\mathrm{i}k_1\cdot x_1+\mathrm{i}k_2\cdot x_2+\mathrm{i}k_3\cdot x_3}$$
$$\times\frac{d_{\mu_1\nu_1}(k_1)d_{\mu_2\nu_2}(k_2)d_{\mu_3\nu_3}(k_3)d_{\mu_4\nu_4}(k_4)}{k_1^2k_2^2k_3^2k_4^2}W^{a_1a_2a_3a_4,\nu_1\nu_2\nu_3\nu_4}, \tag{16.3.4}$$

其中

$$\begin{aligned}W_{\mu_1\mu_2\mu_3\mu_4}^{a_1a_2a_3a_4} &= g_{\mu_1\mu_2}g_{\mu_3\mu_4}(f^{a_1a_3a}f^{a_2a_4a}-f^{a_1a_4a}f^{a_3a_2a})\\ &\quad+g_{\mu_1\mu_3}g_{\mu_2\mu_4}(f^{a_1a_2a}f^{a_3a_4a}-f^{a_1a_4a}f^{a_2a_3a})\\ &\quad+g_{\mu_1\mu_4}g_{\mu_2\mu_3}(f^{a_1a_3a}f^{a_4a_2a}-f^{a_1a_2a}f^{a_3a_4a}).\end{aligned} \tag{16.3.5}$$

对于鬼粒子和胶子顶角,

$$\langle 0|T[C^{a_1*}(x_1)C^{a_2}(x_2)A_{\mu}^{a_3}(x_3)]|0\rangle = -\mathrm{i}gf^{a_1a_2a_3}\int\frac{\mathrm{d}^4k_1\mathrm{d}^4k_2}{(2\pi)^4(2\pi)^4}\mathrm{e}^{-\mathrm{i}k_1\cdot x_1+\mathrm{i}k_2\cdot x_2+\mathrm{i}k_3\cdot x_3}$$
$$\times\frac{d_{\mu\nu}(k_3)}{k_1^2k_2^2k_3^2}k_1^{\nu}. \tag{16.3.6}$$

其中 $k_3=k_1-k_2$, 而 k_1 是鬼粒子 C^* 的动量.

最终可以得到规范理论微扰展开中相应的 Feynman 规则:

(1) 规范玻色子传播子:

$$D_{\mu\nu}^{ab}(k) = -\frac{\delta^{ab}d_{\mu\nu}(k^2)}{k^2+\mathrm{i}\epsilon}. \tag{16.3.7}$$

(2) 鬼场传播子:

$$\frac{\delta^{ab}}{k^2+\mathrm{i}\epsilon}. \tag{16.3.8}$$

(3) 三规范玻色子顶角:

$$\mathrm{i}gf^{abc}V_{\mu\nu\lambda}(k_1,k_2,k_3). \tag{16.3.9}$$

(4) 四规范玻色子顶角:

$$-g^2W_{\mu\nu\lambda\sigma}^{abcd}. \tag{16.3.10}$$

(5) 鬼-规范玻色子顶角:

$$\mathrm{i}gf^{abc}k_{\mu}. \tag{16.3.11}$$

一共有三个顶角和两个传播子, 所有鬼场出现在圈图内, 由于 Grassmann 代数的结果, 鬼场圈贡献一个负号. 三个顶角都具有普适的 g. 这里三规范玻色子顶角和四规范玻色子顶角是 Abel 规范场中所没有的, 在 QED 中光子是中性的, 没有自相互作用.

如果进一步考虑费米子和标量粒子与规范玻色子的耦合还会有相应的 Feynman 规则, 这将在下面两章中分别讨论.

§16.4 Becchi-Rouet-Stora-Tyutin(BRST) 对称性

为了讨论非 Abel 规范场有效拉氏密度 (见 (16.2.31) 式) 的规范对称性, 先观察一下量子电动力学 (QED) 中在协变规范下的拉氏密度

$$\mathcal{L}=\overline{\psi}(\mathrm{i}\not{D}-m)\psi-\frac{1}{4}F_{\mu\nu}F^{\mu\nu}-\frac{1}{2\alpha}(\partial_\mu A^\mu)^2. \tag{16.4.1}$$

上式中最后一项是规范固定项. 显然拉氏密度中前两项在规范变换 (16.1.10) 和 (16.1.13) 下是不变的. 第三项是规范固定项, 它在规范变换下不是不变的. 如果将规范变换写成无穷小变换, 令

$$\theta(x)=\epsilon\omega(x), \tag{16.4.2}$$

其中 ϵ 是无穷小数, 那么 (16.1.1) 和 (16.1.2) 式记作

$$\begin{aligned}\psi(x)&\to\psi(x)-\mathrm{i}\epsilon\omega\psi(x),\\ A_\mu(x)&\to A_\mu(x)+\frac{\epsilon}{e}\partial_\mu\omega(x).\end{aligned} \tag{16.4.3}$$

(16.4.2) 式前两项在无穷小变换 (16.4.3) 下是不变的. 形式上如果将 $\omega(x)$ 看作一个无质量、无相互作用的场, 附加

$$\mathcal{L}_\omega=-\frac{1}{2}(\partial_\mu\omega)(\partial^\mu\omega) \tag{16.4.4}$$

到拉氏密度 (16.4.1) 上, 并约定 $\omega(x)$ 做相应的变换

$$\omega(x)\to\omega(x)-\frac{\epsilon}{\alpha}\partial_\mu A^\mu(x), \tag{16.4.5}$$

那么总拉氏密度 $(\mathcal{L}+\mathcal{L}_\omega)$ 在变换 (16.4.3) 和 (16.4.5) 下是不变的 (这里已丢了一个全散度项). 这就恢复了协变规范下 QED 拉氏密度的规范不变性.

现在考察非 Abel 规范场情况. 其拉氏密度由 $\mathcal{L}_{\text{eff}}=\mathcal{L}_{\text{G}}+\mathcal{L}_{\text{F}}+\mathcal{L}_{\text{GF}}+\mathcal{L}_{\text{FP}}$ 来描述, 显然拉氏密度的经典部分 $\mathcal{L}_{\text{cl}}=\mathcal{L}_{\text{G}}+\mathcal{L}_{\text{F}}$ 是规范不变的, 而 $\mathcal{L}_{\text{GF}}+\mathcal{L}_{\text{FP}}$ 破坏规范不变性. 因此拉氏密度的量子形式 $\mathcal{L}_{\text{eff}}$ 就不再具有规范变换 (16.1.21) 和

(16.1.22) 下的规范不变性. 从 QED 的讨论可见, 既然在经典拉氏量上已附加了具有鬼场的 $\mathcal{L}_{\mathrm{GF}}+\mathcal{L}_{\mathrm{FP}}$, 那么如果考虑鬼场的变换就有可能恢复推广的规范不变性. 注意到在无穷小变换下 (16.1.21) 和 (16.1.22) 式给出的 $\delta\psi_i$ 和 δA_μ^a 的变化

$$\delta\psi_i=-\mathrm{i}T^a\theta^a\psi_i, \tag{16.4.6}$$

$$\delta A_\mu^a=f^{abc}\theta^b A_\mu^c-\frac{1}{g}\partial_\mu\theta^a=-\frac{1}{g}D_\mu^{ab}\theta^b. \tag{16.4.7}$$

Becchi, Rouet 和 Stora 发现, 如果令

$$\theta^a(x)=-g\delta\lambda C_2^a(x), \tag{16.4.8}$$

其中 $\delta\lambda$ 是无穷小的 Grassmann 数, 即满足

$$\{\delta\lambda, C_2^a(x)\}=0, \tag{16.4.9}$$

且鬼场变换为

$$\delta C_1^a=\mathrm{i}\delta\lambda\frac{1}{\alpha}\partial^\mu A_\mu^a, \tag{16.4.10}$$

$$\delta C_2^a=-\frac{1}{2}\delta\lambda g f^{abc}C_2^b C_2^c, \tag{16.4.11}$$

那么拉氏密度 $\mathcal{L}_{\mathrm{eff}}$ 在变换 (16.4.6),(16.4.7), (16.4.10) 和 (16.4.11) 下是不变的. 这个证明是直接的, 由于变换 (16.4.10) 和 (16.4.11) 只涉及 $\mathcal{L}_{\mathrm{eff}}$ 中的后两项 $\mathcal{L}_{\mathrm{GF}}+\mathcal{L}_{\mathrm{FP}}$, 只须证明这两项在此变换下不变即可. $\mathcal{L}_{\mathrm{GF}}+\mathcal{L}_{\mathrm{FP}}$ 在无穷小变换下的改变为

$$\delta(\mathcal{L}_{\mathrm{GF}}+\mathcal{L}_{\mathrm{FP}})=-\frac{1}{\alpha}(\partial^\mu A_\mu^a)(\partial^\nu A_\nu^a)+\mathrm{i}(\partial^\mu\delta C_1^a)D_\mu^{ab}C_2^b+\mathrm{i}(\partial^\mu C_1^a)\delta(D_\mu^{ab}C_2^b), \tag{16.4.12}$$

其中

$$\begin{aligned}\delta(D_\mu^{ab}C_2^b)&=\delta[(\delta^{ab}\partial_\mu-gf^{abc}A_\mu^c)C_2^b]\\&=\delta^{ab}\partial_\mu\delta C_2^b-gf^{abc}\delta\lambda(D_\mu^{cd}C_2^d)C_2^b-gf^{abc}A_\mu^c\delta C_2^b.\end{aligned} \tag{16.4.13}$$

将变换 (16.4.10),(16.4.11) 式代入 (16.4.12) 式就可以得到

$$\delta(\mathcal{L}_{\mathrm{GF}}+\mathcal{L}_{\mathrm{FP}})=-\mathrm{i}g(\partial^\mu C_1^a)A_\mu^e(f^{abe}\delta C_2^b+\delta\lambda g f^{abe}f^{cde}C_2^b C_2^d). \tag{16.4.14}$$

再将 (16.4.11) 式代入 (16.4.14) 式的括号中, 有

$$\begin{aligned}\delta(\mathcal{L}_{\mathrm{GF}}+\mathcal{L}_{\mathrm{FP}})&=-\mathrm{i}g(\partial^\mu C_1^a)A_\mu^e\left(f^{abe}\left(-\frac{1}{2}\delta\lambda g f^{bcd}C_2^c C_2^d\right)+\delta\lambda g f^{abc}f^{cde}C_2^b C_2^d\right)\\&=-\mathrm{i}g(\partial_\mu C_1^a)A_\mu^e\delta\lambda\frac{g}{2}(f^{abc}f^{cde}+f^{adc}f^{ceb}+f^{aec}f^{cbd})C_2^b C_2^d\\&=0,\end{aligned} \tag{16.4.15}$$

在获得最后一个等式时用到了 Jacobi 恒等式 (16.1.6). 因此量子化的总拉氏密度在变换 (16.4.6), (16.4.7), (16.4.10) 和 (16.4.11) 下是不变的, 即

$$\delta(\mathcal{L}_{\text{eff}}) = 0. \tag{16.4.16}$$

这意味着量子化的总拉氏密度具有一种新的对称性, 称为 Becchi-Rouet-Stora(BRS) 对称性, 其相应的变换 (16.4.6), (16.4.7), (16.4.10) 和 (16.4.11) 称为 BRS 变换, 包括了鬼场的变换. 实际上非 Abel 规范场的经典拉氏密度在规范变换 (16.4.6),(16.4.7) 下是不变的, 而非 Abel 规范场的量子拉氏密度是在包含鬼场变换的 BRS 变换下不变的. 值得指出的是, Tyutin 差不多同时独立地发现了同样的变换, 文献中也称 BRS 变换为 BRST 变换. BRS 变换或 BRST 变换在以后推导非 Abel 规范场论中广义的 Ward-Takahashi 恒等式和讨论重整化时是很有用的.

习 题

1. 证明 (16.4.15) 式.
2. 对于包含规范固定项和鬼场的非 Abel 规范场, 请给出其平移变换的守恒流

$$\begin{aligned} T_{\mu\nu} = & \frac{1}{2}\mathrm{i}\overline{\psi}\mathrm{i}\mathrm{D}^{(\mu}\gamma^{\nu)}\psi + \frac{1}{2}\mathrm{i}\overline{\psi}\mathrm{i}\overleftarrow{\mathrm{D}}^{(\mu}\gamma^{\nu)}\psi - g_{\mu\nu}\mathcal{L} \\ & -F^a_{\mu\rho}F^{a\rho}_{\nu} - g_{\mu\nu}\frac{1}{\xi}\partial^\rho\left(A^a_\rho\partial\cdot A^a\right) + \frac{1}{\xi}(A^a_\mu\partial_\nu\partial\cdot A^a) + \frac{1}{\xi}(A^a_\nu\partial_\mu\partial\cdot A^a) \\ & +(\partial_\mu C^{a*})(\mathrm{D}_\nu C)^a + (\partial_\nu C^{a*})(\mathrm{D}_\mu C)^a. \end{aligned}$$

   需要注意的是, 守恒流不具备唯一性.
3. 对于 SU(2) 群, 生成元可以选择为 Pauli 矩阵, 如果 $\lambda^2 = \lambda_1^2 + \lambda_2^2 + \lambda_3^2$, 证明:

$$\mathrm{Tr}[\mathrm{e}^{\mathrm{i}\sigma_i\lambda_i}] = 2\cos(\lambda).$$

4. 证明伴随表示等式

$$\Omega^{\text{adj}}_{ab}(x) = \frac{1}{T_{\text{F}}}\mathrm{Tr}\left[T^a\Omega(x)T^b\Omega^{-1}(x)\right],$$

   其中 $\Omega(x)$ 是规范变换,

$$\Omega(x) = \exp\left[\mathrm{i}T^a\theta^a\right],\quad \Omega^{\text{adj}}(x) = \exp\left[\mathrm{i}(T^a)^{\text{adj}}\theta^a\right],$$

   T^a 是 SU(N) 群生成元, 满足

$$[T^a, T^b] = \mathrm{i}f^{abc}T^c, (T^a)^{\text{adj}}_{bc} = \mathrm{i}f^{bac}.$$

   提示: 利用微分方程方法, 如果 $\mathrm{d}f_1(s)/\mathrm{d}s = \mathrm{d}f_2(s)/\mathrm{d}s$ 且 $f_1(0) = f_2(0)$, 则 $f_1(s) = f_2(s)$. 可以选择 $f_2(s) = \Omega^{\text{adj}}(sx)$.

第 17 章　量子色动力学

本章介绍强相互作用基本理论——量子色动力学. 它是基于非 Abel 群 SU(3) 色对称性建立的规范理论. 我们首先简单回顾建立量子色动力学的实验基础和遵从 SU(3) 色对称性的拉氏密度. 量子色动力学的基本成分是夸克和胶子, 它的拉氏密度决定了它的两个基本特点: 渐近自由和夸克禁闭. 渐近自由的特点决定了大动量迁移的物理过程可以较好地应用微扰论计算, 由拉氏密度给出相应的 Feynman 规则. 本章进一步将介绍微扰计算的正规化、重整化以及跑动耦合常数等基本内容.

§17.1　电子-质子深度非弹性散射实验

20 世纪 60 年代初, 随着高能加速器的发展, 在加速器实验中发现了一大批直接参与强相互作用的粒子, 它们的寿命极短. 这些已发现的基本粒子达一百多种, 按照相互作用可以分为两类: 一类是直接参与强相互作用的粒子, 如质子、中子、π 介子、奇异粒子和一系列的共振态粒子等, 统称为强子, 而强子又分为自旋为整数的介子和自旋为分数的重子; 另一类是不直接参与强相互作用, 只直接参与电磁、弱相互作用的粒子, 如电子、μ 子和中微子等, 统称为轻子.

那时, 人们按对称性表示很好地对众多强子进行了分类, 这种分类非常像门捷列夫元素周期表. 当时实验上发现的相当一部分强子的奇异量子数不为零, 例如 $\mathrm{K}^{\pm}, \mathrm{K}^0, \overline{\mathrm{K}}{}^0, \Sigma^+, \Sigma^0, \Lambda, \Xi^0, \Xi^-$ 等. 人们还发现大量奇异粒子产生过程中奇异量子数是守恒的. Gell-Mann 和 Nishijima 进一步引入了超荷 $Y = B + S$, 其中 B 为重子数, S 为奇异数, 它们与电荷存在关系

$$Q = \frac{Y}{2} + T_3,$$

其中 T_3 为同位旋第三分量. 这样很自然地将描述同位旋空间的对称性推广到包含奇异数的对称性. 选择群的秩为 2, 以 T_3 和 Y 这两个好量子数对强子谱进行分类, 在平面图上取横坐标为 T_3, 纵坐标为 Y, 人们惊奇地发现实验上发现的上百种强子态可以按 SU(3) 群表示分类, 介子可以填充在群的单态和八重态里, 而重子则填充在八重态和十重态里. 例如, 自旋为 0 的 8 个赝标介子和自旋为 1 的 8 个矢量介子分别填充在各自的 8 维表示中, 自旋为 1/2 的 8 个重子和自旋为 3/2 的 10 个重子分别填充在 8 维表示和 10 维表示中. 当时自旋为 3/2 的 10 个重子中, Ω 粒子尚未发现, SU(3) 分类预言了 Ω 粒子的存在并预言了它的自旋为 3/2, 奇异量子数

为 –3, 质量 $m \approx 1670$ MeV. 不久实验上发现了它, 证实了众多的强子谱成功地按 SU(3) 群表示分类.

基于 SU(3) 对称性成功地将强子谱分类这一事实, 1964 年, Gell-Mann 和 Zweig 提议对应于群基础表示的三个基为构造强子的基本单元, 并称之为三种夸克,

$$q = \begin{pmatrix} u \\ d \\ s \end{pmatrix}. \tag{17.1.1}$$

介子、重子按 SU(3) 群表示分类可以理解为由三种不同夸克 u, d, s 构成, 按照数学上 SU(3) 群的表示性质, 介子是由夸克和反夸克构成, 重子是由三个夸克构成, 从而解释了介子和重子谱的分类. 加速器实验的发展还发现, 质子不是点粒子, 而是有一定内部结构的粒子. 所有这些实验结果都证实了强子具有内部结构, 促使人们接受了对应于 SU(3) 群的基础表示三个基的三种夸克为粒子物理中更基本的组成成分, 并构造了夸克模型、层子模型等来描述强子的内部结构. 对称性理论的发展对探讨强子内部结构和提出作为物质结构下一层次的夸克极为重要. 实验上发现的上百种强子分类规律性揭示了粒子物理下一层次夸克的存在, 人们形象地称夸克的不同类型为夸克的 "味". 大量的高能物理实验证实了三种轻夸克 (u, d, s) 的存在和夸克模型的成功. 提出夸克以及引入它的味自由度开创了粒子物理从强子层次深入到夸克层次的新篇章. 1974 年, 丁肇中和 Richter 发现了粲夸克 c, 1977 年, Lederman 等发现了底夸克 b, 1995 年, 顶夸克 t 被发现, 这就表明除了三种轻夸克 (u, d, s) 外还有三种重夸克, 共有 6 种味 (u, d, s, c, b, t). 这 6 种味的夸克及其反夸克就是构成所有数百种强子的 "基本" 单元.

夸克模型成功地将强子谱进行了分类并解释了大量的实验事实, 但它没有涉及强子内部夸克之间相互作用的动力学规律. 1967 年, 美国斯坦福直线加速器中心 (SLAC) 利用电子打质子的深度非弹性散射实验寻找质子内部夸克构成和相互作用规律, Friedman, Kendall 和 Taylor 发现了电子-质子的深度非弹性散射实验具有标度无关性规律 (scaling law). 电子-质子深度非弹性散射是一个单举 (inclusive) 过程, 见图 17.1.1, 实验上只观察末态电子而不测量其他强子态 X,

$$\mathrm{e}(k) + \mathrm{p}(P) \to \mathrm{e}(k') + X(P_X),$$

X 代表所有可能的强子, 它们的总动量为 P_X. 定义 $q = k - k' = P_X - P$ 和 $P \cdot q = Mv$, 取运动学变量 $Q^2 = -q^2$, 那么在实验室系 ($\boldsymbol{P} = \boldsymbol{0}$) 中, 微分截面为

$$\begin{aligned}\frac{d\sigma^2}{\mathrm{d}E'\mathrm{d}\Omega} &= \frac{4\alpha^2(E')^2}{Q^4}\left[W_2(q^2,v)\cos^2\frac{\theta}{2} + 2W_1(q^2,v)\sin^2\frac{\theta}{2}\right] \\ &= \left(\frac{\mathrm{d}\sigma}{\mathrm{d}\Omega}\right)_{\mathrm{Mott}}\left[W_2(q^2,v) + 2W_1(q^2,v)\tan^2\frac{\theta}{2}\right],\end{aligned} \tag{17.1.2}$$

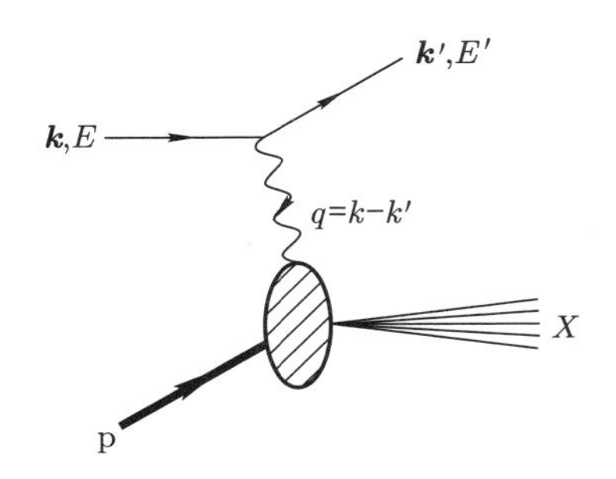

图 17.1.1 电子-质子深度非弹性散射过程

其中 $\dfrac{\mathrm{d}\sigma^2}{\mathrm{d}\Omega}$ 是相对论电子在 Coulomb 场中的散射截面, 称为 Mott 截面, θ 是实验室系中电子的散射角, Ω 为立体角, E' 为出射电子的能量. 实验结果表明, 对于固定的 x, $x=\dfrac{1}{\omega}=\dfrac{Q^2}{2Mv}$, 在 $Q^2>1\ \mathrm{GeV}^2$ 能区内存在标度无关性现象, 即 W_1 和 vW_2 不再是 Q^2 和 v 两个变量的函数, 仅是它们的比值 $x=\dfrac{Q^2}{2Mv}$ (x 是无量纲量) 的函数,

$$\begin{aligned} MW_1(x,Q^2) &\to F_1(x), \\ vW_2(x,Q^2) &\to F_2(x). \end{aligned} \tag{17.1.3}$$

实验上还发现它们之间存在一个近似的 Callen-Gross 关系

$$F_2(x)=2xF_1(x). \tag{17.1.4}$$

结构函数 $MW_1(x,Q^2)$ 和 $\nu W_2(x,Q^2)$ 仅是无量纲量 x 的函数, 而与 Q^2 无关, 表明结构函数独立于任何能量标度.

Bjorken 首先认识到, 如果电子-质子的非弹性散射是电子与质子内部的许多类点成分发生的不相干的弹性散射, 那么标度无关性现象就自然发生. 实验上的标度无关性现象揭示了强子的两个最显著的特征: (1) 强子内部有很多点状结构; (2) 强子内的点状成分在动量迁移足够大时相互作用很微弱, 有如自由粒子. 电子-质子深度非弹性散射过程中电子是与质子内许多无相互作用的自由点粒子发生相互作用, Feynman 称质子内的这些点粒子为部分子 (parton). 实验上发现的关系式 $2xF_1(x)=F_2(x)$ 意味着这些与电子相互作用的部分子是自旋为 $\dfrac{1}{2}$ 的点粒子. 质子是由夸克组成的, 质子内自旋为 $\dfrac{1}{2}$ 的部分子就是所有的价夸克和海夸克 (大量夸克和反夸克对). 由此自然地建立了夸克-部分子模型 (quark-parton model), 它很好地解释了标度无关性实验现象, 告诉人们在动量迁移足够大 ($Q^2>1\ \mathrm{GeV}^2$) 时, 质子内大量的部分子之间近似地无相互作用, 这些部分子是自由点粒子, 呈现渐近自由现象.

在实验基础上建立的夸克-部分子模型, 很好地解释了标度无关性. 不久后人们又发现, 当动量迁移再升高时, 标度无关性规律按某种规律受到破坏 (scaling violation), 仅在一定的 Q^2 范围内近似地保持, 当 Q^2 增加时, 强子的结构函数明显地依赖于 Q^2, 即 $F_i(x) \to F_i(x, Q^2)(i = 1, 2)$. 或者说, 这一现象表明, 随着 Q^2 增大, 质子内近似自由的点粒子之间的相互作用使得强子的结构函数按一定规律依赖于 Q^2, 这为建立量子色动力学理论起到了关键性作用. 强子 h 的结构函数 $F_i(x, Q^2)$ 可以由强子内的部分子分布函数 $G_{a/h}(x, Q)$ (parton distribution function, 简称 PDF) 确定,

$$F_2(x, Q) = x \sum_a \mathrm{e}_\alpha^2 G_{a/h}(x, Q), \tag{17.1.5}$$

其中 a 是对强子内的所有部分子求和, e_a 是第 a 个部分子的电荷, $G_{a/h}(x, Q)$ 是给定 Q 在强子内发现第 a 个部分子具有纵向动量分数 x 的概率密度.

标度无关性破坏现象使人们认识到质子内的夸克之间存在相互作用. 这些结果对粒子物理的影响是深远的, 人们接着的问题是: 什么样的强相互作用理论具有渐近自由的特点? 这些部分子之间存在什么样的相互作用使得标度无关性规律受到破坏?

§17.2 SU(3) 色规范群

夸克模型很好地解释了强子谱, 当时所发现的强子或者是由两个正、反夸克 (介子) 或者是由三个夸克 (重子) 组成. 然而夸克模型中存在自旋-统计矛盾. 例如重子是由三个价夸克组成的, 三个夸克的总波函数应由三部分组成:

$$\psi(123) = \psi_{\text{space}}(123) \times \psi_{\text{spin}}(123) \times \psi_{\text{flavor}}(123), \tag{17.2.1}$$

其中 $\psi_{\text{space}}(123)$ 是三个夸克的空间波函数, $\psi_{\text{spin}}(123)$ 是三个夸克的自旋波函数, $\psi_{\text{flavor}}(123)$ 是三个夸克的 SU(3) 味波函数 (u, d, s 是夸克三种不同的味), 或者说是味空间的 SU(3) 波函数. 夸克是自旋为 1/2 的费米子, 总波函数应满足 Fermi-Dirac 统计, 即 $\psi(123)$ 的三个组成夸克中交换任意两个是反对称的. 然而在夸克模型中并不是这样. 以 Δ^{++} 为例, 它的自旋为 3/2, 由三个 u 夸克组成,

$$\Delta^{++} = (\mathrm{u} \uparrow \mathrm{u} \uparrow \mathrm{u} \uparrow),$$

三个夸克自旋向上, 显然在自旋空间也是对称的, 味空间是由同一种味 —— u 夸克组成, 因而也是对称的. 这样, 如果要求 Δ^{++} 的总波函数是反对称的, 只有要求空

间部分是反对称的, 但这是不可能的, 因为 s 波基态波函数总是对称的. 还可以从另一个角度看空间波函数. 实验上表明质子形状因子中没有节点, 这意味着空间波函数不可能是反对称的, 因此总的波函数只能是对称的, 这就与 Fermi-Dirac 统计相矛盾. 解决这一矛盾有两种可能途径: 一种是修改统计性质, 引入三套夸克或综合 (para) 统计; 另一种是引入一个新的内部自由度 “色” (color) (1972 年由 Gell-Mann 提出). 尽管空间、自旋、味空间是对称的, 然而只要新引入的自由度 “色” 是反对称的, 总的波函数仍是反对称的. 这意味着夸克除了内部自由度 “味” (u, d, s 以及后来发现的重夸克 c, b, t) 不同外, 每种夸克还具有三种不同的 “色” (如可用红 (R)、绿 (G)、蓝 (B) 来标记), 由此就可以做到在夸克模型里强子遵从相应的费米和玻色统计. 对 “色” 自由度的实验验证非常快, 代表性的如 e^+e^- 对撞中 R 值

$$R = \frac{\sigma(e^+e^- \to 强子)}{\sigma(e^+e^- \to \mu^+\mu^-)} \tag{17.2.2}$$

的测量, 其中 σ 是相应过程的碰撞截面. 一方面在夸克模型里可以直接计算 $R = N_c \sum_{i=1}^{n_f} Q_i^2$, 其中 n_f 是夸克的味数, N_c 是夸克的色数, Q_i 是第 i 种夸克的电荷值. 另一方面实验上可以在正负电子对撞机实验中精确地测量 R 值. 早期及北京谱仪 (BES) 的实验都证实了色数 $N_c = 3$. 实验上测量的 $\pi^0 \to \gamma\gamma$ 衰变概率值也证实了夸克的 “色” 数 $N_c = 3$. 每一种夸克含有内部色空间自由度, 即有三种不同的色, 不同色夸克之间的强相互作用使得它们被紧紧束缚在强子内部, 不能被击出呈现自由的状态, 人们形象地称此物理现象为 “夸克禁闭” . 强子态都是色单态, 实验上并未观察到带色量子数的强子和自由夸克, 因此色空间应具有某种精确的对称性, 它禁闭了夸克致使实验上只观察到无色 (色单态) 的强子. 另一方面, 每一种夸克含有内部空间 (色空间) 自由度, 不同色夸克之间的强相互作用是通过传递带色的胶子而发生的. 无色强子内的夸克之间的相互作用是产生标度无关性破坏现象的根源.

每一种夸克有三种不同的色, 而强子态都是色单态, 描述夸克模型中无色量子数的强子态有两种可能性, 对于介子和重子分别为

$$M : \overline{q}_i q_i,$$

$$B : \epsilon_{ijk} q_i q_j q_k,$$

这里 $i, j, k = 1, 2, 3$ 是夸克的色指标, 求和是对所有色求和, M 和 B 都是无色量子数的强子态. 实验上观察到的夸克禁闭说明, 由三种色量子数作为基张开的色空间, 在色空间内做任一变换 U 不会使强子态变出颜色来, 而是变换到强子态自身. U 矩阵的幺正性保证了态矢的正交归一性, 且行列式为 1, 因此物理上的需求选择了 SU(3) 规范群. 三种色的夸克 q_i 属于规范群 SU(3) 的基础表示. 在 SU(3) 空间

中做一变换

$$q_i \to q_i' \equiv U_{ij} q_j, \tag{17.2.3}$$

显然有

$$\sum_i \overline{q}' q_i' = \sum_{i,j} \overline{q}_i U_{ji}^* U_{jk} q_k = \sum_{i,j} \overline{q}_i U_{ji}^\dagger U_{jk} q_k = \sum_i \overline{q}_i q_i,$$

$$\sum_{i,j,k} \epsilon_{ijk} q_i q_j q_k = \epsilon_{ijk} U_{im} U_{jn} U_{kp} q_m q_n q_p = \epsilon_{mnp} q_m q_n q_p,$$

即介子态和重子态在 U 变换下的确变回到自身. 那些在 U 变换下变为自身的态称为色单态. 所有强子态都是色单态.

把上一章讨论非 Abel 规范群相互作用的理论应用到 SU(3) 群. SU(3) 群有 8 个生成元 $T^a(a=1,2,\cdots,8)$,

$$[T^a, T^b] = \mathrm{i} f^{abc} T^c. \tag{17.2.4}$$

由 T^a 张成的线性矢量空间在乘法和加法运算下封闭, 构成 SU(3) 群的李代数. 其中不为零的结构常数 f^{abc} 如表 17.2.1 所示, 具有全反对称性质, 即交换其中任意两个指标改变符号,

$$f^{abc} = -f^{bac}, \tag{17.2.5}$$

且有 Jacobi 恒等式

$$[T^a, [T^b, T^c]] + [T^b, [T^c, T^a]] + [T^c, [T^a, T^b]] = 0. \tag{17.2.6}$$

将 (17.2.4) 式代入上式可以得到结构常数 f^{abc} 满足的条件

$$f^{adb} f^{dce} + f^{bcd} f^{dae} + f^{cad} f^{dbe} = 0, \tag{17.2.7}$$

其中重复指标为求和. SU(3) 群生成元矩阵表示为 $T^a = \dfrac{1}{2}\lambda^a$, 这里 λ^a 为 Gell-Mann 矩阵:

$$\lambda^1 = \begin{pmatrix} 0 & 1 & 0 \\ 1 & 0 & 0 \\ 0 & 0 & 0 \end{pmatrix}, \quad \lambda^2 = \begin{pmatrix} 0 & -\mathrm{i} & 0 \\ \mathrm{i} & 0 & 0 \\ 0 & 0 & 0 \end{pmatrix}, \quad \lambda^3 = \begin{pmatrix} 1 & 0 & 0 \\ 0 & -1 & 0 \\ 0 & 0 & 0 \end{pmatrix},$$

$$\lambda^4 = \begin{pmatrix} 0 & 0 & 1 \\ 0 & 0 & 0 \\ 1 & 0 & 0 \end{pmatrix}, \quad \lambda^5 = \begin{pmatrix} 0 & 0 & -\mathrm{i} \\ 0 & 0 & 0 \\ \mathrm{i} & 0 & 0 \end{pmatrix}, \quad \lambda^6 = \begin{pmatrix} 0 & 0 & 0 \\ 0 & 0 & 1 \\ 0 & 1 & 0 \end{pmatrix}, \tag{17.2.8}$$

$$\lambda^7 = \begin{pmatrix} 0 & 0 & 0 \\ 0 & 0 & -\mathrm{i} \\ 0 & \mathrm{i} & 0 \end{pmatrix}, \quad \lambda^8 = \frac{1}{\sqrt{3}} \begin{pmatrix} 1 & 0 & 0 \\ 0 & 1 & 0 \\ 0 & 0 & -2 \end{pmatrix},$$

$$[\lambda^a, \lambda^b] = 2\mathrm{i} f^{abc}\lambda^c, \tag{17.2.9}$$

$$\mathrm{Tr}(\lambda^a) = 0, \tag{17.2.10}$$

$$\mathrm{Tr}(\lambda^a\lambda^b) = 2\delta^{ab}. \tag{17.2.11}$$

如 §16.1 中对 SU(N) 群所做的介绍, SU(3) 群也有基础表示和伴随表示.

表 17.2.1　SU(3) 群不为零的结构常数

abc	123	147	156	246	157	345	367	458	678
f^{abc}	1	$\frac{1}{2}$	$-\frac{1}{2}$	$\frac{1}{2}$	$\frac{1}{2}$	$\frac{1}{2}$	$-\frac{1}{2}$	$\frac{\sqrt{3}}{2}$	$\frac{\sqrt{3}}{2}$

§17.3　量子色动力学的拉氏密度

1973 年, Gross, Wilczek 和 Politzer 分别发表的论文提议了 SU(3) 色规范群下非 Abel 规范场论可以作为强相互作用的量子场论, 其重整化 β 函数是负的, 具有反屏蔽性质, 使得有效耦合常数 $\alpha_\mathrm{s}(Q^2)$ 随着 Q^2 增大而减小, 即具有渐近自由性质. 基于他们三人发现的这一性质, 人们建立了强相互作用量子场论 —— 量子色动力学 (QCD).

由规范不变性原理建立的拉氏密度 (16.1.19) 可写出量子色动力学拉氏密度形式为

$$\begin{aligned}\mathcal{L}(x) &= \overline{\psi}(\mathrm{i}\not{D} - m)\psi(x) - \frac{1}{2}\mathrm{Tr}(F^{\mu\nu}F_{\mu\nu}) \\ &= \overline{\psi}(x)(\mathrm{i}\not{D} - m)\psi(x) - \frac{1}{4}(F^{a,\mu\nu}F^a_{\mu\nu}),\end{aligned} \tag{17.3.1}$$

其中协变微商

$$\mathrm{D}_\mu \equiv \partial_\mu - \mathrm{i}gA_\mu, \quad A_\mu = T^a A^a_\mu. \tag{17.3.2}$$

A^a_μ 是相应于规范群 SU(3) 引入的规范场, $T^a(a = 1, 2, \cdots, 8)$ 是 SU(3) 群的生成元, g 是带色费米子场 ψ 和规范场 A^a_μ 之间的耦合强度. (17.3.2) 式中规范场 A^a_μ 的场强

$$F^a_{\mu\nu} = \partial_\mu A^a_\nu - \partial_\nu A^a_\mu + g f^{abc} A^b_\mu A^c_\nu, \tag{17.3.3}$$

或者由 (16.1.14) 式定义 $F_{\mu\nu} = T^a F^a_{\mu\nu}$, 有

$$F_{\mu\nu} = \partial_\mu A_\nu - \partial_\nu A_\mu - \mathrm{i}g[A_\mu, A_\nu]. \tag{17.3.4}$$

相应于规范群 SU(3) 引入的矢量场 A_μ^a 有 8 个, 是强相互作用的无质量媒介子, 称为胶子. 8 个胶子分别对应于 SU(3) 色规范群的 8 个生成元 T^a. SU(3) 群变换下相应于 (16.1.1) 式的规范变换为 (色指标 $i, j = 1, 2, 3$)

$$\psi_i(x) \to \psi_i'(x) = U_{ij}\psi_j(x), \quad U = \mathrm{e}^{-\mathrm{i}T^a\theta^a}, \tag{17.3.5}$$

其中 θ^a 是 SU(3) 群的参量 $(a = 1, 2, \cdots, 8)$, 对于整体规范变换是常参量, 对于定域规范变换是 x 的函数. 由于 θ^a 是 x 的函数, $\partial_\mu\theta^a \neq 0$, 可以证明在非 Abel SU(3) 规范群下, 拉氏密度 (17.3.1) 中费米子场在规范变换 (17.3.5) 下引起的变化为规范场在新的规范变换下引起的变化所抵消. 规范场的规范变换为

$$A_\mu^a \to A_\mu'^a(x) = A_\mu^a(x) + f^{abc}\theta^b A_\mu^c(x) - \frac{1}{g}\partial_\mu\theta^a, \tag{17.3.6}$$

或者记为

$$T^a A_\mu^a \to U\left(T^a A_\mu^a - \frac{\mathrm{i}}{g}U^{-1}\partial_\mu U\right)U^{-1}. \tag{17.3.7}$$

从 (17.3.1) 式可见, 量子色动力学 (QCD) 拉氏密度在形式上与量子电动力学 (QED) 拉氏密度 (8.1.11) 是一样的, 但规范群不一样. 在量子电动力学中, 规范群是 Abel 群, 矢量场 A_μ 仅有 1 个分量, 基本成分是电子和光子, 而在量子色动力学理论中规范群是非 Abel SU(3) 群, 矢量场 A_μ^a 有 8 个分量, 基本成分是夸克和胶子. 8 个胶子分别对应于 SU(3) 色规范群的 8 个生成元 T^a, 它们不是色中性的, 属于色八重态. 因此胶子是带色的, 它们的作用是诱导不同色夸克之间的转换, 传递强相互作用. 正是由于胶子带色荷, 之间有自相互作用从而产生了反屏蔽效应, 决定了强相互作用的渐近自由性质. 这种三个规范场和四个规范场的自相互作用来自规范场动能项 $-\frac{1}{4}(F^{a,\mu\nu}F_{\mu\nu}^a)(F_{\mu\nu}^a = \partial_\mu A_\nu^a - \partial_\nu A_\mu^a + gf^{abc}A_\mu^b A_\nu^c)$. 在电磁相互作用中由于光子电中性, 不存在规范场的自作用. 这样按非 Abel 规范不变性原理建立的拉氏密度从形式上讲完全类似于规范群为 U(1) 的量子电动力学拉氏密度.

类似于电磁场, 由此引入的规范场 A_μ^a 不仅有横向分量还有纵向和标量分量, 即 A_μ^a 含有非物理自由度, 需要引入规范固定条件来限制, 如协变的 Lorenz 条件

$$\partial^\mu A_\mu^a(x) = 0, \tag{17.3.8}$$

这就使得非 Abel 规范场拉氏密度 $\mathcal{L}$ 是一个具有约束条件的物理系统. 物理系统在规范变换下的不变性使得规范场的质量项 $A_\mu^a A^{a\mu}$ 不出现, 即规范变换不变性要求规范场的质量为零.

综上所述, 量子色动力学的建立可以用下面几点来概括: (1) 选择夸克色空间精确的对称性 SU(3) 作为色规范群, 夸克 3 种不同色是 SU(3) 群的基础表示. (2)

规范变换参数 θ^a 定域化, 即 θ^a 是时空坐标 x 的函数 $\theta^a(x)$, 为了保持规范不变性必须引入相应的矢量规范场 $A^a_\mu(a=1,2,\cdots,8)$, 矢量规范场的 8 个分量与 SU(3) 群生成元 T^a 的个数相对应. (3) 由 (17.3.2) 定义协变微分 $\mathrm{D}_\mu(\mathrm{D}_\mu\equiv\partial_\mu-\mathrm{i}gA_\mu)$ 代替拉氏密度中的偏微分 ∂_μ, 这样由规范不变性原理获得的拉氏密度形式 (17.3.1) 是确定的, 仅有夸克场和矢量规范场耦合常数 g 是唯一待定参数. 可见, 一旦选择了正确的规范群, 由规范不变性原理完全确定了既简洁又优美的相互作用拉氏密度形式 (17.3.1). 夸克之间由于交换色 8 重态胶子产生色转换. 它们被紧紧束缚在强子内部, 不能被击出呈现自由的状态, 只能间接地由强子实验观测, 例如三喷注的实验结果证实了强子内部存在胶子等. 拉氏密度 (17.3.1) 式中 m 是夸克质量矩阵. 事实上当物理系统包含夸克的味自由度时, 此式中还应对味指标求和.

§17.4 量子色动力学在协变规范下的 Feynman 规则

注意到量子色动力学 (QCD) 拉氏密度 (17.3.1) 和第 5 章中旋量场的路径积分形式 (5.4.26), 利用上一章的量子化一般讨论和 (16.2.30) 式的定义并加入夸克场, 就得到量子色动力学的生成泛函

$$Z(J,\xi,\xi^*,\eta,\overline{\eta})=\int[\mathrm{d}A][\mathrm{d}\psi][\mathrm{d}\overline{\psi}][\mathrm{d}C][\mathrm{d}C^*]\times\exp\{\mathrm{i}\int\mathrm{d}^4x(\mathcal{L}_{\mathrm{eff}}+AJ+C^*\xi+\xi^*C+\overline{\psi}\eta+\overline{\eta}\psi)\},\quad(17.4.1)$$

其中 $\mathcal{L}_{\mathrm{eff}}$ 是 QCD 有效拉氏密度,

$$\mathcal{L}_{\mathrm{eff}}=\mathcal{L}_{\mathrm{G}}+\mathcal{L}_{\mathrm{F}}+\mathcal{L}_{\mathrm{GF}}+\mathcal{L}_{\mathrm{FP}}.\quad(17.4.2)$$

(17.4.2) 式中各项分别为规范场项、旋量场项、规范固定项以及 Faddeev-Popov 鬼场项. $\mathcal{L}_{\mathrm{G}}$, $\mathcal{L}_{\mathrm{GF}}$, $\mathcal{L}_{\mathrm{FP}}$ 的形式分别由 (16.2.32), (16.2.33), (16.2.34) 式确定, 而旋量场项

$$\mathcal{L}_{\mathrm{F}}=\overline{\psi}(\mathrm{i}\gamma^\mu\mathrm{D}_\mu-m)\psi.\quad(17.4.3)$$

(17.4.1) 式中的 $\eta,\overline{\eta}$ 分别是 $\overline{\psi},\psi$ 的源函数, 而 $\overline{\psi}(\mathrm{i}\gamma^\mu\mathrm{D}_\mu-m)\psi$ 是 $\overline{\psi}^i(\mathrm{i}\gamma^\mu\mathrm{D}^{ij}_\mu-m)\psi^j$ 的缩写 (色指标 $i,j=1,2,3$). ψ 是 SU(3) 规范群的基础表示, $\overline{\psi}=\psi^\dagger\gamma_0,\mathrm{D}_\mu$ 是基础表示的协变微商. (17.4.1) 式就是我们讨论协变规范下的 QCD 有效拉氏密度和 Feynman 规则的基本出发点. 由 (17.4.1) 式对外源做泛函微商就可得到所需要的 Green 函数.

为了讨论协变微扰论和 Feynman 规则, 首先将 (17.4.2) 式中的拉氏密度按耦合常数 g 无关和相关分为自由部分和相互作用部分:

$$\mathcal{L}_{\mathrm{eff}}=\mathcal{L}^0_{\mathrm{eff}}+\mathcal{L}^{\mathrm{I}}_{\mathrm{eff}},\quad(17.4.4)$$

其中 $\mathcal{L}_{\text{eff}}^0$ 包括 $\mathcal{L}_{\text{G}}^0, \mathcal{L}_{\text{F}}^0, \mathcal{L}_{\text{FP}}^0$ 三部分, 它们分别由 (16.2.32), (16.2.33) 和 (16.2.34) 中与耦合常数 g 无关的部分组成, 剩下与 g 有关的部分包含在相互作用拉氏密度 $\mathcal{L}_{\text{eff}}^{\text{I}}$ 中, 亦即

$$\mathcal{L}_{\text{eff}}^0 = L_{\text{G}}^0 + L_{\text{F}}^0 + L_{\text{FP}}^0, \tag{17.4.5}$$

$$\mathcal{L}_{\text{G}}^0 = -\frac{1}{4}(\partial_\mu A_\nu^a - \partial_\nu A_\mu^a)(\partial^\mu A^{\nu a} - \partial^\nu A^{\mu a}) - \frac{1}{2\alpha}(\partial^\mu A_\mu^a)^2, \tag{17.4.6}$$

$$\mathcal{L}_{\text{F}}^0 = \overline{\psi}(\mathrm{i}\gamma^\mu \partial_\mu - m)\psi, \tag{17.4.7}$$

$$\mathcal{L}_{\text{FP}}^0 = (\partial^\mu C^{a*})(\partial_\mu C^a), \tag{17.4.8}$$

$$\begin{aligned}\mathcal{L}_{\text{eff}}^{\text{I}} &= \mathcal{L}_{\text{I}}(A^a, C^a, C^{a*}, \psi, \overline{\psi}) \\ &= -\frac{g}{2} f^{abc}(\partial_\mu A_\nu^a - \partial_\nu A_\mu^a) A^{b\mu} A^{c\nu} - \frac{g^2}{4} f^{abc} f^{cde} A_\mu^a A_\nu^b A^{c\mu} A^{d\nu} \\ &\quad + g\overline{\psi} T^a \gamma^\mu A_\mu^a - g f^{abc}(\partial^\mu C^{a*} C^b A_\mu^c).\end{aligned} \tag{17.4.9}$$

(17.4.5) 式中已包含了规范固定项. 至于鬼场项, 其动能部分是无质量的玻色子具有的形式, 它与规范场相互作用部分包含在 (17.4.9) 式中. 如此分割后有效拉氏量的相互作用部分全部包含在 (17.4.9) 式中, 而与相互作用无关的部分则包含在 (17.4.5) 式的自由部分中. 这样, 我们就可以定义自由场的生成泛函 $Z_0[J, \cdots]$ 和整个系统的生成泛函 $Z[J, \cdots]$.

相应于 (17.4.6)~(17.4.8) 式, 定义自由场生成泛函

$$\begin{aligned}Z_0(J, \xi, \xi^*, \eta, \overline{\eta}) = &\int [\mathrm{d}A][\mathrm{d}\psi][\mathrm{d}\overline{\psi}][\mathrm{d}C][\mathrm{d}C^*] \\ &\times \exp\left\{\mathrm{i}\int \mathrm{d}^4x(\mathcal{L}_{\text{eff}}^0 + AJ + C^*\xi + \xi^*C + \overline{\psi}\eta + \overline{\eta}\psi])\right\}.\end{aligned} \tag{17.4.10}$$

将 (17.4.5) 式代入 (17.4.10) 式就可以得到

$$Z_0(J, \xi, \xi^*, \eta, \overline{\eta}) = Z_0^{\text{G}}(J) Z_0^{\text{FP}}(\xi, \xi^*) Z_0^{\text{F}}(\eta, \overline{\eta}), \tag{17.4.11}$$

其中

$$Z_0^{\text{G}}(J) = \int [\mathrm{d}A] \exp\left\{\mathrm{i}\int \mathrm{d}^4x(\mathcal{L}_{\text{G}}^0 + AJ)\right\}, \tag{17.4.12}$$

$$Z_0^{\text{FP}}(\xi, \xi^*) = \int [\mathrm{d}C][\mathrm{d}C^*] \exp\left\{\mathrm{i}\int \mathrm{d}^4x(\mathcal{L}_{\text{FP}}^0 + C^*\xi + \xi^*C)\right\}, \tag{17.4.13}$$

$$Z_0^{\text{F}}(\eta, \overline{\eta}) = \int [\mathrm{d}\psi][\mathrm{d}\overline{\psi}] \exp\left\{\mathrm{i}\int \mathrm{d}^4x(\mathcal{L}_{\text{F}}^0 + \overline{\psi}\eta + \overline{\eta}\psi)\right\}. \tag{17.4.14}$$

将有相互作用的生成泛函 (17.4.1) 用自由场的生成泛函表达, 有

$$\begin{aligned}Z(J, \xi, \xi^*, \eta, \overline{\eta}) = &\exp\left\{\mathrm{i}\int \mathrm{d}^4x \mathcal{L}_{\text{eff}}^{\text{I}}\left(\frac{\delta}{\mathrm{i}\delta J^{a\mu}}, \frac{\delta}{\mathrm{i}\delta\xi^{a*}}, \frac{\delta}{\mathrm{i}\delta(-\xi^a)}, \frac{\delta}{\mathrm{i}\delta\overline{\eta}}, \frac{\delta}{\mathrm{i}\delta(-\eta)}\right)\right\} \\ &\times Z_0[J, \xi, \xi^*, \eta, \overline{\eta}].\end{aligned} \tag{17.4.15}$$

对此式的证明是直接的，只须做指数展开进行泛函微商即可．这样就变成计算 $Z_0(J,\xi,\xi^*,\eta,\overline{\eta})$ 中的 $Z_0^{\mathrm{G}}(J)$, $Z_{\mathrm{FP}}^{\mathrm{G}}(\xi,\xi^*)$ 和 $Z_{\mathrm{F}}^{\mathrm{G}}(\eta,\overline{\eta})$．对 (17.4.12) 式中的 L_{G}^0 项进行分部积分，将它变换为

$$Z_0^{\mathrm{G}}(J)=\int[\mathrm{d}A]\exp\left\{\mathrm{i}\int\mathrm{d}^4x(\frac{1}{2}A^{a\mu}K_{\mu\nu}^{ab}A^{b\nu}+AJ)\right\}, \tag{17.4.16}$$

其中

$$K_{\mu\nu}^{ab}=\delta^{ab}\left(g_{\mu\nu}\Box-\left(1-\frac{1}{\alpha}\right)\partial_\mu\partial_\nu\right). \tag{17.4.17}$$

同样对 (17.4.13) 和 (17.4.14) 式做分部积分，可得

$$Z_0^{\mathrm{FP}}(\xi,\xi^*)=\int[\mathrm{d}C][\mathrm{d}C^*]\exp\left\{\mathrm{i}\int\mathrm{d}^4x(C^{a*}K^{ab}C^b+C^*\xi+\xi^*C)\right\}, \tag{17.4.18}$$

$$Z_0^{\mathrm{F}}(\eta,\overline{\eta})=\int[\mathrm{d}\psi][\mathrm{d}\overline{\psi}]\exp\left\{\mathrm{i}\int\mathrm{d}^4x(\overline{\psi}R\psi+\overline{\psi}\eta+\overline{\eta}\psi)\right\}, \tag{17.4.19}$$

其中

$$K^{ab}=-\delta^{ab}\Box, \tag{17.4.20}$$

$$R=\mathrm{i}\gamma^\mu\partial_\mu-m. \tag{17.4.21}$$

进一步将 $K_{\mu\nu}^{ab}$, K^{ab} 和 R 扩充为两坐标函数，并由下式定义相应的逆函数 $D_{\mu\nu}^{ab}$, D^{ab} 和 S:

$$\int\mathrm{d}^4zK_{\mu\lambda}^{ac}(x-z)g^{\lambda\rho}D_{\rho\nu}^{cb}(z-y)=\delta^{ab}g_{\mu\nu}\delta^4(x-y), \tag{17.4.22}$$

$$\int\mathrm{d}^4zK^{ac}(x-z)D^{cb}(z-y)=\delta^{ab}\delta^4(x-y), \tag{17.4.23}$$

$$\int\mathrm{d}^4zR(x-z)S(z-y)=\delta^4(x-y). \tag{17.4.24}$$

求解三个方程可得相应的逆函数

$$D_{\mu\nu}^{ab}=\delta^{ab}\int\frac{\mathrm{d}^4k}{(2\pi)^4}\frac{\mathrm{e}^{-\mathrm{i}k\cdot x}}{k^2+\mathrm{i}\epsilon}\left(-g_{\mu\nu}+(1-\alpha)\frac{k_\mu k_\nu}{k^2}\right), \tag{17.4.25}$$

$$D^{ab}(x)=\delta^{ab}\int\frac{\mathrm{d}^4k}{(2\pi)^4}\frac{\mathrm{e}^{-\mathrm{i}k\cdot x}}{k^2+\mathrm{i}\epsilon}, \tag{17.4.26}$$

$$S(x)=\int\frac{\mathrm{d}^4p}{(2\pi)^4}\frac{\mathrm{e}^{-\mathrm{i}p\cdot x}}{\not{p}-m}. \tag{17.4.27}$$

这三个逆函数分别是胶子场、鬼场和夸克场的传播子. 进一步在 (17.4.12)~(17.4.14) 式中对 A, C, C^*, ψ, $\overline{\psi}$ 做泛函积分, 利用 Gauss 积分就得到

$$Z_0^{\mathrm{G}}(J)=\exp\left\{-\frac{\mathrm{i}}{2}\int\mathrm{d}^4x\mathrm{d}^4yJ^{a\mu}(x)D_{\mu\nu}^{ab}(x-y)J^{b\nu}(y)\right\},\tag{17.4.28}$$

$$Z_0^{\mathrm{FP}}(\xi,\xi^*)=\exp\left\{-\mathrm{i}\int\mathrm{d}^4x\mathrm{d}^4y\xi^{a*}(x)D^{ab}(x-y)\xi^b(y)\right\},\tag{17.4.29}$$

$$Z_0^{\mathrm{F}}(\eta,\overline{\eta})=\exp\left\{-\mathrm{i}\int\mathrm{d}^4x\mathrm{d}^4y\overline{\eta}(x)S(x-y)\eta(y)\right\}.\tag{17.4.30}$$

在得到 (17.4.28) ~ (17.4.30) 式时已忽略了无关的常数.

定义两点 Green 函数

$$\langle 0|T[A_\mu^a(x)A_\nu^b(y)]|0\rangle=\left.\frac{(-\mathrm{i})^2}{Z_0^{\mathrm{G}}(0)}\frac{\delta^2Z_0^{\mathrm{G}}(J)}{\delta J^{a\mu}(x)\delta J^{b\nu}(y)}\right|_{J=0}=\mathrm{i}D_{\mu\nu}^{ab}(x,y),\tag{17.4.31}$$

$$\langle 0|T[C^a(x)C^{b*}(y)]|0\rangle=\left.\frac{(-\mathrm{i})^2}{Z_0^{\mathrm{FP}}(0,0)}\frac{\delta^2Z_0^{\mathrm{FP}}(\xi,\xi^*)}{\delta\xi^{a*}\delta(-\xi^b)}\right|_{\xi=\xi^*=0}=\mathrm{i}D^{ab}(x,y),\tag{17.4.32}$$

$$\langle 0|T[\psi(x)\overline{\psi}(y)]|0\rangle=\left.\frac{(-\mathrm{i})^2}{Z_0^{\mathrm{F}}(0,0)}\frac{\delta^2Z_0^{\mathrm{F}}(\eta,\overline{\eta})}{\delta\overline{\eta}\delta(-\eta)}\right|_{\eta=\overline{\eta}=0}=\mathrm{i}S(x,y).\tag{17.4.33}$$

这三个两点 Green 函数是从自由场的生成泛函给出的, 相应于三种自由场的传播子. 它们在动量空间的表达式分别为

$$D_{\mu\nu}^{ab}(k)=-\delta^{ab}\frac{d_{\mu\nu}}{k^2},\quad d_{\mu\nu}(k)=g_{\mu\nu}-(1-\alpha)\frac{k_\mu k_\nu}{k^2},\tag{17.4.34}$$

$$D^{ab}(k)=\delta^{ab}\frac{1}{k^2},\tag{17.4.35}$$

$$S(p)=\frac{1}{\not{p}-m}.\tag{17.4.36}$$

同样, 相互作用顶点可以通过 (17.4.15) 式对具有相互作用的生成泛函 $Z[J,\xi,\xi^*,\eta,\overline{\eta}]$ 展开求泛函微商得到, 即

$$Z[J,\xi,\xi^*,\eta,\overline{\eta}]=\left\{1+\mathrm{i}\int\mathrm{d}^4x\mathcal{L}_{\mathrm{eff}}\left(\frac{\delta}{\mathrm{i}\delta J^{a\mu}},\frac{\delta}{\mathrm{i}\delta\xi^{a*}},\frac{\delta}{\mathrm{i}\delta(-\xi^a)},\frac{\delta}{\mathrm{i}\delta\overline{\eta}},\frac{\delta}{\mathrm{i}\delta(-\eta)}\right)\right\}\times Z_0[J,\xi,\xi^*,\eta,\overline{\eta}].\tag{17.4.37}$$

将 (17.4.15) 式中相应的相互作用项代入上式就得到相应的顶角.

综合上面的讨论可以得到量子色动力学 (QCD) 微扰展开中相应的 Feynman 规则, 如图 17.4.1 所示. 一共有四个顶角和三个传播子, 所有鬼场出现在圈图内, 且由于 Grassmann 代数的结果, 鬼场圈 (例如见图 17.4.2) 贡献一个负号. 四个顶角都具有普适的 g, 且 g 与味道无关. 这里三胶子顶角和四胶子顶角是 Abel 规范场中所没有的. 下一节将看到, 三胶子和四胶子顶角的存在使得 QCD 不同于 QED, 正是三胶子 (见图 17.4.3) 和四胶子自作用导致 QCD 的一个重要特点 —— 渐近自由.

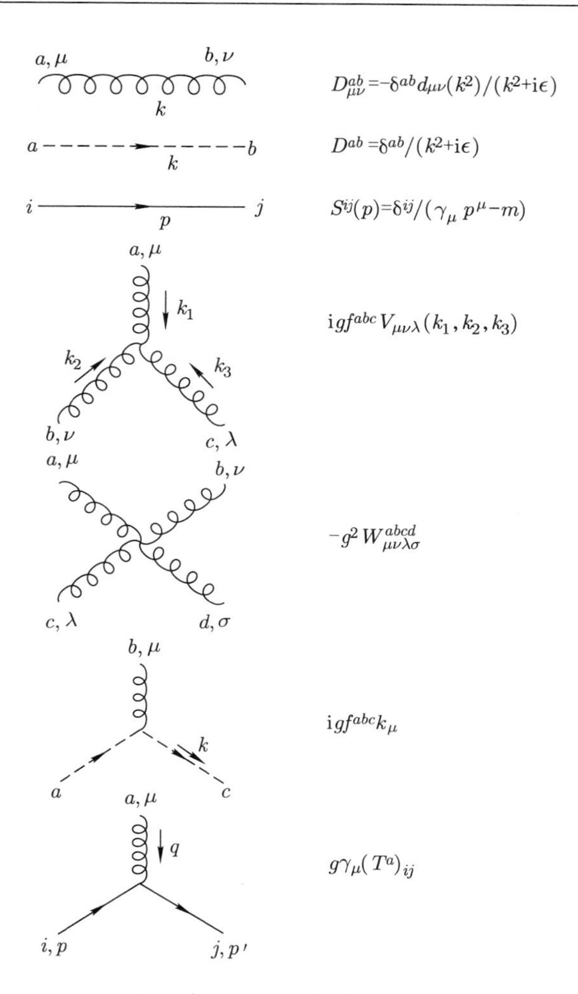

图 17.4.1 量子色动力学 (QCD) 微扰展开中相应的 Feynman 规则

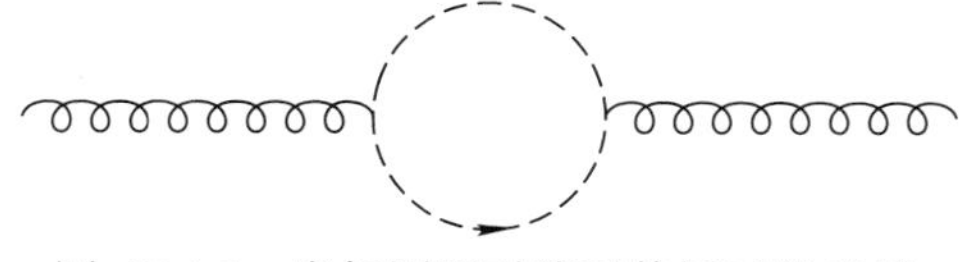

图 17.4.2 鬼场圈图对胶子传播子的贡献

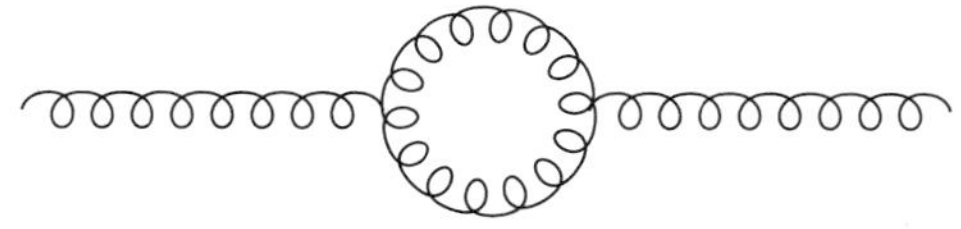

图 17.4.3 胶子传播子中的三胶子相互作用顶点

§17.5 维数正规化和减除方案

上面给出的协变规范下的 Feynman 规则是在仅考虑最低阶树图时得到的，而一个完整的 Feynman 规则应包括圈图，并包含抵消项的计算规则.

正像 QED 一样，QCD 中当计算圈图时，也会出现发散积分. 此类发散积分是由动量空间中积分积到无穷大引起的，通常称为紫外发散. 为了有效地计算高阶圈图修正，必须对理论进行正规化和重整化以得到有限物理量. 所谓正规化就是从给定的 Feynman 图计算，正确定义发散积分并抽出无穷大的方法，在第 15 章中已做了一般的讨论. 这里将采取 't Hooft 和 Veltman 提出的维数正规化方法. 这一方法的要点是将四维发散积分定义在 $D(=4-2\epsilon)$ 维空间计算，当 $\epsilon\neq 0$ 时积分是收敛的. 无穷大项作为 $\frac{1}{\epsilon},\ \frac{1}{\epsilon^2},\cdots$ 极点出现. 重整化通常可以通过两种等价的方式进行：(1) 首先以裸参量 $(g_0,\cdots)$ 计算各阶 Feynman 图，重新定义重整化参量使得 Feynman 图所对应的发散积分获得有限的结果. 这些重新定义的有限的重整化参量吸收了所有的发散积分，给出可观测的物理结果. (2) 以重整化参量 $(g,\cdots)$ 来计算 Feynman 图，其发散积分表达式利用某种减除方案挪去奇异性而获得有限的物理结果. 这两种方式都可以使微扰论能逐阶计算下去，给出有意义的物理可观测量. 本书采用后一种重整化方法.

QCD 中夸克自能单圈图非常类似于第 15 章中讨论过的电子自能单圈图. 在 (17.4.33) 和 (17.4.36) 式中已给出了夸克自由场传播子，以下以 $S_0(p)$ 来标记，

$$S_0(p)=\frac{1}{\not p-m}. \tag{17.5.1}$$

按照上面给出的 Feynman 规则可以计算出单圈图 (见图 17.5.1) 的贡献为

$$S_0(p)\Sigma_{ij}^{(2)}(p)S_0(p), \tag{17.5.2}$$

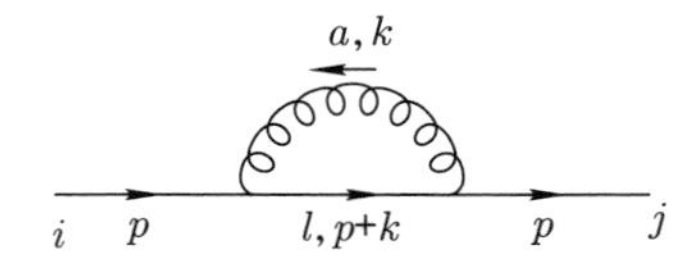

图 17.5.1 单圈图对夸克传播子的贡献

其中

$$\begin{aligned}\Sigma_{ij}^{(2)}(p)&=\int\frac{\mathrm{d}^4k}{(2\pi)^4\mathrm{i}}g\gamma_\mu T_{il}^a\frac{\delta_{lm}}{m+\not k-\not p}g\gamma_\nu T_{mj}^b\frac{\delta^{ab}}{k^2}d^{\mu\nu}(k^2)\\&=g^2\delta_{ij}C_{\mathrm{F}}\int\frac{\mathrm{d}^4k}{(2\pi)^4\mathrm{i}}\gamma_\mu\frac{m-\not k+\not p}{k^2(m^2-(p-k)^2)}\gamma_\nu d^{\nu\mu}(k^2),\end{aligned} \tag{17.5.3}$$

$i, j, l, m = 1, 2, 3$ 是色指标. 在写出 (17.5.3) 式的第二个等式时已定义了色 SU(N) 群因子

$$T_{il}^a \delta_{lm} T_{mj}^b \delta^{ab} = (T^a T^a)_{ij} = \delta_{ij} C_{\mathrm{F}}, \quad C_{\mathrm{F}} = \frac{N^2-1}{2N}, \tag{17.5.4}$$

这里多了一个 QCD 色因子, $C_{\mathrm{F}} = \frac{4}{3}(N=3)$. 显然 (17.5.3) 式积分是发散的, 为了简单起见取 Feynman 规范, 则有 $\Sigma_{ij}^{(2)}(p) = \delta_{ij}\Sigma^{(2)}(p)$, 而

$$\Sigma^{(2)}(p) = g^2 C_{\mathrm{F}} \int \frac{\mathrm{d}^4 k}{(2\pi)^4 \mathrm{i}} \gamma_\mu \frac{\not{k} - \not{p}}{k^2 (p-k)^2} \gamma^\mu. \tag{17.5.5}$$

对于四维积分, 当积分限为无穷大时 (17.5.5) 式是发散的, 第一项是线性发散, 第二项是对数发散. 实际上此积分是对数发散, 因为由被积函数的对称性, 利用积分变量的平移变换可证明线性发散部分为零. 然而从数学上讲, 由于积分 (17.5.5) 无定义, 不能对发散积分做变量代换, 否则会改变积分的性质而得到无意义的结果.

现在将上述积分 (17.5.5) 式从四维时空延拓到 D 维空间, 有

$$\Sigma^{(2)}(p) = g^2 C_{\mathrm{F}} \int \frac{\mathrm{d}^D k}{(2\pi)^D \mathrm{i}} \gamma_\mu \frac{\not{k} - \not{p}}{k^2 (p-k)^2} \gamma^\mu. \tag{17.5.6}$$

注意到在 D 维空间中的矩阵代数性质 (15.3.3), (17.5.6) 式在 γ 矩阵收缩后变为

$$\Sigma^{(2)}(p) = g^2 C_{\mathrm{F}} (2-D) \int \frac{\mathrm{d}^D k}{(2\pi)^D \mathrm{i}} \frac{\not{k} - \not{p}}{k^2 (p-k)^2}. \tag{17.5.7}$$

为了积出它的明显表达式, 应用 Feynman 参数公式 (15.3.5), 将积分 (17.5.7) 化为

$$\Sigma^{(2)}(p) = g^2 C_{\mathrm{F}} \int \frac{\mathrm{d}^4 k}{(2\pi)^4 \mathrm{i}} (\not{k} - \not{p}) \int_0^1 \frac{\mathrm{d}x}{[x(p-k)^2 + (1-x)k^2]^2}. \tag{17.5.8}$$

由于此积分是收敛的, 可以对它进行 x 和 k 积分次序交换和积分变量代换 ($k \to k - xp$), 因此积分 (17.5.8) 变为

$$\Sigma^{(2)}(p) = g^2 C_{\mathrm{F}} (2-D) \not{p} \int_0^1 \mathrm{d}x (1-x) \int \frac{\mathrm{d}^4 k}{(2\pi)^4 \mathrm{i}} \frac{1}{[x(p-k)^2 + (1-x)k^2]^2}. \tag{17.5.9}$$

此式与 (15.3.7) 式相差一个色因子, 且将耦合常数替换为了 g^2. 上式中对 k 积分, 注意到 $\mathrm{d}^D k = \mathrm{d}k_0 \mathrm{d}k_2 \cdots \mathrm{d}k_{D-1}$ 和 $k^2 = k_0^2 - k_1^2 - \cdots - k_{D-1}^2$, 因而对 k 的积分是在 Minkowski 空间进行, 被积函数在 D 维空间不是解析的, 其积分比较复杂. 考虑到对 k_0 积分, 被积函数是解析的, 我们可以在 k_0 平面做 Wick 转动, 从实轴转到虚轴, 那么积分就转变为在 Euclid 空间进行. 这样在 Wick 转动以后, 上述积分 (17.5.9) 就变为普通 Euclid 空间的 D 维积分

$$\Sigma^{(2)}(p) = -g^2 C_{\mathrm{F}} (2-D) \not{p} \int_0^1 \mathrm{d}x (1-x) \int \frac{\mathrm{d}^4 k}{(2\pi)^4 \mathrm{i}} \frac{1}{[K^2 + L]^2}, \tag{17.5.10}$$

其中

$$L = -x(1-x)p^2. \tag{17.5.11}$$

在 $p^2 < 0$ (p 是类空矢量) 的情况下, 积分 (17.5.10) 没有任何奇异性, 很容易在 Euclid 空间做 D 维积分. 引入 D 维空间多重积分极坐标 (15.3.14), 应用 (15.3.14) 式计算可得

$$\int \frac{\mathrm{d}^D k}{(2\pi)^D}\frac{1}{(K^2+L)^2} = \frac{B(D/2, 2-D/2)}{(4\pi)D/2\Gamma(D/2)}L^{D/2-2} = \frac{\Gamma(2-D/2)}{(4\pi)^2}L^{D/2-2}.$$

把此式和 (17.5.11) 式代入 (17.5.10) 式, 可得

$$\begin{aligned}\varSigma^{(2)}(p) = &-g^2 C_{\mathrm{F}}(2-D)\not{p}\frac{\Gamma(2-D/2)}{(4\pi)^{D/2}}(-p^2)^{D/2-2}\\ &\times\int_0^1 \mathrm{d}x\ x^{D/2-2}(1-x)^{D/2-1}.\end{aligned} \tag{17.5.12}$$

利用 B 函数的另一表达式

$$\mathrm{B}(p,q) = \int \mathrm{d}x\ x^{p-1}(1-x)^{q-1}$$

就可将 (17.5.12) 式化简为

$$\varSigma^{(2)}(p) = \frac{2C_{\mathrm{F}}g^2}{(4\pi)^{D/2}}\not{p}\frac{\Gamma\left(2-\dfrac{D}{2}\right)}{(-p^2)^{2-D/2}}(D-1)B(\frac{D}{2},\frac{D}{2}). \tag{17.5.13}$$

我们需要将此积分对 D 和 p 延拓至复平面. 积分在延拓以后在 p^2 的复平面正实轴上有割线, 当 $D=4$ 时积分发散. (17.5.13) 式中已将所有奇异部分分离出来包含在 $\Gamma(2-\dfrac{D}{2})$ 中, 将 Γ 函数对 $\epsilon(=\dfrac{4-D}{2})$ 展开成极点形式,

$$\Gamma(\epsilon) = \frac{1}{\epsilon} - \gamma_{\mathrm{E}} + O(\epsilon), \tag{17.5.14}$$

$$\mathrm{B}(N-\epsilon, 1-\epsilon) = \frac{1}{N}(1+2\epsilon S_N - \epsilon S_{N-1}) + O(\epsilon^2), \tag{17.5.15}$$

其中

$$S_N = \sum_{j=1}^{N}\frac{1}{j}, \tag{17.5.16}$$

$$\gamma_{\mathrm{E}} = 0.5772. \tag{17.5.17}$$

在 D 维空间里, 作用量 S 应是无量纲的, 由作用量定义

$$S=\int \mathrm{d}^D x\mathcal{L}(x)$$

可知,

$$\dim\mathcal{L}=D,\ \ \dim[\psi]=\frac{D-1}{2},\ \ \dim[A_\mu^a]=\frac{D-2}{2}, \tag{17.5.18}$$

因此应有

$$\dim[g]+2\dim[\psi]+\dim[A_\mu^A]=D. \tag{17.5.19}$$

这就导致 g 的量纲为

$$\dim[g]=2-\frac{D}{2}=\epsilon. \tag{17.5.20}$$

为了使它无量纲化, 引入标度参量 μ_0, 对 g 做代换 $g=g_0\mu_0^\epsilon$. 这里 g_0 是无量纲耦合常数, 当 $\epsilon\to 0$ 时, $g_0=g$. 将 (17.5.14) 和 (17.5.15) 式对 ϵ 展开, 就得到

$$\Sigma^{(2)}(p)=\frac{g_0^2}{16\pi^2}C_{\mathrm{F}}\not p\left(\frac{1}{\epsilon}-\ln\frac{-p^2}{\mu_0^2}+1+\ln(4\pi)-\gamma_{\mathrm{E}}\right)+O(\epsilon). \tag{17.5.21}$$

此式表达了解析延拓后的性质, 括号中第一项是对数发散项 ($D=4$), 而且在 D 维空间有确切的定义, 第二项在 p^2 复平面上沿正实轴有割线.

此外, 前面在获得 (17.5.13) 式时取了 Feynman 规范, 即令 $\alpha=1$. 当 $\alpha\neq 1$ 时, 直接计算 (17.5.3) 式可以证明, 在 $m=0$ 时, (17.5.6) 和 (17.5.21) 式修改为

$$\begin{aligned}\Sigma^{(2)}(p)&=\alpha\frac{2C_{\mathrm{F}}g^2}{(4\pi)^{D/2}}\not p\frac{\Gamma(2-\frac{D}{2})}{(-p^2)^{2-D/2}}(D-1)B\left(\frac{D}{2},\frac{D}{2}\right)\\&=\alpha\frac{g_0^2}{16\pi^2}C_{\mathrm{F}}\not p\left(\frac{1}{\epsilon}-\ln\frac{-p^2}{\mu_0^2}+1+\ln 4\pi-\gamma_{\mathrm{E}}\right)+O(\epsilon),\end{aligned} \tag{17.5.22}$$

其中 α 是规范参量. 在链式近似下夸克传播子可写作下面的展开形式 (见图 17.5.2):

$$S(p)=S_0(p)+S_0(p)\Sigma^{(2)}(p)S_0(p)+S_0(p)\Sigma^{(2)}(p)S_0(p)\Sigma^{(2)}(p)S_0(p)+\cdots.$$

将此无穷级数收敛为简单形式

$$S(p)=\frac{1}{\not p}\frac{1}{1+\Sigma(p^2)}. \tag{17.5.23}$$

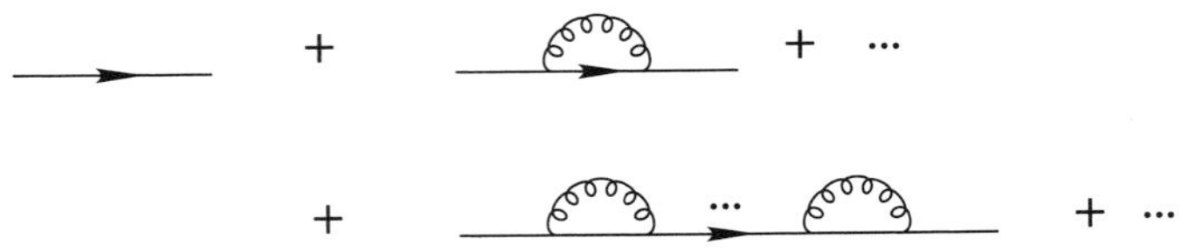

图 17.5.2 链式近似下的夸克传播子展开

正像在第 15 章中对量子电动力学讨论重整化方案那样, 正规化使得发散积分有了确切的定义, 然后通过减除方案使得分离出来的所有发散部分通过重新定义质量和电荷等物理量获得消除发散的表达式, 最终微扰圈图计算只给出有限高阶修正结果. 这一节计算了量子色动力学夸克自能单圈图, 发散积分通过正规化得到了确切的定义, 下一步需要通过减除方案将发散部分正确地分离出来以获得有限的辐射修正. 类似于上一章中讨论重整化的步骤, 我们用一个倍乘的发散常数 Z_2 定义重整化的夸克场量和夸克传播子,

$$\psi_{\mathrm{R}} = Z_2^{-1/2}\psi, \tag{17.5.24}$$

$$S_{\mathrm{R}}(p) = Z_2^{-1}S(p), \tag{17.5.25}$$

其中 Z_2 是夸克场重整化常数. 将 (17.5.24) 和 (17.5.25) 式中的 Z_2 按 g_0^2 幂次展开并在 (17.5.23) 式分母中仅保留 g_0^2 项而忽略高阶项, 即 $Z_2 = 1 - z_2$, 那么 (17.5.23) 式定义的传播子为

$$S_{\mathrm{R}}(p) = \frac{1}{\not p}\frac{1}{Z_2(1+\Sigma(p^2))} = \frac{1}{\not p}\frac{1}{1+\Sigma(p^2)-z_2}. \tag{17.5.26}$$

为了从 (17.5.23)~(17.5.26) 式中确定夸克场重整化常数 Z_2, 人们必须选择减除方案. 在量子电动力学中电子有质量, 正如 (15.4.13) 式所表明的, 那里采用了质壳减除方案. 这种方式是定义

$$S_{\mathrm{R}}^{-1}(p) = \not p - m \quad 当\ p^2 = m^2, \tag{17.5.27}$$

由此定义 $z_2 = \Sigma(m^2)$, 从而确定电子场重整化常数 Z_2. 然而在量子色动力学中, 夸克无质量且低动量迁移下非微扰效应大, 无法定义重整化的耦合常数以及应用微扰论. 在量子色动力学中, 通常计算 Feynman 图的高阶修正和确定重整化常数 Z_i 有下述几种减除方案.

(1) 固定动量点减除方案 (MOM). 固定动量点减除方案就是选择任一动量点 μ, 当 $p^2 = -\mu^2$ 时, 定义重整化的传播子具有确定值, 即自然的物理归一化条件,

$$S_{\mathrm{R}}^{-1}(p) = \not p \quad 当\ p^2 = -\mu^2(\mu^2 > 0). \tag{17.5.28}$$

由此得到重整化常数

$$Z_2 = 1 - \frac{\alpha g_0^2}{16\pi^2} C_{\mathrm{F}} \left[\frac{1}{\epsilon} - \ln \frac{\mu^2}{\mu_0^2} + 1 + \ln(4\pi) - \gamma_{\mathrm{E}} \right], \tag{17.5.29}$$

和夸克传播子包括 $g_0^2 (= g^2, \epsilon \to 0)$ 阶修正的表达式

$$S_{\mathrm{R}}(p) = \frac{1}{\not{p}} \left(1 + \alpha \frac{g^2}{(4\pi)^2} C_{\mathrm{F}} \ln \frac{-p^2}{\mu^2} \right)^{-1}. \tag{17.5.30}$$

(2) 最小减除方案 (MS). 在固定动量点减除方案中, 不仅减去了发散项 $\frac{1}{\epsilon}$, 而且减去了常数项, 致使 Z_2 包含常数项, 比较复杂, 这在计算重整化群参数和反常量纲时很不方便. 1973 年, 't Hooft 提出了一种最小减除方案, 即减除时仅减去那些发散项 $\frac{1}{\epsilon}$. 例如在上面的例子中仅减除发散项而得到

$$Z_2 = 1 - \frac{\alpha g_0^2}{16\pi^2} C_{\mathrm{F}} \frac{1}{\epsilon}. \tag{17.5.31}$$

这样 Z_2 比较简单, $S_{\mathrm{R}}(p)$ 要复杂一些,

$$S_{\mathrm{R}}(p) = \frac{1}{\not{p}} \left[1 - \alpha \frac{g^2}{(4\pi)^2} C_{\mathrm{F}} \left(\ln \frac{-p^2}{\mu_0^2} - 1 - \ln(4\pi) + \gamma_{\mathrm{E}} \right) \right]^{-1}. \tag{17.5.32}$$

由于 Z_2 简单, 便于计算重整化参数和反常量纲. 这里很自然要提出一个问题, 不同的减除方案给出的 $S_{\mathrm{R}}(p)$ 不一样, 但不会影响物理结果. 因为 $S_{\mathrm{R}}(p)$ 依赖于减除方案, 而物理量是由 $\Sigma_{\mathrm{R}}^{(2)}$ 和其他依赖于减除方案的表达式组成的, 相消的结果就给出不依赖于减除方案的物理量.

(3) 修正的最小减除方案 ($\overline{\mathrm{MS}}$). 在 (17.5.30) 式中 $(\ln(4\pi) - \gamma_{\mathrm{E}})$ 是 MS 减除方案所特有的常数项. 1978 年, Bardeen 等人提出引入一修正的最小减除方案 ($\overline{\mathrm{MS}}$), 在 $S_{\mathrm{R}}(p)$ 中挪掉这一常数项, 即

$$Z_2 = 1 - \frac{g^2}{16\pi^2} C_{\mathrm{F}} \left(\frac{1}{\epsilon} - \gamma_{\mathrm{E}} + \ln(4\pi) \right), \tag{17.5.33}$$

$$S_{\mathrm{R}}(p) = \frac{1}{\not{p}} \left[1 - \frac{g^2}{(4\pi)^2} C_{\mathrm{F}} \left(\ln \frac{-p^2}{\mu_0^2} - 1 \right) \right]^{-1}. \tag{17.5.34}$$

这有利于在计算高圈图修正中改善微扰级数的收敛性.

以上三种减除方案虽不同, 但其共同点是从计算中挪去发散项, 重新定义重整化的场和物理参量. 比较 (17.5.23) 和 (17.5.26) 式可见, 重整化后的夸克传播子是将未重整化传播子中的 $\not{p}\Sigma(p^2)$ 变为

$$\not{p}(\Sigma(p^2) - z_2) = \not{p}(\Sigma(p^2) - (Z_2 - 1)). \tag{17.5.35}$$

$\Sigma(p^2)$ 中的发散项正好与 (Z_2-1) 中的发散项相消. 不同减除方案的差别只是其中的常数如何定义. 仔细考察 (17.5.23) 式是如何得到的, 就可以看出 (17.5.26) 式也可以通过下述方式获得: (1) 将拉氏密度中场和参量代之以重整化的场和参量. (2) 在拉氏密度中附加抵消项. 为了构造抵消项必须将发散积分正规化使得积分有意义, 找出相应的抵消项附加到拉氏密度上. 如对于无质量夸克自能其抵消项为

$$(Z_2-1)\overline{\psi}_{\mathrm{R}}\mathrm{i}\gamma^\mu\partial_\mu\psi_{\mathrm{R}}. \tag{17.5.36}$$

(3) 抵消项的系数完全由加在 Green 函数上的归一化条件所确定, 即要求 Green 函数满足归一化条件不仅确定了抵消项的发散部分而且也确定了有限部分. 从这样带有附加抵消项的重整化拉氏密度出发进行计算, 就自然获得了 (17.5.26) 式的有限结果. 对于可重整化理论, 这样的步骤还应证明不仅在微扰论的单圈图成立而且对微扰论的所有阶成立. 这三点就是重整化的基本思想.

本节以夸克自能为例在单圈近似下引入重整化常数 Z_2, 重新定义重整化场 ψ_{R}, 在拉氏密度中附加抵消项 $(Z_2-1)\overline{\psi}_{\mathrm{R}}\mathrm{i}\gamma^\mu\partial_\mu\psi_{\mathrm{R}}$. 同样对于胶子、鬼场、顶角等做单圈图计算也可以得到相应的重整化常数和抵消项.

§17.6 单圈图下的重整化常数

上一节计算了单圈图下的夸克传播子并由此计算了重整化常数 Z_2, 由 (17.5.31) 式给出了夸克质量为零时在 MS 减除方案下的 Z_2 的表达式. 这一节将给出单圈图 MS 减除方案下的其他重整化常数, 而抵消项的完整 Feynman 规则在下一节给出.

首先计算单圈图下的胶子传播子, 从而给出重整化常数 Z_3 的表达式. 单圈图对于胶子自能的贡献 $\Pi_{\mu\nu}^{ab}$ 来自五个图, 如图 17.6.1 所示.

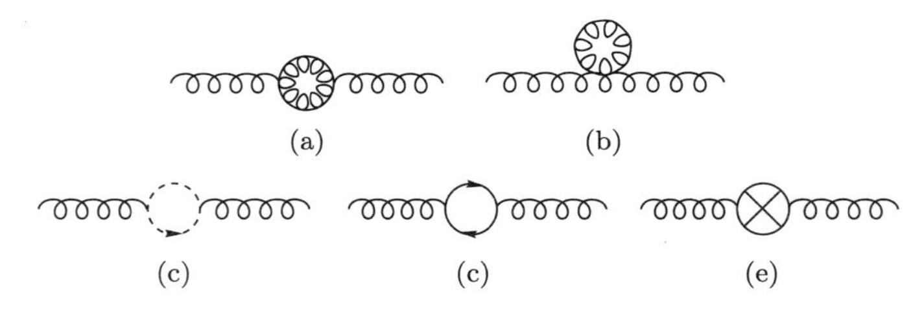

图 17.6.1 单圈图对胶子自能的贡献

现在分别计算这五个单圈图对胶子自能的贡献.

(1) 胶子圈图 $\Pi_{G\mu\nu}^{ab}$, 如图 17.6.1(a) 所示, 有

$$\begin{aligned}\Pi_{\mathrm{G}\mu\nu}^{ab}(k)=&\frac{1}{2!}\int\frac{\mathrm{d}^Dq}{(2\pi)^D\mathrm{i}}\mathrm{i}g_{\mathrm{R}}f^{acd}V_{\mu\nu\rho}(-k,q+k,-q)\frac{d^{\lambda\tau}(q+k)}{(q+k)^2}\\&\times\frac{d^{\rho\sigma}(q)}{q^2}\mathrm{i}g_{\mathrm{R}}f^{bdc}V_{V\sigma\tau}(k,q,-q-k)\\=&\frac{g_{\mathrm{R}}^2}{2}f^{acd}f^{bcd}\int\frac{\mathrm{d}^Dq}{(2\pi)^D\mathrm{i}}\frac{1}{q^2(q+k)^2}\left[A_{\mu\nu}+(1-\alpha_{\mathrm{R}})B_{\mu\nu}+(1-\alpha_{\mathrm{R}})^2C_{\mu\nu}\right],\end{aligned}\tag{17.6.1}$$

其中 g_{R} 为有量纲的耦合常数.

$$A_{\mu\nu}=\left(2q^2+2k\cdot q+5k^2\right)g_{\mu\nu}+(4D-6)q_\mu q_\nu+(2D-3)\left(q_\mu k_\nu+q_\nu k_\mu\right)+(D-6)k_\mu k_\nu,\tag{17.6.2}$$

$$\begin{aligned}B_{\mu\nu}=&-\frac{\left(q^2+2k\cdot q\right)^2}{q^2}g_{\mu\nu}+\frac{q^2+2k\cdot q-k^2}{q^2}q_\mu q_\nu\\&+\frac{q^2+3k\cdot q}{q^2}\left(q_\mu k_\nu+q_\nu k_\mu\right)-k_\mu k_v+(q\to q+k,k\to-k),\end{aligned}\tag{17.6.3}$$

$$C_{\mu\nu}=\left(k^2q_\mu-k\cdot qk_\mu\right)\left(k^2q_\nu-k\cdot qk_\nu\right)/\left[q^2(q+k)^2\right].\tag{17.6.4}$$

注意到 $D=4-2\epsilon$ 以及

$$f^{acd}f^{bcd}=\delta^{ab}C_{\mathrm{G}},\tag{17.6.5}$$

其中 $C_{\mathrm{G}}=N$, N 是规范群 SU(N) 的阶数. 在对 (17.6.1) 式做 D 维积分以后可得

$$\begin{aligned}\Pi_{\mathrm{G}\mu\nu}^{ab}(k)=&\frac{g_{\mathrm{R}}^2}{2(4\pi)^{2-\epsilon}}\delta^{ab}C_G\left(-k^2\right)^{-\epsilon}\frac{\Gamma(\epsilon)\mathrm{B}(2-\epsilon,2-\epsilon)}{1-\epsilon}\\&\times\left[(19-12\epsilon)k^2g_{\mu\nu}-2(11-7\epsilon)k_\mu k_\nu\right.\\&\left.+\left(k^2g_{\mu\nu}-k_\mu k_\nu\right)(3-2\epsilon)(1-\alpha_{\mathrm{R}})\left(2(1-4\epsilon)+(1-\alpha_{\mathrm{R}})\epsilon\right)\right].\end{aligned}\tag{17.6.6}$$

这是三胶子顶点单圈图对胶子自能的贡献, 显然它不是规范不变的, 只有将全部图的贡献加在一起才能保证规范不变性.

(2) 胶子蝌蚪圈图 $\Pi_{\mathrm{T}\mu\nu}^{ab}$, 如图 17.6.1(b) 所示, 有

$$\begin{aligned}\Pi_{\mathrm{T}\mu\nu}^{ab}(k)=&\frac{1}{2!}\int\frac{\mathrm{d}^Dq}{(2\pi)^D\mathrm{i}}\left(-g_{\mathrm{R}}^2W_{\mu\nu i\rho}^{abcd}\right)\delta_{cd}\frac{d^{\lambda\rho}(q)}{q^2}\\=&g_{\mathrm{R}}^2C_{\mathrm{G}}\delta_{ab}\int\frac{\mathrm{d}^Dq}{(2\pi)^D\mathrm{i}}\frac{1}{q^2}\left[-(D-1)g_{\mu\nu}+(1-\alpha_{\mathrm{R}})\left(g_{\mu\nu}-\frac{q_\mu q_\nu}{q^2}\right)\right]\\=&g_{\mathrm{R}}^2C_{\mathrm{G}}\delta_{ab}g_{\mu\nu}\frac{D-1}{D}\left(-D+1-\alpha_{\mathrm{R}}\right)\int\frac{\mathrm{d}^Dq}{(2\pi)^D\mathrm{i}}\frac{1}{q^2}.\end{aligned}\tag{17.6.7}$$

正像在附录 D 中讨论的, 维数正规化下 D 维积分有

$$\int \frac{\mathrm{d}^D q}{q^2} = 0. \tag{17.6.8}$$

因此四胶子顶角单圈图对胶子自能的贡献为零,

$$\Pi^{ab}_{\mathrm{T}\mu\nu}(k) = 0. \tag{17.6.9}$$

注意在胶子无质量的情况下有 (17.6.8) 式成立, 若胶子有质量则此贡献将不为零.

(3) 鬼粒子圈图 $\Pi^{ab}_{\mathrm{FP}\mu\nu}$, 如图 17.6.1(c) 所示, 有

$$\begin{aligned}\Pi^{ab}_{\mathrm{FP}\mu\nu}(k) &= -\int \frac{\mathrm{d}^D q}{(2\pi)^D \mathrm{i}}(-\mathrm{i})g_{\mathrm{R}} f^{acd} q_\mu \frac{1}{(q+k)^2}(-\mathrm{i})g_{\mathrm{R}} f^{bdc}(q+k)_\nu \frac{1}{q^2} \\ &= -g_{\mathrm{R}}^2 C_{\mathrm{G}} \delta_{ab} \int \frac{\mathrm{d}^D q}{(2\pi)^D} \frac{q_\mu (q+k)_\nu}{q^2 (q+k)^2}.\end{aligned} \tag{17.6.10}$$

(17.6.10) 式做 D 维积分以后变为

$$\Pi^{ab}_{\mathrm{FP}\mu\nu}(k) = \frac{g_{\mathrm{R}}^2}{2(4\pi)^{2-\epsilon}} \delta_{ab} C_{\mathrm{G}} \left(-k^2\right)^{-\epsilon} \frac{\Gamma(\epsilon)\mathrm{B}(2-\epsilon, 2-\epsilon)}{1-\epsilon} \left[k^2 g_{\mu\nu} + 2(1-\epsilon)k_\mu k_\nu\right]. \tag{17.6.11}$$

从 (17.6.11) 式可见, 它也不是规范不变的. 将 (17.6.6) 与 (17.6.11) 式相加正好消去那些非规范不变的部分而给出规范不变的表达式,

$$\begin{aligned}\Pi^{ab}_{\mathrm{G}\mu\nu}(k) + \Pi^{ab}_{\mathrm{FP}\mu\nu}(k) &= \frac{g_{\mathrm{R}}^2}{(4\pi)^{2-\epsilon}} \delta_{ab} C_{\mathrm{G}} \left(-k^2\right)^{-\epsilon} \left(k^2 g_{\mu\nu} - k_\mu k_\nu\right) \frac{\Gamma(\epsilon)\mathrm{B}(2-\epsilon, 2-\epsilon)}{1-\epsilon} \\ &\times \left[2(5-3\epsilon) + (1-\alpha_{\mathrm{R}})(1-4\epsilon)(3-2\epsilon) + (1-\alpha_{\mathrm{R}})^2 \frac{\epsilon}{2}(3-2\epsilon)\right].\end{aligned} \tag{17.6.12}$$

在 (17.6.12) 式中出现了一个共同因子 $(k^2 g_{\mu\nu} - k_\mu k_\nu)$, 保证了规范不变性,

$$k^\mu \left(k^2 g_{\mu\nu} - k_\mu k_\nu\right) = 0, \quad k^\nu \left(k^2 g_{\mu\nu} - k_\mu k_\nu\right) = 0. \tag{17.6.13}$$

(4) 夸克圈图 $\Pi^{ab}_{\mathrm{F}\mu\nu}$, 如图 17.6.1(d) 所示, 有

$$\Pi^{ab}_{\mathrm{F}\mu\nu}(k) = -N_{\mathrm{f}} \int \frac{\mathrm{d}^D p}{(2\pi)^D \mathrm{i}} \mathrm{Tr}\left[g_{\mathrm{R}} \gamma_\mu T^a \frac{1}{\not{p} - \not{k} - m} g_{\mathrm{R}} \gamma_\nu T^b \frac{1}{\not{p} - m}\right], \tag{17.6.14}$$

其中 N_{f} 是贡献到夸克圈图的味数. 在 (17.6.14) 式中的求迹既对旋量空间 γ_μ 又对 SU(N) 群的生成元 T^a 进行. 注意到 $\mathrm{Tr}(T^a T^b) = T_{\mathrm{R}} \delta_{ab}$, 利用 Feynman 参数化和求迹公式可得

$$\Pi^{ab}_{\mathrm{F}\mu\nu}(k) = -4g_{\mathrm{R}}^2 T_{\mathrm{R}} N_{\mathrm{f}} \delta_{ab} \int_0^1 \mathrm{d}x \int \frac{\mathrm{d}^D p}{(2\pi)^D \mathrm{i}} \frac{N_{\mu\nu}}{(-p^2 + K)^2}, \tag{17.6.15}$$

其中

$$N_{\mu\nu}=\left[m^2+x(1-x)k^2+\left(\frac{2}{D}-1\right)p^2\right]g_{\mu\nu}-2x(1-x)k_\mu k_\nu, \quad (17.6.16)$$

$$K=m^2-x(1-x)k^2. \quad (17.6.17)$$

对 (17.6.15) 式做 D 维积分后给出 $\Pi^{ab}_{\mathrm{F}\mu\nu}$ 的表达式,

$$\begin{aligned}\Pi^{ab}_{\mathrm{F}\mu\nu}(k)=&-\frac{8g_{\mathrm{R}}^2}{(4\pi)^{2-\epsilon}}\delta_{ab}T_{\mathrm{R}}N_{\mathrm{f}}\Gamma(\epsilon)\left(k^2g_{\mu\nu}-k_\mu k_\nu\right)\\&\times\int_0^1\mathrm{d}xx(1-x)\left[m^2-x(1-x)k^2\right]^{-\epsilon}.\end{aligned} \quad (17.6.18)$$

此表达式满足 (17.6.13) 式, 表明夸克圈图自身满足规范不变性.

(5) 单圈图抵消项 $\Pi^{ab}_{\mathrm{C}\mu\nu}$, 如图 17.6.1(e) 所示, 直接应用前面抵消项的 Feynman 规则给出

$$\Pi^{ab}_{\mathrm{C}\mu v}(k)=-\left(Z_3-1\right)\delta_{ab}\left(k^2g_{\mu\nu}-k_\mu k_\nu\right). \quad (17.6.19)$$

显然它也满足规范不变性.

将上述五个图的贡献相加就得到单圈图对胶子自能的贡献

$$\Pi^{ab}_{\mu\nu}(k)=\delta_{ab}\left(k_\mu k_\nu-k^2g_{\mu\nu}\right)\Pi\left(k^2\right), \quad (17.6.20)$$

其中

$$\begin{aligned}\Pi\left(k^2\right)=&\frac{g_{\mathrm{R}}^2}{(4\pi)^{2-\epsilon}}\left(-k^2\right)^{-\epsilon}\Gamma(\epsilon)\mathrm{B}(2-\epsilon,2-\epsilon)\\&\times\left\{-\frac{C_{\mathrm{G}}}{1-\epsilon}\left[10-6\epsilon+(1-\alpha_{\mathrm{R}})(3-2\epsilon)\left(1-4\epsilon+\frac{\epsilon}{2}(1-\alpha_{\mathrm{R}})\right)\right]\right.\\&\left.+\frac{8T_{\mathrm{R}}N_{\mathrm{f}}}{B(2-\epsilon,2-\epsilon)}\int_0^1\mathrm{d}xx(1-x)\left(x(1-x)-\frac{m^2}{k^2}\right)^{-\epsilon}\right\}\\&+Z_3-1.\end{aligned} \quad (17.6.21)$$

在 (17.6.21) 式中对小量 ϵ 做展开并略去 $O(\epsilon)$ 项, 就可得到

$$\begin{aligned}\Pi\left(k^2\right)=&-\frac{g_{\mathrm{r}}^2}{(4\pi)^2}C_{\mathrm{G}}\left[\left(\frac{13}{6}-\frac{\alpha_{\mathrm{R}}}{2}\right)\left(\frac{1}{\epsilon}-\gamma-\ln\frac{-k^2}{4\pi\mu^2}\right)+\frac{31}{9}-(1-\alpha_{\mathrm{R}})+\frac{(1-\alpha_{\mathrm{R}})^2}{4}\right]\\&+\frac{g_{\mathrm{r}}^2}{(4\pi)^2}T_{\mathrm{R}}N_{\mathrm{f}}\frac{4}{3}\left[\frac{1}{\epsilon}-\gamma-\ln\frac{-k^2}{4\pi\mu^2}-6\int_0^1\mathrm{d}xx(1-x)\ln\left(x(1-x)-\frac{m}{k^2}\right)\right]\\&+Z_3-1,\end{aligned} \quad (17.6.22)$$

其中无量纲的重整化耦合常数 $g_{\rm r}=g_{\rm R}\mu^{-\epsilon}$. 从 (17.6.20) 式可见, 由于规范不变性, 胶子传播子出现一个规范不变的因子 $(k^2g_{\mu\nu}-k_\mu k_\nu)$, 它的量纲为 2, 使得胶子传播子振幅 $\varPi^{ab}_{\mu\nu}$ 表面发散度 $d=2$ 降为对数发散 $1/\epsilon$. 注意到重整化常数 Z_3 是由发散项决定的, 在 MS 方案中将 (17.6.22) 式中 $1/\epsilon$ 发散项抽出来 $(\epsilon\to 0)$, 剩下的是有限项 (在 $\epsilon\to 0$, 即四维时空下, $g_{\rm r}\to g_{\rm R}$)

$$\varPi\left(k^2\right)=\frac{g_{\rm R}^2}{(4\pi)^2}\left[\frac{4}{3}T_{\rm R}N_{\rm f}-\frac{1}{2}C_{\rm G}\left(\frac{13}{3}-\alpha_{\rm R}\right)\right]\frac{1}{\epsilon}+Z_3-1+\text{有限项}. \tag{17.6.23}$$

因此单圈图下胶子场的重整化常数 (MS 减除方案)

$$Z_3=1-\frac{g_{\rm R}^2}{(4\pi)^2}\left[\frac{4}{3}T_{\rm R}N_{\rm f}-\frac{1}{2}C_{\rm G}\left(\frac{13}{3}-\alpha_{\rm R}\right)\right]\frac{1}{\epsilon}+O\left(g_{\rm R}^4\right). \tag{17.6.24}$$

胶子传播子振幅 $\varPi^{ab}_{\mu\nu}$ 的规范不变性结构 (17.6.13) 保证了无质量的胶子在辐射修正以后仍然是无质量的. 显然这样获得的发散常数是依赖于减除方案的, 因而依赖于标度参量 μ. 实际上发散项 $\dfrac{1}{\epsilon}$ 就相当于通常紫外截断正规化中的 $\ln\dfrac{\varLambda^2}{\mu^2}$, 这里 $\varLambda$ 就是紫外截断参量.

类似地可以计算鬼粒子传播子、三胶子顶角、鬼粒子-胶子顶角、夸克-胶子顶角、四胶子顶角的单圈图修正并获得相应的重整化常数, 它们的结果直接列在下面.

(1) 鬼粒子传播子振幅和 $\widetilde{Z}_3$, 有

$$\widetilde{\varPi}^{ab}(k)=\delta_{ab}k^2\left[-\frac{g_{\rm R}^2}{(4\pi)^2}C_{\rm G}\frac{3-\alpha_{\rm R}}{4}\frac{1}{\epsilon}+\widetilde{Z}_3-1\right]+\text{有限项}, \tag{17.6.25}$$

$$\widetilde{Z}_3=1+\frac{g_{\rm R}^2}{(4\pi)^2}C_{\rm G}\frac{3-\alpha_{\rm R}}{4}\frac{1}{\epsilon}+O\left(g_{\rm R}^4\right). \tag{17.6.26}$$

(2) 三胶子顶角振幅和 Z_1, 有

$$\begin{aligned}\varLambda^{abc}_{\mu\nu\lambda}\left(k_1,k_2,k_3\right)=&-\mathrm{i}g_{\rm R}f^{abc}V_{\mu\nu\lambda}\left(k_1,k_2,k_3\right)\\&\times\left[\frac{g_{\rm R}^2}{(4\pi)^2}\left(C_{\rm G}\left(-\frac{17}{12}+\frac{3\alpha_{\rm R}}{4}\right)+\frac{4}{3}T_{\rm R}N_{\rm f}\right)\frac{1}{\epsilon}+Z_1-1\right]+\text{有限项},\end{aligned} \tag{17.6.27}$$

$$Z_1=1-\frac{g_{\rm R}^2}{(4\pi)^2}\left[C_{\rm G}\left(-\frac{17}{12}+\frac{3\alpha_{\rm R}}{4}\right)+\frac{4}{3}T_{\rm R}N_{\rm f}\right]\frac{1}{\epsilon}+O\left(g_{\rm R}^4\right). \tag{17.6.28}$$

(3) 鬼粒子-胶子顶角振幅和 $\widetilde{Z}_1$, 有

$$\widetilde{\varLambda}^{abc}_{\mu}\left(k,p,p'\right)=-\mathrm{i}g_{\rm R}f^{abc}p_\mu\left[\frac{g_{\rm R}^2}{(4\pi)^2}C_{\rm G}\frac{\alpha_{\rm R}}{2}\frac{1}{\epsilon}+\widetilde{Z}_1-1\right]+\text{有限项}, \tag{17.6.29}$$

$$\widetilde{Z}_1=1-\frac{g_{\rm R}^2}{(4\pi)^2}C_{\rm G}\frac{\alpha_{\rm R}}{2}\frac{1}{\epsilon}+O\left(g_{\rm R}^4\right). \tag{17.6.30}$$

(4) 夸克-胶子顶角振幅和 $Z_{1\mathrm{F}}$, 有

$$\Lambda_{\mathrm{F}\mu}^{aij}\left(k,p,p'\right)=g_{\mathrm{R}}\gamma_{\mu}T_{ij}^{a}\left[\frac{g_{\mathrm{R}}^{2}}{(4\pi)^{2}}\left(\frac{3+\alpha_{\mathrm{R}}}{4}C_{\mathrm{G}}+\alpha_{\mathrm{R}}C_{\mathrm{F}}\right)\frac{1}{\epsilon}+Z_{1\mathrm{F}}-1\right]+\text{有限项}, \tag{17.6.31}$$

$$Z_{1\mathrm{F}}=1-\frac{g_{\mathrm{R}}^{2}}{(4\pi)^{2}}\left(\frac{3+\alpha_{\mathrm{R}}}{4}C_{\mathrm{G}}+\alpha_{\mathrm{R}}C_{\mathrm{F}}\right)\frac{1}{\epsilon}+O\left(g_{\mathrm{R}}^{4}\right). \tag{17.6.32}$$

(5) 四胶子顶角振幅和 Z_4, 有

$$\begin{aligned}\Lambda_{\mu\mu_2\mu_3\mu_4}^{a_1a_2a_3a_4}\left(k_1,k_2,k_3,k_4\right) \quad = \quad & -g_{\mathrm{R}}^{2}W_{\mu_1\mu_2\mu_3\mu_4}^{a_1a_2a_3a_4}\\ & \times\left[\frac{g_{\mathrm{R}}^{2}}{(4\pi)^{2}}\left(\left(-\frac{2}{3}+\alpha_{\mathrm{R}}\right)C_{\mathrm{G}}+\frac{4}{3}T_{\mathrm{R}}N_{\mathrm{f}}\right)\frac{1}{\epsilon}+Z_4-1\right]\\ & +\text{有限项},\end{aligned} \tag{17.6.33}$$

$$Z_4=1-\frac{g_{\mathrm{R}}^{2}}{(4\pi)^{2}}\left[\left(-\frac{2}{3}+\alpha_{\mathrm{R}}\right)C_{\mathrm{G}}+\frac{4}{3}T_{\mathrm{R}}N_{\mathrm{f}}\right]\frac{1}{\epsilon}+O\left(g_{\mathrm{R}}^{4}\right). \tag{17.6.34}$$

Z_2 在夸克无质量情况下已由 (17.5.31) 式给出. 在夸克有质量 m 的情况下, 要考虑质量重整化, 重复以前的计算可得夸克自能的表达式应修改为

$$\Sigma^{ij}(p)=\delta_{ij}\left[\left(Am_{\mathrm{R}}-B\not p\right)-\left(Z_2Z_m-1\right)m_{\mathrm{R}}+\left(Z_2-1\right)\not p\right]+\text{有限项}, \tag{17.6.35}$$

其中 A, B, Z_2 和 Z_m 分别为

$$A=-\frac{g_{\mathrm{R}}^{2}}{(4\pi)^{2}}C_{\mathrm{F}}\left(3+\alpha_{\mathrm{R}}\right)\frac{1}{\epsilon}+O\left(g_{\mathrm{R}}^{4}\right), \tag{17.6.36}$$

$$B=-\frac{g_{\mathrm{R}}^{2}}{(4\pi)^{2}}C_{\mathrm{F}}\alpha_{\mathrm{R}}\frac{1}{\epsilon}+O\left(g_{\mathrm{R}}^{4}\right), \tag{17.6.37}$$

$$Z_2=1+B=1-\frac{g_{\mathrm{R}}^{2}}{(4\pi)^{2}}C_{\mathrm{F}}\alpha_{\mathrm{R}}\frac{1}{\epsilon}+O\left(g_{\mathrm{R}}^{4}\right), \tag{17.6.38}$$

$$Z_m=1+A-B=1-\frac{3g_{\mathrm{R}}^{2}}{(4\pi)^{2}}C_{\mathrm{F}}\frac{1}{\epsilon}+O\left(g_{\mathrm{R}}^{4}\right). \tag{17.6.39}$$

比较 (17.5.31) 和 (17.6.39) 式可见, 在夸克有质量的情况下 Z_2 不变, 多出一个质量重整化常数 Z_m. 这是因为夸克自能 (17.6.35) 包含两种类型的发散: 质量型 Am_{R} 和动能型 $B\not p$, 这就需要两个发散常数来抵消.

至此, 我们已经在 MS 方案下计算了上一节列出的七个单圈发散图, 给出了七个发散常数 $Z_1,Z_2,Z_3,Z_4,\widetilde{Z}_3,\widetilde{Z}_1,Z_{1\mathrm{F}}$. 如果保持夸克质量 m, 还需引入重整化常数 Z_m, 定义重整化质量 m_{R}.

§17.7 抵消项和完整的 Feynman 规则

上一节已将 QCD 理论的单圈图计算出的发散积分利用减除方案挪去奇异性, 并将分离出的发散部分表达为几个重整化常数. 一旦减除方式被指定, 重整化常数就可以被完全确定, 并可确定重整的 QCD 拉氏密度的抵消项. 进一步将拉氏密度 (17.3.1) 中场量和参数代以重整化的场量和参数, 加上引入相应的抵消项 $\mathcal{L}_\mathrm{C}$ 而得到新的拉氏密度. 由此新的拉氏密度计算 Feynman 图就可获得有限的物理结果.

从上一节单圈图下的发散常数表达式可见, 7 个重整化常数 $Z_1, Z_2, Z_3, Z_4, \widetilde{Z}_3, \widetilde{Z}_1, Z_{1\mathrm{F}}$ 之间存在关系

$$\frac{Z_1}{Z_3}=\frac{\widetilde{Z}_1}{\widetilde{Z}_3}=\frac{Z_{1\mathrm{F}}}{Z_2}=\frac{Z_4}{Z_1}. \tag{17.7.1}$$

这表明 7 个重整化常数不是独立的, 其中四个重整化常数 $Z_1, \widetilde{Z}_1, Z_4, Z_{1\mathrm{F}}$ 可以通过 Z_g 联系起来:

$$\begin{aligned}
&Z_1 \equiv Z_g Z_3^{3/2}, \quad \widetilde{Z}_1 \equiv Z_g \widetilde{Z}_3 Z_3^{1/2}, \\
&Z_4 \equiv Z_g^2 Z_3^2, \quad Z_{1\mathrm{F}} \equiv Z_g Z_2 Z_3^{1/2}, \\
&g_\mathrm{R} = Z_g^{-1} g.
\end{aligned} \tag{17.7.2}$$

这显示不同发散图所定义的 Z_g 应相同. (17.7.1) 式正是由规范不变性导致的 Slavnov-Taylor 等式. 实际上是规范不变性要求这些发散常数满足 Slavnov-Taylor 等式. 由于 QCD 拉氏密度在维数正规化过程中保持规范不变, 因而在计算中自动地出现规范不变因子, 由此定义的重整化常数也自动满足 (17.7.1) 式. 在单圈图近似下, (17.7.1) 式表达为

$$\frac{Z_1}{Z_3}=\frac{\widetilde{Z}_1}{\widetilde{Z}_3}=\frac{Z_{1\mathrm{F}}}{Z_2}=\frac{Z_4}{Z_1}=1-\frac{g_\mathrm{R}^2}{(4\pi)^2}C_\mathrm{G}\frac{3+\alpha_\mathrm{R}}{4}\frac{1}{\epsilon}+O\left(g_\mathrm{R}^4\right). \tag{17.7.3}$$

由 (17.7.2) 式知, 在单圈图近似下

$$\begin{aligned}
Z_g &= Z_1 Z_3^{-3/2} = \widetilde{Z}\widetilde{Z}_3^{-1} Z_3^{-1/2} = Z_{1\mathrm{F}} Z_2^{-1} Z_3^{-1/2} \\
&= 1-\frac{g_\mathrm{R}^2}{(4\pi)^2}\left(\frac{11}{6}C_\mathrm{G}-\frac{4}{6}T_\mathrm{R}N_\mathrm{f}\right)\frac{1}{\epsilon}+O\left(g_\mathrm{R}^4\right).
\end{aligned} \tag{17.7.4}$$

此式不依赖于具体规范. (17.7.4) 式也可表达为

$$Z_g = 1-\frac{g_\mathrm{R}^2}{2(4\pi)^2}\beta_0\frac{1}{\epsilon}+O\left(g_\mathrm{R}^4\right), \tag{17.7.5}$$

其中

$$\beta_0 = \frac{11}{3}C_{\mathrm{G}} - \frac{4}{3}T_{\mathrm{R}}N_{\mathrm{f}} = 11 - \frac{2}{3}N_{\mathrm{f}} \tag{17.7.6}$$

是下一节讨论的 $\beta(g)$ 函数单圈近似下的系数.

根据重整化常数, 我们可定义下述 QCD 拉氏密度中的重整化场量和参量:

$$\begin{aligned} &\psi = Z_2^{1/2}\psi_{\mathrm{R}}, \quad A_\mu^a = Z_3^{1/2}A_{\mathrm{R}\mu}^a, \quad \chi_{1,2}^a = \widetilde{Z}_3^{1/2}\chi_{1,2\mathrm{R}}^a, \\ &g = Z_g g_{\mathrm{R}}, \ \ \alpha = Z_3\alpha_{\mathrm{R}}, \quad m = Z_m m_{\mathrm{R}}, \end{aligned} \tag{17.7.7}$$

这里 Z_2 是夸克场的重整化常数, Z_3 是胶子场的重整化常数, Z_1 是三胶子顶角的重整化常数, Z_4 是四胶子顶角的重整化常数, $Z_{1\mathrm{F}}$ 是夸克-胶子顶角的重整化常数, $\widetilde{Z}_3$ 是鬼粒子场的重整化常数, $\widetilde{Z}_1$ 是鬼粒子-胶子顶角的重整化常数. 选择规范参数 α 的重整化常数与胶子的相同, 这就使得规范固定项在重新定义后具有相同的形式. 可将 5 个重整化常数 $Z_2, Z_3, \widetilde{Z}_3, Z_g, Z_m$ 引入相应的抵消项 $\mathcal{L}_{\mathrm{C}}$, 而得到新的拉氏密度

$$\mathcal{L} = \mathcal{L}_{\mathrm{eff}}^{\mathrm{R0}} + \mathcal{L}_{\mathrm{eff}}^{\mathrm{RI}} + \mathcal{L}_{\mathrm{C}}, \tag{17.7.8}$$

其中 $\mathcal{L}_{\mathrm{eff}}^{\mathrm{R0}} + \mathcal{L}_{\mathrm{eff}}^{\mathrm{RI}}$ 就是 (17.4.5)~(17.4.8) 式中将裸的场量和参数代之以重整化的场量和参数, 而引入的抵消项 $\mathcal{L}_{\mathrm{C}}$ 由下式定义:

$$\begin{aligned} \mathcal{L}_{\mathrm{C}} = &-(Z_3 - 1)\frac{1}{4}\left(\partial_\mu A_{\mathrm{R}\nu}^a - \partial_\nu A_{\mathrm{R}\mu}^a\right)\left(\partial^\mu A_{\mathrm{R}}^{a\nu} - \partial^\nu A_{\mathrm{R}}^{a\mu}\right) \\ &+ \left(\widetilde{Z}_3 - 1\right)\mathrm{i}\left(\partial^\mu C_{1\mathrm{R}}^a\right)\left(\partial_\mu C_{2\mathrm{R}}^a\right) + (Z_2 - 1)\overline{\psi}_{\mathrm{R}}^i\left(\mathrm{i}\gamma^\mu\partial_\mu - m_{\mathrm{R}}\right)\psi_{\mathrm{R}}^i \\ &- (Z_2 Z_m - 1)\, m_{\mathrm{R}}\overline{\psi}_{\mathrm{R}}^i\psi_{\mathrm{R}}^i \\ &- \left(Z_g Z_3^{3/2} - 1\right)\frac{1}{2}g_{\mathrm{R}}f^{abc}\left(\partial_\mu A_{\mathrm{R}\nu}^a - \partial_\nu A_{\mathrm{R}\mu}^a\right)A_{\mathrm{R}}^{b\mu}A_{\mathrm{R}}^{c\nu} \\ &- \left(Z_g^2 Z_3^2 - 1\right)\frac{1}{4}g_{\mathrm{R}}^2 f^{abe}f^{cde}A_{\mathrm{R}\mu}^a A_{\mathrm{R}\nu}^b A_{\mathrm{R}}^{c\mu}A_{\mathrm{R}}^{d\nu} \\ &- \left(Z_g\widetilde{Z}_3 Z_3^{1/2} - 1\right)\mathrm{i}g_{\mathrm{R}}f^{abc}\left(\partial^\mu C_{1\mathrm{R}}^a\right)C_{2\mathrm{R}}^b A_{\mathrm{R}\mu}^c \\ &+ \left(Z_g Z_2 Z_3^{1/2} - 1\right)g_{\mathrm{R}}\overline{\psi}_{\mathrm{R}}^i T_{ij}^a\gamma^\mu\psi_{\mathrm{R}}^j A_{\mathrm{R}\mu}^a. \end{aligned} \tag{17.7.9}$$

为了给出它的 Feynman 规则, 我们将 (17.7.9) 式写成

$$\begin{aligned} \mathcal{L}_{\mathrm{C}} = &(Z_3 - 1)\frac{1}{2}A_{\mathrm{R}}^{a\mu}\delta_{ab}\left(g_{\mu\nu}^2\Box - \partial_\mu\partial_\nu\right)A_{\mathrm{R}}^{b\nu} + \left(\widetilde{Z}_3 - 1\right)C_{1\mathrm{R}}^a\delta_{ab}(-\mathrm{i}\Box)C_{2\mathrm{R}}^b \\ &+ (Z_2 - 1)\overline{\psi}_{\mathrm{R}}^i\left(\mathrm{i}\gamma^\mu\partial_\mu - m_{\mathrm{R}}\right)\psi_{\mathrm{R}}^i - (Z_2 Z_m - 1)\, m_{\mathrm{R}}\overline{\psi}_{\mathrm{R}}^i\psi_{\mathrm{R}}^i \\ &- (Z_1 - 1)\frac{1}{2}g_{\mathrm{R}}f^{abc}\left(\partial_\mu A_{\mathrm{R}\nu}^a - \partial_\nu A_{\mathrm{R}\mu}^a\right)A_{\mathrm{R}}^{b\mu}A_{\mathrm{R}}^{c\nu} \end{aligned}$$

$$
\begin{aligned}
&-\left(Z_4-1\right)\frac{1}{4}g_{\mathrm{R}}^2 f^{abe}f^{cde}A_{\mathrm{R}\mu}^a A_{R\nu}^b A_{\mathrm{R}}^{c\mu}A_{\mathrm{R}}^{d\nu}\\
&-\left(\widetilde{Z}_1-1\right)\mathrm{i}g_{\mathrm{R}}f^{abc}\left(\partial^\mu C_{1\mathrm{R}}^a\right)C_{2\mathrm{R}}^b A_{\mathrm{R}\mu}^c\\
&+\left(Z_{1\mathrm{F}}-1\right)g_{\mathrm{R}}\overline{\psi}_{\mathrm{R}}^i T_{ij}^a\gamma^\mu\psi_{\mathrm{R}}^j A_{\mathrm{R}\mu}^a.
\end{aligned}
\tag{17.7.10}
$$

在写出 (17.7.10) 式时已将全散度略去.

在量子电动力学中只有 $Z_{1\mathrm{F}}, Z_2, Z_3$, 由规范不变性导出的 Ward 恒等式可以证明 $Z_{1\mathrm{F}}=Z_2$, 且电荷

$$
e=Z_e e_{\mathrm{R}}=Z_{1\mathrm{F}}Z_2^{-1}Z_3^{-1/2}e_{\mathrm{R}}=Z_3^{-1/2}e_{\mathrm{R}}.
\tag{17.7.11}
$$

在量子色动力学中除了夸克-胶子顶角外还有三胶子、四胶子、鬼粒子-胶子顶角, 反映在抵消项 (17.7.10) 中, 引入的后四项是包含同一个 g_{R} 的相互作用项, 相应有四个重整化常数 $Z_1, \widetilde{Z}_1, Z_4, Z_{1\mathrm{F}}$ 相关到同一个重整化常数 Z_g, 即 (17.7.3) 式. 也就是说这四种顶角得到同一个 Z_g 时, 才有 (17.7.1) 式成立, 类似于 QED, 这是由拉氏密度的规范不变性保证的. (17.7.1) 式称为 Slavnov-Taylor 等式, 正是此等式保证了重整化耦合常数 g_{R} 的普适性.

我们直接给出抵消项所对应的 Feynman 规则, 如图 17.7.1 所示. 此外还有圈图符号和统计因子的规则. 首先讨论费米子圈图和鬼场圈图的符号因子 (-1). 按照生成泛函理论, 任意 Green 函数都可以通过对生成泛函 (17.4.37) 的泛函微商得到. 考虑夸克圈图对胶子传播子的贡献 (g^2 阶), 其生成泛函由 (17.4.37) 式展开到二阶给出, 贡献来自两个夸克-胶子的相互作用顶角 (17.4.5) 式等号右边的第三项 $\mathcal{L}_{\mathrm{eff}}^{\mathrm{I(F)}}$. 生成泛函 $Z(J,\xi,\xi^*,\eta,\overline{\eta})$ 展开到二阶项, 有

$$
\frac{1}{2!}\left\{\mathrm{i}\int \mathrm{d}^4x\mathcal{L}_{\mathrm{eff}}^{\mathrm{I(F)}}\left(\frac{\delta}{\mathrm{i}\delta J^{a\mu}},\frac{\delta}{\mathrm{i}\delta\overline{\eta}},\frac{\delta}{\mathrm{i}\delta(-\eta)}\right)\right\}^2 Z_0[J,\xi,\xi^*,\eta,\overline{\eta}],
\tag{17.7.12}
$$

其中 $Z_0(J,\xi,\xi^*,\eta,\overline{\eta})=Z_0^{\mathrm{G}}Z_0^{\mathrm{FP}}(\xi,\xi^*)Z_0^{\mathrm{F}}(\eta,\overline{\eta})$, 只涉及 $Z_0^{\mathrm{G}}(J), Z_0^{\mathrm{F}}(\eta,\overline{\eta})$ 部分. 注意到 Grassmann 数 η 和 $\overline{\eta}$ 的反对易特性, 对于夸克和反夸克圈会多一个负号, 对上式运算后得到

$$
\begin{aligned}
&\frac{1}{2!}\left\{\mathrm{i}\int \mathrm{d}^4x\mathcal{L}_{\mathrm{eff}}^{\mathrm{I(F)}}(\frac{\delta}{\mathrm{i}\delta J^{a\mu}},\frac{\delta}{\mathrm{i}\delta\overline{\eta}},\frac{\delta}{\mathrm{i}\delta(-\eta)})\right\}^2 Z_0[J,\xi,\xi^*,\eta,\overline{\eta}]\\
&\quad=(-1)\frac{g^2}{2}\int \mathrm{d}x_1\mathrm{d}x_2\mathrm{d}y_1\mathrm{d}y_2\mathrm{Tr}[T^a\gamma^\mu S(x_2-x_1)T^b\gamma^\nu S(x_2-x_1)]\\
&\qquad\times D_{\mu\lambda}^{ac}(x_1-y_1)D_{\nu\rho}^{bd}(x_2-y_2)J^{c\lambda}(y_1)J^{d\rho}(y_2).
\end{aligned}
\tag{17.7.13}
$$

按照 Green 函数的定义可从 (17.7.13) 式导出夸克-反夸克圈图对胶子传播子的贡

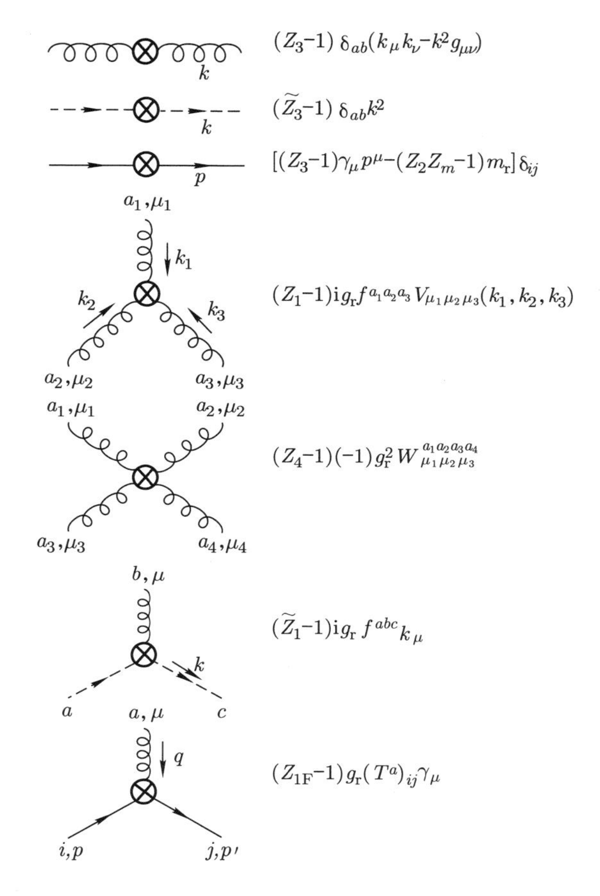

图 17.7.1 抵消项 (17.7.10) 式各项所对应的 Feynman 图

献:

$$-\mathrm{i}G^{ab}_{2\mu\nu}(x,y) = -(-1)g^2\int\frac{\mathrm{d}^4k}{(2\pi)^4\mathrm{i}}\mathrm{e}^{-\mathrm{i}k\cdot(x-y)}\frac{d_{\mu\lambda}(k)}{k^2}\frac{d_{\nu\rho}(k)}{k^2}$$
$$\times\int\frac{\mathrm{d}^4p}{(2\pi)^4\mathrm{i}}\mathrm{Tr}\left[T^a\gamma^\lambda\frac{1}{\not p-m}T^b\gamma^\rho\frac{1}{\not p-\not k-m}\right]. \qquad (17.7.14)$$

从 Feynman 规则上来讲, 因子 (-1) 是与圈图积分相联系的, 即对于费米子圈和鬼粒子图积分附加一个 (-1) 因子. 因此, 对夸克圈图, 相应的圈积分为 $-\int\frac{\mathrm{d}^4p}{(2\pi)^4\mathrm{i}}\delta^{ij}\delta^{\alpha\beta}$, 对鬼粒子圈图, 相应的圈积分为 $-\int\frac{\mathrm{d}^4k}{(2\pi)^4\mathrm{i}}\delta^{ab}$. 而对于胶子圈积分则无 (-1) 因子. 在圈积分中除了上述的符号因子外还需要考虑统计因子. 由于玻色子的统计性质, 对于胶子圈图会出现重复计算对 Green 函数的贡献的情况, 必须消去因这种全同

性而出现的因子. 相应图 17.7.2 中的三个图应附加三个不同因子

$$\frac{1}{2!}(\mathrm{a}), \quad \frac{1}{2!}(\mathrm{b}), \quad \frac{1}{3!}(\mathrm{c}). \tag{17.7.15}$$

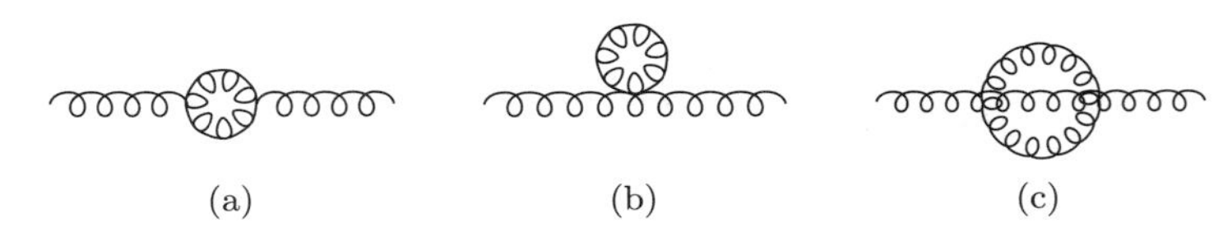

图 17.7.2 由于玻色子的全同性质, 在胶子圈图相应的三个图中应附加 $\frac{1}{2!}(\mathrm{a}), \frac{1}{2!}(\mathrm{b}), \frac{1}{3!}(\mathrm{c})$

这里给出的抵消项 Feynman 规则、圈图符号、统计因子以及在 §17.4 中给出的树图下的 Feynman 规则合在一起, 构成了量子色动力学中计算截腿 Green 函数的完整 Feynman 规则, 而其中重整化常数 $Z_1, \widetilde{Z}_1, Z_4, Z_{1\mathrm{F}}, Z_m$ 或 $Z_3, \widetilde{Z}_3, Z_2, Z_g, Z_m$ 应在加入抵消项后由圈图计算消去发散项获得有限圈图修正来确定. 进一步可以证明, QCD 理论在引入抵消项 (17.7.10) 后, 足以在所有阶圈图的计算中消去所有发散积分.

以上的 Feynman 规则都是按截腿 Green 函数计算 Feynman 图给出的, 任何一个物理过程都有外线, 在量子色动力学里夸克和胶子虽然被禁闭在强子内部, 但大动量转移下的渐近自由性质导致了物理过程的 QCD 因子化定理, 将微扰论不能计算的强子-部分子顶角分离开来, 使得中间的硬过程成为微扰论可计算的. 对于中间硬过程, 夸克、胶子外线是在壳粒子, 即 $p^2 = m^2$ 和 $k^2 = 0$, 需要附加外线 Feynman 规则. 外线分为入态和出态两类. 图 17.7.3 给出了相应的外线规则.

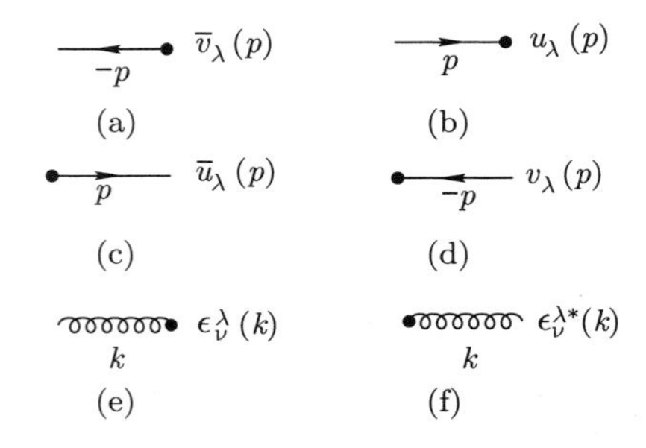

图 17.7.3 外线 Feynman 规则

§17.8 单圈图近似 $\beta(g)$ 函数和渐近自由

由于 QED 中存在 Thompson 极限来定义实验上的电荷 $\alpha = \dfrac{e^2}{4\pi}$, 而在 QCD 中即使考虑到夸克质量不为零, 也由于存在非微扰效应无法定义低能行为, 而不能采用低能质壳减除方案定义强相互作用耦合常数 g_{R}.

由前面 (17.7.2) 式的定义 $g_{\mathrm{R}} = Z_g^{-1}g$ 和 §17.6 中的无量纲化耦合常数 $g_{\mathrm{r}} = \mu^{-\epsilon}g_{\mathrm{R}}$, 可知

$$g_{\mathrm{r}} = \mu^{-\epsilon}Z_g^{-1}g. \tag{17.8.1}$$

如果固定 g, g_{r} 是标度参量 μ 的函数 $g_{\mathrm{r}}(\mu)$. 在上式两边对 μ 微分并定义 $\beta(g_{\mathrm{r}})$ 函数为

$$\beta(g_{\mathrm{r}}) = \mu\frac{\partial g_r}{\partial\mu}\bigg|_g = -\epsilon g_{\mathrm{r}} - \frac{\mu}{Z_g}\frac{\mathrm{d}Z_g}{\mathrm{d}\mu}g_{\mathrm{r}}. \tag{17.8.2}$$

将 (17.7.4) 式代入 (17.8.2) 式就可以得到单圈图近似下的 $\beta(g_{\mathrm{r}})$ 函数:

$$\begin{aligned}\beta(g_{\mathrm{r}}) &= -\frac{1}{(4\pi)^2}\beta_0 g_{\mathrm{r}}^3 + O(g_{\mathrm{r}}^5)\\ &= -\frac{1}{(4\pi)^2}\left(\frac{11}{3}C_{\mathrm{G}} - \frac{4}{3}T_{\mathrm{R}}N_{\mathrm{f}}\right)g_{\mathrm{r}}^3 + O(g_{\mathrm{r}}^5)\\ &= -\frac{1}{(4\pi)^2}\left(11 - \frac{2}{3}N_{\mathrm{f}}\right)g_{\mathrm{r}}^3 + O(g_{\mathrm{r}}^5).\end{aligned} \tag{17.8.3}$$

类似于在 QED 中由电子-电子散射顶角定义有效电荷, 在 QCD 中考虑夸克-夸克散射过程中夸克-胶子耦合常数 (图 17.8.1 列出了所有单圈图对夸克-夸克散射过程的贡献). 可见 QCD 中单圈修正图与 QED 中单圈修正图所不同之处就在于 QCD 中多了三胶子和四胶子相互作用产生的圈图贡献. 正是这些三胶子和四胶子生成的圈图贡献使得 (17.8.3) 式右边出现一个负号.

对于任何一个大动量转移 $Q^2 = -q^2$ 的物理过程, 我们可以引入一个无量纲的标度参量 $\lambda\left(=\sqrt{\dfrac{\mu^2}{Q^2}}\right)$, 在计及圈图修正以后有效耦合常数 $g_{\mathrm{r}}(\mu) \to \overline{g}(\mu, \lambda)$. 相应于 (17.8.2) 式, 代之以标度 μ/λ 的微商

$$\frac{\mu}{\lambda}\frac{\mathrm{d}\overline{g}}{\mathrm{d}(\mu/\lambda)} = \beta(\overline{g}). \tag{17.8.4}$$

将变量 μ 代之以 λ, 并定义

$$t = -\ln\lambda, \tag{17.8.5}$$

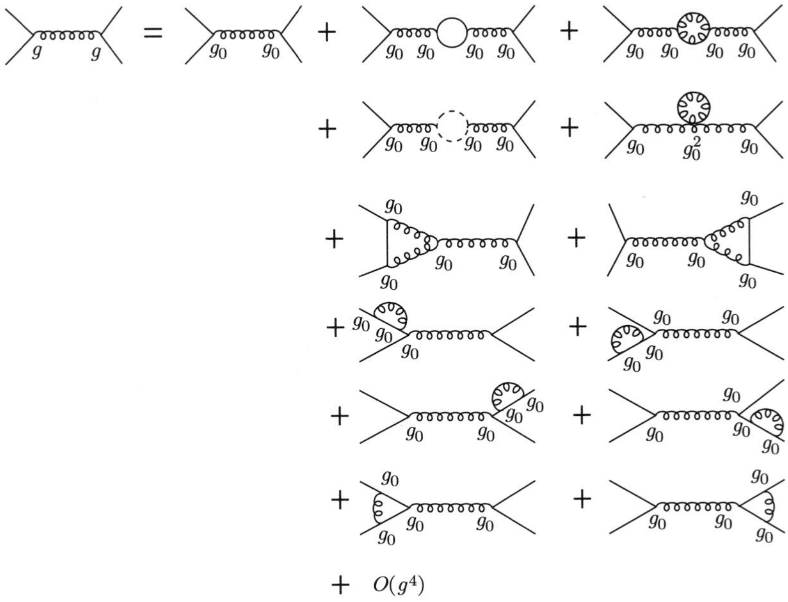

图 17.8.1 在单圈近似下的各种修正图对 $\beta(g_{\rm r})$ 的贡献

则可将 (17.8.4) 式改写为

$$\frac{\mathrm{d}\overline{g}}{\mathrm{d}t} = \beta(\overline{g}). \tag{17.8.6}$$

对此式积分可得

$$t = \int_{g_R}^{\overline{g}(t)} \frac{\mathrm{d}g'}{\beta(g')}, \tag{17.8.7}$$

其中

$$\overline{g}(t=0) = g_{\rm r}. \tag{17.8.8}$$

在单圈图近似下将 (17.8.3) 式代入 (17.8.7) 式, 可得

$$\overline{g}(t)^2 = \frac{g_{\rm r}^2}{1 + \dfrac{2}{(4\pi)^2}\beta_0 g_{\rm r}^2 t}. \tag{17.8.9}$$

(17.8.9) 式表明当 $t \to \infty$ 时, $\overline{g}(t) \to 0$. (17.8.9) 式也可以记作

$$\frac{1}{\overline{g}(t)^2} = \frac{1}{g_{\rm r}^2} + \frac{2}{(4\pi)^2}\beta_0 t. \tag{17.8.10}$$

若定义有效耦合常数

$$\alpha_{\text{eff}}(t)=\frac{\overline{g}(t)^2}{4\pi}, \tag{17.8.11}$$

那么 (17.8.10) 式变为

$$\frac{1}{\alpha_{\text{eff}}(t)}=\frac{1}{\alpha_{\text{s}}(\mu^2)}+\frac{2}{(4\pi)^2}\beta_0 t, \tag{17.8.12}$$

其中 $\alpha(t=0)=\dfrac{g_{\text{r}}^2}{4\pi}=\alpha_{\text{s}}(\mu^2)$, 或者以 (17.8.9) 式记为

$$\alpha_{\text{eff}}(t)=\frac{\alpha_{\text{s}}(\mu^2)}{1+\alpha_{\text{s}}(\mu^2)\dfrac{2\beta_0}{4\pi}t}. \tag{17.8.13}$$

注意到 (17.8.5) 式, 可以将 (17.8.13) 式写成明显的 Q^2 依赖关系

$$\alpha_{\text{eff}}^{s}(Q^2)=\frac{\alpha(\mu^2)}{1+\alpha(\mu^2)\dfrac{2\beta_0}{4\pi}\ln\dfrac{Q^2}{\mu^2}}, \tag{17.8.14}$$

其中系数 $\beta_0=\left(\dfrac{11}{2}C_G-\dfrac{4}{3}T_{\text{R}}N_{\text{f}}\right)=\left(11-\dfrac{2}{3}N_{\text{f}}\right)$ (见 (17.7.6) 式). 可见当 $N_{\text{f}}\leqslant 16$, 即夸克的味数小于 16 时, 总有恒正的 $\beta_0(\beta_0>0)$, 就使得 (17.8.14) 式的分母中第二项恒为正. 在 Q^2 增加时, 分母增大, 有效耦合常数减小, 且有

$$\alpha_{\text{eff}}(Q^2)\to 0, \text{当} Q^2\to\infty(t\to\infty). \tag{17.8.15}$$

(17.8.15) 式意味着, 当 Q^2 趋于无穷时, 夸克和胶子之间的耦合 (相互作用) 渐近地减弱到无相互作用. 这就是 QCD 的一个根本特点 —— 渐近自由. 这一特点告诉我们, 在 QCD 里当 Q^2 增加时, 耦合常数变小, 可以应用微扰论; 当 Q^2 减小到低 Q^2 时, 耦合常数变大, 不能应用微扰论. 这与 QED 正好相反, 在 QED 中 β_0 是负的. 正是低 Q^2 下耦合常数变大这一性质可以定性地解释强子内夸克和胶子的禁闭性质.

QCD 的渐近自由性质在物理上可以做如下的理解. 图 17.8.2 中顶点修正和鬼粒子圈图修正对 β_0 的符号不起决定作用, 主要是其中胶子传播子的三个圈图贡献决定 β_0 的符号. 圈图中的图 17.8.2(a) 是产生夸克、反夸克对, 其效果与 QED 相同, 真空极化产生屏蔽效应, 使得色荷减弱. 真空极化图 17.8.2(b), (c) 产生胶子圈, 是三胶子相互作用顶点的贡献, 主要是图 17.8.2(b), (c) 的真空极化图产生反屏蔽效应, 色荷可以向外辐射. 仅当胶子的 Q^2 增大时, 波长变短, “探测” 的胶子能 “看”

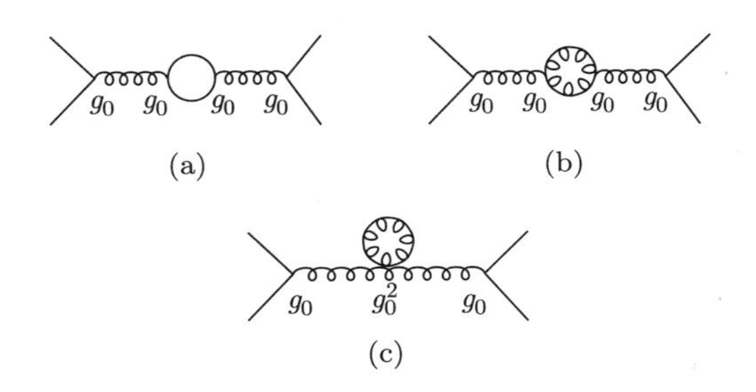

图 17.8.2 决定 β_0 的负号的是三胶子相互作用给出的 (b) 的贡献

到越来越小的空间间隔, 才会 "发现" 小的色荷, 即有效电荷变弱, 因此呈现出 QCD 渐近自由的特点.

由于 g_{R} 依赖于重整化参量 μ^2, μ^2 是任意的, 物理结果应不依赖于重整化参量 μ^2 的选择. 这意味着, 不同减除点 μ^2, μ'^2 的选择, 其物理可观测量 $\alpha_{\mathrm{eff}}^{\mathrm{s}}(Q^2)$ 应相同, 即 (17.8.12) 式导致

$$\frac{1}{\alpha_{\mathrm{s}}(\mu^2)} - a\ln\left(\frac{Q^2}{\mu^2}\right) = \frac{1}{\alpha_{\mathrm{s}}(\mu'^2)} - a\ln\left(\frac{Q^2}{\mu'^2}\right), \tag{17.8.16}$$

其中 $a = -\dfrac{2\beta_0}{(4\pi)^2}$. 或者消去 Q^2, 仅留下不同重整化点之间的关系, 由此可定义普适的 $\varLambda$ 参量:

$$\frac{1}{a\alpha_{\mathrm{s}}(\mu^2)} + \ln\mu^2 = \frac{1}{a\alpha_{\mathrm{s}}(\mu'^2)} + \ln\mu'^2 = L = \ln\varLambda^2. \tag{17.8.17}$$

将 (17.8.17) 式代入 (17.8.14) 式就可以得到

$$\alpha_{\mathrm{eff}}(Q^2) = \alpha_{\mathrm{s}}(Q^2) = \frac{4\pi}{\beta_0\ln\dfrac{Q^2}{\varLambda^2}}. \tag{17.8.18}$$

由 (17.8.17) 式定义的参量 $\varLambda$ 标志着所有不同重整化点的普适参量, 不依赖于重整化点 μ^2 的选择, 这一对称性质就是下一章要讨论的重整化群. 所以 $\varLambda$ 是 QCD 真正的物理参量, 应由物理过程的实验数据来确定. 从定义 (17.8.17) 可得

$$\varLambda^2 = \mu^2\exp\left[\frac{-(4\pi)^2}{\beta_0 g^2(\mu^2)}\right]. \tag{17.8.19}$$

参数 $\varLambda$ 是 QCD 理论所固有的能量标度, 当 $Q^2 \leqslant \varLambda^2$ 时, 上述所有表达式不再成立.

以上所有结果都是在单圈图计算下得到的. 计算到双圈图修正的结果是

$$
\begin{aligned}
&\alpha_{\mathrm{s}}(Q^2)=\frac{4\pi}{\beta_0\ln\dfrac{Q^2}{\Lambda^2}}\left[1-\frac{\beta_1}{\beta_0^2}\frac{\ln\left(\ln\dfrac{Q^2}{\Lambda^2}\right)}{\ln\left(\dfrac{Q^2}{\Lambda^2}\right)}\right]+L,\\
&\beta_0=11-\frac{2N_{\mathrm{f}}}{3},\\
&\beta_1=\frac{2}{3}(153-19N_{\mathrm{f}}).
\end{aligned}
\tag{17.8.20}
$$

跑动耦合常数 $\alpha_{\mathrm{s}}(Q^2)$ 中仅有的参数 Λ 将由实验上的物理过程来确定. 目前为止, 从低能到高能所确定的 Λ 值是自洽的, 其范围在

$$
\Lambda=(200\pm100)\mathrm{MeV}. \tag{17.8.21}
$$

而且在实验误差范围内, 从几 GeV^2 一直到 $Q^2=M_{\mathrm{Z}}^2$ (M_{Z} 是中间玻色子 Z 的质量) 都符合得比较好. 实验上对 QCD 理论的直接验证见图 1.2.1.

从 (17.8.18) 式也可以看出, 当 $Q^2\to\Lambda^2$ 时, $\alpha_{\mathrm{s}}(Q^2)$ 变得很大, 因此由微扰得到的 (17.8.18) 式不再成立, 这涉及强子物理中的夸克禁闭问题. 渐近自由和夸克禁闭是量子色动力学的两大特性. 如何从 QCD 拉氏密度 (17.3.1) 式出发定量获得夸克禁闭性质, 至今仍是量子色动力学中的一个重要难题.

习　　题

1. 证明 QCD 拉氏密度 (17.3.1) 在规范变换 (17.3.5) 和 (17.3.6) 下是不变的.
2. 在单圈图层次上, 计算 QCD 中夸克场、胶子场和鬼场波函数重整化常数和相互作用耦合常数重整化, 并验证 Slavnov-Taylor 等式.
3. 推导 QCD 跑动耦合常数表达式 (17.8.18).

第 18 章 电磁相互作用和弱相互作用统一理论

由 Weinberg 和 Salam 在 1967 年建立的电磁相互作用和弱相互作用统一理论, 是在 Glashow 早年提出的两种相互作用遵从非 Abel 规范对称性的框架内完成的. 其中最重要的一点是引入自发对称性破缺机制, 预言了弱中性流的存在以及传递弱相互作用的中间玻色子质量. 本章将陆续介绍电弱统一理论以及如何将三代轻子和三代夸克纳入理论体系.

§18.1 弱相互作用有效理论的局限性

第 8 章曾介绍了弱相互作用的低能唯象理论, 以纯轻子弱相互作用为例, 即其中参与弱相互作用的全部是轻子. 这类过程的拉氏密度可记为流-流耦合形式 $(V-A)$ (见 (8.4.7) 式):

$$\mathcal{L}_{\text{轻子}} = \frac{G}{\sqrt{2}}(j_\mu^+ j^{\mu-} + \frac{1}{2} j_\mu^0 j^{\mu 0}), \tag{18.1.1}$$

其中 G 是弱相互作用耦合常数, $Gm_{\rm p}^2 \approx 10^{-5}$. 在 (8.4.11) ~ (8.4.14) 式中已分析了 $\nu_{\rm e}{\rm e}$ 散射过程总截面破坏幺正性. 实际上从简单的量纲分析知 $\nu_{\rm e}{\rm e}$ 散射过程总截面

$$\sigma = \text{常数} \times G^2 s,$$

其中 s 为初态总能量的平方, 表明总截面随能量的平方上升. 这个结果与低能反应堆实验的结果一致. 因此四费米子弱相互作用理论是低能有效理论, 不能作为基本理论.

量子电动力学中的相互作用形式 $\mathcal{L}_{\rm i} = -e\overline{\psi}(x)\gamma^\mu\psi(x)A_\mu(x)$ 包含了两个费米子场和一个玻色子场, 通常称为 Yukawa 型相互作用. 类比 QED, 弱相互作用的四费米子相互作用可以设想为某种 Yukawa 型相互作用的二阶图, 类似于电磁相互作用的媒介子光子, 有相应传递弱相互作用的中间玻色子 W,

$$\mathcal{L}_{\rm W} = -g_{\rm W} j^\mu W_\mu + \text{h.c.}, \tag{18.1.2}$$

其中 W_μ 是矢量型媒介玻色子场, 但它具有大质量 $m_{\rm W}$. 这种具有大质量的矢量场的传播子与光子矢量场不同, 其形式为

$$D_{\mu\nu}^{\rm W}(k) = \frac{-1}{k^2 - m_{\rm W}^2}\left(g_{\mu\nu} - \frac{k_\mu k_\nu}{m_{\rm W}^2}\right). \tag{18.1.3}$$

由于 m_{W} 很大, 在低能下 $m_{\mathrm{W}}^2 \gg k^2$, $D_{\mu\nu}^W(k) \to \dfrac{g_{\mu\nu}}{m_{\mathrm{W}}^2}$, 中间玻色子传播子收缩为一点, 成为四费米子相互作用. 按照这一想法自然应有

$$\frac{g_{\mathrm{W}}^2}{m_{\mathrm{W}}^2} = \frac{G}{\sqrt{2}}, \tag{18.1.4}$$

或者说此中间玻色子质量为

$$m_{\mathrm{W}}^2 = \frac{\sqrt{2} g_{\mathrm{W}}^2}{G} = \frac{\sqrt{2}}{G m_{\mathrm{p}}^2} g_{\mathrm{W}}^2 m_{\mathrm{p}}^2 \approx \sqrt{2} g_{\mathrm{W}}^2 \cdot 10^5 m_{\mathrm{p}}^2. \tag{18.1.5}$$

由此可见, 如果弱相互作用流与中间玻色子的耦合强度 g_{W}^2 和电磁相互作用强度 e^2 具有同样大小, 有

$$m_{\mathrm{W}} \approx 100 \text{ GeV}. \tag{18.1.6}$$

由于 m_{W} 不为零且很大, 加上传播子中的 $k_\mu k_\nu / m_{\mathrm{W}}^2$ 项大大增加了发散幂次, 随着微扰阶数升高而上升使得理论无法克服发散困难, 引入大质量的矢量中间玻色子的理论是不可重整的. 尽管流-流耦合普适理论与低能下的实验结果一致, 但高能下仍破坏幺正性. 同样由于中间玻色子具有质量, 拉氏密度中会出现质量项, 不可能遵从规范不变性原理, 这将使理论增加任意性. 从上面的讨论可见, 弱相互作用与电磁相互作用有类似之处, 都交换矢量玻色子, 只是光子无质量, 中间玻色子有质量, 当质量大到约 100 GeV 时两者耦合强度也相近. 这就预示着两种相互作用有可能在统一的规范场模型中描述, 然而理论必须既保持规范不变性又能使传递相互作用的中间玻色子获得大质量. 因此问题是如何构造统一的电磁相互作用和弱相互作用理论使引入的中间玻色子既不破坏规范不变性又能获得较大质量, 这成为一个必须克服的难题.

1960—1961 年, 有两个重要进展为解决这一难题提供了基础: 1960 年, Nambu 提出了自发对称破缺的概念; 1961 年, Glashow 引入弱同位旋结构及弱流-电磁流 $\mathrm{SU(2)_L \times U(1)}_Y$ 模型. 关于自发对称破缺理论留待下一节讨论.

Glashow 将强相互作用同位旋概念推广到弱相互作用, 引入弱同位旋结构, 以电子中微子 ν_{e} 和电子 e 为例, 电子中微子 ν_{e} (T_3=1/2) 和电子 e ($T_3 = -1/2$) 构成轻子的两个本征态. 在标准模型中取中微子质量为零, 中微子 $\nu_l = \nu_{\mathrm{e}}, \nu_\mu, \nu_\tau$ 只有左手分量. 正是由于弱相互作用中左右不对称才有宇称不守恒的结果. 这样轻子的弱同位旋 SU(2) 群 $T = \dfrac{1}{2}$ 的二重态记为

$$l_{\mathrm{L}}^{\mathrm{e}} = \begin{pmatrix} \nu_{\mathrm{e}} \\ e \end{pmatrix}_{\mathrm{L}}, \quad T = \frac{1}{2}, \quad T_3 = \pm\frac{1}{2}, \tag{18.1.7}$$

其中下标 L 标记左手场. 注意电子质量不为零, 除了 $e_{\rm L}$ 外还有右手场 $e_{\rm R}$. 任一费米子场可以写为左手场和右手场之和:

$$\psi=\psi_{\rm L}+\psi_{\rm R},\quad \psi_{\rm L}=\frac{1}{2}(1-\gamma_5)\psi,\quad \psi_{\rm R}=\frac{1}{2}(1+\gamma_5)\psi. \tag{18.1.8}$$

容易证明双线性协变量

$$\overline{\psi}\psi=\overline{\psi}_{\rm R}\psi_{\rm L}+\overline{\psi}_{\rm L}\psi_{\rm R}, \tag{18.1.9}$$

$$\overline{\psi}\gamma^\mu\psi=\overline{\psi}_{\rm L}\gamma^\mu\psi_{\rm L}+\overline{\psi}_{\rm R}\gamma^\mu\psi_{\rm R}, \tag{18.1.10}$$

$$\overline{\psi}\gamma^\mu(1-\gamma_5)\psi=2\overline{\psi}_{\rm L}\gamma^\mu\psi_{\rm L}. \tag{18.1.11}$$

因此带电弱流算符

$$j^{\mu-}=\overline{e}\gamma^\mu(1-\gamma_5)\nu_e=2\overline{e}_{\rm L}\gamma^\mu\nu_{\rm eL}. \tag{18.1.12}$$

若以弱同位旋标记, 有

$$j^{\mu-}=\overline{e}\gamma^\mu(1-\gamma_5)\nu_{\rm e}=2\overline{e}_{\rm L}\gamma^\mu\nu_{\rm eL}=2\overline{l}^{\rm e}_{\rm L}\gamma^\mu\tau^- l^{\rm e}_{\rm L}, \tag{18.1.13}$$

其中

$$\tau^-=\begin{pmatrix}0&0\\1&0\end{pmatrix}=\frac{1}{2}(\tau^1-{\rm i}\tau^2),\quad \tau^+=\begin{pmatrix}0&1\\0&0\end{pmatrix}=\frac{1}{2}(\tau^1+{\rm i}\tau^2), \tag{18.1.14}$$

$$\tau^1=\begin{pmatrix}0&1\\1&0\end{pmatrix},\quad \tau^2=\begin{pmatrix}0&-{\rm i}\\{\rm i}&0\end{pmatrix},\quad \tau^3=\begin{pmatrix}1&0\\0&-1\end{pmatrix}. \tag{18.1.15}$$

SU(2) 变换群的三个生成元

$$T^i=\frac{1}{2}\tau^i(i=1,2,3),\quad [T^i,T^j]={\rm i}\epsilon^{ijk}T^k. \tag{18.1.16}$$

(18.1.13) 式可以重写为

$$j^{\mu-}=\overline{e}\gamma^\mu(1-\gamma_5)\nu_{\rm e}=2\overline{l}_{\rm e}\gamma^\mu(1-\gamma_5)\tau^-l_{\rm e}=\overline{l}_{\rm e}\gamma^\mu(1-\gamma_5)(\tau^1-{\rm i}\tau^2)l_{\rm e},$$
$$j^{\mu+}=\overline{\nu}_{\rm e}\gamma^\mu(1-\gamma_5)e=2\overline{l}_{\rm e}\gamma^\mu(1-\gamma_5)\tau^+l_{\rm e}=\overline{l}_{\rm e}\gamma^\mu(1-\gamma_5)(\tau^1+{\rm i}\tau^2)l_{\rm e},$$

或者记为同位旋流算符

$$j^{\mu i}=\overline{l}_{\rm e}\gamma^\mu(1-\gamma_5)\tau^il_{\rm e}. \tag{18.1.17}$$

特别地, 当 $i=3$ 时,

$$j^{\mu3}=\overline{l}_{\rm e}\gamma^\mu(1-\gamma_5)\tau^3l_{\rm e}=\{\overline{\nu}_{\rm e}\gamma^\mu(1-\gamma_5)\nu_{\rm e}-\overline{e}\gamma^\mu(1-\gamma_5)e\} \tag{18.1.18}$$

显然是中性流, $\Delta Q = 0$, 但它不是电磁相互作用流而是弱相互作用中性流. 这是引入弱同位旋概念的必然结果, 预言了纯轻子弱中性流的存在, 在 1973 年得到了实验的证实.

为了进一步将电磁流包括在内, 将 $\mathrm{SU(2)_L}$ 变换群扩大为 $\mathrm{SU(2)_L}\times \mathrm{U(1)}_Y$, 此群是 $\mathrm{SU(2)_L}$ 和 $\mathrm{U(1)}_Y$ 的直乘, 其生成元有 4 个, 记为 T^i $(i=1,2,3)$ 和 $Y(i=1,2,3)$, 且有

$$\left[T^i, Y\right] = 0. \tag{18.1.19}$$

这样对每一个左手二重态可赋予相同的 Y 量子数, $Y=-1$, 并有

$$Q = T_3 + \frac{Y}{2}. \tag{18.1.20}$$

这一弱流的电荷公式类似于强相互作用 Gell-Mann-Okubo 公式. 可见在 $\mathrm{SU(2)_L}\times \mathrm{U(1)}_Y$ 群中包含了电荷 Q, 自然有可能容纳电磁相互作用流.

以上讨论都设想仅有一代轻子, 即电子中微子 ν_{e} 和电子 e, 实际轻子有三代 $l=\mathrm{e},\mu,\tau$ 和 $\nu_l = \nu_{\mathrm{e}},\nu_\mu,\nu_\tau$. 定义二重态

$$l_{\mathrm{e}} = \begin{pmatrix} \nu_{\mathrm{e}} \\ e \end{pmatrix}_{\mathrm{L}}, l_\mu = \begin{pmatrix} \nu_\mu \\ \mu \end{pmatrix}_{\mathrm{L}}, l_\tau = \begin{pmatrix} \nu_\tau \\ \tau \end{pmatrix}_{\mathrm{L}}, T = \frac{1}{2}, Y = -1. \tag{18.1.21}$$

当包括了三代轻子以后, 流算符应对所有轻子二重态求和, 有

$$j^{\mu i} = \sum_{\alpha=\mathrm{e},\mu,\tau} \bar{l}_\alpha \gamma^\mu (1-\gamma_5)\tau^i l_\alpha. \tag{18.1.22}$$

在标准模型中中微子质量为零, $\nu_l = \nu_{\mathrm{e}},\nu_\mu,\nu_\tau$ 都是左手的. 然而轻子中 e,μ,τ 有质量且不可忽略, 除了左手部分还有右手部分, 它们是 $\mathrm{SU(2)_L}$ 单态 $e_{\mathrm{R}},\mu_{\mathrm{R}},\tau_{\mathrm{R}}$ (下标 R 标记右手场), 具有量子数 $T=0, Y=-2$.

注意到 (18.1.9) 式中 $\overline{\psi}\psi$ 存在左手场与右手场耦合, 在 $\mathrm{SU(2)_L}\times U(1)_Y$ 模型中不会有这种项存在, 这意味着费米子质量项不出现, 只有动能项 $\overline{\psi}\gamma^\mu\partial_\mu\psi$. 由 (16.4.15) 式知动能项中左手与右手场是分开的. 按照 §18.1 中的讨论, 为了满足规范不变性原理, 必须引入相应的矢量规范场. 在 $\mathrm{SU(2)_L}\times U(1)_Y$ 模型中定义协变微商

$$\partial_\mu \to \mathrm{D}_\mu = \partial_\mu - \mathrm{i}gT^iW_\mu^i - \mathrm{i}g'\frac{Y}{2}B_\mu, \tag{18.1.23}$$

其中 W_μ^i 是对应于 $\mathrm{SU(2)_L}$ 的规范场, B_μ 是对应于 $\mathrm{U(1)}_Y$ 的规范场, g 和 g' 是分别对应于模型中两直乘群的耦合强度, 两者自然不相同. 将 (18.1.23) 式代入动能项

$$\mathrm{i}\left[\bar{l}_{\mathrm{e}}\gamma^\mu\partial_\mu l_{\mathrm{e}} + \bar{e}_{\mathrm{R}}\gamma^\mu\partial_\mu e_{\mathrm{R}}\right], \tag{18.1.24}$$

注意到协变微商的作用

$$\mathrm{D}_\mu e_\mathrm{R} = \left(\partial_\mu - \mathrm{i}g'\frac{Y}{2}B_\mu\right)e_\mathrm{R}, \tag{18.1.25}$$

$$\mathrm{D}_\mu l_\mathrm{e} = \left(\partial_\mu - \mathrm{i}g'\frac{Y}{2}B_\mu - \mathrm{i}g\frac{\tau^i}{2}W_\mu^i\right)l_\mathrm{e}, \tag{18.1.26}$$

就得到

$$\mathrm{i}\left[\bar{l}_\mathrm{e}\gamma^\mu\partial_\mu l_\mathrm{e} + \bar{e}_\mathrm{R}\gamma^\mu\partial_\mu e_\mathrm{R}\right] \to \mathrm{i}\left[\bar{l}_\mathrm{e}\gamma^\mu\mathrm{D}_\mu l_\mathrm{e} + \bar{e}_\mathrm{R}\gamma^\mu\mathrm{D}_\mu e_\mathrm{R}\right]. \tag{18.1.27}$$

考虑到轻子有三代, 应对所有轻子求和, 有

$$\mathrm{i}\left[\bar{l}_\mathrm{e}\gamma^\mu\partial_\mu l_\mathrm{e} + \bar{e}_\mathrm{R}\gamma^\mu\partial_\mu e_\mathrm{R}\right] + (e\to\mu,\tau) \to \mathrm{i}\left[\bar{l}_\mathrm{e}\gamma^\mu\mathrm{D}_\mu l_\mathrm{e} + \bar{e}_\mathrm{R}\gamma^\mu D_\mu e_\mathrm{R}\right] + (e\to\mu,\tau). \tag{18.1.28}$$

此式给出 $\mathrm{SU}(2)_\mathrm{L}\times U(1)_Y$ 模型中轻子与规范场 W_μ^i, B_μ 的相互作用拉氏密度. 总的拉氏密度还应加上规范场部分

$$\mathcal{L}_\mathrm{G} = -\frac{1}{4}F_i^{\mu\nu}F_{\mu\nu}^i - \frac{1}{4}B^{\mu\nu}B_{\mu\nu}, \tag{18.1.29}$$

其中 $F_{\mu\nu}^i$ 是与 $\mathrm{SU}(2)_\mathrm{L}$ 部分耦合的规范场场强张量, $B_{\mu\nu}$ 是与 $\mathrm{U}(1)_Y$ 部分耦合的规范场场强张量, 分别定义如下:

$$F_{\mu\nu}^i = \partial_\mu W_\nu^i - \partial_\nu W_\mu^i + g\epsilon^{ijk}W_\mu^j W_\nu^k, \tag{18.1.30}$$

$$B_{\mu\nu} = \partial_\mu B_\nu - \partial_\nu B_\mu. \tag{18.1.31}$$

可见此模型中有 4 个规范场, 即 W_μ^i $(i=1,2,3)$ 和 B_μ, 为了保持规范不变性, 它们的质量都为零. 然而自然界仅有光子场质量为零, 如何既使三个中间玻色子具有较大质量又保持规范不变性是此模型的关键问题.

§18.2 自发对称性破缺

自然界的对称性破缺有两种: 明显破缺和自发破缺. 明显破缺是指物理系统的拉氏密度中存在明显破坏对称性的项, 而自发破缺是指物理系统的拉氏密度中不存在明显破缺项, 但物理系统的基态不具有这种对称性, 从而自发破坏了系统的对称性. 自发对称性破缺的概念是 1960 年由 Nambu 引入粒子物理中的. 这种性质曾存在于铁磁现象中. 铁磁系统的拉氏函数是空间各向同性的, 但在临界温度以下系统的基态却稳定处在自旋有一定取向的状态, 破坏了各向同性性质.

为了解释自发对称性破缺的概念, 以复标量场 ϕ^4 模型为例, 其拉氏密度

$$\mathcal{L}=\partial_\mu\phi^*\partial^\mu\phi-m^2\phi^*\phi-\lambda(\phi^*\phi)^2, \tag{18.2.1}$$

其中第一项是动能项, 第二项是质量项 ($m^2>0$), 第三项是势能项, 参量 λ 是自耦合常数 ($\lambda>0$). 前面第 4 章提到过, 复标量场也可取为两个实数场 ϕ_1 和 ϕ_2 相加 (见 (4.3.1)~(4.3.2) 式):

$$\begin{gathered}\phi=\frac{1}{\sqrt{2}}(\phi_1+\mathrm{i}\phi_2),\quad \phi^*=\frac{1}{\sqrt{2}}(\phi_1-\mathrm{i}\phi_2),\\ \mathcal{L}=\frac{1}{2}\partial_\mu\phi_i\partial^\mu\phi_i-\frac{1}{2}m^2\phi_i\phi_i-\frac{\lambda}{4}(\phi_i\phi_i)^2.\end{gathered} \tag{18.2.2}$$

此拉氏密度还具有整体相位变换 U(1) 对称性 (见 (4.3.17) 式), 或者说正交变换不变性, 包括在 $\phi\to-\phi$ 下不变. 上式中重复指标 i 意味着求和, $i=1,2$, 可以看作两个分量的实标量场在二维空间的正交变换不变性. 当 ϕ_i 记为列矢量 $\begin{pmatrix}\phi_1\\ \phi_2\end{pmatrix}$ 时,

$$\phi_i\to R_{ij}\phi_j,$$

其中 R_{ij} 是 2×2 的正交矩阵, 全部集合是二维空间的正交群 O(2). 当 $m^2>0$ 时, 拉氏密度的最低能量态, 即真空态是 $\phi=0$, 且是唯一解. 然而当 $m^2<0$ 时, 令 $\mu^2=-m^2$, 参量 μ 不代表质量, 可以将第二项与第三项归在一起称为势能项,

$$V(\phi_i)=-\frac{1}{2}\mu^2\phi_i\phi_i+\frac{\lambda}{4}(\phi_i\phi_i)^2. \tag{18.2.3}$$

对势能 (18.2.3) 求极小, 有

$$\frac{\partial V}{\partial\phi_i}=-\mu^2\phi_i+\lambda\phi_i(\phi_j\phi_j)=0.$$

上述方程的极值解为

$$\phi_i^2=v^2=\frac{\mu^2}{\lambda}. \tag{18.2.4}$$

此解在复平面上相应于半径为 $\nu=\dfrac{\mu}{\sqrt{\lambda}}$ 的圆周上的点, 是呈墨西哥帽型的势能底部圆圈, 如图 18.2.1 所示, 平面上两个横轴为 ϕ_1,ϕ_2, 纵轴是势能 V.

$\phi_i=0$ 不是最低能态, 而是局部极大, 处于不稳定状态. 系统的最低能态 $\phi_i^2=v^2$ 是帽底圆圈对应的无穷多个连续解, 即真空态是无穷简并的,

$$|\langle 0|\,\phi_i\,|0\rangle|^2=v^2. \tag{18.2.5}$$

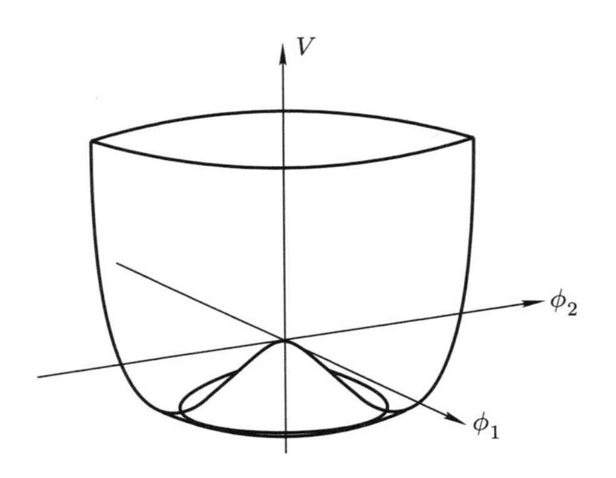

图 18.2.1　势能 V 随 ϕ_i 的变化

可以取帽底圆圈的任何一个值为相应的真空态. 不失一般性, 可取定某一方向为真空, 量子化后真空平均值为

$$\langle 0|\,\phi_i\,|0\rangle = \begin{pmatrix} 0 \\ v \end{pmatrix}. \tag{18.2.6}$$

令 $\phi_i \to \phi_i'$ 使得 $\langle 0|\,\phi_i'\,|0\rangle = 0$, 即在拉氏密度中做代换

$$\begin{pmatrix} \phi_1 \\ \phi_2 \end{pmatrix} \to \begin{pmatrix} \phi_1' \\ v + \phi_2' \end{pmatrix}, \tag{18.2.7}$$

将拉氏密度依赖于 ϕ_i' 表达, 有

$$\begin{aligned}\mathcal{L} = &\frac{1}{2}\partial_\mu\phi_1'\partial^\mu\phi_1' + \frac{1}{2}\partial_\mu\phi_2'\partial^\mu\phi_2' - \frac{1}{2}\mu^2\phi_2'^2 \\ &-\sqrt{\lambda}\mu(\phi_2')^3 - \sqrt{\lambda}\mu(\phi_1')^2\phi_2' - \frac{\lambda}{4}(\phi_2')^4 \\ &-\frac{\lambda}{2}(\phi_1')^2(\phi_2')^2 - \frac{\lambda}{2}(\phi_1')^4.\end{aligned} \tag{18.2.8}$$

这里拉氏密度对 ϕ_i' 来讲已不具有二维空间的 O(2) 对称性, 对称性发生了破缺, 但对 ϕ_1' 仍有反射对称性, 对称性降低了. 这一破缺不是在拉氏密度中出现明显破缺项, 而是真空选择稳定极值引起的, 称为自发对称性破缺. 其结果是 ϕ_2' 场获得了质量, 其质量为 $\sqrt{2}\mu = \sqrt{2\lambda}v$, 而 ϕ_1' 场则无质量. 这一无质量粒子称为 Goldstone 粒子, 它的存在是 Goldstone 定理的必然结果.

以上的讨论可以推广到 N 维空间, 即有 N 个实标量场 ϕ_i $(i = 1, 2, \cdots, N)$,

$$\begin{pmatrix} \phi_1 \\ \vdots \\ \phi_N \end{pmatrix}, \tag{18.2.9}$$

拉氏密度

$$\mathcal{L}=\frac{1}{2}\partial_\mu\phi_i\partial^\mu\phi_i-\frac{1}{2}m^2\phi_i\phi_i-\frac{\lambda}{4}(\phi_i\phi_i)^2,\quad i=1,2,\cdots,N \tag{18.2.10}$$

在正交群 O(N) 下是不变的. 在自发破缺中, 我们主要关注连续对称性, 在这里用特殊正交群 SO(N) 描述. 对势能求极小, 得出真空态是无穷简并,

$$\left|\langle 0|\,\phi_i\,|0\rangle\right|^2=v^2. \tag{18.2.11}$$

所有满足上式的 N 维矢量在 N 维空间中构成一个 $N-1$ 维球面, 它们可以通过 SO(N) 群变换相互联系. 不失一般性, 可取定某一方向为真空, 量子化后真空平均值为

$$\langle 0|\,\phi_i\,|0\rangle=\begin{pmatrix}0\\ \vdots\\ 0\\ v\end{pmatrix}. \tag{18.2.12}$$

在拉氏密度 (18.2.10) 中做代换

$$\begin{pmatrix}\phi_1\\ \vdots\\ \phi_{N-1}\\ \phi_N\end{pmatrix}\to\begin{pmatrix}\phi'_1\\ \vdots\\ \phi'_{N-1}\\ v+\phi'_N\end{pmatrix}, \tag{18.2.13}$$

拉氏密度 (18.2.10) 用 ϕ'_i 表达为

$$\begin{aligned}\mathcal{L}=&\frac{1}{2}\partial_\mu\phi'_i\partial^\mu\phi'_i+\frac{1}{2}\partial_\mu\phi'_N\partial^\mu\phi'_N-\frac{1}{2}\mu^2\phi'^2_N\\&-\sqrt{\lambda}\mu(\phi'_N)^3-\sqrt{\lambda}\mu\sum_{i=1}^{N-1}(\phi'_i)^2\phi'_N-\frac{\lambda}{4}(\phi'_N)^4\\&-\frac{\lambda}{2}\sum_{i=1}^{N-1}(\phi'_i)^2(\phi'_N)^2-\frac{\lambda}{2}\sum_{i=1}^{N-1}(\phi'_i)^4.\end{aligned} \tag{18.2.14}$$

上式中重复指标 i 意味着求和, $i=1,2,\cdots,N-1$. 这里拉氏密度对 ϕ'_i 来讲已不具有 N 维空间的 SO(N) 对称性, 对称性发生了破缺. 但对 ϕ'_i $(i=1,2,\cdots,N-1)$ 仍有 SO($N-1$) 对称性, 对称性降低了. 同样自发对称性破缺的结果是 ϕ'_N 场获得了质量, 其质量为 $\sqrt{2}\mu=\sqrt{2\lambda}v$, 而 ϕ'_i $(i=1,2,\cdots,N-1)$ 场则无质量, 是 Goldstone 粒子. 当 $N=1$, 即在单分量实标量场时没有连续对称性, 只有 $\phi\to-\phi$ 的反射对

称性, 见图 18.2.2. 当 $N=2$ 时, 按前面的讨论, 有 SO(2) 连续对称性, 自发对称性破缺后有一个 Goldstone 玻色子. $N=2$ 的情况正是线性 σ 模型, 其 Goldstone 玻色子就是 π 介子, 而有质量的玻色子就是 σ 粒子. 实验上 π 介子质量不为零是由夸克质量明显破缺项和夸克凝聚产生的. 一般情况下, 存在 SO(N) 连续对称性, 自发对称性破缺后前 $N-1$ 个分量仍有 SO($N-1$) 连续对称性. 应指出 SO(N) 群的生成元个数为 $\dfrac{1}{2}N(N-1)$, SO($N-1$) 群的生成元个数为 $\dfrac{1}{2}(N-1)(N-2)$, 自发对称性破缺后的 Goldstone 玻色子数目为两者之差,

$$\frac{1}{2}N(N-1)-\frac{1}{2}(N-1)(N-2)=N-1, \tag{18.2.15}$$

也就是说存在 $N-1$ 个生成元不属于 SO($N-1$) 群, 它们与 N 维空间中的 $N-1$ 维球面上的转动相联系.

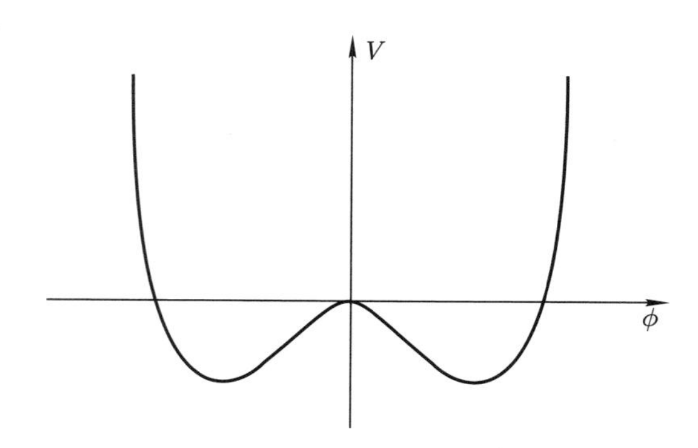

图 18.2.2　势能 V 随一个分量实标量场 ϕ 的变化

一般地讲, 如果一个系统的拉氏密度具有连续对称群 G, 当真空不具有此对称性而产生自发破缺时, 此理论必然有 Goldstone 玻色子产生, 其数目为群 G 和破缺后对称群 H 的生成元数目之差, 这就是 Goldstone 定理. 其中连续对称群 H 是没有破缺的最大连续子群, Goldstone 玻色子数目就是陪集 G/H 的生成元数目. 这里略去对 Goldstone 定理的证明, 只是强调指出, 即使考虑了量子修正, 此定理仍然成立.

实验上一直未发现零质量玻色子, 这对于严格的 Goldstone 定理是一个极大的疑难. 以上讨论是在拉氏密度中仅有标量场情况下进行的, 当引入 U(1) 规范场与标量场相互作用或者说将上述整体相位变换 (规范变换) 定域化后情况就不一样了. 为了保持定域化后仍然有规范不变性, 必须引入无质量的矢量场 A_μ, 将动能项中偏微商代换为协变微商, 即

$$\partial_\mu \to \mathrm{D}_\mu=\partial_\mu-\mathrm{i}gA_\mu. \tag{18.2.16}$$

拉氏密度 (18.2.1) 要改变为

$$\mathcal{L}=\partial_\mu\phi^*\partial^\mu\phi+\mu^2\phi^*\phi-\lambda(\phi^*\phi)^2\to\mathcal{L}=\mathrm{D}_\mu\phi^*\mathrm{D}^\mu\phi-\frac{1}{4}F_{\mu\nu}F^{\mu\nu}-V(\phi),\quad(18.2.17)$$

其中

$$V(\phi)=-\mu^2\phi^*\phi+\lambda(\phi^*\phi)^2,\quad(18.2.18)$$

$$F_{\mu\nu}=\partial_\mu A_\nu-\partial_\nu A_\mu.\quad(18.2.19)$$

显然拉氏密度在 Abel 群 U(1) 变换

$$\begin{aligned}\phi&\to\mathrm{e}^{\mathrm{i}\theta(x)}\phi(x),\\ &v\\ A_\mu(x)&\to A_\mu(x)-\frac{1}{g}\partial_\mu\alpha(x)\end{aligned}\quad(18.2.20)$$

下是不变的. 对势能求极小获得真空平均值

$$\langle 0|\,\phi\,|0\rangle=v=\sqrt{\frac{\mu^2}{\lambda}}.\quad(18.2.21)$$

将 ϕ 场位移,

$$\phi(x)=\frac{1}{\sqrt{2}}\left(v+\phi_1(x)+\mathrm{i}\phi_2(x)\right),\quad(18.2.22)$$

拉氏密度 (18.2.15) 在真空态邻近展开, 其势能项为

$$V(\phi)=-\frac{1}{4\lambda}\mu^4+\mu^2\phi_1^2+O(\phi_i^3).\quad(18.2.23)$$

这表明 ϕ_1 场具有正确符号的质量 $m=\sqrt{2}\mu$, 而 ϕ_2 场不出现质量项, 仍是无质量的 Goldstone 玻色子. 但还要考察动能项, 有

$$\mathrm{D}_\mu\phi^*\mathrm{D}^\mu\phi=\frac{1}{2}(\partial_\mu\phi_1)^2+\frac{1}{2}(\partial_\mu\phi_2)^2-gvA_\mu\partial^\mu\phi_2+\frac{1}{2}g^2v^2A_\mu A^\mu+\cdots,\quad(18.2.24)$$

其中 $\cdots$ 是略去的场 ϕ_1,ϕ_2,A_μ 的三次、四次幂次项. 上式第四项已显示了规范场 A_μ 的质量项, 其质量为 $m_A^2=g^2v^2$.

为了消除 ϕ_2,A_μ 的交叉项, 将 (18.2.22) 式变换为

$$\phi(x)=\mathrm{e}^{\mathrm{i}\theta(x)/v}\frac{1}{\sqrt{2}}\left(v+\rho(x)\right),\quad(18.2.25)$$

其中 $\rho(x)$ 和 $\theta(x)$ 是两个实标量场. 有时称 (18.2.25) 式给出的拉氏密度为幺正规范下的表达式. 将 (18.2.25) 式代入 (18.2.24) 式, 可得

$$\begin{aligned}\mathcal{L}&=\mathrm{D}_\mu\phi^*\mathrm{D}^\mu\phi-\frac{1}{4}F_{\mu\nu}F^{\mu\nu}-V(\phi)\\ &=-\frac{1}{4}F_{\mu\nu}F^{\mu\nu}+\frac{1}{2}(\partial_\mu\rho)^2+\frac{1}{2}(\partial_\mu\theta)^2-\mu^2\rho^2+gvA_\mu\partial^\mu\theta(x)\\ &\quad+\frac{1}{2}g^2v^2A_\mu A^\mu+\cdots.\end{aligned}\quad(18.2.26)$$

进一步再将拉氏密度中规范场 $A_\mu(x)$ 做变换

$$B_\mu(x) = A_\mu(x) - \frac{1}{gv}\partial_\mu\theta(x), \tag{18.2.27}$$

相当于选择规范使得交叉项不出现. 定义新的场强张量

$$B_{\mu\nu} = \partial_\mu B_\nu - \partial_\nu B_\mu, \tag{18.2.28}$$

拉氏密度 (18.2.26) 变为

$$\mathcal{L} = -\frac{1}{4}B_{\mu\nu}B^{\mu\nu} + \frac{1}{2}(\partial_\mu\rho)^2 - \mu^2\rho^2 + \frac{1}{2}g^2v^2B_\mu B^\mu + \cdots, \tag{18.2.29}$$

可见与 ϕ_2 相关的 $\theta(x)$ 场不出现在拉氏密度中, 实标量场 $\rho(x)$ 具有质量 $m_\rho = \sqrt{2}\mu$. 同时拉氏密度 (18.2.29) 中的第四项表明规范场 B_μ 具有质量

$$m_B^2 = g^2v^2. \tag{18.2.30}$$

这样自发破缺的结果使得无质量的规范场获得了质量, 无质量的 Goldstone 粒子不出现在最后的拉氏密度中, 仍有一个有质量的标量粒子. 可见拉氏密度 (18.2.18) 中当耦合常数 g 为零时有复标量场和无质量的规范场. 复标量场可以分解为两个实标量场, 有两个自由度, 无质量的规范场只有两个横向极化自由度, 无纵向极化自由度, 系统共有四个自由度. 当两者耦合后 $g \neq 0$ 时, 从 (18.2.15) 式到 (18.2.26) 式表明, 规范场获得质量, 同时, Goldstone 粒子消失, 使得规范场有纵向极化, 从两个自由度变为三个自由度, 即 Goldstone 粒子转变为有质量规范场的纵向极化自由度. 或者通俗地说, Goldstone 粒子被规范场吃掉并使之转为有质量的规范场. 历史上 Salam 称之为 Goldstone 之蛇. 这样一个过程称为 Higgs 机制. 最后还保留一个质量不为零的标量粒子, 称为 Higgs 粒子. 因此 Higgs 机制引入的结果同时可解决两个难题 —— 无质量 Goldstone 粒子消失和规范场获得质量, 同时预言存在一个质量不为零的 Higgs 粒子.

§18.3 电磁相互作用和弱相互作用统一理论

前面 § 18.1 已经介绍了 $\mathrm{SU(2)_L \times U(1)}_Y$ 模型, 它可以统一描述电磁相互作用和弱相互作用, 但规范场仍无质量. 从上一节讨论知, 为了使参与弱相互作用的中间玻色子获得质量, 需要引入 Higgs 机制.

首先相应地引入 $\mathrm{SU(2)_L}$ 自旋为零复标量场二重态

$$\phi = \begin{pmatrix} \phi^+ \\ \phi^0 \end{pmatrix}, \quad T = \frac{1}{2}, \quad T_3 = \pm\frac{1}{2}. \tag{18.3.1}$$

通常称 ϕ 为 Higgs 场, 其中上分量 ϕ^+ 为带电复标量场 $T_3=\frac{1}{2}$, 下分量 ϕ^0 为中性复标量场 $T_3=-\frac{1}{2}$. ϕ 具有弱超荷 $Y=1$ 的 $\mathrm{U}(1)_Y$ 量子数, 遵从 $Q=T_3+\frac{Y}{2}$ 规则. 写下 ϕ 场的拉氏密度

$$\mathcal{L}_\phi=\partial_\mu\phi^*\partial^\mu\phi-V(\phi), \tag{18.3.2}$$

其中势能项

$$V(\phi)=-\mu^2\phi^*\phi+\lambda(\phi^*\phi)^2. \tag{18.3.3}$$

在 $\mathrm{SU(2)_L}\times\mathrm{U}(1)_Y$ 模型中做变换

$$\phi\to\mathrm{e}^{\mathrm{i}\theta^iT^i}\mathrm{e}^{\mathrm{i}\beta/2}\phi, \tag{18.3.4}$$

拉氏密度 (18.3.2) 是不变的, 其中 θ^i 和 β 是变换群的常数参量. 现在要求拉氏密度满足 $\mathrm{SU(2)_L}\times\mathrm{U}(1)_Y$ 定域规范不变性, 即变换群的参量 θ^i 和 β 依赖于时空点 x, 这就需要引入相应变换群 $\mathrm{SU(2)_L}\times\mathrm{U}(1)_Y$ 的矢量规范场 W_μ^i 和 B_μ. 在拉氏密度 (18.3.2) 中将做代换

$$\partial_\mu\to\mathrm{D}_\mu=\partial_\mu-\mathrm{i}gT^iW_\mu^i-\mathrm{i}g'\frac{Y}{2}B_\mu, \tag{18.3.5}$$

即拉氏密度 (18.3.2) 成为

$$\mathcal{L}=\mathrm{D}_\mu\phi^*\mathrm{D}^\mu\phi-V(\phi), \tag{18.3.6}$$

$$\mathrm{D}_\mu\phi=\left(\partial_\mu-\mathrm{i}gT^iW_\mu^i-\mathrm{i}g'\frac{Y}{2}B_\mu\right)\phi. \tag{18.3.7}$$

当 $\mu^2>0$ 时, 此 $\mathrm{SU(2)_L}\times\mathrm{U}(1)_Y$ 模型中出现自发破缺, 其真空平均值选取为

$$\langle\phi\rangle_0=\begin{pmatrix}0\\ \dfrac{v}{\sqrt{2}}\end{pmatrix}, \tag{18.3.8}$$

其中

$$v=\sqrt{\frac{\mu^2}{\lambda}}. \tag{18.3.9}$$

在幺正规范下破缺后 ϕ 场可以表达为

$$\phi(x)=\mathrm{e}^{\mathrm{i}T^i\theta^i(x)/v}\frac{1}{\sqrt{2}}\begin{pmatrix}0\\ v+\varphi(x)\end{pmatrix}, \tag{18.3.10}$$

其中 $\theta^i(x)$ 和 $\varphi(x)$ 是实场, $\theta^i(x)$ 相应于三个 Goldstone 玻色子场, $\varphi(x)$ 是有质量的实标量场. 将协变微商 (18.3.7) 代入拉氏密度中, 有

$$\begin{aligned}\mathcal{L} &= \mathrm{D}_\mu\phi^*\mathrm{D}^\mu\phi - V(\phi)\\ &= \frac{1}{2}\partial_\mu\varphi\partial^\mu\varphi + \frac{(v+\varphi)^2}{8}\left[\left(g'B_\mu - gW_\mu^3\right)\left(g'B^\mu - gW^{3\mu}\right)\right.\\ &\quad\left.+g^2\left(W_\mu^1W^{1\mu}+W_\mu^2W^{2\mu}\right)\right] - V\left(\frac{v+\varphi}{\sqrt{2}}\right)^2. \end{aligned} \tag{18.3.11}$$

在拉氏密度中相应于 $\varphi(x)$ 场平方项的系数就是 $\varphi(x)$ 场的质量, 其大小为

$$m_{\mathrm{H}} = \sqrt{2}\mu = \sqrt{2\lambda}v, \tag{18.3.12}$$

这就是 Higgs 粒子的质量. 现在观察拉氏密度中矢量场 W_μ^i 和 B_μ 的二次项, 此项与它们的质量相关,

$$\begin{aligned}&\frac{v^2}{8}\left[\left(g'B_\mu - gW_\mu^3\right)\left(g'B^\mu - gW^{3\mu}\right) + g^2\left(W_\mu^1W^{1\mu}+W_\mu^2W^{2\mu}\right)\right]\\ &\quad= \frac{v^2}{8}\left[\left(g'B_\mu - gW_\mu^3\right)\left(g'B^\mu - gW^{3\mu}\right) + 2g^2\left(W_\mu^+W^{-\mu}\right)\right], \end{aligned}\tag{18.3.13}$$

其中中间玻色子场 $W_\mu^\pm$ 定义为

$$W_\mu^\pm = \frac{1}{\sqrt{2}}\left(W_\mu^1 \mp \mathrm{i}W_\mu^2\right). \tag{18.3.14}$$

显然其质量为

$$m_{\mathrm{W}} = \frac{1}{2}gv. \tag{18.3.15}$$

可见中间玻色子的质量来自标量场的不等于零的真空平均值 v. 从上式还不能直接看出中性中间玻色子的质量, 因为 B_μ 和 W_μ^3 的交叉项存在. 为此需要将质量矩阵对角化, 引入 Weinberg 角 θ_{W}, 将 B_μ 和 W_μ^3 变换为 A_μ 和 Z_μ,

$$\begin{aligned}A_\mu &= \cos\theta_{\mathrm{W}}B_\mu - \sin\theta_{\mathrm{W}}W_\mu^3,\\ Z_\mu &= \sin\theta_{\mathrm{W}}B_\mu + \cos\theta_{\mathrm{W}}W_\mu^3,\end{aligned} \tag{18.3.16}$$

或者

$$\begin{aligned}B_\mu &= \cos\theta_{\mathrm{W}}A_\mu + \sin\theta_{\mathrm{W}}Z_\mu,\\ W_\mu^3 &= -\sin\theta_{\mathrm{W}}A_\mu + \cos\theta_{\mathrm{W}}Z_\mu,\end{aligned} \tag{18.3.17}$$

其中 θ_{W} 定义为

$$\tan\theta_{\mathrm{W}} = \frac{g'}{g}. \tag{18.3.18}$$

这一变换是幺正的. 变换后的 A_μ 和 Z_μ 是质量本征态, 其质量分别为

$$m_{\mathrm{Z}} = \frac{1}{2}\sqrt{g^2 + g'^2}v, \quad m_A = 0. \tag{18.3.19}$$

上式中 $m_A = 0$ 相应于电磁场光子质量为零, 中性中间玻色子的质量 $m_{\mathrm{Z}} \neq 0$, 它也来自标量场的真空平均值 v. 所以标量场的真空平均值 v 不等于零在自发破缺后使荷电和中性中间玻色子都获得了质量. 原来无质量的规范场只有两个横场物理自由度, 获得质量后的规范场增加了一个纵场自由度, 即三个 Goldstone 玻色子自由度被荷电和中性中间玻色子场吃掉后转化为三个纵场自由度, 总自由度数并没有改变.

现在加入轻子费米子场. 轻子有三代, $l = e, \mu, \tau$ 和 $\nu_l = \nu_{\mathrm{e}}, \nu_{\mu}, \nu_{\tau}$. 定义三代轻子的左手二重态

$$l_{\mathrm{e}} = \begin{pmatrix} \nu_{\mathrm{e}} \\ e \end{pmatrix}_{\mathrm{L}}, \quad l_{\mu} = \begin{pmatrix} \nu_{\mu} \\ \mu \end{pmatrix}_{\mathrm{L}}, \quad l_{\tau} = \begin{pmatrix} \nu_{\tau} \\ \tau \end{pmatrix}_{\mathrm{L}}, \quad T = \frac{1}{2}, \quad Y = -1. \tag{18.3.20}$$

将偏微分变成协变微分,

$$\partial_\mu \to \mathrm{D}_\mu = \partial_\mu - \mathrm{i}gT^iW_\mu^i - \mathrm{i}g'\frac{Y}{2}B_\mu,$$

得到动能项

$$\mathcal{L}_l = \mathrm{i}\left[\bar{l}_{\mathrm{e}}\gamma^\mu \mathrm{D}_\mu l_{\mathrm{e}} + \bar{e}_{\mathrm{R}}\gamma^\mu \mathrm{D}_\mu e_{\mathrm{R}}\right] + (e \to \mu, \tau). \tag{18.3.21}$$

将此式展开并利用 $W_\mu^\pm$, A_μ 和 Z_μ 表示, 有

$$\begin{aligned}\mathcal{L}_l = {} & \mathrm{i}\left[\bar{l}_{\mathrm{e}}\gamma^\mu \partial_\mu l_{\mathrm{e}} + \bar{e}_{\mathrm{R}}\gamma^\mu \partial_\mu e_{\mathrm{R}}\right] + g\left(W_\mu^+ j_{\mathrm{W}}^{\mu+}(\mathrm{e}) + W_\mu^- j_{\mathrm{W}}^{\mu-}(\mathrm{e}) + Z_\mu j_{\mathrm{Z}}^\mu(\mathrm{e})\right) \\ & + eA_\mu j_{\mathrm{EM}}^\mu(\mathrm{e}) + (e \to \mu, \tau),\end{aligned} \tag{18.3.22}$$

其中轻子流

$$j_{\mathrm{W}}^{\mu-}(\mathrm{e}) = \frac{1}{\sqrt{2}}\bar{e}_{\mathrm{L}}\gamma^\mu \nu_{\mathrm{eL}}, \quad j_{\mathrm{W}}^{\mu+}(\mathrm{e}) = \frac{1}{\sqrt{2}}\bar{\nu}_{\mathrm{eL}}\gamma^\mu e_{\mathrm{L}}, \tag{18.3.23}$$

$$j_{\mathrm{Z}}^\mu(\mathrm{e}) = \frac{1}{\cos\theta_{\mathrm{W}}}\left[\bar{\nu}_{\mathrm{eL}}\gamma^\mu \frac{1}{2}\nu_{\mathrm{eL}} + \bar{e}_{\mathrm{L}}\gamma^\mu(-\frac{1}{2} + \sin^2\theta_{\mathrm{W}})e_{\mathrm{L}} + \bar{e}_{\mathrm{R}}\gamma^\mu(\sin^2\theta_{\mathrm{W}})e_{\mathrm{R}}\right], \tag{18.3.24}$$

$$j_{\mathrm{EM}}^\mu(\mathrm{e}) = \bar{e}\gamma^\mu(-1)e. \tag{18.3.25}$$

(18.3.22) 式中第一代轻子的最后一项就是标准的电磁耦合,

$$e = \frac{gg'}{\sqrt{g^2 + g'^2}}. \tag{18.3.26}$$

将拉氏密度 (18.3.22) 应用到 $\mu \to e + \bar{\nu}_e + \nu_\mu$ 过程与弱相互作用唯象形式, 相比可得耦合常数之间的关系

$$\frac{G}{\sqrt{2}} = \frac{g^2}{8m_{\mathrm{W}}^2}. \tag{18.3.27}$$

将 (18.3.15) 式 $m_{\mathrm{W}} = \frac{1}{2}gv$ 代入上式, 就得到真空平均值

$$v = \sqrt{\frac{1}{\sqrt{2}G}} \approx 250\ \mathrm{GeV}. \tag{18.3.28}$$

由 (18.3.18) 式可得

$$g\sin\theta_{\mathrm{W}} = g'\cos\theta_{\mathrm{W}} = e. \tag{18.3.29}$$

将此式代入可估算

$$m_{\mathrm{W}} = \frac{1}{2}gv = \frac{e}{\sin\theta_{\mathrm{W}}}\left(\frac{\sqrt{2}}{8G}\right)^{\frac{1}{2}} = \sqrt{\frac{\pi\alpha}{\sqrt{2}G}}\frac{1}{\sin\theta_{\mathrm{W}}} \approx \frac{38}{\sin\theta_{\mathrm{W}}}\mathrm{GeV}, \tag{18.3.30}$$

$$m_{\mathrm{Z}} = \frac{m_{\mathrm{W}}}{\cos\theta_{\mathrm{W}}} > m_{\mathrm{W}}. \tag{18.3.31}$$

$\mathrm{SU}(2)_{\mathrm{L}} \times \mathrm{U}(1)_Y$ 模型中基本参数是 $e, \theta_{\mathrm{W}}, m_{\mathrm{W}}$. 1973 年, 实验上证实了 $\mathrm{SU}(2)_{\mathrm{L}} \times \mathrm{U}(1)_Y$ 模型预言的中性流存在, 并测得了 θ_{W} 的大小, $\sin^2\theta_{\mathrm{W}} \approx 0.23$, 预言了 $m_{\mathrm{W}} \approx 81$ GeV 和 $m_{\mathrm{Z}} \approx 91$ GeV. 1983 年, 实验上发现荷电中间玻色子 $\mathrm{W}^{\pm}$ 和中性中间玻色子 Z, 其质量与理论预言完全一致.《2020 年粒子物理数据表》给出的结果为

$$m_{\mathrm{W}} \approx (80.379 \pm 0.012)\ \mathrm{GeV},$$
$$m_{\mathrm{Z}} \approx (91.1876 \pm 0.0021)\ \mathrm{GeV}.$$

注意到 2012—2013 年发现的 Higgs 粒子质量为 $m_{\mathrm{H}} \approx 125$ GeV, 由 (18.3.22) 和 (18.3.28) 式知 Higgs 场的自耦合常数 $\lambda \approx \frac{1}{8}$.

以上写出拉氏密度时已假定了所有轻子质量为零, 因为质量项会破坏规范不变性, 使得左手和右手耦合在一起 (见 (16.4.14) 式), 例如电子质量项

$$-m_{\mathrm{e}}\bar{e}e = -m_{\mathrm{e}}\left(\bar{e}_{\mathrm{L}}e_{\mathrm{R}} + \bar{e}_{\mathrm{R}}e_{\mathrm{L}}\right). \tag{18.3.32}$$

如何使轻子获得质量? 注意到 $\mathrm{SU}(2)_{\mathrm{L}} \times \mathrm{U}(1)_Y$ 模型中 Higgs 场为 $\mathrm{SU}(2)_{\mathrm{L}}$ 二重态, 可以利用同一 Higgs 场引入轻子场与 Higgs 场的耦合,

$$\Delta\mathcal{L} = -f_{\mathrm{e}}\bar{l}_{\mathrm{e}} \cdot \phi e_{\mathrm{R}} + \mathrm{h.c.}, \tag{18.3.33}$$

其中耦合常数 f_{e} 是无量纲的参量. 将 ϕ 的真空平均值 $\langle\phi\rangle_0=\begin{pmatrix}0\\ \dfrac{v}{\sqrt{2}}\end{pmatrix}$ 代入就得到电子的质量为

$$m_{\mathrm{e}}=\frac{1}{\sqrt{2}}f_{\mathrm{e}}v. \tag{18.3.34}$$

由于电子质量很小, 而 $v\approx 250$ GeV, 其耦合常数 f_{e} 要非常小才能将大的真空平均值压到电子质量这么小. 对于三代轻子, 应引入三个耦合常数 f_{e}, f_{μ} 和 f_{τ},

$$\Delta\mathcal{L}=-f_{\mathrm{e}}\bar{l}_{\mathrm{e}}\cdot\phi e_{\mathrm{R}}-f_{\mu}\bar{l}_{\mu}\cdot\phi\mu_{\mathrm{R}}-f_{\tau}\bar{l}_{\tau}\cdot\phi\tau_{\mathrm{R}}+\mathrm{h.c.}, \tag{18.3.35}$$

相应的轻子质量为

$$m_i=\frac{1}{\sqrt{2}}f_i v\quad(i=\mathrm{e},\mu,\tau). \tag{18.3.36}$$

三个耦合常数 f_{e}, f_{μ} 和 f_{τ} 都非常小, 这样由于轻子场与 Higgs 场耦合带来的对物理过程的影响没有实质效应.

§18.4 Cabibbo-Kobayashi-Maskawa 混合矩阵

现在讨论 $\mathrm{SU(2)_L\times U(1)}_Y$ 模型中夸克间的相互作用. 夸克和轻子具有对称性, 同样有三代

$$\begin{pmatrix}u\\ d\end{pmatrix},\begin{pmatrix}c\\ s\end{pmatrix},\begin{pmatrix}t\\ b\end{pmatrix}, \tag{18.4.1}$$

但参与弱相互作用的流的形式与轻子不同. 由 (8.4.16) 式知, 带电流可以表达为

$$\begin{aligned}J_{\mu}^{+}&=(\overline{u},\overline{c})\gamma_{\mu}(1-\gamma_5)\begin{pmatrix}\cos\theta_{\mathrm{C}} & \sin\theta_{\mathrm{C}}\\ -\sin\theta_{\mathrm{C}} & \cos\theta_{\mathrm{C}}\end{pmatrix}\begin{pmatrix}d\\ s\end{pmatrix}\\ &=(\overline{u},\overline{c})\gamma_{\mu}(1-\gamma_5)V_{\mathrm{C}}\begin{pmatrix}d\\ s\end{pmatrix},\end{aligned} \tag{18.4.2}$$

其中 Cabibbo 混合矩阵

$$V_{\mathrm{C}}=\begin{pmatrix}\cos\theta_{\mathrm{C}} & \sin\theta_{\mathrm{C}}\\ -\sin\theta_{\mathrm{C}} & \cos\theta_{\mathrm{C}}\end{pmatrix}. \tag{18.4.3}$$

引入 d',s',

$$d'=\cos\theta_{\mathrm{C}}d+\sin\theta_{\mathrm{C}}s, \tag{18.4.4}$$

$$s'=-\sin\theta_{\mathrm{C}}d+\cos\theta_{\mathrm{C}}s, \tag{18.4.5}$$

那么在 $\mathrm{SU}(2)_{\mathrm{L}} \times \mathrm{U}(1)_Y$ 模型中指定 $\mathrm{SU}(2)_{\mathrm{L}}$ 二重态

$$q_{\mathrm{L}}^u = \begin{pmatrix} u \\ d' \end{pmatrix}_{\mathrm{L}}, \quad q_{\mathrm{L}}^c = \begin{pmatrix} c \\ s' \end{pmatrix}_{\mathrm{L}}. \tag{18.4.6}$$

按规则 $Q = T_3 + \dfrac{Y}{2}$ 知二重态的 $\mathrm{U}(1)_Y$ 量子数 $Y = \dfrac{1}{3}$. 相应的 $\mathrm{SU}(2)_{\mathrm{L}}$ 单态 $u_{\mathrm{R}}, d_{\mathrm{R}}, c_{\mathrm{R}}, s_{\mathrm{R}}$ 的 $\mathrm{U}(1)_Y$ 量子数分别为 $\dfrac{4}{3}, -\dfrac{2}{3}, \dfrac{4}{3}, -\dfrac{2}{3}$. 这样就可以类似于轻子情况写出拉氏密度, 得到

$$\mathcal{L}_q = \mathrm{i}\left[\overline{q}_{\mathrm{L}}^u \gamma^\mu \mathrm{D}_\mu q_{\mathrm{L}}^u + \overline{u}_{\mathrm{R}} \gamma^\mu \mathrm{D}_\mu u_{\mathrm{R}} + \overline{d}_{\mathrm{R}} \gamma^\mu \mathrm{D}_\mu d_{\mathrm{R}}\right] + (u \to c, d \to s), \tag{18.4.7}$$

其中

$$\mathrm{D}_\mu = \partial_\mu - \mathrm{i}gT^i W_\mu^i - \mathrm{i}g'\frac{Y}{2}B_\mu.$$

将此式展开,

$$\begin{aligned} \mathcal{L}_q = \mathrm{i}\Bigg\{&\overline{q}_{\mathrm{L}}^u \gamma^\mu \left(\partial_\mu - \mathrm{i}gT^i W_\mu^i - \mathrm{i}g'\frac{1}{6}B_\mu\right) q_{\mathrm{L}}^u + \overline{u}_{\mathrm{R}} \gamma^\mu \left(\partial_\mu - \mathrm{i}g'\frac{2}{3}B_\mu\right) u_{\mathrm{R}} \\ &+ \overline{d}_{\mathrm{R}} \gamma^\mu \left(\partial_\mu + \mathrm{i}g'\frac{1}{3}B_\mu\right) d_{\mathrm{R}} + \begin{pmatrix} u \to c \\ d \to s \end{pmatrix}\Bigg\}, \end{aligned} \tag{18.4.8}$$

其中与 $W_\mu^\pm$ 相关的项为

$$\begin{aligned} &g\left(W_\mu^1 J_{\mathrm{W}}^{\mu 1}(q_{\mathrm{L}}^u) + W_\mu^2 J_{\mathrm{W}}^{\mu 2}(q_{\mathrm{L}}^u)\right) + (u \to c) \\ &= g\left(W_\mu^+ J_{\mathrm{W}}^{\mu +}(q_{\mathrm{L}}^u) + W_\mu^- J_{\mathrm{W}}^{\mu -}(q_{\mathrm{L}}^u)\right) + (u \to c). \end{aligned} \tag{18.4.9}$$

这里夸克流算符

$$J_{\mathrm{W}}^{\mu i}(q_{\mathrm{L}}^u) = \overline{q}_{\mathrm{L}}^u \gamma^\mu T^i q_{\mathrm{L}}^u, \quad J_{\mathrm{W}}^{\mu \pm}(q_{\mathrm{L}}^u) = \frac{1}{\sqrt{2}}\left(J_{\mathrm{W}}^{\mu 1}(q_{\mathrm{L}}^u) \pm \mathrm{i}J_{\mathrm{W}}^{\mu 2}(q_{\mathrm{L}}^u)\right). \tag{18.4.10}$$

仅列出 (18.4.8) 式中与 A_μ 和 Z_μ 有关的部分, 为

$$\begin{aligned} &\mathrm{i}\left\{\overline{q}_{\mathrm{L}}^u \gamma^\mu \left(-\mathrm{i}g'\frac{1}{6}B_\mu\right) q_{\mathrm{L}}^u + \overline{u}_{\mathrm{R}} \gamma^\mu \left(-\mathrm{i}g'\frac{2}{3}B_\mu\right) u_{\mathrm{R}} + \overline{d}_{\mathrm{R}} \gamma^\mu \left(\mathrm{i}g'\frac{1}{3}B_\mu\right) d_{\mathrm{R}} + \begin{pmatrix} u \to c \\ d \to s \end{pmatrix}\right\} \\ &\quad + gW_\mu^3 J^{\mu 3} \\ &= eJ_\mu^{\mathrm{em}} A^\mu + \frac{g}{\cos\theta_{\mathrm{W}}} J_\mu^Z Z^\mu, \end{aligned} \tag{18.4.11}$$

其中

$$J_\mu^{\mathrm{em}} = \frac{2}{3}\overline{u}\gamma_\mu u - \frac{1}{3}\overline{d}\gamma_\mu d + \begin{pmatrix} u \to c \\ d \to s \end{pmatrix}. \tag{18.4.12}$$

与 Z 耦合的中性流

$$\begin{aligned} J_\mu^{\mathrm{Z}} &= J_\mu^3 - \sin^2\theta_{\mathrm{W}} J_\mu^{\mathrm{em}}, \\ J_\mu^3 &= \overline{q}_{\mathrm{L}}^u \gamma^\mu \frac{\tau^3}{2} q_{\mathrm{L}}^u + (u \to c) \\ &= \frac{1}{2}\left(\overline{u}_{\mathrm{L}}\gamma_\mu u_{\mathrm{L}} - \overline{d}_{\mathrm{L}}\gamma_\mu d_{\mathrm{L}} + \overline{c}_{\mathrm{L}}\gamma_\mu c_{\mathrm{L}} - \overline{s}_{\mathrm{L}}\gamma_\mu s_{\mathrm{L}}\right). \end{aligned} \tag{18.4.13}$$

可见展开式中不存在奇异数改变的中性流, 这是在粲夸克 c 发现前 GIM 机制引入新夸克 c 的原因.

注意到 Cabibbo 混合矩阵意味着夸克质量本征态与弱流本征态不同, 而电磁流 J_μ^{em} 中出现的是质量本征态, 这正是电磁相互作用所要求的. 1973 年, Kobayashi 和 Maskawa 将二代夸克的 Cabibbo 混合矩阵 V_{C} 推广到三代夸克:

$$\begin{pmatrix} d' \\ s' \\ b' \end{pmatrix} = V_{\mathrm{CKM}} \begin{pmatrix} d \\ s \\ b \end{pmatrix}, \tag{18.4.14}$$

其中 CKM 混合矩阵 V_{CKM} 是 3×3 的复幺正矩阵, 见 (8.4.19) 式. 在三代夸克情况下有四个独立的实参数, 其中三个可选为三维空间的转动角 $(\theta_{12}, \theta_{13}, \theta_{23})$, 另一个是相位因子 δ_{13}. 通常将 CKM 混合矩阵 V_{CKM} 表达为

$$\begin{aligned} V_{\mathrm{CKM}} &= \begin{pmatrix} V_{\mathrm{ud}} & V_{\mathrm{us}} & V_{\mathrm{ub}} \\ V_{\mathrm{cd}} & V_{\mathrm{cs}} & V_{\mathrm{cb}} \\ V_{\mathrm{td}} & V_{\mathrm{ts}} & V_{\mathrm{tb}} \end{pmatrix} \\ &= \begin{pmatrix} c_{12}c_{13} & s_{12}c_{13} & s_{13}\mathrm{e}^{-\mathrm{i}\delta_{13}} \\ -s_{12}c_{23} - c_{12}s_{23}\mathrm{e}^{\mathrm{i}\delta_{13}} & c_{12}c_{23} - s_{12}s_{23}s_{13}\mathrm{e}^{\mathrm{i}\delta_{13}} & s_{23}c_{13} \\ s_{12}s_{23} - c_{12}c_{23}s_{13}\mathrm{e}^{\mathrm{i}\delta_{13}} & -c_{12}s_{23} - s_{12}c_{23}s_{13}\mathrm{e}^{\mathrm{i}\delta_{13}} & c_{23}c_{13} \end{pmatrix}, \end{aligned}$$

其中 $c_{ij} = \cos\theta_{ij}, s_{ij} = \sin\theta_{ij}$, $\theta_{12} = \theta_{\mathrm{C}}$ 为 Cabibbo 混合角. 这些参量都可由实验上确定. 实验表明, θ_{13}, θ_{23} 都很小.《2020 年粒子物理数据表》给出

$$V_{\mathrm{CKM}} = \begin{pmatrix} 0.97401 \pm 0.00011 & 0.22650 \pm 0.00048 & 0.00361^{+0.00011}_{-0.00009} \\ 0.22636 \pm 0.00048 & 0.97320 \pm 0.00011 & 0.04053^{+0.00083}_{-0.00061} \\ 0.00854^{+0.00023}_{-0.00016} & 0.03978^{+0.00082}_{-0.00060} & 0.999172^{+0.000024}_{-0.000035} \end{pmatrix}. \tag{18.4.15}$$

近似地有

$$V_{\mathrm{CKM}} \approx \begin{pmatrix} V_{\mathrm{C}} & 0 \\ 0 & 1 \end{pmatrix},$$

其中 $V_{\rm C}$ 是 Cabibbo 混合矩阵. 从 (18.4.16) 式还可见, $V_{\rm CKM}$ 的对角线数值接近于 1, $V_{\rm us}, V_{\rm cd}$ 要小一个量级, 其他参数则小两个量级. 目前一种常用的参数化方案是对小量 $\lambda = V_{\rm us} = s_{12}c_{13}$ 做展开, 有

$$V_{\rm CKM} = \begin{pmatrix} 1-\dfrac{\lambda^2}{2} & \lambda & A\lambda^3(\rho - {\rm i}\eta) \\ -\lambda & 1-\dfrac{\lambda^2}{2} & A\lambda^2 \\ A\lambda^3(1-\rho-{\rm i}\eta) & -A\lambda^2 & 1 \end{pmatrix} + O(\lambda^4), \quad (18.4.16)$$

其中

$$\begin{aligned} V_{\rm us} &= s_{12}c_{13} = \lambda, \\ V_{\rm cb} &= A\lambda^2, \\ V_{\rm ub} &= s_{13}{\rm e}^{-{\rm i}\delta_{13}} = A\lambda^3(\rho - {\rm i}\eta), \\ \delta_{13} &= \tan^{-1}\frac{\eta}{\rho}. \end{aligned} \quad (18.4.17)$$

(18.4.16) 式给出的参数化方案又称为 Wolfenstein 方案. 利用 CKM 混合矩阵 $V_{\rm CKM}$ 将荷电流 (18.4.2) 推广到三代为

$$\begin{aligned} J_\mu^+ &= (\overline{u}, \overline{c}, \overline{t})\gamma_\mu(1-\gamma_5)V_{\rm CKM}\begin{pmatrix} d \\ s \\ b \end{pmatrix} \\ &= (\overline{u}, \overline{c}, \overline{t})\gamma_\mu(1-\gamma_5)\begin{pmatrix} d' \\ s' \\ b' \end{pmatrix}, \end{aligned} \quad (18.4.18)$$

相应地弱作用下三代夸克在 $\mathrm{SU(2)_L \times U(1)}_Y$ 模型中指定 $\mathrm{SU(2)_L}$ 二重态

$$q_{\rm L}^u = \begin{pmatrix} u \\ d' \end{pmatrix}_{\rm L}, \quad q_{\rm L}^c = \begin{pmatrix} c \\ s' \end{pmatrix}_{\rm L}, \quad q_{\rm L}^t = \begin{pmatrix} t \\ b' \end{pmatrix}_{\rm L}, \quad T = \frac{1}{2}. \quad (18.4.19)$$

按规则 $Q = T_3 + \dfrac{Y}{2}$ 知二重态的 $\mathrm{U(1)}_Y$ 量子数 $Y = \dfrac{1}{3}$, 相应的 $\mathrm{SU(2)_L}$ 单态 $u_{\rm R}, d_{\rm R}, c_{\rm R}, s_{\rm R}, t_{\rm R}, b_{\rm R}$ 的 $\mathrm{U(1)}_Y$ 量子数分别为 $\dfrac{4}{3}, -\dfrac{2}{3}, \dfrac{4}{3}, -\dfrac{2}{3}, \dfrac{4}{3}, -\dfrac{2}{3}$.

同样以上讨论已假定了所有夸克质量为零, 不存在左手和右手耦合项. 为了获得夸克质量, 可以引入夸克场与 Higgs 场的耦合, 有

$$\Delta\mathcal{L} = -\left(f_u\overline{q}_{\rm L}^u \cdot \phi u_{\rm R} + f_d\overline{q}_{\rm L}^u \cdot \phi d_{\rm R}\right) + (u \to c, t; d \to s, b) + {\rm h.c.}, \quad (18.4.20)$$

其中耦合常数 $f_i(i=\mathrm{u,d,c,s,t,b})$ 是无量纲的参量, 从而给出夸克的质量为

$$m_i=\frac{1}{\sqrt{2}}f_i v \quad (i=\mathrm{u,d,c,s,t,b}). \tag{18.4.21}$$

由于 $v\approx 250$ GeV, 因而耦合常数 $f_i(i=\mathrm{u,d,c,s,t,b})$ 的数值很小, 但随着夸克质量增大而变强.

综上所述, 电弱统一理论中拉氏密度为

$$\mathcal{L}=\mathcal{L}_{\mathrm{G}}+\mathcal{L}_{\mathrm{H}}+\mathcal{L}_{\mathrm{FG}}+\mathcal{L}_m, \tag{18.4.22}$$

其中规范场部分

$$\mathcal{L}_{\mathrm{G}}=-\frac{1}{4}W^i_{\mu\nu}W^{i\mu\nu}-\frac{1}{4}B_{\mu\nu}B^{\mu\nu}. \tag{18.4.23}$$

Higgs 场的动能项和势能项以及它与规范场的耦合项为

$$\mathcal{L}_{\mathrm{H}}=\mathrm{D}_\mu\phi^*\mathrm{D}^\mu\phi-V(\phi), \tag{18.4.24}$$

其中 Higgs 场的势能项

$$V(\phi)=-\mu^2\phi^*\phi+\lambda(\phi^*\phi)^2, \tag{18.4.25}$$

协变微商

$$\mathrm{D}_\mu=\left(\partial_\mu-\mathrm{i}gT^iW^i_\mu-\mathrm{i}g'\frac{Y}{2}B_\mu\right). \tag{18.4.26}$$

费米子 (轻子和夸克) 与规范场的耦合项

$$\begin{aligned}\mathcal{L}_{\mathrm{FG}}=&\,\mathrm{i}\left[\bar{l}_{\mathrm{e}}\gamma^\mu\mathrm{D}_\mu l_{\mathrm{e}}+\bar{e}_{\mathrm{R}}\gamma^\mu\mathrm{D}_\mu e_{\mathrm{R}}\right]+(e\to\mu,\tau)\\&+\mathrm{i}\left[q^u_{\mathrm{L}}\gamma^\mu\mathrm{D}_\mu q^u_{\mathrm{L}}+\bar{u}_{\mathrm{R}}\gamma^\mu\mathrm{D}_\mu u_{\mathrm{R}}+\bar{d}_{\mathrm{R}}\gamma^\mu\mathrm{D}_\mu d_{\mathrm{R}}\right]\\&+(u\to c,t;d\to s,b).\end{aligned} \tag{18.4.27}$$

此外还包括使费米子 (轻子和夸克) 获得质量的费米子与 Higgs 场的耦合项

$$\begin{aligned}\mathcal{L}_m=&-f_{\mathrm{e}}\bar{l}_{\mathrm{e}}\cdot\phi e_{\mathrm{R}}-(e\to\mu,\tau)+\mathrm{h.c.}\\&-f_u\bar{q}^u_{\mathrm{L}}\cdot\phi u_{\mathrm{R}}+f_d\bar{q}^u_{\mathrm{L}}\cdot\phi d_{\mathrm{R}}+(u\to c,t;d\to s,b)+\mathrm{h.c.}.\end{aligned} \tag{18.4.28}$$

将以上各项代入就给出完整的相互作用拉氏密度

$$\begin{aligned}\mathcal{L}=&-\frac{1}{4}W^i_{\mu\nu}W^{i\mu\nu}-\frac{1}{4}B_{\mu\nu}B^{\mu\nu}+\mathrm{D}_\mu\phi^*\mathrm{D}^\mu\phi-V(\phi)\\&+\mathrm{i}\left[\bar{l}_{\mathrm{e}}\gamma^\mu\mathrm{D}_\mu l_e+\bar{e}_{\mathrm{R}}\gamma^\mu\mathrm{D}_\mu e_{\mathrm{R}}\right]+(e\to\mu,\tau)\\&+\mathrm{i}\left[\bar{q}^u_{\mathrm{L}}\gamma^\mu\mathrm{D}_\mu q^u_{\mathrm{L}}+\bar{u}_{\mathrm{R}}\gamma^\mu\mathrm{D}_\mu u_{\mathrm{R}}+\bar{d}_{\mathrm{R}}\gamma^\mu\mathrm{D}_\mu d_{\mathrm{R}}\right]+(u\to c,t;d\to s,b)\\&-f_{\mathrm{e}}\bar{l}_{\mathrm{e}}\cdot\phi e_{\mathrm{R}}+(e\to\mu,\tau)+\mathrm{h.c.}\\&-f_u\bar{q}^u_{\mathrm{L}}\cdot\phi u_{\mathrm{R}}+f_d\bar{q}^u_{\mathrm{L}}\cdot\phi d_{\mathrm{R}}+(u\to c,t;d\to s,b)+\mathrm{h.c.}.\end{aligned} \tag{18.4.29}$$

这一相互作用拉氏密度将电磁相互作用和弱相互作用统一在 $\mathrm{SU}(2)_\mathrm{L}\times\mathrm{U}(1)_Y$ 模型中描述. 在此模型中所有轻子、夸克和媒介矢量规范场都是无质量的, 三代轻子和三夸克都具有 $\mathrm{SU}(2)_\mathrm{L}\times\mathrm{U}(1)_Y$ 对称性和指定的相应量子数. 存在 Higgs 场的 $\mathrm{SU}(2)_\mathrm{L}\times\mathrm{U}(1)_Y$ 二重态, 且其具有产生自发对称性破缺的势能项, 轻子、夸克与 Higgs 场存在保持规范不变的 Yukawa 耦合使得自发对称性破缺后的 Goldstone 玻色子被规范场吃掉后转变为规范场的纵向分量并产生了大的中间玻色子质量, 同时还存在一个中性的质量不为零的 Higgs 粒子. 此外, 轻子和夸克的质量也将通过轻子和夸克与 Higgs 场的耦合得到. 电弱统一模型中的参量包含 G, e, m_Z, m_W, m_H, θ_{12}, θ_{23}, θ_{13}, δ, m_e, m_μ, m_τ, m_u, m_d, m_s, m_c, m_b, m_t. 另外量子色动力学还有一个强相互作用耦合常数 g, 这意味着标准模型中有 19 个参量, 如果再考虑三代中微子质量不为零以及它们的混合参量和轻子 CP 破坏, 参量就更多了. 含有如此多参量的标准模型理论很难被认为是粒子物理的基本理论, 很可能它是更高能量标度下某种基本理论的低能唯象理论. 在这些众多的参量中, 大部分是粒子的质量, 因此质量起源是自然界中一个重要的难题.

§18.5　量 子 反 常

由非 Abel 规范不变性引入了量子色动力学拉氏密度 (见 (17.3.1) 式),

$$\mathcal{L}(x)=\overline{\psi}(x)(\mathrm{i}\not{D}-m)\psi(x)-\frac{1}{2}\mathrm{Tr}[F^{\mu\nu}F_{\mu\nu}],$$
$$\psi(x)=\begin{pmatrix}u(x)\\ d(x)\\ s(x)\end{pmatrix}.$$

如果忽略轻夸克 $(\mathrm{u},\mathrm{d},\mathrm{s})$ 的质量, QCD 拉氏密度变为

$$\mathcal{L}(x)=\overline{\psi}(x)\mathrm{i}\not{D}\psi(x)-\frac{1}{2}\mathrm{Tr}[F^{\mu\nu}F_{\mu\nu}]. \tag{18.5.1}$$

在质量为零的情况下, 左手和右手是分离的, 引入投影算符 $(1\pm\gamma_5)/2$, 定义

$$q_\mathrm{R}=\frac{1+\gamma_5}{2}q,\quad q_\mathrm{L}=\frac{1-\gamma_5}{2}\quad (q=u,d,s),$$
$$\psi_{\mathrm{L,R}}(x)=\begin{pmatrix}u(x)\\ d(x)\\ s(x)\end{pmatrix}_{\mathrm{L,R}}, \tag{18.5.2}$$

那么拉氏密度 (18.5.1) 的第一项, 即夸克部分在手征变换

$$\begin{aligned}\psi_{\rm L} &\rightarrow \exp({\rm i}\theta^i_{\rm L}T^{\rm L}_i)\psi_{\rm L},\\ \psi_{\rm R} &\rightarrow \exp({\rm i}\theta^i_{\rm R}T^{\rm R}_i)\psi_{\rm R}\end{aligned} \tag{18.5.3}$$

下是不变的, 其对称群为 $SU_L(3)\times SU_R(3)$, 称为手征对称性, 其中参数 $\theta^{\rm L}_i$ 和 $\theta^{\rm R}_i$ 是对称群的实参数, 而 $T^{\rm L}_i$ 和 $T^{\rm R}_i$ 分别是手征对称群的生成元,

$$T^{\rm L}_i=\frac{1+\gamma_5}{2}T_i,\quad T^{\rm R}_i=\frac{1-\gamma_5}{2}T_i. \tag{18.5.4}$$

实际上,

$$T^{\rm L}_i+T^{\rm R}_i=T_i$$

就是 SU(3) 群的生成元, 可以用 Gell-Mann 矩阵 $\lambda^i(i=1,2,\cdots,8)$ 来表示, $T^i=\lambda^i/2$. 由生成元 $T^i=\lambda^i/2$ 构成的 SU(3) 对称群是手征对称群 $SU_L(3)\times SU_R(3)$ 的子群. 显然手征对称群的生成元 $T^{\rm L}_i$ 和 $T^{\rm R}_i$ 满足对易关系

$$[T^{\rm L}_i,T^{\rm L}_j]={\rm i}\epsilon_{ijk}T^{\rm L}_k,\ [T^{\rm R}_i,T^{\rm R}_j]={\rm i}\epsilon_{ijk}T^{\rm R}_k,\ [T^{\rm L}_i,T^{\rm R}_j]=0. \tag{18.5.5}$$

这说明 $T^{\rm L}_i$ 和 $T^{\rm R}_i$ 各自构成封闭的代数, 表明 $SU_L(3)\times SU_R(3)$ 确为 QCD 拉氏密度夸克部分的手征对称群, 这是在忽略 u, d, s 夸克质量条件下得到的. 因此 QCD 拉氏密度中 u, d, s 夸克质量项称为手征对称性明显破缺项. SU(3) 同位旋和超荷对称群是手征对称群的子群. 实验上强子谱填充呈现了同位旋和超荷 SU(3) 对称群, 并不存在对应的宇称相反的强子谱伙伴. 这意味着手征对称群 $SU_L(3)\times SU_R(3)$ 动力学破缺为 SU(3) 群.

考虑 QCD 拉氏密度夸克部分, 由 Noether 定理可以构成矢量和轴矢量守恒流

$$V^i_\mu(x)=\overline{\psi}(x)\gamma_\mu T^i\psi(x),\ A^i_\mu(x)=\overline{\psi}(x)\gamma_\mu\gamma_5T^i\psi(x), \tag{18.5.6}$$

$$\partial^\mu V^i_\mu(x)=0,\ \partial^\mu A^i_\mu(x)=0, \tag{18.5.7}$$

以及相应的守恒荷

$$Q^i={\rm i}\int{\rm d}^3x\overline{\psi}(x)\gamma^0T^i\psi(x),\ Q^i_5={\rm i}\int{\rm d}^3x\overline{\psi}(x)\gamma^0\gamma_5T^i\psi(x). \tag{18.5.8}$$

如果定义组合

$$Q^i_{\rm L}=\frac{1}{2}(Q^i+Q^i_5),\ Q^i_{\rm L}=\frac{1}{2}(Q^i-Q^i_5), \tag{18.5.9}$$

那么它们满足与 (18.5.5) 式相同的对易关系

$$[Q^i_{\rm L},Q^j_{\rm L}]={\rm i}\epsilon_{ijk}Q^k_{\rm L},\ [Q^i_{\rm R},Q^j_{\rm R}]={\rm i}\epsilon_{ijk}Q^k_{\rm R},\ [Q^i_{\rm L},Q^j_{\rm R}]=0. \tag{18.5.10}$$

它们是作用在夸克场上的手征对称群 $\mathrm{SU_L}(3)\times\mathrm{SU_R}(3)$ 的生成元. 理论上讲, Goldstone 定理给出了这种对称性动力学破缺的途径. 1960 年, Nambu 首先认识到在某种相互作用形式下真空态可能不是唯一的, 存在多个最低能量态, 此时真空的对称性小于相互作用的对称性. 按照 Nambu-Goldstone 定理, 当连续对称性产生自发破缺时, 物理系统中一定会出现零质量的 Goldstone 粒子. QCD 拉氏量具有手征对称性, 在仅考虑 u, d 夸克时手征对称性破缺伴有的零质量 Goldstone 粒子是 3 个赝标量介子, 这也是介子质量轻的原因. 加上 s 夸克后手征对称性破缺伴有的零质量 Goldstone 粒子是 8 个赝标量介子. 根本原因在于 QCD 物理真空不同于微扰真空, 由 (18.5.8) 式定义的荷 Q_5^i 作用在 QCD 物理真空上不为零. QCD 物理真空的对称性小于 QCD 相互作用的对称性. 由于手征对称性的明显破缺项, u, d 夸克的质量很小, 忽略它们是较好的近似, 因此相应的手征对称性 $\mathrm{SU_L}(2)\times\mathrm{SU_R}(2)$ 近似要比 $\mathrm{SU_L}(3)\times\mathrm{SU_R}(3)$ 对称性好.

应该指出, 轴矢流仅在忽略 (u,d,s) 夸克质量的情况下是守恒的, 即 (18.5.6) 式的第二式在物理上不成立, 应代之以轴矢流部分守恒式 (PCAC). 20 世纪 60 年代初, 曾由色散关系研究提出轴矢流部分守恒假定

$$\partial^\mu A_\mu^i = f_\pi m_\pi^2 \pi^i, \tag{18.5.11}$$

其中 $A_\mu^i=\overline{\psi}\gamma_\mu\gamma_5 T^i\psi$ 是轴矢流, 它的散度具有介子的量子数. 在 (18.5.11) 式两边夹以态矢 $\langle 0|$ 和 $|\pi\rangle$, 就得到

$$\langle 0|\partial^\mu A_\mu^-(0)|\pi\rangle = \sqrt{2} f_\pi m_\pi^2 \langle 0|\phi_\pi(0)|\pi\rangle = \sqrt{2} f_\pi m_\pi,$$

其中 f_π 是 π^+ 介子衰变常数, $f_\pi = 93.3\pm 0.3\ \mathrm{MeV}$, 由 $\pi^+\to\mu\nu$ 衰变宽度实验确定,

$$\Gamma(\pi\to\mu\nu) = \frac{G_\mathrm{F}^2}{4\pi} f_\pi^2 m_\pi m_\mu^2 |V_\mathrm{ud}|^2 \left(1-\frac{m_\mu^2}{m_\pi^2}\right)^2,$$

其中 V_ud 是 Cabibbo 角, $\cos\theta\approx 1$. 当 $m_\pi^2=0$ 时, (18.5.11) 式就变成轴矢流守恒 (18.5.8) 式. 这是 Goldstone 定理的结果, 意味着轴矢流守恒一定与零质量 π 介子 (Goldstone 粒子) 联系在一起. 物理上 π 介子质量不为零必然有相应的轴矢流部分守恒.

然而当人们应用 PCAC (18.5.11) 到 $\pi^0\to\gamma\gamma$ 衰变振幅的计算时发现, 衰变概率为零, 这与实验事实不符. $\pi^0\to\gamma\gamma$ 衰变振幅定义为

$$\langle\gamma(k_1,\epsilon_1)\gamma(k_2,\epsilon_2)|\pi^0(q)\rangle = \mathrm{i}(2\pi)^4\delta^4(q-k_1-k_2)\epsilon_1^\mu\epsilon_2^\nu T_{\mu\nu}(k_1,k_2,q), \tag{18.5.12}$$

其中 ϵ_1^μ 和 ϵ_2^ν 分别是末态两个光子的极化矢量, $q=k_1+k_2$, $(q^2=m_\pi^2, k_1^2)=k_2^2=0$,

$$\begin{aligned}&T_{\mu\nu}(k_1,k_2,q^2=m_\pi^2)\\&=e^2\lim_{q^2\to m_\pi^2}(q^2-m_\pi^2)\int \mathrm{d}^4x\mathrm{d}^4y\mathrm{e}^{\mathrm{i}k_1\cdot x+\mathrm{i}k_2\cdot y}\langle 0|T[J_\mu(x)J_\nu(y)\pi^0(0)]|0\rangle.\end{aligned}\tag{18.5.13}$$

那么按第 11 章的 S 矩阵元约化公式将末态两个光子抽出来, 给出

$$\langle\gamma\gamma|\partial^\mu A_\mu^{(3)}|0\rangle=\epsilon_1^\mu\epsilon_2^\nu e^2\int \mathrm{d}^4x\mathrm{d}^4y\mathrm{e}^{\mathrm{i}k_1\cdot x+\mathrm{i}k_2\cdot y}\langle 0|T[J_\mu(x)J_\nu(y)\pi^0(0)]|0\rangle,\tag{18.5.14}$$

其中 $J_\mu(x)=\overline{\psi}(x)\gamma_\mu\psi(x)$ 是电磁流, k_1 和 k_2 分别为两个光子的动量, $k_1^2=k_2^2=0$, ϵ_1^μ 和 ϵ_2^ν 分别是两个光子的极化矢量. 定义顶角函数

$$\begin{aligned}&T_{\mu\nu}(k_1,k_2)=e^2\int \mathrm{d}^4x\mathrm{d}^4y\mathrm{e}^{\mathrm{i}k_1\cdot x+\mathrm{i}k_2\cdot y}\langle 0|T[J_\mu(x)J_\nu(y)\partial^\rho A_\rho^{(3)}]|0\rangle,\\&\langle\gamma\gamma|\partial^\mu A_\mu^{(3)}|0\rangle=\epsilon_1^\mu\epsilon_2^\nu T_{\mu\nu}(k_1,k_2).\end{aligned}\tag{18.5.15}$$

由于 $\partial^\mu A_\mu^{(3)}$ 具有 π^0 的量子数, 因此其主要贡献来自 π 介子的极点, 即

$$\langle\gamma\gamma|\partial^\mu A_\mu^{(3)}|0\rangle=\langle\gamma\gamma|\pi^0\rangle\langle\pi^0|\partial^\mu A_\mu^{(3)}|0\rangle\frac{1}{q^2-m_\pi^2}+\cdots,\tag{18.5.16}$$

可以给出矩阵元

$$\langle\gamma\gamma|\partial^\mu A_\mu^{(3)}|0\rangle=f_\pi m_\pi^2.\tag{18.5.17}$$

这正是轴矢流部分守恒的结果. 这样 (18.5.12) 式给出

$$T_{\mu\nu}=\lim_{q^2-m_\pi^2}\frac{q^2-m_\pi^2}{f_\pi m_\pi^2}\Gamma_{\mu\nu}(k_1,k_2)|_{k_1^2=k_2^2=0}.\tag{18.5.18}$$

从 (18.5.15) 式可见, 对 $\pi^0\to\gamma\gamma$ 衰变振幅的计算归之于计算 $\Gamma_{\mu\nu}(k_1,k_2)$.

另一方面, 利用对易关系可以证明 Ward 恒等式

$$\mathrm{i}q^\rho\Gamma_{\mu\nu\rho}(k_1,k_2)=\Gamma_{\mu\nu}(k_1,k_2),\tag{18.5.19}$$

其中

$$\Gamma_{\mu\nu\rho}(k_1,k_2)=e^2\int \mathrm{d}^4x\mathrm{d}^4y\mathrm{e}^{\mathrm{i}k_1\cdot x+\mathrm{i}k_2\cdot y}\langle 0|T[J_\mu(x)J_\nu(y)A_\rho^{(3)}(0)]|0\rangle.\tag{18.5.20}$$

由 Lorentz 协变性、规范不变性以及光子的玻色对称性, 可得

$$q^\rho\Gamma_{\mu\nu\rho}(k_1,k_2)=\epsilon_{\mu\nu\rho\sigma}k_1^\rho k_2^\sigma\Gamma(q^2,k_1^2,k_2^2).\tag{18.5.21}$$

而

$$\Gamma(q^2,k_1^2,k_2^2)=A_1q^2+2k_1\cdot k_2A_2+2k_1^2A_3, \tag{18.5.22}$$

这意味着

$$\Gamma(0,0,0)=0, \tag{18.5.23}$$

即

$$\lim_{q^2\to 0}\Gamma_{\mu\nu}(0,0)=0. \tag{18.5.24}$$

再注意到 PCAC 近似有算符等式 (18.5.13), 在软 π 近似下可以令 $q^2\to 0$, 这实际上意味着在 $|q^2|\leqslant m_\pi^2$ 时除了 π 介子极点外没有其他的贡献, 因此 $(q^2-m_\pi^2)\Gamma_{\mu\nu}(k_1,k_2)$ 是缓变函数, 令 $q^2\to 0$ 不改变极点计算结果, 则有

$$T_{\mu\nu}\approx -\frac{1}{f_\pi}\lim_{q^2\to 0}\Gamma_{\mu\nu}(k_1,k_2)|_{k_1^2=k_2^2=0}. \tag{18.5.25}$$

将 (18.5.24) 与 (18.5.25) 式联系起来就给出 $T_{\mu\nu}\approx 0$, 即在 PCAC 近似下, $\pi^0\to\gamma\gamma$ 的衰变概率为零, 这与实验事实不符.

产生上述矛盾的原因在于 π^0 介子是由夸克组成的, $\pi^0=\dfrac{1}{\sqrt{2}}(\bar{\mathrm{u}}\mathrm{u}-\bar{\mathrm{d}}\mathrm{d})$, $\Gamma_{\mu\nu\rho}$ 是一个轴矢流和两个电磁矢量流的 Green 函数, 它除了 π^0 极点的贡献, 还包含夸克单圈三角图的贡献 (见图 18.5.1), 这样 Ward 恒等式 (18.5.19) 应修改为

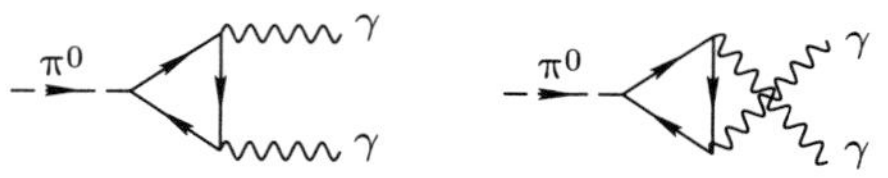

图 18.5.1　$\pi\to\gamma\gamma$ 过程包含夸克单圈三角图

$$-\mathrm{i}q^\rho\Gamma_{\mu\nu\rho}(k_1,k_2)=\Gamma_{\mu\nu}(k_1,k_2)-(2\pi^2)^{-1}e^2Sk_1^\rho k_2^\sigma\epsilon_{\mu\nu\rho\sigma}, \tag{18.5.26}$$

其中

$$S=\sum_i Q_i^2T_{3i}, \tag{18.5.27}$$

T_{3i} 是第 i 种夸克的同位旋第三分量. 考虑到包含三角图反常的 (18.5.27) 式以后, π^0 介子的衰变宽度为

$$\Gamma=\frac{1}{\tau^{-1}}=\frac{m_\pi^3}{64\pi}|\mathcal{M}|^2, \tag{18.5.28}$$

$$|\mathcal{M}|=\frac{1}{f_\pi}\frac{2\alpha}{\pi}S. \tag{18.5.29}$$

从 (18.5.27) 式和 π^0 介子的夸克组成就可以得到

$$S=\begin{cases}1/6, \text{当夸克没有携带“色”时,}\\ 1/2, \text{当夸克携带三种“色”时.}\end{cases} \tag{18.5.30}$$

实验上 $\Gamma(\pi^0\to\gamma\gamma)=(7.48\pm0.33)\text{eV}$, 由 (18.5.29) 和 (18.5.30) 式可以确定 $S=1/2$. 如果夸克不带颜色, 理论计算结果比实验值几乎要小一个量级. 这就是 §17.2 提到的 $\pi^0\to\gamma\gamma$ 衰变实验结果给出夸克有三种颜色的另一个重要根据.

以上结果表明, 当人们考虑 VVA 三角图反常贡献后自然得到与实验一致的结果. 这样, Ward 恒等式 (18.5.19) 修改为 (18.5.26) 式实际上意味着轴矢流的散度应修改为

$$\partial^\mu A_\mu(x)=2\mathrm{i}m\overline{\psi}(x)\gamma_5\psi(x)-\frac{1}{4\pi^2}\epsilon_{\mu\nu\rho\sigma}F^{\mu\nu}F^{\sigma\rho}, \tag{18.5.31}$$

其中 m 是夸克质量, $F_{\mu\nu}$ 是电磁场张量. (18.5.31) 式右边第二项是附加的反常项, 这一项的存在就不会导致 $T_{\mu\nu}\approx 0$ 的结果. 此附加项是由重整化效应 (夸克圈图) 产生的, 称为 Adler-Bardeen-Jackiw(ABJ) 反常. 顺便指出, 此反常项的存在与费米子质量无关, 因而在无质量理论中也存在. 此反常项的系数由夸克圈的三角图确定, 不受高阶辐射修正影响, 即多于单圈的图对反常项无贡献.

在本章讨论的电磁和弱相互作用理论中, 轻子和夸克部分各自对反常都有贡献, 其大小正比于它们每一代的左手电荷求和, 两部分的贡献精确相消, 保证了理论的可重整性.

习　题

1. 电磁与弱相互作用可以统一到 SU(2) × U(1) 的规范场论中, 之后人们也尝试了在更大维度上建立统一的量子场论. 例如在 SU(5) 规范群中, 引入伴随表示 $\varPhi$, 变换性质为

$$\varPhi\to U\varPhi U^\dagger,$$

其中 U 是某个 SU(5) 变换群元. 假定 $\varPhi$ 经历了自发对称性破缺, 获得了真空期待值

$$\langle\varPhi\rangle=v\begin{pmatrix}2&0&0&0&0\\0&2&0&0&0\\0&0&2&0&0\\0&0&0&-3&0\\0&0&0&0&-3\end{pmatrix},$$

请给出自发对称性破缺后的规范群, 并推导出该规范群中规范粒子的质量与量子数.

2. 标准模型中, Higgs 粒子可以衰变到夸克、轻子等各种末态, 请计算相应的衰变宽度. 如果考虑圈图修正, Higgs 粒子也衰变到光子末态, 请计算由 b 夸克诱导的 $\mathrm{h} \to \gamma\gamma$ 分宽度.
3. 请在标准模型框架下计算 $\mathrm{t} \to \mathrm{bW}$ 衰变宽度与螺旋度振幅.
4. 路径积分方法下变换性质由积分测度与拉氏量体现, 请证明费米子积分测度不满足手征对称性, 这给出了路径积分下手征反常的来源. 手征反常与规范场拓扑有关.

第 19 章 重整化群方程

在量子场论中，为了处理高圈微扰计算中的紫外发散等问题，人们引入了重整化的概念，将小尺度/高能标的物理自由度吸收到有效参数中．对于可重整的理论，重整化方法赋予其强大的预言力．不过在进行重整化时，除了可以选择不同的方案，还存在重整化标度的依赖性．原则上讲，理论预言力不应该依赖于重整化标度，因此不同重整化标度下给出的理论预言应该是自洽的，重整化群理论正是为了联系不同重整化标度中的理论预言而引入的．此外，当对多标度的问题进行重整化时，选择任一重整化标度都可能使微扰展开项有较大的对数项，因而微扰展开的收敛性较差．而重整化群方法则可以很好地解决这个问题，通过采用重整化群优化的微扰论可以将大的对数项求和．

从理论上讲，前面章节的计算显示典型的圈图贡献包含紫外发散，而这些紫外发散可以通过重新定义物理量或者引入抵消项进行消除．在一个低能过程中，重整化后的高能离壳贡献仅仅体现为对有效参数的修改．一方面，这显得比较自然，但另一方面，我们需要在量子场论的框架下讨论这种退耦性模式的出现．这也需要通过重整化群的概念来实现．

本章将介绍重整化群的基本概念，推导动量减除方案下和维数正规化方案下的重整化群方程，对 Callan-Symanzik 方程进行求解．除了量子场论中基本物理量的重整化群方程，本章还将介绍一些常用定域与非定域复合算符的重整化群方程，包含部分子分布函数与光锥分布振幅的演化方程．

§19.1 重 整 化 群

历史上，人们对于基本理论的认知发生了根本性的变化，也逐渐地意识到，适用于某个能标的理论有可能是更高能标理论在低能下的有效理论．本节将采用路径积分方法，以标量场为例说明重整化群与有效理论的基本概念．

对于包含自相互作用的实标量场，我们可以定义 D 维空间的生成泛函

$$Z[J] = \int \mathcal{D}\phi \mathrm{e}^{\mathrm{i}\int \mathrm{d}^D x[\mathcal{L}+J\phi]}, \tag{19.1.1}$$

其中 J 表示外源，拉氏密度为

$$\mathcal{L} = \frac{1}{2}\partial_\mu\phi\partial^\mu\phi - \frac{1}{2}m^2\phi^2 + \frac{\lambda}{4!}\phi^4. \tag{19.1.2}$$

在动量空间中, 假定标量场的动力学模式被限定在 $|k| < \Lambda$, Λ 为某个紫外截断能标参数, 即如果 $|k| > \Lambda$, $\phi(k) = 0$. 这里我们将只阐述重整化群概念, 所以不区分 Minkowski 空间和 Euclid 空间.

当 $J = 0$ 时, 上述生成泛函在 Euclid 空间中可以改写成

$$Z = \int [\mathcal{D}\phi]_\Lambda \exp\left(-\int \mathrm{d}^D x \left[\frac{1}{2}\partial_\mu\phi\partial^\mu\phi + \frac{1}{2}m^2\phi^2 + \frac{\lambda}{4!}\phi^4\right]\right), \tag{19.1.3}$$

其中积分测度

$$[\mathcal{D}\phi]_\Lambda = \prod_{|k|<\Lambda} \mathrm{d}\phi(k). \tag{19.1.4}$$

进一步地可将所有标量场拆分成两个独立部分, $|k| < b\Lambda$ 与 $b\Lambda < |k| < \Lambda$, 分别定义为

$$\hat{\phi}(k) = \begin{cases} \phi(k), & b\Lambda < |k| < \Lambda, \\ 0, & |k| < b\Lambda, \end{cases} \qquad \phi(k) = \begin{cases} 0, & b\Lambda < |k| < \Lambda, \\ \phi(k), & |k| < b\Lambda. \end{cases} \tag{19.1.5}$$

它们分别对应原标量场的高能与低能贡献. 此时, 生成泛函可以写成

$$\begin{aligned} Z = &\int [\mathcal{D}\phi]_{b\Lambda} \int \mathcal{D}\hat{\phi} \exp\Bigg(-\int \mathrm{d}^D x \bigg[\frac{1}{2}(\partial_\mu\phi + \partial_\mu\hat{\phi})(\partial^\mu\phi + \partial^\mu\hat{\phi}) \\ &+ \frac{1}{2}m^2(\phi+\hat{\phi})^2 + \frac{\lambda}{4!}(\phi+\hat{\phi})^4\bigg]\Bigg) \\ = &\int [\mathcal{D}\phi]_{b\Lambda} \exp\left(-\int \mathrm{d}^D x \mathcal{L}(\phi)\right) \int \mathcal{D}\hat{\phi} \exp\Bigg(-\int \mathrm{d}^D x \bigg[\frac{1}{2}\partial_\mu\hat{\phi}\partial^\mu\hat{\phi} + \frac{1}{2}m^2\hat{\phi}^2 \\ &+ \lambda\left(\frac{1}{6}\phi^3\hat{\phi} + \frac{1}{4}\phi^2\hat{\phi}^2 + \frac{1}{6}\phi\hat{\phi}^3 + \frac{\lambda}{4!}\hat{\phi}^4\right)\bigg]\Bigg). \end{aligned} \tag{19.1.6}$$

通常散射或衰变过程中关注长程结构, 即低能贡献. 高能部分对应小尺度物理贡献, 因此可将其积分出来, 从而得到低能部分的有效生成泛函:

$$Z = \int [\mathcal{D}\phi]_{b\Lambda} \exp\left(-\int \mathrm{d}^D x \mathcal{L}_{\mathrm{eff}}\right). \tag{19.1.7}$$

这里有效拉氏密度 $\mathcal{L}_{\mathrm{eff}}(\phi)$ 等于原拉氏密度 $\mathcal{L}(\phi)$ 加上修正项. 我们接下来展示这些修正项的贡献. 高能部分的两点贡献

$$\mathcal{L}_0 = \frac{1}{2}\int_{b\Lambda<|k|<\Lambda} \frac{\mathrm{d}^D k}{(2\pi)^d} \hat{\phi}^*(k) k^2 \hat{\phi}(k), \tag{19.1.8}$$

可以给出动量空间的两粒子场收缩形式:

$$\overbrace{\hat{\phi}(k)\hat{\phi}(p)} = \frac{\displaystyle\int \mathcal{D}\hat{\phi} \mathrm{e}^{-\mathcal{L}_0} \hat{\phi}(k)\hat{\phi}(p)}{\displaystyle\int \mathcal{D}\hat{\phi} \mathrm{e}^{-\mathcal{L}_0}} = \frac{1}{k^2}(2\pi)^D \delta^D(k+p)\Theta(k), \tag{19.1.9}$$

其中

$$\Theta(k)=\begin{cases}1, & b\Lambda<|k|<\Lambda,\\ 0, & \text{其他}.\end{cases} \tag{19.1.10}$$

使用两粒子场的动量空间收缩, 可以微扰地计算高能部分的贡献. 例如, 对于 $\phi^2\hat{\phi}^2$ 项, 有

$$-\int \mathrm{d}^D x\frac{\lambda}{4!}\phi^2\overbrace{\hat{\phi}\hat{\phi}}=-\frac{1}{2}\int\frac{\mathrm{d}^D k_1}{(2\pi)^d}\mu\phi(k_1)\phi(-k_1), \tag{19.1.11}$$

其中, μ 来自两场收缩贡献,

$$\mu=\frac{\lambda}{2}\int_{b\Lambda\leqslant|k|<\Lambda}\frac{\mathrm{d}^D k}{(2\pi)^D}\frac{1}{k^2}=\frac{\lambda}{(4\pi)^{D/2}\Gamma(D/2)}\frac{1-b^{D-2}}{D-2}\Lambda^{D-2}. \tag{19.1.12}$$

这会诱导出有效拉氏密度项

$$\mathcal{L}=\exp\left(-\int \mathrm{d}^D x\frac{1}{2}\mu\phi^2\right). \tag{19.1.13}$$

如果用 Feynman 图表示此项贡献, 可以见图 19.1.1 中最上图.

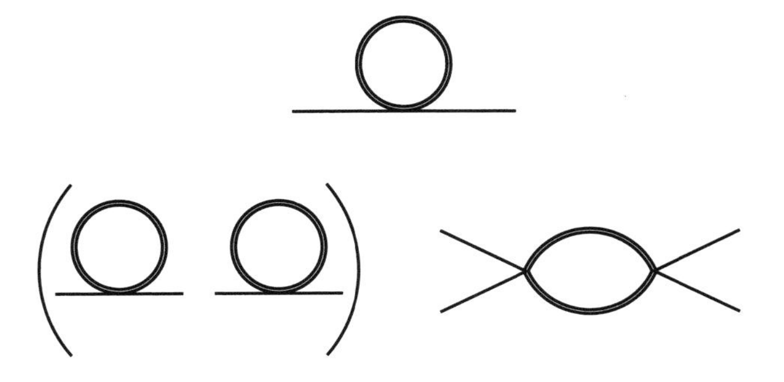

图 19.1.1 积分出标量场高能贡献后引起的低能有效相互作用. 第一行表示两粒子项,第二行表示四粒子相互作用项

如果继续展开到 λ^2 阶, 可以得到四粒子相互作用项, 这既包含连接图贡献, 也包含非连接图. 连接图给出

$$-\frac{1}{4!}\int \mathrm{d}^D x\zeta\phi^4, \tag{19.1.14}$$

其中

$$\zeta=-4!\frac{2}{2!}\left(\frac{\lambda}{4}\right)^2\int_{b\Lambda\leqslant|k|<\Lambda}\frac{\mathrm{d}^D k}{(2\pi)^D}\left(\frac{1}{k^2}\right)^2=\frac{-3\lambda^2}{(4\pi)^{D/2}\Gamma(D/2)}\frac{1-b^{D-4}}{D-4}\Lambda^{D-4}. \tag{19.1.15}$$

该参数在取 $D \to 4$ 极限时有

$$\zeta \to -\frac{3\lambda^2}{16\pi^2} \ln \frac{1}{b}, \tag{19.1.16}$$

如图 19.1.1 下一行图所示.

除了平方项和四次方项, 高阶展开还可以贡献出六次方项及更高项. 因此, 有效拉氏密度的一般形式为

$$\begin{aligned}\mathcal{L}_{\text{eff}} &= \frac{1}{2}\partial_\mu\phi\partial^\mu\phi + \frac{1}{2}m^2\phi^2 + \frac{\lambda}{4!}\phi^4 + \cdots \\ &= \frac{1}{2}(1+\Delta Z)\partial_\mu\phi\partial^\mu\phi + \frac{1}{2}(m^2+\Delta m^2)\phi^2 \\ &\quad + \frac{1}{4!}(\lambda+\Delta\lambda)\phi^4 + \Delta C(\partial_\mu\phi\partial^\mu\phi)^2 + \Delta D\phi^6 + \cdots .\end{aligned} \tag{19.1.17}$$

考虑到动量空间中标量场被限定在 $k < b\Lambda$, 可以进行坐标变换 $x' = xb$, 使得

$$\begin{aligned}\int \mathrm{d}^D x \mathcal{L}_{\text{eff}}(x) = \int \mathrm{d}^D x' b^{-D} \bigg[&\frac{1}{2}(1+\Delta Z)\partial_\mu\phi\partial^\mu\phi + \frac{1}{2}(m^2+\Delta m^2)\phi^2 \\ &+ \frac{1}{4!}(\lambda+\Delta\lambda)\phi^4 + \Delta C b^4(\partial_\mu\phi\partial^\mu\phi)^2 + \Delta D\phi^6 + \cdots\bigg].\end{aligned} \tag{19.1.18}$$

将场算符重新定义, 可得

$$\phi' = [b^{2-D}(1+\Delta Z)]^{1/2}\phi. \tag{19.1.19}$$

此时, 作用量可以重写为

$$\begin{aligned}\int \mathrm{d}^D x \mathcal{L}_{\text{eff}} = \int \mathrm{d}^D x' \bigg[&\frac{1}{2}(\partial'_\mu\phi')^2 + \frac{1}{2}m'^2\phi'^2 \\ &+ \frac{\lambda'}{4}\phi'^4 + C'(\partial'_\mu\phi')^4 + D'\phi'^6 + \cdots\bigg],\end{aligned} \tag{19.1.20}$$

其中有效参数为

$$\begin{aligned} m'^2 &= (m^2+\Delta m^2)(1+\Delta Z)^{-1}b^{-2}, \\ \lambda' &= (\lambda+\Delta\lambda)(1+\Delta Z)^{-2}b^{D-4}, \\ C' &= (C+\Delta C)(1+\Delta Z)^{-2}b^{D}, \\ D' &= (D+\Delta D)(1+\Delta Z)^{-3}b^{2D-6}. \end{aligned} \tag{19.1.21}$$

所有参数修正均来自高能部分贡献.

上述操作可以将高能部分贡献吸收到有效参数中, 重复进行该操作就可以不断地将高能部分积分出来. 如果将 b 取得足够接近于 1, 那么动量空间中被积分部分

就足够小, 一系列操作就可变成连续的, 这实际上就是重整化群的概念. 需要指出的是, 从上述操作我们可以看到, 重整化群是一个半群, 只能从高能向低能演化, 反过来则是不完整的. 在下几节中, 我们将针对不同的关联函数和重整化的物理量给出相应的重整化群方程, 并讨论相应的演化性质.

从重整化群的概念可以看到, 积分出高动量贡献实际上是一个构造低能有效理论的过程. 如果考虑一个物理散射过程, 相应的典型动量标度远小于 Λ, 此时我们有两种方法进行处理: 采用原有拉氏量所给出的微扰论或者采用重新定义的有效拉氏量. 在第一种方法中, 高能贡献只在圈图修正中出现, 而在之前的计算中, 我们可以发现这种贡献很多时候都会产生一个大的对数项, 它的出现降低了微扰论的收敛性. 在第二种方法中, 高能贡献是逐步被积分出来的, 它的贡献被吸收到有效参数中. 由于每一次处理都是连续的, 不会产生大的对数项, 这无疑提高了微扰论展开的收敛性.

§19.2 重整化群方程

重整化的主要目的在于移除紫外发散, 而移除紫外发散的具体方式有多种, 减除条件也有很多选择. 重整化群方程反映了重整化过程中的标度依赖, 但由于重整化的不同方式, 重整化群方程的形式也不太一样. 例如, 在动量减除方案中, 重整化耦合常数的定义依赖于动量减除点, 而减除点是可以任意选择的, 并且物理振幅与减除点无关. 在维数正规化下, 动量减除条件则演变为通过维数引入的任意能标的依赖, 同样物理振幅不依赖于该能标的选择, 但重整化常数可依赖重整化能标, 诱导出跑动耦合常数. 本节将讨论两种不同的重整化群方程, 即动量减除方案下的 Gell-Man-Low 方程与维数正规化下 Green 函数的 Callan-Symanzik 方程.

§15.4 讨论了光子传播子单圈图的重整化. 在链式近似下将所有单圈图求和可得 (15.4.25) 式的结果

$$D^{\mathrm{R}}_{\mu\nu}(k)=\frac{-\mathrm{i}g_{\mu\nu}}{k^2\left[1+\Pi^{\mathrm{R}}(k^2)\right]}+k_\mu k_\nu \text{ 项},$$

其中减除后的修正项为

$$\begin{aligned}\Pi^{\mathrm{R}}(k^2)&=\Pi^{(2)}(k^2,\varepsilon)-\Pi^{(2)}(0,\epsilon)\\&=-\frac{e^2}{2\pi^2}\int_0^1\mathrm{d}x x(1-x)\ln\left[1-x(1-x)\frac{k^2}{m^2}\right].\end{aligned}$$

注意到光子传播子 $D_{\mu\nu}(k^2)$ 的两端总是与电子电荷 e 联系在一起, 最终结果使得光子传播子既不改变极点位置又不改变留数, 其留数就是 e^2 或 $\alpha=\dfrac{e^2}{4\pi}$. 通常 QED

中在 Thomson 极限下确定精细结构常数, 意味着辐射波长 $\dfrac{1}{|\boldsymbol{k}|}$ 比电子的 Compton 波长长很多, $|\boldsymbol{k}| \ll m$, 这时只能观测到屏蔽后的真实电荷 $\alpha = \dfrac{e^2}{4\pi} \approx \dfrac{1}{137}$.

现在考虑相反的类空情况 $k^2 < 0$ 且 $-k^2 \gg m^2$, 光子辐射波长比电子的 Compton 波长小很多, 即所谓小距离情况. 此时有

$$\begin{aligned}
\Pi^{\mathrm{R}}(k^2) &= \frac{e^2}{2\pi^2}\int_0^1 \mathrm{d}x x(1-x)\ln\left[1 - x(1-x)\frac{k^2}{m^2}\right] \\
&\approx -\frac{2\alpha}{\pi}\int_0^1 \mathrm{d}x x(1-x)\left[\ln\frac{-k^2}{m^2} + \ln x(1-x) + O\left(\frac{m^2}{k^2}\right)\right] \\
&= -\frac{2\alpha}{\pi}\int_0^1 \mathrm{d}x x(1-x)\ln\left[1 + x(1-x)\frac{-k^2}{m^2}\right] \\
&= -\frac{\alpha}{3\pi}\left[\ln\frac{-k^2}{m^2} - \frac{5}{3} + O\left(\frac{m^2}{k^2}\right)\right].
\end{aligned} \tag{19.2.1}$$

考虑到光子传播子 $D_{\mu\nu}(k^2)$ 的两端总是与电子电荷 e 联系, 在此极限下有效电荷为

$$\alpha_{\mathrm{eff}}(k^2) = \frac{\alpha}{1 - \dfrac{\alpha}{3\pi}\ln\left(\dfrac{-k^2}{Am^2}\right)}, \tag{19.2.2}$$

其中 $A = \exp(5/3)$, 有效电荷随着距离减小而增大. 而且, 上式分母中有一个零点, 意味着有效电荷会变成无穷大, 这就是 Landau 极点.

当 k^2 很大, 即能量非常高时, 微扰论不再适用, 因为这时 α 虽小, 但 $\alpha\ln\left(\dfrac{-k^2}{m^2}\right)$ 并不小, 高圈图修正 $\alpha^n\left(\ln\left(\dfrac{-k^2}{m^2}\right)\right)^n$ 变得没有意义. 1954 年, Gell-Mann 和 Low 为了处理量子电动力学在很高能量下微扰论失效问题引进了重整化群方法. 由于 QED 中电子有质量 m, 无须引入标度参量 μ, 通常使用在 Thomson 极限下定义精细结构常数 α 的方法. 然而, 在零质量理论 (例如非 Abel 规范理论) 中必须引入重整化标度参量 μ 来定义重整化耦合常数, 而物理结果应该不依赖于标度参量 μ 的改变. 下面将利用改变动量减除点 (不固定在 $k^2 = 0$) 定义重整化耦合常数的方式来介绍重整化群方法.

在 §15.4 中得到的光子传播子重整化, 即 (15.4.25) 式中的 $\Pi^{\mathrm{R}}(k^2)$, 利用了 $k^2 = 0$ 动量减除消去发散量 (见 (15.4.21) 式),

$$\Pi^R(k^2) = \Pi^{(2)}(k^2, \epsilon) - \Pi^{(2)}(0, \epsilon).$$

为了明显地标记出减除点，重写 (15.4.25) 式为 (略去了上标 R 以及 $k_\mu k_\nu$ 项)

$$e^2 D_{\mu\nu}(k) = \frac{-\mathrm{i}g_{\mu\nu}}{k^2} d(k^2, 0, e^2), \tag{19.2.3}$$

其中

$$\begin{aligned} d(k^2, 0, e^2) &= \frac{e^2}{1 + \Pi(k^2, 0, e^2)}, \\ \Pi(k^2, 0, e^2) &= \Pi^{(2)}(k^2, \epsilon) - \Pi^{(2)}(0, \epsilon), \\ \Pi(0, 0, e^2) &= 0. \end{aligned} \tag{19.2.4}$$

这里 $\Pi(k^2, 0, e^2)$ 用三个宗量来标记，第一个宗量 k^2 是光子传播子的动量，第二个宗量 $k^2 = 0$ 是减除点，第三个宗量 e^2 是此种减除方式定出的重整化电荷. 由 (19.2.4) 式，知

$$d(0, 0, e^2) = e^2, \tag{19.2.5}$$

这就是微扰论的展开参数 $\alpha = \dfrac{e^2}{4\pi} \approx \dfrac{1}{137}$.

事实上减除点是任意的，物理结果不应依赖于减除点的选择. 我们可以选择另一个减除点 μ_1^2，为了远离奇点，令减除点 $k^2 = \mu_1^2 < 0$，

$$d(\mu_1^2, \mu_1^2, e^2) = e_1^2. \tag{19.2.6}$$

光子传播子 $e^2 D_{\mu\nu}(k)$ 不依赖于减除点的选择意味着

$$e^2 D_{\mu\nu}(k) = \frac{-\mathrm{i}g_{\mu\nu}}{k^2} d(k^2, 0, e^2) = \frac{-\mathrm{i}g_{\mu\nu}}{k^2} d(k^2, \mu_1^2, e_1^2).$$

相应于 (19.2.4) 式，有

$$\begin{aligned} d(k^2, \mu_1^2, e_1^2) &= \frac{e_1^2}{1 + [\Pi(k^2, \mu_1^2, e_1^2) - \Pi(\mu_1^2, \mu_1^2, e_1^2)]}, \\ d(k^2, 0, e^2) &= d(k^2, \mu_1^2, e_1^2). \end{aligned} \tag{19.2.7}$$

注意到 (19.2.5) 式，就得到

$$e^2 = d(0, \mu_1^2, e_1^2), \tag{19.2.8}$$

$$e_1^2 = d(\mu_1^2, \mu_1^2, e_1^2). \tag{19.2.9}$$

同样可以选择另一个减除点 $k^2 = \mu_2^2 < 0$，有

$$d(k^2, 0, e^2) = d(k^2, \mu_1^2, e_1^2) = d(k^2, \mu_2^2, e_2^2), \tag{19.2.10}$$

$$e^2 = d(0, \mu_1^2, e_1^2) = d(0, \mu_2^2, e_2^2), \tag{19.2.11}$$

$$e_2^2 = d(\mu_2^2, \mu_2^2, e_2^2) = d(\mu_2^2, \mu_1^2, e_1^2). \tag{19.2.12}$$

将 (19.2.12) 式代入 (19.2.10) 式, 就得到

$$d(k^2, \mu_1^2, e_1^2) = d(k^2, \mu_2^2, d(\mu_2^2, \mu_1^2, e_1^2)). \tag{19.2.13}$$

这组方程显示, 对于可重整理论可以选择不同的减除点去归一传播子、顶角函数和微扰展开参数 e_1^2, e_2^2, 最后理论计算结果是不变的.

现在引入重整化群的概念. 注意 (19.2.11) 式给出了重整化电子电荷 e 明显的对 μ 的依赖性, 定义在任意减除点 μ 下重整化电子电荷

$$e = Z_e(\mu)^{-1} e_0. \tag{19.2.14}$$

由 (15.4.30) 式知 $e = Z_1^{-1} Z_2 Z_3^{1/2} e_0$, 因此在任意减除点 μ 下,

$$Z_e(\mu)^{-1} = Z_1^{-1} Z_2 Z_3^{1/2}, \tag{19.2.15}$$

显然有不同标度 μ 下定义的重整化耦合常数 e 之间的关系式

$$e(\mu_2) = z_e(\mu_2, \mu_1) e(\mu_1), \tag{19.2.16}$$

其中有限重整化常数

$$z_e(\mu_2, \mu_1) = Z_e(\mu_1)/Z_e(\mu_2). \tag{19.2.17}$$

仔细考察 (19.2.15) 和 (19.2.16) 式就可以发现, $z_e(\mu_2, \mu_1)$ 定义了一组随着重整化标度 μ 变化的变换 $\{z_e(\mu_2, \mu_1)\}$. 可以证明它们满足群的性质, 称为重整化群. 首先该集合具有单位元素

$$z_e(\mu, \mu) = 1. \tag{19.2.18}$$

其次在集合内可以定义乘法

$$z_e(\mu_3, \mu_2) z_e(\mu_2, \mu_1),$$

这正代表标度 $\mu_1 \to \mu_2 \to \mu_3$ 做一系列变换, 由定义 (19.2.17) 可知乘积为

$$z_e(\mu_3, \mu_2) z_e(\mu_2, \mu_1) = z_e(\mu_3, \mu_1), \tag{19.2.19}$$

这里 $z_e(\mu_3, \mu_1)$ 是标度 $\mu_1 \to \mu_3$ 相应的 e 所对应的有限重整化常数. 在已知高能理论的前提下, 进而还可以在此集合内定义逆元素

$$z_e^{-1}(\mu_2, \mu_1) = z_e(\mu_1, \mu_2). \tag{19.2.20}$$

显然此集合构成群, 而且是可交换群 (Abel 群), 称为重整化群. 需要强调的是, 如果高能理论是未知的, 不能定义逆元素, 因此原则上来讲, 重整化群实际上是一个半群.

由于物理结果不依赖于减除点的选择, (19.2.10) 式可以应用到任一减除点 μ^2, 记为

$$d(k^2,\mu^2,e_\mu^2)=d(k^2,0,e^2), \tag{19.2.21}$$

$$e_\mu^2=d(\mu^2,\mu^2,e_\mu^2). \tag{19.2.22}$$

注意到 $d(k^2,\mu^2,e_\mu^2)$ 和 $d(k^2,0,e^2)$ 应是无量纲的函数, (19.2.21) 式的左边和右边分别为

$$\begin{aligned}d(k^2,\mu^2,e_\mu^2)&=d\left(\frac{k^2}{\mu^2},-\frac{m^2}{\mu^2},e_\mu^2\right),\\ d(k^2,0,e^2)&=d\left(-\frac{k^2}{m^2},e^2\right),\\ d\left(\frac{k^2}{\mu^2},-\frac{m^2}{\mu^2},e_\mu^2\right)&=d\left(-\frac{k^2}{m^2},e^2\right),\end{aligned} \tag{19.2.23}$$

那么

$$e_\mu^2=d(\mu^2,\mu^2,e_\mu^2)=d\left(1,-\frac{m^2}{\mu^2},e_\mu^2\right)=d\left(-\frac{\mu^2}{m^2},e^2\right). \tag{19.2.24}$$

现在考虑渐近情况, $-k^2\gg m^2$, 即深度 Euclid 区域. 令

$$\begin{aligned}x&=-\frac{k^2}{m^2},\\ d\left(-\frac{k^2}{m^2},e^2\right)&\to d^{\mathrm{as}}\left(x,e^2\right),\end{aligned} \tag{19.2.25}$$

选择减除点 $m^2\ll-\mu^2\leqslant-k^2$, 电子质量可以被略去, 有

$$d\left(\frac{k^2}{\mu^2},-\frac{m^2}{\mu^2},e_\mu^2\right)\to d\left(\frac{x}{y},0,e_y^2\right)\equiv D^{\mathrm{as}}\left(\frac{x}{y},e_y^2\right), \tag{19.2.26}$$

其中 $y=-\dfrac{\mu^2}{m^2}$. (19.2.21) 式变为

$$D^{\mathrm{as}}\left(\frac{x}{y},e_y^2\right)=d^{\mathrm{as}}\left(x,e^2\right), \tag{19.2.27}$$

(19.2.24) 式变为

$$e_\mu^2=D^{\mathrm{as}}\left(1,e_y^2\right)=d^{\mathrm{as}}\left(y,e^2\right). \tag{19.2.28}$$

定义函数

$$\psi(z)=\frac{\partial}{\partial x}D^{\mathrm{as}}(x,z)\bigg|_{x=1} \tag{19.2.29}$$

并在 (19.2.27) 式两边对 x 微分且令 $y=x$, 就得到

$$\psi(e_x^2)=x\frac{\partial}{\partial x}d^{\mathrm{as}}(x,e^2). \tag{19.2.30}$$

这就是 Gell-Mann-Low 方程.

此后, 人们推广研究任意 Green 函数的渐近行为. 1970 年, Callan 和 Symanzik 利用理论的可重整性获得了 Callan-Symanzik 方程. 下面简述该重整化群方程的推导. 以标量场为例, 考虑任一裸的 n 点关联函数

$$\langle\Omega|T[\phi_0(x_1)\phi_0(x_2)\cdots\phi_0(x_n)]|\Omega\rangle. \tag{19.2.31}$$

经过重整化后的关联函数为

$$\langle\Omega|T[\phi(x_1)\phi(x_2)\cdots\phi(x_n)]|\Omega\rangle=Z^{-n/2}\langle\Omega|T[\phi_0(x_1)\phi_0(x_2)\cdots\phi_0(x_n)]|\Omega\rangle. \tag{19.2.32}$$

如果考虑 n 点连通 Green 函数,

$$G^{(n)}(x_1,x_2,\cdots,x_n)=\langle\Omega|T[\phi(x_1)\phi(x_2)\cdots\phi(x_n)]|\Omega\rangle|_{连通}, \tag{19.2.33}$$

维数正规化下进行重整化时需要引入重整化能标 μ. 现将标度进行变化, $\mu\to\mu+\delta\mu$, 相应地, 耦合常数 λ 与重整化的标量场也要进行相应的变化:

$$\begin{aligned}&\lambda\to\lambda+\delta\lambda,\\&\phi\to(1+\delta\eta)\phi.\end{aligned} \tag{19.2.34}$$

而 n 点 Green 函数的变化为

$$G^{(n)}\to(1+n\delta\eta)G^{(n)}. \tag{19.2.35}$$

由此可以得到重整化群方程

$$\mathrm{d}G=\frac{\partial G^{(n)}}{\partial\mu}\delta\mu+\frac{\partial G^{(n)}}{\partial\lambda}\delta\lambda=n\delta\eta G^{(n)}. \tag{19.2.36}$$

如果定义函数

$$\beta\equiv\frac{\mu\delta\lambda}{\delta\mu},\quad\gamma=-\frac{\mu\delta\eta}{\delta\mu}, \tag{19.2.37}$$

则可以将重整化群方程表示为

$$\left[\mu\frac{\partial}{\partial\mu}+\beta\frac{\partial}{\partial\lambda}+n\gamma\right]G^{(n)}(x_1,\cdots,x_n;\mu,\lambda)=0, \tag{19.2.38}$$

其中 β 与 γ 只能是 λ 的函数. 上述重整化群方程称为 Callan-Symanzik 方程. 此外针对 n 点连通截腿 Green 函数, 也可以推导出相应的重整化群方程, 其差别仅在于反常量纲 γ 的符号, 这里不再赘述.

如果考虑质量项的贡献, 上述重整化群方程中将会存在额外项, 这会在下节中进行讨论.

§19.3 重整化群方程的解

根据量纲分析, 我们可以发现动量空间中标量场的两点 Green 函数具备如下形式:

$$G(p,\lambda)=\frac{\mathrm{i}}{p^2}g(-p^2/\mu^2). \tag{19.3.1}$$

这里 g 是无量纲的, 而对 $-p^2/\mu^2$ 的依赖形式只能是对数形式. 我们可以将重整化群中对标度 μ 的依赖转换为对动量 $p=(-p^2)^{1/2}$ 的依赖, 进一步地可以固定动量而引入无量纲参数:

$$G(\sigma p,\lambda)=\frac{\mathrm{i}}{\sigma^2p^2}g(-\sigma^2p^2/\mu^2). \tag{19.3.2}$$

根据该形式并结合重整化群定义可以得到

$$\left[\sigma\frac{\partial}{\partial\sigma}-\beta\frac{\partial}{\partial\lambda}+2-2\gamma(\lambda)\right]G(\sigma p,\lambda,\mu)=0. \tag{19.3.3}$$

对于自由量子场论, $\beta=\lambda=\gamma=0$, 此时可以回到自由传播子:

$$G(\sigma p,\lambda,\mu)=\frac{\mathrm{i}}{\sigma^2p^2}. \tag{19.3.4}$$

为了求解包含相互作用的重整化群方程, 可先做变换去掉非奇次项:

$$G(\sigma p,\lambda,\mu)=\frac{\mathrm{i}}{\sigma^2p^2}\exp\left[-2\int_0^\lambda\frac{\gamma(\lambda')}{\beta(\lambda')}\mathrm{d}\lambda'\right]\bar{G}(\sigma p,\lambda,\mu). \tag{19.3.5}$$

变换后的 Green 函数 $\bar{G}(\sigma p,\lambda,\mu)$ 满足重整化群方程

$$\left[\sigma\frac{\partial}{\partial\sigma}-\beta\frac{\partial}{\partial\lambda}\right]\bar{G}(\sigma p,\lambda,\mu)=0. \tag{19.3.6}$$

为了方便起见, 定义 $t=\ln\sigma$, 则重整化群方程变为

$$\left[\frac{\partial}{\partial t}-\beta\frac{\partial}{\partial\lambda}\right]\bar{G}(\mathrm{e}^{t}p,\lambda,\mu)=0. \tag{19.3.7}$$

如果定义跑动耦合常数:

$$\frac{\partial}{\partial t}\bar{\lambda}(t,\lambda)=\beta(\bar{\lambda}), \tag{19.3.8}$$

它对应边界条件 $\bar{\lambda}(0,\lambda)=\lambda$. 对上述方程做变换

$$t=\int_{\lambda}^{\bar{\lambda}(t,\lambda)}\frac{\mathrm{d}x}{\beta(x)}, \tag{19.3.9}$$

两边再对耦合常数 λ 求导得

$$\frac{\partial\bar{\lambda}}{\partial\lambda}\frac{1}{\beta(\bar{\lambda})}-\frac{1}{\beta(\lambda)}=0, \tag{19.3.10}$$

于是得到跑动耦合常数 $\bar{\lambda}$ 满足

$$\left[\frac{\partial}{\partial t}-\beta(\lambda)\frac{\partial}{\partial\lambda}\right]\bar{\lambda}(t,\lambda)=0. \tag{19.3.11}$$

由此可知, 如果 $\bar{G}(\sigma p,\lambda,\mu)$ 仅仅对 $\bar{\lambda}(t,\lambda)$ 依赖, 那么这就是原重整化群方程的解:

$$G(\sigma p,\lambda,\mu)=\frac{\mathrm{i}}{\sigma^{2}p^{2}}\exp\left[-2\int_{0}^{\lambda}\frac{\gamma(x)}{\beta(x)}\mathrm{d}x\right]\bar{G}(p,\bar{\lambda}(t,\lambda),\mu), \tag{19.3.12}$$

其中指数因子

$$\begin{aligned}\exp\left[-2\int_{0}^{\lambda}\frac{\gamma(x)}{\beta(x)}\mathrm{d}x\right]&=\exp\left[-2\int_{0}^{\bar{\lambda}}\frac{\gamma(x)}{\beta(x)}\mathrm{d}x-2\int_{\bar{\lambda}}^{\lambda}\frac{\gamma(x)}{\beta(x)}\mathrm{d}x\right]\\&=H(\bar{\lambda})\exp\left[2\int_{\lambda}^{\bar{\lambda}}\frac{\gamma(x)}{\beta(x)}\mathrm{d}x\right]\\&=H(\bar{\lambda})\exp\left[2\int_{0}^{t}\gamma(\bar{\lambda}(t',\lambda))\mathrm{d}t'\right],\end{aligned} \tag{19.3.13}$$

$$H(\bar{\lambda})=\exp\left[-2\int_{0}^{\bar{\lambda}}\frac{\gamma(x)}{\beta(x)}\mathrm{d}x\right]. \tag{19.3.14}$$

于是得到

$$G(\sigma p,\lambda,\mu)=\frac{\mathrm{i}}{\sigma^{2}p^{2}}\exp\left[2\int_{0}^{t}\gamma(\bar{\lambda}(t',\lambda))\mathrm{d}t'\right]H(\bar{\lambda})\bar{G}(p,\bar{\lambda}(t,\lambda),\mu). \tag{19.3.15}$$

当 $\sigma=1$, 即 $t=0$ 时, $H(\bar{\lambda})\bar{G}(p,\bar{\lambda}(t,\lambda),\mu)$ 也就是 $G(\sigma p,\lambda,\mu)$ 的渐近解, 因此 Green 函数可以重新表示为

$$G(\sigma p,\lambda,\mu)=\frac{\mathrm{i}}{\sigma^2p^2}\exp\left[2\int_0^t\gamma(\bar{\lambda}(t',\lambda))\mathrm{d}t'\right]\bar{G}_{\mathrm{as}}(p,\bar{\lambda}(t,\lambda),\mu). \tag{19.3.16}$$

渐近解 $\bar{G}_{\mathrm{as}}(p,\bar{\lambda}(t,\lambda),\mu)$ 不能通过重整化群方程本身确定下来, 但可以通过微扰计算得到. 例如, 对于标量 ϕ^4 理论, 结果比较简单: $\bar{G}_{\mathrm{as}}(p,\bar{\lambda}(t,\lambda),\mu)=1+O(\bar{\lambda}^2)$.

在标量场理论中, 如果考虑质量算符, 即

$$-\frac{1}{2}m^2\phi^2, \tag{19.3.17}$$

则 n 点 Green 函数的重整化群方程为

$$\left[\mu\frac{\partial}{\partial\mu}+\beta(\lambda)\frac{\partial}{\partial\lambda}+n\gamma(\lambda)+\gamma_{\phi^2}m^2\frac{\partial}{\partial m^2}\right]G^{(n)}(p_i,\lambda,m^2,\mu)=0. \tag{19.3.18}$$

上式中 γ_{ϕ^2} 是质量算符的反常量纲, 可以由后面给出的复合算符重整化方法计算出来. 对于 ϕ^4 相互作用, 单圈反常量纲为

$$\gamma_{\phi^2}=\frac{\lambda}{16\pi^2}. \tag{19.3.19}$$

为了求解这个重整化群方程, 我们需要定义跑动质量:

$$\frac{\mathrm{d}\bar{m}^2(t)}{\mathrm{d}t}=\gamma_{\phi^2}\bar{m}^2(t), \tag{19.3.20}$$

对应的边界条件是 $\bar{m}^2(t=0)=m^2$, 其解是

$$\bar{m}^2(t)=m^2\mathrm{e}^{-t}\exp\left\{\int_0^d\gamma_{\phi^2}(\bar{\lambda}(t'))\mathrm{d}t'\right\}. \tag{19.3.21}$$

相应的 n 点 Green 函数的解为

$$G^{(n)}(\sigma p,\lambda,m^2,\mu)=\sigma^{d_c}\exp\left[n\int_0^t\gamma(\bar{\lambda}(t',\lambda))\mathrm{d}t'\right]\bar{G}_{\mathrm{as}}^{(n)}(p,\bar{\lambda}(t,\lambda),\bar{m}^2(t),\mu), \tag{19.3.22}$$

其中 d_{c} 是 n 点 Green 函数的正则量纲.

§19.4 跑动耦合常数与固定点

跑动耦合常数反映了相互作用强度对能量标度的依赖, 该依赖关系可以由 β 函数决定. β 函数等于零的点被称为固定点, 如图 19.4.1 所示, $\lambda=0,\lambda_1,\lambda_2$ 是

三个固定点, 图中箭头方向表示动量增加时耦合常数的趋势. 以图 19.4.1(a) 为例, $\lambda=0,\beta=0$ 对应无相互作用情况, 而 λ_1 是紫外固定点. 如果耦合常数位于 A 处时, 相应的 β 函数大于零, 当能量标度 μ 增加时, 跑动耦合常数将随之变大. 而当耦合常数位于 B 处时, 相应的 β 函数小于零, 当能量标度 μ 增加时, 跑动耦合常数将随之减小. 两种情况都显示, 随着能量标度增加, 跑动耦合常数都向 λ_1 靠近, 这也是 λ_1 被称为紫外固定点的原因. 在图 19.4.1(b) 中, 如果耦合常数位于 C 处时, β 函数小于零, 当能量标度 μ 减小时, 跑动耦合常数将随之增大, 逐渐向 λ_2 处逼近. 而当耦合常数位于 D 处, β 函数大于零, 当能量标度 μ 减小时, 跑动耦合常数将随之减小. 在两种情况下, 随着能量标度减小, 跑动耦合常数都向 λ_2 靠近, 因此 λ_2 被称为红外固定点.

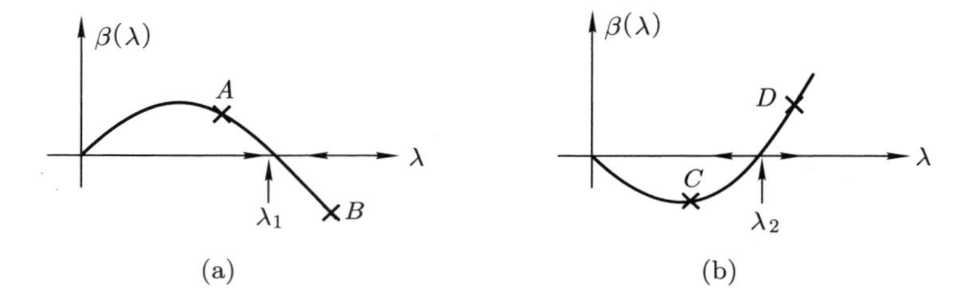

图 19.4.1 跑动耦合常数的紫外固定点 λ_1 与红外固定点 λ_2. 横轴上的箭头方向表示能量标度增加时耦合常数变化的趋势

我们可以利用 β 函数的性质研究 Green 函数的重整化群解的性质. 例如在紫外固定点附近, 即

$$\lim_{t\to\infty}\bar{\lambda}(t,\lambda)=\lambda_1, \tag{19.4.1}$$

在 $t\to\infty$ 时, 有

$$G_{\rm as}^{(n)}(p_i,\bar{\lambda}(t,\lambda),\mu)\to G_{\rm as}^{(n)}(p_i,\lambda_1,\mu). \tag{19.4.2}$$

进一步地, 如果 β 在 $\lambda=\lambda_1$ 时有一个简单零点, 即 $\beta(\lambda)\approx a(\lambda_1-\lambda)$, 且 $a>0$, 由 $\mathrm{d}\bar{\lambda}/\mathrm{d}t=a(\lambda_1-\lambda)$, 可推出 $\bar{\lambda}=\lambda_1+(\lambda-\lambda_1)\mathrm{e}^{-at}$, 并且

$$\begin{aligned}\int_0^t\gamma(\bar{\lambda}(x,\lambda))\mathrm{d}x&=\int_\lambda^{\bar{\lambda}}\frac{\gamma(y)\mathrm{d}y}{\beta(y)}\approx-\frac{\gamma(\lambda_1)}{a}\ln\left(\frac{\bar{\lambda}-\lambda_1}{\lambda-\lambda_1}\right)\\&=\gamma(\lambda_1)t=\gamma(\lambda_1)\ln\sigma.\end{aligned} \tag{19.4.3}$$

由此可以得到 n 点 Green 函数的渐近行为能够写成

$$\lim_{t\to\infty}G^{(n)}(\sigma p_i,\lambda,\mu)=\sigma^{d_{\rm c}+n\gamma(\lambda_1)}G_{\rm as}^{(n)}(p_i,\lambda_1,\mu). \tag{19.4.4}$$

上式显示 $\gamma(\lambda_1)$ 具备量纲的特性, 它表征了 Green 函数在不动点附近的渐近行为, 这也是这个物理量被称为反常量纲的原因.

§19.5 复合算符重整化

除了耦合常数、场重整化等外, 量子场论中还会碰到复合算符重整化. 复合算符包含了不同场算符在同一时空点的乘积, 例如, 考虑一个裸的费米子场构成的算符

$$S^{(0)} = \overline{\psi}^{(0)}\psi^{(0)}. \tag{19.5.1}$$

插入这样一个算符 $S^{(0)}$ 计算得到的 Green 函数通常是发散的, 为了使这个 Green 函数收敛, 我们需要新的 (即在波函数及耦合常数重整化之外的) 算符重整化. 假设重整化之后的算符为

$$S = \frac{1}{Z_S}S^{(0)} = \frac{1}{Z_S}\overline{\psi}^{(0)}\psi^{(0)} = \frac{Z_\psi}{Z_S}\overline{\psi}\psi, \tag{19.5.2}$$

这里 Z_S 是复合算符重整化常数. 需要指出的是, 算符 $S=\overline{\psi}\psi+$ 抵消项, 通常都只显式地写作 $\overline{\psi}\psi$ 而隐含了抵消项, 但 $S\neq\overline{\psi}\psi$. 在微扰论中, 插入了 S 的 Green 函数是自动没有紫外发散的.

重整化常数 Z_S 可以通过计算 $\psi,\overline{\psi}$ 和 S 的编时乘积来给出. 不过人们可以用更加简便的方法, 计算单粒子不可约 Green 函数 $\varGamma$ 而非完整的 Green 函数 G 来给出 Z_S. 单粒子不可约 Green 函数的抵消项为

$$\left(\frac{Z_\psi}{Z_S}-1\right)\overline{\psi}\psi. \tag{19.5.3}$$

$\varGamma$ 的单圈贡献如图 19.5.1 所示. 算符 S 不包含求导项 (并且 Z_S 在 $\overline{\mathrm{MS}}$ 重整化方案下是和质量无关的), 所以可以在图 19.5.1 中设外腿动量为零 (并且忽略夸克质量) 来求 Z_S. 计算给出

$$\mu^{2\epsilon}(\mathrm{i}g_\mathrm{s})^2C_\mathrm{F}\int\frac{\mathrm{d}^nq}{(2\pi)^n}\gamma^\alpha\frac{\mathrm{i}\not{q}}{q^2}\frac{\mathrm{i}\not{q}}{q^2}\gamma^\beta\frac{(-\mathrm{i})g_{\alpha\beta}}{q^2} = -4\mathrm{i}g_\mathrm{s}^2C_\mathrm{F}\int\frac{\mathrm{d}^nq}{(2\pi)^n}\frac{1}{(q^2)^2}+\cdots, \tag{19.5.4}$$

这里省略号表示 $\epsilon\to0$ 极限下的有限项. 需要注意的是在忽略了外腿动量和夸克质量之后会产生红外发散. 我们可以通过在被积函数的分母中引入一个质量 m 来正规化红外发散, 最终这个积分给出了我们想要的紫外发散结构

$$\frac{8g_\mathrm{s}^2C_\mathrm{F}}{32\pi^2\epsilon}. \tag{19.5.5}$$

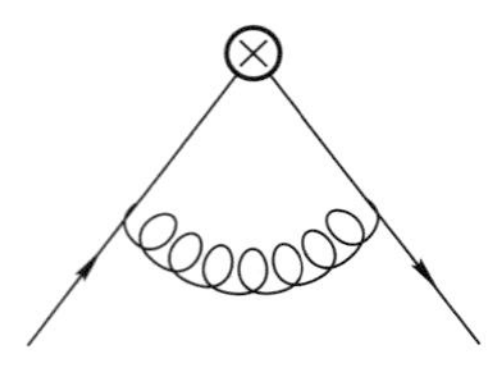

图 19.5.1 插入复合算符 $\overline{\psi}\psi$ (表示为 $\otimes$) 的单圈图

把 (19.5.3) 式和 (19.5.5) 式加起来, 再利用夸克场的重整化常数

$$Z_\psi = 1 - 2\left(\frac{g_{\mathrm{s}}^2 C_{\mathrm{F}}}{32\pi^2\epsilon}\right), \tag{19.5.6}$$

我们可以得到, 当

$$Z_S = 1 + 6\left(\frac{g_{\mathrm{s}}^2 C_{\mathrm{F}}}{32\pi^2\epsilon}\right) \tag{19.5.7}$$

时, 所有 $1/\epsilon$ 紫外发散都抵消掉了.

复合算符 S 的反常量纲定义为

$$\gamma_S = \mu\frac{\mathrm{d}\ln Z_S}{\mathrm{d}\mu}, \tag{19.5.8}$$

所以有

$$\gamma_S = -\frac{6g_{\mathrm{s}}^2 C_{\mathrm{F}}}{16\pi^2}. \tag{19.5.9}$$

其他双线性型夸克场算符, 如矢量流 $\overline{\psi}\gamma_\mu\psi$ 和轴矢量流 $\overline{\psi}\gamma_\mu\gamma_5\psi$ 可以进行相似的计算, 人们得到的结果是 $Z_V = Z_A = 1$, 所以这两个流算符在单圈阶是不需要重整化的, 并且它们的反常量纲为零. 对于张量算符 $\overline{\psi}\sigma^{\mu\nu}\psi$, 可以有 $Z_T = Z_\psi$.

前面考虑了一个简单例子. 在这个例子中, 算符 S 是相乘可重整的, 因为没有具有相同量子数的其他规范不变的定域算符可以混进来了. 但通常来讲, 对于一个算符, 人们可以写下与之具有相同量子数的很多不同算符 O_i. 这种情况下, 人们需要的就是一个重整化矩阵, 形如

$$O_i^{(0)} = Z_{ij}O_j. \tag{19.5.10}$$

这个式子意味着其中包含了算符混合. 在 $\overline{\mathrm{MS}}$ 重整化方案下, Z_{ij} 是无量纲的, 所以算符只能和那些与自己具有相同量纲的算符混合, 这样大大简化了对于算符混合的分析. 在一个更加普遍的质量依赖的重整化方案下, 算符也可以和量纲比自己低的其他算符混合.

§19.6 部分子分布函数

在高能散射中, 往往可以进行不同能标的分离, 即进行因子化. 因子化后, 很多低能输入参数都是由非定域复合算符定义的, 这些物理量的重整化群方程也可以类似于复合算符的重整化群方程来讨论. 比较重要的例子包含核子的部分子分布函数和介子光锥分布振幅. 本节和下节将分别讨论这两个概念. 需要注意的是, 一般来讲算符的重整化都是与紫外发散有关, 与所选择的低能外态无关, 但是对于光锥物理量, 紫外发散与光锥发散混合在一起, 重整化群方程也与具体物理量相关. 对于部分子分布函数和介子光锥分布振幅, 虽然定义的算符一样, 但它们的重整化群方程是不一样的.

为了方便计算, 我们将引入光锥坐标系. 在这个坐标系中, 任意一个四矢量 a^μ 都可以拆分成光锥分量与垂直分量. 光锥分量的定义为

$$a^+ = \frac{a^0 + a^3}{\sqrt{2}}, \ \ a^- = \frac{a^0 - a^3}{\sqrt{2}}. \tag{19.6.1}$$

选择两个类光单位矢量 $n_\pm$, 表达式为

$$n_{+\mu} = \frac{1}{\sqrt{2}}(1,0,0,1), \quad n_{-\mu} = \frac{1}{\sqrt{2}}(1,0,0,-1). \tag{19.6.2}$$

这两个类光矢量满足

$$n_+ \cdot n_- = 1, \quad n_\pm^2 = 0. \tag{19.6.3}$$

四矢量 a^μ 在光锥坐标系中可以分解为

$$a_\mu = n_- \cdot a n_{+\mu} + n_+ \cdot a n_{-\mu} + a_{\perp\mu}. \tag{19.6.4}$$

在高能情况下, 轻重子或者介子的质量都可以忽略, 因此动量方向接近于光锥, 可以选择动量 P 沿着 n_- 方向. 坐标空间中, 坐标 z 沿着 n_+ 方向,

$$P_\mu = n_+ P n_{-\mu}\,, \qquad z_\mu = n_- z n_{+\mu}\,. \tag{19.6.5}$$

此时, 内积表达式可以简化为

$$P \cdot z = n_+ \cdot P n_- \cdot z. \tag{19.6.6}$$

利用光锥分量, 四维和 $d(=4-2\epsilon)$ 维积分测度可以拆分为

$$\mathrm{d}^4 k = \mathrm{d}k^+ \mathrm{d}k^- \mathrm{d}^2 k_\perp, \quad \mu^{4-d}\mathrm{d}^D k = \mu^{2\epsilon}\mathrm{d}k^+\mathrm{d}k^-\mathrm{d}^{d-2}k_\perp, \tag{19.6.7}$$

这里加入了 $\mu^{2\epsilon}$ 以平衡 d 维情况下积分测度的量纲.

在高能核子散射过程, 如 pp 对撞中, 硬散射部分依赖于核子某个大动量分量, 此时我们可以将散射振幅进行因子化. 高能散射核可以采用微扰论计算, 低能输入参数通常被称为部分子分布函数. 在算符层次上, 夸克与胶子的部分子分布函数定义为

$$f_{\mathrm{q/H}}(x)=\int\frac{\mathrm{d}\xi^-}{2\pi}\mathrm{e}^{-\mathrm{i}xp^+\xi^-}\langle P(p)|(\overline{q}W_{\mathrm{c}})(z)\frac{\not{n}_+}{2}(W_{\mathrm{c}}^\dagger q)(0)|P(p)\rangle,\tag{19.6.8}$$

$$f_{\mathrm{g/H}}(x)=\int\frac{\mathrm{d}\xi^-}{2\pi xp^+}\mathrm{e}^{-\mathrm{i}xp^+\xi^-}\langle P(p)|(F^{+j}W_{\mathrm{A}})(z)(W_{\mathrm{A}}^\dagger F^{+j})(0)|P(p)\rangle,\tag{19.6.9}$$

其中求和指标 $j=1,2$, x 是部分子所携带的动量分数, F^{+j} 是场强张量, W_{c} 是为了保持规范不变性引入的 Wilson 线:

$$W_{\mathrm{c}}(z)=\mathrm{Pexp}\left(-\mathrm{i}g_{\mathrm{s}}\int_0^\infty \mathrm{d}sn_+\cdot A^a(z+sn_+)T^a\right).\tag{19.6.10}$$

需要注意的是, 对于胶子部分子分布函数, Wilson 线中的 T^a 与其中的胶子均处于伴随表示. 此处 P 指按路径次序积分, 类似于编时乘积.

有效理论中, 直接计算部分子分布函数会发现紫外发散. 应当指出的是, 在完整理论中, 这个紫外发散要跟硬散射核的红外发散抵消. 不过, 我们这里不讨论完整理论, 仅用重整化群方法研究部分子分布函数的演化. 重整化后的部分子分布函数满足

$$f_{j/\mathrm{H}}(x,\mu)=\int_x^1\frac{\mathrm{d}z}{z}[Z_{j'}(g,\epsilon)Z_{jj'}(z,g,\epsilon)][Z_{j'}^{-1}f_{(0)j'/\mathrm{H}}(x/z)],\tag{19.6.11}$$

其中 j,j' 表示夸克或者胶子, 而 $Z_j^{-1}f_{(0)j'/H}$ 是考虑了自能修正的部分子分布函数, Z_j 与 $Z_{jj'}$ 可以通过微扰计算得到.

部分子分布函数的重整化群方程可以写为

$$\frac{\mathrm{d}}{\mathrm{d}\ln\mu}f_{j/\mathrm{H}}(\xi,\mu)=\sum_{j'}\int_x^1\frac{\mathrm{d}z}{z}P_{jj'}(z,g)f_{j'/H}(\xi/z,\mu),\tag{19.6.12}$$

演化核 $P_{jj'}$ 满足

$$\frac{\mathrm{d}}{\mathrm{d}\ln\mu}Z_{jk}(z,g,\epsilon)=\sum_{j'}\int_x^1\frac{\mathrm{d}z'}{z'}P_{jj'}(z',g,\epsilon)Z_{j'k}(z/z',\mu),\tag{19.6.13}$$

其中

$$P=\frac{1}{z}\frac{\mathrm{d}}{\mathrm{d}\ln\mu}Z.\tag{19.6.14}$$

具体来讲, Dokshitzer-Gribove-Lipatov-Altarelli-Parisi(DGLAP) 演化方程为

$$\mu\frac{\mathrm{d}}{\mathrm{d}\mu}f_{\mathrm{q}}(x,\mu)=\frac{\alpha_{\mathrm{s}}}{\pi}\int_x^1\frac{\mathrm{d}z}{z}\left\{P_{\mathrm{q}\to\mathrm{q}}(z)f_{\mathrm{q}}\left(\frac{x}{z},\mu\right)+P_{\mathrm{g}\to\mathrm{q}}(z)f_{\mathrm{g}}\left(\frac{x}{z},\mu\right)\right\}, \tag{19.6.15}$$

$$\mu\frac{\mathrm{d}}{\mathrm{d}\mu}f_{\overline{\mathrm{q}}}(x,\mu)=\frac{\alpha_{\mathrm{s}}}{\pi}\int_x^1\frac{\mathrm{d}z}{z}\left\{P_{\mathrm{q}\to\mathrm{q}}(z)f_{\overline{\mathrm{q}}}\left(\frac{x}{z},\mu\right)+P_{\mathrm{g}\to\mathrm{q}}(z)f_{\mathrm{g}}\left(\frac{x}{z},\mu\right)\right\}, \tag{19.6.16}$$

$$\mu\frac{\mathrm{d}}{\mathrm{d}\mu}f_{\mathrm{g}}(x,\mu)=\frac{\alpha_{\mathrm{s}}}{\pi}\int_x^1\frac{\mathrm{d}z}{z}\left\{P_{\mathrm{q}\to\mathrm{g}}(z)\left[f_{\mathrm{q}}\left(\frac{x}{z},\mu\right)+f_{\overline{\mathrm{q}}}\left(\frac{x}{z},\mu\right)\right]+P_{\mathrm{g}\to\mathrm{g}}(z)f_{\mathrm{g}}\left(\frac{x}{z},\mu\right)\right\}, \tag{19.6.17}$$

其中单圈演化核为

$$P_{\mathrm{q}\to\mathrm{q}}(z)=C_{\mathrm{F}}\left[\frac{1+z^2}{(1-z)_+}+\frac{3}{2}\delta(1-z)\right], \tag{19.6.18}$$

$$P_{\mathrm{q}\to\mathrm{g}}(z)=C_{\mathrm{F}}\left[\frac{1+(1-z)^2}{z}\right], \tag{19.6.19}$$

$$P_{\mathrm{g}\to\mathrm{q}}(z)=\frac{1}{2}\left[z^2+(1-z)^2\right], \tag{19.6.20}$$

$$P_{\mathrm{g}\to\mathrm{g}}(z)=2C_2(G)\left[\frac{1-z}{z}+\frac{z}{(1-z)_+}+z(1-z)+\left(\frac{11}{12}-\frac{n_{\mathrm{f}}}{18}\right)\delta(1-z)\right]. \tag{19.6.21}$$

$P_{\mathrm{g}\to\mathrm{g}}(z)$ 也可以表示成

$$P_{\mathrm{g}\to\mathrm{g}}(z)=2C_2(G)\left[\frac{1-z}{z}+\frac{z}{(1-z)_+}+z(1-z)\right]+\frac{1}{2}\left(11-\frac{2n_{\mathrm{f}}}{3}\right)\delta(1-z). \tag{19.6.22}$$

这些函数被称为劈裂函数 (splitting function), 其中 $G_2(G)=N_{\mathrm{c}}$.

为了便于计算微扰系数, 我们选择夸克外态, 因此树图阶夸克的分布振幅为

$$f_{\mathrm{q}}^{(0)}(x)=\delta(xp^+-p^+)\overline{u}(p)\frac{\not{n}_+}{2}u(p)\to\delta(xp^+-p^+)\frac{1}{2}\mathrm{Tr}\left[\frac{\not{n}_+}{2}\not{p}\right]=\delta(x-1). \tag{19.6.23}$$

图 19.6.1 给出了所有的单圈阶修正, 其中图 (a) 与图 (c) 的贡献为

$$f_{\mathrm{q}}^{(1,a)}(x)=-\frac{g_{\mathrm{s}}^2}{8\pi^2}C_{\mathrm{F}}\frac{1}{\epsilon}\delta(x-1)\int_0^1\mathrm{d}y\frac{y}{1-y}, \tag{19.6.24}$$

图 (b) 与图 (d) 的贡献为

$$f_{\mathrm{q}}^{(1,b)}(x)=\frac{g_{\mathrm{s}}^2}{8\pi^2}C_{\mathrm{F}}\frac{1}{\epsilon}\frac{x}{1-x}, \tag{19.6.25}$$

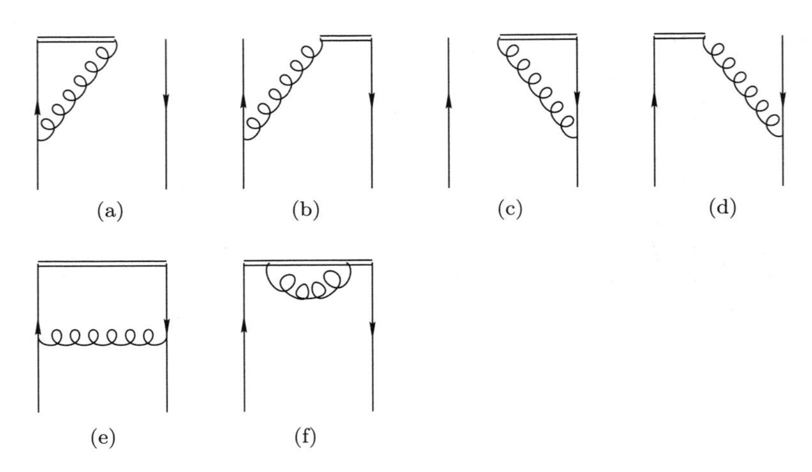

图 19.6.1 夸克部分子分布函数与光锥分布振幅的单圈图

图 (e) 的结果为

$$f_{\mathrm{q}}^{(1,e)}(x)=\frac{g_{\mathrm{s}}^2}{8\pi^2}C_{\mathrm{F}}\frac{1}{\epsilon}(1-x). \tag{19.6.26}$$

把以上所有图 (图 (f) 的结果为 0) 以及自能修正加一起, 可以得到单圈结果

$$\begin{aligned}f_{\mathrm{q}}^{(1)}(x)&=\frac{g_{\mathrm{s}}^2}{4\pi^2}C_{\mathrm{F}}\frac{1}{\epsilon}\left\{\frac{x}{1-x}-\delta(x-1)\int_0^1\mathrm{d}y\frac{y}{1-y}+\frac{1-x}{2}-\frac{1}{4}\delta(1-x)\right\}\\&=\frac{g_{\mathrm{s}}^2}{8\pi^2}C_{\mathrm{F}}\frac{1}{\epsilon}\left\{\left(\frac{2}{1-x}\right)_+-(1+x)+\frac{3}{2}\delta(1-x)\right\},\end{aligned} \tag{19.6.27}$$

其中引入的

$$[f(x)]_+=f(x)-\delta(x-1)\int_0^1\mathrm{d}yf(y). \tag{19.6.28}$$

因此, 重整化因子 Z 就是上图中发散项的负值:

$$Z_{\mathrm{q/q}}(g,z,\epsilon)=-\frac{g_{\mathrm{s}}^2}{8\pi^2}C_{\mathrm{F}}\frac{1}{\epsilon}\left\{\left(\frac{2}{1-z}\right)_+-(1+z)+\frac{3}{2}\delta(1-z)\right\}. \tag{19.6.29}$$

这给出 DGLAP 演化核:

$$\begin{aligned}P_{\mathrm{q/q}}(z)&=\frac{1}{z}\frac{\mathrm{d}Z}{\mathrm{d}\ln\mu}=\frac{g_{\mathrm{s}}^2}{4\pi^2}C_{\mathrm{F}}\left\{\left(\frac{2}{1-z}\right)_+-(1+z)+\frac{3}{2}\delta(1-z)\right\}\\&=\frac{\alpha_{\mathrm{s}}}{\pi}P_{\mathrm{q}\to\mathrm{q}}(z).\end{aligned} \tag{19.6.30}$$

现考虑胶子到夸克的矩阵元

$$f_{\mathrm{q/g}}(x)=\int\frac{\mathrm{d}(n_-\cdot z)}{2\pi}\mathrm{e}^{-\mathrm{i}xP\cdot z}\langle g(p)|(\overline{q}W_{\mathrm{c}})(z)\frac{\not{n}_+}{2}(W_c^\dagger q)(0)|g(p)\rangle,\quad(19.6.31)$$

其中入射和出射胶子都是横向极化的, 如图 19.6.2 所示. 相应的微扰振幅为

$$\begin{aligned}f^{(1)}_{\mathrm{q/g}}(x)=&-\epsilon_\mu(T)\epsilon^*_\nu(T)\int\frac{\mathrm{d}^4q}{(2\pi)^4}\delta(p^+-xp^+-q^+)\\&\times\mathrm{Tr}\left[\frac{\mathrm{i}(\not{p}-\not{q})}{(p-q)^2}\mathrm{i}gt^a\gamma^\mu\frac{-\mathrm{i}\not{q}}{q^2}\mathrm{i}gt^b\gamma^\nu\frac{\mathrm{i}(\not{p}-\not{q})}{(p-q)^2}\frac{\not{n}_+}{2}\right].\end{aligned}\quad(19.6.32)$$

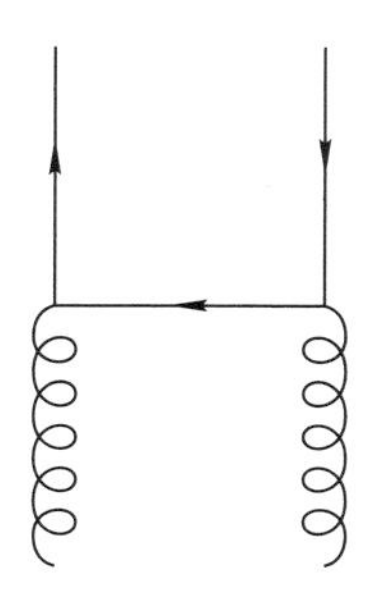

图 19.6.2 胶子到夸克的 Feynman 图

使用极化求和公式

$$\epsilon_\mu(T)\epsilon^*_\nu(T)\to\frac{1}{2}(-g_{\perp\mu\nu})=-\frac{1}{2}(g_{\mu\nu}-n_{+\mu}n_{-\nu}-n_{-\mu}n_{+\nu}),\quad(19.6.33)$$

可以得到单圈阶的结果:

$$f^{(1)}_{\mathrm{q/g}}(x)=\frac{g_{\mathrm{s}}^2}{8\pi^2}T_{\mathrm{F}}\delta^{ab}\frac{1}{\epsilon}\left\{1-2x(1-x)\right\},\quad(19.6.34)$$

与之对应的抵消项为

$$Z_{\mathrm{q/g}}=-\frac{g_{\mathrm{s}}^2}{8\pi^2}T_{\mathrm{F}}\delta^{ab}\frac{1}{\epsilon}\left\{1-2x(1-x)\right\},\quad(19.6.35)$$

相应的演化核为

$$P_{\mathrm{q/g}}=\frac{1}{Z_{\mathrm{q/g}}}\frac{\mathrm{d}}{\mathrm{d}\ln\mu}Z_{\mathrm{q/g}}=\frac{\alpha_{\mathrm{s}}}{\pi}T_{\mathrm{F}}[1-2x(1-x)]\equiv\frac{\alpha_{\mathrm{s}}}{\pi}P_{\mathrm{g}\to\mathrm{q}}(x).\quad(19.6.36)$$

对于胶子部分子分布函数, 树图矩阵元为

$$\begin{aligned}f^{(0)}_{\mathrm{g}}(x)&=\sum_j\int\frac{\mathrm{d}\omega^-}{2\pi xp^+}\mathrm{e}^{-\mathrm{i}xp^+\omega^-}\langle g(p)|(F^{+j}W_{\mathrm{A}})(\omega^-)(W_{\mathrm{A}}^\dagger F^{+j})(0)|g(p)\rangle\\&=\sum_j\int\frac{\mathrm{d}\omega^-}{2\pi xp^+}\mathrm{e}^{-\mathrm{i}xp^+\omega^-}(\mathrm{i}p^+)(-\mathrm{i}p^+)\mathrm{e}^{\mathrm{i}xp^+\omega^-}\epsilon^j(T)\epsilon^{*j}(T)\\&=\delta(x-1).\end{aligned}\quad(19.6.37)$$

而夸克到胶子的 Feynman 图如图 19.6.3 所示, 相应的振幅为

$$f_{g/q}^{(1)}(x) = \frac{g_s^2}{8\pi^2} C_F \frac{1}{\epsilon} \frac{1+(1-x)^2}{x}, \tag{19.6.38}$$

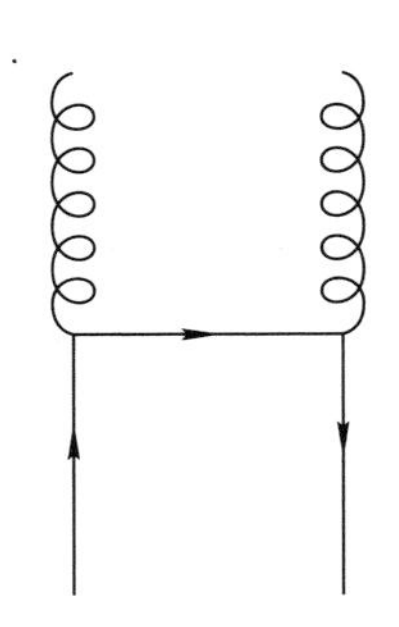

图 19.6.3 夸克到胶子的贡献

抵消项为

$$Z_{g/q}(x) = -\frac{g_s^2}{8\pi^2} C_F \frac{1}{\epsilon} \frac{1+(1-x)^2}{x}, \tag{19.6.39}$$

相应的演化核为

$$\begin{aligned} P_{g/q}(x) &= \frac{d}{d\ln\mu} Z_{g/q}(x) = \frac{g_s^2}{4\pi^2} C_F \frac{1+(1-x)^2}{x} = \frac{\alpha_s}{\pi} C_F \frac{1+(1-x)^2}{x} \\ &\equiv \frac{\alpha_s}{\pi} P_{q\to g}(x). \end{aligned} \tag{19.6.40}$$

胶子分布振幅的 Feynman 图如图 19.6.4 所示, 相应的自能图给出

$$Z_3 = 1 - \frac{\alpha_s}{4\pi} \frac{1}{\epsilon} \left[\frac{2}{3} n_f - 5 \right]. \tag{19.6.41}$$

单圈修正中, 图 19.6.4 (a) 给出

$$f_{g/g}^{(1,a)}(x) = \frac{g_s^2}{16\pi^2} \frac{1}{\epsilon} C_2(G) \delta^{\alpha\beta} \delta(x-1) \int_0^1 dy \left(1 - \frac{2}{1-y}\right), \tag{19.6.42}$$

图 (b) 给出

$$f_{g/g}^{(1,b)}(x) = -\frac{g_s^2}{16\pi^2} \frac{1}{\epsilon} C_2(G) \delta^{\alpha\beta} x \left(1 - \frac{2}{1-x}\right), \tag{19.6.43}$$

图 (c) 和图 (d) 给出的贡献与图 (a) 和图 (b) 相同, 图 (e) 给出

$$f_{g/g}^{(1,f)}(x) = -\frac{g_s^2}{8\pi^2} C_2(G) \delta^{\alpha\beta} \frac{1}{\epsilon} (2x^2 - 3x + 2 - \frac{2}{x}). \tag{19.6.44}$$

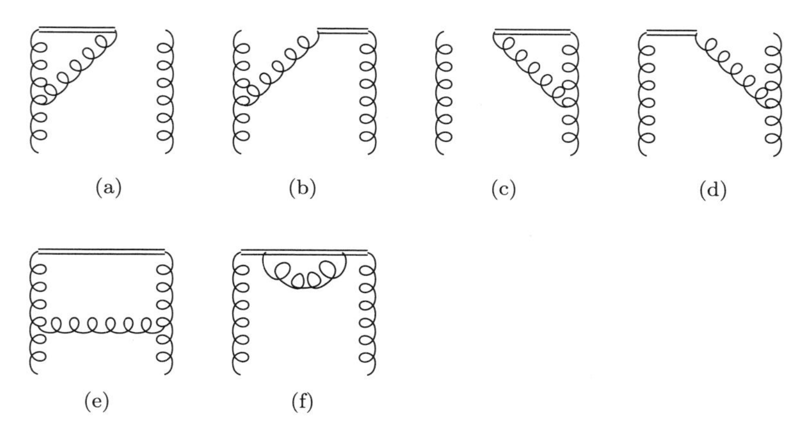

图 19.6.4 胶子部分子分布函数的单圈贡献

把以上所有结果加到一起 (图 (f) 结果为 0), 得到

$$f_{\mathrm{g/g}}^{(1)}(x)=\frac{g_{\mathrm{s}}^2}{8\pi^2}\frac{1}{\epsilon}\left\{C_2(G)\left(\frac{2x}{(1-x)_+}+\frac{2(1-x)}{x}+2x(1-x)\right)+\frac{1}{2}\left(11-\frac{2}{3}n_{\mathrm{f}}\right)\right\}, \tag{19.6.45}$$

与之对应的演化核为

$$\begin{aligned}P_{\mathrm{g/g}}&=\frac{g_{\mathrm{s}}^2}{4\pi^2}\left\{C_2(G)\left(\frac{2x}{(1-x)_+}+\frac{2(1-x)}{x}+2x(1-x)\right)+\frac{1}{2}\left(11-\frac{2}{3}n_{\mathrm{f}}\right)\right\}\\&=\frac{\alpha_{\mathrm{s}}}{\pi}\left\{C_2(G)\left(\frac{2x}{(1-x)_+}+\frac{2(1-x)}{x}+2x(1-x)\right)+\frac{1}{2}\left(11-\frac{2}{3}n_{\mathrm{f}}\right)\right\}\\&\equiv P_{\mathrm{g}\to\mathrm{g}}\frac{\alpha_{\mathrm{s}}}{\pi}.\end{aligned} \tag{19.6.46}$$

以上的讨论给出了部分子分布函数的演化方程, 称为 Altarelli-Parisi 演化方程或 Dokshitzer-Gribove-Lipatov-Altarelli-Parisi 演化方程, 表明了夸克分布函数和胶子分布函数随 Q^2 的变化, 是由夸克和胶子相互作用的概率幅决定的. 一旦夸克和胶子的分布振幅在某一 Q_0 的行为确定, 那么这一方程组将给出任意 $Q^2(Q^2>Q_0^2)$ 的夸克和胶子分布振幅的行为.

§19.7 遍举过程中分布振幅的演化方程

对于一个轻介子, 例如 π 介子, 光锥分布振幅定义为

$$\langle\pi(P)|(\overline{u}W_{\mathrm{c}})(z)\gamma_\mu\gamma_5(W_{\mathrm{c}}^\dagger d)(0)|0\rangle=-\mathrm{i}f_\pi P_\mu\int_0^1\mathrm{d}x\mathrm{e}^{\mathrm{i}xP\cdot z}\varPhi(x,\mu), \tag{19.7.1}$$

其中 f_π 是 π 介子衰变常数, 可以由 $\pi \to \mu\nu$ 衰变过程确定. 光锥分布振幅的归一化为

$$\int_0^1 \mathrm{d}x\, \Phi(x,\mu) = 1. \tag{19.7.2}$$

定义中也使用了 Wilson 线:

$$W_{\mathrm{c}}(z) = \mathrm{P}\exp\left(-\mathrm{i}g_{\mathrm{s}}\int_0^\infty \mathrm{d}s n_+ A(z+sn_+)\right). \tag{19.7.3}$$

光锥分布振幅的演化方程为

$$\mu\frac{\mathrm{d}}{\mathrm{d}\mu}\Phi(x,\mu) = \frac{\alpha_{\mathrm{s}}(\mu)}{\pi}C_{\mathrm{F}}\int_0^1 \mathrm{d}y V_0(x,y)\Phi(y,\mu). \tag{19.7.4}$$

为了得到单圈贡献, 我们需要计算图 19.6.1 中的贡献. 需要注意的是这些图中的外线都是在质壳上的自由夸克, 所以我们计算的是自由粒子矩阵元:

$$\langle u(x_0P)\overline{d}(\overline{x}_0P)|(\overline{u}W_{\mathrm{c}})(z)\gamma_\mu\gamma_5(W_{\mathrm{c}}^\dagger d)(0)|0\rangle = -\mathrm{i}\hat{f}_\pi P_\mu\int_0^1 \mathrm{d}x \mathrm{e}^{\mathrm{i}xP\cdot z}\hat{\Phi}(x,\mu), \tag{19.7.5}$$

其中 $\hat{f}_\pi$ 是夸克层次上的归一化常数. 假设外线系统 P_μ 沿 n_- 方向, 我们可以计算 Fourier 变换矩阵元:

$$\int\frac{\mathrm{d}n_-\cdot z}{2\times 2\pi}\mathrm{e}^{-\mathrm{i}xP\cdot z}\langle u(x_0P)\overline{d}(\overline{x}_0P)|(\overline{u}W_c)(z)\not{n}_+\gamma_5(W_c^\dagger d)(0)|0\rangle = -\mathrm{i}\hat{f}_\pi\hat{\Phi}(x,\mu)\,. \tag{19.7.6}$$

需要注意的是, 引入 1/2 因子是为了计算方便.

从复合算符的角度看, 我们需要将 (Z_2/Z_O-1) 乘上树图矩阵元从而得到有限结果. 树图矩阵元为

$$\langle\Phi\rangle^{(0)} = \frac{1}{n_+\cdot P}\overline{u}(xP)\frac{\not{n}_+\gamma_5}{2}d(\overline{x}P)\delta(x-x_0). \tag{19.7.7}$$

为了计算方便, 我们定义夸克层次上的形式衰变常数

$$-\mathrm{i}\hat{f}_\pi = \frac{1}{n_+\cdot P}\overline{u}(xP)\frac{\not{n}_+\gamma_5}{2}d(\overline{x}P), \quad \hat{\Phi}^{(0)}(x,\mu) = \delta(x-x_0). \tag{19.7.8}$$

图 19.6.1(a) 给出

$$\begin{aligned}\langle\Phi\rangle^{(\mathrm{a})} = {} & g_{\mathrm{s}}^2 C_{\mathrm{F}}\frac{\delta(x-x_0)}{n_+\cdot P}\int\mathrm{d}^4 z_1\int\frac{\mathrm{d}^4 q}{(2\pi)^4}\int\frac{\mathrm{d}^4 k}{(2\pi)^4}\frac{1}{\mathrm{i}n_+\cdot q}\frac{\mathrm{i}}{k^2} \\ & \times\frac{-\mathrm{i}}{q^2}\mathrm{e}^{-\mathrm{i}q\cdot(z_1-0)}\mathrm{e}^{-\mathrm{i}k\cdot(0-z_1)}\mathrm{e}^{\mathrm{i}\overline{x}P\cdot z_1}\overline{u}(xP)\not{n}_+\gamma_5\not{k}\not{n}_+d(\overline{x}P).\end{aligned} \tag{19.7.9}$$

动量和坐标积分给出 $k=q-\overline{x}P$, 化简中可以使用

$$\overline{u}(xP)\not{n}_+\gamma_5\not{k}\not{n}_+d(\overline{x}P)=2n_+\cdot k\overline{u}(xP)\not{n}_+\gamma_5 d(\overline{x}P). \tag{19.7.10}$$

从而有

$$\langle\varPhi\rangle^{(a)}=\mathrm{i}g_{\mathrm{s}}^2C_{\mathrm{F}}\langle\varPhi\rangle^{(0)}\int\frac{\mathrm{d}q^+\mathrm{d}q^-\mathrm{d}^2q_\perp}{(2\pi)^4}\frac{1}{n_+\cdot q}\frac{2[\overline{x}n_+\cdot P-n_+\cdot q]}{2[q^+-\overline{x}P^+]q^-+q_\perp^2}\frac{1}{2q^+q^-+q_\perp^2}. \tag{19.7.11}$$

对 q^- 的积分可以利用围道积分, 该结果只有在 $0<q^+<\overline{x}P^+$ 时才非零:

$$\langle\varPhi\rangle^{(\mathrm{a})}=-\delta(x-x_0)\frac{\overline{u}(x_0P)\not{n}_+\gamma_5d(\overline{x}_0P)}{n_+\cdot P}\times\frac{\alpha_{\mathrm{s}}}{2\pi}C_{\mathrm{F}}\int_0^{\overline{x}}\mathrm{d}y\frac{\overline{x}-y}{\overline{x}y}\frac{1}{\hat{\epsilon}}, \tag{19.7.12}$$

其中使用了 $q_\perp^2$ 积分结果

$$\int\frac{\mathrm{d}^2q_\perp}{q_\perp^2}=-\frac{\pi}{\hat{\epsilon}}. \tag{19.7.13}$$

图 19.6.1(b) 给出

$$\langle\varPhi\rangle^{(\mathrm{b})}=\frac{\overline{u}(x_0P)\not{n}_+\gamma_5d(\overline{x}_0P)}{n_+\cdot P}\times\frac{\alpha_{\mathrm{s}}}{2\pi}C_{\mathrm{F}}\theta(x-x_0)\frac{1-x}{x-x_0}\frac{1}{\overline{x}_0}\frac{1}{\hat{\epsilon}}, \tag{19.7.14}$$

图 19.6.1(c) 给出

$$\langle\varPhi\rangle^{(\mathrm{c})}=-\frac{1}{n_+P}\delta(x-x_0)\left(\overline{u}(x_0P)\not{n}_+\gamma_5d(\overline{x}_0P)\right)\frac{\alpha_{\mathrm{s}}}{2\pi}C_{\mathrm{F}}\frac{1}{\hat{\epsilon}}\int_0^{x_0}\mathrm{d}y\frac{x_0-y}{x_0y}, \tag{19.7.15}$$

图 19.6.1(d) 给出

$$\langle\varPhi\rangle^{(\mathrm{d})}=\frac{\alpha_{\mathrm{s}}}{2\pi}C_{\mathrm{F}}\frac{1}{n_+P}\frac{1}{\hat{\epsilon}}\frac{x}{(x_0-x)x_0}\theta(x_0-x)\left(\overline{u}(x_0P)\not{n}_+\gamma_5d(\overline{x}_0P)\right), \tag{19.7.16}$$

图 19.6.1(e) 给出

$$\begin{aligned}\langle\varPhi\rangle^{(\mathrm{e})}=&-\mathrm{i}g_{\mathrm{s}}^2C_{\mathrm{F}}\frac{1}{n_+P}\left(\overline{u}(x_0P)\not{n}_+\gamma_5d(\overline{x}_0P)\right)\int\frac{\mathrm{d}(n_+q)\mathrm{d}^2q_\perp\mathrm{d}(n_-q)}{(2\pi)^4}\\&\times\frac{q_\perp^2}{n_+qn_-q+q_\perp^2}\frac{\delta\left(x-x_0+\dfrac{n_+q}{n_+P}\right)}{n_-q(n_+q-x_0n_+P)+q_\perp^2}\frac{1}{n_-q(n_+q+\overline{x}_0n_+P)+q_\perp^2}.\end{aligned} \tag{19.7.17}$$

对于 n_-q 积分, 上式有三个奇点:

$$n_-q=\frac{-q_\perp^2-\mathrm{i}\epsilon}{2n_+q},\quad n_-q=\frac{-q_\perp^2-\mathrm{i}\epsilon}{2(n_+q-x_0n_+P)},\quad n_-q=\frac{-q_\perp^2-\mathrm{i}\epsilon}{2(n_+q+\overline{x}_0n_+P)}. \tag{19.7.18}$$

当 $0 < n_+q < x_0 n_+ P$ 时, 我们可选择第二个奇点. 而当 $-\overline{x}_0 n_+ P < q^+ < 0$ 时, 我们选择最后一个奇点:

$$\langle \varPhi\rangle^{(\mathrm{e})} = \frac{\alpha_{\mathrm{s}}}{2\pi} C_{\mathrm{F}} \frac{1}{n_+ P} \overline{u}(x_0 P) \not{n}_+ \gamma_5 d(\overline{x}_0 P) \frac{1}{\hat{\epsilon}} \left[\frac{1-x}{\overline{x}_0} \theta(x - x_0) + \frac{x}{x_0} \theta(x_0 - x)\right]. \quad (19.7.19)$$

QCD 中夸克的自能修正给出

$$\begin{aligned}\langle \varPhi\rangle^{(\mathrm{se})} &= (Z_2 - 1) \frac{1}{n_+ \cdot P} \overline{u}(xP) \not{n}_+ \gamma_5 d(\overline{x} P) \delta(x - x_0) \\ &= -\frac{\alpha_{\mathrm{s}}}{4\pi} C_{\mathrm{F}} \frac{1}{\hat{\epsilon}} \frac{1}{n_+ \cdot P} \overline{u}(xP) \not{n}_+ \gamma_5 d(\overline{x} P) \delta(x - x_0).\end{aligned} \quad (19.7.20)$$

为了表示方便, 我们可以定义

$$\int_0^1 \mathrm{d}x \Big[f(x)\Big]_+ g(x) \equiv \int_0^1 \mathrm{d}x f(x)(g(x) - g(x_0)), \quad (19.7.21)$$

从而单圈阶的结果可以表示为

$$\begin{aligned}&\langle \varPhi\rangle^{(\mathrm{all})} + \langle \varPhi\rangle^{(\mathrm{se})} \\ &= \frac{1}{n_+ P} \Big(\overline{u}(x_0 P) \not{n}_+ \gamma_5 d(\overline{x}_0 P)\Big) \frac{\alpha_{\mathrm{s}}}{4\pi} C_{\mathrm{F}} \frac{2}{\hat{\epsilon}} \int_0^1 \mathrm{d}y\ V_0(x, y) \varPhi^{(0)}(y, \mu),\end{aligned} \quad (19.7.22)$$

其中 $\varPhi^{(0)}(y, \mu) = \delta(x_0 - y)$. 此时,

$$V_0(x, y) = \left[\frac{1-x}{1-y}\Big(1 + \frac{1}{x-y}\Big)\theta(x - y) + \frac{x}{y}\Big(1 + \frac{1}{y-x}\Big)\theta(y - x)\right]_+. \quad (19.7.23)$$

应该指出的是, 当进行重整化后, 紫外发散被消除, 而剩下了 $\ln(\mu^2)$, 对 $\ln\mu$ 的依赖关系可以由演化方程得到:

$$\mu \frac{\mathrm{d}\varPhi(x, \mu)}{\mathrm{d}\mu} = \frac{\alpha_{\mathrm{s}}}{\pi} C_{\mathrm{F}} \int_0^1 \mathrm{d}y\ V_0(x, y) \varPhi(y, \mu). \quad (19.7.24)$$

对于矢量粒子, 我们可以定义光锥分布振幅

$$\langle \rho(\epsilon, P)|(\overline{u} W_c)(z) \frac{\not{n}_+}{2} \gamma_\alpha^\perp (W_c^\dagger d)(0)|0\rangle = -\mathrm{i} f_\rho \epsilon_\alpha^\perp \int_0^1 \mathrm{d}x \mathrm{e}^{\mathrm{i}xP\cdot z} \varPhi^{\mathrm{T}}(x, \mu). \quad (19.7.25)$$

衰变常数的重整化群方程为

$$\mu \frac{\mathrm{d}f_\rho^{\mathrm{T}}(\mu)}{\mathrm{d}\mu} = -\frac{\alpha_{\mathrm{s}}}{2\pi} f_\rho^{\mathrm{T}}(\mu). \quad (19.7.26)$$

矢量粒子的演化核可以类似得到:

$$V_0^{\mathrm{T}}(x, y) = \left[\frac{1-x}{1-y} \frac{1}{x-y} \theta(x - y) + \frac{x}{y} \frac{1}{y-x} \theta(y - x)\right]_+. \quad (19.7.27)$$

相应的演化方程为

$$\mu\frac{\mathrm{d}\Phi^{\mathrm{T}}(x,\mu)}{\mathrm{d}\mu}=\frac{\alpha_{\mathrm{s}}}{\pi}C_{\mathrm{F}}\int_0^1\mathrm{d}y\ V_0^{\mathrm{T}}(x,y)\,\Phi^{\mathrm{T}}(y,\mu). \tag{19.7.28}$$

微分积分方程 (19.7.24) 和 (19.7.28) 描述了遍举过程中介子分布振幅的演化行为, 其解依赖于分布振幅的初始条件. 积分核的本征函数是 Gegenbauer 多项式, 方程的通解可以表达为此多项式的展开.《量子色动力学引论》(北京大学出版社, 2011) 的 §8.4 中讨论了该演化方程并给出了该重整化群方程的通解和分布振幅在高能下的渐近表达式, 有兴趣的读者可以参考.

习　题

1. Yukawa 理论包含标量粒子与旋量粒子, 其拉氏密度为

$$\mathcal{L}=\frac{1}{2}\partial_\mu\phi\partial^\mu\phi-\frac{\lambda}{4!}\phi^4+\overline{\psi}\mathrm{i}\partial\!\!\!/\psi-\mathrm{i}g\overline{\psi}\gamma^5\psi\phi,$$

   计算耦合常数 λ 与 g 的 β 函数.
2. 如果将标准模型中的电弱中间玻色子 $\mathrm{W}^{\pm},\mathrm{Z}$ 积分出来, 通常会得到四夸克有效算符, 如 $[\overline{u}^\alpha\gamma^\mu(1-\gamma_5)s^\alpha][\overline{d}^\beta\gamma_\mu(1-\gamma_5)u^\beta]$, $[\overline{u}^\alpha\gamma^\mu(1-\gamma_5)s^\beta][\overline{d}^\alpha\gamma_\mu(1-\gamma_5)u^\beta]$, 其中 α 与 β 是夸克场的色指标. 计算单圈重整化并求解其重整化群方程.
3. 对于截腿 Green 函数, 请推导相应的重整化群方程, 并针对 ϕ^4 标量理论与 QED, 给出该重整化群方程的解.
4. 如果耦合常数与截腿 Green 函数的反常量纲为

$$\beta(g)=g(a-g^2),\quad \gamma(g)=bg^2,$$

   请根据重整化群方程的解给出耦合常数与 Green 函数的渐近行为.
5. 计算 §19.6 中所给出的夸克和胶子部分子分布函数的单圈水平的演化方程.
6. 计算 §19.7 中所给出的赝标量介子光锥分布振幅单圈演化方程. 由胶子场定义的光锥分布振幅呢?
7. 重味介子光锥分布振幅可以由一个轻夸克场与重夸克有效理论中的重夸克场定义, 请计算相应的重整化群演化方程.

第 20 章　红外发散与因子化

除了紫外发散, 规范场论还普遍存在着另一种发散 —— 红外发散. 紫外发散来自小尺度或者高能量标度的物理自由度, 经重整化处理后可以吸收到物理参数中, 对不同重整化方案及标度的依赖可以由重整化群方程描述. 而红外发散来自大尺度或者低能量标度的物理自由度, 不能由重整化消除. 在描述强相互作用的量子色动力学中, 红外发散来自非微扰能区, 这使得人们不能正常地应用微扰论, 因而失去了理论预言力. 理论上人们通常采用因子化方法将红外贡献与短程贡献分离. 本章将首先以正负电子湮灭为夸克对的单圈修正为例说明红外发散的来源, 然后将引入可用于分离不同标度物理的算符乘积展开方法, 最后一节将以电子-核子深度非弹过程简要说明因子化方法以及单圈阶微扰系数的抽取.

§20.1　正负电子湮灭为夸克对的单圈辐射修正

本节将以正负电子湮灭为正反夸克对的单圈图贡献为例说明红外发散的来源与处理方法. 在因子化框架下, 红外发散来自低能贡献, 需要被非微扰物理量吸收. 而建立因子化定理的第一个步骤是在夸克胶子层次上计算 QCD 过程的 Feynman 图, 并辨认其中的红外发散.

具体地, 规范量子场论中的红外发散主要有两种: 四动量大小为零引起的发散被称为软发散, 而由无质量且在光锥上运动的粒子交换互相平行的中间玻色子引起的发散被称为共线发散.

在量子电动力学中, 电子对湮灭成夸克对的领头阶 Feynman 图如图 20.1.1(a) 所示, 忽略质量情况下, 散射截面结果为

$$\sigma_{\mathrm{B}} = \frac{4\pi\alpha^2 e_q^2}{3s}, \tag{20.1.1}$$

其中 e_q 是夸克所携带的电荷.

在次领头阶, 图 20.1.1(b) 与图 20.1.1(c), (d) 分别给出了 α_{s} 阶的虚图与实图修正. 如果采用 Feynman 规范, 图 20.1.1(b) 中给出的耦合顶点修正振幅为

$$\varGamma^{\mu} = C_{\mathrm{F}} \int \frac{\mathrm{d}^d k}{(2\pi)^d} \frac{-\mathrm{i}}{k^2} \mathrm{i} g_{\mathrm{s}} \gamma^{\alpha} \frac{\mathrm{i}}{\not{p}_1 + \not{k} + m} \gamma^{\mu} \frac{\mathrm{i}}{\not{k} - \not{p}_2 + m} \mathrm{i} g_{\mathrm{s}} \gamma_{\alpha}, \tag{20.1.2}$$

其中 m 是电子质量, p_1 与 p_2 分别是夸克与反夸克的外线动量, C_{F} 来自颜色矩阵.

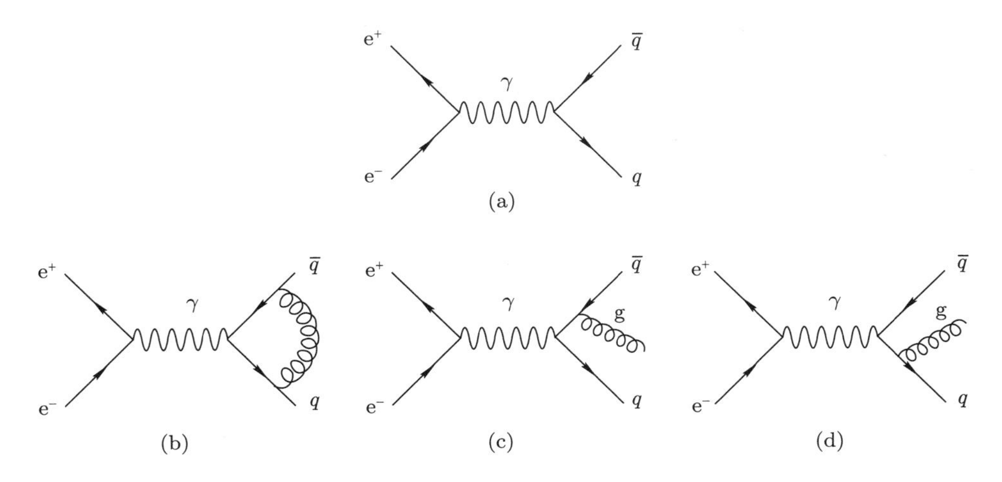

图 20.1.1 电子对湮灭成夸克对的领头阶 Feynman 图 (a) 与 α_s 阶修正: (b) 虚修正; (c), (d) 实修正

将上述表达式化简可得一般的积分形式

$$\Gamma^\mu = g_s^2 C_F \int \frac{d^d k}{(2\pi)^d} \frac{N^\mu}{k^2(k^2+2k\cdot p_1)(k^2-2k\cdot p_2)}, \tag{20.1.3}$$

其中 N_μ 是由动量 (k, p_1, p_2) 与 Dirac 矩阵构成的 Lorentz 矢量. 利用动量化简公式

$$\frac{1}{k^2} = \frac{1}{2|\boldsymbol{k}|}\left(\frac{1}{k_0-|\boldsymbol{k}|+i\epsilon} - \frac{1}{k_0+|\boldsymbol{k}|-i\epsilon}\right) \tag{20.1.4}$$

并将 k_0 积分出来, 可以得到

$$\Gamma^\mu \propto \frac{g_s^2 C_F}{8(2\pi)^3}\int_0^{2\pi} d\phi \int_0^{\pi} \sin\theta d\theta \int_0^{\infty} \frac{d|\boldsymbol{k}|}{|\boldsymbol{k}|} \frac{N^\mu}{(p_{10}-|\boldsymbol{p}_1|\cos\theta)(\boldsymbol{p}_{20}+|\boldsymbol{p}_2|\cos\theta)}, \tag{20.1.5}$$

其中 $p_{i0} = \sqrt{|\boldsymbol{p}_i|^2+m^2}$, θ 是动量 $\boldsymbol{k}$ 与 $\boldsymbol{p}_1$ 的夹角, 如图 20.1.2 所示. 当 $\boldsymbol{k}\to\boldsymbol{0}$ 时, 这个积分明显是发散的, 此时交换粒子动量为零, 属于软发散. 而当 $m\to 0$ 时, 对角度 θ 的积分也存在发散, 即 $\theta = 0, \pi$, 此时对应交换粒子与 k_1 或者 k_2 平行.

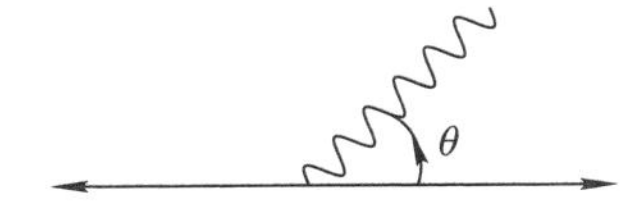

图 20.1.2 量子电动力学中, 电子耦合顶点修正中的运动学夹角

体现软发散和共线发散的方式不止一种, 下面将以电子质量为零情况为例再次进行具体说明. 为了方便起见, 我们将采用光锥坐标:

$$k^{\mu}=(k^{+},k^{-},\boldsymbol{k}_{\mathrm{T}}),\quad k^{\pm}=\frac{k^{0}\pm k^{z}}{\sqrt{2}},\quad \boldsymbol{k}_{\mathrm{T}}=(k^{x},k^{y}). \tag{20.1.6}$$

此时, 被积函数一般可写为

$$I=\int\frac{\mathrm{d}k^{+}\mathrm{d}k^{-}\mathrm{d}^{2}\boldsymbol{k}_{\mathrm{T}}}{(2\pi)^{4}}\frac{1}{2(k^{+}-p_{1}^{+})k^{-}-\boldsymbol{k}_{\mathrm{T}}^{2}}\frac{1}{2k^{+}(k^{-}-p_{2}^{-})-\boldsymbol{k}_{\mathrm{T}}^{2}}\frac{1}{2k^{+}k^{-}-\boldsymbol{k}_{\mathrm{T}}^{2}}, \tag{20.1.7}$$

这里忽略了一些常数和积分中的 Lorentz 结构. 如果上述积分 I 中被积动量是软动量, 即 $k\sim(\Lambda,\Lambda,\Lambda)$, Λ 是趋于零的小数, 则可以通过幂次估计

$$I\propto\frac{\Lambda^{4}}{\Lambda^{4}}\sim\ln\Lambda$$

看出, 积分函数是对数发散的. 类似地, 当积分动量为共线动量, 即 $k\sim(1,\Lambda^{2},\Lambda)\sim p_{1}$ 或者 $k\sim(\Lambda^{2},1,\Lambda)\sim p_{2}$ 时, 相应的幂次估计为

$$I\propto\frac{\Lambda^{4}}{\Lambda^{4}}\sim\ln\Lambda,$$

此时积分也是对数发散的.

红外发散来自小动量区域, 因此可由被积函数的奇点性质决定. 我们可以先使用围道积分方法将 k^{-} 积分出来. 对于上面的积分, 被积函数存在三个奇点:

$$k^{-}=\frac{\boldsymbol{k}_{\mathrm{T}}^{2}-\mathrm{i}\epsilon}{2(k^{+}-p_{1}^{+})},\quad k^{-}=p_{2}^{-}+\frac{\boldsymbol{k}_{\mathrm{T}}^{2}-\mathrm{i}\epsilon}{2k^{+}},\quad k^{-}=\frac{\boldsymbol{k}_{\mathrm{T}}^{2}-\mathrm{i}\epsilon}{2k^{+}}. \tag{20.1.8}$$

当 $0<k^{+}<p_{1}^{+}$ 时, 被积函数的奇点分别位于复数平面的上半和下半平面:

$$k^{-}=\frac{\boldsymbol{k}_{\mathrm{T}}^{2}}{2(k^{+}-p_{1}^{+})}+\mathrm{i}\epsilon,\quad k^{-}=p_{2}^{-}+\frac{\boldsymbol{k}_{\mathrm{T}}^{2}}{2k^{+}}-\mathrm{i}\epsilon,\quad k^{-}=\frac{\boldsymbol{k}_{\mathrm{T}}^{2}}{2k^{+}}-\mathrm{i}\epsilon, \tag{20.1.9}$$

如图 20.1.3 所示. 选择其中第一个奇点, 积分变成

$$\begin{aligned}&\frac{-\mathrm{i}}{2p_{1}^{+}}\int\frac{\mathrm{d}k^{+}\mathrm{d}^{2}\boldsymbol{k}_{\mathrm{T}}}{(2\pi)^{3}}\frac{p_{1}^{+}-k^{+}}{2p_{2}^{-}k^{+}(p_{1}^{+}-k^{+})+p_{1}^{+}\boldsymbol{k}_{\mathrm{T}}^{2}+\mathrm{i}\epsilon}\frac{1}{\boldsymbol{k}_{\mathrm{T}}^{2}}\\&\sim\frac{-\mathrm{i}}{4p_{1}\cdot p_{2}}\frac{1}{(2\pi)^{3}}\int\frac{\mathrm{d}k^{+}}{k^{+}}\int\frac{\mathrm{d}\boldsymbol{k}_{\mathrm{T}}^{2}}{\boldsymbol{k}_{\mathrm{T}}^{2}}.\end{aligned} \tag{20.1.10}$$

上面的积分存在两类不同的发散, 共线发散来自横向动量趋于零的发散, 而软发散则起源于动量所有分量为零的模式.

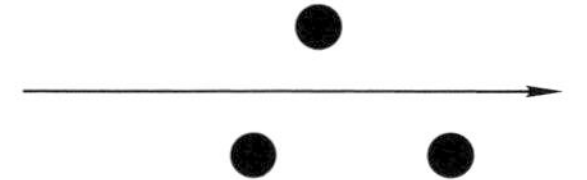

图 20.1.3 $0<k^+<p_1^+$ 时, (20.1.7) 式中被积函数关于 k^- 的奇点分布

如果采用维数因子作为正规化方法, 可以直接计算得到顶点修正的单圈图结果:

$$\Gamma_\mu=\frac{\alpha_{\mathrm{s}}C_{\mathrm{F}}}{4\pi}\left(\mathrm{e}^{-\gamma_{\mathrm{E}}}\frac{4\pi}{q^2}\right)^\epsilon\gamma_\mu\left(-\frac{2}{\epsilon^2}-\frac{3}{\epsilon}+\frac{7\pi^2}{6}-8\right)(1+\mathrm{i}\pi\epsilon),\tag{20.1.11}$$

其中双对数发散 $1/\epsilon^2$ 是软发散与共线发散重叠的结果. 此处需要指出的是, 在计算物理过程时需要先对振幅由重整化消除紫外发散, 因此严格来讲, 上面的顶点修正中的 $1/\epsilon$ 项既包含紫外发散也包含红外发散. 不过由 LSZ 约化公式可知, 除了上面的顶点修正外, 夸克波函数的自能修正也会产生贡献. 但是在波函数自能修正中, 由于夸克是无质量的, 自能修正中的圈动量积分是个无标度积分, 所以整项贡献消失. 实际上这是因为其中的紫外发散与红外发散抵消. 由于规范量子场论的对称性, 这个例子中的夸克自能修正与顶点修正的紫外发散也相互抵消, 因此自能图贡献的效果相当于不区分顶点修正中的紫外发散. 因此虚图对散射截面的贡献为

$$\sigma_{\mathrm{V}}=\frac{\alpha_{\mathrm{s}}C_{\mathrm{F}}}{2\pi}\sigma_{\mathrm{B}}\left(\mathrm{e}^{-\gamma_{\mathrm{E}}}\frac{4\pi}{q^2}\right)^\epsilon\left(-\frac{2}{\epsilon^2}-\frac{3}{\epsilon}+\frac{7\pi^2}{6}-8\right),\tag{20.1.12}$$

其中 σ_{B} 是树图层次 $\mathrm{e}^+\mathrm{e}^-\to q\bar{q}$ 散射截面.

在夸克辐射实胶子图 20.1.1(c), (d) 中, 辐射修正也存在共线发散与软发散. 次领头阶的实图修正项振幅包含

$$S_{\mu\nu}=\gamma_\mu\frac{1}{m-\not{p}_1-\not{k}}\gamma_\nu+\gamma_\nu\frac{1}{m+\not{p}_2+\not{k}}\gamma_\mu.\tag{20.1.13}$$

旋量部分可以采用 Eikonal 近似,

$$(\not{p}_1+m)S_{\lambda\mu}(\not{p}_2-m)=\left(-\frac{p_{1\lambda}}{p_1\cdot k}+\frac{p_{2\lambda}}{p_2\cdot k}\right)(\not{p}_1+m)(\not{p}_2-m),\tag{20.1.14}$$

其中 $p_1^2=p_2^2=m^2$, $k^2=0$. 于是可定义

$$F_{\mathrm{R}}=\left(\frac{p_{1\lambda}}{p_1\cdot k}-\frac{p_{2\lambda}}{p_2\cdot k}\right)^2e_q^2\frac{e^4}{q^4}g_{\mathrm{s}}^2C_{\mathrm{F}}\mathrm{Tr}[\not{p}_2\gamma^\mu\not{p}_1\gamma^\nu]\mathrm{Tr}[(\not{p}_1+m)\gamma_\mu(\not{p}_2-m)\gamma_\nu].\tag{20.1.15}$$

此时微分散射截面重新表示为

$$\mathrm{d}\sigma=\sigma_{\mathrm{B}}\int\frac{\mathrm{d}^3k}{2E_k}\sum_{\lambda=1,2}e_q^2\left|\frac{p_1\cdot\epsilon^{(\lambda)}}{p_1\cdot k}-\frac{p_2\cdot\epsilon^{(\lambda)}}{p_2\cdot k}\right|^2.\tag{20.1.16}$$

现在将三维动量积分分解为大小部分和角度部分:

$$\mathrm{d}\sigma = \mathrm{d}\sigma_{\mathrm{B}} \frac{\alpha}{\pi} \int_0^{|\boldsymbol{q}|} \frac{\mathrm{d}k}{k} \mathcal{I}(\boldsymbol{v}, \boldsymbol{v}'), \tag{20.1.17}$$

其中, $\boldsymbol{v}, \boldsymbol{v}'$ 分别是夸克与反夸克的三速度, 而函数 $\mathcal{I}(\boldsymbol{v}, \boldsymbol{v}')$ 为

$$\mathcal{I}(\boldsymbol{v}, \boldsymbol{v}') = \int \frac{\mathrm{d}\Omega_k}{4\pi} \frac{2(1 - \boldsymbol{v} \cdot \boldsymbol{v}')}{(1 - \hat{\boldsymbol{k}} \cdot \boldsymbol{v})(1 - \hat{\boldsymbol{k}} \cdot \boldsymbol{v}')}. \tag{20.1.18}$$

显然这里也包含两种红外发散, 动量角度积分对应胶子与夸克/反夸克平行所带来的共线发散, 而对动量大小的积分引起了软发散. 如果采用维数正规化方法, 实修正对散射截面的贡献为

$$\sigma_{\mathrm{R}} = \frac{\alpha_{\mathrm{s}} C_{\mathrm{F}}}{2\pi} \sigma_{\mathrm{B}} \left(\mathrm{e}^{-\gamma_{\mathrm{E}}} \frac{4\pi}{q^2} \right)^{\epsilon} \left(\frac{2}{\epsilon^2} + \frac{3}{\epsilon} + \frac{19}{2} - \frac{7\pi^2}{6} \right). \tag{20.1.19}$$

最终 α_{s} 阶实图与虚图贡献的总结果是有限的:

$$\sigma(\mathrm{e}^+\mathrm{e}^- \to q\bar{q} + X) = \sigma_{\mathrm{B}} \left(1 + \frac{3\alpha_{\mathrm{s}} C_{\mathrm{F}}}{4\pi} \right). \tag{20.1.20}$$

上面例子中的实图和虚图部分都可以通过光子自能修正的虚部得到, 如图 20.1.4 所示. 根据 KLN 定理, 如果将相同的末态结构进行求和, 得到的结果一定是红外有限的.

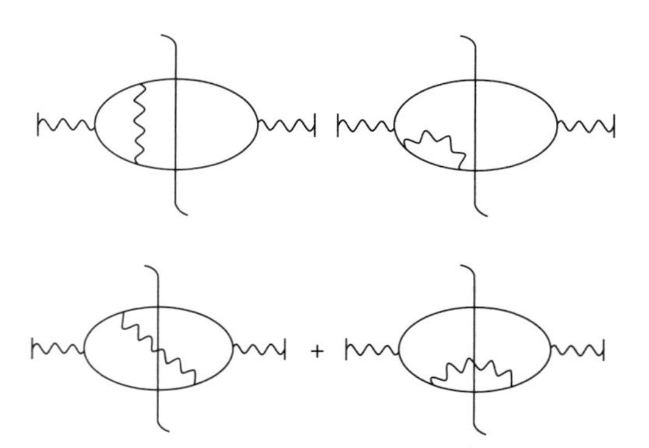

图 20.1.4　$\mathrm{e}^+\mathrm{e}^-$ 湮灭成正反夸克对并进一步碎裂成强子的过程可以写成光子自能修正的虚部

§20.2　算符乘积展开与正负电子湮灭

本节将以正负电子湮灭到强子过程为例说明可用于分离不同能量标度的重要手段 —— 算符乘积展开. 考虑 $\mathrm{e}^+\mathrm{e}^- \to X$, 其中 X 表示任意强子态, 该过程的矩

阵元为

$$\mathrm{i}\mathcal{M} = \bar{v}_{\lambda_2}(p_2)(-\mathrm{i}e\gamma_\mu)u_{\lambda_1}(p_1)\frac{-\mathrm{i}}{q^2}\langle X|(-\mathrm{i}eJ^\mu_{\mathrm{em}})|0\rangle, \tag{20.2.1}$$

其中 λ_1, λ_2 分别标记出态正负电子的自旋. 该散射过程的微分截面公式为

$$\sigma = \frac{1}{2s}\frac{1}{4}\sum_{\lambda_1,\lambda_2}\sum_X (2\pi)^4\delta^4(p_X - q)|\mathrm{i}\mathcal{M}|^2, \tag{20.2.2}$$

其中 $s = (p_1 + p_2)^2 = q^2$. 我们可以将整个振幅拆分成强子部分与轻子部分:

$$\sigma = \frac{e^4}{2s^3}l^{\mu\nu}w_{\mu\nu}, \tag{20.2.3}$$

其中轻子与强子部分分别为

$$\begin{aligned} l^{\mu\nu} &= p_1^\mu p_2^\nu + p_1^\nu p_2^\mu - g^{\mu\nu}\frac{q^2}{2}, \\ w^{\mu\nu} &= \sum_X (2\pi)^4\delta^4(p_X - q)\langle 0|J^\mu_{\mathrm{em}}(0)|X\rangle\langle X|J^\nu_{\mathrm{em}}(0)|0\rangle. \end{aligned} \tag{20.2.4}$$

上式中的强子部分矩阵元可以重新表示为

$$w^{\mu\nu} = \int \mathrm{d}^4x\mathrm{e}^{\mathrm{i}q\cdot x}\langle 0|J^\mu_{\mathrm{em}}(x)J^\nu_{\mathrm{em}}(0)|0\rangle. \tag{20.2.5}$$

考虑到正负电子湮灭过程中, 系统总能量 q^0 是大于零的, 上面的强子矩阵元可以表述为

$$w^{\mu\nu} = \int \mathrm{d}^4x\mathrm{e}^{\mathrm{i}q\cdot x}\langle 0|[J^\mu_{\mathrm{em}}(x), J^\nu_{\mathrm{em}}(0)]|0\rangle. \tag{20.2.6}$$

在 q^0 较大的物理过程中, x^0 较小区域贡献为主, 此时可以进行算符乘积展开. 为了实现这点, 我们先将上述矩阵元参数化成

$$w^{\mu\nu} = (q^\mu q^\nu - q^2 g^{\mu\nu})\frac{1}{6\pi}w(q^2), \tag{20.2.7}$$

相应的散射截面为

$$\sigma = \frac{4\pi\alpha^2}{3s}w(s). \tag{20.2.8}$$

为了方便计算, 可以使用矢量流的编时乘积 $T[J^\mu(x)J^\nu(0)]$(与电磁流的差别为电荷常数), 并利用 Wick 定理化简为

$$\begin{aligned} T[J^\mu(x)J^\nu(0)] = &-\mathrm{Tr}[\langle 0|T[\psi(0)\bar{\psi}(x)]|0\rangle\gamma_\mu\langle 0|T[\psi(x)\bar{\psi}(0)]|0\rangle\gamma_\nu] \\ &+N[\bar{\psi}(x)\gamma_\mu[\langle 0|T[\psi(x)\bar{\psi}(0)]|0\rangle]\gamma_\nu\psi(0)] \\ &+N[\bar{\psi}(0)\gamma_\nu[\langle 0|T[\psi(0)\bar{\psi}(x)]|0\rangle]\gamma_\mu\psi(x)] \\ &+N[\bar{\psi}(x)\gamma_\mu\psi(x)\bar{\psi}(0)\gamma_\nu\psi(0)]. \end{aligned} \tag{20.2.9}$$

利用传播子在坐标空间中的形式可以得到编时乘积展开公式

$$
\begin{aligned}
T[J_\mu(x)J_\nu(0)] =& \frac{x^2 g_{\mu\nu} - 2x_\mu x_\nu}{\pi^4(x^2 - \mathrm{i}\epsilon)^4} + \frac{\mathrm{i}x^\lambda}{2\pi^2(x^2-\mathrm{i}\epsilon)^2}\sigma_{\mu\lambda\nu\rho}O_V^\rho(x,0) \\
&+\frac{x^\lambda}{2\pi^2(x^2-\mathrm{i}\epsilon)^2}\epsilon_{\mu\lambda\nu\rho}O_A^\rho(x,0) + O_{\mu\nu}(x,0), \qquad (20.2.10)
\end{aligned}
$$

其中

$$
\begin{aligned}
O_V^\mu(x,y) &= N[\bar\psi(x)\gamma^\mu\psi(y) - \bar\psi(y)\gamma^\mu\psi(x)], \\
O_A^\mu(x,y) &= N[\bar\psi(x)\gamma^\mu\gamma_5\psi(y) + \bar\psi(y)\gamma^\mu\gamma_5\psi(x)], \qquad (20.2.11)\\
O_{\mu\nu}(x,y) &= N[\bar\psi(x)\gamma_\mu\psi(x)\bar\psi(y)\gamma_\nu\psi(y)].
\end{aligned}
$$

(20.2.10) 式中 $\sigma_{\mu\lambda\nu\rho} = g_{\mu\lambda}g_{\nu\rho} + g_{\mu\rho}g_{\nu\lambda} - g_{\mu\nu}g_{\lambda\rho}$, $\epsilon_{\mu\lambda\nu\rho}$ 是四维反对称张量, $\epsilon_{0123} = 1$. (20.2.10) 式中的坐标空间函数的计算可以利用主值公式

$$
\frac{1}{x^2 - \mathrm{i}\epsilon} = \frac{P}{x^2} + \mathrm{i}\pi\delta(x^2), \qquad (20.2.12)
$$

及做 $n-1$ 次微商:

$$
\frac{1}{(x^2-\mathrm{i}\epsilon)^n} = \frac{P}{(x^2)^n} + \mathrm{i}\pi\frac{(-1)^{n-1}}{(n-1)!}\delta^{(n-1)}(x^2). \qquad (20.2.13)
$$

使用编时乘积组合

$$
T[J_\mu(x)J_\nu(0)] - T[J_\mu(x)J_\nu(0)]^\dagger = \epsilon(x_0)[J_\mu(x), J_\nu(0)], \quad \epsilon(x_0) = \frac{x_0}{|x_0|}, \qquad (20.2.14)
$$

可以得到

$$
\begin{aligned}
\epsilon(x_0)[J_\mu(x), J_\nu(0)] =& \frac{\mathrm{i}}{3\pi^3}(2x_\mu x_\nu - x^2 g_{\mu\nu})\delta^{(3)}(x^2) \\
&+\frac{1}{\pi}x^\lambda\sigma_{\mu\lambda\nu\rho}\delta^{(1)}(x^2)O_V^\rho(x,0) \\
&-\frac{\mathrm{i}}{\pi}x^\lambda\delta^{(1)}(x^2)\epsilon_{\mu\lambda\nu\rho}O_A^\rho(x,0) \\
&+O_{\mu\nu}(x,0) - O_{\nu\mu}(0,x). \qquad (20.2.15)
\end{aligned}
$$

因此领头阶的强子部分矩阵元为

$$
w_{\mu\nu} = \sum_q e_q^2 \frac{\mathrm{i}}{3\pi^3}\left(g_{\mu\nu}\frac{\partial}{\partial q}\frac{\partial}{\partial q} - 2\frac{\partial}{\partial q^\mu}\frac{\partial}{\partial q^\nu}\right) I_3, \qquad (20.2.16)
$$

其中用到了函数

$$
I_n = \int \mathrm{d}^4 x \mathrm{e}^{\mathrm{i}q\cdot x}\epsilon(x_0)\delta^{(n)}(x^2). \qquad (20.2.17)
$$

在动量空间中, I_n 可以计算为

$$I_n = \frac{\mathrm{i}\pi^2}{4^{n-1}(n-1)!}(q^2)^{n-1}\epsilon(q_0)\theta(q^2), \tag{20.2.18}$$

因而强子矩阵元可以化简为

$$w_{\mu\nu} = \sum_q e_q^2 \frac{1}{6\pi}(q_\mu q_\nu - q^2 g_{\mu\nu})\epsilon(q_0)\theta(q^2). \tag{20.2.19}$$

考虑到电磁流与夸克的耦合与电荷相关, 可以得到最终散射截面

$$\sigma = \frac{4\pi\alpha^2}{3s} N_{\mathrm{c}} \sum_q e_q^2. \tag{20.2.20}$$

从这个例子可以看出, 算符乘积展开实际上是将非定域算符进行定域展开, 不过上面的展开过程并没有考虑相互作用. 编时乘积关联函数

$$\Pi^{\mu\nu} = \mathrm{i}\int \mathrm{d}^4x \mathrm{e}^{\mathrm{i}q\cdot x}\langle 0|T[J^\mu_{\mathrm{em}}(x)J^\nu_{\mathrm{em}}(0)]|0\rangle$$

中的场算符均是 Heisenberg 表象下的算符, 转换成相互作用表象则需要考虑高阶修正. 一般的 Lorentz 结构分析给出

$$T[J^\mu_{\mathrm{em}}(x)J^\nu_{\mathrm{em}}(0)] \sim C^I_{\mu\nu}(x)\cdot I + C^{\bar\psi\psi}_{\mu\nu}\cdot\bar\psi\psi + C^{F^2}_{\mu\nu}\cdot(F^a_{\alpha\beta})^2 + \cdots, \tag{20.2.21}$$

它们可以形式地利用图 20.2.1 表示, 上面的具体计算考虑了单位算符 I、两夸克场与四夸克场的树图阶贡献, 而有胶子相连的贡献均来自相互作用带来的修正项. 在小距离情况 $x^2\to 0$ 下, 高量纲算符是被压低的.

另一方面, 在 $\mathrm{e}^+\mathrm{e}^-$ 湮灭过程中, 转移动量 q 是类时的, 物理过程对应于光子湮灭后产生各种在壳的夸克与胶子, 然后由 QCD 强相互作用组合成各种强子. 而在算符乘积展开中则要求两个算符之间的坐标分别很小, 中间涉及的粒子远远离壳, 满足这一条件的理想区间是类空的, 因此这并不是物理过程所要求的运动学区域, 需要进行解析延拓并采用色散积分.

由编时乘积关联函数的一般参数化形式

$$\Pi^{\mu\nu}(q^2) = (q^2 g^{\mu\nu} - q^\mu q^\nu)\Pi_h(q^2), \tag{20.2.22}$$

可以形式地得到散射截面

$$\sigma(\mathrm{e}^+\mathrm{e}^-\to X) = -\frac{4\pi\alpha}{3s}\mathrm{Im}\Pi_h(q^2). \tag{20.2.23}$$

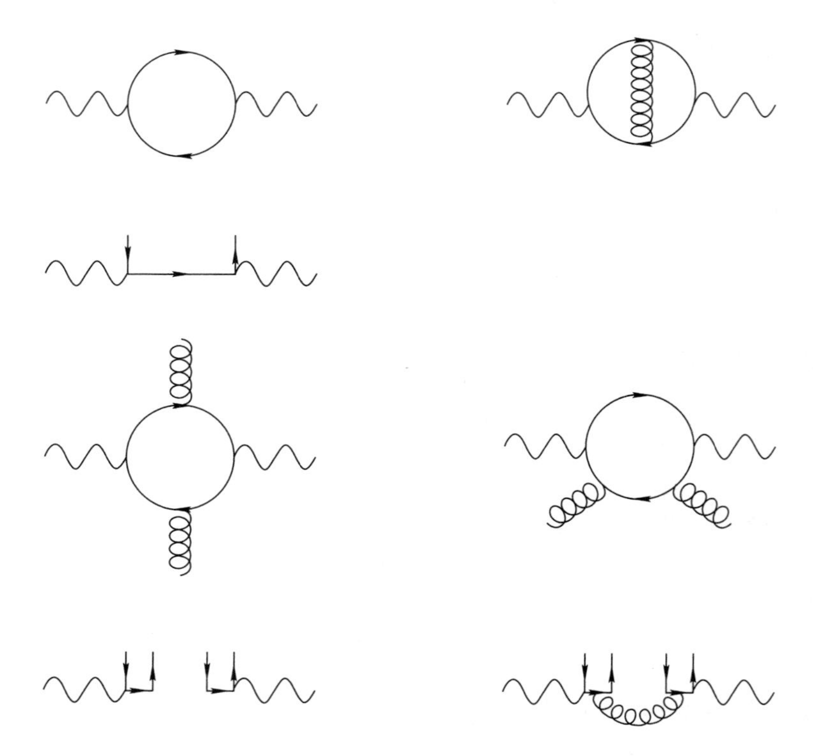

图 20.2.1　正负电子湮灭中算符乘积展开示意图

假定在深度类空区域 $q^2=-Q_0^2$ 处可以做算符乘积展开, 则定义 n 阶矩

$$I_n=-4\pi\alpha\oint\frac{\mathrm{d}q^2}{2\pi\mathrm{i}}\frac{1}{(q^2+Q_0^2)^{n+1}}\varPi_h(q^2). \tag{20.2.24}$$

如果选择积分围道围绕 $q^2=-Q_0^2$, 则 n 阶矩可以写成

$$I_n=-4\pi\alpha\frac{1}{n!}\frac{\mathrm{d}^n}{\mathrm{d}(q^2)^n}\varPi_h(q^2)|_{q^2=-Q_0^2}. \tag{20.2.25}$$

选择图 20.2.2 中的围道, 则 n 阶矩可以表示成关联函数虚部的形式:

$$\begin{aligned}I_n&=-4\pi\alpha\int\frac{\mathrm{d}q^2}{2\pi\mathrm{i}}\frac{1}{(q^2+Q_0^2)^{n+1}}\mathrm{disc}\varPi_h(q^2)\\&=-4\pi\alpha\int\frac{\mathrm{d}q^2}{2\pi}\frac{1}{(q^2+Q_0^2)^{n+1}}2\mathrm{Im}\varPi_h(q^2)\\&=\frac{1}{\pi}\int_0^\infty\mathrm{d}s\frac{s}{(s+Q_0^2)^{n+1}}\sigma(s),\end{aligned} \tag{20.2.26}$$

最后一步使用了关联函数虚部与截面之间的关系. (20.2.25) 与 (20.2.26) 式相等给出了算符乘积展开方法结果与正负电子湮灭过程截面之间的联系. 不过这种关系是

将物理上的散射截面进行积分得到 n 阶矩, 仅有当高阶矩随着 n 的增大逐渐消失时, 才能将这个积分逆转, 此时可以将算符乘积展开得到散射截面. 对于量子色动力学, 与实验结果对比显示, 只有在 s 很大时, 高阶矩的贡献才能被压低, 此时算符乘积展开与实验结果可以符合, 而低能区域下, 尤其是在共振态附近, 不能简单地使用该方法.

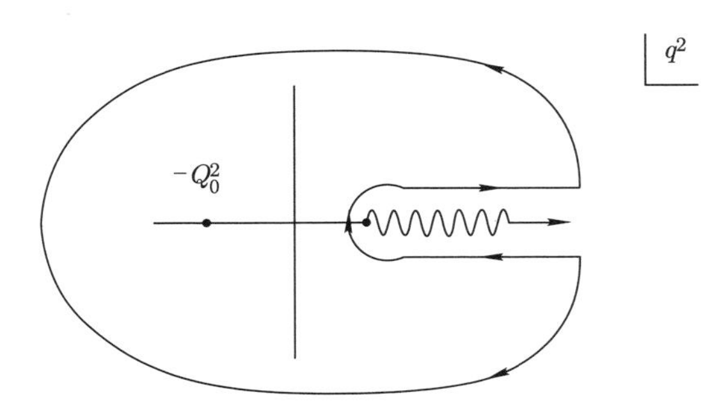

图 20.2.2 正负电子湮灭中算符乘积展开与色散关系

§20.3 算符乘积展开与深度非弹性散射

接下来考虑电子-核子深度非弹性散射过程, 即 $\ell(k)+\mathrm{p}(p)\to\ell(k')+X(p+q)$, 其中 k 与 k' 是轻子 ℓ 的初态与末态动量. 电子撞向初态为 p 的质子, 并将质子打散变成状态 X, 动量为 $p+q$, q 为转移动量, $q=k-k'$, 见图 17.1.1. 为方便起见, 定义物理量

$$Q^2=-(k'-k)^2,\quad x=\frac{Q^2}{2p\cdot q},\quad y=\frac{2p\cdot q}{2p\cdot k},\quad \omega=\frac{1}{x}. \tag{20.3.1}$$

深度非弹性散射截面与下面的强子矩阵元有关:

$$\sum_X(2\pi)^4\delta^4(q+p-p_X)\langle p|J^\mu_{\mathrm{em}}(0)|X\rangle\langle X|J^\nu_{\mathrm{em}}(0)|p\rangle. \tag{20.3.2}$$

引入矩阵元张量

$$W^{\mu\nu}(p,q)=\frac{1}{4\pi}\int \mathrm{d}^4x\mathrm{e}^{\mathrm{i}q\cdot x}\langle p|[J^\mu_{\mathrm{em}}(x),J^\nu_{\mathrm{em}}(0)]|p\rangle, \tag{20.3.3}$$

并将完备性条件插入上述物理量, 可以得到

$$\begin{aligned}W^{\mu\nu}(p,q)=\frac{1}{4\pi}\sum_X\int \mathrm{d}^4x\mathrm{e}^{\mathrm{i}q\cdot x}[&\langle p|J^\mu_{\mathrm{em}}(x)|X\rangle\langle X|J^\nu_{\mathrm{em}}(0)|0\rangle\\ &-\langle p|J^\nu_{\mathrm{em}}(0)|X\rangle\langle X|J^\mu_{\mathrm{em}}(x)|0\rangle].\end{aligned} \tag{20.3.4}$$

此外平移不变性给出限定条件

$$\begin{aligned}\langle p|J^{\mu}_{\text{em}}(x)|X\rangle &= \langle p|J^{\mu}_{\text{em}}(0)|X\rangle \mathrm{e}^{\mathrm{i}(p-p_X)\cdot x},\\ \langle X|J^{\mu}_{\text{em}}(x)|p\rangle &= \langle X|J^{\mu}_{\text{em}}(0)|p\rangle \mathrm{e}^{\mathrm{i}(p_X-p)\cdot x}.\end{aligned} \tag{20.3.5}$$

由此可以得到

$$\begin{aligned}W^{\mu\nu}(p,q) = \frac{1}{4\pi}\sum_X &[(2\pi)^4\delta^4(p+q-p_X)\langle p|J^{\mu}_{\text{em}}(0)|X\rangle\langle X|J^{\nu}_{\text{em}}(0)|p\rangle\\ &-(2\pi)^4\delta^4(q+p_X-p)\langle p|J^{\nu}_{\text{em}}(0)|X\rangle\langle X|J^{\mu}_{\text{em}}(0)|p\rangle].\end{aligned} \tag{20.3.6}$$

明显地, 上述矩阵元就是深度非弹性散射中所需要的强子矩阵元.

利用 $W^{\mu\nu}$, 散射截面可以表示成

$$\begin{aligned}\sigma(\text{ep}\to\text{e}X) = \frac{1}{2s}\int &\frac{\mathrm{d}^3k'}{(2\pi)^3 2E'_k} e^4 \frac{1}{2}\sum_s [\bar{u}(k)\gamma_\mu u(k')][\bar{u}(k')\gamma_\nu u(k)]\\ &\times\frac{1}{(Q^2)^2}4\pi W^{\mu\nu},\end{aligned} \tag{20.3.7}$$

其中对电子与正电子自旋求和可以给出

$$\frac{1}{2}\sum_s \bar{u}(k)\gamma_\mu u(k')\bar{u}(k')\gamma_\nu u(k) = 2(k_\mu k'_\nu - k\cdot k' g_{\mu\nu} + k_\nu k'_\mu). \tag{20.3.8}$$

利用上述公式, 并通过将三维动量积分转换成 x, y, 可以得到深度非弹性散射的微分截面为

$$\frac{\mathrm{d}^2\sigma}{\mathrm{d}x\mathrm{d}y} = \frac{4\pi\alpha^2 y}{(Q^2)^2}(k_\mu k'_\nu - k\cdot k' g_{\mu\nu} + k_\nu k'_\mu)W^{\mu\nu}. \tag{20.3.9}$$

根据宇称守恒、Ward 恒等式 $q_\mu W^{\mu\nu} = q_\nu W^{\mu\nu} = 0$ 等性质, $W^{\mu\nu}$ 可以参数化为两个 Lorentz 不变量:

$$W^{\mu\nu} = F_1\left(-g^{\mu\nu} + \frac{q^\mu q^\nu}{q^2}\right) + \frac{F_2}{p\cdot q}\left(p^\mu - \frac{p\cdot q q^\mu}{q^2}\right)\left(p^\nu - \frac{p\cdot q q^\nu}{q^2}\right). \tag{20.3.10}$$

其中, $F_{1,2}$ 是 x 与 Q^2 的函数, 通常被称为结构函数, 如果考虑中微子散射, 还需要额外引入一个结构函数. 历史上也曾使用另一套约定:

$$F_{\text{L}} = F_2 - 2xF_1, \quad F_{\text{T}} = F_1. \tag{20.3.11}$$

将这两个结构函数代入 (20.3.9) 式中并注意到 q^μ, q^ν 项正比于轻子质量, 可以得到

$$\begin{aligned}\frac{\mathrm{d}^2\sigma}{\mathrm{d}x\mathrm{d}y} &= \frac{4\pi\alpha^2 y}{Q^4}\left[\frac{2p\cdot k p\cdot k'}{p\cdot q}F_2 + 2k\cdot k' F_1\right]\\ &= \frac{4\pi\alpha^2}{Q^4}\left[s(1-y)F_2 + xy^2 sF_1\right],\end{aligned} \tag{20.3.12}$$

其中已经使用了 $2k\cdot k'=Q^2=xys$.

为了说明算符乘积展开, 我们引入编时乘积算符

$$t_{\mu\nu}=\mathrm{i}\int \mathrm{d}^4x\mathrm{e}^{\mathrm{i}q\cdot x}T[J^{\mu}_{\mathrm{em}}(x)J^{\nu}_{\mathrm{em}}(0)], \tag{20.3.13}$$

并取矩阵元

$$T_{\mu\nu}=\langle p|t_{\mu\nu}|p\rangle. \tag{20.3.14}$$

类似地根据宇称守恒等性质, 我们可以将 $T_{\mu\nu}$ 参数化为

$$T_{\mu\nu}=T_1\left(-g_{\mu\nu}+\frac{q_\mu q_\nu}{q^2}\right)+\frac{T_2}{p\cdot q}\left(p_\mu-\frac{p\cdot q q_\mu}{q^2}\right)\left(p_\nu-\frac{p\cdot q q_\nu}{q^2}\right), \tag{20.3.15}$$

并可以证明

$$\mathrm{Im}T_{1,2}(\omega+\mathrm{i}\epsilon,Q^2)=2\pi F_{1,2}(\omega,Q^2). \tag{20.3.16}$$

接下来对 $T_{\mu\nu}$ 进行算符乘积展开. 为了保持一般性, 我们以 $T[O_a(z)O_b(0)]$ 为例进行说明. 在两个算符之间距离 z 很小的情况下, 复合算符可以做 Taylor 展开:

$$T[O_a(z)O_b(0)]=\sum_k C_{abk}O_k(0). \tag{20.3.17}$$

这里需要指出, 这种情况并不直接对应于深度非弹过程中的运动学区域. 此时算符矩阵元变成

$$\int \mathrm{d}^4z\mathrm{e}^{\mathrm{i}q\cdot z}T[O_a(z)O_b(0)]=\sum_k C_{abk}(q)O_k(0), \tag{20.3.18}$$

其中 $C_{abk}(q)$ 是动量空间的算符系数. 定域算符与短程系数都依赖于 Lorentz 结构, 一般形式为

$$C_{\mu_1\cdots\mu_n}O^{\mu_1\cdots\mu_n}_{d,n}. \tag{20.3.19}$$

根据变量分析, C 只能是 q 的函数, 而 O 的算符矩阵元只是 p 的函数, 因此

$$\begin{aligned}\langle C_{\mu_1\cdots\mu_n}O^{\mu_1\cdots\mu_n}_{d,n}\rangle &\to \frac{q_{\mu_1}}{Q}\cdots\frac{q_{\mu_n}}{Q}Q^{2-d}\langle O^{\mu_1\cdots\mu_n}_{d,n}\rangle\\ &\to \frac{q_{\mu_1}}{Q}\cdots\frac{q_{\mu_n}}{Q}Q^{2-d}m_{\mathrm{p}}^{d-n-2}p^{\mu_1}\cdots p^{\mu_n}\\ &\to \frac{(p\cdot q)^n}{Q^n}Q^{2-d}m_{\mathrm{p}}^{d-n-2}\\ &\to \omega^n\left(\frac{Q}{m_{\mathrm{p}}}\right)^{2+n-d}.\end{aligned} \tag{20.3.20}$$

上式可以看出, 固定 ω 的情况下, 不同算符贡献的幂次由 $d-n$ 决定, 这就是通常所定义的扭度: $t=d-n$.

在领头扭度, 即 $t=2$ 的近似下, 矢量流与轴矢量流的矩阵元在进行 Taylor 展开后可能包含以下算符:

$$\begin{aligned} O_{q,V}^{\mu_1\cdots\mu_n} &= \frac{1}{2^n}\mathcal{S}\left\{\bar{q}\gamma^{\mu_1}\mathrm{i}\overleftrightarrow{D}^{\mu_2}\cdots\mathrm{i}\overleftrightarrow{D}^{\mu_n}q\right\}, \\ O_{q,A}^{\mu_1\cdots\mu_n} &= \frac{1}{2^n}\mathcal{S}\left\{\bar{q}\gamma^{\mu_1}\mathrm{i}\overleftrightarrow{D}^{\mu_2}\cdots\mathrm{i}\overleftrightarrow{D}^{\mu_n}\gamma_5 q\right\}, \end{aligned} \tag{20.3.21}$$

而考虑到高阶圈图修正也可能包含胶子算符

$$O_{g,V}^{\mu_1\cdots\mu_n} = -\frac{1}{2^{n-1}}\mathcal{S}\left\{F^{\mu_1\alpha}\mathrm{i}\overleftrightarrow{D}^{\mu_2}\cdots\mathrm{i}\overleftrightarrow{D}^{\mu_{n-1}}F_{\alpha}{}^{\mu_n}\right\}. \tag{20.3.22}$$

考虑到 $t_{\mu\nu}$ 中关于 $q\to -q$ 的对称性, 领头扭度下的展开形式可以表示为

$$\begin{aligned} t_{\mu\nu} = &\sum_{n=2,4,\cdots}\left(-g_{\mu\nu}+\frac{q_\mu q_\nu}{q^2}\right)\frac{2^n q_{\mu_1\cdots\mu_n}}{(-q^2)^n}\sum_{j=q,g}2C_{j,n}^{(1)}O_{j,V}^{\mu_1\cdots\mu_n} \\ &+\sum_{n=2,4,\cdots}\left(g_{\mu\mu_1}-\frac{q_\mu q_{\mu_1}}{q^2}\right)\left(g_{\nu\mu_2}-\frac{q_\nu q_{\mu_2}}{q^2}\right) \\ &\times\frac{2^n q_{\mu_3}\cdots q_{\mu_n}}{(-q^2)^{n-1}}\sum_{j=q,g}2C_{j,n}^{(2)}O_{j,V}^{\mu_1\cdots\mu_n}, \end{aligned} \tag{20.3.23}$$

其中因子 2 的选择是为了后面计算方便. 上面展开式中仅有 q 的偶次项非零.

接下来将在微扰论中具体说明算符乘积展开的使用. 领头阶的散射过程为 $\gamma q\to\gamma q$, 相应的 Feynman 图如图 20.3.1 所示, 振幅为

$$\mathcal{M}^{\mu\nu} = \mathrm{i}e_q^2\bar{u}(p,s)\gamma^\mu\frac{\mathrm{i}(\not{p}+\not{q})}{(p+q)^2}\gamma^\nu u(p,s)+\mathrm{i}e_q^2\bar{u}(p,s)\gamma^\nu\frac{\mathrm{i}(\not{p}-\not{q})}{(p-q)^2}\gamma^\mu u(p,s). \tag{20.3.24}$$

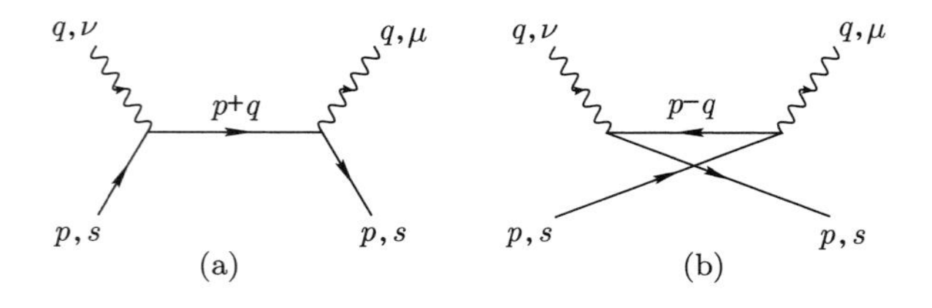

图 20.3.1 夸克层次上, 深度非弹性散射所对应的领头阶 Feynman 图

在 q^2 很大的情况下, 传播子可以进行展开:

$$(p+q)^2 = q^2+2p\cdot q = q^2(1-\omega) = q^2\sum_{n=0}^{\infty}\omega^n. \tag{20.3.25}$$

再使用 γ 矩阵化简公式及 $\bar{u}(p,s)\gamma_\lambda u(p,s)=2p_\lambda$, 可以得到

$$\begin{aligned}
\mathcal{M}^{\mu\nu}=&-\frac{2}{q^2}e_q^2\sum_{n=0}^{\infty}\omega^n[(p+q)^\mu p^\nu+(p+q)^\nu p^\mu-g^{\mu\nu}p\cdot q]\\
&+(\mu\leftrightarrow\nu,q\to-q,\omega\to-\omega)\\
=&-\frac{4}{q^2}e_q^2\sum_{n=0,2,4,\cdots}\omega^n 2p^\mu p^\nu-\frac{4}{q^2}e_q^2\sum_{n=1,3,5,\cdots}\omega^n(q^\mu p^\nu+q^\nu p^\mu-g^{\mu\nu}p\cdot q)\\
=&-\frac{8}{q^2}e_q^2\sum_{n=0,2,4,\cdots}\frac{2^n(p\cdot q)^n}{(-q^2)^n}\left(p^\mu-\frac{p\cdot qq^\mu}{q^2}\right)\left(p^\nu-\frac{p\cdot qq^\nu}{q^2}\right)\\
&-\frac{4}{q^2}e_q^2\sum_{n=1,3,5,\cdots}\frac{2^n(p\cdot q)^{n+1}}{(-q^2)^n}\left(-g^{\mu\nu}+\frac{q^\mu q^\nu}{q^2}\right).
\end{aligned}\tag{20.3.26}$$

考虑到夸克算符的树图阶矩阵元

$$\langle q(p)|O_{q,V}^{\mu_1\cdots\mu_n}|q(p)\rangle=\mathcal{S}[p^{\mu_1}\cdots p^{\mu_n}]=p^{\mu_1}\cdots p^{\mu_n},\tag{20.3.27}$$

可以将散射振幅形式地写成

$$\begin{aligned}
\mathcal{M}^{\mu\nu}=&-\frac{8}{q^2}e_q^2\sum_{n=0,2,4,\cdots}\frac{2^n q^{\mu_3}\cdots q^{\mu_{n+2}}}{(-q^2)^n}\\
&\times\left(-g^{\mu\mu_1}+\frac{q^\mu q^{\mu_1}}{q^2}\right)\left(-g^{\nu\mu_2}+\frac{q^\nu q^{\mu_2}}{q^2}\right)\langle q(p)|O_{q,V,\mu_1\cdots\mu_{n+2}}|q(p)\rangle\\
&-\frac{4}{q^2}e_q^2\sum_{n=1,3,5,\cdots}\frac{2^n q^{\mu_1}\cdots q^{\mu_{n+1}}}{(-q^2)^n}\left(-g^{\mu\nu}+\frac{q^\mu q^\nu}{q^2}\right)\times\langle q(p)|O_{q,V,\mu_1\cdots\mu_{n+1}}|q(p)\rangle.
\end{aligned}\tag{20.3.28}$$

这显示算符的因子化公式为

$$\begin{aligned}
t^{\mu\nu}=&\sum_q\left(2e_q^2\sum_{n=2,4,6,\cdots}\frac{2^n q^{\mu_3}\cdots q^{\mu_n}}{(-q^2)^{n-1}}\right.\\
&\times\left(-g^{\mu\mu_1}+\frac{q^\mu q^{\mu_1}}{q^2}\right)\left(-g^{\nu\mu_2}+\frac{q^\nu q^{\mu_2}}{q^2}\right)O_{q,V,\mu_1\cdots\mu_n}\\
&\left.+2e_q^2\sum_{n=2,4,6,\cdots}\frac{2^n q^{\mu_1}\cdots q^{\mu_n}}{(-q^2)^n}\left(-g^{\mu\nu}+\frac{q^\mu q^\nu}{q^2}\right)O_{q,V,\mu_1\cdots\mu_n}\right).
\end{aligned}\tag{20.3.29}$$

这样可以得到树图阶的算符乘积展开的系数

$$C_{q,n}^{(1,2)}=1+O(\alpha_{\rm s}),\quad C_{g,n}^{(1,2)}=0+O(\alpha_{\rm s}).\tag{20.3.30}$$

需要再次指出的是, 算符乘积展开实际上是 $1/Q^2$ 展开, 对应 $x>1$, 这与深度非弹性散射过程的运动学区域并不是自洽的, 因此不能直接将上述结果直接应用到深度

非弹性散射过程. 下节将首先给出因子化的图像, 然后采用色散积分的方式, 将算符乘积展开结果与因子化中的非微扰部分子分布函数联系起来.

§20.4 深度非弹性散射过程的因子化与单圈散射系数的抽取

本节将以电子-核子深度非弹性散射过程来说明因子化, 并简要介绍单圈阶硬散射核的计算步骤.

利用 §20.3 中定义的对称张量, 我们可以直接计算散射截面. 在因子化框架下, 这个强子矩阵元可以图像上因子化成两部分的卷积: 强子中找到某个部分子 j (夸克或者胶子) 的概率函数; 电子与部分子 j 散射的截面. 相应的领头阶图见图 20.4.1, 形式的因子化公式为

$$W^{\mu\nu} = \sum_j \int_x^1 \frac{\mathrm{d}\xi}{\xi} C_j^{\mu\nu}[Q^2, x, \xi, \alpha_{\mathrm{s}}, \mu] \times f_j(\xi, \mu), \tag{20.4.1}$$

其中 $j = q, g$, 而 $1/\xi$ 因子来自强子态与夸克态归一化的差别. 这也可以通过散射截面中的流因子进行理解: 强子层次上为 $1/(2s)$, 而夸克层次上为 $1/(2\xi s)$.

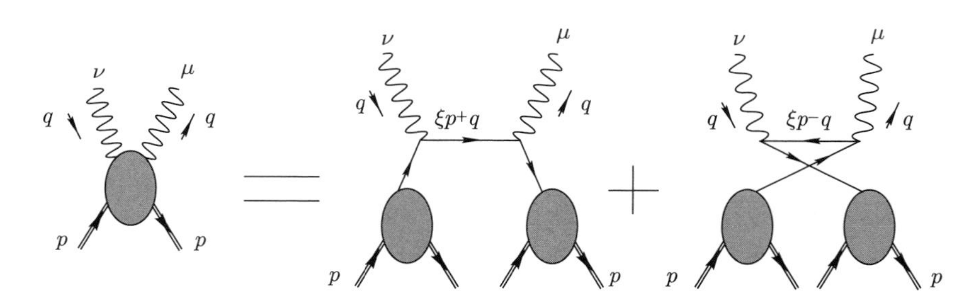

图 20.4.1 部分子模型中, 深度非弹性散射过程示意图

在领头阶近似下, $C_q^{\mu\nu}$ 的计算可以直接通过 $\gamma q \to \gamma q$ 的虚部得到. 以图 20.3.1(a) 为例, 相应的振幅为

$$\mathrm{i}\int_0^1 \mathrm{d}\xi \sum_q f_q(\xi) \frac{1}{\xi} e_q^2 \bar{u}(p)\gamma^\mu \frac{\mathrm{i}(\xi \not{p} + \not{q})}{(\xi p + q)^2 + \mathrm{i}\epsilon}\gamma^\nu u(p), \tag{20.4.2}$$

这里隐藏了部分子分布函数中的标度依赖. 而图 20.3.1 (b) 对应的振幅可以通过 $\mu \leftrightarrow \nu$ 和 $q \to -q$ 变换得到. 考虑无极化情况, 极化求和意味着夸克的旋量可以变

成求迹形式:

$$\int_0^1 \mathrm{d}\xi \sum_q f_q(\xi) e_{j'}^2 \frac{1}{\xi}\frac{1}{2}\mathrm{Tr}[\xi \not{p}\gamma^\mu(\xi\not{p}+\not{q})\gamma^\nu]\frac{-1}{2\xi p\cdot q+q^2+\mathrm{i}\epsilon}$$
$$=\int_0^1 \mathrm{d}\xi \sum_q f_q(\xi) e_{j'}^2 \frac{2}{\xi}[\xi p^\mu(\xi p+q)^\nu+\xi p^\nu(\xi p+q)^\mu-g^{\mu\nu}\xi p\cdot q]\frac{-1}{2\xi p\cdot q+q^2+\mathrm{i}\epsilon}. \tag{20.4.3}$$

上面振幅的虚部来自传播子中的 $\mathrm{i}\epsilon$, 相应结果可以通过

$$\mathrm{Im}\left(\frac{-1}{2\xi p\cdot q+q^2+\mathrm{i}\epsilon}\right)=\pi\delta(2\xi p\cdot q+q^2)=\frac{\pi}{ys}\delta(\xi-x)$$

得到. 图 20.3.1 (b) 中给出的虚部包含 $\delta(x+\xi)$, 不在深度非弹的物理区域产生贡献. 因此我们可以得到

$$W^{\mu\nu}=\sum_q e_q^2 f_q(x)\frac{\pi}{xys}(4x^2p^\mu p^\nu+2x(p^\mu q^\nu+p^\nu q^\mu)-g^{\mu\nu}xys). \tag{20.4.4}$$

两个结构函数的结果为

$$F_1=\sum_q \frac{e_q^2}{2}f_q(x),\quad F_2=\sum_q e_q^2 x f_q(x). \tag{20.4.5}$$

它们满足 Callan-Gross 关系:

$$F_2=2xF_1. \tag{20.4.6}$$

这是光子与夸克散射的必然预言. 将其代入散射截面表达式, 可以发现

$$\frac{\mathrm{d}^2\sigma}{\mathrm{d}x\mathrm{d}y}=\frac{2\pi\alpha^2 s}{Q^4}\left(\sum_q e_q^2 x f_q(x)\right)[1+(1-y)^2]. \tag{20.4.7}$$

由公式 (20.4.5) 可以看到, 结构函数 F_1, F_2 的领头阶结果仅与部分子动量分数相关, 与任何标度都无关, 在历史上这被称为 Bjorken 标度无关性. 正是由于这个标度无关性, 确认了部分子模型的正确性. 下面我们将从现代量子场论 (即量子色动力学) 的观点来理解这个特性.

现在对电子-核子深度非弹性散射有了两种描述方式: 部分子模型与算符乘积展开. 尽管算符乘积展开方法是在非物理区域进行的, 但是二者之间存在联系. 如果定义定域算符的矩阵元

$$\langle p|O_{q,V}^{\mu_1,\cdots,\mu_n}|p\rangle=A_q^n p^{\mu_1}\cdots p^{\mu_n}, \tag{20.4.8}$$

则编时乘积矩阵元

$$
\begin{aligned}
T^{\mu\nu} =& \sum_q 2e_q^2 \sum_{n=2,4,6,\cdots} \frac{2^n q^{\mu_3}\cdots q^{\mu_n}}{(-q^2)^{n-1}} \\
&\times \left(-g^{\mu\mu_1} + \frac{q^\mu q^{\mu_1}}{q^2}\right)\left(-g^{\nu\mu_2} + \frac{q^\nu q^{\mu_2}}{q^2}\right) A_q^n p^{\mu_1}\cdots p^{\mu_n} \\
&+ \sum_q 2e_q^2 \sum_{n=2,4,6,\cdots} \frac{2^n q^{\mu_1}\cdots q^{\mu_n}}{(-q^2)^n}\left(-g^{\mu\nu} + \frac{q^\mu q^\nu}{q^2}\right) A_q^n p^{\mu_1}\cdots p^{\mu_n} \\
=& \sum_q 2e_q^2 \sum_{n=2,4,6,\cdots} \frac{1}{p\cdot q}\frac{2(2p\cdot q)^{n-1}}{(-q^2)^{n-1}} \times \left(p^\mu - \frac{q^\mu p\cdot q}{q^2}\right)\left(p^\nu - \frac{q^\nu p\cdot q}{q^2}\right) A_q^n \\
&+ \sum_q 2e_q^2 \sum_{n=2,4,6,\cdots} \frac{(2p\cdot q)^n}{(-q^2)^n}\left(-g^{\mu\nu} + \frac{q^\mu q^\nu}{q^2}\right) A_q^n.
\end{aligned} \tag{20.4.9}
$$

我们可以将结构函数 T_1, T_2 表示为

$$
\begin{aligned}
T_1 &= \sum_q e_q^2 \sum_{n=2,4,6,\cdots} 2\frac{(2q\cdot p)^n}{(Q^2)^n} A_q^n, \\
T_2 &= \sum_q e_q^2 \sum_{n=2,4,6,\cdots} 4\frac{(2q\cdot p)^{n-1}}{(Q^2)^{n-1}} A_q^n.
\end{aligned} \tag{20.4.10}
$$

由 $\mathrm{Im}T_2 = 2\pi F_2$ 可以得到形式关系

$$
\mathrm{Im}T_2 = 2\pi \sum_q e_q^2 x f_q(x). \tag{20.4.11}
$$

定义 $\nu = 2p\cdot q = ys$, 并将结构函数 T_2 延拓到复平面上, 如图 20.4.2 所示. 算符乘积展开要求 $Q^2 > 2p\cdot q$, 在固定 Q^2 时, 这相当于 $\nu = 0$, 而部分子模型与深度非弹的物理区域对应于 $\nu \geqslant Q^2$. 实际上由于延拓后的 T_2 在整个 ν 平面是一个解析函数, 这两种方法中的物理量可以通过解析延拓得到. 考虑一个在 $\nu = 0$ 附近的围道积分

$$
I_n = \int \frac{\mathrm{d}\nu}{2\pi\mathrm{i}} \frac{1}{\nu^n} T_2(\nu, Q^2), \tag{20.4.12}
$$

其中 n 设定为偶数. 这实际上是提取 T_2 中 ν^{n-1} 的系数, 因此得到

$$
I_n = \sum_q e_q^2 \frac{4}{(Q^2)^{n-1}} A_q^n. \tag{20.4.13}
$$

另一方面, 由于 T_2 在 ν 复平面是解析的, 我们可以选择图 20.4.2 中的围道形式. 由于积分在无穷远处应该是消失的, 且 $T_2(-\nu, Q^2) = T_2(\nu, Q^2)$, 该积分可以写成 T_2 虚部割线积分的形式:

$$
I_n = 2\int_{Q^2}^{\infty} \frac{\mathrm{d}\nu}{2\pi\mathrm{i}} \frac{1}{\nu^n} (2\mathrm{i})\mathrm{Im}T_2(\nu, Q^2). \tag{20.4.14}
$$

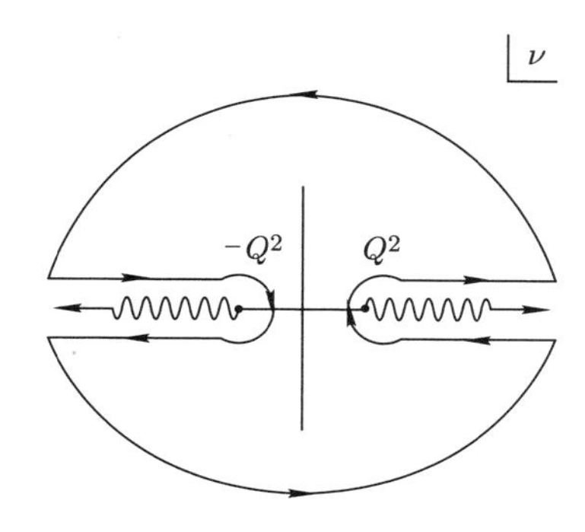

图 20.4.2 复平面上, 电子-核子深度非弹性散射中结构函数的解析延拓与色散积分

做变量替换 $x = Q^2/\nu$, 则

$$I_n = \frac{8}{(Q^2)^{n-1}} \int_0^1 \mathrm{d}x x^{n-2} \frac{1}{4\pi} \mathrm{Im} T_2. \tag{20.4.15}$$

利用 (20.4.11) 式, 可以得到

$$\int_0^1 \mathrm{d}x x^{n-1} f_q(x) = A_q^n. \tag{20.4.16}$$

需要注意的是, 这里 n 是偶数. 另外实际上, 如果考虑到反夸克的贡献, 此处的 f_q 应该是夸克与反夸克部分子分布函数贡献之和.

公式 (20.4.1) 需要由量子色动力学进行严格证明, 这里不再赘述. 而系统研究因子化结果与计算其中微扰系数 $C^{\mu\nu}$ 通常需要借助有效理论方法. 在这个因子化公式中, $W^{\mu\nu}$ 是一个物理可观测量, 包含紫外物理与红外信息. 部分子分布函数表征着部分子如何构成强子, 属于低能红外部分, 而微扰系数 $C^{\mu\nu}$ 反映了部分子参与的硬散射过程, 属于高能标部分, 与低能过程无关. 因此, 人们可以选取具备相同量子数的自由粒子外态, 例如我们可以将外线质子态替换成确定的夸克态或胶子态, 相应地定义夸克层次上的结构函数 $\hat{F}_{1,2}$ 以及 $\hat{F}_{\mathrm{L}} = 2\hat{F}_2 - 2x\hat{F}_1$, 在 d 维下它们可以通过投影得到:

$$\hat{F}_1 = \frac{1}{2-d}\left(g_{\mu\nu} + \frac{q^2}{(p\cdot q)^2} p_\mu p_\nu\right)\hat{W}^{\mu\nu} \equiv P_{\mu\nu}^{F_1}\hat{W}^{\mu\nu}, \tag{20.4.17}$$

$$\hat{F}_2 = \frac{q^2}{p\cdot q}\frac{1}{d-2}\left(g_{\mu\nu} + (d-1)\frac{q^2}{(p\cdot q)^2} p_\mu p_\nu\right)\hat{W}^{\mu\nu} \equiv P_{\mu\nu}^{F_2}\hat{W}^{\mu\nu}, \tag{20.4.18}$$

$$\hat{F}_{\mathrm{L}} = \frac{(q^2)^2}{(p\cdot q)^3} p_\mu p_\nu \hat{W}^{\mu\nu} \equiv P_{\mu\nu}^{F_{\mathrm{L}}}\hat{W}^{\mu\nu}, \tag{20.4.19}$$

其中 $\hat{W}^{\mu\nu}$ 是无极化的关联函数. 结构函数的因子化公式是短程系数与部分子分布

函数的卷积, 具体形式为

$$\begin{aligned}\hat{W}^{\mu\nu} &= \sum_j C_j^{\mu\nu} \otimes f_j(x) \\ &= \sum_j \int_x^1 \frac{\mathrm{d}\xi}{\xi} C_j^{\mu\nu}(x/\xi, \xi p, \alpha_s, \mu) f_j(\xi, \mu).\end{aligned} \tag{20.4.20}$$

需要注意的是 $C_j^{\mu\nu}$ 依赖部分子动量, 这对结构函数 $\widehat{F}_1, \widehat{F}_2, \widehat{F}_\mathrm{L}$ 产生影响:

$$\hat{F}_1(x) = \sum_j \int_x^1 \frac{\mathrm{d}\xi}{\xi} C_{1,j}(x/\xi, \alpha_\mathrm{s}, \mu) f_j(\xi, \mu), \tag{20.4.21}$$

$$\hat{F}_{2/\mathrm{L}}(x) = \sum_j \int_x^1 \mathrm{d}\xi C_{2/\mathrm{L},j}(x/\xi, \alpha_\mathrm{s}, \mu) f_j(\xi, \mu), \tag{20.4.22}$$

其中 μ 是因子化标度. 下面的计算中将隐含短程系数对 α_s, μ 和部分子分布函数对 μ 的依赖关系. 将上式按照微扰展开:

$$\begin{aligned}\hat{F}_i(x) &= \sum_{n=0}^{\infty} \left(\frac{g_\mathrm{s}^2}{16\pi^2}\right)^n \hat{F}_i^{[n]}(x), \\ C_{i,j}(x/\xi) &= \sum_{n=0}^{\infty} \left(\frac{g_\mathrm{s}^2}{16\pi^2}\right)^n C_{i,j}^{[n]}(x/\xi),\end{aligned} \tag{20.4.23}$$

可以得到 n 阶因子化短程系数为

$$C_{1,j}^{[n]}(x) = \hat{F}_1^{[n]}(x) - \sum_{n'=0}^{n-1} \int_x^1 \frac{\mathrm{d}\xi}{\xi} C_{1,j}^{[n']}(x/\xi) f_j^{[n-n']}(\xi), \tag{20.4.24}$$

$$C_{2/\mathrm{L},j}^{[n]}(x) = \hat{F}_{2/\mathrm{L}}^{[n]}(x) - \sum_{n'=0}^{n-1} \int_x^1 \mathrm{d}\xi C_{2/\mathrm{L},j}^{[n']}(x/\xi) f_j^{[n-n']}(\xi), \tag{20.4.25}$$

其中暂且没有考虑态之间的混合, 即忽略了部分子 $j \to j'$ 之间的转换.

选择夸克态矩阵元的优势在于, 无论是部分子分布函数还是树图阶完整矩阵元都可以直接进行计算. 例如如果选择确定味道的无极化夸克外态, 领头阶关联函数为

$$\begin{aligned}\hat{T}^{\mu\nu,[0]} &= \mathrm{i}e_q^2 \bar{u}(p)\gamma^\mu \frac{\mathrm{i}(\not{p}+\not{q})}{(p+q)^2 + i\epsilon}\gamma^\nu u(p) \\ &= -\frac{1}{2}\mathrm{Tr}[\not{p}\gamma^\mu(\not{p}+\not{q})\gamma^\nu] \frac{1}{(p+q)^2 + \mathrm{i}\epsilon},\end{aligned} \tag{20.4.26}$$

$$\hat{W}^{\mu\nu,[0]} = \frac{-\mathrm{i}}{4\pi}\mathrm{disc}\hat{T}^{\mu\nu,[0]}, \tag{20.4.27}$$

其中 disc 表示取振幅 $\hat{T}^{\mu\nu,[0]}$ 的不连续性贡献. 可以由 $1/((p+q)^2+\mathrm{i}\epsilon) \to -2\pi\mathrm{i}\delta((p+q)^2)$ 得到

$$\begin{aligned}\hat{W}^{\mu\nu,[0]} &= \frac{-\mathrm{i}e_q^2}{4\pi}(-\frac{1}{2})(-2\pi\mathrm{i})\delta((p+q)^2)\mathrm{Tr}[\not{p}\gamma^\mu(\not{p}+\not{q})\gamma^\nu] \\ &= \frac{e_q^2}{4}\delta((p+q)^2)\mathrm{Tr}[\not{p}\gamma^\mu(\not{p}+\not{q})\gamma^\nu].\end{aligned} \tag{20.4.28}$$

投影到结构函数上可以得到

$$\hat{F}_1^{[0]}(x) = \frac{e_q^2}{2}\delta(1-x), \quad \hat{F}_2^{[0]}(x) = e_q^2\delta(1-x). \tag{20.4.29}$$

相应的领头阶部分子分布函数为

$$f_q^{[0]}(\xi,\mu) = \delta(\xi-1). \tag{20.4.30}$$

于是, 我们可以得到树图阶微扰散射系数

$$C_{1,q}^{[0]}(x) = \frac{e_q^2}{2}\delta(1-x), \quad C_{2,q}^{[0]}(x) = e_q^2\delta(1-x). \tag{20.4.31}$$

α_s 阶的夸克矩阵元和部分子分布函数 Feynman 图如图 20.4.3 所示, 其中部分子分布函数的结果已经在上一章中给出. 对于结构函数 $\hat{F}_\mathrm{L}$, 投影中包含动量 $p_\mu \times p_\nu$, 它们会与光子顶点收缩而贡献 $\not{p}$, 除了图 20.4.3(a) 外, 该因子都会直接与旋量求和对应的 $\not{p}$ 相连, 从而给出 $p^2=0$. 因此除了图 20.4.3(a) 外, 其他图贡献都消失. 计算图 20.4.3(a), (b), (c) 可以通过直接取 disc 的方法得到, 这需要用到两粒子相空间公式

$$\begin{aligned}\mathrm{d}\Phi_2 &= \frac{\mathrm{d}^d k_1}{(2\pi)^d}\frac{\mathrm{d}^d k_2}{(2\pi)^d}(2\pi)^d\delta^d(k_1+k_2-p-q)2\pi\delta(k_1^2)2\pi\delta(k_2^2) \\ &= \frac{\mathrm{d}^d k_1}{(2\pi)^d}2\pi\delta(k_1^2)2\pi\delta((p+q)^2-2(p+q)\cdot k_1),\end{aligned} \tag{20.4.32}$$

其中 k_1 与 k_2 是中间两个粒子的动量. 引入 $s=(p+q)^2$, 并取 $p+q$ 静止参考系, 选择 $k_1^\mu = (k_1^0,\cdots,|\boldsymbol{k}_1|\cos\theta)(k_1^0=|\boldsymbol{k}_1|)$, 则

$$\begin{aligned}\mathrm{d}\Phi_2 &= \frac{\mathrm{d}^{d-2}k_{1\perp}\mathrm{d}k_1^0}{(2\pi)^{d-2}2|\boldsymbol{k}_1|\cos\theta}\delta(s-2\sqrt{s}k_1^0) \\ &= \frac{|k_{1\perp}|^{d-3}2\pi^{(d-2)/2}\mathrm{d}k_{1\perp}}{\Gamma((d-2)/2)}\frac{\mathrm{d}k_1^0}{(2\pi)^{d-2}2|\boldsymbol{k}_1|\cos\theta}\delta(s-2\sqrt{s}k_1^0) \\ &= \frac{|\boldsymbol{k}_1|^{2-2\epsilon}(\sin\theta)^{1-2\epsilon}d\sin\theta 2\pi^{1-\epsilon}}{\Gamma(1-\epsilon)}\frac{1}{(2\pi)^{2-2\epsilon}}\frac{1}{2|\boldsymbol{k}_1|\cos\theta}\left.\frac{1}{2\sqrt{s}}\right|_{|\boldsymbol{k}_1|=\sqrt{s}/2} \\ &= \frac{1}{16\pi\Gamma(1-\epsilon)}\left(\frac{16\pi}{s}\right)^\epsilon d\cos\theta\times(\sin\theta)^{-2\epsilon}.\end{aligned} \tag{20.4.33}$$

在 $p+q$ 静止系中, 除 $s=(p+q)^2=Q^2(1-x)/x$, 还可以引入参量

$$t=(p-k_2)^2=\frac{-Q^2(1+\cos\theta)}{2x},\quad u=(p-k_1)^2=\frac{-Q^2(1-\cos\theta)}{2x}. \tag{20.4.34}$$

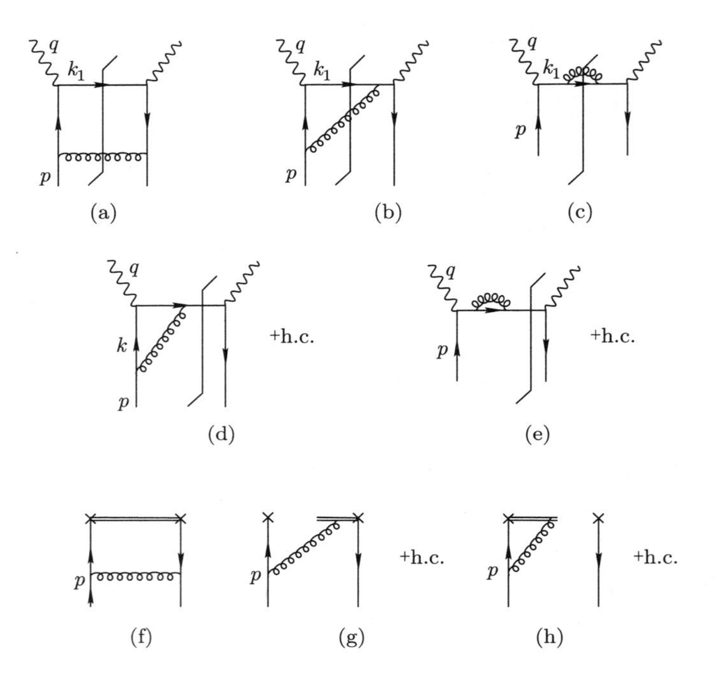

图 20.4.3　夸克层次上, 深度非弹性散射过程单圈阶 Feynman 图. h.c. 表示共轭过程

图 20.4.3(a) 给出的关联函数 $T^{\mu\nu}$ 和结构函数 $\hat{F}_{\rm L}$ 结果为

$$\begin{aligned}T_{\rm a}^{\mu\nu,[1]}=&\,{\rm i}\int\frac{{\rm d}^dk_1{\rm d}^dk_2}{(2\pi)^d(2\pi)^d}(2\pi)^d\delta^d(k_1+k_2-p-q)\frac{-{\rm i}}{k_2^2+{\rm i}\epsilon}\frac{{\rm i}}{k_1^2+{\rm i}\epsilon}\frac{1}{[(p-k_2)^2]^2}\\&\times\bar{u}(p){\rm i}g_{\rm s}T^a\gamma^\alpha{\rm i}(\not{p}-\not{k}_2)\gamma^\mu\not{k}_1\gamma^\nu{\rm i}(\not{p}-\not{k}_2){\rm i}g_{\rm s}T^a\gamma_\alpha u(p),\end{aligned} \tag{20.4.35}$$

$$\begin{aligned}\hat{F}_{\rm L}^{[1]}=&\,\frac{-{\rm i}}{4\pi}P_{\mu\nu}^{\rm L}\times{\rm disc}T_a^{\mu\nu,[1]}\\=&-\frac{g_{\rm s}^2e_q^2C_{\rm F}}{64\pi^2}\left(\frac{16\pi\mu^2}{s}\right)^\epsilon\frac{1}{\Gamma(1-\epsilon)}\int_{-1}^1{\rm d}\cos\theta(\sin\theta)^{-2\epsilon}\\&\times\frac{8x^3}{Q^2}\frac{\frac{1}{2}{\rm Tr}[\not{p}\gamma^\alpha(\not{p}-\not{k}_2)\not{p}\not{k}(\not{p}-\not{k}_2)\gamma_\alpha]}{[(p-k_2)^2]^2}\\=&\,\frac{g_{\rm s}^2e_q^2C_{\rm F}x^2}{8\pi^2}\int_{-1}^1{\rm d}\cos\theta(1-\cos\theta)=\frac{g_{\rm s}^2e_q^2C_{\rm F}x^2}{4\pi^2}.\end{aligned} \tag{20.4.36}$$

由于树图阶 $\hat{F}_{\mathrm{L}}$ 的短程系数结果为 0, 此时不必进行卷积减除. 上式也就是单圈阶的微扰散射系数

$$C_{\mathrm{L},q}^{[1]}(x)=\frac{g_{\mathrm{s}}^2e_q^2C_{\mathrm{F}}x^2}{4\pi^2}. \tag{20.4.37}$$

对于结构函数 $\hat{F}_2$, 类似地直接计算可以得到

$$\begin{aligned}
\hat{F}_{2,\mathrm{a}}^{[1]}=&\frac{g_{\mathrm{s}}^2e_q^2C_{\mathrm{F}}}{8\pi^2}\left(\frac{16\pi\mu^2}{s}\right)^{\epsilon}\frac{1}{\Gamma(1-\epsilon)}\int_{-1}^{1}\mathrm{d}\cos\theta(\sin\theta)^{-2\epsilon}\\
&\times\left(8\frac{x(1-x)(1-\epsilon)}{1+\cos\theta}+4(3-2\epsilon)z^2(1-\cos\theta)\right)\\
=&\frac{g_{\mathrm{s}}^2e_q^2C_{\mathrm{F}}}{8\pi^2}\left(-\frac{x(1-x)}{\epsilon}+x(1-x)\left(T+\ln\frac{1-x}{x}+1\right)+3x^2\right),\\
\hat{F}_{2,\mathrm{b+h.c.}}^{[1]}=&\frac{g_{\mathrm{s}}^2e_q^2C_{\mathrm{F}}}{8\pi^2}\left(\frac{16\pi\mu^2}{s}\right)^{\epsilon}\frac{x}{\Gamma(1-\epsilon)}\int_{-1}^{1}\mathrm{d}\cos\theta(\sin\theta)^{-2\epsilon}\\
&\times\left(\frac{x}{1-x}\frac{1-\cos\theta}{1+\cos\theta}+\epsilon\right)\\
=&\frac{g_{\mathrm{s}}^2e_q^2C_{\mathrm{F}}}{8\pi^2}\left(\frac{2}{\epsilon^2}\delta(1-x)+\frac{2}{\epsilon}\left[\delta(x-1)(-T+1)-\frac{z^2}{(1-x)_+}\right]\right.\\
&+\delta(x-1)\left(T^2-2T+4-\frac{\pi^2}{2}\right)\\
&\left.+2x^2\left(\frac{1}{(1-x)_+}(T-1)-\frac{\ln x}{1-x}+\left(\frac{\ln(1-x)}{1-x}\right)_+\right)\right),
\end{aligned}\tag{20.4.38}$$

$$\begin{aligned}
\hat{F}_{2,\mathrm{c}}^{[1]}=&\frac{g_{\mathrm{s}}^2e_q^2C_{\mathrm{F}}}{8\pi^2\Gamma(1-\epsilon)}\left(\frac{16\pi\mu^2}{s}\right)^{\epsilon}\int_{-1}^{1}\mathrm{d}\cos\theta(\sin\theta)^{-2\epsilon}\frac{x(1-\epsilon)}{1-x}(1+\cos\theta)\\
=&\frac{g_{\mathrm{s}}^2e_q^2C_{\mathrm{F}}}{8\pi^2}\left(-\frac{1}{2\epsilon}\delta(x-1)+\frac{1}{2}\delta(x-1)(T-1)+\frac{x}{2(1-x)_+}\right),
\end{aligned}$$

其中

$$T=\ln\frac{Q^2}{\mu^2}+\gamma_{\mathrm{E}}-\ln(4\pi). \tag{20.4.39}$$

图 20.4.3 (d) 为类空情况的顶点修正, 与 $\mathrm{e}^+\mathrm{e}^-\to q\bar{q}$ 中的顶点修正仅差一常数. 引入 $\overline{\mathrm{MS}}$ 方案下的紫外抵消项后, 可以得到

$$\begin{aligned}
\hat{F}_{2,\mathrm{d+h.c.}}^{[1]}=&\frac{g_{\mathrm{s}}^2e_q^2C_{\mathrm{F}}}{8\pi^2}\left(-\frac{2}{\epsilon^2}\delta(x-1)+\frac{2}{\epsilon}\delta(x-1)(T-2)\right.\\
&\left.+\delta(x-1)\left(-T^2+4T-\ln\frac{Q^2}{\mu^2}-8+\frac{\pi^2}{6}\right)\right).
\end{aligned}\tag{20.4.40}$$

图 20.4.3(e) 是个无标积分, 因此本身结果为零, 不过将 UV 发散抵消掉之后, 我们得到

$$\hat{F}^{[1]}_{2,\mathrm{e+h.c.}}(x) = \frac{1}{2\epsilon}\delta(x-1) + \delta(x-1)\left(\ln 4\pi - \gamma_{\mathrm{E}}\right). \tag{20.4.41}$$

短程系数的抽取需要计算有效理论中的图 20.4.3 (f)~(h), 即部分子分布函数的贡献, 尤其要验证其中的发散行为. 利用之前的计算结果, 扣除自能修正并乘上树图匹配系数, 可以得到

$$C^{[0]}_{2,q} \otimes f^{[1]}_q(x) = e_q^2 \frac{S_\epsilon}{\epsilon}\left[\frac{x(1+x^2)}{(1-x)_+} + \frac{5}{2}\delta(x-1)\right], \tag{20.4.42}$$

其中

$$S_\epsilon = \frac{(4\pi)^\epsilon}{\Gamma(1-\epsilon)} = 1 + \epsilon[\ln(4\pi) - \gamma_{\mathrm{E}}]. \tag{20.4.43}$$

通过对比可以发现夸克层次上的结构函数 (即完整理论) 与部分子分布函数 (有效理论) 给出的红外发散项完全一样, 因此这可以用来进行单圈阶因子化的证明. 进一步地, 可以得到单圈阶短程系数

$$\begin{aligned}\hat{C}_{2,q}(z) = e_q^2\delta(z-1) + \frac{g_{\mathrm{s}}^2 e_q^2 C_{\mathrm{F}}}{16\pi^2} z\Bigg[&4\left(\frac{\ln(1-z)}{1-z}\right)_+ - 3\left(\frac{1}{1-z}\right)_+ \\ &-2(1+z)\ln(1-z) - 2\frac{1+z^2}{1-z}\ln z + 6 + 4z \\ &-\left(\frac{2\pi^2}{3} + 9\right)\delta(1-z)\Bigg]. \end{aligned} \tag{20.4.44}$$

上面计算中也可以完全忽略顶点修正中的紫外发散, 并直接减除完整的部分子分布函数与树图短程系数的卷积得到 α_{s} 阶短程系数.

代入深度非弹性散射截面的因子化公式中, 就可以获得对结构函数 F_2 的预言. 类似地可以计算 F_1 和相应的胶子部分子贡献. 人们关于深度非弹性散射过程中硬散射核的研究已经进行到了双圈甚至是三圈阶, 这里不再赘述.

习 题

1. 在维数正规化框架下, 计算 $\mathrm{e}^+\mathrm{e}^- \to q\bar{q}$ 散射截面的 α_{s} 阶修正, 并证明总截面为

$$\sigma = \sigma_0\left(1 + \frac{\alpha_{\mathrm{s}}}{\pi}\right).$$

2. 在习题 1 中, 除了维数正规化还可以选择胶子质量正规化红外发散, 请证明总截面结果不依赖于红外正规化方法.
3. 坐标空间中, 标量场粒子的传播子可以写成

$$\langle 0|T[\phi(x)\phi(0)]|0\rangle = \frac{1}{4\pi^2}\frac{1}{x^2 - \mathrm{i}\epsilon},$$

而旋量场传播子则可以由 $\mathrm{i}\not{\partial}$ 作用得到. 利用上式, 并结合 Wick 定理, 证明 (20.2.10) 式.
4. 证明深度非弹性散射中的积分测度变换公式

$$\frac{\mathrm{d}^3 k'}{(2\pi)^3 2E_{k'}} = \mathrm{d}x\mathrm{d}y\frac{ys}{(4\pi)^2},$$

并且截面可以表示成 $W^{\mu\nu}$ 的形式, 即 (20.3.7) 式.
5. 请将 $\mathrm{e}^+\mathrm{e}^-$ 湮灭和深度非弹性散射中的复合算符展开至单圈阶, 抽取相应算符的短程系数.
6. 请计算算符乘积展开后定域复合算符 $O_{q,V}, O_{q,A}, O_{g,V}$ 的重整化常数, 并由此计算相应的反常量纲与重整化群的解. 例如 $O_{q,V}$ 的反常量纲为

$$\gamma_q^n = \frac{8}{3}\frac{g_{\mathrm{s}}^2}{(4\pi)^2}\left[1 + 4\sum_{j=2}^{n}\frac{1}{j} - \frac{2}{n(n+1)}\right].$$

可以证明这是 DGLAP 演化核的 n 阶矩. 当 $n=1$ 时, $\gamma_q^n = 0$. 如果考虑算符 $O_{q,V}$ 与 $O_{g,V}$ 混合, 反常量纲会成为 2×2 矩阵.
7. 请计算深度非弹性散射截面中短程系数的单圈辐射修正, 如 (20.4.44) 式.
8. 如果考虑弱相互作用, 中微子与核子也可以发生散射, 请推导相应的散射截面以及相应的次领头阶修正.
9. 强子对撞机上, 可以存在正反夸克对通过中间玻色子湮灭成一对轻子的过程, 这被称为 Drell-Yan 过程, 请计算该类过程散射截面的单圈辐射修正.

附录 A 约定和符号

(1) 量纲.

物理学中基本量纲是质量、长度和时间的量纲, 分别标记为 $[M]$, $[L]$, $[T]$ 或记为 $\dim[M]$, $\dim[L]$, $\dim[T]$. 其他物理量或物理常数的量纲都可以用这三个基本量纲表示出来. 例如光速 c 和 Planck 常数 $\hbar = \dfrac{h}{2\pi}$ 的量纲为

$$[c] = \frac{[L]}{[T]}, \tag{A.1}$$

$$[\hbar] = \frac{[M]\,[L]^2}{[T]}. \tag{A.2}$$

量纲在判断物理方程和物理量的正确与否时很有用, 因为任何一个方程的两边量纲应相等. 在国际单位制中,

$$\begin{aligned}
&\text{光速} \quad c \approx 2.9979 \times 10^8\ \mathrm{m/s},\\
&\text{Planck 常数} \quad \hbar \approx 1.005 \times 10^{-34}\ \mathrm{J \cdot s},\\
&\text{或者} \quad \hbar \approx 6.58 \times 10^{-22}\ \mathrm{MeV \cdot s}\\
&(1.6\ \mathrm{J} \approx 10^{13}\ \mathrm{MeV}, 1\ \mathrm{MeV} = 10^6\ \mathrm{eV}).
\end{aligned}$$

(2) 自然单位制.

在量子场论中通常采用自然单位制, 令 $\hbar = c = 1$, 其中 c 是光速, $\hbar$ 是 Planck 常数. 在自然单位制下, 质量、长度和时间三个基本量纲为

$$[M] = 1, \qquad [L] = [T] = -1. \tag{A.3}$$

在此约定下 299792458 m 等于 1 s, 能量与时间相乘无量纲.

由于 $c = 1$, 粒子质量单位是 MeV, 例如电子质量 $m_{\mathrm{e}} \approx 0.51$ MeV, 质子质量 $m_{\mathrm{p}} \approx 0.938$ GeV $= 938$ MeV. 在计算中有

$$\begin{aligned}
&0.197327\ \mathrm{fm \cdot GeV} \approx \hbar c = 1,\\
&1\ \mathrm{GeV}^{-1} \approx 0.197327\ \mathrm{fm},\\
&1\ \mathrm{GeV}^{-2} \approx 0.3894 \times 10^{-27}\ \mathrm{cm}^2,
\end{aligned} \tag{A.4}$$

其中 1 fm = 10^{-13} cm. 此式有助于还原物理量的度量单位. 例如计算截面时, 经常有

$$\sigma \propto \frac{1}{E^2} \propto \mathrm{GeV}^{-2},$$

截面的单位为面积单位, 由 (A.4), 知

$$1\ \mathrm{GeV}^{-2} \approx 0.3894 \times 10^{-27}\ \mathrm{cm}^2 = 0.3894\ \mathrm{mb},$$

$$1\ \mathrm{mb} = 10^{-3}\ \mathrm{b} = 10^{-27}\ \mathrm{cm}^2, \quad 1\ \mathrm{b} = 10^{-24}\ \mathrm{cm}^2.$$

(3) 时空度规 ($\mu = 0, 1, 2, 3$).

逆变矢量:

$$x^\mu = (x^0, x^1, x^2, x^3) = (t, \boldsymbol{x}), \tag{A.5}$$

$$p^\mu = (p^0, p^1, p^2, p^3) = (E, \boldsymbol{p}). \tag{A.6}$$

协变矢量:

$$x_\mu = g_{\mu\nu} x^\nu = (t, -\boldsymbol{x}), \tag{A.7}$$

$$p_\mu = g_{\mu\nu} p^\nu = (E, -\boldsymbol{p}). \tag{A.8}$$

度规张量:

$$(g_{\mu\nu}) = (g^{\mu\nu}) = \begin{pmatrix} 1 & 0 & 0 & 0 \\ 0 & -1 & 0 & 0 \\ 0 & 0 & -1 & 0 \\ 0 & 0 & 0 & -1 \end{pmatrix}. \tag{A.9}$$

标积:

$$x^2 = x^\mu x_\mu = g_{\mu\nu} x^\mu x^\nu = t^2 - x_1^2 - x_2^2 - x_3^2 = t^2 - \boldsymbol{x}^2, \tag{A.10}$$

$$p^2 = p^\mu p_\mu = g_{\mu\nu} p^\mu p^\nu = E^2 - p_1^2 - p_2^2 - p_3^2 = E^2 - \boldsymbol{p}^2, \tag{A.11}$$

$$p \cdot x = p^\mu x_\mu = g_{\mu\nu} p^\mu x^\nu = Et - \boldsymbol{p} \cdot \boldsymbol{x}. \tag{A.12}$$

时空微分的协变矢量和逆变矢量:

$$\begin{aligned} &\partial_\mu \equiv \frac{\partial}{\partial x^\mu} = \left(\frac{\partial}{\partial t}, \nabla\right), \qquad \partial^\mu \equiv \frac{\partial}{\partial x_\mu} = \left(\frac{\partial}{\partial t}, -\nabla\right), \\ &p^\mu = \mathrm{i}\partial^\mu = \left(\mathrm{i}\frac{\partial}{\partial t}, -\mathrm{i}\nabla\right). \end{aligned} \tag{A.13}$$

d'Alembert 算符:

$$\Box = \partial^2 = \partial^\mu \partial_\mu = g_{\mu\nu} \partial^\mu \partial^\nu = \partial_t^2 - \nabla^2. \tag{A.14}$$

附录 B　Dirac 旋量和 γ 矩阵

(1) Dirac 方程和旋量波函数 $u_\lambda(p), v_\lambda(p)$:

$$
\begin{aligned}
(\not{p}-m)u_\lambda(p)&=0,\\
(\not{p}+m)v_\lambda(p)&=0,\\
\overline{u}_\lambda(p)(\not{p}-m)&=0,\\
\overline{v}_\lambda(p)(\not{p}+m)&=0,
\end{aligned}
\tag{B.1}
$$

其中 γ^μ 是 Dirac 矩阵,

$$
\not{p}=p^\mu\gamma_\mu=p_\mu\gamma^\mu,
\tag{B.2}
$$

共轭波函数 $\overline{u}_\lambda(p)=u_\lambda^\dagger(p)\gamma^0$, $\overline{v}_\lambda(p)=v_\lambda^\dagger(p)\gamma^0$, 波函数 $u_\lambda(p)$ 和 $v_\lambda(p)$ 满足归一化条件

$$
\begin{aligned}
\overline{u}_\lambda(p)u_{\lambda'}(p)&=2m\delta_{\lambda\lambda'},\\
\overline{v}_\lambda(p)v_{\lambda'}(p)&=-2m\delta_{\lambda\lambda'}.
\end{aligned}
\tag{B.3}
$$

(2) Dirac γ 矩阵 $\gamma^\mu=(\gamma^0,\gamma^1,\gamma^2,\gamma^3)$ 满足反对易关系

$$
\{\gamma^\mu,\gamma^\nu\}=\gamma^\mu\gamma^\nu+\gamma^\nu\gamma^\mu=2g^{\mu\nu},
\tag{B.4}
$$

$$
\begin{aligned}
\gamma_5&=\mathrm{i}\gamma^0\gamma^1\gamma^2\gamma^3(\gamma_5=\gamma^5),\\
\gamma_5&=\frac{\mathrm{i}}{4!}\epsilon_{\mu\nu\alpha\beta}\gamma^\mu\gamma^\nu\gamma^\alpha\gamma^\beta,
\end{aligned}
\tag{B.5}
$$

其中 $\epsilon_{\mu\nu\rho\sigma}$ 是反对称张量, 或称为 Levi-Civita 符号, 当 $(\mu\nu\rho\sigma)$ 是 (0 1 2 3) 的偶置换时为 1, 当 $(\mu\nu\rho\sigma)$ 是 (0 1 2 3) 的奇置换时为 -1, 其他为零, 按此规定 $\epsilon_{0123}=1$ (顺便提醒, 有的书上规定 $\epsilon_{0123}=-1$, 会相差一个负号). 因为有

$$
\epsilon_{\mu\nu\rho\sigma}=-\epsilon^{\mu\nu\rho\sigma},
$$

容易证明 γ_5 与 γ^μ 反对易,

$$
\{\gamma_5,\gamma^\mu\}=0.
\tag{B.6}
$$

由 (B.4) ~ (B.6) 式, 可以得到

$$
(\gamma^0)^2=1,\quad (\gamma^1)^2=(\gamma^2)^2=(\gamma^3)^2=-1,\quad (\gamma_5)^2=1,
\tag{B.7}
$$

以及 γ 矩阵的厄米共轭

$$(\gamma^0)^\dagger = \gamma^0, \quad (\gamma^i)^\dagger = -\gamma^i. \tag{B.8}$$

一些有用的公式:

$$\begin{aligned}
\gamma^\mu\gamma_\mu &= 4, \\
\gamma^\mu\gamma^\nu\gamma_\mu &= -2\gamma^\nu, \\
\gamma^\mu\gamma^\nu\gamma^\rho\gamma_\mu &= 4g^{\nu\rho}, \\
\gamma^\mu\gamma^\nu\gamma^\rho\gamma^\sigma\gamma_\mu &= -2\gamma^\sigma\gamma^\rho\gamma^\nu, \\
\gamma^\mu\gamma^\nu\gamma^\rho\gamma^\sigma\gamma^\lambda\gamma_\mu &= 2\left(\gamma^\lambda\gamma^\nu\gamma^\rho\gamma^\sigma - \gamma^\sigma\gamma^\rho\gamma^\nu\gamma^\lambda\right),
\end{aligned} \tag{B.9}$$

$$\sigma^{\mu\nu} = \frac{\mathrm{i}}{2}\left[\gamma^\mu, \gamma^\nu\right] = \frac{\mathrm{i}}{2}(\gamma^\mu\gamma^\nu - \gamma^\nu\gamma^\mu), \tag{B.10}$$

$$\begin{aligned}
\gamma^5\sigma^{\mu\nu} &= \frac{\mathrm{i}}{2}\epsilon^{\mu\nu\rho\sigma}\sigma_{\rho\sigma}, \\
\gamma^\mu\sigma^{\nu\rho}\gamma_\mu &= 0, \\
\gamma^\mu\sigma^{\nu\rho}\gamma^\sigma\gamma_\mu &= 2\gamma^\sigma\sigma^{\nu\rho},
\end{aligned} \tag{B.11}$$

$$\gamma^\mu\gamma^\alpha\gamma^\nu = S^{\mu\alpha\nu\beta}\gamma_\beta - \mathrm{i}\epsilon^{\mu\alpha\nu\beta}\gamma_\beta\gamma_5, \tag{B.12}$$

$$\gamma_5\gamma^\mu\gamma^\nu = \gamma_5 g^{\mu\nu} + \frac{1}{2\mathrm{i}}\epsilon^{\mu\nu\alpha\beta}\gamma_\alpha\gamma_\beta, \tag{B.13}$$

其中对称张量

$$S^{\mu\nu\alpha\beta} = g^{\mu\nu}g^{\alpha\beta} + g^{\mu\beta}g^{\nu\alpha} - g^{\mu\alpha}g^{\nu\beta}. \tag{B.14}$$

(3) Dirac γ 矩阵求迹公式:

$$\mathrm{Tr}\left(\gamma^\mu\gamma^\nu\right) = 4g^{\mu\nu}, \tag{B.15}$$

奇数个 γ 矩阵乘积的迹为零,

$$\mathrm{Tr}\left(\gamma_5\right) = 0, \tag{B.16}$$

$$\begin{aligned}
\mathrm{Tr}\left(\gamma_5\gamma^\mu\gamma^\nu\right) &= 0, \\
\mathrm{Tr}\left(\gamma^\mu\gamma^\nu\gamma^\alpha\gamma^\beta\right) &= 4S^{\mu\nu\alpha\beta} = 4\left(g^{\mu\nu}g^{\alpha\beta} + g^{\mu\beta}g^{\nu\alpha} - g^{\mu\alpha}g^{\nu\beta}\right), \\
\mathrm{Tr}\left(\gamma_5\gamma^\mu\gamma^\nu\gamma^\alpha\gamma^\beta\right) &= 4\mathrm{i}\epsilon^{\mu\nu\alpha\beta},
\end{aligned} \tag{B.17}$$

$$\begin{aligned}
\mathrm{Tr}\left(\not{a}\not{b}\right) &= 4ab \quad (\not{a} = \gamma^\mu a_\mu), \\
\not{a}\not{b} &= ab - \mathrm{i}a^\mu b^\nu\sigma_{\mu\nu}.
\end{aligned} \tag{B.18}$$

(4) 在 γ^0 对角的表象中写出 γ 矩阵的明显表示 (Dirac 表象):

$$\gamma^0=\begin{pmatrix}1 & 0\\ 0 & -1\end{pmatrix},\quad \gamma^i=\begin{pmatrix}0 & \sigma_i\\ -\sigma_i & 0\end{pmatrix},\quad \gamma_5=\begin{pmatrix}0 & 1\\ 1 & 0\end{pmatrix}, \tag{B.19}$$

$$\sigma^{0i}=\mathrm{i}\begin{pmatrix}0 & \sigma^i\\ \sigma^i & 0\end{pmatrix}=\mathrm{i}\alpha^i,\quad \sigma^{ij}=\epsilon_{ijk}\begin{pmatrix}\sigma^k & 0\\ 0 & \sigma^k\end{pmatrix}, \tag{B.20}$$

其中 $\sigma_i=\sigma^i$ 为 Pauli 矩阵,

$$\sigma_1=\begin{pmatrix}0 & 1\\ 1 & 0\end{pmatrix},\quad \sigma_2=\begin{pmatrix}0 & -\mathrm{i}\\ \mathrm{i} & 0\end{pmatrix},\quad \sigma_3=\begin{pmatrix}1 & 0\\ 0 & -1\end{pmatrix}. \tag{B.21}$$

(5) Weyl 表象中 γ 矩阵的明显表示:

$$\gamma^0=\begin{pmatrix}0 & -1\\ -1 & 0\end{pmatrix},\quad \gamma^i=\begin{pmatrix}0 & \sigma_i\\ -\sigma_i & 0\end{pmatrix},\quad \gamma_5=\begin{pmatrix}1 & 0\\ 0 & -1\end{pmatrix}. \tag{B.22}$$

(6) 投影算符:

$$\begin{aligned}\varLambda_+(p)&=-\frac{1}{2m}\sum_\lambda u_\lambda(p)\overline{u}_\lambda(p)=\frac{\not p+m}{2m},\\ \varLambda_-(p)&=-\frac{1}{2m}\sum_\lambda v_\lambda(p)\overline{v}_\lambda(p)=\frac{-\not p+m}{2m},\end{aligned} \tag{B.23}$$

$$\varLambda_\pm^2=\varLambda_\pm,\quad \varLambda_++\varLambda_-=1,\quad \varLambda_+\varLambda_-=0. \tag{B.24}$$

(7) 费米子 Feynman 传播子:

$$S_{\mathrm{F}}(x)=\int\frac{\mathrm{d}^4p}{(2\pi)^4}\frac{1}{\not p-m}\mathrm{e}^{-\mathrm{i}p\cdot x},\qquad S_{\mathrm{F}}^{-1}(p)=\not p-m. \tag{B.25}$$

附录 C　分立对称性

为了便于读者掌握和应用分立对称性运算, 特别对于旋量场运算中要分清 Hilbert 空间和旋量空间, 特将第 7 章中有用的公式做个小结, 集中列在此附录中.

(1) 空间反射变换

$$\sigma=\begin{pmatrix}1 & 0 & 0 & 0\\ 0 & -1 & 0 & 0\\ 0 & 0 & -1 & 0\\ 0 & 0 & 0 & -1\end{pmatrix},$$
$$x^\mu \to \widetilde{x}^\mu = \left(x^0, -x^1, -x^2, -x^3\right) = x_\mu. \tag{C.1}$$

Klein-Gordon 场的变换为

$$\varphi(x) \to \varphi'(x) = \pm\varphi(\widetilde{x}), \quad \widetilde{x}^\mu = g_{\mu\nu}x^\nu. \tag{C.2}$$

Dirac 场的空间反射变换定义为

$$\begin{aligned}\psi(x) &\to \gamma^0\psi(\widetilde{x}),\\ \overline{\psi}(x) &\to \overline{\psi}(\widetilde{x})\gamma^0,\end{aligned} \quad \widetilde{x}^\mu = g_{\mu\nu}x^\nu, \tag{C.3}$$

右边可能的任意相因子 η_P 已取为 1. 有几个有用的公式:

$$\begin{aligned}\gamma^0\gamma^\mu\gamma^0 &= \gamma^{\mu\dagger},\\ \gamma^0\gamma_5\gamma^0 &= -\gamma_5^\dagger = -\gamma_5,\\ \gamma^0\gamma_5\gamma^\mu\gamma^0 &= (\gamma_5\gamma^\mu)^\dagger,\\ \gamma^0\sigma^{\mu\nu}\gamma^0 &= (\sigma^{\mu\nu})^\dagger.\end{aligned} \tag{C.4}$$

对于 $A^\mu(x)$ 场, 规定其宇称变换为矢量, 即 A_0 不变号, $A_i(i=1,2,3)$ 变号. 这将保证电磁耦合项 $j_\mu A^\mu$ 的空间反射不变性, 因为电流是一个矢量.

(2) 电荷共轭变换.

Dirac 场的电荷共轭变换应为

$$\begin{aligned}\psi(x) &\to \psi^C(x) = C\overline{\psi}^{\mathrm{T}}(x),\\ \overline{\psi}(x) &\to \overline{\psi}^C(x) = \psi^{\mathrm{T}}(x)C.\end{aligned} \tag{C.5}$$

Dirac 表象中,

$$
\begin{aligned}
&C = \mathrm{i}\gamma^2\gamma^0 = \begin{pmatrix} 0 & -\mathrm{i}\sigma^2 \\ -\mathrm{i}\sigma^2 & 0 \end{pmatrix}, \\
&C = -C^\dagger = -C^{\mathrm{T}} = -C^{-1}, \\
&C^2 = -I,
\end{aligned}
\tag{C.6}
$$

有

$$
\begin{aligned}
C\gamma_\mu C^{-1} &= -(\gamma_\mu)^{\mathrm{T}}, \\
C\gamma_5 C^{-1} &= (\gamma_5)^{\mathrm{T}}, \\
C\gamma_5\gamma_\mu C^{-1} &= (\gamma_5\gamma_\mu)^{\mathrm{T}}, \\
C\sigma_{\mu\nu} C^{-1} &= -(\sigma_{\mu\nu})^{\mathrm{T}}.
\end{aligned}
\tag{C.7}
$$

$u_\lambda(p)$, $v_\lambda(p)$ 分别为正、反粒子波函数, 其联系为

$$v_\lambda(p) = C\overline{u}_\lambda^{\mathrm{T}}(p), \tag{C.8}$$

相差一个电荷共轭变换. 从 (8.1.24) 式反过来有

$$u_\lambda(p) = C\overline{v}^{\mathrm{T}}(\boldsymbol{p}). \tag{C.9}$$

对于标量场和复标量场 $\varphi(x)$, $\varphi^*(x)$, 电荷共轭的作用是交换粒子和反粒子,

$$\varphi(x) \to \varphi^*(x). \tag{C.10}$$

电磁场 $A^\mu(x)$ 描述光子, 光子的反粒子是其自身, 电荷共轭对 A^μ 的作用被规定为

$$A_\mu(x) \to -A_\mu(x). \tag{C.11}$$

(3) 时间反演

$$\tau = \begin{pmatrix} -1 & 0 & 0 & 0 \\ 0 & 1 & 0 & 0 \\ 0 & 0 & 1 & 0 \\ 0 & 0 & 0 & 1 \end{pmatrix}. \tag{C.12}$$

对于 Dirac 场, 时间反演使得场 $\psi(x)$ 的变换为

$$\psi(x) \to T\psi(-\widetilde{x}), \tag{C.13}$$

其中 T 是一个非奇异的 4×4 矩阵,

$$T=\mathrm{i}\gamma^{1}\gamma^{3}. \tag{C.14}$$

电磁场 $A_{\mu}(x)$ 的变换形式被规定为

$$A_{\mu}(x)\rightarrow A^{\mu}(-\widetilde{x}). \tag{C.15}$$

这将保证电磁相互作用项 $j^{\mu}(x)A_{\mu}(x)$ 的时间反演不变性.

附录 D　Feynman 参数公式和 D 维空间代数

(1) Feynman 参数公式:

$$\frac{1}{AB}=\int_0^1 \mathrm{d}x\frac{1}{[xA+(1-x)B]^2}, \tag{D.1}$$

$$\frac{1}{ABC}=2\int_0^1 x\mathrm{d}x\int_0^1 \mathrm{d}y\frac{1}{[(1-x)A+xyB+x(1-y)C]^3}, \tag{D.2}$$

$$\frac{1}{A^nB^m}=\frac{\Gamma(n+m)}{\Gamma(n)\Gamma(m)}\int_0^1 \mathrm{d}x\frac{x^{n-1}(1-x)^{m-1}}{[xA+(1-x)B]^{n+m}} \qquad (n,m>0). \tag{D.3}$$

(2) D 维时空 γ 矩阵代数:

$$\begin{aligned} x^\mu &= (x^0,x^1,\cdots,x^{D-1}) \qquad (\mu=0,1,2,\cdots,D-1),\\ (g^{\mu\nu}) &= (+,-,\cdots,-),\\ g^{\mu\nu}g_{\mu\nu} &= g^\mu_\mu = D. \end{aligned} \tag{D.4}$$

对于 γ 矩阵, 仍要求其满足

$$\{\gamma^\mu,\gamma^\nu\}=2g^{\mu\nu}, \tag{D.5}$$

$$\{\gamma_5,\gamma^\mu\}=0. \tag{D.6}$$

定义

$$\gamma_5=\mathrm{i}\gamma^0\gamma^1\cdots\gamma^{D-1}, \tag{D.7}$$

有

$$\gamma^\mu\gamma_\mu=D, \tag{D.8}$$

$$\gamma_\mu\gamma_\nu\gamma^\mu=(2-D)\gamma_\nu, \tag{D.9}$$

$$\gamma_\mu\gamma_5\gamma^\mu=-D\gamma_5. \tag{D.10}$$

(3) B 函数和 Γ 函数:

$$\mathrm{B}(p,q)=\int_0^1 \mathrm{d}x x^{p-1}(1-x)^{q-1}=\frac{\Gamma(p)\Gamma(q)}{\Gamma(p+q)}, \tag{D.11}$$

$$\Gamma(p)=\int_0^\infty \mathrm{d}x\mathrm{e}^{-x}x^{p-1}(\mathrm{Re}\ p>0), \tag{D.12}$$

$$\Gamma(n+1)=n\Gamma(n)=\cdots=n!, \tag{D.13}$$

$$\Gamma(-n+\frac{\epsilon}{2})=\frac{(-)^n}{n!}\left[\frac{2}{\epsilon}+\psi(n+1)+O(\epsilon)\right], \tag{D.14}$$

$$\psi(z)=\frac{\mathrm{d}\ln\Gamma(z)}{\mathrm{d}z}, \tag{D.15}$$

$$\psi(z+1)=\psi(z)+\frac{1}{z},$$

$$\psi(1)=-\gamma_{\mathrm{E}}\approx-0.5772, \tag{D.16}$$

$$\Gamma(\epsilon)=\frac{1}{\epsilon}-\gamma_{\mathrm{E}}+O(\epsilon). \tag{D.17}$$

(4) 积分公式:

$$\int\frac{\mathrm{d}^Dq}{(2\pi)^D\mathrm{i}}\frac{1}{(-q^2+L)^2}=\frac{B(D/2,2-D/2)}{(4\pi)^{D/2}\Gamma(D/2)}L^{D/2-2}, \tag{D.18}$$

$$\int\frac{\mathrm{d}^Dq}{(2\pi)^D\mathrm{i}}\frac{1}{(-q^2+L)^n}=\frac{\Gamma(n-D/2)}{(4\pi)^{D/2}\Gamma(D/2)}L^{D/2-2}, \tag{D.19}$$

$$\begin{aligned}&\int\frac{\mathrm{d}^Dq}{(2\pi)^D\mathrm{i}}\frac{1}{(-q^2)^\alpha(-(q+k)^2)^\beta}\\&=(4\pi)^{-D/2}(-k^2)^{D/2-\alpha-\beta}\frac{\Gamma(\alpha+\beta-D/2)}{\Gamma(\alpha)\Gamma(\beta)}\mathrm{B}\left(\frac{D}{2}-\alpha,\frac{D}{2}-\beta\right),\end{aligned} \tag{D.20}$$

$$\begin{aligned}&\int\frac{\mathrm{d}^Dq}{(2\pi)^D\mathrm{i}}\frac{q_\mu}{(-q^2)^\alpha(-(q+k)^2)^\beta}\\&=-(4\pi)^{-D/2}k_\mu(-k^2)^{D/2-\alpha-\beta}\frac{\Gamma(\alpha+\beta-D/2)}{\Gamma(\alpha)\Gamma(\beta)}\mathrm{B}\left(\frac{D}{2}-\alpha+1,\frac{D}{2}-\beta\right),\end{aligned} \tag{D.21}$$

$$\begin{aligned}&\int\frac{\mathrm{d}^Dq}{(2\pi)^D\mathrm{i}}\frac{q_\mu q_\nu}{(-q^2)^\alpha(-(q+k)^2)^\beta}\\&=(4\pi)^{-D/2}(-k^2)^{D/2-\alpha-\beta}\frac{\Gamma(\alpha+\beta-D/2)}{\Gamma(\alpha)\Gamma(\beta)}\\&\quad\times\left[k^2g_{\mu\nu}\frac{\mathrm{B}\left(\frac{D}{2}-\alpha+1,\frac{D}{2}-\beta+1\right)}{2(\alpha+\beta-1-D/2)}+k_\mu k_\nu\mathrm{B}\left(\frac{D}{2}-\alpha+2,\frac{D}{2}-\beta\right)\right].\end{aligned} \tag{D.22}$$

在证明上面这些等式时需要将积分从 Minkowski 空间转到 Euclid 空间, 即在 q_0 平面做 Wick 转动, 使得积分成为 Euclid 空间的 D 维积分.

附录 E　QCD 中的单圈重整化常数

MS 方案下, QCD 中的单圈重整化常数为:

$$Z_3 = 1 - \frac{g_{\mathrm{R}}^2}{(4\pi)^2}\left[\frac{4}{3}T_{\mathrm{R}}N_{\mathrm{f}} - \frac{1}{2}C_{\mathrm{G}}\left(\frac{13}{3} - \alpha_{\mathrm{R}}\right)\right]\frac{1}{\epsilon} + O\left(g_{\mathrm{R}}^4\right), \tag{E.1}$$

$$\widetilde{Z}_3 = 1 + \frac{g_{\mathrm{R}}^2}{(4\pi)^2}C_{\mathrm{G}}\frac{3 - \alpha_{\mathrm{R}}}{4}\frac{1}{\epsilon} + O\left(g_{\mathrm{R}}^4\right), \tag{E.2}$$

$$Z_1 = 1 - \frac{g_{\mathrm{R}}^2}{(4\pi)^2}\left[C_{\mathrm{G}}\left(-\frac{17}{12} + \frac{3\alpha_{\mathrm{R}}}{4}\right) + \frac{4}{3}T_{\mathrm{R}}N_{\mathrm{f}}\right]\frac{1}{\epsilon} + O\left(g_{\mathrm{R}}^4\right), \tag{E.3}$$

$$\widetilde{Z}_1 = 1 - \frac{g_{\mathrm{R}}^2}{(4\pi)^2}C_{\mathrm{G}}\frac{\alpha_{\mathrm{R}}}{2}\frac{1}{\epsilon} + O\left(g_R^4\right), \tag{E.4}$$

$$Z_{1\mathrm{F}} = 1 - \frac{g_{\mathrm{R}}^2}{(4\pi)^2}\left(\frac{3 + \alpha_{\mathrm{R}}}{4}C_{\mathrm{G}} + \alpha_R C_{\mathrm{F}}\right)\frac{1}{\epsilon} + O\left(g_{\mathrm{R}}^4\right), \tag{E.5}$$

$$Z_4 = 1 - \frac{g_{\mathrm{R}}^2}{(4\pi)^2}\left[\left(-\frac{2}{3} + \alpha_{\mathrm{R}}\right)C_{\mathrm{G}} + \frac{4}{3}T_{\mathrm{R}}N_{\mathrm{f}}\right]\frac{1}{\epsilon} + O\left(g_{\mathrm{R}}^4\right), \tag{E.6}$$

$$Z_2 = 1 - \frac{g_{\mathrm{R}}^2}{(4\pi)^2}C_{\mathrm{F}}\alpha_{\mathrm{R}}\frac{1}{\epsilon} + O\left(g_{\mathrm{R}}^4\right), \tag{E.7}$$

$$Z_m = 1 - \frac{3g_{\mathrm{R}}^2}{(4\pi)^2}C_{\mathrm{F}}\frac{1}{\epsilon} + O\left(g_{\mathrm{R}}^4\right). \tag{E.8}$$

参 考 文 献

第 1 章

[1] Dirac P A M. Proc. Roy. Soc. Lon. A, 1927, 114: 243.

[2] Tomonaga S. Prog. Theor. Phys., 1946, 1: 27; Phys. Rev., 1948, 74: 224.

[3] Schwinger J. Phys. Rev., 1949, 75: 651; 76: 790.

[4] Feynman R P. Phys. Rev., 1949, 76: 749; 769.

[5] Yukawa H. Prog. Phys. Math. Soc. of Japan, 1935, 17: 48.

[6] Weinberg S. Phys. Rev. Lett., 1967, 19: 1264.

[7] Salam A. in Elementary Particle Theory. Svartholm N(Ed). Almquist and Forlag, 1968.

[8] Glashow S. Nucl. Phys., 1961, 22: 579.

[9] Gross D J and Wilczek F. Phys. Rev. Lett., 1973, 30: 1343.

[10] Politzer H D. Phys. Rev. Lett., 1973, 30: 1346.

[11] Dirac P A M. Proc. Roy. Soc. Lon. A, 1928, 117: 610.

[12] Heisenberg W K and Pauli W. Zeits. f. Phys., 1929, 56: 1; 59: 168.

[13] Jordan P and Wigner E P. Zeits. f. Phys., 1928, 47: 631.

[14] Dyson F J. Phys. Rev., 1949, 75: 486; 1735.

[15] Ward J C. Phys. Rev., 1950, 78: 182.

[16] Bogoliubov N N and Parasiuk O S. Acta Math., 1957, 97: 227.

[17] Hepp K. Comm. Math. Phys., 1966, 2: 301.

[18] Zimmerman W. in Lectures on Elementary Particles and Quantum Field Theory. Deser S, Grisaru M, and Pendieton H(Ed). MIT Press, 1970.

[19] 't Hooft G. Nucl. Phys. B, 1971, 33: 173; 't Hooft G and Veltman M J G. Nucl. Phys. B, 1972, 50: 318.

[20] Gell-Mann M. Phys. Rev., 1962, 125: 1067; Phys. Lett., 1964, 8: 214.

[21] Zweig G. CERN-TH-412, 1964, 401.

[22] Yang C N and Mills R L. Phys. Rev., 1954, 96: 191.

[23] Aubert J J, et al.(E598 Collaboration). Phys. Rev. Lett., 1974, 33: 1404.

[24] Augustin J E, et al.(SLAC-SP-017 Collaboration). Phys. Rev. Lett., 1974, 33: 1406.

[25] Herb S W, et al. Phys. Rev. Lett., 1977, 39: 252.

[26] Abe F, et al. (CDF Collaboration). Phys. Rev. Lett., 1995, 74: 2626.

[27] Abachi S, et al.(D0 Collaboration). Phys. Rev. Lett., 1995, 74: 2632.

[28] Kobayashi M and Maskawa T. Prog. Theor. Phys., 1973, 49: 634.

[29] Nambu Y. Phys. Rev., 1960, 117: 648; Nambu Y and Jona-Lasinio G. Phys. Rev., 1961, 124: 246.

第 2 ~ 7 章

这 6 章的素材比较标准, 很多教科书中都有, 本书参考了以下的教程:

[1] Bjorken J D and Drell S D. Relativistic Quantum Mechanics. McGraw-Hill, 1964; Relativistic Quantum Fields. McGraw-Hill, 1965.(有中译本)

[2] Itzykson C and Zuber J-B. Quantum Field Theory. McGraw-Hill, 1980. (有中译本)

[3] Peskin M E and Schroeder D V. An Introduction to Quantum Field Theory. Addison-Wesley Publishing Company, 1995.

[4] Kaku M. Quantum Field Theory: A Modern Introduction. Oxford University Press, 1993.

[5] 朱洪元. 量子场论. 北京: 科学出版社, 1960. (重排本由北京大学出版社于 2013 年出版)

[6] 周邦融. 量子场论. 北京: 高等教育出版社, 2007.

[7] 王正行. 简明量子场论. 2 版. 北京: 北京大学出版社, 2020.

列出一些原始文献供参考:

[1] Heisenberg W and Pauli W. Zeits. f. Phys., 1929, 56: 1.

[2] Pauli W. Phys. Rev., 1940, 58: 716.

[3] Gordon W. Zeits. f. Phys., 1926, 40: 117.

[4] Klein O. Zeits. f. Phys., 1926, 37: 895; 1927, 41: 407.

[5] Dirac P A M. Proc. Roy. Soc. A, 1927, 114: 243; 710; 1928, 117: 610; 118: 341.

[6] Jordan P and Wigner E P. Zeits. f. Phys., 1928, 47: 631.

[7] Majorana E. Nuovo Cim., 1937, 14: 171.

[8] Weyl H Z. Physik, 1929, 56: 330.

[9] Gupta S N. Proc. Roy. Soc. A, 1950, 63: 681.

[10] Bleuler K. Helv. Phys. Acta, 1950, 23: 567.

[11] Wigner E. Gott. Nachr., 1932, 31: 546.

[12] Schwinger J. Phys. Rev., 1951, 82: 914; 91: 713.

第 8 章

[1] Pauli W. Phys. Rev., 1940, 58: 716.
[2] Yukawa H. Prog. Phys. Math. Soc. of Japan, 1935, 17: 48.
[3] Gell-Mann M. Nuovo Cim., 1956, 4 (Suppl. 2): 848.
[4] Nishijima K. Prog. Theor. Phys., 1955, 13: 285.
[5] Gell-Mann M. Phys. Rev., 1962, 125: 1067; Phys. Lett., 1964, 8: 214.
[6] Zweig G. CERN-TH-401, 1964; CERN-TH-412, 1964.
[7] Okubo S. Prog. Theor. Phys., 1962, 27: 949; 28: 24.
[8] Aubert J J, et al.(E598 Collaboration). Phys. Rev. Lett., 1974, 33: 1404.
[9] Augustin J E, et al.(SLAC-SP-017 Collaboration). Phys. Rev. Lett., 1974, 33: 1406.
[10] Herb S W, et al. Phys. Rev. Lett., 1977, 39: 252.
[11] Abe F, et al.(CDF Collaboration). Phys. Rev. Lett., 1995, 74: 2626.
[12] Abachi S, et al. (D0 Collaboration). Phys. Rev. Lett., 1995, 74: 2632.
[13] Fermi E. Zeit Phys., 1934, 88: 161.
[14] Lee T D and Yang C N. Phys. Rev., 1956, 104: 254.
[15] Feynman R P and Gell-Mann M. Phys. Rev., 1958, 109: 193.
[16] Sudarshan E C G and Marshak R E. Phys. Rev., 1958, 109: 1860.
[17] Cabibbo N. Phys. Rev. Lett., 1963, 10: 531.
[18] Glashow S L, Iliopoulos J, and Maiani L. Phys. Rev. D, 1970, 2: 1285.
[19] Kobayashi M and Maskawa T. Prog. Theor. Phys., 1973, 49: 634.

第 9 章

[1] Lee T D and Yang C N. Phys. Rev., 1956, 104: 254.
[2] Christenson J H, Cronin J W, Fitch V L, and Turlay R. Phys. Rev. Lett., 1964, 13: 138.
[3] Luders G. Zeits. f. Phys., 1952, 133: 325.

第 10 章

[1] Tomonaga S. Prog. Theor. Phys., 1946, 1: 27.
[2] Schwinger J. Phys. Rev., 1948, 74: 1439.
[3] Bjorken J D and Drell S D. Relativistic Quantum Mechanics. McGraw-Hill, 1964; Relativistic Quantum Fields. McGraw-Hill, 1965.(有中译本)
[4] Itzykson C and Zuber J-B. Quantum Field Theory. McGraw-Hill, 1980. (有中译本)

[5] Gell-Mann M and Low F E. Phys. Rev., 1951, 84: 350.

第 11 章

[1] Kallen G. Helv. Phys. Acta, 1952, 25: 417.

[2] Lehmann H. Nuovo Cimento, 1954, 11: 342.

[3] Lehmann H, Symanzik K, and Zimmermann W. Nuovo Cimento, 1957, 6: 319.

[4] Chew G F and Low F E. Phys. Rev., 1956, 101: 1570.

[5] Itzykson C and Zuber J-B. Quantum Field Theory. McGraw-Hill, 1980. (有中译本)

[6] Schweber S. An Introduction to Relativistic Quantum Field Theory. Row, Peterson and Company, 1961.

[7] 何祚庥, 黄涛. 物理学报, 1974, 23: 264; 中国科学, 1975, 18: 502; 高能物理和核物理, 1977, 1: 37.

第 12 章

[1] Hagedorn R. Introduction to Field Theory and Dispersion Relation. Akademie-Verlag, 1963. (有中译本)

[2] Goldberger M L., Phys. Rev., 1955, 97: 508; 99: 979.

[3] Gell-Mann M, Goldberger M L, and Thirring W. Phys. Rev., 1954, 95: 1612.

[4] Bjorken J D and Drell S D. Relativistic Quantum Mechanics. McGraw-Hill, 1964; Relativistic Quantum Fields. McGraw-Hill, 1965.(有中译本)

[5] Itzykson C and Zuber J-B. Quantum Field Theory. McGraw-Hill, 1980. (有中译本)

[6] Jost R and Lehmann H. Nuovo Cimento, 1957, 5: 1598.

[7] Dyson F J. Phys. Rev., 1957, 106: 157.

[8] Manderstam S. Phys. Rev., 1958, 112: 1344.

第 13 章

[1] Wick G C. Phys. Rev., 1950, 80: 268.

[2] Feynman R P. Phys. Rev., 1949, 76: 749; 769.

[3] Dyson F J. Phys. Rev., 1949, 75: 486; 1736.

[4] 朱洪元. 量子场论. 北京: 科学出版社, 1960. (重排本由北京大学出版社于 2013 年出版)

[5] 周邦融. 量子场论. 北京: 高等教育出版社, 2007.

第 14 章

[1] Klein O and Nishina Y. Zeit. Phys., 1929, 52: 853; Tamm I. Zeit. Phys., 1930, 62: 545.

[2] Bhabha H J. Proc. Roy. Soc., A, 1935, 154: 195.

[3] Itzykson C and Zuber J-B. Quantum Field Theory. McGraw-Hill, 1980. (有中译本)

[4] Peskin M E and Schroeder D V. An Introduction to Quantum Field Theory. Addison-Wesley Publishing Company, 1995.

[5] Kaku M. Quantum Field Theory: A Modern Introduction. Oxford University Press, 1993.

[6] 朱洪元. 量子场论. 北京: 科学出版社, 1960. (重排本由北京大学出版社于 2013 年出版)

[7] 周邦融. 量子场论. 北京: 高等教育出版社, 2007.

第 15 章

[1] Feynman R P. Phys. Rev., 1949, 76: 749; 769.

[2] Tomonaga S. Prog. Theor. Phys., 1946, 1: 27; Phys. Rev., 1948, 74: 224.

[3] Schwinger J. Phys. Rev., 1949, 75: 651; 76: 790.

[4] Pauli W and Villars F. Rev. Mod. Phys., 1949, 21: 433.

[5] 't Hooft G and Veltman M J G. Nucl. Phys. B, 1972, 44: 189.

[6] Leibbrandt G. Rev. Mod. Phys., 1975, 47: 849.

[7] 't Hooft G. Nucl. Phys. B, 1973, 61: 455.

[8] 't Hooft G and Veltman M J G. Nucl. Phys. B, 1972, 50: 318.

[9] Ward J C. Phys. Rev., 1950, 78: 1824.

[10] Takahashi Y. Nuovo Cim., 1957, 6: 371.

[11] Mills R L and Yang C N. Prog. Theor. Phys. Suppl., 1966, 37-38: 507.

[12] Furry W H. Phys. Rev., 1937, 51: 125.

[13] Itzykson C and Zuber J-B. Quantum Field Theory. McGraw-Hill, 1980. (有中译本)

[14] Kaku M. Quantum Field Theory: A Modern Introduction. Oxford University Press, 1993.

[15] 朱洪元. 量子场论. 北京: 科学出版社, 1960. (重排本由北京大学出版社于 2013 年出版)

[16] 周邦融. 量子场论. 北京: 高等教育出版社, 2007.

[17] Dyson F J. Phys. Rev., 1949, 75: 486; Phys. Rev., 1949, 75: 1736.

[18] Bogoliubov N N and Parasiuk O S. Acta Math., 1957, 97: 227.

[19] Hepp K. Comm. Math. Phys., 1966, 2: 301.

[20] Zimmerman W. in Lectures on Elementary Particles and Quantum Field Theory. Deser S, Grisaru M, and Pendieton H(Ed). MIT Press, 1970.

[21] Gell-Mann M and Low F E. Phys. Rev., 1954, 95: 1300.

[22] Callan C G. Phys. Rev. D, 1970, 2: 1541.

[23] Symanzik K. Comm. Math. Phys., 1970, 18: 227.

[24] Schwinger J. Phys. Rev., 1948, 73: 1256.

第 16 章

[1] Yang C N and Mills R L. Phys. Rev., 1954, 96: 191.

[2] Gross D J and Wilczek F. Phys. Rev. Lett., 1973, 30: 1343.

[3] Polizer H D. Phys. Rev. Lett., 1973, 30: 1346.

[4] Nambu Y. Phys. Rev., 1960, 117: 648; Nambu Y and Jona-Lasinio G. Phys. Rev., 1961, 124: 246.

[5] Goldstone J. Nuovo Cim., 1961, 19: 15.

[6] Glashow S. Nucl. Phys., 1961, 22: 579.

[7] Weinberg S. Phys. Rev. Lett., 1967, 19: 1264.

[8] Salam A. in Elementary Particle Theory. Svartholm N(Ed). Almquist and Forlag, 1968.

[9] Higgs P W. Phys. Lett., 1964, 12: 132; Phys. Rev., 1966, 145: 1156.

[10] 't Hooft G. Nucl. Phys., B, 1973, 61: 455.

[11] 黄涛. 量子色动力学引论. 北京: 北京大学出版社, 2011.

[12] 戴元本. 相互作用的规范理论. 北京: 科学出版社, 1987.

[13] Muta T. Foundation of Quantum Chromodynamics. World Scientific Publishing Co. Pte. Ltd., 1998.

[14] Donoghue J F, Golowich E, and Holstein B R. Dynamics of the Standard Model. Cambridge University Press, 1992.

[15] Peskin M E and Schroeder D V. An Introduction to Quantum Field Theory. Addison-Wesley Publishing Company, 1995.

[16] Kaku M. Quantum Field Theory: A Modern Introduction. Oxford University Press, 1993.

第 17 章

[1] Gross D J and Wilczek F. Phys. Rev. Lett., 1973, 30: 1343.

[2] Politzer H D. Phys. Rev. Lett., 1973, 30: 1346.

[3] Muta T. Foundation of Quantum Chromodynamics. World Scientific Publishing Co. Pte. Ltd., 1998.

[4] 黄涛. 量子色动力学引论. 北京: 北京大学出版社, 2011.

[5] 郑汉青. 量子场论(下). 北京: 北京大学出版社, 2019.

[6] Sterman G. An Introduction to Quantum Field Theory. Cambridge University Press, 1993.

[7] Bjorken J D and Glashow S L. Phys. Lett., 1964, 11: 255.

[8] Bjorken J D. in Proceedings of the International School of Physics Enrico Fermi Course XLI. Steinberger J (Ed). Academic Press, 1968.

[9] Bjorken J D. Phys. Rev., 1969, 179: 1547.

[10] Gross D J and Wilczek F. Phys. Rev. Lett., 1973, 30: 1343.

[11] Politzer H D. Phys. Rev. Lett., 1973, 30: 1346.

第 18 章

[1] Weinberg S. Phys. Rev. Lett., 1967, 19: 1264.

[2] Salam A. in Elementary Particle Theory. Svartholm N(Ed). Almquist and Forlag, 1968.

[3] Glashow S. Nucl. Phys., 1961, 22: 579.

[4] Cheng T P and Li L F. Gauge Theory of Elementary Particle Physics. Oxford University Press, 1988.

[5] Donoghue J F, Golowich E, and Holstein B R. Dynamics of the Standard Model. Cambridge University Press, 1992.

[6] Englert F and Brout R. Phys. Rev. Lett, 1964, 13: 321.

[7] Griffiths D. Introduction to Elementary Particles. 2nd Edition. WILEY-VCH, 2008.

[8] Guralnik G, Hagen C R, and Kibble T W B. Phys. Rev. Lett., 1964, 13: 585.

[9] Higgs P. Phys. Rev., 1966, 145: 1156.

[10] Glashow S L, Iliopoulos J, and Maiani L. Phys. Rev. D, 1970, 2: 1285.

[11] Cabibbo N. Phys. Rev. Lett., 1963, 10: 531.

[12] Kobayashi M and Maskawa T. Progress of Theoretical Physics, 1973, 49: 652.

[13] Wolfenstein L. Phys. Rev. Lett., 1983, 51: 1945.

第 19 章

[1] Wilson K G. Rev. Mod. Phys., 1975, 47: 773.

[2] Wilson K G. Phys. Rev. B, 1971, 4: 3174.

[3] Wilson K G. Phys. Rev. B, 1971, 4: 3184.

[4] Peskin M E and Schroeder D V. An Introduction to Quantum Field Theory. Addison-Wesley Publishing Company, 1995.

[5] Manoha A V and Wise M B. Heavy Quark Physics. Cambridge University Press, 2000.

[6] Altarelli G and Parisi G. Nucl. Phys. B, 1977, 126: 298.

[7] Dokshitzer Y L. Sov. Phys. JETP, 1977, 46: 641.

[8] Gribov V N and Lipatov L N. Sov. J. Nucl. Phys., 1972, 15: 438.

[9] Lipatov L N. Yad. Fiz., 1974, 20: 181. (Sov. J. Nucl. Phys., 1975, 20: 94)

[10] Gross D J and Wilczek F. Phys. Rev. Lett., 1973, 30: 1343.

[11] Politzer H D. Phys. Rev. Lett., 1973, 30: 1346.

[12] Brodsky S J and Lepage G P. Phys. Rev. D, 1980, 22: 2157; Phys. Lett. B, 1979, 87: 359.

[13] Müller D, Robaschik D, Geyer B , Dittes F M, and Hořejši J. Fortsch. Phys., 1994, 42: 101.

第 20 章

[1] Sterman G. An Introduction to Quantum Field Theory. Cambridge University Press, 1993.

[2] 黄涛, 王伟, 等. 量子色动力学专题. 北京: 科学出版社, 2018.

[3] Bloom E D, et al. Phys. Rev. Lett., 1969, 23: 930.

[4] Breidenbach M, et al. Phys. Rev. Lett., 1969, 23: 935.

[5] Drell S D and Yan T M. Phys. Rev. Lett., 1970, 25: 316.

[6] Drell S D and Yan T M. Phys. Rev. Lett., 1970, 25: 902.

名 词 索 引

D

E

F

G

H

J

M

N

O

P

Q

R

S

T

U

V

W

X

Y

Z